P

住宅建筑规范

Residential building code

2005－11－30 发布　　2006－03－

中华人民共和国建设部
中华人民共和国国家质量监督检验检疫总局

统一书号：15112·11979
定　价：15.00 元

GB 5036

中国土木建筑百科辞典

交通运输工程

中国建筑工业出版社

图书在版编目(CIP)数据

中国土木建筑百科辞典.交通运输工程/李国豪等著.
北京:中国建筑工业出版社,2005
ISBN 7-112-01607-X

I.中... II.李... III.①建筑工程—词典②交通运输—运输工程—词典 IV.TU-61

中国版本图书馆 CIP 数据核字(2005)第 037866 号

中国土木建筑百科辞典
交通运输工程

*

中国建筑工业出版社出版、发行（北京西郊百万庄）
新 华 书 店 经 销
北京市景煌照排中心照排
北京建筑工业印刷厂印刷

*

开本:787×1092毫米 1/16 印张:33¾ 字数:1206千字
2006年11月第一版 2006年11月第一次印刷
印数:1—1,000册   定价:**130.00元**
ISBN 7-112-01607-X
TU·1208(9070)

版权所有 翻印必究
如有印装质量问题,可寄本社退换
(邮政编码 100037)

本社网址:http://www.cabp.com.cn
网上书店:http://www.china-building.com.cn

《中国土木建筑百科辞典》总编编委会名单

主　　　任：李国豪
常务副主任：许溶烈
副　主　任：（以姓氏笔画为序）

左东启　　　卢忠政　　　成文山　　　刘鹤年　　　齐　康
江景波　　　吴良镛　　　沈大元　　　陈雨波　　　周　谊
赵鸿佐　　　袁润章　　　徐正忠　　　徐培福　　　程庆国

编　　　委：（以姓氏笔画为序）

王世泽　　　　王　弗　　　　王宝卢（常务）　王铁梦　　　　尹培桐
邓学钧　　　　邓恩诚　　　　左东启　　　　　石来德　　　　龙驭球（常务）
卢忠政　　　　卢肇钧　　　　白明华　　　　　成文山　　　　朱自煊（常务）
朱伯龙（常务）朱启东　　　　朱象清　　　　　刘光栋　　　　刘伯贤
刘茂榆　　　　刘宝仲　　　　刘鹤年　　　　　齐　康　　　　江景波
安　昆　　　　祁国颐　　　　许溶烈　　　　　孙　钧　　　　李利庆
李国豪　　　　李荣先　　　　李富文（常务）　李德华（常务）吴元肇
吴仁培（常务）吴良镛　　　　吴健生　　　　　何万钟（常务）何广乾
何秀杰（常务）何钟怡（常务）沈大元　　　　　沈祖炎（常务）沈蒲生
张九师　　　　张世煌　　　　张梦麟　　　　　张维岳　　　　张　琰
张新国　　　　陈雨波　　　　范文田（常务）　林文虎（常务）林荫广
林醒山　　　　罗小未　　　　周宏业　　　　　周　谊　　　　庞大中
赵鸿佐　　　　郝　瀛（常务）胡鹤均（常务）　侯学渊（常务）姚玲森（常务）
袁润章　　　　夏行时　　　　夏靖华　　　　　顾发祥　　　　顾迪民（常务）
顾夏声（常务）徐正忠　　　　徐家保　　　　　徐培福　　　　凌崇光
高学善　　　　高渠清　　　　唐岱新　　　　　唐锦春（常务）梅占馨
曹善华（常务）彭一刚（常务）蒋国澄　　　　　程庆国　　　　谢行皓
龚崇清
魏秉华

《中国土木建筑百科辞典》编辑部名单

主　　　任：张新国
副　主　任：刘茂榆
编辑人员：（以姓氏笔画为序）

刘茂榆　　杨　军　　张梦麟　　张　琰　　张新国　　庞大中　　郦锁林
顾发祥　　董苏华　　曾　得　　魏秉华

《中国土木建筑百科辞典》交通运输工程卷编委会名单

主编单位：西南交通大学
　　　　　　河海大学
　　　　　　东南大学

主　　编：郝瀛

副 主 编：龚崇准　邓学钧

编　　委：(以姓氏笔画为序)

邓学钧	池淑兰	杜　文	陈荣生	吴树和
严良田	陆银根	李维坚	张梦麟	周宪和
郝　瀛	徐吉谦	顾家龙	高世廉	龚崇准
戚信灏	蔡志长			

撰 稿 人：(以姓氏笔画为序)

王庆辉	王昌杰	王金炎	王　炜	王　烨	王富年	文旭光
邓学钧	冯桂炎	吕洪根	乔凤祥	池淑兰	孙忠祖	严良田
杜　文	李一鸣	李　方	李旭宏	李安中	李峻利	李维坚
杨克己	杨　涛	吴树和	张二骏	张心如	张东生	陆银根
陈荣生	陈雅贞	周宪华	周宪忠	郝　瀛	胡景惠	顾尚华
顾家龙	钱绍武	钱炳华	徐凤华	徐吉谦	高世廉	戚信灏
龚崇准	韩以谦	詹世富	蔡东山	蔡志长	蔡梦贤	

序　言

　　经过土木建筑界一千多位专家、教授、学者十个春秋的不懈努力,《中国土木建筑百科辞典》十五个分卷终于陆续问世了。这是迄今为止中国建筑行业规模最大的专科辞典。

　　土木建筑是一个历史悠久的行业。由于自然条件、社会条件和科学技术条件的不同,这个行业的发展带有浓重的区域性特色。这就导致了用于传授知识和交流信息的词语亦有颇多差异,一词多义、一义多词、中外并存、南北杂陈的现象因袭流传,亟待厘定。现代科学技术的发展,促使土木建筑行业各个领域发生深刻的变化。随着学科之间相互渗透、相互影响日益加强,新兴学科和边缘学科相继形成,以及日趋活跃的国际交流和合作,使这个行业的科学技术术语迅速地丰富和充实起来,新名词、新术语大量涌现;旧名词、旧术语或赋予新的概念或逐渐消失,人们急切地需要熟悉和了解新旧术语的含义。希望对国外出现的一些新事物、新概念、新知识有个科学的阐释。此外,人们还要查阅古今中外的著名人物、著名建筑物、构筑物和工程项目,重要学术团体、机构和高等学府,以及重要法律法规、典籍、著作和报刊等简介。因此,编撰一部以纠讹正名,解惑释疑,系统汇集浓缩知识信息的专科辞书,不仅是读者的期望,也是这个行业科学技术发展的需要。

　　《中国土木建筑百科辞典》共收词约6万条,包括规划、建筑、结构、力学、材料、施工、交通、水利、隧道、桥梁、机械、设备、设施、管理,以及人物、建筑物、构筑物和工程项目等土木建筑行业的主要内容。收词力求系统、全面,尽可能反映本行业的知识体系,有一定的深度和广度;构词力求标准、严谨,符合现行国家标准规定,尽可能达到辞书科学性、知识性和稳定性的要求。正在发展而尚未定论或有可能变动的词目,暂未予收入;而历史上曾经出现,虽已被淘汰的词目,则根据可能参阅古旧图书的需要而酌情收入。各级词目之间尽可能使其纵横有序,层属清晰。释义力求准确精练,有理有据,绝大多数词目的首句释义均为能反映事物本质特征的定义。对待学术问题,按定论阐述;尚无定论或有争议者,则作宏观介绍,或并行反映现有的各家学说、观点。

　　中国从《尔雅》开始,就有编撰辞书的传统。自东汉许慎《说文解字》刊行以来,迄今各类辞书数以万计,可是土木建筑行业的辞书依然屈指可数,大型辞书则属空白。因此,承上启下,继往开来,编撰这部大型辞书,不惟当务之急,亦是本书总编委会和各个分卷编委会全体同仁对本行业应有之奉献。在编撰过程中,建设部科学技术委员会从各方面为我们创造了有利条件。各省、自治区、直辖市建设部门给予热情帮助。同济大学、清华大学、西南交通大学、哈尔滨建筑大学、重庆建筑大学、湖南大学、东南大学、武汉工业大学、河海大学、浙江大学、天津大学、西安建筑科技大学等高等学府承担了各个分卷的主要撰稿、审稿任务,从人力、财力、精神和物质上给予全力支持。遍及全国的撰稿、审稿人员同心同德,精益求精,切磋琢磨,数易其稿。中国建筑工业出版社的编辑人员也付出了大量心血。当把《中国土木建筑百科辞典》各个分卷呈送到读者面前时,我们谨向这些单位和个人表示崇高的敬意和深切的谢忱。

在全书编撰、审查过程中,始终强调"质量第一",精心编写、反复推敲。但《中国土木建筑百科辞典》收词广泛,知识信息丰富,其内容除与前述各专业有关外,许多词目释义还涉及社会、环境、美学、宗教、习俗,乃至考古、校雠等;商榷定义,考订源流,难度之大,问题之多,为始料所不及。加之客观形势发展迅速,定稿、付印皆有计划,广大读者亦要求早日出版,时限已定,难有再行斟酌之余地,我们殷切地期待着读者将发现的问题和错误,一一函告《中国土木建筑百科辞典》编辑部(北京西郊百万庄中国建筑工业出版社,邮编100037),以便全书合卷时订正、补充。

《中国土木建筑百科辞典》总编委会

前　言

　　交通运输工程卷是《中国土木建筑百科辞典》十五分卷之一，词目涵盖交通、道路、铁道、航道、港口、机场、管道及其他运输工程，由西南交通大学、河海大学、东南大学、原西安矿业学院（现西安科技学院）四所院校的 46 位教授专家负责撰写，并由中国建筑工业出版社《中国土木建筑百科辞典》编辑部加工润色、整理编排，成书出版。

　　本卷词目按学科的专业领属，分为八个部分。

　　一为交通运输的概括性词目，由各院校分别撰写。

　　二为交通工程，包括交通特征，交通流理论，交通调查、控制、规划，通行能力，交通管理、安全、法规，交通环境保护与静态交通；由西南交通大学与东南大学共同撰写。

　　三为道路工程，包括汽车、道路、道路规划、勘测、设计，道路交叉、路基、路面与附属设施，以及著名道路工程；由东南大学撰写。

　　四为铁道工程，包括限界及标志，铁路选线、路基、轨道、站场与枢纽，机车、车辆、供电、通信、信号、集装箱运输，以及著名铁道工程；由西南交通大学撰写。

　　五为航道工程，包括船舶，航道，航行条件、规划，航道整治，渠化工程，船闸与升船机，疏浚工程、助航设施与轮渡，以及著名航道工程；由河海大学撰写。

　　六为港口工程，包括海岸动力学，港口、码头、防波堤，修造船水工建筑物，以及著名港口工程；由河海大学撰写。

　　七为机场工程，包括飞机，机场，机场规划、设计、路面与指挥系统，航站，机场附属设备，以及著名机场；由东南大学撰写。

　　八为其他运输工程，其中管理工程由西南科技学院撰写；磁浮运输、架空索道等由西南交通大学撰写。

　　在《中国土木建筑百科辞典》总编委会和编辑部的组织下，成立了本卷的编委会。经多次协商修改，1989 年拟定了本卷词目表（第三稿）并进行词条释文的撰写工作，1990 年经审查、讨论、修改后，于 1991 年 9 月在北京集中、修正定稿。2001 年校审本卷清样时，又根据近十年来新颁布的规范、规程与新的统计数据，对定稿进行了修改补充，并增加了新技术、新工艺、新材料的新条目和新建的著名工程，力争能反映我国交通运输工程新的技术成果。本卷收编了 3000 多条词目，共约 90 万字。

本卷涉及面较广,编者水平有限;加之编撰出书工作延续时间较长,且撰写人员较多,散居各地联系不便。因之词目选定、释文撰写中,可能有不尽完善和缺漏错误之处,敬请读者批评指正。

交通运输工程卷编委会

凡 例

组 卷

一、本辞典共分建筑、规划与园林、工程力学、建筑结构、工程施工、工程机械、工程材料、建筑设备工程、基础设施与环境保护、交通运输工程、桥梁工程、地下工程、水利工程、经济与管理、建筑人文十五卷。

二、各卷内容自成体系；各卷间存有少量交叉。建筑卷、建筑结构卷、工程施工卷等，内容侧重于一般房屋建筑工程方面，其他土木工程方面的名词、术语则由有关各卷收入。

词 条

三、词条由词目、释义组成。词目为土木建筑工程知识的标引名词、术语或词组。大多数词目附有对照的英文，有两种以上英译者，用","分开。

四、词目以中国科学院和有关学科部门审定的名词术语为正名，未经审定的，以习用的为正名。同一事物有学名、常用名、俗名和旧名者，一般采用学名、常用名为正名，将俗名、旧名采用"俗称"、"旧称"表达。个别多年形成习惯的专业用语难以统一者，予以保留并存，或以"又称"表达。凡外来的名词、术语，除以人名命名的单位、定律外，原则上意译，不音译。

五、释义包括定义、词源、沿革和必要的知识阐述，其深度和广度适合中专以上土木建筑行业人员和其他读者的需要。

六、一词多义的词目，用①、②、③分项释义。

七、释义中名词术语用楷体排版的，表示本卷收有专条，可供参考。

插 图

八、本辞典在某些词条的释义中配有必要的插图。插图一般位于该词条的释义中，不列图名，但对于不能置于释义中或图跨越数条词条而不能确定对应关系者，则在图下列有该词条的词目名。

排 列

九、每卷均由序言、本卷序、凡例、词目分类目录、正文、检字索引和附录组成。

十、全书正文按词目汉语拼音序次排列；第一字同音时，按阴平、阳平、上声、去声的声调顺序排列；同音同调时，按笔画的多少和起笔笔形横、竖、撇、点、折的序次排列；首字相同者，按次字排列，次字相同者按第三字排列，余类推。外文字母、数字起头的词目按英文、俄文、希腊文、阿拉伯数字、罗马数字的序次列于正文后部。

检　索

十一、本辞典除按词目汉语拼音序次直接从正文检索外，还可采用笔画、分类目录和英文三种检索方法，并附有汉语拼音索引表。

十二、汉字笔画索引按词目首字笔画数序次排列；笔画数相同者按起笔笔形横、竖、撇、点、折的序次排列，首字相同者按次字排列，次字相同者按第三字排列，余类推。

十三、分类目录按学科、专业的领属、层次关系编制，以便读者了解本学科的全貌。同一词目在必要时可同时列在两个以上的专业目录中，遇有又称、旧称、俗称、简称词目，列在原有词目之下，页码用圆括号括起。为了完整地表示词目的领属关系，分类目录中列出了一些没有释义的领属关系词或标题，该词用［　］括起。

十四、英文索引按英文首词字母序次排列，首字相同者，按次词排列，余类推。

目　录

序言 ……………………………………………………………… 7
前言 ……………………………………………………………… 9
凡例 ……………………………………………………………… 11
词目分类目录 …………………………………………………… 1—38
辞典正文 ………………………………………………………… 1—375
词目汉语拼音索引 ……………………………………………… 376—407
词目汉字笔画索引 ……………………………………………… 408—436
词目英文索引 …………………………………………………… 437—477

词目分类目录

说　明

一、本目录按学科、专业的领属、层次关系编制，供分类检索条目之用。
二、有的词条有多种属性，可能在几个分支学科和分类中出现。
三、词目的又称、旧称、俗称、简称等，列在原有词目之下，页码用圆括号括起，如(1)、(9)。
四、凡加有[　]的词为没有释义的领属关系词或标题。

交通运输	182
道路运输	58
铁路运输	304
水路运输	291
航空运输	133
管道运输	116
综合运输	371
大陆桥运输	46
集装箱运输	169
[**交通工程**]	
[交通特征]	
人的交通特征	266
驾驶心理	172
驾驶兴奋	172
驾驶疲劳	172
驾驶适应性	172
驾驶员信息系统	172
行人心理	334
行人护栏	333
行人隔栏	333
反应时间	76
反应特性	76
反应距离	76
车辆交通特性	25
车辆特征	(25)
汽车性能	254
汽车行驶阻力	254
汽车运行阻力	(254)
[**交通流理论**]	180
交通流特性	180
交通流特征	(180)
车头时距	26
车头间距	26
对数型速度-密度模型	70
对数型流量-密度模型	70
广义单态速度-密度模型	118
多态速度-密度模型	73
交通流密度	180
车流密度	(180)
交通流模型	180
线性速度-密度模型	327
速度-流量曲线	295
速度图	295
速度-密度曲线	295
流量-密度曲线	210
流量时间变化曲线	210
阻塞密度	372
基本交通参数	166
[交通流的统计分布]	
二项分布	73
广义泊松分布	118
爱尔兰分布	1
负二项分布	91
负指数分布	91
移位指数分布	339

车辆间隔分布	25	市际交通	283
空档分布	(25)	市郊交通	283
到达率	51	地方交通	60
输入率	(51)	个体交通	111
到来率	(51)	汽车使用调查	254
交通流理论	180	汽车牌号对照法	253
单路排队	48	起迄点调查	251
多路排队	72	OD调查	(251)
跟车理论	111	路段驶入驶出调查	212
跟驰理论	(111)	境界出入调查	190
跟踪理论	(111)	车辆总保有量	25
流体动力学模拟理论	210	货流调查	153
车流波动理论	25,(210)	物流调查	(153)
线性跟车模型	327	[交通现状调查]	
加速骚扰	171	交通流	180
车流冲击波	25	交通量	180
交通稳定性	181	交通量观测	180
车流波动理论	25,(210)	现有交通量	325
非线性跟车模型	83	高峰小时	108
瓶颈段	248	高峰小时交通量	108
卡口	(248)	高峰小时比率	108
交通调查	178	周平均日交通量	364
个人出行调查	111	月平均日交通量	345
交通分区	178	年平均日交通量	239
交通区形心	181	年最高小时交通量	239
家访调查	172	年第30位小时交通量	239
出行	31	初期交通量	32
家庭出行	172	调查区境界线	64
家庭-工作出行	172	查核线调查	18
工作出行	(172)	反向交通不平衡系数	75
生活出行	280	行驶车速	334
业务出行	337	行程车速	333
出行时间分布	31	地点车速	60
出行行程时间分布	(31)	中位地点车速	363
出行分布	31	第15%位地点车速	62
昼夜人口率	365	第85%位地点车速	62
期望线	251	居民道路占有率	190
机动车调查	165	城市道路面积率	29
车主访问调查	26	路况数据库	216
区内交通	262	停放车调查	307
区间交通	262	**交通规划**	179
出境交通	31	**城市交通预测**	29
入境交通	270	交通需要	182
过境交通	123	交通需求	(182)
市内交通	283	交通模型	180

交通模拟	180
交通分析	178
交通组成	183
交通起点	181
交通终点	183
出行端点	31
出行发生	31
出行生成	(31)
出行吸引	31
出行产生	31
平均行程时间	247
出行目的	31
出行分布	31
分布系数法	83
平均系数法	247
相互作用模型	327
重力模型	364
引力模型	(364)
增长系数法	349
机会模型	165
交通方式	178
交通方式划分	178
交通量分配	180
路网容量	223
限制容量分配模型	325
全有或全无分配法	265
最短线路法	(265)
捷径法	(265)
多路线概率分配法	72
交通流线	180
交通量	180
设计交通量	276
设计小时交通量	277
基本交通量	166
增加交通量	349
将来交通量	176
转换交通量	367
转移交通量	368
[交通网络规划]	
交通规划目标	179
交通规划协调	179
货物流动规划	154
交通规划期限	179
交通规划程序	179
交通结构	179

交通评价	181
快速交通	199
混合交通	150
区域运输规划	262
道路通行能力	56
道路容量	(56)
容量	(56)
路段通行能力	212
基本通行能力	166
理论通行能力	(166)
基本容量	(166)
可能通行能力	195
可能容量	(195)
设计通行能力	277
实用通行能力	(277)
机动车道通行能力	165
自行车道通行能力	371
服务水平	88
服务等级	(88)
服务交通量	88
交通管理	179
交通规划	179
两路停车	207
单向停车	(207)
多路停车	72
全向停车	(72)
让路停车	266
不设管制	16
单向交通街道	49
公交车辆专用车道	113
公共汽车专用街(路)	112
公共汽车车道	(113)
交通信号	181
手动交通信号	284
自动交通信号	370
全感应信号	265
半感应信号	3
闪光信号	274
多相调时信号	73
全红信号	265
全停信号	(265)
预信号	343
周期	365
相位	327
绿信比	225

停车线	306
交通控制	**179**
开路网络控制	192
闭路网络控制	6
流量-密度控制	209
全天对策控制	265
交通信号计算机控制	181
临界路口控制	209
交通信号点控制	181
路口信号机	216
人工手动信号机	266
定周期信号机	67
多时段定周期信号机	73
交通感应自动信号机	179
交通信号线控制	182
线控	(182)
定时式联动控制	66
同步式控制	309
交替式控制	178
前进式控制	257
时距图	282
时空图	(282)
绿波带	225
绿波宽度	225
时差	282
相位差	(282)
偏移	(282)
感应式联动控制系统	92
单点信号机	47
主控机	366
单系统控制	48
多时段系统控制	73
交通信号面控制	182
区域控制	(182)
面控	(182)
定时控制系统	66
自适应控制系统	371
TRANSYT 控制系统	375
SCOOT 控制系统	375
SCATS 控制系统	375
悉尼系统	(375)
高速道路监控系统	108
交通监视系统	179
电子监视	64
航空巡逻	132

交通警巡逻	179
高速道路路段控制	108
可变车速控制	195
可逆车道控制	196
车道封闭控制	24
交汇控制系统	178
进口匝道控制	187
出口匝道控制	31
匝道系统控制	348
可变信号系统	195
汽车内显示系统	253
无线电系统	321
[交通安全]	
交通事故	181
交通死亡事故	181
汽车安全检验	253
汽车事故	254
事故心理	283
事故阻塞	283
事故费用	283
事故调查	283
事故照明	283
事故频率	283
事故分析图	283
碰撞分析图	(283)
事故地点图	283
事故控制比	283
多事故发生点	73
高事故地点	(73)
交通监理	179
交通法规	178
交通违章	181
交通肇事	183
[交通环境保护]	
[交通环境污染]	
交通公害	179
交通走廊污染水平	183
一氧化碳发生量	338
一氧化碳容许浓度	338
交通噪声污染	183
汽车噪声	254
[交通环境控制]	
环境监测	146
汽车废气控制	253
交通噪声控制	183

交通噪声指标	183	高速公路	108
噪声控制标准	349	一级公路	338
[停车服务与管理]		二级公路	73
停车服务设施	305	三级公路	271
停车场区	304	四级公路	294
停车余隙	306	国防公路	122
停车场选址	304	收费公路	284
短时停车道	69	**城市道路**	29
车位占用	26	城市快速路	29
车位小时	26	城市主干路	29
停车场管理	304	城市次干路	29
不离车停放	15	城市支路	29
不下车服务	16	城市高速环路	29
车库安全监视系统	24	自行车专用路	371
存车换乘	43	居民区道路	190
紧密停车	186	风景区道路	86
应急停车带	341	林阴道	209
停车费	305	游步道	(209)
停车延误	306	**农村道路**	240
停车计时器	305	**厂矿道路**	20
停车持续时间	305	**林区公路**	208
停车周转率	306	林区公路干线	209
停车累计量	305	林区公路支线	209
停放车标志	307	林区公路岔线	209
停车排列方式	306	**公路自然区划**	113
停车需要量	306	北部多年冻土区	5
[道路工程]		东部温润季冻区	67
汽车	253	黄土高原干湿过渡区	148
小轿车	329	东南湿热区	67
大客车	45	西南潮暖区	323
小型客车	329	西北干旱区	322
载重汽车	348	青藏高寒区	261
自卸汽车	371	潮湿系数	22
牵引汽车	256	**道路网规划**	57
挂车	115	**道路网**	57
平板车	246	运输联系图	347
集装箱车	168	运输强度图	347
越野汽车	345	分解协调法	85
罐装汽车	117	分枝定界法	85
特种汽车	298	交通预测分配	182
道路	53	交通预测	(182)
公路	113	定基预测	66
国道公路	122	定标预测	66
省道公路	280	交通量折算系数	180
县乡道公路	325	里程等级系数	202

道路网等级系数	57	路线加桩	223
道路网等级水平	57	**道路布线型式**	54
道路网几何特征	57	地形	61
道路网道路特征	57	地貌	61
路网综合评价	223	地物	61
有限投资方向决策	342	台地	297
路网服务水平	222	垭口	336
路网技术指标	222	山坡线	274
路网平均行程时间	223	山腰线	(274)
路网平均车速	222	山脊线	274
交通弹性系数	181	丘陵线	262
道路网密度	57	平原线	248
路网适应性	223	**[道路展线]**	
拥挤度	(223)	自然展线	371
交通容量比	(223)	回头展线	149
路网可达性	222	螺旋展线	227
道路交通阻抗	54	老路改线	201
迫切度	249	旧路改线	(202)
路面覆盖率	217	原路改线	(202)
路面铺装率	(217)	纸上移线	361
交通事故率	181	反坡	75
道路网布局	57	顺向坡	293
干道方向法	92	逆向坡	239
支线连接法	359	横向坡	140
星形组合法	333	驼峰曲线	314
最佳分向点	373	断背曲线	69
误差三角形	322	**[特殊地区公路定线]**	
渐近优解法	175	沙漠地区路线	273
[道路路线勘测]		黄土塬路线	149
道路选线	58	黄土沟谷路线	149
带状地形图	47	软土路线	271
控制点	198	盐渍土地区路线	337
数字地形模型	288	积雪地区路线	166
导线	51	泥石流地段路线	238
路中心线	224	滑坡地段路线	144
放坡	80	岩溶地区路线	336
摆点	2	地震区路线	61
插大旗	(2)	城镇路线	29
平曲线	247	**航测定线**	130
直线段	361	像片定向	328
圆心角	345	像片影像	328
最短颈距	373	像片重叠度	328
路线主桩	223	像片倾角	328
断链	69	航偏角	133
交点	177	偏流角	(133)

航带	130	弯道加宽	317
航线弯曲	133	弯道超高	317
负片过程	91	回旋曲线	150
正片过程	358	辐射螺旋线	(150)
外控点	317	道路视距	56
多倍投影测图仪	71	视距横净距	284
多倍仪	(71)	车行道	26
杠杆缩放仪	107	行车道	(26)
立体量测仪	203	变速车道	8
投影转绘仪	310	错车道	43
立体坐标量测仪	204	慢车道	230
道路线形设计	57	辅道	90
汽车行驶力学	254	爬坡车道	241
汽车动力性能	253	应急停车带	341
汽车牵引力	253	**道路纵断面设计**	59
汽车驱动力	(253)	极限纵坡	167
滚动阻力	122	缓和坡段	147
空气阻力	197	合成坡度	134
坡度阻力	249	纵坡折减	372
惯性阻力	117	坡度差	248
汽车牵引平衡方程	253	竖向设计	288
汽车运动方程	(253)	设计标高	276
汽车行驶附着条件	254	填挖高度	300
汽车行驶黏着条件	(254)	**道路线形组合设计**	57
汽车行驶充分条件	(254)	立体线形设计	203
汽车行驶第二条件	(254)	视觉	284
附着系数	91	道路诱导性	58
黏着系数	(91)	道路景观设计	55
汽车驱动轮	254	道路透视图	56
发动机转速特性	74	道路美学	55
车轮工作半径	26	道路平顺性	56
汽车传动比	253	视野角度	284
速比	(253)	道路安全性	54
海拔荷载系数	126	洪水频率	142
最小稳定速度	374	道路线形要素	57
汽车行驶稳定性	254	**道路横断面设计**	54
汽车制动性能	254	路基典型横断面	212
汽车燃料经济性	254	道路横向坡度	54
动力因数	68	护坡道	144
道路平面设计	56	路基施工高度	214
平曲线要素	247	路基填挖高度	(214)
回头曲线	149	路基坡顶	214
回头弯	(149)	路基坡脚	214
同向曲线	310	多层路基横断面	71
反向曲线	75	多层道路横断面	71

人工台阶	266
土方调配经济运距	312
道路交叉	54
道路平面交叉	55
平交	(55)
十字形交叉	281
Y 型交叉	375
T 形交叉	375
丁字交叉	(375)
错位交叉	44
错口交叉	(44)
多路交叉	72
复式交叉	(72)
多岔交叉	(72)
加铺转角式交叉	171
加宽式交叉口	171
喇叭式交叉	199
漏斗式交叉	(199)
分道转弯式交叉	84
[信号交叉]	
人工控制信号交叉	266
单点定时自动控制交叉	47
自动控制信号交叉	370
感应式自动控制交叉	93
全感应式自动控制交叉	265
半感应式自动控制交叉	3
行人通行信号交叉	333
[环形交叉]	
环形交叉口	146
常规环形交叉口	20
小型环形交叉口	329
微型环形交叉口	318
双向行驶环形交叉	290
环道	146
中心岛	363
中央岛	(363)
交织	183
交织角	184
交织距离	184
交织长度	(184)
交织段长度	183
交织区	184
环交进出口	146
立体交叉	203
分离式立体交叉	85
隔离式立体交叉	(85)
非互通式立体交叉	(85)
全互通式立体交叉	265
部分互通式立体交叉	16
不完全互通式立体交叉	(16)
菱形立体交叉	209
环形立体交叉	147
转盘式立体交叉	(147)
苜蓿叶式立体交叉	235
部分苜蓿叶式立体交叉	16
全定向式立体交叉	265
多层式立体交叉	71
喇叭式立体交叉	200
多桥式立体交叉	73
北京三元里立体交叉	5
天津中山门立体交叉	299
广州区庄立体交叉	118
南京中央门立体交叉	236
大连香炉礁立体交叉	46
匝道	348
左转匝道	374
环形匝道	147
单向匝道	49
变速车道	8
冲突点	30
匝道终点	348
引道	340
交叉口交通量	177
交叉口流量	(177)
交叉口高峰小时交通量	177
交叉口饱和交通量	177
交叉口服务交通量	177
交叉口设计交通量	(177)
交叉路口视距	177
交叉口最小视距三角形	177
道路交叉口通行能力	54
停车断面法通行能力	305
冲突点通行能力	31
立体交叉通行能力	203
匝道通行能力	348
DOE 法环交通行能力	374
沃氏法环交通行能力	319
前苏联法环交通行能力	257
间隙接受法环交通行能力	173
[道路与铁路交叉]	

人行立交桥	266	路面基层	217
人行天桥	(266)	路面底基层	216
地道	60	路面垫层	217
跨线桥	198	路面磨耗层	218
立交桥	(198)	路面联结层	218
高架路	108	混凝土路面胀缝	151
高架桥	108	混凝土路面缩缝	151
路基工程	213	混凝土路面纵缝	152
道路路基构造	55	混凝土路面施工缝	151
砌石路基	255	高级路面	108
挡土墙路基	49	次高级路面	43
路基用土	215	中级路面	363
道路路基设计	55	低级路面	60
路基干湿类型	213	沥青混凝土路面	204
路基稠度	212	水泥混凝土路面	291
路基临界高度	214	厂拌沥青碎石路面	20
路基湿度	215	整齐块石路面	356
路基强度	214	沥青贯入碎石路面	204
路基稳定性	215	路拌沥青碎石路面	211
路基排水	214	沥青表面处治路面	204
路基加固	214	级配砾石路面	167
路基支挡结构物	215	泥结碎石路面	238
道路路基建筑	55	半整齐块石路面	4
路堤填筑	212	粒料加固土路面	205
路堑开挖	221	钢筋混凝土路面	99
土基压实标准	312	预应力混凝土路面	343
土基压实度	312	连续配筋混凝土路面	205
特殊地区路基	298	钢纤维混凝土路面	100
陡坡路基	68	水泥稳定路面基层	292
滑坡地区路基	144	石灰稳定路面基层	281
泥石流地区路基	239	沥青稳定路面基层	205
翻浆地段路基	74	工业废渣稳定路面基层	112
雪害地段路基	335	路面使用品质	220
多年冻土地区路基	72	路面平整度	219
盐渍土地区路基	337	路面抗滑能力	218
黄土地区路基	148	路面耐久性能	218
膨胀土地区路基	246	路面耐用指数	219
道路路面工程	55	路面强度	219
路面构造	217	路面变形特性	216
路面宽度	218	路面设计	219
路拱坡度	212	路面设计使用年限	220
路缘带	224	路面设计寿命	(220)
路肩	215	标准轴载	9
路缘石	224	轴载当量换算	365
路面面层	218	累计当量轴载数	202

路面结构组合设计	218
路面结构厚度设计	217
柔性路面	268
刚性路面	93
柔性路面层状弹性体系解	268
刚性路面弹性地基板体系解	93
路面结构有限元分析	218
路面设计指标	220
柔性路面设计	269
柔性路面设计中国方法	269
柔性路面设计前苏联方法	269
柔性路面设计 CBR 法	270
柔性路面设计 AASHTO 法	270
柔性路面设计地沥青学会法	269
柔性路面设计壳牌公司法	269
刚性路面设计	93
刚性路面设计中国方法	94
刚性路面设计前苏联方法	94
刚性路面设计 PCA 法	94
刚性路面设计 AASHTO 法	94
路面排水设计	219
路面加固设计	217
路面建筑材料	217
路用石料	224
路用集料级配	223
道路水泥	56
路用混凝土配合比	223
混凝土强度快速评定法	152
路用沥青材料	223
石灰稳定材料	281
水泥稳定材料	292
沥青稳定材料	205
工业废渣稳定材料	112
路面建筑	217
路面施工机械化	220
沥青洒布车	205
沥青混合料摊铺机	204
水泥混凝土路面摊铺机	291
沥青混合料基地	204
路面施工质量控制与检查	220
路面平整度仪	219
杠杆弯沉仪	107
贝克曼弯沉仪	(107)
贝克曼梁	(107)
落锤式动力路面弯沉仪	227
FWD	(227)
路面粗糙度仪	216
路面无破损检测	220
路面养护管理	221
路面管理系统	217
PMS	(217)
路面养护管理系统	221
路面养护周期	221
路面大修	216
路面中修	221
路面小修保养	220
路面养护费用	221
路面养护管理机构	221
路面养护对策	220
道路沿线附属设施	58
道路交通标志	54
警告标志	190
禁令标志	188
指示标志	361
指路标志	361
导向标志	(361)
辅助标志	90
可变信息标志	195
道路情报牌	56
路面标线	216
立面标记	203
车行道边缘线	26
停止线	307
导流标线	50
道路防护设施	54
护栏	143
护柱	144
护墙	144
防护栅	78
禁入栅栏	(78)
人行护网	266
防眩屏	79
遮光栅	(79)
防眩板	(79)
防雪栅	79
安全岛	1
分隔器	84
道路急救设施	54
道路休息服务设施	57
服务站	88

停车站	306
停车港	305
港湾式停车站	(305)
加油站	172
收费站	284
道路渠化	56
交通岛	178
分隔带	84
道路照明标准	58
道路照明布置	59
道路照明灯具	59
高杆照明	108
[停车设施]	
停车场	304
停车库	305
停车楼	305
地下停车场	61
路侧(路缘)停车	211
路中停车	224
路外停车	222
停车车位	304
停车容量	306
停车控制区	305
停车计时器	305
临时停车场	209
固定停车场	114
[著名道路]	
栈道	353
驰道	30
驿道	339
驿路	(339)
御道	344
丝绸之路	293
罗马大道	227
滇缅公路	62
川藏公路	32
中山高速公路	363
京塘高速公路	189
美国州际与国防公路系统	232
日本名神高速公路	267
沈大高速公路	278
铁路工程	301
[铁路限界及标志]	
铁路限界	303
机车车辆限界	162

建筑限界	175
直线建筑限界	361
隧道建筑限界	295
桥梁建筑限界	259
限界加宽	325
超限货物装载限界	21
窄轨铁路限界	351
限界架	325
限界门	325
线路标志	326
公里标	113
曲线标	263
桥号标	259
坡度标	248
管界标	116
道口警标	53
线路标桩	326
信号标志	333
站界标	353
预告标	343
司机鸣笛标	293
作业标	374
补机终止推进标	15
减速地点标	174
接触网终点标	186
列车标志	207
铁路选线	303
铁路运量	303
换算周转量	148
货物周转量	154
旅客周转量	225
货运量	154
地方货运量	60
直通货运量	360
通过货运量	(360)
客运量	196
地方客运量	60
直通客运量	361
运输密度	347
货运密度	154
货运强度	(154)
货流比	153
货运波动系数	154
货运不平衡系数	(154)
设计年度	276

铁路能力	302	双线铁路	290
通过能力	307	复线	(290)
输送能力	287	多线铁路	73
列车运行图	208	高速铁路	109
单线平行成对运行图	48	第二线	62
单线非平行运行图	48	牵引种类	256
商务运行图	(48)	机车类型	164
控制区间	198	机车交路	163
限制区间	(198)	乘务制度	30
运行图周期	347	**[铁路规划]**	
追踪系数	369	铁路网规划	302
满轴系数	230	铁路网密度	303
扣除系数	198	经济调查	189
占线系数	(198)	运量预测	346
通过能力储备系数	307	直通吸引范围	361
行车方向	333	地方吸引范围	61
零担列车	209	货流图	153
摘挂货物列车	351	铁路建设投资	302
循环直达列车	336	运输成本	347
直达货物列车	359	运输收入	347
直通货物列车	360	换算工程运营费	148
区段货物列车	262	**[列车牵引]**	
区段列车	(262)	列车运行阻力	208
小运转列车	329	列车运行基本阻力	207
重载列车	364	列车运行附加阻力	207
组合列车	372	曲线附加阻力	263
单元列车	49	隧道空气附加阻力	296
高效整体列车	109	列车起动阻力	207
高速列车	108	列车制动力	208
高速动车组列车	108	空气制动	197
救援列车	190	电阻制动	64
运量适应图	346	液力制动	338
铁路等级	301	再生制动	348
区段	262	盘形制动	242
铁路主要技术标准	304	电磁轨道制动	63
轨距	121	磁轨制动	(63)
标准轨距	8	电磁涡流制动	63
宽轨	199	列车制动率	208
窄轨	351	常用制动	20
铁路	300	紧急制动	186
干线铁路	92	非常制动	(186)
支线铁路	359	制动空走时间	362
专用线	367	制动距离	362
地方铁路	61	制动空走距离	362
单线铁路	48	制动有效距离	362

机车牵引力	164
黏着牵引力	239
机车计算牵引力	163
机车计算起动牵引力	163
机车洩钩牵引力	164
机车牵引特性曲线图	164
净载系数	190
牵引吨数	255
货物列车净载重	154
列车净重	(154)
列车每延米质量	207
合力曲线	134
计算速度	170
技术速度	170
旅行速度	225
区段速度	(225)
商务速度	(225)
旅速系数	225
限制速度	325
均衡速度	191
速度剖面	295
[铁路平面与纵断面]	
铁路线路中心线	303
铁路中线	(303)
铁路线路平面	303
最小曲线半径	374
圆曲线	344
复曲线	91
缓和曲线	147
不等长缓和曲线	15
缓和曲线半径变更率	147
夹直线	172
铁路线路平面图	303
铁路线路纵断面	303
坡度	248
最大坡度	373
限制坡度	325
加力牵引坡度	171
多机坡度	(171)
动力坡度	68
动能闯坡	(68)
均衡坡度	191
有害坡度	342
无害坡度	321
加算坡度	172

定线坡度	67
变坡点	8
坡段长度	249
坡度差	248
竖曲线	287
起动缓坡	251
加速缓坡	171
曲线阻力折算坡度	264
曲线阻力当量坡度	(264)
最大坡度折减	373
小半径曲线黏降折减	329
曲线折减	264
隧道坡度折减	296
纵断面图	372
站坪长度	353
站坪坡度	353
到发线有效长	51
定线	66
航空线	132
经济据点	189
克服高度	196
拔起高度	(196)
紧坡地段	186
紧迫导线地段	(186)
缓坡地段	148
自由导线地段	(148)
导向线	51
展线	352
展线系数	353
展长系数	(353)
越岭线	345
河谷线	135
沿溪线	(135)
横断面选线	139
不良地质地段选线	16
既有铁路勘测	170
旧线勘察	(170)
既有线平面测绘	170
偏角法	246
矢距法	282
既有曲线拨距	170
角图	184
曲率图	263
渐伸线图	175
渐伸线法	175

13

角图法		184
正矢法		358
绳正法		(358)
计算轨顶高		170
放大纵断面图		80
第二线边侧		62
换侧		148
换边		(148)
单线绕行		48
双线绕行		289
两线并行等高		207
线距计算		326
第二线平面计算		(326)
三角分析法		271
工业铁路		112
森林铁路		273
矿山铁路		199
[铁路路基工程]		
路基横断面		213
路基断面		(213)
路基中心线		215
路堤		211
填方		(211)
路堑		221
挖方		(221)
半堤半堑		3
半填半挖路基		(3)
铁路路拱		302
路基宽度		214
路基边坡		212
路基高度		213
铁路天然护道		302
取土坑		264
弃土堆		253
路基换算土柱		213
路堑平台		221
铁路护堤		302
铁路复式路堤		301
铁路机械化作业平台		302
[路基排水设施]		
侧沟		17
天沟		299
排水沟		241
排水槽		241
槽沟		(241)

截水沟		186
急流槽		167
吊沟		64,(167)
跌水		65
渗沟		278
盲沟		(278)
边坡渗沟		7
反滤层		75
检查井		173
隧洞		296
渗水隧洞		(296)
泄水隧洞		(296)
渗井		278
平孔排水		247
路基压实		215
路基基床		214
最佳含水量		373
最佳密度		373
击实试验		155
标准击实仪		8
预留沉落量		343
预加沉落土		(343)
路基防护设施		213
坡面防护		249
护坡		143,(249)
护墙		144
冲刷防护		30
护岸		(30),(142)
固沙造林		115
防风栅栏		78
挡风墙		49
路基支挡建筑物		215
土压力		313
挡土墙		49
御土墙		(49)
重力式挡土墙		364
衡重式挡土墙		141
垛式挡土墙		73
框架式挡土墙		(73)
薄壁式挡土墙		4
柱板式挡土墙		366
桩板式挡土墙		368
锚杆挡土墙		231
锚杆挡墙		(231)
锚定板挡土墙		231

加筋土挡土墙	171		道碴陷槽	52
竖向预应力锚杆挡土墙	288		道碴箱	52
抗滑桩	193		道碴囊	52
锚固桩	(193)		道碴袋	52
承台式抗滑桩	28		冻害	68
排架式抗滑桩	241		冻胀	(68)
支墙	358		热融滑坍	266
支顶墙	(358)		崩塌	6
拦石墙	200		落石	228
拦石网	200		坡面溜坍	249
落石槽	228		表面溜坍	(249)
落石平台	228		坡面冲刷	249
拦石坝	200		黄土陷穴	149
谷坊坝	(200)		边坡坍塌	7
[特殊条件下路基]			**路基施工**	214
浸水路堤	188		土方调配	312
软土地基	271		土方调配图	312
路堤填筑临界高度	212		挡土墙沉降缝	49
路堤极限高度	(212)		挡土墙伸缩缝	49
路堤设计临界高度	212		施工高程	281
排水砂井	242		浆砌片石	176
砂井	(242)		圬工	319
袋装砂井	47		回填	149
反压护道	75		试桩	284
反压马道	(75)		路基放样	213
排水砂垫层	242		渐近法放边桩	175
石灰桩	281		计算法放边桩	169
土工织物	312		图解法放边桩	311
换填土壤	148		**铁路轨道**	301
换土	(148)		铁路线路上部建筑	(301)
抛石挤淤	243		**轨道几何形位**	120
爆破排淤	5		轨道构造	(120)
侧向约束	17		轨道类型	120
柴排	18		普通线路	250
塑料排水板	295		无缝线路	320
强夯法	259		焊接长钢轨轨道	(320)
碎石桩	295		有碴轨道	342
振冲碎石桩	(295)		无碴轨道	320
粉体喷射搅拌法	85		曲线轨距加宽	263
路基病害	212		曲线外轨超高	263
滑坡	144		超高	(263)
滑动面	144		钢轨轨底坡	96
基床变形	166		钢轨内倾度	(96)
基面变形	(166)		轨道水平	121
翻浆冒泥	75		线路水平	(121)

轨道方向		119
线路方向		(120)
轨道高低		120
前后高低		(120)
温度应力式无缝线路		319
无缝线路固定区		320
无缝线路伸缩区		320
无缝线路呼吸区		(320)
无缝线路缓冲区		320
无缝线路调节区		(320)
无缝线路温度力		320
无缝线路临界温度力		320
钢轨接头阻力		97
道床阻力		53
轨排刚度		121
轨道框架刚度		(121)
无缝线路锁定轨温		320
无缝线路零应力轨温		(320)
定期放散式无缝线路		66
自由放散式无缝线路		371
轨道部件		119
钢轨		95
标准长度钢轨		8
标准缩短轨		8
工业轨		112
焊接长钢轨		129
耐磨钢轨		236
耐腐蚀钢轨		235
走行轨		372
防磨护轨		78
异型轨		339
钢轨工作边		96
钢轨接头		97
相对式钢轨接头		327
相错式钢轨接头		327
普通钢轨接头		250
钢轨异型接头		99
钢轨焊接接头		96
钢轨冻结接头		95
钢轨导电接头		95
钢轨绝缘接头		98
钢轨胶结绝缘接头		96
钢轨伸缩调节器		99
温度调节器		(99)
钢轨接头轨缝		97

钢轨联结零件		98
钢轨配件		(98)
接头配件		(98)
钢轨接头夹板		97
鱼尾板		(97)
异型接头夹板		339
异型鱼尾板		(339)
钢轨绝缘夹板		97
钢轨接头螺栓		97
鱼尾螺栓		(97)
钢轨接头弹簧垫圈		97
钢轨扣件		98
中间联结零件		(98)
钢轨刚性扣件		96
钢轨弹性扣件		99
钢轨垫板		95
道钉		53
普通道钉		250
狗头道钉		(250)
螺纹道钉		227
弹簧道钉		297
钢轨扣压件		98
轨下弹性垫层		122
轨下胶垫		(122)
硫磺锚固		210
线路防爬设备		326
防爬器		78
防爬撑		78
轨道附属设备		120
轨撑		119
轨距拉杆		121
脱轨器		313
轨下部件		122
轨枕		122,(122)
岔枕		18
桥枕		259
混凝土宽枕		151
轨枕板		(151)
混凝土纵向轨枕		152
轨道板		119
短枕		69
道床		53
道碴道床		52
整体道床		356
沥青道床		204

轨排	121		辙叉有害空间	355
轨下基础	122		辙叉查照间隔	355
铁路道岔设备	301		辙叉护背距离	355
道岔	52		辙叉垫板	355
单开道岔	47		护轨垫板	143
普通单式道岔	(48)		道岔导曲线	52
双开道岔	289		岔枕配列	18
单式对称道岔	(289)		道岔配列	53
三开道岔	272		道岔中心	53
复式对称道岔	(272)		道岔全长	53
交分道岔	177		转辙角	368
特殊道岔	298		辙叉角	355
套线道岔	298		道岔号码	52
脱线道岔	313		导曲线半径	50
脱鞋道岔	313		辙叉全长	355
交叉	176		道岔附带曲线	52
菱形交叉	209		**轨道铺设**	121
斜交叉	(209)		钢轨焊接	96
直角交叉	359		钢轨铝热焊	98
正交叉	(359)		铸焊	(98)
交叉渡线	176		钢轨接触焊	97
套线设备	298		闪光对焊	(97)
转辙器	368		钢轨气压焊	98
基本轨	166		钢轨电弧焊	95
尖轨	173		轨节配列	121
辙轨	(173)		道岔放样	52
普通断面尖轨	250		曲线出岔	263
特种断面尖轨	298		**轨道检测**	120
尖轨跟部接头	173		轨道变形	119
尖轨补强板	173		轨道静态变形	120
滑床板	144		轨道动态变形	119
辙后垫板	355		轨道空吊板	120
辙跟垫板	355		轨道三角坑	121
导轨	50		钢轨低接头	95
辙叉	355		钢轨瞎缝	99
叉心	18		轨道爬行	121
人字尖	(18)		线路爬行	(121)
翼轨	339		胀轨跑道	354
钢轨组合辙叉	99		钢轨磨耗	98
整铸辙叉	357		鞍形磨耗	1
可动式辙叉	195		钢轨波形磨耗	95
曲线辙叉	264		钢轨伤损	98
辙叉护轨	355		钢轨擦伤	95
轮缘槽	226		钢轨飞边	96
辙叉咽喉	355		钢轨白点	95

钢轨核伤		96	岔线	18
钢轨轨顶金属剥离		96	箭翎线	176
钢轨接头错牙		97	车挡	24
道床脏污度		53	警冲标	190
钢轨探伤仪		99	站线有效长度	354
轨道检查车		120	站线间距	353
钢轨断面仪		95	站线编号	353
线路作业		326	**铁路车场**	300
线路大修		326	到发场	51
线路中修		326	调车场	64
线路经常维修		326	编组场	7,(64)
	起道	251	编组场	7,(64)
	拨道	9	辅助调车场	90
	改道	92	自动化调车场	370
	整道	356	轮渡车场	226
	钢轨温度应力放散	99	待渡场	(226)
	线路紧急补修	326	**铁路车站**	300
	巡道	335	会让站	150
工务区划		112	越行站	345
	工务段	111	中间站	363
	领工区	209	区段站	262
	工区	111	编组站	7
	机械化养路工区	166	路网型编组站	222
	工务修配所	112	区域编组站	262
	大修队	47	地方编组站	60
	轨排基地	121	纵列式编组站	372
	工务登记簿	111	横列式编组站	139
	工务设备图表	112	混合式编组站	150
[铁路站场设备]			给水站	169
铁路车站线路		301	客运站	196
	站线	(301)	货运站	154
	到发线	51	工业站	112
	调车线	64	港湾站	106
	编组线	7,(64)	换装站	148
	编组线	7,(64)	线路所	326
	牵出线	255	辅助所	91
	安全线	1	**铁路调车设备**	301
	避难线	7	调车驼峰	64
	机车走行线	165	机械化驼峰	166
	机车待避线	163	非机械化驼峰	82
	机待线	(163)	简易驼峰	174
	三角线	271	自动化驼峰	370
	车辆站修线	25	半自动化驼峰	4
	梯线	299	全顶驼峰	264
	渡线	69	全减速顶驼峰	(264)

调车线全顶驼峰	64	
点连式驼峰	62	
双溜放驼峰	289	
驼峰高度	314	
驼峰峰顶	314	
驼峰推送线	314	
驼峰溜放线	314	
驼峰迂回线	314	
峰顶禁溜车停留线	87	
难行线	237	
最易行车	374	
难行车	237	
易行车	339	
驼峰车辆溜放阻力	314	
车辆减速器	25	
车辆缓行器	(25)	
螺旋减速器	227	
液压螺旋滚筒式减速器	(227)	
ASEA 螺旋减速器	(227)	
制动铁鞋	362	
减速顶	174	
加速顶	171	
加减速顶	171	
绳索牵引推送小车	280	
直线电机加减速小车	361	
测速设备	17	
测长设备	17	
测重设备	17	
测阻设备	17	
车辆调速设备	25	
铁路客运设备	302	
旅客站房	225	
旅客站台	225	
旅客跨线设备	225	
旅客站台雨棚	225	
客车整备所	196	
客车技术作业站	(196)	
旅客乘降所	224	
[铁路货运设备]		
货场	153	
货物仓库	153	
货物雨棚	154	
货物堆积场	153	
货物站台	154	
货物装卸线	154	
货物线间距	154
加冰所	170
轨道衡线	120
铁路能力	302
车站通过能力	26
驼峰解体能力	314
编组站改编能力	8
[其他]	
站场排水	353
站场照明	353
机车库	164
车辆站修所	25
列车检修所	207
列检所	(207)
车辆段	24
电务段	63
[铁路枢纽设备]	
铁路枢纽	302
枢纽线路疏解	285
闸站	351
水闸式线路所	(351)
枢纽迂回线	285
枢纽联络线	285
枢纽环线	285
枢纽直径线	285
[机车车辆和供电]	
机车	162
机车轴列式	164
轮轴公式	(164)
轴重	365
轴距	365
转向架	368
台车	(368)
动轮	68
机务段	165
机车整备	164
机车检修	163
蒸汽机车	356
灰坑	149
给煤设备	169
水鹤	290
内燃机车	237
柴油机车	(237)
内燃机车传动装置	237
燃气轮机车	265

19

电力机车	63	停车信号	306
直流电力机车	360	进行信号	187
交流电力机车	178	减速信号	174
交-直-交电力机车	184	注意信号	366
单相-三相电力机车	(184)	通过信号	307
机车持续功率	163	引导信号	340
机车小时功率	164	色灯信号机	273
铁路车辆	300	臂板信号机	7
车辆标记	24	主体信号机	366
车辆换长	25	从属信号机	43
车辆全长	25	信号托架	333
车辆型号	25	信号表示器	333
双层客车	288	驼峰道岔自动集中	314
通用货车	309	存储式驼峰电气集中	(314)
棚车	246	道口信号	53
敞车	20	机车自动停车装置	164
平车	247	联锁	206
专用货车	367	集中联锁	167
冷藏车	202	电气集中联锁	63
煤车	232	非集中联锁	83
矿石车	199	电锁器联锁	63
罐车	117	进路	187
槽车	(117)	敌对进路	60
自翻车	370	基本进路	166
守车	284	平行进路	248
车辆轴数	25	定位	66
车钩	24	隔开设备	111
缓冲器	147	闭塞	7
电气化铁路供电	63	区间闭塞	(7)
牵引变电所	255	自动闭塞	370
分区亭	85	调度集中	64
分段开关站	(85)	列车集中控制	(64)
供电段	114	调度监督设备	65
接触网	186	调度控制	65
承力索	28	轨道电路	119
吊弦	64	继电器	170
接触导线	185	转辙机	368
[信号及通信]		通信	309
[信号]		数据通信网	288
铁路信号	303	电报通信网	62
信号设备	333	数字电话网	288
固定信号	115	通信枢纽	309
移动信号	339	通信线路	309
行车信号	333	同轴电缆	310
调车信号	64	光纤电缆	117

光缆	(118)		包兰铁路沙坡头沙漠路基	4	
无线列车调度电话	321		青藏铁路盐岩路基	261	
站内无线调度电话	353		杭甬铁路软土路基	129	
微波通信	318		太焦铁路稍院锚杆挡墙	297	
散射通信	273		成昆铁路大锚杆挡墙	27	
激光通信	167		[著名线路设备]		
光纤通信	118		成昆铁路隧道整体道床	27	
[集装箱运输]			皖赣铁路溶口隧道板体轨道	317	
集装单元	168		北京客站交分交叉渡线	5	
货物成组化	153		可动心轨道岔	195	
集装箱	168		[著名枢纽]		
集装箱运输网	169		北京铁路枢纽	6	
集装箱专用车	169		郑州铁路枢纽	358	
集装化运输	168		哈尔滨铁路枢纽	124	
单元运输	(168)		上海铁路枢纽	275	
集装箱场	(168)		詹天佑	351	
联合直达运输	206		[航运工程]		
驮背运输	314		船舶	32	
载车运输	(314)		舟、舫	(32)	
挂衣运输	115		运输船舶	347	
托盘	313		客船	196	
码盘	229		货船	153	
门对门运输	232		杂货船	348	
箱盘运输	328		统货船	(348)	
集装箱运输管理自动化系统	169		普通货船	(348)	
[著名铁路工程]			包装货船	(348)	
[著名铁路]			散货船	272	
吴淞铁路	321		油船	341	
唐胥铁路	297		集装箱船	168	
京张铁路	189		滚装船	122,(168)	
京广铁路	188		滚上滚下船	(122)	
京沪铁路	188		客货船	196	
陇海铁路	210		机动船	165	
中长铁路	363		自航船	(165)	
昆河铁路	199		非机动船	82	
宝成铁路	5		自卸船	371	
成昆铁路	27		拖轮	313	
青藏铁路	261		推轮	313	
大秦铁路	46		驳船	15	
日本东海道新干线	267		驳	(15)	
法国东南干线	74		分节驳	84	
苏联贝加尔－阿穆尔铁路	257		甲板驳	172	
[著名路基工程]			工程船舶	111	
鹰厦铁路杏集海堤	341		起重船	252	
成昆铁路狮子山滑坡	27		浮式起重机	(252)	

浮吊		(252)	渠化航道	264
打桩船		44	人工航道	266
抛石船		242	限制性航道	325
混凝土船		151	山区航道	274
水泥船		291,(151)	平原航道	248
[船舶种类]			湖区航道	142
载驳船		348	库区航道	198
母子船		(348)	进港航道	187
水翼船		293	主航道	366
气垫船		252	副航道	91
双体船		289	单线航道	48
冷藏船		202	双线航道	289
帆船		74	水运干线	293
排筏		241	地方航道	60
水泥船		291,(151)	航道网	132
港务船		106	运河	345,(266)
港作船		107,(106)	沟	(345)
船型		36	渠	(345)
船舶尺度		32	槽渠	(345)
船舶吨位		33	运渠	(345)
船舶载重量		34	海运河	129
船舶载重线		34	内陆运河	237
船长		34	连通运河	205
船宽		35	旁侧运河	242
型长		334	分支运河	85
型宽		334	越岭运河	345
吃水		30	设闸运河	277
干舷		92	开敞运河	192
船队		34	无闸运河	(192)
拖带船队		313	运河基本尺度	346
顶推船队		66	运河纵坡降	346
船舶设备		33	运河断面系数	345
舾装设备		(34)	运河选线	346
船舶起货设备		33	船行波	36
船舶系泊设备		34	运河供水	345
系船设备		324,(34)	运河耗水量	346
船舶电气设备		33	运河护坡	346
船舶动力装置		33	航行条件	133
船舶导航装置		33	航道通过能力	131
航道		130	通航密度	308
漕		(130)	通航期	308
漕水道		(130)	通航标准	308
漕渠		(130)	设计船型	276
[航道工程]			航道等级	131
天然航道		300	通航保证率	308

航道设计水位	131	
设计最高通航水位	277	
设计最低通航水位	277	
检修水位	174	
通航流量	308	
航行基准面	133	
航行零点	(133)	
航道尺度	131	
航道标准水深	130	
最小通航保证水深	374,(130)	
航深	(130)	
最小通航保证水深	374,(130)	
富裕水深	91	
航道标准宽度	130	
航宽	(130)	
富裕宽度	91	
航迹宽度	132	
航道弯道加宽	132	
航道弯曲半径	132	
通航净空	308	
通航净高	308	
通航净跨	308	
航道断面系数	131	
船舶航行阻力	33	
实船试验	282	
航运规划	134	
航运经济规划	134	
船舶营运规划	34	
直达运输	359	
江海联运	176	
船队运输	35	
拖带运输	313	
顶推运输	66	
航道工程规划	131	
航道开发	131	
航道勘测	131	
航道测量	131	
航道整治	132	
[航道整治类型]		
山区航道整治	274	
平原航道整治	248	
溪沟治理	323	
河口整治	137	
裁弯取直	16	
裁弯工程	(16)	

河床演变	134	
河相关系	138	
造床流量	349	
造床过程	349	
河势	138	
主导河岸	366	
节点	186	
顶冲点	65	
撇弯	246	
切滩	260	
冲淤平衡	31	
冲淤幅度	31	
边滩	7	
深槽	277	
河漫滩	138	
拦门沙	200	
浅滩	258	
正常浅滩	358	
平滩	(358)	
交错浅滩	177	
复式浅滩	91	
散乱浅滩	273	
过渡段浅滩	123	
汊道浅滩	18	
弯道浅滩	317	
滩险	297	
急流滩	167	
急滩	(167)	
险滩	325	
扫弯水滩	273	
石梁滩	282	
滑梁水	144	
卵石滩	225	
乱石滩	225	
基岩滩	167	
崩岩滩	6	
峡口滩	324	
溪口滩	323	
河口滩	137	
对口滩	70	
错口滩	44	
枯水滩	198	
中水滩	363	
洪水滩	142	
常年滩	20	

整治建筑物		357	梢捆	276
丁坝		65	**整治工程设计**	357
上挑丁坝		276	航道整治线	132
下挑丁坝		325	整治水位	357
正挑丁坝		358	整治流量	357
勾头丁坝		114	整治线宽度	357
斜顶丁坝		329	**渠化工程**	264
丁顺坝		65	河流渠化	137
顺坝		293	局部渠化	190
导流坝		(293)	连续渠化	206
倒顺坝		52	碍航河段	1
格坝		110	渠化河段	264
锁坝		296	渠化梯级	264
堵坝		(296)	渠化枢纽	264
潜坝		257	[渠化设施]	
导流堤		50	活动坝	152
导堤		(50)	通航建筑物	308
护岸工程		142	过船建筑物	123
护岸	(30),	(142)	**通航渡槽**	308
护坡	143,	(249)	**通航隧洞**	308
轻型整治建筑物		262	**船闸**	37
临时性整治建筑物		(262)	[船闸类型]	
重型整治建筑物		364	海船闸	126
永久性整治建筑物		(364)	单级船闸	47
透水整治建筑物		311	多级船闸	72
网坝		318	单线船闸	48
实体整治建筑物		282	双线船闸	289
环流整治建筑物		146	省水船闸	280
导流系统		(146)	防咸船闸	79
导流建筑物		(146)	井式船闸	189
转流建筑物		(146)	广室船闸	118
导流屏		50	闸梯	351
导流盾		(50)	带中间渠道的多级船闸	(351)
淹没整治建筑物		336	溢洪船闸	339
不淹没整治建筑物		16	套闸	298
潜没整治建筑物		257	双埝船闸	(298)
橡胶坝		328	**船闸规划**	37
整治工程材料		356	船闸总体设计	(37)
沉排		26	船闸级数	38
沉树		26	船闸线数	40
柴排		18	船闸通过能力	40
石笼		282	船舶装载系数	34
秸料		186	运量不平衡系数	346
人工海草		266	年通航天数	239
杩杈		228	船闸日工作小时	38

过闸船舶平均吨位	123	衬砌墙	(37)
过闸作业	124	混合式闸室墙	151
过闸程序	(124)	闸室底板	350
设计水平年	277	透水闸底	311
过闸耗水量	123	船闸闸首	41
过闸时间	123	上闸首	276
船闸输水时间	39	中闸首	364
船闸灌泄水时间	(39)	下闸首	325
船闸基本尺度	38	中间闸首	363
闸室有效长度	350	闸首边墩	350
闸室有效宽度	350	闸首支持墙	350
门槛水深	233	闸门门龛	350
镇静段	356	门库	233
闸室水域面积	350	闸槛	350
船闸高程	37	门槛	(350)
船闸设计水位	39	帷墙	319
船闸水头	40	闸首底板	350
单向水头	49	引航道	340
双向水头	290	引航道长度	340
施工通航	281	引航道宽度	340
设计船型	276	引航道水深	341
过闸方式	123	引航道口门区	340
单向过闸	48	冲沙闸	30
双向过闸	290	船闸前港	38
成批过闸	28	外停泊区	317
开通闸	192	引航道导堤	340
船闸渗流	39	导航建筑物	50
船闸闸室	41	导航墙	50,(50)
直立式闸室	360	导航架	(50)
斜坡式闸室	332	靠船建筑物	193
半斜坡式闸室	4	导航墙	50,(50)
整体式闸室	356	主导航墙	365
坞式闸室	322,(356)	主导航建筑物	(365)
分离式闸室	85	副导航墙	91
悬臂式闸室	334	浮式导航墙	89
双铰底板式闸室	289	通航水流条件	308
闸室墙	350	系船设备	324,(34)
重力式闸室墙	364	固定系船柱	114
衡重式闸室墙	141	系船钩	324
扶壁式闸室墙	88	龛式系船钩	(324)
空箱式闸室墙	197	浮式系船环	89
连拱式闸室墙	205	船闸输水系统	39
板桩式闸室墙	3	集中输水系统	167
高桩台式闸室墙	110	头部输水系统	(168)
船闸衬砌墙	37	短廊道输水系统	69

槛下输水系统	192	
门下输水系统	233	
门缝输水系统	232	
门上孔口输水系统	233	
组合式输水系统	372	
分散输水系统	85	
长廊道输水系统	19,(85)	
等惯性输水系统	59,(85)	
消能室	328	
格栅式帷墙消能室	110	
封闭式帷墙消能室	87	
开敞式帷墙消能室	192	
消力栅	328	
船闸水力学	40	
船舶停泊条件	34	
缆绳拉力	201	
船闸水力特性曲线	40	
惯性超高	117	
惯性超降	117	
输水阀门工作条件	287	
输水阀门底缘空穴数	287	
船闸输水系统水工模型试验	39	
船闸闸门	41	
工作闸门	112	
检修闸门	174	
船闸检修门槽	38	
船闸事故闸门	39	
人字闸门	266	
支垫座	358	
枕垫座	356	
顶枢	65	
底枢	60	
人字闸门旋转中心	267	
导卡	50	
导柄	(50)	
门轴柱	233	
斜接柱	330	
背斜柱	6	
横拉闸门	139	
三角闸门	272,(233)	
扇形闸门	274	
扇形闸门	274	
平面闸门	247	
弧形闸门	142	
卧倒闸门	319	
浮式闸门	89	
浮坞门	90,(89)	
一字闸门	338	
单扇旋转闸门	(338)	
叠梁闸门	65	
输水阀门	287	
平面阀门	247	
反向弧形阀门	75	
圆筒阀门	344	
蝴蝶阀门	142	
输水阀门底缘门楣	287	
检修阀门	173	
备修阀门	(173)	
阀门井	74	
检修阀门井	174	
船闸闸阀门启闭机	40	
刚性拉杆式启闭机	93	
齿杆式启闭机	30	
圆盘式启闭机	344	
液压式启闭机	338	
缆索式启闭机	201	
曲柄连杆式启闭机	263	
启闭力	251	
船闸设备	39	
防撞设备	79	
曳引设备	337	
船闸航标	38	
船闸通行信号	40	
船闸航行标志灯	38	
船闸远程信号	40	
进闸信号	187	
出闸信号	31	
停船界限标志灯	306	
引航道标志灯	340	
节制闸标志灯	186	
船闸控制	38	
升船机	278	
垂直升船机	41	
均衡重式垂直升船机	191	
浮筒式垂直升船机	90	
水压式垂直升船机	293	
桥吊式垂直升船机	259	
斜面升船机	330	
纵向斜面升船机	372	
横向斜面升船机	140	

一面坡斜面升船机	338
二面坡斜面升船机	73
转盘式斜面升船机	367
高低轮式斜面升船机	107
叉道式斜面升船机	17
摇架式斜面升船机	337
双层车式斜面升船机	288
水坡式升船机	292
水坡	(292)
[升船机构造]	
承船厢	28
承船车	28
升船机驱动机构	279
牵引死点	256
过坝换坡措施	123
惯性过坝	117
无极绳牵引	321
升船机支承导向结构	279
斜坡道	330
升船机拉紧装置	279
升船机止水框架	279
升船机事故装置	279
升船机平衡系统	279
干运	92
湿运	281
疏浚工程	286
挖槽	316
回淤强度	150
适航深度	284
预留深度	343
备淤深度	(343)
抛泥区	242
疏浚土方	286
上方	275
船方	(275)
下方	324
有效土方	342
废方	83
挖泥船	316
挖泥船选择	316
挖泥船调遣	316
挖泥船生产率	316
挖泥船生产性间歇时间	316
绞吸式挖泥船	185
耙吸式挖泥船	241
链斗式挖泥船	206
抓斗式挖泥船	367
铲扬式挖泥船	18
吸扬式挖泥船	323
直吸式挖泥船	(323)
边抛式挖泥船	7
泥驳	238
吹泥船	41
疏浚施工	286
接力泵站	186
排泥管	241
排泥管架	241
泥泵	238
边抛法	7
旁通法	242
吹填工程	41
人工岛	266
疏浚标志	286
疏浚水位信号	286
疏浚导标	286
疏浚污染	286
水下炸礁	292
助航设施	366
航标	129
助航标志	366,(129)
内河助航标志	237
内河航标	(237)
海区水上助航标志	127
航标配布	130
莫尔斯信号	234
航行标志	133
过河标	123
沿岸标	336
导标	50
过渡导标	123
首尾导标	285
侧面标	17
左右通航标	374
示位标	282
泛滥标	76
桥涵标	259
信号标志	333
通行信号标	309
鸣笛标	234
界限标	186

水深信号标	292		汽车渡船	253
横流标	140		端靠式渡船	69
节制闸灯	186		公路渡口	113
专用标志	367		铁路轮渡	302
管线标	116		轮渡站	226
专用浮标	367		轮渡引线	226
海区专用标志	128		轮渡栈桥	226
海区侧面标志	127		轮渡码头	(226)
方位标志	76		轮渡靠船设备	226
孤立危险物标志	114		顺水码头	293
安全水域标志	1		逆水码头	239
灯标	59		[著名航道]	
灯塔	59,(282)		川江航道	32
灯桩	59		黄浦江河口整治	148
航标灯	130		密西西比河河口整治	233
灯船	59		莱茵河河口整治	200
浮标	88		京杭运河	188
船型浮	37		大运河	(188)
鱼型浮	343		南北大运河	(188)
浮鼓	88		巴拿马运河	2
无线电导航	321		苏伊士运河	295
绞滩	184		伏尔加－顿列宁运河	87
人力绞滩	266		基尔运河	166
拉纤过滩	199		北海-波罗的海运河	(166)
水力绞滩	291		葛洲坝船闸	111
机械绞滩	166		冰港船闸	9
绞滩站	185		东泽雷船闸	67
绞滩机	185		蒙特施水坡升船机	233
绞滩船	185		尼德芬诺升船机	238
递缆船	61		吕内堡升船机	224
船绞	35		克拉斯诺雅尔斯克升船机	196
自绞	371		港口工程	101
对绞	70		海岸动力学	125
打滩	44		波浪	11
拖滩	313		波浪要素	13
岸绞	1		波高	10
绞滩能力	185		波峰	10
绞滩水位	185		波顶	(10)
船舶过滩能力	33		波谷	11
轮渡	226		波底	(11)
渡船	69		波长	9
旅客渡船	224		波周期	15
列车渡船	207		波速	14
火车轮渡	(207)		波陡	9
铁路联络船	302		波坦	14

波龄	14
规则波	119
微幅波	318
势波	283,(318)
线性简谐波	327,(318)
正弦波	358
余摆线波	342
椭圆余摆线波	315
斯托克斯波	294
椭圆余弦波	315
孤立波	114
波能	14
水波内辐射应力	290
剩余动量流	(290)
波能流	14
波能传递	(14)
波能传递率	14
深水波	277
浅水波	258
前进波	256
推进波	(256)
行进波	(256)
自由波	371
波群	14
波群速	14
立波	202
驻波	366,(202)
波节	11
波腹	10
波浪中线超高	13
波向线	15
波峰线	10
波浪破碎	12
破波带	250
破波区	(250)
近破波	187
远破波	345
破后波	(345)
击岸波	155
浅水波能损耗	258
波浪反射	11
波浪折射	13
波浪绕射	13
波浪爬高	12
波压力	15
立波波压力	203
破波波压力	249
斜坡上波压力	330
桩柱上波压力	369
波浪浮托力	12
不规则波	15
随机波	(15)
特征波高	298
波高统计分布	10
平均波高	247
均方根波高	191
部分大波平均波高	16
有效波高	342
累积率波高	202
波列累积率	13
波浪能量谱	12
波浪频谱	12,(12)
波能谱	(12)
波浪频谱	12,(12)
波浪方向谱	11
风浪	86
风成波	(86)
涌浪	341
余波	(341)
混合浪	150
风浪预报	87
天气图	300
台风	297
风区	87
风时	87
海面状况	127
海况	(127)
波级	11
波浪玫瑰图	12
强制波	259
潮汐	22
潮汐要素	24
平均海面	247
海图基准面	128
潮周期	24
潮位	22
潮差	21
高潮	107
低潮	60
涨潮	354

落潮		227
平潮		246
停潮		304
涨潮时		354
落潮时		227
潮位历时曲线		22
潮位历时累积频率曲线		(22)
潮汐不等		22
潮汐日不等		23
潮汐月不等		24
潮汐半月不等		22
潮汐年不等		23
潮汐多年不等		23
大潮		44
朔望潮		(44)
小潮		329
方照潮		(329)
潮汐类型		23
半日潮		4
全日潮		265
混合潮		150
潮汐静力理论		23
平衡潮理论		(23)
天文潮		300
引潮力		339
引潮势		340
平衡潮		247
潮汐椭圆		23
分点潮		84
回归潮		149
潮汐动力理论		22
潮波		21
前进潮波		257
旋转潮波		335
开尔文波		192
同潮时线		309
同潮差线		309
无潮点		320
潮汐预报		24
分潮		83
浅水分潮		258
潮汐调和分析		23
潮汐调和常数		23
迟角		30
气象潮		252

风暴潮		85
假潮		172
海啸		128
涌潮		341
增水		350
减水		174
海流		127
潮流		21
潮流椭圆		21
旋转潮流		335
往复潮流		318
余流		343
憩流		255
风海流		86
吹流		(86)
深海风海流		277
漂流		(277)
浅海风海流		258
上升流		276
地转流		61
暖流		240
寒流		129
沿岸流		336
裂流		208
离岸流		(208)
近岸环流		187
海岸岸滩演变		125
海积地貌		127
海蚀地貌		128
陆连岛		211
海岸线		126
海岸带		125
海岸		124
海滩		128
水上堆积阶地		(128)
海滨		126
潮间带		21,(128)
前滩		(21)
水下岸坡		292
海岸沙坝		126
大陆架		46
陆架		(46)
陆棚		(46)
大陆棚		(46)
港湾海岸		106

淤泥质平原海岸	342
红树林海岸	142
珊瑚礁海岸	274
泻湖	332
海岸横向泥沙运动	125
海岸岸滩平衡剖面	124
海岸沿岸输沙率	126
风暴型海岸剖面	86
常浪型海岸剖面	20
稳定平衡岸线	319
河口	135
河口潮波变形	135
潮区界	22
潮流界	21
感潮河段	92
涨潮总量	354
潮棱柱体	21
河口水流	137
河口混合	135
盐水楔	337
河口三角洲	136
拦门沙	200
河口泥沙	136
河口演变	137
絮凝	334
浮泥	89
[港口工程规划]	
港口	100
港埠	100
港湾	106
海港	127
海岸港	125
岛式港	51
河港	134
河口港	135
水库港	291
湖港	142
自由港	371
商港	274
工业港	112
散货港	272
煤港	232
油港	341
渔港	343
军港	191

避风港	7
港口规划	102
港口腹地	101
港口吞吐量	104
港口总体规划	105
港址	107
港口布局规划	101
港口总平面布置	105
港区	106
港界	100
港口水域	103
进港航道	187
乘潮水位	29
转头水域	368
回旋水域	(368)
调头区	(368)
港口水深	103
公告水深	(103)
码头前水深	230
港池	100
开敞式港池	192
封闭式港池	87
挖入式港池	316
锚地	231
港口陆域	102
港口陆域纵深	102
港区道路	106
港区仓库	106
港区货场	106
港口前方仓库	103
港口后方仓库	102
港口水上仓库	103
货驳	(103)
港口客运站	102
码头泊位	229
码头岸线	229
码头前沿作业地带	230
码头泊位利用率	229
港口通过能力	104
码头泊位能力	229
库场通过能力	198
港口集疏运能力	102
港口综合通过能力	105
港口铁路	104
港口铁路专用线	104

码头铁路线	230	码头	229,(302)
码头前沿装卸线	(230)	[码头功能类型]	
港口装卸线	105	综合性码头	371
港口编组站	100	通用码头	(371)
港前车站	105,(100)	专业性码头	367
港前车站	105,(100)	货主码头	155
港区车场	106	集装箱码头	169
分区车场	(106)	石油码头	282
港口设备	103	件货码头	174
港口供电	102	散货码头	272
港口变电所	101	[码头建造类型]	
港口照明	104	直立式码头	360
港口给水	102	斜坡式码头	331
港口排水	103	半直立式码头	4
港口通信	103	半斜坡式码头	4
航修站	133	多级式码头	72
港作船	107,(106)	顺岸码头	293
港口装卸工艺	104	突堤式码头	311
件货装卸工艺	174	透空式码头	310
散货装卸工艺	273	岸壁式码头	1,(116)
液体货物装卸工艺	338	岛式码头	51
港口作业区	105	墩式码头	71
港口装卸工艺流程	105	栈桥	353
港口装卸过程	105	引桥式码头	341
港口操作过程	101	驳岸	15
港口装卸工序	104	缆车码头	201,(331)
港口货物装卸量	102	单点系泊	47
舱口系数	16	多点系泊	72
船时量	35	[码头结构类型]	
舱时量	17	重力式码头	364
集装箱"开上开下法"	169	方块码头	76
集装箱滚装法	(169)	空心方块码头	198
集装箱"吊上吊下法"	168	异型方块码头	339
集装箱吊装法	(168)	阶梯形断面方块码头	185
[港口建筑物]		衡重式方块码头	141
港口水工建筑物等级	103	卸荷板方块码头	332
港口工程建筑物荷载	101	整体砌筑码头	356
起重运输机械荷载	252	沉箱码头	27
堆货荷载	70	扶壁码头	88
船舶荷载	33	板桩码头	3
船舶作用力	(33)	板桩岸壁	(3)
船舶系缆力	34	锚碇墙码头	231
船舶挤靠力	33	前板桩式高桩码头	256
船舶撞击力	34	后板桩式高桩码头	142
冰荷载	9	主桩套板结构	366

格形板桩结构	110	系网环	324
斜拉桩板桩结构	330	防冲设备	77
高桩码头	110	靠船设备	(77)
桁架式高桩码头	139	护木	143
框架式高桩码头	(139)	靠船桩	194,(77)
板梁式高桩码头	2	簇桩	43
无梁面板高桩码头	321	靠船簇桩	193
空心大板码头	197	防冲簇桩	77
连片式码头	205	靠帮	193
宽桩台码头	(205)	橡胶护舷	328
桩基承台	369	系船浮筒	324
桩台	(369)	码头爬梯	230
承台	(369)	**防波堤**	76
高桩承台	110	外堤	(76)
低桩承台	60	**防波堤布置**	77
刚性承台	93	防波堤口门	77
刚性桩台	(93)	突堤	311
柔性承台	268	岛堤	51
柔性桩台	(268)	岛式防波堤	(51)
浮码头	89	防波堤堤头	77
泵船码头	(89)	防波堤堤干	77
趸船	71	防波堤堤根	77
趸船支撑	71	防沙堤	79
浮码头活动引桥	89	港口泊稳条件	101
装配式框架梁板码头	369	**斜坡式防波堤**	331
轻型重力混合式码头	(369)	堆石防波堤	70
柱式码头	367	不分级堆石防波堤	15
管柱码头	116	分级堆石防波堤	84
[码头构造]		堆石堤护面层	70
码头组成	230	砌石护面堤	254
斜坡式码头护岸	331	混凝土护面块体	151
卸荷板	332	潜堤	257
高桩码头靠船构件	110	护坎	143
抛石基床	242	海塘	128
抛石棱体	243	陡墙式海堤	(128)
抛填棱体	(243)	海堤	126
减压棱体	(243)	**直立式防波堤**	360
码头路面	230	直立堤堤身	359
码头路面排水坡度	230	直立堤水下部分	359
护轮坎	143	直立堤水上部分	359
道牙	(143),(224)	方块防波堤	76
码头设备	230	普通方块防波堤	250
码头管沟	229	巨型方块防波堤	190
系船柱	324	削角防波堤	328
系船环	324	沉箱防波堤	26

桩式防波堤	369
双排板桩防波堤	289
格形板桩防波堤	110
混合式防波堤	150
开孔沉箱防波堤	192
透空式防波堤	310
浮式防波堤	89
气压式防波堤	252
气压式消波设备	(252)
喷水式防波堤	246
喷水式消波设备	(246)
植物消波	361
修造船水工建筑物	334
滑道	144
船舶上墩	33
船舶下水	34
船台	35
船排	35
木滑道	235
牛油枋滑道	(235)
涂油滑道	311
船台滑道	(311)
钢珠滑道	100
机械化滑道	165
纵向滑道	372
横向滑道	140
梳式滑道	285
船排滑道	35
摇架式滑道	337
横移变坡滑道	140
自摇式滑道	(140)
斜架滑道	329
横向高低轨滑道	140
横向高低腿下水车滑道	140
船坞	35
干船坞	92
造船坞	349
修船坞	334
灌水船坞	117
坞室	322
坞口	322
坞门	322
浮坞门	90,(89)
船坞卧倒门	36
船坞灌水系统	36

船坞疏水系统	36
船坞排水系统	36
船坞泵站	36
浮船坞	88
分段式浮船坞	84
母子浮船坞	234
[支、抬船设备]	
龙骨墩	210
止滑器	361
减速锚链	174
浮坞船台联合系统	90
升降机上墩下水设备	280
起重机上墩下水设备	252
斜架下水车	330
舭支架	319
艏支架	285
舾装码头	339
舾装	339
试车码头	283
修船码头	334
[著名港口]	
上海港	275
大连港	45
天津港	299
青岛港	260
秦皇岛港	260
湛江港	354
南京港	236
武汉港	322
广州港	118
基隆港	167
连云港港	206
宁波港	239
香港港	327
高雄港	109
纽约港	240
鹿特丹港	211
伦敦港	226
汉堡港	129
马赛港	228
圣彼得堡港	281
神户港	278
新加坡港	332
安特卫普港	1
机场工程	160

飞机	80
民用飞机	234
民用运输机	234
专业飞机	367
军用飞机	191
轰炸机	141
强击机	259
攻击机	(259)
歼击机	173
战斗机	(173)
喷气飞机	245
螺旋桨飞机	227
航天飞机	133
直升飞机	360
滑翔机	145
民用运输机重量	234
飞机基本重量	81
飞机商务载重	81
飞机无燃油重量	81
飞机允许最大滑行重量	81
飞机允许最大着陆重量	82
飞机允许最大起飞重量	82
飞机起落架	81
飞机主起落架静荷载	82
飞机主起落架轮胎压力	82
飞机翼展	81
飞机机身长度	80
飞机最大高度	82
飞机前后轮距	81
飞机主轮距	82
飞机地面转弯半径	80
飞机速度	81
飞机离地速度	81
起飞决策速度	251
停车临界速度	(251)
飞机巡航速度	81
飞机空速	81
飞机航线	80
飞机航迹	80
飞机航向	80
飞机偏流角	81
飞机航程	80
机场	155
民用机场	234
军用机场	191
国际机场	123
运输机场	347
专业机场	367
学校机场	335
航校机场	(335)
直升机场	360
水上机场	292
机场规划	160
机场空域	161
机场飞行区	159
机场净空标准	161
升降带	280
跑道	243
停止道	307
跑道端安全地区	244
净空道	190
滑行道	145
平行滑行道	248
主滑行道	(248)
联络道	206
快速出口滑行道	198
增补面	349
机坪	165
等待起飞机坪	59
机场工作区	160
机场需求量	162
机场容量	161
跑道容量	245
滑行道容量	146
机坪容量	165
控制噪声用地规划	198
机场选址	162
机场环境保护	160
飞机噪声	82
飞机噪声评价量	82
飞机噪声等值线	82
进出机场交通	187
机场设计	161
机场总平面设计	162
机场道面设计	158
机场地势设计	159
机场排水设计	161
机场飞行区技术标准	159
飞机基准飞行场地长度	81
机场飞行区等级指标	159

机场位置点		162	盖被子	(160)
机场标高		155	**机场道面结构设计**	156
机场基准温度		160	机场道面结构设计方法	156
机场构形		160	机场道面结构设计影响图法	158
跑道构形		244	机场道面结构设计联邦航空局法	157
跑道方位		244	机场道面结构设计联邦航空局法	
最大容许侧风		373	（柔性道面）	158
风徽图		86	机场道面结构设计联邦航空局法	
风玫瑰图		(86)	（刚性道面）	157
风力负荷		87	机场道面结构设计荷载等级号码法	157
风量		(87)	机场道面结构设计当量单轮荷载	156
非仪表跑道		83	机场道面加层结构设计	156
目视跑道		(83)	**机场指挥系统**	162
仪表跑道		339	机场控制塔台	161
非精密进近跑道		83	指挥塔台	(161)
精密进近跑道		189	机场收报台	161
跑道长度		244	机场发报台	159
起飞滑跑距离		251	**无线电导航设备**	321
起飞距离		251	导航台	50
加速停止距离		172	定向台	67
着陆距离		370	仪表着陆系统	339
跑道长度修正法		244	航向信标台	133
跑道宽度		245	下滑信标台	324
升降带宽度		280	指点信标台	361
道肩宽度		53	着陆雷达	370
跑道纵坡		245	**目视助航设备**	235
跑道有效坡度		245	助航灯光	366
跑道纵向变坡		245	机场灯标	159
跑道横坡		244	进近灯光系统	187
跑道视距		245	跑道入口灯	245
滑行道宽度		145	跑道边灯	243
滑行道坡度		146	跑道末端灯	245
滑行道视距		146	跑道中线灯	245
停机方式		307	跑道接地带灯	245
机位		165	目视进近坡度指示系统	235
间隔净距		173	"T"字灯	375
机场道面		155	滑行道灯	145
机场道面结构		156	助航标志	366,(129)
机场道面面层		158	停机坪标志	307
机场道面基层		155	跑道标志	243
机场道面底基层		155	滑行道标志	145
土基		312	**航站区**	134
机场加层道面		160	旅客航站	224
加厚层		(160)	航站楼	(224)
罩面		(160)	货物航站	153

[机场附属设施]
　机场消防站　　　　　　　　　162
　机场飞机库　　　　　　　　　159
　　机库　　　　　　　　　　　(159)
[著名机场]
　首都国际机场　　　　　　　　284
　新东京国际机场　　　　　　　332
　希思罗机场　　　　　　　　　323
　奥利机场　　　　　　　　　　2
　芝加哥奥黑尔国际机场　　　　359
　杜勒斯国际机场　　　　　　　68
　肯尼迪国际机场　　　　　　　197
[其他运输方式]
　管道工程　　　　　　　　　　115
　　牛顿流体　　　　　　　　　240
　　非牛顿流体　　　　　　　　83
　　　宾汉塑性流体　　　　　　9
　　　伪塑性流体　　　　　　　319
　　　触变流体　　　　　　　　32
　　　表观黏度　　　　　　　　9
　　　有效黏度　　　　　　　　342
　　　毛细管黏度计　　　　　　230
　　　同轴圆筒黏度计　　　　　310
　　　锥板黏度计　　　　　　　370
　　颗粒粒度　　　　　　　　　194
　　　颗粒尺寸　　　　　　　　(194)
　　　颗粒大小　　　　　　　　(194)
　　　颗粒形状系数　　　　　　195
　　　颗粒球形度　　　　　　　194
　　　颗粒粒度分布　　　　　　194
　　　　颗粒尺寸分布　　　　　(194)
　　　颗粒粒度分布函数　　　　194
　　　颗粒加权平均直径　　　　194
　　　颗粒雷诺数　　　　　　　194
　　悬液　　　　　　　　　　　335
　　　均质悬液　　　　　　　　191
　　　非均质悬液　　　　　　　83
　　斯托克斯定律　　　　　　　294
　　颗粒最终沉降速度　　　　　195
　　　受阻沉降速度　　　　　　285
　　　淤积流速　　　　　　　　342
　　颗粒阻力系数　　　　　　　195
　　　阻力系数　　　　　　　　(195)
　　浆体摩阻系数　　　　　　　176
　　管道线路工程　　　　　　　116

　　管道用管　　　　　　　　　116
　　管道防腐蚀　　　　　　　　115
　　浆体输送管道磨蚀　　　　　176
　　管道磨损测试　　　　　　　116
　　管道跨越工程　　　　　　　115
　　管道穿越工程　　　　　　　115
　　物料输送管道　　　　　　　322
　　　固体输送管道　　　　　　(322)
　　　浆体输送管道　　　　　　176
　　　　浆体　　　　　　　　　176
　　　　体积浓度　　　　　　　299
　　　　质量浓度　　　　　　　362
　　　　水煤浆　　　　　　　　291
　　　　浆体制备　　　　　　　176
　　　　泵站　　　　　　　　　6
　　　　球磨机　　　　　　　　262
　　　　棒磨机　　　　　　　　4
　　　　贮浆罐　　　　　　　　366
　　　　浓缩器　　　　　　　　240
　　　　输浆离心泵　　　　　　287
　　　　活塞泵　　　　　　　　152
　　　　柱塞泵　　　　　　　　366
　　　　油隔膜泵　　　　　　　342
　　　　　马尔斯泵　　　　　　(342)
　　　　曲杆泵　　　　　　　　263
　　　　　单螺杆泵　　　　　　(263)
　　　　沉降型离心脱水机　　　26
　　　　真空过滤机　　　　　　355
　　　　电磁流量计　　　　　　63
　　　　γ射线密度计　　　　　375
　　　　质量流量计　　　　　　362
　　　气力输送管道　　　　　　252
　　　　稀相气力输送　　　　　323
　　　　密相气力输送　　　　　234
　　　容器式输送管道　　　　　267
　　　　气力容器式输送管道　　252
　　　　液力容器式输送管道　　337
　　　　管道用容器　　　　　　116
　　　　　传输筒　　　　　　　(116)
[著名输送管道]
　四川环形天然气管道系统　　　294
　大庆-秦皇岛输油管道　　　　　46
　黑梅沙输煤管道　　　　　　　139
　萨马科铁矿浆管道　　　　　　271
磁浮运输　　　　　　　　　　　43

常导磁浮	19	**支架**	358
电磁悬浮系统	(19)	**端站**	69
超导磁浮	20	**索道车厢**	296
电动悬浮系统	(20)	**索道平面图**	296
磁浮车辆系统	41	**索道侧型**	296
磁浮牵引系统	42	[其他有轨运输]	
磁浮线路系统	43	**轻轨铁路**	261
磁浮供电系统	42	城市轻便铁路	(261)
磁浮控制系统	42	**高架铁路**	108
管道磁浮运输	115	**地下铁道**	61
架空索道	173	**市郊铁路**	283
双索循环式索道	289	**独轨铁路**	68
单索循环式索道	48	**黏着铁路**	239
往复运行式索道	318	**齿轨铁路**	30
承载索	29	**缆索铁路**	201
牵引索	256		

A

ai

爱尔兰分布 Erlang distribution
交通流理论中，在高流量车流的情况下，前后车辆到达之间的车头时距 h 等于或大于 $t(s)$ 的概率服从爱尔兰分布模型。

$$P(h \geq t) = \sum_{i=0}^{K} \left(\frac{Kt}{T}\right)^i \frac{e^{-\frac{Kt}{T}}}{i!}$$

式中 K，T 为分布特征参数。这是较为通用的车头时距的分布模型。当 $K=1$ 时，则可简化为负指数分布。 （戚信灏）

碍航河段 river reach obstructing navigtion
在通航河流内，遇有浅滩、急流滩等滩险，或水面狭窄，弯曲半径过小及在建造闸坝时未设置通航设施而影响通航的河段。 （蔡志长）

an

安全岛 refuge island
设置在路面总宽大于 20m 的行人过街横道中央两侧或快慢车道之间的小岛。供行人横穿道路时临时停留避车之用。安全岛可高出路面，也可与路面齐平，但其外侧应有明显标志，以提醒司机注意。 （李峻利）

安全水域标志
设在航道中央或航道中线上的标志。表明该标周围均为可航行的水域，船舶可在其任何一侧航行。标志可采用杆形、柱形或锥形体，漆红、白相间的竖条，顶标为单个红色球形体。灯质均为白光，可采用周期为 4 秒的一长闪，周期为 10 秒的一长闪，及莫尔斯信号"A"（周期为 6 秒）等三种闪光信号（附图见彩 7 页彩图 27）。 （李安中）

安全线 safety sidings
为防止机车、车辆或列车进入为其他列车准备的进路而设置的尽头线或站线。是一种隔开设备。铁路线路在区间内平面交叉，以及岔线在区间或站内与正线、到发线接轨时，均应设置安全线。在车站进站信号机外方，制动距离范围内，下坡坡度超过 6‰ 时，应在正线或到发线的接车方向末端设置安全线。其有效长度一般不小于 50m。 （严良田）

安特卫普港 Port of Antwerp
比利时最大港口，世界大港之一。位于埃斯考河下游离河口 68km 处。13 世纪开始建港，16 世纪成为欧洲水运中心和商业中心之一，18 世纪成为比利时的最大工业中心及海上贸易中心和西欧重要的货物中转港。其经济腹地除比利时全境外，还包括法国的北部、亚尔萨斯、洛林、卢森堡，德国的萨尔州、莱茵-美因河流域、鲁尔河流域，以及荷兰的林堡等大工业区。安特卫普港的港区主要分布于埃斯考河右岸，大多数码头泊位布置在挖入式港池群中，港池之间用运河港池连接。这些港池用海船闸与埃斯考河隔开，以免受北海潮汐影响。其中北港的参德夫利船闸，长 500m，净宽 57m，高潮时槛上水深 17.5m，可通过 15 万 t 级海轮，是目前世界上最大的海船闸。整个港区长 18km，码头岸线总长达 100km，共有码头泊位近 800 个。港口吞吐量 1984 年达 9 000 万 t。2000 年货物吞吐量达 1.3 亿 t，集装箱吞吐量达 404.8 万 TEU。进口货物主要有石油、煤、矿石、谷物及其他农产品、木材、橡胶等。出口货物主要有钢铁、机械、水泥、焦炭、石油化工产品、纺织品等。安特卫普港货物集疏方便，港口铁路线总长 839km，港区公路长 295km，并与欧洲铁路网和高速公路网相连，内河航道与欧洲航道网相通。 （王庆辉）

鞍形磨耗 saddle wear of rail
形似马鞍形的钢轨垂直磨耗现象。多发生在普通线路接头区，标准轨轨端常被打塌，轨端淬火长度 20～70mm 上因硬度较高而成鞍峰，紧接则为鞍谷，磨耗深度一般为 2.5～6mm，总长度为 200～300mm。在铺设混凝土轨枕的地段这种现象比较明显，发展也较快。此外，在未经热处理的钢轨焊接接头区也时有发生。 （陆银根）

岸壁式码头 quay wall
岸壁背后有回填土，受土压力作用的码头。常用的型式有重力式码头、板桩码头和前板桩式高桩码头。这种型式的码头对波浪反射的影响大，耐久性较透空式码头好，维修也比较方便。 （杨克已）

岸绞 rapids heaving by shore facilities
将绞滩机设置在岸上牵引船舶上滩的方式。有顺绞、倒绞、循环式绞三种。顺绞是将绞滩机安置在滩上游缓水区，被绞船舶前进方向与绞进方向一致。按绞滩机的数目，有单绞、双绞、三绞，即分别用 1 台、

2台或3台绞滩机联合运转。在较顺直的河段,通视良好的滩段,一般多采用顺绞。倒绞是因航道和地形复杂,绞滩机不能装置在滩上,而安装在滩中或滩尾以下适当位置,钢缆经过滩上的转向滑轮回至滩下,进行施绞,由于钢缆有一段是在岸上运行需采用承缆设备,以减少摩擦。循环式绞是将绞滩机安设在滩中适当位置,在滩上、下游均设转向滑轮,钢缆通过绞滩机及转向滑轮组成闭合线路(称为主缆),在主缆上设置若干个绳环,被绞船用缆绳(支缆)挂入绳环中,随主缆循环运转,将船舶牵引上滩,上滩后船舶自行解钩脱绞,主缆不停地运转可连续牵引船舶上滩,此法通过能力大,但适用于较小船只过滩。岸绞运转管理方便,投资少,利用率高,多适用于航道较窄,离岸又近的中小河流上。

(李安中)

ao

奥利机场 Orly Paris

位于法国巴黎市南 14km 处,有高速公路和铁路连接。戴高乐机场建成投产前,与马鲁布尔杰机场共同为巴黎服务;戴高乐机场投产后,仍有51家航空公司使用。1987年的飞机活动为176 100次,吞吐旅客20 427 000人,货、邮217 700及37 000t。跑道共三条,平行的07/25和08/26分别长3 650及3 320m,02L/20R长2 400m。07端装有三类精密进近仪表着陆设备,02L、25及26端为二类。航站区布置在三条跑道的中央,共有3栋旅客航站。北航站是1946年的老建筑。南航站为地下2层地上7层建筑。其下(包括跑道和坪)有由巴黎通往南部的7号国道通过。1970年在两端增建了卫星,使年吞吐能力提高到900万人。西航站于1971年建成,地下3层地上2层,两端各设廊。年吞吐能力1 200万人。货运区年吞吐80万吨货物,并设有国际商品展览中心。场外交通方便,至市中心的公共汽车和火车,每12～15min一次。至市中心及戴高乐机场间,还有每天5次及15次的直升机航班。

(蔡东山)

B

ba

巴拿马运河 Panama Canal

沟通太平洋和大西洋的国际运河。位于巴拿马共和国中部,是凿通巴拿马地峡,连接巴拿马城和科隆湾的克利斯托巴尔港的一条国际运河。运河通航后,大西洋和太平洋沿岸之间航程缩短5000～10 000多km。运河1904年5月动工,历时10年,1914年8月15日竣工。全长81.3km。沿程建有三座船闸。运河自加勒比海经一段人工航道至加通三级船闸,水位升高25.9m。然后进入加通湖区,通过开挖地峡分水岭形成的加利亚德航道,再经佩德罗米格尔单级船闸,水位下降9.45m,再过米拉弗格雷斯双级船闸水位再降16.45m,达到太平洋海平面,最后经弗拉门科岛进入太平洋。运河基本上是双线航道,底宽152～305m,水深12.8～26.5m。三座船闸均为双线船闸,闸室长304.8m,宽33.5m,门槛水深12.8m。通过运河的船舶一般为45 000吨级,最大为65 000吨级。船舶通过运河平均需17小时,其中航行时间为10小时。每年通过运河的船舶大约有14 000～15 000艘,通过的货物量超过1亿吨。根据美国和巴拿马两国新签订的《巴拿马运河条约》,1999年12月31日,巴拿马共和国已全部收回运河的管理权和管辖权。

(蔡志长)

bai

摆点 determining the point of junction on field survey

又称插大旗。实地定线时,将道路中心线的转角点、中转点和桥位点等位置立桩选定的工作过程。选点时,必须综合考虑路线设计的各种因素,结合实地条件,反复摆动点位,直到满意为止。点位确定后,在固定桩近旁插旗为号,以利后续工作顺利进行。

(周宪华)

ban

板梁式高桩码头 reinforced concrete slabs and beams platform supported on piles

桩台由面板、纵梁、横梁及靠船构件等组成的高桩码头。横梁为主梁,直接支承在桩上,可以现场浇筑或预制安装,从结构的整体性来说,以现场浇筑为好。横梁的断面型式需适应搁置纵梁的需要,一般常为倒 T 形,其尺寸根据受力分析、构造要求和打桩偏位的影响确定,横梁内力分析,一般按柔性桩台计算。纵梁在结构上为次梁,一般采用预制,支承于横梁上并与横梁整体连接。纵梁为刚性的或弹性支承上的连续梁。面板支承在纵梁和横梁上,常用型式有叠合板、空心板、冂形板等数种。叠合板的下半部分为预制安装,上半部分为现场浇筑。空心板的型式参见空心大板码头。冂形板有普通冂型的和带有悬臂翼板的。这种型式的码头受力明确,跨度可以很大,桩力得以充分发挥,能适应门机及火车等连续集中荷载。但它构件较多,施工比较麻烦,上部结构底部轮廓复杂,死角多,水汽不易排出,特别是构件裂缝处,水汽更容易凝固,锈蚀钢筋,影响建筑物使用寿命。

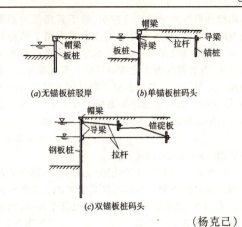

(杨克己)

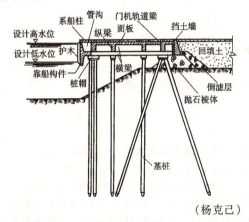

(杨克己)

板桩码头 sheet-pile quay wall

又称板桩岸壁。以板桩为主体,构成连续墙,并由帽梁(或胸墙)、导梁和锚碇结构等组成的直立式码头。它是依靠板桩入土部分的侧向土抗力和安设在其上部的锚碇结构(对有锚板桩而言)的支承作用来维持其稳定的。由于它结构简单、用料省、施工快、可减少回填方量,还有截阻渗流和抗流冰的作用。它应用广泛,不仅用于码头,而且在船坞、船闸、护岸及施工围堰等工程中也有应用。缺点是耐久性差。其型式按材料分,有木板桩、钢筋混凝土板桩(包括预应力钢筋混凝土板桩)和钢板桩等;按锚碇结构分,如图所示,有无锚板桩、单锚板桩、双锚板桩和斜拉桩板桩。无锚板桩和斜拉桩板桩一般多用于岸壁高度小的驳岸(小型码头和护岸工程)。用于大中型码头时,由于板桩的自由高度加大,因而需用单锚或双锚板桩,但双锚板桩由于施工麻烦,使用中的实际受力可能和设计计算情况不符,如有一层锚杆松劲,就会促使另一锚杆因超载而破坏。双锚板桩一般常用钢板桩。所以码头工程中最常用的是单锚板桩。锚碇结构有锚碇板、锚碇桩和锚碇叉桩。

板桩式闸室墙 sheet pile lock wall

由钢板桩或钢筋混凝土板桩、钢锚拉杆、锚碇结构所构成的闸室墙。在闸室底还设置底板或

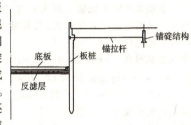

纵横格梁。其特点是依靠板桩入土部分的嵌固作用,底板或纵横格梁的支撑作用以及锚拉杆和锚碇结构的土抗力作用来维持稳定。对于船闸闸室,施工时可先将板桩压入地面至设计高程,开挖墙后表层土,安装锚拉杆和锚碇结构,然后再开挖闸室,浇筑闸室底板。因而,可减少船闸闸室基坑的开挖和墙后回填土的土方量。适用于承载力较低的软土地基。

(蔡志长)

半堤半堑 part-fiel part-cut

又称半填半挖路基。线路通过具有横坡的山坡地段时,断面形成一半为路堤,一半为路堑的路基。

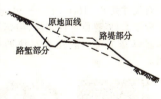

它兼有路堤和路堑的设置要求。半路堤的天然地面应做成台阶式,以增强路基整体稳定性。

(徐凤华 陈雅贞)

半感应式自动控制交叉 semi-actuated automatic signal control intersection

只在次要道路入口引道上设置感应器检测车辆,并指挥色灯信号的交叉口。一般多用于两不同等级或主次干道相交。 (徐吉谦)

半感应信号 semi traffic-actuated signal

主要道路不设感应装置,而在次要道路上设置

车辆检测器作为交通感应控制,给予其所需的最低限度绿灯显示,而其余时间用作主要道路上的绿灯显示。其信号设置特点是(1)给主要道路以最小绿灯时间,在此时间内无论次要道路上有无来车,主要道路均保持绿灯;(2)给次要道路以最大绿灯时间限制,限制时间到时无论次要道路上有无来车,均截断绿灯;(3)次要道路无车时主要道路常为绿灯。

(李旭宏)

半日潮 semi-diurnal tide

海面在一个太阴日(24h50min)内发生两次高潮和两次低潮的现象。相邻两次高潮和两次低潮的高度几乎相等,涨潮历时和落潮历时也几乎相等,潮位曲线为对称的余弦曲线。 (张东生)

半斜坡式码头 half sloping wharf

靠船面的断面轮廓上部为斜坡,下部为直立的码头。适用于水位差变幅大,尤其是低水位持续时间较长的港口。 (杨克己)

半斜坡式闸室 lock chamber with half sloping sides, semi-sloping lock chamber

两侧上部为斜坡,下部为直立式闸室墙混合构成的船闸闸室。其工程造价较直立式闸室省,使用上比斜坡式闸室方便。当最高与最低通航水位变幅较大,最高通航水位历时较短而正常通航水位历时又较长时,为减少工程量,有时采用这种型式。

(蔡志长)

半整齐块石路面 partial ashlar pavement

用坚硬石料粗琢成立方体或长方体的块石铺砌成的次高级路面。石料品质应符合Ⅰ~Ⅱ级标准,要求顶面与底面大致平行,表面凹凸不大于10mm。块石尺寸为高8~16cm,长8~30cm,宽6~15cm。施工程序为:修建稳定的基层,摊铺平整层,排砌块石和嵌缝压实等。嵌花式石块的平面布置实例见图。

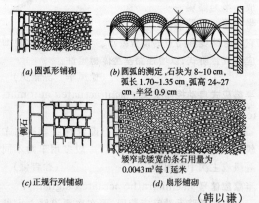

(a)圆弧形铺砌 (b)圆弧的测定。石块为8~10cm, 弧长1.70~1.35cm,弧高24~27 cm,半径0.9cm
(c)正规行列铺砌 (d)扇形铺砌
矮窄或矮宽的条石用量为 0.0043m³每1延米

(韩以谦)

半直立式码头 half vertical-face wharf

靠船面的断面轮廓上部为直立,下部为斜坡的码头。它适用于水位差变幅不大,高水位经常保持在上部直墙部分,而天然岸坡又较陡的情况。多建在大水库的壅水河段上和作为市区内的沿岸小型码头。

(杨克己)

半自动化驼峰 semi-automatic hump

具备数据自动管理和过程自动控制两种功能,但两种功能中的个别项目又不甚完善的调车驼峰。例如,在点式或点连式车辆溜放速度控制制式中,车辆减速器出口速度不由电子计算机自动给定,而由驼峰作业员给定的驼峰,就是点式或点连式半自动化驼峰。

(严良田)

bang

棒磨机 rod mill

用钢棒磨介磨碎大粒度物料的机械设备。其结构及工作原理与球磨机相同。 (李维坚)

bao

包兰铁路沙坡头沙漠路基 Shapotou desert roadbed of Bao Lan Railway

包兰铁路在腾格里大沙漠南端的连绵流动沙丘地段所修筑的路基。长16km,路基边坡用河卵石打方格铺砌,以防风把路基砂土吹走。为阻止流动的沙丘向线路移动,掩埋路基,经试验在路基两侧设固沙带,在路基旁边平铺卵石,外侧满铺1m×1m的草方格半隐蔽沙障,保证了包兰线自1958年通车后初期10年植树固沙未成以前的运输畅通无阻。沙坡头防沙的成功经验,在国内外视为"奇迹"。草方格半隐蔽沙障是一种简易柔性结构物,施工简单,草外露部分随风吹动,能削减地面风速,能固定原地流沙并阻挡外来沙子在其周围停积下来,能发挥固沙、阻沙的双重作用。缺点是草的寿命不长,维修工作量大。1968年引黄河水上山,平沙灌溉造林,沿线形成乔、灌木长廊,不再有沙埋路基的威胁。

(池淑兰)

薄壁式挡土墙 thin walled retaining wall

用钢筋混凝土做成悬臂式或加设中间支撑的扶壁式整体的轻型挡土墙。沿墙长隔适当距离加筋肋板,使墙面板与墙踵板连成一整体者,称为扶壁式(图a),无肋板者称为悬臂式(图b)。墙面板、墙趾板、墙踵板、扶壁均用钢筋混凝土材料制成。适用于石料缺乏地区。

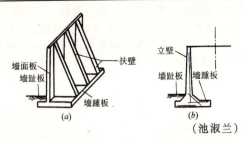

(池淑兰)

宝成铁路 Baocheng Railway

由陕入川沟通西北西南的铁路干线。北起关中平原西端的宝鸡，跨渭河、越秦岭，沿嘉陵江南下，到达川北重镇广元，再跨白龙江、越龙门山余脉，进入四川盆地，经绵阳、德阳而达成都，全长668.2km。本线在"难于上青天"的蜀道上，于峭壁峡谷中穿行，工程艰巨。宝鸡秦岭间，在直线25km的距离内要上升817m，采用了30‰的多机坡度，设置了三处马蹄形、一处螺旋形展线，桥隧毗连、挡墙壁立，高下线路时隐时现，在崇山峻岭上蔚为壮观，最后以2 363.6m的长隧道穿过秦岭垭口到达秦岭车站，线路展长为45km。在1936～1948年间，经过多次勘测比选，选定了由天水经略阳的入川方案；1950～1953年对天略和宝略方案详细勘测比选后，确定了由宝鸡经略阳的入川方案。1952年7月成都端开工，1954年1月宝鸡端开工，1956年7月通车。1958年元旦正式运营，全线都采用蒸汽机车。1961年宝鸡凤州间实现电气化，1975年全线电气化，是中国第一条电气化铁路。南段罗妙真、马角坝间原采用20‰的双机坡度，1962年开始改线施工，将双机坡度改为12‰的限制坡度，1969年建成通车，原线废弃。阳平关至成都的第二线已于2000年年底铺轨至青白江，并通车运营。宝成线北接陇海、南连成渝、成昆，是西南西北的重要通道。　（郝 瀛）

爆破排淤 blasting clear silt

将炸药埋在软土中爆炸，扬弃软土，然后回填一般黏性土或渗水土，以提高地基强度的工程措施。较换填土壤法换填的深度大，工效亦较高。　（池淑兰）

bei

北部多年冻土区 zone of perennially frozen soil in north

全年平均温度低于0℃，平均最大冻深大于200cm，潮湿系数为0.50～1.00的地区。即Ⅰ区，包括黑龙江以南，大、小兴安岭地区，特点是纬度高、气温低，为中国惟一的水平多年冻土区。多年冻土层夏季上部融化成为无法下渗的层上水，降低土基强度。秋季层上水由上至下冻结，形成冻结层之间的承压水。冬季产生冻胀，春夏有热融发生，以多年平均最大冻深3m等值线（大致沿伊勒呼里山）为界将该区分成两个二级区：(1)连续多年冻土区（I_1），(2)岛状多年冻土区（I_2）。　（王金炎）

北京客站交分交叉渡线 double crossover with slip switches of Beijing Railway station

位于北京客站站场咽喉区由端部4组复式交分道岔和中间一组菱形交叉构成的，用以压缩站场用地、节省基建投资的特殊交叉渡线轨道设备。北京客站东边为内城筒子河所限，河岸线距站台端头仅800m，站场地形狭窄。车站与京广、京津、京承等铁路相接，共有站线13股。由于站场平面布置采用交分交叉渡线作为4股进站线路的咽喉道岔，仅此一项就较使用单开道岔的普通交叉渡线节省道岔用地长度100余m，再配合使用交分单式渡线等特殊轨道设备，从而缩短了道岔设备的占地长度，且缩减了修建跨越筒子河多线桥的基建投资。是合理使用特殊渡线、特殊交叉渡线的范例。

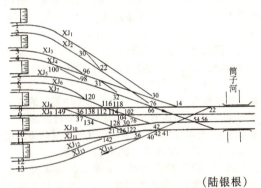

（陆银根）

北京三元里立体交叉 Beijing San Yuan Li interchange

位于北京市三环快速路与机场路、京顺路两条放射干线相交处。立交为双层两个苜蓿叶型组合而成。北侧京顺路与三环路立交为长条苜蓿叶型；南侧机场路与三环路立交为环形的部分苜蓿叶型。三环路上跨，机场路与京顺路下穿。三环路左行至机

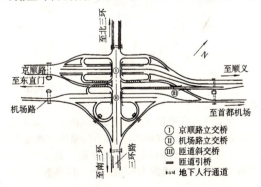

场路进城方向交通,以及北三环车辆右行至机场路进城方向交通不另设匝道。该立交工程由3座立交桥、5座匝道桥、6条匝道和8座人行地道组成。设计通行能力为每小时22 200辆。主线设计车速为80km/h,匝道为20～40km/h。机动车道最大纵坡为3.13%,非机动车道为2.5%。三环路和京顺路横断面为四幅路,机场路为两幅路,两侧另加变速车道。三座桥梁均采用V形墩刚架结构。净空高度:机动车道为4.5m,非机动车道为3.5m,人行道为2.5m。桥梁设计荷载汽—超20,挂—120,地震按烈度8度考虑。占地面积26ha。1983年11月开工,1984年9月竣工通车。 (顾尚华)

北京铁路枢纽　Beijing Railway Terminal

京山(北京至山海关)、京广(北京至广州)、京包(北京至包头)、丰沙(丰台至沙城)、京原(北京至原平)、京承(北京至承德)、通坨(通县至坨子头)、京通(北京至通辽)等8条铁路干线汇合于北京附近,在该处所设置的铁路支线、环线、各类车站、进出站线路以及枢纽迂回线和联络线等所构成的枢纽。有门头沟支线、大台支线和3条环线。东北环线起自东郊站,经星火、望京、黄土店,在清河、沙河与京包线接通。西北环线起自三家店站,经军庄、寨口、聂各庄、后章村,与京包线的沙河、昌平接通。东南环线起自双桥站,经百子湾、小红门、大红门,与丰台站接通。北京枢纽是一个环形枢纽。北京站是它的主要客运站,北京西站也是主要客运站。丰台西站是主要编组站,而丰台站、三家店站和双桥站则是辅助编组站。货运站有东郊和广安门站以及清河、三家店、长辛店、大红门、星火等站。主要工业站有石景山南、门头沟、良乡、范各庄等。丰台站又是全路性的零担货物中转站之一。

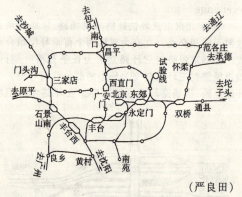

(严良田)

背斜柱

布置在人字闸门下游面上的联结构件。其作用是提高门扇结构的抗扭刚度,减小门扇的扭曲变形。通常采用钢带,也可采用角钢或槽钢。有预应力和非预应力两类,常用的为非预应力。其布置形式根据门扇的高度和宽度确定。当门扇高度较大时,沿门高布置多组背斜柱;当门高较小时,沿门宽布置多组背斜柱。不论采用何种布置形式,背斜柱的倾角均宜在30°～60°之间。 (詹世富)

beng

崩塌　avalanche

陡峻斜坡上的岩体或土体,在重力及外界因素作用下,突然而急剧地向下倾倒、崩落的现象。按规模大小分为山崩,落石。崩塌过程急剧猛烈,有极大破坏力,可摧毁铁路及其建筑物。是山区铁路常见的病害之一,常给施工和运营带来很大危害。常用棚洞、明洞或其他拦挡建筑物防治。 (池淑兰)

崩岩滩　rock-fall rapids

河流依傍的陡峻山崖,因岸壁崩塌或山体滑坡,大量岩石崩落江中阻塞河槽而形成的滩险。多数因河槽严重束狭而致水流湍急,成为急流滩;有的因崩岩堆边缘很不规则,河底又有顽石,泡漩强烈,成为险滩。整治时须调查河岸边坡的稳定情况,并作适当处理,然后再考虑清除河中乱石,扩大泄水断面。对比较复杂、难度较大的滩进行治理时,宜先做模型试验,以免整治后上游水面降落过多,出现新的滩险。 (王昌杰)

泵站　pumping station

在长距离输送管道中,为了弥补输送浆体与管道之间的摩阻损失及两站间的高程损失在始发点及以后每隔一段距离(一般约50～80km)设立的加压泵站。泵站设有若干台工作输送泵和预备泵以及它们的电控设备、管道控制阀门等。有些泵站还要设事故用的贮浆池及贮水池。当前世界上有许多运输管道都设无人值班的中间泵站,泵站由总站遥控监测,它们之间用专设的微波通信电路联络与指挥。 (李维坚)

bi

闭路网络控制　closed network control

一组相邻信号路口的联锁控制形式。在信号配

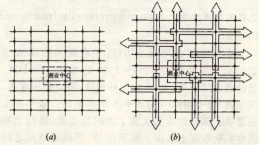

时上必须考虑到信号互锁的问题。城市中心商业区(CBD)的交通控制就是一个典型例子。可在城市中心商业区(图 a)附近,根据交通流量及街道设施情况来选择一种构成开放网络的一些街道。对于高峰期交通流,信号配时只考虑选用的车道。这样就可以有选择地对某些街道上的车辆给予方便,形成优先交通流,促进车辆流通(图 b)。　　　(乔凤祥)

闭塞　block
又称区间闭塞。在单线铁路区间或双线铁路区间的同一方向,当有一列车运行时,不允许第二列车进入的状态。实现这一状态的行车组织技术方法就是闭塞法,中国采用的基本闭塞法有自动闭塞、半自动闭塞和电气路签(牌)闭塞三种。为实现闭塞而采用的设备称为闭塞设备。　　　　　　(胡景惠)

避风港　lee port
专供邻近及过往船舶临时避风的港口和港湾。一般利用天然屏障,仅设有简单的停泊设施,有时也备有简单的修理和给养设施。　　　　(张二骏)

避难线　runaway catch sidings
为防止在陡长坡道上失去控制的列车自行闯入站内或颠覆,在进站信号机外方或站内设置的尽头线或站线。应设计有效的消能措施。其长度及上坡坡度根据计算确定。　　　　　　(严良田)

臂板信号机　semaphore signal
昼间用臂板的位置、颜色、形状、数目,夜间用灯光的颜色、数目显示信号的信号机。臂板装于机柱上端,每一臂板有水平(或与机柱平行)和下斜45度角两个位置,臂板的形状有方形和鱼尾形,臂板的颜色有红色和黄色,用于昼间显示。臂板的另一端是带有两块不同颜色玻璃的外表示镜。当臂板处于水平或下斜45度角位置时,外表示镜的一块有色玻璃转到对准背后的灯的位置,用于夜间显示不同颜色的灯光。按不同用途有单臂板、双臂板和三臂板三种。按操纵方式有机械和电动两种。它构造简单、较为经济,能满足"故障-安全"原则,适用于缺电地区。但它昼夜显示不一致,不易辨认,易受气候及人为因素影响而造成错误的显示。　　　(胡景惠)

bian

边抛法　side casting method
自航耙吸式挖泥船边挖边排除泥浆于船舷外一定距离的一种施工方法。在挖泥船两侧卸装置了承托排泥管的悬臂,将泥浆排于船舷外,再借助水流将其冲走。此法免除了装舱运至外海卸泥,可连续不断耙吸,虽有部分泥浆带回到挖槽中,但还是大大提高挖泥效率,在抛泥区很远,疏浚工程量大,流速较大的水域中常采用此法。当流向与挖槽有一定交角时,效果更明显。由于泥浆不需装舱挖泥船一直是空载,便于在水深较小的浅滩上施工。在中国长江口铜沙浅滩采用此法进行挖槽的维护。
　　　　　　　　　　　　(李安中)

边抛式挖泥船　side casting dredge boat
将耙吸泥浆通过悬臂桁架所承托的排泥管排于船舷外一定距离的耙吸式挖泥船。其主体结构与耙吸式挖泥船一样,惟在船舷两侧伸出悬臂桁架承托排泥管,将泥浆排至船舷以外,最长的可达百米以上。这种挖泥船可边挖泥边抛泥,省却了往返卸泥的时间,大大提高生产率,减少回淤量。有利于抢挖急需的浅滩,对河床冲淤变化剧烈而流速又较大的河段效果更为明显。由于安装悬臂桁架,结构复杂,船体要求宽大。　　　　　　(李安中)

边坡渗沟　seepage ditch in side slope
设于土质路堑或滑坡体前缘边坡上的渗沟。用于引排、疏导边坡上浅层地下水,兼有支撑和加固边坡作用,一般采用无管渗沟形式。平面可布置成条带状、分岔状、拱形和人字形。沟间距一般为6m~10m,沟深不小于2m,沟宽1.5m~2m,断面为矩形,沟底筑成台阶状。　　　　　　(徐凤华)

边坡坍塌　slope slide
路基边坡岩土在重力作用下,沿边坡产生坍塌的路基病害。路堑边坡坍塌主要是由于边坡高度、坡度与自然地质条件不相适应,或由各种不同强度的岩土所组成,岩层中具有不利边坡稳定的结构面,或在不良地质条件下,未采用相应的工程措施所致。坍塌运动速度较快,土石有滚动现象,无滑动面,亦无明显的软弱面,坍塌体堆积于堑坡坡脚,严重的可掩没线路。防治措施有设置排水设施、刷方或减重、坡面防护及设置支挡建筑物等。　(池淑兰)

边滩　bars
冲积河流上,与岸相连的枯水出露而中、洪水淹没的大型泥沙淤积体。多出现在弯曲河段的凸岸。在顺直微弯河段则以犬牙交错的形式出现。在中枯水时有束水作用,完整高大而稳定的边滩有利于航道水深的维护。　　　　　　(王昌杰)

编组场　shunting yards
见调车场(64页)。

编组线　shunting tracks
见调车线(64页)。

编组站　railway marshalling station
办理改编货物列车的解体、编组作业,并兼顾通过列车到发作业的铁路车站。具有较强的调车设备。按其在路网上所处的地位,可分为路网编组站、区域编组站和地方编组站。按其在枢纽内所处的地位,可分为主要编组站和辅助编组站。按其车场的相互位置,可分为横列式、纵列式和混合式编组站。按其设备规模,可分为大、中、小型编组站。有时,把设备驼峰调车场的编组站,称为驼峰编组站;把各条铁路线共用一套调车设备的编组站,称为单向编组站;把按上下行方向分设两套调车设备的编组站,称为双向编组站。编组站在路网上和枢纽内,都占有重要地位。设在港口附近专为港口服务的编组站称为港口编组站。

(严良田)

编组站改编能力 sorting capacity at marshalling station

一昼夜内,编组站可能解体及编组的车辆数或列车数。编组站的调车设备具有解体列车和编组列车两种功能。两种能力应该相互协调。一个编组站可以由一个及以上的主要调车场和辅助调车场组成。其改编能力是指全站各个调车设备改编能力之和。

(严良田)

变坡点 point of gradient change

两个坡段的连接点。列车经过变坡点,受力状态发生变化而产生附加应力和附加加速度;若附加应力过大,再加之机车操纵不当,就有可能发生断钩事故;若附加加速度过大,会引起旅客不舒适和货物的移位。

道路设计中,力求设在整桩号上。

(周宪华 王富年)

变速车道 speed change lane

在干道与干道联结地方,在直行车道与转弯道路之间设置的一条供高速车辆改变速度的不等宽车道。有加速车道与减速车道之分,目的是保证需要变速行驶的车辆不至于干涉高速车流的正常交通。设置加速车道使匝道上车辆驶入的主线逐渐加宽,以寻求主线上行驶车辆空隙,待机会流到主线车流中去。设减速车道使主线上行驶车辆,在不影响主线交通情况下减速分离到匝道上去。一般分为平行式与直接式两种:平行式是在主线直行车道之外增设一定宽度的车道线与主线车行线平行(图 a);直接式,则由主线入口始点经过一定距离逐渐加宽一条附加的车行线与匝道相接,全段均为锥形状(图 b)。宽度通常为 3.5m,长度按车速变化的需要进行计算。

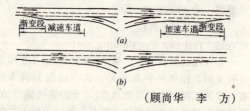

(顾尚华 李方)

biao

标准长度钢轨 standard length rail

长度为 12.5m 及 25m 的钢轨。钢轨的长度与其轧制工艺、运输设备、铺设及养护维修作业密切相关。钢轨越长,轨道的钢轨接头数量越少,在其他条件相同的情况下,线路质量越高。但是,每根钢轨的质量也随之增大,给钢轨的运输、铺设以及维修作业提出更多机械化的要求。在国外一些工务机械化程度较高的线路上,有采用厂制长度为 30~50m 的钢轨。钢轨是用钢量最大的轨道部件,规定几种标准长度后,能取得供料简单、换轨作业方便等效果,有利于确保行车安全。

(陆银根)

标准轨距 standard gauge

铁路直线路段上,宽度为 1 435mm(4 英尺 8 $\frac{1}{2}$ 英寸)的轨距。古罗马战车的轨距是 4 英尺 8 $\frac{1}{2}$ 英寸,公元 55 年时,罗马军队乘坐这种轨距的战车侵入大不列颠,当地人造车也相沿采用这种轨距。1825 年英国修建第一条铁路时,也采用了这种轨距。1846 年英国国会通过决议把此轨距定为标准轨距,以后世界各国的铁路都沿袭把此轨距称为标准轨距。现今世界上标准轨距的铁路有近 80 万 km,约占世界铁路总长的 60%;主要分布在欧洲、美洲和中国。

(郝瀛)

标准击实仪 standard compaction test equipment

用规定质量的击锤,在规定锤击次数和落距条件下,击实土样,测定其干密度和含水量的室内击实试验工具。它携带方便,使用灵活。由于有自锁、跟踪和分度机构,可确保落锤高度的精确性及旋转击实锤迹分布的均匀性。试验时,把渗入一定含水量的试验土样分层填入击实筒内,以一定的击实功能,对每一分层进行击实,测出击实土样的干密度和含水量。然后进行其他不同含水量试样的击实试验,得到一定击实功能条件下击实效果(以干密度表示)与含水量的关系。试验时也可根据需要改变击实功能来进行。此仪的击实功能基本与常用压实机具的压实功能一致。

(池淑兰)

标准缩短轨 standard length short rail

配合标准长度钢轨铺设使用于曲线路段,使曲线轨道钢轨接头符号相对式布置要求的标准长度短轨。曲线轨道上外轨线的长度大于内轨线。若铺用同样长度的标准轨,即使位于曲线头部的内外轨接头为相对式布置,但到曲线尾部时,内轨接头必然较外轨接头超前一段距离。为使曲线轨道内外轨接头始终保持相对式布置,外轨铺用标准长度钢轨,内轨必须铺用缩短轨。我国铁路配合 12.5m 标准轨使用的缩短轨标准长度有 12.46m、12.42m、12.38m 等三种;配合 25m 标准轨使用的有 24.96m、24.92m 和 24.84m 等三种。　　　　　　(陆银根)

标准轴载　typical axle load

不同等级道路路面结构设计所用的汽车轴标准荷载。通常按照轴数与一侧车轮数分为双轮单轴轴载;单轮单轴轴载;双轮双轴轴载;单轮双轴轴载。标准轴载的型式与取值由政府部门根据国家运输管理部门提供的常用车辆与最大轴量并考虑国家今后发展趋势,综合各方面因素,通过立法程序制定。中国路面设计规范规定,以双轮组单轴轴载 100kN 为标准轴载,以 BZZ-100 表示。　　　　(邓学钧)

表观黏度　apparent viscosity

作用在流体上的剪切应力与剪切应变速度之比值。表征非牛顿流体流动特性的参数,数值越小越容易流动。由于非牛顿流体的剪切应力与剪切应变速度之间关系的流动曲线是非线性的,因而其数值随作用剪切应变速度而变化。　　　　(李维坚)

bin

宾汉塑性流体　Bingham plastic fluids

施加屈服应力 τ_0 后才开始流动,流动后剪切应力 τ 与所造成的剪切应变速度 $\dfrac{du}{dy}$ 呈线性关系的流体。其流动曲线可表示为

$$\tau = \tau_0 + \eta \dfrac{du}{dy}$$

式中 η 为塑性黏度。在静止时这种流体具有一定刚性的稳定结构,足以抵抗小于屈服应力的力;若超过屈服应力则结构被破坏而流动和牛顿流体一样。水煤浆、水泥浆、污泥、沥青、石油制品都属于此类流体。　　　　　　　　　　　　(李维坚)

bing

冰港船闸　Ice Harbar Navigation Lock

美国斯内克河第一个梯级上的一座船闸。距河口约为 16.09km。下闸首上部胸墙与下游平面闸门共同挡水,故构成井式船闸。1962 年 2 月建成通航。船闸闸室平面尺寸为 206m×26.2m,门槛水深 4.58m。设计水头为 31.4m,是目前世界上高水头的船闸之一。输水系统型式为闸墙长廊道经闸室横向支廊道支孔出水的两区段式布置;正常运转时,水力条件良好,最大缆绳拉力小于 5t。但两侧阀门必须同步开启,否则将使船舶的停泊条件恶化。这种型式的输水系统目前已很少采用。

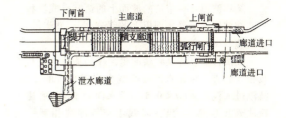

(詹世富)

冰荷载　ice load

冰凌对水工建筑物的作用力。一般有以下几种形式的作用力:流冰产生的冲击力和摩擦力;大面积冰层在风和水流作用下的挤压力;冰层由于水位升高对透空建筑物产生的上托力;建筑物内外的连续冰层因温度变化产生的膨胀力。设计受冰凌作用的水工建筑物时,须根据当地的冰凌情况和建筑物的结构型式确定需要考虑的作用力形式。

(王庆辉)

bo

拨道　lining of track

调整轨道方向的线路经常维修作业。轨道在横向水平力作用下,方向不断错动,需经常进行拨正作业。在有砟线路上,作业主要包括挖松轨枕端部道砟、松开防爬设备、拨动轨排的平面位置、整道等。在无砟线路上,因轨下部件不能轻易改变其位置,只能依靠扣件来调整两根钢轨的空间位置。直线路段的拨动量可用照准仪确定;曲线路段的拨动量则可用绳正法、角图法等测算。由于线路经常维修、大中修作业都要用到,所以它是线路作业的基本操作技术之一。　　　　　　　　　　　(陆银根)

波长　wave length

相邻的两个上跨零点之间的水平距离。对于规则波而言,也就是相邻的两个波峰(或波谷)之间的水平距离 L(m)。规则波的波长 L 与波周期 T 的关系:当为深水波(水深 $d \geqslant 0.5L$)时,$L = \dfrac{gT^2}{2\pi}$;当为浅水波($0.5L > d > 0.05L$)时,$L = \dfrac{gT^2}{2\pi} \text{th} \dfrac{2\pi d}{L}$,表明波浪在浅水中传播时,波长随水深的减小而减小。　　　　　　　　　　　　　　(龚崇准)

波陡　wave steepness

波高 H 与波长 L 之比 δ。风浪的波陡较大,涌浪的波陡较小。它将影响波浪与斜坡式防波堤及海堤等斜坡式建筑物的相互作用。当波高、水深和斜坡坡度等条件不变时,波陡愈小波浪爬高和斜坡上波压力愈大。　　　　　　　　　(龚崇准)

波峰 wave crest

又称波顶。一个波的波面上的最高点或泛指一个波的波面位于静水面以上的部分。 （龚崇准）

波峰线 wave crest

波浪传播过程某一瞬间沿波峰的连线。与波向线相互垂直。在深水区波峰线为相互平行的直线。波浪进入浅水区（$d<0.5L$）后水深 d 愈小,波速 C 或波长 L 也愈小,当波峰线不与等深线相互平行时,某一波峰线上各点的水深不同,经过一个波周期后各点波峰前移一个波长,水深小的点相应的波长也小,因而相邻两条波峰线不再相互平行,传播过程波峰线趋于与等深线相平行。 （龚崇准）

波腹 antinode

立的波面上在整个波动过程若干交替出现波峰和波谷的点。它位于全反射的直墙前的距离为 $n\frac{L}{2}$（$n=0,1,2,\cdots$）,L 为波长。 （龚崇准）

波高 wave height

相邻的波峰与波谷之间的垂直距离 H(m)。对于规则波而言,在某一固定观测点记录到的波高值是相同的,而不规则波的则是随机的、大小不一的。常用以表征不规则波的波高有平均波高、均方根波高、部分大波平均波高、累积率波高等。 （龚崇准）

波高统计分布 statistical distribution of wave heights

用数理统计的方法推求不规则的随机的海浪中波高分布的规律。为了确定各特征波高之间的关系,需了解一个波列中波高的分布规律。一般认为深水情况（水深 $d\geqslant 0.5$ 倍波长 L）波高的理论分布符合瑞利分布。它的概率分布函数如以平均波高 $\overline{H}$ 为参数则波高概率密度 $f(H)$ 为：

$$f(H) = \frac{\pi}{2}\frac{H}{\overline{H}^2}\exp\left[-\frac{\pi}{4}\left(\frac{H}{\overline{H}}\right)^2\right] \quad (1)$$

浅水情况（$d<0.5L$）波高概率密度 $f(H)$ 为：

$$f(H) = \frac{\pi}{2\overline{H}(1-H^*)(1+0.4H^*)}\left(\frac{H}{\overline{H}}\right)^{\frac{1+H^*}{1-H^*}}$$
$$\cdot \exp\left[\frac{-\pi}{4(1+0.4H^*)}\left(\frac{H}{\overline{H}}\right)^{\frac{2}{1-H^*}}\right] \quad (2)$$

式中 $H^* = \frac{\overline{H}}{d}$ 反映了水深 d 对波高分布的影响。根据波列累积率的定义可得到波高的累积频率 $F(H)$ 为：

$$F(H) = \int_H^\infty f(H)\mathrm{d}H \quad (3)$$

将(1)式代入(3)式得到深水的波高累积频率 $F(H)$ 为：

$$F(H) = \exp\left[-\frac{\pi}{4}\left(\frac{H}{\overline{H}}\right)^2\right] \quad (4)$$

将(2)式代入(3)式得到浅水的波高累积频率 $F(H)$ 为：

$$F(H) = \exp\left[-\frac{\pi}{4(1+0.4H^*)}\left(\frac{H}{\overline{H}}\right)^{\frac{2}{1-H^*}}\right] \quad (5)$$

由(4)式(5)式可得不同累积率波高 H_F 与 $\overline{H}$ 的比值：

深水：

$$\frac{H_F}{\overline{H}} = \left(\frac{4}{\pi}\ln\frac{1}{F}\right)^{\frac{1}{2}}$$

浅水：

$$\frac{H_F}{\overline{H}} = \left[\frac{4}{\pi}(1+0.4H^*)\ln\frac{1}{F}\right]^{\frac{1}{2}(1-H^*)} \quad (6)$$

当已知水深 d 和平均波高 $\overline{H}$（或某一累积率波高 H_F）,由(6)式可求得与任一波列累积率 F 相对应的 $\frac{H_F}{\overline{H}}$ 值。

$H_F/\overline{H}$ 值　　　　　　　表1

H^* $F(\%)$	0 (深水)	0.1	0.2	0.3	0.4	0.5 (破碎)
1	2.42	2.27	2.10	1.94	1.78	1.63
4	2.02	1.92	1.81	1.70	1.59	1.48
5	1.95	1.86	1.76	1.66	1.56	1.46
13	1.61	1.56	1.51	1.45	1.39	1.33

根据部分大波平均波高 H_p 的定义可得：

$$H_p = \frac{\int_{H_p}^\infty Hf(H)\mathrm{d}H}{\int_{H_p}^\infty f(H)\mathrm{d}H} = \frac{1}{p}\int_{H_p}^\infty Hf(H)\mathrm{d}H \quad (7)$$

将(1)式(2)式代入(7)式可得 H_p 与 $\overline{H}$ 的比值：

深水：

$$\frac{H_P}{\overline{H}} = \frac{2}{\sqrt{\pi}}\left(\ln\frac{1}{P}\right)^{\frac{1}{2}} + \frac{1}{P}\left\{1-\mathrm{erf}\left[\left(\ln\frac{1}{P}\right)^{\frac{1}{2}}\right]\right\} \quad (8)$$

式中 erf( ) 为误差函数,$\mathrm{erf}(x) = \int_0^x e^{-x^2}\mathrm{d}x$

浅水：

$$\frac{H_p}{\overline{H}} = \frac{1}{P}\left[\frac{4}{\pi}(1+0.4H^*)\right]^{\frac{1}{2}(1-H^*)}\Gamma\left(\frac{3-H^*}{2}\right)P(x^2, n) \quad (9)$$

式中 $\Gamma( )$ 为 Γ 函数; $P(x^2, n) = \frac{1}{2^{\frac{1}{2}(n-2)}\cdot\Gamma(\frac{n}{2})}\cdot$ $\int_x^\infty x^{n-1}e^{-\frac{x^2}{2}}\mathrm{d}x$, $x^2 = 2\ln\frac{1}{P}$, $n = 3-H^*$。当已知 d 和 $\overline{H}$（或某一 H_P）,由(8)式(9)式可求得与任一 P 值相对应的 $\frac{H_P}{\overline{H}}$ 值。

表2 $H_P/\overline{H}$值

P \ $H*$	0 (深水)	0.1	0.2	0.3	0.4	0.5 (破碎)
$\frac{1}{100}$	2.66	2.44	2.24	2.05	1.86	1.69
$\frac{1}{10}$	2.03	1.92	1.80	1.69	1.58	1.48
$\frac{1}{3}$	1.60	1.54	1.48	1.42	1.37	1.31

由表1和表2可知 $H_{4\%} \approx H_{\frac{1}{10}}$,$H_{13\%} \approx H_{\frac{1}{3}}$。

(龚崇准)

波谷 wave trough

又称波底。一个波的波面上的最低点或泛指一个波的波面位于静水面以下的部分。 (龚崇准)

波级 wave scale, sea scale

根据海面出现的波浪状况,按波高的大小来划分其强度的等级。根据自记或目测的波浪资料进行波高统计分析,按照波级表确定波级。

波级	波高范围(m)		海浪名称
	有效波高	十分之一大波平均波高	
0	0	0	无 浪
1	$H_{\frac{1}{3}}<0.1$	$H_{\frac{1}{10}}<0.1$	微 浪
2	$0.1 \leqslant H_{\frac{1}{3}}<0.5$	$0.1 \leqslant H_{\frac{1}{10}}<0.5$	小 浪
3	$0.5 \leqslant H_{\frac{1}{3}}<1.25$	$0.5 \leqslant H_{\frac{1}{10}}<1.5$	轻 浪
4	$1.25 \leqslant H_{\frac{1}{3}}<2.5$	$1.5 \leqslant H_{\frac{1}{10}}<3.0$	中 浪
5	$2.5 \leqslant H_{\frac{1}{3}}<4.0$	$3.0 \leqslant H_{\frac{1}{10}}<5.0$	大 浪
6	$4.0 \leqslant H_{\frac{1}{3}}<6.0$	$5.0 \leqslant H_{\frac{1}{10}}<7.5$	巨 浪
7	$6.0 \leqslant H_{\frac{1}{3}}<9.0$	$7.5 \leqslant H_{\frac{1}{10}}<11.5$	狂 浪
8	$9.0 \leqslant H_{\frac{1}{3}}<14.0$	$11.5 \leqslant H_{\frac{1}{10}}<18.0$	狂 涛
9	$H_{\frac{1}{3}} \geqslant 14.0$	$H_{\frac{1}{10}} \geqslant 18.0$	怒 涛

(龚崇准)

波节 node

立波的波面上在整个波动过程若干不发生升降变化的点。它位于全反射的直墙前的距离为 $n\frac{L}{2}+\frac{L}{4}(n=0,1,2\cdots\cdots)$,$L$ 为波长。 (龚崇准)

波浪 wave

具有自由表面的水体的内部质点在外力作用下偏离其初始平衡位置作周期性往复振动运动或当外力消失后在重力和惯性力的作用下波动水体的质点继续作周期性的往复振动,其自由表面则作周期性的起伏波动。由风、船舶航行、水底地震及太阳和月球引力等外力作用而产生的水体波动分别称为风浪(或风成波)、船行波、地震波(或海啸)及潮汐波(或潮波),当风浪传出风区或风力衰减、停息后的波浪称为涌浪(或余波)。通常所指的波浪一般为风浪和涌浪。波浪是港口工程、海岸及海洋工程的主要作用力之一,也是近岸泥沙运动、岸滩冲淤演变的主要动力之一。 (龚崇准)

波浪反射 wave reflection

波浪传播过程与建筑物或其他障碍物相遇时,从物体的边界上产生反射的现象。原始的入射波和从物体边界上反射出来的反射波叠加改变了原始波动场的水质点运动规律和波面形态,也改变了波压力的分布。二维前进波与全反射边界正向相遇则产生具有相同波高和波长但传播方向相反的反射波,两者叠加形成立波;若与部分反射边界正向相遇则产生具有相同波长但波高衰减、传播方向相反的反射波,两者叠加形成部分立波。当入射波与反射边界斜向相遇时反射角等于入射角,反射波系与入射波系叠加形成三维干涉波。 (龚崇准)

波浪方向谱 wave directional spectrum

描述不规则的随机海浪所具有的能量相对于频率和方向分布的谱(二维谱)。它较之一维的波浪能量谱更符合海浪的实际情况。由于波向观测的困难,对其研究远较波浪能量谱为少。目前一般将它表示为波浪能量谱 $S(\omega)$ 与方向分布函数 $G(\omega,\theta)$ 的乘积,即 $S(\omega,\theta) = S(\omega)G(\omega,\theta)$ 或 $A^2(\omega,\theta) = A^2(\omega)G(\omega,\theta)$,其中 $\omega = \frac{2\pi}{T}$ 为波圆频,T 为波周期,θ 为组成波的方向,$\theta=0$ 代表主波向或风向。$G(\omega,\theta)$ 应满足:

$$\int_{\theta_{min}}^{\theta_{max}} G(\omega,\theta)d\theta = 1 \quad (1)$$

其中 θ_{max},θ_{min} 为波能在方向上分布范围的上下限。在实用中常假定方向分布函数只与 θ 有关,则方向分布函数取为:

$$G(\theta) = K\cos^n\theta \quad (2)$$

当取 $\theta_{max} = \frac{\pi}{2}$,$\theta_{min} = -\frac{\pi}{2}$,由(1)式可得 $K = \frac{1}{\sqrt{\pi}} \frac{\Gamma(\frac{n}{2}+1)}{\Gamma(\frac{n+1}{2})}$,其中 $\Gamma()$ 为伽玛函数。当 $n=2$,相当于风浪,$G(\theta) = \frac{2}{\pi}\cos^2\theta$;当 $n=4$,相当于涌浪,$G(\theta) = \frac{8}{3\pi}\cos^4\theta$。还可将波浪方向谱表示为 $S(f,\theta) = S(f)G(f,\theta)$,其中 $f = \frac{1}{T} = \frac{\omega}{2\pi}$ 为波频率。Longuet-Higgins 将方向分布函数 $G(f,\theta)$ 表示为:

$$G(f,\theta) = \frac{1}{\pi} 2^{2s-1} \frac{\Gamma^2(s+1)}{\Gamma(2s+1)} \cos^{2s}\frac{\theta}{2} \quad (3)$$

(3)式满足(1)式并设 $\theta_{max} = \pi$,$\theta_{min} = -\pi$。式中 s 为方向集中参数,是波频率 f 的函数,表示波能方向分布的集中程度。日本光易给出了 s 与 f 的经验关系:

$$s = \begin{cases} s_{\max}\left(\dfrac{f}{f_0}\right)^5, & f \leqslant f_0 \text{ 时} \\ s_{\max}\left(\dfrac{f}{f_0}\right)^{-2.5}, & f \geqslant f_0 \text{ 时} \end{cases} \quad (4)$$

式中 $f_0 = \dfrac{1}{1.05 T_{\frac{1}{3}}}$ 为谱峰处的频率；$T_{\frac{1}{3}}$ 为与有效波高 $H_{\frac{1}{3}}$ 相对应的波周期；$s_{\max} = 11.5\left(\dfrac{2\pi}{g}f_0 u\right)^{-2.5}$ 为对应于 f_0 的波浪方向分布的最大集中参数。深水情况下风浪取 $s_{\max} = 10$，混合浪取 $s_{\max} = 25$，涌浪取 $s_{\max} = 75$。

（龚崇准）

波浪浮托力 uplift pressure of wave

作用在直墙式防波堤和重力式码头直墙底面或方块防波堤和方块码头各层块体底面的垂直向上的波压力。类似静水中的浮力，一般呈三角形分布。临海外侧的垂直向上的波压强与直墙底水平波压强 p_d 或某层方块底高程处水平波压强 p 相等。总的波浪浮托力 $P_u = \dfrac{1}{2}\mu p_d B$ 或 $P_u = \dfrac{1}{2}\mu p B$。$B$ 为直墙底宽；μ 为折减系数，立波取 1.0，近破波和远破波取 0.7。

（龚崇准）

波浪玫瑰图 wave rose diagram

表示某海区或某工程点波浪在各方位出现的波高及其相应频率大小的统计图。与风玫瑰图相似。通常用多年实测的资料按年（或按季度、月份）按 8 个或 16 个方位进行统计绘制而成。供港口工程、海岸及海洋工程的规划设计及航海等参考。 （龚崇准）

波浪能量谱 wave energy spectrum

又称波浪频谱或简称波能谱。描述不规则的随机的海浪所具有的能量相对于组成波的频率的分布的谱。已提出的基本谱形如下：

$$A^2(\omega) = Q\omega^{-m} \cdot \exp[-R\omega^{-n}] \text{ 或}$$
$$S(\omega) = \dfrac{1}{2}A^2(\omega)$$

其中 $\omega = \dfrac{2\pi}{T}$ 为波圆频；T 为波周期；$m = 5 \sim 6$；$n = 2 \sim 4$；参量 Q, R 中包含风要素（风速、风区）或波浪要素（波高，波周期）。20 世纪 50 年代 Neumann 最先根据不同风速下波高与波周期的关系提出如下半经验半理论的谱（称为 Neumann 谱）：

$$A^2(\omega) = \alpha \dfrac{\pi}{2}\omega^{-6} \exp\left[-\dfrac{2g^2}{u^2 \omega^2}\right] \quad (1)$$

式中 $\alpha = 3.05(\text{m}^2\text{s}^{-3})$，$u$ 为海面以上 7.5m 处的风速。该谱适用于深水中充分成长状态的风浪。1964 年 Pierson 和 Moskowitz 对北大西洋观测到充分成长状态的风浪资料进行谱分析得出如下的谱（简称 P-M 谱）：

$$S(\omega) = 8.10 \times 10^{-3} g^2 \omega^{-5} \exp\left[-0.74\left(\dfrac{g}{u\omega}\right)^4\right] \quad (2)$$

式中 u 为海面以上 19.5m 处的风速。为了开发北海油田，英国、美国、荷兰、德国等共同实施了《联合北海波浪计划》(Joint North Sea Wave Project)，以记录的约 2500 个谱为依据提出了如下的谱（称为 JONSWAP 谱）：

$$S(\omega) = \alpha g^2 \omega^{-5} \exp\left[-\dfrac{5}{4}\left(\dfrac{\omega_0}{\omega}\right)^4\right] \cdot \gamma^{\exp\left[-\dfrac{(\omega-\omega_0)^2}{2\lambda^2 \omega_0^2}\right]} \quad (3)$$

式中 $\alpha = 0.076\left(\dfrac{gF}{u^2}\right)^{-0.22}$，当 $\dfrac{gF}{u^2} = 10^{-1} \sim 10^5$，$F$ 为风区；u 为海面以上 10m 处的风速；ω_0 为与最大能量相对应的频率，称为峰频；γ 为峰值升高因子，观测值介于 $1.5 \sim 6$，取 3.3；λ 为谱宽度——峰形参量，当 $\omega \leqslant \omega_0$，$\lambda = 0.07$，当 $\omega > \omega_0$，$\lambda = 0.09$。在相同风速下 JONSWAP 谱计算出的波高较 P-M 谱大。日本光易对 Bretchnieder 研究的谱进行修正，得到如下的谱（简称 B-M 谱）：

$$S(\omega) = 0.257 H_{\frac{1}{3}}^2 \omega_{\frac{1}{3}}^4 \omega^{-5} \cdot \exp[-1.03(\omega_{\frac{1}{3}}\omega^{-1})^4] \quad (4)$$

式中 $H_{\frac{1}{3}}$ 为有效波高；ω 为波圆频率；$\omega_{\frac{1}{3}}$ 为与 $H_{\frac{1}{3}}$ 相对应的波圆频。中国国家科委海洋组的海浪预报方法研究组于 1966 年提出如下的谱（称为会战谱）：

$$A^2(\omega) = 1.48 \omega^{-5} \cdot \exp\left[-\left(\dfrac{\bar{\omega}}{\omega}\right)^2\right] \quad (5)$$

该谱实际上只包含参量 $\bar{\omega}$。如已知描述波浪内部结构的波浪能量谱，则可得到波浪要素的某特征值。

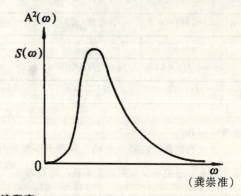

（龚崇准）

波浪爬高 wave runup

波浪在斜坡上发生破碎后水体沿斜坡面上涌、爬升的现象。斜坡式防波堤、海堤、土坝等水工建筑物通常不允许发生越浪或大量越浪，因此波浪爬高值是确定这类斜坡式防浪水工建筑物顶部高程的重要依据。影响的主要因素有波高、波陡、斜坡的坡度、建筑物前水深与波高之比以及斜坡护面的糙率和渗透性等。 （龚崇准）

波浪频谱 wave frequency spectrum

见波浪能量谱（12页）。

波浪破碎 wave breaking

当风浪成长过程波陡达到极限状态或波浪在浅水区传播受水底边界影响，剖面发生显著变形，波峰水质点水平分速达到或超过波速，使波浪发生破碎的现

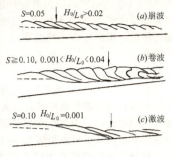

象。这时的波浪称为破波。因水底坡度和波陡的不同，破波可分为崩波(spilling breaker)、卷波(plunging breaker)和激波(surging breaker)三种。波陡较大的波浪沿缓坡传播时发生崩波，首先在波峰顶出现浪花逐渐扩大到波峰前坡，整个波形仍基本上保持对称，传至岸线附近时波峰前坡布满泡沫，最后波浪消失在岸线上。波陡较小的波浪在较陡的底坡上传播时发生卷波，波峰前坡逐渐变陡直，终于整个波峰卷曲形成水舌而倾倒破碎，空气被卷入水体而发生轰鸣，波形发生明显变形失去对称。波高较小的长波在较缓的底坡上传播时产生激波，波峰变陡后从其前坡下部开始出现浪花并扩大到整个前峰面，呈激散破碎随波峰推带着前进，最后与波峰一起破散在岸滩上。波浪破碎引起水体的紊动，损耗大量波能，是近岸泥沙运动、岸滩冲刷的重要动力因素。蒙克(Munk)根据孤立波理论推得破波的极限波高(称破碎波高)H_b和破碎水深(又称临界水深)d_b的关系：$H_b=0.78d_b$。米彻尔(Michell)根据斯托克斯波理论：当波陡达到极限值时，峰顶水质点的水平分速与波速相等，峰顶发生破碎，导得破碎时的极限波陡$\frac{H_b}{L_b}=0.142\mathrm{th}(2\pi\frac{d_b}{H_b}\frac{H_b}{L_b})$。

(龚崇准)

波浪绕射 wave diffraction

波浪传播过程与建筑物或岛屿、海岬等障碍物相遇，除一部分被阻拦外，另一部分继续向前传播并绕过障碍物向被掩护的水域扩散的现象。波浪在产生绕射后在掩护区内传播方向发生变化、波高衰减。波浪绕射现象与光波绕射原理类似。在天然开敞的海岸修建港口往往因波浪的入侵影响船舶的安全行驶或靠泊和进行装卸作业，而需修筑防波堤加以掩护。在布置防波堤时常应用波浪绕射原理，使掩护区内的波浪能满足船舶航行、靠泊和装卸作业的泊稳要求。通常根据主要防波堤的布置形状将港口的波浪绕射简化为单突堤、双突堤或岛式防波堤的波浪绕射，这些简化的模式都略去港内其他建筑物边界的反射影响，因此港内波高分布的计算结果只是近似的。港口的边界条件十分复杂：防波堤及码头等布置形状及反射条件各不相同，所以实际港口的波浪绕射问题较为复杂。物理模型或数学模型可研究具有复杂边界的港湾的波浪绕射，波浪反射和波浪折射的综合作用。

(龚崇准)

波浪要素 wave parameters

表征波浪的外形几何特征和运动特征的量。一般指波高、波长、波周期、波速和波向等。某一固定点的规则波的波浪要素是相同的，而不规则波的则是随机的、不相同的，但仍由统计规律所支配。

(龚崇准)

波浪折射 wave refraction

波浪在浅水区传播时受水底地形影响，传播方向(波向线)发生折转的现象。其原理与光波折射原理相似。当波浪的波峰线与水底等深线不平行时，由于同一波

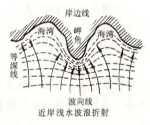

近岸浅水波浪折射

峰线上各点的水深不同，则各点的波速也不同，致使其传播方向发生折转而趋于与等深线相垂直。波浪发生折射时，当相邻的波向线间的距离趋于减小(称为辐聚)，波高则随之增大；反之，距离逐渐增大(称为辐散)，波高则随之衰减。港口工程及海岸工程多位于浅水区，而根据气象资料推算所得的是深水波浪要素或波浪观测点不在工程点，因此需进行波浪折射计算以确定工程点的设计波浪要素。

(龚崇准)

波浪中线超高 rise of wave center line

静止时处于同一水平面的水质点在波动过程的波动中心的联线(称为波浪中线)超出静止时所处的水平面的高度。前进波在自由表面处的波浪中线超高 ξ_0 为：

深水(余摆线波)　　$\xi_0=\frac{\pi}{4}\frac{H^2}{L}$

浅水(椭圆余摆线波)　$\xi_0=\frac{\pi}{4}\frac{H^2}{L}\mathrm{cth}kd$

立波的波浪中线超高值随时间而变化。当立墙前出现最大波峰、波谷时，其最大值为前进波波浪中线超高值的4倍。立波在自由表面处的最大波浪中线超高 $\xi_{0\max}$ 为：

深水　　　$\xi_{0\max}=\frac{\pi H^2}{L}$

浅水　　　$\xi_{0\max}=\frac{\pi H^2}{L}\mathrm{cth}kd$

H 为波高；L 为波长；k 为波数，$k=\frac{2\pi}{L}$；d 为水深。

(龚崇准)

波列累积率 accumulation rate of wave train

在定点观测到的一段大小不等的波列记录中某

个波浪要素(波高、波长、波周期)大于或等于某一数值的波浪个数占该列波浪总个数的百分数。例如累积率波高 $H_{13\%} = 2m$ 表示波列中波高大于或等于 2m 的波浪个数占该列波浪总个数的 13%，该波高的波列累积率为 13%。　　　　　　　　　　(龚崇准)

波龄　wave age

波速与风速之比。它表征风浪的成长阶段。当波龄大于 1 时，风浪已充分成长，波高不再增大。
　　　　　　　　　　　　　　　　　　(龚崇准)

波能　wave energy

波动水体所具有的能量。包括动能和势能。前进波在一个波周期中单位面积水柱内平均动能 E_k 和平均势能 E_p 相等。

$$E_k = E_p = \frac{1}{4}\rho g a^2 = \frac{1}{16}\rho g H^2$$

ρ 为水的密度；g 为重力加速度；a 为波振幅；H 为波高。一个波周期中单位面积水柱内平均波能 E 为：

$$E = E_k + E_p = \frac{1}{2}\rho g a^2 = \frac{1}{8}\rho g H^2$$

一个波长 L 范围内单宽水体的波能 E_L 为：

$$E_L = \frac{1}{2}\rho g a^2 L = \frac{1}{8}\rho g H^2 L$$

立波在一个波长 L 范围内单宽水体的动能 E_{k_L} 和势能 E_{p_L} 是随时间变化的，两者之间不断进行交换，但其总和为常量。

$$E_{k_L} = \frac{1}{4}\rho g a^2 L \cdot \cos^2 \omega t$$

$$E_{p_L} = \frac{1}{4}\rho g a^2 L \cdot \sin^2 \omega t$$

ω 为波圆频率，$\omega = \frac{2\pi}{T}$；T 为波周期。

$$E_L = E_{k_L} + E_{p_L} = \frac{1}{4}\rho g a^2 L$$

波能是一种可供利用的新型海洋能。世界各国正在开展利用波能发电的研究工作。　　　(龚崇准)

波能传递率　rate of wave energy propagation

前进波沿着传播方向向前传递的波能与其所储存的总能量的比率 n。$n = \frac{1}{2}\left(1 + \frac{2kd}{\text{sh}2kd}\right)$。$k = \frac{2\pi}{L}$ 为波数；L 为波长；d 为水深。当为深水时 ($d \geq 0.5L$)，$n = \frac{1}{2}$；当为极浅水时 ($d \leq 0.05L$)，$n = 1$。
　　　　　　　　　　　　　　　　　　(龚崇准)

波能流　wave energy flow, wave energy transmission

又称波能传递。前进波的波能不断地通过水质点的运动沿波浪传播方向向前传递的现象。在一个波周期内通过与波浪传播方向相垂直的单宽水体的单位时间平均波能传递量称为波能流量或波能通量 F。$F = UE = nCE$。U 为波能传递速度，微幅波的波能传递速度 U 与波群速 C_g 相等。E 为一个波周期内单位面积水柱内平均波能；n 为波能传递率；C 为波速。
　　　　　　　　　　　　　　　　　　(龚崇准)

波群　wave group

由许多频率(或波周期)不同的组成波叠加而形成的一群合成波波面所构成并以波群速沿合成波传播方向向前传播。当波群向前传播时，波能也向前传递但不能通过波群中振幅为零的波节点。当两组振幅相同而波周期略不相同的前进波相叠加时，由一群合成波所构成的波群的波面函数 $\eta(x, t)$。

$$\eta(x, t) \cong 2a\cos\frac{1}{2}(\delta kx - \delta \omega t) \cdot \sin(kx - \omega t)$$

式中 a 为组成波振幅，$a = \frac{1}{2}H$；$k = \frac{2\pi}{L}$ 为波数；$\omega = \frac{2\pi}{T}$ 为波圆频率；H、L、T 为波高、波长和波周期。上式表明：这两列前进波叠加后组成波还是周期波，其最大振幅为组成波的二倍，但波形受到余弦函数 $\cos\frac{1}{2}(\delta kx - \delta \omega t)$ 的调制。叠加后合成波成为在 $z = 2a\cos\frac{1}{2}(\delta kx - \delta \omega t)$ 所构成的包络线中变动的一组波群。

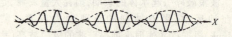

两列频率相近的前进波合成的波群

　　　　　　　　　　　　　　　　　　(龚崇准)

波群速　wave group velocity

波群沿合成波传播方向的移动速度。波群速 $C_g = \frac{C}{2}\left(1 + \frac{2kd}{\text{sh}2kd}\right) = Cn = U$。式中 $C = \frac{\omega}{k} = \frac{L}{T}$ 为波速；$k = \frac{2\pi}{L}$ 为波数；$\omega = \frac{2\pi}{T}$ 为波圆频率；L、T 为波长和波周期；$n = \frac{1}{2}\left(1 + \frac{2kd}{\text{sh}2kd}\right)$ 为波能传递率；U 为波能传递速度(参见波能流 14 页)。即波群速等于波能传递速度。
　　　　　　　　　　　　　　　　　　(龚崇准)

波速　wave celerity, wave velocity

单位时间内波形传播的距离 C(m/s)。若以 L 表示波长，T 表示波周期，则 $C = \frac{L}{T}$。当为深水波(水深 $d \geq 0.5L$)时，$C = \frac{gT}{2\pi}$；当为浅水波($0.5L > d > 0.05L$)时，$C = \frac{gT}{2\pi}\text{th}\frac{2\pi d}{L}$；根据孤立波理论，$C = \sqrt{g(d+H)}$，$H$ 为波高。　(龚崇准)

波坦　wave slope

波长 L 与波高 H 之比。与波陡互为倒数。风

浪的波坦较小，涌浪的波坦较大。　（龚崇准）

波向线　wave ray, orthogonal

表征波浪传播方向的线。与流峰线相互垂直。波浪进入浅水区（$d<0.5L$）后波速 C 或波长 L 为水深 d 的函数。$C=\frac{gT}{2\pi}\text{th}\frac{2\pi d}{L}$，$L=\frac{gT^2}{2\pi}\text{th}\frac{2\pi d}{L}$（$T$ 为波周期）。水深愈小，波速或波长也愈小，当波峰线不与等深线相平行时，同一波峰线上各点的水深不同，则相应各点的波速或波长也不同，发生波浪折射现象，致使各点的波向线发生折转渐趋于与等深线相垂直。　（龚崇准）

波压力　wave pressure

水体波动时产生的压力。广义的波压力包括静水压力和由于波浪作用所增加的动水压力——亦称净波压力。对工程技术而言，一般指波浪作用于建筑物上的净波压力。波压力是防浪水工建筑物和其他受到波浪作用的海岸及海洋工程的主要荷载之一。对这些水工建筑物的尺度、强度和稳定等有重要的影响。波浪与建筑物相互作用的现象十分复杂，影响的因素很多，波浪的理论也各异。按照建筑物的形态及其尺度与波浪要素之间的关系，波压力可分为立波波压力、破波波压力、斜坡上波压力和桩柱上波压力等。各种常用的波压力公式都对波浪与建筑物相互作用的模式作了些假定和简化，一些系数又多是根据一定条件下所作的模型试验或特定条件下现场观测的资料加以分析而确定的，具有一定的局限性和经验性。因此对于重要和复杂的建筑物需要通过模型试验来确定其波压力。　（龚崇准）

波周期　wave period

波形传播一个波长的距离所需的时间 $T(\text{s})$。规则波的波周期是不变的，而不规则波则是随机的、大小不一的。现场目测中常以相邻两个波峰通过同一观测点的时间间隔为一个波周期，而自记的波面记录则以两个上跨零点之间的时间间隔为一个波周期。不规则波的波周期常以平均波周期 $\overline{T}$ 或与有效波高相对应的有效波周期 $T_{1/3}$ 来表征。　（龚崇准）

驳岸　bulkhead, quay wall

较陡的天然岸坡或直接停靠小船或驳船的岸壁式码头。驳就是用船分载或转载货物之意。在驳岸上可进行简易的装卸作业。一般说来，驳岸的装卸设备和场地均较简陋，主要靠人力劳动。　（杨克己）

驳船　barge, lighter

简称驳。本身无动力推进装置，依靠拖船或推船带动的货船。也有设有动力推进装置的称机动驳。船型肥宽、线型平直，吃水浅，造价低，适宜于内河或沿海区域短途运输，有的也可用于港口和水上工程作业。上层建筑很简单，一般不设起货设备。按船型分有普通驳、分节驳等。按结构形式分有甲板驳、舱口驳、敞舱驳、半舱驳。按用途分有客驳、货驳、液驳、油驳、石驳、集装箱驳等。　（吕洪根）

bu

补机终止推进标　stop sign of pusher operation

指示补机司机停止推进的长方形标志牌。上面写有"补机终止推送"字样。设在列车运行方向左侧，具体地点根据机车类型、列车牵引定数、上坡坡度与坡道长度等情况由铁路局决定。　（吴树和）

不等长缓和曲线　transition curve of unequal length

一个圆曲线两端设置的长度不相等的缓和曲线。用于地形复杂的山区或地物较多的城镇，可适应地形、地物的展布趋势，以减少工程数量，节约工程投资。目前新线设计已不采用；既有线改建中，在特殊困难条件下，改动既有线平面将引起较大工程时，才允许设置。　（周宪忠）

不分级堆石防波堤　rock-mound breakwater of run of quarry

由大小块石混合堆筑而成的防波堤。是一种最古老的斜坡式防波堤型式，现已极少采用。石块的重量约为 15~150 kg，施工简单，但抗浪能力差，临海的一侧较小的石块易被波浪冲动滚落，使堤坡坍塌。为了增加块石稳定性堤的外坡需较平缓，坡度 m（坡面水平距离与垂直距离之比）约为 3~5 或更大，从而加大了堤的断面。考虑到波浪的作用力随离水面的深度增大而减小，堤的外坡可筑成折线型，加大水面附近外坡的坡度，减小水底附近的坡度，这样既可增加块石的稳定性又可减少工程量。　（龚崇准）

不规则波　irregular wave

又称随机波。随机出现的、波高及波周期（波长）、波向各异的不规则的水面波动。可视为由许多波高（或振幅），频率（或波周期）、波向及初始相位各不相同的规则波的组成波叠加而成。朗奎特－赫金斯（Longuet-Higgins）的任意给定点线性不规则波的波面 $\eta(t)$ 模型为：

$$\eta(t) = \sum_{n=1}^{\infty} a_n \cos(\omega_n t + \varepsilon_n)$$

式中 a_n 和 ω_n 分别为组成波的振幅和波圆频；ε_n 为组成波的随机初始相位，为一均匀分布于 $0~2\pi$ 范围内的随机量。通常用波浪能量谱来描述不规则波的复杂内部结构和研究其波浪要素、波群等波浪外观特征的统计规律。　（龚崇准）

不离车停放　drive-in parking

驾驶员不离开汽车的临时性停车。随意在车速很高、交通繁忙的高等级公路或城市干道上停车,不但影响道路通行能力,更重要的是可能造成严重的交通事故,因此,必须对临时性不离车停放加以管理和控制,可以设立适当的路旁临时停靠站。

(杨 涛)

不良地质地段选线

在地质不良地段,根据地质条件选定线路位置的方法。地质条件对线路是否安全稳定、经济合理,影响极大;应经比选确定线路的合理位置。主要经验有三:(1)在大面积选线和线路原则方案比选中,要掌握区域地质情况,根据地质构造特征,慎重研究线路方案;(2)要针对不良地质现象的数量、规模、成因、发展状态,对铁路危害及整治难易程度等,经过分析比选,确定采用绕避还是整治;(3)对规模不大,整治较易地段,宜选择有利部位和合理高程通过,并采取经济有效的措施,彻底整治。

(周宪忠)

不设管制 uncontrol

不设任何标志、信号等予以管制。在车速不高、交通量很少、视距有保证时可考虑采用。一般用在居民区或工业区内部道路交叉口上。 (李旭宏)

不下车服务 drive-in service

设在路旁的商店、餐馆或电影院等,对乘客、驾驶员提供的能在自己车位中购物,进餐或看电影等的服务。 (杨 涛)

不淹没整治建筑物 unsubmerged structures for regulation works

各种水位均不淹没的整治建筑物。航道整治工程中只有少数建筑物是不淹没的,例如人工矶头等。

(王昌杰)

部分大波平均波高 mean height of partical large waves

将定点连续观测的一段波浪记录中的波高值按大小排列,取前 P 个(P 为波浪总个数的若干分之一)大波波高的平均值 H_P。例如取波浪总个数的前 $\frac{1}{10}$ 个大波的波高平均值记为 $H_{\frac{1}{10}}$,称为十分之一大波的平均波高。英、美、日等国家一般采用这类特征波高。常用的有 $H_{\frac{1}{100}}, H_{\frac{1}{10}}, H_{\frac{1}{3}}$ 等。 (龚崇准)

部分互通式立体交叉 partial interchange

又称不完全互通式立体交叉。位于不同平面上的道路相交,有部分转弯车流未设匝道连通的交叉。一般只设一座立交桥,使直行车流分离,其主要转向车流设有匝道连通,故次要转向车流存在着平面交叉与冲突点,通行能力受到限制,但占地面积小,可分期修建。 (顾尚华)

部分苜蓿叶式立体交叉 partial cloverleaf interchange

位于不同高程上的立体空间的四岔道路,只设部分左、右转匝道连接呈苜蓿叶式的立体交叉。只修一座立交桥,为节省投资,转弯车流少的象限,未设匝道连接,存在着平面交叉与冲突点。与苜蓿叶式立交比较,通行能力较低,安全性较差,但可分期修建,投资较少。

(顾尚华)

C

cai

裁弯取直 cutoff works

又称裁弯工程。在过度弯曲河段(河环)上的狭颈处,开挖引河,加速河道由弯趋直的工程措施。弯道环流使凹岸冲刷、凸岸淤积(参见撇弯),在一定条件下将导致河道蜿蜒曲折,经常蠕动。上下河湾发展可导致相邻两河湾的凹岸逐渐接近而形成狭颈(见图)。狭颈两端水位差较大,有时可能被漫滩洪水自然冲决,水流改趋直道,这种现象称为"自然裁弯"。采用人工裁弯措施可以畅泄水流,降低上游水位,减少泛滥,改善航行条件;但也剧烈改变了河道原有的相对平衡状态,有时可能引起不良后果,施工前应审慎研究。实施时,可以人工开挖小断面引河,让水流冲刷,逐渐形成新河。有内裁和外裁之分(见图)。内裁线路较短,可节省开挖工程量,常被采用。

(王昌杰)

cang

舱口系数 factor of catches

一艘船舶在同一时间内同时进行装卸作业的舱口数和总舱口数的比值。比值越大,表明同时进行船舶装卸作业的舱口数就越多,船舶的船时量就越大。是衡量船舶装卸劳动组织和经营管理水平的重要指标。

(王庆辉)

舱时量　tons per hatch-hour

船舶平均每一个舱口,在一小时作业时间内所完成的货物装卸吨数(t/h)。舱时量的统计时间是纯作业时间。　　　　　　　　　　(王庆辉)

ce

侧沟　side ditch

用于汇集和排除路堑坡面与路基面处的地面水,在路肩外侧与路堑边坡坡脚之间设置的水沟。用于公路时称边沟。在地形困难地段,天沟汇集水通过吊沟排入侧沟排走。沟的断面一般采用底宽0.4m,高0.6m,边坡坡度1:1的梯形断面。纵向坡度一般与线路纵坡一致但不宜小于2‰。渗水土路堑可不设侧沟。　　　　　　　　(徐凤华)

侧面标　lateral marks

标示航道侧面界限的航行标志。设在浅滩、礁石、沉船等碍航物靠近航道一侧;或设在水网地区优良航道两岸,标示岸形、突咀或不通航的汊港。常以连续设置的方式标示航道走向和轮廓,多用漂浮在水上的浮标。其形式有柱形、锥形、罐形、杆形或灯船,以不同颜色分别布置在航道的左右侧,若还需以不同形状区分左、右岸,则在左岸一侧锥形浮标上加装锥形顶标,右岸一侧为罐形浮标上加装罐形顶标。侧面标,也可采用固定设置在水中的框架或杆形灯桩。为增加视距,左岸灯桩上可加装锥形顶标,右岸一侧加罐形顶标。左岸顶标用白色或黑色,标杆为黑、白相间横纹,夜间发绿色或白色,单、双闪光;右岸顶标用红色,标杆为红、白相间横纹,夜间发红色,单、双闪光(附图见彩3页彩图13)。　　(李安中)

侧向约束　lateral restraint

路堤两侧坡脚设置阻止软土挤出的工程措施。方法有打木桩(图 *a*)、板桩、钢筋混凝土桩或在两侧挖沟,用片石填砌成片石齿墙(图 *b*),用以阻止基底软土从两侧挤出,保持路堤稳定。适用于较薄软土层、底部有坚硬土层的情况,特别适用于下卧岩层面具有横向坡度的情况。

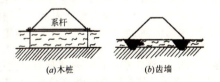

(*a*)木桩　　　　(*b*)齿墙

(池淑兰)

测长设备　fullness measuring apparatus

在驼峰调车场内,测量调车线空闲长度的设备。调车线空闲长度是指自车辆减速器出口至该调车线停留车端部的长度。是点式自动化驼峰调车场的测量设备之一。受控车组离开车辆减速器后预期的溜行距离,是确定车组离开车辆减速器速度的重要因素。因此,必须在车组进入车辆减速器之前,测得这个溜行距离,以便及时控制车辆减速器的动作。测量的方法是,在调车线内设置轨道电路,在轨道电路的送电端送入低于400Hz的恒定音频电流,则送电端电压与短路点的距离成正比。根据这个关系来间接测量调车线的空闲长度。　　　(严良田)

测速设备　car velocity measuring device

在驼峰车场内测量车辆溜放速度的设备。在以车辆减速器为调速工具的自动化驼峰中,是一种配套设备。从20世纪50年代中期开始,使用雷达来测量驼峰车辆的溜放速度,测速原理以多普勒效应为依据。雷达天线面向运动中的车辆发射一定频率的电磁波,并接收车辆反射回来的电磁波,用发射频率与接收频率之差来确定车辆的溜放速度。当前世界各国铁路驼峰上使用的测速雷达,其波长多数在3cm左右。根据测得的车辆溜放速度,自动控制车辆减速器的动作,使之及时对车辆自动进行制动或缓解。　　　　　　　　(严良田)

测重设备　weight measuring device

在驼峰调车场内,测量溜放车辆轴重等级的设备。在自动化驼峰中,与非重力式车辆减速器配合使用。一般设在第一制动位上方。非重力式车辆减速器的制动力划分为数个等级,每一等级与车辆的轴重等级相对应。车辆减速器应以最大的制动力制动轴重最重的车辆,而以最小的制动力制动轴重最轻的车辆。车辆轴重等级的信息必须在车辆减速器开始制动前传给过程控制计算机。目前世界各国铁路使用的测重设备,主要有机械踏板式和电阻应变片式。中国采用压磁式、电阻应变片式和硅力敏电阻应变片式等几种形式。　　　　(严良田)

测阻设备　rolling resistance measuring device

在驼峰调车场内,测量车辆单位溜放阻力的设备。是以车辆减速器为调速工具的自动化驼峰必备的设备。一般取一段固定长度和坡度、且不含道岔的直线段,作为测量路段,在该路段上测量车辆的接近速度和离去速度。由这两个速度的数值换算出车辆溜放加速度和车辆溜放阻力。车辆溜放阻力是确定车辆在车辆减速器出口速度的重要因素,也是确定车辆溜放距离和重要因素。　　(严良田)

cha

叉道式斜面升船机　forked inclined ship lift

上下游斜坡道的轨道在坝顶交汇处设置一组叉道,使整个轨道形成人字形,以便承船车能相互调道而完成船舶过坝的斜面升船机。这种升船机轨道结构简单，使用单绳牵引，没有死点，不要过坝辅助设施，运转平稳，但交汇处要求适度的弯道，占地较多。

（孙忠祖）

叉心 frog diversion

俗称人字尖。辙叉中列车车轮走向的分流构件。因受力非常复杂而成为固定式辙叉的易损构件。用锰钢整体铸造，也有用普通钢轨刨切而成的长心轨和短心轨、间隔铁以及螺栓等零件组合拼装。

（陆银根）

查核线调查 screen line count

在调查区域内依靠自然或人工的界限，设置查核线所进行的交通调查。用以校核起迄点调查的结果。可设一条或多条查核线，它将调查区划分为几个部分。对穿越该线的各道路断面上的交通量进行观测、记录，统计结果并与区域内的起迄点调查结果比较，以验证起迄点调查的精度是否符合要求。

（文旭光）

汊道浅滩 shoal at branching channel

在汊道进口处、汇合处或汊道中出现的浅滩。在河流分汊区，河道沿程展宽，洪、中、枯水期，水流动力轴线不一致，由于江心洲壅水作用，各汊道阻力的不同与水流的弯曲，常在汊道口门附近产生壅水，形成横比降及环流，导致泥沙落淤出浅。在汊道汇流区，由于水流汇合时相互撞击、摩擦，产生一系列漩涡，泥沙易于淤积。河道分汊后，汊道中的水深，一般都比未分汊前水深小，可能在汊道内出现浅区。汊道的各汊常交替发展。整治时应选择发展的一汊为通航汊，控制河势和调整分流比，再针对浅区位置与成因，或疏浚导流，或塞支强干，或布置整治建筑物，冲深和稳定航槽。

（王昌杰）

岔线 railroad siding

在铁路区间或车站接轨、通向铁路内外单位（厂矿企业、砂石场、码头和货物仓库）的铁路线。

（严良田）

岔枕 switch sleeper

铺设于钢轨下面，用以固定道岔轨件、组成道岔轨排，承受列车通过钢轨传来的载荷并将其传布到道床的构件。按材质分为木岔枕和混凝土岔枕。木质岔枕的长度为 2.60～4.85m 共 26 种，长度级差为 0.15m，断面与Ⅰ类木枕相同，需经油质防腐处理。混凝土岔枕现在主要用于 50、60(kg/m)钢轨 12 号单开道岔，每组预应力钢筋混凝土岔枕有 2.4～4.9m 共 26 种长度。

（陆银根）

岔枕配列 distribution of turnout ties

岔枕的配置方式和范围。岔枕的配置方式与道岔种类有关，各国也不尽相同。中国的单开道岔转辙器和导曲线部分，岔枕按垂直于主线的方向分布，辙叉部分则按垂直于叉心分角线配置。双开道岔的岔枕全部按垂直于叉心分角线方向配置。而在两条平行线路间的交叉渡线上，无论中部的交叉或位于四角的单开道岔，岔枕均按垂直于两平行线路的方向配置。国外有些单开道岔的岔枕和中国提速型道岔全部按道岔主线的法线方向配置。岔枕的配置范围，通常超出道岔轨件的范围。岔枕一直铺设到能同时铺下两根标准长度的轨枕为止。为使道岔强度较两端邻接线路略有提高，岔枕的配置间隔采用邻接线路轨枕间距的 90%～95% 为宜。

（陆银根）

chai

柴排 fascine mattress

用梢龙（见梢捆）和梢料或苇料扎成的大片方形块体。其结构可分为三部分：上、下部分为梢龙扎成的方格，称为上格子和下格子；中间为两层横直交错铺放的梢、苇料垫层（即排身）。用铁丝穿过中间垫层，将上、下方格子捆扎成一体即成。可按排身压紧后的厚度分为重柴排（厚度大于0.5m）和轻柴排（厚度小于0.5m）。前者常用于护岸和修建丁、顺坝等建筑物；后者常用于保护坝基免遭冲刷。其尺寸按工程需要和施工条件确定。中、小河流航道整治中使用的轻柴排，一般为：排宽8m，排长10m，梢龙直径10～12cm，方格宽度0.8～1.0m，排身厚度0.3～0.5m。重柴排的长度可达百余米，宽度数十米。柴排具有良好的整体性、柔韧性和抗冲性，一般可抵御4m/s以上的流速，能适应河床变形，坚固耐用，使用年限可达 10～30 年。但因造价较贵，制作、沉放技术较复杂，通常只在水深流急和材料来源比较丰富的情况下采用。

（王昌杰）

chan

铲扬式挖泥船 dipper dredger

利用斗柄推压铲斗挖掘水下泥土的挖泥船。挖泥船靠两根前桩和一根后桩斜撑定位并用以抵抗铲斗挖泥的后坐力。挖掘设备包括人字架、吊杆、斗柄、绞车、电动机、缆绳及操纵室。当全部装置在旋转的基座上，可 360°旋转，称全回旋室式；将人字架等装在甲板上，则只能转 180°，称半回旋室式；若将电动机、绞车等装置船舱内，操纵室设在上层建筑的前部，转盘上只有吊杆、斗柄等，称转盘式。铲斗式挖泥船以斗容分级，斗容一般为 1～2m³，大者达 8～10m³，通常均不能自航，流急时还须配合锚缆作业，风浪较大时，可用前桩抬高船首以固定船位，挖掘的泥土由泥驳卸运。此类挖泥船船体结构坚固，动力大,可挖掘重黏土、砾石、石块、珊瑚礁等。因造价高,生产率低,用于浚挖软土是不经济的。

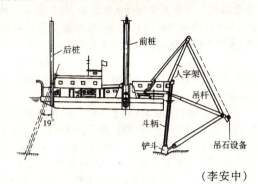

(李安中)

chang

长江河口整治 regulation of Chang Jiang River estuary

长江自徐六泾以下至口外拦门沙河口段的通海航道整治。自徐六泾以下江面呈喇叭型拓宽,徐六泾断面河宽5.8km,至外口的江苏启东嘴与上海南汇嘴之间江面宽达90km。崇明岛将长江口分为南北二支;长兴岛和横沙岛又将南支分为南北两港;九段沙将南港又分为南北二槽,使长江口呈三级分汊,四口入海之势。存在的主要问题是通海航道拦门沙水深不足;南支河段河势不稳;北支游涨萎缩咸潮倒灌;盐水入侵影响长江口淡水资源的开发利用;防洪防潮和水利排灌未达标准等。长江口综合开发整治规划,确定以航运及航道整治为重点。长江口主航道拦门沙航段自然水深仅维持在-6.0m左右,加上潮差2.6m,可满足吃水9.0m以下船舶通行。20世纪70年代中期,浚深到-7.0m,2.5万t级船舶可乘潮通航。20世纪90年代以来,对长江口进行了全面研究,对南港南槽、南港北槽、北港北槽、北港等四条航线进行了比选,最后确定整治南港北槽路线。治理工程采用双导堤加束水丁坝、疏浚和吹填围垦相结合的治理方案,一次规划分期实施,工程共筑导堤总长97.2km,其中北导堤长49.2km,南导堤长48.0km,束水丁坝调整为13座,分流口工程4.6km,疏浚挖槽长度合计174.5km。分两期建设:第一期以建导堤为主,一阶段为起步工程,使航道底标高达-8.5m;二阶段为续建工程,使航道底标高达到-10.0m;第二期以疏浚工程为主,根据需要适当调整整治工程建筑物,使航道底标高达到-12.5m,以满足国际贸易枢纽的要求。整治工程见图。

(李安中)

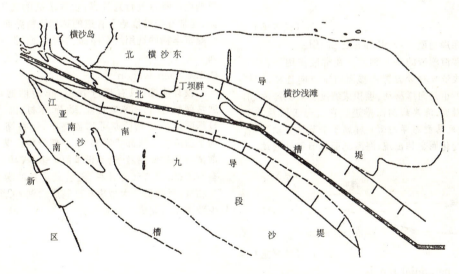

长江口深水航道南北导堤平面布置图

长廊道输水系统 filling and emptying system by long culvert

见分散输水系统(85页)。

常导磁浮 electromagnetic levitation system, Electro Magnetic Suspension(EMS)

又称电磁悬浮系统。利用安装在车体上的常导悬浮电磁铁与铺设于线路上的导轨之间产生的吸引力,使车体浮离导轨的磁浮系统。由于车载磁铁与导轨之间的吸引力和间隙大小成反比,因此,为了保证车体的可靠悬浮和平稳运行,必须用控制系统进行调节。

(陆银根)

常规环形交叉口 conventional roundabout

中心岛（圆形或椭圆形、长方形等）直径在25m以上的环形交叉口。一般交织长度不宜小于30m，交织角度应在15°～30°之间，驶入角度不宜小于30°，驶出角度不宜大于60°，两交织段的内角不宜大于95°。交织段的通行能力 Q 按交织理论计算，计算公式用沃氏（Wardrop）公式：

$$Q = \frac{Kw(1+e/w)(1-P/3)}{(1+w/l)} \text{ 辆/h}$$

要求计算后的 Q 中载重车占全部车辆数的15%，如超过15%时要进行修正，用于设计目的时应采用此式计算权值的85%；w 为交织段宽度(m)；P 为交织车辆所占百分比；e_1 为环交叉口引道宽度(m)；e_2 为环交突出部分宽度(m)；$e=(e_1+e_2)/2$(m)；l 为交织段长度(m)；K 为系数，英制取108，米制取345。

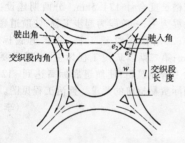

（徐吉谦）

常浪型海岸剖面 swell beach profile

由常浪塑造的海岸剖面。在常浪作用下，水下沙坝随波浪破碎带位置内移而向岸方向迁移，近岸处的泥沙也是向岸移动，堆积成坡度较陡的海滩，形成新的滩肩，海岸线向海推进。它出现于风暴季节过后，与风暴型海岸剖面一样属于季节性变动，两者随季节变化而交替出现，海滩剖面作节律性摆动。

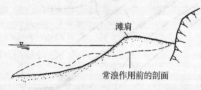

（顾家龙）

常年滩 perennial rapids

全年各个水位期都碍航的滩险。多出现在山区河流的明岩、暗礁、恶水横流的复杂河段。此种常年碍航的滩险，情况较复杂，需详细观测各期水位成滩的具体地点、原因，综合分析，提出治理方案。一般需要分期整治，并结合效果观测，逐次修正设计，才能达到整治的目的。 （王昌杰）

常用制动 regular braking

列车在预定地点停车或减速使用的制动。此时，列车制动率不用到紧急制动时的数值，目前中国规范规定：解算列车进站制动时，一般取列车制动率全值的0.5；计算固定信号机间的距离时，取全值的0.8。司机根据列车运行速度、线路坡度等具体条件，采用不同的列车管减压量来实现。

（吴树和）

厂拌沥青碎石路面 plant mixing bituminous macadam pavement

由一定级配的矿料（碎石、人工砂、少量矿粉或不加矿粉），用沥青作结合料，按一定比例配合，在固定的拌和工厂或移动式拌和站均匀拌和，经摊铺压实而成的高级路面结构。具有热稳定性好，不易产生推挤拥包等优点。由于粗集料较多，空隙率较大、易渗水，其上常用细粒式沥青混凝土或沥青砂封面。适用于公路干线和城市道路。 （韩以谦）

厂矿道路 factory and mine road

为工厂、矿区、油田、港口、仓库等企业服务的道路。分为厂外道路、厂内道路和露天矿山道路。厂外道路是厂矿企业与国家公路、城市道路、车站、港口相衔接的对外道路，或本厂矿企业分散车间（分厂）、居住区等之间的连接道路。厂内道路是工厂、港口、商业仓库等的内部道路。露天矿山道路分为生产干线、生产支线、联络线和辅助线。路面类型，根据生产特点进行选择，防尘要求高的选用高级路面，经常开挖检修地下管道的选用块料路面，经常通行履带车辆的选用块石路面、级配路面、泥结碎石路面。 （王金炎）

敞车 open wagon

没有顶棚，只有超过0.8m车墙的通用货车。通常两侧有门，用来装运煤、砂石、木材、机械等不怕日晒雨淋的货物。亦可加盖篷布，代替棚车使用。为了适应翻车机卸货需要，有一部分装运煤、砂石等散体货物的专用敞车，不设车门。多为四轴，载重量有50t、60t和75t等几种；随着载重量的增加，为减少轴重，目前部分大型货车已制成六轴车，前苏联等少数国家已制成八轴大型货车。 （周宪忠）

chao

超导磁浮 electrodynamic levitation system, Electro Dynamic Suspension(EDS)

又称电动悬浮系统。利用安装在车体上的超导悬浮磁体与铺设于线路上的无源线圈或金属铝带之间的相对运动，在线路导体中形成涡流，从而产生磁场间的排斥力，使车体浮离线路的磁浮系统。将铌钛等超导材料（superconducting magnet)制成的线圈置于盛有液氦的低温隔热恒温容器内,冷却到接近绝对温度(-273℃)时,线圈电阻为零,一经通电,能产生强力磁场。车体悬浮高度与车载超导线圈和线路导轨线圈两者之间的相对运动速度有关,当行车速度达不到一定速度时,车体不能浮离线路,为此,除应有控制系统进行调节外,磁浮车上还须装备有辅助的支撑走行设备,供低速运行或停车时使用。　　　　　　　　(陆银根)

超限货物装载限界　clearance of out-of-gauge goods

装载超出机车车辆限界货物时,允许的最大断面轮廓尺寸线。长大货物装车后,货物任何部分的高度和宽度超过机车车辆限界时,要采用特殊的行车组织方法。按货物超限程度,分为一级超限、二级超限和超级超限,并规定了相应的超限限界。
　　　　　　　　(吴树和)

潮波　tidal wave

海洋水团受周期性引潮力作用所产生的波动现象。潮汐动力理论把海洋潮汐看做是在天体引潮力作用下产生的一种强迫振动,从而可以导出潮波方程。潮波的波动特性,除了起决定作用的引潮力外,还与海洋形态、地转偏向力和摩擦力等因素密切相关。这些复杂的情况给理论研究带来了极大的困难。潮波属于长波,波长与水深有关,一般长达几百km至数千km。如月球引起的潮波,当水深为10m时,波长约443km;水深1 000m时,波长4 427km。而潮高,即水质点的垂直位移一般不超过1~2m。相应地,水质点水平方向的速度远远大于垂直方向速度。　　　　　　　　(张东生)

潮差　tide range

相邻的高潮和低潮的潮位差。从低潮到高潮的潮位差称涨潮潮差,从高潮到低潮的潮位差称落潮潮差,两者的平均值为该潮汐循环的潮差。在半日潮地区,潮差随月龄(从最近的朔日起算的天数为月龄)而变,最大潮差发生在朔、望后1~3d,最小的潮差出现在上、下弦后1~3d。
　　　　　　　　(张东生)

潮间带　tidal zone

又称前滩。位于高潮面与低潮面之间的岸滩。在淤泥质平原海岸,岸坡平缓,潮间带宽度可达数km至10余km;岩质或沙质海岸坡度较陡,宽度一般较小。　　　　　　　　(顾家龙)

潮棱柱体　tidal prism

潮区界内,高潮位线和低潮位线之间的

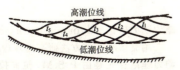

河床容积。将河口内沿程各站的同时潮位点绘出来,即得到潮波自下游向上游的传播过程。潮区界内沿程各站的最高潮位连接线,称为高潮位线;最低潮位的连接线,称为低潮位线。高低潮位线之间的容积是一个虚拟的概念,可以用来表征河口受潮汐影响的程度。
　　　　　　　　(张东生)

潮流　tidal current

在月球和太阳引潮力作用下,伴随潮汐现象而产生的水体周期性流动。为潮波运动中的水质点运动。潮流较潮汐运动易受地球自转、地形及摩阻效应的影响,因而更为复杂。潮流按运动形式分,有旋转潮流和往复潮流。与潮汐一样,潮流有半日潮流、全日潮流和混合潮流之分。混合潮流包括不正规半日潮流和不正规全日潮流。潮流类型可用潮流椭圆的长半轴 W 按下式予以判别:

$$\frac{W_{01} + W_{K1}}{W_{M2}} \leq 0.5 \quad 正规半日潮流$$

$$0.5 < \frac{W_{01} + W_{K1}}{W_{M2}} \leq 2.0 \quad 不正规半日潮流$$

$$2.0 < \frac{W_{01} + W_{K1}}{W_{M2}} \leq 4.0 \quad 不正规全日潮流$$

$$\frac{W_{01} + W_{K1}}{W_{M2}} > 4.0 \quad 正规全日潮流$$

式中 W_{01}、W_{K1}、W_{M2} 分别为太阳主要全日分潮(O_1)、赤纬全日分潮(K_1)和太阳主要半日分潮(M_2)的潮流椭圆的长半轴,单位为 cm/s。　(张东生)

潮流界　tidal current limit

潮汐河口中出现往复潮流的上界。潮波沿河口上溯,涨潮流时潮流指向上游,落潮流时指向下游,在一个潮流期中,流向呈往复性变化。在涨潮流所能达到的最远距离处,涨潮流速为零,潮水停止倒灌。潮流界一般位于潮区界下游。在两者之间的河段只有潮位变化,没有流向变化。在平原性河口,两者间的距离长,在山溪性河口两者间的距离短。潮流界的位置随外海潮差和内陆径流量大小而变动。例如,长江枯水季节,潮流界在镇江附近,而汛期则在江阴以下。　　　　　　　　(张东生)

潮流椭圆　tidal current ellipse

潮流受地转偏向力作用,流向发生偏转,将某一地点不同时间的潮流矢量终点连结起来的接近椭圆的封闭曲线。潮流椭圆的形状与潮流特性和海区的地形特征有密切关系。外海区的潮流为旋转流,其椭圆形状可能是比较规则的(图1a),有时也并不规则(图1b)。在近岸和河口区,受地形影响,潮流近似变为往复流,椭圆形状趋于扁窄(图2)。一般情况下,可以用潮流椭圆长轴的长度判别潮流的类型(见潮流)。

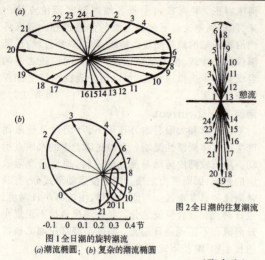

图1 全日潮的旋转潮流
(a)潮流椭圆；(b)复杂的潮流椭圆

图2 全日潮的往复潮流

(张东生)

潮区界 tidal limit

潮汐河口中发生潮位变化河段的上界。潮波沿河口上溯，受到底摩擦等的影响，能量逐渐衰减，潮差较小，至上游某一距离处，潮差变为零。潮区界位于潮流界的上游。在平原性河口，两者间的距离长，而山溪性河口两者间的距离短。 (张东生)

潮湿系数 moist coefficient

年降水量(R)与年蒸发量(Z)之比。用 K 表示。年蒸发量 Z 无法直接测定，只能用蒸发力（可能的蒸发量）来代替。按全年大小分为六个等级：过湿，$K>2.00$；中湿区，$2.00 \geq K>1.50$；润湿区，$1.50 \geq K>1.00$；润干区，$1.00 \geq K>0.50$；中干区，$0.50 \geq K>0.25$；过干区，$K \leq 0.25$。 (王金炎)

潮位 tidal level

自水位基准面（一般为平均海平面）起算的海面高度。因为海面受潮汐影响而做周期性的升降运动，潮位随时间也有周期性的变化。潮位是进行海工建筑物设计时的重要水文资料。为了掌握某一地点潮位变化规律，须设立验潮站进行观测。中国沿海海洋站和港口都设有水尺或验潮井，收集长期系统的潮位资料。在没有潮位资料的海岸或海域进行海工建筑物设计时，应尽早设立水尺，获得短期潮位资料，以便与邻近海洋站建立潮位相关关系，推算设计潮位。 (张东生)

潮位历时曲线 duration curve of tidal level

又称潮位历时累积频率曲线。反映潮位及其相应历时的关系曲线。采用一年或多年实测潮位资料绘制。绘制方法：将统计期间的潮位变幅划分为若干级，按递减次序排列，统计各种潮位在各级中出现的次数，并依次累积，计算其与总次数的百分比。以潮位为纵坐标，以累积次数的百分比为横坐标，点绘成光滑的曲线。如用一年或多年的高(低)位统计绘制即得高(低)潮位历时曲线。高(低)潮位历时曲线常用以确定海岸工程建筑的标高。

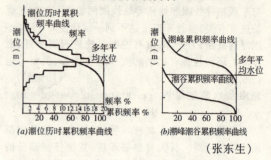

(a)潮位历时累积频率曲线
(b)潮峰潮谷累积频率曲线

(张东生)

潮汐 tide

海水在月球和太阳引潮力作用下所发生的周期性运动。由于地球、月球和太阳三者运行相对位置的周期性变化，潮汐的大小和涨落时间逐日不同。又因各地纬度不同和受地形、水文、气象等因素的影响，各地潮汐也有差异。中国古代地理著作《山海经》中已提到潮汐与月球的关系。近代关于潮汐的研究始于17世纪后半叶。1687年牛顿(I. Newton)提出潮汐静力理论。1775年P.S.M.拉普拉斯提出潮汐动力理论。由于生产实践的需要，人们在探索潮汐成因的同时，也进行潮汐预报的研究。19世纪英国的G.H.达尔文等人分析出几十个分潮，做出较为可靠的潮汐推算。20世纪20年代，A.T.杜德逊(Dodson)等人从原理到方法上基本解决了潮汐推算问题。20世纪50年代以来，电子计算机在科学研究上广泛应用，与潮汐有关的计算工作也取得了迅速的发展。 (张东生)

潮汐半月不等 semilunar inequality of tide

由于月球和太阳在一个月内相对位置变化所产生的潮汐不等现象。在每月朔（新月）和望（满月）时，日、地、月处在同一直线上，太阴潮和太阳潮相合，形成朔望大潮，此时的高潮最高，低潮最低，潮差最大。在每月的初七、八（上弦）和二十二、二十三（下弦）时，日地和月地的中心连线互成直角，日、月引潮力相互抵消，形成方照小潮。于是产生了潮汐的半月不等。 (张东生)

潮汐不等 inequality of tide

由于月球、太阳和地球三者相对位置变化所引起的潮时不等和潮位不等现象。潮汐不等现象有日不等、半月不等、月不等、年不等和多年不等。

(张东生)

潮汐动力理论 dynamic theory of tide

用流体动力学方法研究潮汐现象的理论。潮汐动力理论首先是由P.S.M.拉普拉斯于1775年提出的。他导得的潮波方程中含有非线性项，难以求得解析解。拉普拉斯在略去非线性项的简单情况下,分别按半日潮、全日潮和长周期潮三种情况,对全球理想海洋进行求解。G.B.艾利(Airy)在1842年提出著名的"潮汐沟渠理论",对解释河口潮汐现象很有价值。20世纪50年代以来,电子计算机在海洋研究中得到广泛的应用,使潮汐计算工作也得到迅速发展。W.汉生(W.Hansen)于1952年提出求解潮波方程的数值方法,这种方法结合海区的具体条件,解出潮波的空间分布。近年来随着数值计算方法的发展,潮波动力方程中的一些非线性项以及海区的复杂几何形状都可予以考虑和求解。但是要解释实际海洋中复杂的潮汐现象,尚有一定距离。

(张东生)

潮汐多年不等 many yearly inequality of tide

月球运行轨道多年变化引起的潮汐不等。月球绕地球运动时近地点顺着月球运动方向每年向前移动40°左右,每8.85年完成一周。黄道与白道的交点自东向西移动的周期为18.61年,因而引起潮汐的8.85年和18.61年的长周期变化。另外,还有周期更长的变化。

(张东生)

潮汐静力理论 static theory of tide

又称平衡潮理论。将潮汐现象近似地当作静力学问题处理的一种潮汐理论。系由牛顿(I.Newton)于1687年创立,用万有引力定律解释潮汐现象。静力理论的基本假定是:(1)整个地球表面全被等深海水所覆盖;(2)不考虑海水运动的惯性,海水质点在重力和引潮力作用下随时都处于平衡的状态;(3)海水为理想流体,并忽略海底摩阻以及地球自转的作用。由潮汐静力理论可以导出月球和太阳的平衡潮潮高公式。根据静力理论,可以解释许多潮汐现象,如全日潮、半日潮、混合潮、日潮不等、朔望大潮、上下弦小潮等。在潮汐调和分析中所应用的"分潮"概念,就是由平衡潮潮高公式根据天体力学原理展开得到的。潮汐静力理论为潮汐调和分析和潮汐预报奠定了理论基础。由于静力理论有一些不切实际的假定,用来说明海洋中的实际潮汐现象尚有其局限性。

(张东生)

潮汐类型 tide type

潮汐因时因地而异,为便于分析比较而进行的分类。按一天中发生潮汐的次数分类,有正规半日潮,全日潮和混合潮。

(张东生)

潮汐年不等 yearly inequality of tide

地球椭圆轨迹运动产生的潮汐不等现象。地球绕太阳公转的轨道为椭圆,太阳位于一个焦点上。地球位于近日点时的潮差比位于远日点时的潮差大,形成潮差的年周期变化。太阳潮在近日点比远日点约大10%。

(张东生)

潮汐日不等 diurnal inequality of tide

每日两次潮汐的潮高和历时都不等的现象。当月球赤纬不等于零,即月球不在赤道面上时,在一个太阴日内,地球上大部分地带存在一日内相邻两次高潮(或低潮)的潮高和潮时不等的现象。在两次高潮中有"高高潮"和"低高潮"之分,两次低潮中又有"高低潮"和"低低潮"之别。

(张东生)

潮汐椭圆 tide ellipse

在月球、太阳引力作用下的地球表面水圈椭球体的剖面。月球在地球上的直射点A和对蹠点B处的引潮力最大。根据潮汐静力理论,此

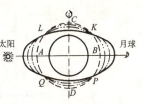

处将出现高潮;在距直射点90°(C、D)处,引潮力最小,即出现低潮;在距直射点54°44′、125°16′、234°44′和305°16′等四处(K、L、Q、P)引潮力与重力平衡,海面无升降,没有潮汐。这些特殊点构成一个椭圆。椭圆长轴的指向取决于引潮力,与地球自转无关。由月球引潮力引起的椭圆称为太阴潮汐椭圆;由太阳引潮力引起的椭圆称为太阳潮汐椭圆。

(张东生)

潮汐调和常数 harmonic constant of tide

潮汐调和分析中各个分潮的振幅和迟角。每一地点各分潮的调和常数不随时间变化,它们反映该地点的地理特征和水文气象因素对潮汐的影响。根据某地的潮位长期资料,进行潮汐调和分析,即可求得各分潮的调和常数。利用调和常数可预报未来任何时刻的潮汐。

(张东生)

潮汐调和分析 harmonic analysis of tide

根据实测的潮汐资料,将潮汐分解为许多简谐振动的分潮,以计算每个分潮的潮汐调和常数的方法。

分潮潮高的一般表达式为:
$$\eta = fH\cos[\sigma t + (V_0 + u) - k]$$
式中H为分潮的平均振幅;f为交点因子,可由公式计算或查表求得;σ为分潮的角速率,可以在潮汐学专著中查得;$(V_0 + u)$为分潮的初位相,可由天文相角表查得;t为时间;k为分潮的"迟角"。H、k为待求的观测地点的固有常数,称为分潮调和常数。

根据实测潮位资料可采用G.H.达尔文(G.H.Darwin)方法、A.T.杜德逊(A.T.Doodson)方法、最小二乘法以及J.B.J.傅立叶(J.B.J.Fourier)分析法和谱分析法等计算分潮的调和常数。求得观测地点各个分潮的调和常数后,即可推算将来一定时间内各个分潮的振幅。将各个分潮的振幅叠加,即可求

得观测地点未来一定时间内的潮位变化,进行潮汐预报。
(张东生)

潮汐要素 tida parameter

反映潮汐升降过程中各种特征的量。包括高潮、低潮、平潮、停潮、涨潮、落潮、高潮时、高潮高、低潮时、低潮高、涨潮时、落潮时、涨潮潮差、落潮潮差以及潮差。还包括平均海面、海图基准面。

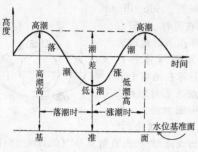

(张东生)

潮汐预报 tide forecasting

对一定海区在未来一定时间内的潮汐涨落情况进行的推算和预报。预报内容包括逐日的高潮和低潮高度及出现时刻。根据拟预报海区的实测潮汐资料进行潮汐调和分析,求得各个分潮的调和常数,用以推算将来一定时间内的各个分潮的变化情况,再将各分潮叠加,即求得将来一定时间内的潮位变化,据此就可以进行潮汐预报。按照预报精度要求的不同,可以采用短至一个月,长至一年以上的潮汐连续观测资料求取调和常数;对分潮的类型和数目也可以由仅选用几个主要分潮到选用几十个甚至上百个分潮。为了反映预报海区的具体地形和气象对潮汐的影响,在潮高预报模式中,除了天文潮以外,还应增加一些反映气象因素季节变化的气象潮和浅水效应的浅水分潮。此外,为了提高潮汐预报的精度,对一些非周期性的水位变化,如风暴潮引起的增减水现象,则要结合短期的突变气象因素进行风暴潮预报。
(张东生)

潮汐月不等 lunar inequality of tide

月球椭圆轨迹运动产生的潮汐不等现象。月球绕地球运动的轨迹是椭圆形,月球距地球最近时产生的潮汐为近地潮,最远时的为远地潮,近地潮和远地潮分别在月球抵达近地点和远地点后1~3d内发生。太阴潮在近地点的潮差比远地点大约40%。
(张东生)

潮周期 tidal period

海面在作周期性升降运动中,出现相邻两个同名潮位相的时间间隔。在一个太阴日(24h50min)内发生两次高潮和两次低潮的为半日周期,在一个太阴日里发生一次高潮和一次低潮的为全日周期。此外,潮汐尚有半月周期、月周期、年周期和多年周期等。
(张东生)

che

车挡 buffer stop

用来防止机车、车辆或列车冲出尽头线而设在尽头线端部的构筑物。一般有土堆式和弯轨式两种。其上应设置车挡表示器(在安全线和避难线上可不设)。
(严良田)

车道封闭控制 lane closure control

在路段上设置车道开放、关闭标志,对车道的使用加以控制。当车道前方由于事故或维修而受阻时,对车道实施关闭。
(李旭宏)

车钩 coupling

在机车、车辆的底架两端装设的,能使车辆相互连挂、分解,并能传递牵引力和压缩力的部件。分自动和非自动两类。目前尚用的非自动车钩是螺杆链环式车钩。自动车钩亦分两类。一种是詹尼式车钩发展型,具有闭锁、开锁、全开三态;中国客车用的标准型车钩有一号及十五号两种,货车及机车用的标准型车钩有二号及十三号两种,均属这种类型。另一种是威利森式车钩的发展型,它的闭锁和全开两态合在一起。目前新的改进型车钩有:高强度车钩、密接式车钩(中国地铁动车组采用)、旋转式车钩。
(周宪忠)

车库安全监视系统 safety and surveillance system of garage

为防止车库内犯罪事件发生而采取的措施和安设的装置。主要有:(1)加强电梯间和楼梯井照明,晚间能关闭,楼梯井尽可能采用玻璃,不用砌筑体;(2)设置监视系统;目前有声音监视和电视监视两种;(3)应用固定的秘密巡逻人员。
(杨 涛)

车辆标记 car marking

标明车辆配属、用途、编号、主要参数等的文字或符号。主要有以下4类:(1)产权标记,包括国徽、路徽和配属标记;(2)制造厂名标记;(3)检修标记,包括定修、辅修和轴检标记;(4)运用标记,包括型号及号码,车辆定位、自重、载重、容积、全长、客车定员,和国际联运、禁上驼峰、超限运输等特殊标记。
(周宪忠)

车辆段 railway vehicle depot

定期进行铁路车辆的段修和摘车临修的处所。在始发、终到旅客列车较多的地区,设置客车车辆段。在编组站、国境站以及有货车大量集散的地区,设置货车车辆段。在始发、终到旅客列车较多,又有大量货车集散的地区,设置客货混合车辆段。在编

车辆换长 converted length of car

车辆长度的换算系数。即车辆全长(m)除以 11(m)所得的商数,保留一位小数。11m 为换长单位,系 30t 货车的平均全长略去小数。为了迅速、简便地统计列车全长,在各种车辆上都标有换长标记。
(周宪忠)

车辆间隔分布 interval distribution

又称空档分布。用以描述前后车辆到达之间车头间隔的连续型概率分布。当车辆到达数符合泊松分布时,其车头时距应服从负指数分布。
(戚信灏)

车辆减速器 car retarder

旧称车辆缓行器。在车辆经驼峰溜放的过程中,控制车辆溜放速度的机动工具。是机械化驼峰和点式、点连式自动化驼峰的主要调速工具。1924 年安装在美国吉布森(Gibson)车站的车辆减速器,是美洲的第一台车辆减速器。该减速器是在汉瑙尔(George Hannauer)指导之下,由维尔考克斯(E.M.Wilcox)监督安装的,定名为汉瑙尔车辆减速器。德国 1918 年在奥伯豪森(Oberhausen)车站安装的车辆减速器,是欧洲最早的车辆减速器。该减速器由弗洛利希(Frölich)设计,蒂森(Thyssen)工厂生产,故定名为弗洛利希-蒂森(Frölich-Thyssen)车辆减速器。目前车辆减速器分为四大类:电空非重力式、电机非重力式、重力式、电磁式。(严良田)

车辆交通特性 traffic characteristics of vehicle

俗称车辆特征。车辆本身所具有的构造特性、动力特性、运动特性及其使用特性的总括。车辆驾驶人员了解和使用这些特性,将影响到交通流的特性和交通安全。中国目前主要是指汽车和自行车的交通特性。
(戚信灏)

车辆全长 overall length of a car

车辆两端两个车钩均处在闭锁位置时,钩舌内侧面之间的距离。列车长度为车辆全长的总和再加上机车长度。
(周宪忠)

车辆调速设备 speeder of vehicle

使用驼峰的调车过程中,为使溜放车辆保持必要间隔并保证安全连挂所设置的减速(或加速)专用设施。
(郝瀛)

车辆型号 type of car

标明各种车辆种类、构造特点及用途的名称和代号。通常用大写汉语拼音字母表示车辆种类,称为基本记号;用阿拉伯数字表示车辆构造特点,称为辅助记号,客车 80 以内,货车 90 以内都为基本型车,其他为杂型车。常用客车的基本记号有:RZ(软座车)、YZ(硬座车)、RW(软卧车)、YW(硬卧车)、XL(行李车)、UZ(邮政车)、CA(餐车)等。常用货车基本记号有:S(守车)、P(棚车)、C(敞车)、N(平车)、M(煤车)、G(罐车)、B(冷藏车)、T(特种车)、KF(自翻车)。辅助记号标于基本记号之后,例如 C61 是缩短型敞车,YZ22 为 22 型硬座客车。
(周宪忠)

车辆站修所 vehicle repair point at station

在车站上进行车辆的辅修、摘车轴箱检查和摘车临修的处所。一般设在设有主要列检所的车站上,必要时,也可设在设有区段列检所的车站上。应设有站修线、辅助生产车间和修车棚。在严寒地区应设修车库。
(严良田)

车辆站修线 car repair tracks

设在车站内专门停放、修理故障车辆的站线。是站修所的主要组成部分。一般为两条三条尽头式平直线路。应靠近调车场设置。其轨面标高应与相邻站线轨面标高相同。两相邻站修线间的距离一般为 7~8m。
(严良田)

车辆轴数 number of axles per car

在车辆底架下部配置的车轴总数。有 2 轴、4 轴和 6 轴等型号。两轴车的载重量不大,以免超过钢轨所容许的轴重;轴距也不能过长,以免影响通过曲线,目前大部分已被淘汰。4 轴车的底架下,配置两台两轴转向架,结构简单、修造方便、运行可靠、转向灵活;除少数大型车辆和部分客车外,货车大都采用 4 轴。6 轴车底架下,配置两台 3 轴转向架,目前用于部分软卧车、餐车和大型货车。此外还有多轴车,是车辆底架下多于 6 根轴的车辆;用于大载重量货车;根据车轴数目,可配置成 2、3、4、5 轴转向架,分级布置在底架下面。
(周宪忠)

车辆总保有量 whole vehicle population

在一定的地区范围内,一定时期由车辆管理部门注册登记的车辆总数。还应包括由农机部门注册登记的车辆数。是现状运力的基础资料。此值可根据实际需要按用途、车种、车型、吨位(货车)、座位数(客车)等分类统计。
(文旭光)

车流波动理论 flow wave theory

见流体动力学模拟理论(210 页)。

车流冲击波 shock wave

在道路瓶颈附近地段或交通密度和流量的变化处,交通流会产生一个车流拥挤、紊乱乃至堵塞的方向相反的波的现象。就像管道内的水流突然受阻时的后涌那样,其波的传播速度决定于流量变化与密度变化的比值,传播的方向决定于该比值的正负,正值表示波速方向向前,负值表示波速方向向后。
(戚信灏)

车轮工作半径　working radius of wheel

计入轮胎弹性变形后的车轮半径。与内胎气压、外胎构造、道路路面的刚性与平整性、车轮上的荷载等有关。其值可直接在车轮上测出，一般工程计算时，取用 0.93～0.96 倍的车轮自由半径（车轮处于无载时的半径）。　　　　　　　　　（张心如）

车头间距　space headway

在同一车道中，两辆连续行驶的汽车车头之间相隔的距离。单位为 m/辆。为保证车辆的安全行驶，最短的车头间隔叫做极限车头间距。是车辆交通安全管理和通行能力计算的重要依据。
　　　　　　　　　　　　　　　　（戚信灏）

车头时距　time headway

在同一车道中，连续行驶的两辆车头通过某点的时间间隔。单位为 s/辆。是交通流理论、道路通行能力等计算中的重要指标。　　　　（戚信灏）

车位小时　space-hour (parking)

一辆车占据一个停车车位 1h。从车位和时间两方面反映了停车场的使用强度。系停车场利用效率的度量指标之一。　　　　　　　（杨涛）

车位占用　occupancy (parking space)

一个车位在一天中停放车辆的总时间。系停车场利用效率的度量指标之一。车位占用时间越多，停车场的使用效率越高，经济效益也越高。
　　　　　　　　　　　　　　　　　（杨涛）

车行道　lane

又称行车道。道路平面上供车辆行驶的带状组成部分。是路面的主体部分，有单车道、双车道和多车道之分，按其功能又有快、慢车道之分。每个车道的宽度取决于车身宽度、行车速度和地带类型，通常一般公路为 3.5m，高等级公路采用 3.75m，双车道低等级公路可为 3.0m。　　　　　　　（李 方）

车行道边缘线　side line of carriageway

用来指示机动车道的边缘或划分机动车道与非机动车道分界的路面标线。其颜色为白色。高速公路、一级公路和城市快速干道应在机动车道的外侧边缘或在路缘带内侧划实线边缘线。其他路段可用虚线或不划边缘线。　　　　　　　（王炜）

车站通过能力　carring capacity at station

旅客列车数一定时，一昼夜内车站可能接入及发出的客、货列车数。其计算基础是：车站设备和车站技术作业过程。其数值受车站到发线通过能力和车站咽喉道岔通过能力的限制。在设计车站时，应注意到两者的数值相互协调。　　　（严良田）

车主访问调查　owner interview survey

对调查区内注册机动车的所有者所进行的家访调查。主要调查内容有：出行次数与目的、起迄点、运行距离及路径、载人或载物（品种、吨位）等。对大型企事业、厂矿、运输公司，可委托车属单位实施调查。　　　　　　　　　　　　　　（文旭光）

chen

沉降型离心脱水机　solid-bowl centrifuge

浆体中的固体物料靠离心力沉降而与液体分离的机械设备。由滚筒和装在滚筒中的螺旋转子组成。转

子的转速稍低于滚筒，其转差一般为 2%～4%，用一个差动减速器传动。滚筒分圆锥段及圆柱段两部分。浆体通过装在滚筒中空轴的喂料管进入腔室，在离心力作用下，密度较大的固体被甩到并沉降于滚筒壁上，随即由螺旋转子送到滚筒圆锥段出料口落入料斗内。其液体部分由圆柱段滚筒的一端流出。　　　　　　　　　　　　　　　（李维坚）

沉排　mattress

预先编扎或制作好的沉放水下的大片抗冲护底的整治建筑物。有的用梢料编成柴排，扎好后将排体浮运至沉放地点定位，于排上均匀抛石压载，使柴排下沉就位而成。有的用编织布代替柴排，也有的将混凝土板块用绞链或尼龙绳联结成片沉放。
　　　　　　　　　　　　　　　　（王昌杰）

沉树　anchored trees

为保护河岸而沉放并锚碇于河底带枝叶的树木。其作用主要是阻滞水流，增加河槽粗糙度，拦蓄部分泥沙。常用以滞流促淤，保护河岸。可分为立式、卧式和混合式三种。立式是用块石或草土包等重物系于树根，将树沉到河底。可沉一排或多排，保持一定的株距和排距。多排的应交错排列成梅花桩状。卧式是将大树横卧于河岸旁的水流中，树根系于河岸的木桩上，树梢用重物压沉。混合式是把立式与卧式结合使用，岸边用卧式，河中立式。使用的树木以枝叶茂密，主干与枝杈较整齐的松树、柳树及柏树较好。　　　　　　　　　　（王昌杰）

沉箱防波堤　concrete caisson breakwater

堤身采用钢筋混凝土沉箱构成的直立式防波堤。其主要优点是：整体性好；沉

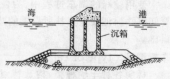

箱在干地预制，便于机械化施工；沉箱系浮运，无须重型起重设备并可减少潜水工作量；水上施工期短，受天气的影响较小；沉箱中可用价格低廉的砂石作

为填料。缺点是：在海水中钢筋混凝土易受腐蚀，耐久性较差；预制沉箱要有较大规模的设施和场地，预制设施需耗费较大的投资。所以若沉箱数量较少又需新设置预制设施则可能是不经济的。沉箱断面常采用矩形，以便于施工。但近年来也有采用圆形沉箱的，其所受的波浪水平总压力比矩形沉箱小得多，尤其在可能发生近破波的情况下。为了减弱在沉箱外壁的波浪反射，近年出现将临海一侧箱壁开孔的沉箱，其内壁为实墙，两壁间形成消能室。当外箱壁开孔率达 30% 左右，有较明显的消能效果，减小了波浪水平总压力。

（龚崇准）

沉箱码头 caisson quay wall

采用沉箱作为主体结构的重力式码头，或重力墩式码头。它较方块码头整体性好，地基应力小，水上安装的工作量小，箱中填以砂、石，可节省造价，但用钢量较多，需要有预制设备和场地。是一种适用于工程量大，工期短的码头型式。沉箱一般是有底的矩形舱格的或圆形的薄壁钢筋混凝土浮箱。矩形沉箱中，又分对称的和非对称的。对于岸壁式码头，多采用矩形沉箱，特别是对称沉箱，它制作比较简单，浮游稳定

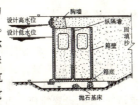

性好，对不设抛石棱体的沉箱码头，接头处理方便。非对称形，虽可省些混凝土，但制作和沉运较麻烦，较少采用。为了增强沉箱刚度和减小箱壁和底板的跨度，沉箱一般设置纵横隔墙。对于墩式码头，多采用圆形沉箱，它受力条件较好，对波浪反射，水流流态的影响较小，壁内只产生拉、压应力，不产生弯曲应力，又不设内隔墙，既省混凝土，又可减轻沉箱重量，特别适用于风浪、水流较大的地区。

（杨克己）

cheng

成昆铁路 Cheng Kun Railway

由四川成都到云南昆明的南北重要干线。全长 1 110km。由川西平原南行，过燕岗后经甘洛、普雄到达海拔为 2 300m 的小相岭垭口，以 6 379m 的沙木拉打隧道越岭，经西昌、渡口（攀枝花）下至 1 000m 的金沙江河谷，再沿龙川江上坡到达广通，在海拔 1 800 多 m 的滇中高原上东行至昆明。全线有 550km 地震烈度为 7～9 度，穿过一系列南北向的大断裂带和褶皱带。除成都、西昌、昆明附近各有百余 km 地形平易外，有三分之二路段山高谷深，坡陡流急，地质复杂、工程异常艰巨。全线有复杂展线 7 处，采用单螺旋、双螺旋、眼镜形和双套线等形式展长线路 60 余 km，全线工程量土石方达 9 700 万 m³、挡土墙与加固砌筑工程达 163 万 m³；大中桥 991 座，总延长 93km；隧道明洞 427 座、总延长 341km，桥隧总长占线路长度的 40%。1952 年开始研究线路走向，选出东、中、西三条方案，1956 年确定西线方案开始勘测设计。1958 年局部开工，1964 年 9 月全面开工，1970 年 7 月 1 日通车，1971 年 1 月 1 日正式运营。全线的电气化工程 1993 年开工，2000 年 9 月建成通车。该线行经彝、白、傣、傈僳等少数民族地区，沿线水力、森林资源异常丰富，煤、铁、铜、铅锌和磷矿储量很大，攀枝花市已建成西南最大的钢铁工业基地。

（郝瀛）

成昆铁路大锚杆挡墙 big anchor rod retainig wall of Cheng Kun Railway

锚杆的锚孔直径较大（一般 100～150mm），锚固较深（一般 5～10m），单根抗拔力较大的挡土结构。成昆线多处采用，有路堑柱板式锚杆挡土墙和路肩锚杆挡土墙。多为钢筋混凝土柱板式，肋柱间距一般 2～2.5m，一根肋柱与 2～4 根锚杆联结，肋柱间安装挡土墙。墙的型式有单级和双级的。施工时要用地质钻机钻掘锚孔，一般先将锚杆插入锚孔，然后压入砂浆。钢筋类型多为灌浆钢筋束，肋柱可就地灌注，挡板预制拼装。成昆线友谊 2 号隧道出口锚杆挡土墙，作成上、下两级，上下墙间留 2m 平台，锚杆最长 14m 锚固于砂岩夹泥岩内，肋柱系 300 级钢筋混凝土，就地灌注。挡土板为 170 级钢筋混凝土，预制拼装。是一种较好的结构型式，锚固效果显著。

（池淑兰）

成昆铁路狮子山滑坡 Shi Zi Shan Landslide of Cheng Kun Railway

位于成昆铁路沙河堡站和成都南站间的狮子山地段的路堑所形成的成都黏土滑坡。长 1 340m，最大挖深 18m，施工开挖过程中，成都黏土层多处滑移，形成滑坡群。1966 年运营后，几乎年年断道年年整治，最初采用清方刷坡，边坡已为 1∶5 仍不稳定，后改用疏挡结合的综合措施才逐渐稳定了滑坡。共设置纵向渗沟 1 300m，支撑渗沟、边坡渗沟 110 条长约 1 700m，支挡建筑物长约 2 300m，合砌筑体 3 万余 m³。1974 年雨季，未设置加固工程地段的路堑又发生滑动，前缘隆起约 2.0m 高，后部下陷，路基及轨道遭到严重破坏。1975 年整治中采用了桩板式结构的抗滑桩 17 根、竖向预应力锚杆挡土墙和重力式挡土墙进行了加固，现已稳定。路堑开挖十几年后又发生滑动，说明成都黏土具有"蠕变性"及其强度衰减现象。该整治工程成为成昆线最大的工点之一。

（池淑兰）

成昆铁路隧道整体道床 Concrete bed in the tunnel of Cheng Kun Railway

中国山区铁路首次推广铺设的隧道整体道床新型轨下基础轨道结构。成昆铁路跨越川滇山区，共有隧道427座，其总延长340.990km，占全线总长的31.48%。为了提高线路质量，减少维修工作量，改善劳动条件，符合下列情况的隧道内均修建了整体道床新型轨下基础：(1)凡1.5km以上的隧道直线部分和半径大于等于600m的曲线部分；(2)1.0～1.5km的直线隧道内；(3)有选择的半径为400和500m曲线隧道试铺段。根据上述条件，成昆铁路的30座隧道内共修建63.919km整体道床，其中钢筋混凝土支承块式25座，长度为52.456km；其余为短木枕式整体道床。成昆铁路修建整体道床(1966～1970年)的成功，不但打破了过去仅试铺约5km整体道床的状况，还为中国京原铁路(1973年，36.68km——指隧道整体道床新型轨下基础长度，下同)、枝柳铁路(1974～1978年，21.17km)、襄渝铁路(1976～1978年，18.30km)、南疆铁路(1977～1978年，24.00km)、太焦铁路(1979年，11.25km)、沙通铁路(1979～1980年，38.95km)以及城市地下铁道、海港码头、站场线路和道岔等修建整体道床提供了有关设计、施工、维修、整治各方面的资料。

(陆银根)

成批过闸 lockage in groups

向船闸的一个方向连续通过一批船舶(队)后，紧接着进行一次换向，改变方向后，又向另一方向连续通过一批船舶(队)的过闸方式。这种方式既能满足上、下行船舶(队)通过船闸的要求，又可使每一个船舶(队)的平均过闸时间缩短，有利于提高船闸通过能力。但每批连续过闸的船舶(队)数目不宜太多，以免船舶(队)在船闸前等待过闸的时间过长，而影响船舶的周转率。适用于多级船闸。

(詹世富)

承船车 beaching chassis

斜面升船机中用以装载船舶的车辆。其车体为无车顶的槽形长方体，两端设有闸门(称为厢头门)，车体内盛水，船舶浮载在其中。车体的底架由若干横梁和纵梁构成。主纵梁通常为一楔形斜桁架，其两端的端部不等高，下弦斜度与斜坡道坡度相等以使车内水面始终保持水平。承船车通过设置在主纵梁下的行轮组支承地斜坡道的轨道运行。自行式承船车由设置在其上的驱动动力装置驱动运行。卷曳牵引的承船车则通过钢丝绳由设置在闸首的卷扬机曳引运行。采用干运方式的承船车不设侧壁，在其底架上设置承台，船舶即可直接停放在其上。

(孙忠祖)

承船厢 ship carrying chamber

升船机中用于装载船舶的运载工具。一般为一上部开口的槽形厢体钢结构，两端设有闸门(称厢头门)，厢内盛水，船舶浮载在厢内水体上。由铺钣、横梁、次纵梁、主横梁、主纵梁等构成。主横梁和主纵梁可用实腹式板梁，也可桁架式。厢头门多采用提升式平面闸门或卧倒闸门。根据升船机的总体布置，在其上还设有升船机的驱动机构、事故装置以及与闸首的连接设备等。其有效长度根据船长和安全制动所需的距离而定，有效宽度和有效水深分别等于船舶宽度和船舶吃水加一定富裕量。其外形轮廓尺寸在满足有效尺寸的前提下，根据结构强度和附加设备的布置要求确定。

(孙忠祖)

承力索 messenger wire

在接触网中，张拉在接触导线上方，用以承受接触导线和吊弦重量，减小接触导线弛度的多股金属缆索。由铜、钢或高强度合金材料构成。由于接触导线弛度的减少，使受电弓滑板与接触导线保持良好接触，避免两者分离产生火花与冲击，使两者的使用寿命延长。

(周宪忠)

承台式抗滑桩 bearing platform type non-skid pile

若干单桩的顶端用混凝土板或钢筋混凝土板连成一组共同抗滑的桩体。承台在平面上呈矩形、T形和冂形，可分别联结三根或四、五根桩共同抗滑。抗滑能力强，设置简便。当承台上增设有挡土墙和拱板时，就构成椅式桩墙。

(池淑兰)

承压板 K_{30}试验 K_{30} bearing plate test

用30cm直径的承压板，进行荷载试验来确定填土的基床系数、变形模量，并以此来判别铁路、机场跑道填土或垫层的压实程度的试验方法。试验采用分级加载至总下沉量达15mm或荷载强度超过估计的现场实际最大接触压力或地基土的屈服点时止，试验得出产生单位下沉量的压力值(N/cm³)即为基床系数K_{30}。承压板直径有30cm、45cm、75cm几种，对碎石类土应取较大的直径。对于粗粒土一般每填筑一层即检查一次，线路纵向每隔50m做一个K_{30}试验，检测点沿线路作S形布置。K_{30}值代表承压板下60～90cm厚度内土的密度状态，是反映土的强度与变形的综合性指标。因此比只用密度评定填土压密质量更能反映实际情况。其下沉量的量测装置可用百分表及长度大于3m的支

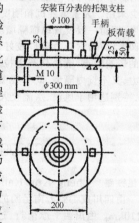

承梁和支脚,为避免相互影响,支脚应置于荷载板外至少1m,利用千斤顶获得汽车或拖车的反力加载。K_{30}荷载板如图所示。试验时,记下试验地点土的名称、表观密度、含水量及加载P与下沉量S间的关系曲线,在$P-S$曲线上一般载取S为0.125cm时的P为P_0,则:

$$K_{30}=\frac{P_0}{0.125}=8p_0 \quad (N/cm^3)$$

(池淑兰)

承载索 bearing rope

架空索道中,承担车体、货物或旅客全部重量的绳索。由粗钢丝绳构成,要求表面紧密、平滑,具有抵抗横向挤压性能,一般采用单绕式螺旋形钢丝绳。为了限制支架摩擦力的影响,当索道线路较长时,一般将承载索划分为几个拉紧区段,每区段长约1.5～2.0km。每一区段承载索的一端锚结在特殊基础上,或直接锚结在站架结构上;另一端则藉助自由连挂的拉紧荷重拉紧于另一站上,以调节由于温度和垂度改变时所引起的长度变化;中间部分则安放在支架上端的支座鞍座上。承载索的尺寸和拉紧区段的长度可通过计算求出。

(吴树和)

城市次干路 urban secondary trunk road

配合主干路组成道路网,起广泛连接城市各部分与集散交通作用的城市次要交通干线。一般有公共交通线路通过,两侧允许布置有较大人流的公共建筑,并设置停车场。分为Ⅰ、Ⅱ、Ⅲ三级,计算行车速度分别为40～50、30～40、20～30(km/h),可根据城市规模、设计交通量、地形来选用。

(王金炎)

城市道路 street, urban road

大、中、小城市及大城市卫星城镇规划区边线以内的道路。按照道路的地位、交通功能和对沿线街区的服务功能等,将城市道路分为快速路、主干路、次干路和支路四类。由车行道(机动车道、非机动车道)、人行道、绿化带、街沟、进水口、地下管道、照明、交通管理设施等组成。横断面型式有单幅、双幅、三幅和四幅。是布置地上杆线、地下管线、绿化带,组织沿街建筑和划分街坊的基础。

(王金炎)

城市道路面积率 urban road area ratio

城市道路用地总面积与城市总面积之比。用%表示。可反映道路交通设施发达的程度。道路用地面积不仅包括了道路的长度和宽度,还包括了广场、停车场和其他交通设施用地。在交通规划中国道路面积率一般取15%～20%;国外因汽车拥有量大,常取20%～25%。

(文旭光)

城市高速环路 urban express circular road

专供汽车高速行驶,禁止非高速车辆、非机动车和行人进入的城市环形道路。计算行车速度100km/h左右,有4个或4个以上车道,设有中央分隔带,双向分开行驶,与其他道路相交时一律采用立体交叉。这种道路通过建筑物密集地区时,常采用高架形式,上、下分层分向行驶。只有特大城市、大城市才考虑设置高速环路,并布置在分区的边缘。

(王金炎)

城市交通预测 urban traffic forecast

按照交通调查的资料和规划范围内土地利用规划,建立交通模型,对一定期限的交通流量、流向进行预测。一般分四阶段进行:出行产生;出行分布;交通方式划分;交通量在交通网络上的分配。对个别道路或路段进行预测时,可直接利用该道路交通量变化的时序资料,建立预测模型;也可利用该道路所在地区社会经济指标与交通量的关系,建立预测模型。

(文旭光)

城市快速路 rapid urban road

计算行车速度为80～60km/h,为远距离交通服务的重要道路。中间设分车带将对向车辆分开,进出口采用全部控制或部分控制,快速路与高速公路、快速路、主干路相交时采用立体交叉。与交通量较小的次干路相交时,可采用平面交叉。但不能与支路直接相交。快速路一般布置在城市用地分区的边缘绿地中,两侧不应设置吸引大量车流、人流的公共建筑物的出入口,在过路行人集中地点设置过街人行天桥或地道。

(王金炎)

城市支路 branch of urban road

次干路与街坊路的连接线,解决局部地区交通,以服务功能为主。分为Ⅰ、Ⅱ、Ⅲ三级,计算行车速度分别为30～40、20～30、20(km/h),可根据城市规模、设计交通量、地形来选用。

(王金炎)

城市主干路 arterial street, urban trunk raod

连接城市各主要分区的交通道路网骨架。分Ⅰ、Ⅱ、Ⅲ三级,计算行车速度分别为50～60、40～50、30～40(km/h),可根据城市规模、设计交通量、地形来选用。自行车交通较多时,机动车与非机动车宜分流行驶。两侧不宜设置吸引大量车流、人流的公共建筑物的进出口。

(王金炎)

城镇路线 urban route

通过城镇的道路路线。路线布设要根据道路使用性质、任务和等级,结合城镇发展规划,进行穿越、绕行及以支线连接的方案比选。路线原则上不应穿越城镇内部,沿城镇外围布设为宜,以支线连接城镇。直接为当地工农业服务的地方道路可考虑穿过村镇内部,但要有足够的路基宽度和行车视距,确保交通安全畅通。

(冯桂炎)

乘潮水位 tide sail level

为感潮河段局部浅滩段所设定的,设计船型可以有条件安全通过的航道设计水位。由于该段水深不足,常利用一定的高潮位使船舶通过。具体的确定方法,要结合设计船型的吃水、航行速度、航行密度和浅滩的长度,按当地实际潮位过程线进行推算分析后选定。利用乘潮水位过船,可以减少甚至免除挖槽,节省工程量,因此在设计感潮地区的进港航道,河口浅滩以及船坞坞口底面高程时,常采用这一方法。但船舶航行时间有一定限制,不能随时通航。

（张二骏）

乘务制度　locomotive crew rostering system

机车乘务组对驾驶机车所采用的值勤方式。中国铁路的乘务制度分为两大类,一为包乘制、一为轮乘制。机车由固定的乘务组驾驶称为包乘制,适用于蒸汽机车,多为三班包乘一台机车,采用两处驻班制超长交路时为四班包乘。机车不固定包乘组,由不同乘务组轮流驾驶称为轮乘制,适用于电力和内燃机车,相应采用超长交路。采用轮乘制和超长交路,可以减少机务段数目、加速机车车辆周转,提高旅行速度、降低运输成本。目前中国正积极推行这种乘务制度。

（郝　瀛）

chi

吃水　draught, draft

船舶龙骨基线至载重线上边缘的垂直距离。在首垂线,尾垂线处量取的垂直距离分别称首吃水,尾吃水。当船舶纵倾时,取首尾吃水的平均值(称平均吃水)。当船舶有横倾时则取左右舷量值的平均值。无特别说明时,一般指平均吃水。首尾吃水通常不等,一般尾吃水大于首吃水。尾吃水的大小应考虑与螺旋桨及舵尺度相适应。按量度方法,主要有:型吃水,压载吃水,外形吃水,下水吃水,入坞临界吃水等之分。型吃水是船中剖面处自龙骨线至设计水线的垂直距离;设计吃水是基平面与设计水线之间垂直距离;满载吃水是在满载情况下的首、尾吃水和平均吃水;空载吃水是在空载情况下的首、尾吃水和平均吃水。一般在相同排水量时,吃水大些对船舶的各项性能有利,但常受到航道、港口等水深条件的限制。

（吕洪根）

驰道　ancient driveway

我国秦代专供帝王行驶马车的道路。秦王朝花了27年时间修建了一个以京城咸阳为中心,向四周辐射的全国性驰道网,东至山东,南至江苏、湖北。驰道宽50步,沿路种树。这是我国古代一次大规模的道路建设。

（王金炎）

迟角　lag

分潮的位相角,即产生分潮的假想天体在通过某地上中天后到该地发生高潮的时间间隔。和分潮的振幅同属潮汐调和常数。迟角因地而异,并不随时间改变。

（张东生）

齿杆式启闭机　rack rail（track rack, rack bar）operating machiner

传动系统由齿轮和齿杆构成的推拉杆式闸门启闭机。齿杆一端与门扇铰接,电动机驱动齿轮带动齿杆运动启闭闸门。一般采用渐开线齿轮、齿条（杆）。为减少齿杆的长度,齿轮传动机构多尽量靠近闸首边缘安置;齿杆在门扇上的铰接点,通常设在距门扇转轴约为门扇长度的三分之一处。这种启闭机结构简单,自重较轻,便于安装检修。常用在小型船闸闸门上。

（詹世富）

齿轨铁路　rack railway

在陡峻坡度上,为了克服轮轨间黏着力的不足,而利用齿轨和齿轮的啮合作用产生牵引力的铁路。它的基本形式是在两根钢轨间加铺锯齿形轨条,在机车动轴中央安装齿轮,二者啮合推动机车前进,两侧钢轨只起承重作用。齿轨铁路都用于登山,全线坡度都很陡,都铺设齿轨时为纯齿轨铁路;部分路段铺齿轨、部分路段坡度稍缓不铺齿轨,称为齿轨黏着混合型铁路。1869年美国建成世界第一条齿轨铁路;目前世界上共有纯齿轨铁路50多条,总长260多 km,最陡坡度有用至377‰的;齿轨黏着混合型铁路有120多条,总长2670多 km。

（郝　瀛）

chong

冲沙闸　scouring sluice

设置在船闸旁,减少上、下游引航道淤积的水闸。在水利枢纽中,常用来排除进水闸或拦河节制闸前淤积泥沙,减少引水水流含沙量,防止闸前河道淤积。

（吕洪根）

冲刷防护　scour protection

又称护岸。抵抗水流冲刷路堤边坡及路基各种岸壁的坡面防护。紧贴边坡和岸壁的建筑工程为直接防护,离开边坡和岸壁的导流与调节建筑物为间接防护。常用的防护类型有植物防水林、抛填片石、石笼卵石（或大块石）、浆砌片石护坡、浸水挡土墙及挑水坝等。可根据水流方向、水流速度、波浪大小、流水冲击力及当地材料供应条件选用并设置适当的设置位置。

（池淑兰）

冲突点　conflict point, conflicts

在交叉口内,各方向车流行驶轨迹的交会点。有交叉点、分流点和合流点之分。同一方向车流分离为不同方向时,形成分流点1;来自不同方向的车流以较小的角度向同一方向汇合形成合流点2;来自不同方向的车流以较大的角度交叉,形成交叉点3。每个冲突点都是一个潜在的交通事故发生点,其中以左转弯车辆与直行车辆和直行车辆与直行车辆交会形成的冲突点对交通的影响最大,其次是合流点、再其次是分流点。　　　(顾尚华)

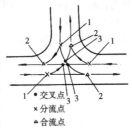

冲突点通行能力　intersection capacity calculated by conflict point method

以冲突点处饱和流量为控制条件计算的信号交叉口通行能力。本法认为,车辆通过交叉口时,本向直行车和对向左转车在同一绿灯时间内交错通过这两向车流的冲突点,该冲突点是车辆通过交叉口的关键点。交叉口饱和流量(通行能力)可取冲突点处各车辆的平均饱和车流车头时距的倒数。该法由同济大学提出。　　　　　　　　　(王炜)

冲淤幅度　range of degradation and aggradation

在某一指定时段内由于冲刷和淤积,河床床面高程的变化范围。可反映河床的稳定程度。一般以一个水文年为一计算时段。　　　(王昌杰)

冲淤平衡　equilibrium of erosion and deposition

在一定时间内,河段上游来沙量等于本河段水流挟沙力,下泄的沙量与进入河段的沙量基本保持相等的现象。河床的冲淤是由于上游来沙量与本河段的水流挟沙力不平衡而引起。来沙量大于水流挟沙力,河床淤积;反之冲刷。由于流域来水来沙条件经常变化,河床处于不断冲淤的过程之中,平衡只是相对的、暂时的。但是,就较长时间内的平均情况来说,河床形态经过调整有可能与流域的来水来沙条件相适应,河段趋于相对的冲淤平衡状态。　(王昌杰)

chu

出境交通　outbound traffic

起点在规划范围之内而终点在规划范围以外的交通。以日平均及高峰小时出境人次、车次表示。可用于城市出口通道的规划,通道能力适应性分析以及城市对外交通设施的合理构成、规模与布局、场站容量、交通组织等方面的规划研究。　　(文旭光)

出口匝道控制　exit ramp control

调节驶出高速公路车辆总数或完全关闭出口的交汇控制。其目的是减少交织,但并非一种很有效的方法。　　　　　　　　　　　(李旭宏)

出行　trip

人或车从出发地到目的地移动的全过程。移动必须有目的,一个单程作为一次出行,并不受换乘的影响,但一次出行仅有一个出发地和目的地。　(文旭光)

出行产生　trip production

出行发生量与出行吸引量之和。分析交通区域内出行产生的形成比例和数量,称为出行发生分析,可用于描述土地利用性质,是交通预测工作的前期准备。　　　　　　　　　　　　　(文旭光)

出行端点　trip end

出行的起迄点。出行的起点(origin)简称 O 点,出行的终点(destination)简称 D 点。每一次出行必有而且仅有一对出行端点。出行的端点数为对应的出行次数的两倍。　　　　　　(文旭光)

出行发生　trip generation

又称出行生成。为基于家庭出行的全部家庭端点(O 点或 D 点,即起点或终点)的出行量和非基于家庭出行的起点(O 点)一端的出行量之和。即以一个居住点为起点的所有出行的总数。　(文旭光)

出行分布　trip distribution

各交通区之间人或车的出行次数。对于使用车辆出行时,则称交通分布。可分为现状出行分布和未来出行分布。前者通过交通调查得到,能反映出调查区内各交通区形心间交换的现状、出行人次或车次数;后者是在现状出行分布的基础上,用数学方法和计算机技术预测得到若干年后的交通区形心间的吸引和发生量。　　　　　　　(文旭光)

出行目的　trip purposes

出行活动发生的原因。出行分布和交通方式选择的影响因素,当前中国城市中以工作业务出行为主,其次是上下学。一般出行目的可分为:基于家庭的工作出行;基于家庭的非工作出行;非基于家庭的出行。　　　　　　　　　　　　　(文旭光)

出行时间分布　trip-time distribution

又称出行行程时间分布。出行次数在各时间长度段上的分布。它受城市规模、土地利用性质、自然特点、道路交通状况的影响,并与人均消费水平、年龄大小以及出行目的等因素有关。　(文旭光)

出行吸引　trip attraction

基于家庭出行中的全部非家庭端点(O 点或 D 点)的出行量和非基于家庭出行中终点(D 点)一端的出行量之和。即以一个非居住点为出行终止点的所有出行的总数。　　　　　　(文旭光)

出闸信号

指挥船舶(队)出闸或禁止出闸的通行信号。其信号与进闸信号相同。上闸首处向下游方向的信号

灯为指挥上水船舶的信号；下闸首处向上游方向的信号灯为指挥下水船舶的信号。 （詹世富）

初期交通量 initial traffic number, ITN

预计营运第一年在设计路段上每天平均行驶的换算车辆数。由三部分交通量构成：(1)正常增长的交通量，可通过现状观测及历年观测的交通资料，考虑经济发展因素，预测得到；(2)转移交通量，由于道路条件改善，运输时间及费用降低，使原来由其他道路和交通方式完成的部分客货运量转移至该路段上；(3)新增交通量，由于土地利用性质变化，在该路段周围可能形成一定数量的工矿企业、商业网点、住宅区等而相应增加的交通量。 （文旭光）

触变流体 thixotropic fluids

在一定的剪切应变速度下，存在一个可逆的随时间而减小直到稳定剪切应力的流体。在受到剪切应力后，其结构调整较缓慢，因而，在结构调整的时段内，其流变性质也随时间变化，直到新的平衡结构形成为止。若剪切作用停止，其结构将恢复到原先状态。一些低温原油、膨润土的水悬浮液等属此类流体。 （李维坚）

chuan

川江航道 navigation channel of Chuanjian River in Sichuan

长江在四川境内的通航水道。长江自四川宜宾至湖北省宜昌共1044km，大部分流经四川省内故称川江，属山区河流。三峡地区经巫山山脉，崖石陡峭，形成许多基岩急流滩、溪口急流滩和崩岩急流滩。瞿塘峡、巫峡、西陵峡，河道狭窄，江面由600~700m缩至150~250m，并随山势迂回曲折，确有"山塞疑无路，弯回别有天"之感，具有水位变幅大、流急、滩险密布、多雾瘴的特点，航行条件极差，故有天险之称。自1950年以来对川江进行了全面整治，炸礁、筑坝、疏浚和绞滩等，沿江配布完整的航标设备，经过30年的治理，3000t船舶可直达重庆，并能夜航，从此川江天险变坦途，成为中国东西向主要航运干线，对西南各省经济发展起着重要作用。三峡水利枢纽建成后，将彻底改善重庆以下航道。 （李安中）

川藏公路 Sichuan-Tibet highway

由四川省成都市至西藏自治区拉萨市的公路。途径雅安、康定、马尼干戈、岗拖、昌都、扎木、林芒等地，全长2412km。雅安至拉萨段原为康藏公路，后因西康省撤销，起点移至成都而改称川藏公路。成都至雅安段为旧线，长151km。雅安至马尼干戈段利用旧线改建，长689km，1950年4月开始，仅用4个多月时间即修通。1951年5月开始"边测量、边施工"继续向西修筑，1952年6月修通至四川西藏交界处的岗拖。1954年12月25日正式通车到达拉萨市。川藏公路翻越了二郎山、折多山、雀儿山、矮拉、格拉、宗拉依、甲皮拉、打马拉、年拉、密拉、业拉、初次拉、色霁拉、敏拉等14座大山。这些大山，除二郎山（海拔3200m）外，其他都在海拔4000m以上，其中雀儿山海拔达5047m。川藏公路在海拔3000m以上的路段有1245km，占全线里程二分之一以上。该路跨过了岷江、青衣江、大渡河、雅砻江、金沙江、澜沧江、怒江、拉萨河等12条大河。为便利云南省、西藏自治区和四川省之间的交通、缩短路线里程，1957年修筑川藏公路南线。南线由原线东俄洛起经雅江、巴塘、宁静，在芒康与滇藏公路相接，再经左贡至邦达与原线相接。南线长769km，与原线北段相比缩短里程242km，并且南线冬季积雪少。 （王金炎）

船舶 vessel, ship, craft, boat

古称舟、舫。航行或飘浮于河流、湖泊、海洋等水域的一种运载工具。按用途可分为军用船舶、运输船舶、工程船舶、渔业船舶和其他船舶。按船体材料可分为：木船，水泥船、钢质船和玻璃钢船等。按有无原动力装置可分为：机动船和非机动船。从远古的独木舟发展到现代的运输船舶，大体经历了舟筏、木帆船和蒸汽机船三个阶段，现正处于以柴油机为基本动力的钢船时代。史前时期，人类以舟筏作为水路运输工具，从公元前四千年的古埃及时代到19世纪初叶，木帆船一直是主要的水路运输工具。19世纪上半叶是帆船向蒸汽机船的过渡时期，船体材料也逐渐以铁代木，早期的蒸汽机船是靠安装在两舷的巨大明轮推进的，在中国通常称为轮船。19世纪中叶以后，造船材料从铁发展到钢，螺旋桨逐渐代替了明轮，第二次世界大战后，柴油机动力渐居主导地位，柴油机船逐渐取代了蒸汽机船，为了提高运输的经济效益，出现了向大型化、专业化、高速化、自动化和内燃机化方向发展的趋势。现代船舶由船体和动力装置两部分组成，并配置有各种舾装设备和系统。 （吕洪根）

船舶尺度 ship dimensions

表示船体外形大小的主要尺度，包括船长、船宽、船深、吃水和干舷。按用途可分为型尺度，实际尺度，最大尺度和登记尺度等几类。型尺度是量到船体型表面的尺度，钢船的型表面是外壳的内表面，不计船壳板和甲板的厚度。实际尺度是船舶建造和运行时用的，量到船体外壳板的外表面。最大尺度为包括各种附属结构在内的，从一端点到另一端点的总尺度，主要用于检查船舶在营运中能否满足桥孔、航道、船台等外界条件的限制。登记尺度是专门作为计算吨位、丈量登记和交纳费用依据的尺度。 （吕洪根）

船舶导航装置 ship navigation equipment

引导船舶沿一定航线到达目的地的技术装置。船舶在航行中须经常测定其位置、航向和航速，并确定应采取的航向和航速，以保证船能安全、正确、经济地到达目的地。船舶导航按测定船位的方法分：直接测定法，如天文导航、陆标导航、无线电导航等；推算船位法，用磁罗经或陀螺罗经确定航向，用计程仪或多普勒声纳确定航速后经计算得到船位；惯性导航法。按导航信息的来源又可分自主式导航和非自主导航。前者不需外界设备提供信息，如利用罗经和计程仪的信息以推算船位；后者按获得导航信息的技术措施不同可分无线电导航，天文导航，卫星导航等。　　　　　　　　　　（吕洪根）

船舶电气设备 marine electrical equipment

适应船舶环境条件，并满足船舶使用要求的船上发电、配电、电力拖动、电力推进、照明、通信、控制和生活用电等船舶设备。应具有耐湿，耐热，耐油雾，耐盐雾，防霉菌等性能，并能承受冲击，振动，倾斜，摇摆等。　　　　　　　　　　（吕洪根）

船舶动力装置 ship marine power plant

为船舶推进及其他需要提供各种能源的全部动力设备的总称。一般由推进装置，船舶电站，辅锅炉及配合它们正常工作而设置的海水淡化设备，凝汽设备，水处理设备，监控仪表设备及机舱自动化设备等组成。一般按主机的不同可分蒸汽机动力装置，汽轮机动力装置，汽油机动力装置，柴油机动力装置，燃气轮机动力装置，以及由不同类别的主机联合组成的联合动力装置等。　　　　　（吕洪根）

船舶吨位 ship's tonnage

表示船舶内部总容积或载重量大小的数量。通常分容积吨位和重量吨位两种。容积吨位是按照吨位丈量规范丈量的，以吨位表示。按《1969年国际船舶吨位丈量公约》规定：

$$容积吨位 = K_1 V \qquad (1)$$

K_1值可由公约附录2中查得，也可由下式计算：

$$K_1 = 0.2 + 0.02 \lg V \qquad (2)$$

V为船舶的围蔽处所容积(m^3)。容积吨位用于船舶登记又称登记吨位。有总吨位和净吨位之分，主要用作港口收费计算的依据。中华人民共和国船舶检验局于1959年1月1日颁布了《船舶吨位丈量规范》。以后，按照《1969年国际船舶吨位丈量公约》，又颁布了新的《船舶吨位丈量规范》。重量吨位是表示船舶能载多少重量的一种计量单位，以1 000kg为1t(或2 240磅为1英吨)来计算，主要用于计算船舶的载重量和吃水。　　　　（吕洪根）

船舶过滩能力 rapids-ascending ability of ships

船舶上滩时能够克服流速和水面比降所产生的阻力并保持一定速度前进的能力。船舶通过急流滩险河段，将受到水流阻力和坡降阻力等。并与船舶排水量，船型，船舶上行速度以及船队形式等有关。船舶自身过滩的自身有效推力根据主机功率确定，由有效推力与总阻力的比较确定该船能否靠自身动力过滩。　　　　　　　　　　（李安中）

船舶航行阻力 ship resistance

船舶航行时，作用于船体上阻止船舶运动的力。包括空气阻力和水阻力。在一般民用船舶中，空气阻力仅为总阻力的2%～4%。水阻力包括两部分，一是突出于船体以外的舵、轴和舭龙骨等所受的附加阻力；二是船体本身所受的阻力即裸体阻力。附加阻力一般仅占总阻力的3%～10%。　（蔡志长）

船舶荷载 ship load

又称船舶作用力。船舶作用于系靠船建筑物上的荷载。按船舶的作用方式和作用性质，可分为船系缆力、船舶挤靠力和船舶撞击力。荷载产生的原因有自然因素和操作因素，或两种因素同时起作用。自然因素有风、波浪、水流、冰凌等作用于船体后对建筑物产生的系缆力、挤靠力和撞击力。操作因素有船舶靠离码头或转头时对建筑物产生的系缆力、撞击力等。设计时须根据系靠船建筑物的具体条件和受力情况进行分析研究确定。确定在开敞海面上无掩护条件下的系靠船建筑物所受的大型船舶荷载是个重要而复杂的问题。目前尚无成熟而可靠的理论计算方法，常通过模型试验确定。
　　　　　　　　　　（王庆辉）

船舶挤靠力 ship berthing force

船舶停靠在码头前时船体对码头建筑物的挤压力。系由风、波浪、水流和冰凌等对船体产生的压力而引起的。其大小与风速风向、船体受风面积、波浪力大小、船体浸水面积，水流的流速流向、冰的挤压力等因素有关。船舶挤靠力对墩式码头的靠船墩是控制性荷载。　　　　　　　（王庆辉）

船舶起货设备 ship's cargo handling gear

船舶自备的，用于装卸货物的装置和机械。主要有吊杆装置、甲板起重机及其他装卸机械。吊杆装置由起重柱(或起重桅)索具和绞车(或起货机)等组成；甲板起重机是设置在船舶甲板上的机械，常用的有固定旋转起重机、移动旋转起重机、龙门起重机等；其他装卸机械主要有升降机、提升机和输送机等。　　　　　　　　　　（吕洪根）

船舶上墩 ship docking

使待修船体露出水面，支承于龙骨墩上以进行船体水下部分修理的过程。供船舶上墩用的水工建筑物有滑道、船台和船坞等。　　（顾家龙）

船舶设备 rigging, eguipment and outfit

又称"舾装设备"。控制船舶运动方向,保证航行安全以及营运工作正常进行所需的船上各种用具和设备。包括舵设备,系泊设备,关闭设备,桅及信号设备,救生设备,舱面属具等。　　（吕洪根）

船舶停泊条件　vessel mooring condition

停泊在船闸闸室和引航道内的船舶的平稳程度。在闸室灌泄水过程,由于水体运动的能量转换,闸室和引航道内水流条件不好,停泊在其内的船舶受各种水流作用力的作用,可能处于动荡状态,严重的可能导致系船缆绳断裂,碰撞闸室墙和工作闸门。它是保证船舶安全通过船闸的必要条件。与船闸输水系统的布置密切相关,是衡量船闸输水系统布置优劣的一个指标。主要以过闸船舶的系船缆绳所承受的拉力值的大小来衡量,以不大于缆绳拉力的允许值作为标准。此外,闸室灌泄水时,闸室水面上升或下降的速度以及水面波动的程度也是衡量的指标。　　（蔡志长）

船舶系泊设备　anchoring, mooring and towing arrangements

又称系船设备。将船舶系靠于设定的水域或系结于码头,浮筒,船坞或他船舷旁的船舶自备设备。主要包括缆索,带缆桩,导缆器,系缆卷车和系缆机械等。　　（吕洪根）

船舶系缆力　ship's mooring force

船舶通过系船缆作用于系船建筑物上的缆绳拉力。系由风、波浪、水流等作用于船体后所产生的风压力、波浪力、水流力,以及船舶靠离码头操作时或舾装码头上船舶试车时引起的缆绳拉力。系缆力的大小与系缆点的数目和布置、系缆角度、风速风向、船舶受风面积、波浪力大小、水流的流速流向、船体浸水面积以及试车船舶推进器功率等因素有关。　　（王庆辉）

船舶下水　ship launching

船体建成或船体水下部分修好后,将船体移到水中的过程。供船舶下水用的水工建筑物有船台、滑道和船坞等。　　（顾家龙）

船舶营运规划　ship transport planning

有关某条河流或地区的船型,运输组织,船舶需要量和投资的船舶发展较长远安排。是航运规划中的重要组成部分。在规划时,必须考虑航道尺度、装卸效率、货物种类、流向、流量、运送距离、到达期限、货物价格、航道上建筑物等各种自然的、技术的营运条件。以便为航运经济带来最大限度的利益。　　（吕洪根）

船舶载重量　total deadweight, gross deadweight

船舶允许装载的最大重量。包括货物、船员和旅客及其行李重量,食物、淡水、燃料、润滑油、备品和供应品等的重量。计算单位为吨,其值等于满载排水量减去空船重量。其中载货量,旅客及其行李的重量称净载重量,反映出船舶的运输能力,载重量与满载排水量之比称载重量系数,通常为40%～60%,它是表征船舶技术性能的一项重要指标,与船舶类型、结构形式、航速及主机类型等因素有关。　　（吕洪根）

船舶载重线　ship loadline

船舶满载及完全正浮时,根据航行区带,区域或季节,按《国际船舶载重线公约》和各国制定的规范勘定的船舶满载吃水线。满载吃水线是船舶在最大容许载重情况下自由浮于静水面时,船体表面与水面的交线。一般有夏季载重线,夏季淡水载重线,冬季载重线,热带载重线,热带淡水载重线,冬季北大西洋载重线。对于载运木材的船舶则有相应的各种木材载重线等。载重线对保障船舶的海上安全有密切关系。　　（吕洪根）

船舶装载系数　real ship load rate

表征货船载重量利用率的系数。在船闸营运过程中,由于货物种类、流向和批量等方面因素的影响,货船的载重量不能完全利用。为此,在计算船闸的实际通过能力时,引入该系数。其值根据统计或规划资料选用;在没有资料的情况下,采用0.5～0.8。　　（詹世富）

船舶撞击力　ship docking impact

船舶靠码头时的动能对码头建筑物产生的撞击力。主要由靠船法向速度或船舶在波浪、水流作用下的前进运动所产生的。它是设计码头防冲设备以及墩式、透空式码头结构的主要设计荷载。其大小与船舶靠岸速度、船型、排水量、操作技术、有无拖轮助靠以及风、浪、水流大小等因素有关。由于影响因素比较复杂,目前还没有成熟的计算方法。对于在开敞海面上的无掩护的墩式或透空式码头的大型船撞击力,常通过模型试验确定。　　（王庆辉）

船长　ship's length

船舶首尾两端间垂直于横中剖面方向的尺度。按量度位置和作用性质的不同有总长、最大长度、垂线间长、设计水线长、型长和登记长度之分。总长即船体首尾两端间最大的水平距离;最大长度是整个船舶外形的水平距离;垂线间长是首垂线与尾垂线之间的水平距离;设计水线长是沿设计水线以首柱前缘至尾柱后缘之间的水平距离;登记长度是上甲板顶面从首柱前缘至尾柱后缘的水平距离。船长大小直接影响着船舶的容积、舱室和设备布置以及各项水动力性能、造价等,同时也是港口及航道工程设计的基本依据。　　（吕洪根）

船队　fleet

将若干艘驳船按一定的方式编结在一起,由一艘或两艘拖(推)轮拖曳(顶推)航行的船舶组合体。按编队方式可分拖带船队和顶推船队。有时也指按不同航线、航区的运输条件和货物种类,由若干船舶组成的水运基层生产单位,如沿海客船船队、近海油船船队、远洋杂货船船队、远洋散货船船队等。船队运输一般比较经济,能充分发挥动力的效率。广泛用于内河水道的运输。　　　　　　（吕洪根）

船队运输　fleet traffic, train of barges traffic

由一艘或两艘动力船提供动力,若干艘非机动船提供载货容积组成船队运送货物的方式。按动力船和载货船组合方式分顶推运输和拖带运输两类。船队运输一般比较经济,能充分发挥动力的效率。广泛用于内河运输。　　　　　　（吕洪根）

船绞　rapids heaving with rapids heaving barge

使用设在绞滩船上的绞滩机牵引船舶过滩的方式。将绞滩机上的钢缆的一端,由递缆船交给滩下待绞船舶,挂好钩即可施绞,拖至滩上后解缆,再由递缆船回缆至滩下,绞第二批船舶。船绞机动性强,设备利用率高,多用于两岸地形受限制,地质条件不好不宜设岸绞之处。按绞滩拉力的大小,有单绞、双绞、三绞等方式。单绞系装一台绞滩机,用一根钢缆绞船上滩。双绞系装两台绞滩机,两根钢缆绞船。三绞则利用单绞船、双绞船各一艘同时作业。双绞和三绞时,需注意同步运转以防止钢缆打绞。　　　　　　（李安中）

船宽　ship breadth

船舶左右舷间垂直于中线面方向量度的距离。对船舶的各项性能(如稳性,快速性,耐波性,直线稳定性)及舱内布置和甲板利用等都有较大影响,同时,也是船坞,船闸,航道等基本尺度设计的依据。按量度方法有:总宽,最大宽度,型宽,水线宽,登记宽度,量吨宽度等。通常船宽是指型宽。　　（吕洪根）

船排　patent slip

托载船舶上下船台的运载设备。其主体为钢结构,类似于平板车,上铺方木以承托

船体,下设2～3行车轮,可由缆索牵引沿倾斜轨道上下。有整体式和分节式两种。整体式船排用于小船,较大船舶多用分节式船排。分节式船排为改善受力条件,有首节船排与一般船排之分。首节船排承受前支架压力,结构需要加强,或做成可转动的支点结构。　　　　　　　　　　（顾家龙）

船排滑道　slipway with rail trackes

利用船排供船舶上墩和下水的简易机械化滑道。由船排、轨道、动力绞车及附属拖曳装置等组成。船排有整体式和分节式两种型式。其高度不大,底下安装很多滚轮。一般一套船排滑道配备一个船台,但如增设摇架、转盘等装置,通过横移设备,则可以为几个船台服务。船排滑道有纵向、横向之分。其

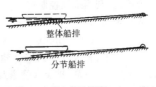

中横向船排滑道,因船舶在上墩、下水时处于倾侧状态,不利于船体受力,逐渐被横向高低轨滑道和梳式滑道等替代。纵向船排滑道因施工简单、投资小,较为常用。其缺点是因船排面与滑道斜坡平行呈倾斜状态,在其上进行修造船作业十分不便;船舶上墩、下水时会发生尾浮,船体受弯和承受很大的前支架压力,故适宜于修造小型船舶。　　　　　　（顾家龙）

船时量　tons per ship-hour

每艘船舶在一小时作业时间内所完成的货物装卸吨数(t/h)。船时量的大小除与舱时量有关外,还与同时开工的作业线数密切相关。
　　　　　　（王庆辉）

船台　berth, ship-building berth

专供船舶修造用的场地。有露天船台、开敞船台和室内船台三种。没有任何柱架和屋盖的船台称露天船台,可以应用各类起重设备,工作方便,但易受气候条件的影响。室内船台建有屋盖,可安装行车或桥式起重机,船台作业在室内进行,工作条件好,生产效率高。开敞船台建有安装行车用的柱架而无屋盖。船台地坪根据条件可建成水平的或倾斜的两种型式。水平船台多与机械化滑道或浮船坞、灌水船坞等结合使用,以满足船舶上墩下水的需要;倾斜船台常与木滑道配合使用,滑道陆上部分可直接铺在船台上面,坡度可比船台略大,其工作条件不如水平船台方便。　　　　　　（顾家龙）

船坞　dock

修造船用的坞式大型水工建筑物。灌水后可容船舶进出,排水后船舶能在干燥的坞底上修造。由坞口、坞室、坞门、船坞灌水系统、船坞疏水系统、船坞排水系统、拖曳系缆系备、动力和公用设施等组成。按其构造型式有干船坞、灌水船坞和浮船坞等三大类型。其中干船坞采用最广,习惯上常把干船坞简称为船坞,又可分为修船坞和造船坞两种。船坞的特点是船舶上墩下水安全可靠,适用于各种尺度的船舶,使用年限长,维修费用少,但投资大,建造时间长。船坞是由最初的"船坑"发展演变而来的。在有潮海岸,人们利用水位的涨落来升降船舶,即在涨潮时将船舶引入一个三面围以土堤的"船坑"里

去，落潮时船舶坐落在预置的支墩上，然后将缺口用围堰封堵以进行修理工作。船舶出坑时，将围堰拆去，趁涨潮时出坑。以后土堤逐渐演变为坞墙，围堰成为坞门，利用水泵控制坞室内水面的涨落，演变发展成为现时的船坞。
（顾家龙）

船坞泵站 pump plant

坞室排、灌水设施的综合建筑物。站里主要安装有主水泵、辅泵、排灌水管道及配电装置等。视地质条件和使用要求，它的布置形式有与坞体结构分离的和连成整体的两种。属后一种情况时，它可与坞口门墩结构结合也可与坞墙结构结合建造。一般做成地下式，顶面与坞墙顶齐平，以利交通运输。其中一般设置三台主泵（两台工作，一台备用）、二台辅泵；为缩小面积，宜采用立式水泵。
（顾家龙）

船坞灌水系统 dock filling system

向干船坞坞室安全平稳地灌水的设施。包括进、出水口和拦污栅、灌水廊道、廊道阀门及其启闭装置等。主要有坞门灌水、廊道灌水两种方式。坞门灌水是在坞门的设计低水位以下部位布置一系列用阀门控制的灌水孔洞。阀门一般采用平板阀门或蝴蝶阀门。其优点是结构简单，造价低，便于检修和拆换；缺点是灌水时出流集中，会冲击龙骨墩影响安全，流量过大时会引起坞门振动。一般用在中、小型船坞中。廊道灌水是在坞口门墩内设置用阀门控制的灌水廊道，利用坞室内外水位差将水引入。廊道出口与大明沟连接，并在沟内设置消力槛等消能设施及利用盖板作出流装置，使流入坞室的水流分布均匀。它在灌水效率和流态方面比坞门灌水优越，是大型船坞广泛采用的一种灌水方式。

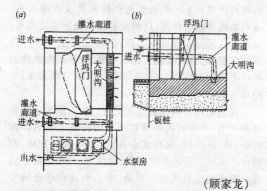

（顾家龙）

船坞排水系统 dock drainage system

将干船坞内的水排空的设施。它以船坞泵站为中心，水由坞室内的集水明沟经集水廊道流向集水池；水泵的吸水管插入集水池内，通过排水管将水泵出而排空坞室。水泵站多设在坞口门墩内，和阀室结合在一起。
（顾家龙）

船坞疏水系统 drainage channel and pump for maintenace of working condition

使坞室经常保持干涸的排水设施。主要为干船坞在修造船期间排除雨水、生产废水和渗水。它由疏水泵、排水沟、集水廊道和集水池等组成。排水沟布置在坞室底板两侧，一般为明沟。底板除中部龙骨墩范围内为水平面外，两侧作成1:50～1:100的横坡。疏水泵附设在主泵站内，集水廊道和集水池与主泵站共同使用。实际使用中，在船坞抽水的最后阶段，当水面很低、水流速度较慢，不足以供给主泵时，通常用疏水泵继续抽水直至抽干为止。
（顾家龙）

船坞卧倒门 flap dock gate

绕底部坞坎水平轴转动的大型箱形钢结构坞门。门扉为矩形，内部分隔为压载水舱、空气舱、潮汐舱等。其中压载水舱位于下部，安装时用于调节门体的重心及纵倾；空气

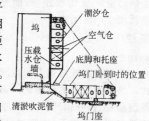

舱位于低水位以下，用以增加门体的浮力，减小门轴和启闭绞车的负荷；潮汐舱位于上部，有孔与外部水域相通，可以自动调节水位以保持门体的稳定。开启时，门体下卧于坞口前门坑内的坞门座上；关闭时，拉起并紧贴于门槽与坞坎上。门的启闭可用绞车或压缩空气排水等方式。门坑位于坞坎外，一般易受淤积，可采用水泵排水冲淤和压缩空气冲淤方法清淤。它的优点是钢材用量比浮坞门少，启闭操作简易、省时，缺点是只能承受单面水压力，顶面甲板不能作为通道。
（顾家龙）

船行波 navigational vessel wave

船舶在水中航行引起水面波动所形成的波浪。船体附近的水体受到行进船体的排挤，引起流速、压力的变化，从而在水面引起波动。首先在船首形成横波，在船旁形成回流和扩张波。其次由于船尾下沉，在船尾形成旋涡和扩张波。横波向两侧扩散，扩散波则向外扩散。它是运河等限制性航道岸坡破坏的主要动力因素。在它的长期作用下，可能导致航道岸坡崩裂坍塌。其大小是运河等限制性航道断面设计和护坡型式选择的主要依据。影响其形成的因素相当复杂，主要与航速、船型和运河尺度等有关。在实际工程中，一般多按经验公式或借助于室内船模试验和实船试验来估算。
（蔡志长）

船型 shipform

以船舶种类、吨位、主要尺度、主副机机型、马力以及驳运时船队队形和系结方式等主要参数表征的

船型浮

形状为船型的浮标浮体。多为钢质由锚链固定在设标处,船体舱面密封,在船甲板上根据需要安装各种标身,成为各种作用的浮标,其浮力大便于拖带,在内河航道中广泛使用,有单船体浮和双船体浮两种。在流态紊乱,流速大的河段用单船体浮,在风浪大的开阔水域中,多使用双船体浮。在中国长江上使用船长 6.7m 和 10m 的两种单船体浮和长 4m 的双船体浮。 （李安中）

船闸 navigation lock

利用调整水位的方法,克服河流建坝后所形成的集中水位落差,保证船舶(队)航行的通航建筑物。由闸室、闸首和引航道三个基本部分组成,在其上设有输水系统、闸门、阀门、启闭机械以及系船、信号、通信等附属设备。按照所处地理位置与航行船舶的类型,分为内河船闸与海船闸;根据沿船闸轴线方向闸室数目的多少,分为单级船闸与多级船闸;根据枢纽上船闸的数目多少,分为单线船闸与多线船闸。此外,根据使用特点还有:具有中间闸首的船闸、广式船闸、套闸、省水船闸、井式船闸及防咸船闸等。它的工作原理是:通过输水系统调整闸室内的水位,使其与上游水位或下游水位齐平,船舶(队)便能从上(下)游航行到下(上)游。当上行船舶(队)通过船闸时,首先由输水系统将闸室内的水泄放至与下游水位齐平,然后开启下游闸门,船舶(队)驶入闸室,随即关闭下游闸门,并由输水系统向闸室灌水,待室内的水位与上游水位齐平后,开启上游闸门,船舶(队)离开闸室驶向上游。此时如在上游有船舶(队)等待过闸,则待上行船舶(队)出闸后,即可驶入闸室,然后关闭上游闸门,由输水系统向下游泄水,待闸室水位与下游水位齐平后,开启下游闸门,船舶(队)即可驶入下游。

中国是建造船闸最早的国家。秦始皇三十三年(公元前 214 年)凿灵渠、设置陡门,用以调整陡门前后的水位差使船舶能在有水位落差的航道上通行。这种陡门(又称斗门)构成单门船闸,又称半船闸。宋朝雍熙年间(约公元 984~987 年)在西河(今江苏省淮安淮阴间的人工运河)上,建造了设有上下两个闸门,闸室长 50 步(约 76m)的船闸,与现代的船闸已相当接近,是世界上最早的船闸。在欧洲,半船闸约在 12 世纪,在荷兰才初次出现;而船闸约在 1481 年在意大利才开始建造。20 世纪以来,由于水运事业的发展,船闸的建造日臻完善;在美国的密西西比河、俄亥俄河,前苏联的伏尔加河,西欧的莱茵河-美因-多瑙河等水道上均建造了一批现代化的大型船闸。1949 年以后,在长江、钱塘江、淮河及京杭运河等河流上,建造了约 800 余座船闸。在已建内河船闸中,最大的船闸可通过 2 万 t 级的顶推船队。在已建的海船闸中,最大的可通过 25 万 t 的船舶。

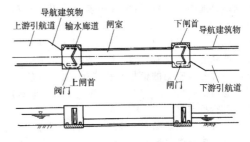

（詹世富）

船闸衬砌墙 lining wall of navigation lock, lining lock wall

简称衬砌墙。基岩顶面较高,闸室全部处在岩石层中的一种闸室墙。这种墙墙身与基坑边坡紧密相靠,墙顶较宽,墙底较窄,成为墙面接近垂直、断面自上而下逐渐减小的倒梯形断面的闸墙。如基岩质地较好,裂隙较少时,基坑边坡可开挖成接近垂直的陡坡,墙身断面较小,在墙背设锚筋,利用锚筋将墙锚固在基岩上。 （蔡志长）

船闸高程 lock elevation

船闸上、下闸首,上、下闸门,上、下游引航道及其导航靠船建筑物等的顶部和底部高程。顶部高程一般由最高水位或最高通航水位加一定的超高确定。对于有波浪或水面涌高影响的上闸首及上游工作闸门门顶还另加波高或涌高。底部高程主要由在最低通航水位时设计船舶航行所要求的通航水深决定。上闸首门槛和上游引航道底常采取相同的高程。下闸首门槛和下游引航道底常采取相同高程。多级船闸的中闸首与闸室的顶、底高程以及最上一级闸室的底高程与最下一级闸室的墙顶高程均根据多级船闸各级闸室最高与最低通航水位确定。

（詹世富）

船闸规划 lock planning, planning of navigation lock

又称船闸总体设计。根据船舶(队)安全过闸的基本要求,经过全面深入的研究论证,确定船闸总体布置的工作。其内容包括:船闸的闸址选定;船闸工程规模、船闸设计水位和高程确定;船闸和枢纽主要建筑物相互位置的确定;通航条件的论证;引航道、船闸前港、锚地、主要交通道路、跨线桥梁和船闸的平面布置;计算过闸耗水量和船闸通过能力。它是做好船闸工程的设计和建设的关键,其优劣不仅影响船闸使用效能,并且直接影响水运事业的发展。 （詹世富）

船闸航标 lockage aid

设置在船闸河段上的航标。包括停船界限标、船闸通行信号、节制闸灯、鸣笛标等。其作用是标示船闸内外的停船位置；指出进出船闸的引航道和节制闸前的危险水域；指挥船舶安全、迅速和有秩序地通过船闸。双线船闸应在每一线上设置与单线船闸相同的通行信号及航行标志灯。并应采取有效措施避免指挥各线船舶的信号互相混扰，如设置船闸编号标志灯。　　　　　　　　　　（詹世富）

船闸航行标志灯

为夜间过闸船舶安全停靠和航行而设置的标志灯。分为停船界限标志灯、引航道标志灯及节制闸标志灯三种。停船界限标志灯为红色灯；引航道标志灯为白色灯；节制闸标志灯为两盏并列红色灯。对于多室梯级船闸，应在每个闸室有效长的两端设置停船界限标志灯。　　　　　　（詹世富）

船闸基本尺度 lock dimension

表征船闸闸室平面尺寸和通航水深的尺度。包括闸室有效长度、闸室有效宽度和门槛水深。闸室有效尺度根据设计船型、船队，满足船闸在设计水平年期限内各期（近期、后期）客、货运量及过船量（过闸船舶总载重吨位）的需要确定，并尽量使设计船队能一次过闸。此外，还应考虑工程船和其他船舶能通过船闸。目前世界上许多国家对天然河流及人工运河按通航等级的大小制定了统一的通航建筑物标准；在工程实践中，可以根据船闸所在航道的等级直接选用通航标准所规定的尺度。

船闸有效尺度示意图

（詹世富）

船闸级数 class of navigation lock, lock series

沿船闸轴线方向闸室的数目。级数愈多，船舶（队）过闸时间就愈长；但各级船闸的水头较小，过闸用水量较少；根据船闸水头、地形、地质和技术条件进行技术经济分析比较后确定。一般情况下，当船闸水头小于或等于 20m 时，采用一级船闸；大于 20m 而小于 40m 时，采用一级或两级船闸；大于 40m 时，采用两级或多级船闸。　　（詹世富）

船闸检修门槽 service-gate slot

设在船闸上安放检修闸门的门槽。一般设在闸首边墩上。如闸首有单独进行检修的要求时，则设两道。在有的船闸上，为缩短闸首的纵向长度，有时将其设在紧靠闸首的导航墙和闸室墙上。其尺寸根据船闸检修闸门的尺寸及型式确定。　（詹世富）

船闸控制 control of lockage

为使船舶迅速安全过闸和简化船闸启闭机械操纵而采用的现代船闸管理方式。一般分为集中控制（包括程序控制和单项控制）、就地控制及遥控（在需要时可采用）三种。程序控制系指船舶过闸过程按预先编制的程序连续进行；单项控制系指在中央控制室对同类功能的单项机械进行控制；就地控制系指在启闭机室或闸室平台上，对一个闸首上的闸门、阀门启闭机械进行控制；遥控系指采用雷达无线电装置等远距离控制船舶的航向，并将指挥船舶航行的信号装置与闸、阀门的启闭机械的操纵设备用电气装置连起来，从而实现过闸的完全自动化。　（詹世富）

船闸前港 front (fore) harbour, outer harbour of the lock

在水库、湖泊中，直接与船闸引航道相连的具有掩护的水域。在与水库或湖泊直接相连的引航道内，风浪可能危及船舶（队）航行或停泊。设置前港的目的是保证船舶（队）安全进出船闸，并供等待过闸船舶停泊，编解队及避风。港内水域面积通常根据船舶（队）在港内停泊、作业及避风的要求确定，并根据需要和当地条件，分别设置编解队区，停泊区和码头区。进港口门的宽度与引航道口门区的宽度相等，以便在有侧向风时，船舶（队）能自由通过，口门位置方向应注意防淤防浪，港口浪高不大于 0.5～0.6m。港内航线一般须顺直，不要有反曲线。防护建筑物的设置须根据水域、地形和气象条件进行布置，确保船舶（队）进出前港和船闸以及在港内停留及作业的安全。

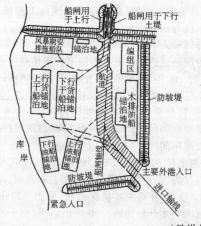

（吕洪根）

船闸日工作小时 daily working hours of navigation lock

船闸每昼夜的平均工作时间。由于船闸设备的检修、临时事故的处理、以及管理人员的交接班等,船闸在一昼夜内的平均工作时间一般为20~22小时。　　　　　　　　　　　　　　　　(詹世富)

船闸设备　apparatus of lock

为保证船舶(队)安全和迅速通过船闸而设置的防撞设备、曳引设备、系船设备、照明设备、信号装置、船闸自动控制设备等的统称。　(詹世富)

船闸设计水位　lock design stage

船闸设计所采用的上、下游水位和它们的相应组合。包括船闸上、下游设计最高、最低通航水位;船闸上、下游设计最高水位;船闸检修水位以及这几种水位中可能的不利组合水位等;是船闸输水系统布置和选型、船闸高程确定以及结构设计等的基本数据。船闸设计最高、最低通航水位一般根据航运要求、航道和船闸的级别、航道条件和水文特征、两岸条件和有关部门的要求等因素进行综合研究,采取相应的洪水频率和低水位的通航保证率标准确定。至于船闸上游设计最高水位则按船闸所在枢纽的校核洪水标准确定。　　　　(詹世富)

船闸渗流　seepage of navigation lock

在船闸地基和两侧回填土内所发生的渗透水流。船闸的渗流情况视闸室底的透水与否各不相同。当闸室为不透水闸底时,整个船闸为一挡水建筑物,渗流从上游经过闸首和闸室底板下的地基,并经过闸首边墩和闸室墙后的回填土体向下游渗出,此时渗流的渗径长度较大,一般不致对建筑物的稳定造成危害。当闸室为透水闸底时,闸首和闸室墙分别为独立的挡水建筑物。就闸首而言,渗流由上游(或闸室)经闸首底板下的地基向闸室(或下游)渗出,同时还有绕过闸首边墩向下游流动的侧向渗流。就闸室墙而言,当闸室泄空时,闸室墙后回填土中的地下水经过闸室墙底向闸室渗出;当闸室灌满水时,渗流则自闸室向墙后回填土渗出。与其他水工建筑物相比,它具有明显的空间性和不稳定流性质。为减小渗流压力,防止有害的渗流变形,需根据水头大小和地基土的性质拟定合理的地下渗流轮廓,布置相应的防渗措施。在工程实际中,船闸的渗流计算一般简化为平面问题,通常采用渗径系数法和阻力系数法,对于大型和重要的船闸宜进行空间渗流的试验研究。　　　　　　　　　　(蔡志长)

船闸事故闸门　emergency (safety, guard) gate

装置在船闸闸首口门上以备工作闸门发生事故时,紧急截断水流的船闸闸门。要求能在动水中启闭。常用的门型为平面闸门。通常只在发生事故时会引起严重后果的高水头船闸上设置,一般设在船闸上闸首工作闸门之前,有时可兼作检修闸门之用。应定期进行维修,以免使用时发生故障。
　　　　　　　　　　　　　　　　(詹世富)

船闸输水时间　lock egnilization time

又称船闸灌泄水时间。船闸灌(泄)水将闸室内水位调至与上游或下游水位齐平所需的时间。主要与船闸水头、闸室尺寸、输水系统的型式等有关。可根据各类输水系统的布置方式,通过水力计算确定。对于常用的短廊道输水系统的输水时间$T(s)$按下式计算:

$$T = \frac{2c\sqrt{H}}{\mu w \sqrt{2g}} + (1-\alpha)t_v$$

式中t_v为输水阀门开启时间(s);w为阀门处航道断面面积(m^2);μ为阀门全开时输水系统的流量系数;g为重力加速度(m/s^2);c对单级船闸,$c=\Omega$,对多级船闸,$c=\frac{\Omega}{2}$,Ω为闸室水域面积(m^2);H为设计水位差(m);α为系数,与阀门门型和流量系数有关,可按船闸设计规范附录一选用。现代的一些大型船闸皆已实现了自动化控制,缩短过闸时间,提高船闸的通过能力,在相当程度上只有依靠缩短输水时间来实现。目前国内外一些高水头的大型船闸的灌水时间一般为11~15min,泄水时间与灌水时间接近。　　　　　　　　　　　(詹世富)

船闸输水系统　filling and emptying system of the lock

用来为船闸闸室灌水和泄水的设施。由进水口、输水廊道、出水口、消能工以及输水阀门、阀门启闭机械等构成。船闸闸室灌水时,利用启闭机械开启输水阀门,水流由进水口通过输水廊道、出水口经消能后流入闸室,待闸室内水位与上游水位齐平时,关闭输水阀门。泄水过程是通过输水阀门的控制,使闸室水位泄至与下游水位齐平。按灌泄水方式可分为集中输水系统和分散输水系统两大基本类型,可根据作用在船闸上水头的大小,要求灌泄时间的长短,船闸闸室的基本尺寸以及闸室、闸首的结构型式等因素来选定。如作用在船闸上的水头较大,要求灌泄时间较短时,一般采用分散输水系统。在布置上的基本要求是:闸室灌泄水时间应等于或小于按船闸通过能力所确定的输水时间;过闸船舶在闸室及上、下游引航道内具有良好的停泊条件和航行条件,其缆绳拉力不超过允许值;在闸室灌泄水过程,船闸各部位不应因水流冲刷、空蚀或振动等遭到破坏。　　　　　　　　　　　　(蔡志长)

船闸输水系统水工模型试验　hydraulic model test of filling and emptying system of navigation lock

为验证船闸输水系统的布置并研究其水力特性所进行的模型试验。其目的是了解闸室灌泄水过程闸室及引航道内的水流情况及过闸船舶的停泊条件以验证输水系统布置的合理性,是船闸输水系统设计的一项重要手段。主要内容包括：测绘闸室灌（泄）水的水力特性曲线；测定闸室和引航道内过闸船舶的系船缆绳拉力；测定闸室和引航道内的流速分布并观测其流态；测定输水廊道和其他构件的压力分布；观测输水系统进、出口附近及闸室内的局部水力现象；以及高水头船闸的闸门、阀门的水力学试验等。船闸输水系统的整体模型试验通常在1:25～1:40的模型上进行。对于输水阀门工作条件等试验则多在更大的比尺（如1:10～1:20）的局部模型上进行。　　　　　　　　　（蔡志长）

船闸水力特性曲线 characteristic curve of filling and emptying system of navigation lock

　　船闸灌泄水过程，水头、流量、流量增率、流量系数、闸室水位、流入闸室的水流能量和比能等水力要素与时间的关系曲线。绘制这些曲线的目的：一是为了便于清晰地了解船闸灌泄水过程水头、流量、流量增率、能量等水力要素的变化及其最大值；二是为了进一步进行水力计算的需要，如核算船舶停泊条件和输水阀门工作条件等。　　　（蔡志长）

船闸水力学 hydraulic of navigation lock

　　研究船闸灌泄水过程水力特性的学科。其主要内容为：研究确定各种船闸输水系统的阻力系数、流量系数、输水时间和闸室水面升降；水位、流量、流量增率、能量等水力要素与时间的关系的计算；闸室和上、下游引航道内的水流运动；停泊在闸室和引航道中船舶所受的各种水流作用力的计算；输水阀门及其后输水廊道内的水力现象及其计算。研究的目的是在要求的闸室输水时间内满足船舶安全过闸和船舶安全运转的条件下确定船闸输水系统各主要部分的尺寸和布置，如输水系统的型式，消能措施，输水廊道和孔口尺寸以及输水阀门的开启方式等。　　（蔡志长）

船闸水头 lock lift

　　船闸的设计水位组合中，上游和下游的最大水位差。是船闸设计中的重要技术指标，是决定船闸输水系统和结构型式的主要因素。根据船闸承受水压力的特点，可分为单向水头与双向水头两种。承受单向水头的船闸，其上游水位均高于相应的下游水位。承受双向水头的船闸，在上、下游都可能出现正、反两向的水位差。　　　　　　（詹世富）

船闸通过能力 tonnage capacity, navigational lock copacity

　　设计水平年期限内，各期的过闸船舶总载重吨位和货运量指标的总称。前者表征船闸的过船能力，后者表征过货能力。由于过闸船舶包括货船、客船、工作船、服务船以及其他类型的船舶，而且在货船中又有满载船、非满载船和空船的区别，因此过船能力相同的船闸，过货能力并不完全相同。在一般情况下，船闸通过能力是用设计水平年期限内，每年自两个方向（上、下行）通过船闸的货运量表示。当货流不平衡时，还应计算单向通过能力。它是确定船闸建设规模的重要依据。年过闸货运量 $P(t)$ 按下式计算：

$$P = (n - n_0)\frac{NG\alpha}{\beta}$$

式中 n 为日平均过闸次数；n_0 为昼夜内非运货船舶过闸次数；G 为一次过闸平均吨位(t)；α 为船舶装载系数；β 为货运量不均衡系数；N 为年通航天数(d)。　　　　　　　　　　　　　（詹世富）

船闸通行信号 lock traffic signal

　　指挥船闸河段上的水上交通，保证船舶（队）安全通过船闸的信号标志。分为远程信号、进闸信号及出闸信号三种。远程信号设在船闸的上、下游引航道船舶停泊区的远端端部（上游停泊区的上游端部，下游停泊区的下游端部），距最高通水位约4～5m的支柱上。进闸及出闸信号设在船舶航行右侧的上、下闸首附近，距最高通航水位4～5m的支柱上或建筑物上。对于多级船闸，应在每个闸首处设置进、出闸信号。　　　　　　（詹世富）

船闸线数 line of navigation lock

　　同一枢纽上承受相同的水头，连接相同的上、下游河段的船闸的数目。根据船闸数目的多少，分为单线船闸和多线船闸。其线数的确定主要取决于货运量与船闸的通过能力。　　　　　　（詹世富）

船闸远程信号 lock distant signal

　　指引船舶（队）进入或禁止进入引航道停泊区的通行信号。由双标志的红、绿色透镜灯组成；灯光上下排列，上部为红色灯光，下部为绿色灯光。当引航道内停泊区有空余泊位时，显示绿色灯光，允许来船进入引航道停泊区，否则显示红色灯光。其灯光，应保证距信号800m的船舶在正常气候条件下，能清楚地看到信号灯的颜色。　　　　　（詹世富）

船闸闸阀门启闭机 operating machinery, control hoist, operating hoist, hed stock gear, gate lifting device

　　启闭船闸闸门、阀门的机械设备。按动力传送方式分有机械传动和液压传动两种。按牵引方式分有刚性、柔性、刚柔结合三类。刚性传动有螺杆、齿杆、轮盘、曲柄连杆和液压等型式；柔性传动有钢丝缆和链条；刚柔结合传动有绞车推拉杆式和绞车大弯臂式等。通常用电力驱动；在小型船闸上有时另设人力驱动装置备用。其型式的选择根据闸门、阀门的型式，孔口尺寸，使用条件和加工制造等因素，进行全面技术经济比较后确定。　　（詹世富）

船闸闸门 lock gate

装置在船闸闸首口门上,用以挡水的闸门。由门扇结构,支承移动(转动)装置,悬吊启闭装置,止水等部分组成。按工作性质分,可分为工作闸门、检修闸门和事闸门。按结构特征和启闭方式可分为人字门、平面闸门、横拉闸门、三角闸门、一字闸门、弧形闸门、叠梁闸门、浮式闸门等。按制造材料可分为钢质闸门、木质闸门、钢筋混凝土闸门和钢丝网水泥闸门等。最常用的是钢质闸门。闸门的型式根据闸门的使用要求,船闸的通过能力,通航净空,门口尺寸,水位组合,水力条件以及船闸的结构型式等因素,通过技术经济比较选定。　　　　(詹世富)

船闸闸室 lock chamber

位于船闸上、下闸首之间的供过闸船舶靠泊的区间。是船闸的基本组成部分之一。通过船闸输水系统向闸室内灌水或泄水,进入闸室内的船舶即随闸室内水面作垂直升降,当闸室内水面与上游或下游水面齐平时,开启工作闸门,使船舶安全平稳地从上游(下游)进入下游(上游)。船闸闸室由闸室墙和闸室底板构成。为便利船舶的过闸和靠泊,设有系船设备、照明设备和爬梯、壁灯、信号标志等辅助设施。按断面形状可分为直立式闸室、斜坡式闸室和半斜坡式闸室。按结构型式可分为分离式闸室和整体式闸室等。其型式的选择主要根据地质条件、水头大小、使用要求、工程投资和材料供应情况等而定。　　　　　　　　　　　　(蔡志长)

船闸闸首 cock head, gate block, head and tail bay

设于船闸闸室的上下游端用以分隔闸室与引航道的挡水建筑物。有上闸首、下闸首和中间闸首之分。主要由边墩和底板构成。在口门上设有工作闸门和检修闸门,在边墩或底板上设有输水系统、闸、阀门启闭机械,以及船闸的操纵管理设备和其他辅助设备等。此外,还有交通桥、机房、管理房屋等。结构型式有整体式和分离式两种,建于土基的闸首一般采用整体式结构,建于岩基的一般采用分离式结构。轮廓尺度及布置方式主要决定于工作闸门型式,输水系统的类型,启闭机布置及地基条件等因素,同时必须满足抗渗稳定和地基稳定性等要求。也要适当考虑交通通道和建筑艺术的要求。在水利枢纽中尚应与其他建筑物相协调。(吕洪根)

chui

吹泥船 barge unboading suction dredger

为排卸封底泥驳装运的泥砂的工程船舶。船上安装有泥泵及低扬程大流量水泵。将其与排泥管线相接,先冲水将泥驳舱内泥砂稀释后由泥泵吹排至岸上填筑洼地。吹泥船一般多定点在靠近排泥区的岸边设置,以免排泥距离过长而增设接力泵站。
　　　　　　　　　　　　(李安中)

吹填工程 reclamation construction

利用挖泥的弃土吹填成陆域的工程。通常结合疏浚工程利用挖掘出的泥土,进行港口陆域造田、平整土地、筑堤坝以及海中造地等。也有专为造地的吹填。根据挖泥船类型不同,吹填的方法有三种,吸扬式挖泥船可用排泥管线直接吹送到填场沉积;耙吸式挖泥船则航行至靠岸边,接排泥管送泥;链斗、抓斗及铲斗等挖泥船,用泥驳运至吹泥船处吹填至填场。填泥场一般筑有围堰、水门等拦泥排水。围堰的范围应具有足够泥沙沉淀并能泌出清水从水门排出的容积,以防泥浆来不及下沉即由水门排出。按防止污染的要求,清水还须在围堰内氧化一段时间后才允许排出,围堰容积则要更大。围堰一般用土、石、草土堆筑,或采用尼龙袋装土建成。
　　　　　　　　　　　　(李安中)

垂直升船机 vertical ship lift

载运船舶的承船厢沿垂直方向升降的升船机。一般由承船厢、支承导向结构、驱动机构、事故装置、平衡系统和闸首等构成。承船厢用钢丝绳悬吊在支承导向结构的垂直支架或直接支承在浮筒或活塞上,驱动机构驱动承船厢升降,从而使船舶顺利通过航道上的集中水位落差从上(下)游航道驶往下(上)游航道。为减少驱动机构的驱动功率,多设置平衡系统以平衡承船厢运动重量。根据平衡方式主要可分为均衡重式垂直升船机、浮筒式垂直升船机、水压式垂直升船机及桥吊式垂直升船机。垂直升船机承船厢的升降路程较短,运船速度快,通过能力大,适用于水位落差及运量较大的情况。但需要建造高空建筑,设备安装精度高,运转管理和维护也较复杂。
　　　　　　　　　　　　(孙忠祖)

ci

磁浮车辆系统 Maglev vechicle system

磁浮列车载客车厢以及磁悬浮、牵引、导向、控制、集电、列车操纵等车载设备的综合构造系统。通常,车体分为上下两个部分,上部为载客部分,下部为安装车载设备的车底部分。磁浮列车为非轮轨黏着型交通运输方式,车辆无须轮对转向架之类的走行部分。只需在超导磁浮车辆上,安装类似飞机起落架的供低速、起停时支撑和走行用的辅助设备。车底部分的构造型式,须按磁浮、导向、驱动等设备的工作原理,与线路导轨的构造密切耦合。车体应做成空气阻力小的流线外形,以利高速行车。英国建成世界第一条磁浮线路的车辆采用电磁悬浮系统和线性异步电机推进,自伯明翰机场到国际火车站距离620m,全程运行时间90sec,最高速度48km/h。德国制成构造速度为500km/h的TR06型磁浮车。日本制成超导磁浮车MLU001型试验车的两辆编组最高走行速度为300km/h,而单车最高行驶速度达402km/h。

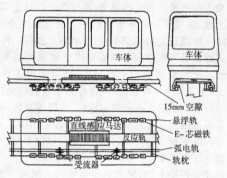

（陆银根）

磁浮供电系统　Maglev energy supply system

磁浮运输的电能供给设备。采用常导磁浮、线性异步电机的磁浮列车,用车辆集电器和脉冲逆变器向车载三相电枢绕组供电。馈电线和装备整流器及控制制动电阻的变电所沿地面线路设置。采用线性同步电机的磁浮列车,因三相电枢绕组和闭路线圈均安置在地面线路上,电能可由装备整流器、脉冲逆变器、制动电阻及其控制变流器等设备的地面变电所直接馈给三相电枢绕组,因此,无须在地面线路架设馈电接触网。超导磁浮列车则由超导悬浮线圈或励磁线圈提供同步电机的励磁。在列车运行中,线性同步电机的长定子绕组仅在相当于列车全长范围的段落上起作用。因此,整个长定子绕组由区段转换装置分成若干不同长度的馈电区段。变电所只向列车所在的区段供电。馈电区段间的转接则有跨接和同步转接两种方式。

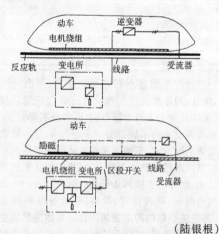

（陆银根）

磁浮控制系统　Maglev control system

对磁浮列车的悬浮高度,运行速度及方向等参数实行动态监控的设备系统。其结构与磁悬浮方式、线性电机种类、供电方式等因素密切相关。当列车采用常导磁浮和线性异步电机驱动时,由电源、控制器、电磁铁、电流驱动器、磁通量和加速度检测装置以及监控系统等组成。控制功能的实现以及整个系统的监视均由微处理机完成。当采用常导磁浮和线性同步电机驱动时,控制系统由三个部分组成:(1)地面控制中心,即中央控制系统。根据列车运行位置,走行速度等因素自动调节地面线路上的长定子线圈的电压、频率,实现对整个运行状态的监控;(2)车辆控制子系统。对列车运行位置、走行速度、悬浮高度,导向磁体与导轨之间的间隙量及磁状态等有关信息的检测,并向地面控制中心传输,以供决策和对车辆运行状态进行监视;(3)通信、遥控系统。实现车辆子系统和地面控制中心之间的数据传输和对列车实行遥控操纵。当采用超导磁浮和线性同步电机驱动时,悬浮和导向均采用超导线圈。于是,列车所需电能大为减少,且悬浮高度大,也不用控制。虽然,超导技术复杂,但控制方案与采用线性同步电机驱动的常导磁浮列车存在许多相似之处。

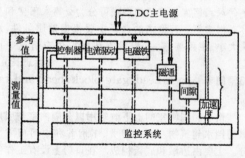

（陆银根）

磁浮牵引系统　Maglev propulsion system

以线性电机作为磁浮列车驱动装置的牵引设备系统。线性电机具有结构简单,运行可靠,灵活性大,适应性强,不受离心力限制以及无振动,无噪音等优点,是磁浮列车的理想牵引动力设备。它分为线性异步电机和线性同步电机两类。应用在磁浮车上的线性异步电机,按构造型式分为双侧式和单侧式两种。双侧线性异步电机在车辆上垂直安装有两套三相电枢绕组,在线路上,在两套电枢绕组之间,安置有垂直于地面的铝制感应轨。单侧线性异步电机,由车辆上安置的一套三相电枢绕组和安置在线路上的一根铁底铝质感应轨构成。无论单侧式或双侧式的电枢绕组和感应轨可以垂直放置,也可水平放置,能与常导磁浮相适应,使用在中低速磁浮列车上。线性同步电机由电枢绕组和激磁磁极或超导激磁线圈构成。超导激磁线圈可与超导磁铁线圈共用或共存于同一低温冷却系统中。电枢绕组则沿线路布置,从而可将集电器、变压器、调速系统等笨重设备设于地面,这些设备对异步电机必须车载。因此,采用线性同步电机的磁浮车构造简单,且减轻了磁浮负荷,具有较高的能源利用率,适用于高速超导磁浮列车。

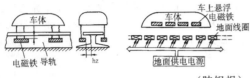

(陆银根)

磁浮线路系统 Maglev guideway system

承载磁浮列车载荷并起导向作用的条状建筑物。由于沿线必须安装磁悬浮、牵引、导向等系统设备,因此,线路的构造形式及尺寸应满足这些设备的安装要求。线路设备是供磁浮列车走行的基本设备,为保证磁浮列车的行车安全,线路构造应采用高架桥、管道、地下道等方案,以杜绝人畜或外界因素侵入轨道。

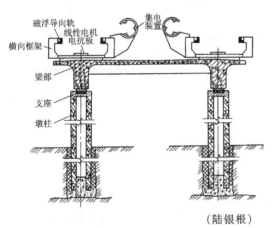

(陆银根)

磁浮运输 Maglev transportation system

由电磁作用使车体在线路导轨上浮起,用线性电机驱动,能实现高速运行的新型运输方式。由磁悬浮系统、线性电机驱动系统、无接触导向系统、磁浮车辆系统、磁浮线路系统、供电系统、控制系统等部分组成。由于列车在行进中被磁力托起而与线路轨道脱离接触以及采用线性电机牵引,因此,具有无磨损,无机械振动或噪音,行车阻力小,不污染环境,无列车脱轨和打滑现象,列车运行安全平稳,旅客舒适等优点,适合于高速运行。日本宫崎试验线的ML500型磁浮车,1979年底取得517km/h的最高速度。德国埃姆斯兰德(Emsland)试验线的TR06型磁浮车试验速度达400km/h,而构造速度则为500km/h。按磁浮体材料分为常导磁浮和超导磁浮;按结构方式分为地面磁浮运输和管道磁浮运输。

目前,磁浮列车正处在低速载人商业性运营和高速载人试验性运营阶段。无疑,它将继铁路、公路与航空运输之后,成为很有发展前途的非轮轨黏着方式的新型交通运输工具。

(陆银根)

次高级路面 sub-high-type pavement

强度和刚度、行车速度、所适应的交通量和使用寿命均略低于高级路面,并需定期修理的路面。常用的面层材料有沥青贯入碎(砾)石、冷铺沥青碎(砾)石、半整齐石块、沥青表面处治等。一般用于二、三级公路、城市道路支线。其养护费用和运输成本较高级路面高。

(陈雅贞)

cong

从属信号机 auxiliary semaphore

预告或复示主体信号机的显示的信号机。如预告信号机、复示信号机。它无防护区域,只能预告或复示主体信号机的显示,而不能向列车发出停车指示。预告信号机设于主体信号机外方不少于800m的地点,显示一个黄色灯光或黄色臂板水平位置,表示主体信号机关闭;显示一个绿色灯光或黄色臂板下斜45°角,表示主体信号机开放。复示信号机是当主体信号机受地形、地物影响或显示距离达不到规定的要求时,设于主体信号机的外方适当地点,复示其显示的信号机。

(胡景惠)

cu

簇桩 dolphin

孤立于水中,由多根桩或采用钢板桩围筑成墩状的桩柱式的水工构筑物。按构造可分为弹性簇桩和刚性簇桩。弹性簇桩为木桩或钢桩的组合体,其顶端用螺栓和铁箍系紧,其工作原理如同埋入土中的悬臂梁;刚性簇桩为带承台的钢筋混凝土桩构成,其工作原理与墩式刚性桩台相同。按用途,可分为靠船簇桩,防冲簇桩和导航簇桩等。

(杨克己)

cun

存车换乘 park and ride

在公共汽车、电车、地下铁道的车站附近设置停车场,供乘小汽车或骑自行车者存车再换乘公共交通车进入市区、市中心或商业区的交通治理措施。

(杨 涛)

cuo

错车道 turn-out lane

路基宽度为4.5m的单车道四级公路为避让迎面行驶车辆用的专用车道。在单车道路基边缘每隔不超过300m和可以通视的距离内选择有利位置增设,有效长度不小于20m,包括原路基宽度在内全宽不小于6.5m,两端设宽度变化用的长度各为10m的楔形过渡段。

（李　方）

错口滩　rapids with staggered protrusions

山区河流两岸凸嘴交错突入河道中阻挑水流,形成的航道弯曲、水流湍急紊乱的滩险。两错开的凸嘴产生不对称的"剪刀水"。在滩口水面较宽,船舶不太长时,船舶上行可经回流下端,冲过滩口的局部急流,驶到滩口上游对岸的缓流区而上滩(这样行驶叫"搭跳"见图);否则,必须加大凸嘴的错开长度,或切除一岸凸嘴,以改善船舶的航行条件。

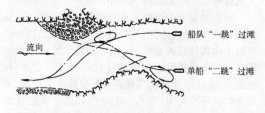

错口滩船舶上行示意图

（王昌杰）

错位交叉　staggered junction

又称错口交叉。两条相离不远的道路,从两侧分别以丁字形式或以弯折形式接到同一条主干路上的交叉。可分为右错位(图a)与左错位(图d)两种。车辆通过此种交叉口时,不同流向车辆相互干扰严重,若两T形交叉间距很小,可作适当变位(图b、c)。使其近似十字形交叉,若间距大于40m,主路与支路交通量均不大且左转弯车辆亦很少,可不做过大变动。如交通量较大可设中央分隔带并于适当距离处留断口,使左转车辆便于通过(图e)。据英国学者J.C. Tanner的研究,按交通事故统计结果,其交通事故数量之比为:左错位:右错位=7.5:4.5,表明右错位交叉口优于左错位交叉口(英国为左侧行车)。

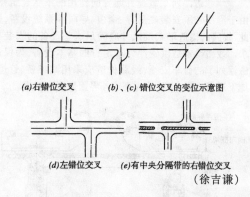

(a)右错位交叉　　(b)、(c)错位交叉的变位示意图

(d)左错位交叉　　(e)有中央分隔带的右错位交叉

（徐吉谦）

D

da

打滩

依靠机动船舶加大主机出力,通过急流上滩的操作。在一些急流滩险河段上未设绞滩等助航设备,可采用这种方式,依靠船舶自身的动力上滩。

（李安中）

打桩船　floating pile driver

设有打桩设备,从事水上打桩作业的工程船。装有能吊装打桩架臂杆的起重船和抓斗式挖泥船也可兼作打桩用,打桩架设在首甲板端部或舷侧,有固定式、旋转式、移动式、可倾斜式等。旋转式适于打群桩,可倾斜式适于打斜桩。打桩锤有重力锤、蒸汽机锤、柴油机锤等类型。近来采用大冲程打桩锤以提高打进能力。工作时船由绞车与锚定位。打桩时首部荷载增大,为避免首倾,尾部设大型压载舱。为适应大风浪打桩作业,有的将打桩机装设在自升式平台上。

（吕洪根）

大潮　spring tide

又称朔望潮。太阴潮和太阳潮相合产生的潮汐。在一个太阴月中,每逢朔(初一),望(十五)时,太阳、月球与地球位于一条直线上,两者引起的潮汐叠加,所形成的潮汐其高潮最高,低潮最低,潮差最大。

（张东生）

大管桩高桩码头　open pier on pipe piles of major diameter

用大直径预应力钢筋混凝土管桩作桩基的高桩码头。中国在20世纪80年代中期研制成功大直径预应力钢筋混凝土管桩,开始用于深水泊位的高桩码头,并投入生产,取代了钢管桩(ϕ1 200mm)及预应力方桩(60cm×60cm),工程造价仅为钢管桩的1/3~1/2。至

2000年,中国已建成投产2～20万t级大管桩高桩码头深水泊位26个,并可应用于外堤、导堤及护岸工程,由于有较好的经济效益和社会效益,发展前景广阔。

大管桩是采用离心、振动、辊压等复合工艺生产节长4.0m的管节,然后用后张预应力拼接成桩。钢筋混凝土大管桩后张预应力工艺为自锚,钢绞线是依靠压力灌浆浆体的强度锚固。大管桩有如下特点:(1)预制及安装均为工厂化生产,机械化程度高,工艺先进,质量稳定。(2)大管桩混凝土为高强度、高密实性、低空隙率、低吸水性,从而使大管桩具有耐久性好、耐锤击性能好的特点。(3)可适用于任何土质,如果在其桩底加以钢桩靴或锚固一段钢桩形成复合桩,可以打入标贯击数$N \geqslant 100$击的风化岩,亦可用做嵌岩桩。(4)大管桩的用钢量省,其用钢量仅为钢桩的$1/8～1/6$,使用期的维护费用低。

大管桩高桩码头组成、作用与功能与透空式高桩码头基本相同,但单桩承载力高(8 000kN以上),排架间距大(10m以上),桩基多为$\phi 1 200$mm的全直桩,桩基布置中无斜桩和叉桩,码头结构上的水平力全部由直桩承担,因而码头易产生水平位移,设计与施工中,必须引起特别重视。根据已竣工投产的经验来看,如何控制全直桩大管桩高桩码头施工期的位移,是大管桩码头施工中的一个关键技术问题。

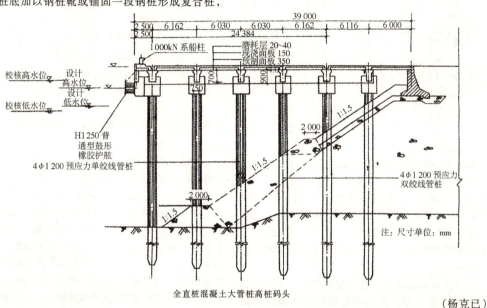

全直桩混凝土大管桩高桩码头

(杨克已)

大客车 bus

乘员超过20人的大型汽车。要求能适应高速及低速行驶的要求,多数采用柴油发动机,为增加乘坐面积,发动机安装成后置式或中置卧式。城市公共交通用的大客车要求站立面积大,车箱内通道与出入口宽,两个以上车门,踏板低;城郊公共交通用于中距离行驶时,座位适当增多,有行李架、舱;长途客运用车要求舒适性好,有较大的行李舱、架,只需一个车门,但必须设太平门。按照车身结构不同可分为:普通大客车(总重11～16t,总长度9～12m);铰接通道式大客车(总重大于18t,总长度大于14m);双层大客车(总重大于15t,总长度9～12m)。各国为发展公共交通,对大客车运行安全提出更为严格的要求,如车顶能承受10t的均匀载荷;车身有3～6个可由乘客自己打开的出口;车辆各部位装备自动监测系统等。

(邓学钧)

大连港 Port of Dalian

中国东北地区重要国际贸易港口和水陆交通运输枢纽。位于辽东半岛南端,濒临黄海。其经济腹地为辽宁、吉林、黑龙江三省和内蒙古自治区东部,是中国重工业和石油工业重要基地,水陆交通便利。1897年帝俄占领大连后建商港。1905年日本占领大连后建大港、甘井子、寺儿沟、黑嘴子等港区。1945年苏军接管。1951年中国收回大连港后经大规模改建和扩建,迄1985年拥有6个港区、7 000m长防波堤、52个生产性码头泊位,其中万吨级以上泊位25个,另有万吨级浮筒泊位3个,码头线总长15 032m。1985年港口吞吐量达4 381万t,其中外贸货物约占三分之二。进出口主要货物有石油、粮食、钢铁、杂货、集装箱等,其中石油出口达2 000多万t。老港区在大连湾,新港区在鲇鱼湾,港湾水域宽广,水深良好,淤积甚微,水深大多在10～33m。大连湾有大港、寺儿沟、黑嘴子、香炉礁、甘井子等作业区。大港作业区由东、北、西三座防波堤环抱而成，港内布置4座突堤式码头和3座顺岸式码头，共有泊位30个，其中万吨级泊位15个，装卸粮食、盐、钢材、生铁、矿石、杂货和集装箱等。寺儿沟有4个万吨级成品油专用码头泊位。香炉礁有8个码头泊位，其中万吨级泊位2个，装卸木材和杂货。甘井子有万吨级泊位2个，系煤炭专用码头作业区。黑嘴子作业区仅供沿海小船作业。鲇鱼湾为原油出口专业化港区，有输油管道通至大庆油田，拥有10万t级和5万t级油轮泊位各1个。大连港作业区分布区见图。

1985年后大连港进行了大规模的扩建，并开辟了大窑湾新港区。至1999年底全港共有生产泊位73个，其中万t级以上泊位39个，最大泊位为10万t级。2000年完成货物吞吐量9 084.1万t，其中外贸吞吐量3 371.1万t，集装箱吞吐量101.2万TEU。　　（王庆辉）

大连香炉礁立体交叉　Dalian Xiang Lu Jiao interchange

位于大连市东北路与疏港路相交处。为四层式双重苜蓿叶定向型。由于受用地和铁路高路堤限制，将东西方向疏港路分为上下两层，上层左转匝道与下层右转匝道重叠布置，使立交由习惯的四叶苜蓿叶改为上、下重叠的部分苜蓿叶匝道和半定向匝道的混合型式，于是立交平面呈蝶鱼形（或伞形）。慢速机动车（拖拉机）及行人，非机动车和有停靠站的公共交通走底层，第二、三层供东西向疏港路机动车辆行驶，第四层供南北向东北路的机动直行车辆行驶。东、南口左转弯车辆分别利用东北象限下层及西北象限的半定向左转匝道转向，形成了多层次多种类的交通体系，计算车速，疏港路为60km/h，匝

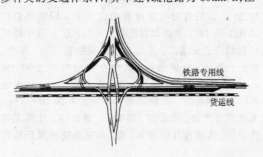

道为30～32km/h。设计通行能力为每小时9 212辆（小汽车）。占地面积为8.6ha。1987年3月开工，同年10月建成通车。　　（顾尚华）

大陆架　continental shelf

又称陆架、陆棚或大陆棚。大陆周围的浅水地带。其范围从低潮线开始，以极缓的倾斜延至海底坡度显著增大的地方为止。岛屿周围的这类地带称为岛架。世界上

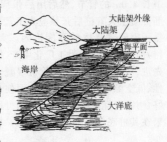

的大陆架占海洋总面积约7.5%，它的平均坡度为0°07′，外缘平均水深约130m，宽度10km至1 000km以上。大陆架上生物资源非常丰富，海底蕴藏大量石油、天然气或其他矿产资源。

（顾家龙）

大陆桥运输　transportation of railways connecting sea harbours

由陆上铁路接运海运集装箱货物、组织国际贸易海陆联运的综合运输模式。可以缩短运程、加速运达、降低运费、实现集装箱的门到门运输。1971年前苏联开始办理由海参崴经西伯利亚等铁路，将集装箱运到欧洲各国和沿海港口的运输业务，称为西伯利亚大陆桥。中国也正在研究由连云港和其他沿海港口接运，经陇海、兰新和北疆铁路运往中亚和欧洲各国的大陆桥运输，开辟一条新的"丝绸之路"，称为"新海大陆桥"或"新亚欧大陆桥"。　（郝　瀛）

大秦铁路　Daqin Railway

大同至秦皇岛的铁路。自雁北高原、穿桑干河峡谷，越军都山、沿燕山南麓达渤海之滨，路经山西、河北、北京、天津四省市，跨过丰沙、京包、京通、京承等铁路，全长653km。第一期工程由大同至大石庄的双线电气化路段，长410.8km，于1988年建成；第二期工程由大石庄至秦皇岛的双线电气化路段，于1992年年底建成。大秦线是中国运送煤炭的第一条重载单元列车现代化铁路，采用了大量先进而实用的新技术，重载单元列车的牵引定数为6 000t及10 000t，远期年输送能力为一亿t。主要技术标准为限制坡度上行4‰、下行12‰；最小曲线半径一般地段800m，困难地段400m；站线有效长度、到发线850m、会让线1 700m；闭塞方式为调度集中双向自动闭塞、追踪间隔时分重车方向为10min；机车类型近期为SS_1或SS_3、远期为SS_4；机车交路为长交路轮乘制。　　（郝　瀛）

大庆—秦皇岛输油管道

是由大铁输油管道和铁秦输油管道组成，前者

从大庆的林源到辽宁的铁岭,全长513km,管径720mm,设立了7个中间泵站,年输送能力为2 000万t;后者由铁岭到秦皇岛,全长520km,管径720mm,设了5个中间泵站,年输送能力也是2 000万t。 （李维坚）

大型养路机械化段 station for track maintenance machines

俗称大机段。组织和实施大型机械化线路维修工作的生产单位。装备有机械化维修MDZ大型机组(道床整形配碴车、自动化起拨道捣固车、动力稳定车)以及道床清筛机、钢轨打磨车、钢轨换轨机、道岔换铺车等大修机组。对铁路局管辖线路采用高效率、高质量的大型线路机械进行大修和维修。是中国铁路现代化的基本标志之一。 （陆银根）

大修队 column for capital repair of track

完成线路大修作业的施工队伍。其劳动力的配备与采取的施工工作组织、施工机械化程度密切相关。中国常采用轨排基地组装轨排、现场使用龙门架拆、铺轨排以及大揭盖方式清筛机清筛道床的机械化线路大修施工方法。整个作业由三个分队按流水作业进行,一个分队在轨排基地生产轨排,另两个分队在现场负责拆铺轨排和清筛道床。 （陆银根）

dai

带状地形图 strip map

沿路线基本走向的狭长地带,描画有地表起伏形态和地物位置、形状的平面投影图。是道路纸上定线和初步设计的基本成果,比例尺一般为1∶5 000,地形复杂地段为1∶2 000或1∶1 000。 （冯桂炎）

袋装砂井 pack drain, sand wick

加固深层软土地基的圆形袋装砂柱。在软土地基中打入活口钢管桩,随拔出桩管,随向桩孔放入预先灌好的袋装砂袋,作成一定规则排列的圆形袋装砂井群。地表铺设砂垫层将各个袋装砂井连接起来,构成完整的地基排水系统,以提高地基承载能力。 （池淑兰）

dan

单点定时自动控制交叉 intersection of local fixed time automatic control

同相邻接的交叉口信号不发生联系,自动按一定顺序持续定时向相交道路上的车辆发送运行、停止或左右转信号的交叉口。根据路口的交通量分布密度,使信号灯按预先设计好的周期、相位和绿信比运转。这是点控的最简单、应用最普遍的一种控制方式。分一段定周期控制和多段定周控期制两种形式。前者是在全控制过程中信号灯只有一种周期、相位和绿信比,它用于全天流量比较均匀的交叉路口。后者是信号灯预先定有若干个周期和绿信比,在控制过程中,按全天流量的变化,用时钟自动调整3~6段周期及绿信比,它用于全天流量变化较大的路口。 （徐吉谦）

单点系泊 single buoy mooring system

采用一个浮筒供海上巨型油轮系泊和装ορ原油等的一种设施。其主要组成部分是浮筒、锚链、浮式软管、水下软管和海底管道等。浮筒一般为扁圆形,用锚链系于海底,用水下软管将与岸储油库相连的海底管道接至浮筒,浮筒与油轮之间则用浮式软管相接。近年来日本等国多采用浮沉式软管相接(即装卸时浮出水面,不装卸时沉入海底的软管)。浮筒顶部设有转盘、灯标、雷达反射器和警报器等装置,转盘上有系锚臂、输油臂和平衡臂等构件,浮筒周围还装有防冲设备。单点系泊要求的水域面积较固定式的石油码头大,一般系泊中心距岸须有3~4倍船长的安全距离。其优点为:船舶不需抛锚,不用拖轮,可直接系于浮筒上,随风、浪、流自由旋转;能在无掩护水域、在风浪较大条件下进行装卸作业;船舶靠离所需时间短;建设投资少;施工速度快。缺点是装卸效率低,维修费用较大。

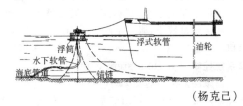

（杨克己）

单点信号机 local controller

独立控制交叉口交通信号配时的装置。亦指交通控制系统在主控机控制下,能按主控机的指令显示信号或改变信号配时的信号装置。 （乔凤祥）

单级船闸 lift lock, single lift lock

沿船闸轴线方向,只有一个闸室的船闸。具有船舶(队)过闸时间短,船闸通过能力较大,使用管理方便等优点。当船闸水头较大时,船闸输水系统及闸室、闸首和闸门等结构均较复杂;一般情况下,船闸水头不超过20m时,均优先考虑采用单级船闸。为了提高船闸通过能力,近年来,多趋向提高单级船闸的水头以减少船闸级数。国内已建的单级船闸水头高达32.6m,国外已建成的单级船闸水头高达42m。 （詹世富）

单开道岔 split-switch

又称普通单式道岔。道岔主线为直线,分支线为从主线向一侧分出侧线的道岔。由转辙器、辙叉、护轨、道岔导曲线和岔枕等部分组成。侧线自主线向右侧分支的为右开道岔,向左侧分支的为左开道岔,供不同的轨道分支方向选用。

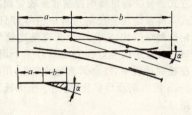

(陆银根)

单路排队 single queue

在多通道服务系统中,车辆排成一个队等待数条通道服务的排队系统。排队中头一辆车可视哪个通道有空就可到该通道接受服务。 (戚信灏)

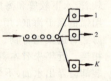

单索循环式索道 monocable circulating ropeway

车厢固定在钢丝绳上,动力装置牵引钢丝绳,在两端站间循环运行的架空索道。往返两条平行的钢丝绳由支架支撑,距地面一定的高度,既作承重用,又作牵引用,形成一个闭合环,由动力装置带动,可连续不断的运动。车厢一般按等间距挂在钢丝绳上,在装载站和卸载站可与钢丝绳连接或脱开,钢丝绳一侧为重载,一侧为空载。这种索道,由于能容许承受的货车重量小,运行速度低,但爬坡能力大,故适用于运输量较小,服务年限不长,需爬上角度大的坡段。 (吴树和)

单系统控制 single system control

对道路上相邻的交叉口(一般为5~20个)采用预先确定的方案进行控制的系统控制方式。一般不设主控机,而按统一设计的周期、相位差,用石英钟调准各交叉口的开机时间达到系统控制的目的。不需要导线传递控制指令。 (乔凤祥)

单线船闸 single lock

水利枢纽上只建有一座船闸。主要用于通过能力在设计水平年内能够满足运量需要;在船闸挖泥、检修、冲沙时段内,允许断航的航道上。

(詹世富)

单线非平行运行图 nonparallel train graph of single track

又称商务运行图。按各种列车运行速度不同所铺画的运行图。是运营部门组织行车所采用的实际运行图。实际运营中,旅客列车、快运货物列车、直通货物列车、零担货物列车、摘挂货物列车的运行速度和车站上的作业时分是不相同的,列车运行线是不平行的,且有越行,如列车运行图附图(208页)所示。 (吴树和)

单线航道 one way channel

在同一时间内,船舶(队)只能沿一个方向行驶,不能并驶、对驶或超越的航道。在其进出口处设置有船舶通行标志或信号以指挥船舶通行,并设有等候通行的停泊锚地。它只在某一特定条件下设置,例如航道中某一滩险或宽度较窄段,其整治工程艰巨,技术复杂,或船舶航行密度不大时可考虑采用。

(蔡志长)

单线平行成对运行图 parallel-opposing train graph of single-track

按区段内同一方向的列车运行速度相同,且上下行列车数目相等时所铺画的运行图。图内列车运行线均平行,无越行列车。铁路设计时,一般按直通货物列车成对运行来计算铁路通过能力。

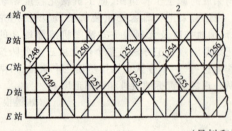

(吴树和)

单线绕行 single-line detour

第二线与既有线线距超过20m时,按单线标准增建的第二线。用于减缓第二线限坡地段、保留既有线超限坡的地段、绕避既有不良地质的地段,为了确保既有线建筑物的稳定和施工安全,在大桥与隧道的引线地段以及既有线标准很低、地形困难,不易改建的地段。 (周宪忠)

单线铁路 single-track railway

区间只有一条正线的铁路。在同一区间或同一闭塞分区内,同一时间只允许一列车运行,对向列车的交会和同向列车的越行只能在车站进行;故单线铁路的通过能力较低,平行运行图约40对/d左右,实际开行的客货列车约30对/d左右。

(郝 瀛)

单向过闸 one way lockage

船舶(队)仅在一个方向连续地由上游通过船闸驶入下游(或相反)的过闸方式。按这种过闸方式,船舶(队)等候过闸的停靠位置距离闸首可以较近,而且船舶(队)进出闸时无反向船舶(队)的避让问题,船舶(队)的进出闸时间较短。但闸室灌泄一次水,仅能向一个方向过一次船,船闸通过能力较低,过闸用水量较大。

(詹世富)

单向交通街道 one-way street

只允许车辆沿一个方向行驶的街道。分为四类:(1)固定单向通行道路;(2)可逆转单向通行道路,如上午由市郊向市中心方向通行,下午由市中心向市郊通行;(3)时间性单向通行道路,早晚交通高峰时间单向通行,非交通高峰时双向通行;(4)车种性单向通行道路,如机动车单向通行,自行车双向通行。由于消除了双向交通和减少了交叉口的冲突点,其通行能力可提高 20%～50%,交通事故可减少 10%～50%,行驶时间可缩短 10%～50%。但有的车辆要绕行,不熟悉的驾驶员会走错路,公共交通可能受到不利影响,对特种车辆、急救事故处理不利。这实际上是一种交通管理措施,是解决城市交通拥挤、增加交通容量的最直接、最有效、最经济的方法。
（王金炎　李旭宏）

单向水头 one-way head

船闸仅承受一个方向的水头压力。其水头大小一般为船闸上游最高通航水位与下游最低通航水位的差值。建于内陆河流上的船闸水头为单向水头。
（詹世富）

单向匝道 one-way ramp

立体交叉中只准许朝一个方向行车的连接通路。与双向匝道相比,行车安全,但占地较多。　（顾尚华）

单向匝道

单元列车 unit train

固定车底、统一车型、在装卸车站间循环运转、重车送达空车返回、不进行解体编组作业的单一货种的重载货物列车。适用于煤炭、矿石等大宗货物的运输、装车地点多为矿区、卸车地点多为港口;固定径路可通过一条或几条铁路,运距越远效益越显著。装卸车地点多设置环形线路,在装车点列车可在大型料仓的漏斗下徐行通过来装车,在卸车点可采用装有翻转车钩的车辆用翻车机卸车,也可采用底开门车辆在列车行进中在高架轨道上卸车。因为中途不改编、两端不摘钩装卸,可以加快货物送达和车辆周转,有效地降低运输成本。美国、加拿大、澳大利亚等国已普遍采用,牵引吨数一般达万吨左右。我国由大同煤矿至秦皇岛港口的大秦双线电气化铁路,也计划开行万吨的单元列车。
（郝　瀛）

dang

挡风墙 break wind

铁路风害严重地段和大风严重的风口,路堤迎风侧设置的挡风设施。用以防止列车车辆翻倒。土堤表层用干砌片石铺砌,顶高达到车厢高度的 70%,迎风侧坡面作成流线型,使风力顺势上翘,超越车辆的高度通过。　　　　　　　（池淑兰）

挡土墙 retaining wall

旧称御土墙。防止天然或人工斜坡坍塌,承受土体侧向土压力的挡土结构。为条形建筑物,广泛用于支承路堤或路堑边坡、隧道洞口、桥头填土、河流岸壁等。按结构型式分为重力式挡土墙和轻型挡土墙,重力式挡土墙还有其特殊形式的衡重式挡土墙。轻型挡土墙种类较多,如垛式挡土墙、扶壁式挡土墙、柱板式挡土墙、锚杆挡土墙和锚碇板挡土墙等。按设置位置分为路堑挡土墙、山坡挡土墙、路堤和路肩挡土墙。路堑挡土墙(图 a)设在堑坡底部,基础埋在路基面以下,山坡挡土墙设在堑坡上部,有时兼有拦石作用。路堤挡土墙(图 c)的墙顶在路堤边坡中部,而路肩挡土墙(图 b)的墙顶与路肩齐平。实际选用时要根据工点具体条件和各种类型挡土墙的适用范围,并考虑就地取材的原则,经济比较后确定。作用于挡土墙的力有土压力、墙自重和荷载等。

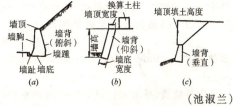

（池淑兰）

挡土墙沉降缝 settlement joint of retaining wall

挡土墙砌体纵向相隔一定距离内,为防止因地基不均匀沉陷而引起墙身开裂所设置的竖向缝隙。应根据地基地质条件及墙高、墙身断面的变化情况而设置。一般沿线路方向每隔 10～20m 设置一道。缝宽一般 2～3cm,缝内填塞沥青麻筋或沥青木板等材料。若墙背为岩石路堑或填石路堤时,可设置空隙。通常,把沉降缝与伸缩缝合并设置,统称变形缝。　　　　　　　　　　　　（池淑兰）

挡土墙路基 retaining wall subgrade

依赖挡墙支挡作用得以稳定的路基。边坡较陡、坡面岩土性质不良的挖方路基或地面横坡陡峻、填土不易稳定的填方路基,常以挡土墙支撑边坡或坡体的稳定,防止边坡滑坍或坡体变形失稳;或支挡填土,以收缩坡脚或减少填方数量,兼达稳定和经济的目的。　　　　　　　　（陈雅贞）

挡土墙伸缩缝 expansion cantraction joint of retaining wall

挡土墙砌体纵向相隔一定距离内,为防止砌体因收缩硬化和温度变化而引起墙身开裂所设置的竖向缝隙。设计时,一般沉降缝与伸缩缝合并设置。　（池淑兰）

dao

导标 leading marks

设于航道岸边标示航道中心线的航行标志。由前后两座标志所构成的导线标示狭窄航道的方向，指示船舶沿该导线航行。前后两座标志的标杆上端各装一块正方形顶标，面向航道方向。前标比后标略低，两标的间距应满足一定的灵敏度要求。灵敏度即为驾驶人员沿导线航行时，目视察觉出前后导标错开的反映程度，以船舶偏离导线的横移距离表示。前后标的距离愈大，灵敏度愈高，船舶稍偏即发现错位，可及时纠正航向。导标的颜色，根据背景的明暗确定，顶标和标杆的颜色相同，背景深暗处为白色，背景明亮处为红色。白色梯形牌中央一道竖条为黑色，红色梯形牌中央一道竖条为白色。前后标均为白色单面定光，或红色单面定光（附图见彩2页彩图8）。　　　　　　　　　　　（李安中）

导轨 lead rail

道岔转辙器和辙叉之间的连接轨。通常为长度不足12.5m的短轨，由道岔号码、道岔全长、导曲线曲率半径以及转辙器和辙叉的结构尺寸等因素决定。　　　　　　　　　　　　　　　（陆银根）

导航建筑物 guide work (structure, approach trestle)

又称导航墙、导航架。设置在船闸闸首门口两侧，引导船舶（队）安全顺利地进出闸室的构筑物。直接和闸首相连，在平面内是闸首边墩的延续。按其位置和作用可分为主导航建筑物和副导航建筑物。其顶面高程应高于设计船舶的护舷木，一般定在最高通航水位之上0.5～1.0m处。其结构型式一般采用固定式和浮式两种，前者又有实体直墙式和透空式结构之分。　　　　　　　（吕洪根）

导航墙 guide (leading approach) wall

见导航建筑物。

导航台 navigation aid station

设在航路上用以指示标定航路使飞机循着规定航路飞行的无线电近程导航设备。台址应选在平坦、开阔和不会受到水淹的地方，并且要远离二次辐射物体和干扰源。一般在航路上每隔200～250km设置一座。　　　　　　　　　　　（钱绍武）

导流标线 directional marking

绘于路面上或缘石上引导车流行进的路面标线。通常以平行的箭头符号表示。如在交叉口指引左转、右转、直行或直左、直右的箭头标记，渠化交叉口的渠化标线及路面上的超车标线等。
　　　　　　　　　　　　　　　（王炜）

导流堤 jetty

又称导堤。用以调整和引导水流流向的整治建筑物。在河口布置在拦门沙航道的一侧或二侧，用以集中与规顺水流，增大水流输沙能力，刷深航槽，并能防止外海漂沙进入河口与航道。在平原河流用以调整洪水流向，将主流导向河道中部，冲刷航道，增大水深。在山区河流用以截阻横溢水流，平顺航槽流向。形式按堤顶高程分，有高水堤、中水堤和潜堤三种。堤顶高于高水位的称高水堤，如防洪导堤；堤顶标高在高水位和低水位之间的称中水堤，如河口拦门沙导堤；堤顶标高低于低水位的称潜堤，它能限制底沙运动，防止推移质进港。　　（王昌杰）

导流屏 guide vane

又称导流盾。与流向斜交引导和改变面流或底流方向以产生人工环流的屏板。常用木板或钢板制成。其截

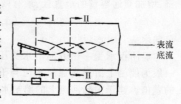

面有平板形、曲面形、弓形、流线形、三角形和梯形等多种。流线形绕流条件较好但制作复杂；平板形和三角形制作简单但绕流条件不好；通常多采用曲面形、弓形和梯形截面。可分为水面和河底两种。水面导流屏使表层水流受阻，水流沿导流屏流动，改变了原来的流向，产生水平横向分速；由于水流的连续性，底层水流产生相反的横向分速，从而出现环流，并向下游延续一段距离（见图）。同样方位的河底导流屏，也能产生人工环流，但环流方向刚好相反。导流屏可固定在木桩上。水面导流屏还可以设置在锚碇的浮箱上。要在河中较广泛的范围内产生环流，必须设置一系列单个导流屏构成导流系统。例如在航道两侧设置一系列导流屏，产生人工环流，可使航道中的泥沙由底流带往两侧，增加枯水期航道水深。
　　　　　　　　　　　　　　　（王昌杰）

导卡 guiding device

又称导柄。设置在人字闸门斜接柱顶部的对中装置。由设置在一门扇斜接柱顶部的短悬臂和设置在另一门扇斜接柱顶部的小滚轮构成。关门时小滚轮沿着短悬臂滚动，使两门扇相互对准抵紧；其作用是保证闸门关闭挡水时，两扇门扇的斜接柱能互相准确对中挤紧，以确保人字闸门构成三铰拱的受力状态。此外，当门扇受船舶冲击时，还能防止门扇产生相对移动。一般在大型人字闸门上才安装。
　　　　　　　　　　　　　　　（詹世富）

导曲线半径 radius of lead curve

与道岔长度和侧向过岔速度密切相关，用来表

示道岔连接部分导曲线陡度的曲率半径。它是道岔构造的主要尺寸之一。　　　　　　　(陆银根)

导线　traverse

由若干段直线连成的折线布设于地面上作为实地测量用的控制线。在道路工程中作为测量路线平面图和地形图的控制线。导线相交的导线点应选在稳固、易于保存处,并尽量接近路线位置,便于测角、测距、测绘地形及定测放线。导线点的间距不宜过长或过短,导线点的坐标系通过依次测定各导线边长和转折角,根据起算数据推算各边的坐标方位角而求得。导线起终点附近有国家或其他部门平面控制点时应进行联测以检验闭合限差。　　(冯桂炎)

导向线　guide line

在紧坡地段既能保证用足最大坡度,又能适应地形,基本上不填不挖,用来引导定线方向的一条折线。绘制导向线时,应根据地形图上等高距 Δh(m),计算出线路上升 Δh 需要引线的距离——定线步距 Δl(km),即

$$\Delta l = \frac{\Delta h}{i_d}$$

i_d 为定线坡度。然后按地形图比例尺,取两脚规开度为 Δl,将两脚规的一只脚,定在紧坡地段起点与设计标高相近的等高线上,再用另一只脚截取相邻的等高线,循此依次前进,将等高线上的截点连成折线,就是导向线。　　　　　　　　　(周宪忠)

岛堤　isolated breakwater, detached breakwater

又称岛式防波堤。两端都不与海岸相连的防波堤。它一般布置成与岸线大致平行。可单独构成掩护水域;也可与突堤组成多口门的港口水域,如大连港。当采用与岸线大致平行的单一岛堤时,如有沿岸输沙,则在受岛堤掩护的波隐区内,由于波高衰减,动力减弱而降低了水流的挟沙能力,促使泥沙在港内一侧波隐区沉积。在沿岸输沙量较大的海岸,港区如不经常疏浚维护,可能形成岛堤与海岸相连的联岛坝,使港口淤塞。而处在沿岸输沙下游的海岸,则由于岛堤后的落淤而减少来沙量,可能造成岸滩的冲刷(图)。岛堤因不与港口陆域相连,所以全部为海上施工。

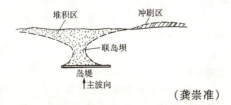

(龚崇准)

岛式港　island terminal

将码头、防波堤等主要水工建筑物修建在远离岸线的深水,用通过引桥或索道、管线与陆地相连,或经驳运转陆的港口。其主体部分位于水中,鸟瞰宛如人工岛屿,是海岸港中的一种特殊形态,适用于岸滩浅缓、沿岸泥砂活动强烈而又必须在该处建港,或所接纳船舶尺度过大但毋须靠岸装卸(如大型油轮)的场合,藉以获得足够水深而不致破坏岸滩的自然平衡。但耗资昂贵,很难形成大型港口。

(张二骏)

岛式码头　offshore terminal

修建在大陆架内离岸线较远、一般不具防浪设施的深水区中的

码头。不设引桥,状如孤岛,是适应现代巨型油轮而发展起来的。由靠船墩、系船墩和装卸平台组成。靠船墩、系船墩的间距和数量,根据停靠船舶的尺度和类型而定。靠船墩一般为2个,系船墩一般为4～6个。岛式码头两侧都可以靠船,主要根据实际需要而定。码头方位,设计时须根据当地风浪、潮流对码头和船舶的影响,谨慎分析比较选定,并须配备有良好的防冲装置。船与岸间的石油输送采用水下管道。　　　　　　　　　　　　　　　(杨克己)

到达率　rate of arrival

又称输入率、到来率。系指单位时间内到达某一地点的车辆平均数。　　　　　　(戚信灏)

到发场　receiving-departure yard

办理列车到达和出发作业的车场。由数条列车到发线组成。横列式编组站的到发场宜平直。必须设坡时,应保证列车得以起动,但不得陡于1.5‰。

(严良田)

到发线　receiving-departure tracks

办理列车到达和出发作业的站线。一般设于正线两侧,以平直为宜。如有坡度,不宜过陡,以防车辆自行溜逸。必须在其有效长度范围内变坡时,坡长不宜过短,大致为标准有效长度的一半。

(严良田)

到发线有效长　effective length of arrival-departure track

车站到发线上可以停放列车而不影响邻线办理行车进路的最大长度。控制标志有:出站信号机、警冲标、道岔尖轨尖端或道岔基本轨接头处,以及车挡等。按上下行分别计算。对货物列车长度和牵引吨数起控制作用,并对工程造价、运营费和运营指标有重大影响。随着牵引动力和大型机车的发展,它在主要技术标准中的地位显得越来越重要。中国目前采用的有 1 050、850、750、650 及 550(m)。设计线应根据远期货物列车长度并适当留有余地,按标准

选用;近期可根据实际需要长度铺设。

(周宪忠)

倒顺坝 reversed longitudinal dike

坝根连接河岸,坝头向上游延伸的顺坝。除规顺水流外,还能将泥沙引入坝后淤积。常建于江心洲头,用以改变汊道分流分沙比。也可用于调整岸线,封闭岸旁凹塘,消除横流等。

(王昌杰)

道碴袋 ballast pocket

路基基床形成单个互不连通深坑的道碴陷槽。当路基填土密实度不均匀,已形成的道碴槽易向松软处扩展,形成很深很大的坑。或在填筑路堤时,填土性质不同,而压实又不均匀所致。

(池淑兰)

道碴道床 ballast bed

用质地坚韧,不易风化,吸水率小,耐寒性能好,有弹性且不易捣碎的散粒材料填筑的道床。道碴有碎石、筛选卵石、天然级配卵石、粗砂、熔炉矿滓等。碎石道碴分标准道碴、中粒道碴和细粒道碴三种:标准道碴粒径20～50mm,适用于铁路新建、大修和维修;中粒道碴粒径15～40mm,适用于维修作业;细粒道碴粒径3～20mm,适用于线路垫砂起道。筛选卵石是卵石和碎石的混合物。天然级配卵石是天然卵石和砂砾的混合物。砂子道碴来源于开挖砂场。熔炉矿滓是冶炼钢铁或有色金属的副产品。中国新建和改建铁路的特重型、重型和次重型轨道的正线和到发线规定采用碎石道碴;中型轨道一般采用碎石道碴,当碎石供应困难时可采用筛选卵石道碴;轻型轨道和其他站线,次要站线则可就地选用道碴材料。道床采用梯形断面,其厚度、顶宽和边坡值随轨道类型而定。按路基土质分为单层和双层构造:在渗水土或石质路基上采用单层碎石道床,而在非渗水土质路基上,道床断面分为两层,面层为碎石道碴层,底层为砂垫层。为避免混凝土轨枕中部产生负弯矩,在中部设置道碴沟。

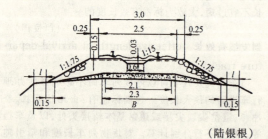

(陆银根)

道碴囊 ballast pocket

路基基床形成一个或多个,充满道碴、泥浆和积水的囊形道碴陷槽。主要是路基填土密度不均匀而导致的不均匀压密变形。当它伸向边坡,将会引起路堤外鼓。

(池淑兰)

道碴陷槽 ballast tub

路基面上互不连通分布于每根轨枕下的存道碴和积水凹槽的基床变形。路基面初遭损坏的特征。形成的主要条件是基床系黏性土或风化岩石,基床密度不足以及动力作用。须经常添碴起道。

(池淑兰)

道碴箱 ballast box

路基面上几根轨枕下的道碴槽连成的道碴陷槽。比道碴槽更深更平缓。主要系因路基面承载力不足所致。

(池淑兰)

道岔 turnout

一条轨道分支为两条或两条以上的轨道设备。常用的有单开道岔、双开道岔、三开道岔、复式交分道岔等。此外,还有一些具有特殊用途的特殊道岔。因是轨道的重要组成部分,其结构和号码必须与连接线路的运营条件和钢轨类型相一致。

(陆银根)

道岔导曲线 lead curve

道岔转辙器和辙叉之间的连接曲线。按平面型式有圆曲线型和缓和曲线型。由于导曲线长度一般较短,为使结构简单、铺设养护方便,通常采用圆曲线型,外轨不设超高,钢轨不设轨底坡。缓和曲线型宜采用于高速铁路。最小曲率半径应满足机车车辆的曲线内接条件及乘客舒适度。

(陆银根)

道岔放样 field layout of turnout

道岔铺设前为控制铺设精度的道岔部件位置的现场放线工作。道岔结构复杂,各部件的组装工艺要求严格。因此,铺设时地面上需有明确的位置标记。一般先按线路设计平面图在两条线路连接点定出道岔中心位置桩,然后沿主线方向丈量道岔前长和道岔后长定出岔头和岔尾位置桩,再按辙叉角和道岔后长定出侧线岔尾位置桩。

(陆银根)

道岔附带曲线 connecting curve between parallel main line and frog tangent

线间距小于等于5.2m的两条平行线路终端连接道岔后的曲线。由于曲线紧接道岔之后,其曲率半径可与导曲线相同,且外轨超高较小,甚至可以不设。它和导曲线构成反向曲线,因此,在构造、铺设和养护维修各个方面都应连同道岔一起总体考虑。

(陆银根)

道岔号码 turnout number

用辙叉角α的余切函数值表示道岔构造性能的无量纲数值标志。道岔的辙叉角越小,则其余切函数越大,导曲线曲率半径也就越大,道岔侧向允许过岔速度越高。中国干线道岔的号码有9、12、18号等几种，而使用于工矿企业铁路的道岔号码有6、7、8号等，并常称之为小号码道岔。

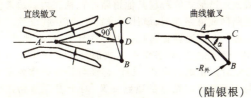

(陆银根)

道岔配列 arrangement of turnout

两相邻道岔间插入短轨长度的规定。为使相邻道岔间轨距变化平缓，降低通过列车的冲撞和摇晃，必须插入一定长度的短轨。插入短轨的长度，按铁路等级、线路类别和两道岔的连接方式并考虑节省轨料等因素确定。

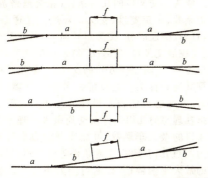

(陆银根)

道岔全长 total length of turnout

道岔主线始端至终端的长度。由道岔中心至始端的道岔前长和道岔中心至终端的道岔后长两部分尺寸构成的道岔主要尺寸之一，中国习惯上在道岔前长和后长中各包含半个岔前和岔跟接头轨缝。

(陆银根)

道岔中心 centre of turnout

道岔主线和侧线的线路中心线交点。交点的数目与道岔类型有关，如单式道岔或复式对称道岔只有一个，不对称道岔的交点数目和侧线数目相等。在道岔的单线平面图上，道岔分支线的交点，不但是道岔平面主要尺寸的控制点，也是道岔设计、铺设、维修以及铁路站场平面布置的控制点。

(陆银根)

道床 ballast

铺于路基顶面，用以固定轨下部件位置，承受列车通过轨下部件传递的载荷并将其分布给路基面的轨道组成部分。按材质分为道碴道床、混凝土整体道床和沥青道床等。

(陆银根)

道床脏污度 percentage of ballast dirtiness

用以表示道碴清洁程度的单位体积道碴内所含污物体积的百分比。污物能降低道床的排水性能，破坏道床的弹性和稳定性，因此，必须规定一个允许值加以控制。当道床含污率超过允许脏污度时，应进行道床清筛作业，以恢复道床的技术性能。

(陆银根)

道床阻力 ballast restraint

道床阻止轨枕纵向和横向位移的能力。按轨枕位移方向的不同，分为纵向阻力与横向阻力两种。与道碴材质、级配，道床断面尺寸、捣固质量、脏污程度、轨枕形状、每公里线路配置根数以及轨排刚度、重量等因素有关。采用防爬型弹性扣件时，由于扣件对钢轨的纵向阻力超过道床对轨枕的纵向阻力，故它就表征线路的纵向阻力。焊接长钢轨的温度力和位移的纵向分布规律将完全由它决定。横向阻力是防止无缝线路胀轨跑道，保证线路稳定性的主要因素。据国外铁路经验，稳定轨排的外力，其中65%是由道床提供。

(陆银根)

道钉 track spike

将钢轨和垫板组装于木枕上的紧固零件。按扣件类型分为普通道钉和螺纹道钉。钉杆上部扣压轨底边缘，下半部钉入木枕。按扣压轨底的受力方式分为普通道钉和弹簧道钉。还有一种钉杆加长、专用于寒冷地区木枕线路冻害地段，配合使用垫片以顺平线路轨面标高的冻害道钉。

(陆银根)

道肩宽度 shoulder width

跑道横断面上道肩与承重道面相接一侧至道肩外侧边缘间的距离。国际民用航空组织与中国民航局根据飞行区等级指标作出的规定分如下两种情况：当跑道宽度小于60m时，应在跑道两侧设宽度相同的道肩，其宽度应使跑道承重道面加道肩的总宽度等于60m；当跑道承重道面宽度等于60m时，跑道两侧道肩宽度各为1.5m。

(陈荣生)

道口警标 sign at level crossing

表明铁路平交道口的标记。设在通向平交道口的道路右侧，距铁路线最外股道20～50m处，平交道口两侧道路各设一个。

(吴树和)

道口信号 level crossing signal

在铁路、公路平交道口，保证列车与公路交通安全的信号设备。根据设备内容分为：道口自动通知设备和道口自动信号等。在有人看守道口设置的"道口自动通知"设备，是当列车接近道口时，自动地向道口看守人员发出音响和表示灯信号，道口看守人员关闭道口栏木，切断公路交通。在有人或无人看守道口设置的"道口自动信号"设备，是当列车接近道口时，自动地向公路车辆、行人显示交替红色闪光和音响报警，它包括公路上设置的道口信号机和室内外音响设备。

(胡景惠)

道路 road, highway

为陆地交通服务，通行各种机动车、人畜力车、驮骑牲畜及行人的通道。按使用性质不同分为公路、城市道路、厂矿道路、林区道路等。中国道路按照服务范围及其在国家道路网中所处的地位和作用，分为国道、省道、县乡道、城市道路。前三种统称公路。　　　　　　　　　　　　（邓学钧）

道路安全性　road safety

道路上各种车辆行驶不致产生交通事故的保证程度。从路线设计要求出发，主要是要求严格执行规定的技术标准，尽量不采用规定的极限指标，对线形进行优化组合设计，采取必要的安全防护措施。
（王富年）

道路布线型式　alignment of route

路线总体按地形划分的类型。例如：山区公路的沿溪线、越岭线、山坡线和山脊线等；丘陵和平原地区的丘陵线和平原线等。不同线型具有各自特点，选定其走向和位置时，需要综合考虑道路平面、纵断面和横断面及沿线构造物与设施的协调和组合，运用合适的方法和步骤，将道路中心线和构造物的位置标定在地形图上和实地地面上。（周宪华）

道路防护设施　traffic protection

为保障交通安全在道路沿线所设置的各种设施的总称。常用的设施有护栏、护柱、防雪栅、防眩屏、人行天桥、人行地道、安全岛、分隔器、照明设备、交通标号志、标线等。　　　　　　（李峻利）

道路横断面设计　design of the cross-section

在垂直于道路中线的横剖面内，合理地确定道路各组成部分的形状、尺寸及相互位置与高差的工作总和。一般公路设计项目包括：车行道、路肩、边坡、边沟、截水沟及护坡道等；对于高速公路，还有中央分隔带、变速车道、爬坡车道、紧急停车带、慢行道及沿线设施等；对于城市道路，还有人行道、绿化带等。　　　　　　　　　　　　（张心如）

道路横向坡度　horizontal slope of road

道路路基顶面横向以百分率表示的倾斜度。有单向和双向之分，直线段为双向，平曲线及超高段为单向，其坡率主要取决于道路技术等级，组成部分的建筑材料与道路纵坡，也应考虑各组成部分的宽度及当地气候条件的影响。　　　　（张心如）

道路急救设施　emergency facilities of highway

为处理交通事故，救护受伤者，排除路障等而在高速公路路侧或附近每隔一定距离设置的各类应急设施的总称。包括急救站、救护车、汽车修理站、修理车、巡逻车、巡逻直升机、紧急电话等。
（李峻利）

道路交叉　road intersection

不同性质，不同类型，不同等级的两条以上的道路相互连接或相互穿（跨）越。包括各种道路的平面交叉和立体交叉。此外，人行道、自行车道以天桥形式或地道形式等跨越其他道路亦包括在内。通常由道路网或道路规划、设计所确定。其规划、设计过程一般分为交通调查、预测、可行性分析、交叉地点、类型与形式的选择，各结构组成部分的规划设计与详细设计。正确的规划、设计、建设与管理好作为道路与交通网络的结点的道路交叉，对于发挥道路建设投资的效益、路网的总体运输功能，提高道路通行能力，减少交叉口的拥挤阻塞、排队延误与保障交通安全通畅等均具有极其重要的作用。　　（徐吉谦）

道路交叉口通行能力　capacity of road intersection

单位时间（通常为1h）内能通过交叉口的最大车辆数。取决于交叉口的几何条件（相交道路条数、进口车道条数、车道宽度、交叉口环境）、交通条件（行人、自行车、交通成分、交叉口转向等）及交叉口控制方式（无控制交叉口、信号交叉口、环形交叉口、立体交叉口等）。不同控制方式的交叉口，采用不同的方法计算其通行能力。通行能力可分为三类：理论通行能力、可能通行能力及设计通行能力。理论通行能力指在理想的几何条件及交通条件下理论上能通过交叉口的最大车辆数；可能通行能力指对理论通行能力经过几何条件、交通条件等修正后，实际上能通过的最大车辆数；设计通行能力指在可能通行能力的基础上考虑保持一定服务水平时的通行能力（通常是乘上一个小于1的系数），在设计交叉口时实际采用的设计通行能力。　　　（王　炜）

道路交通标志　road traffic sign

以标志板（牌）的形式用图案、符号、数字及文字对交通进行导向、限制、警告或指示的一种交通管理设施。一般设置在路侧或道路的上方，分主要标志及辅助标志两大类。主要标志按其作用分：警告标志、禁令标志、指示标志、指路标志、旅游区标志、道路施工安全标志六种。交通标志必须具有科学性，其科学性主要体现在交通标志的三要素（颜色、形状及图符）上。中国在1934年规定了三类21种标志，于1950年、1953年、1955年、1960年又多次颁布了道路标志。1972年公安部和交通部联合颁布的《城市和公路交通管理规则》规定了34种图符。1983年交通部规定了91种图符，其中：指示标志25种，警告标志24种，禁令标志28种，指路标志10种，辅助标志4种。1999年4月国家质量技术监督局发布国标GB 5768—1999，规定主标志6种，计218式，辅助标志16式。

（王　炜）

道路交通阻抗　traffic impedance of road

以车辆通过道路的平均行程时间（或距离、费用）表示路段或全路网的交通难易程度。评价道路网技术水平的一项综合指标，其值取决于多种因素，如道路的技术等级、路段的实际交通量、车辆自身的技术性能、路段的划分长度、道路的使用品质和交通管理条件等。在道路网规划中将诸因素量值输入计算机进行矩阵分析，若所得行程时间少（或距离短、费用低），表明该方案的技术条件好。　　　　　　　　　　　　（周宪华）

道路景观设计　design of road landscape

道路与沿线自然景观的协调和组合。道路及沿线设施敷设于自然环境中，自身就是景观物体的一个组成部分，路线选定与造型力求保护自然景色，并予以必要的装饰和修整，使线形与自然空间融成一体，既美化自然环境又提高道路的视觉诱导效果，此乃道路景观设计的基本要求。　　　　（王富年）

道路路基构造　road subgrade structure

由宽度、高度和边坡坡度三者所构成。以结构物的外形表示，体现于横断面图上。路基宽度取决于公路技术等级；路基高度（包括路中心线的填挖深度、路基两侧的边坡高度）取决于纵坡设计及地形；路基边坡坡度取决于地质、水文条件，并由边坡稳定性和横断面经济性等因素比较选定。由于原地面标高不一，以及路基设计高程、路基宽度和本身稳定性的要求条件的不同，路基可修筑成路堤、路堑和填挖结合的三种基本结构型式，此谓路基横断面的典型形式。其中对低矮路堤的两侧，尚需设置排水沟渠，以拦截地面水，防止冲刷和浸湿路堤；对高路堤坡脚和沟渠内侧边缘之间常设置≥1m宽的平台，称为护坡道，以保证边坡的稳定；对地面横坡较陡处的路堤下侧坡脚，可设置石砌护脚或挡土墙，以防路堤下滑或收缩坡脚，减少占地宽度。路堑式路基边缘两侧应设置边沟，以排除路面和内侧边坡上的地表水；路堑边坡的上侧应设置截水沟（天沟），以拦截上侧山坡的地面水。　　　　　　　　　　　（陈雅贞）

道路路基建筑　road subgrade construction

以最经济的方式，在规定期限内，在原地面上修筑起横断面尺寸符合设计要求，具有足够强度和稳定性的路基。包括土质路基建筑与石质路基建筑。前者主要有基底处理、路堤填筑、路堑开挖、路基压实等。基底处理的目的在于为路基创建一个稳固的基底，它包括排除积水或疏干地下水，清除植被，挖原地面成台阶或将原地面在一定深度内翻挖并重新压实，必要时需在路堤底部加填渗水材料，在软土地区筑路，还应对路堤之下的原地面（软土）采取有效的加固措施。路堤填筑中的关键是选择良好的填料，对不同性质填料的合理使用与安排，以及必须分层填筑，使每一层得到充分的压实。土质路堑开挖的关键是拟定合理的开挖方案，以便有最大的安全生产工作面，提高开挖进度，保证现场排水。石质路基建筑的重点是用爆破作业开挖岩石路堑，包括导洞与药室的开凿、装药、起爆、清方与石方边坡的整修等项内容。　　　　　　　　　　　（陈雅贞）

道路路基设计　road subgrade design

路基横断面形式的选定及有关的附属设施设计。前者主要指设计出一个既经济合理又稳定的边坡坡度值，而后者包括路基排水、路基防护与加固、弃土堆、取土坑、护坡道、碎落台以及低等级道路的堆料坪和错车道等。根据路基工程的性质及实施的难易程度，又分为一般路基设计与特殊路基设计两个部分。一般路基是指在正常的地质与水文等条件下，路基填挖不超过设计规范或技术手册所允许的范围。超过规定范围的高填或深挖路基，以及地质和水文条件特殊，例如泥石流、冻土、雪害、滑坡、软土、膨胀土等地区的路基，为确保路基具有足够的强度与稳定性，并具有经济合理的断面形式，需要进行个别特殊设计。　　　　　　　　　（陈雅贞）

道路路面工程　road pavement engineering

道路行车道部分各种工程设施的总称。包括路面层状体主体工程、路肩、路缘石、路面排水设施，以及与其他结构物衔接的工程设施等。路面层直接承受车辆荷载的作用，因此要求它具有足够的强度及抵抗车轮磨耗的能力，要求表面平整，并具有一定的抗滑能力。路面结构一般采用多层式体系，直接铺筑在路基之上。我国将道路路面分为高级路面、次高级路面、中级路面、低级路面四等。通常根据道路承受的车辆交通特性，选用相应等级的路面。高等级路面使用年限长，强度高，耐久性能好，具有良好的使用品质，但是投资额也相应地较高。道路路面工程按其实施阶段来分，可分为路面设计、路面施工、路面养护与管理三阶段。路面工程与路基工程、桥涵工程及其他工程设施有密切的联系，在实施过程中，必需统筹安排、相互协同配合，才能保证工程质量总体优化。　　　　　　　　　（邓学钧）

道路美学　road esthetics

研究道路线形及沿线构造物艺术造型，以及路线与自然环境的整体协调，以增进道路美观的学科。是现代化道路设计，特别是风景区园林道路设计所不可缺少的内容之一。　　　　　　　（王富年）

道路平面交叉　intersection at grade

简称平交。两条或两条以上道路在同一平面上相交的形式。通常有T形交叉、Y形交叉、十字形交叉、错位形交叉和环形交叉等；或分为三岔、四岔和多岔交叉；也有分为一般交叉、加宽引道交叉、漏斗式交叉和渠化交叉等，是车辆与行人集、散和转向的必经之地和交通网络的结点，正确地规划设计道路平交，科学合理地组织和管理好平面交叉的交通，是提高道路通行能力和保障交通安全的重要一环。未设交通管制的平交,车辆通过时因流向不同,形成相互干扰的交叉点、分出点和汇入点,当交叉口有大量非机动车混行通过时,则路口范围内的交叉点、分出点和汇入点就大量增加,而每一个这样的点就是一个潜在的交通事故发生点。为提高平交通行能力,增加行车安全,常采用拓宽进口,设置交通标志、标线、分隔器、导向岛等渠化措施和信号灯管制设施。规划设计时应根据相交道路的数量、等级、性质、断面形式,远近期的交通组成,交通的流量、流向以及服务水平,地形,地物,环境等因素,提出多个规划设计方案,并从交通安全、效率、功能、经济及环境的影响等方面进行综合分析,择优选用。

(徐吉谦)

道路平面设计 design of horizontal alignment

道路中心线水平投影几何形状和尺寸的选定与组合。道路线形设计的一个组成部分。主要内容是:直线与曲线长度、圆曲线要素、缓和曲线参数的选定,以及直线与曲线和线形与沿线设施等相互之间的协调和配置。设计方法分为直线形设计法和曲线形设计法,前者以确定直线方向为主,定出转角点并在相邻两直线之间设置平曲线作缓和连接;后者是根据地形与地物等因素,首先选择圆曲线位置与半径以及必要的直线段位置,然后配置缓和曲线予以连接和调整成形。

(李 方)

道路平顺性 road smoothness

线形几何要素组合与沿线设施的诱导性、驾驶人员视觉柔和度及线路布置与汽车行驶轨迹吻合度的综合量度。为道路线形组合设计的评价标准之一,设计过程中的评价手段主要是透视图。 (王富年)

道路情报牌 road information sign

设置于道路上方或两旁提供道路交通状况的道路交通标志。通常与道路交通监视系统联机,自动显示交通现状(阻塞、事故、维修和延误等),车道开放或关闭、路线选择(交通诱导)、气象和环境等与交通有关的情报。

(王 炜)

道路渠化 channelized road

为保证不同种类、不同车速和不同行驶方向的车辆互不干扰,用路面标线、交通岛、分隔器、绿化带等将车行道分隔的设施。道路渠化后,车辆如同渠道内的水流,沿着规制的车道与方向有秩序地通行,能有效地解决交叉路口的交通拥挤和阻滞,提高行车速度和通行能力,保障行人和车辆的安全,提高路面使用效率。

(顾尚华)

道路视距 sight distance of road

驾驶者目视前方道路或路上障碍物时汽车沿车道安全行驶所需的最短距离。分停车视距和超车视距,前者指驾驶者(现行计算方法中视线高取车道中心线以上 1.20m)由发现前方路上障碍物(物高为 0.10m)时起,至行车能在障碍物前安全停车时止所需的最短距离。超车视距是指在双向行车的双车道道路上,后车超越前车从开始驶离原车道时起,至可见逆向驶来车辆并能安全超越前车后驶回原车道时止,所需之双向车辆行驶的最短距离。设中央隔离带(分隔带、分道线或分隔柱)的道路,应满足停车视距的要求,无车道隔离设施的双向行车道路上应满足会车要求,会车视距的长度不应小于停车视距的两倍。各级道路的视距长度,主要是取决于计算行车速度。

(李 方)

道路水泥 cement for road costrucition

专用于建筑水泥混凝土路面的特种水泥。用该水泥生产的混凝土具有硬化快、收缩小、耐磨、抗冻、抗折强度高、抗冲击性能好、应变能力大和弹性模量低的特点。这些特点主要靠控制水泥中的矿物组成、粉磨细度和石膏掺量来实现。其矿物组成:C_3S 一般为 52%～60%,C_2S 为 12%～20%,C_3A 限制在 4% 以下,C_4AF 宜为 14%～24%。控制该水泥的粉磨细度的比表面积为 3 000～3 200 cm^2/g。石膏掺量比一般水泥略高。

(李一鸣)

道路通行能力 capacity

又称道路容量或容量。在一定的交通环境条件下,单位时间(通常为 1h)内道路的某一断面上单向通过的最大车辆数。是度量道路疏导车辆的能力,常用单位辆/h 表示。可作为道路规划、设计、改建及交通管理等方面的重要依据。

(戚信灏)

道路透视图 perspective drawing of road

应用透视原理和成图方法,表示出行车前方线路的鸟瞰图形。按成图精度要求的不同,有概略透视图,精密透视图和普通透视图之分。按显示方法的不同,则有人工勾绘、摄影和计算机成图。附图是凸形竖曲线普通透视图,左侧是路堑边坡,右侧是森林边坡,上图平面线形为直线、中图为弯道、下图为反向平曲线。

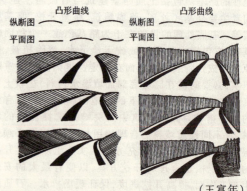

(王富年)

道路网 road network

一定区域内相互连接、纵横交织呈网状分布的道路系统。有公路网和城市道路网之分，后者指城市内部的街道分布系统，前者是城市之间的道路分布系统。按网络分析的观点，可视之为规划区内诸节点(运输集散中心点)和点间连线(各种公路)所组成的具有特定功能的有机集合体，按行政区划范围，有国道网、省道网和地方道路网之分。按道路性质则有高速公路网、干线公路网、县乡公路网之别。
（周宪华）

道路网布局 Layout of road network

以规划区域内的全部道路为整体，运用系统分析方法，拟出的道路平面网络图形。是道路网规划的主要内容和成果，表达出规划区内各条道路的基本走向、技术等级、线路组合和实施阶段。
（周宪华）

道路网道路特征 route characteristic of road network

运输联系图中线路的技术等级及其主要技术性能的总和。包括计算车速(km/h)、设计通行能力(辆/d)、路幅宽度(m)及地形类型等，是路网系统分析的技术参数，用一组矩阵(包括等级、车速、距离、时间及容量等)储存于电子计算机内备用。
（周宪华）

道路网等级水平 class level of road network

道路网中各级道路技术等级按里程的加权平均值。是道路网规划方案技术评价指标之一。
（周宪华）

道路网等级系数 degree factor of road network

规划区域内各级道路技术等级 A 按相应里程 L 的加权平均值的倒数。用以表示道路网规划方案的等级水平(平均技术等级)。其表达式为

$$K_i = \left(\frac{\Sigma A_i L_i}{\Sigma L_i} \right)^{-1}$$

式中 K_i 为道路网等级系数；L_i 为道路网内某级路的里程；A_i 为建议采用的技术等级，所求得的 K_i 值高者表示平均技术等级高。
（周宪华）

道路网规划 road network planning

道路网总体布局方案制订、选优与决策行为的总称。其总体目标是：四通八达，干支结合，布局合理，效益最佳。总步骤为：预测，评价，成网，优化。按照系统分析原理的规划主程序如图示，其中目标分析与确定包括有关社会经济和交通资料的调查和分析；模型化包括交通量预测的发生、分布和分配模型，路网设计与优化模型，路网评价模型等；路网最优化包括建立各种矩阵模块、

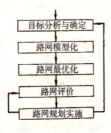

数据储存和电算软件；路网评价包括对原有路网的定量分析，新拟路网方案的评价与优化，投资方向的评价与优化；路网规划实施即最终决策和拟定实施计划。
（周宪华）

道路网几何特征 geometric characteristic of road network

运输联系图中表明诸节点间有无或需否线路连通的关系特征。是道路网系统分析模型的主要因素之一。测算时可用道路网连通矩阵表达，两节点之间有线路连接时为1，无线路连接时为0，以二元组数储存于电子计算机内备用。
（周宪华）

道路网密度 road density

以单位国土面积(km^2)的平均道路里程长度(km)表征的某一区域内拥有道路数量的技术指标。道路技术等级不同，其实际通行能力相差较大，在比较道路网规划方案时，运用里程等级系数可将各级道路折算成以某一技术等级为准的当量长度，据此可得道路网的综合密度。亦可取规划区内人口数、机动车(或汽车)拥有量等为基数，计算道路网方案的相关密度。
（周宪华）

道路线形设计 alignment design of road

道路中心线空间位置几何形状与尺寸的选定和组合。可分平面线形和纵断面线形，及两者组合而成的立体线形。一般先定平面线形，再选定纵断面线形，进而两者协调组合成为立体线形。设计全过程中应满足汽车行驶力学、视觉或运动心理学、路线与外界环境协调配合，以及经济合理性等要求，以保证汽车行驶的安全、迅速、经济和舒适。
（张心如）

道路线形要素 elements of road alignment

组成道路线形的各个部分。如：道路平面的直线段与曲线段，纵断面的平坡段、纵坡段和竖曲线段，横断面的路幅与边坡等。
（周宪华）

道路线形组合设计 combination design of highway alignment

视道路平面、纵断面和横断面为三维空间实体的线形整体设计。内含平面与纵断面线形要素的选配，平曲线与竖曲线半径的平衡，路基造型与外界环境的协调等，是高等级公路线形设计的基本方法与要求。
（王富年）

道路休息服务设施 service facilities of rest in road

提供连续高速行车驾驶员解除疲劳和给汽车加油、加水以及提供必要的维修检查的设施。主要作用是使公路上旅行的乘客安全舒适，给驾驶员得到休息和汽车得到维修与补充油料，以保证运输迅速经济。分为停车区与服务区两类：停车区设有停车场、花园绿地和休息场所、公用电话和厕所；服务区

除停车区所有设施外,还有加油站、修理所、食堂和商店。基本型式有分离型与集聚型,一般二者均采用分离型。
(顾尚华)

道路选线 route selection of road

在指定起迄点和主要控制点之间,结合沿线条件通过技术经济综合比较,选择路线设计方案的全过程。一般是先在小比例尺地形图上结合有关资料分析研究,通过实地踏勘选择路线基本走向,进行初测选定路线方案。选定路线方案的主要因素是:(1)政治、经济和国防上的意义及地方建设对路线的要求;(2)在铁路、道路、航空、水运等综合运输中的作用;(3)沿线地形、地质、水文、气象、地震等自然条件的影响,同时兼顾路基、桥涵、隧道等设计方案的合理性;(4)工程投资、施工条件和期限、分期修建可能性及营运、养护方面的问题;(5)沿线历史文物、革命史迹和风景旅游区的联系。
(冯桂炎)

道路沿线附属设施 roadside auxiliary facility

道路沿线交通安全、管理、服务、环保设施的总称。交通安全设施包括人行地道、人行天桥、照明设备、护栏、护柱、安全岛、交通标志、标线等。目的在于保障行车和行人的安全。交通管理设施包括交通信号监控设备、沿线应急电话、交通事故处理车、交通情报传递设施等,引导车辆通行、排除交通事故以充分发挥道路的作用。交通服务设施包括沿途休息设施、服务站、车辆维修站、加油站、停车站(港)、旅社、收费亭及交通事故应急服务设施等,为长途行驶的驾驶人员提供必要的休息场所与服务项目。交通环保设施包括隔音墙、隔尘墙、防震设施及沿线绿化,其目的在于消除或减小汽车行驶对周围环境造成的空气污染、噪声污染及震动对周围建筑物的危害。
(王 炜)

道路诱导性 road guidance

道路线形和沿线设施对驾驶人员在行车过程中正确判断视线范围内前方线路变化情况的预示清晰程度。道路平面与纵断面设计要素的合理组合,沿线交通设施和路旁景物的妥善布设,可以预示线路形势变化的趋势,可提高对驾驶人员的诱导效果。
(王富年)

道路运输 highway transportation

以车辆为工具的陆上运输方式。原始的道路是由人践踏而形成的小径。东汉训诂书《释名》解释道路为"道,蹈也;路,露也,人所践蹈而露见也"。相传中华民族始祖黄帝以"横木为轩,直木为辕",制造出车辆,对交通运输作出了伟大贡献。随着车辆的出现产生了车行道,人类陆上交通出现了新局面。自商、周、战国、秦、汉、隋、唐、宋、元、明、清近4000年,中国劳动人民谱写了古代道路运输发展光辉的历史,不仅在六大古都建成了发达的都市道路网,而且建成了以京都为中心通往全国各地的交通干道,如周朝的"周道",秦朝的"驰道",隋朝的"御道",唐朝的"驿道",遍布全国,长达数万km。与此同时,大力开拓欧亚两洲陆上道路交通,以扩大国际贸易与文化交往,如汉朝在公元前1世纪开通了通往欧洲的道路,形成了"丝绸之路",至公元3世纪已能通往中东及欧洲各国;清朝将"茶叶之路"延伸北越长城,贯穿蒙古,经西伯利亚通往欧洲腹地。在19世纪以前,中国道路运输一直处于鼎盛时期。西方古代罗马帝国建成罗马大道网,以罗马为中心通往意大利、英国、法国、西班牙,德国等,总长78 000km。罗马大道的建成对罗马帝国的兴盛起着很大的作用。1883~1885年,德国G.W.戴姆勒,C.F.本茨发明了汽车,开创了以汽车交通为主的现代道路运输新时代。道路发展的重点由东方转向西方。一百多年来,特别是第二次世界大战以后五十年,汽车运输的发展突飞猛进,各国都把扩大公路基础设施投资,发展汽车工业作为发展本国经济的重要支柱。至1986年美国拥有道路624万km,汽车17 600万辆;德国拥有道路50万km,汽车2 750万辆;日本拥有道路110万km,汽车5 000万辆;中国2000年公路通车里程为140万km,比1949年增长28倍。道路的发展,改变了现代交通运输的结构。据统计,汽车运输在整个国民经济运输中的比例越来越高,如美国1983年与1950年比较,铁路货运量占总货运量的比例由46.7%下降为27.1%,公路运输由26.1%增长为37.1%;英国1984年与1953年比较,铁路货运量由23.7%下降为4.7%,公路运输由71.9%增长为86.3%;法国1985年与1952年比较,铁路货运量由22.9%下降为11.6%,公路运输由71.3%增长为84.1%;日本1986年与1950年比较,铁路货运量由52.3%下降为4.7%,公路运输由8.4%增长为49.7%。自20世纪50年代以来,各发达国家竞相建设高速公路至1988年为止全世界已有62个国家与地区拥有高速公路15.9万km,其中拥有1 000km以上的国家有21个,美国拥有9.4万km;德国拥有1.21万km;日本拥有3 435km;法国拥有7 215km。中国2000年年底建成高速公路16 314km。高速公路的建设正在扩大,有迹象表明,正在向国际统一标准化方向发展。根据预测21世纪的交通运输结构中道路运输仍然将有较大的发展,而且将同其他运输方式组成大范围内综合优化的运输网络。
(邓学钧)

道路照明标准 standard of lighting

衡量道路上夜间照明提供驾驶员和行人辨认物体清晰和视察舒适程度的尺度。通常有三种指标:(1)平均亮度——发光表面在一定方向的发光强度与沿那个方向的投影面的比值,单位是尼特(nt);(2)平均照度——照射到被照面上的光通量与被照面积之比,单位是勒克斯(lx),当 $1m^2$ 面积上得到 $1lm$ 的光通量时,其照度为 $1lx$;(3)炫光限制——截光型、半截光型和非截光型灯具。主要根据城市规模,道路性质、等级、行车要求来选用。 （顾尚华）

道路照明布置 lighing arrangement in road

在道路上照明杆柱的平面位置与灯具悬挂高度的规划布设。根据道路性质、等级、宽度、线形和交通量大小等确定布灯方式、安装高度和灯柱间距。通常采用的布灯方式有:单排布置,双侧交错布置、双侧对称布置以及中心布置。道路曲线路段若半径大于1000m,灯柱间距与直线段相同,若半径较小,则间距适当减小,一般为直线段的 $0.5\sim0.75$ 倍,布置在弯道外侧。灯具安装高度与路面有效宽度、灯具间距有关。一般安装高度为路面有效宽度的 $0.5\sim1.2$ 倍,灯具间距的 $1/4$。 （顾尚华）

道路照明灯具 lighting lantern in road

道路照明器中灯泡、灯罩和反光器的总称。按其用途可分为功能性灯具与装饰性灯具;按其配光可分为截光型、半截光型和非截光型(装饰灯一般属于非截光型)。对于道路照明灯具,要求配合合理、效率高、机械强度高、耐温高、耐腐蚀性好、重量轻、美观、安装维修方便,并具有防水防尘性能。在车行道上一般采用截光型或半截光型,尽量避免采用非截光型,人行道上采用非截光型。 （顾尚华）

道路纵断面设计 design of vetical alignment

道路中心线竖向剖面顶面起伏形状尺寸的确定和计算。纵断面线形是由直线和竖曲线所组成。一定长度的水平投影距离内,道路中心线按同一坡度值升高或降低的程度称为纵坡,以百分数表示,此水平距离称为坡长。相邻两坡段交接处设置竖向曲线予以缓和,坡线交点位于曲线之上者设凸形竖向曲线,反之则设凹形竖曲线。 （王富年）

deng

灯标 lighted marks

装有发光灯具并具有一定形象的信号标志。白天以其形象,夜间以灯光指引船舶航行,灯塔,灯桩,灯船等均属灯标。 （李安中）

灯船 light vessel

一种装有发光设备的船体结构的灯标。设于沿海、河口,在内河多用作侧面标,在与普通船舶基本相同的钢质船上架主桅杆或灯架,上装一黑色球形顶标,及发光设备,有的还装雷达应答器,或无线电指向和雾警设备。内河灯船的涂色和灯光性质按内河助航标志规定使用;沿海灯船涂红色,两边标写白色船名,视情况选用不同灯质。 （李安中）

灯塔 beacon

目标显著装有强力发光设备的塔形建筑的巨型灯标。设于海岸峡角、岛屿、礁石和港湾口门,用以标示危险区和供船舶测定船位,指引船舶航行。灯塔通常高出水面数十米以上,灯光射程达几十海里,塔身涂明显颜色,塔顶装设大型发光灯,一般自备发电设备,并有人驻守维护。有的灯塔还装雾警及无线电指向设备。灯塔高大坚固,应能抗拒各种风暴。在世界各著名港口和航道多建有灯塔,灯塔的地理位置、颜色、灯光信号等均注于海图上。 （李安中）

灯桩 light beacon

装有发光灯的杆架式灯标。通常设在防波堤、导堤头,进港航道口门,其作用基本与灯塔相同但射程较近,在内河可作为侧面标,左右通航标或示位标等。也可用前后两个灯桩组成导标,指引航向。固定在水中或岸边,高度较低,结构简单,有框架形、杆形等。 （李安中）

等待起飞机坪 holding apron

供预备起飞的飞机等待放行用的场地。它也可供后面飞机绕越前面飞机用。通常设置在跑道端部附近。 （钱炳华）

等惯性输水系统 inertia-equilibrium filling and emptying system of the lock

在船闸闸室底部设置前后左右对称的纵横支廊道使进入闸室的水流惯性近似相等的船闸输水系统。是适合通航大型船队的高水头船闸的良好输水型式。通常是在闸室墙内设置纵向输水廊道,其在闸室长度中心的位置设有进水分流口,将水流通向闸室底板下的纵横向支廊道,再通过其上的出水孔,分2个或4个区段向闸室灌水或泄水。其水力特点是:出流均匀,水面波动、波幅均小,水力条件好,布置对称,可使作用在过闸船舶上的水流作用力减至很小。但构造复杂,闸底需开挖很深,工程造价高。采用这种输水系统的船闸的作用水头可高达 $20\sim30m$ 以上,闸室平面尺度也大,而灌泄水时间仅 $8\sim10min$ 左右。其布置形式有:闸墙长廊道经闸室中心进口两区段出水和闸墙长廊道闸室中心进口八支廊道前后对称四区段出水。

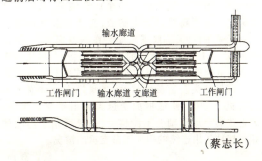

（蔡志长）

di

低潮　low tide
　　海面在潮汐升降的每一周期中，所达到的最低位置。低潮发生的时刻为低潮时，低潮时的海面水位高度为低潮高。
　　　　　　　　　　　　　　　（张东生）

低级路面　low-type pavement
　　天然土基表面一定厚度内掺拌水稳定性较好的砾石、砂砾或炉渣等材料，经压实而成的路面。强度和刚度最低，水稳定性和平整度最差，只能保证低速行车，有时晴通雨阻，所适应的交通量最小，只能在四级公路上采用。
　　　　　　　　　　　　　　　（陈雅贞）

低桩承台　piles with the spot footing
　　底面在地基表面或其以下的桩基承台。干船坞和房屋中的桩基基础均属于这一类。它的桩基与高桩承台的桩基不同，没有自由高度，它仅是作为一个建筑物的深基础，承台—桩—土是共同工作的，是桩—浅基的复合基础，由于桩土共同承担外荷，不但提高了地基承载力，而且还可减少承台的沉降。
　　　　　　　　　　　　　　　（杨克己）

敌对进路　conflicting routes
　　根据站场道岔和线路的配置，能够同时建立却危及行车安全的进路。在中国铁路条件下，主要包括如下进路：同一到发线对向的列车进路、对向的列车与调车进路；同一咽喉区内的对向重叠列车进路或调车进路、对向或顺向重叠的列车与调车进路；当进站信号机外方进站方向有超过6‰的长大下坡道，而接车线路末端无隔开设备时，该下坡道方向的接车进路与不同线路相对方向的接车进路、顺向的发车进路或对方咽喉的调车进路。为保证行车和调车作业的安全，规定上述进路不能同时建立。
　　　　　　　　　　　　　　　（胡景惠）

底枢　bottom(lower) pintle, bottom pivot
　　人字闸门门轴柱下端的支承装置。与顶枢共同构成门扇的支承部分，并承受闸门自重和水平反力。由三部分组成：(1)承轴巢（又称顶盖），固定在闸门门轴柱的下端，通常与闸门底横梁铸成整体，在其穿形曲面上镶有青铜衬垫；(2)半球形轴头（又称蘑菇轴头），一般用高级合金钢制成，其下端装在承轴台上；(3)承轴台（又称底座），安装在闸首底板上，借以固定轴头，并将轴头所受的力传给底板，一般用铸钢制成。底枢的型式可有可动式和固定式两种。可动式的半球形轴头能适量地移动，当闸门支承磨损或闸门拱高下垂时，使底枢免受过大的水平反力作用。固定式的半球形轴头不能移动，一般适用于门轴柱和斜接柱采用连续的钢承压条支承的情况。
　　　　　　　　　　　　　　　（詹世富）

地道　underpass subway
　　在道路与道路，或道路与铁路交叉时，设在地面下供车辆或行人通行的地下通道。是一种立体交叉设施。车辆从地道通过可避免对相交线路上车辆的影响，达到安全、快速行驶的目的。供车辆通行的地道，其净空应符合设计规范中车辆净空要求的有关规定，宽度一般应与连接道路的宽度相同。人行地道通常设于车流大、行人稠密的路段、交叉口、广场或铁路的下面，用以避免行人与车辆在平面相交时的冲突与干扰，保障行人安全穿越、车辆快速通行。人行地道宽度视行人流量而定。地道内应有必要的排水、通风和照明设施。在人行地道进出口附近应设置禁止行人从地面穿越的设施。
　　　　　　　　　　　　　　　（李峻利）

地点车速　spot speed
　　车辆驶过某地点的瞬时速度。是交通控制设计和交通流理论研究的重要参数，可用雷达仪检测。为确定道路限制速度和设置交通标志的主要依据。同时可用于地点车速分布规律、速度发展趋势以及交通事故的分析。
　　　　　　　　　　　　　　　（文旭光）

地方编组站　territorial marshalling station
　　处在铁路枢纽地区内或路网上的干线与支线交会点或大宗车流集散的工矿区和港湾区、每昼夜完成解编作业量在2 000辆以上的编组站。
　　　　　　　　　　　　　　　（严良田）

地方航道　local waterway
　　主要为地区运输服务的航道。通常是指与水运干线沟通的短程客货运输及与支流小河相连接的航线。
　　　　　　　　　　　　　　　（蔡志长）

地方货运量　local goods traffic
　　铁路线上每年各车站货物到发量的总和。上下行方向分别统计。包括由本线运出、由邻接铁路运入本线的，以及在本铁路线内各车站之间运输的三种货运量。铁路设计时，可在该铁路线的地方吸引范围内进行经济调查取得原始资料，经分析、统计估算而得到。它是设计铁路站场股道和铁路货运设备的出发资料。
　　　　　　　　　　　　　　　（吴树和）

地方交通　local traffic
　　起迄点均在本地区之内的交通。当研究城市交通时，系指大的功能分区（工业区、商业区等）内部的交通；当研究区域交通时，按性质和自然条件可将该区域分成几个地区，这里泛指这些地区内部的交通。
　　　　　　　　　　　　　　　（文旭光）

地方客运量　local passenger traffic
　　每年该铁路线各车站旅客乘车人数的总和。上下行分开计算。其数值与地方运量吸引范围内的人口总数、工矿企业职工人数、人均收入、移民数量、旅游点等因素有关。通过经济调查和统计得到。
　　　　　　　　　　　　　　　（吴树和）

地方铁路 local railway

由省、市、自治区负责修建、使用和管理,担负该地区短途运输的铁路。为了区别于铁道部所属国营铁路而命名,是全国路网的组成部分。修建地方铁路可以发挥地方的积极性,因地制宜先通后备,采用较低标准和简易设备,因之投资省、修建快。它对于开发地方资源,活跃地方经济,加速中国路网发展作用甚大。20世纪50年代末在山西盂县修建了我国第一条地方铁路。40多年来,全国共修建地方铁路7 000多km,其中近3 000km已移交铁道部管理,2000年年底,尚有4 812km由地方铁路局(处)经营,其中准轨3 410多km,窄轨约1 390多km,主要分布在河南、河北、广东、广西、湖南、辽宁等省区。 (郝 瀛)

地方吸引范围

设计线上各个车站发送货物的来自地区与到达货物的运达地区所涉及的总范围。按货物由设计线运送运费最低的原则划定。并考虑公路、水运的分布与运价情况,山脉、河流等自然条件,行政区划界线等具体情况,加以修正。 (郝 瀛)

地貌 topographic feature

地表高低起伏的自然形态。 (周宪华)

地物 culture

地面上各种有形物(山川、森林、建筑物等)和无形物(行政区界等)的总称。 (周宪华)

地下铁道 underground railway

为大城市旅客运输服务、修建在地面下的有轨交通系统。浅埋时多用明挖法施工,深埋时用矿山法或盾构法修建,区间隧道断面可为箱形、拱形、圆形或马蹄形,车站隧道断面可为箱形和连拱形,造价非常昂贵。为了防止污染采用电力牵引,一般用第三轨供电(直流制),供电电压在600~1 500伏之间。车辆为动车组,可四辆、六辆或更多辆编挂为一列,车站间距离一般为1km左右,单向行车间隔时间为1.5~7.0min,旅行速度一般为20~35km/h,输送能力约为公共汽车和无轨电车的7~10倍,运量大、速度快、效率高。1863年英国伦敦修建了世界第一条地下铁道,1983年国外共有65个城市修建了地下铁道,总营业里程为3350km,约有三分之二设于地下;英国伦敦的地下铁道最长,为408.7km。我国北京的地下铁道,20世纪50年代筹建,目前已开通运营的有东西干线和环线。天津、上海、广州的地铁都已开通运营,各城市的地铁都正在积极兴建,向前延伸。香港特区建有观塘、荃湾、港岛三条地铁线。 (郝 瀛)

地下停车场 under ground parking garage

建设在公园、道路或广场等地下的专用停车场所。使用管理方便,不占城市地表用地,无须拆迁、征地;缺点是修建工程量大,费用多,建设时间长,还需通风排气设施。但在大城市或市中心建筑密集地区,通常采用地下停车,以解决停车难的困扰。选择停车场的规模时应对停车服务区域进行调查,并预测可能吸引的停车范围、类型、需求车位数。规划设计时,要选择合适的位置、土壤地质条件和结构形式,并全面考虑进出口的方式,通风、排水、照明、机械设施与管理维护措施等。 (徐吉谦)

地形 topography

地物和地貌的总称。从公路线型布置和规划设计的需要出发,可划分为平原区、微丘陵区、重丘陵区和山岭区。平原区地形宽广平坦或略有起伏,地面自然坡度很小(小于3°);微丘陵区为丘岗低矮,顶部浑圆,地面自然坡度平缓(3°~5°),相对高差不大(小于100m);重丘陵区丘岗较高,地面起伏较大,但无明显的山岭自然形态要素(山顶、山坡、山脚),地面自然坡度较陡(5°~10°或更陡些),相对高差较大(100~300m);山岭区地形起伏大,有明显的山岭形态要素,地面自然坡度陡(大于10°),相对高差很大(大于300m)。现行公路工程技术标准中,将前两者合称为平丘区,与重丘区和山岭区并列为两类,据此规定和选用线形设计的技术标准。 (周宪华)

地震区路线 seismic zone route

在地震基本烈度达到规定设防烈度地区布设的道路路线。公路设防烈度规定为≥7度。路线走向和主要控制点要尽量避开设防地段,选择影响范围较小和程度较轻的局部地段通过。路线不宜与发震断层平行布设,选择破碎带较窄部位穿过发震断层;对工程地质不良峡谷应查明地震时发生滑坍堵河成湖的可能性。为保障道路在抗震救灾中的运输作用,路线宜避开可能坍塌而阻塞交通的各种建筑物。 (冯桂炎)

地转流 geostrophic current

在摩擦力可以忽略不计时,压强梯度力的水平分量与科氏力达到平衡情况下的海水稳定流动。当等压面相对于等势面发生倾斜时(可能是外因引起的,也可能是海水本身密度差异引起的),海水在压强梯度力水平分量的作用下产生运动,并在科氏力的影响下运动方向不断偏转。在北半球,海流偏向于压强梯度力的右方90°,平行于等压面流动。对于面向海流的观测者,右侧等压面高,左侧等压面低;南半球相反。流速的量值与等压面倾角β的正切成正比。均匀海洋中β不随深度变化,流速为常量(此种情况亦称为倾斜流)。在密度连续层化的海洋中,倾角随深度变化,流速也随之变化。 (张东生)

递缆船 warp-transmitting boat

在绞滩站上，用来将绞船的钢缆头自滩上送至滩下的工作船。在水轮式水力绞滩和船绞等绞滩作业中，被绞船舶牵引过滩解缆后，由递缆船将钢缆拖回滩下的接头地点。为加快递缆船下行速度，大河多用机动递缆船，而在中小河流则采用非机动船，但在船尾加挡水板，下行时，放下挡水板，加速递缆船下行。递缆船要求机动灵活。

（李安中）

第二线　second-line railway

单线铁路改建为双线铁路时，在单线一侧修建的另一条线路。原有单线称为既有线，既有线与第二线共同构成双线铁路。第二线与既有线通常为并行等高；坡度不同路段，可以并行不等高；桥隧建筑物前后，为了不影响既有线建筑物的稳定，两线可以分开。为了避免修建第二线时过分影响既有线的正常运营，第二线应在既有线能力饱和前修建。

（郝瀛）

第二线边侧　select side of second line

在既有线旁边增建第二线时，表明第二线与既有线相对位置的称谓。选择时应考虑对既有建筑物稳定的影响，第二线工程数量的大小，施工对运营的干扰程度以及通车后的运营工作的优劣。当既有线有超限坡度时，应使超限坡道作为下坡运行线；当双方向货流量不同时，应将第二线设计在货流量大的那个运行方向上；中间站一般宜将第二线布置在客运站房对侧，区段站最好把第二线布置在客运站房同侧；大中桥在条件相同情况下，宜将第二线布置在既有线下游一侧；隧道宜选在地质条件好、隧道长度短、施工方便的一侧；边侧选择还应考虑少占农田，尽可能保留原有工程，力争减少工程量，保证路基稳定。

（周宪忠）

第15%位地点车速　fifteen percentile speed

在驶过某地点的全部车辆中，有15%的车辆未达到那个地点车速。即累计地点车速分布曲线中累计频率为15%的相应的车速。可用于确定高速公路上的最小限制车速。低于此速度行驶时，将降低高速公路的通行能力，道路使用就不经济。

（文旭光）

第85%位地点车速　eighty-five percentile speed

在行驶过某地点的全部车辆中，有85%的车辆未达到那个地点车速。即累计地点车速分布曲线中累计频率为85%时相应的车速。可用来确定观测路段的最大限制车速。车辆超过此速度行驶，道路交通事故会增加。

（文旭光）

dian

滇缅公路　Yunnan-Burma highway

从中国云南省昆明市至缅甸腊戍的国际公路。这条公路经过云南省的禄丰、一平浪、楚雄、南华、下关市、保山、芒市、畹町和缅甸的木姐、新维，全长近1200km。从昆明市至下关市路段长411.6km，1924年开始筹建，1935年12月建成通车。下关市至畹町镇路段长547.8km，缅甸境内木姐至腊戍路段长近200km。这两段公路分别由中国和缅甸修建，同时于1938年1月开工，1942年完工。畹町镇至木姐国际过境路段长18km，由缅甸负责修建。中华人民共和国成立后，对滇缅公路中国境内路段进行了整治和改建，并于1966年改称为昆畹公路，全长963km。滇缅公路曾是中国抗日战争期间的一条主要国际通道。

（王金炎）

点连式驼峰

在驼峰溜放部分和调车线入口设置点式调速装置，在调车场内设置连续式调速装置的调车驼峰。20世纪20年代，北美洲铁路开始以车辆减速器控制驼峰车辆溜放速度。20世纪50年代，开始以驼峰道岔自动集中控制车辆溜放进路。20世纪60年代，开始使用调车机车速度自动控制系统，并在驼峰车场内开始使用电子数字计算机。点式自动化驼峰制式日臻完善。但是，不列颠铁路和欧洲大陆铁路当时以小型车辆为主，车辆单位阻力数值偏高，且离散度较大，以车辆减速器瞄准停留车"打靶"，连挂效果较差。以英国为例，大约有15%的车辆中途停车，大部分停在警冲标附近，有35%在设计速度(0～7.7km/h)范围内连挂，其余为超速连挂。因此，不得不寻求新的出路。在欧洲大陆发展了连续调速设备，如各种牵引推送小车、螺旋减速器，在英国发展了减速顶。在日本研制了直线电机加减速小车。在中国研制了减速顶和绳索牵引推送小车。这样，将连续式调速设备设在调车场内，与溜放部分的车辆减速器相配合，就形成了一种新的制式——点连式。如中国西安枢纽西安东驼峰是减速器与减速顶相配合的方式，徐州枢纽孟家沟驼峰是减速器与绳索牵引推送小车相配合的方式。不但克服了点式目的制动效果不佳的缺点，同时还保留了间隔制动效果较好的优点。因此，点连式是适应范围较广的一种制式。

（严良田）

电报通信网　telegraph network

由数个电路将若干个电报所、用户的电报设备连通，组成能互通电报的通信网。利用电信号传送文字、图表和图像。主要由用来编码和译码的电报终端机、传送信号的电报电路(主要是利用电话通路)和电报交换设备等组成。铁路有为铁道部与铁路局、各铁路局之间和铁道部与特别指定地点间相互联系用的干线长途电报。为铁路局与铁路分局、局管内或邻局的分局，以及主要大站间相互联系用的局线长途电报。由载波电路(或其他长回路、实回线电路)、电传打字电报机或传真电报机以及附属设

备构成。还有为相邻编组站或编组站与区段站之间的列车预确报电报等专用电报通信。（胡景惠）

电磁轨道制动 magnetic track braking

简称磁轨制动。用电磁铁吸附于钢轨上，由摩擦而产生制动力的制动方式。制动电磁铁悬挂在车辆的转向架上，通电励磁后吸附在钢轨上，电磁铁极靴压在轨头上滑行，因摩擦而产生制动力。其特点是不受轮轨间黏着条件限制，制动距离短。一般与空气制动配合用于高速列车。其制动力的大小受励磁电流、摩擦表面积大小、电磁铁极靴与钢轨间的摩擦系数等的影响。（吴树和）

电磁流量计 magnetic flowmeter

利用导电液体垂直通过稳定均匀磁场产生的感应电动势与流速成正比的原理测定流量的仪表。其基本结构是在垂直于稳定均匀的磁场中放一个不导磁的导管，使导电液体在导管中流动切割磁力线产生感应电势，并在导管垂直断面上同一直径两端的电极上引出（磁力线、导管轴线及电极在空间互相垂直）。由于感应电动势与流速成正比，故得流量 Q（cm^3/s）与电势 E（伏）之间关系为：

$$Q = \frac{\pi DE}{4B}$$

式中 D 为导管直径（cm）；B 为磁场的磁感应强度（T）。（李维坚）

电磁涡流制动 eddy current braking

由电磁铁使钢轨轨头产生涡流的制动方式。电磁铁装在车辆转向架两车轮之间，其磁极沿钢轨轴线作多极布置，通电励磁后，电磁铁磁极端面与钢轨表面保持6～7mm的很小间隙，因电磁铁与钢轨相对运动，在钢轨头内产生感应涡流而产生制动力。属非黏着制动，无任何摩擦，有优良的高速制动性能。其制动力受励磁功率、运行速度、温度、磁极距、空气间隙的大小等影响。（吴树和）

电力机车 electric locomotive

利用外接电源供给电能，由牵引电动机驱动的机车。电能通过高压输电线、牵引变电所、接触网、经受电弓引入机车；经电气设备转换后，输入牵引电动机，最后通过传动装置驱动机车动轮，借助轮轨黏着作用，牵引列车前进。按接触网电流制不同，可分为直流电力机车和交流电力机车。电力牵引可节约能源，火力发电热效率可达18%～22%，又可用劣质煤发电，若采用水力发电即可不用燃料。机车功率大、牵引吨数多、起动加速快、走行速度高，能提高铁路能力；构造较简单、运转部件少、维修费用较内燃机车低，工作安全可靠，使用寿命较蒸汽机车长；不污染环境、乘务员工作条件好，整备一次可长距离运行，利用率高。但建筑供电系统费用高、机动性较差、接触网对沿线通信有干扰。自20世纪70年代世界产生石油危机后，绝大多数国家都把电力牵引作为牵引动力的发展方向。中国干线电力机车，目前主要有"韶$_4$"、"韶$_6$"、"韶$_7$"、"韶$_8$"、"韶$_9$"等；"交－直－交"电力机车，2001年已研制成功。

（郝瀛　周宪忠）

电气化铁路供电 power supply of electrified railway

电气化铁路向电力机车转输电能的过程。主要由牵引变电所和接触网组成。牵引变电所将高压电力网送来的电能加以降压（直流电力机车还要变流）后输给接触网，经机车受电弓将电力输入电力机车。按接触网的电流性质分为直流制和交流制；交流制又分为工频（50Hz或60Hz）单相交流制和低频（$16\frac{2}{3}$Hz）单相交流制。直流制是将三相交流电降压并变换为直流电供给接触网，网压有1.2kV、1.5kV和3kV之分。交流制接触网电压可以提高为25kV或50kV，从而加大了变电所距离，简化了接触网结构，减小了接触导线截面面积。工频单相交流制应用最为广泛，中国干线铁路采用50Hz、25kV电流制；低频制适应整流子牵引电机换相要求，需要低频电厂或变电所变频，发展缓慢。（周宪忠）

电气集中联锁 electric interlocking

用电气方法集中控制和监督道岔、进路和信号机并实现它们之间联锁的设备。其锁闭方法，过去主要用锁簧床和电锁器，目前主要用继电器电路，随着科学技术的发展，电子电路和电子计算机也被用于实现联锁。按实现联锁的方法分有继电式、电子式和电子计算机电气集中联锁。按操纵方式分有单独操纵式、进路式和遥控式电气集中联锁。按规模分有大站、中站、小站和调车区电气集中联锁。由于实现车站的自动控制和监督，安全可靠，大大地提高车站通过能力，在中国已被广泛采用。

（胡景惠）

电锁器联锁 electric lock interlocking

主要是以电锁器实现联锁的一种非集中联锁设备。电锁器是安装在信号握柄或道岔握柄上带有接点的电磁锁闭器，主要由锁闭系统和接点系统两部分组成，它的锁闭系统，使握柄在有电时可以扳动，在无电时不能扳动；它的接点系统，反映握柄的位置，并起管制其他有关电路的作用。用两个以上的电锁器相互配合，实现联锁。按使用信号机的类型分有臂板电锁器联锁和色灯电锁器联锁。适用于车站作业量小，没有工业电源地区的中间站。

（胡景惠）

电务段 signal and communications district

铁路局下属负责信号、通信设备日常养护维修和有计划地进行大、中修，以保证设备质量的一级行政机构。其管辖范围：在自动闭塞或调度集中区段，一般为150～250km；在其他信号设备区段，一般为200～300km。其下设信号领工区、通信领工区、修配所和检修所。信号领工区下设3～5个工区，通信领工区下设3～4个工区。　　　　　　　　（严良田）

电子监视　electronic surveillance

在高速道路上安装大量与中心电子计算相连的检测器，中心电子计算机根据检测器的读数确定交通运行状况的交通监视方法。　　　　　（李旭宏）

电阻制动　resistance braking

依靠牵引电动机转换成发电机，产生的电流消耗于电阻的一种制动方式。制动时，机车动轮带动牵引电动机的电枢转动，使牵引电机转变为发电机运行，其反扭矩产生制动作用，再通过机车动轮和钢轨之间的黏着作用产生制动力，发电机所产生的电流接入电阻，转为热能消耗于大气中。制动力的大小与行车速度和电机励磁电流成正比，其最大值受励磁电流及电枢电流的限制。因为低速时，其制动力很小，故不能单独用于停车制动，一般与空气制动配合使用。　　　　　　　　　　（吴树和）

diao

吊沟　draw drain

见急流槽(167页)。

吊弦　hanger

把接触导线悬挂在承力索上的连接部件。由铜、铁或其他合金等线材构成。分为：(1)普通吊弦——通常由两个或三个环节构成，两端分别通过线夹固定于承力索和接触导线上；(2)弹性吊弦——由一根弹性索和一根短吊弦构成的称丫形；由一个弹性索和两根短吊弦构成的称兀形；(3)滑动吊弦——与普通吊弦相似，但上端可沿承力索滑动。
　　　　　　　　　　　　　　　　　（周宪忠）

调查区境界线　cordon line

在交通规划中所设定的调查、规划区与境外的分界线。该线圈定的地域就是交通规划研究的范围。确定该线时，既要将全部调查区域包围在内，同时要使调查区境界线与通过该区域的道路的交叉点尽可能少些。　　　　　　　　（文旭光）

调车场　shunting yards

旧称编组场。进行列车解体、车辆集结和列车编组的车场。编组站的调车场应设在直线上。调车场内线路的纵断面，应根据所采用的调速工具种类和控制方式进行设计。区段站内一般设置一个调车场。调车场内应有一部分线路，具有向正线直接发车的通路。车流适合时，编组站的调车场可设编发线，直接从编发线发车。　　　　　（严良田）

调车驼峰　hump

调车场咽喉区状似骆驼峰背的一段隆起线路。1876年，首次在德国施皮尔多夫(Speldorf)车站建成。由三部分组成：推送部分、峰顶、溜放部分。驼峰的平面特征是：驼峰峰顶、溜放部分以及其下面的调车场线路，都与调车场的中轴线相对称。其纵断面特征是：溜放部分具有一个经过特殊设计的纵断面，其下坡坡度前陡后缓。推送部分具有一段足以压紧车钩的上坡坡度。两者之间，设有一段平坡，即峰顶平台。按其是否具备数据自动管理和过程自动控制两种功能，分为自动化驼峰和非自动化驼峰。按其是否以车辆减速器为调速工具，分为机械化驼峰和非机械化驼峰。按其作业能力的大小，分为大能力驼峰、中能力驼峰、小能力驼峰。　　　　（严良田）

调车线　shunting tracks

旧称编组线。进行列车解体、车辆集结和列车编组的站线。设在区段站上的调车线，其数量与该站衔接的线路方向数、有调车作业车辆的数量、调车作业方法和列车编组计划有关。设在编组站上的调车线，其数量与列车编组计划组号的多少、每一组号每昼夜车流的多少和调车线使用办法有关。
　　　　　　　　　　　　　　　　　（严良田）

调车线全顶驼峰　all-Dowty hump of switching lines

在调车线上，以减速顶为惟一调节车辆溜放速度装置的调车驼峰。中国曾于1980年9月将广州北编组站的驼峰改建成调车线全顶驼峰。其特点是：(1)在驼峰溜放部分不设调节车辆溜放速度的装置，而以合理的驼峰平面和纵断面的适当配合，来保证前后车组在分路道岔上安全分路。(2)在调车场内，以减速顶与线路纵断面的适当配合，来满足车辆安全连挂的要求。(3)全站调节车辆溜放速度的装置单一，且不需外部能源。　　　　　（严良田）

调车信号　shunting signal

指示调车作业的信号。它包括调车信号机、驼峰信号机、调车手信号等的信号显示，指示调车作业的方法和要求以及调车时的运行速度。
　　　　　　　　　　　　　　　　　（胡景惠）

调度集中　centralized traffic control

又称列车集中控制。铁路列车调度的遥控、遥信系统，集中控制列车运行的设备。装设在行车调度所的设备有：用以完成各种信息变换和检出的调度集中总机，它既是控制命令的编制和发送设备，又是表示信息的接收和译码设备；供列车调度员发送控制命令的控制台；复示各车站到发线使用情况，道岔、信号机、进路及区间信号设备状态，运行列车的车次号码的表示盘;记录列车运行实迹的运行记录器等。在调度区段内的各中间站设置调度集中分机,用以完成控制命令的接收、译码及表示信息的编码和发送。调度所与车站间用电缆或微波传输信息,为延长信息传输距离,还设有中继器。列车调度员可以直接控制各站的道岔和信号机,排列进路,办理闭塞,组织列车运行,同时可以监督现场设备及列车运行情况。在铁路枢纽采用的为枢纽调度集中,在铁路区段采用的为区段调度集中。按采用的设备分有继电式和电子式。按传输电码的特征分有调频式、调幅式和调相式等。优点是能提高运输效率,改善职工劳动条件,特别适用于单线铁路区段。是实现行车指挥自动化的重要信号设备之一。

(胡景惠)

调度监督设备 dispatcher's supervision

列车调度员在调度所监视现场设备状态及列车运行情况的遥信设备。包括在调度所设的总机和表示盘;在各车站及区间点设的分机;连接总机和分机的电缆等。适用于尚未安装调度集中的区段,可以保证运输安全,提高运输效率,与调度集中相比可以节省投资。

(胡景惠)

调度控制 dispatching control

调度集中的正常控制方式。即由列车调度员进行的集中控制,而车站值班员只能监督本站设备和接、发列车,不能操纵和控制本站的道岔和信号机。此种控制方式便于发挥设备效率。当调度集中发生故障或车站调车作业较多时,将车站电气集中控制权,下放由车站值班员控制,称为车站控制,是调度集中的辅助控制方式。

(胡景惠)

die

跌水 drop water

主槽底部呈台阶状的急流槽。流水沿主槽底部呈瀑布跌落状下泄,每次跌落流水均有能量损失,故出口处流水能量比急流槽小,但仍需设消能装置,其他构造特点同急流槽。

(徐凤华)

叠梁闸门 stop logs

由若干单根水平横梁叠合而成的临时挡水设备。各水平横梁顺着船闸边墩的凹形门槽一根叠一根地下放。常用的叠梁有木叠梁和钢桁架叠梁。木叠梁较轻,为克服水的浮力,一般需要附加压重,使其紧压在门槛上。钢桁架叠梁,一般较重,为减少叠梁的截面尺寸和重量,有时其中间设置支撑。船闸中常用作检修闸门。一般可用简单的起重设备进行安装、拆卸。

(詹世富)

ding

丁坝 groin, spur dike

坝根连接河岸,坝头伸向河心,坝身与河岸正交或斜交,在平面上与河岸构成丁字形的整治建筑物。具有束窄河床,调整流向,提高流速,刷深河槽等作用,既能束水,又能导沙。其类型很多,按坝轴线与流向交角分,有上挑、下挑和正挑丁坝,按坝顶纵坡分,有平顶和斜顶丁坝;按平面布置形状分,有普通丁坝、勾头丁坝、丁顺坝;按影响水流程度分,有长、短丁坝。各类型可根据河道形态、滩岸情况及整治要求选择。多成群建筑。常用材料为石料、梢料、土料、沉排、木石笼等。抛石丁坝组成如图示,坝身横断面为梯形,其尺寸一般是:迎水坡1:1～1:1.5,背水坡1:1～1:2.5,顶宽1～2m,坝头向河坡不陡于

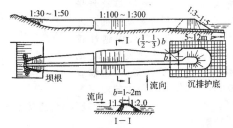

1:3,坝长以坝头伸达规划的整治线为度。坝头处水流湍急,应予加固,通常采用的措施是将坝头放宽,并以沉排护底。平原河流航道整治中,常用丁坝群固定边滩保护河岸,束水归槽,增大流速,刷深航道。山区河流航道整治中,常用以调整岸线,壅高水位,改变比降,降低流速,增加航深。与顺坝比较,其优点是作用范围较广,能将泥沙引入两丁坝之间的坝田淤积,施工简便,基建工程量一般较省,修建后能通过延长或缩短坝身适应整治线的改变;缺点是对水流干扰较大,坝头附近流速大,水流紊乱,对航行不利,坝头、坝根和坝顶易被水流冲毁,维修工程量大。一般认为其长度超过河宽1/3时为长丁坝,能影响水流动力轴线。短丁坝只影响近岸水流条件,因而多用于护岸。

(王昌杰)

丁顺坝 trail dikes

见勾头丁坝(114页)。

顶冲点

直冲河岸的主流与河岸线的交点及其附近的岸段。该处直接受水流冲击,通常是堤防工程的险工地段。整治时在其附近宜考虑适当的护岸工程。

(王昌杰)

顶枢 upper gudgeons, top pivot

人字闸门顶端的支承装置。与底枢共同构成门

扇的支承部分,其作用是保证门扇能绕垂直轴转动,并承受由门扇自重对转动的力矩产生的水平力,闸门启闭的牵引力以及风压力、壅水压力荷载所产生的水平力。由颈轴、拉杆及锚碇构件三部分组成。拉杆具有套环的一端套在固定于门扇顶横梁上的颈轴上,另一端铰接在埋固于闸首边墩混凝土内的锚碇构件上。门扇所受的水平力由颈轴通过拉杆传到锚碇构件上。为使拉杆在门扇启闭时基本处于受拉状态并便于设置锚碇构件,其拉杆的轴线一般分别布置在关门位置和开门位置的门扇轴线附近,两根拉杆之间的夹角要大于门扇的转动角。

(詹世富)

顶推船队 pusher barge system

由位于后方的推轮和前面若干艘绑结在一起的驳船所组成的运输船队。按绑联形式,有单排一列式和多排多列式之分(见图);按驳船船型分有普通驳顶推船队和分节驳顶推船队。在同等载货量条件下,分节驳顶推船队平面尺度较小,造价低,阻力小,优越性较大,现国内外都在发展使用。与拖带船队相比,人员设备少,运输效率高,但要求航道有较大的曲率半径。驳船与推轮之间连接装置较复杂,连接及解脱作业较繁琐。

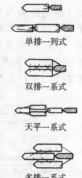

单排一列式
双排一系式
天平一系式
多排一系式

(吕洪根)

顶推运输 tug-barge pushing fleet traffic

由顶推船队进行的船队运输。要求航道有较大的曲率半径,在有船闸的航道和渠化航道上行驶,船闸尺度和船队尺度要相互适应,不然,经常解队过闸,运输效率受影响。

(吕洪根)

定标预测 forecast in index

根据交通量与其他经济指标(如国民生产总值、工农业总产值、燃料消耗、运输量和养路费用等)的相互关系,建立模式以推算未来交通量。例如,设 y_n 为第 n 年预测交通量,$T、\mu、r$ 为各项经济指标(年工农业总产值、年人均收入、土地利用价值等),$K、a、b、c$ 为规划区条件有关的参数,则

$$y_n = KT^a\mu^b r^c$$

(周宪华)

定基预测 forecast in basis

根据基准年交通量建立模式以推算未来交通量。例如,设 y_i 为求解的第 i 年交通量,y_0 为基准年的现有交通量,K 为平均年递增率(%),则

$$y_i = y_0(1+K)^i \qquad (i = 1,2,\cdots n)$$

(周宪华)

定期放散式无缝线路 periodically released CWR track

轨道结构因不能全部承受长轨条中由年轨温变化幅度积聚的温度力,必须在每年的春秋两季放散钢轨温度应力的无缝线路结构型式。如此放散钢轨温度应力的结果,相当于将当地年轨温变化幅度分为两个轨温变化幅度。因此,可采用于年轨温变化幅度超过95℃的高寒地区。这类无缝线路的轨道结构型式与温度应力式无缝线路相同。春季放散时,长轨条的长度伸长,应在无缝线路缓冲区用缩短轨将标准长度钢轨换下。秋季放散时,长轨条的长度缩短,再将缓冲区的缩短轨用标准长度钢轨换下。由于钢轨应力放散是一项机械化水平较低的繁重手工作业,严重抵消了无缝线路的使用效益。因此,采用这种形式的无缝线路,必须经比选确定。

(陆银根)

定时控制系统 fixed-time control system

利用交通流的历史统计数据进行离线优化处理,得出多时段的最优信号配时方案,以对整个区域内的交通进行多时段定时控制的控制系统。是面控制的一种控制形式。对配时方案的选择可以由计算机统一掌握,也可以由交叉路口的信号控制器独立掌握。这种系统简单可靠,但不能适应交通流的随机变化,且若重新制定优化配时方案则要消耗大量人力作交通调查。

(乔凤祥)

定时式联动控制 fixed time coordinated control

根据预先存储于控制中心或信号机内的程序,选择各路口的配时,相互协调相邻路口信号的控制方式。其特点是:或者相位差等于零或者绿信比相等。具体的实现方式有两种。一种是有电缆线控系统,设有带电子计算机或主控器的控制中心,由控制中心选择有利的控制方案,通过敷设的电缆统一控制各个交叉路口信号机的周期,绿信比和相位差。控制中心和各信号机的同步信号由控制中心发出。另一种实现方式是无电缆线控制,不设控制中心,将由三个控制参数组成的若干程序,存储于各个交叉口信号机内,依靠信号机内的高精度石英钟,使各交叉口配时发生有规律的变化。

(乔凤祥)

定位 normal positon

规定设备经常所处的位置或状态。例如为了减少道岔扳动次数,防止办理中发生差错,而规定道岔平时开通的方向;信号机亦规定平时显示某种信号。与其相反的位置或状态即为反位。这对保证安全、简化操作、维护设备有重要作用。

(胡景惠)

定线 location

在铁路选线和道路选线的基础上,具体设计线路的空间位置、布置线路上的车站、桥梁、涵洞、隧道、挡墙、路基等建筑物的勘测设计工作。分航测定

线、纸上定线和现地定线。纸上定线就是在地形图上，把线路位置设计出来，是铁路和道路设计最重要的一环；从可行性研究到技术设计的各个阶段都要进行纸上定线，只是图形比例尺不同，设计内容详略不同。现地定线就是将铁路中心线在现地用木桩标定出来，对纸上定线不当之处，要进行必要的修改。定线要满足线路主要技术标准要求；要认真研究经行地区的地形、地质、水文等自然条件；对线路平面、纵断面、横断面全面考虑，既要使所定线路工程量小，又要为运营创造有利条件。定线要多次反复、逐步逼近、分阶段进行；力争把线路定得工程和运营、技术和经济都较为合理。　　　（周宪忠　冯桂炎）

定线坡度　locating grade

在紧坡地段，最大坡度减去区间坡度折减平均值所得的该区间的设计坡度平均值。根据实际的地形、地质条件，参照以往定线经验，可估算出因曲线和隧道而需折减坡度的概略平均值，一般为 $0.05 i_{max} \sim 0.15 i_{max}$。站坪采用规定的平缓坡度，区间采用定线坡度，就构成紧坡地段的规划纵断面；可用其估定最大站间距离，爬升高度、线路位置，以指导铁路定线。　　　　　　　　　　（周宪忠）

定向台　aligment guidance station

引导飞行方向的无线电导航设备。设在机场附近跑道中心线延长线上外（远距）指点信标台附近，用超短波设备测定飞机方位，并通过无线电通信设备，指引正确的飞行方向，引导飞机进入机场和着陆。　　　　　　　　　　　　　　（钱绍武）

定周期信号机　fixed cycle controller

依据一定时期内的交通量，预先确定好信号周期长度和绿信比的信号机。特别适用于全天交通流量比较均匀的平面交叉路口，其优点是简单可靠，维修容易，协调方便，价格便宜。但除高峰时间外，往往会出现红灯有车、绿灯反而无车的现象。
　　　　　　　　　　　　　　（乔凤祥）

dong

东部温润季冻区　moist and freezing seasonally zone in east

一月平均温度低于 0℃，平均最大冻深 10～200cm，潮湿系数 0.5～1.00，海拔高度在 1 000m 以下地区。即Ⅱ区，是我国主要的季节冻土区，冻结程度及其对路基强度影响自北至南一般逐渐减小。除黑黏性土、软土和粉土外，土基强度较高。主要问题是冬季冻胀，春季翻浆，形成明显不利季节。夏秋水毁和泥石流也有一定影响。地形以平原和丘陵为主，局部低山，公路修建条件不困难。该区划分成 5 个二级区和 5 个二级副区：(1)东北东部山地润湿冻区（Ⅱ$_1$），在潮湿系数 1.00 等值线以东，80cm 等冻深线以北；(2)三江平原副区（Ⅱ$_{1a}$）；(3)东北中部山前平原重冰区（Ⅱ$_2$），在 80cm 等冻深线以北；(4)辽河平原冰融交替副区（Ⅱ$_{2a}$），在Ⅱ$_2$ 区中 80～120cm 等冻深线之间；(5)东北西部润干冻区，大体在潮湿系数 0.75 等值线以西，80～120cm 等冻深线以北；(6)海滦中冻区（Ⅱ$_4$），在 40cm 等冻深线以北；(7)冀北山地副区（Ⅱ$_{4a}$），在Ⅱ$_4$ 区中 100cm 等冻深线以北；(8)旅大丘陵副区（Ⅱ$_{4b}$），在东北 80cm 等冻深线以南；(9)鲁豫轻冻区（Ⅱ$_5$），在 40cm 等冻深线以南，东段以小青河为界，济南以西以黄河为界；(10)山东丘陵副区（Ⅱ$_{5a}$）　　　　　　（王金炎）

东南湿热区　moist and hot zone in southeast

一月平均温度大于 0℃，全年平均温度 14～26℃，平均最大冻深小于 10cm，潮湿系数 1.00～2.25，1 000m 等高线以东地区。即Ⅳ区，是我国最湿热地区。春夏东南季风造成的霉雨和暴雨形成本区公路的明显不利季节，东南沿海台风暴雨多，由地表径流排走影响相对较小。地温过高易引起沥青路面软化。地形以丘陵、平原为主。该区划分为 7 个二级区和 5 个二级副区：(1)长江下游平原调湿区（Ⅳ$_1$），潮湿系数 1.00～1.50，最高月 2.0～3.0，最高月平均地温 30～35℃；(2)盐城副区（Ⅳ$_{1a}$），潮湿系数最高月为 1.8～2.2，最高月平均地温 31.5～32.3℃；(3)江淮丘陵、山地润湿区（Ⅳ$_2$），潮湿系数 1.00～1.50，最高月 1.5～2.5，最高月平均地温 30～35℃；(4)长江中游平原中湿区（Ⅳ$_3$），潮湿系数 1.25～1.75，最高月 2.5～4.0，最高月平均地温 32.5～35℃；(5)浙闽沿海山地中湿区（Ⅳ$_4$），潮湿系数 1.00～2.00，最高月 2.0～3.5，最高月平均地温 30～35℃；(6)江南丘陵过湿区（Ⅳ$_5$），潮湿系数 1.5～2.25，最高月 3.5～5.0，最高月平均地温大于 35℃；(7)武夷南岭山地过湿（Ⅳ$_6$），潮湿系数 1.5～2.25，最高月 3.0～4.5，最高月平均地温 30～35℃；(8)武夷副区（Ⅳ$_{6a}$），潮湿系数 1.75～2.25，最高月 4.0～5.0，最高月平均地温 25～32.5℃；(9)华南沿海台风区（Ⅳ$_7$），潮湿系数 0.75～2.0，最高月 2.0～3.0，最高月平均地温 30～32.5℃；(10)台湾山地副区（Ⅳ$_{7a}$），潮湿系数 1.50～2.75，最高月大于 3.0，最高月平均地温小于 30℃；(11)海南岛西部润干副区（Ⅳ$_{7b}$），潮湿系数 0.50～0.75，最高月小于 3.0，最高月平均地温 32.5～35.0℃；(12)海南诸岛副区（Ⅳ$_{7c}$），最高月平均地温 32.5～35℃。　　　　　（王金炎）

东泽雷船闸　Dong Zelei Navigation Lock

法国下罗纳河东泽雷枢纽上的船闸。1953 年建成通航。船闸的闸室尺寸为 195m×12m，门槛水深为 3.0m;可通过 1 500t 自航驳和 3 000t～5 000t 顶推船队。设计水头 26m,是当时世界上水级最大的船闸。首次采用闸墙长廊道闸室中部进口纵向支廊道由支孔出流的等惯性输水系统;在灌泄水过程中,闸室水面波动小,最大缆绳拉力仅为船重的万分之三。此外,为满足使用要求,在闸室中部还设置了中间闸首。 (詹世富)

动力坡度 momentum gradient

又称动能闯坡。坡段长度较短,但陡于限制坡度,列车能够利用在坡前积蓄的动能,以不低于机车计算速度闯过的坡度。既有线改建时,削减某些超限坡,将引起大型桥隧工程改建或长距离改线等巨大工程;经运营实践或牵引计算证明,坡顶速度不低于机车计算速度,经方案比选确实有利时,可予以保留。新建铁路一般不允许采用。 (周宪忠)

动力因数 factor of motive power

与汽车重量及车身型式无关的、评价汽车动力性能的参数。其值为单位重量的后备牵引力(牵引力减去空气阻力后的净值)。具有相同牵引力的两种汽车,重量轻而流线型又好的具有较好的动力性能,故只用牵引力大小评价汽车动力性能的优劣,往往不具备等价效果;而动力因数值不包含汽车重量和流线型的参数,只要动力因数值相等,便可克服相同的坡度和产生相同的速度,可直接用来评价不同汽车的动力性能。 (张心如)

动轮 driving wheel

机车或动车组车轮中受动力驱动而产生牵引力的车轮。蒸汽机车直接连接在传动装置上的动轮称主动轮,用连杆与主动轮连接的动轮称为他动轮。机车或动车的动力装置通过传动机构驱使动轮转动,动轮与钢轨借助于黏着作用,产生轮周牵引力,牵引列车前进。 (周宪忠)

冻害 frost damage

又称冻胀。路基的季节融冻层内,当气温降低、土内水分迁移冻结而造成基床不均匀隆起的基床变形。地下水位较高的低路堤或地下水较发育地段的路基,在寒冷季节时也会发生冻胀。使线路纵、横断面产生凹凸不平的变形,影响线路的稳定性。冻害严重地段,常伴有翻浆冒泥等病害。产生冻害的因素很复杂,主要是温度、土和水的共同影响。在路基工程中,除作好路基排水系统外,常利用粗粒土作为填料或换填材料来消除冻害。整治方法有铺设保温层、换土、灌浆和改善排水设备等。 (池淑兰)

dou

陡坡路基 subgrade in steep grade region

地面横坡陡于 1:2～1.25 地段填筑的路堤或开挖的路堑。陡坡上填筑的路堤可能因下列情况之一而沿地面陡坡下滑:(1)路堤沿基底接触面滑动(图 a);(2)路堤连同基底下的山坡覆盖层沿基岩层面下滑(图 b)。如经验算发现路堤的稳定性不足时,应选取下列加固措施:(1)清除基底覆盖土;开挖台阶;路堤

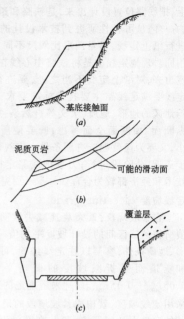

上侧开挖截水沟或边沟,以增加基底摩擦力或减少滑动力;(2)改用大颗粒填料,放缓坡脚处的边坡,以增加抗滑力;(3)在坡脚处设置石砌护脚,或重力式挡土墙等支挡结构物。在陡坡上开挖路堑,为保持天然边坡的稳定,一般也需设置挡土墙等支挡结构物(图 c)。 (陈雅贞)

du

独轨铁路 monorail railway

车辆在一根导轨上行驶的城市旅客运输工具。初期的导轨系钢制故称铁路,二次大战后导轨改用钢筋混凝土,车轮也由钢制改为充气橡胶轮。导轨起承重和导向作用,悬空架设在钢筋混凝土或钢制支柱上,车辆有跨座型和悬挂型两种,跨座型车辆的下部中空,跨座在工字形导轨上行驶;悬挂型车辆的车轮在车厢顶部,车轮在箱形导轨内滚动前进。独轨铁路可以利用街道上方的空间,造价仅为地铁的三、四分之一,且维修费用低廉,输送能力、旅行速度都高于地面车辆。早期的独轨铁路以 1901 年德国伍伯塔尔市建成的悬挂式独轨运输最为成功,20 世纪 50 年代后,在欧、美、日本约建造了二十多条独轨铁路,一般都很短,多数为游览线或试验线。 (郝瀛)

杜勒斯国际机场 Dulles intl Washington D.C

距美国华盛顿市 40km,为广设噪声缓冲带而占地 40km^2。1987 年的吞吐量为:旅客 10 785 000 人,货、邮 94 500 及 31 700t。跑道共 4 条,其中 01/19 —

对平行跑道是主要的，各长 3 505m，01R 并装有三类精密进近着陆设备，其他为一类。12/30 是侧风跑道，长 3 048m，11L/29R 与之平行，长 939m，通用航空用。旅客航站为二层建筑，上层用于出发旅客，下层用于到达旅客。采用可升降的（与机舱门及航站门对齐）大型客车在航站和远处的机坪间运送旅客。原来以为可以减少噪声对航站的干扰，减少航站面积。但大型机的旅客已达数百人，而客车只能乘百余人，所耗上下飞机时间过长，航站还是增加了廊道和近距机坪。货物航站区在旅客航站西侧，建有 3 栋建筑物和 4 个货机机位的机坪。

(蔡东山)

渡船 ferry

载运旅客、货物和车辆等渡过江河、湖泊、海峡两岸的船舶。按用途可分为旅客渡船和车辆渡船，后者又可分为汽车渡船、列车渡船和铁路联络船。它们具有良好的操纵性，有的在首尾均设有推进器和舵，以便往返时不用调头，缩短时间，提高营运率。

(吕洪根)

渡线 crossover

由两组单开道岔及一条连接轨道组成的使列车由一线转入其邻线的设备。两相邻平行线间距离为 5000mm 左右时，连接轨道为一段直线，称为普通渡线。间距过大时，可采用反向曲线连接，称为缩短渡线，由曲线和直线组成。在车站咽喉区，渡线是构成平行进路的主要形式。

(严良田)

duan

端靠式渡船

汽车可由船首、尾两端上下的汽车渡船。其首尾相同、均设有螺旋桨、船舵和塔式驾驶室。甲板呈长方形，两端均设有吊架和带铰链的跳板。船长一般为 30~60m，船身横向宽度足够设置进出车道和 2~4 列停车道所需的宽度。常用于渡口岸线狭窄和行船密度很大的水域。

(吕洪根)

端站 end station

架空索道起始站和终点站的总称。可以是装载站、卸载站或折返站，如为折返站，则卸载工作可在索道中间进行。

(吴树和)

短廊道输水系统 filling and emptying system by short culvert

在船闸闸首两侧边墩内，并绕过工作闸门设置输水廊道进行灌泄水的船闸输水系统。是船闸集中输水系统中应用最为广泛的一种型式，在 10m 以下水头的中小型船闸上采用较多。其水力特点是：水流自上游经两侧环绕廊道的出水口流出，两股水流在船闸纵轴线处互相对冲后流入闸室或下游引航道。水流对冲后，水流所挟带的能量得到消减，使流入闸室的水流具有良好的水力条件。但依靠对冲，不能消除所挟带的全部能量，水流聚集在中央，在平面上形成中间大两侧小的流速分布，竖向流速分布也很不均匀，在输水廊道出水口处附近的一段距离内，水流旋转翻滚，流态紊乱，且水面有局部下降现象，对过闸船舶作用有较大的水流作用力。为此，应根据具体条件采取合适的平面布置，并在输水廊道出水口后的一段区段内，设置合适的消能工、消能室等消能措施。

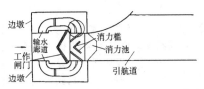

(蔡志长)

短时停车道 waiting lane, standing lane

供客车乘客上下车，货车装卸货物和其他临时性停车使用的车道。高速公路最外侧的一条备用车道常作汽车事故时停车使用，也属于短时停车道。

(杨 涛)

短枕 shortened sleeper

埋设于混凝土整体道床中的，用以联结钢轨的块体轨下部件。通常，木料制成的称短木枕，混凝土制成的称混凝土支承块。短木枕可用木枕改制，锯口必须涂以防腐膏。支承块常在施工地点就地预制，支承块底面外伸 2~3 对钢筋钩，以增强与整体道床混凝土的结合。

(陆银根)

断背曲线 broken-back curve

两个转向相同的曲线中间夹有短直线所组成的线形。在此路段中行车，尤其是高速行车，驾驶员在道路平面上容易产生把直线和两端曲线看成反向弯曲的错觉，损害视觉上的连续性；在纵断面上线形不顺适，视觉上的诱导性差。线形设计时应力求避免。

(张心如)

断链 broken chainage

因道路局部改线或分段测量原因，以及测量后发现丈量错误，造成全线或全段里程不连续的长度。桩号重叠的称长链，桩号间断的称短链。表示里程断续前后关系的桩称为断链桩。断链桩应设在直线路段，以 100m 或以 10m 为单位的桩为宜，但不应设在桥涵、隧道及平曲线范围内。桩上应写明断链等式（等号前后分别为来向和去向的里程）和断链增长或缩短的距离。

(冯桂炎)

dui

堆货荷载 heaped load

堆存在码头、仓库、堆场单位面积上的货物重量(t/m^2)。是这类建、构筑物的主要使用荷载。其大小应根据货种、包装形式、装卸工艺确定的货物堆存情况，结合结构型式和地基条件等因素综合分析确定。为使码头建筑物设计得安全、经济，码头前方作业地带、前方库场和后方库场等处规定的堆货荷载标准，一般是不同的，设计时应按实际情况和要求进行选取。
(王庆辉)

堆石堤护面层 paving block of rubble breakwater

分级堆石防波堤在受波浪直接冲击的部位，堆筑大块石(或混凝土护面块体)以保证堤身安全的防护层。其护面范围一般从堤顶至设计低水位以下一个设计波高处；若允许堤顶越浪，则护面层需向港内一侧延伸至允许越浪的水位。护面层块体重量参见斜坡式防波堤(331页)。

内外坡护面层以下的坡面称为次护面层，所受波浪作用力较小，块石重量可以小些，外坡的设计低水位以下$1.0\sim1.5$倍设计波高范围内以及允许越浪的内坡在允许越浪的相应水位以下一个设计波高范围内的次护面层块石重量按上式计算护面层块石重量的$\frac{1}{10}\sim\frac{1}{5}$。外波1.5倍设计波高以下部分的护面块石为按上式计算重量的$\frac{1}{15}\sim\frac{1}{10}$，内坡设计低水位以下可采用与外坡护面垫层块石重量相同，但均不宜小于$100\sim150kg$。
(龚崇准)

堆石防波堤 rubble mound breakwater

由天然块石堆筑而成的斜坡式防波堤。它又可分为不分级堆石防波堤和分级堆石防波堤两种。由于块石的稳定系数K_D(参见斜坡式防波堤)较小，仅$4.0\sim5.5$，而大块石又受开采和施工条件的限制，所以它一般只用于波高较小的浅水区。
(龚崇准)

对绞

利用绞滩站绞滩设备和过滩船舶自绞相结合的过滩方式。当绞滩站设于滩上游，绞进方向与船舶前进方向一致，将绞缆系于被绞船上，同时被绞船舶送一根钢缆系于滩上固定桩上，利用绞滩站和船上的绞滩设备同时施绞，牵引船舶上滩，在流急绞滩能力不足时采用。
(李安中)

对口滩 rapids with opposite protrusions

山区河流两岸凸嘴对峙突入河道骤然束水而成的急流滩险。山区河流中，相对的凸嘴所挑引的两股湍急水流在其下游收缩成一束时，在平面上呈"V"字形，称为"剪刀水"。剪刀水上段的水面比降陡，下段水流急，其两侧伴有回流(见图)。船舶下行时须沿剪刀水主流而下。若操舵不慎，船头进入回流而船尾尚在主流中，则船身将扭转而横驶，易使拖驳船队断缆、船舶撞岸触礁。一般通过切除一嘴或两嘴的一部分，以扩大泄流断面，降低流速，改善航行条件；或是将对口改造为错口，船舶"搭跳"过滩(见错口滩，44页)。

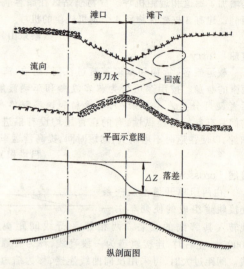

(王昌杰)

对数型流量-密度模型 logarithmic flow-concentration model

交通流中流量Q和密度K之间呈对数关系的数学模型。当速度-密度关系呈对数型模型时，则流量-密度的关系式为：
$$Q = Kv_m\ln(K_j/K)$$
$$Q = Kv_f e^{-K/K_m}$$

式中 v_m 为对应最大交通量时的速度；K_j 为阻塞密度；K_m 为最大交通量时的密度，即最佳密度；v_f 为自由行驶速度。
(戚信灏)

对数型速度-密度模型 logarithmic speed-concentration model

交通流中速度v和密度K之间呈对数关系的数学模型。当出现高密度的交通流时，其公式采用：
$$v = v_m\ln(K_j/K)$$

式中 v_m 为对应最大交通量时的速度；K_j 为阻塞密度；ln 为自然对数。当出现低密度的交通流时，其公式采用：
$$v = v_f e^{-K/K_m}$$

式中 K_m 为最大交通量时的密度，即最佳密度；v_f 为自由行驶速度；e 为自然对数的底。
(戚信灏)

dun

墩式码头 berthing pillar

在水域中,建造若干个独立的墩台,作为船舶系靠用的码头。有的还设有装卸平台。墩台之间或墩台与平台之间常用联系桥连接,其与陆岸之间则用引桥连接。靠船墩一般设置2个,系船墩设置2~4个,在河港中系船柱可设在岸上和靠船墩上。靠船墩结构型式有高桩式、沉箱式、沉井式和钢板桩筒型式等。设计的靠船墩,既要能吸收船舶的撞击动能,又要有足够的强度和稳定性。墩式码头与整片式码头相比具有工程量小、造价低、施工期短和挖填方少等优点。它适用于有专用设备的石油码头、煤码头和矿石码头,而不适用于件货码头。

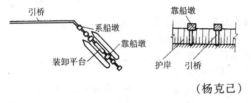

(杨克己)

趸船 pontoon

组成浮码头的箱形船体。供船舶停靠、装卸货物和旅客上下之用,也可用作水上仓库。趸船可用木、钢、钢筋混凝土和钢丝网水泥制造。船体有纵横隔板,分隔为若干个水密舱,个别舱漏水时不致沉没。其长、宽、型深和干舷高度根据靠泊的船型、装卸工艺、船上设备及船体的稳定性等使用要求确定。趸船的设备有护木、系船柱、导缆钳、锚链筒、绞盘、引桥支座、撑杆支座、起重吊杆或皮带机支座、水电设施、灯杆等等。趸船的固定方式:在水位差及流速均较大地区,采用锚链固定方式;在风浪和流速较大地区,采用撑杆和锚链结合使用的固定方式;在流速小,水位主要受潮汐影响的地区,采用撑杆加设十字链固定方式。

(杨克己)

趸船支撑 boom between pontoon and shore wall

用来支撑趸船的撑杆或靠船桩。其目的是保证浮码头的趸船在水流、风浪作

用下,特别是在受到靠船力作用时不致产生过大位移。撑杆一般采用钢结构,一端与趸船相连,另一端撑在护岸或支墩上。撑杆的接头不但要保证趸船随水位升降时撑杆可在垂直面内自由转动,而且还要能适应趸船一定的纵向移动,即在平面内也有一定的转动量,一种最简单的构造是将撑杆两端做成弧形,搁置在趸船及护岸的支座上,加用锚链以防止其脱落。靠船桩一般采用几根桩并在一起的簇桩形式。

(杨克己)

duo

多倍投影测图仪 multiplex

简称多倍仪。装有两个或多个投影器,运用摄影过程几何反转特性,采用相似光束建立象对的或航带的光学立体模型的光学投影类全能法航测成图仪器。可用互补色法进行立体观察,用测绘台的移动和升降以勾绘等高线。适用于测制中、小比例尺的线划地形图和路线纵断面图,常用于研究路线走向的选择。

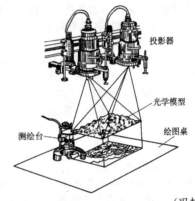

(冯桂炎)

多层道路横断面 cross-section with multiple stratification

垂直于道路中线的横剖面内具有若干个不同高程并彼此分隔的横断面。目的是采用向空间与地下发展的办法,解决现代化城市的交通阻塞和保证交通安全。

(张心如)

多层路基横断面 cross-section in difference of elevation

道路路基各组成部分具有不同高程的横断面。公路沿横坡较陡的山坡布线,将双向车行道分向布设在不同高程上。可减少土石方工程量,城市道路的横向在沿谷地或台阶地形布线时,将双侧人行道或各向车行道布置在不同的高程上,以节约用地及减少工程量。

(张心如)

多层式立体交叉 multi-story interchange

相交道路有三层或三层以上平面的立体交叉。把相交道路直行、左转车行道利用桥梁结构集中分层布置在不同平面上。与其他立交形式相比,具有建筑紧凑,直行和转弯车流之间互不干扰,路线短捷

方便,行车安全,通行能力大等优点。但桥梁较多,结构复杂,建筑高度大,引道纵坡陡,造价亦高。适用于建筑高度不受限制而用地受限制的地点。

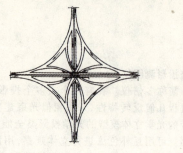

（顾尚华）

多点系泊 multi-buoy mooring system

用几个浮筒或浮筒与船锚结合,将海上油轮的船首与船尾按一定方向系泊并进行原油装卸的一种设施。与单点系泊比较,其特点是系泊设备与装卸设备分开设置。装卸设备与单点系泊相同。采用多点系泊时,船舶不能随风、浪、流而自由回转,因而对风浪、潮流的适应性能较差,只可用于水深大、掩护较好、风向流向较稳定的海区。多点系泊是在单点系泊尚未得到发展时采用的一种型式,现已较少采用。

（杨克己）

多级船闸 flight of locks, lock flight, train of locks, multichamber lock

沿船闸轴线方向有两个或两个以上闸室的船闸。可分为：各级闸室紧相毗连布置的多级船闸与闸梯；其水级划分,根据船闸水头、上下游水位变幅和地形地质条件等通过技术经济比较确定。划分的水级应尽量使各级船闸结构统一,灌泄水的补溢水量小。当上下游水位变幅不大时,均将水头按闸室数目等分。与单级船闸相比,各级船闸所承受的水头较小,便于消能处理；闸室、闸首和闸门的高度降低,简化设计与制造、安装；减少船舶过闸耗水量。但船舶通过船闸的时间较长,将降低船舶的周转率。当水头较大,且受技术条件限制；或为适应船闸所处位置的地形、地质条件,以减少工程开挖量；或受来水量限制,需节省船闸耗水量,常考虑采用这种船闸。在已建的船闸中,级数最多的为前苏联卡马河上卡马船闸,其级数为6级。

（詹世富）

多级式码头 multi-stepped type quay

沿岸坡横断面分为上下两级或两级以上布置的码头。上级供洪水期使用,下级供枯水期间或一般水位使用,并在洪水期间被淹没。这种布置方式适用于水位差变幅较大,而洪水期不长(占全年通航期的10%~15%左右)的河港。如我国长江水位差变幅虽较大,但洪水期较长,则不宜采用这种型式。码头的各级可以在同一个断面上,也可不在同一断面上,即把上下两级分设在不同的地点。

（杨克己）

多路交叉 multi-legs intersection

又称复式交叉、多岔交叉。5条或5条以上的道路交汇于同一地点的交叉。这种交叉口车流方向复杂,交叉点、汇流点与分流点多,必须加以渠化并充分保证视距,一般采用中间设岛的环形交叉口或封闭其中某

多路交叉

个流量很小的次要路,或改为单向交通,以减少交叉口的道路条数和冲突点数,使之便于行车。

（徐吉谦）

多路排队 multiple queue

在多通道服务系统中,每个通道各排成一个队等待通道服务的排队系统。每个通道只为相对应的一队车辆服务,车辆不能随意换队。这种情况相当于 N 个单通道服务系统。

（戚信灏）

多路停车 multiway stop

又称全向停车。在平面交叉口所有引道入口设立停车标志,车辆通过必须先停车,然后寻找间隙通过的车流调节方式。适用条件是(1)已确定要修建定时自动信号,由于经济或其他原因还未安装信号机,作为临时措施；(2)交叉口直角碰撞或左转弯碰撞事故超过一定数量时；(3)交叉口交通流量合适时；(4)其他合适条件时。

（李旭宏）

多路线概率分配法 probabilistic multi-route traffic assignment

将交通量以不同的概率分配到多条路径上的交通量分配方法。若OD间有两条及其以上的径路存在时,交通流将以不同的概率通过不同行程时间的路径。分配结果是大部分路段都负担有多少不等的交通量,应用本方法时,需先计算各路段的权重(link weight),然后按权重分配交通量。

（文旭光）

多年冻土地区路基 subgrade in permafrost region

在天然条件下冻结状态持续三年或三年以上地区修筑的路基。多年冻土约占地球陆地面积的26%,主要分布在高纬度或高海拔的寒冷地区。处

多桥式立体交叉 multi-bridge interchange

相交道路之间设置三座或三座以上立交桥的立体交叉。
（顾尚华）

多桥式立体交叉

多时段定周期信号机 fixed cycle signal controller with multiple time period

根据全天流量的变化,自动调整3～6个时段的周期和绿信比的信号机。适应于交通流在一天不同时间发生变化的需要,用于全天流量变化较大而又具有一定规律性的路口。
（乔凤祥）

多时段系统控制 multiple time period system control

在实现联动控制的干道上,把控制参数（周期、绿信比、时差）分成若干组的程序控制。一般把一日或一周分成若干种时段,按事先设计好的程序,在不同的时间段使用不同的系统控制参数。
（乔凤祥）

多事故发生点 high accident location

又称高事故地点。根据以往的交通事故记录,事故频率相对高的具体地点。据以分析事故原因,进行重点改善,使改善措施能取得较好的社会效益和经济效益。确定多事故发生点主要有事故数法、事故率法、事故数与事故率混合法、事故率的质量控制法等。
（杜文）

多态速度-密度模型 multiregime speed-concentration model

交通流中的速度与密度之间的关系式适用于不同交通密度情况下的模型。例如伊迪（Edie）提出的速度-密度交通模型。
（戚信灏）

多线铁路 multiple-track railway

区间正线多于两条的铁路。一般为3线或4线,中国已有少数铁路的个别繁忙路段铺设为3线或4线。
（郝瀛）

多相调时信号 multi-phase timing signal

可自行调节时间的多相位交通信号。用计算机或感应等控制。其相位的多少、相位的变化程序、相位的时间可根据交通的状况自行调节。
（李旭宏）

垛式挡土墙 stack retaining wall, Frame retaining wall

又称框架式挡土墙。用钢筋混凝土纵杆和两端带凸榫的横杆纵横交错装配成框架,框内填土或石块,以抵挡土压力的轻型挡土墙。杆件接头的设计、制作和安装精度要求较高。适用于缺少石料地区的路肩墙或路堤墙。
（池淑兰）

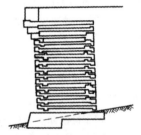

E

er

二级公路 The second class highway

计算行车速度80～40km/h,一般能适应按各种车辆折合成中型载货汽车的远景设计年限,年平均昼夜交通量为3 000～7 500辆,连接中等以上城市或大工矿区、港口的干线公路。路面采用沥青混凝土、热拌沥青、砾石、沥青贯入或水泥混凝土。
（王金炎）

二面坡斜面升船机 inclined ship lift with two slipway

在挡水闸坝上、下游均建有可供承船车升降的斜坡道的斜面升船机。斜坡道的上、下游端均不设置闸首,承船车均直接下水。承船车由上（下）游斜坡道驶入上（下）游斜坡道,沿斜坡道行驶,至坝顶借助过坝换坡设施,使承船车越过坝顶,而后沿下（上）游斜坡道下驶,直接驶入下（上）游航道。
（孙忠祖）

二项分布 binomial distribution

道路上交通流为拥挤车流时,观测周期t内到

达 x 辆车的概率服从二项分布：
$$P(x) = C_n^x p^x (1-p)^{n-x}$$
$$x = 0,1,2,\cdots n$$

式中 C_n^x 为从 n 辆车中取出 x 辆车的组合数；p 为观测周期 t 内到达一辆车的概率；n 为观测周期 t 内可能到达的最大车辆数。

（戚信灏）

F

fa

发动机转速特性 character of engine revolving speed

发动机曲轴的转速与发动机所发出的功率、扭矩及单位燃料消耗量之间的函数关系。此函数关系以曲线表示，称为发动机转速特性曲线或简称发动机特性曲线，通常由试验方法求得。已知发动机的特性曲线，即可据以求汽车的牵引特性，而汽车的牵引力与汽车行驶速度的关系、不同档位牵引力的变化、汽车最大行驶速度、最大爬坡度等汽车的牵引性能则均可借助汽车的牵引特性加以分析。

（张心如）

阀门井 valve shaft

为便于检修和更换输水阀门用的竖井。设置在输水阀门处输水廊道顶部，其大小要便于阀门从井中取出检修或更换，便于检修人员下井进行检修。输水阀门除大修时须将阀门吊出外，一般的止水及阀门吊耳、支承等零部件的检修和拆换均在井内进行。在井内设置检修平台及阀门的定位、锁定等设备，以确保检修操作安全可行。检修平台的高程和尺寸，根据检修工作的具体要求及起吊设备允许提升高度等因素综合考虑确定。

（詹世富）

法国东南干线 Southeast Main-line Railway in Frence

由巴黎到里昂的双线电气化客运专用铁路。全长 426km。1976 年动工兴建，1981 年建成，每公里造价 167 万美元；9 月 22 日投入运营，最高时速 260km，两地旅行速度 212km/h，旅行时间 2h，小于乘飞机的 2h30min（含机场到市区的乘坐汽车时间）。1983 年最高时速提高为 270km，1989 年达到 300km，是目前世界上正规旅客列车速度最高的铁路。该线修建于原有巴黎里昂铁路近旁，多处用渡线连接；由于裁弯取直使路长度较原线缩短 86km。双线线距为 4.2m，路基宽度为 12.6m，有 4 处采用了 35‰ 的动力坡度，可保证坡顶速度不低于 200km/h；最小曲线半径为 4 000m、3 200m；相应超高为 180mm、200mm；缓和曲线采用三次抛物线形。轨道采用 60kg 钢轨的无接缝线路、弹性扣件和 9mm 厚橡胶垫板；铺设了 48 号（tg0.021 8）和 64 号（tg0.015 4）大号码道岔，其侧向过岔速度可达 160km/h 和 220km/h。高速列车采用 TGV 电动车组，由 10 节车厢组成，头尾两节为 BB 型动车，有 6 个动力转向架，驱动功率为 6 300kW；中间 8 节为固定编组的客车车厢，用关节式连接，仅有 7 个承重转向架。列车定员 375 人，总长 200m，总重约 410t，最大轴重为 16.2t。动车采用电阻制动，客车采用空气盘形制动，紧急制动时可合并使用。（郝 瀛）

fan

帆船 sail vessel

主要利用帆具依靠风力推进的船舶。其主要推进装置为帆具，以橹篙和桨作为靠泊、自航和弱风航行的辅助推进装置。按帆的形状，布置和桅数的不同，有很多种类，如横帆船、纵帆船、单桅船、双桅船、多桅船等。船体为木结构，称木帆船，近年有用钢、玻璃钢或其他材料建造的。备有风帆的机动船称为机帆船。帆船历史悠久，从出土诸文化的文物证明，在中国有数千年的历史。

（吕洪根）

翻浆地段路基 subgrade in frost boiling region

修筑在季冻区易出现翻浆地段的路基。季节性冰冻地区水文条件差土质不良的路基土，在冻结过程中，土中的水分会不断地向上积聚，使路基上部湿度剧增；春融时含水量过多处的土基强度急剧降低，在行车的重复作用下，路面出现沉陷、弹簧，继而从裂缝中冒出泥浆，称此为翻浆。非冰冻地区的雨季，路基土含水量过大时，也会出现类似现象，但其成因与前者不同。翻浆不仅会破坏路面，妨碍行车，严重时还会中断交通。为此，应做好路基排水，必要时可提高路基，或在路基中设置隔断毛细水上升的隔离层,或采用粗颗粒土换填路基上部。也可在路面结构层中设置兼起排水与蓄水作用的砂(砾)垫层,或设置隔温层以改善路面结构组合,增加路面结构的总厚度。　　　　　　　　　　(陈雅贞)

翻浆冒泥 mud pumping

基床土受水浸湿软化,在列车动荷载作用下,以泥浆形态挤入道床并向上冒出的基床变形。导致泥浆脏污道碴,道床失去承载能力,轨道不平顺,从而影响线路的稳定性。整治方法主要有:(1)砂垫层——在基床顶部铺设一定宽度和厚度的中粗砂,以改善基床的动力性能,阻止泥浆上升污染道床;(2)封闭层——在基床表层铺设一层掺合料(沥青、石灰三合土等)或其他材料(氯丁橡胶板、不渗水土工布等)的隔层,以隔断地表水渗入基床,消除水的有害影响;(3)换土——更换不良的基床填土,以改变土质条件,提高承载能力;4.加深侧沟——降低和拦截地下水对基床的影响,可用渗水性的土工布作侧沟的砂石反滤层。　　　　　　　　(池淑兰)

反滤层 reverse filter layer

设于地下排水结构物进水侧或挡土结构物排水孔进口附近的过滤层。防止水流夹带泥砂杂物进入排水孔道。由筛选过的不同粒径的粗砂、砾石、碎石自进水方向颗粒由小至大顺序排列组成,各层粒径大小以细颗粒不能被流水带入相邻的粗颗粒层的孔隙的原则确定,每层厚10～15cm。
　　　　　　　　　　　　　　(徐凤华)

反坡 inverse grade

为争取高程而设置连续升坡的纵断面线形中设置的降坡坡段。越岭展线的纵断面通常设成为连续升坡的线形,无特殊情况应避免在连续升坡路段中夹有降坡段,以免损失升坡高程而使路线增长。
　　　　　　　　　　　　　　(张心如)

反向弧形阀门 reversed tainter valves

设在船闸输水廊道上,门面凸向下游的弧形闸门。其结构型式有双面板式和竖次梁两种。双面板式的门叶采用等高连接,门叶刚度大,对抵抗动水作用有利。竖次梁式的门叶梁系叠接,刚度较小,但结构简单,自重较轻,对门井旋滚水流阻力较小。面板曲率半径的大小,不仅影响门叶本身的尺度和受力条件,而且影响水力条件、启闭力和水工结构,一般取为(1.3～1.6)倍阀门处输水廊道的高度。阀门的支铰中心,布置在灌泄水时支铰和支铰梁都不受水流直接冲击的高程上,支铰中心与输水廊道底面的距离一般为1.1～1.3倍阀门处的廊道高度。其阀门井位于阀门面板的上游,增加了阀门井的水柱高度,可防止水流将空气带入船闸闸室,有利于改善闸室内的水力条件,阀门井内的水面波动较小,使阀门不致发生严重的振动。这种阀门不设门槽,可避免由门槽引起的涡流和气蚀;此外,还具有结构坚固、操作简便、启闭灵活及启闭力小的特点。广泛用于高水头船闸。

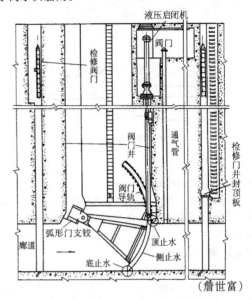

　　　　　　　　　　　　　　(詹世富)

反向交通不平衡系数 coefficient of unbalanced counter flow

双向交通的道路上,较大方向的交通量与两方向交通量平均数之比。一般在高峰小时最显著,早晚高峰小时可能相反。道路设计时必须考虑这种不平衡的影响。验算道路通行能力应满足交通量较大方向的要求。
　　　　　　　　　　　　　　(文旭光)

反向曲线 reverse curve

两个转向相反的相邻曲线。道路设计中,曲线间插入短直线时,短直线长度宜不小于2倍计算行车速度(km/h)的长度(m);圆曲线直接相连时,称为反向复曲线;曲线间设有缓和曲线而逐相连接时,称为S形曲线。

铁路设计中,为了保证行车平顺和养护维修方便,两曲线不得直接相连,须插入夹直线。
　　　　　　　　　　　(李　方　周宪华)

反压护道 loading berm

旧称反压马道。路堤两侧填筑一定宽度和高度,用以平衡基底软土向两侧挤出和隆起的土堤。护道本身高度不应超过天然地基上路堤的填筑临界高度。当软土层较薄且其下卧岩层面有明显横坡时,可在路堤两侧采用不等宽的护道。在横坡下方(软土层较厚的一方)的护道应宽于横坡上方的护道。护道应与路堤同时分层向上填筑。施工简便,既不需特殊的施工机械和昂贵的材料,也不需控制施工速度,但占地多。适用于非耕作区和土源丰富的地段。与排水砂井、排水砂垫层或换填土壤等方法并用时，构成综合加固措施，可增大加固效果。护道有单级和多级形式。

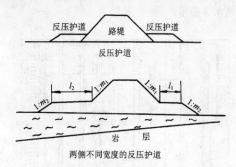

两侧不同宽度的反压护道

（池淑兰）

反应距离 reaction distance

驾驶人员在反应时间内车辆所行驶的距离。取决于驾驶人员的反应时间的长短和车辆行驶的速度。　　　　　　　　　　　　　　　（戚信灏）

反应时间 reaction time

视觉信号等信息，从人的感觉器官，传入大脑，经大脑判断，发出命令传达至手或脚，直到产生动作整个过程所需要的时间。在研究驾驶人员的反应特性中，最重要的是驾驶人员在驾驶车辆时的制动反应时间。其长短取决于驾驶人员的个性、年龄、对反应的准备程度及工作经验。　　　　　　（戚信灏）

反应特性 reaction characteristics

驾驶人员或行人因受外界刺激，所产生反应的内在规律。由于刺激因素的强弱、时间、次数等不同，表现出反应的剧烈强度和时间长短也不同。
　　　　　　　　　　　　　　　　　　（戚信灏）

泛滥标 overflow marks

标示被洪水淹没的岸线或岛屿、边滩等轮廓的航行标志。设在洪水淹没的河岸或岛屿靠近航道一侧。标杆上端装一截锥体顶标，可埋设于岸边也可以装在具有浮力的底座上作为浮标设置。左岸为白色或黑色，夜间发绿色或白色定光，右岸为红色，夜间发红色定光。在弯曲河段朝岸的一面灯光应予以遮蔽(附图见彩3页彩图12)。　　　（李安中）

fang

方块防波堤 concrete-block gravity wall breakwater

堤身由预制的混凝土方块砌筑而成的直墙式防波堤。可分为普通方块防波堤和巨形方块防波堤两种。　　　　　　　　　　　　　　　（龚崇准）

方块码头 concrete blok quay wall

墙身由方块块体按一定方式砌筑而成的重力式码头。它的断面型式有阶梯形断面方块码头、衡重式方块码头和卸荷板方块码头三种。用于砌筑码头的方块有普通实心方块、空心方块和异型方块等多种型式。前者坚固耐久，施工维修简便，但自重较大，砌筑要满足错缝要求，因而有时便改用省材料，减少块体数量和层次的后二者型式。空心方块码头又分为有底和无底两种，方块尺度比同等重量的实心方块可以做得更高大些，块体安放后，空隙中填充块石，但空心方块的断面单薄，容易断裂，施工时必须严加控制，以确保质量。异型方块码头是用混凝土或钢筋混凝土预制成"I"形、"H"形和"T"形等块体砌筑而成的，但墙体接缝多，方块形状复杂，耗费模板。方块码头一般适用于地基承载力较好，当地有大量砂石料和具有起重设备的情况。其缺点是混凝土用量多，水上安装及潜水工作量大，施工速度慢，墙身易随地基沉降而变形。　　　　（杨克己）

方位标志 bearing marks

设在沿海和通海河口的水域中，标示航行障碍物危险区方位的浮标。以危险区为中心，将标志设在该危险区的东、南、西、北四个象限内，分为东方位标，南方位标，西方位标，北方位标四种，标示可航行的水域的方位，如设在航行障碍物或危险区以东的东方位标，则指示船舶为避开障碍物而应在标志以东通行。各方位标均可用杆形、柱形或锥形，并装上锥形顶标以增加明显度。东方位标为黑色，中间有一条黄色宽横带，顶端用两个黑色锥形，锥底相对的顶标，夜间发白光联快或甚快闪3次；南方位标为上黄下黑，顶标为两个串联的锥顶向下的黑色锥体，夜间发白光快或甚快闪6次加1长闪；西方位标为黄色中间有一条黑色宽横带，顶标为两个串联的锥顶相对的黑色锥体，夜间发白光快或甚快闪9次；北方位标为上黑下黄，顶标为两个串联的锥顶向上的黑色锥体，夜间发白光连续快或甚快闪。方位标志也可设在航道的弯道、分支、汇合处或浅滩的终端(附图见彩7页彩图25)。　　　　（李安中）

防波堤 breakwater, mole

又称外堤。修筑在开阔水域港口的外侧，以阻挡波浪直接向港内水域入侵的堤。其主要作用是使港内的港池、锚地和进港航道能满足港口泊稳条件的要求，以保证船舶安全进出港口和在港内进行正常的装卸作业和安全停泊，有时还有改善港区水流条件和阻挡泥沙进入港内以减轻港口及航道淤积等作用。按其所在的位置可分为其一端与岸相连的突堤和两端都不与岸相连的岛堤两类。按其断面型式和消波特性可分为斜坡式防波堤、直立式防波堤、混合式防波堤、透空式防波堤、浮式防波堤以及气压式防波堤和喷水式防波堤等特种防波堤。随着船舶吨位和尺度的加大、港口的发展,防波堤的位置日益由浅水向深水发展,所受的主要外力——波浪力也愈来愈大。

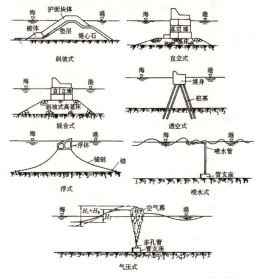

(龚崇准)

防波堤布置 layout of breakwater

根据当地的风、波浪、潮流、泥沙、冰凌及地形、地质等自然条件和港口总体规划的需要,合理地选定防波堤的具体位置和布置形式。要能可靠而有效地掩护港口总体规划所需的水域,充分保证船舶能安全方便地进出港口,顺利地进行装卸作业;应尽量防止或减轻港口和航道的淤积及岸滩的冲刷;要充分利用地形和地质等自然条件合理布置,以减少防波堤的工程量和投资;应根据港口建设规模和水、陆域布置拟定分期建设的程序并留有港口扩建发展的余地。合理地选定防波堤的轴线位置和口门的方向及宽度为其技术关键。能否满足港口泊稳条件的要求,一般需进行波浪绕射的数值计算,必要时尚需进行物理模型试验予以验证。

(龚崇准)

防波堤堤干 trunk of mole

岛堤的两堤头之间或突堤的堤头与堤根之间的部分。是防波堤的主干,决定防波堤的技术经济特征。其长度大,沿堤轴线地形常有变化,水深和波高不一,设计时应结合地形、地质、波浪等条件将其划分为若干标准段,以达到既满足稳定和强度的要求,又减少工程量、节约投资的目的。直立式防波堤需设置沉降缝,宜将堤干分成若干施工段,其长度一般可取20~30m。

(龚崇准)

防波堤堤根 mole-root

突堤与岸相连接的一段。一般以设计高水位时水深为波浪破碎水深处为界。它经常受到远破波的强烈冲击。因位于浅水区,难于使用重型浮式起重设施,但便于由陆上端进施工,所以一般不采用重型方块和沉箱,多采用抛石、砌石或混凝土护面块体的斜坡式结构;也可采用小型混凝土方块砌体、双排板桩、小型沉箱的直立式结构,外侧加抛石保护。

(龚崇准)

防波堤堤头 mole-head, breakwater head

防波堤位于深水一侧的端部。它处于口门三面环水,水深最大,受到波浪二面或三面的袭击,有时还受水流的冲刷或冰凌的撞击,受力情况十分复杂,往往在很大程度上决定了防波堤其余堤段的安全,所以一般应予加强使之具有较大的稳定性和强度。堤头段常向港内一侧适当加宽。直立式防波堤堤头段的长度约为其宽度的1.5~2.0倍,或取与防波堤堤干的施工段相同长度;防浪胸墙适当加高;平面形状多采用圆弧形。斜坡式防波堤堤头的护面块体重量应按堤干的护面块体重量乘以1.2~1.3的安全系数,并取港内外两侧同一设计标准的对称断面;为缩小防波堤口门宽度以改善港内水域的波况,斜坡式防波堤堤头也常做成直立式。有时还在其上设置灯标或海洋水文观测设施等,内侧常设有靠泊小船的系船柱或系船环、上下船的小梯等。

(龚崇准)

防波堤口门 gap of breakwater

用防波堤作掩护的港口,在两个防波堤堤头之间或一个堤头与海岸之间船舶航行的出入口。一般要布置在强浪的破波带以外的深水区,以减少航道的开挖工程量并避免波浪破碎造成口门附近航行条件的恶化以及泥沙冲淤;离码头岸线和海岸要有一定的距离,以满足船舶进入口门后克服惯性所必需的制动距离;方向和宽度要兼顾防浪掩护效果和船舶进出口门的安全,方向应与进港航道相协调,航道轴线与强浪向之间的夹角宜为30°~35°,有效宽度应为设计船长的1.0~1.5倍;其数量应根据船舶航行密度,自然条件和港口总平面布置要求等因素确定,一般为一个口门,必要时可采用多口门。

(龚崇准)

防冲簇桩 fender dolphin

防止船舶冲撞码头的簇桩。多用于大型透空式码头或浮码头的外侧。其上多装设有橡胶护舷或旧轮胎。如只用单桩,则俗称靠船桩。

(杨克己)

防冲设备 fender system

俗称靠船设备。防止船舶和码头发生直接碰撞的装置。用以减小船舶靠、离码头或在系泊中受到波浪、水流和风的作用而产生的撞击力和摩擦力等,对船体和码头等其他水工建筑物起保护作用。

根据受力特点和使用要求，防冲设备必须具备有足够的弹性，能吸收船舶的撞击动能、抵抗切向力、坚韧耐磨，不易损坏，构造简单，容易更换，并且造价较低。它一般可归纳为4大类：护木、橡胶护舷、靠船桩、其他型式的靠帮等。一般中小码头多采用护木；大型码头多采用橡胶护舷；透空式码头前的水位变幅较大时，则采用靠船桩较为合理。

(杨克己)

防风栅栏 winde break

铁路风害严重地区，用角钢或其他耐磨蚀的材料制成，插在路堤迎风侧的栅栏形防风设施。用于不宜设置挡风墙的地段。大风碰到栅栏后，风速会大大减弱。防风效果决定于栅栏的高度和空隙度。按50%空隙度排列，风的减弱效应较好。

(池淑兰)

防护栅 protection fence

又称禁人栅栏(access prevention fence)。为防止与高等级道路无关的行人、非机动车和动物等进入，确保交通安全与防止出现非法占用道路用地等而设置的道路防护设施。常设于行人、非机动车和动物有可能进入的区域和立体交叉、服务区、停车区等设施的周围，以及道路保留用地的边缘。防护栅由支柱(木、混凝土或金属材料制)和金属网组成。

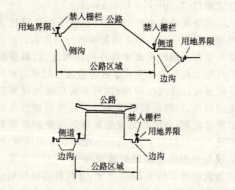

(李峻利)

防磨护轨 anti-wear guard rail

为减轻钢轨磨耗而设置的护轨。用于曲线轨道和道岔转辙器上。在曲线上，铺设于曲线轨道道心靠内轨一侧或内外轨两侧。在小号码单开道岔转辙器上，铺设于尖轨前方靠曲线基本轨内侧或直线基本轨外侧，以减缓曲线尖轨的过快磨耗并防止尖端轧伤。护轨与走行轨之间，用间隔铁和螺栓以及带轨撑的护轨垫板牢固联结，轮缘槽宽度为60～80mm。

(陆银根)

防爬撑 anti-creep strut

沿轨道纵向成对安装在道心两侧的轨枕盒内，使3～5根轨枕形成框架，共同承受一对穿销式防爬器传递的轨道爬行力的零件。一根轨枕在道床中的防爬阻力一般为20kN，而一个穿销式防爬器的防爬力在30kN以上，因此，这是充分利用穿销式防爬器的防爬能力的措施。撑子可用石料或混凝土制造，也可利用废旧木枕改制。

(陆银根)

防爬器 anti-creeper

安装于轨底并贴靠轨枕侧面以阻止钢轨沿轨枕面相对窜动的零件。常用的有穿销式和弹簧式两种。穿销式由带挡板的轨卡和销子组成，将轨卡套住轨底，用钢销子楔紧，并使挡板紧靠轨枕侧面，每个具有30kN左右的防爬力。在轨道上应成对安装，并与防爬撑配合使用。弹簧式是由特殊钢材制成的弹性拱形轨卡，用专用工具将轨卡套装于轨底，靠自身弹性紧固其上，轨卡的拱背紧贴轨枕侧面，具有10kN以上的防爬力，与轨枕所受道床纵向阻力的一半相当。因此，只需成对安装，独立使用。

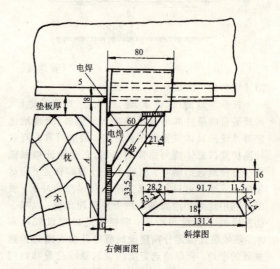

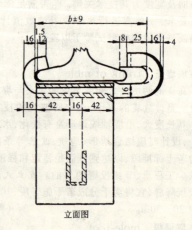

(陆银根)

防沙堤 sediment barrier

防止泥沙进入港口或人工航道而修筑的堤。有时可兼有一定的防浪作用。在浅水区修建深水港常因天然水深不足需开挖人工港池和航道,当在近海波浪、潮流等动力因素作用下有沿岸输沙时,大量泥沙将落淤在港池和航道,为此常需设置防沙堤;在沿岸泻湖或河口建港,虽港区一般有足够水深,但常因有拦门沙而需人工浚挖通海航道,穿越浅滩的航槽易被泥沙淤浅,因此常需根据动力条件在航道的一侧或两侧修建防沙堤。防沙堤建后部分泥沙先在堤根附近坝田内淤积,等深线逐渐外移,另一部分泥沙将向深水区扩散或越过堤头向下游输移。如防沙堤未修筑至人工航道口外,则部分推移质泥沙还将落入航槽。在沙质海岸除修建防沙堤之外,有时还辅以输沙工程,不仅可获更好的防淤效果,而且可有效地减轻下游海岸因人工开挖航道和修建防沙堤使泥沙来源中断或减弱而造成岸滩冲刷、海岸侵蚀的现象。淤泥质海岸修建防沙堤的效果较差。其结构型式与防波堤大致相同,因多位于浅水区,常采用斜坡式。

(龚崇准)

防咸船闸 lock protecting against salinity instrasion

具有减少和阻止海水入浸设施的船闸。在海船闸运转过程中,当潮位高于内河水位时,由于调平水位差、盐水楔异重流及闸、阀漏水等原因造成海水入浸,污染内河淡水。为减少和阻止海水入侵,需设置防咸设施。防咸方法主要有(1)气幕法,利用压缩空气形成气幕,减少盐水楔异重流入侵;(2)集咸坑法,在淡水一侧设置深坑,贮存入侵海水,待低潮时将坑内咸水排入海中;(3)置换法,设置咸、淡两套输水系统,根据船闸的运转将闸室内水体全部置换为淡水或海水,以防止海水和淡水的交换,达到阻止海水入侵的目的。荷兰是世界上最早研究船闸防咸问题的国家之一;从20世纪50年代起,就先后在十几座船闸上应用气幕法及集咸坑法进行防咸。20世纪70年代后在克拉克和菲利普船闸上采用置换法防咸措施。

(詹世富)

防眩屏 anti-glare fence, anti-glare screen

又称遮光栅、防眩板。是为了使夜间行车的司机免受对向来车的车灯眩光干扰而设置在中央分隔带上的道路防护设施。由金属支柱与防眩百叶板或金属网组成,全高一般路段为1.6～1.7m,平竖曲线路段为1.2～1.8m,防眩板间距0.5m,偏角8°～15°,支柱间距4～6m。当中央分隔带宽度大于7m或上下行车道中心高差大于2m时,以及在连续设置照明的路段上,因车灯对向司机的影响不大,故可不设防眩板(屏)。

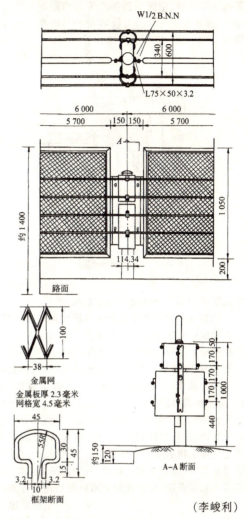

(李峻利)

防雪栅 snow fence

为防止或减少路面积雪而在公路的上风侧设置的栅栏或篱墙等道路防护设施。其构造有透雪和不透雪之分,设置形式则有固定式或移动式。

(李峻利)

防撞设备 anti-collision device

为防止船闸工作闸门被过闸船舶撞击而设置的保护装置。其主要型式有保安缆索、保安链、防冲梁等。布置在船闸工作闸门前若干距离处。闸门关闭时为工作状态,处于水面或略高于水面;闸门开启后,降至闸底,以便船舶通行。保安缆索和保安链被船舶撞击时,经过机械或电动制动阻止船舶前进,以免船舶直接撞击工作闸门。防冲梁被船舶撞击时,其撞击力由防冲梁直接传递到闸首边墩而不致损坏工作闸门。船闸上目前采用较多的是保安缆索;它是将一根钢绳横跨闸室,钢绳两端分别与设在闸首边墩上的制动装置相连。当过闸船舶未能及时制动而撞击钢绳时，钢绳受到制动装置的限制而产生制动力，阻止船舶行进。工程实践中一般在Ⅰ～Ⅲ级船闸下闸门的上游设置防冲设备。

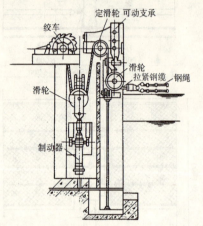

（詹世富）

放大纵断面图 enlargement profile

既有线改建时所采用的将高程比例尺加大并绘有表明轨道高度特征的纵断面图。该图的下半部为纵断面设计的资料和数据，包括：既有线平面、百米标与加标、地面高程、既有道床厚度、既有轨面高程、轨面设计坡度，轨面设计高程、既有轨面高程抬降值、路基病害路段、工程地质特征等内容。上半部为高程比例尺放大的线路纵断面图，绘有地面线、既有道床底面线、既有轨面线、计算轨面线、设计轨面线，并注明建筑物的里程和特征。为了尽可能充分利用既有建筑物，减少改建工程量，采用此图可以细致研究既有轨面升降，使设计的纵断面更加经济合理。

（周宪忠）

放坡 try to determine the vertical slope of road on field survey

山岭地区实地选定公路路线时，在地面高差较大、地形比较复杂的条件下，运用手水准按容许的角度，自上而下选择有利地形，逐点寻找合适的路中心线纵坡度地面点，并立以标志，以供选线摆点时参考用的工作过程。操作中前后各一人，保持通视，逐点进行，间距约 50m，按 1°≈1.75% 的角度与坡度关系，结合地形灵活调整角度，并留有余地。

（周宪华）

fei

飞机 airplane

由动力装置产生前进推力，靠机翼产生升力，操纵舵面改变飞行姿态，在大气层中飞行的重于空气的航空器。无动力装置的滑翔机、以旋翼产生主要升力的直升机以及在大气层外飞行的航天飞机都不属飞机的范围。但有人习惯把气球、飞艇以外的航空器泛称为飞机。飞机通常由动力装置、机翼、尾翼、机身、起落架、操纵系统和机载设备等组成。动力装置产生推力或拉力使飞机前进；机翼和空气相对运动而产生升力；尾翼保证飞机平衡，同时具有良好的稳定性和操纵性；机身用来连接机翼和尾翼，装载乘员、货物和各种设备；起落架用于起飞着陆时的滑跑和停放；操纵系统用来改变飞机的飞行姿态。飞机按起落场所分，有陆上飞机、水上飞机、水陆两用飞机。按用途分，有民用飞机、军用飞机、试验研究飞机。按推进装置分，有螺旋桨飞机、喷气飞机。

（钱炳华）

飞机地面转弯半径 airplane turning radius on ground

飞机在地面沿曲线滑行时至圆心的距离。有高速滑行最小转弯半径及低速滑行最小转弯半径两种。高速滑行最小转弯半径，根据飞机不致发生倾覆和横向滑移的要求来确定，与最大许可滑行速度平方值成正比，跑道与滑行道交接处的道面转弯半径主要根据它来确定。低速滑行最小转弯半径根据飞机前起落架的轮胎不致过度磨损的要求来确定，与前起落架的最大许可转角成反比。根据机坪设计的需要，低速滑行最小转弯半径可以进一步分为主轮、翼尖、机头、机尾等四种最小转弯半径（参见飞机前后轮距 81 页）。

（钱炳华）

飞机航程 airplane range

飞机在平静大气中沿预定方向耗尽可用燃料所飞达的水平距离。它是表征飞机远航能力的性能指标。对于一定的飞机，则与载油量、载重量、发动机工作状态、飞行高度和速度等有关。 （钱炳华）

飞机航迹 airplane track

飞机重心运动的轨迹在地面上的投影。

（钱炳华）

飞机航线 air route

飞机预定的飞行路线。民用航空运输的航线分为国际航线、国内干线和地方航线三种。国际航线是超越一个国家范围的航线。国内干线是一个国家的主要大城市之间的航线。地方航线是中、小城市之间的航线。航线通常以线路的起迄点命名，如上海—青岛航线。

（钱炳华）

飞机航向 airplane heading

飞机纵轴的水平指向。用相对于基准方向的顺时针夹角表示，大小为 0°～360°。基准方向为真北时称真航向，为磁北时称磁航向，为罗盘北时称罗盘航向，为格网北时称格网航向。 （钱炳华）

飞机机身长度 fuselage length

飞机机身前端至机尾后端的距离。是飞机主要尺寸之一。为确定机坪和飞机修理厂平面尺寸时的主要依据。　　　　　　　　　　　（钱炳华）

飞机基本重量　operating empty weight of airplane

飞机净重以及飞行所需全部必要装备和机组人员,但不包括商务载重和燃油的重量。它随舱中座位的布置而变动,因此不是一个常数。
　　　　　　　　　　　　　　　　（钱炳华）

飞机基准飞行场地长度　airplane reference field length

飞机在海拔为零、气温为15℃、无风、跑道无坡的标准条件下,以最大起飞重量起飞时的平衡飞行场地长度(飞机起飞距离等于加速—停止距离时的飞行场地长度)。是将飞机类型及其起降特性与飞机对飞行场地技术要求联系起来的一项重要参数。可据此进行飞行区等级指标分级,且可作为估算非标准条件下机场跑道长度的基准。
　　　　　　　　　　　　　　　　（陈荣生）

飞机空速　airplane airspeed

飞机相对于空气的运动速度。有表速和真速两种。表速是空速表上显示的飞行速度,即仪表速度。它是空速表通过测量气流总压与静压之差而间接测出的飞机相对于未扰动大气的飞行速度。空速表的刻度是按照大气处于标准状态而设计的,没有考虑大气密度随高度的变化。因此当大气处于非标准状态时,表速就不等于真速。由于一架重量一定的飞机失速时的表速在高度很宽的范围内接近一个常数,因此表速对飞行员起飞、着陆和保障飞行安全来说有重要意义。真速又称真实空速,是飞机相对于未扰动空气的速度,可由表速经过修正得出。
　　　　　　　　　　　　　　　　（钱炳华）

飞机离地速度　airplane lift-off speed

飞机起飞全部主轮离开地面时的飞行速度。它不但与飞机的空气动力性能有关,而且与飞机重量、驾驶技术、气温、气压等因素有关。通常其值越大,所需跑道也越长。　　　　　　（钱炳华）

飞机偏流角　airplane drift angle

飞机航向和航迹之间的夹角。以航向为基准,顺时针转向航迹为正,逆时针转向航迹为负。
　　　　　　　　　　　　　　　　（钱炳华）

飞机起落架　airplane gear

飞机在机场上作起飞滑跑、着陆滑跑及停放时用于支承飞机重量的结构装置。位于飞机前部的称前起落架,通常假定承担飞机重量的5%左右。位于后部的称主起落架,承担其余的重量。起落架通常由承力支柱、缓冲器(承力支柱与缓冲器合一的称缓冲支柱)、机轮和收放机构等组成。前起落架主要有单轮式及双轮式两种。主起落架除单轮式及双轮式外还有四轮小车式、多轮式及多轴多轮式等。为减小飞机阻力,现代飞机的起落架在起飞后可以收入轮舱内。　　　　　　　　　　　（钱炳华）

飞机前后轮距　airplane wheel base

飞机前轮中心至后轮中心的距离。它与前起落架最大许可转动角决定飞机的主轮、翼尖、机头、机尾的低速滑行最小转弯半径。是机坪平面设计的主要依据。　　　　　　　　　　　（钱炳华）

飞机商务载重　airplane payload

民用运输机全部有收益的载重。它包括旅客、行李、邮件、快件及货物的重量。由于座位和随机装备占去大量空间,因此商务载重通常小于飞机所能载运的最大荷重。　　　　　　（钱炳华）

飞机速度　airplane speed

飞机单位时间移动的距离。常用单位为 km/h 及海里/小时。按照飞机活动的特征,可分为起飞决策速度、离地速度、上升速度、巡航速度、下降速度、接地速度等。其中起飞决策速度、离地速度及接地速度对飞行区的设计和使用有影响。表达方式主要有地速和空速两种。地速是飞机相对于地面坐标系的运动速度。地速等于空速与风速的向量和。无风时,地速就等于空速。喷气飞机的飞行速度都比较大。为了方便,常用飞行速度与音速的比值来表示,并且称为 M 数(马赫数)。目前多数军用飞机的最大飞行速度是超音速的,相应的 M 数大于1。
　　　　　　　　　　　　　　　　（钱炳华）

飞机无燃油重量　airplane zero fuel weight

飞机基本重量与商务载重之和。凡是超过它的一切重量都是燃油。燃油由航行燃油、备用燃油、试车和滑行燃油等组成。其中航行燃油是主要组成部分,它根据航程、速度、飞行高度、气象条件和商务载重等确定。　　　　　　　　　　　（钱炳华）

飞机巡航速度　airplane cruising speed

飞机为执行任务而选定的适宜于长距离或长时间飞行的速度。通常为最大平飞速度的70%~80%。其大小应根据任务的需要(如飞行距离、续航时间、载重量等)、经济性及气象条件等确定。
　　　　　　　　　　　　　　　　（钱炳华）

飞机翼展　airplane wingspan

飞机的翼尖间距。是飞机主要尺寸之一,它对跑道宽度、滑行道间距、滑行道至跑道的距离、机坪平面尺寸等的设计有影响。多数飞机,此间距固定不变。只有少数军用飞机,可以变动,这种飞机称为变后掠翼飞机。　　　　　　　　（钱炳华）

飞机允许最大滑行重量　maximun permissible ramp weight of airplane

飞机从机坪滑出时允许的最大重量。其值有两种：一种是根据飞机结构强度而确定的最大滑行重量，通常新建和扩建机场滑行道的结构层按此重量进行设计；另一种是根据现有机场滑行道的承载能力来确定的最大滑行重量。 （钱炳华）

飞机允许最大起飞重量 maximun permissible takeoff weight of airplane

飞机松刹车准备起飞时允许的最大重量。其值有两种：一种是根据飞机结构强度而确定的最大起飞重量，新建和扩建的机场跑道，其长度及道面结构层应按此重量进行设计；另一种是根据现有机场的跑道长度、道面承载能力、净空条件及起飞时的气象条件来确定的允许最大起飞重量，此值有时比飞机结构允许的最大起飞重量小。 （钱炳华）

飞机允许最大着陆重量 maximun permissible landing weight of airplane

飞机着陆接地时允许的最大重量。其值有两种：一种是根据飞机结构强度而确定的最大着陆重量，新建和扩建机场的跑道应按此重量进行设计；另一种是根据现有机场跑道长度或道面承载能力而确定的最大着陆重量。飞机将着陆接地时如超过此重量，则必须空中放油，使得其重量低于此数值后才能着陆。 （钱炳华）

飞机噪声 airplane noise

飞机起飞、飞行、着陆、滑行以及试车时产生的噪声。喷气飞机的噪声由喷气噪声、进气噪声、风扇噪声、压气机噪声、燃烧噪声、机体空气动力噪声等组成，其中喷气噪声是主要的噪声源。飞机噪声对机场和附近居民区造成噪声污染，影响旅客的舒适和空勤人员的工作，并且影响飞机寿命和飞行安全。因此它是评价飞机质量的主要指标之一。在发达国家已订出飞机容许噪声标准，并规定新飞机必须经过噪声检验，证实合格后方可生产和使用。
（钱炳华）

飞机噪声等值线 airplane noise contour

地面上飞机噪声值相等的各点连成的闭合曲线。在地形图上于机场周围按规定的递减值（通常为5dB）描绘一系列飞机噪声等值线，就成为机场飞机噪声等值线图。有机场飞机噪声现状等值线图和机场飞机噪声预测等值线图两种。前者通常用声级计在现场测定；后者则根据预测的飞机机型、各型飞机的起降架次、飞行程序及飞机噪声距离特性等经过计算确定。通过这些图可以全面掌握飞机噪声在机场周围的污染情况，以及拟定治理和控制飞机噪声污染的措施。 （钱炳华）

飞机噪声评价量 airplane noise assesment

评定飞机噪声的量度。主要有感觉噪声级和有效感觉噪声级两种。某一噪声的感觉噪声级，是在烦恼程度上主观感觉与该声音相同的中心频率为1 000赫的窄带噪声的声压级。它是基于"烦恼度"而不是基于"响度"的主观分析。有效感觉噪声级是在感觉噪声级的基础上，考虑了噪声持续时间和纯音修正后，而进一步建立起来的评价量。机场飞机噪声环境影响评价通常采用计权等效连续感觉噪声级，它是在有效感觉噪声级的基础上，考虑白天、晚上、夜间的不同效应以及飞机架次的影响等而建立起来的评价方法。 （钱炳华）

飞机主轮距 airplane wheel tread

飞机两侧主起落架中心的间距。是滑行道宽度设计的主要依据。 （钱炳华）

飞机主起落架静荷载 static weight on the main tear

飞机停放时主起落架作用在地面上的荷载。它随飞机重量而变化，可根据飞机重量及重心位置经过计算得出，通常约为飞机重量的95%。机场飞行区的道面及排水结构物通常以飞机最大重量时主起落架静荷载为基础进行设计，并且认为主起落架的每个轮子都承受相同的重量。 （钱炳华）

飞机主起落架轮胎压力 tire pressure of the main gear

主起落架轮胎的充气压力。充气压力大的轮胎，体积小，所需的轮舱小，能适应高的起飞着陆速度，但易破坏机场道面。目前国际上较典型的运输机，轮胎充气压力一般为1.0~1.4MPa。随着飞机发展，主起落架轮胎压力逐渐增加，因而对机场道面的强度要求及抗磨性能越来越高。 （钱炳华）

飞机最大高度 airplane maximun height

飞机空载时垂直尾翼的翼尖至水平地面的距离。是确定飞机修理厂厂房的高度、跨越滑行道的立交桥净空高度的主要依据。 （钱炳华）

非机动船 non-self propelled vessel

没有动力推进装置，靠非机动力或靠其他机动船带动航行的船舶。前者如早期已沿用下来的人力背纤，撑篙，划桨，摇橹和风帆等驱动的木筏和帆船。后者如靠拖船和顶推船带动的驳船。
（吕洪根）

非机械化驼峰 nonmechanized hump

不用车辆减速器调节车辆溜放速度的调车驼峰。其改编能力不大。适于设置在中、小型编组站上。中、小型编组站调车场线路较少，车辆溜放速度的调节，靠驼峰溜放部分线路平面与纵断面的适当配合，就能满足前后车辆在道岔上分路的要求。在调车场内，车辆溜放速度由制动铁鞋来控制。与之相配套的道岔操纵系统是自动集中。 （严良田）

非集中联锁 non-centralized interlocking

就地操纵道岔和信号机分散实现联锁的设备。车站内的道岔是用人力转换,信号机是用人力或电力操纵,而联锁是由联锁箱或电锁器完成,前者称为联锁箱联锁,后者称为电锁器联锁。目前联锁箱联锁已被逐步淘汰,电锁器联锁仍在一些车站使用。
(胡景惠)

非精密进近跑道 nonprecision approach runway

具有部分无线电导航设备(归航台着陆引导设施)和灯光助航设备的仪表跑道。这类跑道在复杂气象条件下(能见度较差),其设施能引导飞机至机场上空域,然后目视地面助航设备驾驶飞机着陆。若看不清助航设备就难以着陆。 (陈荣生)

非均质悬液 heterogeneous suspensions

悬浮在介质中颗粒分布不均匀的固-液混合浆体。工程上,用 c/c_A 值来判断,凡 $c/c_A < 0.8$ 的悬液就是这种悬液,其中 c 是距管顶 $0.08D$(管径)处颗粒的浓度;而 c_A 是管子中心处浓度。 (李维坚)

非牛顿流体 non-Newtonian fluids

在层流状态下,施加的剪切应力与剪切应变速度不是或不全是成正比关系的流体。其流变特征至少需要用两个参数来表征。根据其表观黏度是否和剪切持续时间有关可分为两类:一为非时变性非牛顿流体,如宾汉塑性流体、伪塑性流体、膨胀流体;另一类为时变性非牛顿流体,如触变性流体与凝胶流体。管道输送的石油,煤浆都属此流体。

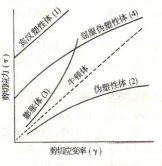

(李维坚)

非线性跟车模型 non-liner car-following model

考虑到反应灵敏度与前后两车的间距成反比关系时的跟车模型。该模型克服了线性跟车模型中与车辆间距无关的缺陷。 (戚信灏)

非仪表跑道 noninstrument runway

又称目视跑道。装有目视助航设备,供飞机用目视进近程序飞行的跑道。这类跑道因没有无线电导航设备引导,驾驶员只能目视地面助航设备操纵飞机进行着陆飞行。如气象条件复杂,地面助航设备无法辨清,就不能保证飞机正确安全着陆。因此,对这类跑道飞机只能在简单气象条件下(能见度良好)着陆。在着陆前通常要先以适当的高度飞越跑道上空,要确定着陆航线,边目测地面助航设备,边修正飞行高度和方向,然后才能正确着陆。因此,飞机着陆需耗费较多的时间和油料。目前只有在次要的机场上才采用这类跑道。 (陈荣生)

废方 wasts cut

根据挖槽设计尺度计算出的有效土方以外所超挖的土方量。在疏浚施工中因水流、风浪及标志摆移等使实际挖方量常超过计算的有效土方量。这部分超挖量不计入疏浚挖方的工程量,但它表明该挖泥船的实际生产能力,应填入浚工验收单中上报。
(李安中)

fen

分布系数法 distribution factor method

考虑了交通区间空间距离、地区性质、道路等级、出行目的、城市规模等诸因素的交通分布预测方法。美国中央研究院交通工程研究所委托 Comsis 公司,花了 2～3 年时间,于 1979 年推出了这套新的计算方法:

$$T_{ij} = P_i \frac{A_j F_{ij} K_{ij}}{\sum_j A_j F_{ij} K_{ij}}$$

式中 T_{ij} 为 i 区和 j 区的出行量;P_i 为 i 区的出行发生量;A_j 为 j 区的出行吸引量;K_{ij} 为 i 区与 j 区之间的调整系数;F_{ij} 为 i 区至 j 区的分布系数。美国曾调查了 200 多个城市,绘制了 24 张诺模图,可从图中查出 F_{ij}。 (文旭光)

分潮 component tide

由一个假想天体的引潮力所产生的简谐潮汐振动。实际的潮汐现象可以认为是由许多分潮组成的复合振动。所谓假想天体是一个位于天球赤道面上,在距地球为地、月(或地、日)平均距离的地方,以一定的角速率绕地球作匀速圆周运动的虚拟天体。每个分潮都有其相应的周期和振幅。太阴平衡潮可以分解为 63 个分潮,其中全日分潮、半日分潮各 25 个,长周期分潮 13 个。太阳平衡潮可以分解成 60 个分潮。在潮汐预报时,可视不同情况及精度要求,采用部分主要分潮或全部分潮。下面列举常用的 8 个主要分潮和 3 个浅水分潮。

8 个主要分潮和 3 个浅水分潮

分潮符号	分潮名称	分潮角速率(度/h)	周期(h)	相对振幅
半日分潮				
M_2	太阴主要半日分潮	28.98410	12.42	100
S_2	太阳主要半日分潮	30.00000	12.00	46.5
N_2	太阴椭率主要半日分潮	28.43973	12.66	19.1
K_2	太阴-太阳赤纬半日分潮	30.08214	11.97	12.7

分潮符号	分潮名称	分潮角速率周期(小时)(度/时)		相对振幅
	全日分潮			
K_1	太阴-太阳赤纬全日分潮	15.04107	23.93	58.4
O_1	太阴主要全日分潮	13.94303	25.82	41.5
P_1	太阳主要全日分潮	14.95893	24.07	19.3
Q_1	太阳椭率主要全日分潮	13.39867	26.87	7.9
	浅水分潮			
M_4	太阴浅水1/4日分潮	57.96821	6.21	
M_6	太阴浅水1/6日分潮	115.3642	4.14	
MS_4	太阴太阳浅水1/4日分潮	58.98410	6.01	

（张东生）

分道转弯式交叉 crossing with separate turning lane

将进口的各引道分别设立单独的右转车道的交叉口。它有利于右转车辆顺利通过，并减少右转车辆对直行和左转车辆的干扰，在右转车辆特多的交叉口，可以提高通行能力与交通安全。缺点是占地稍大，对非机动车有一定的干扰，还由于中间设岛，增加了行人过街的困难与路线长度。

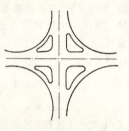

（徐吉谦）

分点潮 equinoctial tide

月球赤纬为零时发生的潮汐。月球位于春分点和秋分点附近时,赤纬δ为零,全日潮为零,半日潮最大。潮汐椭球与通过地轴的一个平面对称,由于地球自转,地球上各点在一个太阴日发生两次潮汐,即半日潮,而且两次潮汐的相应潮高和潮时都相等(见图),不出现潮汐日不等现象。

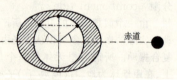

（张东生）

分段式浮船坞 sectional floating dock

沿长度方向由若干分段组成的浮船坞。每段之间不是刚性连接,可以按船舶大小使用一部分分段或全部,具有较大的灵活性。其另一特点是,每个分段的长度均小

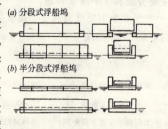

于坞室宽度,便于把每个分段放在另一部分分段上进行自修。它与整体式浮船坞不同处在于其坞体不具有纵向刚度,不宜于修理大型船舶或纵向强度受到损坏的船舶。因此,作为改进型式,有半分段式和三分段式浮船坞。半分段式的坞墙与坞底分离。坞墙为整体结构,以保证浮船坞的纵向刚度;坞底则作成分段的,使其能进行自修。三分段式的分为首、中、尾三段,分段间用焊接或接板相连,使全坞具有一定的纵向刚度,也可分段进行自修。

（顾家龙）

分隔带 separator

在四车道以上的道路上用以分隔对向或同向车流的地带。用于防止车辆闯入相邻车道,或当出现紧急情况时,供安全停车,也可供布置照明杆柱、交通标志牌和其他杆线。断面形状有凹凸两种,表面可加铺砌或种植草皮、灌木绿化。断面光滑平顺,横坡较平缓,当分隔带和行车道都采用水泥混凝土修筑时,其表面必须加色,以资区别。宽度决定于道路等级和用地条件,我国规定:高速公路一般应大于3.0m,但不得小于1.5m;一级公路为1.5m,不得小于1.0m。两侧的车行道要增设路缘带,每侧宽度为0.25～0.50m。

（顾尚华）

分隔器 divisor

隔离机动车道与非机动车道,或双向行车道的道路防护设施。分隔器能使机动车与非机动车,或不同方向的车辆各行其道,互不干扰。分隔器常用混凝土柱(块)、钢管或其他材料组合而成,上涂以红白相间的油漆。结构上可分为移动式和固定式。

（李峻利）

分级堆石防波堤 graded-rubble mound breakwater with armor rock

根据防波堤断面各部位所承受波浪作用力不同配置不同重量块石的堆石防波堤。波浪作用力大的部位堆筑大块石,波浪作用力小的部位堆筑小块石。为便于施工,分层不宜过多,一般分堆石堤护面层、垫层和堤心三层,有时只分内外两层。堤心可用5～50kg小块石,将大块石堆放在外层,以增加堤坡的稳定性和减小堤的断面,降低造价。一般垫层块石重量为护面层块石的$\frac{1}{40}\sim\frac{1}{20}$,厚度不小于两层块石的尺度。

（龚崇准）

分节驳 integrated barge

首、尾两端均呈箱形或一端斜削,另一端呈箱形的驳船。前者为全分节驳,后者为半分节驳。各节驳可任意组合,也可分解独立使用。分节驳运输最早起源于我国历史上的漕船,至今,在北方狭窄航道中航行的木船不少由两段合成,转弯时将中部连接处松开,以便通过弯道,其组合形式与此相近。由于

使用灵活,适宜于运量少,集散频繁及沿线港口多的航线使用,营运效率高,建造简便,造价低廉,应用广泛。
(吕洪根)

分解协调法 resolution and coordination method

以道路网为整体将投资优化分解为相互制约的道路网交通流分配和道路网投资方向两个子系统,用试算方法分别解答并不断对两者进行协调的优化方法。为有限投资方向决策模型之一。其模型如图示。

(周宪华)

分离式立体交叉 separate grade crossing

又称隔离式立体交叉或非互通式立体交叉。位于不同高程上的各层道路之间互不通连的交叉。一般仅修一座立交桥或地道,适用于直行交通量为主,且附近有平行道路可供转弯车辆使用的交叉路口。多用于道路与铁路相交处,高速公路或快速公路与低等级道路相交处。
(顾尚华)

分离式闸室 seperate lock chamber

闸室墙和闸室底板不连接在一起的船闸闸室。其闸室墙根据地基、水头等条件采用不同的型式,常用的有重力式、扶壁式、衡重式、板桩式和高桩台式等。其底板一般多采用透水闸底。适用于水头不大及地基较好的情况。
(蔡志长)

分区亭 post section

又称分段开关站。通过开关设备,使两个相邻变电所间的接触网分段运行或并列运行的电气装置。通常设置在接触网区段中心,当开关断开时,由一个牵引变电所单边供电,其操作和保护都比较简单,中国采用单边供电;当开关闭合时,可实现由一个变电所越区供电或两个牵引变电所双边供电;双边供电可提高接触网电压水平,降低接触网电能损失。其开关通常采用遥控。
(周宪忠)

分散输水系统 dispersed filling and emptying system

又称长廊道输水系统。在船闸闸室墙或闸室底板内布置纵向输水廊道以及纵横支廊道和出水孔,水流沿闸室分散地流入或流出的船闸输水系统。其水力特点是:水流分散,出流比较均匀,但输水廊道较长,水流惯性力的影响较大,加之出水孔一般并非布置在闸室的全部长度和宽度范围内,水流在闸室内仍有一定的水面坡降和纵向流动。水流的横向分布也不完全均匀。此外,流入闸室的水流仍还挟带有一定的能量,在出水孔附近的水面上可能产生漩涡和紊动。与集中输水系统相比,具有较高的输水效率,过闸船舶的停泊条件得到改善。但结构复杂,工程造价较高,多用于20~30m水头的船闸上。采用这种输水系统的船闸的闸室水面上升速度可达0.06~0.08m/s,灌泄水时间可仅8min左右。按其布置形式有:闸墙长廊道短支管出水;闸墙长廊道闸室中部横支廊道支孔出水;闸墙长廊道闸室中部进口的纵横支廊道支孔出水;闸底长廊道支孔出水;闸墙长廊道经闸室中心进口多区段出水(又称等惯性输水系统)。
(蔡志长)

分支运河 branch canal

连接城镇、工厂企业与河流或港口的运河。如连接中国长江和武汉钢铁基地的青山运河。
(蔡志长)

分枝定界法 branch and bound method

以有限投资为约束,迫切度为权值,将问题的所有可行解空间恰当地进行系统搜索,以求得最优解的方法。可行解空间反复分割为越来越小的子集(分枝),并为每个子集内的解值计算下一个界(定界),直到不再分割为止,为有限投资方向决策模型之一,亦是一种优化方法。决策模型由主程序和交通流分配、最短路网费用等子程序所组成。
(周宪华)

粉体喷射搅拌法 dry jet mixing method

通过专门的粉体喷搅施工机械,用压缩空气将生石灰粉或水泥粉等加固材料以雾状喷入软土地层中,借钻头叶片的旋转使其与原位软黏土强制性的搅拌混合,以加固软黏土的方法。该法1967年由瑞典的Kjeld Paus提出,1974年正式应用于工程实践。日本于1981年开始应用;中国于1983年开始研究试验,1984年首次应用于广东省云浮硫铁矿专用铁路的一处涵洞软土地基加固取得成功。后相继在武昌用于下水道沟槽地下连续墙和连云港铁路涵洞基础加固,均获得良好效果。可事先按照不同地基土的性质及设计要求所要达到的地基强度,合理选择加固料种类及灰土配比。
(池淑兰)

feng

风暴潮 storm tide, storm surge

由气压急剧变化以及大风等因素造成的沿海或河口水位的异常升降现象。风暴潮是一种气象潮,可分为两类:一类是由热带气旋引起的,大多数发生在夏、秋两季,称为台风风暴潮;另一类是由温带气旋引起的,主要发生在冬、春两季。前者的特点是水位变化急剧,后者是水位变化较为缓慢,但持续时间较长。目前常用的风暴潮预报方法有两种。一种是经验统计法；另一种是动力数值计算法。经验法是根据各个地区长期观测资料，建立经验公式，因而具有一定的局限性。数值计算法则是结合气压、风场和水下地形资料，并在给定的初、边值条件下，应用数值方法求解风暴潮方程组，它可以预报出一定范围内的风暴潮分布。中国是世界上频受风暴潮侵袭的国家之一。在南方沿海，夏、秋多有台风登陆；在北方沿海，冬、春季节常受强冷空气影响。风暴潮引起的最大增水值一般为1～3m。风暴潮常造成严重灾害，毁坏海堤、农田、水闸及港口设施。中国从20世纪60年代起开展风暴潮预报的研究，并在国家气象、海洋部门的组织领导下成立了风暴潮预报网。 （张东生）

风暴型海岸剖面 storm beach profile

由暴风浪所塑造的海岸剖面。沿岸风暴引起的波浪周期短，波陡大，退流强，向海冲走的泥沙多；而且，暴风浪接近岸边时，波浪入射方向几乎与风向一致，与岸斜交，在水边线附近沿岸运移的泥沙数量也大。于是暴风过后，滩肩受侵蚀或完全消失，岸线向陆后退，前滩坡度变得平缓。暴风浪在较深水中已发生变形，波浪破波带外侧的泥沙向岸移动，而破波带内侧的泥沙则离岸运动，因而在破波带附近形成水下沙坝并发育成凹槽。它发生于暴风季节，属季节性变动，影响范围主要在破波带。

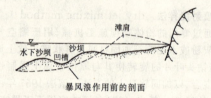

（顾家龙）

风海流 wind drift

又称吹流。在离岸较远的海洋中由于风对海面的切应力所引起的大规模水体运动。由于地转偏向力的影响，其流向通常与风向成一偏角。风海流分深海风海流和浅海风海流两种。V.W.艾克曼(V.W.Ekman)于1905年提出深海风海流理论，他所研究的是在定常风作用于海面以后，处于稳定状态的风海流。风作用于海面的切应力通过水体紊动黏滞作用传递到深层海水，并引起下层海水的运动，其影响深度称为摩擦深度D。在深度D内产生沿水平方向的水体体积运输，当这些水体被输送到近岸地区时，会引起增水现象。 （张东生）

风徽图 wind rose

又称风玫瑰图。风向分布频率图(图a)或不同风速的风向分布频率图(图b)。是工程建筑与设计中需参考或使用的基本资料。在机场规划与设计中，通过风力负荷计算及借助风徽图对最大风频率方向的形象描绘来确定跑道方向。

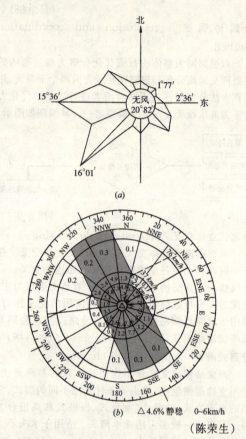

（陈荣生）

风景区道路 road in scenic spot

布置在风景区，主要供小汽车、游览车和自行车行驶的道路。两侧为公园、河流、湖泊、大片绿地、名胜古迹等。沿线环境优美，路线随地形起伏弯曲，与自然环境融合协调，沿途布置有一些亭台、回廊、椅子等供游人休憩用。这种道路在旅游季节车辆较多，其他时间车辆不多。 （王金炎）

风浪 wind wave

又称风成波。由风作用于水面的切应力将风的能量传递给水体而产生的波浪。属强制波。影响其生成和发展的主要因素为风速、风时、风区以及水域深度和宽度等。风开始吹行于水面时产生较为规则的二维毛细波(又称涟波)，其波高仅数mm，波长仅数cm。随着风速的增大，波高、波长继续增大，波浪转变为重力波。随着风速和风时继续加大，风不断把能量传递给风浪，风浪处于发展过程，其成长受制于风时，称之为发展状态，波形越来越变得具有不规则性和随机性。在风的作用范围内当风速不变，风时增大到一定的时候，风浪沿风向随风区长度的增加而加大，其成长受制于风区，称之为定常状态。当风速不变,而风区、风时及水深都足够大的条件下,风浪从风所获得的能量与涡动消耗的能量相平衡,波浪要素不再增长,称之为充分成长状态。

(龚崇准)

风浪预报 wind wave prediction

根据水域上风场的风况,预报风浪的特征波浪要素或波浪能量谱。预报风浪的特征波浪要素常为平均波高 $\overline{H}$ 及平均波周期 $\overline{T}$ 或有效波高 $H\frac{1}{3}$ 及与其相对应的有效波周期 $T\frac{1}{3}$。迄今已有数十种不同的风浪预报方法和公式,各国较广泛采用的能适用各种风浪发展状态(参见风浪)的预报波浪要素的方法也有近十种。预报波浪能量谱是四十年来的重要研究方向。现在已有一些波浪能量谱的模式(参见波浪能量谱12页)。影响预报精度的原因除了预报方法之外,最主要的是风况的观测和分析。

(龚崇准)

风力负荷 wind coverage

又称风量。飞机在机场的某一方向上不受风的影响能正常起飞着陆的年保证率。用百分比表示。可根据机场所在地或附近气象台站5年以上的风向风速分布频率及飞机最大允许侧风、逆风、顺风等资料统计计算求得。是评价机场利用率的基本指标和选择跑道方向的重要依据。通常要求机场跑道方向的风力负荷不小于95%。

(陈荣生)

风区 fetch

在受风作用的水域中风速和风向基本一致的范围。计算风压的长度是沿风向从其上边界到计算点或观测点的距离。当为小风区时上边界一般为海岸或岛屿,在开阔海区则以风速、风向突变处为边缘。规定风速差不超过4m/s,风向差不超过22.5°。利用天气图推算风浪的要素(波高、波周期等)时需要确定风区和风时等参数。

(龚崇准)

风时 wind duration

风向基本一致的某一级风速持续作用的时间。风向偏离一般不超过22.5°。利用天气图推算风浪的要素(波高、波周期等)时需要确定风时和风区等参数。

(龚崇准)

封闭式港池 closed basin

通过设闸截流的方式隔断水域,使水面能维持在高位状态下的港池。适用于潮差很大而又有条件设闸断流(例如挖入式港池)的场合,可以减少港池的土方开挖量和维护量、降低码头建筑高度、保证靠泊和装卸作业条件。但船舶出入受到限制,同时要增加闸的建设费用和过闸管理费用。所设的闸可以是船闸或跨度较大的水闸,前者船舶可随时出入,后者只有当外界水位超过规定水位后才能开闸通航。

(张二骏)

封闭式帷墙消能室 closed stilling basin with curtain wall

在船闸闸首利用帷墙所构筑的顶面不出水的消能室。在其内有时还加设隔墙、消力梁(栅)等。其特点是:顶部不出水,仅开设排气孔,水流全部由正面进入闸室,消能室内的水体体积基本上不随闸室水位升降而变化。输水时,闸室水面波动较小,但有时会因底流过大而产生较大的表面漩滚和局部水面的降低。

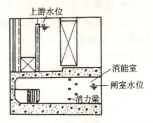
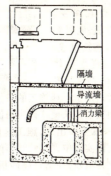

(蔡志长)

峰顶禁溜车停留线

在峰顶附近暂时存放禁止溜放车辆的线路。通过驼峰进行列车解体,属于溜放调车法的一种。有些车辆不适于采用溜放调车法,如装有禁止溜放货物的车辆、机械保温车、大型凹型车、落下孔车、空客车和各种特殊用途车(发电车、无线电车、轨道检查车、钢轨探伤车、试验车、通信车等)以及非工作机车、轨道起重机等。在列车解体过程中遇有以上车辆时,暂时存放在该线上。该线上暂存车辆达到一定数量时,由调车机车牵出,通过峰顶或迂回线送入峰下调车线。这种集中处理方法比分散处理节省时间,提高解体效率。该线出岔位置应靠近峰顶。其有效长度一般取150m左右,其纵断面以凹形为宜。

(严良田)

fu

伏尔加-顿运河 Волго-Донской Судоходний Канал

连接伏尔加河和顿河的运河。位于俄罗斯欧洲部分境内南部地区,在位于伏尔加和顿河相距最近的分水岭处将两河连接。运河的一端在伏尔加河伏尔加格勒下游,另一端在顿河齐姆良水库末端的卡拉奇城附近,全长101km。运河于1948年开工,1952年建成通航。运河是一条越岭运河,由伏尔加河坡段、分水岭段和顿河坡段组成。伏尔加河坡段长21km,落差87.8m,设有9座船闸;分水岭段长26km,顿河坡段长54km,落差为43m,设有4座船闸。船闸长145m,宽18m,可通航载重5 000t的船舶。运河的水源由齐姆良水库用三级抽水站供给,各站的总抽水能力为 45m³/s。运河建成通航后缩短了波罗的海、白海、亚速海和黑海沿岸各港口间的航程,为加速运输创造了条件,而且利用以灌溉罗斯托夫和伏尔加格勒地区的 80 万 ha 农田,国民经济综合效益十分显著。 (蔡志长)

扶壁码头 buttress quay wall

采用钢筋混凝土扶壁作为主体结构的重力式码头。扶壁由立板、底板和肋板互相连接组成。它可以在现场整体浇筑,亦可以预制安装。前者适用于干地施工的条件,后者适用于水下施工。预制安装的扶壁式码头的优点是结构简单,不设棱体,可一次安装出水,施工速度快,造价相对较低。在中国建港实践中,扶壁结构有不少改进。如将墙后的抛石改为填砂;并增设隔砂板,以便在它与立板间设置反滤井,防止填砂从安装缝中流失;设置尾板,即将底板的尾部翘起,尾板上的荷重起衡重作用,使基床应力趋于均匀,同时尾板上翘后,可减小基床宽度,从而使挖填方量也相应减少。 (杨克己)

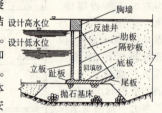

扶壁式闸室墙 counterfort lock wall

由墙面板、扶壁和底板构成的闸室墙。一般由钢筋混凝土浇筑而成。墙面板近于直立,利用结构自重和底板上回填土重以维持墙身稳定。这种结构的部件断面均较小,工程量较省,但结构复杂,施工技术要求高,钢筋用量也大。 (蔡志长)

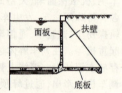

服务交通量 service volume

指交通状态相应于某一给定的服务水平时,在单位时间内通过一个车道或道路某一断面的最大车辆数。将此值用作道路规划、设计标准的通行能力时,则称为设计通行能力。 (戚信灏)

服务水平 level of service

又称服务等级。指道路的使用者,根据交通状态所能得到的服务程度。等级划分的因素包括行车速度、通行时间、车辆行驶的自由程度、交通中断或受阻、安全性、行车的舒适性、畅通性及经济性。在多种因素中,车速与其他因素都有关系,故取车速作为评价的主要依据。 (戚信灏)

服务站 service stantion

为高速公路上行驶的车辆和乘客提供停车、存放车辆、临时休息、就餐而设置的服务场所。一般设置有停车场、食堂、商店、厕所、加油站、修理所、休息场所等,并有支路连接高速公路。设置间距一般为 20~100km 不等,国际道路会议常务委员会第八届会议提供的间距为 50km。 (顾尚华)

浮标 buoy

设于水上的漂浮航标。下系锚链漂浮在航道的边界上,标示航道的位置和界限。由顶标、标身、浮体和锚系设备组成。浮体有船型浮、鱼型浮和浮鼓等几种。标身有罐形、杆形、柱形、锥形等,置于浮体上,露出水面。顶标有罐形、锥形、球形和"X"形,按规定涂色。作为日间观察的形象标志。浮标在内河通常用作为侧面标、左右通航标、泛滥标、横流标、专用浮标等;在海区水上助航标志中,因水域开阔,各种标志多用浮标形式。 (李安中)

浮船坞 floating dock

可在水上浮沉和移动,供修船用的船坞。它是由两侧坞墙和坞底组成,两端开敞、断面呈槽形的平底船。有时只有一侧坞墙,断面为 L 形。坞墙和坞底是由若干纵向、横向构件和面板、隔板构成的浮箱,沿纵横向分隔成若干个水密舱。待修船舶进坞过程为:先向舱内灌水,增加压载水的水量使其下沉,然后将待修船舶牵引入坞室中就位,用水泵将舱内的水排出,坞体上浮,将船舶举出水面进行检修,船舶修好后下水出坞的操作程序雷同。按结构型式分,有整体式、分段式和母子式浮船坞。按建筑材料分,有钢质、钢筋混凝土浮船坞。按动力设备有无情况分,有自航和非自航两种。由于它具有灵活机动、适应性强,不占陆域面积,战时可作为浮动的修船基地等特点,得到广泛的应用。

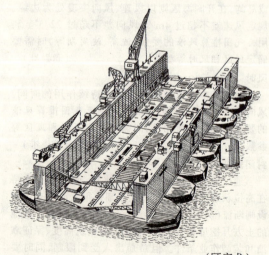

(顾家龙)

浮鼓 pontoon

钢质鼓形的浮标浮体。其特点是浮力大,稳性好适宜设在风浪大水流急的水域,其尺寸不一,直径通常为 600～2 400mm,总长 2 090～7 790mm。由浮鼓作为浮体的浮标,其下部设有尾管、压锤及锚链等设备,上部则装置标身和灯架等。　(李安中)

浮码头　pontoon wharf,floating wharf

又称趸船码头。浮在水面上,随水位而升降的码头。作为码头面的趸船甲板面与水面间的高差基本上保持不变。装卸作业在趸船上进行,装卸场地受到限制,不能设置大型装卸机械,装卸作业受风浪影响较大,装卸效率低,趸船与岸上联系需通过引桥,流动机械运行不便。趸船一般顺岸布置,可单个设置为独立的浮码头,也可用联桥连接相邻的趸船组成连片式浮码头。这种码头固定建筑物少,机动性好,引桥可增减,也可拆除,在地质条件复杂,河岸不稳定的河段,不宜建固定码头时,常采用这种型式。一般多适用于水位变幅较大的河港,货运量不大,主要供旅客上下的客货码头、渔码头、轮渡码头以及用管道运输液体货物的码头。　(杨克己)

浮码头活动引桥　transfer bridge

趸船与岸之间的交通联系桥。引桥的坡度较平缓,随水位而变化。引桥通常为焊接钢结构,桥面板可为钢面板、木面板或钢丝网水泥面板。其型式有单跨活动引桥和多跨活动引桥,一般前者适用于水位差不大而河岸坡度又较陡的地区。当水位差较大而岸坡较平缓时,就需要加筑固定式引桥与岸相连。活动引桥的跨度取决于水位差的大小和允许坡度,过大造成车辆运行和装卸困难,过小又会增加引桥投资。多跨活动引桥之间应设升降架,以调正活动引桥的高度和坡度。活动引桥一般不多于三跨。

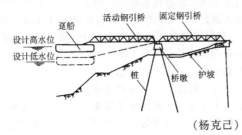

(杨克己)

浮泥　fluid mud

河口中密度介于 1.03～1.20 的流动状淤泥。絮凝集合体下沉到河床后,在重力作用下,其密实过程进行得非常缓慢。落淤初期的淤泥密度很小,为 1.02～1.03,具有一定的流动性;密度增加到 1.20～1.25 时,失去流动性,为塑性体。在中国通常将密度介于 1.10～1.20 的流动状态淤泥称为浮泥。它实际上是含絮凝集合体的高含沙量浑水,与环境水有明显的分界线。不同密实状态的淤泥能承受不同的切力,在水流的作用下,颗粒之间黏结力会被打破,淤积物重新悬浮。一般认为,冲刷临界切力和冲刷率与沉积物结构、密实程度、含水量以及环境水的性质有关。　(张东生)

浮式导航墙　floating approach wall,floation guide work(structure)

在船闸引航道中,随水位变化而能上下升降的导航建筑物。一般还供等待过闸的船舶停泊,由钢筋混凝土或钢质趸船组成。趸船的固定方式有两种:一为一端与闸首相连接,另一端则用锚链锚碇在河底。另一种方式是将趸船以铰接形式限制在两个墩柱之间,随水位上下自由升降。趸船间的连接方式有铰接和刚接两种,铰接用钢缆绑绑;刚接用螺栓连接。浮式导航建筑物适用于水深且水位变化很大的情况。　(吕洪根)

浮式防波堤　flooting breakwater

由消波浮体和锚系设备组成的防波堤。消波浮体由漂浮水上的箱涵或排筏构成,起阻尼波浪运动,阻挡波能穿透的作用。锚碇系统则用以固定消波浮体位置并承受波浪对浮体的作用力。为了防止浮涵相互碰撞,可将其布置为两排或若干排,每排的浮涵之间的间隙距离应略小于其长度,各排浮涵相互错位遮掩排列。箱涵要有一定的吃水淹没深度和宽度才能有效地消减波能。为了增加挡浪结构的淹没深度,可在浮涵底部设置挡浪板,构成形如伞状的消波浮体。它适用于水深大而波高较小、波陡较大的情况。它具有建造和施工简便、易于拆迁、消波浮体可适应水位较大幅度的变化、建造费用受水深影响很小等优点。可用于水库或作临时性防浪设施。中国很早以前就曾利用排筏防止波浪对河堤岸坡的冲刷。1954 年曾采用长达 60 余 km 的防浪木排保护武汉市的防洪大堤。近年来有采用尼龙袋贮水和用多层旧卡车轮胎构成柔性浮式防波堤。

(龚崇准)

浮式系船环　floating mooring ring

设置在闸室墙凹槽内依靠本身浮力随水位升降的系船设备。由系船环、小车和浮筒组成。系船环安装在金属浮筒上,整个设备装置在闸室墙正面壁龛内,随闸室内水面升降沿壁龛内导轨作垂直移动。在闸室灌、泄水过程中不需人力松紧缆绳,运用方便。系缆方式可利用系船环上的挂钩或悬挂的钢缆绳。在大中型船闸上得到广泛应用。　(吕洪根)

浮式闸门　float gate

又称浮坞门。可沉浮的箱形钢结构单扇平面闸门。在船闸上一般用作检修闸门。门扇为双面板,内部分隔为若干个工作舱和压载水舱。工作舱中安装水泵,灌泄水管系,阀门等。在闸门上设有旋转定位、拉紧、通气、止水及支承等装置。平时停泊在专门的水域内。使用时,门扇用拖轮拖至闸首的门槽位置,然后利用闸门上的灌水设备向门扇内的压载水舱灌水使门扇下沉在闸首门槽内，灌水结束时，门扇即处于竖立挡水状态。开启时，先抽水卸载，使闸门上浮并平卧在水面，然后用拖轮拖至停泊水域。这种闸门水密性好，浮运方便；在同一条渠化河流上，几座尺寸相同的船闸可以共用一扇闸门，但门扇体形较大，构造较复杂，钢材用量较多。

（詹世富）

浮筒式垂直升船机 vertical ship lift with float

利用浮筒的浮力来支承和平衡承船厢的垂直升船机。其主要组成部分为承船厢、浮筒、浮筒井以及驱动机构和事故装置等。在地下建有浮筒井，井内装设浮筒，浮筒顶部通过支撑与承船厢相连。在驱动机构的作用下，承船厢上升或下降，浮筒也随之在浮筒井内升降。利用浮筒的浮力来平衡和支承承船厢运动部分的重量，驱动机构仅需克服运动部分的阻力。在承船厢下降过程中，浮筒上的支撑将逐渐沉入浮筒井，浮力相应增大，承船厢与浮筒的平衡状态受到破坏。为此，通常在浮筒中部设一向下开口的垂直调节管，管内充以保持一定压力的空气，以防止水体任意注入，待支撑降入水中时，调节管口处水压达到一定值，水体逐渐进入调节管，浮筒的浮力也相应降低。这种升船机的支承平衡系统简单，但需建造浮筒井，有一部分设备经常处于水中，维护和检修都不便。20世纪60年代以后，世界上已未再见有建造。

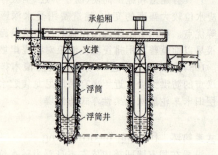

（孙忠祖）

浮坞船台联合系统 combined system of floating dock and repairing berth

浮船坞与岸上船台区相结合使船舶上墩和下水的系统。浮船坞仅作为船舶上墩下水之用，设备较少。该系统使用方法是使待修船舶入坞后坐落在移船车上，然后将浮船坞拖至预定的岸边位置，再向坞内适当充水，使浮船坞坐落在墩座上，接上轨道后，便可将移船车连同船舶拖到岸上的船台。这种方式可以修造各种类型的船舶。与单独使用浮船坞相比，可提高浮船坞的利用率；与船台、滑道相比，可消除船舶上下水所产生的附加应力，不需建造水下滑道。

（顾家龙）

浮坞门 dock caisson

可沉浮的箱形钢结构或钢筋混凝土结构的坞门。内部分隔为若干个工作舱、压载水舱和潮汐舱。工作舱中安装水泵、灌排水管系、阀门等。横断面多呈矩形；正面作成梯形，上宽下窄，浮起时可与坞口门槽之间具有足够的间隙，便于启闭。在坞门和门槽接触面上装有止水垫木或橡皮，防止沿接触面漏水。可做成双面或单面承受水压的型式，双面承压式可以两面交替使用。需关闭时，向压载水舱中灌水，使门体下沉到坞口门槽中；开启时，抽水卸载，门体上浮并将其拖出门槽。潮汐舱的作用是使舱面内水面始终与坞外水域的水面保持一致，使沉力不变，可以避免潮汐涨落对坞门下沉力的影响。其特点是启闭方便，坐落较稳，水密性好，易于制造修理，坞口工程量小，顶面甲板可兼作交通通道，是一种广泛采用的坞门门型。

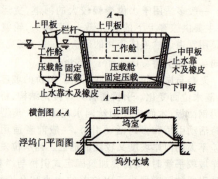

（顾家龙）

辅道 assisting lane

汽车专用公路近旁设置专供沿线地方交通慢速行驶车辆用的辅助性道路。通常是保留和利用原有地方道路，与汽车专用公路保持不小于4.0m的间距，有困难时设防护栅与汽车专用公路分隔，以保证公路的高速行车不受干扰。

（李 方）

辅助标志 auxiliary sign

凡主标志无法完整表达或指示其规定时，为维护行车安全与交通畅之需要而设置的补充标志。一般附设在主标志的下面，紧靠主标志（附图见彩1页彩图5）。

（王 炜）

辅助调车场 auxiliary shunting yards

设置在主要调车场附近，分担主要调车场一部分次要调车作业的调车场。编组站一般设置一个调车场，在这个调车场上进行全站的各种调车作业。但由于列车性质不同，调车作业的繁简程度各异。例如区段列车和摘挂列车的编组作业，占用调车场尾部牵出线和咽喉的时间较长，如果把这部分调车作业转移到辅助调车场进行，则只需增加少量线路和设备，就能显著提高整个编组站的改编能力。因此，有些编组站在主要调车场之外，另设辅助调车场。

（严良田）

辅助所　auxiliary block post

设置在铁路区间内岔线与正线接轨处，专为岔线与正线间办理行车闭塞的处所。岔线一般不准在区间与正线接轨。经铁路局批准，岔线在区间与正线接轨时，必须在接轨地点设置辅助所。辅助所只办理进出岔线列车的闭塞。

（严良田）

负二项分布　negative binomial distribution

在有信号控制的平交路口，观测周期 t 内密车流周期和稀车流周期交替出现时，到达的车辆数 x 的概率服从负二项分布。即

$$P(x) = C_{x+K-1}^{K-1} p^K (1-p)^K$$

式中 p, K 为负二项分布参数。$p<1$，K 为正整数。

（戚信灏）

负片过程　negative copying process

将摄影后在软片上所获得的看不见的潜像，经过一定的化学处理获得与实际景物色调相反影像的底片的过程。内容包括：（1）显影，将软片在显影液内化学处理，使感光银粒变成黑色细微银粒，从而显示出可见影像；（2）定影，将显影后的软片水洗后放入定影液中定影，使软片上未受光或受光而未还原的银盐溶解掉；（3）水洗；（4）晾干。

（冯桂炎）

负指数分布　negative exponential distribution

交通流中，当车辆到达数分布服从参数为 λ 的泊松分布时，前后车辆到达的车头时距 h 等于或大于 t (s)的概率应服从同一参数 λ 的负指数分布。即

$$P(h \geq t) = e^{-\lambda t}$$

式中 λ 为分布参数。

（戚信灏）

附着系数　adhesion factor

又称黏着系数。衡量汽车车轮与道路路面间防止滑动能力大小的一个量值。其值与道路路面的粗糙程度和潮湿程度、轮胎的花纹和气压、汽车行驶速度、车轮荷载等因素有关，可用试验方法测定，计算时常查表选用。

（张心如）

复曲线　compound curve

两个或两个以上不同半径的圆弧相连接而构成的曲线。用于地形复杂的山区或地物林立的城镇，可顺乎地形、地物的特点，以减少工程数量。

铁路设计时，两端应设置缓和曲线，当相邻两圆弧曲率差的绝对值大于 1/2000 时，应设置中间缓和曲线。目前铁路新线设计时已不再采用，既有铁路改建时，在困难条件下，可予以保留。

道路设计中，两圆弧径相连接，连接点称共同切点，有一条共同切线与前后两圆弧相切。两圆弧在共同切线一侧的，称为同向复曲线；两圆弧在共同切线两侧的，称为反向复曲线。目前工程上习惯将前者称为复曲线，而将后者列为反向曲线。在运用中应执行相邻两圆弧半径之比值及曲线长度的有关规定。

（周宪忠　李　方）

复式浅滩　compound shoals

由两个或两个以上相距较近的浅滩所组成的连续浅滩群。其中的单个浅滩，可能是正常浅滩，也可能是交错浅滩；相邻两个浅滩有公共的边滩和深槽。多出现在比较顺直的河段或弯曲河段的长直过渡段。浅滩群的各个浅滩相距较近，相互影响，冲淤变化复杂，水流分散，航道狭窄弯曲，碍航严重。整治方法是固定和加高公共边滩。当公共边滩一岸为主导河岸，且公共边滩上已有串沟时，则可因势利导布置挖槽，切割公共边滩并堵塞公共深槽，使发展成为单一弯道。

（王昌杰）

副导航墙　assistant guide wall

位于船闸主导航墙的对面用以引导受侧向风、水流和主导航墙弹力作用而偏离航线的船舶，使其循正确方向行驶的导航建筑物。在平面上一般均为弧形，由闸首口门宽度逐渐拓宽至引航道的正常宽度。在船闸轴线上投影长度一般取为 $(0.35 \sim 0.75)L_0(m)$，在其表面的切线与船闸轴线之间夹角小于 $30° \sim 40°$。

（吕洪根）

副航道　sub-channel

在主航道外另行增辟的，通常只在一定的水位时期或根据航道的具体情况短期开放通航的航道。其中，有的航程较主航道短，但只在一定水位时期方具有满足船舶安全航行要求的航道尺度；有的航程虽较长，但在一定时期内，流速缓，风浪小，船舶取道这种航道可以减少船舶航行时间，并具有较好的航行条件。

（蔡志长）

富裕宽度　superwidth

船舶航行时，在两艘会船的船舶（队）之间和船舶（队）与航道岸线之间所必须具有的安全距离之和。前者一般取为 $0.2b_c + 1.2$ (m)，后者取为 $(0.8 \sim 1.0) b_c$，b_c 为船舶宽度。其目的是为了防止船吸和岸吸现象以保证船舶的航行安全。

（蔡志长）

富裕水深　superdepth

设计船舶在标准载重静浮状态时，船底龙骨下至航道底的最小距离。一般等于船舶航行下沉量（也称船舶动吃水）加船舶触底的安全富裕量。此外，结合航道的具体情况还考虑航道淤积，因风浪所引起的水面下降和船舶的摆荡以及施工预留超深等。

（蔡志长）

gai

改道 gauging of track

调整轨道轨距的线路经常维修作业。轨道在列车载荷作用下,轨距经常偏离标准,为保持良好的行车条件,必须经常予以改正。通常以一股钢轨的方向作为基准,只需改变另一股钢轨的位置以使轨距符合标准。我国规定,直线路段的单线以里程前进方向的右股、双线以里股钢轨、曲线路段则以外轨方向为准。在木枕线路上可用改变道钉位置的方法,而在混凝土轨下部件的线路上则用调整扣件的方法来改变钢轨的位置。由于线路经常维修、大中修都要用到,所以它是线路作业的基本操作技术之一。

(陆银根)

gan

干船坞 dry dock

坞室底部低于水面,三面为坞墙,临水一面为可启闭坞门的船坞。在坞底上装设坐船的龙骨墩和边墩;在坞墙顶部设起重机,布置导引船舶进出的曳船装置和绞车;在坞首附近设水泵站、船坞灌水系统及排水系统。修船时,将坞门开启引船入坞,关闭坞门,用水泵将室内的水排空,船舶坐落在龙骨墩和边墩上,即可进行修船工作。船舶修造好后,出坞的操作程序与上述相反。其特点是使用方便安全,能适应各种类型和尺度船舶的修造;构造复杂,造价高。多用于修造大、中型船舶。随着海上运输事业的发展,船舶尺度尤其是油船趋向于大型化,船坞尺度也相应增大。目前世界上已有可修理或建造排水量为30万吨、50万吨甚至100万吨巨型油船的船坞。

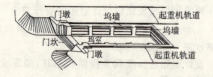

(顾家龙)

干道方向法 method of direction of main road

以规划区内客、货运输的流向与流量选定的主要干线道路走向为路网骨架,进而联以与之相接的其他道路方向进行道路网设计的方法。选定干道的具体方法有力多边形法、索多边形法和动态规划等。

(周宪华)

干舷 freeboard

船舶飘浮于静水面时自船舷最低处至水面的垂向距离。对于民用船舶等于沿船舯横剖面船侧甲板线上缘至有关载重线上缘的垂向距离。对海船通常是指夏季满载干舷。根据船的类型,航区,季节,船长等,按有关规范均规定有各种情况下所许用的最小值。增大干舷有利于提高船的储备浮力和大倾角稳性,也可减小甲板上浪的机会,但对船的受风面积和在风浪中航行将有影响。

(吕洪根)

干线铁路 main-line railway

在路网中起骨干、联络或辅助作用,距离较长,客货运量较大,区别于支线和专用线的铁路。

(郝 瀛)

干运 lifting with dry chamber

船舶直接停放在承船车(厢)内具有弹性支座承台上的升船机运载船舶方式。承船车内不盛浮载船舶所需的水,升船机的重力减小,可以减少驱动机构的功率并使闸首、支承导向结构及相应的设备简化。但船体受力状态与船舶浮在水中不同,对船体结构不利。这种方式在升船机发展初期应用较多,一般只用于船舶吨位不大(小于100t)的情况。

(孙忠祖)

感潮河段 tidal stretch

潮汐河口中,自口门至潮区界之间的河段。此河段受潮流和径流两者的共同影响。此段包括潮区界至潮流界间的河流近口段和潮流界至口门的河口段。河流近口段内只有潮位变化,水流始终指向下游;河口段内既有潮位的变化,又有水流上溯和下泄的往复变化。潮波在感潮河段内发生变形:潮波的前坡变陡,后坡趋缓;涨潮历时缩短,落潮历时变长,自口门向上游,潮差渐小,在潮区界处,潮差为零。感潮河段的长度因河而异,潮位和潮流的分布和变化也随径流和潮流的相对消长而变化。

(张东生)

感应式联动控制系统 induction coordinated control system

对某一条道路或某一范围内的道路上的信号机群进行控制的系统设施。在控制的区域内,将在交通状况有代表性地点所检测到的交通信息传送到主控机，由主控机内的计算机进行计数和分析比较，并自动地与预先设定的控制方案进行对比，决定系统信号显示程序，对设在各交叉口的单元控制机发出指令以执行信号显示。　　　　　　（乔凤祥）

感应式自动控制交叉　the intersection of actuated automatic signal control

通过车辆检测器测定到达进口道的交通流量的变化，使信号显示能随交通到达情况而变化的交叉口。感应控制能充分利用绿灯时间，提高通行能力，使车辆在停车线前尽可能不停、少停或减少停车时间，从而可达到安全、畅通的行车效果。但与定时信号相比，感应信号费用较大。在使用感应信号的交叉口上，最好设置左转专用车道，并将公交停车站移出进口引道，消除进口引道上的行车障碍，以提高感应控制效果。根据需要可设计为全感应式和半感应式。　　　　　　　　　　　　　（徐吉谦）

gang

刚性承台　rigid platform on piles

又称刚性桩台。桩基刚度很大，受力后只有位移和转动而无变形的桩台。如一般的混凝土、少筋混凝土承台，在承台平均高度与边支承的间距之比约大于 $\frac{1}{4}$ 时；或桁架式高桩码头，一般均可视为刚性承台。从力学的性能来看，它实质上是属于有侧向位移的弹性支承上的刚性梁，可视为柔性承台的承台刚度趋于无限大时的一个特例。　（杨克己）

刚性拉杆式启闭机　hoisting machine with rigid connecting rod

利用刚性拉杆启闭人字闸门与三角闸门的启闭机。由推拉杆、传动系统和动力装置三个基本部分构成。根据传动系统的不同，可分为齿杆式启闭机、轮盘式启闭机、曲柄连杆式启闭机和液压式启闭机等。这种启闭机的全部机械设备布置在水面以上，操作简单可靠，管理方便，便于检修。但在启闭过程中，曳引力作用于闸门顶部，门扇承受的扭转力矩较大，门扇须有足够的刚度，推拉杆在关门过程中受压，启闭机的行程不宜过长；此外，推拉杆离门扇转轴的力臂较小，需要的曳引力较大。　（詹世富）

刚性路面　rigid pavement

面层刚度较大的路面类型的总称。主要是指水泥混凝土路面，包括素混凝土路面、钢筋混凝土路面、连续配筋混凝土路面、装配式混凝土路面等。由于混凝土路面板具有较大的刚度，荷载通过路面传递给土基的压力分散在较大的范围内，土基荷载应力较小。路面板以自身的抗弯曲刚度与抗弯曲强度承担车辆荷载。早期的混凝土路面结构直接在土基上修筑，当时认为土基承受着极少的荷载压力，地基支承的强弱对路面板影响不大。第二次世界大战以后，重型车辆的出现，人们开始重视混凝土路面基层的建筑，有的在重要干线混凝土路面下设置贫混凝土基层、沥青混凝土基层或稳定砂砾基层，以防止路基土壤或基层在地面水及车辆的作用下产生局部沉陷。混凝土路面板温度、湿度的变化将引起混凝土内部很大的内应力，为了防止温度与湿度变化时内应力带来的不规则裂缝，通常将混凝土路面板人为地分割成小块，沿着路面的纵向与横向布置一系列胀缝与缩缝。　　　　　　　　（邓学钧）

刚性路面弹性地基板体系解　solution of plate on elastic foundation for rigid pavement

用于描述刚性路面板体结构符合弹性力学基本假定的弹性地基板体系的解。体系包括弹性地基以及由它支承的弹性薄板。弹性薄板符合弹性力学小挠度薄板的基本假定，具有弹性常数 E_1、u_1。弹性地基若采用温克勒(Winkler)地基假定，以地基反应模 K 表征(图 a)。若采用弹性半空间地基假定，以弹性常数 E_0，u_0 表征(图 b)。为模拟车轮荷载，在板体顶面作用有圆形均布垂直载荷 q。威斯特卡德(H. M. Westergaad)于1925年采用温克勒弹性地基板模型，分析推演了车轮荷载作用在板中、板边、板角三个不同位置时混凝土路面板的应力与挠度计算公式。霍格(A. H. A. Hogg)与舍赫捷尔(O. A. Шехтер)分别在1938年与1939年采用弹性半空间地基板模型，分析推演了车轮荷载作用下混凝土路面板的应力与挠度公式。从而奠定了刚性路面设计与分析的理论基础。至今，世界各国的刚性路面设计方法，基本上都运用了这个解，如美国、日本等国运用威氏公式作为设计方法的理论基础，中国和前苏联等国运用霍格-舍赫捷尔公式作为设计方法的理论基础。近年来，作为弹性地基板体系的研究又有新的发展，如有关多层结构地基上的板与双参数地基上的板都取得了新的研究成果。

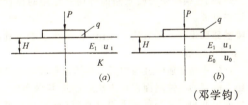

（邓学钧）

刚性路面设计　rigid pavement design

适用于水泥混凝土路面，机场道面的设计方法体系。该体系是20世纪初开始形成的路面设计分支，设计内容包括路面结构设计与材料组成设计。结构设计根据道路的交通特性、道路等级、当地的地理自然环境等确定垫层和基层的结构类型、组合及其厚度；计算确定混凝土板的厚度、平面尺寸及接缝的布置与构造；设计确定各种配筋混凝土路面的钢筋用量及配置。材料组成设计根据结构设计提出的强度、抗疲劳、抗磨耗、抗冻等要求，选择材料组成、配比标准、计算确定材料用量。早期的结构设计方法始于1920年，由美国C.奥尔德根据贝茨试验路的研究结果提出的，20世纪30～40年代，以弹性地基上薄板的力学模型为基础的设计方法有很大发展。目前世界各国使用的设计方法可分为两大类：经验法以足尺试验路的研究成果为基础，通过回归分析建立各种关系，用于结构设计，AASHO方法为经验法的代表；理论法以结构分析为基础，应用力学方法计算路面结构在车辆荷载与温度梯度作用下产生的应力和位移，建立起各种关系，用于结构设计，美国波特兰水泥协会法、苏联法、中国法均属理论法的范畴。　　　　　　　　　　　（邓学钧）

刚性路面设计前苏联方法　USSR design method of rigid pavement

由前苏联内务部公路总局以前苏联道路科学研究院的研究成果为基础提出的刚性路面设计方法。1949年正式颁布了《公路路面构造须知》，成为前苏联第一个法定的刚性路面设计规范。后来几经修订，于1969年颁布了《公路水泥混凝土路面修建须知》(BCH 139—68)，一直沿用迄今，为前苏联法定的现行刚性路面规范化的设计方法。前苏联设计方法在理论体系上比较稳定，多年来无明显变化，设计方法以弹性半空间地基上板体力学模型为基础，根据刚性的不同，分为无限大板、有限刚性板及绝对刚性板三类，分别采用不同的公式设计路面板的厚度。基层设计需单独验算，基层顶面当量弹性模量不得低于规定要求，基层及其下卧土基必须满足抗剪极限平衡条件。面板厚度设计以极限状态为前提，引入了水泥混凝土工作条件系数；水泥混凝土强度随时间增长系数；混凝土强度不均匀系数；使用期交通累积影响系数等。装配式混凝土路面、预应力混凝土路面、连续配筋混凝土路面等均有专用的设计方法供查阅。　　　　　　　　（邓学钧）

刚性路面设计中国方法　china design method of rigid pavement

以中国交通特性与中国的自然地理环境为基础建立起来的刚性路面设计方法。1958年颁布的《中华人民共和国交通部路面设计规范(草案)》是第一个法定的中国设计方法。之后，随着科学研究的不断深入，规范不断吸取新的科研成果进行修订，于1994年由中华人民共和国交通部颁布的《公路水泥混凝土路面设计规范》是法定的现行设计方法的完整文件。现行设计方法以弹性半空间地基上的弹性薄板力学模型为基础，运用有限元法解算有限尺寸路面板在标准轴载作用下的极限弯曲应力，并用于绘制设计图表。设计方法以100kN的轴载作为设计标准，其他非标准轴载通过计算公式换算为标准轴载。在路面结构组合设计、参数取值，特别是地基综合模量的取值和混凝土抗折疲劳强度等方面均广泛吸取了国内最新的研究成果。现行设计方法主要适用于无筋、短板素混凝土路面，对于其他，如钢筋混凝土路面、预应力钢筋混凝土路面、连续配筋混凝土路面等的设计规则将随科学研究不断深入逐步补充完善。　　　　　　　　　　（邓学钧）

刚性路面设计AASHTO法　AASHTO method of design for rigid pavement

由美国各州公路工作者协会(AASHTO, American Association of State Highway and Transportation Officials)以伊利诺斯州大规模道路行车试验资料为基础形成的刚性路面设计方法(后改为AASHTO法)。该法于1962年提出，以耐用指数PSI为设计指标，属经验性设计法。研究报告总结了路面的服务水平(以PSI表征)与荷载作用次数以及路面板厚度等各种因素之间的关系式。在试验开始时，PSI略小于5.0，当路面接近临界状态并终止试验时，PSI假定为1.5。设计方法中的计算公式是以角隅荷载应力来处理的，从角隅至荷载中心的距离为25.4cm。混凝土的容许抗折强度取极限抗折强度的0.75倍。设计路面时采用的最终PSI值，根据道路等级的高低，分别取2.5及2.0。地基强度以地基反应模量K表示。车辆荷载以80.7kN(18千磅)轴载为标准，当量标准轴载换算，混凝土路面板厚度设计等均备有简易图表供设计者查用。

　　　　　　　　　　（邓学钧）

刚性路面设计PCA法　PCA method of design for rigid pavement

美国波特兰水泥协会(Portland Cement Association)以威斯特卡德力学分析方法为基础提出的刚性路面设计方法。以弯曲应力验算作为路面板厚度设计的指标。混凝土抗折强度取值考虑了重复挠曲状态下的疲劳影响，根据PCA的试验研究，当强度折减系数小于0.5，则反复作用的次数不受限制，其疲劳影响不致引起混凝土折断，在试验荷载范围内，提供了应力比与容许加载次数的关系，设计时考虑不同等级车辆的通行量，通过计算极限应力比和相应于各种车辆荷载引起的疲劳损耗总和来估算路面的有效使用年限。PCA设计方法以地基反应模量表征地基强度。基于PCA的研究成果，该方法提出了基层顶面反应模量与土基反应模量以及基层种类与厚度之间的关系曲线，供设计路面时查用。PCA方法不仅用于路面设计，现已扩大应用于机场刚性道面设计，并且制备了供路面及机场道面设计使用的

各种设计曲线及图表。　　　　（邓学钧）

钢轨　rail

直接承受列车车轮碾压并引导列车行驶方向的铁道轨道主要组成部件。按连续梁的工作要求，将其横断面做成工字形，由轨头、轨腰和轨底三个部分组成。轨头是直接与车轮接触的部分，因不断受车轮挤压并有竖向和侧向磨耗，需有与车轮轮缘相适应的外形和足够的面积；轨底与轨枕相联结，应有足够的底宽与厚度为传播轮载和保持稳定所必需；轨腰联系轨头及轨底，轨腰高度决定轨梁的抗弯性能，其厚度应满足局部应力分布合理及保证横向刚度的要求。在列车轮载作用下，轨顶接触应力常超过1 000MP，而轨底边缘弯曲应力达100～200MP时，钢轨必须用高强碳素钢或低合金钢轧制。轨型以每延米轨的实际质量的公斤整数表示：中国目前采用38、43、50、60、75(kg/m)等五种作为类型系列，主要断面尺寸的高度为130～190mm，顶宽约70mm，底宽110～150mm，轨腰厚度13～20mm。
　　　　　　　　　　　　　　　（陆银根）

钢轨白点　crack formed by entrapped hydrogen gas

钢轨钢冶炼过程中残留于金属晶格的游离氢气引起金属细微内裂的材质缺陷。它是形成严重危及行车安全的钢轨核伤根源。可用控制冷却或真空铸锭等先进冶炼技术将其消除。　　（陆银根）

钢轨波形磨耗　corrugation of rail

钢轨顶面纵向规律性的起伏不平的磨耗现象。按波长分为波纹形和波浪形两种。波纹形磨耗的波长为30～60mm，波幅为0.1～0.4mm，这种轨顶周期性不平顺，多发生在高速行车地段。波浪形磨耗的波长为60～3000mm，波幅为2mm以下，主要发生在低速重载铁路上。生成原因比较复杂，它和钢轨材质与制造工艺、机车车辆的构造与轴重、轮轨接触振动、轨顶金属塑性流动与表面疲劳以及小半径曲线的黏着-滑移效应等有关。能引起很大的轮轨附加动力，额外消耗牵引能源，加速轨面伤损和道床永久变形，增加维修养护费用。一经发生，可使用钢轨打磨车对线路钢轨定期打磨，预防或消除其有害影响。　　　　　　　　　　　（陆银根）

钢轨擦伤　engine burn

由于机车车辆的车轮空转或滑行引起轨顶的擦痕。多发生在进站信号机前以及长大坡道的线路上。它不但增大轮轨作用力，还会发展成轨头裂纹等疲劳伤损。常用焊补技术加以修复。（陆银根）

钢轨导电接头　conducting joint

具有轨端导电联结装置的钢轨接头。蒸汽与内燃牵引的自动闭塞区段上，用两条直径为5mm的镀锌铁丝，端部用镀铝插销固定于普通钢轨接头两端连接轨轨腰，作为信号电流导线。电力牵引的自动闭塞区段上，用一条断面积约为100mm^{2}的铜索焊连在接头两端连接轨靠非工作边一侧的轨头侧面，兼作信号电流导线和牵引电流的回路。
　　　　　　　　　　　　　　　（陆银根）

钢轨低接头　depressed joint

钢轨接头两轨端顶面的低凹尺寸超过规定值的状态。钢轨接头是轨道的薄弱环节，列车车轮通过时，接头处作折角形竖向变形，引起轮轨冲击振动，造成轨端打塌、夹板硬弯、接头零件松弛、道床松动等病害。而接头两轨端的原始低凹增加轮轨的动力作用，形成过车时更大的折角形变形，如此恶性循环。一经出现，必须及时消除。
　　　　　　　　　　　　　　　（陆银根）

钢轨电弧焊　electrical arc welding

利用电阻热加热轨端并将焊条金属熔融堆焊轨端缝隙使之焊连一体的技术。由于使用本法焊接钢轨，焊头质量不够稳定，不能满足铺设无缝线路的要求。因此，中国仅在20世纪50年代采用过，目前已为接触焊、气压焊、铝热焊等所代替。
　　　　　　　　　　　　　　　（陆银根）

钢轨垫板　tie plate

设置于钢轨和木枕之间，藉以固定钢轨位置并扩大木枕承压面积的矩形钢质垫片。中国采用的五孔双肩型垫板，用可锻铸铁或铸钢制造。与轨底接触的顶面做成1:40或1:20的斜面，以便正确设置钢轨轨底坡。　　　　　　　　　（陆银根）

钢轨冻结接头　frozen joint

使连接轨端经常处于抵紧状态的钢轨接头。可用特制月牙垫片将普通钢轨接头螺栓孔挤严而成。采用在明桥面小桥全长范围内以及设置钢轨伸缩调节器的钢梁温度跨度范围内等不应设置钢轨接头，要求消灭轨缝，以防止轨缝引起列车车轮冲击而损伤桥梁，但又不具备钢轨焊接手段的条件。我国南方地区，用以将普通线路的标准长度钢轨连成冻结长钢轨线路，收到了类似焊接长钢轨无缝线路的良好效果。　　　　　　　（陆银根）

钢轨断面仪　measuring contour for rail head

量测钢轨轨头磨耗断面轮廓线的仪器。由带测针的曲柄组成。使用时将测环套住轨头，调整测针位置使针尖与轨头轮廓接触，固定住测针位置后将仪器卸下。此时的针尖位置连线即轨头实际轮廓线，与标准断面相比较，即得钢轨垂直磨耗量、侧向磨耗量以及轨头磨耗面积。除上述的量测与成图分离的仪器外，尚有一次成图的断面仪。
　　　　　　　　　　　　　　　（陆银根）

钢轨飞边 flow of rail

钢轨轨顶被机车车辆的车轮压溃,轨顶金属向两侧挤出的现象。多发生在小半径曲线地段及钢轨接头区。往往是由曲线外轨超高或轨底坡设置不当,钢轨材质不良,车轮踏面存在反向磨耗以及轨道弹性不足,线路维修养护质量低劣等原因造成。

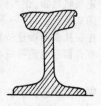

(陆银根)

钢轨刚性扣件 rigid rail fastening

具有刚性扣压件的钢轨与轨枕的紧固装置零件。中国用于混凝土枕线路紧固 50、43(kg/m)等钢轨的 70 型扣板式扣件,由螺栓道钉 1、螺母 2、平垫圈 3、弹簧垫圈 4、刚性扣板 5、铁座 6、绝缘缓冲垫片 7、轨下胶垫 8、绝缘缓冲衬垫 9、绝缘防锈涂料 10 以及硫磺锚固 11 等零件组成。采用于大桥无缝线路的 K 式扣件也属这一类型。

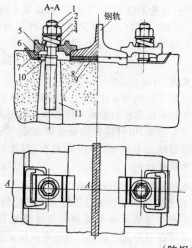

(陆银根)

钢轨工作边 gauge line

钢轨头部内侧面轨距量测点沿钢轨纵向的连线。通常,在轨道平面图上用单线表示的钢轨,不是以钢轨的中轴线,而是以轨距测量线表示。钢轨线间距直接标写轨距。特别是结构复杂的道岔平面图,用工作边表示轨线后,简明清晰,识读方便。

(陆银根)

钢轨轨底坡 cant of rail

又称钢轨内倾度。钢轨横截面垂直轴线相对于轨枕顶面法线(在直线轨道上为铅垂线)的倾斜度。其值一般为 1:40~1:20。中国新制车轮踏面呈 1:20 的圆锥形,经过磨耗后则接近于 1:40 的锥度。为使车轮载荷尽量集中于钢轨垂直轴线,减小载荷的偏心距,从而增强钢轨头部抵抗接触疲劳应力的能力,并降低轨腰应力,我国规定直线路段的标准为 1:40;曲线路段内股钢轨垂直轴线不应因设置外轨超高而越过铅垂线向轨道外方倾斜。任何情况下钢轨内倾度不应大于 1:12 或小于 1:60。

(陆银根)

钢轨轨顶金属剥离 spalling

在列车重复载荷作用下轨顶金属产生条状或斑状剥离掉块的钢轨伤损现象。轨顶在车轮碾压下发生冷作效应,金属表层脆化、局部开裂,以致剥离。随着列车轴重、走行速度不断提高,运输密度的不断增加,轨道类型向混凝土轨下部件和重型化方向发展,轨道刚度增大,促进这类接触疲劳型的钢轨伤损的加剧。为预防这种趋势的发展,必须采取综合技术措施以提高轨道的弹性。

(陆银根)

钢轨焊接 rail welding

用接触焊、气压焊、铝热焊、电弧焊等焊接方法将不钻轨端螺栓孔及未经轨端淬火的标准长度钢轨焊接成长轨条的工艺过程。焊接作业一般分为三个阶段:进行配轨、矫直、端部除锈、锉光、安装预制干模等的准备阶段;预热及焊接作业的基本阶段以及铲除焊瘤、打磨焊缝、整值矫直,探伤检查等作业的整修阶段。按作业地点分厂焊和现场焊。厂焊能实现高度机械化、自动化,焊接质量容易得到保证,生产效率较高。现场焊能弥补长轨运输设备的不足。

(陆银根)

钢轨焊接接头 welded joint

用焊接方法将轨端不钻螺栓孔、未经淬火的钢轨焊接成连续长轨条的钢轨接头。为使长钢轨焊头基本达到钢轨母材的力学性能,以安全承受无缝线路温度力的作用,钢轨的焊接方法可采用钢轨接触焊、钢轨气压焊和钢轨铝热焊等。焊头不应有硬弯、错牙、错台等外形缺陷和轨面不平顺的存在,以满足行车平稳的要求。

(陆银根)

钢轨核伤 transverse fissure

由钢轨头部金属的细微内裂发展起来的横向断裂面。在列车的重复不稳定载荷的作用下,钢轨顶面轮轨接触区内发生极为复杂的应力组合,使轨头内部的初始裂纹逐渐发展成核,因其表面相互研磨呈椭圆形光亮斑痕者为白核;因核体边缘裂纹外连轨头表面,空气侵入氧化,核体呈暗色者为黑核。研究表明,当核体面积发展到占轨头面积的 15%~20%时,钢轨开始在列车载荷下发生脆断。因此,核伤是最危险的钢轨伤损种类之一,一经发现,必须立即更换。

(陆银根)

钢轨胶结绝缘接头 glued insulated joint

用特制黏结剂和高强绝缘布等材料将接头夹板与钢轨固结而成的绝缘钢轨接头。具有接头强度高、绝缘性能好、使用寿命长、少维修以及工作性能安全可靠等特点。不但适用于自动闭塞区段轨道电路分段处的无缝线路调节区,还可将其直接焊联进长轨条,铺设超长钢轨的无缝线路。　　（陆银根）

钢轨接触焊　electric flash welding

又称闪光对焊。利用电阻热加热轨端,通过顶锻力将熔融轨端焊接成一体的技术。将两根待焊钢轨固定在焊机的两个相对夹钳内并通入强大的电流。经两轨端断续接触,伴以闪光产生大量热能加热轨端。当钢轨加热到塑性状态时,焊机施加顶锻力(35~49MPa)并快速挤压,使两轨端焊连一体。顶锻量达7~15mm。此法需用大型焊机设备以及可靠的大功率电源。因此,通常将焊接设备安装于工厂车间或焊轨列车上,每天能焊接400~650个焊头。　　（陆银根）

钢轨接头　rail joint

钢轨连接区布置形式,结构特征和所用设备的总称。按两股钢轨接头在轨道平面上的相对位置分为相对式钢轨接头和相错式钢轨接头。按接头区轨枕布置形式分为:(1)悬接式接头(图 a)。接头轨缝位于轨枕

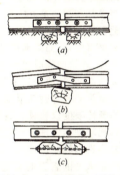

间距的中央位置,不但赋予接头一定的弹性,而且容易保持接头轨枕的稳定性;(2)承垫式接头,又有单枕承垫(图 b)和双并枕承垫(图 c)之分。当列车通过接头轨缝时,由于承垫枕的砧子效应引起冲击作用,以及轨枕绕中轴作侧滚振动,位置不易保持,故只在小号码道岔上采用。按接头结构特征分为:普通钢轨接头、钢轨异型接头、钢轨焊接接头、钢轨冻结接头、钢轨导电接头、钢轨绝缘接头、钢轨胶结绝缘接头以及钢轨伸缩调节器等。接头是普通线路的薄弱环节之一。在接头区,钢轨的破损约占总数的一半以上,混凝土枕的失效相当于其他部位的3~5倍,道床变形快,边坡易坍塌。消除接头病害的维修工作量占普通线路总量的35%~50%。接头还增加行车阻力达25%,使牵引动力能耗增加。完善和加强接头结构是强化普通线路结构的当务之急。
　　　　　　　　　　　　　　　　（陆银根）

钢轨接头错牙　non-aligned gage corners of the two rails

接头钢轨工作边在水平方向相互错开的钢轨伤损现象。钢轨接头不平顺的基本形式之一。列车通过时,引起轮轨间的激烈冲击和振动,会造成其他接头病害。　　（陆银根）

钢轨接头轨缝　rail joint gap

两轨端间留作钢轨热胀冷缩的缝隙。铺轨时,钢轨接头应预留的轨缝值,必须满足钢轨处于地区最高轨温时不致形成连续瞎缝的现象;处于地区最低轨温时的轨缝不超过接头构造轨缝值的条件。预留轨缝值 a (mm)可按下列公式计算:

$$a = 0.0118(T - t) \cdot L - C$$

其中0.0118为钢轨胀缩系数(mm/m·℃); T 为铺轨地区历史最高轨温(℃); t 为铺轨温度(℃); L 为所铺钢轨的长度(m); C 为与轨道类型、钢轨长度、接头阻力、线路阻力以及铺轨作业等因素有关的换算轨缝值。　　（陆银根）

钢轨接头夹板　joint bar, fish-plate

又称鱼尾板。钢轨接头的联结板。按接头结构特征分为普通夹板和异型接头夹板。按材料分为碳素钢夹板和绝缘夹板。按断面型式分为平板式、角钢式和双头式等。我国采用双头式夹板,板顶和板底做成斜坡状,分别与钢轨接头下颚和轨底顶面的坡度相符。夹板由钢轨接头螺栓上紧后,用板顶、板底楔住轨头和轨底,以承受接头处的车轮载荷。
　　　　　　　　　　　　　　　　（陆银根）

钢轨接头螺栓　joint bolt, fish-bolt

又称鱼尾螺栓。钢轨接头夹板的紧固件。按材质分为普通接头螺栓和高强接头螺栓。普通螺栓做成半圆球顶面的方形头部;8.8级高强螺栓在方头部位的半圆球顶面加上两圈凸棱,以便与普通螺栓相区别;10.9级高强螺栓的方头顶面则做成平锥台状。螺栓长度为150~170mm,紧接方头部位制成椭圆凸颈,组装钢轨接头时凸颈进入接头夹板的长圆孔,能防止拧紧螺帽时发生螺栓空转现象。与高强螺栓配合使用的高强螺帽,在其顶部30°倒角面上有高宽各1mm的凸圈标志。　　（陆银根）

钢轨接头弹簧垫圈　joint lock washer

持久保持螺母拧紧度,以保持钢轨接头阻力设计值的螺母防松零件。用55Si$_2$Mn或60Si$_2$Mn弹簧钢制成的矩形或圆形断面单圈开口垫圈。
　　　　　　　　　　　　　　　　（陆银根）

钢轨接头阻力　rail joint restraint

钢轨接头阻止钢轨伸缩位移的能力。由钢轨与接头夹板之间的摩阻力以及接头螺栓的抗弯或抗剪力提供。经验证明,每拧紧一根接头螺栓时,夹板与钢轨接触面上产生的摩阻力,约等于螺栓本身所承受的拉力。在不改变接头夹板断面形状和尺寸的前提下,采用高强度螺栓是提高接头阻力的有效措施。
　　　　　　　　　　　　　　　　（陆银根）

钢轨绝缘夹板　insulating joint bar, insulating fish-plate

用绝缘材料制成的，在钢轨绝缘接头处用以连接钢轨的联结板。　　　　　　（陆银根）

钢轨绝缘接头　insulated joint

隔断轨道电路的钢轨接头。用绝缘材料使普通钢轨接头的夹板、钢轨、螺栓及两连接轨端间绝缘而成，也有用绝缘材料制造的绝缘夹板构成。使用在自动闭塞区段的轨道电路分段处。（陆银根）

钢轨扣件　rail fastening

又称中间联结零件。藉以紧固钢轨和轨下部件的轨道配件。按轨枕种类分为木枕线路扣件和混凝土枕线路(其他类型混凝土轨下部件线路)扣件两大类。木枕线路扣件的标准型为垫板、普通道钉式扣件。道钉的抗拔力小，在行车过程中容易浮起，造成垫板振动，加剧木枕的磨损，为此在垫板底下增设防磨垫层或改用弹簧道钉或螺纹道钉。无缝线路木枕地段，为增加线路纵向阻力，需增设线路防爬设备，或采用新型扣件。混凝土轨下部件线路扣件，必须解决好道钉与混凝土的联结方式以及混凝土材料刚性大，绝缘性能差等两个方面的问题。中国常用扣板式刚性扣件和弹条式弹性扣件。在轨底与混凝土轨下部件之间，设有轨下弹性垫层以提高线路垂直方向的弹性；道钉与混凝土轨下部件的联结方式采用硫磺锚固。

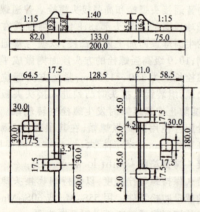

（陆银根）

钢轨扣压件　rail fastener

钢轨和轨下部件联结配件的扣板、弹条以及钩头等零件的统称。按材料性能分为刚性和弹性两种。钢轨扣件具有刚性扣压件的称刚性扣件，具有弹性扣压件的称弹性扣件。弹性扣压件能通过预变形的方式储存应变能，藉以调节扣压力的波动状态。刚性扣压件则不能，因此，弹性扣件的防爬性能优于刚性扣件。　　　　　　（陆银根）

钢轨联结零件　rail joint parts

又称钢轨配件、接头配件。钢轨接头夹板、钢轨接头螺栓、钢轨接头弹簧垫圈、轨道电路连接线以及绝缘零件等钢轨接头组成零件的总称。（陆银根）

钢轨铝热焊　thermit welding

俗称铸焊。利用由金属铝、氧化铁、铁合金和铁丁屑按比例配制成的铝热焊剂焊接钢轨的技术。焊接时将焊剂、石墨粉和锰、硅、钛等合金元素置于坩埚中，用高温火柴点燃，引起强烈的化学反应。铁的氧化物被铝还原成高温铁水沉于坩埚底部，冶炼成钢；铝氧化成氧化铝 Al_2O_3 浮于顶面。高温钢水流入安装于待焊轨缝处的预制干模内，将轨端熔融并焊接成一体。由于不需用大型设备，采用预热快焊新工艺能在现场施工条件下取得良好效果。

（陆银根）

钢轨磨耗　wear of rail head

机车车辆的车轮与钢轨相互摩擦，轨头顶面和侧面逐渐被磨损的现象。按磨耗分布特征分为钢轨波形磨耗和鞍形磨耗。按部位分为轨头顶面的垂直磨耗和轨头侧面的侧向磨耗。直线地段的钢轨主要受到垂直磨耗；曲线地段的钢轨，内轨也是主要为垂直磨耗，外轨则同时经受垂直和侧向磨耗。磨耗使轨头断面削弱，故需按照轨道强度和轮轨构造条件确定轨头的允许磨耗限度。直线地段钢轨和曲线内轨的磨耗限度以轨顶允许磨耗面积表示，曲线外轨的磨耗限度则以垂直磨耗量与侧向磨耗量的一半之和的换算总磨耗量表示。磨耗的速率以单位磨耗面积所能承受的百万吨通过总质量即磨耗系数来表征。磨耗系数不但与轮轨构造尺寸和材质有关，还与机车车辆走行部分的技术状态、线路平纵断面和运营条件、轨道的类型、几何形位和维修质量等因素有关。保持机车车辆和线路的良好技术状态是避免钢轨产生不正常磨耗的根本条件。曲线钢轨涂油则是减缓磨耗的有效措施。　　　　（陆银根）

钢轨气压焊　oxyacetylene pressure welding

利用乙炔和氧气混合气体火焰加热轨端，通过施加顶锻力将熔融轨端挤压焊接成一体的技术。将电石 CaC_2 和水加入乙炔发生器，经化学反应得到乙炔 C_2H_2 气体，然后通过加热器把氧气和乙炔加压混合燃烧，加热夹持于焊机上的钢轨端部，当轨温达1 200℃时，轨端呈塑性状态，施加 20～40MPa 的顶锻力，两轨端相互挤进 25mm，使轨端焊连一体。大型焊机适用于厂焊，小型焊机也可用于现场焊。

（陆银根）

钢轨伤损　rail defects and failures

钢轨在使用中产生的伤裂蚀损现象的总称。与钢轨的材质和制造工艺、线路运营条件和维修质量、轨道和机车车辆的构造等因素有关。按伤损外貌有折损、裂纹、暗伤、锈蚀、压陷、剥离以及轨头磨耗超限等，直接影响行车安全和运输成本。按危害行车安全程度分为轻伤轨和重伤轨。轻伤轨可在监护下继续在线路上使用;重伤轨应立即更换。为不断完善钢轨的设计、制造和管理制度,必须对钢轨的伤损成因进行统计分析。中国按伤损种类及其在钢轨断面上的位置、成因、外貌制定有共八类33种的分类总表。统计结果发现,对行车安全威胁最甚者为轨腰螺栓孔裂纹及轨头核伤。　　　　(陆银根)

钢轨伸缩调节器　expansion joint
　　又称温度调节器。轨端相对位移量明显超出普通钢轨接头构造轨缝值,由一对基本轨和一对尖轨组成的接头设备。俗称尖轨接头。用在自由放散式无缝线路以及大跨度钢梁桥桥面线路上。(陆银根)

钢轨弹性扣件　elastic rail fastening
　　具有弹性扣压件的钢轨与轨枕的紧固装置零件。中国用于混凝土枕线路紧固60、50(kg/m)等钢轨的弹条Ⅰ、Ⅱ型扣件,由螺栓道钉1、螺母2、平垫圈3、弹条4、轨距挡板5、挡板座6、轨下胶垫7、绝缘缓冲衬垫8、绝缘防锈涂料

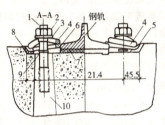
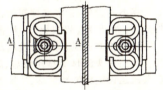

9以及硫磺锚固10等零件组成。适用于混凝土宽枕、轨道板或整体道床的大调高量扣件,如弹条Ⅰ型调高扣件、弹片Ⅰ型调高扣件以及TF-Y型弹条扣件等,也属这一类型。　　　　(陆银根)

钢轨探伤仪　rail defector
　　用无损检查法探测钢轨伤损的仪器。按工作原理分为电磁和超声波两大类。由于电磁探伤仪的磁力线受钢轨夹板、螺栓和垫板等零件的折射,探查不出接头区钢轨以及轨底部分的伤损。中国目前普遍采用JGT型超声波探伤仪。　　　　(陆银根)

钢轨温度应力放散　unloaded temperature force within CWR
　　消除无缝线路长钢轨中实际温度应力与设计温度应力之间不相符合现象的线路作业。无缝线路因长钢轨未按设计铺轨温度范围锁定,或长轨条因断轨后重焊、线路严重爬行、维修作业不当等原因,都能造成实际钢轨温度应力与设计温度应力不相符合的现象,导致长钢轨积聚过大的温度力,酷暑胀轨跑道,严寒断轨或拉坏钢轨接头等事故。为防止事故的发生,必须将长钢轨内过大的温度应力放散出来。按作业条件,分为"天窗"作业法和列车碾压作业法两类。由于应力放散作业在时间上不像长钢轨锁定温度那样严格,因此,它是扩大无缝线路施工季节、加速无缝线路铺设的有力措施。此外,它还可采用在定期放散式无缝线路上。　　　　(陆银根)

钢轨瞎缝　closed joint
　　钢轨接头两轨端挤严呈无缝隙的状态。轨道铺设时,如果轨缝预留不当,造成当轨温尚未达到当地最高轨温时出现连续瞎缝的危险情况。此时,轨温继续升高,钢轨因变形受阻开始积聚温度压力,严重时会引起胀轨跑道,危及行车安全。因此,必须在每年初夏季节采取措施消除线路上出现的连续瞎缝现象。　　　　(陆银根)

钢轨异型接头　compromise joint
　　连接两根不同类型钢轨的钢轨接头。钢轨的类型不同,其横断面形状尺寸也不同。为了联结成连续平顺的钢轨工作边,采用两端具有不同断面尺寸的能适应不同轨型的异型接头夹板和接头螺栓、弹簧垫圈等零配件,将两根不同类型的钢轨联结起来。有时,还用桥式垫板加强其整体强度。
　　　　(陆银根)

钢轨组合辙叉　bolted rigid frog
　　用标准断面钢轨加工的叉心、翼轨或基本轨以及间隔铁、螺栓等零件拼装而成的辙叉。由于零件多,整体性差,使用寿命短,仅采用于次要站线或厂矿专用线上。

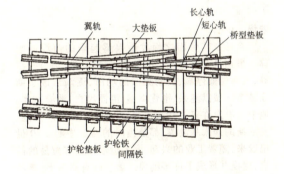

(陆银根)

钢筋混凝土路面　reinforced concrete pavement
　　在水泥混凝土路面板内设置纵、横钢筋(或钢筋网)的高级路面结构。钢筋的作用是当路面板缩缝间距较长或板下埋有地下设施或路基、基层有可能产生不均匀沉陷时,防止所产生的裂缝缝隙张开,保持板的整体性。钢筋的配置数量将视缩缝间距(一般不超过30m)和板底摩擦系数等而定。即使在配筋的情况下,路面板仍然会因温度变化而产生裂缝,钢筋的主要作用不是阻止路面板开裂,而是使产生的裂缝不致张开,从而使裂缝处骨料相互啮合而与

钢筋一起传递剪力荷载，并阻止尘土或杂物落入缝内。　　　　　　　　　　　　　　（韩以谦）

钢纤维混凝土路面　steel fiber concrete pavement

用掺入钢纤维（含量体积比 1.5%～2.0%）的水泥混凝土（称为钢纤维混凝土）铺筑的高级路面结构。钢纤维一般长 25～60mm，直径 0.25～1.25mm。钢纤维混凝土 28 天极限抗压强度高达 35～56MPa，抗弯拉强度达 5.6～20MPa，抗疲劳和抗裂能力也较素混凝土要高得多，所以钢纤维混凝土路面板厚可较素混凝土板减薄 30%～50%，而缩缝间距可增至 15～30m，纵缝间距可增至 8m，胀缝可以不设。20 世纪 70 年代初，先后在美国、日本、德国、英国、澳大利亚等国家采用钢纤维混凝土作为路面材料，并取得良好的技术经济效果。中国于 20 世纪 80 年代初，在辽宁、上海、江苏等省市，也修筑了钢纤维混凝土试验路面。这种路面有广阔发展前途。　　　　　　　　　　　　　　（韩以谦）

钢珠滑道　shipway for steel roller launching

采用钢珠滚动装置供船舶下水的纵向滑道。它与纵向涂油滑道相似，仅适用于船舶的下水。其结构是在滑板与滑道间装设钢珠和钢珠保距器，使各钢珠保持一定的间距。以钢珠替代油脂，可以长期重复使用；滑板在钢珠上滚动摩擦力较小，滑道坡度可以较缓。对滑道及滑板等铺设的精度要求较高；船舶在下水过程中有些振动，不及涂油滑道平稳。
　　　　　　　　　　　　　　（顾家龙）

港埠　port

商港及其旁因之而发展兴盛起来的商埠的统称。最初具有良好掩护的平稳水域，如港、湾、河、汊等，成为船舶停靠、货物集散的场所，逐渐形成了商业城市。城以港兴、港优埠盛、港湮埠亡、港埠一体。地中海沿岸许多古代著名港口如希腊的梅萨拉港、突尼斯的迦太基港等，都是当时的商业中心。19 世纪以来，随着工业的兴起，海上运输和国际贸易的昌盛，建设并形成了许多港埠。著名的有纽约港、鹿特丹港、伦敦港、汉堡港、马赛港、圣彼得堡港、神户港、新加坡港等等。中国早在汉代就在广州形成港埠。唐宋间又逐步形成了扬州、宁波、温州、泉州、福州等港埠。现在重要的港埠有：上海港、大连港、天津港、秦皇岛港、连云港港、湛江港、宁波港、温州港、福州港、厦门港、汕头港、黄埔港、基隆港、高雄港、海口港、北海港以及位于长江沿岸的南通港、南京港、武汉港、重庆港等等。　　　　　　（张二骏）

港池　harbour basin

码头前沿供船舶靠离和进行装卸作业的水域。按码头布置方式的不同可分为顺岸码头前的港池、突堤式码头前的港池和挖入式港池。又视水面能否随外界水位自由升降分为开敞式港池和封闭式港池。该处水域的港口泊稳条件要求最高，视货种、船型、波浪作用方向（横浪、顺浪）而有所不同，必须保证在规定的通航期内都能安全装卸。此外，还得有必要的平面尺度和水深。其长度一般和码头泊位相应。其宽度决定于船舶进出和停靠的方法、两侧靠泊的船数、港池长度、码头前水流情况以及转头水域的位置等因素。其水深要保证设计船型在规定的装卸期间都能按满载吃水进行作业。如果疏浚维护比较困难，则只少对码头前水深有所保证。　（张二骏）

港界　harbour limit

港区的边界线。需根据地理环境、航道情况、港口的设施和设备、港内企业、港内生产管理的需要并留有适当发展余地的原则进行划定，以保证船舶在港内安全行驶、停泊和装卸。港界一般利用海岛、岬角、河岸突出部分、岸上显著建筑物或设置篱墙、灯标、灯桩、浮筒等作为标志。　　（张二骏）

港口　harbour

水陆交通运输枢纽和船需给养的供应基地。位于江、河、湖、海沿岸，辖有相应的港口水域和港口陆域，配备各种设施、设备和建筑物，并设有管理机构，供船舶停靠、集散、装卸货物、上下旅客、补充燃料、取得给养、维修避风、等待检验以及办理手续等。一般需配有：码头泊位等靠岸设施；装卸设施；堆存设施；集疏运设施如港口铁路、港区道路等；客运站；助航设施；供应设施；外海防护设施以及消防、通信等方面设施和港作船、航修站等等。其所需面积、布设和组成视使用要求、地理位置、自然环境以及进出船舶的种类、尺度而有所不同，相应可以分为各种类别和等级。按使用性质可分为：商港、军港、工业港、避风港等。按所在地理位置可分为海港、河口港、河港、湖港、水库港等。其他还可按是否封冻断航分冻港和不冻港，以及是否在口门设闸控制港内外水位分开口港和闭口港等等。具体布置一般需通过港口规划经仔细论证后确定。　　　　　　（张二骏）

港口编组站　harbour mashalling yard

又称港前车站。对到、离大运量港口的货物列车进行编组、解体作业的专用铁路车站。一般设置在铁路正线与港口的衔接点附近。主要设备有到发线（场）、编组线（场）、驼峰、牵出线以及机务段和车辆段等。其平面布置可根据作业量及地形条件等因素采用(1)纵列式，到达场、编组场、出发场顺序纵列布置；(2)横列式，到达场、出发场、编组场并列布置；(3)混合式，到达场和编组场纵列布置，而出发场和编组场并列布置。整备设备及牵出线则一般均设于另一端。混合式港口编组站布置见图。

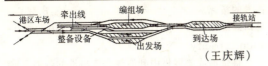
(王庆辉)

港口变电所 transformer substation of port

港口接受当地高压电网电源并进行降压和配电的场所。大中型港口一般设有专用变电所。小型港口用电量很小时，也可从地区性变电所引接电源。港口所在地的电网电压如为35kV或更高时，一般需设置总变电所，其供电范围一般为5~10km。根据负荷分布情况和用电设备的电压等级，在码头或车间附近，设若干个分变电所，其供电范围一般不超过0.5km。 (王庆辉)

港口泊稳条件 safe-berthing criteria of harbour

船舶在港口进行装卸、系泊等作业时所要求的水面平稳程度。港口受波浪入侵造成码头前沿、港池和锚地的水面波动，使船舶发生纵向、横向摆动和上下升沉。为了保证船舶能正常作业和安全停靠，必须确定恰当的港口泊稳条件。港口装卸作业的泊稳条件的具体判别指标主要是码头前沿的允许波高值，它与船舶吨位、来波方向以及不同货种的船舶和码头有关。中国《港口工程技术规范》规定了船舶装卸作业的允许波高值。当船舶只靠泊而不进行装卸作业时，允许波高值可根据码头的防冲和系缆设施条件适当增大。 (龚崇准)

港口布局规划 arrangement of harbour and port spacing

在航运规划的基础上，规划全国或某一区域的港口合理布局。内容包括划分港口腹地，拟定开发顺序，并进行初步的港址选择。因此，是港口规划的首要内容。规划的主要依据是该区域的工农业生产发展和资源情况。要结合工业企业、城镇、水陆运输等方面的布局和发展规划，国防、水利、外贸等方面的要求以及地理位置、供水、供电等条件统筹考虑。规划中的关键问题是客货运量及其合理流向。为此，要通过调查、勘测，广泛而系统地搜集经济及运输资料，从产、销、运三个方面推算可能有的货种及数量，经过线性规划和方案比较，协调水、陆、空运输，确定合理的运输流程，水运的数量和流向，从而作出最适宜的港口布局和港口腹地的划分，并根据运量的增长情况提出建设顺序。 (张二骏)

港口操作过程 process of operation of port

港口按一定的装卸工艺完成货物一次搬运的作业过程。它是港口装卸过程的组成部分。港口货物的操作过程，通常有五种形式：(1)卸车装船或卸船装车(船⇆车)；(2)卸车入库(场)或出库(场)装车(库场⇆车)；(3)卸船入库(场)或出库(场)装船(船⇆库场)；(4)卸船装船(船⇆船)；(5)库(场)之间的倒载搬运(库场⇆库场)。经过一个操作过程的货物数量叫一个操作量，其计算单位为操作吨，是反映货物装卸工作量的主要指标。 (王庆辉)

港口腹地 port hinterland

商港所需承担客、货运输任务的地区。该区的水运物资以通过本港运输最为经济合理，其范围可通过调查研究或经有关部门协商划定。具体可分为直接腹地(毗邻本港、货流可通过各种运输直接来港集散)和中转腹地(与本港有主要运输业务的港口和地区)。腹地的大小及其相应货源的品种、数量决定了港口的规模和所需设施，因此是港口规划的重要调研课题和依据。 (张二骏)

港口工程 port engineering

兴建港口工程建筑物或设施的工程技术。也指港口工程建筑物或设施本身。港口工程建设一般包括勘测、规划、设计、施工等工作。规划是新建、扩建港口所需的前期工作，又称可行性研究。规划之前要进行全面的调查和必要的勘测工作，包括货种、客货运量、流向等方面的社会经济调查，以及地形、地质、水文、气象、河床或海岸岸滩演变等自然条件方面的调查和勘测工作等。然后进行技术经济论证，分析判断拟建项目的技术可行性和经济合理性，并对是否需要建设该项目作出判断，确定工程建设的性质和规模，以便为拟建工程的规划、设计方案提供科学依据。设计一般分为初步设计和施工图设计两个阶段。施工是设计的实施，按施工进度计划进行。港口工程建设是一项综合性的建设工作，主要包括：客货运量的调查和预测；港口自然条件的调查、分析；港址选择；设计船型和港口运输组织形式的确定；港口装卸工艺；岸线使用的分配；码头泊位数和库场面积的确定；港口铁路和道路布置；港口生产辅助建筑物和生活建筑物的确定；港口高程设计；港口水域布置；港口总平面布置；港口管理机构和人员编制的确定；工程投资和经济效益分析。港口工程建筑物一般包括防波堤、码头、修造船水工建筑物、港区护岸、航标和灯塔等水工建筑物，以及仓库、堆场、铁路、道路、给排水、供电、照明、通信、导航、环境保护建筑物和机修厂、车库、消防站等。 (王庆辉)

港口工程建筑物荷载 load on structures of port engineering

作用于港口工程建筑物上使工程结构或构件产生效应的直接作用力。按其作用性质分为两种：其一为恒载，即长期作用于建筑物上的不变荷载，或在一定的水位条件下作用于建筑物上的不变荷载，如建筑物自重、土压力、水压力、浮托力等；其二为活载，即作用于建筑物上的可变荷载，包括：(1)使用荷载，如堆货、起重运输机械、铁路、汽车、船舶、人群荷载等；(2)自然荷载，如风、波浪、水流、冰荷载和地震荷载等；(3)施工荷载，建筑物施工期间可能受到的荷载。按荷载出现的几率和设计用途，荷载分为三种：(1)设计荷载，即在正常工作条件下经常发生或长期作用于建筑物上的荷载；(2)校核荷载，即在使用或工作条件下不经常作用于建筑物上或出现几率较小的荷载；(3)特殊荷载，即偶然作用于建筑物上的荷载，如地震荷载。港口工程建筑物的设计、校核和特殊荷载包括的具体项目，根据各种建筑物的受力特点和具体情况而定。 （王庆辉）

港口供电 port power supply

供给港口动力、照明和通信设备用电而设置的供电设施。港口应有可靠的电力供应，电源应取自电力系统。港口配电电压，高压一般为 6kV、10kV；低压一般为 380V、220V。港口电力负荷根据其重要性分为三级：重要的通信导航设施、重要铁路信号、国际客运站和国际海员俱乐部等属一级负荷；大中型港口的主要生产用电属二级负荷；其他用电属三级负荷。一级负荷应由两个电源供电，当从电力系统取得第二电源有困难时，可设置柴油发电机组。二级负荷应有一条专用线路供电，有条件时宜再取得一条备用回路。三级负荷无特殊要求。
 （王庆辉）

港口规划 harbour planning

根据水运事业发展的需要和可能，对港口的建设和发展，进行全面系统的技术调查研究，并提出具体实施方案的工作。各国因政治经济体制和隶属关系的不同，港口规划的目的、要求、内容和方法也有所不同。中国的港口规划属于航运规划的一个组成部分，是在国民经济发展计划和全国航运规划的基础上进行的。按规划内容可分为港口布局规划、港口总体规划和港口总平面布置等。按规划所考虑的年限可分为近期规划和远景规划，或直接按年限定名为 5 年、10 年或 15 年规划等。 （张二骏）

港口后方仓库 goods storage

距码头泊位较远，用以存放不能立即转运货物的港区仓库。港口到货和提货的时间，不可能和船期完全匹配，为避免堵塞，港口前方仓库不能立即运进(出)的货物，将移存在这里保管。其容量要根据货物集散的速度和港口所在地区的要求而定。
 （张二骏）

港口货物装卸量 tonnages of cargo transferred of port

进、出港口并经过装卸的货物数量。以 t 或万 t 计。从车、船内卸下的进港货物或装上车、船的出港货物各计算一次装卸量。一般情况下，1t 货物经港口装卸要算 2t 装卸量。它是一个反映港口装卸工作量的指标。 （王庆辉）

港口集疏运能力 port concentration and evacuation capacity

将货物或旅客集中到港或分疏出港的各类运输工具或运输方式(铁路、公路、水路、管道等)的运输能力。应与码头泊位能力相适应，经常保持平衡或稍有富裕，方能使港口保持畅通，避免堵塞和招致港口通过能力的降低。 （王庆辉）

港口给水 port water supply

港口供给船舶、机车、生产和生活、环境保护、消防等用水设施。其水量、水压及水质应满足各种用水设施的要求。船舶供水方式有两种：一是当船舶靠泊于码头时，由水管和设于码头上的水栓直接供水；二是用供水船向船舶供应淡水。港口给水水源一般取自城市自来水，以节省工程投资和维护费用，只有在特殊情况下，才考虑设置自备水源。在城市供水不足的地区，亦可根据用水要求的不同，采取分系统供水，如环保、除尘及消防可采用水质较差的淡水，消防也可利用海水，但供水管网及其他设备需自成系统。港口生活用水和船舶用水水质应符合《生活饮用水卫生标准》的规定。生产用水应符合生产工艺的要求，例如锅炉及机车用水应符合硬度要求等。 （王庆辉）

港口客运站 passenger terminal

供过港旅客候船、登船及办理乘船手续的场所。包括客运码头、候船室、售票厅、行李托运处、停车场以及过境旅客需要的各种服务设施如餐厅、小卖部、邮电所、小件行李寄存处、诊疗室等。其布置应便利旅客过往、保证安全并美化观瞻。其位置应尽量接近所在城市和其他运输枢纽(铁路客运站、公路站、民用机场等)。客、货运码头要尽可能分开设置，避免相互干扰。候船室与旅客码头间要有很好的联系，保证上下船的方便和安全。 （张二骏）

港口陆域 dock land

位于港界线以内，归港口专用，供装卸、堆存及布设陆上交通线路等使用的陆地。一般包括装卸作业地带和辅助作业地带两部分，并留有适当发展余地。前者布有仓库、货场、装卸运输线路、站场以及各种装卸设施和设备。后者设置车库、电站、工具房、修理厂、消防站以及各种办公辅助用房等。陆域布置是否协调、恰当，影响到装卸效率、集疏运能力和营运成本。因此，是港口总平面布置中的主要课题。要根据港口吞吐量和装卸工艺流程，确定各部分所需面积和合理布置，做到既能互相配合衔接，又不致发生干扰，然后据以确定用地。 （张二骏）

港口陆域纵深 width of dock land

自码头前沿(突堤式码头从根部起算)到后方港

界线的平均宽度。是衡量陆域面积是否宽广、能否满足装卸操作要求的重要指标。在确定时一般要考虑港口吞吐量、货种、装卸工艺需要、交通线路和站场的合理布设、必要的发展余地以及地形等方面因素的要求。　　　　　　　　　　　　（张二骏）

港口排水　port drainage

　　排除港口地面雨水、生产废水和生活污水的设施。港口生产废水、生活污水和雨水，一般通过排水管系直接排入海（河）中。对油船压舱水、含油污水和严重污染环境的其他有害污水，须经净化处理，达到环境保护标准后方能排放。港口排水系统，特别是生活污水部分，应尽量与城市或邻近企业的排水系统共用，以节省投资和维护费用。港口排水系统分为分流制和合流制。分流制是将污、废水和雨水分别纳入两个排水系统，需设置两套管道，布置较复杂，投资较大。其优点是减少了污水处理量，并使污水管道的排量不受雨水影响，从而能保持管道有适当的充满度和自洁流速，使污物不在管道内沉积，技术上较为合理。合流制是生产废水、生活污水和雨水都由一个排水系统排出。其优点是管道布置方便，设备简化，投资较小。缺点是管径和污水处理设施均需加大，平时管道流速过低，工作状态不好。对于新建港区应尽量采用分流制排水系统。
　　　　　　　　　　　　　　　　　（王庆辉）

港口前方仓库　transit shed

　　紧邻码头前沿作业地带、临时存放即将装船（卸岸）货物的港区仓库。以便一次装（卸）船的货物，事先能集中在一起，以提高装卸效率、缩短装（卸）船周期、加速舟车运转。其容量要和码头泊位能力相适应，满足设计船型一次装卸所需的储量。其长度一般为码头泊位长度扣除两侧所需道路的宽度。
　　　　　　　　　　　　　　　　　（张二骏）

港口设备　harbour facilities

　　为港口生产服务的设备。包括装卸机械设备、运输机械设备、系靠船设备、仓库和堆场设备、铁路和道路设备、供电和照明设备、给水和排水设备、通信导航设备、环境保护设备、港机修理设备、船舶修理设备、港作船等。这些设备对保证港口的正常生产和安全运行至关重要。应建立和健全完善的规章制度并严格加以执行，使用好这些设备，还应加强设备的管理、维修，使之处于最优的技术状态下工作。
　　　　　　　　　　　　　　　　　（王庆辉）

港口水工建筑物等级　classification of hydraulic structures of port

　　根据港口的重要性和建筑物在港口中的作用，对港口水工建筑物划分的等级。不同等级的建筑物具有不同的安全度要求。港口水工建筑物划分为三级：一级为重要港口的主要建筑物，破坏后将造成重大损失者；二级为重要港口的一般建筑物或一般港口的主要建筑物；三级为小港口的建筑物或港口的附属建筑物。对三级建筑物，当自然条件比较复杂且资料不足时，经论证可将建筑物提高一级选用安全系数。对一、二级建筑物，当资料比较充足且附近有较成熟的建设经验时，经论证可将建筑物降低一级选用安全系数。临时性建筑物根据具体情况选用安全系数。
　　　　　　　　　　　　　　　　　（王庆辉）

港口水上仓库　floating shed

　　又称货趸。是利用趸船存放货物的一种港区仓库。适用于水位差较大的斜坡式码头前沿或岛式港。可以全部（或部分）起到港口前方仓库的作用，加速装卸。一般由钢或钢筋混凝土建成，或利用废旧船改建，可以浮于水上。舱面上有顶盖，其舱面、舱内都可用于临时堆存货物。　（张二骏）

港口水深　harbour depth

　　又称公告水深。经港口当局根据港口水域各部分实际水深所确定并公告于众的，来港船舶可以保证安全通过的最大控制水深。这是一个综合性概念，表明可接纳船体尺度的能力；一般用大型船舶在该港所必须通过诸水域中的最小水深表示，例如上海港就是以铜沙浅滩的水深作为其港口水深。港口各水域实际需要的水深，在这一水深控制之下可以有所不同，一般按相应设计船型所需的满载吃水再加以适当余裕而确定。所需考虑的余裕有：龙骨余裕，航行余裕，波动余裕，装载不均衡余裕和回淤余裕。用以计算水深的水位，各部分也可以有所不同，主要根据使用要求和技术、经济合理性选取。
　　　　　　　　　　　　　　　　　（张二骏）

港口水域　port waters

　　位于港界以内，归港口专用，供来港船舶进出港口，在港内调度、停泊、靠离码头、装卸及进行其他水上作业的水域。要求能有平稳的水面，足够的面积和水深，良好的挂锚土质和恰当的布置。具体可分为港外水域和港内水域。港外水域位于防波堤口门以外，包括进港航道和港外锚地。港内水域又可分为航行水域和作业水域。航行水域包括港内航道和转头水域。作业水域包括港内锚地及港池。所需面积决定于到港船舶的航行密度、船型和实际地形。根据港口吞吐量、年通航日数和客货运输的不平衡系数，推算平均的日最大客货运量，藉以估算日最大到港船数和需在港停泊作业的时间，从而确定所需的锚地和码头泊位数量。又从到港船舶的尺度、航行密度和本港拟采用的抛锚停泊方式，确定所需航道宽度、港池尺度和单个锚地所需水域尺度。然后在地形图上布设，其包络线即为所需的水域。水域各部分的水深，可根据使用该水域最大设计船型的吃水以及对该区泊稳条件的实际要求加以确定,要注意深水深用。水域内要设置明确的航标指导航行。如果实际自然条件达不到规定的泊稳要求,就必须修建防波堤等人工掩护设施;如果水深不满足要求,就必须浚深;又如土质不能满足挂锚要求,就必须设置人工锚系设备。布置时要注意保证航行的安全、便利,尽可能利用天然有利条件。

(张二骏)

港口铁路 port railway

专为港口货物装卸和运输服务而修建的铁路。由港前车站、港区车场、码头和库场装卸线及它们之间的联络线组成。从港口腹地驶来的货物列车在铁路编组站解体后。将驶往港口的车辆编成小运转列车送到港前车站。而后将列车的车辆按送往的码头作业区进行分类,编成车组,分别牵引到相应的港区车场。在港区车场内按照发往的码头泊位和库场装卸线进行分编,并将分编过的车辆及时送往各装卸线。然后把装卸完毕的车辆拉回港区车场,并按上述相反的方向和程序将列车开往港口腹地。如果货种较为单一,也可不在铁路编组站解体来港列车,而将它直接送到港前车站,然后进行下一步的解体和发送车作业。铁路的布置应符合港口总体布置的要求,既要满足铁路本身的总体布局,又要避免干扰市区和港区内的交通运输。

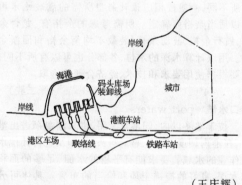

(王庆辉)

港口铁路专用线 industrial railway of port

从国家铁路线接轨至港内,专为港口装卸、运输服务,并由港口部门建设和管理的铁路线。

(王庆辉)

港口通过能力 port capacity

在一定的时间内(年、月、日)港口装卸船舶所能完成的货物最大数量。以t或万t计。为全港所有生产泊位通过能力的总和,须在分港区、分货种计算的基础上加以汇总。它是港口生产状况的一项综合性指标。主要决定于装卸机械效率、泊位大小、泊位数,以及进港航道、库场、铁路、道路、港作船舶等设施的状况,经常受到薄弱环节能力的限制,同时也与劳动组织、管理水平、车船到港的均衡性、货运季节性、货种及其变化等因素有关。

(王庆辉)

港口通信 port communication

港口有线电话、无线电话、电报、有线广播等通信的总称。有线电话是港口生产调度、行政管理、市区联系和长途通信的重要工具。无线电话、电报等无线通信,主要用于与航行中船舶、锚地中船舶及与其他港口、城市等的联系。有线广播是生产、行政管理和宣传的工具。

(王庆辉)

港口吞吐量 port's cargo throughput

港口在一定时期内通过水运输出、输入货物的总量(t)。其上冠以相应的时间间隔,如年、季、月、日等。不加冠词的,通常指年。还可能冠有某一货种或作业区的,指相应的分量。根据实际过港货物统计而得,是衡量港口生产任务大小,分析、改善营运工作的主要指标。至于计划吞吐量,是根据对港口腹地的货源进行调查分析后确定的,是进行港口规划的依据。

(张二骏)

港口照明 port illumination

为港口码头、库场、铁路、道路、锚地、船舶、航标灯光及其他生产辅助建筑物和生活建筑物而设置的照明设施。在不设置固定灯具的锚地和无发电设备的船舶上的照明,一般采用机动船供电设备、投光灯或蓄电池。室外大面积场所宜采用高杆照明和高效型照明器。照明的光源和灯具应根据照明性质及使用场地、照度要求等条件进行选择和配置。常用的有路灯、投光灯、高压水银灯、碘钨灯等。港口照明除应满足生产操作的照度要求外,还须注意避免与航标灯光的相互干扰,并满足船舶行驶、停靠时和装卸机械作业时的眩目限制。对于装卸易燃易爆物品场所的照明器尚需满足防火、防爆的要求。

(王庆辉)

港口装卸工序 cargo-handling procedure of port

港口每个操作过程所包含的货物搬运作业顺序。一般分舱内作业;起落舱作业;搬运作业;拆、码垛作业;装卸车作业等几种作业顺序。将操作过程分解为工序的目的,是便于深入地研究一个操作过程中各工序组成的必要性和合理性。同时,由完成每一工序所需的时间消耗,就可确定整个操作过程的时间消耗,加上不可避免的非生产时间消耗,便可标定整个操作过程的生产定额。

(王庆辉)

港口装卸工艺 port cargo-handling technology

港口货物装卸和搬运的方法和程序。合理的装卸工艺是加速车船周转、加快货运速度、提高货运质量、降低运输成本、防止环境污染的重要条件,是港口工程设计的重要组成部分。港口装卸工艺设计须根据货物种类、数量、流向、包装形式及规格,按代表船型、车型,以经济合理的原则,采用先进的技术设备,设计成高效、低成本、安全、能防止污染的装卸和搬运方法及流程。港口装卸工艺一般按货种进行分类,如件货装卸工艺、集装箱装卸工艺、散货装卸工艺、石油装卸工艺、危险品装卸工艺等。

(王庆辉)

港口装卸工艺流程 port technological process of cargo-handling

港口按一定的装卸工艺所进行的装卸过程。包括货物从进港到出港的整个装卸运输过程。为了充分发挥各装卸过程的效率,设计时应尽量做到:(1)减少作业环节。(2)各装卸过程不同类型机械的起吊、运输能力和生产效率应与主机的生产效率相适应。采用的机械,效率要高,类型要少,要有通用性,便于管理、使用、养护和维修。(3)采用先进的工属具。(4)减少调车和船舶调挡而造成的装卸作业中断时间。(5)水陆联运码头的装卸工艺流程应满足车船直取的要求。当不能直取时,也应满足车船能同时进行装卸作业的要求。 (王庆辉)

港口装卸过程 process of cargo-handling of port

货物从进港到出港所进行的全部作业过程。是由一个以上操作过程所组成。货物陆运进港,海运出港,其装卸过程一般由三种不同形式完成:(1)货物由车直接装船离港;(2)货物在前方库场或二线库场存贮一段时间后再装船离港;(3)货物先在二线库场存贮一段时间,再经由前方库场装船离港。三种情况的装卸过程分别为一个、二个和三个操作过程。还有货物经驳船再装大船的装卸过程。货物海运进港,陆运出港进行与上述方向和程序相反的装卸过程。

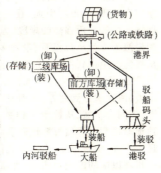

(王庆辉)

港口装卸线 harbour loading line

专供港口货物装卸用的铁路股道。根据所在位置的不同,有码头前沿装卸线(即码头铁路线)、仓库装卸线和堆场装卸线。铁路线路布置应满足货物装卸工艺的要求,并与港区道路布置相协调,一般布置在平直段上。当码头泊位较少且车船直取比重较小时,或仓库和堆场上货比例较少时,可铺设一股铁路线,当码头连续泊位较多时,或仓库和堆场上有多货位作业又不能采取一次送车方式时,一般铺设两股铁路线,一股为装卸线,一股为走行线,两线之间用渡线连接,以便于灵活进行取送车作业,提高装卸效率。 (王庆辉)

港口综合通过能力 port comprehensive capacity

港口船舶航行作业系统、码头装卸作业系统、货物存储作业系统和港口集疏运作业系统在一年内所能共同通过的货物最大数量。以万t计。任何一个作业系统发生"瓶颈"现象,都将抑制港口的通过能力。要不断通过技术改造和科学管理使上述四个作业系统的通过能力取得平衡和协调,以提高整个港口的综合通过能力。 (王庆辉)

港口总平面布置 general layout of port

一个港口所需各项设施、设备和建筑物的总体布设。要求通过布设,能组成一个协调、完整而高效率的营运体系,并能节省投资、留有发展余地。属于港口规划的一个主要组成部分,可以在港口总体规划的基础上进行,也可以合并在一起进行。根据总体规划所提出各阶段的任务和所需各项设施、设备和建筑物,在实际地形图上对进港航道、港池、锚地、码头、仓库堆场、铁路道路和装卸工艺进行研究,经过比较论证,提出具体布设方案。其成果为布置图,并附有必要的论证和说明。需要的图纸有:港口总体位置图、港口总平面图、各港区平面图和装卸工艺流程图。图中要显示出不同建设阶段的布设内容,但以近期为主。 (张二骏)

港口总体规划 general arrangement of port

确定港口建设规模、需要的设施设备和建筑物、资金来源和偿还方法,以及分期分批实施的具体安排。属于港口规划中的一个主要组成部分,一般在港口布局规划的基础上进行。在港口腹地和港址进一步分析论证的基础上,根据近、远期客货运计划吞吐量,货种,流向以及建设条件,与城市规划的协调等方面,经过多方案全面比较后,提出具体实施意见。 (张二骏)

港口作业区 port block

港内装卸和运输管理上相对独立的生产单位。一个港口为便于生产管理,一般根据货种、吞吐量、货物流向、船型、码头位置等因素,划分为若干个作业区,如件货作业区、散货作业区、石油作业区、集装箱作业区等,使同一货种的装卸工作能最大限度地集中到一个作业区内进行,因而可提高机械化程度和机械设备利用率,避免不同货种相互影响,防止污染,并便于货物储存和保管,保证货运质量,充分发挥码头和库场通过能力。 (王庆辉)

港前车站 port station, port station in advance

参见港口编组站(100页)。

港区　port area

港界范围以内归港务部门管理和使用的区域（包括港口水域和港口陆域）。港区的大小和范围，需根据港口吞吐量的大小和实际地形，通过港口总平面布置仔细论证后确定。　　　　　（张二骏）

港区仓库　warehouse

专供过港货物临时或短期存放的建筑物。用以便利货物集运，加速船、车周转，提高港口通过能力，保证货运质量，因此是港口的重要组成部分。按存放的货种有件杂货仓库、散货仓库、危险品仓库、冷藏库等；按使用特点有专用仓库、通用仓库、水上仓库、货棚、单层或多层仓库等；按所在位置和作用又可分港口前方仓库和港口后方仓库。仓库的容量和通过能力应和码头泊位能力相适应，其位置应和码头的装卸以及铁路、道路的布置相协调。仓库的构造与设备应保证货物完整无损，并便于货物的收发。其建筑要求净空高、跨度大、库门宽、车辆进出方便，以满足流动机械及车辆能在库内通行、作业。此外，还必须考虑防火、防淹、卫生等方面要求。
　　　　　　　　　　　　（张二骏）

港区车场　dock marshalling yard

又称分区车场。承担分管范围内的码头、库场车组的到发、编组及取送车作业的铁路车场。设置港区车场的目的，是为了缩短装卸线调车作业时间，及时供应装卸线所需车辆，以保证码头、库场装卸作业的连续进行。港区车场的位置应尽量靠近前方作业地点。一个港区车场的作业能力，一般按一台调车机车的作业能力来考虑。对泊位较少、作业量较小、距港前车站较近的港区，以及离港区其他泊位较远的个别泊位，可不设港区车场。前者可由港前车站直接取送车，后者可在邻近地区设置少量停车股道，作为取送车时临时存放车辆之用。

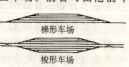

梯形车场
梭形车场

港区车场内设置的股道有到达线、编组线、集回线、机车走行线等。必要时，还设置供编组用的牵出线和称重量用的轨道衡线。港区车场线路的连接形式（图）有梯形、异腰梯形、平行四边形、梭形等。梯形车场当股道较多时，股道有效长度变化较大，故只限于线路数目少时采用。　　　　　（王庆辉）

港区道路　port road

港区内供车辆、流动机械和行人使用的专用道路和相应的装卸、停车场地。用以沟通港内外交通，满足装卸业务需要，并解决港区内部的联系。由通行线、装卸线和停车场三部分组成。通行线视使用要求又可分为干线和支线。港区内车流密度大而车速不高，要避免堵塞，一般布置成环形系统，以减少干扰、利于分流和消防。通行线的车道数根据行车密度确定，但其指标较一般道路的规定要宽，除特别偏僻的场所外，至少得保持双车道。车道的宽度与通行车辆的轮廓尺寸有关，宜宽不宜窄。装卸线指码头前沿与仓库前后供装卸货物使用的道路，应与装卸工艺相适应，并满足通过能力的要求。停车场要紧邻装卸线，以保证装卸工作的连续进行，所需面积决定于货运量与装卸作业的要求。港区道路的路面应选用能承受重压且尽可能减少维修的材料构筑。其他方面的要求与一般道路相近。
　　　　　　　　　　　　（张二骏）

港区货场　stockpiling yard

专供过港货物露天存放的场地。其作用与港区仓库相同，供不需进库的货物堆存。也可以分为件杂货或散货货场以及前方和后方货场。件杂货货场一般需进行铺砌，并设有一定坡度以利排水。堆存时要留有通道以便于装卸、运输和消防。最简单的散货堆场可直接利用平整的地面。在运量较大、货流稳定、通过能力较高的情况下，可根据货种和装卸工艺要求进行专门的布置。　　（张二骏）

港湾　estuary

具有崖、岬、岛、礁等自然掩护和足够水深，直接或稍加缮修后可供过往船舶碇泊、避风的天然海湾或河口。如广州湾、吕泗港等。　　（张二骏）

港湾海岸　estuary coast

岬湾相间，岸线曲折，多岛屿礁石的海岸。主要由基岩组成，分布在山地、丘陵的临海处。在岬角、岛屿与波浪作用强烈的岸段，为侵蚀型海岸，海蚀崖和岩滩等海蚀地貌发育；潮间带很窄，岸陡水较深。从海湾的中部到湾顶，由于波浪作用减弱而水流作用增强，海岸从侵蚀——堆积型向堆积型过渡；基岩山坡、海蚀崖退到后方，崖前发育了砂砾质或泥质海滩，潮间带较宽，从数十米到数公里不等，一般向湾顶渐渐变宽。泥质海滩比砂质海滩宽而缓。在中国辽东半岛、山东半岛、山海关北面、北戴河附近，以及杭州湾以南的浙闽粤沿海，北部湾沿岸都有这类海岸分布。它一般具有良好的掩护条件与水深，常可辟作优良港口，如大连、青岛、厦门、湛江等港口。
　　　　　　　　　　　　（顾家龙）

港湾站　harbour station

专门为河海港口运输服务的铁路车站。直接靠近碇泊区的是码头线和货物装卸线。装卸后的重空车辆，先集中到港区车场，再转入港湾站进行解体作业，并重新编成列车，从港湾站发出。　（严良田）

港务船　harbor boat

又称港作船。专门从事港务工作的船舶。主要包括为大船提供各种服务的港作拖轮,引航船,带缆艇,交通艇,垃圾船,油污水处理船,上下旅客和装卸货物等作码头用的趸船以及执行各种特殊任务的海关艇,引航联检船,巡逻艇,检疫艇,消防船等。

(吕洪根)

港址 harbour site

港口的具体布设位置。一个优良的港址需具备的主要条件有:位置适中,能便利短捷地沟通港口腹地;具有良好的挂锚土质,平稳深广的港口水域,修长稳定的岸线,满足布设需要的港口陆域,并具有远景发展的可能;紧邻具有一定规模、足以依托的城镇,两者既能密切联系配合,又可各自发展、互不干扰;能方便地与陆上运输网系连接;良好的建筑地基和施工条件;充沛的淡水、电力及船用补给品的供应;其他政治、经济、军事方面的有利因素。因此,一个新(扩)建港的港址选择,是港口规划中的首要课题。是否得当,不仅是经济、技术问题,更涉及长期的营运使用。需根据港口发展规模、进港船型,结合具体地形、地质地貌、水文气象、陆上交通和水电供应、城市等条件,从政治、经济、技术和军事等方面进行仔细分析后确定。

(张二骏)

港作船 harbour service boat

见港务船(106页)。

杠杆缩放仪 lever pantograph

由四根等长金属杆构成平行四边形的缩小或放大绘图仪器。图中 A 为固定不动的极点,B 和 C 分别为描针和铅笔的位置。使用时按照缩放比例调整三点在一直线上,将描针沿图形线位描画移动,即绘出相似图形。按放大或缩小目的不同,B、C 可互换位置。常与多倍仪联用。

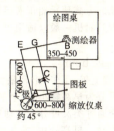

(冯桂炎)

杠杆弯沉仪 beam lever deflectometer

又称贝克曼弯沉仪或简称贝克曼梁。测量在汽车荷载作用下路面回弹弯沉值的仪器。亦可测量土基及基层的回弹弯沉值。A.C.贝克曼于1953年研制成功,并于同年首次使用于美国西部州道路试验(WASHO 道路试验)中。该仪器构造十分简单,主要构件是一根支点前臂与后臂的长度比为2:1的杠杆。测量时将前臂测头伸入具有规定荷重的汽车后轴的一组双轮胎中间,并记下架于后臂端部的百分表读数,挨汽车前进离开弯沉影响半径后,再记下百分表读数,前后读数之差乘2即为测点处的回弹弯沉值(1/100mm)。借助回弹弯沉值可评价路面的整体强度或计算土基、路面材料的回弹模量值。贝克曼梁除具有量测准确、使用方便的优点外,与承载板法比较,还具有量测速度快,一般不受被测体塑性变形影响的特点。

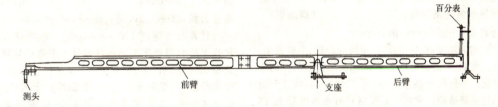

杠杆弯沉仪

(李一鸣)

gao

高潮 high tide

海面在潮汐升降的每一周期中,所达到的最高位置。高潮发生的时刻为高潮时,高潮时的海面水位高度为高潮高。在半日潮海区,一个太阴日内发生两次高潮和两次低潮。在全日潮海区,在一个月内的多数日期在一日内只有一次高潮和一次低潮,而其余的日子里则为一天两次潮。

(张东生)

高低轮式斜面升船机 inclined ship lift with high-low railway

承船车由两组支腿高度不等的行轮组成的斜面升船机。其承船车的底架采用等高的主纵梁,在其上设置两组轨距和高度均不相等的行轮。在上、下游斜坡道上分别铺设轨距与上述两组车轮对应的轨道。在上游斜坡道上由高轮和低轮分别支承在宽轨距轨道上运行,另一组窄轨距的行轮脱空,驶

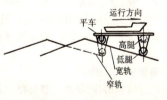

至坝顶时,窄轨距的高轮开始着地与宽轨距的高轮共同工作。越过坝顶后,在下游斜坡道上则由窄轨距的一组行轮支承运行,另一组宽轨距的行轮脱空。通过这种换轨的方式使承船车所运载的船舶始终保持水平。这种升船机一般只适用于运载吨位较小的船舶。 （孙忠祖）

高峰小时 peak hour

一天内(或上午、下午)出现最大小时交通量的那个小时。可分为早高峰小时(上午)和晚高峰小时(下午)。按交通种类又可分为机动车高峰小时和非机动车高峰小时。早高峰中,非机动车高峰小时较机动车高峰小时提前;晚高峰中,则稍迟一点。机动车与非机动车高峰小时重叠时,道路(路段、路口)的饱和度最大。 （文旭光）

高峰小时比率 peak hour ratio

高峰小时交通量与当日日交通量的百分比。在城市道路上一般为10%左右,郊区大于市中心区。
 （文旭光）

高峰小时交通量 peak hour volume

一天内(或上午、下午)最大小时交通量。(单位为人次/h、车次/h)它对道路通行能力起控制作用,是交通量的重要指标。一般早高峰小时交通量大于晚高峰交通量。 （文旭光）

高杆照明 high mast lighting

灯具置于高杆顶部的照明方式。杆的高度约为20～30m,安装多只照明灯,照明范围大,光照度均匀。一般用于主要道路上交通混杂地点,互通式立体交叉,大型广场,体育场地,公共汽车停车场和船坞等场所的泛光照明。 （顾尚华）

高级路面 high-type pavement

强度和刚度高,稳定性好,使用寿命长,平整无尘,能适应重载、大交通量高速行车,用高质量材料作面层的路面。一般用于高速公路、一、二级公路、城市干道和其他重要道路。常用的面层材料有水泥混凝土、沥青混凝土、热拌沥青碎石或整齐块石等。它的初期投资大,但车辆运输成本低,养护费用少。 （陈雅贞）

高架路 elevated road

在快速、大交通量的干道上,为保证车流不受外界干扰,避免对地面原有设施的破坏而采用高架结构修建的道路。如国内外有些城市因原有道路无法满足交通发展的需要,而在原路上方修建高架道路。
 （李峻利）

高架桥 viaduct

跨越山谷、用来代替高路堤或城市高架道路的桥梁。桥墩高度较高,一般用钢筋混凝土排架或单柱、双柱式钢筋混凝土桥墩。 （李峻利）

高架铁路 elevated railway

将轨道铺设在架空的桥形建筑物上面的铁路。进入城市市区的铁路干线和城市的轻轨铁路、市郊铁路,为了减轻地面交通的拥挤和道口交叉,其某些路段可修建为高架铁路。 （郝瀛）

高速道路监控系统 freeway surveillance and control system

高速道路监视系统和控制系统的总称。高速道路的重要组成部分,保证交通高速、安全运行的重要手段。其硬件设备包括控制设施、监视设施、情报设施、传输设施、显示设施以及控制中心等。工作方式是监视及情报设施得到的交通信息通过传输设施传送到控制中心,而控制中心分析处理的结果又由传输设施传送到控制设施和显示设施上,对交通加以控制。 （李旭宏）

高速道路路段控制 freeway section control

为使高速道路营运正常、提高营运效率、减少事故与阻塞而对路段采用的控制。包括可变车速控制、可逆车道控制、车道封闭控制等。 （李旭宏）

高速动车组列车 multiple unit train

由动车组编挂成的高速旅客列车,动车组可由动力车和1～2节附挂车组成,动力车的动力装置安装在车底板下面,也可乘坐旅客,车体为合金轻型结构。其特点为动力分散,轴重轻,起动、制动快,前后冲击小,平均速度高,且节省能耗,可以灵活编挂车组,运用管理灵活。按动力来源可分为:内燃动车组、电动车组和燃气轮动车组;由于电动车组功率大、效率高、运行管理费用低,其使用最广。目前,最高时速已达300km。 （吴树和）

高速公路 freeway(美), motorway(英)

计算行车速度120～80km/h,一般能适应按各种汽车折合成小客车的远景设计年限年平均昼夜交通量25 000辆以上,具有4个或4个以上车道,设有中央分隔带,双向分开行驶,全部控制出入口,全部设立体交叉,具有完善的交通安全、管理和服务设施,专供汽车高速行驶的公路。有不少国家对部分控制出入口,非全部采用立体交叉的直达干线公路也称高速公路。国际道路联合会也把直达干线公路列入高速公路范畴。路面采用沥青混凝土或水泥混凝土。特点是行车速度高、通行能力大、交通事故少,但工程造价高。 （王金炎）

高速列车 high-speed train

最高时速超过200km的旅客列车。高速列车多由电动车组连挂而成,以增大列车的牵引功率;车体为流线型、车窗密闭(装有空调),以降低高速行驶的空气阻力;制动装置都比较先进,有的装有线性涡流制动,以提高制动限速。车辆都由轻型合金材料制造,并采用单轴转向架,以降低自重;车辆连挂多采用活动关节车钩,以减轻列车纵向振动;有些国家采用摆式车体,列车行经曲线时,车辆自动向曲线内侧倾斜,以提高曲线的限制速度。高速列车多在客运专用的双线铁路上行驶,很少停站,减少频繁的加速和减速,以减轻加速度过大引起旅客的不舒适,并可提高速度;有的国家采用远程遥控装置、操纵动车、控制列车速度。当今世界上著名的高速列车有日本最高时速达300km的500系电动车组;法国最高时速达270~300km、行驶在东南干线上的TGV电动列车;德国最高时速达280km的ICE列车;英国最高时速超过200km的APT摆式车体列车。中国广深线上开行的摆式列车最高时速也已达到200km。 (郝 瀛)

高速铁路 high-speed railway
　　行驶高速旅客列车的铁路。高速铁路是在旅途时间上准备和航空竞争的产物,世界第一条高速铁路是日本于1964年10月建成的由东京到大阪、长515km的东海道新干线,1965年11月其光号列车实现了210km的最高时速和168.2km/h的直达速度,旅行时间3h10min,和航空运输旅途时间(含两地市中心到机场的乘坐汽车时间)接近。20世纪70年代后,工业发达国家纷纷效尤,修建高速铁路。1981年9月法国最高时速270km、由巴黎至里昂、长427km的东南干线建成通车。目前高速铁路列车实现最高时速200km以上的国家有日本、法国、德国、英国、意大利和俄罗斯等国。 (郝 瀛)

高效整体列车 high productivity integral train
　　一种将牵引动力装在平板货车底部、联挂为整体不进行解编,专门运送集装箱和拖车的列车。列车编挂发电车供应动力、备有移动式龙门吊车,以机动快捷地装卸货物;车辆连接处设转向架并采用轻型合金材料,以减轻车辆自重、加大有效荷载;采用关节式连接车钩,以减缓纵向冲动。采用这种列车可以降低运输费用、大大方便货主,以增强铁路吸引货流的能力。还有一种运送大宗散装货物的高效整体列车,其动力装置和车辆结构和集装箱整体列车相似,也属于高效整体列车范畴。 (郝 瀛)

高雄港 Port of Gaoxiong
　　中国台湾省最大的海港,世界著名的集装箱运输港之一。位于台湾岛西南部沿海。1863年高雄港作为安平港的辅助港正式开港。1908年开始扩建。迄1984年共有生产码头泊位85个,码头岸线长18 055m,另有系船浮筒泊位25个,单点系泊泊位2个。出口货物主要有水泥、砂糖、盐、香蕉、胶合板和其他件杂货。进口货物主要有原油、化肥、矿石、木材、机械等。1983年港口吞吐量达5 176万t,其中集装箱吞吐量为148万TEU。港区西部有万寿山、旗津山作屏障,沿海有狭长沙洲平行于岸线,沙洲内开挖航道和港池,并在其两侧布置码头泊位,吹填造陆发展港口陆域。通海口门有2个,第一口门水深10.5m;第二口门水深15m,可通行10万t级海轮。高雄港是由商港区、公用码头区、出口加工港区、工业港区等组合在一起的综合性港口。发展最快的是集装箱运输。全港有4个集装箱码头区,其中一、二、三码头区共有集装箱泊位12个。第四码头区计划修建集装箱泊位8个,水深14m。为解决集装箱码头与后方的集疏运,建造了一条长1 550m穿越主航道的水下隧道。为适应钢铁、炼油、造船等工业的发展,工业港区内建有10万t级矿石码头、大型煤码头、石油码头、液化天然气码头以及100万t级干船坞。在港外还建有2个可系泊25万t级油轮的单点系泊泊位。至1999年全港共有生产码头泊位111个,1999年完成货物吞吐量1.11亿t,集装箱吞吐量699万TEU。2000年完成集装箱吞吐量742.5万TEU。

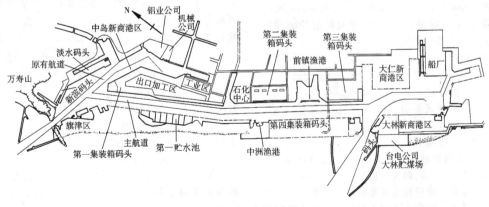

高雄港平面布置示意图

(王庆辉)

高桩承台 high-rise pile platform

底面在地基表面以上的桩基承台。

高桩码头均属高桩承台。承台把其上的荷载分配给桩基,桩基再把荷载传到地基中。它的桩基与低桩承台中的桩基不同,它不仅是一个基础,而且因为有自由高度,作为构件也参加了整个建筑物的工作,成为高桩承台中一个主要的受力构件。

(杨克己)

高桩码头 open pier on pile, high-pile wharf

由地基表面以上自由长度很大的桩基和承台组成的码头。有时其后方还有挡土墙或板桩墙,其工作机理与重力式码头和板桩码头不同,它是通过桩台把码头上的荷载分配给桩基,桩基再把荷载传到地基中。它是在软土地基上建造码头的一种主要型式,但耐久性不如重力式码头好。它在中国的沿海及沿江软土地基上,应用十分广泛,多为钢筋混凝土桩。桩台是高桩码头的上部结构。按其结构型式分,它可分为刚性承台式高桩码头(承台一般采用现浇的混凝土或少筋混凝土结构);桁架式高桩码头;板梁式高桩码头;无梁面板高桩码头。按岸坡稳定条件分,它可分为:(1)岸坡自身稳定,码头不承受侧向土压力的透空式高桩码头,当水深较大,土质较差时,其桩台较宽,在结构设计上可将它分成前方桩台和后方桩台,以适应前后方不同的使用荷载及岸坡变形不同的要求;(2)岸坡的稳定依靠码头结构或其他设施来维持,码头要承受相当的侧向土压力,当采用板桩作挡土结构时,又可分为前板桩式高桩码头和后板桩式高桩码头。

(杨克己)

高桩码头靠船构件 shield unit of the open pile wharf

设于高桩码头上部结构外侧,专门用来承受船舶撞击力和船舶挤靠力的构件。它是船舶靠码头时的依靠,其上一般都装有护木、橡胶护舷等防冲设备。靠船力由其传给桩台,再由桩台传至桩基。常用的型式有:悬臂板式(见图)、悬臂梁式和框架式。悬臂板式是沿码头长度方向有全面的防护,小船不致窜到码头下面,并可防护桩免受冰块及其他漂浮物的撞击。但用钢量大,造价高,码头下面的水汽不易排出。悬臂梁式主要是一根悬挂在横梁前端的悬臂梁。为了承受船舶撞击力沿码头长度方向的水平分力及加强悬臂梁的纵向刚度,在相邻悬臂梁之间应设置水平纵梁,其位置尽可能靠近悬臂梁的底端,水平纵梁

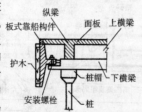

与悬臂梁应进行整体连接。框架式一般用于桁架式高桩码头。

(杨克己)

高桩台式闸室墙 lock wall with high level deck on pile

由桩台和基桩构成的闸室墙。其结构与高桩码头类似。为减少闸室灌泄水体积,一般多采用前板桩,也可将桩台底面置于闸室设计最低通航水位以下。这种结构多用于水头较小,门槛水深较大和地基较差的海船闸上。

(蔡志长)

ge

格坝 baffle dike, subsidiary dike

建于顺坝和河岸间的横向连接坝。用以阻拦或削弱顺坝与河岸间的纵向水流,防止顺坝坝后及河岸冲刷,加速坝田淤积。其方向应与水流流向垂直,高程通常低于顺坝,若防护河段较长或顺坝漫坝水头较高,则与顺坝齐平。若顺坝较长或河岸不平顺,应修建数座格坝(见顺坝图293页),间距以不致产生较大纵向水流为原则,一般为其长度的1~3倍。其下游坡脚应予保护,以免被漫溢的水流冲毁。

(王昌杰)

格形板桩防波堤 cellular sheet pile breakwater

堤身采用钢板桩围成格形的桩式防波堤。格子的平面形状通常有:圆形、具有隔板的复合圆形和隔板式(弧形或矩形)等。隔板式耗用钢板桩较少,施工也较简便,但整体稳定性较差;当水深和波浪都较大或要求堤较宽时,采用复合圆形为宜。格形板桩防波堤不需设置拉杆,整体稳定性较双排板桩防波堤好,可用于深水(水深大于10m)及大浪(波高大于5m)的情况;但耗用钢材多,海水中钢材易腐蚀耐久性较差,施工较为复杂。

(龚崇准)

格形板桩结构 cellular sheet-pile structure

将钢板桩圈成圆形和隔板形,在其中填砂石或土的结构。它坚固、整体性好,施工速度快,但需要钢材较多。常用以构筑码头、防波堤、围堰、桥墩、灯塔基础和靠船墩等。

(杨克己)

格栅式帷墙消能室 stilling basin with screen curtain wall

在船闸闸首利用前后帷墙所构筑的正面设有出水口,顶部设有格栅,并在其内设有消力梁、消力槛

的消能室。其特点是:输水时,由顶面格栅及正面出水口同时出水。为使闸室内水流分布均匀,顶部格栅的出水面积和正面出水口出水面积的比值与顶部上、下水深的比值需满足一定的要求。适用于帷墙高度较矮的情况。

(蔡志长)

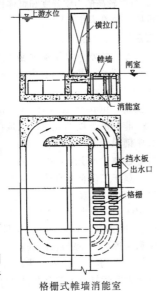

格栅式帷墙消能室

葛洲坝船闸 Gezhouba Navigation Locks

中国长江葛洲坝水利枢纽上平行布置的三座船闸。二、三号船闸1981年6月建成通航,一号船闸1988年8月建成通航。一号船闸布置在枢纽轴线右侧的大江航道,二、三号船闸布置在枢纽轴线左侧的三江航道。一、二号船闸闸室平面尺寸为280m×34m,门槛水深5m;三号船闸闸室平面尺寸为120m×18m,门槛水深3.5m。三座船闸的通过能力,近期为2 000万t/a,远期(三峡枢纽建成后)可达5 000万t/a。设计水头为27m,分别采用不同型式的输水系统;三号船闸闸室尺寸较小,采用较复杂的水平分流闸底纵支廊道二区段出水的布置;二号船闸闸室尺寸较大,基岩面较高,采用开挖深度较小的闸底纵、横支廊道三区段出水的布置;一号船闸,基岩面较低,因此采用高度较大的垂直分流,闸底纵支廊道四区段出水的布置。由于长江为丰水多沙河流,建坝后上、下游淤积较为严重。为此,大江、三江船闸上、下游引航道按"静水通航、动水冲沙"的要求设计;即在大江、三江上、下游修建防淤堤,隔断回流,以减少进入引航道的泥沙,并形成束水冲沙的渠道;在坝轴线处设置6孔冲沙闸,每年在汛期及汛后进行引航道冲沙。 (詹世富)

隔开设备 separating facility

为防止列车或调车车列由于运动惯性、操作失误而侵入其他进路的设备。如接车线末端有效长度不少于50m的安全线、站内避难线、能起隔开作用的道岔、脱轨器等。 (胡景惠)

个人出行调查 trip survey

人的出行特征与起迄点调查。调查对象为居民和流动人口。调查内容为出行目的,交通方式,出行次数在不同年龄、性别和职业上的分布,出行的起迄点以及出行的时间分布。 (文旭光)

个体交通 individual traffic

使用个人或集体专用的交通工具所完成的出行。城市客运交通方式可划分为公共交通和个体交通两类。在中国,个体交通工具包括自行车、摩托车、私人小汽车、单位车等。它在城市交通中的比重与城市规模、自然特征、土地利用、人均消费水平等因素有关。 (文旭光)

gen

跟车理论 car-following theory

又称跟驰理论或跟踪理论。在无法超车的单一车道上车辆列队行驶时,利用动力学方法,后车跟随前车的行驶状态,并以数学模型表达跟驰过程中发生的各种状态的理论。是分析和研究非自由运行状态车队行驶特性(制约性、延迟性、传递性)的微观模型。研究的主要目的是试图通过观察各个车辆逐一跟驰的方式来了解单一车道交通流的特性。用来检验道路交通的管理技术和通信技术,以便在稠密交通时,使尾撞事故减到最低限度。 (戚信灏)

gong

工程船舶 working craft,working ship

按不同工程技术作业的要求,装备各种专用设备,从事各种工程技术作业的船舶。其类型繁多、设备复杂、专业性强、新技术、新设备应用较多,且各具特色。主要有挖泥船、起重船、打桩船、混凝土搅拌船、打捞船、布缆船、航标船、铺管船、钻探船、采油平台,以及配合挖泥船作业的吹泥船、泥驳等。一般要求具备足够的稳定性,广阔的甲板作业面积和良好的运动性能。 (吕洪根)

工区 working section

负责组织10~30km线路日常保养、线路紧急补修,重点病害整治、巡道和线路检查等工作的机构。按工作内容分为养路工区、桥隧工区和路基工区等。养路工区按作业方式又有一般养路工区和机械化养路工区之分。除沿线设置外,还在作业繁忙的大车站上单独设立站线工区,负责站线和道岔的养护维修,或兼管少量支线和岔线的保养工作。 (陆银根)

工务登记簿 note book for track work

详细记载工务段管内路基、轨道、桥隧建筑物等主要设备的技术状态、数量和现状的技术文件。文件内容在每年秋季线路设备大检查后及时进行修改补充。 (陆银根)

工务段 subportion for track work

组织和领导线路维修工作的基层单位。铁路局分局的下设单位，管辖长度单线铁路一般为200～250km，双线或山区铁路为150km左右。段内设有工务修配所、领工区、工区、机械化养路工区等机构。其所在地尽量与机务、车辆、电务等各段集中，以利综合管理和方便职工生活。　　　　　（陆银根）

工务区划　the division of track regions

工务系统各级维修养护机构的配置。铁路局、分局设有工务处、科，领导管内线路的工务工作。直接组织维修工作的基层单位是工务段。线路大中修工作由铁路局、分局的大修队负责施工。（陆银根）

工务设备图表　diagram of track apparatus

工务段管内路基、轨道，桥隧建筑物、线路附属设备，其他构成部分及按工务段行政划分等各项固定资产的全面性统计图表。它是根据工务登记簿统计出来的数字加以分析，用数字和图表的形式表示的技术文件，内容每年更新。管理部门可根据各种设备图表的记载，了解各个方面的概况。　　（陆银根）

工务修配所　machine shop for track work

承担工务段管内养路机械、养桥机械、动力机械和车辆的日常维修和中修，道岔焊补和线路备品修制等任务的工厂或车间。有的修配所还能承担铁路分局管内的道岔设备的加工任务。而工务汽车、轨道车、发电机、空压机等机电设备的大修任务，则由铁路局的工务修配厂完成。　　　（陆银根）

工业废渣稳定材料　stabilized material with industrial waste

将石灰或石灰下脚与工业废渣（如粉煤灰、水淬矿渣、钢渣、煤渣等）混合，加水拌匀后的混合物。可作为路面基层材料。其中石灰或石灰下脚为结合料；工业废渣为活性材料。二者在水存在的条件下起火山灰反应，生成水化硅酸钙和水化铝酸钙。它们除自身具有水硬性和较高强度外，并能将未反应的颗粒黏结为整体，有时可掺加一定比例的粗骨料，其目的在于借助粗骨料间的嵌锁力提高混合料的早期承重能力。这类稳定材料具有施工简易、造价低廉、变废为宝、减少环境污染等优点。　（李一鸣）

工业废渣稳定路面基层　stabilized base course of pavement with industrial waste

一定数量的石灰或含有一定石灰成分的工业废渣作结合料，用某些工业废渣作活性材料，有掺入碎石、砾石、土等集料，加入适量水拌和、压实养生建成的路面基层。可分两大类：(1)石灰粉煤灰类，包括石灰粉煤灰、石灰粉煤灰土、石灰粉煤灰砂、石灰粉煤灰砂砾、石灰粉煤灰碎石、石灰粉煤灰矿渣、石灰粉煤灰矸石等；(2)石灰煤渣类，包括石灰煤渣、石灰煤渣土、石灰煤渣砂砾、石灰煤渣矿渣、石灰煤渣碎石土等。工业废渣类基层的强度在2～3年内会继续增长，具有较高的力学强度和整体性，宜作为高级路面或机场道面的基层。　　　（韩以谦　陈雅贞）

工业港　industrial port

专为临水大型工矿企业直接运输原料、燃料和产品的港口。其经营使用权一般直属有关工矿企业，不对外服务。　　　　　（张二骏）

工业轨　non-standard length rail

非标准长度的钢轨。仅成段铺设于次要线路或集中铺设于其他站线上。　　　（陆银根）

工业铁路　industrial road

属于工矿企业自建自管的铁路。分工业企业铁路、矿山铁路、森林铁路。包括与国营铁路相衔接的专用线和企业内部的铁路。它有自己的运输设备（线路、站场、机车、车辆、通信、信号）并有独立的运输组织和指挥系统，除与铁路联轨站办理车辆过轨交接作业外，还从事与企业内部生产直接有关的运输工作。对有大宗货物进出的企业，尽可能多地组织始发直达和循环直达列车。工业铁路数量多、长度短、非常分散，据1986年不完全统计，目前中国工矿铁路共有23 700km，其中专用线5 800条，计9 470km，工矿企业内部铁路1 100多条，计12 340km，其他用途铁路600多条，计1 890km。　　　　　（周宪忠）

工业站　industrial station

专门为工业企业运输服务的铁路车站。采掘工业和加工工业都有大量的装卸作业，可以根据需要设置工业站。集中在同一工业区内的其他工业企业，具有大量装卸作业时，也可设置工业站。从铁路干线到达工业站的列车，交由工业企业选编，并将车辆送往装卸地点进行作业。装卸完毕后，将车辆集中起来，送工业站由铁路进行解体，并重新编成列车，向铁路网发出。　　　　（严良田）

工作闸门　working gates

在船闸正常运转时，用来控制船闸口门，以保证闸室灌泄水和船舶正常过闸的船闸闸门。其工作特点是：启闭频繁，除兼作输水用的闸门外，一般都在无压的静水中启闭。要求闸门具有足够的强度和刚度，结构简单便于制造安装与维修，启闭方式简便，启闭迅速。常用的门型有：人字闸门、平面闸门、横拉闸门、三角闸门等。在承向单向水头的船闸上，一般选用人字闸门；承受双向水头时，应选用横拉闸门或平面闸门；利用闸门门缝输水，选用三角闸门或平面闸门。　　　　　　　　（詹世富）

公共汽车专用街（路）　bus street(road)

专供公共汽车（还包括出租汽车）行驶的街道（公路）。可在全日或仅在高峰时间专用。实行公共汽车优先的措施之一，目的是提高公共汽车的车速，提高公共汽车线路的运送能力，并通过限制其他车种而提

高道路使用效率。多在城市公共商业中心区或建设卫星城镇时可考虑采用。 （李旭宏　王金炎）

公交车辆专用车道　bus lane

又称公共汽车车道。为保证公共汽车行驶畅通,而在道路行车道中划出的专供公共汽车(还包括出租汽车)行驶的专用车道。通常是靠外侧面最近的一条车道。可以全日或仅在高峰时间专用。是实行公共汽车优先的措施之一,目的是提高公共汽车的车速,提高公共汽车线路的运送能力,从而使公共汽车更具有吸引力。 （李旭宏）

公里标　kilometer sign

铁路线路上,表明计算里程整公里的标记。在区间设于线路左侧；中间站上设于最外股道外侧；区段站以上车站,设于正线和到发线之间；桥梁和隧道内可不设置,如因特殊情况需要时,由各路局比照曲线标的设置要求安设。具体位置要不妨碍线路养护和调车作业。

铁路线路上,在计算里程每个半公里处设置半公里标,设置位置的原则同公里标。 （吴树和）

公路　highway

联结城镇、乡村、工厂、矿区、机场和港口等地方,主要供汽车行驶,具有一定技术条件和设施的市区以外道路。中国公路根据交通量及使用任务、性质分为五个等级:高速公路、一级公路、二级公路、三级公路和四级公路。高速公路按平原微丘、重丘和山岭三大类地形分别采用四套不同的技术指标,其他各级按照平原微丘和山岭重丘两大类地形分别采用两套不同的技术指标。按其重要性及作用的不同又有国防公路、国道公路、省道公路及县乡道公路之分。 （王金炎）

公路渡口　highway ferry

由汽车渡船和渡口设施组成将公路车辆以及行人等渡过河流、湖泊、港湾或海峡,以连接两岸交通的设施。渡口设施包括泊船码头,供车、人上下渡船用的引道,引桥,支承引桥及供渡船碰泊的趸船等。有的还建有候船室,停车场,管理站等建筑物。在渡口岸线窄狭和行船密度很大的水域中,一般采用端靠式渡船,并修建相应的码头或趸船,便于渡船进出泊位。在流速很大,渡船停靠困难的水域,可采用与河流平行或斜交的引道,按水位升降规律在引道外沿建造一系列不同高程的泊位,以便渡船可选取适当水深的泊位顺流泊靠。世界上著名的公路渡口主要有:英吉利海峡(拉芒什海峡)铁路、公路渡口；日本各岛屿间铁路、公路渡口；波罗的海与黑海间的渡口；伏尔加河渡口；意大利与希腊之间的渡口；通过大西洋联系波罗的海与地中海的渡口等。 （吕洪根）

公路自然区划　the regional classification by natural features for highways

根据各地自然条件对公路工程影响的差异性而划分的地理区域。不同于一般自然区划和行政区划,目的为公路设计、施工和养护中采取适当技术措施和采用合适的设计参数。区划的原则是①道路工程特征相似性,即在同一区域内,在同样的自然因素

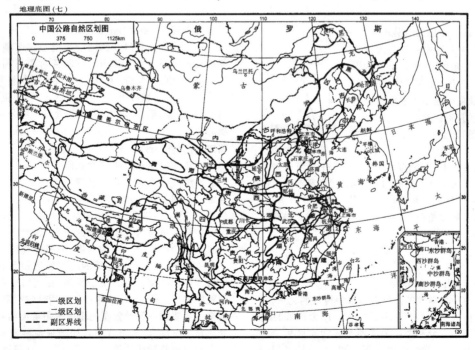

公路自然区划

作用下道路工程具有相似性;②地表气候区域差异性,包括地表气候随当地纬度而变的地带性差异和地表气候随高程而变的非地带性差异;③自然气候因素既有综合又有主导作用。中国制定的《公路自然区划标准》结合中国地理、气候特点,将全国的公路自然区划分为三个等级。一级区划以全国性的纬向地带性和构造区域性为依据,并以全年均温-2℃和一月份均温0℃两条等温线,以及走向北偏东的1 000m等高线和走向自西向东、后折向南的3 000m等高线为划分标志。这些界限互相交错、叠合将全国分成北部多年冻土区(Ⅰ区)。东部温润季冻区(Ⅱ区)、黄土高原干湿过渡区(Ⅲ区)、华南湿热区(Ⅳ区)、西南潮暖区(Ⅴ区)、西北干旱区(Ⅵ区)、青藏高寒区(Ⅶ区)等7个一级自然区。以气候和地形为主导因素,以潮湿系数为标志,在7个一级区内又划分成33个二级区和19个副区,共52个二级区。二级区内还可由各省、市、自治区自行作三级区划(见图)。 (王金炎)

供电段 dept of distance power supply

电气化铁路供电系统的运行管理机构。下设若干接触网工区、变电工区和电力工区;对所辖电力装备维护、巡检,保证其正常运行。段内设有检修车间,可对变压器、接触网等设备进行检查、修理、试验和有关参数的自动检测。中国目前300~500km电气化铁路设一个供电段。 (周宪忠)

gou

勾头丁坝 L-head dike

在坝头加建一段与水流流向平行的短坝,在平面上呈钩形的下挑丁坝。加建的短坝称勾头,其长度一般不大于坝身在垂直水流方向上投影长度的0.4倍(见图)。丁坝坝头附近流态

一般较乱,勾头能平顺坝头水流,并起导流作用,对船舶航行有利,但将妨碍挟沙底流进入坝田淤积。勾头长度大于0.4倍的为丁顺坝,能束窄河床,规顺水流,同时起丁坝和顺坝的作用。这两种坝多用于山区河流航道整治。 (王昌杰)

gu

孤立波 solitary wave

只有一个单独的波峰在浅水中传播的波浪。与在近岸极浅水区(水深$d \leqslant 0.05L$,L为波长)中的波浪的波形十分相似。当波浪进入浅水区后,随着水深的减小,波峰变得越来越尖陡,波谷越平坦,在极浅水区中可近似地将这种波浪视为一系列单个的孤立波。可视为椭圆余弦波的极限情况:当波长趋于无限长时,椭圆积分的模数$m \to 1$,第一类完全椭圆积分$k(m) \to \infty$,第二类完全椭圆积分$E(m) \to 1$,椭圆余弦函数$cn(\theta, m) \to \mathrm{sech}\,\theta$,代入椭圆余弦波的波面函数、波长、波速和波压力的表达式,即可得到孤立波的相应结果。其波面函数η为

$$\eta(x,t) = H\mathrm{sech}^2\left[\sqrt{\frac{3H}{4d}}(x - Ct)\right]$$

波长L为 $\quad L = \lim\limits_{m \to 1}\left(\sqrt{\frac{16d^3}{3H} \cdot m \cdot k(m)}\right) \to \infty$

波速C为 $\quad C = \sqrt{g(d+H)}$

波压力p为 $\quad p = \rho g[\eta(x,t) + d - z]$

表明其波速与波周期无关。在研究近岸波浪破碎、沿岸流及泥沙运动等,孤立波理论得到广泛的应用。

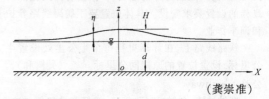

(龚崇准)

孤立危险物标志

指示船舶避开孤立危险物的标志。设置在孤立的危险物上或尽量靠近危险物的地方,指示船舶可在其四周航行。标志采用杆形、柱形或锥形体,为黑色。中间有一条或多条红色宽横带,顶标为两个串联的黑色球形体,夜间发白光连闪两次(附图见彩7页彩图26)。 (李安中)

固定停车场 fixed parking lot

在道路以外专门开辟的能容纳较多车辆,亦可停放较长时间的停车场所。按服务对象不同,有为公交公司、机关、学校、大型宾馆、饭店停车服务的专用停车场,有在城市出入口、大型商场、影剧院、体育馆(场)、机场、车站、码头、医院等处设置的公用停车场。 (徐吉谦)

固定系船柱 fixed mooring pier

设置在船闸靠船建筑和闸室墙顶部,系绑过闸船舶缆绳的系船设备。高度一般为0.5~0.6m。通常将过闸船舶的系船缆绳带有环套的一端套在系船柱上,另一端则系在船舶的系船设备上。系缆时,缆绳在垂直平面内与闸室墙的正面,在水平平面内与船闸纵轴线均成一定的角度,为避免缆绳与混凝土直接摩擦,在系船柱正面的闸室墙顶和胸墙的侧边都用钢板镶护。为便于系缆,在正对于系船柱位置的胸墙上开有缺口,缺口处应用铁链拦阻,以策安全。系船柱一般设置在闸墙顶部距墙面约0.6米处。在闸室灌、泄水过程中系船缆绳应随着水位的升降相应地收紧或放松。 (吕洪根)

固定信号 fixed signal

固定设置于需要经常防护地段的信号设备。各种信号机均属固定信号。例如为了防护车站,设于车站入口处,距进站道岔尖轨(顺向为警冲标)不少于50m的地点,指示列车可否由区间进入车站的进站信号机;为了防护区间,设于发车线路警冲标内方,指示列车可否由车站进入区间的出站信号机等。

(胡景惠)

固沙造林 forestation for fixing of sands

在铁路路基两侧适当范围内,营造防沙林带,利用植物固沙的防护措施。可减低风速,削弱风沙流的活动,达到长久固定流沙,防止风沙对铁路危害,也能起到改造自然环境的作用,同时又可生产有用的木材,养护管理费用也很节省。是防治铁路风沙危害最根本又经济的措施。造林固沙比其他防护优越有效,而且永久受益。理想的防沙林带应根据沙地水分条件选择适宜的树种及林型结构。如采用草本植物、灌木和乔木相结合;草本植物与灌木相结合,使之取长补短,达到最好的效果。 (池淑兰)

gua

挂车 trailer

由牵引车或货车牵引行驶的车辆。主要用于运送货物。按照拖挂的型式可分为全挂车与半挂车两类。全挂车的全部重量由本身的车轮支承;半挂车的部分重量支承在牵引车的牵引连接装置上。由牵引车或货车与挂车组合形成汽车列车,这一类列车总重达32~40t,运输效率极高。 (邓学钧)

挂衣运输 hang clothes traffic

有些高档衣服不能折叠,只能用衣架吊挂在特制的衣箱内的运输过程。专用的挂衣集装箱有单层和多层之分,这是近年来发展起来的一种运输形式。

(蔡梦贤)

guan

管道穿越工程 pipeline under crossing

从水下或地下铺设管道穿越河流、湖泊以及铁路、公路或其他建筑物地段的管道线路工程。穿越河流、湖泊可以采用①在河床挖沟埋设;②在河床下部直接将管子顶过河底或用倾斜钻机定向钻进,钻成一个下弯的弧形圆孔,管子通过圆孔穿越河床;③直接铺设在河床上。为了防止管道浮起,在管道外壁浇注混凝土覆盖层,或者堆石坝、石笼、混凝土锚定块等。穿越铁路、公路及各种建筑物,一般都在建筑物下铺设水泥套或钢套管,管道从中穿过,也有不用套管而直接在路基下埋设的。 (李维坚)

管道磁浮运输 pipelined Maglev transportation system

铺设于真空或减压管道中的磁浮运输系统。由于普通车辆上的转向架构造部分在磁浮车辆上被电磁绕组所代替,车体界限高度大为减小。因此,有利于将磁浮列车安置于管道之中,若管道减压或做成真空状态,确是一种无阻力、高速度、低能耗、安全可靠的运输方式。美国的一种方案,在直径为3.66m的真空管道(2)中利用永久磁铁(6、7)悬浮、线性异步电机驱动,线性电机用长度为110m、厚度为11.4mm的磁轨作为定子(3)分段铺设于地面线路上。磁浮车体(1)的质量为39t,由机械稳定器和电磁稳定器(4、5)进行导向,行车设计速度可达960km/h。

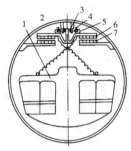

(陆银根)

管道防腐蚀 pipeline corrosion control

避免管道遭受输送介质、空气、土壤的化学和电化学作用而造成内、外壁损耗的防护技术。外壁防腐可采用①耐腐蚀的防腐钢管、塑料管②外表镀锌或喷铅防蚀层管③用油漆、沥青、塑料、珐琅等涂层④换用电阻率较高的土壤埋设管子⑤阴极保护法及电蚀防止法。内壁防腐可采用①耐腐蚀的环氧树脂涂料、塑料涂层②在输送介质中加防腐剂。

(李维坚)

管道工程 pipeline engineering

石油、天然气及物料输送管道的沿线地质水文勘察与地形测量、确定管线走向、制定管道输送工艺和选用设备、装置的施工安装及运行管理的总称。它应用了流体力学及多相流体力学的原理进行系统参数设计。工程项目包括有管道线路工程,站库工程和管道附属工程,这些项目既包括大量一般性建筑安装工程,也包含一些具有专业性的工程建筑、专业设备和施工技术。

(李维坚)

管道跨越工程 aerial pipeline crossing

采用架空铺设管道方式,通过河川或山谷等地段的管道线路工程。适用于河岸冲刷严重、流速大、河床开沟困难或一些通航频繁并需要经常疏浚的河道,以及陡峭的峡谷等地点。除了有些管道附挂在公路桥梁上以外,大部分管道跨越都用自身管道作为主要支承结构,加上一些杆件或钢缆组成各种跨越结构,如桁架管桥、悬索管桥、轻型托架管桥、斜拉

索管桥等。　　　　　　　　　　（李维坚）

管道磨损测试　loop test

为监测管道腐蚀和磨蚀而进行的测定和试验。在管路内装上几段同一直径的测试短管,短管在安装前称重,经一段时间运行后分别拆下(各段运行时间不一样),清除管内垢物后再称重,换算成管壁重量损失。测试短管要在相当长时间间隔以后,才能得出结果。短期的磨损率可通过装置在管内的腐蚀探头测得。磨蚀探头受到的腐蚀率较大,测得的磨损率要比短管高,可作为早期报警装置。　　（李维坚）

管道线路工程　pipeline route engineering

设计管道线路走向,用管子、管件、阀门等连接管线起始站、中间泵站和终点站,构成运输管道线路的工程。包括沿线组装和铺设管子,安装管件阀门,跨越河流、湖泊、道路、铁路,管道防腐、抗震及管道水土保护、线路标志等附属构筑物的工程。从工程项目可分为：①管道本体工程；②管道防护结构工程；③管道跨越工程；④管道穿越工程；⑤管道线路附属工程。　　　　　　　　　　（李维坚）

管道用管　pipe for pipeline

组成管道运输通道的钢管。一般采用低碳合金钢制成。按照制造方法分为无缝管和焊接管两类。焊接管又分为螺旋焊缝管和直焊缝管。螺旋焊缝管的主要优点在于它用卷材制成,造价低,焊缝在管子上形成的线条也比直缝管均匀合理,缺点是卷材和焊缝太长,钢材和焊接质量不易控制。目前运输管道所用的无缝钢管的口径一般在500mm以下,更大口径的管道采用焊接管。　　　（李维坚）

管道用容器　capsule for pipeline

又称传输筒。用于容器式输送管道中装载运输物料的设备。一般是直径略小于输送管道的封闭式圆柱筒,也可以根据被输送物件的形状做成截面为矩形或椭圆形的容器,其管道也用同样形状截面的；如还用圆截面管道可在容器两端加置圆形密封环。容器的侧面或端盖能开闭,以便装卸物料。容器又可分为无轮子容器和有轮子容器两大类型。
　　　　　　　　　　　　　　　　（李维坚）

管道运输　pipeline transportation

应用流体力学、多相流体力学原理在管道中输送各类货物的运送方式。输送的货物可以是固体物料(煤、矿石、砾石、小麦、棉籽等)、液体(水煤浆、石油等)、气体(天然气、油田伴生气等)。按所输送的物品可分为油品管道(包括原油和成品油管道)、天然气管道及物料输送管道。20世纪50年代,世界各产油国随石油开发开始大量兴建油、气管道。20世纪70年代以来管道输送技术有较大提高,大型油气管道及物料输送管道相继建成。如1972年建成前苏联至东欧五国的"友谊"输油管道,管径1 200mm和820mm,全长9 739km,设计年输原油1亿t。1970年美国建成黑梅沙煤浆管道,1977年巴西建成萨马科铁矿浆管道等。中国早在公元前200多年就使用竹子管道来输送卤水,是最早使用管道的国家。1958年在新疆建成从克拉玛依到独山子的第一条原油管道,全长147km。1963年在四川建成第一条总长54.7km的天然气输送管道。截至1988年,中国已建成输油管道7 707km,天然气管道6 631km。用管道输送货物具有运量大、耗能少、运费低、不占或少占良田、不污染环境、易过程监控、维修量小、减少交通事故、全天候运输等优点,特别是物料输送管道的出现和发展,大有在货物运输领域博得一席之地的趋势。这种运输方式的缺点是承运货物单一、因运输量减少而超出其合理运行范围时,优越性不显著。　　（李维坚）

管界标　boundary sign of railway administration

表明列车运行前方铁路线管辖单位名称的界标。设在铁路局、工务段、领工区、养路工区和供电段、水电段各单位管辖地段的分界处。管界标两侧标明所向管辖单位的名称。　　（吴树和）

管线标　sign of pipeline and cable

标示架空电线或水底电缆、管道位置的专用标志。设在跨河管线两端的河岸或过河管线的上、下游一定距离的两岸,禁止船舶在敷设水底管线的水域抛锚、拖锚航行或垂放重物；警告船舶驶至架空管线区域时注意采取必要的措施。在两根立柱上端装等边三角空心标牌,与河岸平行,三角形顶尖朝上,标牌上写"禁止抛锚"；三角形顶尖朝下,标牌上写"架空管线"。立柱漆红、白色相间斜纹,标牌为白色,黑边、黑字,夜间在三角形的三顶端各设白色或红色定光灯一盏(附图见彩5页彩图21)。
　　　　　　　　　　　　　　　　（李安中）

管柱码头　cylinder wharf

由上部桩台和下部管柱组成的透空式码头,或由管柱和锚碇结构组成的岸壁式码头的俗称。管柱实质上是一种大型开口式管桩,直径一般不小于1.2m。外壳由钢筋混凝土或钢管制成,下沉完毕后,在管内回填混凝土或砂。它与一般的桩相比,具有耐久性好,刚度大,抗弯性好,有较高的竖直承载力和水平承载力。当地基持力层埋深有限时,如用高桩码头,桩基的入土太浅,稳定性不够。如用重力式码头,基坑开挖又太深,造价过高,这时宜于采用管柱码头。对于外海软基上的深水码头,如仍采用一般小直径桩的高桩码头,不仅抗风浪,抗腐蚀的能力低,码头造价高,而且由于桩太长引起构造和施工上的困难,这时宜采用这种型式的码头或大管桩码头。

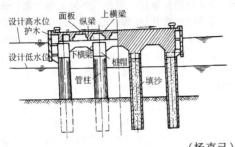

（杨克己）

惯性超高　lock superelevation of inertia

船闸闸室灌水临近结束时，由于水流惯性力的作用闸室水面超过上游水面的值。在闸室灌水过程，输水廊道内的水流流动为不稳定流，由于惯性作用，在灌水末期造成闸室水面以与上游水面齐平的水位为中心的上下波动，而使闸室水面高出上游水面。它使闸室水面动荡不定，延长闸室水面齐平的时间。如其值过大，将影响人字闸门及其启闭机械的设计。其超高值与输水廊道的长度、水头的大小有关，集中输水系统一般较小，可忽略不计。分散输水系统的较大，有时可达1m左右。为保证船闸的安全运转，一般规定应小于25cm，可采取提前关闭输水阀门或开启工作闸门等措施。

（蔡志长）

惯性超降　superelevation lock of inertia

船闸闸室泄水临近结束时，由于水流惯性力的作用，闸室水面动荡不定，引起闸室水面低于下游水面的超降值（参见惯性超高）。闸室水面的超降将减少泄水末期闸室内水深，可能发生使船舶碰底的危险，同时还将增大工作闸门开启时系船缆绳的缆绳拉力，需考虑相应的措施以减小超降值。

（蔡志长）

惯性过坝　overpassing dam by using inertia of beaching chassis

利用承船车运动中的惯性力，克服坝顶牵引死点，实现承船车连续运行的过坝方式。当承船车上引运行至坝顶过渡（此段坡度较平缓或为水平段）并距坝顶中心某一位置时，卷扬机断电，此时承船车利用惯性继续前进，越过坝顶中心。当其离坝顶中心某一定位置后，卷扬机通电反转，控制承船车在另一斜坡道上下驶。采用惯性过坝，坝顶以圆弧形为好。

（孙忠祖）

惯性阻力　inertia resistance

汽车在变速行驶时，为克服其质量惯性作用而产生的外力。汽车的质量分为平移质量和回转质量两部分。为简化计算，通常把回转质量换算为平移质量，即用平移质量乘以回转质量换算系数来代替汽车的两部分质量。汽车变速行驶有加速行驶与减速行驶之分，故惯性阻力也有正、负之分。加速时惯性阻力为正值，是阻碍汽车行驶的外力；减速时惯性阻力为负值，变为促使汽车行驶的外力。

（张心如）

灌水船坞　filling-up dock

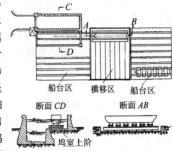

利用船坞灌水系统及排水系统将船舶升起就位在坞室上阶进行修理的船坞。坞室断面呈台阶状。当船舶入坞关闭坞门后，用水泵将坞室灌水，使坞室内水位上升，船舶漂升、横移到坞室上阶，然后将水排出，船即坐落在上阶的龙骨墩上进行修理。它的结构复杂，造价、营运费用高而生产效率低。为此，常将其与多船位的水平船台结合，只作为船舶上墩、下水设备使用以提高效率。图为灌水船坞——多船位船台联合系统，船坐落在位于上阶的移船车上后，即被拖运到水平船台区修理。

（顾家龙）

罐车　tank car

又称槽车。车体由金属制成，形如罐筒状的货车。按用途可分为：运送汽油、煤油、柴油的轻油罐车；运送石油、润滑油等黏性油类，设有加温层及加温装置的黏油罐车；运送酸、碱类液态化工产品，用耐蚀金属制成或罐内铺设抗蚀材料的化工罐车；运送沥青，罐内有加温火管，罐外有保温套的沥青罐车；运送水泥等粉末状货物的粉状货物罐车；以及运送液化天然气、液态氨等，罐体有足够的承内压能力的液化气罐车等。

（周宪忠）

罐装汽车　tank trailer, tank car, tank truck

用储罐装运液体、气体、粉状固体的专用汽车。采用这一类特种汽车运输，主要是为了减少装卸工作及装卸过程中物资损失，防止运输过程中泄漏，对于有毒、有害、危险物品，这一类特种汽车运输可保障安全。根据运送物资的不同，对车辆还有一些特殊要求，如水泥、石灰、面粉、盐、饲料等粉状物料专用罐式车厢应配有压缩空气或螺旋式装卸装置；液化气体温度很低，车罐钢材、焊条应能耐低温；装运油料的车罐应有静电接地装置，罐中设隔板、防波挡板。

（邓学钧）

guang

光纤电缆　optics fiber cable

简称光缆。一种大容量传输信息的光导纤维线束所构成的电缆。光导纤维(简称光纤)由高纯度的石英玻璃材料制成,它是由纤芯和包层两同心圆形成的双层结构,呈圆柱形,按芯径大小(即按传输模式数目的多少)可分为单模光纤和多模光纤,一般单模光纤的芯径为 10μm 以下,外径为 150μm。多模光纤的芯径为 50μm,外径为 125μm。每对光纤约可传送百万路以上的电话或几千路电视。是现代通信中极有发展前途的一种新型传输线。在铁路通信中正逐渐推广采用。

(胡景惠)

光纤通信 optics fiber communication

利用光波沿着光导纤维传输信息的通信。传输光波信息的光导纤维是由一种折射率较大的圆柱形玻璃芯和一种折射率较小的圆柱形玻璃包层紧紧套在一起组成的。进入玻璃芯的光线入射到芯包分界面,当满足入射角大于临界角时,就会产生全反射,使光的能量沿着纤芯轴向传输。由光终端机、光缆、光中继器和相关的电话设备组成。由于重量轻、损耗小、传输容量大、保密性能好,是 20 世纪 70 年代以来兴起的新技术,广泛用于多路通信、传输对话、数据和视频信号。随着中国北京至上海、南京至重庆等地的通信干线陆续铺成,它的应用将日益普遍。

(胡景惠)

广室船闸 basin lock

闸室宽度大于闸首口门宽度的船闸。其布置形式有:上、下闸首布置在同一轴线上及上、下闸首相互错开布置。闸室加宽可使闸门及相应的启闭机械简单,节省钢材用量,且可减少闸室长度,节省闸室墙的工程投资。但船舶进出闸室均需在闸室内作横向移动,过闸船舶驾驶操作较为复杂,延长了过闸时间。一般多建于小河上供小船使用。

(詹世富)

广义单态速度–密度模型 generalized single-regime speed-concentration model

交通流中的速度与密度之间的变化关系用一个通用的关系式所表达的模型。例如跟车理论中伽赛斯(Gazis)提出的一般公式即属于该模型。

(戚信灏)

广义泊松分布 generalized Poisson distribution

交通流理论中用之描述高流量情况下在观测周期 t 内车辆到达数为 x 的概率。即:

$$P(x) = \sum_{j=Kx}^{K(x+1)} \frac{e^{-\lambda t}(\lambda t)^j}{j!}$$

式中 λ 为分布参数。

(戚信灏)

广州港 Port of Guangzhou

中国南方最大的国际贸易港口和华南、中南地区最大的水陆联运枢纽。位于珠江口广州市郊。唐宋时今黄埔的波萝庙一带便有外国商船往来。辛亥革命后孙中山在其《建国方略》中提出在黄埔建设南方大港的主张。1936 年建成 400m 长的钢板桩岸壁式码头,并开挖出海航道。1948 年建成长 1 250m 的码头,可靠万吨级以下海船。1949 年中华人民共和国成立后,广州和黄埔两港分别成立港务局并大量改建、新建码头泊位。1987 年 12 月两港合并,组成新的广州港。至 1999 年全港共有装卸生产泊位 692 个,其中万 t 级以上泊位 41 个,万 t 级作业锚地 36 个(最大可装卸 30 万 t 级海轮)、万 t 级浮筒泊位 11 个。广州港下辖广州内港区、黄埔港区、新沙港区和虎门外港区四大港区。2000 年完成货物吞吐量 1.11 亿 t,其中外贸吞吐量 3 108.3 万 t,集装箱吞吐量 142.7 万 TEU。港口进出口主要货物品种为煤炭、石油、钢铁、化肥、粮食、木材等。

(王庆辉)

广州区庄立体交叉 Guangzhou QuZhuang interchange

位于广州市环市东路与先烈路相交处。为四层式双环形立体交叉,第一层为环市东路直行,四车道宽 15m;第二层为非机动车与行人通行的平面环形交叉;环道直径 82m,非机动车道宽 7.5m,人行道宽 3.5~5.0m,修建非机动车道桥两座,每座桥长 26m,宽 10.5m,为增加城市街景,在中心岛处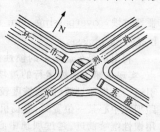还建立一个具有岭南特色清雅园林建筑小岛(街心花园);第三层为专供机动车左右转弯行驶的环形高架桥,环道外径 82m,内径 50m,环道净宽 16m,支承在 18 排圆形墩柱上,四面有 8 条单向匝道连接,匝道为双车道宽 7.5m,环道采用现浇高架弯板结构;第四层为先烈路机动车直行,采用高架桥,桥宽 10m,桥长 488m,共 23 孔,中间两孔为单孔双悬臂丁形梁,跨度各为 19m,其他各孔跨度为 16m,独柱形桥墩。设计通行能力:机动车为每小时 6 000~

7000辆,自行车为每小时30 000辆。桥梁设计荷载为汽—20,挂车—100;非机动车道桥梁采用汽—10;人群荷载为 3.5kN/m²。桥下净空高度:机动车道为4.5m,非机动车道为2.8m。最大纵坡:机动车道为5%,非机动车道为0.5%。地震按烈度7度考虑。占地3.23ha。1982年12月1日开工,1983年11月建成通车。　　　　　　　　　（顾尚华）

gui

规则波　regular wave

具有单一波高和波周期的波浪。微幅波、余摆线波、椭圆余摆线波、斯托克斯波、椭圆余弦波等波浪理论都假设波浪为二维规则波。二维规则波在与波向相垂直的方向上任何相位时各点的波面高程都相同,故又称长峰规则波。三维规则波则在与波向相垂直的方向上波面呈周期性的变化,故又称短峰规则波。两个波高和波周期相等若沿与 x 轴夹角为 $\pm\alpha$ 的方向传播的二维规则前进波系相叠加时,形成沿 x 轴方向传播而波高加倍周期不变的三维规则前进波。其波面方程为

$$\eta = \eta_1 + \eta_2 = \frac{H}{2}\cos(\xi_x + \xi_y - \omega t + \varepsilon)$$
$$+ \frac{H}{2}\cos(\xi x - \xi y - \omega t + \varepsilon)$$
$$= H\cos\xi_y \cdot \cos(\xi_x - \omega t + \varepsilon)$$

式中 $\xi_x = \frac{2\pi}{L_x} = k\cos\alpha, \xi_y = \frac{2\pi}{L_y} = k\sin\alpha, k = \frac{2\pi}{L} = \sqrt{\xi_x^2 + \xi_y^2}, \omega = \frac{2\pi}{T}; H, L, T$ 分别为二维组成波的波高、波长和波周期;L_x, L_y 分别为三维波的波长和波峰长度。规则波是研究波浪运动规律及其与建筑物及岸滩相互作用的重要手段。　　（龚崇准）

轨撑　rail brace

安装于轨道中心外侧的钢轨腰部,以增加轨线横向变形刚度的钢制轨道零件。通常设置于曲率半径较小的曲线路段、护轨以及道岔设备上。
　　　　　　　　　　　　　　　　（陆银根）

轨道板　rail slab

结构型式为板体的,用以支承和固定钢轨的,将列车通过钢轨传递的载荷分布给板下基底的新型轨下部件。每块板沿钢轨方向设置的钢轨扣件数量为两对及两对以上,是区别于轨枕或宽枕的主要特征。它是整体支承钢轨的基础,与钢轨组成叠合板梁结构,能大为改善钢轨和道床的工作条件。特别是与沥青道床配合使用所构成的板体轨道,在日本铁路新干线建设中获得成功。在中国,这种新型轨道结构现正处于试验之中。

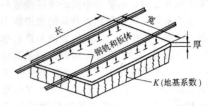

　　　　　　　　　　　　　　　　（陆银根）

轨道变形　irregularity of track

轨道几何形位由于列车载荷、自然营力等因素影响,在形状大小尺寸上发生的变化。按量测内容分为轨道静态变形和轨道动态变形两类。
　　　　　　　　　　　　　　　　（陆银根）

轨道部件　track components

组成轨道结构的零件、构件和一些材料的统称。道床、轨枕和钢轨等是轨道结构的主要部件,而接头夹板、铁垫板、道钉、扣件、各种螺栓螺帽、防爬设备、轨距杆、道岔和交叉、脱轨器、车档以及钢轨伸缩接头等零件统称线路材料。虽然它们的种类不同,材质各异,但是用以组成的轨道结构却具有良好的整体强度和稳定性。而且,轨道结构的任一部件性能的改善,都能获得提高整体性能的效果。不过,必须按系统原则综合考虑。例如,混凝土轨枕代替木枕时,钢轨扣件和道床应相应改变;铺设无缝线路时,对钢轨接头、扣件和道床都有新的要求;改铺新型轨下基础时,应同时改进轨下胶垫的弹性性能以及提高路基基床的稳定性。　　　（陆银根）

轨道电路　track circuit

利用钢轨作导体,两端以钢轨绝缘分界,用引接线连接电源或信号源及接收设备而构成的电气回路。它能把列车运行与信号机显示自动地联系起来;能检查轨道上有无列车;并能检查钢轨有无断裂。是电气集中、自动闭塞、机车信号和调度集中等信号设备的基本组成部分。根据平时电路有电无电可分为闭路式和开路式,前者符合故障-安全原则,故被广泛采用。按电路电源或信号源的种类分有直流、交流、脉冲、音频、高频、交流计数电码、移频、极性频率、不对称脉冲等。在电力牵引区段有单轨条和双轨条。在道岔区段有并联式和串联式。随着电子技术的发展,还有无绝缘轨道电路。
　　　　　　　　　　　　　　　　（胡景惠）

轨道动态变形　irregularity of track under train load

在列车载荷作用下的轨道变形。通常将轨道检查车和列车联挂,在正常走行速度中对轨道进行检测。由于它真实反映轨道的行车条件,可作为评定轨道质量的主要依据。　　　　　（陆银根）

轨道方向　alignment of track

又称线路方向。用轨道中线的实际位置与设计位置的偏差来量度轨道钢轨工作边沿轨道纵向的平顺程度的线路质量指标。线路的方向不良必然引起列车的蛇行振动,因此,良好的线路方向是高速行车的基本条件。无缝线路地段上,方向不良在高温季节诱发胀轨跑道,威胁行车安全。线路方向在直线地段用 10m 长弦线沿钢轨工作边量测的偏差来量度;曲线地段用 20m 长弦线,沿外轨工作边每隔 10m 测点量测正矢来量度。允许误差一般不应超过 6~14mm。 (陆银根)

轨道附属设备 track accessories

用于线路防爬、曲线和道岔加强以及保证行车安全的轨道设备的统称。包括各种防爬设备及护轨、轨撑、轨距拉杆、脱轨器等。线路通过加强后,无论直线、曲线轨道,还是道岔等,都应具有大致相同的强度和可靠性。 (陆银根)

轨道高低 longitudinal level of rail

又称前后高低。用轨道沿钢轨轨顶面的纵向坡度与设计坡度的符合程度来量度钢轨顶面纵向平顺程度的线路质量指标。轨道在行车过程中不断变形,产生不均匀下沉,这与线路路基的稳定状态、道碴道床的捣固坚实程度、钢轨扣件的扣紧情况、枕木的材质、钢轨的不均匀磨耗以及存在钢轨接头等因素有关。轨道不均匀下沉形成种种影响列车运动状态的轨道不平顺,使轮轨之间产生动力冲击作用,加速机车车辆和轨道设备的破坏,降低乘客的旅行舒适度。因此,必须对由于轨道变形使实际坡度偏离设计坡度的程度加以限制。通常用 10m 长弦线沿钢轨顶面量测,允许误差不应超过 4mm。 (陆银根)

轨道衡线 scale track

轨道衡所在的通过式线路。设在具有大量散堆装货物装卸地点的咽喉区,并设置绕过轨道衡的通路,供不需称量的机车车辆通行。与其邻线间设有磅房时,两线路中心线间的距离应不小于 8.5m。轨道衡是用来称量整车货物质量的衡器。可以及时发现车辆超载或欠斤。 (严良田)

轨道几何形位 track geometry

又称轨道构造。轨道各部分的几何形状、相对位置和基本尺寸的总称。轨道是由不同方位的直线段和一定曲率的圆曲线段连接而成。列车行驶在不同的线段上,运动状态也不同,两根走行轨在空间的位置,即轨距、轨道水平、轨道方向、轨道前后高低以及轨底坡等均应有所不同。这对机车车辆的运行安全、乘客的旅行舒适以及机车车辆和线路设备的使用寿命和维修养护费用起着决定性的作用。因此,无论设计、施工和管理的技术标准都必须与铁路行车速度、机车车辆轴重、运量等铁路运营条件相适应。 (陆银根)

轨道检测 track surveying

对轨道各组成部分的技术状态、轨道几何形位以及行车平稳程度等的定期检查观测。分为静态观测和动态检查两个方面:静态观测包括量测轨道几何形位,检查钢轨伤损、轨枕的空吊开裂及磨损腐朽、道床的脏污程度、扣件的失效以及道岔的状态等;动态检查则利用轨道检查车对轨距、轨道不平顺、前后高低、左右水平、曲线外轨超高等项目综合检测,及时掌握分析轨道的实际状态,特别是小半径曲线、大桥及其桥头线路、道岔及其附带曲线、钢轨接头区、无缝线路缓冲区、线路爬行、路基不良地段等的轨道技术状态,是正确制定线路维修养护制度,确保行车安全的基础。不断改进检测手段,建立科学检测制度,则是不断提高线路维修质量的前提。 (陆银根)

轨道检查车 track geometry car

连续检查并记录轨道在列车载荷作用下的几何形位及状态的专用车辆。中国目前采用的为 TSK15 型。车体有五个车轴,在行驶中车轮踏面将钢轨前后高低、线路方向、轨距变化等反映到车轮及测距小轮的轴上,经轴头上的专用联杆装置传到旋转变压器内,使机械位移转变为电压变化,整流放大后送入电笔绘制图像。能检测轨道高低、轨道水平及三角坑、轨距等项目,缺点是检测项目较少,且存在一定程度的失真。1982 年中国研制的轨道新型检测装置和数据处理系统,包括惯性基准轨道不平顺测量装置、曲线外轨超高测量装置、光电轨距测量装置以及小型计算机、模数转换装置、软盘和宽行打印机等。用这些装置装备的专用车辆,检测内容增加到 13 项,使用效果良好。 (陆银根)

轨道静态变形 irregularity of unloaded track

无载荷时的轨道变形。可用道尺、弦线、直尺、测量仪器等静态检测方法量取。由于仅反映轨道的永久变形,不能作为评定轨道质量的主要依据。 (陆银根)

轨道空吊板 loose sleeper

轨道无载荷时,轨枕与钢轨、道床之间的空隙超过规定值的状态。由于是钢轨支承的薄弱点,列车车轮行经该点时,轨面产生的沉落量超过其他支承点,从而形成轨道动态不平顺,引起轮轨间的附加动力作用,促使该点产生更大的竖向变形,如此形成恶性循环。一经发现,可用拧紧钢轨扣件、加强道床捣固的方法加以消除。 (陆银根)

轨道类型 classification of track

按照铁路运营条件划分的轨道结构等级。为使轨道各部件在列车载荷作用下,所产生的应力和变形不超过容许值标准,具有足够的强度和稳定性,首先根据运营条件选定钢轨重量,然后确定相应的轨枕配置根数以及道床材料和断面尺寸,使其相互配套,取得最佳的技术经济效果。通常将铁路正线轨道划分为重型、中型和轻型。重型轨道采用≥50kg/m的钢轨,中型采用50～43kg/m钢轨,轻型采用≤43kg/m钢轨。轨道选用的钢轨越重,需要的用钢量越多,使得新线建设的一次投资或既有线大修费用增大。然而,重型轨的使用寿命长,经常维修和养护费用相对减少。因此,在轨道选型时,应本着结合钢轨的供应情况,由轻到重、逐步加强的原则,根据线路的近期运营条件确定。 (陆银根)

轨道爬行 creeping

又称线路爬行。钢轨沿线路纵向的蠕动现象。有两种不同的表现形式:因扣件扣压力不足引起的钢轨沿轨枕面窜动;因道床阻力不足产生轨排的纵向移动。产生的原因是由于车轮碾压及纵向滑移、列车制动、轨温变化等作用产生钢轨纵向力,以及钢轨在轮载作用下的挠曲变形等造成蠕动。使线路出现连续瞎缝或大轨缝,拉斜轨枕形成接头病害和轨距、方向不良等等,直至轨道丧失稳定发生胀轨跑道。可采取安设足够的线路防爬设备,使用防爬型的钢轨扣件以及切实有效的道床夯拍措施,进行综合防治。 (陆银根)

轨道铺设 construction of track

按照线路设计图纸建造轨道的现场施工。分为人工铺轨和机械化铺轨。人工铺轨大致包括预铺底碴、排枕、铺轨、做道、上碴起道、拨道、整道等工序。机械化铺轨则将排枕、铺轨、做道等三道工序改为在轨排基地预钉轨排,其他工序和人工铺轨相同。 (陆银根)

轨道三角坑 twist of track

在规定距离范围内两股钢轨交替出现的水平差超过规定值的轨面变形状态。由于水平急剧变化,列车通过时造成车辆同一转向架的车轮不能同时压紧钢轨顶面的情况,导致轮缘爬上钢轨,引起脱轨事故。中国规定,在不足18m距离范围内出现水平差超过4mm的三角坑时,必须立即予以消除。线路的行车速度越高,三角坑的危害性也越大,对它的限制也应越严。国外有的铁路规定,出现交替水平差的极限距离为25m。 (陆银根)

轨道水平 cross level of track

又称线路水平。同一轨道横截面处左右两股钢轨顶面的相对高程差标准。为使轨道两股钢轨均衡承担列车载荷,并保证列车平稳行驶,在直线路段上,两股钢轨轨顶应保持同一高程,即高程差为零,在曲线路段上,应保持规定的超高度。其允许误差一般不超过4～6mm。轨道两邻近横截面上的线路水平误差间的变化不可太骤,在铁路干线上,1m距离内的变化,一般不超过1mm。 (陆银根)

轨节配列 arrangement of panel

用实际轨料的长度按线路设计图纸编制轨节图的过程。用以指导铺轨,能取得节约轨料和提高工效的效果。先将轨料丈量、分类、编号;分析线路设计图纸,标出大型桥隧建筑物、轨道电路分区点、道岔、曲线起迄点等对铺轨有特殊要求的地点;然后进行纸上铺轨,编制成轨节图。 (陆银根)

轨距 gauge

两根钢轨轨头内侧与轨道中心线相垂直的距离。钢轨不是竖直放置在轨枕上,而是向内倾斜,具有一定的轨底坡,故轨距应在两轨轨顶面水平线以下一定距离处测定,中国定为轨顶下16mm。铺设轨道与维修线路时,允许轨距有一定误差;中国规定宽不得超过6mm,窄不得超过2mm,在1m的距离中不允许有1mm以上的轨距差。曲线路段轨距应适当加宽,以保证机车车辆顺利通过曲线,加宽值与曲线半径成反比。世界铁路按轨距大小可分为:标准轨距、宽轨和窄轨。 (郝 瀛)

轨距拉杆 gage rod

用圆钢或扁钢杆件制造的、两端带有可调轨卡,用以套装在两根钢轨的轨底上保持轨距的配件。通常设置在曲线路段、道岔设备以及一些轨距容易扩大的线路部位。 (陆银根)

轨排 rail panel

两根钢轨与轨下部件用扣件组装成的轨道框架。按轨下部件种类分为木枕轨排、混凝土枕轨排、混凝土宽枕轨排、纵枕或框架轨排以及轨道板轨排。机械化铺轨时,常在轨排基地组装,由铺轨列车运往铺设地点,用铺轨机或龙门吊进行铺设。因此,它是机械化铺轨作业的预制品轨道构件。 (陆银根)

轨排刚度 flexural rigidity of track panel

又称轨道框架刚度。轨排抵抗横向弯曲变形的能力。它与钢轨、轨枕和钢轨扣件的类型有关,是保持轨道横向稳定的因素。据国外铁路经验,它能为线路提供约35%的稳定力。 (陆银根)

轨排基地 station for assembling rail panel

组装新轨排和解体旧轨排、停放大修机械设备以及堆放线路大修器材、编组工程列车的综合性企业。设置位置应选择地形平坦,具有电源、水源的区段站附近的小站上,并配备足够的铁路股道,以满足工程列车编组、机车转线、线材料的装卸和堆放、设置起重吊装设备以及硫磺锚固、线路旧料的整修

等的要求。　　　　　　　　　　（陆银根）

轨下部件　under-rail element

钢轨用扣件直接与轨下基础相联结的轨道构件。按构件型式分为轨枕、纵向轨枕、框架、宽枕和轨道板。按材质分为木枕、混凝土枕以及整体道床中的短木枕和混凝土支承块和现今已经很少采用的钢枕等。按用途分为路枕、桥枕和岔枕。

（陆银根）

轨下基础　under-rail foundation

位于钢轨以下、路基面以上，由轨下部件和道床组成的，承受列车通过钢轨传递的载荷并分布给路基面的轨道基础。通常是在道碴道床上间隔铺设横向轨枕的结构称为传统型式，由其他型式的道床或轨下部件构成的就称为新型轨下基础，如碎石道床上铺设混凝土宽枕、纵枕、框架、轨道板等，或用沥青材料对道碴道床稳定处理，采用沥青道床以及混凝土整体道床等。　　　　　　　　（陆银根）

轨下弹性垫层　under-rail cushion

俗称轨下胶垫。用橡胶或塑料制成的，设在钢轨和混凝土轨下部件之间起绝缘减震作用的垫板。以弥补混凝土刚性材料的不足。（陆银根）

轨枕　tie

铺设于钢轨下面，用以固定钢轨的位置，承受列车通过钢轨传来的载荷并将其传布到道床的构件。按其在轨道上的布置方式分为纵向轨枕和横向轨枕，后者简称轨枕。按材质分为木枕、混凝土枕和钢枕。我国标准轨距线路的木枕长度为2.5m，断面有13.5cm×19cm～16cm×22cm几种型式，选用坚韧而富有弹性的木材经防腐处理而成。混凝土枕的长度有2.5m、2.6m两种，主要结构型式有预应力钢丝混凝土枕和预应力钢筋混凝土枕。钢枕现今已很少采用。

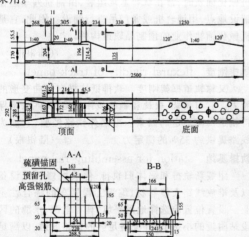

（陆银根）

gun

滚动阻力　rolling resistance

车轮在道路路面上滚动时，因汽车轮胎与道路路面的变形为主要因素而产生的阻碍汽车行驶的外力。由于轮胎与道路路面的变形而产生弹性迟滞损失，以及轮胎与道面的接触面之间的摩擦损失，均需消耗一部分汽车功率；还因轴承上的摩擦、轮后吸力、汽车车轮在路面上的振动等也要消耗一部分汽车功率。这些汽车功率损失是行车产生滚动阻力的原因。

（张心如）

滚装船　roll-on/roll-off ship, ro/ro ship

又称滚上滚下船。能使装有集装箱或件货的车辆或滚动的托盘，直接进出货舱装卸的货船。船上无起货设备，上甲板不设货舱口。在船的尾部或首部或两船侧设跳板，供机动车自行上下，也可用叉车或牵引车拖带进出货舱。上甲板下有多层甲板，水平分隔为多层货舱。载货区内不设横舱壁。上下货舱间的交通联系借助于设在甲板间活动（或固定）的斜坡道或升降平台。货舱内设有完备的通风和消防设备，以便及时排去在装卸过程中机动车辆所排放出的废气，以利安全作业。由于将传统的垂直装卸改为水平装卸，较大地提高了装卸效率，加速了船舶的周转，适合于短途运输，无装卸桥装卸和特大件的货物运输；利于水陆直达联运，在20世纪70年代获得很大发展。但船舶的抗沉性较差，舱容利用率和载重量系数均较低，造价较高。

（吕洪根）

guo

国道公路　national highway

具有全国性的政治、经济、国防意义，并经确定为国家级干线的公路。如由首都通往各省、市、自治区的干线公路；省、市、自治区之间的干线公路；通往大港口、铁路枢纽、重要工厂、矿区的干线公路；有重要意义的国防公路。这类公路一般等级较高，组成了国家干线公路网。　　　　　　　（王金炎）

国防公路　military road

为了保障军队和技术兵器的机动，军用物资的运输所利用的原有道路、新建道路和急造军路的统称。这种道路要尽可能利用天然伪装，遇敌袭击时易于疏散，要利用地形减少炮弹、炸弹的破坏，避开易受袭击与容易停留毒气的地点，要有良好通行条件。这种道路在战时常会出现地雷、定时炸弹、弹坑和放射性污染等障碍，排除障碍是这种道路的一项

特殊工作。　　　　　　　　（王金炎）

国际机场　international airport

供国际航班输送旅客、货物、邮件出入境，并设有办理海关、移民、卫生和动植物检疫手续等机构的运输机场。机场内各项设施都按照本国民用航空部门颁发的各项规定和国际民用航空组织公布的各项标准进行配置。可保证飞机全天安全起降。
　　　　　　　　　　　　　　　　（钱炳华）

过坝换坡措施　transducer set for overpassing dam

在两面坡斜面升船机中，为使装载的船舶，在承船车沿上、下游斜坡道行驶过程中以及越过坝顶时，均能保持水平状态所采取的措施。常用的有转盘、叉道、高低轮和双层车等方式。　　　（孙忠祖）

过船建筑物

为克服航道上的集中水位落差，使船舶顺利地由上游河段驶向下游河段而设置的水工建筑物。是通航建筑物中的一类，包括船闸和升船机。
　　　　　　　　　　　　　　　　（蔡志长）

过渡导标　across river leading marks

设于跨河的狭窄航道的一端，引导船舶从一岸驶向另一岸的航行标志。由前后两座标志组成，前标用过河标，后标用导标，标示一方为导标指示的狭窄航道，另一方为较宽阔的沿岸航道或跨河航道。前标的一块顶标与后标的顶标组成导线，指向狭窄航道方向，前标的另一块顶标面向宽阔航道的方向。当航道过长，可在标杆前加装梯形牌，以增加明显度。前标的标杆和梯形牌的颜色与过河标相同，顶标的颜色与导标相同；后标的颜色与导标相同。前标的灯质与过河标同，后标与导标相同，但前、后标灯色须一致。需要时前标也可用定光（附图见彩2页彩图9）。　　　　　　　　（李安中）

过渡段浅滩　shoat at crossing

平原河流上连接两个反向弯道的河段上出现的浅滩。在不同方向的弯道上，环流的方向相反，反向弯道间的过渡段是一个方向的环流消失，另一方向的环流产生的地方。若过渡段过长，则该处环流强度较弱，容易造成泥沙局部堆积而碍航。若过渡段过短，则该处环流紊乱，易出现交错浅滩。有些河段虽不是两反向弯道间的过渡段，但由于某些边滩、江心滩等使流路曲折，也会形成一系列与上述弯曲河段相似的环流，在其相应的过渡段上有时也会形成浅滩。　　　　　　　　　　　（王昌杰）

过河标　across river marks

设置在岸边标示跨河航道起点或终点的航行标志。指示由对岸驶来的船舶在接近标志时沿着本岸航行；或指示沿本岸行驶来的船舶在标志附近转向驶往对岸；也可设在上、下方过河航道在本岸的交点处，指示由对岸驶来的船舶在接近标志时再驶向对岸。标杆顶端装两块正方形标牌，分别面向上、下航道，当视距超过3km以致标杆不明显时，可在标杆前加装一块或两块梯形牌。左岸顶标和梯形牌为白色，标杆为黑、白相间横纹；右岸顶标和梯形牌为红色，标杆为红白相间横纹；梯形牌颜色也可按背景的明暗确定，背景明亮处的左岸为黑色，背景深暗处的右岸为白色。灯质在左岸用白光，莫尔斯信号"A"或"M"；右岸白光，莫尔斯信号"N"或"D"（附图见彩2页彩图6）。　　　　　　　　（李安中）

过境交通　through traffic

起迄点均不在规划范围之内，但路径需经由规划范围内的交通。通常是规划城市外环道路的依据。可通过机动车出行调查和车牌追踪方法获得。这类交通在大城市约占全市全日总流量的10%左右，其分布与城市出入干道的连接方式、过境道路上生活服务设施布置有关。　　　　　　　　（文旭光）

过闸船舶平均吨位　average tonnage of lockage ship

平均每闸次通过船闸的货船的总吨位。是以设计船舶（队）和其他各类船舶（队）等，结合船闸有效尺度进行组合，计算不同组合的一次过闸载货吨位，即可得出其平均值。计算远、近各期的船闸通过能力时，应选用相应的过闸平均吨位。为了提高船闸通过能力，在营运管理上，每次过闸都应尽量利用闸室尺度，做到满室过闸，使过闸船舶平均吨位达到设计的最大值。　　　　　　　　　（詹世富）

过闸方式　lockage fashion

组织船舶（队）通过船闸的作业方式。有单向过闸、双向过闸、成批过闸以及开通闸等方式。它与船闸类型、船舶过闸密度以及运营管理水平等因素有关，直接影响船闸通过能力和过闸用水量。单级船闸一般采用单向过闸和双向过闸；与单向过闸相比双向过闸一般能缩短船舶（队）的过闸时间，提高船闸通过能力，并节省过闸用水量，在运营管理上应尽量组织船舶（队）双向过闸。多级船闸一般采用成批过闸方式。开通闸只适用于感潮河段的船闸上。　　　（詹世富）

过闸耗水量　lockage water

船舶（队）过闸时，通过船闸所泄耗的水量。包括过闸用水量与闸门、阀门的漏水量两部分。其大小与船闸的水头、闸室的平面尺度和过闸方式有关。过闸用水量是指船舶（队）过闸时，由于闸室灌泄水，从上游泄放到下游河段的水量。闸门、阀门漏水量是指在船闸运转过程中，由于闸门、阀门的止水不密实而漏水所耗损的水量。　　　（詹世富）

过闸时间　lockage operational time

船舶（队）通过船闸所需的时间。包括船舶（队）进、出闸时间，闸门启闭时间，灌泄水时间，船舶（队）进出闸间隔时间。与船舶（队）的过闸方式及船闸类型等有关；其大小直接影响船闸的通过能力和船舶周转率。在船闸设计与管理中均力求将其缩短。单级船闸单向过闸时间 T_1 为：

$$T_1 = 4t_1 + t_2 + 2t_3 + t_4 + 2t_5$$

双向过闸时间 T_2 为：

$$T_2 = 4t_1 + 2t_2' + 2t_3 + 2t_4' + 4t_5$$

式中 t_1 为开（关）闸门时间；t_2 为单向进闸时间；t_3 为闸室灌泄水时间；t_4 为单向出闸时间；t_5 为船舶（队）进（出）闸间隔时间；t_2' 为双向进闸时间；t_4' 为双向出闸时间。单级船闸过闸时间 T，一般按单、双过闸时间的平均值计算确定，即：

$$T = \left(T_1 + \frac{T_2}{2} \right)$$

多级船闸的过闸时间一般按单向过闸计算，连续多级船闸还应计算换向时间。 （詹世富）

过闸作业 lock operation

又称过闸程序。船舶（队）由下游通过船闸进入上游（或相反）过程中，船舶（队）和船闸所要完成的各种操作的统称。主要有船舶（队）进、出闸和关闭闸门、灌水、泄水、开启闸门等，与过闸方式有关。以单级船闸单向过闸为例，其过闸作业有：船舶（队）从下游引航道驶入闸室；关闭下闸门；闸室灌水直至与上游水面齐平；开启上闸门；船舶（队）驶入上游；关闭上闸门；闸室泄水直至与下游水面齐平；开启下闸门。 （詹世富）

H

ha

哈尔滨铁路枢纽 Harbin Railway Terminal

哈大（至大连）、滨北（至北安）、滨洲（至满洲里）、滨绥（至绥芬河）、拉滨（至拉法）五条铁路干线汇合于哈尔滨附近，在该处设置的环线、各类车站、进出站线路以及枢纽迂回线、联络线等构成的枢纽。联络线有东门至新香坊、东门至香坊、香坊至孙家、孙家至王岗、庙台子至徐家、万乐至西庙台子、徐南至北松蒲等，构成一个环形枢纽。哈尔滨站是枢纽主要编组站，是全国铁路第一个在调车场内使用减速顶的编组站，又是主要客货运站。三棵树站、滨江站是枢纽辅助编组站，后者又是主要货运站。 （严良田）

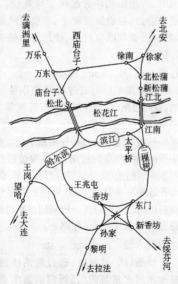

hai

海岸 sea coast

与海滩相邻接的狭窄陆上地带。向内陆伸入范围随地形变化而定，有时也包括低潮面以上的海滩。广义的海岸概念即海岸带，指陆地与海洋相互交接、相互作用的地带。海岸因本身的构造和岩性不同，又经历不同的演变过程，常呈现复杂类型，可概括为基岩海岸、沙质海岸和淤泥质海岸数类。基岩海岸和沙质海岸多发育于山地丘陵地区，岸线曲折，水深坡陡，波浪作用显著，泥沙来源较少。淤泥质海岸多发育于平原地区，受大江大河供给泥沙，泥沙来源较多，岸线平直，坡缓水浅，潮间带宽广，潮汐作用显著。此外，在上述海岸地区，由于生物生长而形成特殊的海岸类型，常见的有珊瑚礁海岸和红树林海岸。 （顾家龙）

海岸岸滩平衡剖面 equilibrium beach profile

某一波况下，达到稳定状态的岸滩剖面。波况改变后，原已达到的稳定状态受到破坏，剖面将重新塑造，向新的平衡剖面发展。一般认为平衡剖面上各点的泥沙颗粒，只在就地摆动，可按泥沙横向净推移速度为零的条件计算剖面形状。岸滩剖面向平衡剖面过渡时，当坡度陡于平衡坡度，岸滩将发生侵蚀，海岸线后退；反之，岸滩发生淤积，海岸线前进。决定岸滩演变的主要因素有波浪强度、波陡、岸滩坡度和泥沙特性。破波点处的净输沙方向向岸时，岸

滩淤积;反之,岸滩冲刷。破波点附近岸坡上存在一个位置较稳定的点(平衡点)。　　　　　(顾家龙)

海岸岸滩演变　beach processes

海岸岸滩在各种内外营力作用下的演变过程。内营力指来自地壳内部的力量,如地壳运动、岩浆活动和地震等;外营力指来自地壳外部的力量,如气候变化引起的冰期和间冰期交替出现、冰川的消长、河流、潮汐、波浪和生物活动等。这两种力量的相互作用决定了海岸的复杂演变和类型。地质学和地貌学按地质年代从全球性或区域性范围内研究因地壳运动、气候变化、海面涨落、河口变迁和生物作用等而造成的海岸岸滩在垂直方向上的沉溺、上升及水平方向上的侵蚀、堆积演变过程。其中以地壳运动、气候变化和冰川消长引起的海面涨落最为普遍。例如,第四纪冰期和间冰期的多次更替,引起全球性冰川覆盖面积和冰川体积的增减,导致世界性的海面涨落幅度达百米左右。因海面上涨使海岸线向内陆移动,称为海进,形成沉溺式海岸;反之,海面降落时,海岸线向海移动,称为海退,形成上升式海岸。海岸动力学研究局部性海岸在波浪、潮汐、沿岸水流和河流作用下,由于泥沙搬运和下泄而引起的海岸岸滩冲淤演变。岸滩演变时间经历数年甚至数十年的,称为长期变化;岸滩剖面随季节作节律性摆动的,称为短期变化。此外,海岸工程的建设,也会影响岸滩的冲淤演变。例如突堤、丁坝、岛堤和挖槽等会全部或部分堵截沿岸输沙,使上游发生淤积而下游发生冲刷。现今,可根据某段海岸的波场、流场和沿岸泥沙运动的现场观测资料,利用经验关系式或数学模型对该段岸滩的冲淤演变趋势进行分析、预报。　　　　　(顾家龙)

海岸带　coastal zone

衔接海洋和陆地并受二者相互作用的地带。即广义的海岸概念。一般由海岸、海滩、水下岸坡三个部分组成。海岸带可分现代海岸带和上升的或沉溺的古海岸带两种。现代海岸带是指现代海浪、潮流能作用到的地带,它是第四纪最后一次冰期冰川消融引起的海面上涨,大致于六千年前淹没到现今的位置才形成的。海岸带的范围、形态、位置随陆地与

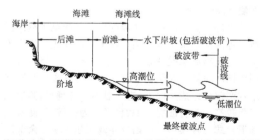

海洋动力因素的相互作用会有所变动。海岸带的研究与航运、海岸工程及港口工程建设密切相关,如港址与航道的选择;港池与航道的回淤预测及维护;防止海滩侵蚀的保滩护岸工程以及海涂围垦工程等。为查明建港地段海岸演变与泥沙运动的状况,有时需要研究古海岸带。　　　　　(顾家龙)

海岸动力学　coastal hydrodynamics

研究波浪、潮汐、海岸水流等沿海动力因素的基本运动规律,及它们与海岸岸滩、海岸工程建筑物相互作用的学科。主要研究内容为:(1)波浪运动的基本规律。在浅水地区的波浪传播变形,波浪折射、波浪绕射和波浪破碎现象,风浪的生成、发展、传播和风浪预报,风浪的统计特性、波浪能量谱以及波浪与工程建筑物的相互作用;(2)潮汐与海岸水流基本运动规律。海岸带潮汐及风暴潮现象和它们的预报,潮流及沿岸流的计算;(3)河口潮波变形、河口混合及盐水楔异重流运动特性;(4)海岸、河口的泥沙运动机理,河口演变及海岸岸滩演变规律,港口航道淤积计算,工程建筑物对河口及海岸演变的影响;(5)近岸热排放及其他污染物质扩散混合过程。该学科采用理论分析,物理和数学模型,现场观测相结合的研究方法。理论分析方法是根据所描述动力因素的数学物理控制方程,由相应的边界条件和初始条件,求得解析解。室内物理模型试验用于研究浅水波浪变形、波浪破碎及对工程建筑物的相互作用,岸滩冲淤演变,港口布置,河口整治,热排放及其他污染物质混合扩散等问题。随着电子计算机的广泛应用,数学模型在本学科中的应用得到迅速发展,利用有限差分、有限元和积分方程(边界元法)等数值计算方法可求解各类课题。物理模型试验和数学模型结合的复合模型也已被采用。现场观测研究在诸如风浪生成和统计特征、波浪破碎及对岸滩冲淤演变作用等方面有重要意义,各种物理和数学模型的初始条件和边界条件也需要有足够的现场观测资料用作依据和验证。　　　　　(顾家龙)

海岸港　coastal harbour

直接位于岸线平顺的海岸带、前方缺乏礁岛崖岬屏障、后方又没有河湖水域依托的港口。布设时,常采用防波堤环抱出所需水域。如沿岸泥砂活动强烈,还必须考虑防砂措施。在岸线利用方面,也受到较大限制,多采用突堤式码头以增加泊位,相应限制了港口的发展规模。　　　　　(张二骏)

海岸横向泥沙运动　on-offshore sediment transport

垂直于海岸线方向的向岸-离岸的泥沙运动。包括悬移质运动、推移质运动和浑浊流运动等,对岸滩剖面变形起重要作用。波浪向岸推进,水深减小至某一程度时,底部泥沙颗粒开始起动并随波浪往复摆动,海底出现就地振荡的小沙纹。水深进一步

变浅,近底波浪水质点运动速度增加到泥沙起动流速二倍时,颗粒由就地振荡转变为朝波浪前进方向推移,这一界限称为泥沙净推移运动界线,是海岸演变的基点。产生泥沙净推移运动的界限水深 D_c 可按下式计算:

$$\frac{H_0}{L_0} = K\left(\frac{d}{L_0}\right)^a \left(\frac{H_0}{H}\right) \mathrm{sh}\left(\frac{2\pi D_c}{L}\right)$$

H_0、L_0 为深水波波高和长长;H、L 为当地波高和波长;d 为泥沙粒径;a 为指数,界于 $1/2 \sim 1/3$。由现场示踪沙试验,当 $a=1/3$, $K=1.35$ 时,泥沙颗粒出现净推移;当 $K=2.40$ 时,泥沙全面出现推移。此后,随着水深进一步变浅,波浪变形加剧。由于浅水波波浪的非线性特性,使底部向岸的传质水流速度增加,底部较细颗粒泥沙由于被沙纹背后的旋涡卷起成为悬沙,随上层向海的传质水流作离岸运动,只有较粗的不能成为悬沙的颗粒才一直被推移至岸边。以推移质为主的净向岸输沙产生淤积型海滩;以悬移质为主的净离岸输沙产生侵蚀型海滩。可采用摩阻流速与泥沙沉速的比值作为横向净输沙方向的判数,比值大于 0.8 时以悬沙为主;反之以推移质为主。

(顾家龙)

海岸沙坝 offshore bar, longshore bar

由海岸横向泥沙运动形成的水上堆积地貌。波浪向海岸传播过程中,水深逐渐变浅且受海底摩阻影响发生变形,在水深减小到临界水深时(理论上等于波高的 1.28 倍),将发生波浪破碎,形成破波带。在破波带附近,由于破波掀沙作用强烈,把该处岸坡冲成凹槽,同时部分淘刷的泥沙在外侧沉积下来,于是出现堤状堆积地貌,称为水下沙坝。水下沙坝进一步发育以致露出水面而成为海岸沙坝。海岸沙坝与海岸之间常形成泻湖。

(顾家龙)

海岸线 coastline, sea shoreline

陆地与海面的交界线。实际上海面因潮汐等因素而涨落不定,它的位置也随之向陆地或海洋移动。在有潮海,一般专指高潮岸线,即平均高潮面与陆地的交界线,而称低潮岸线为海滩线,河口海岸线一般以其入海处两岸突出的角、嘴的连线为准。海岸线位置除受潮汐涨落影响外,波浪、风暴潮、冲刷与淤积以及海岸工程等,均能引起海岸线的变化。全世界海岸线长达 44 万 km。中国内地海岸线长约 1.8 万余 km,加上沿海岛屿,总长约 3.2 万余 km。

(顾家龙)

海岸沿岸输沙率 longshore transport rate of sediment

单位时间内通过单位宽度或整个海岸带横剖面的沿岸输沙量。它是计算海岸演变的基本资料。它与当地的速度场及含沙量有关,可借助水文测验和室内试验取得实际资料,建立经验或半经验关系式求得。这些关系式种类很多,可归纳为两种主要模式:1)与波能流的沿岸分量建立关系;2)与底面切应力和沿岸方向流速的乘积建立关系。沙质海岸斜向波作用下的沿岸输沙率可用波能流法推求,即假定沿岸输沙率与波能流的沿岸分量成正比。沿岸输沙实际多为波浪与沿岸方向水流运动同时存在时的输沙现象,它比横向输沙现象更为复杂,常作简化处理。简化模式的要点为"波浪掀沙,水流输沙",即认为波能或其底面切应力使泥沙处于振荡或悬浮状态时,任何单向水流将对泥沙进行输沙。

(顾家龙)

海拔荷载系数 altitude and load factor

汽车的动力因数值随海拔高程和汽车载重不同时的比值。汽车的动力特性图(动力因数值与汽车行驶速度的函数关系曲线)系按海平面高程及汽车满载的条件下绘制的,因此在不同海拔高程及汽车实际装载重量的情况下,使用动力特性图时应加以修正。

(张心如)

海滨 seashore

毗接海岸的陆地。属海岸带的一部分,它包括平均低潮面和平均高潮面之间的潮间带、平均高潮面以上的海滩和近海陆地地带。习惯上把人类栖息活动的沿海地方均泛称为海滨。

(顾家龙)

海船闸 sea lock

主要供海船航行的船闸。其主要作用为增加港池水深并在涨落潮过程中保持港池内水位不变。常建在封闭式海港港池口门,海运河及入海河口。其特点是:闸室平面尺度及门槛水深较大;闸首没有上下之分,而只有内外之别,内、外闸首门槛高程一般相等;随着潮汐或河口水位的变化,船闸内、外水位常有涨落,或内高外低,或内低外高,承受正反双向水压力作用,但水位差一般不大,通常只有几米;为防止海水入浸污染内河水质,一般多加设防咸设施。在已建的海船闸中,尺度最大的为比利时泽布赫海船闸,其闸室有效尺寸为 500m × 57m,门槛水深为 15m。

(詹世富)

海堤 sea dike

沿海岸修建的挡潮防浪的堤。是围垦工程或围海工程的重要水工建筑物。除了与防波堤一样作为防浪建筑物而承受波浪作用之外,不同之处在于它还要挡潮防渗。在结构上它由挡水防渗土体和防浪结构两部分组成。此外,它一般不允许越浪,其堤顶高程较高。与防波堤类似,也可分为斜坡式、陡墙式和混合式三种类型。中国海岸线长达 1.8 万余 km,东流的大河每年挟沙入海 20 多亿 t,滩涂日渐淤长。

据考证有 2 亿多亩沿海土地属于古代海涂,沿海许多城市如营口、天津、上海、杭州、福州、广州等都是在海涂上建立起来的。中国修筑海堤围海造田有悠久的历史。1949 年以来又修堤围海 1000 多万亩,胜利油田等也在滨海区建堤筑台开采石油,上海石油化工总厂、秦山核电站、大亚湾核电站等临海工业都是填海造陆,修堤保护。荷兰全国土地面积 34000 km^2,其中筑堤围海面积达 20000 km^2,日本许多临海工业也是靠填海筑堤形成陆域。

(龚崇准)

海港 sea harbour

沿海港口的通称。有时也泛指一切可以接纳海船、承担远洋运输业务的港口,但以前一种含义为主。视具体地理位置的不同,又可进一步分为海岸港、海湾港、泻湖港、岛港等。对比位于江河等处的内陆港口,由于地理位置、环境、条件、使用要求等方面的不同,在组成和布设上相应有所差异。其主要特征为:一般需修建防波堤等外海防护设施;可利用的岸线受到限制,因此大多采用突堤式码头,锚地要能适应不同风向和流向的作用;必须配备淡水供应设施;与内陆腹地的联系主要倚靠陆上运输等等。

(张二骏)

海积地貌 marine deposit geomorphology

海岸带泥沙在波浪与海岸水流作用下,产生横向或纵向搬移运动,在其受阻或动力减弱时,因沉积而形成的地表形态。因海岸横向泥沙运动造成的有:(1)水下堆积阶地,分布在岸坡的坡脚处,由向海运动的泥沙堆积而成;(2)水下沙坝,一种大致与岸线平行的长条形堆积体,多由破波掀起的泥沙堆积于破波点附近的靠海一侧,大风浪季节沙坝向海迁移,常浪期则可向岸侧迁移;(3)海岸沙坝;(4)泻湖。因沿岸纵向泥沙运动引起的海积地貌有:(1)海岸毗连地貌,例如海湾顶部和防波堤前的大片堆积滩地,是由泥沙充填凹岸而成;(2)自由堆积地貌,例如沙嘴,其根部与海岸相接,而向海中逐渐延伸的头部则是自由的,它由沿岸泥沙从凸岸,岬角和堤头绕行时形成,或由两股反向泥沙流相遇时形成;(3)封闭堆积地貌,例如陆连岛即属此类地貌。

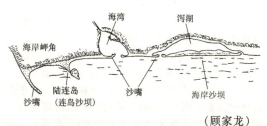

(顾家龙)

海流 ocean current

海洋中水体以相对稳定的速度沿着一定方向的大规模流动。地球上海流的分布主要受到盛行风、地转偏向力的作用及海岸轮廓、水下地形等的影响。海流按成因分,有风海流、地转流、补偿流和潮流;按温度特性分,有暖流和寒流。对中国影响较大的海流,有黑潮(北太平洋的强大海流)的两个分支——台湾暖流和黄海暖流。台湾暖流在台湾东北海域自黑潮分出,沿闽、浙外海北上,一直可达到长江口外约 31°N,123°E 处,继而右转东流。黄海暖流是由对马暖流在济州岛南侧分出的一个小支,它沿着 124°E 线流向北,在北黄海转向西,通过渤海海峡进入渤海。台湾暖流和黄海暖流给整个东中国海带来了高温高盐的大洋水,因此称它为外海水系。与此相应的是中国沿海有一股由北向南的低温低盐的近岸流。

(张东生)

海面状况 oceanic conditions,sea-conditions

简称海况。在风的作用下海面所呈现的外貌特征状况。风作用于海面,使其产生波动,随着风速和风时的增大,风浪逐渐增大。海面上最显著的现象是浪花和波峰外形等的发展和变化。一般将海况分为十级。

(龚崇准)

海区侧面标志 sea hand marks

标示沿海水域内航道的两侧界限或推荐航道的海区专用标志。设在顺航道走向行驶船舶的左舷一侧的标志称左侧标,右舷一侧的称为右侧标。左侧标形状有罐形、柱形或杆形,为加强明显度,在柱形或杆形顶端可加罐形顶标,颜色为红色,夜间发红光快闪;右侧标形状有锥形、柱形或杆形,在柱形或杆形顶端可加锥形顶标,颜色为绿色,夜间发绿光快闪。在航道的分汊处,推荐某汊为航道时,设于顺推荐航道走向行驶船舶左舷一侧的称推荐航道左侧标;设于右舷一侧称推荐航道右侧标。标形与左、右侧标一致,但颜色各异,推荐航道左侧标为红色,在其中部涂绿色宽横带,夜间发红光混闪;推荐航道右侧标则在绿色中部涂红色宽横带,夜间发绿光混闪(附图见彩 6 页彩图 24)。

(李安中)

海区水上助航标志 maritime buoyage

设在入海河口、沿海水域中引导船舶航行及进出港湾、河口、海港的航标。中华人民共和国按颁布实施的国家标准 GB 4696—99《中国海区水上助航标志》的规定分为侧面标志、方位标志、孤立危险标志、安全水域标志和专用标志等 5 类。根据航道的位置及地形可设置在岸上或水上。在岸上有灯塔、灯桩、导标和立标等,在水上有灯船、灯浮、罐形或鼓形浮标等。为标示不同功能,易于识别,在各标志的顶端设置不同特定形状,不同颜色的顶标。顶标的形状有罐形、锥形、球形和"X"形四种,夜间则发出不同灯色和闪光间隔。各种标志及灯光均标注在海图上,以便船舶驾驶时对照识别。

(李安中)

海区专用标志 special maritime marks

标示沿海某一特定水域或建筑物特征的助航标志。GB 4696—99《中国海区水上助航标志》按以下七种用途规定了标记和灯光节奏。①锚地、检疫锚地等;②禁航区:军事演习区等;③海上作业:海洋资料探测、水文测验、潜水、打捞、海洋开发、抛泥区、测速区、罗经校正场等;④分道通航:分道通航区、分隔带等;⑤水中构筑物:电缆、管道、进水口出水口等;⑥娱乐区:体育训练区等;⑦水产作业区:渔场、养殖场等。专用标志为黄色,标顶为单个黄色"×"形。灯质为黄光,闪光节奏应与其他闪光有区别。该标志应在有关航海图中注明。超出以上七种用途时可增加其他用途的专用标志,其灯光节奏及标记可另行确定,经国家航标主管部门批准后使用。(附图见彩5页彩图23)。 (李安中)

海蚀地貌 abrasion geomorphology

岩石海岸在海蚀作用下形成的侵蚀地形。常见的有海蚀崖、海蚀平台、海蚀穴与海蚀窗、海蚀拱桥及海蚀柱等。波浪、沿岸流及其所携带的泥沙、砾石不断地冲击、淘刷、研磨破坏海岸的作用称为海蚀。它有三种方式:冲蚀作用,磨蚀作用,溶蚀作用。其中以波浪的冲蚀作用最为重要。岩石海岸一方面直接受到波浪的冲击,另一方面波浪的冲击使岩石裂隙和节理中的空气受到压缩,对岩石施加巨大的压力,当波浪退下时,压力骤减。在上述作用反复进行下,导致崖壁岩石破碎,海岸受蚀崩解,形成水深较大、岸坡陡峻的海蚀岸。

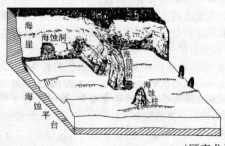

(顾家龙)

海滩 beach, shore

又称水上堆积阶地。海岸带泥沙在潮流和波浪作用下形成的侵蚀或堆积滩地。其范围自低潮位到高潮位时激浪作用的上界止。是海岸带的组成部分,一般划分为前滩和后滩两个部位。前滩位于低潮位和高潮位之间,又称潮间带,反复处于海陆交替环境中,是潮流和波浪作用最强烈的地段。后滩位于高潮位以上,有现代海岸动力作用而形成的海积地貌或海蚀地貌特征。按其物质组成分为岩滩、沙滩和泥滩。岩滩为向海微微倾斜的岩质海蚀平台。沙滩由中值粒径大于0.05mm的沙砾石组成,平均坡度自1/5~1/500不等,通常陡于1/100。泥滩由中值粒径小于0.05mm的淤泥质组成,以粉粒和黏土颗粒为主,平均坡度自1/500~1/2000不等,潮间带滩涂十分宽广,有宽广数公里至十余公里的。岩滩或沙滩以波浪作用为主;泥滩以潮流作用为主,有时波浪作用也很显著。海岸沙坝、沙堤、嘴等都是海滩上的特殊地貌,是海滩中的活跃部分。

(顾家龙)

海塘 sea wall

又称陡墙式海堤。沿海岸以块石或条石砌筑成陡墙式的挡潮防浪的堤。也有将海堤统称为海塘的。中国东南沿海有修筑海塘的悠久历史,其中著名的有钱塘江海塘等。中国早期修建的海塘塘身多用条石丁砌。近年在较小型的围海工程中陡墙式海堤仍常被采用,其防浪结构则多采用干砌块石,按其土石方配置情况可分为泥石塘和石碴塘两种。泥石塘的土石方之比一般为2:1左右,比较经济,由干砌块石陡墙和防渗土体组成,一般可用于低潮露滩数小时的塘线上。石碴塘由石碴堤和防渗土体组成,在石碴堤外侧平均低潮位以上仍砌筑干砌块石或条石的陡墙,其土石方之比约为1:1.5左右,可用于滩面在小潮位附近的塘线上。

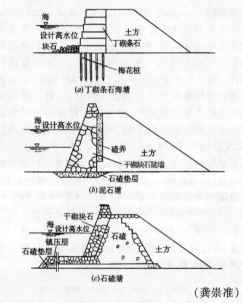

(龚崇准)

海图基准面 datum of chart

海图水深的起算面。各国都不一样,中国自1956年以后规定采用"理论深度基准面",即理论上可能达到的最低潮面,通过理论计算而得。由于各海区的潮差不同,这个面离平均海平面的高度也不同。在潮差大的海区,两个面相距就远,在潮差小的海区,两个面就接近。

(张东生)

海啸 tsunami, sea-quake

海底地震(包括海底地壳变动,火山爆发,海中核爆炸)造成的海洋水面巨大涨落现象。海啸为长波,在大洋中传播时,波高一般不大,几十厘米到1m左右,但波长可达数百公里,周期20~80min。海水运动几乎波及从水面到水底整个水层,具有很大能量。传播时速可达500km,能传播很远距离。海啸在向大陆沿岸方向传播时,速度减慢,但因能量集中,波高急剧增大而成海啸巨浪,高度可达十到二十多米,招致巨大灾害。据资料记载,历史上太平洋沿岸为海啸多发海域,尤以日本受害较频较重。

(张东生)

海运河 sea canal

位于滨海地区,沟通海洋与海洋或连通港口的运河。在其中主要行驶海船,如苏伊士运河和巴拿马运河。

(蔡志长)

han

寒流 cold current

水温低于其所流经海区水温的海流。多从高纬到低纬,呈南北方向流动。对所流经地区的气候条件有一定影响。寒、暖流交界处鱼类群集,多为渔场。

(张东生)

汉堡港 Port of Hamburg

德国最大港口,欧洲主要大港之一,中欧地区重要的水陆交通运输枢纽。位于易北河下游,距入海口约100km处。进港航道水深达16m,可通行10万t级海轮。汉堡港始建于13世纪,已有700年历史。1937年将附近各独立的港口,如汉堡港、阿尔通纳港、哈尔堡港、威廉斯堡港等合并统一成为目前的汉堡港。港口岸线总长270km,有码头岸壁长65km,其中40km供海船停靠,25km供河船停靠。此外,还有系船桩岸线长47.5km。全港分7大港区、40个海船港池、28个河船港池,有水深10~14m的深水海船泊位330多个及河船泊位200多个。20世纪80年代以来港口吞吐量保持在6 000万t左右,1985年为5 952万t。进口货物主要有石油、煤炭、矿石、粮食、水果、木材、棉花等。出口货物主要有机械、电器、车辆、化工制品、水泥、钢铁等。散件杂货的集装箱化率较高,达到70%以上。全港有集装箱泊位44个,水深9.4~14.0m。2000年完成集装箱吞吐量420万TEU。港口疏运除有发达的铁路网和公路网外,水路疏运汉堡港经易北河和日卑克运河、中德运河、易北河支运河、美因—多瑙运河、易北河—哈弗尔运河等与西欧和中欧各地相通。汉堡港辟有免税自由港区,面积达1 620ha,占全港总面积三分之一以上。

(王庆辉)

焊接长钢轨 continuous welded rail(CWR)

用轨端不钻接头螺栓孔,不淬火的25m标准轨焊接成的一定长度的长轨条。通常在焊轨厂用接触焊、气压焊等焊接方法先焊成125~500m的长轨,经全长淬火热处理后,用专用运轨列车运往铺轨现场,再用铝热焊或小型气压焊机焊连成设计长度。

(陆银根)

hang

杭甬铁路软土路基 Soft soid roadbed of Hang Yong Railway

铁路修建在深层软土层(有的达62m)上,长达50多km的软土路基。1955年修筑杭甬铁路慈柴段时,发生所填路基屡填屡坍的情况,有的只填到2~3m高,路堤就连同地基一起滑动,其扰动范围达百余米。后经试验研究,解决了软土地基上使用的活塞取土器、孔隙水压力测定仪、十字板剪力仪等勘探测试设备的问题,探明软土特性,并在中国首次应用"极限高度"的概念,以区分地基是否需作加固处理的界限。对各种加固处理的方法如换土、砂垫层、反压护道、砂井等设计施工方法,提出了原则依据供设计选择。砂井法后来在中国其他各线上能大量推广,与本工点的经验有直接关系。

(池淑兰)

航标 aid to navigation

又称助航标志。为引导船舶沿航道安全航行而配布的人工标志和信号设施。以特定的标志、灯光、声响和无线电信号标示航道的方向、界限,水上和水下的碍航物的位置;标示航道的水深、横流、水下管线及架空电缆;预告风情以及指挥狭窄和急弯河段的通行。在开辟航道的水域内均需设置航标。为保证其航标位置和发光的准确性,沿线设置航标站,以便随时进行维护。按所在的水域,可分为海区水上标志和内河航标志两类。按标志的种类可分为视觉航标、声响航标和无线电航标三类。视觉航标是在航道左右的岸边及水上设置各种形象的标志,夜间发出不同灯光信号,以标明航道位置,供驾驶人员通过直接观测而借以航行,其间距需在视距范围内,布置较密,使用最为普遍。声响航标为能发出警告性或指向性声响的信号标志,指引船舶在大雾等恶劣天气时航行。无线电航标为利用无线电波信号引导船舶航行的标志、确定方位和船位不受气象影响,作用距离可达数百海里。为标示不同功能,航标顶部做成不同形状,称顶标。内河航标有方形、圆形、三角形等形状。海区航标有罐形、锥形、球形和"X"形等四种。标杆有柱形、锥形、罐形、灯桩、灯塔、灯船等形式。

(李安中)

航标灯 lamp to navigation marks

装于航标顶端夜间发光的灯具。光源曾使用过煤油灯、可燃气灯等,现已被淘汰,目前主要采用电光源,利用电池、岸电、发电机或利用太阳能、波浪力、风力等发电。标灯使用低压电源的白炽灯泡或霓虹灯管等。白炽灯泡要求电压稳定,霓虹灯管有红、绿、白三种光色,可发出环射、定向、扇射、单面定光等。灯具除光源、灯泡外,还有灯壳、透镜、滤光器、开关、电闪仪及自动换泡器等部件。开关一般采用半导体日光开关,通过继电器或可控硅,使灯光天关闭,夜间发光。电闪仪有多种形式,一般多用挑子板旋转,由其边缘凸齿推动接触片发出不同周期的光闪。目前发展用谐振荡器,组成多功能灯,用集成电路,可组合莫尔斯各种信号。为防止白炽灯泡烧毁,用自动转动换器接换好的灯泡,保证标灯不熄灭。随着科学发展,航标灯也在不断更新改进。

(李安中)

航标配布 placement of aids to navigation

根据江、河、湖泊、水库以及沿海水域的具体航行条件,明确地标示出航道范围的航标布置。配布航标应使每座岸标或浮标发挥最大作用,其与航道边缘的距离均有规定。岸标安全可靠,使用较多。根据航道等级的不同,航标配布一般分三类。第一类,夜间全部发光,白天船舶能从一座标志处看到另一座标志。第二类,发光航标和不发光航标分段配布,夜航河段的配布与第一类相同。第三类系白天航行的河段,在优良河段的沿岸航道上,可不配布沿岸标,也不要求同时看到两座标志。另外只在航行困难河段,根据需要可配发光或不发光航标。航标左右岸的颜色、灯光均有区别,面向下游左手侧为左岸,其标志涂白色或黑色,夜间灯光为绿色光或白光;面向下游右手侧为右岸,其标志涂红色,夜间灯光为红光。当流向不明确的河段,如湖区,河流交汇处等,规定下游方向为通往海口的一端,或通往干流的一端,或河流偏南偏东的一端,或以航线两端主要港埠间的主要水流方向。海区航道的左右岸无上下游的概念,先确定航道走向,船舶顺航道走向的左舷一侧为航道左侧,配布左侧标,红色、红灯。右舷一侧为航道右侧,配布右侧标,绿色、绿灯。航道走向可以进港口方向或绕大陆顺时针方向为顺航道走向,在复杂环境下可由主管部门确定,以箭头标在海图上。

(李安中)

航测定线 location of line by aerial survey

应用航空摄影测量技术进行道路定线设计的工作。一般是先在小比例尺地形图上,结合有关地质、水文、气象和经济资料进行路线方案研究,确定航空摄影范围和进行航带设计;然后进行航空摄影、控制测量和像片调绘;用测图仪器测制大比例尺地形图;在图上作定线设计。也可利用国家现有航测资料,野外联测控制点、或利用大地控制资料电算加密,再测制大比例尺地形图作定线设计。前者较后者精度高,适用于高等级公路设计;后者可省去航空摄影和外控作业、节省费用和时间。利用航测技术进行道路定线,对改善测设工作条件和提高测设质量有显著效益。利用电子计算机将航测资料建立数字地形模型进行定线和优化设计的研究,可进一步使道路定线朝着自动化设计方向发展。

(冯桂炎)

航带 flight strip

道路航空摄影沿着路线走向所布置的带状航摄范围。为了保证摄影航线的直线性,必须把路线分成若干测段进行摄影;在每个测段内,依其宽度的不同再分成若干条航带。测段的长度以能保证航线顺直和飞行转弯次数较少为宜,宽度取决于地形、地质条件。航带条数则取决于测段宽度和像片旁向重叠度。

(冯桂炎)

航道 waterway, navigational channel

古称漕、漕水道、槽渠。在江河、湖泊、水库、港湾等水域内设置的供规定尺度的船舶(包括船拖木筏)航行的或划定的通道。有的是利用天然的河流和湖泊,有的则是在陆地上人工开凿的。通常用航标等助航设施在宽阔水面标示出其范围。可分为天然航道和限制性航道两类。为满足船舶安全航行,它必须具备与通航船舶相适应的航道尺度和良好的水流条件,同时在其上跨越的建筑物如桥梁、跨河电缆等应满足通航净空的要求。根据通航船舶的大小划分等级,并相应规定了航道水深、航道宽度、航道弯曲半径及通航净空。为发展水路运输多采用各种工程措施以提高航道等级,增长通航里程。

(蔡志长)

航道标准宽度 width of channel bed

简称航宽。为保证船舶(队)安全通航,航道所必需具有的水面宽度。航道标准宽度是以设计最低通航水位时,标准载重船舶(队)船底处的水面宽度。航道宽度 B_M 等于航迹宽度和富裕宽度之和。通常以保证两艘对驶船舶(队)安全错船为原则,按双线航道的航行要求确定,可按 $B_M = 2B_F + 2d + c$ 计算确定。式中,B_F 为航迹宽度;d 为船舶至航道边缘的安全距离;c 为会船的两艘船舶(队)之间所必须保持的安全距离。在国家颁布内河通航标准中,按航道等级分别列有其最小限值。

(蔡志长)

航道标准水深 depth of channel

又称最小通航保证水深,简称航深。在设计最低通航水位时,为满足船舶(队)安全通航,航道中所必须保证的最小水深。对天然、渠化航道,以设计最低通航水位以下航道宽度范围内浅滩处的最小水深来衡量。对限制性航道则指设计最低通航水位时水面至船底的断面水深。它是河流通航的基本条件之一,是航道尺度中最重要的一项指标。是决定船舶的航速和载重量以及航道工程的工程量和维护量的主要因素。通航船舶所需的航道标准水深 H_H 可按下式计算确定:

$$H_H = T + \Delta H$$

式中 T 为设计船舶标准载重时的吃水;ΔH 为富裕水深。在国家颁布的内河通航标准中,按航道等级列有天然、渠化航道和人工运河的航道水深的最小限值。

(蔡志长)

航道测量 waterway survey

对通航水域进行控制测量,水深测量,地形岸线测量,水(潮)位观测,流速、流向测验,沉船礁石等航行障碍物测量工作的合称。但航道常有变迁,尤其内河航道,重复测量的周期较短。

(吕洪根)

航道尺度 dimension of channel

航道水深、航道宽度和航道弯曲半径 3 个尺度的合称。对通航船舶(队)的吃水和长、宽尺度起限制作用。为保证船舶(队)航行安全和具有一定的经济效益,各级航道均规定有最小值。是航道建设的标准,也是航道航行条件的表征。其大小与船型及船舶(队)航行方式是互为影响的,除考虑河流的自然特性、改善航行条件的技术可能性外,还应根据货运量的要求,考虑船舶的投资和运输成本以及航道的基本建设投资和维护费用等。 (蔡志长)

航道等级 scale for channel

区分一条通航河流的重要性和在航道网中的地位和作用以及通航船舶和航道尺度大小的标志。航道工程的设计标准包括通航保证率、通航水位以及航道尺度等,按航道等级所规定的技术标准予以确定。等级的划分基本上有两种方式:一是用船舶(驳船)吨位和船型来划分,并以此来协调航道及船闸等的基本尺度;另一种是按航道水深的大小来划分,并结合选定通航船舶的吨位和船型。中国在制定航道等级划分的标准时采用第一种方式。中国 1990 年颁布的通航标准将通航载重为 50t 至 3 000t 船舶的航道划分为 7 级,通航 3 000t 级船舶的航道定为一级航道。 (蔡志长)

航道断面系数 cross-section factor of channel

在设计最低通航水位时,航道过水断面面积 Ω 与设计船舶舯浸水断面积的比值。其大小对船舶航行阻力以及船行波对航道岸坡的冲刷作用影响很大,同时也直接影响航道的开挖工程量。在人工运河等限制性航道的断面设计中起控制作用,是确定航道尺度的一个重要指标。根据实船和船模试验结果,一般认为在航速为 10km/h 时,应大于 6~7。

(蔡志长)

航道工程规划 channel construction planning

根据水运发展的要求而制定的一定时期内,有关航道,应达到的等级和相应的基本尺度等通航标准,主要工程的投资等较长期的发展建设安排。是航运规划的重要组成部分。主要包括:拟开发河流或地区的航道等级和开发方案的拟定,方案比选及主要工程量和工程材料计算,相应的投资、效益估算,及航道开发程序的确定等。它是在航运经济规划和船舶营运规划基础上进行的,根据远景货运量、货运密度、远景船型、船舶(队)尺度和营运组织结合河流的现状条件进行规划。

(吕洪根)

航道开发 waterway development

对尚未通航的天然河流、湖泊或虽已通航但未达到通航标准的河流,采取各种工程技术措施,使之能满足标准船型航行的水资源利用工作。河流开发的标准和顺序,必须根据国民经济对水运的要求,按照航道工程规划的要求进行。我国地处温带,水源充沛,大部分江、河、湖泊能四季通航,航道开发,不仅可以发展水运,同时还可以收到防洪、排涝、灌溉、发电、渔业、供水等综合利用的最大经济效益,对社会主义建设具有重要意义。

(吕洪根)

航道勘测 survey of navigation channel

为航道工程开发、建设、维护、使用,而对江、河、湖泊等水域进行的各种查勘、测绘和地质勘察等工作。是一切航道工作的基础。按使用性质的不同,一般分为:规划,科研,设计,施工阶段的勘测和航行,维护勘测等多种。在勘测的深度与广度上,也因对象而异。设计施工阶段的勘测,要求对开发的河流有较全面、准确的水文、气象、地质、地貌、地形、河床演变、试验研究以及经济调查等资料。其余性质的勘测,则视其任务不同,对其内容或作适当精简或进一步补充。规划阶段的勘测工作是属于初步勘测。

(吕洪根)

航道设计水位 design stage of channel

在某一航道上保证船舶正常通航的水位。分为设计最高通航水位和设计最低通航水位。它是航道工程规划、设计和施工的基本依据,关系到航道尺度的保证程度、航道工程的规模大小以及航道维护的方法和维护工程量,而且对公路、铁路、桥梁等工程的建设有一定的影响。 (蔡志长)

航道通过能力 waterway capacity

在计算时间内某一航道所可能通过的最大货运量。一般是指航道上控制段的综合通过能力,多以上、下水货运量的总和来表示,计算时间通常为年或月。航道上的控制段系指天然航道中的单线航道,需绞滩的急流滩险,设置有船闸(或升船机)等通航建筑物的区段以及不能夜航的河段。它们对船舶的通行起限制作用。　　　　　　　(蔡志长)

航道弯道加宽　curve widening

弯曲航道所必需具有的航道宽度相对于直线航道的加宽值。由于船舶(队)在弯曲航道中航行受到离心力和斜流的作用,船舶(队)航行偏离航线的漂角较直线航道为大,船舶驾驶操纵较复杂,航道宽度必需加宽,其值与漂角、航速、船长、航道弯曲半径、通视距离以及船舶性能等有关,多通过实船试验确定。　　　　　　　　　　(蔡志长)

航道弯曲半径　curvature radius of channel

航道弯曲段中心线的曲率半径。是表征航道弯曲程度的参数。船舶(队)在航道弯曲段中航行要不断改变航向以适应航道中水流流向和流速的变化。为便于船舶在弯道中航行,减少驾驶操纵的困难,一般均规定其最小限值,并将其列为航道尺度的一个标准。其取值与航道弯曲段的中心角、船舶(队)尺度、船队型式、航速、航道宽度、水流流速及通视距离等有关,理论计算比较复杂,一般通过实船试验确定。对于顶推船队,一般取为3倍船队长度,对于单船或拖带船队取为4倍最大单船的船长。对于特殊困难的航道,且裁弯工程十分艰巨,而航道宽度又较大,船舶(队)前方通视距离能满足需要时,可允许适当缩小。　　　　　　　　　　(蔡志长)

航道网　net of navigable stream and canal

沟通多条内河航道形成的水上运输网络系统。其作用是为发展干支直达运输、江海联运和水陆联运,充分发挥水运优势创造条件。建设航道网的方法一般是在各条河流之间开凿运河以使这些航道沟通,并渠化干流的上游及主要支流,整治或疏浚干流的中、下游,以改善这些河流本身的航行条件。
　　　　　　　　　　　　　　　　(蔡志长)

航道整治　channel regulation for navigation

为提高和稳定航道尺度,改善航道水流条件而采取的调整河床或调整水流的工程措施。狭义的指用各种整治建筑物,如丁坝、顺坝、潜坝、锁坝等来调整河床引导水流,控制中枯水河势,稳定航槽,增加水深,又称导治或治导。广义的还包括疏浚、炸礁和清槽等措施。疏浚能直接增加航道水深,但挖槽易回淤;整治能局部改变河床边界条件、稳定河势,可较为持久地改善航行条件,但须符合河床演变规律,因势利导。按地区可分为平原航道整治、山区航道整治与入海河口整治。不同地区的河流在流域特性、来水来沙条件、河床形态与组成、水流运动以及碍航特点等方面有明显的差异,航道整治的原则与方法也各不相同。应全面规划,妥善处理好与上下游、左右岸在防洪、灌溉、码头、城市用水及环境保护等方面的关系。针对碍航河段的碍航原因,合理选择工程布置方案,采取适当的整治、疏浚、炸礁或相互结合的措施,就能改善碍航河段的航行条件。根据国内外一些河流的经验,整治后水深多数可增加30%～50%,与渠化相比,在多数情况下具有投资少、实施快等优点。　　　　　　(王昌杰)

航道整治线　regulation trace for navigation channel

为改善和稳定航槽,在整治水位时由主导河岸和整治建筑物导

引和约束的新的河槽平面轮廓线。是布置整治建筑物的依据。整治线设计主要包括整治线宽度、线型、走向和平面布置,应使工程实施后既能改善碍航河段,满足航运要求,又符合河床演变规律,以保持相对稳定。线型宜采用不同弯曲半径的平滑曲线,两反向曲线间应联以适当长度的直线过渡段。布置时尽量以稳定深槽的主导河岸作为整治线的起点与终点,并根据河道地形,利用比较稳定的河岸、矶头或江心洲等作为整治线两侧的控制点。
　　　　　　　　　　　　　　　　(王昌杰)

航迹宽度　track width

船舶(队)航行所必需的操纵宽度。船舶(队)在航道中航行时,常受侧风、波浪和水流等作用,加之船舶(队)本身两侧阻力和推力不等,需要经常用舵来保持航向,船舶(队)纵轴线与航向线之间常形成一定的漂角,其操纵宽度通常大于船舶宽度。航迹宽度 B_F 可按下式计算:

$$B_F = L_c \sin\beta + b_c \cos\beta$$

式中 L_c 为船舶(队)长度;b_c 为船舶(队)宽度;β 为漂角,一般取为 $2°～3°$。　　　　　(蔡志长)

航空线　air line

线路起、终点或控制点间的平面直线距离。经过线路各经济据点和控制点的航空线称航空折线。在铁路选线中,用来指示短直方向,确定展线系数。
　　　　　　　　　　　　　　　　(周宪忠)

航空巡逻　air patrol

采用直升机或小型固定机翼飞机观察交通状况的交通监视方法。可以获得一个区域的一般性交通情报并把情报通过广播告诉司机。但其成本高并对偶然事件的早期探测有一定困难,较好的应用是作为电子监视的跟踪。
　　　　　　　　　　　　　　　　(李旭宏)

航空运输 airlift

以飞机作为运载工具的一种运输方式。创始于20世纪20年代初期。其特点是速度快、路线短、投资少、受自然条件限制少。早期的螺旋桨飞机,由于发动机功率较低,因此,重量轻、体积小、时速和运量也低,多用于短途运输。70多年来,随着科学技术的不断发展,飞机种类和性能不断更新、提高,特别是20世纪50年代喷气式运输机和20世纪70年代宽体运输机出现后,飞机时速已从300km/h,发展到亚音速、超音速,至今已达2 300km/h以上;飞机的运载能力发展更快,已从DC-3飞机的560t·km/h发展到B-747飞机的62 000t·km/h,客机的载客量已达500人/架以上。据统计,20世纪80年代初全世界每年的空运旅客人数已超过7亿人次。同时,邮件和货物运量也大幅度增长,1980年全世界的货运量约为200亿t·km。因此,航空运输已成为一种重要的运输方式,而且在加速科学技术的交流和发展、开展旅游活动丰富人民的物质与文化生活、促进工农业生产以及加强国防建设等方面具有深远的影响。 (陈荣生)

航偏角 drift angle

又称偏流角。沿航向的像片边缘与航向线间的夹角。主要由于飞行时受到侧向风力的作用,导致空中摄影偏离了预定航线,此时须将航摄仪向相反方向旋转一个同样的角度,由于这个角度的安置误差使像片产生航偏角。航偏角是评定摄影质量的标准之一,其值太大时会增加航测内业工作量,一般要求不应大于6°。 (冯桂炎)

航天飞机 space vehicle

有人驾驶的、可以重复使用的、往返于地球表面和近地轨道之间的飞行器。可以完成运送物资、维修卫星、营救遇险的航天员等多种任务。它像宇宙飞船一样,使用火箭发动机在地面发射台上垂直发射,在大气层以外的地球轨道上运行,返回大气层后和普通飞机一样进行下滑和着陆。航天飞机集中了许多现代科技成果,是火箭、航天器和航空器技术的综合产物。为人类自由进出空间提供了良好的运载工具。 (钱炳华)

航线弯曲 strip deformation

由于气流影响导致摄影航线形成一条弯度不大的曲线。其弯曲度是用图幅内一条航线中各张像片主点与首末两张像片主点连线的最大偏离度来表示。即航线弯曲度 $=\dfrac{\delta}{L}100\%$,式中 L 为首末两张像片间的距离,δ 为偏离 L 最远的一张像片主点与 L 的距离。航线弯曲度过大,影响旁向重叠,导致内业测图困难,一般要求不大于3%。 (冯桂炎)

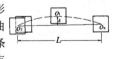

航向信标台 localizer station

仪表着陆系统中引导飞机着陆下滑方向的设备。设在跑道着陆方向另一头的中心线延长线上,距跑道端1 000m左右处。它向着陆方向发射无线电信号,引导飞机准确地沿着规定的下滑方向进入机场和着陆。 (钱绍武)

航行标志 navigation marks

设在航道两岸或漂浮于航道两侧标示航道方向和界限的内河助航标志。共有10种,即过河标,沿岸标,导标,过渡导标,首尾导标,侧面标,左右通航标,示位标,泛滥标,桥涵标。各种标志采用不同形体以示其不同的功能,为使白天易于观察,又以不同颜色涂标身及标顶,通常左岸为白色或黑白条纹,右岸为红白条纹,为扩大标志的显示距离可在标身前装置梯形白牌,涂以同类颜色。夜间由标顶装置的灯光发出不同灯色和闪光信号,左岸通常为绿光或白光,右岸为红光。 (李安中)

航行基准面 sounding datum for navigation

又称航行零点,内河航行图所标注的航道水深的起算基准面。通常取为设计最低通航水位或日平均最低水位。船舶驾驶人员根据图注水深加上当地按该基准面测得的水位,可得出当时航道中的水深,借以判断航行的安全性。 (蔡志长)

航行条件 navigation condition

保证船舶(队)安全航行必须具备的航道的自然条件。包括航道尺度,水流条件,风与浪的情况以及通航期等。这些条件从不同的方面表示该河流的适航程度。航道尺度应与通航船舶的长度、宽度和吃水相适应。水流条件主要是指流速、流向和流态。航道中的水流流速和局部比降不能太大,流速一般取2.5~3.0m/s为限值,并要求出现这样大的河段不长、时间较短。垂直于航道轴线的横向流速也不应过大。航道中水流应平稳,不应有泡水,旋涡等紊乱流态出现,船舶受到这些水流的冲击,将使船舶驾驶操纵困难,甚至失去控制。 (蔡志长)

航修站 navigation repairing yard

专门供船舶航行期间进行临时性修理的场所。船舶在航行期间遇到船上的机具设备发生故障、损坏,必须修理或更换零件时,常在到港后利用航次在港停泊时间,进行临时性修理,以便继续下一次的安全航行。航修站一般由修船码头、船舶修理船和必要的车间、库场组成。其规模视拟修船舶的大小和数量而定。船舶修理船是配备有一定修船设备的工作船。它可停靠在拟修船舶旁,直接进行修理工作。 (王庆辉)

航运规划 water transport planning

较长远的水运发展建设安排。内容主要包括航运经济,船舶及营运,航道、港口、航运工业,通信导航等中的几项或其全部。规划中根据国民经济发展和工农业生产以及国防等的要求,在调查研究的基础上,经过分析论证,提出一定时期内需要航运承担的运输量和航道、港口、船厂、船舶等分期分批的发展建设安排。规划是计划的基础和依据,也是建设项目的一项前期工作,需要根据客观形势的发展,不断调整充实和提高。　　　　　　　　(吕洪根)

航运经济规划 economic planning for water transport

一条河流或一个地区在一定时期内航运合理发展的水平和需要承担的运输量的航运规划。是航运规划的重要组成部分,是船舶,港口,航道及其他运输设施的建设依据。内容包括:有关地区的经济,运输的现状及存在的问题,历史及现在货流构成,主要技术经济指标,航运在交通运输中的地位和作用;根据地理条件,经济区域分布和运输要求,分析研究各种运输方式的合理分工和联系,划定合理的航运腹地范围;提出远景水运货(客)流分析及运输量;根据远景水运货(客)运要求,提出航运建设规模、期限。
　　　　　　　　(吕洪根)

航站区 terminal area

航空运输业务(旅客和货物)的陆、空交换区域的统称。由旅客航站、货物航站、停机坪、供应服务设施、站前交通与停车场,以及机场维修、运输和行政管理活动的各项设施等组成。航空运输的早期阶段,飞机的起降场地和供旅客使用的建筑物都十分简易。随着航空业务量的发展,客、货业务逐渐分开,并不断增添一些新的设施,才逐渐形成现代化的飞机场和完整的航站区。地面航站必须用最现代化的设施和装备,以能处理站坪上每小时成百架飞机的滑入、停靠和滑出及为其服务的众多车辆和人员的活动;航站里大量旅客和行李货物陆、空转换;站前大量运输车辆的流通和停驻。快速高效的繁忙运输,已使航站区成了现代机场不可缺少的重要组成部分。　　　　　　　　(陈荣生)

he

合成坡度 resultant grandient

道路路面纵坡及横坡(超高坡度)间之斜线方向的坡度。以 i_K 表示

$$i_K = \sqrt{i_纵^2 + i_横^2}$$

式中 $i_纵$ 为道路纵坡;$i_横$ 为路面横坡度。当 $i_纵$ 为道路最大纵坡时,i_K 将大于最大纵坡。在小半径曲线弯道超高横坡度较大时,i_K 超出更多,因而增加了行驶车辆斜向下滑的危险性,所以要求合成坡度不得超过规定的最大纵坡值。　　(王富年)

合力曲线 resulting force curve

用直角坐标表示的列车运行速度与列车在平直道上所受到的单位合力的关系图。图中纵坐标表示速度(km/h),横坐标表示单位合力(N/t);纵轴左侧合力为正值。右侧为负值;各条曲线分别表示机车不同操纵状态。牵引时,合力为机车单位牵引力与列车单位基本阻力之差($f_k - \omega_0$);惰行时,合力仅为列车单位基本阻力(ω_0);空气制动时,合力为列车单位基本阻力与空气制动力之和($\omega_0 + 0.5b_z$);装有电阻制动或液力制动的机车,亦可绘出相应的制动力曲线;此外,尚应根据坡度值,绘出限速曲线。利用合力曲线可求出列车在区间各种路段上的运行速度,列车在区间的往返走行时分,以及列车在下坡道上的限制速度和制动距离等。有电阻制动时的合力曲线图如下:

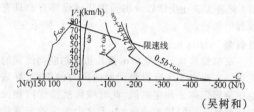

(吴树和)

河床演变 fluvial processes

河流中水流与河床相互作用下河床形态的发展与变化。冲积河床的水流与河床构成矛盾的统一体:水流作用于河床,使河床发生变化;河床的变化又反过来影响水流结构。二者相互依存,相互影响,永远处于变化和发展的过程中。水流与河床的相互作用是通过泥沙的冲刷、搬运和淤积来实现的。按形态分为纵向变形和横向变形,前者指冲淤作用导致沿流程方向河床高程的变化,后者指河床在横断面上发生的冲淤变化。按演变发展的过程分为单向变形和复归性变形,前者指相当长时期内河床单一地朝某方向发展,如黄河下游多年来河床一直不断淤积抬高,后者指河床周期性往复发展的现象,如浅滩在一个水文年内的枯水期冲刷,洪水期淤积。上游来沙量与本河段水流输沙能力不平衡是使河床发生冲淤和演变的根本原因。但在河床冲淤过程中,河床与水流将进行自动调整,使来自上游的水量与沙量能通过河段下泄,河流保持一定的相对平衡。不同类型河流的演变规律各不相同。平原河流的顺直型、弯曲型、分汊型和游荡型河段各有自己的演变规律。研究和掌握具体河段的演变规律因势利导,是成功地进行航道整治和河道整治的关键。　　　　　(王昌杰)

河港 river harbour

位于江河沿岸,主要供内河船舶使用的港口。布设时,一般利用河流的自然水道作为港口水域,水域的布置方式以及船舶在水域中的碇泊方式与河川径流的流速、流向有密切关系,一般呈条状沿河流纵向分布。加之码头也多采用顺岸式沿两岸布置,使大部分港口呈狭长条状形态。在水域中需设置供船队编组解体用的编组水域。位于上游的港口,大多修建斜坡式码头或半直立式码头,以适应洪、枯水位落差较大的需要。位于下游的港口,常存在河岸变迁和冲淤方面的问题,需要护岸或导治。此外,沿岸常需增设防洪墙以抵御洪水侵袭。 (张二骏)

河谷线 valley line

又称沿溪线。沿河谷所定的铁路和山区公路路线。山区铁路和公路通常需要沿河谷定线。一般河谷地形起伏较小,可利用纵坡比较平缓的河谷,减少工程量;沿河谷居民点较多,对人民生活和发展工业有利。但有的河谷十分弯曲,纵坡较大,横坡陡峻、地质不良,工程造价也很可观。因此,沿河谷定线时,首先要研究地区水系分布情况,对拟通过河谷的地形、地质与水文条件作深入细致地调查研究。选择接近线路短直方向、两岸开阔顺直、地质良好、纵坡平纵的河谷;选择有利的岸侧定线和有利的跨河地点;线路位置最好设在不受洪水冲刷的河谷台地上。 (周宪忠)

河口 estuary, river mouth

河流与其汇入水域相连接的区段。按汇入水域不同,有入海河口,入潮河口,入库河口等。入海河口又称感潮河口,主要受径流、潮流的影响。一般把潮汐影响所及范围作为河口区,在河口内发生潮波变形。河口区

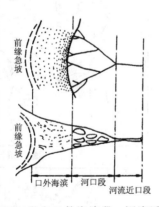

可分为河流近口段、河口段和口外海滨段。河流近口段一般指潮区界和潮流界之间的河段,此段内潮汐作用仅反映在水位有规律地涨落,水流始终指向下游。河口段上起潮流界,下至口门,该段是径流与潮流相互消长的地段,也是盐水和淡水混合地带。口外海滨是口门至滨海浅滩外界,该段主要受外海潮流和风浪动力控制。入海河口的分类按动力成因分有径流为主型,潮流为主型以及波浪为主型;按潮汐强弱分有强潮型和弱潮型;按盐淡水混合程度分有强混合型,缓混合型和弱混合型;按地貌形态分有三角洲河口,三角港河口;按来水来沙并结合地质地貌条件分有强混合海相河口,缓混合海相河口,缓混合陆海双相河口,弱混合陆相河口等。入海河口是河海水路交通的咽喉,常形成交通枢纽的城市,它的开发和利用对国民经济和国防均有重要意义。

(张东生)

河口潮波变形 variation of tide wave in estuary

外海潮波传入河口后,受到地形及底摩擦影响所发生的变化。潮波在河口内逆坡、逆流向上游传播,且受到河岸约束和河底摩擦的影响,发生变形。变形情况因河而异,其共同特点是:1. 河口潮波的周期和传入该河口的外海潮波周期相同;2. 潮波的前坡变陡,后坡变缓,即涨潮历时缩短,落潮历时增长;3. 伴随潮波的潮流过程与潮位过程有一定位相差,涨潮最大流速一般比高潮位时刻超前 1~2 小时。在一个潮流期中有涨潮落潮流、涨潮涨潮流、落潮涨潮流和落潮落潮流;4. 愈往上游,潮差愈小,到潮区界处,潮差为零;5. 涨潮流历时愈往上游愈短,到潮流界处,涨潮流消失。

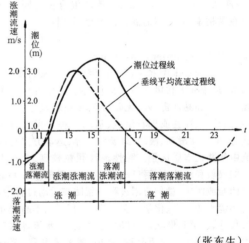

(张东生)

河口港 estuary harbour

位于江河入海口,可接纳海、河两种船型的港口。其地理位置比较优越,腹地辽阔、货源充沛,既受到较好的陆地掩护,又具有比较宽广的水面,便于河海联运、碇泊众多船只和布置陆上设施,兼有海港和河港之长。位于大河口的港口,多成为国际上著名的贸易港,如上海港(长江口)、鹿特丹港(莱茵河口)、纽约港(赫德逊河口)等。其位置一般在河口的河口区以内,受到潮汐和径流的交互作用,容易引起淤积(特别是其中的入海航道),形成拦门沙,是建港和维护中需加以注意的问题。有时,不得不另辟人工入海航道,以解决和海上的联系。 (张二骏)

河口混合 estuarine mixing

密度不同的海水和河水在河口区的混合,主要有掺混和扩散两种方式。在弱潮河口,密度大的海水偏于下层进入河口,密度小的淡水在其上流向口外,两层流体间存在密度界面。在一定的动力条件下,界面破碎,下层的部分盐水被卷入淡水中,而上层的部分淡水也被卷入盐水中,形成掺混。扩散则是由于潮流强度增大,上层淡水和下层海水均呈紊流状态,水体发生交换,使盐度自下向上输送。根据混合强弱程度,可将河口分为弱混合型、缓混合型和强混合型三种:1. 弱混合型,又称高度成层型。盐淡水间有明显的界面,海水呈楔形沿河底向上游延伸;2. 缓混合型,又称部分混合型。盐淡水间不存在明显界面,但纵向和垂向均有明显的密度梯度;3. 强混合型,密度沿垂向分布均匀,纵向存在密度梯度。通常用指标 K 判别混合类型:

$$K = \frac{\text{一个潮周期内河水径流总量}}{\text{同期间的涨潮总量}}$$

认为 $K \geq 1$ 为弱混合型;$K \leq 0.1$ 为强混合型;$1 \geq K \geq 0.1$ 为缓混合型。例如,中国钱塘江口 $K = 0.018$,属强混合型;长江口 $K = 0.292$,属缓混合型;珠江的西江口 $K = 2.28$,为弱混合型。同一河口在洪枯季、大小潮的混合情况也不相同。

(张东生)

河口泥沙 sediment in estuary

河口的水体中和床面上的泥沙。可来自流域、海域、疏浚弃土和风沙等。根据力学特性可分为无黏性泥沙和黏性泥沙。无黏性泥沙颗粒较粗,由粉沙、细沙、粗沙甚或砾石组成,运动过程中保持分散状态,沿床面滑动、滚动、跳跃和悬浮,运动方式与河流中的并无本质区别。黏性泥沙颗粒较细,含有大量的黏粒和粉粒,在河口盐水环境中,常凝聚成海绵状团粒或团块,参加造床过程。絮团在运动过程中,随环境水的力学、化学甚至生物学的条件,不断变化其尺寸、比重和形状。河口泥沙在波浪、水流等水动力因素的作用下经历起动、悬扬、随潮流悬移、沉降和落淤等过程,造成河口沙洲多变的情势。

(张东生)

河口三角洲 delta in estuary

流域来沙填充古溺谷河口并向外海延伸的河口堆积体。多出现于流域来沙丰富而口外潮差较小的大河。按形态可分为三类:(1)鸟趾状三角洲(图 a)。出现于河床窄深、盐水楔经常侵入的河口。泥沙沿主流两侧落淤,形成自然堤,约束并稳定主流,使河槽不断向外海延伸,形态如鸟趾状。以美国密西西比河口为代表。(2)圆弧状三角洲(图 b)。多发生在水深不大,底部摩阻作用显著的河口中。入海径流沿径向、侧向和垂向均发生扩散,出口门后的流速很快降低,泥沙落淤形成新月形沉积体,随后水流受阻,冲击新道,又形成新的新月形堆积。久之,淤积成圆弧状三角洲。以中国黄河三角洲为代表。(3)网状三角洲(图 c)。河流来沙不断地填充在古浅海湾中,使河流分汊,同时由于径流充沛,含沙量较小,汊道得以稳定,三角洲洲面上形成网状汊道,以中国珠江口三角洲为代表。河口三角洲是流域来的肥沃泥沙淤积而成的,常是物产丰富、人口稠密、经济发达的地区,对经济建设具有重要意义。

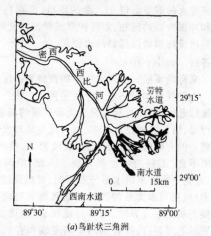

(a)鸟趾状三角洲

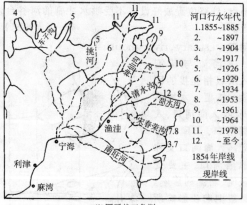

(b)圆弧状三角洲

(c)网状三角洲

(张东生)

河口水流 estuarine flow

河口地区由径流、潮流、密度流和风海流等组成的非恒定水流。一般以径流和潮流为主。海洋潮波进入河口的水平流动称为涨潮流，相反的流动为落潮流。在河口的近口段和河口段，涨落潮流的方向相反，属往复潮流；在河口外海滨段，涨落潮流的方向多不一致，有时具有旋转特性，属旋转潮流。由于河口沿程向上宽度缩窄，水深渐小，引起潮波反射和摩阻作用，前者使动能转为位能，潮差沿程增加；后者使能量损失，潮差沿程减小。当河口潮波反射作用大于摩阻作用时，沿程潮差增大，潮位和潮流的位相差加大，潮波向立波转化；反之沿程潮差减小，相位差基本不变，潮波保持前进波状态。河口的形态不同，潮波性质也不一样。立波性质的潮波多发生于挡潮闸下游和山区性的河口中，其波节一般位于河口口门附近，此处流速最大。潮位和潮流的相位差为四分之一周期。前进波性质的潮波多出现在河口宽度沿程收缩较小，河身较长的河口，其潮差和潮流向上游逐渐减小，最大流速发生在高低潮位。径流的方向始终指向下游，有阻止潮波上溯、减小涨潮流速和增大落潮流速的作用。河口的潮区界、潮流界和盐水入侵随径流量增大而向下推移。洪水期塑造的河床又可为枯水期增大进潮量创造条件，使河口河床复杂多变。密度流亦称异重流，是河口区的淡水径流和盐水潮流因密度差异产生的水体相对运动。涨潮期间有增大临底上溯流的作用；落潮期间有增大表层下泄流作用。在全潮过程形成密度环流，阻滞上游泥沙下泄，也使外海泥沙向河口聚集。风海流的流速与风速成正比，在浅海区因受底摩擦影响，流向多与风向一致。河口区的风海流对泥沙的输移有一定影响，但因数值较小，影响并不显著。

（张东生）

河口滩 shoal at tributary mouth

干、支流交汇处的浅滩。成因是干、支流交汇角过大，以及涨、退水时间不一致，水流相互顶托，从而使水流流速减小，挟沙能力降低，挟带的泥沙随之在河口段落淤。一般多采用筑导流坝调整交汇角或将支流改道汇入干流的方法予以治理。

（王昌杰）

河口演变 estuarine processes

河口水流泥沙或外海海平面变化及海洋动力因素等综合作用引起的河口河床变迁。现代河口位置是最后冰川消融以后，大约距今6000年以前的海侵确定的。海侵使河口大都成为三角港河口。之后，流域来沙丰富的河口，逐渐向海淤积延伸，形成三角洲河口，流域来沙少的河口，依然保持三角港状态。河口区是淤积环境。在近代河流及海洋因素综合作用下，泥沙在河口区落淤，造成淤积。不同来沙条件的河口淤积形态也不同。流域来沙大的河口，多淤积在突出于海岸线外的水下三角洲，靠河流一侧逐渐抬高，露出水面为三角洲平原。因河口流域来水来沙各异，河口淤积形态也变化多端。如中国黄河口是著名的弱潮多沙河口，据统计1964年至1973年间，进入河口区的总沙量113.8×10^8t，平均每年造陆50.7km^2，由此引起河道频繁改动。珠江属清水河流，径流丰沛，河口就形成汊道纵横的网河三角洲。海域来沙丰富同时具有喇叭口外形的河口，纳潮量大，可能把泥沙推到河口内部淤积，形成三角港河口，中国钱塘江是典型的例子。沿河口河床纵剖面常有隆起的浅滩。三角洲河口浅滩一般位于口门附近，称拦门沙；三角港河口浅滩位于口内，称沙坎。拦门沙和沙坎通常都是碍航浅滩，要整治或疏浚。

（张东生）

河口整治 regulation of estuary

为改善河口段航运、泄洪等条件所采取的整治、疏浚等工程措施。河口是河流与集水区的连接地段，集水区可以是河流、湖泊、水库或海洋。河口整治主要是指入海河口的整治。河流入海处因水面展宽，流速减缓，并受潮流顶托和含盐海水的絮凝作用等影响，促使所挟泥沙落淤，堆积成各种形态的沙洲、沙坝，使水流分汊，水深不足，有碍航运与泄洪。应按照"综合开发、综合治理"的原则，遵循河口河床演变规律，因势利导进行治理。一般采用疏浚、整治或二者结合的措施。疏浚是用机具直接挖除水下土石方，在疏浚多汊河口入海航道时，宜选择其中涨落潮流路一致、疏浚量小、平面位置稳定、落潮流占优的一汊；整治是通过布设导堤、丁坝、顺坝等整治建筑物来调整水流，控制分水分沙，以调整河床冲淤部位，改善通航条件。

（王昌杰）

河流渠化 river canalization

在天然河流上建造拦河闸坝壅高上游水位以改善上游河段航行条件的工程措施。拦河闸坝壅高上游水位，在其上游河段形成宽阔的水域，淹没了滩险，增加了航道标准水深和航道标准宽度，减小了水流流速，改善了水流流态，而且裁直急弯，顺直航线，缩短航程。此外，由于拦河闸坝的控制，航道水深可不受河流天然流量大小的影响，可以较大幅度地增加航道尺度，提高河流的航道等级，从而提高河道的运输能力。除改善航行条件外，还可根据需要和条件满足防洪、发电、灌溉、城镇供水等国民经济各个部门的一些需要，从而获得最大的综合效益。但拦河筑坝后，船舶需要通过船闸或升船机，增加了船舶的航行时间，降低了船舶的周转率。此外，还可能使河流的生态环境发生变化，对农业、渔业、生态平衡及环境保护等都可能产生不同程度的影响。相对于其他航道工程而言，它的工程技术问题比较复杂，工程投资和管理营运费用也大，特别是大河流的渠化涉及面广，还可能影响其他国民经济部门的效益。它是改善河流航行条件，提高航道等级，构成标准统一的航道网的一项可靠的根本措施。在河流的上游和主要支流一般多采用这种工程措施。对于那些洪枯水位变幅大，枯水流量小而且历时长，比降大，滩多流急、河道弯曲的丘陵山区的中小河流，它往往是惟一合适的工程措施。根据渠化河段是否连接，可以分为连续渠化和局部渠化。

（蔡志长）

河漫滩 flood-plain

主槽两侧洪水时淹没，中水时出露的滩地。在平原河流一般都较宽阔，具有调节洪水，削减洪峰，储存泥沙并通过滩槽水流交换，影响主槽冲淤等作用。组成物质较为松软，受水流冲刷后，易造成主流的摆动。滩地土壤肥沃，地势平坦，宜种植农作物，修筑堤防后甚至可建造工厂或居民点，但应以不影响泄洪为原则。由于易被洪水淹没，地下水位较高，土质较差，在其上规划建设项目时要仔细勘测土层结构，注意分析岸坡的稳定性。

（王昌杰）

河势 river situation

河道的平面态势。包括主流线、水边线及其所构成的平面形态（如汊道、弯道、边滩、心滩、江心洲、河漫滩）以及水面现象等，是有关形态要素的总称。有时也指河道的基本流势（或称基本流路）。一般，外形缓曲，河宽适宜，岸线规顺，水流动力轴线有一定曲度，分汊较少，洲滩移动缓慢的河道航道稳定，水深良好，河势较佳。河道在不断变化，河势也会随之变化。对于航行条件较好，但有变坏趋势的河段，应该及时采取措施，用整治建筑物稳定优良河势，避免其恶化。因此，善于辨别河势是否良好，研究其变化规律对于成功地进行航道整治具有重要的意义。

（王昌杰）

河相关系 hydraulic geometry of the stream channel

冲积河流处于相对平衡或准平衡状态时，河床形态（如河宽、水深、曲率半径等）参数之间，以及河床形态与水沙条件（如流量、比降、含沙量、床沙粒径等）因素之间的函数关系。例如断面形态的河相关系式为：

$$\frac{B^m}{H} = K$$

式中 B 为造床水位下的水面宽；H 为造床水位下的断面平均水深，造床水位是指与造床流量相应的水位，在航道整治中一般取整治水位；K 为宽深比的经验系数，与河型有关；m 为指数，在 $0.5\sim1.0$ 之间变化。可用于预报河床演变和规划整治工程。参照附近优良河段的河相关系，决定航道整治线的主要尺度如整治线宽度、弯曲半径等，常可使整治工程取得较好的效果。

（王昌杰）

核子密度湿度仪 nuclear density-moisture gage

利用原子核放射性，测量土的密度和湿度的一种仪器。其内部装有两种放射源。Cs(铯)-137γ 源用来测量密度，它安装在辐射源金属杆底部，随测量深度而改变。Am-241/Be 中子源用来测量水分，Am(镅)-241/Be(铍) 中子源安装在机壳底部，位置不变。使用时可直接放在填土中经 15s 至 1min 进行射线数值的计数，再经微机处理即可直接得到填土的湿表观密度、干表观密度、含水量，不需标定。如将最大干表观密度输入微机可直接得到压实系数 K 的百分数，特别宜于在砂性土中使用。其密度的测量见图(a)，是依靠安装在放射杆端部的密封辐射源铯-137 进行的，该辐射源可随放射杆沿槽上、下移动，当它发出的 γ 射线进入被测填土时，如填土密度较低，大量的射线就会穿过填土，在单位时间里仪器内部的计数管接收到的计数就大，反之，填土密度高，计数就小。湿度测量见图(b)，是由一个密封的镅 241/铍辐射流发出的中子射线来进行的。当中子射线进入填土时，填土水分中的氢离子与高速运动的中子碰撞，使之减速，减速后的中子即慢中子可被检测管接收到。如填土的含水量高，导致单位时间内的慢中子计数就多，反之则少，以此测定填土中的含水量。此种仪器可测填土深度为 $25\sim30$cm，间距为 5cm 的平均密度。因为此仪器所测为仪器下面某一深度范围内土体积的平均密度。因此，测量场地表面要求平整以减少误差。此种仪器的特点是方便、测量速度可较一般仪器提高十倍，其结果与常规测量较接近。

(a) 密度测定原理图

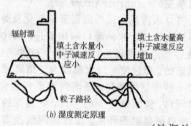

(b) 湿度测定原理

（池淑兰）

hei

黑梅沙输煤管道 美国第二代煤浆输送管道。从亚利桑那州卡因达(Kayenta)附近的煤矿把煤输送到内华达州南部的莫哈夫(Mohave)发电厂。管道全长439km,管径457mm(最后21km采用305mm管径),年输送能力为450万t。在管道始端设有一个煤浆制备厂提供浓度为46%～48%的煤浆。这个厂有三条相同工艺的生产线,每条生产线有一座煤仓,一台干式破碎的笼式破碎机、一台棒磨机和一座容量为2 385m³带有搅拌器的贮浆罐。整个管线设立了4个中间泵站,采用了双缸双作用的活塞泵。管线的终端有一个脱水系统,包括贮浆罐、转筒离心分离机、煤浆预热器等设备,脱水后的煤送到发电厂。

(李维坚)

heng

桁架式高桩码头 skeleton-frame-type wharf

又称框架式高桩码头。桩台由预制的钢筋混凝土桁架、纵梁及面板等所组成的一种高桩码头。为了增加码头的纵向刚度,在相邻桁架间常设置纵向的水平撑、剪刀撑(交叉腹杆)或单斜撑。这种结构的特点是桁架的刚度大,桩的反力可按刚性桩台计算;上部结构的高度大,桩的自由长度小,桩的稳定性增加,整体性好;当水位差较大时,桁架也便于系、靠船设施的安装。它适用于水位变幅较大的港口,但它构造复杂,节点多,施工麻烦,需要有较低的施工水位,桁架构件大部分处于水位变动区,易遭蚀损。

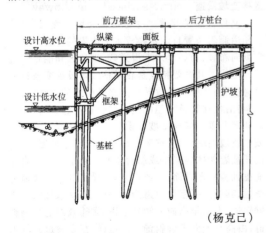

(杨克己)

横断面选线 cross-section method of railway location

利用线路横断面细致地选定线路位置的方法。在横坡较陡或地质不良地段定线时采用之,其步骤如下:(1)首先找出控制线路位置的横断面。在横坡较陡、地质不良、河岸冲刷严重等地段及有代表性的百米标处,测绘其横断面图;(2)根据各控制断面原设计的路肩标高,确定线路中心线在横断面上可行范围;(3)将横断面图上线路可行范围的左右边缘点,移到平面图上,连接同侧诸边缘点,即得到线路可能移动的合理范围;(4)在该范围内,重新设计平面,并在两端和原定线路妥善连接,即得在平、纵、横三个面上均较合理的新的线路位置。

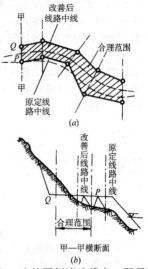

(周宪忠)

横拉闸门 traversing caisson

沿船闸闸首口门横向移动的单扇平面船闸闸门。开启时,退入闸门一侧的门库内。由以下几部分组成:(1)门扇:由面板、主横梁、纵梁、端架及联结系统所构成的挡水结构;(2)行走支承设备:由主滚轮和侧滚轮组成。主滚轮承受门体的垂直荷载,按对角线布置在门体的上、下两端(3)止水装置。闸门关闭挡水时,水压力由主横梁传至闸首边墩。闸门一般是在上、下游水位齐平后开启;但在闸门启闭过程中,上、下游水位仍可能有一定的差值,以及由于波浪还可能使闸门承受一定的波浪压力,从而可能使闸门失去稳定;因此,闸门的厚度,即主横梁的高度,通常按抗倾稳定的要求确定。并适当考虑主横梁的经济高度。

横拉闸门能够承受双向水头;闸首的长度可以较短;闸门的启闭力较小;启闭迅速;但需设置门库,增大了闸首工程量;同时门扇厚度较大,钢材用量较多;底滚轮处于水下,较易损坏,检修不便。在建于感潮河段的船闸及海船闸中应用较广。在海船闸中,尺度最大的为法国勒阿弗尔朗索瓦1号船闸的闸门,其宽度为70.25m,高24.61m,门厚10m。在中国已建船闸中,宽度最大的为京杭大运河上的邵伯船闸的闸门,其宽度为23.4m。

(詹世富)

横列式编组站 shunting station with parallel yards configuration

列车到发场与调车场横向并排布置的编组站。

以单向一级三场图型为代表。单向,系指只有一套调车设备;一级,系指各车场都布置在同一狭长地段内;三场,系指有三个车场:居中的是调车场,其两侧各设一个列车到发场。通过列车接入列车到发场的外侧。具有这种图型的编组站,车场集中,便于管理,站坪较短,工程费省。但车辆在站内往返调动较多,列车从到发场向驼峰牵出线转线的条件较差。适于中、小型编组站采用。

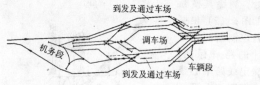

(严良田)

横流标 transverse flow marks

标示航道内有横流的信号标志。在具有浮力的底座上安装菱形体,也可在岸上立一标杆,上端安装菱形顶标。设于左岸一侧的顶标为白色或黑色,标杆为黑、白色相间斜纹,夜间发绿色明暗光;右岸一侧的顶标为红色,标杆为红、白相间斜纹,夜间发红色明暗光(附图见彩4页彩图17)。 (李安中)

横向高低轨滑道 side slipway with high and low tracks

利用高低轨保持运载下水车架面水平的滑道。它由斜坡滑道和水平横移区两部分组成。为使船体在上墩和下水过程中始终处于水平状态,下水车在滑道斜坡部分运行时,前后两轴走轮各自行驶在不同高程的轨道上。在滑道斜坡转水平的过渡曲线段用同一半径的圆弧平滑地连接,使两条过渡曲线上任意两点间的水平距离,均与下水车的轮距间距 b 相等,从而使下水车在通过过渡曲线段时,仍能保持架面的水平状态。为减小轮压,一般采用平衡轮装

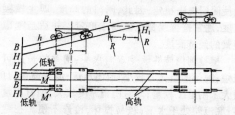

置。这种滑道的优点是可布置多个侧面船台,运转的机械化程度高,操作简便,船舶上墩下水安全可靠。缺点是高低轨铺设精度要求高,滑道斜坡部分需要铺设四条轨道。 (顾家龙)

横向高低腿下水车滑道 side slipway with launching cradle of two level wheels

供具有高低腿车轮的下水车行驶的滑道。它是在横向高低轨滑道的基础上发展起来的。不同处在

于:在滑道斜坡部分仅需铺设两条高度相同的轨道,只在过渡曲线段有四条轨道,即两条高轨,两条低轨。这样就大大简化了水工结构;但前轴车轮中,高轮和低轮各有两对。下水车在斜坡轨道行驶时,

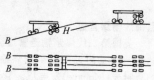

由前轴外侧两对低轮承重;行驶到过渡曲线段时,荷重转移到内侧两对高轮上,从而使下水车顶面和船体在任何位置始终保持水平状态。在中国船厂建设中常采用这种滑道修造小型船舶。 (顾家龙)

横向滑道 side slipway

轨道方向与船体纵轴相垂直的滑道。其坡度一般比纵向滑道为大。轨道的数量和间距,视船舶长度及其结构强度而定。其优点是:因船舶上墩和下水时船体纵轴与岸线平行,对水流影响较小;所占用水域纵深较小。缺点是:船舶上墩时定位不便;船舶移运方向与船体纵轴垂直,船体易发生倾斜;轨道数目及总长度比纵向滑道多而长,造价较高;占用的岸线较长。 (顾家龙)

横向坡 slope in the transverse direction

道路中心方向与岩层走向的交角较大甚至接近相互垂点,或岩层层面呈水平状的挖方边坡。路堑段在此条件下,若岩层粘结较好,路堑边坡较为稳定。 (张心如)

横向斜面升船机 transverse inclined ship lift

在承船车升降过程中船体纵轴线垂直于斜坡道方向的斜面升船机。其斜坡道长度较短,但其宽度较大,轨道数较多,只是在水域和陆域的特殊情况下才建造。 (孙忠祖)

横移变坡滑道 curve-surfaced side slipway

又称自摇式滑道。设有横移变坡过渡段,可使船舶由倾斜位置自动转换成水平位置的滑道。它多为纵向布置,由倾斜水下滑道区、横移区和船台区三部分组成。其主要特点是在横移区内设置变坡过渡段,使船舶从倾斜位置转换成水平位置的过程(或反之)与沿横移轨道移船的过程结合在一起,不需另设摇架等装置。横移变坡段设在滑道顶端位置。在变坡过渡段始端处,横移车顶面坡度与滑道坡度一致,使托载着船体的船排或船台小车可由水下滑道直接拖曳到横移车顶面上(或反之)。横移区内的轨道为奇数,其中间一根的轨道为水平铺设,靠水域的下半侧轨道,由低至高向上倾斜铺设,靠陆域的上半侧轨道,由高至低向下倾斜铺设。这样,在变坡过渡段末端处,上下两半侧的轨道均与中间的水平轨道位于同一高程上。当横移车在变坡过渡段移动时,就似以中间的水平轨道为转轴,车架的前后两端作上下

变动,使横移车连同停在其上面的船排、船体由倾斜位置变为水平位置。因其具有设备简单、操作安靠的优点,在中国已建成此类滑道二十余座,用于修造1000t以下的小型船舶,使用效果良好。

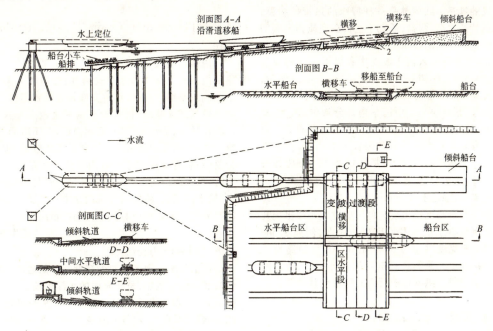

横移变坡滑道

(顾家龙)

衡重式挡土墙 balance weight retaining wall

靠墙身圬工及作用于衡重台上填土重量维持墙体稳定的重力式的特殊型式挡土墙。用浆砌片石和混凝土修建。胸坡很陡,下 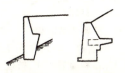 墙背仰斜,可减小墙的设置高度和施工开挖量。适用于山区地面横坡较陡的路肩墙,也可用于路堑墙(兼拦落石)或路堤墙。顶部用钢筋混凝土作成托盘及道碴槽时,称为托盘式挡土墙。 (池淑兰)

衡重式方块码头 counter weight cross-section block wall

底宽较墙身中部为小的方块码头。是为了克服阶梯形断面方块码头在底宽大,地基应力分布不均匀方面的缺点而提出的一种型式。其特点是合力作用点后移,地基应力分布 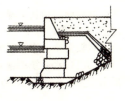 较为均匀,但施工困难,地基应力的平均值,由于基底宽度的减小而有些增大,对地基要求较高。

(杨克己)

衡重式闸室墙 counter weight type lock wall

墙身断面由上而下逐渐加大为梯形,至一定高度处设倒坡将断面收窄,形成中间大而底部窄的断面形状的闸室墙。墙身断面最宽处一般在(0.4~0.5)墙高处,倒坡一般为 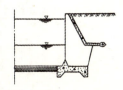 4:1~5:1。墙身拓宽可增闸墙上部重量,且起卸荷作用,减少作用在墙下部的土压力。作用在墙上的铅直力的合力通过底板中心的后部,产生抵抗力矩抵消一部分由土压力、水压力等所产生的倾覆力矩,可使地基反力分布趋于均匀。相对于梯形断面的重力式闸室墙,工程量较小,但对地基的要求较高。

(蔡志长)

hong

轰炸机 bomber

用于从空中对地面或水上目标实施轰炸的军用飞机。是航空兵中实施空中突击的主要机种。按航程和起飞重量的不同,分为远程(重型)、中程(中型)、近程(轻型)三种。按作战使用的不同,分为战略轰炸机和战术轰炸机两种。其主要特点是突击力强、航程远。可以携带炸弹、鱼雷、空对地导弹、核弹,并装有机关炮或空对空导弹等自卫武器。

(钱炳华)

红树林海岸 mangrove coast

热带、亚热带地区由红树林生长在潮间带泥滩上形成的海岸。红树林是一种特殊的热带植物群,具有独特的生态、耐盐,适宜于生长在底质为淤泥的无强烈波浪作用的浅水海岸。红树具有极为发达的根系,其气根下垂入浅水淤泥中和树干一起构成茂密的丛林;而且红树是一种芽生植物,果实成熟后,即在母树上萌发胚芽,幼苗成长后下落泥中,很快可长出根系,繁殖快速。中国华南部分海滨,印度、马来西亚、缅甸、印度尼西亚和墨西哥均有分布。红树林带具有拦截入海泥沙和防浪促淤的作用,种植红树林可以围垦沿海浅滩,增加耕田面积。红树林海岸土质差,水深小,建港条件较差。　　(顾家龙)

洪水频率 flood frequency

某一淹没高度洪水发生的可能性大小或出现几率。其倒数表示洪水平均出现的周期,例如 1/50,表示该淹没高度洪水每 50 年出现一次。道路设计中根据河流水文观测资料进行统计分析,按指定的周期推算出设计洪水位进行有关项目设计计算。

(王富年)

洪水滩 high water rapids

山区河流洪水期出现的滩险。洪水期流量大,比降陡,流速急;在狭窄、弯曲、卡口、突嘴地段,水流更加湍急,常出现泡漩、跌水、斜流、回流、乱流等现象,严重妨碍船舶安全航行。一般采用扩大断面或在岸旁开辟缓流航线的方法来改善航行条件。

(王昌杰)

hou

后板桩式高桩码头 rear sheet-piling platform

板桩位于承台后方,与其前面的桩基一起和上部结构连接而构成的透空式高桩码头。板桩用于挡土和减少承台宽度,其顶端可支承于承台上,或另设锚碇。

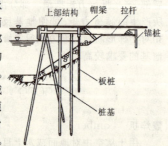

后板桩前面有桩的存在,同时底面是倾斜的,因此,板桩前面的土抗力与板桩码头不同,必须考虑桩列遮帘和倾斜土面对墙前土抗力的影响。它比前板桩式高桩码头的填土量少,承台所受的土压力较小,所需斜桩也较少。但桩基的防护条件差,斜坡上打桩比较麻烦。　　(杨克己)

hu

弧形闸门 tainter (radial) gate, fanshaped gate

由弧形面板和支臂杆组成,绕水平轴转动的单扇闸门。有下降式和上升式两种;在船闸上多采用下降式。帷墙较高时,可将支座设在闸首门槛上;当帷墙较低或无帷墙时,可设在闸首边墩上。这种闸门操作简便;能动水启闭、启闭力小;启闭时间短;检修方便;能承受双向水头。但闸首要求较长;止水较为复杂;要有可靠的同步启闭装置。在船闸水头较小时,可将闸门向上提升一定高度,利用门缝进行输水,输水结束后,将闸门降至门龛中。主要用于具有高帷墙的上闸首或门宽大于门高的情况。

(詹世富)

湖港 lake harbour

包括位于江河入湖口的滨湖港口的通称。所接纳的船舶吃水较小,虽然湖泊的水深也较浅、水位变幅不大,但水面开阔、能形成相当尺度的风浪。因此,一般选择在港、汊等具有自然掩护条件的位置。

(张二骏)

湖区航道 lake channel

在湖泊水域内的天然航道。湖泊水面宽阔,水流平稳,一般直接布置在水域内,以航标标明航道的方向和界限,或设导标(或灯塔)引航,遇较大风浪时,小船要暂时停航。有时为避免风浪,沿湖泊岸边另辟航道。船舶在湖泊水域中航行受风浪影响较大,容易偏离航线,航道尺度一般较大。(蔡志长)

蝴蝶阀门 butterfly valve

绕中心轴转动的平面闸门。其截面一般为菱形,两面都有面板,转动轴设在阀门中心附近。阀门绕中心轴转动不大于 90° 的角度,孔口即全开而进行输水。由于转动轴略偏出阀门中心,可利用两翼上的水压力对转动轴的力矩差来保证阀门四周的止水压紧在门槽上。有水平转轴和竖直转轴两种型式。这种阀门结构简单,启闭省力迅速。但水密性能差,在开启过程中受动水压力作用易发生振动,制造安装较复杂。水平转轴式可用作低水头船闸闸门上开小门输水系统的输水阀门。竖直转轴式可用作低水头船闸输水廊道的输水阀门,但用的很少。

(詹世富)

护岸工程 revetment

简称护岸。建于河岸、海岸,抵御水流顶冲、淘刷和波浪冲蚀,防止岸坡崩塌的工程。大致分为两类:一类为直接防护,或称平顺式护岸,是使用抗冲材料直接覆盖岸坡、坡脚,抵抗波浪、水流等动力因素的侵蚀。平顺式护岸工程可按在枯水位上下部位分为护坡与护脚。其中护脚有抛石、抛异型块体、沉枕或沉排护脚等型式。另一类为间接防护,是用建筑物改变水流方向或消除波浪能量,借以减少水流、波浪对岸边的冲击作用。如修建潜堤或一系列丁坝促使岸滩淤积,形成稳定的新岸坡;修建顺坝、丁坝、矶头将主流挑离岸边,或设置环流建筑物,保护岸坡免遭水流冲刷。型式的选择,取决于当地地形,动力因素的强弱,材料来源,以及施工条件等。在某些情况下,两种类型可结合使用。 （王昌杰）

护轨垫板 guard rail plate

设置于辙叉护轨和岔枕之间,为护轨和走行轨(基本轨)提供牢固联结条件,确保护轨轮缘槽宽度和行车安全的垫板。 （陆银根）

护坎 undercut slope protection

用抛石保护海滩受波浪淘刷形成陡坎的护坡工程措施。原已淤长的高滩,因动力条件变化,泥沙来源减弱,岸滩处于冲刷状态时,常因受波浪的淘刷在海堤、海塘等海岸工程的前沿滩地形成陡坎并不断向岸边发展。应及时在刷滩地段采取保护陡坎的工程措施,以免由于堤前水深增加而增大的波浪淘刷堤脚地基引起海岸工程的崩坍破坏。陡坎多发生在堤岸之外的潮间带,施工较为困难,一般可在陡坎后方的高滩前沿上抛堆一条具有一定方量的抛石堤,待陡坎被淘蚀后退,抛石自然坍落形成陡坎的护坡——抛石护坎。

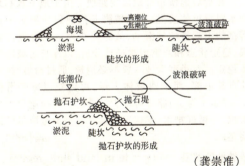

（龚崇准）

护栏 guard fence

为防止车辆驶出道路而设置的道路防护设施。常设于急弯、陡坡、悬崖、桥头引道、高路堤、陡边坡处的道路边缘。护栏由支柱和横栏组成,常用钢材、钢筋混凝土、混凝土或木材等材料制作。钢制护栏可按能承受车辆在某种速度下撞击而设计制作,其他材料的护栏只能起诱导司机视线,引起警惕的作用。护栏也可用作限制行人任意横穿道路之用。 （李峻利）

护轮坎 curb

俗称道牙。设置在引桥码头和窄突堤码头的前后沿的凸坎。是防止流动机械、货物和工人等坠入水中的安全措施。在顺岸码头和宽突堤码头的前沿,有些港口根据习惯和要求也有设置。码头上的护轮坎,一般采用钢筋混凝土结构,高20~25cm,厚10~20cm;其他地方的护轮坎,采用混凝土或砌石结构。 （杨克己）

护木 fender log

安装在码头立面以防止船舶直接撞击码头的方木框架结构。是中小码头常用的一种防冲设备。它主要是依靠接触面积的扩展来减小接触压力。它加工方便,造价低,但弹性不高,吸收动能的效果差,而且耐久性也差,常需更换。护木的布置有固定式和浮式两种,而以固定式应用最广泛。固定式护木可以沿码头线连续布置或分段布置。其安装高程,顶高一般在码头面以下30~50cm;底高,对大船码头,延至码头面以下1.5~2.0m即可;对小船及驳船码头,一般在设计低水位以上30~50cm。

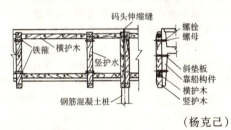

（杨克己）

护坡 bank protection, slope protection

保护枯水位以上河岸、海岸岸坡的平顺式护岸工程。多用抗冲材料直接覆盖岸坡以抵御水流顶冲、淘刷和波浪冲蚀。其型式很多,常用的有草皮护坡、干砌或浆砌块石护坡,此外还有埽工护坡及将掺和10%水泥的沙壤土夯实而成的水泥土护坡等。可根据岸坡状态和性质,水流、波浪的强弱,当地材料来源与施工条件等选择。块石护坡见图,由坡面、底埂、封顶三部分组成。坡面用干砌或浆砌块石,下垫反滤层,或在砂石垫层上抛填块石;底埂位于枯水位附近,是护坡的基础,可抛填块石棱体而成,用于阻止砌石坡面下滑,其下与护脚工程衔接;封顶用于衔接砌石坡面与滩面,防止滩面雨水入侵而破坏护坡。在波浪、水流强烈的地段,坡面可用混凝土异形块体、方块、钢筋混凝土板或沥青混凝土等铺筑;底埂采用堆石或砌石棱体、混凝土短墙或板桩等。通

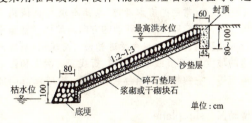

常,岸坡的崩坍主要是由于水流淘刷枯水位以下的坡脚而引起,因此,应先作护脚工程,再进行护坡。

(王昌杰)

护坡道 berm

在路堤的坡脚与取土坑之间,或在较高边坡的中部,沿纵向设置的有一定宽度的平台。是保证路基边坡稳定的措施之一,通常在高路堤、沿河路堤和取土坑旁的路堤(当坡顶至取土坑底的高度大于2m时)中采用。平台的宽度至少为1m,并随填方高度的增大而增加。

(张心如)

护墙 guard wall

①防治路基边坡变形,用浆砌片石、干砌片石勾缝、炉碴砖或混合土筑成的一定厚度的防护层。能防护较严重的坡面变形,适用于边坡较陡的情况。结构型式有实体式、孔窗式和拱式等。实体式又有等截面和变截面两种。防护边坡较陡时可用双级或多级,上下墙之间应设置错台,一般宽度不宜小于1.0m。虽不能承受重大侧向压力,但依靠其本身重量和厚度仍起一定的支挡作用。

②设于急弯、陡坡、悬崖、桥头引道、高路堤处道路边缘的道路防护设施。护墙墙的主要作用是标明危险边缘并给司机以安全感,有时也能局部承受车辆的撞击。

(池淑兰 李峻利)

护柱 guard post

设于急弯、陡坡、悬崖、桥头引道、高路堤处道路边缘的道路防护设施。护柱为沿路边缘间隔设置,间距2~3m,常用钢筋混凝土、混凝土、石或木材制成,外表涂以红白相间的颜色,有的也涂以反光材料。护柱只能起到标明危险边缘引起司机警惕的作用,而经不起车辆碰撞。

(李峻利)

hua

滑床板 slide plate

安设于转辙器尖轨全长范围的岔枕面上,承垫基本轨和尖轨,并供尖轨扳动位置时来回滑动的,用钢板制造的垫板。也使用于可动式辙叉的活动翼轨或活动心轨下面,供滑动之用。

(陆银根)

滑道 slipway

船厂中连接水域和船台供船舶上墩和下水的水工建筑物。常用的有木滑道、涂油滑道和机械化滑道三种。按船舶沿轨道移动的方向与船体纵轴是平行或是垂直,可分为纵向滑道和横向滑道两种;按滑道的坡度分,有直线坡度滑道、折线变坡滑道和弧形滑道等。它常与岸上船台联合使用,构成修造船能力。

(顾家龙)

滑动面 slip plane

天然山坡或人工填土,由于自然和人为因素破坏土体平衡,土体内部发生剪切作用而形成的贯通破裂面。当外荷和自重应力在破裂面上产生的剪应力超过土的抗剪强度时,土体就沿此面滑动破坏。据大量观察调查证实,黏性土破裂时的滑动面近似圆柱面,横断面呈圆弧形;砂性土破裂面近似一个平面,横断面为一条直线。在分析土坡稳定时,常假设土坡是沿圆弧裂面或直线裂面而滑动,以简化土坡稳定检算方法。

(池淑兰)

滑梁水 over-ledge-flow

溢过纵向石梁、石盘、卵石碛梁梁顶或顺坝坝顶的横流。在水流刚漫过石梁等障碍物顶部的短时期内,横流最强,易将船舶带至梁顶,产生搁浅或碰撞事故。

(王昌杰)

滑坡 landslide

由于自然因素或人类工程活动,使斜坡上的岩土在自重作用下,沿一定规律性软弱面向下向外的滑动现象。滑动的岩土称滑体,滑体与下伏不动岩层之间的界面,称为滑动面,下伏岩层称滑床。滑坡是山区铁路常见的病害之一,对铁路安全威胁很大。铁路必须通过滑坡地区时,应详细勘查滑坡特性,根据具体条件采用加强排水、增设支撑建筑物、上部减重、防止冲刷和山坡绿化等综合措施进行治理。

(池淑兰)

滑坡地段路线 slide zone route

在滑坡地质条件地段的路线。由于地下水和地面水对滑坡体浸湿,或在坡脚开挖使斜坡失去平衡等都能引起滑坡体滑动,故路线布设应从滑坡体规模、稳定状态和影响因素进行分析,以保持滑坡体平衡稳定。对小型滑坡一般不必绕越,通过滑坡时,不应走其中部,而走滑坡体上缘,用路堑以减轻滑体重;或走下缘,用路堤可增大抗滑力。均应避免大填大挖,并做好排水、支挡工作。对大型滑坡应尽可能绕避。

(冯桂炎)

滑坡地区路基 subgrade in land slide region

在山坡易出现向下滑动地区修筑的路基。滑坡是山坡土体或岩体在重力作用下沿着一定的软弱面或软弱带整体下滑的现象。影响滑坡发生的因素主要有岩性、构造、水和地震等。不合理的切坡或坡顶加载等人为因素也会引起滑坡。在滑坡地区修筑路基时,应采取下列防治措施:(1)排水,截、排地面水、地下水或降低地下水位;(2)改变滑体外形,增强稳定因素,如在滑坡体的上部主滑部分刷方减载,以减少下滑力,或在滑坡体的下部抗滑部分加载,以增加抗滑力;(3)修建支挡结构物,以抵抗滑坡体的滑动;(4)改善滑带土的力学性质,提高其力学强度。

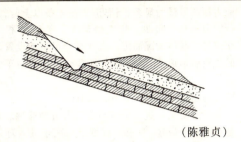
(陈雅贞)

滑翔机 glider

没有动力装置、重于空气的固定翼航空器。它由飞机拖曳起飞,也可用汽车或绞盘车牵引起飞。滑翔机在无风时依靠自身重力进行下滑飞行。当遇到上升气流则可以进行平飞或上升。现代滑翔机主要用于体育运动。
(钱炳华)

滑行道 taxiway

机场内供飞机从一处滑行至另一处的通道。一般分为平行滑行道、联络道、快速出口滑行道、拖机道等四种。由道面和道肩两部分组成。道面宽度比跑道窄。道肩设在道面的两侧,其宽度应覆盖住滑行飞机的外侧发动机,以防止地面上松散的物体被吸入发动机。在道肩外一定距离的范围内,不允许有障碍物,以保障滑行飞机的翼尖能够安全通过。拖机道是供飞机牵引滑行的通道,宽度较窄。民用机场很少修建。军用机场的拖机道则设置在通往飞机修理厂或飞机疏散区的地段上。(钱炳华)

滑行道标志 taxiway marking

用来帮助飞机驾驶员在滑行道上滑行操纵的助航标志。采用黄色标志。滑行道标志有中线标志、边线标志和等待线标志,如图。中间标志为一条15cm宽的连续线。边线标志为位于边缘的两条相隔15cm的宽度各为15cm的连续线。等待线为横贯滑行道的齿形线,小型机场等待线距跑道边缘的最小距离为15m,一般机场为30m,供大型飞机使用的机场为45m。
(钱绍武)

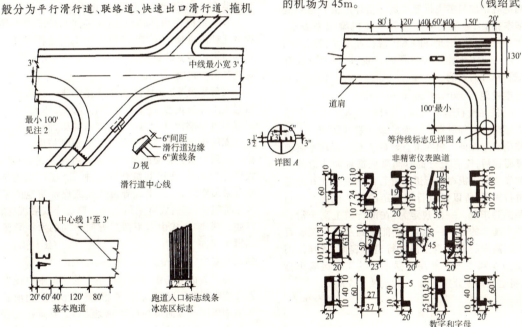

滑行道标志

滑行道灯 taxiway lights

指示飞机驾驶员在滑行道上滑行的助航灯光。有边灯和中线灯两种类型。滑行道边灯用来标出滑行道的边缘,为蓝色灯光,间距一般不大于60m,距滑行道道面边缘不大于3m。滑行道中线灯用来标出滑行道的中心线,为绿色灯光,间距一般约为15~30m左右。在滑行道与跑道相交处,以及要求飞机在近跑道处等待时,则横贯滑行道设置间距为1.5m的若干黄色等待灯光。
(钱绍武)

滑行道宽度 taxiway width

滑行道横断面上道面两侧边缘间的距离。确定原则是飞机驾驶舱沿滑行道中线滑行时,飞机的主起落架外轮不致滑出滑行道道面的边缘。国际民用航空组织和中国民航局对飞机主起落架外轮与滑行道道面边缘之间的净距,按照飞行区等级指标Ⅱ的5个等级由小到大规定为1.5~4.5m,并规定滑行道直线部分最小宽度相应为7.5~23m。当飞机在滑行道弯道部分行驶时,在驾驶舱沿滑行道中线行驶的条件下,飞机主起落架外轮会向弯道内侧偏移,因此,弯道道面应按上述原则加宽。滑行道道肩设置在滑行道道面两侧,其宽度应覆盖住滑行飞机的外侧发动机,以防止气流侵蚀和避免松散物体吸入发动机。国际民用航空组织和中国民航局规定的滑行道道面和道肩的总宽度,按飞行区等级指标Ⅱ的C、D、E,分别为25、38、44(m)。　　　(陈荣生)

滑行道坡度　taxiway gradient

滑行道纵断面或横断面上最高点与最低点的高差与相应坡段水平距离的比值。以百分率表示。纵断面方向称纵坡,横断面方向称横坡。由于飞机在滑行道上滑跑的速度低于在跑道上的滑跑速度,因此,对滑行道纵坡、竖曲线等的要求比对跑道的要求要低。对横坡的要求主要是利于排水。国际民用航空组织和中国民航局根据飞行区等级指标,规定纵坡变化范围为0.015~0.030,横坡为0.015~0.20。
　　　(陈荣生)

滑行道容量　taxiway capacity

滑行道供飞机连续使用时在一个规定的时间阶段内能容纳的最多飞机架次数。是评定滑行道功能的基本指标,通常用每小时容纳飞机架次来表示。其大小主要取决于允许的飞机滑行速度及前后飞机间距。它应大于跑道和机坪的容量,以便充分发挥跑道和机坪的效能。　　　(钱炳华)

滑行道视距　taxiway sight distance

飞机在滑行道滑行时,飞机驾驶人员能用眼睛看清正前方全部滑行道表面的最大视线距离。视距的作用在于保证飞机在滑行时的安全。即在看到前方障碍物后,能有充分的时间采取措施防止意外事故的发生。飞机在滑行道上滑行的速度要比在跑道上滑行时低,所以对滑行道视距的要求也比对跑道视距的要求低。一般规定为:在滑行道上高于滑行道某一高度的任何一点处,应能看到距该点至少百倍于该高度的距离内全部滑行道的表面。国际民用航空组织和中国民航局根据不同的飞行区等级指标,将上述高度分别定为3m、2m及1.5m。
　　　(陈荣生)

huan

环道　rotary road

以圆形或接近圆形围绕环行交叉中心岛铺设并供相交道路进入交叉口的车流进行汇合、交织、分出或交叉穿越的路段。其宽度决定于相交道路的交通量和交通组织,一般总宽度为14~20m。所设车道数一般为3条(除非机动车道外):靠近中心岛的一条车道供绕行之用,靠近最外面的一条车道供右转弯,当中的一条车道供进出车辆交织之用。但亦有采用4条车道,即增加一条直行车道。根据观测证明,当车道数从2条增加到3条(包括右转弯车道)时,通行能力提高得最为显著;当车道数在4条以上时,则通行能力增加得极少。非机动车所需宽度,应根据其交通量的具体情况而定。设计时应尽可能设置足够的非机动车道宽度,以减少非机动车对机动车的干扰。　　　(徐吉谦)

环交进出口　access of roundabout

环形交叉口进口引道与出口引道的通称。环交是否能安全流畅,在很大程度上取决于驶入环道车辆的驶入角度、运行速度及运行状态。当驶入角度适当、驶入速度接近环道上车辆的速度时,驶入车流即能安全地汇合。要实现这一要求,必须降低入口的车流速度,为此环道进口的曲线半径设计得接近或稍小于中心岛的半径;出口处的曲线半径应该比中心岛半径略大一些,以便促使车辆有可能加速驶出,并正确布置环交路口的方向岛,以保持交叉口畅通。　　　(徐吉谦)

环境监测　environmental monitoring

在一段时间内,间断地或连续地测量环境中某种或几种污染物的浓度,跟踪其变化情况和评价其对环境影响程度的过程。　　　(文旭光)

环流整治建筑物　vane dikes

又称导流系统、导流或转流建筑物。在河道中激起人工环流的整治建筑物。通过人工环流,在一定范围内影响河底泥沙运动,控制河床冲淤。常用于刷深航道或淤积支汊,也可用于临时护岸。通常由一系列与水流斜交的单个导流屏组合而成。其形式可分为表层、底层和综合式三种。表层环流建筑物可采用漂浮式、固定式导流装置或底部留空的单排木桩编篱;底层式可采用底墙、单层或双层沉枕、河底板坝;综合式由上下两层方向不同的木桩导流编篱组成。　　　(王昌杰)

环形交叉口　roundabout intersection

在三条以上街道(或道路)相交的路口中央设置圆岛或带圆弧形状的岛(长方形、椭圆形等),使所有车辆均以同一方向绕岛行驶的交叉口。其运行过程一般为先由不同方向汇入环道(合流),接着在同一车道上先后通过(交织)而后由此车道分向驶出(分流)。可以避免直接交叉、冲突和大角度的彼此碰撞,其实质为自行调节的渠化交通形式。优点为车辆可以连续匀速行驶,比较安全,无须管理设施,可以减少车辆刹车、停车、起动,因而可以减少时间延误,节约燃料,降低

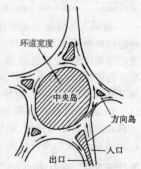

噪音，减轻污染，还可以创造一个比较美观的环境。缺点为占地面积大，绕行距离长，行人过街与自动控制不便。总的通行能力按交织理论，由交织长度、交织时间、交织角大小及交织交通量的大小计算，约为每小时3 000辆左右小汽车，交通量过大或行人、自行车过多或用地受限制时均不宜采用。按中央岛直径的大小分为：传统的常规环形交叉口、小型环形交叉口和微型环形交叉口三类，此外还有双向环行的复式环形交叉口和剪刀式环形交叉口等。

（徐吉谦）

环形立体交叉　rotary interchange

又称转盘式立体交叉（circle interchange）。四岔或四岔以上的道路相交，主干线为直通式，次要路线与主干线转弯车道呈环形的互通式立体交叉。适用于四条或四条以上的道路相交，或左转弯交通量比较大的道路相交。将一条或两条主干道利用立交桥上跨或地道桥下穿而直接通过交叉路口，主要车流畅通无阻，其他车流均转入环道，按逆时针方向绕环行中心岛单向行驶，车辆在环道内交织行驶，选择所去路口驶离环道。与苜蓿叶立交比较，占地较少，但中心岛半径小时，转弯车辆需交织运行，相互间有干扰，行车速度和通行能力受到环岛半径和交织长度限制，行车条件比苜蓿叶立交差。常用形式有：圆形、长圆形（或椭圆形）等。

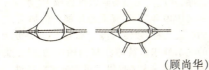

（顾尚华）

环形匝道　loop ramp

苜蓿叶形立体交叉中呈环形的左转弯匝道。车辆要进行左转弯时，先通过立交桥沿环道大约270°的右转弯完成左转弯。此种匝道不需新建立体交叉构造物就能解决左转弯交通问题；但受

环形半径的限制，对行车不便，螺旋形交通，可能会使司机迷失方向，左转绕行距离长，设计车速不宜高，因此，通行能力低。

（顾尚华）

缓冲器　buffer gear

用以缓和和吸收列车连接处纵向冲击力的部件。通常设置在车钩尾部或两侧端梁上。它的作用是在调车作业中和列车起动、制动、运行调速时，吸收车辆间的冲击能量，保护车体结构免遭破损，为车上人员提供舒适的旅行条件。种类很多，目前使用的有盘型缓冲器、弹簧摩擦式缓冲器、橡胶缓冲器、液压缓冲器等。中国使用的标准型号有：一、二号环簧缓冲器、三号摩擦式和橡胶式缓冲器等。

（周宪忠）

缓和坡段　transition gradient zone

插入道路纵断面陡坡段间的平缓坡段。汽车在长距离道路的连续陡坡上行驶，易发生水箱沸腾（上坡时）和刹车器发热（下坡时），直接影响道路交通的安全性。中国公路工程技术标准（1997年版）规定，当陡坡度的坡段累积长度达到限制长度时应设置，其长度应符合最小坡长之规定。

在铁道工程中，则是指：为了使坡度代数差不超过允许值，在两个同向坡段之间或平坡与上、下坡坡段之间而设置的较缓坡段。有利于列车运行安全和平顺。

（王富年　周宪忠）

缓和曲线　transition curve

在直线与圆曲线、或两个不同半径的圆曲线之间插入的一段曲率渐变的曲线。能使车辆受到的横向力逐渐变化，有利于行车的安全、平稳，且可适合汽车驾驶员视觉和心理上的要求。

铁路线上，在其范围内，曲线外轨超高由零或某一超高值递变到需要的超高量，使列车重力的横向分力与离心力相适应；轨距由标准值逐步过渡到圆曲线需要加宽的轨距。其线型近似于曲率的二次定积分，而曲率又和超高有一定的比例关系，故可形象地用外轨超高顺坡形式表示，分直线型超高顺坡和曲线型超高顺坡。前者线型为三次抛物线，中国、前苏联、英国、法国、美国和日本等国客货共线的铁路上，以及法国巴黎—里昂高速客运专线都采用之，其优点是线型简单，长度较短，计算方便，易于铺设和养护。后者线型为高次方程曲线，主要有：S型超高顺坡，联邦德国在 $v_{max} < 200$ km/h 的线路上广泛采用；半波正弦型超高顺坡，日本高速客运新干线（$v_{max} = 210\sim260$ km/h）采用，效果良好；一波正弦型超高顺坡，联邦德国高速试验线上铺设；中间为直线两端为二次抛物线型超高顺坡，法国 $v_{max} < 160$ km/h 的线路上采用。曲线型超高顺坡，能满足高速铁路平稳舒适的要求，但长度和工程量增加，且养护维修困难。

道路设计中，线型通常使用曲率呈直线变化的回旋曲线、双纽线、三次抛物线等；在赛车跑道及汽车试验场道路的设计中，则常用马克康奈尔曲线。

（周宪忠　李　方）

缓和曲线半径变更率　rate of easement curvature

表示缓和曲线曲率变化快慢的指标。在缓和曲线上，其曲率半径 ρ，从∞渐变到圆曲线半径 R。故该曲线上任一点的曲率半径 ρ 与该点距缓和曲线起点的弧长 l 成反比，即 $\rho = C/l$ 或 $C = \rho l$，C 为常数，称 C 为缓和曲线半径变更率。C 值愈大，缓和曲线曲率变化得愈慢，行车就愈平顺，而缓和曲线愈长。

对一个缓和曲线而言，令 l_0 为缓和曲线全长，在缓和曲线终点(缓圆点)，$\rho = R, l = l_0$，故 $C = Rl_0$。

（周宪忠）

缓坡地段 gently sloping plat

又称自由导线地段。线路采用的最大坡度大于地面平均自然纵坡的地段。该地段，线路位置不受高程障碍控制，主要矛盾是克服平面障碍。设计时，要注意合理绕避障碍，每次转弯都要有充足理由，要尽量采用小转角，大半径，沿短直方向定线；坡度设计可顺乎地形起伏，尽量采用较长坡段和下坡无须制动的坡度。既要力争采用较高的设计标准，使线路平缓短直，为运营创造有利条件，节省运营支出，又要尽量减少工程数量，以降低工程造价。

（周宪忠）

换侧 change side

又称换边。第二线从既有线一侧换到另一侧的设计措施。换侧地点宜选在低路堤或浅路堑处，以及纵断面不抬高不降低地段，以便为施工和运营提供方便；在曲线地段换边，可不致额外增加曲线；在站外的曲线上，结合线距加宽进行换侧，可减少对施工运料和铺轨的影响，较为合理。在进行第二线设计时，要尽量减少换边次数。因为它不仅施工中要中断行车，而且给利用第二线运料带来困难；同时当既有线和第二线接通后，对临时运营也不利。

（周宪忠）

换算工程运营费 converted expenses of construction and operation

将工程费和运营费折算为年度费用的线路方案经济评价指标。其表达式为：换算工程运营费等于工程费乘基准收益率加年运营费。换算工程运营费最小的线路方案经济上最为有利。 （郝　瀛）

换算周转量 converted ton-kilometers

铁路每年所完成的客、货运换算吨公里数。它体现铁路每年完成客货运输工作量的大小，可用货物周转量与旅客周转量之和来计算，单位为换算 t·km/a。提高货物列车的牵引吨数，增加旅客列车编挂辆数，有效的利用铁路通过能力，可增加客货周转量，从而提高换算周转量，降低单位运输成本，提高劳动生产率。 （吴树和）

换填土壤 change soil

又称换土。挖除路堤基底的软土，换填强度较高的黏性土或砂卵石等的工程措施。可从根本上改善地基的性质，不再留有后患。适用于软土层位于地表、土层较薄和易于排水施工等情况。可用人工、机械或爆破方法进行挖除。换土深度一般在 3m 以内。 （池淑兰）

换装站 transshipment station

专门办理不同轨距铁路衔接地点货物换装作业的铁路车站。货物换装是指将一种轨距车辆上装载的货物，换装到另一种轨距车辆上的作业。应设有两种轨距的列车到发场、调车场、货物换装场、机车车辆设备和必要的装卸机具。客车上原来乘坐的旅客，要换乘到另一种轨距的车辆上。在有些车站上，旅客不必换乘，只需更换旅客车厢的转向架。行李、邮件也要进行换装作业。

（严良田）

huang

黄浦江河口整治 regulation of Huangpu River estuary

黄浦江由吴淞入长江的口门河段整治。黄浦江是上海港的进出通道，但黄浦江口门沙滩多，低潮水深不到 5m，出口段有高桥沙将河道分成两汊，低潮时只 2~3m 水深，严重影响上海港的发展。1905 年即着手整治黄浦江口，至 1910 年进行了河线规划，由上游高昌庙河宽 400m，到江口渐宽至 700m；在吴淞口建双导堤，导堤有一定弧度，以引长江口涨潮流，使导堤走向与涨落潮流向一致；将高桥河南支堵塞，挖去北港嘴，拓宽窄河段。经过以上治理，航深增至 5.7m，1911 年以后又陆续进行了两期工程治理。沿河按规划河宽做顺坝、护岸及丁坝等，吹填两岸低滩，并用挖泥船切除沿江沙嘴，使水深不断增深至 9m，1949 年以后，随着疏浚能力的加强，进行了大量的疏浚工程，致使水深增加到 12m，满足万吨级船舶的吃水要求。黄浦江整治的成功，使上海港发展成为中国第一大港提供了可靠的水深条件。

（李安中）

黄土地区路基 subgrade in loess region

修筑在黄土地区的路基。黄土是无层理的黄色粉质土状沉积物，富含碳酸盐，疏松多孔，具有垂直节理。由于黄土具有疏松、湿陷及遇水崩解的特性，因此，黄土地区的路基应特别注意防冲、防渗和保持水土，尤其要排除路基附近的地面水和地下水，并对排水构造物作好必要的防护与加固。黄土具有直立特性，路基设计应充分利用这一优越性。对结构紧密的黄土，可采用较陡的路堑边坡；跨越深沟的高路堤，在低等级公路上多采用边坡甚陡的土桥形式。

（陈雅贞）

黄土高原干湿过渡区 zone of transition from moist to dry in loess plateau

一月平均温度低于 0℃，平均最大冻深 20~140cm，潮湿系数 0.25~1.00，1000m 等高线以西地区。即Ⅲ区，是东部温润季冻区向西北干旱区和西南潮暖区的过渡区，主要特点是集中分布黄土和黄土状土，地下水位深，土基强度高，边坡能直立稳定。公路面临的主要问题是粉质大孔性黄土的冲蚀和遇水湿陷。因湿度较低,翻浆自东向西,自北向南显著减轻。该区划分成4个二级区和1个二级副区:(1)山西山地、盆地中冻区(Ⅲ$_1$),在吕梁山以东,40cm等冻深线以北;(2)雁北张宣副区(Ⅲ$_{1a}$),在Ⅲ$_1$区中多年平均最大冻深线100cm以北;(3)陕北典型黄土高原中冻区(Ⅲ$_2$),在吕梁山和六盘山之间;(4)甘东黄土山地区(Ⅲ$_3$),在六盘山以西;(5)黄渭间山地、盆地轻冻区(Ⅲ$_4$),在40cm等冻深线以南。 (王金炎)

黄土沟谷路线 loess gully route

黄土地区沟谷地带的道路路线。黄土地区的沟谷有冲沟与河沟两类,前者一般无水流,岸坡易发生崩坍或滑坡,路线顺沟宜走低线,多填少挖;跨沟宜绕沟头,但要预防沟头溯源侵蚀。通过沟间地带的嵝岘,当沟坡稳定或有可资利用地形时,可沿侧坡走高线,以路堑穿过嵝岘;否则宜走低线,以隧道穿过嵝岘。后者路线与一般沿溪线相似,在预计洪水不淹情况下以走低线为宜;对于坡积、洪积和富有节理的黄土,不宜切高边坡,注意避开河曲凹岸的土砭(即陡崖)。 (冯桂炎)

黄土陷穴 loess cavern

在黄土地区水的暗流起潜蚀、冲刷作用而逐渐形成的地下洞穴。继续发展,产生串珠状连续陷穴,穴壁逐渐塌陷,形成黄土地区特有的陷沟。路基通过陷穴顶部时,可能发生陷落,使路基遭到破坏。在堑坡上的陷穴,可使边坡失稳。黄土陷穴是黄土地区路基的隐患。预防陷穴的原则是加强路基排水、改善表土性质和整平坡面。对已有陷穴可用灌沙、灌土浆和开挖回填夯实等方法处理。 (池淑兰)

黄土塬路线 loessal flatlands route

在黄土地区平坦高地黄土塬上的道路路线。塬面居民点多,全系可耕地,路线应在控制点间做成长直线和缓长的曲线。塬周围被沟谷环绕,侵入塬中的冲沟头是路线的转折点。沟谷对塬面相向侵蚀形成嵝岘,成为塬上布线控制点。当塬被干沟切断而路线必须跨沟时,在较窄的上游沟谷可用土桥跨越;在较宽的沟谷处则需沿沟谷侧坡展线,下而复上。

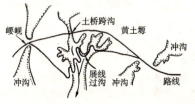

(冯桂炎)

hui

灰坑 ash pit

供蒸汽机车清炉灰用的一种整备设置。设在机务段、机务折返段、折返点及某些给水站。为排除雨水和熄灭炉碴的积水,坑内装排水设备。

(周宪忠)

回归潮 tropical tide

月球赤纬在回归线附近时发生的潮汐。月球赤纬为零时全日潮为零,半日潮最大。随着月球赤纬的增大,半日潮逐渐减小,全日潮成分逐渐增大。全日潮和半日潮叠加,出现潮汐日不等,即在一个太阴日内出现两次高潮和两次低潮,但高度不等,潮时也不等。月球赤纬在回归线附近($\delta=28°$)时,潮

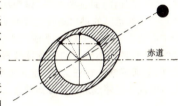

汐日不等现象最显著。在一个交点月内,出现两次回归潮。 (张东生)

回填 backfill

路基施工需要挖除或修建的建筑物与地层之间的多余空间用土石填起来的工作过程。如修建挡土墙时,墙背与岩土层之间的空隙需用土石或反滤层等材料填入;明洞完工后,顶部需要回填土石以增加抗冲击的能力,保证明洞结构的稳定。

(池淑兰)

回头曲线 switch-back curve

俗称回头弯。圆心角接近或大于180°的回转形曲线。常用于山区公路需克服高差而展长路线时,但因平面线形差,一般限于二级或二级以下公路运用。其型式有钟形、马蹄形及发针形三种。发针形回头曲线是由一个主曲线(图中之1)、两个辅曲线(图中之2)和四条不同走向的直线(图中之3)所组成,有双向对称式(图a)与双向

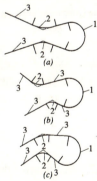

不对称式(图b)及单向不对称式(图c)之分,必要时亦可只设一个辅助曲线或不设辅助曲线构成形态各异的不完整形式。 (李 方)

回头展线 Line development by switch-back

利用有利地形,将路线走向以近于或大于180度转角的回转形状来延伸路线长度。是延展路线长

度克服高差的方式之一，与其他展线方式相比，优点是便于利用有利地形、地质条件，避让不良地形、地质和难点工程；缺点是回转前后的两支路线相距很近，且回转处所设回头曲线的半径一般不大，对行车、施工及养护均不利。适于布设展线回转处回头曲线的地形有山包、山嘴平台、山坡平坦地、山谷、山沟汇流处等。

（张心如）

回旋曲线 spiral easement curve

又称辐射螺旋线。线上任意点之曲率半径与该点之坐标原点之线长成反比的曲线。数学上称为欧拉螺旋线或菲涅耳螺旋曲线。考虑线形协调、行车舒适和经济合理的需要，道路平面线形设计中通常取回旋曲线中心角（即回旋曲线终点切线角）为3°～29°范围内的回旋曲线段，作为缓和曲线的平面线形。干线道路的进出路段上或回头曲线可使用曲线中心角大于29°的线段，平曲线半径较大时（大于300m）亦可使用小于3°的回旋曲线段。回旋曲线的长度，应满足汽车行驶力学、超高缓和、司机操作方向盘时间及道路线形协调方面的要求。

（李 方）

回淤强度 silation density

单位时间内泥沙在挖槽内重新淤积的厚度（mm/d）。疏浚后在新的挖槽断面条件下，改变了水流条件，破坏原来的输沙平衡，造成挖槽的回淤。其主要原因有：过水断面扩大使水流挟带和推移的泥沙易于沉积；在入海河口盐水异重流和絮凝的促淤作用；风浪掀沙和浮泥运动；抛泥区选择不当使泥浆回流。回淤强度的大小直接影响维护性疏浚工程量的大小，是衡量挖槽稳定性的主要指标。

（李安中）

会让站 railway crossing station

在单线铁路上，办理列车的接、发、相对方向列车的交会和相同方向列车越行的铁路车站。其目的在于保证单线铁路具有必要的通过能力，一般不办理客货运业务。除铁路正线外，仅设置列车到发线和通信信号设备。

（严良田）

hun

混合潮 mixed tide

介于半日潮和全日潮之间的潮汐类型。可分为不正规半日潮和不正规日潮。不正规半日潮是在一个月的多数日子里出现两次高潮和两次低潮，呈半日潮性质，而在其余的日子里两次高潮和两次低潮的高度相差较大，涨落潮历时也不相等，且随月球赤纬的增大而更为显著。不正规日潮是在半个月中，全日潮的天数超过7天，其余的日子里为不正规半日潮。当月球位于赤道平面时，潮汐呈半日周期，月球赤纬增大时，日不等现象随之增大，最后是一天一回潮。

（张东生）

混合交通 mixed traffic

机动车和非机动车或车辆与行人在车道间无分隔设备的同一道路上混合行驶的交通。中国的城市交通目前大多为混合交通，这种交通的运行秩序混乱、速度低、交通事故率高、交通环境差，容易造成交通阻塞。 hui

（文旭光）

混合浪 mixed wave

风浪与涌浪叠加而成的波浪。两者叠加后波高增大。涌浪的波周期明显大于风浪，混合浪的平均波周期界于两者的平均波周期之间。在确定混合浪的设计波浪要素时要考虑涌浪的影响。

（龚崇准）

混合式编组站 shunting station with inline receiving and parallel departure yards

列车到达场与调车场纵向顺序布置，列车出发场与调车场横向并排布置的编组站。以单向二级四场和双向二级六场图型为代表。单向二级四场图型的典型布置是：各方向共用的列车到达场和调车场纵列，而两个出发场紧靠调车场，通过列车在列车出发场外侧办理到、发作业。这样，顺、反驼峰方向到达的列车，在解体作业中，形成流水过程，可以发挥驼峰的解体能力。自编列车的编组作业完成后，要转到列车出发场办理出发作业，因而增加了车列牵出线的负担。一般适用于中、小型编组站采用。双向二级六场图型各方向车场的布置，仍然维持到、调纵列，调、发横列的特点。适于大型编组站采用。

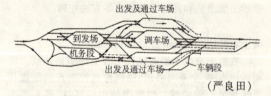

（严良田）

混合式防波堤 composite breakwater

直立式防波堤和斜坡式防波堤堤基相结合的防波堤。其上部是重力式的直立墙，底部是堆石的斜坡式高基床。它与明基床的直立式防波堤之间无明显的界限，增加直墙堤的基床厚度，即成为混合式防波堤。它适用于水深较大而地basis又较差的情况。当直墙过高，则地基应力太大；而采用斜坡式，则断面过大，不经济；若采用混合式防波堤：适当降低直墙的高度而增加基床的厚度，则既能满足地基承载力的要求又能减小断

面、节省投资。其设计的技术关键是选择恰当的基床顶面高程。一般应避免在设计高水位时基床顶面或其基肩方块上的水深小于临界水深,以免直墙承受波压力很大的近破波的作用,因这种组合情况需很宽的直墙才能满足抗滑稳定要求。设计时可取若干不同的基床顶面高程,作设计方案比较,绘制其基床高程与造价的关系曲线,并综合考虑施工条件和材料供应等情况,选择最经济合理的方案。　　　　　　　　(龚崇准)

混合式闸室墙　composite lock wall

建于基岩层顶面介于闸室顶面和闸室底面之间的一种闸室墙。即在基岩顶面以上部分采用梯形断面的重力式结构,在基岩顶面以下,闸室底面高程以上部分采用衬砌墙,成为由两种结构构成的混合式结构。

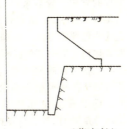

(蔡志长)

混凝土船　Concrete ship

又称水泥船。船体是用水泥,砂石集料和各种加强材料建造的船舶。分钢丝网水泥船和钢筋混凝土船两种。前者船体以水泥材料为主,配以钢丝网等加强材料建造,钢丝网水泥材料的配筋分散性大,有较大的弹性和抗裂性,容易成形,制成的船壳较薄,自重较轻,适宜建造内河和沿海的小型渔船,中小型运输船及农用船;后者船体用钢筋取代钢丝,坚固耐久,但自重大,船壳厚,常用来建造趸船、起重船等。近年来有些国家用钢筋混凝土建造大型液化气体船、海洋平台,并采用预应力法减轻船体自重,提高船体强度。由于它造价低廉,工艺简单,易于维修保养,具有优良的抗腐蚀和耐久性。　　(吕洪根)

混凝土护面块体　concrete paving block

抛筑在斜坡式防波堤的护面层上以保证堤身在波浪作用下稳定的各种特定形状的混凝土块体。随着航运的发展、船舶吨位的加大,防波堤的堤前水深和设计波浪要素也日益增大,要求护面层的块体重量也越来越大。块石受开采和施工条件的限制,其重量已难于满足抗滑稳定的要求,因而出现了各种形状的混凝土护面块体。除初期采用立方形混凝土块体之外,现在常用的有四脚空心方块、四脚锥体(Tetrapod)、工字形块体(Dolos)及钩连块体(也称扭王块体,Acroped)等。工字形块体空隙率较大故波浪爬高较小,单体块体重量仅为四脚空心方块的45%左右,但需安放二层,且构件较单薄。四脚空心方块空隙率较小因而波浪爬高较大,单体块体较重;但可铺设一层,故其混凝土用量较工字型块体省44%左右,在水浅浪小的地区是一种较好的块体型式。四脚锥体空隙率较大,消浪效果较好,但其混凝土用量较大。近年已在大型深水防波堤(水深达25m,有效波高达8.2m,波周期9~17s)中采用钩连块体,它不仅构件粗壮,在运输、抛筑和抵御波浪作用时很少受到损坏,而且其混凝土用量仅为工字形块体的65%~70%左右,因此它是一种很有使用前途的新型块体。　　(龚崇准)

混凝土宽枕　widened concrete sleeper

俗称轨枕板。平面尺寸加宽的、功用与混凝土轨枕相同的构件。每公里线路配置1 760块宽枕的宽度为55cm,长度为2.5m。可铺设于碎石道床上,也可用于沥青道床上。由于支承面积较混凝土枕约增一倍,能降低道床的应力和永久变形的积累。道床顶面经宽枕的密排覆盖,石碴不易脏污,地表水经枕顶面排向轨道两侧,轨道稳定、平顺,维修工作量少。适合于运输繁忙的干线、大型客站以及维路作业不便的隧道、地下铁道等线路铺设使用。

(陆银根)

混凝土路面施工缝　construction joint of concret pavement

水泥混凝土路面因施工中断而设置的接缝。在浇筑水泥混凝土路面时,如因突然降雨、机械发生故障、每天收工或其他原因,要间断半小时以上才能继续浇捣时,在衔接处须设置施工缝。在按车道施工时,其纵缝实质上也属施工缝。横向施工缝应与缩缝相吻合(即设在原设计缩缝的位置上),一般做成平缝形式,并设置传力杆;纵向施工缝一般做成企口形式,但也可采用平缝,并设置拉杆。　　(韩以谦)

混凝土路面缩缝　contraction joint of concrete pavement

为保证水泥混凝土路面板在硬化过程中和温度降低时,不致因收缩而产生不规则裂缝在路面板上设置的不贯穿路面板的横向假缝。缝宽不大于1cm,缝深1/3板厚。素混凝土路面缩缝间距通常为4~7m,一般都等距离设置,但也可

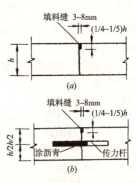

布置成不等间距。缩缝大多与行车方向垂直,但也可布置成斜向。在混凝土初凝前用压缝法施工,但多数采用锯缝机锯切缩缝。其形式有假缝型(图a)和假缝加传力杆型(图b)。　　(韩以谦)

混凝土路面胀缝　expansion joint of concrete pavement

为保证水泥混凝土路面板在温度升高时能自由延伸而在路面板上设置的横向上下贯通的真接缝。缝宽一般2～2.5cm。在邻近桥梁或其他构筑物处、与柔性路面相接处、板厚改变断面处、隧道口、小半径曲线和纵坡变换处，均应设置胀缝。其余路段一般不设或少设，可根据板厚、施工温度、混凝土集料的性质结合经验确定：夏季施工，板厚不小于20cm时，可不设；其他季节施工或采用膨胀性大的集料时，须设置胀缝，其间距一般为100～200m。胀缝的形式有滑动传力杆型(图a)、垫枕型、边缘钢筋型(图b)和厚边型(图c)等。

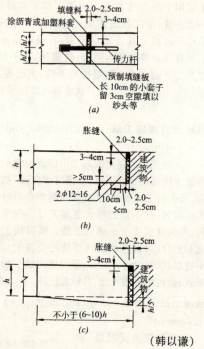

混凝土路面纵缝 longitudinal joint of concrete pavement

为减少水泥混凝土路面板因温度变化而产生翘曲及收缩应力而设置的与路中心线相平行的接缝。缝宽不大于1cm，缝间距一般为一次铺筑的宽度。按车道宽度施工时，其铺筑宽度一般变化于3～4.5m之间。常采用平缝型式(图a)，但也采用企口缝型式(图b)。现代化

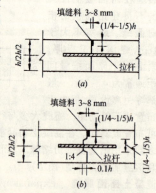

的路面摊铺机，其铺筑宽度可达15m，此时常采用假缝型式。缝内设置横向钢筋拉杆，以防止接缝扩大，并使相邻的混凝土板在横向连成整体。

(韩以谦)

混凝土强度快速评定法 rapid strength test of concrete

在较短时间内推定水泥混凝土第28天强度的试验方法。可分两大类：一类是测定水泥混凝土混合料的水灰比或单位用水量后进行推算的方法；另一类是测定加速养护后混凝土(或砂浆)的强度再行推算的方法。较多采用后一类方法。20世纪20年代美国学者M.S.格伦特首次提出用蒸压釜促进养生的快速评定方法。中国20世纪70年代曾提出以氢氧化钠为促凝剂的促凝蒸压法，20世纪80年代又提出了新的促凝蒸压法，其内容大致为：用5mm孔径的筛从新拌混凝土混合料中筛出砂浆，将砂浆成型并置于普通蒸压锅内(压强100±10kPa，温度120℃)养护1h，取出后作抗压强度试验，根据此抗压强度，利用事先建立的与同种材料强度相关的经验公式，计算混凝土第28天的强度。该法具有设备简单，操作容易的优点。其推定速度达到国际先进水平。

(李一鸣)

混凝土纵向轨枕 lengthwise concrete sleeper

纵向铺设在钢轨底下，用以固定钢轨，承受列车通过钢轨传递的载荷并将其分布给道床的条形混凝土构件。为保持轨距，需设横向连接构件。纵枕与横杆组成柔性连接的线路，在法国得到应用；而纵枕与横杆为刚性连接的框架式线路，在前苏联获得成功。纵枕为钢轨提供连续支承，能与钢轨组成叠合梁。理论分析表明，将大为改善钢轨以及道床的工作条件。是有发展前景的一种新型轨下基础结构型式。

(陆银根)

huo

活动坝 movable dam

坝身主体能利用水力或机械自动或半自动启闭的挡水建筑物。在河流枯水期起挡水作用，在洪水期宣泄洪水，主要用在以航运为主要目的的低水头渠化工程中。由底板(或挡水的坝槛)、坝墩和坝门等构成。其主要类型决定于坝门型式，常用的有立轴搭盖旋转门、斜架自动卧倒门、水力自动翻板门、尼龙橡胶坝等。

(蔡志长)

活塞泵 piston pumps

以活塞在泵缸中作往复运动增加液体和浆体机械能的管道输送设备。工作部分主要由泵缸、活塞、

吸水阀门、压水阀门、活塞杆等组成。活塞由活塞杆带动在泵缸内作往复运动,当活塞从右极限位置向左移动时,活塞右面与缸体组成的腔体体积

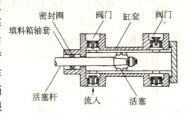

不断扩大,使腔体形成低压区,这时在流体的压力和泵腔内部压力的压差作用下,流体冲开吸水阀门进入右面缸体内。当活塞从左极限位置返回时,泵缸内的液体被挤压,使流体的压力不断升高,这时吸水阀门被紧紧地关闭而被挤压的流体达到一定压力后顶开排水阀门流出泵体。　　　　　　(李维坚)

货场　railway goods yard
　　车站内办理货物的承运与交付、保管、倒装整理与装卸以及车辆的调动与停留等作业的场所。按其所办理货物的品类,可分为综合性货场和专业性货场。按其货物运输组织方式,可分为整车货场、零担货场、集装箱货场和混合货场。在货场内设有:货物线、存车线及牵出线、货物站台及雨棚、货物仓库、长大笨重货物场地、散堆装货物场地、集装箱场地以及各种装卸机具等。　　　　　　　　　(严良田)

货船　cargo ship
　　载运货物的运输船舶。也可载运少量的旅客。按载运货物的种类,可分普通货船和特种货船。普通货船即为杂货船。特种货船又分为液货船、散货船、冷藏船和集装箱船等。按有无动力装置可分为自航货船和驳船。按航期可分定期货船和不定期货船。20世纪60年代兴起的滚装船和载驳船等也属于货船。　　　　　　　　　　　　　(吕洪根)

货流比　coefficient of unbalanced frieght traffic
　　铁路线或其中某一区段轻车方向和重车方向货运量的比值。是确定铁路线上下行方向列车数是否一致的依据,是行车组织的基础。铁路设计时,若货流比较小,可考虑上下行方向选择不同的限制坡度。
　　　　　　　　　　　　　　　　　　(吴树和)

货流调查　goods movement survey
　　又称物流调查。为掌握货物流动的流量、流向状况进行的调查。是城市交通规划中货运规划的基础工作,也是总体规划中现状调查的一重要组成部分。由于以货车、铁路、船舶等各种货物运输主体的调查,难以抓住货物的最终出发与到达地点,而且同一货物以不同的多种运输方式运输时,也掩盖了重复计数的缺点,故应对货物的发货人及收货人进行货物的品种、重复、出发到达地点等进行调查。通过该项调查,可以明确调查区域内货物的流动结构,发现货运中存在的问题和薄弱环节,并掌握货流变化规律。调查方法一般是向主要商业、工业、交通、储运部门发放调查表和调查人员进入到上述部门口头询问。进行机动车出行调查时,也可在一定程度上根据设计的调查表格获得公路运输的有关货流资料,辅以补充调查,便能得到货物流动的基础资料和参数指标。　　　　　　　　　　　　　(文旭光)

货流图　goods flow diagram
　　表示某设计年度设计线各路段上下行货运品种、数量和流向,以及各大站货物装卸量的图解。是根据经济调查的资料绘制的,可以据此设计铁路的输送能力和车站货场。

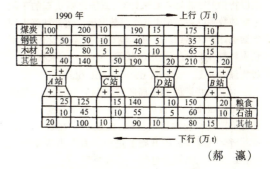

　　　　　　　　　　　　　　　　　　(郝　瀛)

货物仓库　railway freight house
　　设在货运站或客货运站的货场内,暂时存放和保管货物的建筑物。其面积根据货运量、货物保管期限和单位面积堆货量等因素确定。一般形式是:其一侧设置铁路货物装卸线,另一侧设置汽车装卸场。仓库建在货物站台上。仓库门的间距可按标准车辆长度而定。　　　　　　　　　(严良田)

货物成组化
　　用集装箱、托盘、网络、绳扣等集装工具或容器将零星货物或散装货物汇集成一组大的单元,以适应装卸机械和货物运输的要求。它是装卸机械合理化的前提,也是货物运输集装化的基础。
　　　　　　　　　　　　　　　　　　(蔡梦贤)

货物堆积场　freight yard
　　铁路货场内堆放货物的场地。分为散堆装货物堆积场、集装箱场地、长大笨重货物场地等。其地面标高应与路基标高相同,其表面应予铺砌。其面积与货运量、保管期限、装卸机械类型和货位布置有关。　　　　　　　　　　　　　　(严良田)

货物航站　cargo terminal
　　航站区内供航空运输货物完成从地面到空中或从空中到地面转换运输程序的场所。包含货物的托运和提取、分检、编码、储存、发送的设施和营运机构,货机坪上货物的装卸,站房及与城市间的交通组

织。它的主要功能是用精确的手段将需要运送的货物及时地装上待航的飞机及从飞机上卸下到站的货物。要求从收货、分拣、编码、就位入库、输送到机位、装运起飞，或卸货、输出到货位入库、提货出库、交货、销号等一切程序快速准确，和设施布置十分紧凑。在货运量小、客货混装运输的飞机场可不单设货机坪，但必须布置货运区。在货运量大，以货机运输为主的机场，应考虑单独布置包括货机坪在内的货运区。其位置与旅客航站保持一定距离，在客、货站间布置连接道路。 （陈荣生）

货物列车净载重 train net load

又称列车净重。一列货物列车中所装载的货物质量。设计时可用规定的牵引吨数乘以货车载重系数再乘以货物列车满轴系数来计算；或按每辆货车的平均净载吨数乘以一列车中的车辆数求出。运营铁路上则根据统计资料得到。改善车辆结构和连接设备、采用轻质材料可减少自重，增加载重。 （吴树和）

货物流动规划 goods movement planning

对城市货运路线布局所进行的筹划。货运路线应不穿越城市中心和居住区，并应注意与对外交通货物集散点和仓库区的协调，此规划应在货流调查及其货运交通预测的基础上进行。城市中货流规划与客运交通规划同步进行并综合处理。
（文旭光）

货物线间距 distance between loading-unloading tracks

货物装卸线与其邻线中心线间在直线地段上的距离。应根据装卸机械类型、货位布置、道路和相邻线的作业性质等来确定。 （严良田）

货物雨棚 freight shed

在货物站台上为防止货物被雨雪淋湿而设置的建筑物。在零担中转作业的货区，一般采用货物雨棚。可分为一般雨棚和跨线雨棚。一般雨棚是指装卸线布置在一侧的雨棚。跨线雨棚是指装卸线引入棚内的雨棚。在多雨地区或货运量大的车站，可考虑采用跨线雨棚。 （严良田）

货物站台 railway goods platform

设在货物装卸线旁边，供货物装车前和卸车后暂时存放的平台。按照其上是否有雨棚，分为有棚站台和露天站台。按照它与装卸线的相关位置，分为普通式和尽端式。尽端式站台适于装卸自行移动的货物（如汽车、拖拉机）。尽端式站台墙内应镶入车钩。货物站台高度应与货车底板高度一致，一般高出轨顶1.1m。高站台是一种装车专用设备，又可分为平顶式、滑坡式和漏斗式三种。平顶式高站台高出轨顶的常用尺寸为1.8m、2.4m、2.8m。滑坡式高站台滑溜口至轨顶的高度，一般可采用4.5m、4.8m、5.0m。跨线漏斗式高站台漏斗口至轨顶高度一般可采用5.0m。 （严良田）

货物周转量 freight turnover

各条铁路或各铁路区段每年货运吨数与其相应运距乘积之和。单位为t·km/a。可按一条铁路或某一区段来计算，亦可按铁路局或全路来统计。它体现铁路线每年完成货运工作量的大小。
（吴树和）

货物装卸线 loading-unloading tracks

进行货物装车和卸车作业的站线。一般应靠近货物站台。有时，也可设在仓库内或雨棚内，或靠近货物堆积场。其线路平面和纵断面应力求平直。布置形式有通过式和尽头式两种，通过式取送车方便，适宜直取直送，作业能力较大，尽头式适合零星车流或地形困难时采用。设于港口码头上的装卸线，称为港口装卸线。 （严良田）

货运波动系数 coefficient of fluctuation of freight traffic

又称货运不平衡系数。一条铁路一年中月最大货运量与全年月平均货运量的比值。计算铁路输送能力时，要考虑货运波动系数的影响，以保证完成最大月份的运输任务；其值越大，则该铁路线在运输淡季的输送能力越富裕。 （吴树和）

货运量 freight volume

一年内铁路单方向运送的货物吨数。按上下行方向分别计算。包括铁路地方货运量和铁路直通货运量。其值随国民经济的发展而逐年增加，设计时，通过经济调查所取得的资料，需加以整理分析、预测而得到各设计年度的货运量。货运量的大小，取决于工农业的生产量，各企业的布局，企业生产专业化的程度，矿产资源的开发利用，各地区间的经济联系等。是铁路设计和运输最重要的资料之一，铁路输送能力应大于货运量，以保证运输任务的完成。
（吴树和）

货运密度 freight ton-kilometres per kilometre

又称货运强度。铁路全线或某一区段平均每公里线路所担负的货物周转量。它是表明铁路能力利用程度和线路工作强度的指标；是确定轨道类型的依据。可用全线或某一区段线路的长度除全线或该区段的货运周转量求得，单位为t·km/km·a。
（吴树和）

货运站 railway goods station

在铁路枢纽内，办理货物运输业务和货物列车到达、出发、解体、编组以及车辆调配及取送的专业化铁路车站。按其作业性质，可分为综合性货运站和专业性货运站。其图型分为尽头式和通过式，尽头式占地较短，通过式能力较大。 （严良田）

货主码头 owner's wharf

由沿江、河、湖、海的厂矿企业在附近自行建设的码头。该码头是在企业原料、燃料、制成品的运输过程中,为了减少倒载和短途运输,降低产品成本而建造的。码头的使用权和所有权归厂矿所有。

(杨克己)

J

ji

击岸波 surf

前进波行近岸边在破碎水深 d_b 处发生破碎之后所形成的波浪。其波面的前坡较陡后坡较缓失去对称,其表层水质点有明显地向前推移,底层则产生回流。

(龚崇准)

击实试验 compaction test

用标准击实仪按规定测定土的最佳含水量和相应的最佳密度的一种土工试验。在试验室用击实仪在一定击实功能条件下进行,可求得填土压实时含水量与密实度间的关系曲线(即击实曲线)。从该曲线上可找出最佳含水量和最佳密度数值,作为填土压实质量控制的依据。

(池淑兰)

机场 airport, airfield, airdrome

供飞机起降、停放、维护、组织飞行保障活动以及进行航空业务的场所。通常由机场空域、飞行区、工作区、生活区组成。按照飞行区的性质分为陆上机场、水上机场、冰上机场。按其隶属分为民用机场、军用机场。

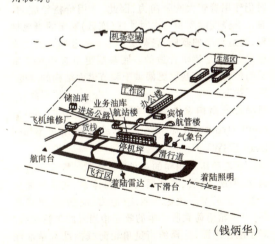

(钱炳华)

机场标高 airport elevation

机场起飞着陆区最高点的标高。通常以主跑道中心线上最高点的海拔高度表示,准确到米。大气压力是随机场地理高度的不同而变化的,而在不同的大气压力下,飞机发动机的推力也不一样。因此,同一类型的飞机对不同海拔高度上机场跑道长度的要求是不同的。在机场飞行区规划与设计中,机场的海拔高度是影响跑道长度的因素之一。

(陈荣生)

机场道面 airport pavement

由经过加工的材料铺筑在土基(或局部岩基)之上,供飞机进行起飞、着陆滑跑、停放,以及飞行准备和维护保养的层状结构。其产生和发展与飞机的发展紧密相关。初期,无专设的道面,只利用广场或平坦的地面进行起飞、着陆。发展到第一次世界大战前夕,已有铺设优质草皮的飞行场,以加固场地,减少尘土,至今仍沿用于小型机场中。以后,随着飞机重量、机轮荷载和轮胎压力的大幅度增大和供全天候飞行使用,在第二次世界大战前夕就开始铺设道面,主要是沥青混凝土道面和水泥混凝土道面,并且不断完善,沿用至今。此外,有时也铺设沥青碎石道面以及连续配筋混凝土道面和预应力混凝土道面等。机场道面应能承受飞机的轮荷载、发动机喷气流、油料以及冷、热、干、湿、冻、融等自然因素的作用,具有足够的强度、刚度和稳定性以及足够的平整度、粗糙度和洁净无尘无碎块的表面等等。由于机场各部位(跑道端部、中部和滑行道、停机坪等等)的作用荷载、使用要求各不相同,因此常因地制宜铺设不同类型或不同结构尺寸的道面。

(钱绍武)

机场道面底基层 airport pavement subbase course

道面基层的下层。其作用与基层相同,但由于其层位较深,对其要求稍低于基层,可由经过处理或未经处理的材料铺筑。柔性道面,当需有很厚的基层时,可以由几层底基层组成;反之,也可以不设置底基层。刚性道面,由于要防止对水泥混凝土面板不利的固结沉陷,一般不希望采用未经结合料处理的颗粒层,否则应严格限制其铺筑厚度。

(钱绍武)

机场道面基层 airport pavement base course

位于面层之下,底基层或土基之上的道面结构层。沥青道面常由于其面层厚度较薄刚度较小,需由基层起承受机轮竖向力的主要作用,而称其基层为承重层。需具有足够的强度、刚度和水稳定性。常用的基层材料有工业废渣混合料和无机、有机结合料处理的材料等等,有时也采用碎(砾)石或块(片)石等。水泥混凝土道面的面层刚度大,无须基层起承重作用,而强调为脆性的面层提供良好的支承条件。为此,国外有时称水泥混凝土面板下的基础层为底基层(subbase course)而不称基层。但近些年来国外高等级机场飞机荷载剧增,起降也更加频繁,为使基层能耐高速水流的冲刷侵蚀,而趋向于采用水泥剂量高的半刚性基层、低标号混凝土和多孔排水混凝土基层等。 （钱绍武）

机场道面加层结构设计 airport overlay pavement structural design

为恢复原有道面功能,在其上铺筑新的加层道面所进行的确定其材料和厚度的设计。加层道面的选型需经技术——经济论证确定。加层道面结构按其类型采用不同的设计方法。(1)柔性道面上的柔性加层。评定原道面的物理力学特性,再在此基础上按柔性道面设计方法确定加层道面的材料和厚度。(2)柔性道面上的刚性加层。可把原道面作为刚性道面板的地基,而设计刚性加层板的厚度。(3)刚性道面上的柔性加层。在状态较好的原道面上加铺一定厚度的沥青混凝土面层,使传到原道面上的轮荷载面积扩大,而能胜任工作。(4)刚性道面上的刚性加层。这是当前我国机场道面加层的常见情况。当为结合式加层时(旧道面凿毛涂上浓水泥浆或环氧树脂随即铺筑新的混凝土加层),美国波特兰水泥协会(PCA)提出的公式为 $h_0 = h_n - h_e$, h_0 为加层厚度; h_n 为在原地基上按新道面设计得到的单层道面板厚度; h_e 为原有道面板厚度。当为部分结合式加层时(旧道面经清理后直接铺筑加层)美国工程兵(CEUSA)和联邦航空局(FAA)都用下式确定加层板厚度: $h_0 = 1.4 \sqrt{h^{1.4} - Ch_e^{1.4}}$, C 为取决于原道面状况的系数,原道面情况良好 $C=1$;原道面边、角有初期裂缝,但不发展 $C=0.75$;原道面严重开裂或破坏 $C=0.35$(不建议再做加层)。当为隔离式加层时(在原道面上铺设隔离层后进行加层)CEUSA 和 FAA 的公式为 $h_0 = 2 \sqrt{h_n^2 - Ch_e^2}$。 （钱绍武）

机场道面结构 airport pavement structure

供飞机起飞、滑跑、停放用的,由一层或多层材料组成的结构。由于飞机和自然因素对道面的作用随深度而变化,并且道面施工由下而上逐层铺筑,为此,常在土基上建造成由面层、基层、底基层等组成的多层结构。面层常选用水泥混凝土或沥青混凝土铺筑,由于两种材料的特性不同,特别是水泥混凝土面层的刚度常数十倍地高于沥青混凝土面层,因此,称前者为刚性道面,后者为柔性道面,分别采用各自的设计理论和方法。当旧机场道面因不适应新的飞行使用要求而改建时,常根据原有旧道面状况,有针对性的采取必要的修复措施和相应的填充整平和层间连接技术,在其上加铺新的沥青混凝土或水泥混凝土、钢纤维混凝土等称为加层(overlay)道面结构。 （钱绍武）

机场道面结构设计 airport pavement structural design

确定道面各层次的材料及其组合和厚度的设计。道面类型的选择需经技术经济综合分析论证确定。水泥混凝土道面结构设计中,由于道面板强度高、刚度大,承受和扩散荷载能力强,适宜承受高轮压的重轮荷载,是承载的主要层次。通常,其厚度宜与机场的等级和飞机在各部位的活动情况相适应。脆性的道面板对于其下的地基支承情况特别敏感,而地基的变形主要来自对水、对冰冻敏感的土基。因此,有针对性地做好土基的排水、隔水、隔温(冻区)和稳定处理以及压实等措施有着特别重要的意义。基层、底基层是调节道面板和土基之间的受力和变形状态以及温度、湿度状态的过渡层,并为道面板施工创造有利的条件,宜有的放矢选择恰当的材料和厚度。通常,优先选用整体型的半刚性基层或低标号水泥混凝土基层。沥青道面结构设计中,韧性的、平顺的具有一定强度、刚度的沥青面层,能有效地吸收、消减机轮荷载的冲击、振动以及水平力的作用。但承受和扩散竖向力的作用远不如水泥混凝土面层。此外,沥青面层在轮载的长期作用下易积累塑性变形,并且对温度敏感。所以倾向于建造较薄一些的恰当厚度的面层。轮载径面层传到基层时仍作用着较大的竖向力,因此,选用价格较廉的、有足够强度刚度和对水对冰冻(冻区)稳定的当地材料,建造较厚的基层、底基层作为承担竖向力的主要层次,常常是比较合适的。底基层更可选用次于基层的材料,并较基层更偏重于调节道面结构的湿度、温度状态。 （钱绍武）

机场道面结构设计当量单轮荷载 airport pavement structural design equivalent single wheel load(ESWL)

在轮胎压力相同的条件下,对某一特定的机场道面(面层、基层、底基层及地基)体系,在临界荷位上所产生的某一决定性效应(应力、应变、弯沉或损坏)与多轮组荷载所产生的效应相当时的单轮荷载。对于刚性道面,选择的当量单轮荷载标准常是水泥混凝土道面的最大弯拉应力。柔性道面则常以表面弯沉和土基竖向应力为标准。 （钱绍武）

机场道面结构设计方法 airport pavement

structural design method

确定道面各层次组合和厚度的方法。比较著名的方法有美国的波特兰水泥协会(P.C.A)法、加利福尼亚州承载比(C.B.R)法和英国的荷载等级号码(L.C.N)法、当量单轮荷载(E.S.W.L)法等等。

(钱绍武)

机场道面结构设计荷载等级号码法 airport pavement structural design load classification number(LCN)method

用荷载等级号码(LCN)将飞机的荷载特性与道面的承载能力进行对比分析的一种道面结构设计方法。即用一个称为 LCN 的号码表示道面的承载能力等级,同样,对飞机也可按其单轮荷载或当量单轮荷载,用 LCN 表示飞机的荷载等级。如果道面的 LCN 大于飞机的 LCN,则可安全使用此道面。评价飞机和道面的 LCN 法由英国工程部航空管理局创制,并于1965年发表于国际民航组织《机场手册》中。单轮起落架飞机的 LCN 可直接由图读得,例如单轮荷载为 20 000 磅、轮胎压力为 100 磅/英寸^2 的飞机其 LCN 为 22。对于多轮起落架飞机则可根据其当量单轮荷载读得。评价道面的 LCN,可由承载钣试验确定。刚性道面的安全荷载为平均破坏荷载除以 1.5 的安全系数。柔性道面的安全荷载是把全部试验(约 20 次)的平均破坏荷载减去一个"标准偏差"。根据安全荷载和承载钣尺寸(面积)可由图得到道面的 LCN。例如已知安全荷载为 26 000 磅承载钣直径为 18 英寸(面积为 256 英寸^2),道面的 LCN 为 30。LCN 法设计道面的实质在于使设计道面的结构能够可靠的承受某级单轮(或当量单轮)荷载的作用,并按图确定设计道面的 LCN,使道面的 LCN 大于设计飞机的 LCN。

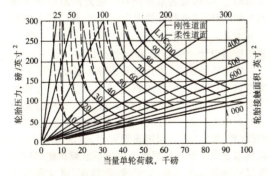

依据荷载,轮胎压力和接触面积而定的刚性和柔性道面的荷载等级号数曲线。虚线是接触面积小于 200 平方英寸时 LCN 参数的暂定的延伸部分(ICAO)

(钱绍武)

机场道面结构设计联邦航空局法 airport pavement structural design Federal Aviation Agency(F.A.A)method

美国联邦航空局(F.A.A)提出的设计方法。由柔性道面和刚性道面设计两部分组成。最初,发表于1974年的设计方法采用 FAA 的土分类系统,而现行(1979年)方法则采用统一土分类系统。FAA 法规定承受起飞荷载的停机坪、滑行道和跑道端1 000英尺(300m)宽度的中间部分为关键性地区,其道面厚度为 T;而只承受飞机着陆荷载的非关键性地区道面厚度为 $0.9T$;对于飞机不大会到达的诸如跑道和滑行道宽度的边缘部分则为 $0.7T$。道面的设计厚度与设计飞机的年(起飞)出发量 R_1 有关。非设计飞机的年出发量 R_2,无论柔性道面或刚性道面设计,均按下式换算为设计飞机的当量年出发量:$\lg R_1 = \lg R_2 \left(\dfrac{\overline{w_2}}{\overline{w_1}}\right)^{0.5}$ 式中:$\overline{w_1}$ 和 $\overline{w_2}$ 为设计飞机和非设计飞机的轮荷载。此式只适用于同一类型主起落架飞机的换算,否则需再引入系数 C,例如将单轮或双轮起落架换算为前后双轮的四轮起落架,其系数 C 为 0.5 或 0.6 等等,即 $\lg R_1 = \lg(CR_2)\left(\dfrac{\overline{w_2}}{\overline{w_1}}\right)^{0.5}$。

(钱绍武)

机场道面结构设计联邦航空局法(刚性道面) airport pavement structural design Federal Aviation Agency method(rigid pavement)

美国联邦航空局(FAA)提出的刚性道面结构设计方法。为各种飞机制订若干设计曲线图,这些设计曲线图源于波特兰水泥协会(PCA)的计算机程序,以有接缝的板边荷载为依据,荷载正切于混凝土板接缝。混凝土道面板的厚度取决于混凝土的抗折强度和地基(板下的基层——土基体系)反应模量 k 以及设计飞机的起飞全重和当量年出发量。如设计飞机的当量年出发量高于 25 000 次则可按年出发量 5 万次为 2.5 万次道面板的 104%;10 万次为 108%;15 万次为 110%;20 万次为 112% 设计。

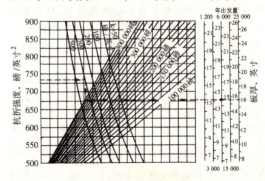

关键性地区的刚性道面设计图表,前后双轮起落架(FAA)

(钱绍武)

机场道面结构设计联邦航空局法(柔性道面) airport pavement structural design Federal Aviation Agency method(flexible pavement)

美国联邦航空局(FAA)提出的柔性道面结构设计方法以土基的CBR(加利福尼亚州承载比)为依据,实质上属于经验设计方法。FAA为各种飞机制订若干设计曲线图,用法是从图的顶部CBR轴开始,垂直向下与飞机全重曲线相交,然后水平引至与设计飞机当量年出发量曲线相交,再垂直求得包括面层、基层、底基层在内的总厚度。面层的厚度按设计飞机机种注明于相应的设计曲线图上。

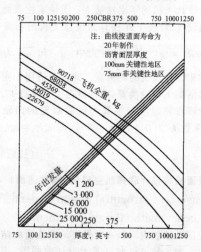

关键性地区的柔性道面设计图表,双轮起落架(FAA)

(钱绍武)

机场道面结构设计影响图法 airport pavement structural design influence chart method

美国波特兰水泥协会(P.C.A)提出的,利用R.G.毕开特(R.G.Pickett)和G.K.雷(G.K.Ray)发表于1951年的影响图进行水泥混凝土道面结构设计的方法。影响图的性质和影响线相类似,只是影响线适用于一维空间,而影响图则适用于二维空间,即在任意规定的单元面积 A 施加一个单位面积荷载,对固定计算点 B 的影响值。利用预先制订的一系列影响图,可进行刚性道面结构设计。影响图的一个示例如图,上面叠盖了一个画在透明纸上的飞机起落架。图中比例尺以相对刚度半径 l 表示。计算时应移动透明纸使轮印面积内圈入最大数目的格子(单元面积)据以计算弯矩 $M = \dfrac{ql^2N}{10000}$,q 为轮胎接触压力;l 为板的相对刚度半径;N 为圈入轮印的格子块数。或计算应力 $\sigma = \dfrac{bM}{h^2}$,h 为混凝土道面板厚度。然后可确定道面板的厚度。

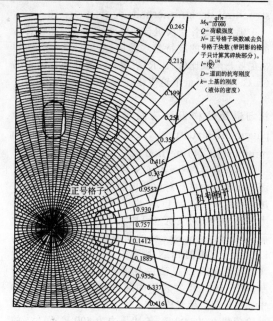

荷载位于混凝土板中部的弯矩 M_n 的影响图。土基假设为稠密液体。道面的泊松比假设为0.15。(波特兰水泥协会)

(钱绍武)

机场道面面层 airport pavement surface course

道面同飞机和大气直接接触的表层。应能承受机轮荷载的竖向力、水平力、冲击力以及发动机高温高速喷气流的作用,并耐散落的航空油料的侵蚀。因此,在停机坪和跑道端部宜铺筑水泥混凝土面层。此外,为保证行驶质量还应具有较好的平整度、粗糙度、排水迅速和洁净无尘无碎块的表面。最常用的面层材料是水泥混凝土和沥青混凝土。面层有时还可采用上、下两层的双层结构。强劲的面层能有效地扩散、消减飞机和自然因素的作用,保护其下的基层和土基。

(钱绍武)

机场道面设计 airport pavement design

确定机场跑道、滑行道和机坪等各部位道面的类型、材料、结构、尺寸的机场设计。设计时应根据飞机在机场各部位的使用要求、技术标准和当地的自然条件资源条件以及新建机场(全新的道面结构)或改(扩)建机场(利用旧道面加层)情况等等进行。在技术上应在设计使用年限内满足承载功能(强度、刚度)、高速行驶功能(平整度、粗糙度)以及环境功能(洁净无尘无碎块、耐喷气流、耐油的表面)等方面的具体要求,进行功能设计。同时,还应结合地区特点诸如冰冻地区防冻胀、盐渍土地区防盐碱、大孔性黄土地区防湿陷、软土地区防沉降、膨胀土地区防膨胀、喀斯特地区防溶洞等等进行相应的结构设计。此外,为尽可能改善道面的地基条件,还应与机场的总体设计、地势设计、排水设计协调进行。

(钱绍武)

机场灯标 airport lighting beacons

飞机驾驶员根据闪光信号识别机场的助航灯光。陆上机场的灯标为绿白交替闪光；水上机场着陆区的灯标为白黄交替闪光。机场灯标所发出的识别信号字母，按国际莫尔斯电码断续闪光。灯标安装在固定塔台的顶部或紧靠机场的类似建筑物顶部。采用在水平和竖直方向都狭窄的高光强光束，此光束围绕竖直轴旋转，使飞机在数十公里之外，就能看到闪光信号，以判明前方是不是所要到达的机场。

(钱绍武)

机场地势设计 airport terrain design

确定跑道及飞行区各处地面标高的机场设计。基本要求有：(1)确保飞机起飞着陆安全，为此，跑道的视距、纵坡、横坡及飞行区各处的坡度均应符合机场地势技术标准；(2)便于飞行区的排水；(3)土方工程量少。跑道纵断面设计是关键性工作。为了确保飞行安全和舒适，整条跑道的纵坡应尽可能平缓。跑道两端各长1/4的部分是飞机滑行速度较大的地段，其纵坡更应平缓。跑道的横坡尽量采用对称双坡，整条跑道的横坡应一致。跑道纵横断面设计应综合考虑飞行区排水系统的布置。为了提高设计工作效率，中国和一些先进国家已编制出机场地势优化设计的计算机程序。设计文件中应包括地势设计说明书，跑道纵断面设计图，机场方格网地势设计图，机场土方调配图。

(钱炳华)

机场发报台 airport transmitter station

机场联络指挥系统中发射无线电信号的设施。安装对飞机联络通信用的发报机。发报台的天线场地以及邻近地区的地形应开阔平坦而不为水淹。

(钱绍武)

机场飞机库 airport hangar

简称机库。维护、修理飞机的大跨度单层"厂房"。为减轻大跨度屋盖的自重，多采用钢结构。机库大门高大，自重也大，并且要求开启方便，常采用薄钢板的钢构架制作成多扇大门。每一扇门的顶部设专制导向结构，门扇底部支承于轨道轮上。机库内空间，常要求能容纳多架飞机在库内进行维修作业。机库的高度、宽度、长度以及库前耐油水泥混凝土维修坪的尺寸均按照机场等级、需要维修的飞机机种和数量等确定。

(钱绍武)

机场飞行区 airplane movement area

供飞机起降和停放用的场所。主要由升降带、跑道、跑道端安全地区、滑行道、机坪、排水系统、各种标志及灯光助航设备等组成。其中跑道是最主要的组成部分。为了保证飞机起降安全，飞行区周围的人工和天然物体的高度应符合机场净空标准。

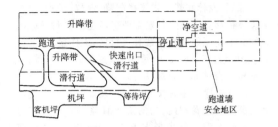

民用运输机场飞行区的组成

(钱炳华)

机场飞行区等级指标 classification indices for airport movement area

国际民用航空组织和中国民用航空局用以划分机场飞行区级别的技术指标。飞行区各组成部分的技术标准与飞机的起飞着陆性能和结构尺寸两种性能有关。前者影响着跑道长度和纵坡、净空要求、升降带宽度、停机坪离跑道中心线的最小距离等。而飞机基准飞行场地长度是反映飞机起降特性的基本指标；后者主要指飞机的翼展和主起落架外轮外侧间的距离。它影响着滑行道宽度和间距、飞机在停机坪上的净距、跑道纵坡等。因此，用这两种特性作为划分飞行区级别的指标，并分别称为等级指标Ⅰ和Ⅱ。等级指标Ⅰ根据使用该机场的最大飞机的基准飞行场地长度确定，在<800m～≥1800m 的范围内，由小到大分为1、2、3、4 四个等级。等级指标Ⅱ根据使用该机场最大飞机的翼展和主起落架外轮外侧间距确定，在翼展为<15～<60m、主起落架外轮外侧间距为<4.5～<14m 的范围内相应地分为A、B、C、D、E 五个等级。

(陈荣生)

机场飞行区技术标准 technical standards of the airport movement area

由国家或国际航空组织根据航空业务的需要对机场飞行区各项构筑物所制订的技术要求。国际民用航空公约附件14是对机场飞行区构筑物技术要求作出明确规定的国际性文件，中国民航总局在1976年颁发的《中国民用航空机场技术标准(场道部分)》是由中国民航总局后勤部设计所和修建局依据中国历年来民航机场修建和使用中的经验，参照国际民航组织的有关规定，并征求了民航各管理局和飞行部队的意见后编制而成的。随着航空运输事业的发展以及国际交往的增加，中国民航局于1985年颁发了《民用航空运输机场飞行区技术标准》，该标准在更大程度上与国际民用航空公约附件14 的规定取得了一致。它是采用飞行区等级指标的方式对飞行区各构筑物的技术要求作出规定的。

(陈荣生)

机场工程　airport engineering

规划、设计和建造供飞机起降、停放、维护、组织保障飞行活动以及进行航空业务活动的各种设施的总称。主要工程项目通常有飞行区、工作区、生活区等。20 世纪初，飞机小、重量轻、速度低，对机场要求不高。当时机场通常只占地几十 ha，只有少量简易房屋和机库。随着喷气飞机出现以及军用和民用航空事业的发展，对机场的要求日益提高。现在世界上一些大型国际机场占地 1 000ha 以上，主跑道长达 4 000m。中国第一个机场在 1910 年利用北京南苑驻军的操场整修而成，并于 1913 年建成航校。现代中国机场种类多、分布广，既有平原机场，又有高原、戈壁滩、盐湖等特殊地形地质条件的机场。其中某机场高程达 4 330m、水泥混凝土跑道长5 500m，在军用机场中为当今世界之最。现代化的机场工程已成为包含庞大的土木建筑工程和复杂的科学技术设施的综合性建设项目。由于军用和民用航空事业仍在迅速发展，因此不但机场数量不断增加，机场规模不断扩大，技术设施日趋精密复杂，而且与附近城市在净空限制和噪声污染等方面产生越来越多的矛盾。所以现在进行机场建设时，必须采用系统工程理论，统筹安排，使机场工程能够适应现代新形势的需要。　　　　　　　　（钱炳华）

机场工作区　airport land side

为保证运输或作战飞行活动能持续和安全进行而设置的各种地面设施区域。通常有指挥、调度、气象、雷达、通信、导航、消防等保障飞行活动安全顺利进行的设施；维修、供水、供电、油料及航材的储备和供应等保障飞行活动能持续进行的设施；供机场各类人员用的办公用房。民用运输机场还有旅客航站、货物航站等。各种设施的配置根据机场性质和等级来确定。民用机场为了工作方便，工作区布置得较紧凑。军用机场为了便于防护，工作区布置得比较分散，而且有的设施修建成地下式的，如地下指挥所、地下油库等。　　　　　　　（钱炳华）

机场构形　airport configuration

跑道构形及航站区与跑道相对位置的布置。航站区与跑道相对位置的布置，主要原则是：(1)在保证飞机安全运行的前提下，结合地形条件，尽量缩短起飞飞机从航站区到跑道起飞端及着陆飞机从跑道抵达站坪的滑行距离，提高机场运行效率，节约油耗；(2)要考虑航站区与城市间的地面交通的连接以及航站区内交通组织；(3)为机场内各项设施将来的发展留有余地；(4)尽量避免起飞、着陆飞机在低空飞行时越过航站区上空，防止意外事故的发生。　　　　　　　　　　　　　　（陈荣生）

机场规划　airport planning

制定机场及其邻近地区内各种设施所使用土地的最终总体布置。规划内容因机场性质、规模和地理位置的不同而异。民用机场规划内容主要有：航空业务量的预测；确定机场近期、远期和最终的发展规模和标准；制定机场主要设施的平面布局；分析机场运行对环境的影响和拟定控制污染的措施；确定近期建设项目，估算投资并提出建设分期计划；评价机场经营和社会经济效益。规划时应遵循下列原则：①统一规划，分期建设，在满足最终发展设想的前提下合理安排近期建设项目；②各项设施要符合功能要求、容量匹配、便于相互联系和保证飞机运行安全；③总体布局紧凑并且有发展余地；④用地经济合理，尽量不占良田和居民点；⑤机场与附近城市及周围地区能协调发展而且环境污染少等。通常要拟出几个规划方案，最后选出技术可行、经济合理的最佳方案。规划工作结束后要提交规划说明书及机场和城市及邻近机场关系图、机场净空图、机场总平面图、飞机起降飞行程序图、机场空域图、飞机噪声预测等值线及土地使用规划图等。

（钱炳华）

机场环境保护　environmental protection of airport

防止飞机污染机场周围环境，以保护机场附近居民身心健康、正常工作和学习而采取的各种措施。机场运营对周围环境污染有飞机噪声、发动机排出的废气及烟尘。飞机噪声对机场周围居民造成很大影响。它妨碍交谈，影响睡眠，干扰工作和学习，使听力受损，甚至引起神经系统的疾病。随着喷气飞机的广泛使用和航空运输事业的发展，目前飞机噪声已成为严重的公害。控制飞机噪声的主要措施有：订出机场周围飞机噪声环境标准；新建和扩建机场必须进行环境影响评价，预测飞机噪声污染情况并拟出控制噪声用地规划及各种措施，经环境保护部门批准后方可施工，严格控制在机场附近修建对噪声敏感的建筑物。　　　（钱炳华）

机场基准温度　airport reference temperature

机场或接近机场的气象台、站所记录的平均年最热月（指日平均气温最高的那个月）的日最高气温的月平均值。以摄氏度计。这个温度至少应取 5 年的平均值。空气相对密度是随气温不同而变化的，而空气相对密度的变化会直接影响飞机发动机的推力和飞机的离地速度及接地速度。因此，在不同的气温条件下，飞机对机场跑道长度的要求也不同。气温是机场跑道长度规划和设计时使用的基本资料。　　　　　　　　　　　　　　（陈荣生）

机场加层道面　airport overlay pavement

又称加厚层或罩面，俗称"盖被子"。原有道面由于结构能力、行驶品质不适应飞行使用要求，在老道面上铺筑新的加层道面。其类型有柔性道面上的柔性加层；柔性道面上的刚性加层；刚性道面上的柔性加层；刚性道面上的刚性加层。

(钱绍武)

机场净空标准 standard of obstacle clearance

为了飞机起降安全，由主管部门制订的对机场周围人工和天然物体高度实行限制的标准。其限制值与飞机起降性能、起降飞行程序、机场着陆导航设备及气象条件等因素有关。中国分别制订了军用机场和民用航空运输机场的净空标准，定出各级机场净空障碍物限制面的尺寸。其民用运输机场净空障碍物限制的典型尺寸如图所示。在选择跑道位置和方向时，应使得机场周围的净空符合相应的标准，以确保飞机起降安全。为了保护已建成机场的净空，中国国务院曾颁布了《关于保护机场净空的规定》，对于在机场附近新建的建筑物高度加以严格限制。

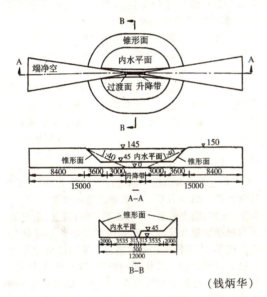

(钱炳华)

机场空域 airport airspace

根据飞机起降的需要，在机场周围上空划定的一定范围的空间。它包括飞机沿规定的飞行程序进行起飞着陆所涉及的空间及供等待着陆用的等待空域。机场周围应配有足够的空间，以确保飞机起降安全。

(钱炳华)

机场控制塔台 airport control tower

又称指挥塔台。机场联络指挥系统中视野开阔的塔式控制(指挥)设施。其作用是对在机场上和直到距机场约8km的紧靠着的空域内飞行活动进行监督、引导和监视。塔台负责对所有到达和出发的飞机发生准予接受和放行的指令，给驾驶员提供关于风、气温、气压、能见度和机场上工作情况的通报，并管制在地面上的所有飞机，但紧靠飞机停放位置(停机区)的机动区飞机除外。塔台分活动式和固定式两种。活动式塔台一般由两辆汽车组成，一辆是指挥车，另一辆是无线电通信车。活动式塔台工作条件差，高等级机场需建造固定式塔台。

(钱绍武)

机场排水设计 airport drainage design

确定机场飞行区地面和地下排水系统的线路布置以及其管道、盖板沟、土明沟(渠)和进水口、出水口、检查井、泵站等结构物的类型、材料、结构、尺寸的机场设计。应根据机场各部位的使用要求、技术标准和当地的自然条件、资源条件等进行设计。在技术上应在设计期限内满足以下功能：拦截和引走从机场邻近地区流来的地面水和地下水；排除机场的地面径流；排除机场的地下径流。按小汇水面积的流量计算方法确定其径流量，但要求有较高的保证率，一般可按5年一遇频率暴雨设计，并按10年或15年一遇频率校核。在飞行区内的排水设施应能承受设计的飞机荷载或汽车荷载，并且不影响飞行安全和便于将来的扩建改建。由于飞行区面积大，其排水系统布置一般宜适应地势起伏"就地爬"、"多管路"、"多出口"，就近排向附近水体。

(钱绍武)

机场容量 airport capacity

机场供飞机连续使用时在一个规定的时间阶段内能容纳的最多飞机运行架次数。是评定机场功能的基本指标，通常用每小时、每日或每年的容纳飞机架次来表示。其大小主要取决于跑道、滑行道和机坪的容量，并以其中最小者表示。同时，还应与机场需求量相适应。

(钱炳华)

机场设计 airport design

根据设计任务书规定的规模和标准，确定机场各个建筑物的位置、结构类型和尺寸，采用设备和材料等的综合性工作。通常分初步设计、技术设计、施工图三个阶段进行。对于工程不复杂的机场可以把初步设计和技术设计合并为扩大初步设计一个阶段进行。初步设计阶段的主要工作有：机场总平面设计、机场道面设计；机场地势设计、机场排水设计；确定主要设备及材料要求；工程量计算及投资概算。技术设计阶段的主要工作有调整设计，确定技术措施，为施工图阶段准备好应有的技术条件。施工图阶段则是按实际施工要求绘制全部施工图纸，并作出投资预算。飞行区是机场的主体工程，在各个设计阶段中通常分成机场道面、机场地势、机场排水等三项进行设计。

(钱炳华)

机场收报台 airport receiver station

机场联络指挥系统中接收无线电信号的设施。安装对飞机联络通讯用的收报机。收报机的天线场地以及邻近地区的地形应开阔平坦而不积水，须特别注意远离高压架空线、高大建筑物等可能对无线电波产生二次辐射的物体，并且远离干扰源（发报台、电厂和有高频设备的工厂等）。（钱绍武）

机场位置点 airdrome reference point

用以标定机场地理位置的一个点。通常采用跑道中线的中点。要求用经纬度表示，准确到秒。该点一次设定后，一般须保持不变。是飞行安全保障部门以及民航机场主管部门必须掌握的资料。
（陈荣生）

机场消防站 airport fire-station

对在机场及其邻近地区发生事故的飞机进行灭火和救援工作的设施。主要由值班室、宿舍、车库、消防车、急救车等组成。其数量和位置，应保证在接到报警信号3分钟内就能够赶到出事现场投入灭火和救援工作。通常机场上只有一所，设置在平行滑行道中部的附近。规模较大的机场则设有二所。
（钱炳华）

机场需求量 airport traffic demand

对机场在规定时间内完成客、货运量或飞机起降架次能力的要求。通常用高峰小时、日、年的旅客人数、货物吨数或飞机起降架次度量。根据机场服务地区的人口、经济、交通运输以及航空客、货运量发展等情况进行预测确定。是对机场最基本的使用要求，也是确定机场规模的基本依据。根据机场需求量可以定出对跑道、滑行道及机坪的容量要求，然后进一步定出合理的跑道条数和构形、滑行道数量和位置以及机坪的平面尺寸等。此外，航站楼及宾馆的建筑面积、油库容量、停车场平面尺寸等也要根据机场需求量来确定。（钱炳华）

机场选址 site selection of airport

根据机场建设的目的和要求。在通航城市附近地区范围内勘选出最佳的机场位置。对场址的要求可分为两类。一类和其他工程建设相似，主要有：(1)不占大量农田，少迁村舍，少改灌溉系统；(2)地势平缓，并且便于排水；(3)地质条件好；(4)场地开阔，能够布置机场各项设施，并有发展余地；(5)交通方便，水源和电源容易解决。另一类是机场建设的特殊要求，主要有：(1)场址和邻近机场在起落航线和空域方面没有大的矛盾；(2)飞机起落航线不经过禁区及稠密居民区的上空；(3)跑道两端和两侧净空良好；(4)跑道方向接近经常风和大风方向，满足风力负荷要求，而且尽量保证飞机能够直线进入着陆；(5)场址与所服务城市的距离适当，既满足净空和控制飞机噪声污染的要求，而且距离不远（地面交通时间宜不超过30分钟）；(6)场址与石油化工企业、发电厂、铁路枢纽、广播电台、电视台、超高压架空线路等离开足够距离，以免互相干扰；(7)场址尽量设在城市和湖泊的上风方向，并且避开盆地和谷地，以减少烟雾对飞行的影响。在选择场址时，不一定所有要求都能满足，因此需要作出几个场址方案，然后选取最佳方案。（钱炳华）

机场指挥系统 airport command system

用于引导、调度和控制飞机在机场活动的系统。由机场（与飞机间的）联络指挥系统、无线电导航系统和目视助航系统组成。（钱绍武）

机场总平面设计 airport master planning

根据对机场的功能要求，确定各种机场设施的位置和平面尺寸的机场设计工作。主要工作有：(1)根据预测的机型、起降架次及当地气象情况定出跑道条数、长度和宽度，选定其位置和方向，并对周围净空进行评价；(2)定出站坪及飞行区其他各部分的平面尺寸和位置；(3)定出各种导航设施的位置；(4)根据预测得出的高峰小时客运量定出航站楼和停车场的面积，并且选定其位置；(5)定出油库容量、型式及其位置；(6)定出航管楼、消防站等工作区其他建筑物的面积和位置；(7)定出生活区各个建筑物的面积和位置；(8)定出机场内外交通线路及供水、供电、供暖管线位置。设计文件包括说明书、机场总平面设计图、机场净空平面和断面图。
（钱炳华）

机车 locomotive

牵引或推送铁路车辆运行于铁路上，本身不装载营业载荷的动力车。是铁路运输的重要工具。由车架、车体、动力装置、传动装置、制动装置、走行部、车钩缓冲装置及操纵装置等构成。按动力可分为：蒸汽机车、内燃机车和电力机车。按用途可分为：客运机车、货运机车、客货通用机车、调车机车和工矿机车。按走行部形式可分为：车架式机车和转向架式机车。1804年英国特里维西克创造出第一台蒸汽机车。1819年首次制成应用第三轨供直流电的小型电力机车。1923年内燃机车制成试用。1941年制造出燃气轮机车（属内燃机车的一种）。目前国内外都在研制大功率、高速度的电力或内燃机车。
（周宪忠）

机车车辆限界 moving structure gauge

机车车辆本身及其装载的货物，均不得超出的轮廓尺寸线。它规定了机车车辆不同部位宽度、高度的最大尺寸和底部零件至轨面的最小距离。与建筑接近限界相配合，机车车辆满载运行时，不会因摇晃、偏移而与线路上的建筑物和设备相接触，从而保证行车安全。目前我国规定的机车车辆限界如图所示。

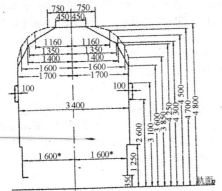

(a) 机车车辆上部限界图

—— 机车车辆限界基本轮廓。
----- 电气化铁路干线上运用的电力机车。
—·— 列车信号装置限界轮廓。
· 电力机车在距轨面高 350~1 250mm 范围内为 1 675mm。
注：蒸汽机车钢轨附近限界应符合图（丙）。

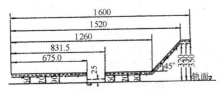

(b) 机车车辆下部限界图

—— 车体的弹簧承载部分。
----- 转向架上的弹簧承载部分。
—·— 非弹簧承载部分。
—··— 机车闸瓦、撒砂管、喷油嘴最低轮廓。
注：新造通过车辆减速器的机车车辆下部限界应符合车限-2。

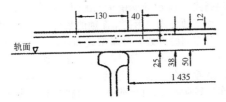

(c) 蒸汽机车钢轨附近详细图

—— 机车限界。
----- 弹簧上下振动限界。
—·— 机车闸瓦、撒砂管端口限界。

（吴树和）

机车持续功率 locomotive continuous power

电力机车全部牵引电动机在额定电压、正常通风、正常温升、整流子检查孔关闭条件下，长期工作所产生的最大功率。发出持续功率的工作状态为持续状态。牵引计算中的持续制，就是这种运行状态。与其有关的参数有持续电流、持续转速、持续力矩、持续温升、持续牵引力等。 （周宪忠）

机车待避线 locomotive hold track

又称机待线。货物列车机车换挂时，为便于出、入段两机车相互避让而设置的停放机车专用站线。一般设在区段站上。在设有机车走行线的横列式区段站上，设在到发场远离机务段一端的咽喉区。在纵列式区段站上，设在与机务段隔正线相对一侧的到发场出发一端的咽喉区。有尽头式和贯通式两种形式，都宜设在直线段上。有效长度标准：尽头式为45m，贯通式为55m。 （严良田）

机车计算起动牵引力 starting tractive effort

列车起动时所采用的机车牵引力。列车起动时，速度很小，牵引力受黏着条件、允许最大电流（电力机车和电传动内燃机车）或最高遮断比（蒸汽机车）限制，中国一般按速度为 2.5km/h 时上述几种限制中最低的牵引力作为起动牵引力，各型机车均不相同。 （吴树和）

机车计算牵引力 computed tractive effort

在限制坡度上，按等速运行条件，计算列车牵引吨数时所取用的机车牵引力值。是对应于计算速度的牵引力值，各型机车均不相同。牵引计算时，单机牵引取机车计算牵引力的全值；多台机车牵引使用重联操纵时，因操纵动作协调，各台机车牵引力均取全值；分别操纵时，因各台机车间不能完全达到同步操作，故第二台或第三台机车的计算牵引力应乘以不大于1的系数。在高海拔地区和高温地区，内燃机车的牵引力还应乘以小于1的修正系数。 （吴树和）

机车检修 locomotive repair

为保证机车经常处于良好的技术状态下稳定可靠地工作，延长其使用寿命，所进行的检查和修理工作。各国铁路检修制度不尽相同，一般采用预防性的定期检修制，有的在此基础上实行状态修理制。中国蒸汽机车分为洗修、架修和厂修；内燃机车分为轮修、架修和厂修；电力机车分为定修、架修和厂修。一定时期内，平均每天修理机车台数占支配机车台数的百分比称机车检修率，是衡量机车检修工作效率的指标之一。 （周宪忠）

机车交路 locomotive routing

机车担当运输任务，往返行驶的固定路段。机车交路两端的车站称为区段站，两区段站间的距离称为机车交路距离。机车交路距离由机车乘务组工作方式决定，一班乘务组驾驶机车往返行驶一次的交路称为短交路，一班乘务组驾驶机车单程行驶一次的交路称为长交路，一个单程由两班乘务组承担的交路称为超长交路。有两处驻班制超长交路（图e），中途驻班制超长交路（图f），随乘制超长交路（图g）。根据机车在交路中往返行驶后是否进入机务基本段整备和检查，机车交路可分为三种类型，进入基本段整备的称为肩回式交路有肩回式短交路（图a）肩回式长交路（图b）；在两个相邻短交路中，每一循环进入基本段整备一次的称为半循环式交路（图d）；在两个相邻短交路中往返行驶，在区段站的到发线上不摘钩整备，而不进入基本段的称为循环式交路（图c）。

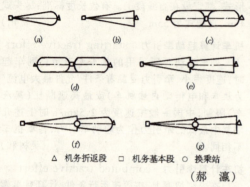

△ 机务折返段　□ 机务基本段　○ 换乘站

（郝瀛）

机车库 locomotive shed

供机车检修使用的房屋。蒸汽机车的架修和洗修，内燃和电力机车的大修、架修和定修，都在机车库内进行。阶梯形车库、矩形车库和扇形车库是三种常见的形式。库内线路应设在平道上。库门前设置一段与机车长度相当的直线段。（严良田）

机车类型 type of locomotive

按机车种类和特点划分为不同型号或命名为不同名称的分类术语。中国的蒸汽机车已停止生产，尚在使用的有建设、前进等型号。内燃机车有电传动的东风型，主要有东风$_4$、东风$_8$、东风$ 8_B$、东风$_{10}$、东风$_{11}$和进口的 ND$_4$、ND$_5$ 等型号；液力传动的有北京型。电力机车有韶山$_1$、韶山$_3$、韶山$_4$、韶山$_{11}$和进口的 8G、8K 等型号。（郝瀛）

机车牵引力 tractive force

由机车产生，牵引列车向前运动的力。是由机车动力装置首先将电能、化学能或热能转变为机械能，然后通过传动装置驱动机车动轮旋转，再借助于轮轨间的黏着作用而产生的。其值随速度的增加而降低，并可由司机控制；其最大值受机车功率限制，即受机车动力设备的型号、数量及其安全、经济的使用条件限制，也受到机车动轮和钢轨间的黏着条件限制。按牵引力的施力点不同可分为轮周牵引力和轮钩牵引力。中国在作牵引计算时和在机车牵引性能图中，均采用轮周牵引力。按机车受到的限制条件可分为：黏着牵引力、小时牵引力、持续牵引力等。按牵引计算中用途不同又可分为计算牵引力、起动牵引力等。（吴树和）

机车牵引特性曲线图 tractive force-speed characteristic curve

机车在不同的手柄位置及各种限制条件下，牵引力与运行速度的关系曲线图。是进行牵引计算的基础资料，由图中可按照各种手柄位置，查出不同速度所对应的牵引力。各型机车都各自有其牵引特性曲线，一般通过试验得到。（吴树和）

机车轮钩牵引力 coupling tractive effort of locomotive

机车连挂车辆端车钩上的牵引力。其值为机车轮周牵引力减去机车所受到的总阻力。在英美等西方国家，一般习惯用轮钩牵引力进行牵引计算，中国和前苏联等国家，则用机车轮周牵引力进行计算。（吴树和）

机车小时功率 locomotive hourly power

电力机车全部牵引电动机，在额定电压、正常通风、正常温升、整流子检查孔关闭的条件下，工作 1h 所产生的最大功率。与此相应的电气量有小时电流、小时转速、小时转矩、小时温升、小时牵引力、小时功率因数等。牵引计算中采用的小时制就是这种工作状态。电压一定时，其功率大小取决于电流；电流越大，时间越长则温升越大；当电机发热超过容许范围后，将烧毁电机绕组的绝缘材料。因此，电机小时功率主要限制因素是绝缘材料。（周宪忠）

机车整备 locomotive servicing

机车运转前的各项技术准备作业。主要有燃料、水、润滑油和砂子的供应，机车的清理、擦洗、各部件的日常检查和给油保养。机务段、机务折返段和有整备作业的车站应配置必要的整备设备和有关材料。（周宪忠）

机车轴列式 axle arrangement of locomotive

又称轮轴公式。用机车车轴的数目及其排列方法表示其型别的方式。分车架式和转向架式两种。蒸汽机车属车架式，其符号顺序是：导轮轴数—动轮轴数—从轮轴数，如前进型为 1-5-1。内燃和电力机车属转向架式，符号顺序是：前转向架动轴数—后转向架动轴数；如东风$_4$ 型为 3_0-3_0，北京型为 2-2，韶山$_1$型为 3_0-3_0。注脚有 0 表示单独驱动，无 0 表示成组驱动。国外常用 A、B、C、D 分别表示1、2、3、4，如 C_0-C_0 就是 3_0-3_0。数字或字母间的"-"号表示无活动关节，"+"号表示有活动关节，如 1-4+4-1，表示前车架 1 根导轴，4 根动轴，后车架 4 根动轴和 1 根导轴，中间为活动关节。

（周宪忠）

机车自动停车装置 automatic train stop apparatus

当机车前方地面信号显示停车或较限制信号而司机未采取措施时，列车自动施行制动的设备。包括电空阀、警惕手柄、信息传递及控制电路、音响报警器等。可与机车信号配合使用，亦可单独使用。当司机听到音响报警时，应按压警惕手柄，表示已确认信号显示并采取相应的制动措施。如在报警信号发出 7s 内，司机未按压警惕手柄，电空阀则自动打开阀门，使机车制动主管排风，强迫列车紧急制动停车。它对提高列车运行速度，保证行车安全起显著作用。

（胡景惠）

机车走行线　locomotive running track

在机务段与车场的机车换挂地点之间，专供机车往返行驶的站线。在横列式区段站上，设在到发场机车换挂地点与机务段之间。在编组站上，设在到达场、出发场、到发场、通过场和编发场的机车换挂地点与机务段之间。其曲线半径不应小于 200m，坡度不应大于 12‰。但在设置立体交叉时，坡度可以放宽为：蒸汽机车 20‰，内燃、电力机车 30‰。在站段分界处，应有一段不大于 2.5‰ 的缓坡，其长度至少比两台机车的长度长 10m。

（严良田）

机动车道通行能力

在一定的道路和交通条件下，机动车道所具有的通行能力。

（戚信灏）

机动车调查　mechanical vehicle survey

对规划区内机动车出行特征所进行的调查。主要内容有：出行次数、起讫点、路径、空负载与货物种类等。可得到现状机动车构成比例、车辆利用率及空载率、出行分布、路段及交叉口负荷、货物流向流量、过境交通比例及走向等城市交通规划用的基本资料。一般抽样率应不少于 20%，最好是 100%。

（文旭光）

机动船　self-propelled vessel

又称自航船。依靠船上设置的主机所提供的动力推进的船舶。按主机类型可分为：蒸汽机船，内燃机船，汽轮机船，核动力船等。小艇上也有采用汽油机或船用挂机者，称摩托艇。

（吕洪根）

机会模型　opportunity model

将各区的出行吸引量看为是给各区的交通发生量提供的机会，引入概率理论而进行出行分布预测的模型。美国在 20 世纪 50 年代的芝加哥城市交通规划中，开发了介入机会模型；1962 年美国宾夕法尼亚州和新泽西州合作制定两州边界的交通规划时，将介入机会模型改进后得到竞争机会模型。

（文旭光）

机坪　apron

供飞机停放和各种业务活动用的场地。其大小应能容纳规定数量的飞机并便于飞机和各种服务车辆的进出。按用途分为客机坪、货机坪、修机坪、等待起飞机坪等。客机坪供停放客机及旅客上下飞机用，是运输机场最主要的机坪，其构形及平面尺寸主要取决于航站的构形、停机的机型和数量以及旅客的登机方式。货机坪供停放货机及装卸货物用。当机场上没有货运航班时，可以不设置货机坪。修机坪供维修飞机用，通常设置在飞机修理厂附近并且便于试车的地方。

（钱炳华）

机坪容量　apron capacity

机坪供飞机连续使用时在一个规定的时间阶段内能容纳最多的飞机架数。是评定机坪功能的基本指标，通常用每小时停放架次来表示。它主要取决于：供飞机停放用的机位数量及类型；飞机机型的组合及各型飞机占用机位的时间；机位时间利用率；对机位使用的限制情况。

（钱炳华）

机位　gate position

在机场停机坪上飞机停放的位置。其数目和大小是决定停机坪面积的重要因素。机位数目 G 的确定原则是要使其能容纳预定的每小时飞机流动量。因此，应根据在设计小时内要处理的飞机数量 C 和每架飞机占用停机位置的加权平均时间 $T(h)$ 多少进行计算，计算公式如下：

$$G = \frac{CT}{U}$$

式中 U 为机位利用系数，通常在 0.5～0.8 之间。机位的大小则取决于要容纳的飞机的大小和停机方式。

（陈荣生）

机务段　locomotive depot

管理、使用和维修配属机车的基层生产单位。配属有一定数量的机车，拥有机车检修、整备和运行所需要的整套技术装备；配有机车乘务员、整备人员、检修人员、管理人员；担任指定机车交路上的列车牵引作业和车站上的调车作业，负责机车段修和日常保养维修工作及整备作业，也担负外段机车折返整备作业和临修工作。按任务，可分为货运段、客运段和客货混合段。按配属机车种类，可分为蒸汽段、内燃段、电力段和混合段。按工作量，可分为一、二和三等段。通常又把配属机车的机务段称机务本段；把负责管理由机务本段分拨机车的机务段称机车运用段；把机车牵引工作终点，只有整备、转向设备和乘务员休息处所的机务段称为机务折返段。

（周宪忠）

机械化滑道　mechanical slipway

具有机械动力装置，供船舶上墩和下水的水工建筑物。配备有船排或下水车、钢轨滑道、船台小车、横移车及拖曳、起重装置等。适用于成批建造和修理船舶的情况，其特点是使用同一下水滑道，可以为若干船台服务。它由倾斜滑道区、水平横移区和船台区三部分组成。按照船舶在倾斜轨道上移动的方向与船体纵轴是平行或垂直，可分为纵向滑道和横向滑道两种。按照船舶由水下滑道区的倾斜轨道转到横移区、船台区的水平轨道上的方法不同,又可以分为:船排滑道、摇架式滑道、横移变坡滑道、斜架滑道、梳式滑道、横向高低轨滑道、横向高低腿下水车滑道等。　　　　　　　　　　　　（顾家龙）

机械化驼峰　mechanized hump

用车辆缓行器调节车辆溜放速度的调车驼峰。适于设置在大、中型编组站上。在驼峰溜放部分,车辆缓行器设在驼峰线路的制动位上。一般设两个间隔制动位。位于调车场的每一线束前的制动位,称为第二制动位。位于峰下第一分路道岔前或后的制动位,称为第一制动位。车辆溜放速度由两个制动位的车辆缓行器加以调节,使前后车辆在分路道岔上有足够的分路间隔。峰下调车场线路较少时,可只设一个制动位,较多时,也可在第一、二两制动位之间加设一个中间制动位,大型编组站采用四部位制动。车辆缓行器由驼峰工作人员手工操作。车辆溜入调车线后,用减速顶进行速度控制。与之相配套的道岔操纵系统是自动集中。　　　　（严良田）

机械化养路工区　mechanized working section

负责单线铁路长度约20km或双线铁路约30km线路经常维修,并配备有养路机具设备的养路工区。通常由15～20人组成,装备有小型液压捣固机、机动螺栓扳手、枕木削平机、钢轨打磨机、小型发电机、轻轨车与平板拖车等机具设备。也可在领工区内分设一个机械化工区和若干一般工区,前者负责线路经常维修中的计划维修,而非计划维修的工作则由后者完成。　　　　　　　　（陆银根）

机械绞滩　mechanical rapids heaving

使用绞滩机卷动钢缆,牵引船舶过滩的绞滩作业。机械牵引动力大,速度快,能在流急、滩长的河段上牵引大型船舶(队)过滩。　　　　　（李安中）

积雪地区路线　snow-clad region route

在有降雪或风吹雪掩埋道路的地区布设的道路路线。积雪主要与风雪流受阻减速有关,故路线通过山岭、丘陵时应尽量利用四边通风的开阔地、台地、山梁、陇岗等地形布设,避让风雪流严重的减速区;山区应少设或不设回头曲线;垭口以直线通过可形成风口吹散积雪;路线走向尽量与风雪流的主导风向平行或夹角小于30°;路基型式不宜用浅路堑、低路堤或长路堑;开阔地段的路堤高度一般宜大于多年平均积雪厚度的2～3倍。　　　（冯桂炎）

基本轨　stock rail

道岔转辙器中尖轨与之贴靠的以及锐角辙叉中靠近护轨或钝角辙叉中靠近心轨的钢轨。除具有走行轨的功用外,还起支撑尖轨,联结固定护轨或心轨的作用。通常用标准钢轨制造,其线型与使用部位有关:如在单开道岔中,位于主线一侧的为直线型,位于侧线一侧的为曲线型;双开道岔中则均为曲线型;在钝角辙叉中为折角型。　　　（陆银根）

基本交通参数　basic traffic parameter

描述交通流特性最基本最重要的物理参数。包括流量、速度和密度。　　　　　　　（戚信灏）

基本交通量　elementary traffic volume

预测基准年(交通调查年度)可能利用该道路或设施的交通量。包括现有交通量、转移交通量、转换交通量。前者是主要的,可通过现状交通调查得到;后两者则需要进行分析确定。　　　（文旭光）

基本进路　main route

在车站内当两点之间可以建立几条进路时规定的其中一条常用的进路。其他进路均为迂回进路,又称变通进路。规定基本进路时主要考虑:不影响或少影响平行作业;运行经路最短;道岔转换次数较少;操作方便;发生故障时,影响范围尽量小等因素。　　　　　　　　　　　　　　　　（胡景惠）

基本通行能力　basic capacity

又称理论通行能力或基本容量。在理想的道路和交通条件下,一个车道或道路上某一断面在单位时间内能通过的最大车辆数。是计算各种通行能力的基础。理想的道路和交通条件各国有各自的具体规定。　　　　　　　　　　　　　（戚信灏）

基床变形　subgrade bed deformation

又称基面变形。路基面表层受到列车动荷载和水文气候影响而发生局部永久变形的路基病害。按变形的外部特征,有翻浆冒泥、道碴陷槽和路基冻害等。病害主要原因是基床土质不良,压实密度不够、排水不良和养护不当等。防治原则应是消除土、水和动荷载的有害影响。路基施工时保证填土质量不留后患,运营中注意经常维修,发现病害及时整治。整治方法很多,如在基床内作横向渗沟以排除积水;在基床顶面铺设砂垫层以隔离道床与基床土;用不透水材料作隔水层;换掉基床变形土,填以好土;向道碴槽中灌注水泥砂浆;铺设土工纤维布等。　　　　　　　　　　　　　　　　（池淑兰）

基尔运河　Kiel Canal

又称北海-波罗的海运河。沟通北海和波罗的海的海运河。位于德国北部,横贯日德兰半岛。波罗的海沿岸至北海,大西洋沿岸诸港的航程取道该运河比绕日德兰半岛经卡特加特海峡和斯卡格拉克海峡约缩短370～650km。运河1887年动工,1895年6月21日建成通航。运河自易北河口的布伦斯比特尔科格到基尔湾的霍尔特瑙,全长98.6km,两端各建有船闸两座。运河曾于1907～1917年进行第一次扩建,1965年开始第二次扩建。运河基本上为双线航道,大型顶推船队则只允许单向航行。扩建后的运河底宽为 90m,水深为 11m。船闸长为 330m,宽 45m。通过运河的最大船舶为 35 000t 级,船舶通过运河的时间一般需 6～9 小时。每年通过运河的船舶约为 6 万 6 千余艘,年货物通过量达 6 000余万 t。　　　　　　　　　　（蔡志长）

基隆港　Port of Jilong

中国台湾省第二大港。位于台湾岛北海岸,离台北市 30km。1863 年开辟基隆港为对外通商口岸,1886 年建成第一座码头,迄 1981 年全港拥有生产泊位 41 个,1980 年港口吞吐量达 3 519 万 t。集装箱运输发展较快,1984 年达 120 万 TEU。港口建于防波堤掩护的水域内,水域面积 3.63km²,其中内港 1.13km²,外港 2.17km²,渔港 0.33km²。进港航道长 3.2km,宽 150～300m,水深 10～12m。基隆港位于三面环山的海湾内。港口口门由东、西两道防波堤构成,码头泊位沿海湾布置。外港拥有集装箱泊位 7 个,其中 4 万 t 级泊位 2 个,2 万 t 级泊位 5 个;石油码头泊位 1 个,水深 10.82m。内港布置件杂货泊位和客运泊位,还建有 3 000t 级、15 000t 级、25 000t 级干船坞各 1 座。为扩大集装箱通过能力,内港第 10 号和 11 号码头已分别于 1983 年和 1986 年改建成为集装箱泊位。为加速陆上疏运,1974 年建成一条高架高速公路通至港区。

1980 年后基隆港经过进一步扩建,至 1999 年全港共有码头泊位 57 个,码头线长 9 862m,其中生产性泊位 40 个,包括集装箱泊位 14 个,散货泊位 20 个,谷类泊位 1 个,水泥专用泊位 1 个,油类泊位 2 个,客运泊位 2 个。1999 年完成货物吞吐量 7 783 万 t,集装箱吞吐量 167 万 TEU。

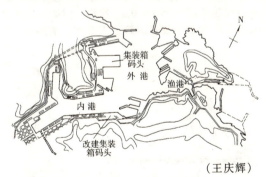
（王庆辉）

基岩滩　bedrock rapids

山区河流中因河底石盘、纵横向石梁或岸边基岩伸入江中形成的滩险。分为基岩急流滩,基岩险滩,基岩浅滩三类。主要是由于河槽束阻水流,宣泄不畅,流态混乱而碍航,以急、险为常见。整治方法主要是拓宽和炸深航槽。　　　　　（王昌杰）

激光通信　laser communication

利用激光传送信息。包括发送和接收两部分设备。在发送端将要传送的信息送到与激光器相连的光调制器中,将信息调制在激光上,通过光学发射天线发送出去。在接收端由光学接收天线将激光信号接收下来,送至光探测器,将激光信号变为电信号,经放大、解调后还原为原来的信息。其优点是通信容量大、保密性强、设备投资少等。其缺点是大气衰减量大,瞄准困难等。适用于地面间短距离传送传真和电视等。　　　　　　　　　（胡景惠）

级配砾石路面　grade aggregate pavement

面层用天然砾石或强度较低的轧制碎石和土,按最佳配原理进行配料、拌和、铺压而成的中级路面。具有较好的密实性和一定的力学强度。也可作为高级或次高级路面的基层或底基层。因它是含土结构,故水稳定性较差。　　（韩以谦　陈雅贞）

极限纵坡　limited longitudinal gradient

道路纵断面设计规定不得超过的最大纵坡值。根据道路等级和自然条件等因素综合确定。道路等级越高极限纵坡值则越小,以保证道路运输效率与通行能力。　　　　　　　　　　（王富年）

急流槽　torrent chute

由浆砌片石或混凝土筑成的,衔接两段高差较大水沟的排水设施。主槽纵坡大,水流急,冲刷力大,需有较稳固的槽身。出口设有消力池,消力槛等消能装置以减少流水的冲刷和能量。多用于地形较陡,地质条件较差,不便设置较长、较陡水沟地段,可分段设置缓坡水沟,在段与段之间修建坡度较陡的急流槽衔接。当地形复杂,天沟水排离路基困难时,可沿路堑边坡设置急流槽将天沟水引入侧沟排走。设在路堑边坡上的急流槽又称吊沟。（徐凤华）

急流滩　torrent rapids

又称急滩。水流受边界条件约束,形成的比降大、水流急的滩险。一般分布在峡谷、陡坎、礁石、突嘴、急弯及窄槽等河段。主要特征是急流和跌水。按河床组成可分为石质急流滩和卵石急流滩两类。据统计,石质急流滩约占石质滩险的 50%,卵石急流滩占的比例较少。整治的原则一般是通过炸礁、疏浚与筑坝等措施,拓宽滩口泄水断面,减缓流速、比降,使船舶能利用一岸或两岸的缓流区自航上滩,或通过绞滩助航上滩。　　　（王昌杰）

集中联锁　centralized interlocking

在车站上集中控制、监督道岔和信号机并集中实现联锁的设备。按设备分有:机械集中联锁、电机集中联锁、电气集中联锁和微机联锁。电气集中联锁被广泛采用,在技术上有广阔的发展余地。
　　　　　　　　　　　　　　　（胡景惠）

集中输水系统　concentrated filling and emptying system of the lock

又称头部输水系统。船闸闸室灌泄水的设施全部集中布置在船闸闸首范围内的船闸输水系统。按布置形式可分为短廊道输水系统(包括槛下输水系统)和直接利用闸门输水的输水系统。后者包括门上孔口输水系统,门下输水系统,门缝输水系统等。此外还有组合式输水系统。这种输水系统的水力特点是水流集中,灌泄闸室的水体完全集中地由闸首一端流入或泄出,通过水流的纵向运动而灌满或泄出闸室。在灌泄水过程,由于水流的纵向流动产生流速力;由于水流由闸室一端向另一端推进,且其流量随时间而变化,在闸室内形成长波而产生波浪力;由于水流集中流入,流速分布不均,造成翻滚旋转的紊乱水流而产生局部力。停泊在闸室或引航道中的船舶受到这三种水流动力的作用而致前后左右上下摆动,需设置一定的消能工或其他措施以满足船舶停泊平稳和安全的要求。广泛应用于水头在15m以下且闸室平面尺度不大的中小型船闸上。

(蔡志长)

集装单元 containerized unit

把一定量的物品或材料,整齐地汇集成一个便于储运的整体。目的是使货物的储运单元与人力或机械等装卸手段的标准能力相一致,从而把装卸劳动强度减少到最低限度,实现物料搬运的单纯化和标准化。组成集装单元的形式有各种各样,如集装箱、托盘、托架、包装箱、捆扎等。

(蔡梦贤)

集装化运输 containerization traffic

又称单元运输。凡使用集装器具或捆扎方法,把裸装货物、散装货物、小件包装货物以及一切不易用装卸机具作业的货物,组成便于储运的规格化集装货件进行运输的一种形式。它具有安全、迅速、简便和经济的特点,是一种现代化的运输方式。集装形式已由单一的集装箱发展成集装笼、集装盘、集装袋、集装网、集装架、集装夹、集装串、集装捆、集装桶预垫等十余种。

(蔡梦贤)

集装箱 container

按统一规格特制的一种运输工具,主要用以装载零星货物。它具有符合运营要求的强度和刚度,能反复长期使用;在各种运输方式联运时,中途不需要倒装;可直接快速地从一种运输工具换装到另一种运输工具上;容积在1m³以上,且便于货物的装入和卸出。根据装入货物种类的不同,分为通用集装箱(装运一般货物)和专用集装箱(指定装运某种货物);根据其结构形式不同,分为箱式、折叠式、拼装式和罐式集装箱等;根据其载重量不同,又有大型、中型和小型集装箱之分。

(蔡梦贤)

集装箱场 container yard

办理集装箱装卸和存放的专用场所。它的规模大小与集装箱装卸、保管和集结的工作量;换装集装箱的机械类型和数量以及集装箱的使用方式和周转时间有关。

(蔡梦贤)

集装箱车 container trailer

专用于装运集装箱的挂车。车上没有货台或货箱,只有配合标准集装箱尺寸的货架。上有插销式或榫头式固定装置。集装箱车有全挂与半挂之分,半挂车与牵引车分解时,由支腿支承箱体以保持平衡。在长距离运输时,挂车与箱体共同参加铁路联运,以减少集装箱起吊与装拆固定等工序。

(邓学钧)

集装箱船 container ship

以载运集装箱为主的货船。按装卸集装箱的方式可分为三种类型:垂直水平型,借助起重机,升降机之类垂直方向装卸货物的设备将集装箱放入货舱内,再用叉车将集装箱水平移到指定位置;吊装型,依靠专设在码头或船上的装卸桥进行垂向装卸集装箱,全集装箱船均采用此方法进行装卸;滚装型,一般在船的首尾或舷侧有大门,依靠跳板与码头连接,集装箱置于挂车上靠牵引车进行水平装卸或用叉车直接装卸,故又称滚装船。按船型分有全集装箱船,半集装箱船,可变换集装箱船和多用途货船等。

(吕洪根)

集装箱"吊上吊下法" container "lift-on lift-off system"

又称集装箱吊装法。用起重机起吊集装箱的装卸船作业方法。码头前沿设置集装箱起重机(图),其起重量常为25t,37.5t等几级,起重机轨距多为16m,起重机的前伸距离(从码头前沿线起算)为26～35m,视船宽而定;后伸距离(从起重机后轨中心线起算)为7.5～9.0m。起重机门架内高度净空按装载两层集装箱的跨运车考虑,需要8m以上。

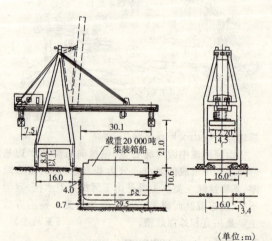

(单位:m)

(王庆辉)

集装箱"开上开下法" container "Ro-Ro system"

又称集装箱滚装法。集装箱与挂车作为一个单元体由牵引车(拖车)拖上船或拖下船的装卸船作业方法。专门的开上开下式集装箱船,船尾设有尾门,并用吊桥与码头相接。有的吊桥只能上下俯仰,有的还能左右摆动。码头平面布置(图)有三种基本形式:(1)曲尺形,即在泊位一端将码头线外移突出,赖以构成借船尾吊桥搭接的承台;(2)突台形,供两艘集装箱船船尾吊桥的搭接;(3)直线形,如开上开下式集装箱船的自带吊桥能左右摆动,则码头前沿可布置成直线形。至于水位变化对船尾吊桥坡度的影响,则应根据水位变幅大小适当处理。 (王庆辉)

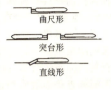

集装箱码头 container wharf

专供集装箱装卸的码头。它一般要有专门的装卸、运输设备,要有集运、贮存集装箱的广阔货场,有供货物分类和拆装集装箱用的货棚。由于集装箱可以把各种繁杂的件货和包装杂货组成规格化的统一体,因此可以采用大型专门设备进行装卸、运输,保证货物装卸、运输质量,提高码头装卸效率。 (杨克己)

集装箱运输 container traffic

使用车、船、飞机等装载集装箱货物的现代化联运方式。可以简化货物包装、加速货物运送、保证货物完好、降低运输成本、提高车船装卸、使用效率,为实现装卸机械化和自动化创造了条件。集装箱的正式使用始于军需物资的运输。20世纪50年代随着公路运输的发展,集装箱首先以半挂车的形式出现,将汽车"门到门"运输的优点和铁路运费低、速度快的特点结合起来,实现了公路铁路联运。进入20世纪60年代,海运集装箱发展迅速,在洲际运输中风行世界,特别是在国际标准化组织成立后,集装箱的标准化、通用化、系列化逐步完备,并把水路、铁路和公路联成一线。第二次世界大战后,海、陆、空集装箱联运的立体运输,也在逐步发展,使集装箱在国际贸易中发挥着重要作用。为了适应集装箱运输标准化和自动化的需要,运输工具也在相应改变,如海上运输建造了大型集装箱船,港口建造集装箱码头,陆地运输编组了大量集装箱快速运输的专用列车和汽车拖车,并研究各个运输环节迅速换装的方法。中国集装箱运输从20世纪50年代起步,发展缓慢,但到20世纪80年代水运、铁路、公路的集装箱联运有了长足的发展,在对外贸易中成效卓著。 (蔡梦贤)

集装箱运输管理自动化系统 effectual planning and operation of container system

控制和管理集装箱运输的自动化系统。利用该系统能很快地获得所管辖的集装箱去向和使用情况。它采用实时联机系统,在中央设置计算机,并与各基地站的终端机相连接。终端机中有为申请和编制发送、到达、接取、送达报告的输入专用终端机,有接取送达票据输出的专用终端机,以及兼有上述各项功能的终端机。按照各基地站的规模和性质,把它们组合起来加以配置,形成计算机网络。系统主要有预约受理、接取管理、输送管理、送达管理、存放管理等功能。 (蔡梦贤)

集装箱运输网 container terminal

由定时货运快车、集装箱专用列车、陆桥运输组成的专用作运输集装箱的运输网。它是提高集装箱运用效率和开展集装箱国际间联运的有效措施。在集装箱运量较大且比较稳定的两基地站间开行定时运行的货物快车,在集装箱运量较少或有波动的地区,开行不定期的集装箱专列。由不同径路的货物列车构成集装箱运输网。陆桥运输是集装箱远涉重洋运输的一种形式,它是海运和陆运相结合的运输,把横贯大陆的铁路运输与海运连接起来,即以铁路为大陆桥梁的陆海运输。 (蔡梦贤)

集装箱专用车 container wagon

为满足集装箱货物运输要求而设计制造的专用车辆。主要有关节式集装箱专用车、多层式集装箱专用车、公铁两用集装箱半挂车三种。 (蔡梦贤)

给煤设备 coaling plant

给蒸汽机车供煤的设备。常用的有给煤塔、给煤斗和给煤台。给煤塔是大容量给煤设备,备有计量仪表;这种设备能力强、效率高,但投资大,只有在整备工作量大时才采用。给煤斗是用钢板制的漏斗形存煤容器,用支架高架在机车整备线上方,用机钮操纵。给煤台是木或钢筋混凝土制成的长方形高架台,由人力把煤投入煤水车。 (周宪忠)

给水站 water supply station

可为蒸汽机车供水的铁路车站。其设置根据给水站间机车的耗水量计算确定,机车耗水量不宜超过机车水柜容量的85%。客货蒸汽机车给水站的设置,在机车耗水量计算的基础上,选设在适宜的区段站上或与货运机车中间给水站同时考虑。在给水站的列车到发线上,应设置水鹤和灰坑。 (严良田)

计算法放边桩 slope stake by calcalation

根据路基宽度、高度和边坡坡度计算出边桩线位置的方法。当地面无横向坡度时,路堤坡脚或路堑的坡顶宽度(2L)可用下式计算:

$$2L = B + 2mh$$

式中 B 为路堤或路堑顶面宽度（路堑包括侧沟）；m 为路基边坡坡率；h 为路堤或路堑的中心填高或挖深。用皮尺从路基中心桩向两侧量 L 距离，即为边桩位置。

（池淑兰）

计算轨顶高 calculated height of rail top

为既有线改建中，道床底面高程加上设计轨道高度后的轨顶高程。道床底面高程可由既有轨面高程减去既有轨道高度求出。轨道高度包括钢轨高度、垫板厚度、轨枕高度与道床厚度。它是既有线改建时，设计纵断面的依据。各测点计算轨顶高的连线称为计算轨面线。设计轨面线应尽量接近但不低于既有轨面线与计算轨面线。低于计算轨顶高，则道床厚度要低于设计标准，轨道强度减低；若设计轨面线高出其过多，则要垫铺过多的道碴，引起浪费。低于既有轨面线，则施工时要减薄既有道床厚度，影响正常运营。

（周宪忠）

计算速度 computed velocity

按限制坡度计算牵引吨数时所用的速度。其值大小对牵引吨数和列车在区间运行时分有很大影响，在计算牵引吨数时，机车计算牵引力、机车和车辆的基本阻力均与速度有关，所采用的计算速度高，则机车牵引力低，机车和车辆的基本阻力大，牵引吨数降低；反之，则牵引吨数增加，列车运行速度降低，旅途时间增长。铁路运输要综合考虑牵引吨数、运行速度、行车时分，以取得最佳运营效果。因此，必须研究分析，确定各型机车的计算速度及其相应的机车计算牵引力值。

（吴树和）

技术速度 technical speed

列车在区段内运行，不包括列车在沿途中间站停站时间在内的平均速度。在运行时分中包括列车在各车站的起动加速时分和停站减速时分。其值愈大，旅行速度也愈大，货物在旅途时间愈短，车辆周转快。良好的机车车辆和线路维修状态，先进的机车操纵技术和调度水平，采用大型机车或电力机车等均可提高列车技术速度。

（吴树和）

既有曲线拨距 correction for existing curve

把既有错动曲线拨正到设计曲线位置时各测点的法向位移。用渐伸线原理计算，其拨动距离等于各测点设计曲线与既有曲线渐伸线长度之差，正值表示向圆心方向拨动，负值表示向曲线外侧拨动；因拨动量很小，可认为其方向与既有线的法线方向重合。

（周宪忠）

既有铁路勘测 survey of existing railway

又称旧线勘察。为改建既有线，对既有铁路进行经济和技术的勘测和调查工作。包括：(1)经济调查，并了解既有线的运营情况，取得客货运量与行车组织等经济技术资料，以研究提高铁路能力的措施，提出分期加强方案；(2)工程地质勘测，以查明不良地质及重点工程的地质条件；(3)线路测绘和调查，包括：平面测绘、纵断面测量、横断面测绘、地形测绘和各种调查；(4)桥涵、隧道、车站、路基等建筑物的设计、施工和使用情况及现状的调查，并收集设计所需资料。修建二线时，还要收集二线桥隧边侧和要求线间距资料；(5)收集施工材料、施工组织和概算资料；(6)与运营部门相配合，收集有关图纸资料等。勘测调查要细致周到，在不影响正常行车的情况下进行。

（周宪忠）

既有线平面测绘 plane survey of existing railway

在既有线改建时，对既有线平面及其有关建筑物的测量与调绘。包括：(1)全线贯通的里程丈量，核对桥、隧、车站等建筑物的里程；直线沿左轨，曲线沿中心线丈量；(2)设置外移桩，以防测量后中线错动；(3)对线路两侧 20～30m 内的有关建筑物进行调绘；(4)曲线测量，一般采用偏角法，沿外轨或中线，亦可沿外移桩进行。目前有些单位用光电测距仪，采用任意点置镜法测量，效率较高。（周宪忠）

继电器 relay

自动断续的控制器件。当输入参量（如电、磁、光、热、声等）达到某一定值时，便能使输出量发生跳跃式的变化，从而实现控制、保护、调节和传递信息的目的。是自动控制、远动系统和通信系统的重要元件之一。在铁路信号的自动控制和远程控制系统中，可构成逻辑电路或作为执行元件监督和控制列车的运行。从 20 世纪 50 年代开始，中国即能设计和制造，目前已形成系列产品。品种繁多，应用广泛。可从多种角度分类，例如：按使用的电流分有直流、交流和交直流的；按电流的特性分有无极、有极、偏极、组合、脉冲和组合保持等；按动作时间分有正常动作、缓动和快动等；按动作原理分有电磁、热力和感应等。在发展方向上它的体积趋于小型化，可靠性和动作次数等方面都将有很大提高，而且还出现了很多满足特殊要求的新品种。

（胡景惠）

jia

加冰所 re-icing point

为保温车加冰加盐的场所。按其工作性质可分为始发加冰所、中途加冰所和混合加冰所三类。始发加冰所设置在发送大量易腐货物的车站上；中途加冰所设置在有易腐货物通过的区段站或编组站上；既为本站或邻站装车的保温车加冰加盐，又为通过本站的保温车加冰加盐的加冰所，称为混合加冰所。主要设备有：制冰和储冰设备、加冰台、贮盐库、加冰机械等。

（严良田）

加减速顶 dowty booster retarder

安装在钢轨腰部具有使车辆加速、减速两种功能的小型液压装置。首次安装在英国不列颠铁路的廷斯雷(Tinsley)和贝斯科特(Bescot)两个编组站。减速原理与减速顶相同。加速靠滑动油缸的顶帽从前进中车轮的后面顶推车轮,仿佛是一根撬棍。它的动力原为高压油,用油管网连通加减速顶。但漏油引起环境污染,后改用压缩空气作动力。中国产加减速顶以压缩空气为动力,工作风压 0.686MPa、临界速度 1.25m/s 的加减速顶,加速功为 981J,减速功为 804J。　　　　　　　　　(严良田)

加筋土挡土墙 reinforced earth retaining wall

逐层在填土中添加拉筋及墙面板修建的轻型挡土墙。借助于拉筋提高填土的抗剪强度,从而保证土体稳定。在土中添加拉筋构成加筋土,是20世纪60年代发展起来的一项土壤加固新技术。法国工程师亨利·维达尔(Henri Vidal)于1963年首次提出了土的加筋方法与设计理论。1965年成功地用加筋土修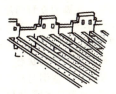建了第一座挡土墙。中国1980年在云南省煤矿铁路专用线上首次修建加筋土挡土墙。加筋土拉筋有钢筋混凝土拉筋、钢拉筋或其他材料拉筋等。国外常用的墙面板有金属面板、混凝土面板(素混凝土和钢丝网混凝土),在中国墙面板多采用 混凝土面板拼装而成。面板形状有方形、矩形、六边形和十字形等。墙面板的主要作用是防止端部土体从拉筋间脱出,它应有足够的强度,以保证拉筋端部土体的稳定,也应有足够的柔性,以适应加筋土体在荷载作用下产生的容许位移所带来的变形。加筋土结构具有结构轻、造型美观、工厂预制现场拼装、施工简便、造价低廉和节约用地等优点。　　　　　　(池淑兰)

加宽式交叉口 widened intersection

将接近交叉口道路的引道适当加宽的交叉口。一般视交通量大小、等候通过交叉口车辆多少、要求停车长度等决定加宽长度与加宽车道数,以增加车辆进入交叉口的数量,提高交叉口的通行能力。通常为入口引道一侧加宽,增设一条候车道(图a);亦有入口引道与出口引道均同时加宽(图b)。具体确定时可视需求决定,一般加宽入口引道的效果显著。

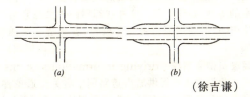

(徐吉谦)

加力牵引坡度 booster-traction, helper grade

又称多机坡度。用一台以上的机车牵引普通货物列车,保持单机在限制坡道上的牵引吨数不变,陡于限制坡度的坡度。是加力牵引路段的最大坡度。如采用双机牵引,就称双机坡度。在地面自然纵坡陡峻地段,可以缩短线路长度、大量减少工程,有利于降低造价和缩短工期,是在长大越岭地段克服巨大高差的一种行之有效的设计决策;但要增加机车台数和整备设备,摘挂补机要加长停站时间。所以,应尽量集中使用,尽量与区段站或有机务设备的车站相邻接。新线设计时,应与单机展线方案、长隧道方案等全面慎重比选确定。其值太大时,对下坡行车将产生不利影响,为了保证行车安全,不得超过规范规定的最大值;中国规定:蒸汽牵引为20‰、内燃牵引为25‰、电力牵引为30‰。

(周宪忠)

加铺转角式交叉 all paved crossing

将相交道路的转角处放大,做成适于行车的圆弧形状,并加以铺砌以利右转车辆顺利通过的交叉口。适用于总的交通量不大,而右转车辆占有较大比例的交叉口。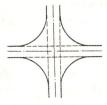

(徐吉谦)

加速顶 dowty booster

安装在钢轨腰部具有使车辆加速功能的小型液压装置。在英国,最初由道蒂液压装置公司(Dowty Hydraulic Units Ltd)生产。其工作原理是,先由一台减速顶判断车辆速度是否达到了预期的数值,如果车速低于预期的数值,减速顶就自动打开加速顶的高压空气开关,驱动滑动油缸顶帽推车前进。中国产 T·DJ$_{(+)}$101 型加速顶,工作风压 0.686MPa,车速 1.11m/s 时,加速功为 785J。　　(严良田)

加速缓坡 acceleration grade

当出站前方为长大上坡道时,为了使停站列车出站后能较快加速,而设置的坡度较缓的坡段。当地形困难时,应绘制速度距离曲线检查,判断列车尾部进入限制坡道时,能否达到计算速度,如未达计算速度,则需设置加速缓坡。尤其对电力及蒸汽牵引更为必要。其坡段长度及坡度应视站坪的长度及坡度、列车牵引质量及当地的地形条件具体确定。

(周宪忠)

加速骚扰 acceleration noise

车辆在道路上作不匀变速运动时,其加速度对于该车辆在相同路段上的平均加速度的标准离差值。通常用 σ 表示。该值定量地描述车辆运行车速波动性的大小。波动性愈大,行车质量就愈差,愈容易

发生行车事故。σ值大小受司机、交通和道路条件的影响。　　　　　　　　　　　（戚信灏）

加速停止距离　accelerate-stop distance

从起飞滑跑起点至一台关键发动机停车而采取全部减速措施后完全停住所经过的距离。关键发动机是指最外侧的发动机。全部减速措施包括收油门、刹车、放衬翼及放阻力伞。在设计机场时，跑道加停止道的长度至少应等于加速停止距离。在现用的机场，跑道加停止道的长度称为可用加速停止距离，供判别跑道和停止道的长度能否确保起飞安全用。　　　　　　　　　　　　　　（钱炳华）

加算坡度　adding gradient

将线路纵断面上某一坡段的坡度值和该坡道上的曲线、隧道等附加阻力的当量坡度加在一起的坡度值。设计线路纵断面时，要保证设计后的每一坡段的加算坡度，均不应超过线路的最大坡度。
（周宪忠）

加油站　refueling station

给汽车补充油料的场所。有时还附设加水、轮胎充气或兼有洗车与小修等。要求服务方便，布局合理，尽可能布置在大型汽车停车站和停车库附近，以及城市出入口，车辆汇集的地方。要有良好的通视条件使汽车驾驶员在100m外能看见，站内通风好，适当绿化。其规模每天至少为300辆汽车服务。
（顾尚华）

夹直线　straight line between transition curves

铁路上，相距很近的两缓和曲线端点间的直线段。为了保证行车平顺、安全以及养护维修方便，夹直线的最小长度不应短于规定值。目前，我国Ⅰ级铁路路段设计行车速度为140km/h、120km/h时，一般地段为110m、80m，困难地段为70m、50m；前苏联规定，同向曲线间，一般地段为100m，困难地段为50m，反向曲线间，一般地段为30m，困难地段为20m。高速铁路的夹直线长度应相应加长。日本新干线为$0.42v_{max}(m)$；德国为$0.40v_{max}(m)$；法国东南新干线为$0.50v_{max}(m)$。　　　（周宪忠）

家访调查　home interview survey

利用家庭访问的方法进行的个人出行调查。对调查区内的所有家庭，按一定的抽样率进行抽样调查，当面询问被访户5岁以上的所有成员全天出行情况，并记录登记表。通过此调查，可以得到个人出行的特征值，如出行次数、出行时间、距离分布、出行目的、交通方式及换乘情况等。　　（文旭光）

家庭出行　home-based trip

出行端点之一为居住地点的一切出行。一般分为家庭-工作出行和家庭-非工作出行两种。后一种包括起点为其居住地，目的不是去上班和起点为非工作地而终止点为居住地这两种出行情况。（文旭光）

家庭-工作出行　home-based work trip

简称工作出行。两端点分别为家庭和工作地点的出行。是中国当前主要的出行种类。这种出行所形成的交通量为城市交通总量的主要部分，并且工作出行的时间、距离、路线、采用的交通工具等一般情况下不会发生重大变化。　　　　（文旭光）

甲板驳　decked barge

不设货舱，货物全堆装在甲板上的驳船。甲板骨架较强，下设支柱，桁材等构件。在甲板四周一般设有挡货围板。货物系露天堆放，不宜运载具有防水，防湿要求的货物。装卸方便，适宜运送大型设备。但船舶重心较高，稳定性较差。　（吕洪根）

假潮　seiche

湖泊或封闭及半封闭海域中水面的周期性振荡现象。在湖泊及封闭海区中，由于风及大气压力分布的变化及地区局部条件等原因使水域产生水体堆积，当该动力因素消失后，水面在重力作用下力图恢复到原来的平衡状态，随即产生振荡，水域两端水位交替升降。假潮与驻波类似，也有波腹和波节，其周期、波高与水域地形以及外界扰动因素的强度直接有关：波高几十厘米到1m左右，其周期约十几分钟到数小时，甚至数十小时。　　　（张东生）

驾驶疲劳　driving fatigue

由于长时间驾驶车辆而引起身体上的变化，心理上的疲劳以及测定驾驶机能下降之总称。表现为注意力不集中，思维与感觉迟钝、心情烦躁、对环境判断错误、动作不准确等。是造成交通事故的主要原因之一。　　　　　　　　　　（戚信灏）

驾驶适应性　driving adaptability

驾驶人员适应车辆性能、道路条件、交通条件及环境的能力。　　　　　　　　（戚信灏）

驾驶心理　driving psychology

机动车的驾驶人员驾驶车辆时，对道路条件、车辆条件、交通环境等外界因素在大脑中所产生的反应。与驾驶人员的性别、年龄、气质、知识水平、驾驶技术的熟练程度、身体条件、家庭状况及精神状态等因素有关。　　　　　　　　　（戚信灏）

驾驶兴奋　driving excitability

驾驶人员由于酗酒、争吵或驾驶过程中对行人横穿、车辆干扰等外界因素的强烈刺激所产生的亢奋的生理、心理状态。这种状态驾驶人员注意力不集中、心情烦躁而影响正常驾驶，容易造成交通事故。　　　　　　　　　　　　　（戚信灏）

驾驶员信息系统　driving information systems

为驾驶人员提供城市道路网中有关交通条件、交通状况和通行方案的信息和数据的总括。充分的

信息便于驾驶人员选择出所需的通行路线,安全、方便、迅速地达到目的地点。 （戚信灏）

架空索道 aerial ropeway

客货车厢悬挂在架空的钢丝绳上,动力装置通过挂在车厢上的牵引索使车厢移动的运输方式。其特点是可以跨越深谷、河流或地面建筑物,运输距离短,爬坡能力强,很少受气候条件影响,建筑费用低,因而被广泛应用于工矿企业部门的物料运输,亦可用于山岳、风景区的旅客运输。按运输性质可分为客运索道和货运索道;按结构形式可分为单索循环式索道、双索循环式索道和往复运行式索道等。我国目前已有各种形式的索道100多条。 （吴树和）

jian

尖轨 switch point

又称辙轨。用以控制转辙器行车方向,引导列车驶入道岔主线或侧线的,经刨切加工而成的可动走行轨。其长度与转辙器的平面型式和道岔号码等有关。为使转辙器工作安全可靠,前端需经水平刨切和垂直刨切,做成能与基本轨密贴的尖端,保证车轮载荷的平顺转移。跟端与基本轨、导轨组成尖轨跟端接头。按断面型式分为普通断面尖轨和特种断面尖轨。按线型分为直线型和曲线型。在道岔号码和导曲线曲率半径相同的条件下,采用曲线型尖轨能获得缩短道岔全长的效果。使用曲线型尖轨的小号码道岔能缩小厂矿企业占地面积,降低铁路专用线的基建投资。在大号码道岔上采用曲线型尖轨,能减小列车车轮对它的冲击作用,并使导曲线的曲率半径增大,从而提高道岔侧向的行车速度。 （陆银根）

尖轨补强板 reinforcing bar

设置于普通断面尖轨轨腰两侧,用以加强尖轨强度和刚度的构件。用12～14mm厚的钢板制造,断面靠轨腰一侧做成弧形,上下顶面为楔形斜面,以便与轨腰密贴结合。板和尖轨可用铆钉铆接或用螺栓拴接,钉孔位置的布置应避免与基本轨轨腰上的轨撑螺栓相碰,以确保尖轨与基本轨的正确位置。 （陆银根）

尖轨跟部接头 heel joint

将转辙器的尖轨跟端、基本轨和导轨用间隔铁、鱼尾板、轨撑、双头螺栓以及辙跟垫板等联结一体,保证尖轨具有灵活可靠的工作性能的设备。按结构型式分为套管螺栓或双头螺栓式和普通钢轨接头式。前者常用于普通断面尖轨的跟端,后者用于弹性可弯式特种断面尖轨的跟部接头。为使尖轨能灵活扳动位置,将尖轨跟端第二个接头螺栓孔孔径扩大,以便插入套管将间隔铁和鱼尾板顶离尖轨跟端轨腰留出适量间隙,使尖轨能自由摆动。特种断面尖轨的横向刚度较大,需在跟端前方将尖轨断面进行水平刨切,使适量削薄,形成弹性铰,以便跟端用普通接头方式固定的尖轨,在扳动位置时能集中在弹性铰处产生弯曲变形,而其他部位不改变尖轨线型。采用普通钢轨接头与特种断面尖轨与导轨相连接时,需将尖轨跟端轧制成与标准轨相同的断面形状,以便使用标准鱼尾板组装接头。 （陆银根）

歼击机 fighter plane

又称战斗机。用于在空中歼灭敌机和其他飞航式空袭兵器的军用飞机。是航空兵进行空中斗争的主要机种。其特点是速度大、上升快、升限高、机动性好。现代歼击机装备有机关炮、火箭、导弹等一种或多种攻击武器,以及电子对抗设备和各种自动化控制系统。 （钱炳华）

间隔净距 separation clearances

为保障飞机在机场上运转的安全,各交通通道相互之间以及与邻近的障碍物之间所必须具备的最小间距。如滑行道与跑道之间,两条平行滑行道之间以及滑行道与固定障碍物之间的距离等。世界各国的航空公司对此都有相应的技术规定。随着航空事业的发展以及飞机类型的改变,这些规定也在不断更改。中国目前民航机场飞行区技术标准中对各类间隔净距的规定与国际民航组织最新的标准一致。 （陈荣生）

间隙接受法环交通行能力 roundabout capacity calculated by gap-acceptance method

按间隙接受理论计算的环形交叉口通行能力。该法假设车辆进环无须交织,利用绕行车辆或出环车辆的可插间隙进入环交。1962年,唐纳(Tannar)首先将概率理论应用于主次道路相交的T形交叉口的通行能力计算,奠定了间隙接受理论的基础。该法规定主路车流有优先通行权,次路车辆只能利用主路车流的间隙通过。1971年,贝纳特(R.F. Bermett)将唐纳公式进行改进,将环交的每一进口视为T形交叉口,并规定环道上的环形车流为主车流,进环车流为次要车流,每一进口的进环通行能力按唐纳公式计算。 （王炜）

检查井 check well

为检查和维修地下排水通道,沿通道方向每隔一定距离设置的通向地面的竖直井筒。井壁设有供人上、下的梯蹬,上面设有井盖,以防地面水及杂物进入井内。 （徐凤华）

检修阀门 emergency (safety) valve

又称备修阀门。设置在输水阀门前后以备输水阀门发生故障,或输水廊道、输水阀门等进行检修的临时挡水设备。常用的型式有叠梁闸门和平面闸门。为便于装设阀门，在输水阀门前后设有固定门槽。　　　　　　　　　　　（詹世富）

检修阀门井　repair valve shaft
　　为安装和吊出检修阀门用的竖井。设置在检修阀门处廊道顶部。一般为开敞式。在分散输水系统中，当输水廊道顶部出现负压，可能从检修阀门井吸入空气，影响闸室的水力条件。此时，应考虑采用封闭式，以杜绝空气吸入闸室。　　（詹世富）

检修水位　highest allowable water lever for repair
　　船闸进行水下部分检修期间所允许出现的最高水位。船闸每隔一定年限需将闸室抽干进行检修，检修期间闸室等结构处于最不利的受力状态。为保证安全，一般均规定在枯水季节进行，规定在规定水位升高以前，船闸需检修完毕。　　　（蔡志长）

检修闸门　repair gate, service gate
　　检修船闸时，装置在闸首口用以挡水的临时性船闸闸门。通常在无压静水中安装或拆除；启闭时间可以较长，容许在数小时内甚至更长的时间装卸完毕。常用的门型有：叠梁闸门、平面闸门、浮式闸门等。在同一河流上，几座尺寸相同的船闸可以共用一套。　　　　　　　　　（詹世富）

减水　fall, depression
　　由于风或气压等因素，造成一段时间内沿岸局部水域水面降低的现象。如与低潮位或其他异常低水位相遇，会使航道、港口水深减小，滩险扩大，影响船舶正常航行和作业以及沿岸的生产活动。
　　　　　　　　　　　　　　　　（张东生）

减速地点标　slow down speed sign
　　表明列车需减速运行的圆形标志牌。设在需要减速地点两端外各20m处。正面表示限速起点，列车应按规定限速通过该地段；背面表示限速终点，列车可恢复正常速度运行。　　（吴树和）

减速顶　dowty retarder
　　安装在钢轨腰部具有自动降低车辆溜放速度功能的小型独立液压装置。道蒂一词取自英国道蒂采矿设备公司（Dowty Mining Equipment Ltd）的名称。首先由英国道蒂公司铁道处总工程师切克莱（P.E. Checkley）研制成功。最初安装在不列颠铁路的延斯雷（Tinsley）和贝斯科特（Bescot）两个编组站。滑动油缸和壳体是它的两个组成部分。滑动油缸内装有速度阀，能自动判断车辆的速度是否超过了临界速度数值；装有压力阀，能吸收车辆的动能。每台减速顶都有临界速度值，车辆速度高于该值时，减速顶起制动作用，否则不起制动作用。中国产T-DJ 302型临界速度为1.25m/s的减速顶，每制动一次，消耗功为932J。　　　　　　　（严良田）

减速锚链　retarding chain
　　船舶下水常用的减速制动装置。为保证船舶从滑道下水的安全和减小船舶下水后的滑行距离，常在两舷拖上锚链，使船滑下时由于锚链的阻力而逐渐降低其下滑速度，控制在一定的滑程内。　（顾家龙）

减速信号　reduced speed signal
　　要求列车降低速度，按规定的速度通过该信号显示地点的信号。在视觉信号中采用黄色作为它的基本颜色。其表达方式如通过信号机的黄色灯光；驼峰色灯信号机的闪动黄色灯光；移动信号的黄色圆牌；手信号展开黄色信号旗等。　（胡景惠）

简易驼峰　simplified hump
　　调车场位置偏离到牵出线延长线一侧的调车驼峰。一般设在区段站型的调车场咽喉区。多为平地起峰，就地改建。一般仅调整牵出线及道岔区的纵断面，尽量保持原有道岔区的平面结构。由于既有设施不尽合理，效果不甚理想。新建站场设计简易驼峰时，道岔区可以采用单式对称道岔的平面结构。其推送坡段和溜放部分纵断面的设计，不必迁就既有设施，效果较好。　　　　　　　（严良田）

件货码头　general cargo wharf
　　装卸件杂货的码头。件杂货码头的船型、货种和流向变化比较大，因此，大都使用由各种装卸机械互相连接作业的通用装卸工艺系统。常用的装卸机械有：船吊、门式起重机、桥吊和轮胎式及其他流动式起重机械，对于斜坡式码头则采用缆车系统。码头前沿作业地带的宽度根据码头作业性质、码头前的设备、装卸工艺流程等因素确定，一般在25～40m之间。码头型式根据水位变幅，可采用直立式码头或斜坡式码头等。　　　　　（杨克己）

件货装卸工艺　handling technology of general cargos
　　件货装卸和搬运的方法和程序。有包装或无包装按件承运和保管的货物，称为件货。件货码头装卸工艺常用的有以下几种：(1)码头前方作业采用门座起重机(图)或其他流动机械，如轮胎式起重机、汽车式起重机等。后方作业，当水平搬运距离较近时，以叉车作业为主；水平运距较远，或运送大件时用拖车(牵引车)——挂车(平板车)；库场拆码垛及装卸车作业采用叉车、轮胎式起重机、汽车式起重机等。(2)码头前方作业采用船吊(船上吊杆)，后方作业和库场作业系统与前者相同。(3)码头前方作业采用固定岸吊，后方作业和库场作业系统同前。主要适用于货运量较小的中小码头。(4)码头前方作业采用缆车系统，后方作业和库场作业系统同前。缆车是一种用卷扬机牵引沿斜坡轨道上行驶的钢结构承重小车。本系统通常由浮式起重机、缆车、水平运输机械、库场作业机械等组成。由于装卸环节多,装卸效率较低,只适用于内河大水位差地区。

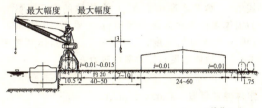

（单位:m）
（王庆辉）

建筑限界 clearance gauge

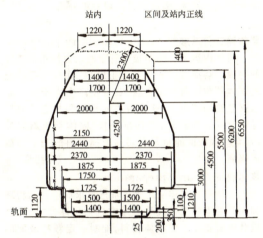

—×—×— 信号机、水鹤的建筑接近限界（正线不适用）。
—●—●— 站台建筑接近限界（正线不适用）。
——— 各种建筑物的基本接近限界。
----- 适用于电力机车牵引的线路的跨路机、天桥及雨棚等建筑物。
-·-·- 电力机车牵引的线路的跨线桥在困难条件下的最小高度。

除与行车有关的设备(如车辆缓冲器、接触导线、路签或路牌授受机等)外,其他任何建筑物和设备都不能侵入的垂直于线路中心线的轮廓界线。包括直线建筑限界、隧道建筑限界、桥梁建筑限界等。因车站内有信号机、水鹤、站台等设备,故站内与区间的限界尺寸有所不同。电力牵引时,因有接触导线,限界上部有所加高。曲线地段,因机车车辆车体轴线与线路中心线不能吻合,所以限界应加宽。 （吴树和）

渐近法放边桩 slope stake by method of approach

地形起伏变化较大地段,由初估边桩位置用逐步接近来试算以确定边桩位置的方法。具体方法是先按路基横断面图或路基中心填挖高度以及地面的大致横向坡度估计一个边桩位置 D'。量出 D' 至中心桩的距离 l',测出 D' 点与中心桩(原地面)的高差 h'。D' 至路基中心桩的距离 l 应为

$$l = \frac{B}{2} + m(h \pm h')$$

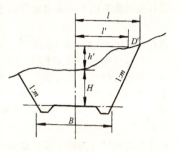

式中 B 为路堤或路堑顶面宽度(路堑包括侧沟);m 为路基边坡坡率;h 为路堤或路堑的中心填高或挖深;$(h \pm h')$ 一项,须视 D' 点比中心桩高或低而采用"+"或"-"。若 $l = l'$,则 D' 点即为所求的边桩位置。若 $l > l'$,则 D' 点应向外移;$l < l'$ 则应向内移。如此反复数次,逐步接近,使边桩达到正确位置为止。 （池淑兰）

渐近优解法 method of optimal gradual solution

以营运费最小为目标,对道路网规划多种方案进行逐步比较的选优弃劣方法。是道路网规划的方法之一,要点是:以运输联系图为路网规划原方案,首先排除其中任意一条线,组合各种方案后作营运费(即基建费与运输费之和)的计算,优选其中费用最少的方案作为下一步规划的原方案。再排除其中任意两条线,又得若干组合方案,再择费用最少的下一步原方案。继而排除任意三条线,按相同办法寻求费用最小的方案,直到不必再组合新方案为止,最终得费用最少的方案为设计成果。 （周宪华）

渐伸线法 involute method

直接利用公式计算渐伸线长度、选配曲线半径并计算既有曲线拨距的方法。计算步骤:(1)根据外业测量资料,用相应公式,计算既有曲线各测点的既有渐伸线长度 E_J;(2)根据既有渐伸线长度和偏角数据,直接估算曲线半径,取整选定设计曲线半径;(3)在保证总转角不变和终切线不拨动的条件下,用相应公式计算设计曲线各测点的渐伸线长度 E_s;(4)计算拨距 Δ,$\Delta = E_s - E_J$。适用于平面曲线改建时,一般曲线的拨正,前提条件是既有曲线拨正到设计位置,曲线长度应基本上保持不变,才能保证必要的精度。 （周宪忠）

渐伸线图 involute graph

用曲线长(横轴)和相应点的渐伸线长度(纵轴)表示既有曲线中线位置的坐标图。渐伸线为线路中心线到始切线的渐伸线弧长。可分为设计曲线渐伸线图和既有曲线渐伸线图。设计曲线各测点的渐伸线长度,可根据曲线要素,由相应的公式求出;其设计渐伸线图由四段规则曲线构成。既有曲线渐伸线长,可由外业测量资料,计算求得;其既有渐伸线图,因曲线错动,由不规则曲线构成。通常把两图给在同一坐标图上,从图上可以看出把既有曲线拨动到

设计曲线位置的拨动距离和拨动方向。

(周宪忠)

箭翎线 heringbone tracks

状似箭翎的分段式调车线。1968 年首次在日本国铁郡山编组站驼峰调车场使用。"箭翎"一词源于日语外来语"矢羽根"。分为单向(或称 S 型)箭翎线和双向(或称 D 型)箭翎线两种。各由三条线路组成,并由三开道岔、普通单式道岔或单式对称道岔将各条线路划分为四五段。除中间一条线路为走行线外,两侧两条线路可同时容纳 8 或 10 个不同到站或不同去向的车组。单向箭翎线可供调车场尾部调车机车在牵出线上进行编组作业,而双向箭翎线则是两端都有通路,可以容纳从驼峰溜放下来的车辆,也可以在调车场尾部牵出线上进行编组作业。在走行线上应设置必要的调速工具。分段线末端应设置可以控制的挡车器。箭翎线作业灵活,编组作业简单,效率较高,占地较少。

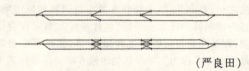

(严良田)

jiang

江海联运 river-sea coordinated transport

货物直接由海运转河运或河运转海运的运输组织形式。

(吕洪根)

将来交通量 future traffic volume

规划或设计年限交通量的预测值。为基本交通量和增加交通量之和。可根据历年交通量观测资料,结合历年经济发展状况和今后的发展规划,拟定今后交通量变化的数学模型,并按此模型预测今后的年交通量。

(文旭光)

浆砌片石 rubble masonry

以水泥砂浆将料石胶合砌筑成的砌体。砌时先砌角石,再砌镶面,然后填浆和小石块,砌时要注意找平,防止通天缝。可就地取材,有一定强度,常用于各种基础工程、挡土墙和护坡工程等。

(池淑兰)

浆体 slurry

把需要用管道输送的固体物料,经破碎后,按照一定的颗粒粒度级配与液体(一般用水)均匀混合形成一定浓度的固-液混合物。例如磁铁矿浆、水煤浆、泥浆等。有些浆体的颗粒在介质中呈悬浮状态成为悬液。

(李维坚)

浆体摩阻系数 friction factor for slurry

表征浆体在管道中流动时的摩阻损失的无量纲数。对于非均质悬液其值为

$$f_m = f_l \left\{ 1 + k \left[\left(\frac{gD}{v^2} \right) \left(\frac{\rho_s - \rho_l}{\rho_l} \right) \frac{1}{\sqrt{C_p}} \right]^{3/2} c \right\}$$

式中 f_m 为浆体摩阻系数;f_l 为液体的摩阻系数;c 为固体颗粒体积浓度分数值;k 为常数,其值 80~150;g 为重力加速度;D 为管径;ρ_s 为固体颗粒密度;ρ_l 为液体密度;C_p 为颗粒阻力系数。

(李维坚)

浆体输送管道 slurry pipeline

输送浆体的物料输送管道。浆体的流体介质一般是水,如水煤浆,各种矿浆等;也可用需要输送的流体物质如石油、酒精等与其他固体物料煤、矿石等混合形成的浆体,输送到目的地后再分离。

(李维坚)

浆体输送管道磨蚀 erosion in slurry pipelines

浆体内运动着的颗粒对管壁的动力作用而造成的磨损。磨损可以分为①变形磨损:具有很高动能的固体颗粒法向冲击管壁,在管壁产生大于管材屈服强度的局部应力,这些应力的叠加和相应的应变导致管壁表面破坏;②切削磨损:固体颗粒斜向冲击,有些颗粒的能量足以切削磨损材料的表面并凿成碎屑。

(李维坚)

浆体制备 slurry preparation

为使输送浆体满足管道输送要求而进行的物理和化学处理的工艺过程。通常包括用球磨机、棒磨机磨碎需要输送的固体物料,配制一定颗粒级配的粉体,然后加水或其他液体介质混合成浆体,用稠化、过筛、旋流分离、浓缩器等手段提高浓度,并分别加一些防腐蚀、增加流动性和抗沉淀的化学制剂,最后还需经过质量控制保证浆体质量。

(李维坚)

jiao

交叉 crossing

两条轨道在同一平面上相互交叉的轨道设备。按两条轨道的平面交角分为菱形交叉和直角交叉两种。可以单独使用在行车速度较低、运量较小的次要线路上。菱形交叉还是交分道岔和交叉渡线的组成部分。

(陆银根)

交叉渡线 scissors crossover, double crossover

两个单式渡线重叠相交以实现两条相邻线路间列车转线的轨道设备。按相邻

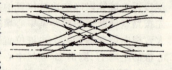

线路的相关位置和端部道岔的类型分为普通交叉渡线和特殊交叉渡线。前者采用于两条平行线路之

间,由四组端部单开道岔和一副中间交叉组成。由于岔枕全部按垂直于平行线路的方向布置,端部开道岔的辙叉及护轨部分的构造与普通单开道岔的不同,需经特殊设计。当相邻线路不相平行时,或端部道岔采用双开道岔、交分道岔,则需采用特殊交叉渡线设备。与两组先后排列而方向相反的单式渡线相比,占地长度减少一半,通常使用于地形紧迫、场地狭小的车站咽喉区。　　　　　　（陆银根）

交叉口饱和交通量　saturation volume of intersection

交叉口各进口引道上有车辆排队等候进入的情况下,交叉口所能通过的最多车辆数。当实际交通量达到或接近饱和交通量时,交叉口发生拥挤,延误迅速增加;实际交通量大于饱和交通量时,交叉口发生交通阻塞,延误无限增大。交叉口饱和交通量常被用作为交叉口的实用通行能力。
　　　　　　　　　　　　　　　（王　炜）

交叉口服务交通量　service volume of intersection

又称交叉口设计交通量。考虑交叉口服务质量后的允许交通量。是交叉口设计的依据,等于交叉口的通行能力乘上服务水平系数。服务水平系数介于0与1之间,对于服务质量要求高的交叉口,服务水平系数取低值;反之,取高值。
　　　　　　　　　　　　　　　（王　炜）

交叉口高峰小时交通量　peak hour volume of intersection

一定时段(通常指1d或一上午、一下午)内最大的小时交叉口交通量。全天各小时的交通量是变化的,上午、下午各形成一个高峰。在城市道路交叉口,上午峰值通常略大于下午峰值。交叉口各种交通组成的高峰小时交通量是交叉口设计的重要指标,通常视作为交叉口通行能力设计的控制条件。
　　　　　　　　　　　　　　　（王　炜）

交叉口交通量　intersection volume

又称交叉口流量。单位时间(1d或1h)内从交叉口的所有交汇道路进入(或离开)交叉口的交通量总和。从交汇道路进入的交通量含左转、直行、右转三种流向。交叉口流量与流向是交叉口几何设计及控制方式设计的直接依据。交通量很小时,交叉口可不加管制;交通量较大时,应设置交通信号管制,左转交通量较大的交叉口,应设置左转专用信号或左转车道;交通量很大时,则应采用立体交叉。
　　　　　　　　　　　　　　　（王　炜）

交叉口最小视距三角形　minimum sight triangle in intersection

平面交叉口两相交道路的停车视距所组成的三角形。对于多车道道路相交的交叉口,最小视距三角形以最不利位置绘制,即紧靠中央线的第一条车道与相交道路靠路缘线的第一条直行车道所构成的三角形。如图所示,

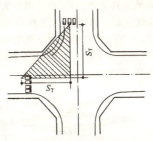

S_T为停车视距。在最小视距三角形内不得有阻挡驾驶人员视线的物体存在,如建筑物、构筑物(包括严重影响视线的交通管理设施)及树木等,以保证车辆在进入交叉口时,能看清相交道路上车辆行驶情况,避免相互碰撞。　　　　　　（王　炜）

交叉路口视距　sight distance at intersection

汽车驾驶员在进入交叉口之前,于最不利情况下能看清相交道路上的车辆行驶情况时,汽车与交叉口之间的最短距离。为确保车辆安全通过交叉口,及时停车避免碰撞,该视距不得小于车辆行驶时的停车视距。　　　　　　　　　　　（王　炜）

交错浅滩　shoal with staggered pools

上下深槽交错的浅滩。多出现在河身较宽、边滩和沙嘴比较发

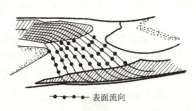

育的顺直河段或曲率较大、过渡段较短的弯曲型河段上。其特征为:①上下深槽相互交错,上深槽下端形成尖潭,下深槽上端形成窄而深的倒套;②上、下边滩较低,上边滩尾部常有狭长的水下沙嘴下延;③鞍凹浅而窄。这种滩水深小,冲淤变化较大,航道极不稳定,枯水时常形成强烈的横向漫滩水流(见图),严重碍航。是平原航道整治的重要对象。整治原则是堵塞倒套、固定和抬高下边滩或堵塞尖潭、利用倒套作航道等。　　　　　　　　（王昌杰）

交点　intersection point

路线改变方向时,相邻两直线段的延长线相交的点。一般惯用英文缩写IP表示,我国交通部规定用汉语拼音缩写JD表示,为路线测量中的基本控制点。　　　　　　　　　　　　（冯桂炎）

交分道岔　slip switches

列车通过两条轨道交叉处既能由一条轨道越过另一轨道,又能自某一轨道转向另一轨道的道岔。按转线数目分为单式交分和复式交分两种:只能一侧转线的称单式;能两侧转线的称复式。我国常用

的是复式交分,由一副菱形交叉、两副双转辙器及导曲线组成。相当于两组对向铺设的单开道岔的功用,但其长度较两组单开道岔短得多,且有开通进路多,两个主要行车方向均为直线等优点,适用于地形复杂、场地狭窄的地点。

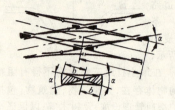

(陆银根)

交汇控制系统 merging control system

高速干道上用以控制匝道内车辆安全交汇驶入高速干道车流的控制系统。在高速干道上及匝道上同时检测车辆的到达位置及行驶车速,并判断高速干道车流中是否有允许匝道内车辆驶入的安全交汇空档,以指挥匝道内车辆可否驶入高速干道。

(李旭宏)

交流电力机车 alternat current electric locomotive

从接触导线供给交流电能的电力机车。现代交流电力机车都用单相交流电。按接触网内交流电流的频率,分为工频(50Hz 或 60Hz,网压 20kV 或 25kV)和低频(25Hz 或 $16\frac{2}{3}$ Hz,网压 11~16kV)。按变流装置和牵引电动机类型分为:(1)整流器电力机车,又称单相-直流电力机车;是当前应用最广的一种,中国"韶山"系列电力机车就属此种;(2)单相整流子电动机电力机车;该车由接触网引入的高压交流电能,经降压后,直接供给单相整流子牵引电动机,多用于低频制;(3)交-直-交流电力机车。此外还有多电流制电力机车,能在两种电流制的电气化铁道上运转,由于要增加一些设备,电路也比较复杂,其技术指标略低,使用尚少。 (周宪忠)

交替式控制 alternate control

在交通信号的线控制和面控制设计时,根据各个路口之间距离的不同,使各个路口的信号互相交替,构成不同的周期、偏移的交通控制方式。有单独交替、双重交替和三重交替等几种。 (乔凤祥)

交通岛 traffic island

为便于交通管理在路面上设置的各种岛状道路渠化设施。一般用水泥凝土预制块面砌,高出路面 10 余 cm,岛上种植草皮、灌木丛,或布置照明杆和交通标志牌等。按功能不同可分为渠化岛、导流岛、分流岛、方向岛、中心岛和安全岛等,用以引导车辆和行人的行进方向,以确保车辆与行人安全。

(顾尚华)

交通调查 traffic survey

对地区或城市现有交通状况进行观测、收集信息的工作。包括:现状交通流调查;道路与交通设施调查;出行特征及居民出行起迄点调查;机动车起迄点调查;货流调查;车速及交通延误调查;停车调查等。

(文旭光)

交通法规 traffic law

维护交通秩序、保障交通安全的道路交通管理条例(或道路交通法)以及其他有关交通安全的法律。是交通管理工作的总的出发点和归宿点。在国际上还包括:以交通安全体系与计划为主的交通安全对策基本法;以道路管理为主的道路法;以停车场为主的停车场法;以交通运输为主的道路运输法等。交通法规必须具备三大条件:一是科学性,即交通法规的制定应以交通工程学理论和实际的交通条件以及经济、社会状况为依据;二是交通法规的严肃性,法规一经制定公布于众,必须严格执行,不应强调灵活性;三是交通法规的适应性,任何交通法规不能一成不变,必须有适应的时间。 (杜 文)

交通方式 traffic mode

完成出行所使用的手段。在中国城市中主要有步行、自行车和公共交通(公共汽车、无轨电车和地下铁道)。而自行车交通和步行交通在个人出行中则占有相当大的比重。确定城市中各种交通方式的构成和比例并制定相应的分阶段发展规划,是交通规划的一项主要内容。 (文旭光)

交通方式划分 modal split

个人出行时按照某种目标(一个或几个)对交通方式的选择。目标可以是时间、费用、时间价值,也可以是综合效用值。由此确定总出行量(不同方向和距离)中各种交通方式所占的比例。 (文旭光)

交通分区 traffic zone

为了便于交通调查和资料统计,按一定原则将调查范围内的用地划分为若干交通区。交通区划分的原则是:应考虑到人口和出行端点数相近,土地使用性质大体一致,地形和行政区划的界线,并预先注意到交通规划的需要。 (文旭光)

交通分析 traffic analysis

对道路网上交通流的空间、时间分布,土地利用和交通的关系所进行的定量研究。进行近期交通综合治理以及中、远期交通规划,都是在对交通调查的基础上进行分析研究,寻找出交通的特征值和存在的问题,用交通工程学的基本理论和方法制定出相应的对策和发展战略。交通分析涉及的因素和参数很多,计算工作量很大且繁杂,故一般借助计算机实

交通感应自动信号机 traffic-actuated automatic controller

根据从埋设或悬挂在交叉路口的车辆检测器传来的车辆到达信息自行变换信号的信号机。没有固定的周期与绿信比,特别适用于各方向交通量相差很大而又无规律的交叉路口。分半感应式和全感应式两种。　　　　　　　　　(乔凤祥)

交通公害 vehicular pollution

交通所产生的有害气体、噪声、振动等可能对人体健康、生活环境造成的危害。高架道路遮蔽日照及其上行驶车辆产生的电波干扰,照明引起的眩光,以及因道路而引起的通风和排水不畅等也可列为交通公害。　　　　　　　　　(文旭光)

交通管理 traffic management

对道路上的车流和人流进行引导、组织、指挥、调节和限制的各种方式方法的总称。根据对交通流及路网的全面分析研究采用适宜的方式方法,广义的交通管理包括:技术管理(设置标线、标志、设计自动控制,规划专用车行道及单向车行道,选用安全设施等);行政管理(规定错开上下班时间,对车辆行驶时间、地点和车种等进行调控);法制管理(颁布和执行法规、建立车辆监理机构等)以及教育与培训管理(进行交通法规教育,驾驶员培训等)。为充分利用路网解决交通拥挤问题,维持交通正常秩序、保证交通安全的重要手段。　　(李旭宏)

交通规划 traffic planning

对交通系统未来发展的现在决策。对象是规划范围内交通系统的发展目标、系统结构、交通政策和各种交通网络、交通设施。按交通规划对象的地域可分为:区域交通规划和城市交通规划;按交通规划的期限和作用可分为:方向性交通规划和方案性交通规划。交通规划的主要工作内容为:交通调查、交通预测、线网、设施规划和综合评价四部分。　　(文旭光)

交通规划程序 transportation planning process

交通规划必要工作项目的顺序及其相互关系。其程序粗框图如右:　　　　　　(文旭光)

交通规划目标 goals of transportation planning

规划期限内交通设施。交通行为的质量和数量方面应达到的水平。其目标体系一般包括:出行时间(min);机动车车速(km/h);公交车平均速度(km/h);公交车万人拥有量(辆/万人);快速轨道交通路网密度(km/km^2);公交线网密度(km/km^2);道路网密度(km/km^2);公交车高峰小时乘客密度(人/m^2);交通事故死亡率(人/万车·a);交通噪声及排气污染。　　(文旭光)

交通规划期限 target dates

交通规划方案预期实现的期限,确定此期限时,应考虑该城市或地区的社会经济发展阶段,由于交通发展的超前性,可定为20至30年,这时规划以完成方向性规划为主体。方案性规划的期限可定为10～15年。近期一般为5年。　　(文旭光)

交通规划协调 coordination of transportation planning

在地区交通规划中,当某种交通方式的规划确定后,其他交通方式、土地利用等与其协调的技术。如换乘(换运)、场站配置、交通组织与管理等。城市交通规划中可利用计算机辅助决策支持系统来实现。　　　　　　　　　(文旭光)

交通监理 traffic surveillance

依照国家交通法规、技术标准和技术规范,进行全国民用机动车辆的行政管理和技术监督。具有两方面的功能:一是车辆使用技术的监督,包括旧车技术改造更新、节约燃料、车辆保养修理、技工培训、防止环境污染等;二是对行车安全的技术管理,包括对车辆的技术检验鉴定、驾驶人员的考试考核,核发和管理牌证;同时进行公路上的路检路查,维护交通秩序,并负责交通事故的处理和统计工作。
　　　　　　　　　　　　(杜　文)

交通监视系统 traffic surveillance system

对交通运行状况进行监视的系统。监视方法包括:电子监视;安装电视摄像机并与控制中心相连的工业电视监视;航空监视;电话系统监视;安装在汽车上的无线电报监视;交通警巡逻监视。
　　　　　　　　　　　　(李旭宏)

交通结构 traffic structure

一定地区内交通系统各种特征之总称。如交通流量、客货运量、交通方式的组成以及决定交通性质的其他因素等。寻求交通结构的合理是交通规划的一项主要任务。　　　　　(文旭光)

交通警巡逻 traffic police patrol

由公安部门或公路管理部门派出巡逻车在公路上巡逻,探测事故、故障和违章的交通监视方法。巡逻车上装有无线电报话设备,可以接收控制中心的命令,也可以向控制中心报告各种问题。
　　　　　　　　　　　　(李旭宏)

交通控制 traffic control

为管制和诱导交通,提高交通安全和畅通而实施的手段。一般采用与随时变化的交通情况相适应

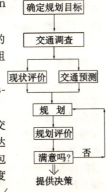

交通规划程序

的设备,如传感、检测、通信、信号及计算机等,以准确地指挥和控制交通。　　　　　（乔凤祥）

交通量　traffic volume

在选定的时段内,通过道路某地点的交通体的数量。选定时段通常要等于大于 1h,交通体包括车辆和行人;对机动车应按各类车辆不同的折算系数,换算成标准车;有时将非机动车也换算成机动车。交通量一般以小时、日、年计。　　　　（文旭光）

交通量分配　traffic assignment

各起迄点之间的交通流量在道路网上的分配。一般的分配方法有:全有或全无分配法、多路线概率分配法和时间比例分配法。由于径路的行程时间是流量的函数,所以可用交通平衡理论分配交通量;又由于节省时间不是惟一的目标,所以在交通量分配中可采用随机效用理论。　　　　（文旭光）

交通量观测　traffic volume survey

为取得现状交通流量资料而进行的现场观测。观测手段分人工和自动仪表计数两类。观测种类分路段流量观测和交叉口流量观测。将观测时间内分时段(5min,15min)记录的交通量累计得到累计交通量。路段观测时应按车辆类型记录,交叉口观测时还应记录左、右转和自行车辆数。同时观测记录自行车流量。城市中观测记录的结果还应换算成标准小车。　　　　　　　　　　　　（文旭光）

交通量折算系数　conversion factor of traffic volume

将道路上行驶的各种类型的车辆,按其所占用的道路空间或通行能力,统一折算成标准车型数量的比值。取标准车型为 1.0,则其他车型分别大于或小于 1.0。中国目前公路部门采用值:中型汽车和各种轮式拖拉机为 1.0,汽车拖车为 1.5,小型汽车和人力拖车为 0.5,畜力车为 2.0,自行车为 0.1。亦可设车身长为 $L(m)$、车身宽为 $B(m)$、平均车速为 $v(km/h)$,以中型汽车为标准取各种车型的 $\frac{LB}{v}$ 比值进行换算。　　　　　（周宪华）

交通流　traffic stream

在道路上沿一定方向行进的车辆或行人。道路由机动车道、自行车道和人行道组成,众多的连续的道路上行进的车辆或行人,形似流体,形成了道路交通流。　　　　　　　　　　　　（文旭光）

交通流理论　traffic theory

运用数学及物理学的方法分析研究人和车辆在道路上运动的规律,探讨车流流量、速度和密度之间关系的理论。是一门用以解释交通流现象或特性的理论,以达到减少交通事故,交通公害和交通时间的延误,提高道路交通设施使用效率的目的。交通流分析的方法,目前大致包括概率统计分布、交通的流体动力学模拟理论,跟车理论及排队论等。　　（戚信灏）

交通流密度　traffic density

又称车流密度。在单位长度(通常为 1km)路段上,一个车道或一个方向上某一瞬时的车辆数。用以表示在一条道路上车辆的密集程度。
　　　　　　　　　　　　　　　　（戚信灏）

交通流模型　traffic flow model

交通流特征参数流量 Q、速度 v、密度 K 之间的数学关系式。其公式为:
$$Q = vK$$
上式为一个三维关系,在三维坐标系中是一条空间曲线。为研究方便起见,用三个正投影图来表

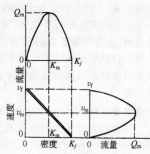

示三维空间坐标所示的参数关系。即由垂直平面坐标表示速度－密度、流量－密度、速度－流量之间的关系。　　　　　　　　　　　　（戚信灏）

交通流特性　traffic flow characteristic

又称交通流特征。交通体系中人流、车流在不同条件下变化规律及其相互关系的定量或定性描述的总和。在道路上的交通流通常用流量、密度、速度这三个最重要的参数加以描述。　（戚信灏）

交通流线　flow line

在附有道路网的地图上,按合适径路(习惯径路或最短径路)对各交通起迄点的连线。线条的宽窄表征流量的大小。　　　　　　　　（文旭光）

交通模拟　traffic simulation

对交通现象所进行的计算机仿真。利用计算机产生各种随机数的功能,可以再现、组合交通现象的统计规律和模仿出行者的交通行为。当由于时间和费用无法进行大规模调查或系统尚未建立,不可能进行实地调查时,交通模拟是系统分析的重要手段。　　　　　　　　　　　　（文旭光）

交通模型　traffic model

描述交通系统本身的规律及其与社会经济状态之间的关系的数学方程式、逻辑框图和结构图之总称。在进行交通预测时,出行发生与分布等多种模型,表征出行与社会经济特征之间的关系;交通方式的划分模型,表征交通系统特征、出行目的与出行者的特性之间的关系;而交通分配模型描述了交通流在网络上的运动规律。在进行交通模拟时,首先要构造模拟流程的框图,然后作计算机仿真试验。在研究交通系统结构时,常常用有向图及其相应地

邻接矩阵,来表征各因素、各单元之间的相应关系。
(文旭光)

交通评价 traffic evaluation
对交通系统达到目标程度的估价。一般评价程序为:明确评价目的;建立指标体系;建立评价模型;进行综合评价。交通评价由于目的不同,评价对象不同,评价指标、模型也不一样。一般评价是按层次自下而上,逐级进行。各层次分别拟定指标和算法。如进行城市现状交通评价,就应分别对道路通行能力、路段及交叉口负荷、交通安全、交通环境质量等进行评价,以刻画出达到系统目标的程度。
(文旭光)

交通起点 traffic origin
出行的出发点。在应用聚集模型时,此点为出发交通区的形心,有时简称"O点"。一次出行只有一个起点。交通区内起点数之和为该区出发的交通量(人次或车次)。
(文旭光)

交通区形心 centroid of traffic zone
对交通区设定的出行产生与消失的聚集点。一般找一个有代表性的地点,不一定是该区的几何面积的重心,认为该区的出行量都是以形心为发生和吸引的中心点。每一个交通区均有且仅有一个这样的形心。
(文旭光)

交通事故 traffic accident
车辆、行人在街道或道路上,因违反交通规则和有关交通管理规定,造成人员伤亡和车物损失的现象。街道及道路是指城市道路、公路和胡同(里巷),以及公共广场、公共停车场等供车辆、行人通行的地方。构成交通事故需要具备6个要素:车辆;在道路上;通行中;具有发生事态;具有交通性质;造成后果。下列情况发生的事故不能算作交通事故:野外军事演习;农机车辆在田间或院场作业;施工现场,或厂矿、企业内部;体育场内的车辆竞赛;道路及广场用作游行集会。
(杜 文)

交通事故率 traffic accident ratio
道路上因交通事故而每年受伤、死亡或伤亡的人数(或事故次数)与汽车拥有数量(万辆或亿辆)或汽车行驶里程(亿车 km 或万车 km)数的比值。亦可以每年或平均每次事故的直接经济损失(万元)表示。为表征道路交通(区域的或路段的)安全性的技术指标之一。
(周宪华)

交通死亡事故 traffic fatal-accident
因道路交通事故发生人员当场死亡或伤后7天内(中国公安部规定)抢救无效而死亡的交通事故。
(杜 文)

交通弹性系数 elasticity coefficient of traffic
交通量与某项经济指标的函数关系(或比值)。可用于进行远景交通量的预测或作为路网规划方案的评价指标之一。
(周宪华)

交通违章 traffic breach of rule
人们违反交通管理法规、妨碍交通秩序和影响交通安全的过错行为。违反交通管理法规的行为,除极少数情节特别恶劣已造成严重后果,触犯刑律的以外,对一般违法情节轻微,且未造成严重后果的,则通常称之为"违章",以区别其他性质较严重的违法行为。
(杜 文)

交通稳定性 traffic stability
跟随行驶的车队中各车辆速度和车间距离的均衡程度。包括两类:局部稳定和渐近稳定。前者与跟随车辆的反应有关;后者与引导车向后传播的波速情况有关。
(戚信灏)

交通信号 traffic signal
管理交通的音响、灯光、符号或其他物体设施。一般指信号灯,广义地可包括道路上的标志和标线。按控制手段可分为手动、感应、自动控制等。是现代化交通管理的重要手段,其设计应根据道路状况、交通流的时空变化规律以及经济条件进行。
(李旭宏)

交通信号点控制 isolated intersection control on traffic signal
用交通信号机独立地对一个交叉路口进行控制。其特征为被控路口与相邻路口不发生任何联系。点控制常分为定周期和感应式两种。定周期控制是指根据路口交通量的情况,预先定好信号周期的交通信号控制方式,可按全天交通量变化情况采用多时段周期。而感应式控制系根据设在一个或多个进口引道上的车辆检测器测出的交通到达,使用初始车辆时段和车辆延时时段这两个主要特征,来连续地调节信号的配时,如在所有道口均埋设车辆检测器则称为全感应式控制,仅在次要道口埋设车辆检测器的称为半感应式控制。
(乔凤祥)

交通信号计算机控制 computerized traffic signal control
用计算机检测、处理与管制的交通信号。一般可分为单点、线和区域三种控制方式。计算机可以通过以下几个方面来实现对交通信号的控制:(1)根据路网交通流的特性,制定一套不同的控制方案以及相应的实施时刻表,并予以存储;(2)在任一确定时间点,根据既定方案连续地向各个交叉口信号控制器发出指令,指挥信号灯的开闭,并接受信号器的反馈信息;(3)搜集和处理传输系统传来的信号,必要时提醒工作人员采取相应的措施;(4)搜集和处理车辆感应检测装置的信息,统计全天交通量,发现交通拥挤情况,并向中央控制室的操作人员发出警告或向设在路网上的自动标志控制器发出指令,引导车辆疏散;(5)对自动应答式区域控制系统,计算机还可根据搜集到的现场交通实况随时调整信号配时方案。

(乔凤祥)

交通信号面控制 traffic signal area control

又称区域控制,简称面控。对城市某个区域内所有交叉口的交通流用计算机进行统一的协调控制,合理使用道路并疏导交通的控制方式。包括车辆检测、数据采集与传输、信息处理与显示、信号控制与优化、电视监视、交通管理与决策等多个组成部分。

(乔凤祥)

交通信号线控制 traffic signal line control

简称线控。在主干道整条线路的交叉路口实现互相关连而协调的自动信号控制。线控制有三个参数:周期、绿信比和时差。不同的路口具有相同的周期和不同的绿信比,通过调节各交叉口相对于某一基准交叉口的绿灯信号时差,就可以使具有一定车速在主干道上行驶的车辆不停或少停地通过各个交叉口。一般用于间距几百至1000m的路口。它使车辆具有较少的行驶时间、停车次数和等待时间,以获得较大的通行量。

(乔凤祥)

交通需要 transport demand

又称交通需求。人、人群或地区对物和人的空间移动的要求。它与人群的年龄结构、职业、经济地位,以及土地使用状况和交通系统的状态有关。人们对交通的需求有数量和质量两方面。在质量方面,方便、迅速、舒适、安全、经济是人们的期望;交通系统的高效率、良好的可靠性和服务水平是其实现的前提。

(文旭光)

交通影响分析 traffic impact analysis

分析工程建设项目对城市交通影响程度和影响范围的系统工程。城市内大型公共建设项目或土地利用变更,因其建筑规模大,开发程度高,吸引与产生交通出行量大,势必影响项目周围乃至局部道路网络,导致路网局部的交通供求失衡,引发交通拥挤、交通事故增多、城市环境恶化等。为此,如何定量地分析城市开发项目或土地利用变更对周边地区交通影响的效果,配置相应的交通改善措施,就必须研究城市开发项目与交通需求增长之间的关系,进而确定保持交通服务水平不下降的对策或修改方案,实施补偿政策与措施,以减小或消除土地开发与兴建大型公共建筑对周边道路交通负荷的影响,这就是交通影响分析的目的。

美国在20世纪70年代后期开始研究,20世纪80年代对交通影响分析的理论体系、基本内容、分析方法与步骤及收费标准等进行了广泛的研究,20世纪90年代联邦政府为了协调土地利用与交通问题的关系提出了一系列法案,各州也先后建立了各自的交通影响分析方法与标准,同时也制定了交通影响费用征收的政策。英国在1994年经过系统研究之后,由交通运输协会(IHT)公布了全国统一的交通影响分析指南。其他如香港、新加坡也开展了此项工作,认为这项工作对城市合理有序的发展,具有深远的影响,特别是促进城市开发建设的合理化、土地利用与交通的协调发展等均有良好的作用。中国已有不少高校(如北京工业大学)与部分特大城市(如北京、上海、武汉、南京等)开展了初步研究,提出了交通影响分析的体系、指南、标准与收费办法,但就全国来看,还处于研究实施的初级阶段,何时正式开展交通影响分析、交通影响分析应包括哪些具体内容,还需要进行大量的研究工作并通过实践总结,逐步实施。

(徐吉谦)

交通预测分配 assignment of traffic predication

亦可称为交通预测。根据过去和现在的变化规律,预测道路网规划区各路段的远景交通量。内容包括远景年的道路网总发生交通量,各节点之间的分布交通量,以及任意两节点之间所有路段的分配交通量。目前常用的方法有日本人提出的"四段推算法"框图(图a),和中国交通部提出的道路网规划框图(图b)。预测方法有定基预测和定标预测两类数学模型。分布方法有增长率模型、重力模型和熵模型等。分配方法主要有或全或无、容量限制和最短途径等。

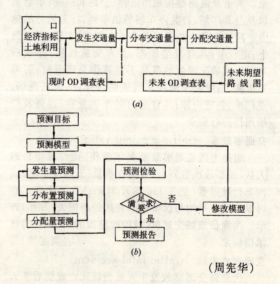

(周宪华)

交通运输 transportation

以专用运载设备使人和货物产生有目的地的位移过程。广义来说交通还可包括信息的传递行为。运输是产品生产在流通领域中的继续。一般情况下，交通运输生产过程不像工农业生产那样改变劳动对象的物理、化学性质和形态,而只改变运输对象(客、货)的空间位置。运输生产虽然也创造价值和使用价值,但并不产生新的产品,它的生产量以人·公里和吨·公里计,不具有物质实体,并在运输生产过程中同时被消耗掉。运输产品既不能储存,也不能调拨及调剂地区间的余缺,所以只有在设备能力上保有储备,才能满足运量增长、季节波动和特殊的运输需要。但是运输设备能力过大,则设备利用率不高,而且运输组织不合理,还会形成迂回运输和重复运输,将会增加运输支出,对整个社会来说是一种浪费。

现代化的干线运输方式包括:铁路、公路、水运、航空和某些物料的管道运输等。由于各种运输对象的要求不同,各地区地理环境和现有运输状况不同,各种运输方式的技术装备不断更新,社会运输需求的形态也不断变化,所以既要充分发挥各种运输方式的优势,扬长避短,合理分工,又要紧密联系,协调发展,形成综合运输网,才能最大限度地节省建设投资和运输费用,取得更大的经济效益。　　　(高世廉)

交通噪声控制　traffic noise control

对交通噪声的限制技术和措施。主要办法是控制噪声源,如改善机动车辆构造,改革交通工具;改善行驶条件,提高路面平整度;限制噪声传播,设置各种形式的防声屏障,加强城市绿化。　　(文旭光)

交通噪声污染　traffic noise pollution

交通产生的不同频率和强度的声音,无规则的组合在一起,对人和环境造成的危害。影响人们休息,降低工作效率,损伤听觉,诱发心血管及植物神经与中枢神经等疾病,甚至破坏建筑物和仪器设备正常工作。　　　　　　　　　(文旭光)

交通噪声指标　traffic noise index(TNI)

交通噪声的评价标准。根据音域不同,将噪音分为 A、B、C、D 四级。以 A 声级对室外 24 小时大量不连续抽样得出的统计声级 L_{10}、L_{90} 为基础的评价标准为:

$$TNI = 4(L_{10} - L_{90}) + L_{90} - 30$$

式中 L_{10} 为只有 10% 的时间才会超过的声级;L_{90} 为 90% 时间中超过的声级。　　(文旭光)

交通肇事　cause trouble of traffic

从事交通运输的人员或非交通运输人员违反交通法规,因而发生重大交通事故,致人重伤、死亡或者使公私财产遭受重大损失的行为。主要特征是主观过失,肇事者由于疏忽大意而没有预见到可能产生的严重后果,或者虽然有预见,但轻信可以避免,以致造成严重后果。如果行为人主观上不是过失,而是故意,则非交通肇事。　　　　(杜　文)

交通终点　traffic destination

出行的目的地。在应用聚集模型时,此点为出行目的地所在交通区的形心,有时简称为"D 点"。每次出行只有一个终点,交通区内终点之和构成该区交通吸引量(人次或车次)。　　(文旭光)

交通走廊污染水平　corridor pollution level

对交通走廊上大气污染程度的评价标准。不同等级和特点的城市,不同种类的道路有不同的评价指标。　　　　　　　　　　(文旭光)

交通组成　traffic composition

交通流中各类车辆及步行所占的比例。机动车可分为大、小型客车,大、小型载货车和摩托车,公共汽(电)车等。　　　　　　　　　(文旭光)

交织　weaving

两股或多股交通流在大致相同的方向上,不借助于交通控制与管理设施,在一定长度的路段运行中,彼此交叉穿越对方行驶的路线轨迹,实现两车流的车道转移过程。是车辆主要运行方式之一,通常在高等级道路的加速车道、减速车道、附加车道及立体交叉匝道进出口附近道路的路段上,以及常规环形交叉的环道上频繁出现,它对于进出匝道或交叉口车道的通行能力有很大的影响。可分为简单交织(图 a)、一侧交织(图 b)、双重交织(图 c)、多重交织(图 d)和复杂交织(图 e)等。

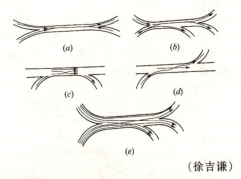

(徐吉谦)

交织段长度　length of weaving section

在汇合点与分流点间,或驶入匝道与相邻驶出匝道之间一段可供交织运行、交换车道的道路中心线长度。在此长度内一般为两股或多股车流的汇合,而后接着又进行分流,其长度一般应大于车辆交织一次所需的长度(交织距离)(图 a),通常交织通行能力与交织段长度成正比增加(图 b)。

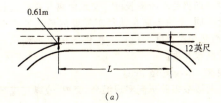

(a)

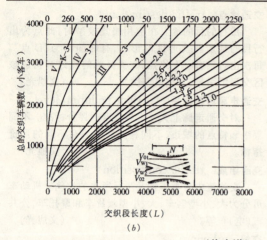
(b)

（徐吉谦）

交织角 weaving angle

进入环交车辆与驶出环交车辆交织运行轨迹的中心线形成的夹角。一般以距右侧缘石1.5m处与距中心岛缘石1.5m处的两切线夹角表示。其大小取决于环道的宽度和交织段长度，此角过大，行车易出事故，一般限制在15°～40°以内，而且越小越安全；但交织段长度和中心岛直径就要增大，占地也增多，因此最好选择在20°～30°之间。

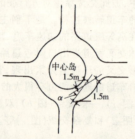

（徐吉谦）

交织距离 weaving distance

又称交织长度。车辆在运行中由一条车道转移至另一条车道所需要的行驶距离。此项距离（见图）之大小取决于汽车的行驶速度和转移车道所需之时间，而转移车道的车速与时间又取决于汽车转向性能、旅客心理、生理与健康承受能力与不快的阈值。由于汽车转移的轨迹曲线是个反向曲线，故速度不宜太快，转向偏角及角速度不宜太大，一般转移车道所需时间为2～5s，然后以交织速度乘以交织时间即得交织所需长度。交织距离与交织段长度概念不同，交织距离是从行车需要的最低要求确定的，而交织段长度为设计所提供的用于车辆交织运行的路段长度。

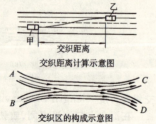

（徐吉谦）

交织区 weaving area

两股或多股车流实现汇合、交织、分离完成车道转换交织的路段。可分为简单交织区与复式交织区，图中交通流 AD 与 BC 为交织交通流，AC、BD 是非交织交通流，在一个单一的交汇点之后接着一个单一的分流点形成简单交织区。复式交织区为由一个单一交汇点后面接着两个分流点或两个交汇点后面接着一个分流点而形成的。

（徐吉谦）

交-直-交电力机车 AC-DC-AC electric locomotive

又称单相-三相电力机车。受电弓自接触网引入单相高压交流电，在车内经降压、整流，然由逆变电路将稳定的直流电转换为三相交流电，供给三相交流电机驱动的电力机车。电机分异步牵引电动机和同步牵引电动机。机车功率和速度的调节都是通过改变逆变装置输出的三相交流电的频率和电压来实现。优点是，三相交流牵引电动机比直流牵引电动机构造简单、体积小、重量轻、维修工作量小；缺点是，逆变电路构造复杂，造价高。目前德国已投入运营，效果良好。中国2001年已研制成功。

（周宪忠）

角图 angle graph

以横轴代表曲线长度，纵轴表示曲线相应的中心角（以弧度为单位）所绘制的坐标图。表示既有曲线特征。图中中心角与曲线长度的关系曲线称为角线；角线与纵横坐标间所包围的面积、称为角图面积。包括设计曲线角图和既有曲线角图。设计曲线的圆曲线的角线为一斜直线，缓和曲线的角线为二次抛物线。既有曲线的角线，因曲线已变形，故为一不规则的倾斜折线。其特性为：(1)曲线上任一测点的角图面积等于相应点的渐伸线长度，设计曲线与既有曲线角图面积之差即为拨距；(2)半径愈小，则角线愈陡；(3)缓和曲线角线和圆曲线角线所围角图面积等于缓和曲线内移距离。可用其选配曲线半径，计算曲线拨距。

（周宪忠）

角图法 angle diagram

在既有线改建中，利用角图面积计算既有曲线拨距的方法。是渐伸线的图解法。前苏联20世纪40年代末开始使用。因为在角图上选配设计曲线半径，计算各测点拨距较为直观，目前仍有人采用该法。步骤如下：(1)根据曲线测量（目前多用偏角法）资料，计算各测点渐伸线长即既有曲线角图面积 w_J；(2)绘制既有曲线角图；(3)计算曲中里程，选配设计曲线半径；(4)绘制设计曲线角图，拟定设计曲线要素，算出各测点设计角图面积 w_s 与内移距离 P；(5)计算把既有曲线拨正到设计曲线位置的拨动距离 Δ，$\Delta = w_s - w_J + P$。

（周宪忠）

绞滩 rapids heaving

山区河流急流滩处水流湍急，为克服船舶上行困难而用人力或机械将船舶牵引过滩的措施。按动力方式分，有人力绞滩、水力绞滩、机械绞滩。按设置绞滩设施的位置分，有岸绞、船绞等。

（李安中）

绞滩船 rapids heaving barge

为船绞过滩而装设绞滩设备的工作船。若机械绞滩，则工作船上安装绞滩机。安装一台绞滩机者为单绞船，安装两台绞滩机者为双绞船。若水力绞滩，则安装水轮或挡水板等。绞滩船一般不能自航，但要求船体坚固，稳性好，便于拖带。为便于操作和安全，甲板离水面不宜过高。

（李安中）

绞滩机 rapids heaving machine

牵引船舶过滩的动力及卷扬机设备。主要由动力机和绞滩主机两部分组成，动力机有柴油机、电动机、蒸汽机三种，蒸汽机多用于船绞设备。绞滩主机由大小齿轮、涡轮、涡杆、止回设备及绞盘等组成，绞滩主机的主要性能指标是最大拉力和绞机转速。长江上游使用的绞滩机设计拉力达180KN。

（李安中）

绞滩能力 capacity of rapids heaving

绞滩机的最大拉力。根据过滩标准船舶（队），在绞滩水位时所受到上滩的总阻力，船舶（队）自身的推力、绞滩方法、进滩速度和安全系数等计算确定。总阻力 R 包括水流阻力 R_V 和坡降阻力 R_i，与流速，比降，进滩速度，船舶排水量和断面积等因素有关，减去船舶自身推力 T_0，即为绞滩所需推力 P_1

$$P_1 = R_V + R_i - T_0$$

绞滩机应配备的最大拉力 p_0 为

$$P_0 = K(P_1 + P_2 + P_3 + \cdots\cdots)$$

K 为安全系数，岸绞时 $K = 2.0 \sim 2.5$；P_1 为钢缆作用于船舶的拉力；P_2 为滑轮的摩阻力；P_3 为其他如支承点，悬垂自重等引起的阻力。绞滩机的动力机械和部件以及基础、钢缆等的强度要求均以该力为计算依据。

（李安中）

绞滩水位 water level for rapids heaving

急流滩险从成滩水位需要绞滩起到涨落至急流减缓不需绞滩之间的水位。当接近绞滩水位时，需预告开班等待绞船。开班时的水位称开班水位，又称开滩水位。当水位达到不需绞船，可以收班，其水位称收班水位。

（李安中）

绞滩站 rapids heaving station

设于急流滩险处，装备有牵引上行船舶过滩机械设备的场所。包括机房、绞滩机、钢缆、转向滑轮以及递缆船、油库、水池、生活设施等，利用这些设备牵引船舶安全迅速过滩，设备可设于岸上或船上。

（李安中）

绞吸式挖泥船 cutter suction dredger

用绞刀旋转切割泥土，由吸泥泵吸排至抛泥区的挖泥船。是挖泥船的主要型式之一。在船头绞刀架端部装有一组绞刀，利用绞刀旋转将河底泥沙绞松，同时利用泥泵抽吸，通过排泥管将泥土扬送到抛泥区。船尾装有两根定位钢桩，收放船头两根横缆使船头左右摆动，将两定位桩交替升降，船体前移，从而使绞刀的挖泥面成扇形向前推进。绞吸式挖泥船种类很多。钢桩绞吸式，非自航，多用于内河风、浪、流小的水域。锚缆移位绞吸式，用锚缆代替钢桩，抗水流能力较强。自航绞吸式，干舷高，泥浆装舱自卸，省去管线安装，可在海上作区。斗轮式将绞刀改为斗轮，可提高泥浆浓度。其他新式的有自升步行绞吸式、半潜绞吸式，两栖行走绞吸式等多种。绞吸式挖泥船动力多为电动机、柴油机和汽轮机。可用机械或液压驱动，由于挖泥、运泥、卸泥均由本船完成，效率高，一般按设计生产率分级，如长江上有1 450、400、300(m³/h)等几种。适用于港口、航道中挖掘淤泥黏土及砂土，如装置齿状绞刀，可挖较密实的砾石和坚土。因施工锚缆影响，不宜用在航行繁忙的狭窄航道上，抗流速和风浪能力较差。

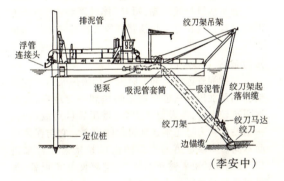

（李安中）

jie

阶梯形断面方块码头 stepped block quay wall

断面轮廓呈阶梯形，上小下大的古典式的方块码头。其特点是墙身断面和底宽较大，方块的数量、种类和层次较多，墙身重心靠前，地基应力分布不均匀。由于它的重心较低，所以抗震性能比衡重式方块码头和卸荷板方块码头要好。

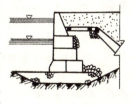

（杨克己）

接触导线 contact wire

接触网中直接与受电弓滑行接触的特殊形状的导线。下部为圆弧形，以利于与受电弓的滑板良好接触；上部两侧设有沟槽，以利于线夹固定。通过吊弦悬挂于承力索上。材料应具有良好的导电性能、足够的机械强度及耐磨性能；多由青铜、镉铜、银铜、铝及其他合金制成。中国早期电气化宝凤段采用截面为 100mm^2 的铜接触导线；后来大部分改用下部摩擦面为钢，上部为铝的钢铝组合接触导线。长大隧道宜采用铜接触导线和铜承力索，以减少腐蚀。时速 120km 以上的新干线，多采用银铜导线，如渝(重庆)怀(怀化)铁路。　　　　　　　(周宪忠)

接触网　contact system

架设在电气化铁路的线路中心线上方，为电力机车提供电流的供电网络。电力机车用受电弓接触受电。按接触悬挂结构可分为：(1)简单接触悬挂——只有接触导线；(2)链形接触悬挂——由接触导线、吊弦和承力索构成。按线组张力调解方式可分为：(1)季节调整接触悬挂——根据季节温度变化，夏季拉紧一些，冬季放松一点；(2)半补偿接触悬挂——接触导线在承力索下锚处，加设张力自动调节器；(3)全补偿接触悬挂——接触导线和承力索均加设张力自动调节器。　　　　　　　　(周宪忠)

接触网终点标　terminal sign of contact system

表示接触导线终端，写有"接触网终点"的长方形标志牌。设在电气化铁路区段接触网的最后一根支柱上。　　　　　　　　　　　　(吴树和)

接力泵站　booster station

用排泥管远距离卸泥时沿程的增压泵站。挖泥船的泥泵加压后只能将泥浆输送到一定距离，当卸泥距离较大时，需设置接力泵，增压后可继续输送，一站站的接力将泥浆送到很远的地方。它与泥泵串联不同。串联是第一台泵的出口紧接第二台泵进口，使达到远距离输送的压力，这将使管道设备、泥泵机组等承受很高压力。接力泵站压力较均匀。为使接力泵运转持续平稳，各泵型号应一致，并在起始泵站建一定容量的泥浆池进行调节。若将接力泵装在船上，则为接力泵船，便于迁移，运用方便。
　　　　　　　　　　　　　(李安中)

秸料　sorghum stalks

用作柴排等梢工原材料的高粱秆。其性质基本与苇料相同，可就地取材，经济、方便，但易腐烂，不耐久。以新鲜、基干长直而带根须的为佳。
　　　　　　　　　　　　　(王昌杰)

节点　control point

冲积平原河流一岸或两岸抗冲性远较上下游为强，位置稳定，对河势及其变化起控制作用的地段。可以是突出在江边的山体、残丘构成的石质矶头，水流冲不动的胶泥嘴以及人工修建的护岸、护坡、矶头等。在一般河段上，河槽能在一定范围内左右摆动，但在该处及其上下游，主流的摆动较小，河势稳定。常作为布置航道整治线的依托。
　　　　　　　　　　　　　(王昌杰)

节制闸标志灯

为防止船舶(队)在夜间航行误入节制闸危险水域而设置航行标志灯。应根据需要在进入节制闸河段与船闸引航道交叉处或节制闸上设置标志灯。
　　　　　　　　　　　　　(詹世富)

节制闸灯

防止船舶夜间误入节制闸的信号标志。设在节制闸上游或下游一边的岸上，也可架空悬挂于节制闸的上、下游水面上空。标杆为红、白色相间斜纹，杆牌为白底、红边、黑色船形图案加红色斜杠，灯质采用并列红色定光灯二盏。
　　　　　　　　　　　　　(李安中)

截水沟　intercepting ditch

设于路堑平台或堑顶天沟外侧山坡上用于引截平台以上坡面水或拦截流向路堑的地表水的水沟。断面形式为梯形、三角形，其断面尺寸由流量决定。
　　　　　　　　　　　　　(徐凤华)

界限标　limit marks

标示通航控制河段上、下界限的信号标志。设在通航控制河段的上、下游和船闸闸室有效长度的两端。标杆上端装一菱形标牌，标牌面对来船方向。标杆的颜色为黑、白相间斜纹，标牌为白色、黑边，中间有一道黑色横条。夜间发红色快闪光(附图见彩4页彩图19)。
　　　　　　　　　　　　　(李安中)

jin

紧急制动　emergency braking

又称非常制动。当列车遇到意外情况必须立即停车时施行的制动。此时司机操纵制动阀手柄，使制动管压力迅速降低，并保持该手柄位置，直到列车完全静止。紧急制动时列车中所有的闸瓦压力都达到规定的最大值，列车制动率用全值，制动距离最短。当列车突然被分离时，各车辆间制动软管断裂，或者开放车辆上的紧急制动阀时，也产生紧急制动。因这种制动使列车产生激烈的冲动，故一般情况下不宜使用。　　　　　　　　　(吴树和)

紧密停车　solid parking

只留有足够车辆进出空隙的密集型停车布置形式。用于同一时间内有许多车辆需要停放的情况，现场有专人管理。设在会场、影院、球场等附近。
　　　　　　　　　　　　　(杨　涛)

紧坡地段　pressing gradient

又称紧迫导线地段。线路采用的最大坡度小于或接近于地面平均自然纵坡的地段。该地段，线路位置主要受高程障碍的控制。为使设计坡度不超过最大坡度,要选择地面平均自然纵坡与最大坡度基本适应的地段定线;当地面平均自然纵坡大于最大坡度时,要人为地将线路展长,以使线路能达到预定高程。定线时,应用足最大坡度争取高程;不应设置向山顶方向的反向下坡,以免损失高程,引起额外展线;一般应从困难地段向平易地段引线;要特别重视地质问题;对紧坡持续很长的路段,坡度设计宜适当留有余地,以利改线。 　　　　(周宪忠)

进出机场交通　airport ground access

　　机场与附近城市之间的交通设施。机场与附近城市的交通必须快速和方便。它通常是决定航空运输能否发展的关键。为此,机场均有与机场和城市的等级相适应的专用快速进出公路,并且有完善的停车场所,使旅客和货物便捷地进出机场。进出机场交通除了考虑输送旅客和货物的需要外,还要考虑迎送者、机场职工上下班以及各类经营者的需要。进出机场交通一般以公路为主,有的运输量较大的机场则设置地下铁道、架空铁道等。机场前停驻车辆不多者用停车场;车辆众多者,如停车场场地太大,使用不便,则可设置多层车库。 (钱炳华)

进港航道　approach channel

　　从深海或水运干线到港口水域之间的连接航道。其作用是使船舶安全地出入港口。其布设宜顺、直、深、宽,避开险滩、恶流,并配有醒目航标,使船舶安全、方便地通过。一般在其一侧或两侧设置导堤,以使进港船舶有良好的掩护条件。走向要尽可能顺风、顺流。在防波堤口门前,要保持四倍设计船长的直道,以便船舶减速。在天然水深不足必须人工浚深的情况下,航道轴线应选择在回淤最小的地段。其深度要保持最大设计船型在航行期间能随时通过。实在有困难时,对于有潮汐地区经论证后可适当利用乘潮水位行船。根据通航的频繁程度,可选用单行或双(多)行航道。单个航道的宽度,按航速、船舶横位、可能的横向漂移等因素并增加必要的富裕宽度确定。　　(张二骏　蔡志长)

进近灯光系统　approach light system

　　引导进近中的飞机,逐渐改变下滑状态,作好进入跑道和接地准备(对准跑道中线、机翼保持水平和估计接近跑道入口的距离)的助航灯光。此灯光系统设置于跑道头外的进近面。通常,进近灯光系统,特别是最靠外面的灯光单元要求有比跑道灯高得多的光强。按照跑道准备接受飞机的能见度标准,分别有低光强简易进近灯光系统和中光强进近灯光系统(用于非仪表跑道和仪表进近跑道);高光强精密进近灯光系统(又分为Ⅰ、Ⅱ、Ⅲ三类,用于精密进近跑道)。 (钱绍武)

进口匝道控制　entrance ramp control

　　对进口匝道上的车辆进行控制,减少或消除匝道车辆与干道车辆交汇过程中的冲突和事故的交汇控制。包括对进口匝道实行关闭、定时调节、感应调节等控制方法。 (李旭宏)

进路　route

　　在车站内列车或调车车列由一点运行至另一点全部行程的经路。其范围的划分即始端和终端的确定,一般是由信号机、警冲标、车挡标或站界标的位置决定。主要分为列车进路和调车进路。列车进路又分为接车、发车、通过和转场进路。列车进路分别由进站、出站或进路信号机防护。调车进路由调车信号机或手信号防护。根据进路与进路之间的关系,又分为平行进路、敌对进路、基本进路、迂回进路(变通进路)及延续进路等。 (胡景惠)

进行信号　proceed signal

　　允许列车或调车车列按规定速度通过该信号显示地点的信号。在视觉信号中采用绿色或月白色作为它的基本颜色。其表达方式如色灯信号机的绿色灯光或月白色灯光;臂板信号机的红色主臂板下斜45度角;手信号展开绿色信号旗等。 (胡景惠)

进闸信号

　　指挥船舶(队)进闸或禁止进闸的通行信号。由三标志的红、黄、绿三色透镜灯组成。灯光上下垂直排列,上部为红色灯光,中部为黄色灯光,下部为绿色灯光。红色灯光表示禁止进闸,黄色灯光表示预告信号,绿色灯光表示允许进闸。上闸首处向上游方向的信号灯为指挥下水船舶的信号;下闸首处向下游方向的信号灯为指挥上水船舶的信号。
　　　　　　　　　　　　　　　　(詹世富)

近岸环流　nearshore circulation

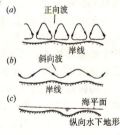

　　破波区内因水底地形起伏所形成的一波流现象。当波浪正向驶近浅水岸边时,由于破波区内纵向剖面高低起伏,使波浪破碎后所产生的向岸流和离岸流(裂流)形成一系列的近岸环流(图a)。波浪斜向驶近岸边时,由于沿岸流的加入使波流在平面上呈现出弯曲的流线(图b),在流线内侧也可出现环流。近岸环流中,离岸流流速较大,实测可达2.0m/s,而向岸流速介于0.20～0.30m/s。　(张东生)

近破波　breaking wave

　　前进波行近直墙式建筑物受到突起的基床的影响发生剧烈变形直接破碎在直墙上的波浪。是破波的一种。在直墙式防波堤等直墙式建筑物前半个波长以外的水深 d 大于破碎水深 d_b,而直墙的基床或基肩方块上的水深 d_1 小于破碎水深时将发生近破波。作用在直墙上的近破波波压强远较立波的波压强大。

(龚崇准)

浸水路堤 immerseable embankment

边坡长期或季节性受水流浸泡的路堤。滨河线路,通过湖塘、水库、跨过海湾或修筑在河滩上的线路,均须修建成能经受水流浸泡并保证路堤不被冲坏的浸水路堤。一般按设计洪水位并考虑壅水和浪高等因素选定路堤高度。填料要尽量选用抗水性强、不易风化的石块、碎卵石、中粗砂等渗水性材料。如用黏性土填筑时,要提高压实密度。为减轻水流的冲刷,边坡须设防护加固设施。防护部位,应视破坏控制因素和程度来确定。

(池淑兰)

禁令标志 prohibition sign

根据道路性质和交通量大小,对人、车的通行加以某些禁止或限制的道路交通标志。主要内容有禁止通行、超车、停车、鸣号、掉头以及限制载重量、高度、宽度、速度等。禁令标志采用圆形,直径为 60~120cm,白色地、红色边框,并绘有相应内容的黑色图案或文字。见彩1页彩图2。

(王 炜)

jing

京广铁路 Jingguang Railway

纵贯中国腹地的南北重要干线。起自北京,经石家庄、郑州、武汉、长沙、衡阳而达广州,穿过河北、河南、湖北、湖南、广东五省。本线早期由京汉和粤汉两路组成,京汉铁路(北京至汉口)1897年动工,1906年竣工通车,长1215km;粤汉铁路(由广州至武昌)1900年动工,分段修建,1936年建成,长1096km;1957年10月武汉长江大桥建成,将两线连通,命名为京广铁路,全长2313km。1955年12月开始逐段修建第二线,1988年最后一段衡阳广州段建成通车,其中包括中国最长的14295m的双线大瑶山隧道。2001年9月全线的电气化工程竣工通车。京广铁路纵贯中国腹地,跨黄河,过长江,与多条东西铁路干线相连,是中国南北轴线上双线电气化的铁路大动脉。

(郝 瀛)

京杭运河 Grand Canal

又称大运河、南北大运河。北起北京南至杭州,经天津、河北、山东、江苏、浙江等省市,贯通海河、黄河、淮河、长江、钱塘江五大水系的一条运河。全长1794km,是世界上最长的运河。运河始凿于春秋末期,约公元前485年,至今已经历了2400余年的历史。其线路随着历代京都的改变和黄河的改道也几经变迁。1855年黄河在河南省决口北徙,在山东省夺大清河入海,运河全线南北断航。1953年开始了对大运河的部分恢复和扩建工程。1959年以后重点扩建了徐州至长江段400余km的运河河段,兴建了刘老涧、宿迁、施桥等十余座千吨级船闸,闸室长230m,宽23m,门槛水深4.0m,使运河单向通过能力达2000万t。1980年以后对运河的济宁至杭州段进行了大规模的续建工程,除进一步浚深、拓宽航道外,又加建了刘老涧等8座复线船闸。使运河苏北段达到二级航道标准,可通航2000t级船舶。长江以南的运河段也进行了全线整治和扩建,建设了可通航300t级船舶的杭州三堡两线船闸,沟通了运河与钱塘江,连接杭甬运河,至宁波出海。经过40多年治理,京杭运河已建成连接北京、天津、河北、山东、江苏、浙江,沟通淮河、长江、太湖和钱塘江水系,形成纵贯中国沿海东部地区约千公里的水运主通道。

(蔡志长)

京沪铁路 Jinghu Railway

北京经天津、济南、徐州、南京到达上海的重要干线。全长1461km。北京天津间长140km,1901年建成,原为关内外铁路的一段;天津浦口间长1010km,1912年建成,旧称津浦铁路;南京上海间长311km,1908年建成,旧称沪宁铁路;南京长江大桥(双线、公铁两用)1968年12月建成,全线连通,改称京沪铁路。20世纪50年代初修复了京津间的复线,1976年7月沪宁段复线建成,1977年8月津宁段复线建成,全线复线化,运力大增。为了适应日益增长的运输需要,正研究客货分线,另建高速客运双线,原线以货运为主的现代化加强方案。

(郝 瀛)

京九铁路 Beijing-Jiulong railway

北起北京、南至深圳、连接九龙的南北向铁路干线。由北向南经霸州、衡水、菏泽、商丘、阜阳、麻城、九江、南昌、向塘、赣州、龙川、常平、深圳至香港特区的九龙,干线全长约2400km,包括霸州至天津、麻城至武汉的两条联络线,总长为2553km。本线20世纪90年代初即分段开工,1993年建设工程全面展开,1994年形成建设高潮,1996年北京向塘的双线、向塘常平的单线建成通车,1999年向塘龙川的第二线建成,2000年龙川向塘的第二线开工建设,预计工期2.5年。本线行经:京、津、冀、鲁、豫、皖、鄂、赣、粤九省市,跨越黄河、淮河、长江、赣江等大江大河,翻越大别山、井冈山、青云山等崇山峻岭,是中国铁路建设史上一次建成经路最长,规模最大,投资最多的一条双线铁路。本线位于京沪、京广两大铁路干线之间,北端与西煤东运的东西通道:朔(县)黄(骅港)、石(家庄)德(州)、邯(郸)济(南)、新(乡)兖(州)等线衔接,中段与陇海(兰州至连云港）、武（昌）九（江）、以及正在修建的宁（南京）西（安）线连通，南端与浙（杭州）赣（株洲）铁路连通，对中国国民经济发展和铁路网建设都具有非常重大的作用。

（郝 瀛）

京塘高速公路 Beijing-Tanggu freeway

连接北京市、天津市和塘沽新港的高速公路。起自北京四环路十八里店，途经马驹桥、老凤河、武清城关、杨村、宜兴埠至塘沽北路止，全长142.48km。计算行车速度为120km/h，平曲线半径最小的为4 000m，平曲线占路线全长的76.6%，最大直线长度为3 487m，纵坡最大为2.5%，平均填土高度大于2m，路基宽度26m，其中行车道宽度为2m×7.5m，中间带宽为4.5m，路肩宽度为2m×3.25m，填方边坡为1:2，并种草、植灌木和设置挡水埝加以保护。桥梁58座，共长6 950m。其中大桥4座，1 022m，中桥25座，1 330m，小桥27座，534m，高架桥2座，4 064m。另有跨线桥32座，2 441m。涵洞348座。全线有互通式立体交叉10处，分离式立体交叉157处。全线共设10个收费站，路线起、终点各设一个路障式收费站，在互通式立交匝道上设8个收费站。

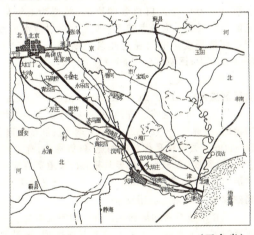

（王金炎）

京张铁路 Jingzhang Railway

中国第一条自筹资金、自建自管、由丰台至张家口的干线铁路。自丰台经西直门、南口进入山区峡谷，过居庸关穿八达岭，沿洋河经怀来、宣化到张家口，全长201.2km，是由中国杰出的铁路工程师詹天佑领导修建的。于1905年9月开工，1909年8月建成，詹天佑独具匠心，在由南口至康庄的关沟段设计了33‰的坡度；采用2-8+8-2大功率蒸汽机车；利用青龙桥车站设计了人字形展线；穿越八达岭设计了1 091m的长隧道和竖井；在怀来河大桥的施工中，用马车将钢梁构件运到桥头，提前拼装架设。这些创造性措施对降低造价缩短工期起了巨大作用，

使本路节余28万多两白银提前建成通车。本路土建工程与机车车辆等设备共耗银6 935 086两白银，每公里投资仅34 468两白银（约合2.45万美元），比此处平原的关内外铁路（今京沈铁路北段）低得多。本路不藉外国人分毫之力顺利建成，使中国人扬眉吐气，树立了自建铁路自办工矿的信心。

（郝 瀛）

经济调查 economic investigation

对规划线经行地区的国民经济发展规划与运输要求，以及与相邻地区的物资交流规划所进行的调查研究工作。主要目的是提供下列资料：规划线的地理位置与政治、经济、国防意义，在路网中的地位与作用；规划线经行地区的经济资源及工矿企业布局和发展规划，人口与农、林、牧、副、渔各业情况，交通运输和动力供应情况；规划线走向与接轨点的意见；近期与远期的上下行客货运量，主要货运品种与流向，客车对数及其经路；车站年装卸量和大型客站的旅客乘降人数。由于可行性研究和各个设计阶段要求的深广程度不同，故经济调查要分阶段进行。

（郝 瀛）

经济据点 economic strongpoint, traffic point

在经济选线中，对拟定线路走向有重要意义，线路必经的城镇和工矿区。通常是客、货流集散的地方；对铁路更好地为地区经济发展服务，吸引地方客货运量有较大作用。

（周宪忠）

精密进近跑道 precision approach runway

具有完备的无线电仪表着陆系统和灯光助航设备的仪表跑道。这类跑道，其设施能在复杂的气象条件下（能见度差甚至为零米），部分甚至全部依靠仪表引导飞机着陆。视配备仪表的精密等级，可分为Ⅰ、Ⅱ、Ⅲ类。Ⅰ类跑道能将飞机引导至60m的决断高度，在跑道视程为800m的气象条件下着陆；Ⅱ类跑道能将飞机引导至30m的决断高度，在跑道视程为400m的气象条件下着陆；Ⅲ类跑道精密程度最高，决断高度不受限制，跑道视程为0～200m。根据对目视助航设备的需要程度，Ⅲ类精密进近跑道还可细分为甲、乙、丙三类。甲类能在跑道视程低至200m时着陆，仅用目视助航设备完成着陆的最终阶段和在跑道上滑行；乙类能在跑道视程低至50m时着陆，在滑行中使用目视助航设备；丙类能不依靠目视助航设备完成着陆和在跑道上滑行。

（陈荣生）

井式船闸 shaft lock

在下闸首上部设有胸墙，由胸墙和闸门共同挡水，船舶（队）由胸墙下缘进、出闸室的船闸。胸墙下缘的高程应满足最大设计船舶在下游为最高通航水位时，自其下进出闸室通航净空的要求。当下闸首工

作闸门采用提升式平面闸门时,胸墙高度一般大于闸门的高度,以便闸门提升后,能贴附于胸墙的上游面一侧。这种船闸可以减少下闸首工作闸门的高度,使闸门及启闭机械的技术复杂程度大为简化。适用于水头较高的情况。已建的井式船闸中,水头最大的为42m;下闸首提升式平面闸门尺寸为 17m×18m。

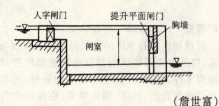

(詹世富)

警冲标 fouling mark

指示机车、车辆或列车停车位置的警戒标志。机车、车辆或列车在线路上停留时,必须停在该线警冲标内方的线路上。警冲标设在两会合线路中间,距两相邻线的垂直距离各为 2m 的处所。两线线间距离不足 4m 时,设在两线路中心线最大距离的起点处。位于曲线范围内时,线间距离数值应附加限界加宽量。

(严良田)

警告标志 warning sign

为交通参与者(特别是驾驶人员)提供道路前方或沿线存在危险或应注意状况信息的道路交通标志。提示交通参与者特别注意并事先采取措施(如减速等)保证车辆安全通过。提示的内容包括交叉口、铁道路口、陡坡、急弯、学校、道路变窄、车道数减少以及施工等。警告标志一般都用国际上统一的符号表示,其式样为等边三角形,黄底黑边,黄底上绘有表示内容的黑色图案。见彩 1 页彩图 1。

(王 炜)

净空道 clearway

与跑道相连接的供保障飞机起飞爬升到规定安全高度(民用飞机通常为 10.7m)的地段。其宽度至少150m,其地面应不突出于 1.25% 升坡的斜平面。当跑道长度能保障飞机起飞爬升到规定的安全高度时,则无须设置。

(钱炳华)

净载系数 coefficient of use of loading capacity

铁路一辆或一列货车中,规定的装载货物质量与其总质量的比值。货车的总质量为装载货物的质量与车辆质量之和。净载系数与车辆种类、标记装载量、货车自重、所装货物密度、满载程度等有关,铁路设计时,一般取加权平均值,对运营铁路,则可根据统计资料得出。

(吴树和)

境界出入调查 cordon traffic survey

在交通调查区域与外界的分界线上,对进入和驶出的车辆、行人所进行的交通调查。在此分界线上确定若干个人、车辆必经之处,统计出入各观测点的车数和人数。对于分界线上的干线道路,则根据实际情况做车辆抽样的路边询问调查。此调查可作为家访调查的补充。中小城市的交通调查一般不采用家访调查方法,而多采用此法。该调查的结果,可用于区域内的交通规划,也可分析城市出入干道的能力需求关系。

(文旭光)

jiu

救援列车 rescue train

开往机车车辆脱轨、颠覆、冲突等事故现场执行救援任务的列车。是为了及时修复线路、清除障碍,恢复行车、防止事故扩大而开行的。根据事故轻重,其组成的车辆有:装有起重机、拖拉机的车辆,载有钢轨及枕木的车辆,发电车、储藏车、工具车、炊事车、救护车、宿营车等。

(吴树和)

ju

居民道路占有率 road area percentage

每一居民平均占有的道路面积。为城市道路总面积与城市居民人口总数的比值,单位为 $m^2/人$。它能综合反映一个城市的道路交通设施供应水平和交通拥挤程度。中国规定此值近期(5~10年)为 $6~10m^2/人$;远期(15~20年)为 $11~14m^2/人$。

(文旭光)

居民区道路 street in residential area

住宅区内的道路。有两种:一种是联系各街坊的道路,俗称街,一般有 2~4 个车道,宽(红线距离)16~30m。另一种是街坊内的道路,俗称巷,有 1~2 个车道,宽度 12~25m,单车道巷的行车道宽度应考虑消防车行驶,宽度为 4m。

(王金炎)

局部渠化 local canalization

只在某条河流的局部河段进行的河流渠化。在河流的某一地点或一些地点建造拦河闸坝,淹没上游河段的滩险急弯,以改善该河段的航行条件。但这些闸坝的回水末端距上游闸坝尚有相当距离,在各渠化河段之间还夹有相当长的天然河段。多用于航行条件较好,仅个别河段水深不足或有严重碍航滩险的河流上。

(蔡志长)

巨型方块防波堤 giant blocks gravity wall breakwater

堤身由长度等于堤宽的巨型混凝土方块砌筑而成的直立式防波堤。每块巨型方块可重达数百吨。是重型水上起重设备出现

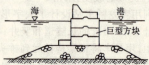

后发展起来的一种结构型式。由于方块重量大、在横断面上没有构造缝,整体性好,能承受巨大的波浪作用。为了防止方块上下层间的滑动,可在上下层间方块面设置凸榫和凹槽,或采用中间设有竖孔的方块,砌成后形成竖井,在竖井中插入废钢轨再灌注以混凝土,使上下各层连成整体。　　（龚崇准）

jun

军港　naval port

供海军舰艇集结、停泊、补给、出击和隐蔽防御使用而设置的港口,是海军基地的组成部分。其位置、布置和设施决定于军事要求。著名的有基尔(德国)、朴资茅斯(英国)、旅顺口(中国)等。
　　　　　　　　　　　　（张二骏）

军用飞机　military airplane

专供各种军事目的使用的飞机。有轰炸机、强击机(或称攻击机)、歼击机(或称战斗机)、歼击轰炸机、军用运输机、侦察机、巡逻机、反潜机、预警机、空中加油机和电子干扰飞机等。军用飞机是空军的主要装备,机动能力强,可以出其不意地发起猛烈攻击,并能有效地支援陆地和海上作战,给对方以沉重打击,在战争中起着重大作用。目前军用飞机注重于从完善机载电子设备、改进制导武器性能和利用自动控制技术来进一步提高作战效能。
　　　　　　　　　　　　（钱炳华）

军用机场　military airport

供军用飞机起降、停放、维护和组织飞行保障活动的场所。是航空兵进行作战、训练等各项任务的基地。按设施性质分为永备机场和野战机场;按所处战略位置分为一线机场、二线机场和纵深机场;按适应机种分为特级机场、一级机场、二级机场和三级机场。特级机场主要供远程轰炸机和大型运输机使用;一级机场主要供中程轰炸机和中型喷气运输机使用;二级机场主要供歼击机、强击机、近程轰炸机和中型螺旋桨运输机使用;三级机场主要供初级教练机和小型运输机使用。　　　（钱炳华）

均方根波高　root mean square wave height

从定点连续观测的波浪记录中取某一时段的波列中所有波高平方的平均值的平方根 H_{rms},即 $H_{rms}=(\frac{1}{n}\sum_{i=1}^{n}H_i^2)^{\frac{1}{2}}$。因波能比例于波高的平方,故常用之研究某些与波浪的平均能量状态有关的问题(如泥沙运动等)。与平均波高 $\overline{H}$ 有如下关系:

$$H_{rms}=\frac{2}{\sqrt{\pi}}\overline{H}=1.128\overline{H}$$

　　　　　　　　　　　　（龚崇准）

均衡坡度　balanced grade

一条铁路上下行方向限制坡度不同时,轻车方向所采用的较陡的限制坡度。当设计线轻、重车方向货流量显著不平衡,预计将来也不致发生巨大变化;轻车方向上升的平均自然纵坡较陡、采用较陡限制坡度可省省大量工程;通过技术经济比较,证明合理时,方可采用。其值一般不应大于重车方向的双机坡度,亦不应大于根据双方向货流比、按双方向列车数相同,每列车车辆数相同的条件求出的计算值,以免单机回空或附挂折返而虚糜机力。　（周宪忠）

均衡速度　balanced speed

列车牵引运行,机车牵引力等于列车总阻力时的速度。用于概略计算区间走行时分。列车在线路上运行时,各坡道上的均衡速度是不相同的,当列车在该坡道上的运行速度高于其均衡速度时,列车减速运行,反之加速运行,故列车有向均衡速度作等速运动的趋势。　　　　　　　　（吴树和）

均衡重式垂直升船机　vertical ship lift with counterweight

采用与承船厢运动重量相等的平衡重作为平衡系统的垂直升船机。其基本组成部分为承船厢、垂直支架、平衡系统、驱动机构和事故装置等。在垂直支架上部装设绕以钢绳的绳轮,钢绳的一端连接承船厢,另一端悬挂与承船厢运动重量相等的铸铁块。在承船厢升降过程中,绳轮两侧钢绳长度不等,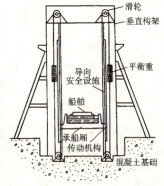为使承船厢与平衡重始终处于平衡状态,用若干相当于钢绳总重的平衡链,绕过垂直支架底部的辊轮,分别与承船厢和平衡重相连,组成一个在任何位置承船厢与平衡重均相互平衡的完全平衡系统,承船厢与平衡重一上一下,彼此作方向相反的运动。因此,只需克服承船厢等运动部分的阻力,即可驱动承船厢升降,达到降低驱动功率的目的。还有利用一线的承船厢作为平衡重来平衡另一线承船厢的方式,即双线互相平衡。它可省去专门的平衡重,节省工程投资,但在运行、检修时,两线相互牵制。在已建的升船机中多采用各线独立平衡的方式。在垂直升船机中,它没有浮筒井等地下建筑物,便于检修,但其平衡系统较笨重,运动系统的总重较大,作用在支承导向结构上的荷载也较大。是垂直升船机中采用最多的一种型式。　　　　（孙忠祖）

均质悬液　homogeneous suspensions

固体颗粒均匀分布悬浮在介质中的固液混合浆体。工程上,对管道输送的悬液采用测定其离管顶为 $0.08D$(管径)处及管子中心处的浓度分别为 c 及 c_A,如 $c/c_A \geqslant 0.8$ 可认为是这种悬液。

(李维坚)

K

kai

开敞式港池 open basin

与其他水域间不设闸断流,其水面可随外界水位自由升降的港池。属于最通用的型式,是相对于封闭式港池而言的。　　　　　　(张二骏)

开敞式帷墙消能室 open stilling basin with curtain wall

在船闸闸首上利用帷墙和垂直挡板、消力栅、消力槛等消能工之间的空间所构筑的,顶部没有顶板,全部开敞的消能室。其特点是:消能室中水面随闸室水位的升降而变化,一般利用水流对冲撞击及消能工消

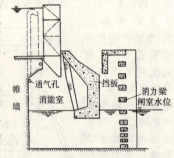

能。但闸室水面波动较大,消能效率较低,所需消能工的高度也较大。为获得较好的消能效果,消能室的高度应大于闸室最大流速出现时刻的闸室水位。适用于帷墙高度较大的上、中闸首。

(蔡志长)

开敞运河 non-lock canal

又称无闸运河。沿程不设船闸或升船机的运河。其水面处于所连接的水域的连线上。不设闸的海运河又称海平面运河,如巴拿马运河。　(蔡志长)

开尔文波 kelvin wave

地转效应影响下的潮波运动。潮波在一无限长渠道中传播时,传播速度不受地转效应的影响,而沿横向的振幅因受地转效应影响而不等。在北半球,位于潮波运动方向右侧的振幅变化及潮流速度均大于左侧。若观察者面向渠道下游方向来规定河的左、右岸,则涨潮时刻左岸的潮位及潮流速度均大于右岸,在落潮时刻则反之。因此,在一个潮周期内,在横向存在一个不对称的潮流运动。　(张东生)

开孔沉箱防波堤 perforated caisson breakwater

堤身外侧壁板开孔的预制钢筋混凝土沉箱构成的防波堤。箱体的钢筋混凝土盖板上也可开设孔洞,其底板不开孔。箱体的外壁开孔率约为 25%～30%。穿越外壁孔洞的波浪在箱体内产生紊动消能。外壁上开孔使作用于堤身的水平波压力大为减少,并在箱内抛填石料作压载以增加堤身的稳定性。这种空箱结构远较各种实体结构的直立式防波堤(如方块防波堤等)为轻,对地基承载力的要求较低,可用于较为软弱的地基上。作用于箱体上的波压力一般需通过模型试验加以测定。　(龚崇准)

开路网络控制 open network control

沿干线道路所有交叉口信号作为统一整体运转的交通控制。主要考虑使干线交通流畅,其基本方式为沿干线街道行驶的车辆以车队形式从某个信号路口放行,然后仍以车队形式到达下一个信号路口。目的在于使各路口间建立一种联系,以保证车队到达每一个路口均遇上绿灯。可以有多种形式,若两条干线相交时,则交叉处的路口必须作为配时参考点(图 b)。　(乔凤祥)

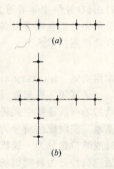

开通闸 open-lock canal

当上、下游水位相差较小时,敞开船闸上、下游闸门,船舶乘此时机过闸的过闸方式。采用这种过闸方式,船闸成为连接上、下游航道的一段渠道,可以提高船闸通过能力。为延长开通闸运行的时间,又能保证船舶(队)过闸安全,上、下游水位差一般控制在 20cm 左右。建于感潮河段的船闸,上、下游的水位每天都有几次接近平潮的时段,多采用这种方式。　(詹世富)

kan

槛下输水系统 filling and emptying system under threshold

通过船闸闸首门槛下底板内的短直廊道进行灌

泄水的船闸输水系统。其输水孔口沿闸首口门全部宽度布置在闸首底板内，并用隔墙分隔构成几个直通的输水廊道，廊道的高度通常为 0.5～1.0m。输水阀门设置在短直廊道的前端，采用单扇宽而矮的平面阀门。其水力特点是：进入闸室的水流沿闸首宽度方向分布均匀，流向与船闸纵轴线平行，但没有经过对冲或撞击消能，直接从门槛下的短直廊道流入闸室。水流集中在底部，底流速较大，在输水廊道出水口附近产生较大的横轴表面漩滚。在靠近闸首处，闸室水面局部下降，过闸船舶常被吸向闸首。为此，需采用一定的消能措施。这种输水系统结构简单，一般适用在水头不大的，具有一定帷墙高度的小型船闸上。

后加设挡土板，就构成桩板式挡土墙。

（池淑兰）

kao

靠帮 fender

吸收船舶靠码头时产生的动能，防止建筑物和船舶直接发生碰撞而受损伤的防冲设备。常装在码头前沿。随着船舶吨位的扩大，靠帮的构造、类型和其功能也日益发展。目前已有的型式，除橡胶护舷外，还有重力式靠帮，它的设计原理是借助于将重物升高而使动能转变为位能。下图为中国某一油码头装置的 26 吨平衡箱来消能的实例；液压式靠帮，它靠油的黏滞阻力来吸收船舶靠岸时的能量；充气式靠帮，系在胶囊内灌入压缩空气，利用空气的压缩吸收船舶靠岸时的能量。

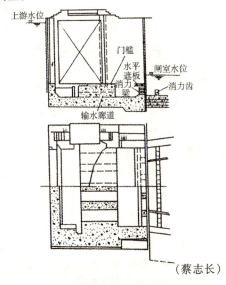

（蔡志长）

kang

抗滑桩 non-skid pile, slide-resistant pile

又称锚固桩。一定间距的单桩或用承台联结的排桩，深埋并锚固于滑动面以下稳定地层中，用以承受滑坡推力的抗滑结构物。路基工程中多

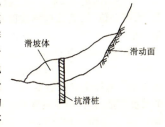

用挖孔钢筋混凝土抗滑桩，截面为矩形。按结构型式有排式单桩、承台式抗滑桩和排架式抗滑桩等。抗滑能力强、桩位灵活、施工简便，在挖孔过程中，能直接探明地层变化。桩前滑动面以上有抗滑土体的称为全埋式桩；无抗滑土体的称为悬臂式桩。滑动面以上桩称为受荷段，以下称为锚固段。悬臂式桩

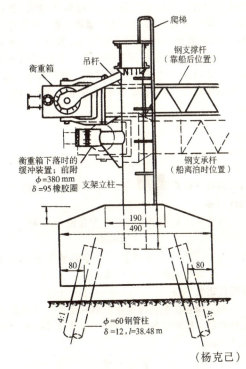

（杨克己）

靠船簇桩 breasting dolphin

供船舶及浮吊、泥驳等水上设备靠泊系缆之用的簇桩。要求具有一定的刚度，能承受船舶的挤靠力和系缆力，其上设有系船链、系船环或系船柱等。在使用上它比系船浮筒方便。如在桩顶加筑混凝土承台，或采用钢板桩围筑，则一般称为靠船墩。

（杨克己）

靠船建筑物 berthing work (structure)

设在船闸引航道停泊段内一侧或两侧供船舶停泊等待过闸的靠船设施。一般布置在进闸航线的一

侧,其长度根据船闸设计船型,进出闸运行方式和运输繁忙程度决定。在对风浪和水流没有掩护的水域中,其长度为一个船队长或等于闸室的有效长度;在运河内或具有掩护的水域内,长度可稍短些。当为单向过闸时,船舶可直接驶近导航建筑物前停靠。当为双、单向混合过闸时,则靠船段离闸首口门较远。为了改善出闸或等待过闸船舶的航行条件,在不对称型引航道内,其位置可从闸首边墩正面向后平行挪动一定距离。或与船闸轴线构成小于3°的倾角向外展宽,尾端与航道边线相连。双线船闸,其中一线的长度可按双向过闸考虑,另一线船闸则按单向过闸考虑。其结构型式主要有固定式和浮式两种。前者又有直墙式,透空式,独立墩柱式等多种。

（吕洪根）

靠船桩 fender pile

打在码头前沿,靠桩的弹性变形来吸收靠船时的动能的桩。一般采用钢桩,但材料用量大,造价高。当透空式码头前的水位变幅较大时,若采用护木防冲,需要把护木底端放得很低,结构上不易处理,此时若采用靠船桩则较为合理。桩顶与码头前沿相靠处,垫上弹性较大的橡胶块。掩护条件较差,停靠船舶较大的码头,也可采用大口径钢桩为靠船桩。

（杨克己）

ke

颗粒加权平均直径 weighted mean diameter of particles

各种粒度颗粒群的加权平均直径 d_w。即：
$$d_w = \Sigma d_i \Delta p_i$$
式中 d_i 为各种颗粒粒度及占全部颗粒重量的百分数 Δp_i,可由颗粒粒度分布求出。 （李维坚）

颗粒雷诺数 particle reynolds number

判别颗粒在黏性流体中沉降时流体流动状态的无量纲数。用颗粒的标称直径作为特征长度尺寸来定义的,即
$$R_e = \frac{d_n \rho v}{\mu}$$
式中 R_e 为颗粒雷诺数; d_n 为与颗粒同体积的球粒直径; v 是颗粒沉降速度; μ 为流体黏度; ρ 为流体密度。 （李维坚）

颗粒粒度 particle size

又称颗粒尺寸、颗粒大小。表征单个固体颗粒大小的当量直径。球状均匀颗粒的大小可用直径来表示,正方体颗粒可用一边之长表示,对于不规则形状颗粒的大小则根据其测定方法来定义,常用的有:(1)体积直径——与颗粒具有相同体积的圆球直径; (2)面积直径——与颗粒具有相同表面面积的圆球直径; (3)阻力直径——在黏度、速度相同的流体中与颗粒具有相同运动阻力的圆球直径; (4)自由降落直径——在同一个流体中与颗粒有一样密度和沉降速度的球体直径。 （李维坚）

颗粒粒度分布 size distribution of particles

又称颗粒尺寸分布。固体颗粒群中各种粒度颗粒所占的比例。工程上采用筛分法做出粒度分布曲线来表示,横坐标代表颗粒粒度,纵坐标表示颗粒在筛上的筛余量占总重量累积百分数或者通过筛网的细粉量占总重量累积百分数。表示筛下的重量与粒度的关系,称为积累分布;表示筛上剩余重量与粒度的关系,称为筛余分布。 （李维坚）

颗粒粒度分布函数 function of particle size distribution

颗粒粒度分布的粒度分布曲线函数。常见的有：(1)正态分布曲线函数
$$R_N = 100 \int_0^\infty F_N(x) dx$$
其中
$$F_N(x) = \frac{\Sigma N}{\sigma \sqrt{2\pi}} \mathrm{Exp} \left[-\frac{1}{2} \left(\frac{x - \overline{x}}{\sigma} \right)^2 \right];$$
x 为任意粒径; N 为测定的总颗粒量; $\overline{x}$ 为平均颗粒粒度; R_N 为筛余重量百分率; σ 为标准偏差

(2)对数正态分布曲线函数
$$R_L = 100 \int_0^\infty F_L(x) d(\log x)$$
其中
$$F_L(x) = \frac{\Sigma N}{100 \sigma_g \sqrt{2\pi}} \mathrm{Exp} \left[-\frac{1}{4} \left(\frac{\log x - \log \overline{x}_g}{\log \sigma_g} \right) \right];$$
R_L 为筛余值; σ_g 为几何标准偏差; $\overline{x}_g$ 为粒径的几何平均值

(3)罗辛拉姆勒(Rosin Rammler)分布曲线函数
$$R_R = 100 \mathrm{Exp}(-bx^n)$$
其中 R_R 为筛余重量百分率; b 代表颗粒大小范围的尺度常数; n 代表被测颗粒的特征常数
$$n = \frac{\log\log(100/R_R) - (\log b + \log\log e)}{\log x}$$

（李维坚）

颗粒球形度 sphericity of particles

与颗粒相同体积的球体表面面积与颗粒表面面积之比。几何形状规则,各向尺寸已知的颗粒可以直接计算。颗粒形状不规则时,可以对其筛析,求出

其平均筛目尺寸 d_{av},再求出

$$\chi = \frac{d_{av}}{nd_s}$$

式中 χ 为颗粒球形度;d_s 为与颗粒同体积的球体直径;比表面积之比 n 为单位质量颗粒的表面积与直径为颗粒平均筛目尺寸的球体表面积之比。

（李维坚）

颗粒形状系数 shape factor of particles

不规则形状颗粒球状程度的粗略等效量。可以下式表示:

$$SF = \frac{c}{\sqrt{ab}}$$

式中 a 为颗粒三个相互垂直轴的最长轴,c 是最短轴,b 是垂直于 a、c 的另一个轴。球形颗粒的形状系数 SF 为1,故不规则形状颗粒的形状系数越接近于1则其形状越接近球状。

（李维坚）

颗粒阻力系数 particle drag coefficient

简称阻力系数。球状颗粒在无限流体中运动时受到的阻力 F 与流速水头之比 C_D。即:

$$C_D = \frac{F}{\rho \frac{Av^2}{2}}$$

式中 ρ 为流体密度;A 为球粒投影面积;v 为流体和颗粒的相对速度。阻力的大小是颗粒雷诺数的函数。

（李维坚）

颗粒最终沉降速度 terminal settling velocity of particles

在流体中沉降的颗粒经较短的初加速段后达到匀速时的沉降速度。在此速度下阻力正好与颗粒重力平衡,可用下式求出:①层流区($R_e < 1$)

$$v_0 = \frac{g(\rho_s - \rho)d^2}{18\mu}$$

②过渡区($1 < R_e < 1000$)

$$v_0 = 0.20\left[g\frac{(\rho_s - \rho)}{\rho}\right]^{0.72}\frac{d^{1.18}}{(\mu/\rho)^{0.45}}$$

③紊流区($R_e > 800$)

$$v_0 = 1.74\left[g\frac{(\rho_s - \rho)}{\rho}\right]^{0.50}d^{0.50}$$

上式中 ρ_s、ρ 分别为固体及液体密度;R_e 为颗粒雷诺数;μ 为流体黏度;g 为重力加速度;d 为颗粒直径。

（李维坚）

可变车速控制 variable speed control

在路段上以一定的间隔设立可变车速标志,指示司机实现车速均匀变化,避免前方路段车辆拥挤时发生尾端冲撞事故的路段控制。 （李旭宏）

可变信号系统 variable signal system

可根据情况显示多种信号内容的总称。包括可变车速信号;车道开放或关闭的信号;交通情况(拥挤、事故、维修、延误等)和指示选择路线的信号;气象和环境情况(雾雪、冰冻、大风、雨和风沙等)的信号。操作方法可分为手动和自动。 （李旭宏）

可变信息标志 changeable sign

一种因交通、道路、气候等状况的变化而改变显示内容的标志。可变信息标志的板面及设置位置,应根据道路交通状况、标志的功能、控制方式等因素进行专门设计。 （王炜）

可动式辙叉 movable frog

具有活动翼轨或活动心轨等可动构件的辙叉。利用改变辙叉中可动构件的位置,可使翼轨和心轨的工作边搭接,为过岔列车提供连续不断的轨线,从而根本取消了固定式辙叉的轨线中断的有害空间,为大幅度提高过岔速度提供了可能性。适用于高速铁路的道岔上。 （陆银根）

可动心轨道岔 turnout with movable center point

具有可动式辙叉、适用于高速、重载铁路的道岔。当列车通过固定式辙叉时,由于辙叉有害空间的存在和行车轨线的中断,不可避免地引起车体激烈振动,产生巨大的垂直方向的冲击载荷,特别是对叉心的冲击载荷。叉心强度条件成为限制过岔速度的决定因素。此外,车轮轮缘对护轨、翼轨的横向碰撞,引起车体左右摇摆,增加行车阻力,降低安全性能,这也是限制过岔速度的重要因素。为此,中国自1972年起,先后在京沪线、京沈线等一些主要铁路干线上,试铺可弯心轨辙叉的 50kg/m 钢轨 12 号单开道岔。用活动式辙叉代替固定式辙叉,消灭了有害空间,保证了行车轨线的连续,同时消除了在辙叉两侧设置护轨的必要性,从而消除了上述控制过岔速度的不利因素。使用经验表明,可动心轨道岔的辙叉稳定性好,车轮对辙叉的附加冲击作用以及列车的摇晃现象显著减弱,辙叉使用寿命延长,养护维修工作量减少,大为提高了道岔的强度和行车安全,改善了乘客的旅行舒适度,在运输繁忙和高速行车的铁路干线上已得到广泛应用。

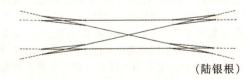

（陆银根）

可能通行能力 possiblie capacity

又称可能容量。在实际的道路条件和交通条件下,单位时间内道路某一断面上能通过的最大车辆数。以基本通行能力为基础,根据实际的道路和交通条件比较理想的条件加以修正而得到的通行能力。 （戚信灏）

可逆车道控制　reversible lane control

根据不同时段车流的流向，流量决定各流向应分配的车道数的路段控制。以便充分利用道路。

（李旭宏）

克服高度　overcoming elevation

又称拔起高度。线路起终点间单方向所有上坡升起高度的总和。按上下行分别求出。是方案比较的技术指标之一。铁路定线时应力争上下行克服高度总和最小，以利运营节省支出。

（周宪忠）

克拉斯诺雅尔斯克升船机　Красноярский Судоподъёмник

俄罗斯叶尼塞河克拉斯诺雅尔斯克水利枢纽上的一座纵向斜面升船机。于1976年建成，是世界上最大的斜面升船机，可通过1 500t的船舶，上、下游的设计水位差为101m，最大的提升高度为115m。该升船机为两面坡式斜面升船机，上、下游斜坡道的坡度均为1:10，上游斜坡道长306m，下游为1 196m，坝顶设有直径为105m、坡度为1:10的转盘。其承船厢的有效尺寸为90(长)m×18(宽)m×2.5(水深)m，当厢中水深增至3.3m时可供2 000t驳船通过。采用能直接下水的自行式承船车。承船车起动(制动)的加(减)速度为$0.08m/s^2$，上坡行驶速度为1.0m/s，下坡速度为1.38m/s，船舶的过坝时间为93min。

（孙忠祖）

客车整备所　railway passenger car servicing depot

又称客车技术作业站。为客运站提供技术状态良好的客车车底的作业处所。应完成以下作业：客车车底的取送、技术检查、试验、日常维修和摘车临修、车底改编及转向等客车整备作业，和客车车底清扫、洗刷、消毒和卧车与餐车供应等客运整备作业。它是与客运站相伴而存在的。与旅客乘车无直接关系，不宜设在市区之内，以免影响城市交通。

（严良田）

客船　passenger ship

载运旅客以及行李和邮件的运输船舶。一般也兼运旅客的车辆和少量货物。多为定期定航线航行，又称客班轮。客船的基本特点是：抗沉、防火、救生等方面的安全要求较严格；减摇、避震、隔声等要求高；航速较快，上层建筑较发达。按航行区域可分为远洋客船、沿海客船和内河船。按旅客种类可分为普通客船和旅游船。过去远洋客船多承运邮件又称邮船。20世纪60年代出现航速很大的小型高速客船如水翼船和气垫船。随着空中运输的发展，现今国际上逐渐转向短途的客运和为旅游服务。

（吕洪根）

客货船　passenger-cargo ship

兼运旅客和货物的运输船舶。一般为中小型，载货量一般根据航线上各港口货源及其集散情况和港口装卸条件而不同。所载的货物多为杂货。多用于内河和沿海。船舶性能及设备等依不同的客、货比例而异，或接近于客船，或接近于货船。按《国际海上人命安全公约》规定凡从事国际航行的载客超过12人的船皆当作客船。

（吕洪根）

客运量　passenger traffic

铁路线每年单方向运送的旅客人数。包括铁路直通客运量和铁路地方客运量。铁路设计时，可通过经济调查和科学预测得到。是确定旅客列车对数、设计客运设备的依据。

（吴树和）

客运站　railway passenger station

在铁路枢纽内，办理旅客运输业务和旅客列车技术作业的专业化铁路车站。包括尽头式和通过式。可以伸入城市市区，为旅客乘车提供方便条件，并可以减轻城市交通的负担。尽头式布置图容易伸入市区，适于为始发旅客列车和终到旅客列车较多的客运站采用。通过式布置图具有较大的通过能力。铁路枢纽内设置两个及其以上客运站时，各站宜有分工，以便合理组织各种不同特点的客流。

（严良田）

客运专线铁路建筑接近限界　clearance gauge for passenger railway

客运专线铁路上，不允许任何建筑物侵入的轮廓尺寸线。客运专线不行驶货车，且列车速度较高，故建筑接近限界与一般铁路的建筑接近限界不同，图(a)为客车行车速度在160～200km/h时的客运专线铁路建筑接近限界(含桥梁和隧道地段)。

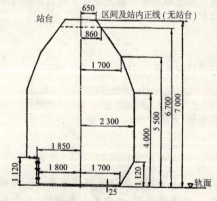

建筑限界基本尺寸及轮廓（单位：mm）

图例　—— 各种建筑物的基本限界。
　　　---- 适用于困难条件下利用承力索中央部分的弛度的跨线桥、天桥等建筑物。
　　　— — 站台建筑限界。正线站台限界宽度为1 850mm，到发线站台限界宽度为1 800mm。

(a)

曲线地段，因外轨超高产生车体倾斜，曲线内侧限界要加宽，其加宽值 W(mm)和加宽范围见图(b)

和下式：

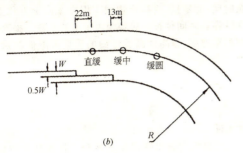

$$W = \frac{H}{1500}h$$

H 为轨顶至计算点的高度(mm)；h 为外轨超高值(mm)，加宽范围包括全部圆曲线、缓和曲线和部分相邻直线。　　　　　　　　　　（吴树和）

ken

肯尼迪国际机场　John F. Kennedy intl Newyork

位于美国纽约市东南，距市中心 24km，以高速公路连接。1987 年飞机活动 28.59 万次，吞吐旅客 3019.2 万人，货、邮 107.27 及 11.3 万 t。跑道共 5 条，即 04L/22R，04R/22L，13L/31R，13R/31L，和 14/32，分别长 3 460，2 560，3 048，4 442 和 780(m)。04R 和 13L 分别装有三类和二类精密进近仪表着陆系统，其他除 13R 和 14/32 外均为一类。航站区比较特殊，共建有 9 栋旅客航站，除国际航线到达大楼为各航空公司公用外，7 栋为 6 个美国航空公司专用，一栋为英国航空公司专用。9 栋航站略呈环形，45m 高的塔台位于其中。各航站间虽有道路连接，并均与公路连接，仍较混乱。货物航站分设两处，共有 31 栋建筑，由 16 家美国航空公司，22 家外国航空公司及 57 家货运代理公司使用。机务维修区共有 14 栋机库，泛美航空公司设有发动机翻修厂。计划扩建共用的旅客航站和各航站间的新型交通系统。　　　　　　　　　　（蔡东山）

kong

空气制动　air brake

由压缩空气驱动活塞、推动杠杆、使闸瓦压紧机车车辆车轮产生摩擦而制动的方法。是目前中国使用最为广泛的一种制动方式。压缩空气由机车上的空气压缩机产生，存入总风缸中，缓解（即不制动）时，制动阀门打开，压缩空气由总风缸经过制动主管、三通阀至副风缸储存，此时制动缸与大气相通，闸瓦不接触车轮，称充风缓解（图 a）；制动时，制动阀遮断总风缸通路，同时制动主管放气减压，此时副风缸储存的压缩空气进入制动缸驱动活塞推动杠杆，使闸瓦压紧车轨（图 b）。所产生的制动力等于闸瓦压力和闸瓦与车轮间摩擦系数的乘积，但其数值不得超过轮轨间的黏着力，否则车轮被闸瓦抱死不再旋转，而在钢轨上滑行。空气制动的制动力大小与制动主管减压量，制动机类型，闸瓦材料、列车运行速度等有关；为方便计算，其制动力一般用单位制动力(N/t)来计算。

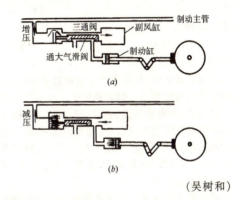

　　　　　　　　　　（吴树和）

空气阻力　air resistance

汽车相对于空气介质运动时所受到的阻碍汽车行驶的外力。由压力阻力（作用在汽车外形表面上的法向压力在行驶方向的分力）和摩擦阻力（由于空气的黏性在车身表面产生的切向力的合力在行驶方向的分力）所组成，并分布在整个汽车表面。通常为简化计算，以集中作用的空气阻力表代替，集中力的作用点称为汽车的风帆中心。　　　（张心如）

空箱式闸室墙　box-type lock wall

墙身为矩形断面，墙内具有若干圆形或矩形的空箱的闸室墙。一般用钢筋混凝土浇筑，也可用浆砌块石砌筑。圆洞上有顶盖，下有底板，圆洞内可以填砂石料，洞壁上设通水孔，通气孔，使闸墙在各种情况下都能维持稳定。这种结构刚度大，自重轻，地基反力较小，工程投资较低，但施工比较麻烦。　　（蔡志长）

空心大板码头　wharf with precast hollow slab

桩台由预制空心大板、横梁和靠船构件构成的高桩码头。横梁可现浇也可预制。若为预制，其装配程度一般可达 75%~85% 左右。这种码头，工期短，造价低。它适用于均布荷载为主和兼有一般汽车和汽车式起重机等集中荷载的中小码头。这种型式码头的面板，一般由预制空心大板，现浇面层和磨耗层三部分组成。预制空心板中的孔洞有圆形、腰子形和拱形，一般前者较常用。现浇面层一般为4～9cm，磨耗层2～4cm，空心大板施工安

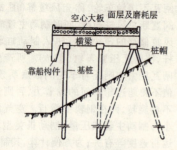

装后，先将缝与缝之间的拼缝浇好，最后浇筑面层及磨耗层。
（杨克己）

空心方块码头 hollow square quay wall

参见方块码头。 （杨克己）

控制点 control point

在道路选线中，任务书中指定通过的地点，以及为便于分段布线而选定的对路线走向起控制作用的点。如城镇、交通枢纽点、桥位、垭口等。控制坐标系统和高程系统用的点有：经精密测量推算出直角坐标系（或经纬度数据）和高程的固定点，即用作低一级坐标或高程的起算点，如天文点、三角点、导线点和各级水准点等。

在铁路选线中是经济据点间影响线路走向的地形、地物点，如越岭垭口、跨河桥址，及湖泊、禁区外缘等线路必须通过的处所。 （冯桂炎　周宪忠）

控制区间 limiting section

又称限制区间，区段内通过能力最小的区间。一条铁路或一个区段，各区间运行时分不尽相同，列车运行图周期各有差异，列车运行图周期越长的区间，其通过能力越小，一条铁路或一个区段的通过能力受其限制。 （吴树和）

控制噪声用地规划 noise control land-use planning

为了使飞机噪声污染控制在国家规定的容许范围内，而对机场附近土地作出合理的分区控制使用规划。在作规划之前，先作出机场飞机噪声远期预测等值线图。然后根据国家颁发的机场周围飞机噪声环境标准及当地情况，在图上对机场附近土地作出合理的分区控制使用规划。用地规划批准后，要交给当地城镇建设管理部门执行，严格控制今后的建设。 （钱炳华）

kou

扣除系数 coefficient of deduction

又称占线系数。开行一列旅客列车或快运、零担、摘挂货物列车需从平行运行图上扣除的直通货物列车数。因旅客列车、快运货物列车速度高、停站次数少，相邻两列车之间不够铺画直通货车，造成空余时间；而零担、摘挂货物列车因在车站上有作业、在站停留时间较长。故均为大于1的系数。提高货物列车速度、提高铺画运行图的质量可降低扣除系数。 （吴树和）

ku

枯水滩 low water rapids

山区河流枯水期碍航的滩险。枯水期水位低，水深浅，常出现浅滩；在两岸卡口处常出现急流滩、险滩。一般用切除突嘴、拓宽、加深航槽，或筑坝等方法进行整治。 （王昌杰）

库场通过能力 storage capacity

港口仓库和堆场一年内所能通过货物的最大数量。以万t计。它是港口通过能力的重要组成部分，与库场装卸机械效率、货种及其包装形式、库场的使用面积、单位面积货物堆存量和平均堆存期等因素有关。 （王庆辉）

库区航道 reservoir channel

水库区内的航道。水库区内水面宽阔，水深大，一般直接在水库中开辟，以航标标明其方向和界限，或设导标（或灯塔）导航。遇较大风浪时，小船要暂时停航。为避免风浪的影响，有时在库区岸边另辟航道，水深不足地段则加以浚深。根据水库的特点，其航道水深和宽度一般均较天然航道为大。
（蔡志长）

kua

跨线桥 overpass bridge

又称立交桥。跨越公路、城市道路和铁路等交通线路的桥梁。当所跨越处没有水流时，也可称为旱桥。通常跨线桥与被跨线路没有任何连接，故属分离式立体交叉，是一种最简单的立体交叉型式。桥的高度取决于被跨线路上行驶车辆所需要的净空和桥梁的结构高度；宽度按道路或铁路的等级及交通量而定。 （李峻利）

kuai

快速出口滑行道 high-speed exit taxiway

以锐角与跑道连接使得着陆飞机可以高速退出跑道的出口通道。设置目的是减少着陆飞机占用跑道的时间，以提高跑道利用率。它应设置在着陆飞机便于脱离跑道的地方。与跑道的夹角通常为30°。弯道内侧的半径应根据保证飞机在湿道面上能够以

规定速度安全转弯的要求来确定。在弯道后要有一直线段,其长度应使飞机在到达与其相交的主滑行道之前能够安全停住。 （钱炳华）

快速交通 rapid transit

行驶于市内或中心城市与卫星城镇之间的一种快速客运系统。可修建于地下、地面或高架建筑物上,这种交通多为轨道系统,故常用快速轨道交通,如地下铁道等。 （文旭光）

kuan

宽轨 wide-gauge

铁路直线路段上宽于1 435mm 标准轨距的轨距。采用较多的是1 524mm 和1 676mm 两种,前者为前苏联、波兰、芬兰、伊朗、捷克、斯洛伐克和巴拿马等国采用;后者为东南亚的印度、巴基斯坦、斯里兰卡、南美的阿根廷、智利、西欧的葡萄牙、西班牙等国采用。其他尚有1 500mm、1 600mm、1 665mm 多种。美国特殊用途的个别铁路,轨距有达2 400mm 和5 200mm 的。现今世界上宽轨铁路长约25 万 km,占世界铁路总长的19%。 （郝瀛）

kuang

矿山铁路 mine railway

采矿部门为开发矿山,运输矿产而修建的自用铁路。按轨距,可分为准轨和窄轨;按用途,可分为矿区生产用铁路与国家铁路连轨的矿山专用线。矿区生产用的铁路,往往随矿床地质变化而变迁,因此在满足运输需要的情况下,宜设备简单、灵活机动,因地制宜。矿山专用线尽量采用与地形相适应的限制坡度;运输货物多为品种单一,流向固定的大宗矿产,因此要尽量组织始发直达或固定车底的循环直达列车;对大量回空车辆的利用和贮备应有相应的措施,贮矿仓和贮矿场应有较大机动性,应尽量采用机械化和自动化的装卸设备,输送能力应与两端装卸能力相匹配。 （周宪忠）

矿石车 ore car

专门装运矿石的全钢制敞车。设有特殊的卸货门,多为漏斗型车体,下部或侧部开有漏斗式卸货口的为矿石漏斗车。为了发展重载运输,提高延米质量,还有高壁缩短型矿石车。 （周宪忠）

kun

昆河铁路 Kunhe Railway

昆明至河口的窄轨铁路。轨距1 000mm,全长468km。由昆明向东,经宜良沿南盘江南行,过开远沿南溪河上坡,到达中越边界的河口;和越南境内的河内老街铁路连接,曾合称滇越铁路。滇越铁路云南境内的昆河线是法国侵占安南后、势力向云南渗透的产物,1903 年中法签订《滇越铁路章程》,1904年铁路开工,1910 年竣工通车。筑路中,中国工人备受虐待,工价极低工伤严重,加之气候恶劣疟疾流行,8 年中工人死亡达12 000 人。二次世界大战中,拆除了河口至碧色寨177km 的线路。1946 年2 月27 日中法签订协定,正式交还中国。1957 年12 月拆除路段修复,全线通车。经过多年整治,目前能力提高,运量日增。该线在峡谷中穿行,采用了25‰的最大坡度,100m 的最小曲线半径,10~20m 的缓和曲线长度,设置了425 座桥梁,155 座隧道,隧道总延长达170.684km,占线路长度的36.5%。线路蜿蜒曲折,行车摇摆颠簸,有人形容为"蛇形的路、船行的车"。 （郝瀛）

L

la

拉纤过滩

人力在岸上用纤索拖曳船舶上行以克服急流滩险的作业。只在山区航道中,为木帆船使用,中国川江历史上多靠拉纤通过急流滩险,纤工工作条件恶劣,现已被淘汰。 （李安中）

喇叭式交叉 trumpet intersection

又称漏斗式交叉。将进口引道做成喇叭形式的交叉口。因其扩大了入口通道,增加了进口车道数,而提高了交叉口车辆通过率。这种交叉口通行能力较加铺转角式有进一步提高,特别适合于自行车右转车辆较多的情况。

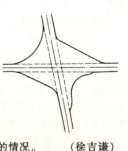

（徐吉谦）

喇叭式立体交叉 trumpet interchange

位于不同高程上的丁字形相交,其左转匝道的连接形似喇叭状的立体交叉。是丁字形交叉中最常用的互通式立体交叉。A 型(图 a)右转弯用右转直接匝道,左转通过跨越或下穿主干道结构物,用半直接匝道相连通。优点是结构简单,方向明确,通行能力较大。缺点是次干道左转车辆经螺旋形环道进入主干道时,行车方便性较差。B 型(图 b)由次要道路进入主干道的匝道可设计较大的转弯半径,视野开阔,便于加速,故比 A 型(车流螺旋式进入干道)好。

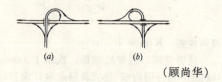

(顾尚华)

lai

莱茵河河口整治 regulation of Rhine River estuary

莱茵河自荷兰鹿特丹入北海的通海河口治理。莱茵河进入荷兰境内后即分为三汊,格尔德兰伊塞尔河分流 12%,入北面须德海;下莱茵河分流 18%,经莱克河、新玛斯河、新水道,入北海,是莱茵河航道的主要出口;瓦尔河分流 70%,与玛斯河的洪水泄入哈林弗赖特河在口门设水闸控制流入北海,故莱茵河河口是河网三角洲地区。1858 年决定开辟下莱茵河新开水道 4 300m 并在出口建双导堤,分别长 2 000m、2 300m,导堤间距 900m,水深 3m,经过多年调整、缩窄,至 1910 年航深达 6.5m。第二次世界大战期间停建。至 1955 年,重建鹿特丹港,执行欧罗普特工程计划,建立欧罗普特港区与新水道合一,北堤延长,新建南堤,并疏浚外海玛斯和欧罗进港航道,除泄洪外,哈林弗赖特水闸常闭,集中莱克河、瓦尔河、玛斯河水通过新水道入海,加大落潮流量,冲深航槽,至 1975 年,外海航道建成后,鹿特丹港可达 23m 水深,目前考虑增至 25m,口门宽 850m,可同时进出四艘大船,自此,鹿特丹港发展成世界第一大港,年货运吞吐量达 3 亿 t 以上。 (李安中)

lan

拦门沙 mouth bar, bar shoal entrance bar

入海河口口门附近河床上淤积隆起的泥沙堆积体。广义的指由心滩、沙岛和某些横亘河口的沙嘴所组成的沙系;狭义的仅指口门航道上的水下浅段。其成因是河流在入海处因水面展宽流速骤减,并受潮流顶托和含盐海水的絮凝作用等影响,促使所挟带的泥沙在口门附近淤积。在流域来沙为主的河口,由于淤积,河宽缩窄,限制潮量进入,使径流作用远大于潮流,河流泥沙大量在口门附近堆积,故在以流域来沙为主的河口,拦门沙最为常见。极少数河口因沿岸流挟带海域来沙较多,于口门附近形成沙嘴,也可发育成拦门沙。拦门沙上水深较小,且因潮流涨落流路的摆荡不定和上游径流的经常变化,使其在平面上经常摆动,在高程上常有洪季淤积、枯季淤积、小潮淤积和大潮冲刷的特点,对通海航道影响甚大。一般采用疏浚或疏浚与筑导堤相结合的方法来增加航道水深。 (王昌杰 张东生)

拦石坝 retaining dam for falling stone

又称谷坊坝。在泥石流沟的流通地带,将沟底陡坡改变成台阶状的缓坡,使泥石流在坝前沉积而修筑的低矮拦泥石的坝群。为减少坝的受冲力量,应采用低坝,一般坝高不宜超过 5.0m,淤满后可再加高。坝距应视坝高、地面坡度而定。筑坝材料可因地制宜,有石砌坝、土坝、竹笼坝或木石坝等。

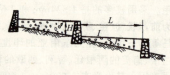

(池淑兰)

拦石墙 rock block wall

拦截铁路山坡上危岩落石的挡土墙。设置在路堑边坡坡脚或落石山坡下部的缓坡地段。用浆砌片石砌筑,墙背用砂土砌筑成缓冲层,以防墙体被直接撞击。为增加堆积落石的容量需要将缓冲层坡度改陡时,坡面应作干砌片石护坡。缓冲层厚度视落石体积大小而定。

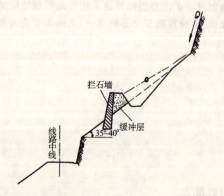

(池淑兰)

拦石网 retaining mesh for falling stone

拦截陡坡上坠向铁路的小粒石块的铁丝网。设置在山坡下部的缓坡地带或在路基旁侧。用木料、旧钢轨或钢筋混凝土制成立柱,埋入岩层内,露出地面 1.5~2.0m,立柱间距一般 2.0~4.0m。柱间张拉钢丝网,略呈弧形,借以减小坠落石块的冲击。拦石网可设置一级或多级,也可与拦石墙配合使用。

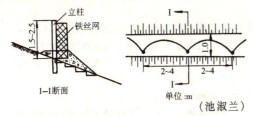

缆车码头 sloping wharf with cable way

用缆车装卸货物、运送旅客的斜坡式码头。设有缆车、卷扬机和趸船等设备。船舶靠泊于趸船上,趸船上设有吊机,在岸上也相应装设配套起重设备,趸船与岸顶之间,沿斜坡上下用缆车载运货物或旅客。适用于河流上、中游水位差较大的地区,广泛用于件货码头。它的操作环节多,装卸成本较大,通过能力较低。

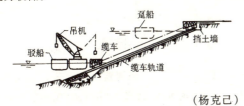

(杨克己)

缆绳拉力 hawser force of mooring

船闸闸室灌泄水时,系泊在闸室和引航道内的船舶的系船缆绳所承受的拉力。停泊在闸室或引航道内的过闸船舶是靠船上系船设备用系船缆绳与闸室或靠船建筑物上的系船设备联结。在闸室灌泄水过程,常有各种水流作用力作用于船舶上,其力几乎全部由系船缆绳承受,并通过它传到系船设备上。其大小与作用在船闸上的水头大小,输水时间长短,输水系统的布置以及船舶排水量有关,一般通过船闸输水系统水工模型试验测定。为保证船舶安全过闸,根据船舶系船缆绳所能承受的极限拉力,并考虑一定的安全系数定出其允许值。按中国《船闸设计规范 JTJ 261—266》规定为:对于排水量 500t 及 500t 以上的船舶: $P_L=3W^{0.33}$, $P_C=\frac{1}{2}P_L$;对于排水量 500t 以下的船舶: $P_L=\frac{1}{1.23}W^{0.33}$, $P_C=\frac{1}{2}P_L$, P_L 为允许缆绳拉力的纵向水平力(t), P_C 为允许缆绳拉力的横向水平力(t), W 为船舶(或船队中的单船)排水量(t)。 (蔡志长)

缆索式启闭机 operating machinery wich warping

利用柔性钢丝绳索启闭人字闸门的启闭机。由钢丝绳索、双鼓筒卷扬机、导向滑轮及动力装置等构成。用两根钢丝绳索,其一端缠绕在卷扬机鼓筒上,另一端平行地经过设在门扇上的一系列导向滑轮,到达斜接柱附近的底框梁上;然后将其中一钢丝绳索(开门绳索)固定在门龛处的闸墙上,另一根(关门绳索)固定在闸首门槛上。当卷扬机转动收开门绳索而放关门绳索时,门扇即被开门绳索带动而开启;反之,门扇即被关门绳索带动而关闭。为使闸门启闭时的曳引力方向能始终垂直于门扇,在闸首底板上需设圆弧形的缆索导轨。这种启闭机的曳引力作用于门扇下部的斜接柱附近,使闸门启闭时垂直于门扇平面的扭矩较小;由于力臂较大,曳引力相应较小;其尺寸与重量一般也较推拉杆式启闭机为小。但有部分导向滑轮和钢丝绳索浸于水中,易于锈蚀,检修不便;此外,启闭力受钢丝绳索的限制也不能太大。目前在工程实践中已很少应用。

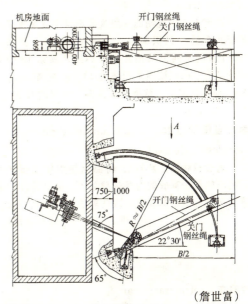

(詹世富)

缆索铁路 funicular railway

利用安装在地面上的电动机和绞车,用钢索牵引车辆爬上非常陡峻坡度的有轨客运工具。可用于城市交通和登山旅游,一般不很长,最大坡度有用至390‰的,车厢地板可做成台阶型以保持坐席水平,车上装有紧急制动装置可保证缆索失灵时在陡坡上自动停车。世界第一条缆索铁路是 1873 年在美国旧金山建成的,以后欧美各国城市曾广泛采用,因安全原因,目前多已停用。登山的缆索铁路为数甚多,瑞士有 50 条,日本有 20 条,二次大战后,架空索道技术发展较快,因其可靠性提高,造价低,工期短,车厢加大,势将取代缆索铁路。 (郝 瀛)

lao

老路改线 alter line used road

lei

累积率波高 wave height of accumulation rate of wave train

在定点连续观测的一段波浪记录中波高大于或等于某个波列累积率为 F 的波高值 H_F。例如有 100 个波的波列记录按波高大小排列其第 13 个大的波高为 2m，则波列累积率为 13% 的波高 $H_{13\%}$ = 2m。前苏联多采用这类特征波高。常用的有 $H_{1\%}$、$H_{5\%}$、$H_{13\%}$ 等。　　　　　　　　　　（龚崇准）

累计当量轴载数 accumulative number of equivalent axle load

通过轴载当量换算法，将路面使用年限预计通行的车辆数换算成的当量轴载总数。是路面设计的重要原始数据。据此也可以估算路面的使用寿命。
　　　　　　　　　　　　　　　　（邓学钧）

leng

冷藏车 refrigerator car

为运输冷冻食品和易腐货物，车内设有调温装置的棚车。按制冷装置不同，分为冰冷藏车和机械冷藏车两类。冰冷藏车是利用冰或冰盐混合物在冰箱内融化，使车内保持稳定低温。机械冷藏车是利用压缩制冷机使车内调节温度或保持稳定低温。其车壁为双层结构，中间填有轻质绝热材料，车内设有降温用的冷却装置、升温用的加温装置，通风装置及遥控测温控制装置等设备。为了保证所运物的质量，冰冷藏车已逐步被淘汰。　　　　　（周宪忠）

冷藏船 refrigerated carrier

载运要求保冷的鱼、肉、水果、蔬菜等时鲜、易腐货物的专用货船。它实际上是一个能航行的大冷藏库。吨位一般不大，航速较高。货物均装载在四周专设有完备隔热层的冷藏舱内。根据所运货物的种类船上备有大功率的制冷装置，以维持冷藏舱内所需的保冷温度。　　　　　　　　（吕洪根）

li

里程等级系数 coefficient of mileage degree

各级道路设计通行能力与标准等级道路设计通行能力的比值。在道路网规划中用以计算规划区内道路网的当量长度和综合密度。　　（周宪华）

立波 standing wave

又称驻波。一对具有相同波高 H（或波振幅 a）和波周期 T 的规则波波系沿相反方向传播而叠加时，产生一组水质点和波面作周期性振动而波形没有向前推移现象的波浪。通常发生于二维前进波遇到与传播方向相垂直的全反射边界（直墙）时，从全反射边界上产生的反射波具有与入射相同的波高和波周期，二者叠加形成立波。和前进波相似，立波也分为深水和浅水两种情况。微幅波理论的立波流速势函数 φ 为：

深水　$\varphi = -\dfrac{a\omega}{k}e^{kz}\cos kx \sin\omega t$

浅水　$\varphi = -\dfrac{a\omega}{k}\dfrac{\mathrm{ch}k(z+d)}{\mathrm{ch}kd}\cos kx \sin\omega t$

k 为波数，$k = \dfrac{2\pi}{L}$；ω 为波圆频率，$\omega = \dfrac{2\pi}{T}$；d 为水深，当 $d \geqslant 0.5L$ 时为深水，当 $0.5L > d > 0.05L$ 时为浅水；L 为波长。波面函数 η 是时间 t 和距离 x 的余弦函数：$\eta = -a\cos kx \cos\omega t$。离直墙 $x = n\dfrac{L}{2} + \dfrac{L}{4}$ $(n = 0, 1, 2\cdots)$ 处 $\cos kx = 0$，$\eta = 0$，表示这些点在波动过程波面不发生升降变化，故称为立波的波节。离直墙 $x = n\dfrac{L}{2}$ $(n = 0, 1, 2\cdots)$ 处 $\cos kx = \pm 1$，$\eta = \mp a\cos\omega t$，即波面随时间过程反复升降，交替出现波峰和波谷，故称这些点为波腹。立波的波形只在波节之间呈周期性上下振荡而不向前移动。其质点的运动轨迹方程为：

深水　$\dfrac{x - x_0}{z - z_0} = -\mathrm{tg}kx_0$

浅水　$\dfrac{x - x_0}{z - z_0} = -\dfrac{\mathrm{tg}kx_0}{\mathrm{th}k(z_0 + d)}$

表明微幅波理论的立波水质点与其二维前进波一样仍作直线运动。鲍辛涅斯克（Boussinesq）和森佛罗（Sainflou）用拉格朗日变量法研究了深水和浅水的有限振幅波的立波。与有限振幅的前进波不同，它取静水面为 x 轴，其质点的运动轨迹方程为：

深水　$z - z_0 = -(x - x_0)\mathrm{tg}kx_0 - \dfrac{k}{2}\dfrac{(x - x_0)^2}{\cos^2 kx_0}$

浅水　$z - z_0 = -\dfrac{b}{a}(x - x_0)\mathrm{tg}kx_0 - \dfrac{k}{2}\dfrac{a}{b}\dfrac{(x - x_0)^2}{\cos^2 kx_0}$

a，b 为前进波轨迹椭圆半长、短轴。表示有限振幅波的立波水质点运动轨迹为抛物线，其主轴位于通过波节点的垂直线。

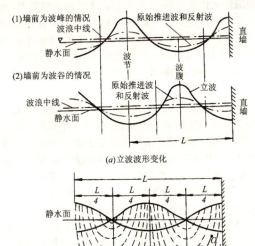

(a) 立波波形变化

(b) 立波水质点轨迹

(龚崇准)

立波波压力 wave pressure of standing wave

当直墙前发生立波时作用在直墙上的波压力。鲍辛涅斯克(Boussinesq)和森弗罗(Sainflou)用拉格朗日(Largrange)变量法研究了有涡的深水和浅水的立波,其沿直墙面上的波压强 $\frac{p}{\rho g}$ 为

$$\frac{p}{\rho g} = -z + H\left[\frac{\mathrm{ch}k(z+d)}{\mathrm{ch}kd} - \frac{\mathrm{sh}k(z+d)}{\mathrm{sh}kd}\right]\sin\omega t$$

式中第一项为静水压强,第二项为由波动产生的动水压强,又称净波压强;$k = \frac{2\pi}{L}$ 为波数;$\omega = \frac{2\pi}{L}$ 为波圆频率;H, L, T 分别为波高、波长、波周期;d 为水深。上式所给定的是波动时水质点所处位置的波压强。当直墙前出现最大波峰、波谷时 $\sin\omega t = \pm 1$,直墙面上发生最大,最小波压强。在水底处($z = -d$)直墙面上最大、最小波压强 $\frac{p}{\rho g} = d \pm \frac{H}{\mathrm{ch}kd}$。当波陡较大时森弗罗的立波波压力与实际有较明显的差异,需加校正,因计算简便尚被广泛采用。高阶斯托克斯波理论的立波波压力公式能给出更精确的结果,但计算较为繁难。

(龚崇准)

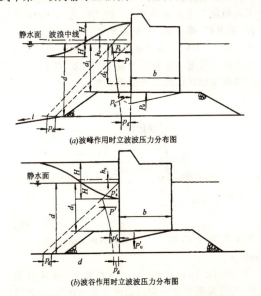

(a) 波峰作用时立波波压力分布图

(b) 波谷作用时立波波压力分布图

立面标记 elevational marking

用于提醒驾驶人员注意在车行道内或近旁有高出路面的构造物存在,以防止发生碰撞的标记。以黄黑相间的条纹表示,条纹和水平面成45°角。一般用在跨线桥、隧道口及安全岛等的壁面上。

(王炜)

立体交叉 grade separation

道路与道路或道路与铁路在不同高程上的交叉。一般分为两类:分离式立体交叉与互通式立体交叉。按车流空间隔离原理把车流布置在不同平面上。依据对左转车流运行所产生交叉点的不同处理方法确定立交型式。与平面交叉相比,通行能力可提高几倍,车流连续通畅,行车安全。但造价高、占地多,只有交通量达到一定水准,平面交叉不能满足要求时,才考虑修建。

(顾尚华)

立体交叉通行能力 interchange capacity

立体交叉口各进口引道上所能通过的最大车辆数总和。该通行能力取决于立体交叉口的形状、层次及机动车与非机动车的隔离方式。

(王炜)

立体量测仪 stereometer

在立体像对上测绘出等高线和地物的航测分工法测图仪器。与投影转绘仪配合使用,将所测绘之等高线和地物投影转绘到底图上成为地形原图。仪器上采用机械的或模拟的改正机件,以改正由于摄影外方位元素引起的模型变形和像点的左右视差改正数。一般适用于丘陵区中小比例尺测图。

(冯桂炎)

立体线形设计 design of three-dimensional alignment

根据道路线形组合设计的要求,运用透视图原理,以汽车操纵者高速行车时视觉的平顺性和连续性为评判标准,线形要素几何尺寸和整体形态的选定工作。按道路平面和纵断面要素的不同组合,立体线形有六种基本透视形态(见图)。

平面要素	纵断面要素	立体线形要素	
直线	直线	具有恒等坡度的直线	(I)
直线	曲线	凹曲线形直线	(II$_s$)
直线	曲线	凸曲线形直线	(II$_c$)
曲线	直线	具有恒等坡度的直线	
曲线	曲线	凹曲线形直线	(IV$_s$)
曲线	曲线	凸曲线形直线	(IV$_c$)

（王富年）

立体坐标量测仪 stereocomparator

摄影测量的立体量测仪器。用于量测立体像对中像点的像片坐标、左右视差和上下视差，据此可以进行像片控制点的内业加密计算。由观测系统、导轨系统、像片盘、量测系统和照明设备组成，有的还配有自动坐标记录装置。　　　　（冯桂炎）

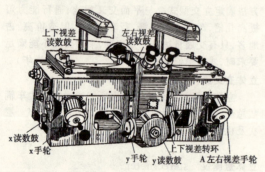

沥青表面处治路面 bituminous surface treatment pavement

在原有的沥青路面或其他中、低级路面上，用沥青和矿料按层铺法或拌和法铺筑厚度不超过3cm沥青面层的次高级路面结构。用以保护路面不受车辆的直接磨损和雨水浸蚀，提高路面平整度，减少灰尘飞扬。若采用路拌法或厂拌法铺筑，多为一层式；若采用层铺法，可根据需要取一层式（厚度为0.5～1.5cm）、双层式（厚度为1.5～2.5cm）或三层式（厚度为2.5～3.0cm）。　　　　（韩以谦）

沥青道床 asphalted bed

散粒体道碴经用沥青材料稳定处理或用沥青混凝土、沥青胶砂、乳化沥青水泥砂浆等材料替代道碴铺筑而成的新型轨下基础。按结构型式分为沥青贯入式固结道床、沥青混凝土道床以及沥青胶砂或乳化沥青水泥砂浆垫层式。沥青贯入式固结道床具有防脏防水性能，能持久保持道碴床的承载能力；沥青混凝土道床是轨下基础的承重构件；沥青垫层的主要作用是调整和缓冲作用。中国自1968年试铺以来，总长约有10km的试验段。　　（陆银根）

沥青贯入碎石路面 bituminous penetration pavement

在初步压实的碎石（轧制砾石）上浇洒沥青贯入到碎石的空隙中，再分层撒铺嵌缝料、浇洒沥青和压实而成的次高级路面结构。厚度通常4～8cm。具有较高的强度和稳定性，也可作为高级路面的联结层或基层。强度与稳定性主要由碎石的相互嵌挤作用构成，其次是沥青材料的黏结力。施工程序为：在已整修及打扫干净的底基层上，摊铺主层石料，用轻型或中型压路机压至石料无明显移动后，按规定数量洒铺第一次沥青并立即铺撒第一次嵌缝料，再用中型压路机压实，接着再浇第二次沥青，撒第二次较细嵌缝料并压实。最后如需做罩面，则浇洒第三次沥青，铺撒石屑或粗砂，碾压整平成型。　（韩以谦）

沥青混合料基地 asphalt plant

生产和供应沥青混合料的场所。通常有固定式拌制工厂和临时性拌制站两种。在固定式拌制工厂中多配备大型固定式全套拌制装置，并附有沥青车间、矿料加工车间、动力系统、维修车间、实验室和仓库等设施；临时性拌制站多采用移动式拌制机械，通常沿施工路线设置，并随施工进度而迁移。　　（李一鸣）

沥青混合料摊铺机 asphalt paver

按规定要求将沥青混合料均匀平整地摊铺开的专用机械。按行走装置不同，分为履带式和轮胎式两种。二者除行走部分不同外，其构造和技术性能大致相同。主要由承料斗、链式传送器、螺旋输送器、振捣器、摊平板、行走装置和发动机等几部分组成。此外，为保证路面达到规定的标高，一般都附有自动找平装置。它有功效高、速度快、质量好、减轻劳动强度和保证施工安全等优点。

（李一鸣）

沥青混凝土路面 bituminous concrete pavement

按级配原理选配的矿料（粗集料、细集料和粉料）与适量沥青在一定的温度下均匀拌和，经摊铺压

实而成的高级路面结构。具有强度高、整体性好、抵抗自然因素破坏能力强等优点。 （韩以谦）

沥青洒布车 asphalt distrbutor

将加热的沥青均匀地喷洒到路面上的专用机械。按构造形式不同，可分为专用自行式和临时装载式两种。前者系将机组固定于卡车上；后者系在施工时临时把机组装载于车上。作业时随着车辆的行驶沥青自加热罐被压送至设于车尾下部的沥青洒布导杆中，并经喷嘴均匀地洒布于路面。洒布的宽度和单位面积洒布量，可按需要由调整洒布导杆长度和车辆行驶速度来控制。 （李一鸣）

沥青稳定材料 stabilized material with bitumen

沥青与松散状的土、砂砾或其他集料经拌和后的混合物。这种混合物再经摊铺、碾压后，可作为路面的基层或底基层。为便于生产，沥青稳定材料中的沥青多系液体沥青或乳化沥青。沥青的稳定作用主要来自两个方面：沥青的黏结力和沥青与矿质颗粒表面的相互作用。黏结力使松散的矿料成为具有一定强度的整体；相互作用除提高了沥青的黏度外，还赋予矿料表面具憎水性。表面相互作用主要指吸附作用，即物理吸附与化学吸附。物理吸附能增加沥青的黏度和改变沥青中表面活性物质分子的排列，使其极性基定向于矿料颗粒表面，提高矿料的憎水性；化学吸附将产生不溶于水的盐类，并形成强大的化学链合，使沥青膜更牢固地裹覆在颗粒表面上。 （李一鸣）

沥青稳定路面基层 stabilized base course of pavement with bituminous

用沥青作结合料，与土、砂砾或其他集料拌和、摊铺、压实而成的路面基层。使用的沥青有黏稠或液体石油沥青、煤沥青、沥青乳液和沥青乳膏等。沥青稳定土基层的强度形成较慢。国外使用较多的是沥青土。土的粉碎以及沥青与土的拌匀均需强有力的机械设备。 （韩以谦 陈雅贞）

粒料加固土路面 stabilized soil pavement with aggregate

在土中掺入适量的砂、石子等粒状材料，经拌和、摊铺、压实而成的低级路面。也可作为中级或次高级路面的基层或底基层。 （韩以谦 陈雅贞）

lian

连拱式闸室墙 multiple arch lock wall

由浆砌块石的前墙和扶壁，预制混凝土的拱圈和混凝土底板构成的闸室墙。扶壁、拱圈、前墙和底板所构成的空箱内一般均回填沙石料，前墙上一般均设进水孔和排气孔，使前墙内外水位齐平，以改善结构的受力条件。

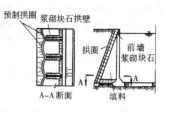

这种结构的钢筋用量较少，拱圈可以预制，有利于降低工程造价，但对施工质量和防渗要求较高，一般用于软土地基的小型船闸上。 （蔡志长）

连片式码头 solid deck pier

又称宽桩台码头。在桩柱式码头线的全长上，以铺面板的形式，将透空面全部盖满而与后方场地连成整片的码头。在软弱地基上，这类码头通常为宽桩台型式。它一般分为前后两部分，前方桩台承受船舶荷载和门机荷载，所以布置有叉桩，宽度主要根据门机轨道确定；后方桩台，只承受竖向荷载，不布置叉桩，宽度主要根据岸坡自然稳定情况而定。软弱地基上采用这种型式比较安全稳定而经济，但盖板下水位变化不定，净空小，维修保养困难。

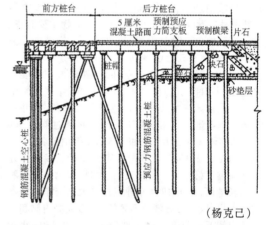

（杨克己）

连通运河 connection canal

连通互不衔接的水系的运河。如中国的京杭运河。 （蔡志长）

连续配筋混凝土路面 continuously reinforced concrete pavement

为防止混凝土收缩时裂缝展开，而在路面纵向配置不间断连续钢筋网的混凝土路面。由于完全取消了混凝土路面常用的胀缝、缩缝、纵缝，行车平稳性大为改善。适用于高等级公路，保证高速行车。纵向钢筋用量约为路面板横截面面积的0.6%。在与其他路面、桥梁和其他结构物相接时，需设置锚固装置，以控制纵向位移，消除对其他构造物的影响。纵向配置不间断连续钢筋网之后，路面并非没有收缩裂缝，而是由于钢筋的约束，裂缝宽度微小，水分不能渗入，对行车亦无影响。美国、法国、日本等许多国家已大量使用。 （邓学钧）

连续渠化　continuous canalization

沿河流建造一系列闸坝，将整条河流划分为若干渠化河段的河流渠化。其各级闸坝的回水与上一级闸坝直接衔接，且坝下水深满足最小通航水深的要求，从而使整条河流成为渠化河段彼此相连的一条航道。

（蔡志长）

连云港港　Port of Lianyungang

中国沿海中部重要对外贸易港口。位于江苏省东北部海州湾西南侧，陇海铁路东端终点。是中国中原和西北地区最短经路的出海口岸。其经济腹地遍及陇海铁路沿线各省、自治区。连云港港原是个渔村。1933年荷兰治港公司开始建港，至1936年先后建成东防波堤1 050m和3 000t级杂货码头和煤码头泊位6个。1938年日本占领后修建西防波堤1 600m，并增建3 000t级泊位2个。1949年后进行了大规模的改造和扩建。迄1985年全港共有生产码头泊位9个，其中万吨级以上深水泊位5个，码头岸线长1 351m，进港航道低潮时水深7m，万t级海轮可乘潮进出港。1985年港口吞吐量达929万t，其中外贸吞吐量523万t。进出口货物主要有煤、盐、矿石、粮食、化肥、木材、钢材等。连云港港北有东西连岛，南有云台山，构成长约6km，宽约2km的海峡，岛山环抱，天然掩护条件好，港口淤积强度趋于稳定，并有减小趋势。从20世纪80年代起除继续扩建老港区三突堤4个万吨级杂货泊位外，并在庙岭开辟新港区。第一期工程新建年通过能力900万t的煤码头3.5万t级和1.5万t级泊位各1个。以上泊位已于1987年前先后建成投产。接着修建庙岭新港区第二期工程集装箱、木材、粮食等泊位和墟沟新港区，并于1994年建成连接大陆与东西连岛的西大堤，以防卸海峡西面来浪，并为大堤内侧和西连岛南侧开辟北部新港区创造条件。至1999年全港共有装卸生产泊位30个，其中万t级以上深水泊位25个。2000年完成货物吞吐量2 708.2万t，其中外贸吞吐量1 453.6万t，集装箱吞吐量12万TEU。

（王庆辉）

联合直达运输

凡经由各种运输工具（铁路、公路、水路、航空）将货物由发货单位直接运送到收货单位，途中无须进行倒装作业的运输方式。是国际间或国内各运输部门间有机结合的整体，其特点是利用车辆、船舶、集装箱、托盘和拖车等运输工具和现代化的装卸、换装、中转设备以及海陆型、内陆型的联合基地站，开展门对门运输的接取送达业务。在该系统中，集装箱和驮背运输占有特殊的地位。

（蔡梦贤）

联络道　connecting taxiway

跑道与主滑行道之间的联络通道。分端联络道和中间联络道两种。端联络道是连接跑道端部与主滑行道的通道。中间联络道是连接跑道中部与主滑行道的通道。当中间联络道按飞机高速滑行要求修建时，则亦称为快速出口滑行道。通常联络道宽度按一架飞机滑行的要求修建。但是军用歼击机机场的端联络道，为了便于飞机迅速出动，因而按双机同时滑出的要求修建。

（钱炳华）

联锁　interlocking

车站内信号机、道岔与进路三者间建立的相互制约设备。基本要求是：只有在道岔位置正确、进路范围内无车占用（进行调车作业时只要求道岔区段无车占用）和敌对进路尚未建立的情况下，防护该进路的信号机才能显示允许信号，当信号开放后有关道岔即被锁闭，敌对信号亦不能显示允许信号。实现这种关系的设备称为联锁设备。中国主要采用电气集中联锁和电锁器联锁。电子联锁和计算机联锁已经应用，是今后发展的方向。

（胡景惠）

链斗式挖泥船　buckct dredger

利用装在链条上的一系列泥斗连续循环运转挖取水下泥土的挖泥船。一般为非自航的，调遣时靠拖轮拖带，按排泥方式和设备不同，分为泥驳链斗式、泥泵链斗式、高架长槽链斗式等。泥驳链斗式为其基本型式，泥斗挖取的泥土倒入泥驳中，由拖轮拖走卸泥。泥泵链斗式，泥斗挖取的泥土倒入泥舱，经水冲搅后再由泥泵抽送排出。高架长槽式，泥斗将泥卸入长泥槽，直接排至岸上。链斗式挖泥船结构较复杂，泥斗绕过斗桥上端的上导轮及伸入水中的下导轮，组成封闭的斗链，驱动上导轮，带动斗链运转，泥斗顺次通过下导轮与泥面接触挖泥，至上导轮时翻倒入泥阱中送出。一般以设计生产率或斗容进行分级，小型的为40m^3/h，大型的可达800m^3/h。此类挖泥船适应性较强，可挖各种土质，挖槽底部平整。适用于浚深港口，航道，开挖河道等较大型的疏浚工程。但施工时泥斗运转的振动噪声大，在航行频繁的狭窄水道中作业时因锚缆影响其他船舶航行，挖掘有黏性的细沙土时，泥斗往往不能倒净，影响效率。

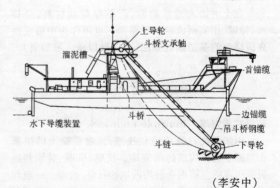

（李安中）

liang

两路停车　two-way stop

又称单向停车。在次要道路进入平面交叉口的引道上设立停车标志,次要道路上的来车必须先停车,然后寻找间隙通过的车流调节方式。能保证主干道畅通,发生事故由次要道路汽车负责。选用依据是:(1)通过对主次道路调查交通流量进行分析计算认为合适时;(2)由于次要道路汽车转角处视距三角内有障碍物阻碍而被迫减速到一定车速时;(3)其他合适条件时。　　　　　　　　　　　(李旭宏)

两线并行等高

第二线与既有线的线间距不大于5m时,两线修建在共同的路基上,且轨面高程相同的双线修建模式。这不但可以节省土石方工程量,还可防止雪埋、有利于路基排水、线路维修及道口设置等。一般情况下,第二线与既有线应采用相同的坡度、坡段长度和竖曲线形式;并应注意,纵断面设计必须与平面布置相配合,使坡度折减及变坡点位置能同时满足两线要求。困难情况下,两线轨面允许有高差,但一般不超过30cm。　　　　　　　　　(周宪忠)

lie

列车标志　train signal

表明列车种类、运行线路和方向的标志。用列车头部和尾部不同的灯光来区别列车在双线区间正向运行、反向运行、列车推进运行、有补机推送、调车机车运行、重型轨道车运行等。　　　(吴树和)

列车渡船　train ferry

俗称火车轮渡。在江河、海峡两岸渡运铁路客、货列车,连接两岸铁路交通的渡船。甲板面无梁拱和脊弧,面上铺设2~3股轨道和道岔供列车停放。按甲板层数可分单层车辆甲板型和多层车辆甲板型两种。一般多为单层。前者用于江河和风浪不大的航线上;后者用于航程远的航线上,设有升降式车辆甲板,以充分利用船舱容积。为便于列车从两端进出,渡船首尾的形状相同且都设有推进器和舵。推进器既为渡船停靠时产生减速制动力,又为渡船驶离栈桥时产生启动力。为防止列车因船舶航行时的摇荡而产生移动,甲板上列车设有止滑器。船的首尾部还设有车挡和车钩。此外,还设有平衡水舱,用以调整列车上下渡船时所产生的倾角。　(吕洪根)

列车检修所　train examination and repair point

简称列检所。根据车站技术作业过程的要求,在列车到达场、到发场或出发场上,进行车辆的技术检查与不摘车修理的处所。一般设在编组站、区段站、路矿交接站或国境站上。分为主要列检所、区段列检所和一般列检所。主要列检所所在站须设有站修所。区段列检所所在站根据需要设置站修所。列检所为铁道运输车辆维持良好的技术状态提供保证。　　　　　　　　　　　　　(严良田)

列车每延米质量　train gross load per meter

列车平均每米长度的总质量。在到发线有效长一定时,其值对提高列车牵引吨数,增大铁路输送能力有重要作用。采用大型货车和缩短型货车,可提高列车每延米质量。　　　　　　(吴树和)

列车起动阻力　resistance at starting

机车车辆在起动阶段所受到的阻力。停车时,车轮压在钢轨上产生的凹形比运行时大,增加了车轮的滚动阻力;机车车辆轴承和轴颈之间的润滑油膜在停车时被挤薄、油温降低、黏度加大,使摩擦阻力加大;所以起动阻力较基本阻力大。其值与润滑油种类和性质,列车停留时间的长短、气温的高低等有关,一般根据试验资料归纳整理为经验公式计算。在列车起动瞬间,起动阻力值最大,车轮一经滚动,即逐渐减小,故有经验的司机在停车时,总是适当压缩列车中的车钩,使列车中的车辆能分别起动,以降低全列车的起动阻力。　　　　　(吴树和)

列车运行附加阻力　additional resistance of train

列车在坡道上、曲线上或隧道中运行时,除基本阻力外额外受到的阻力。分为坡度附加阻力,曲线附加阻力,隧道空气附加阻力。随列车在线路上的运行条件不同,所受到的附加阻力即为这三种附加阻力的不同组合。如列车在坡道上运行时受到坡度附加阻力;如线路上坡度与曲线重叠时,则附加阻力为坡度与曲线阻力之和;如果在长隧道中线路既有曲线又有坡度,列车在该地段运行所受到的附加阻力为这三种附加阻力之和。　　　　(吴树和)

列车运行基本阻力　basic resistance of train

列车在空旷地段、平坡、直线上运行时的阻力。包括机车的基本阻力与车辆的基本阻力。是计算列车牵引吨数、列车运行速度和运行时分的基础数据。是由于机车车辆内部的机械摩擦、车轮与钢轨间的摩擦、冲击、振动,以及空气阻力等因素引起的阻力。其大小与列车运行速度,机车车辆的构造、外形、质量、保养状态、轨道类型与线路维修质量等有关。单位基本阻力(单位列车质量所受到的基本阻力)一般根据试验资料归纳出经验公式求算,其基本形式为

$$a + bv + cv^2 (N/t)$$

式中 v 为列车运行速度;试验条件是:运行速度不

低于10km/h,风速不大于10m/s,外界温度不低于-10℃。因为机车、客车、货车的构造和质量不相同,其单位基本阻力计算式的系数亦有差异。

(吴树和)

列车运行图 train diagram

列车在区间内运行和在车站上停留时间的图解。水平线表示车站中心线,垂直线表示时间线(一般10min画一细线,1h画一粗线),斜线表示列车运行线,所注数字表示车次;图上规定了各次列车到达、出发、通过各车站的时间及停站时间,每天的列车次数或对数。在实际运营中,凡与行车有关的各部门,均需正确组织技术工作,以保证列车按照运行图运行。按照列车运行速度的不同分为平行运行图和非平行运行图,铁路运营中采用的是后者,铁路设计时采用前者;按区间正线数目的多少可分为单线运行图和双线运行图;按上下行方向列车数目是否相等可分为成对运行图和不成对运行图,按同方向列车运行方式可分为追踪运行图与连发运行图。

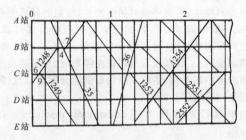

(吴树和)

列车运行阻力 gross resistance of train

列车运行时作用在机车车辆上的总阻力。按列车所处的客观环境不同分为列车运行基本阻力和列车运行附加阻力两大类;每一类又细分为几种阻力。因为机车车辆受到的阻力与其质量成正比,故又可用平均每吨列车所受到的阻力—单位阻力(N/t)来表达。作用在列车上的总阻力,要根据列车在线路上的运行条件,采用各种阻力的不同组合。改善线路与机车车辆构造条件,提高线路与机车车辆维修质量可减少列车运行阻力,提高牵引吨数和列车运行速度,降低铁路运输成本。

(吴树和)

列车制动力 braking force of train

由司机操纵制动装置产生、与列车运行方向相反、使列车减速或停车的力。是保证列车正常运行和安全行车必不可少的力。按制动力形成方式可分为黏着制动与非黏着制动;前者如空气制动、盘形制动、电阻制动、再生制动、液力制动等,依赖于轮轨间的黏着力产生制动力,制动力的最大值受机车车辆轴重和轮轨间黏着系数的控制。列车运行速度提高,黏着系数降低,制动力减小,故黏着制动不能满足列车高速行驶时对制动力的需要。非黏着制动如磁轨制动、涡流制动等,制动力的大小不受轮轨间黏着系数的限制。列车行驶时,必须在规定的制动距离内停车,故制动力越大,则允许列车运行的速度越高,若制动力的最大值被固定,则下坡坡度越陡,允许列车运行的最高速度越低。为便于计算,制动力也可用平均每吨列车质量的制动力——单位制动力(N/t)来表达。

(吴树和)

列车制动率 braking ratio of train

列车换算闸瓦总压力与列车总质量的比值。是表示空气制动时列车制动力大小的量。因列车由不同类型车辆组成,各种车辆闸瓦压力不同,摩擦系数随闸瓦压力、材质和行车速度而变。为简化计算,通常用换算闸瓦压力和换算摩擦系数来计算,全列车换算闸瓦总压力即为机车车辆上每个闸瓦换算压力值的总和,中国规范目前规定:一般由于意外原因需紧急制动停车时,取列车换算制动率的全值;列车进站停车或正常减速时只用列车制动率的部分值,以保证行车安全平稳。

(吴树和)

裂流 rip current

又称离岸流。从破波区朝海洋方向流动的一股强而狭窄的水流。破波造成的一种补偿流从岸边流向外海,其根部靠近岸边的补偿流处,颈部比较狭窄,流速最大,流到一定深度后不再下行,形成一个蘑菇状的裂流头,向周围扩散消失。裂流具有强烈的冲刷能力。在沙质海滩上,所过之处冲刷成"裂流沟",并能将破波线附近与岸线平行的水下沙坝切割成段。裂流运动机理复杂,现场观测较为困难,目前基本上仍是定性描述。

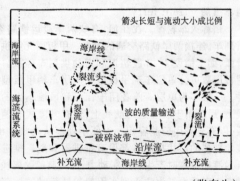

(张东生)

lin

林区公路 forest highway

修建在林区,为林业和林区内各项生产服务的公路。中国黑龙江省和吉林省地区按年运材量分一级、二级、三级、四级，计算行车速度分别为 50～25、30～20、25～15km/h。其他地区按年运材量分一级、二级、三级、便道，计算行车速度分别为 50～25、40～20、30～15、15km/h。按功能分为干线、支线和岔线。支线布置在分水岭上，再由支线沿山坡布置岔线的称门帘型；公路沿等高线布置的称涡流型，为大多数先进林业国所采用；干线沿溪布置，由干线分出支线，再由支线分出岔线的称树枝型。路面采用泥结碎石或级配碎、砾石。 （王金炎）

林区公路岔线 branch of forest highway
修建在伐区内由支线分岔出的公路。为木材采集和营造林服务的。一般是临时性道路，采用林区公路四级或便道标准。岔线除保留一部为营林作业用之外，其余在木材采伐后恢复为林地。
（王金炎）

林区公路干线 arterial forest highway
连接贮木场（或林业局）和支线，并与林区外运输系统相接的公路。主要为木材运输服务，一般采用一、二级林区公路标准。 （王金炎）

林区公路支线 feeder forest highway
连接林区内干线和岔线的公路。为木材运、森林营造和保护服务的，一般采用二、三级林区公路标准。 （王金炎）

林阴道 boulevard
又称游步道。配置有乔木、灌木、花卉、草皮、较宽的绿带，供漫步游憩的步行道。有时在绿带内还设置有休息用的各种建筑小品或活动场地。按道路功能、艺术要求及林阴道本身用地宽度的不同，林阴道可做成单道式、复道式和花园式三种形式。步行道可沿林阴道中轴线或在中轴线两侧对称或不对称布置。在城市干道上林阴道可布置在干道一侧，不宜布置在干道中部。 （王金炎）

临界路口控制 critical intersection control, CIC
在交通拥挤的路口，在每一周期内都按交通量变化信息，进行信号配时调整的控制方式。是信号化路口动态控制绿信比时所采用的一种方法。
（乔凤祥）

临时停车场 temporary parking lot
只供短时间停放车辆的场所。如供乘客上下车，货物装车卸车和其他需设临时停车场所。一般在高速公路的外侧车道，或城市道路的路缘石旁边，路中宽阔的中间带等处划定的停车场所。
（徐吉谦）

ling

菱形交叉 diamond crossing

又称斜交叉。两条直线轨道在同一平面上以锐角相互交叉的轨道设备。由两副锐角辙叉及护轨和两副钝角辙叉等组成。在繁忙干线上很少单独使用，常在交叉渡线和交分道岔中作为组成部分。

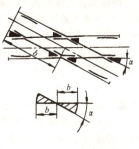

（陆银根）

菱形立体交叉 diamond interchange
设有四条单向匝道，在次要道路连接部分有平面交叉，形似钻石型的立体交叉。能保证主干道上直行车流快速

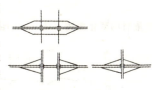

通畅，并具有较高标准的进出口（直线形匝道），便于转弯车辆行驶，简化高速干道在立体交叉处的交通标志。当主干道在下层时，驶出匝道的车辆为上坡，便于减速行驶；由匝道驶入干道为下坡，便于加速行驶。仅修一座立交桥结构简单，占地面积小，投资又少。但所有左转车流都需要在次要道路的平面上交会，故在匝道与次要道路的连接处存在两处平面交叉，每处有冲突点3个，需要设置信号灯加以控制，通行能力也受到限制。 （顾尚华）

零担列车 train hauling part-load traffic
在区段站或编组站编组，在区段内运行，在中间站办理沿途零担货物装卸的列车。沿零货物的货源分散，批量较小，每辆车所装货物均可有几个发货人和收货人。这种列车必须由列车货运员押送，其职责是在沿途各中间站接受货物和按到站卸交货物。
（吴树和）

领工区 main working section
负责领导2～5个工区、组织管内20～50km线路经常维修工作的机构。按分管工作内容分为线路领工区、桥隧领工区和路基领工区等。
（陆银根）

liu

流量－密度控制 volume-density control
考虑到延误和各相累计交通量的交叉口全感应控制方式。在这类感应控制中，路口所有入口引道上均设置车辆检测器。当某一相开放绿灯信号时，先是一个初始车辆时段，然后转到车辆延时时段。如果检测到的车辆时间间隔小于预定的车辆延时时

间,则继续保持绿灯信号。控制器还考虑到各个引道的交通量和累计的延误,并根据以下3个方面的考虑来缩短车辆延时连续的时间:(1)红灯前等待的时间(即延误累计值);(2)在红灯前等待的车辆数(交通量累计值);(3)绿灯相方向上的车流密度。

(乔凤祥)

流量-密度曲线 flow-density curve

表示交通流量 Q 与密度 K 之间相互关系的曲线。密度过小(或大),流量均达不到最大值,只有当密度在某一合适值时,通过流量才最大,该合适的密度称为最佳密度(参见交通流模型附图,180页)。

(戚信灏)

流量时间变化曲线 flow duration curve

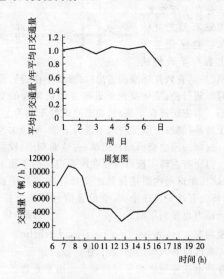

在道路断面或交叉口的某一指定地点,交通量随时间的延续而增减变化的曲线。包括小时变化曲线(时变图)、日变化曲线(周变图或日变图)、月变化曲线(月变图)和年变化曲线(年变图)。通常用平面坐标系表示。其横坐标为时间,纵坐标为各时段的交通量或各时段的交通量占年平均日交通量的比例(%)。

(戚信灏)

流体动力学模拟理论 hydrodynamic analogy theory

又称车流波动理论。运用流体力学的基本原理,把车流密度的疏密变化比拟为水波的起伏而抽象为车流波,通过对车流波传播速度的分析,以寻求车流流量、密度和速度之间关系的理论。是描述车流拥挤—消散过程的宏观模型。认为车流波沿道路移动的速度,等于前后两种车流状态的流量差与密度差之比值,当该比值为负时,表明波的方向与原车流流向相反,此时车辆开始排队,出现拥挤;当该比值为正时,表明波沿道路前进,此时不致发生排队现象,或已有的排队将开始消散。

(戚信灏)

硫磺锚固 sulphuric achorage

将安装钢轨扣压件的螺栓钉用硫磺砂浆锚碇于混凝土轨下部件预留钉孔中的联结方式。硫磺砂浆的成分为工业硫磺、普通硅酸盐水泥、砂子以及少许工业石蜡,重量配合比为1∶0.5∶1.5∶0.03。施工时将干料按比例混合、加热融化后,灌入混凝土轨下部件的预留钉孔内,随即插入螺栓钉,待自然冷却固结即可。用这种方式联结钢轨扣件的螺栓钉,具有整体性强、扣件工作可靠、绝缘性能好以及作业简便等优点。

(陆银根)

long

龙骨墩 keel block

修船时支搁船体的墩座。一般设置在船体刚度大的部位,如设在龙骨和纵横舱壁下面。按其所处位置不同,分为中龙骨墩和边龙骨墩(边墩)。一般视船舶大小,沿纵向布置了3~5排。可由木质、钢质、混凝土等材料做成。它们的构造,以其所在部位和用于滑道、船坞而有所不同。干船坞中的中龙骨墩都做成固定式,下浇混凝土,上垫方木;边墩多为移动式,可用方木叠成枕木式或井字式,或用钢质框架做成。滑道龙骨墩一般采用移动式,为了在船舶下水前便于将船体重量转移,坐落到滑板上,部分龙骨墩改用易于拆除的下水龙骨墩,其型式有砂箱式、砂包式和楔木式等。浮船坞的龙骨墩,宜采用移动式,且边墩支承面可以自动调整,受力情况由控制室集中控制。

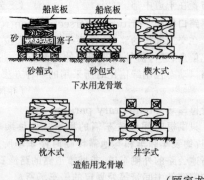

(顾家龙)

陇海铁路 Longhai Railway

西起甘肃兰州东至江苏海州连云港的东西重要干线。甘肃古代曾设陇西郡、陇右道,简称陇;滨临黄海的连云港在海州境内,故称陇海铁路,经行甘肃、陕西、河南、安徽、江苏五省,全长1759km。1904

年开始修建汴(开封)洛(洛阳)段,1910 年建成通车,以后向东西两端延伸,东端 1934 年到达连云港;西端 1935 年通车西安,1936 年修到宝鸡,1945 年修到天水,1953 年 7 月修到兰州,全线建成。1956 年开始逐段修建第二线,1960 年郑州宝鸡段建成,1985 年郑州徐州段建成;1997 年徐州连云港段建成。宝鸡兰州段的第二线已于 2000 年 1 月开工,预计 4 年建成。由兰州至宝鸡的单线电气化与由宝鸡至郑州的双线电气化工程已竣工开通;郑州徐州段的电气化工程已于 2001 年开工,本线西端与兰新线、北疆线相接,西起中俄边境的阿拉山口东至黄海之滨的连云港,总长 4 120km 的铁路干线,将构成欧亚大陆桥的东段。　　　　　　　　(郝 瀛)

lu

陆连岛　tombolo

海岸与海中岛屿间的水域,因泥沙在其间淤积而导致两者相连接的地貌。连接岛与海岸的淤积体称连岛沙坝。当波浪向岸传播时,岛屿后面的水域及海岸受到岛的掩护,称为波影区,其波浪能量、沿岸流强度及搬运泥沙的能力与附近无掩护的海岸段比较,均有所减弱,促使泥沙在该处沉积下来。起初

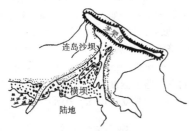

形成与陆地海岸毗连的三角沙嘴。沿岸的不断输沙使沙嘴逐渐发展而使岛陆相连。中国山东的芝罘岛和屺姆岛就是典型的陆连岛。它是天然的防浪屏障,所形成的海湾往往是理想的港址。建造岛式防波堤时,有时也会形成连岛沙坝现象。　(顾家龙)

鹿特丹港　Port of Rotterdam

世界最大港口,荷兰和西欧最重要的外贸门户。位于莱茵河支流新马斯河和老马斯河交汇的入海口处。经济腹地广阔,荷兰、德国、法国、比利时的重要工商业中心都在以鹿特丹为中心、半径为 500km 的范围内。四通八达的内河航道网、铁路网、公路网及管道网将该港与西欧各主要城市和工业区连接起来,成为西欧原油、散货和集装箱的最大集散中心。鹿特丹原是一个小渔村,16 世纪后开始建设海港。1870 年前集中发展新马斯河北岸,以后重点建设南岸。第二次世界大战后沿新水道向下游左岸发展,建设了石油港池、欧罗深水港和哈特尔运河沿岸的码头。

1962 年港口吞吐量跃居世界第一位。20 世纪 60 年代后期又建设了马斯平原港区和扩建哈特尔运河工程。1973 年港口吞吐量创世界记录,达 30 980 万 t。1985 年降为 24 980 万 t。2000 年达到 3.23 亿 t,居世界第一位,其中集装箱吞吐量达 634.33 万 TEU,居世界第五位。鹿特丹港由 60 多个港池组成,海运泊位码头岸线总长 38km,河运泊位码头岸线总长 21km。鹿特丹港是世界上最大的原油卸船港、最大的干散货卸船港和最大的集装箱转运中心之一,共有石油港池 17 个,建有 87 个栈桥式油码头泊位和 12 个卸油浮筒泊位,最大水深达 23.5m,可系靠 32 万 t 级油轮。干散货作业区分散布置于各主要港区中,其中最大的矿石码头可停靠 30 万 t 级矿石船。最大的集装箱码头,水深 16m,可靠泊 5 万 t 级集装箱船。

(王庆辉)

路拌沥青碎石路面　road mixing bituminous macadam pavement

在路上用机械(或人工)将热的或冷的沥青材料与冷的矿料拌和,并摊铺、压实而成的高级路面结构。施工程序为:清扫基层、铺撒矿料、洒布沥青材料,拌和、整形、碾压,初期养护通车碾压,加铺封层。与厂拌沥青碎石路面比较,具有施工简单,速度快,初期强度较低等特点。　　　　　　(韩以谦)

路侧(路缘)停车　curb parking

在道路一侧或两侧沿路缘石的路边车道或相邻接的空地设置临时性的停车场地。一般有平行式(平行于路缘石)斜放式或垂直式停车,视路面宽度、相邻空地的形状、交通量大小与车辆类型等不同情况而定。在交通量大或干线街道的边缘车道停车时,可能要妨碍车流通畅和增加事故的发生,最好不允许在干道的路侧停车,只在交通量小,车行道宽的次要道路上作短时间或临时性的停车场。

(徐吉谦)

路堤　embankment

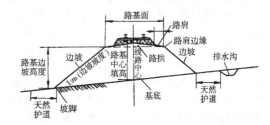

又称填方。在天然地面上由土石或其他材料填筑而成的路基。按填筑材料,可分为填土路堤和填石路堤。填筑高度视地形、地质、水文条件而定,有高路堤和低路堤之分。边坡坡度应满足稳定要求,填筑材料的密实度应满足强度和稳定的要求。

(徐凤华　陈雅贞)

路堤设计临界高度 critical design height of fill

地基不需加固，考虑填土重量和列车荷载影响，保证路基稳定所能容许达到的最大路堤高度。根据填土重量与列车荷载影响用稳定检算确定。

（池淑兰）

路堤填筑 embankment fill

填方路基的施工。根据填料的种类，分为填土与填石两类。工程实践中以填土为常见。路堤土应在路基全宽内分层填平，充分压实。取土、运土与填筑各工序应紧密衔接，尽量保持土在天然湿度下压实成型。填土次序对保证路基的强度与稳定性至关重要。一般有分层平铺和竖向填筑两种方式。应根据地形及施工方法选定填土次序。当用推土机自路堑取土填筑路堤时，如地形较平坦，可沿纵向分层平铺；在深谷陡坡地段，可采用竖向填筑；如堤身较高，可采用混合填筑，即路堤下层用竖向填筑，上层仍用分层平铺。要注意基底处理、填料的选择，当填土性质多变时，不允许任意混填，应使同一种土填在同一层内，透水性差的土填于下层，且其表面应筑成供排水用的双向横坡，同一层次内土质不同时，应使两种土成斜面搭接。

（陈雅贞）

路堤填筑临界高度 critical structure height of fill

又称路堤极限高度。在天然地基状态下，不采取任何加固措施所容许的最大路堤填筑高度。超过极限高度的路堤，地基要采用加固措施，否则会发生大量沉陷或坍滑。极限高度值取决于地基土性质、厚度、成层情况以及填料性质等。对于均质软土地基可参照既有经验公式估算。对于非均质软土地基的填土临界高度，涉及因素较多，实际计算时可直接根据稳定性分析结果确定。必要时可通过现场填筑试验确定。

（池淑兰）

路段驶入驶出调查 input-output study

为调查交通拥挤路段高峰小时车辆聚集情况和延误时间，采用在一定时段内（如 5min）记录驶入驶出路段车辆数的方法。调查时在该路段起迄点各设一名观测员，同步记录两断面分时段出入路段的车辆数。当车辆受阻排队可能超过路段起点时，该断面位置应根据实际情况后移。记录结果可按时段整理并绘出驶入驶出曲线图。图上可反映出调查期间该路段车辆聚集的全过程和受阻车数及其受阻时间，对其行车延误研究较方便。一般调查时段越小，精度越高；路段越短，精度也越高。

（文旭光）

路段通行能力 traffic capacity of road section

道路某长度路段上所通过的最大车辆数。其值主要取决于道路条件、交通条件以及人为的度量标准。

（戚信灏）

路拱坡度 slope of crown

为排除路面水而设置的行车道路拱的横向坡度。以百分率表示。根据有利于路面排水和保证行车安全平稳的原则，坡度的大小，主要视路面种类、表面平整度、粗糙度和吸湿性以及当地降雨强度、道路纵坡大小而定。等级较高的路面，其平整度较好，透水性较小，可采用较小的坡度；反之，则应采用较大的坡度。

（韩以谦）

路基边坡 side slope of roadbed, side slope of subgrade

路基横断面两侧与地面连接的斜面。有路堤边坡和路堑边坡之分，是影响路基稳定的重要因素。边坡陡缓程度以斜坡上两点间的竖直距离和水平距离之比表示。例如坡度 1∶1.5，指竖直距离为 1 时其水平距离为 1.5。其值与边坡的高度和路基土的性质有关。当边坡高度较高时，应分段变坡或作特殊设计。高速公路因安全美观之需要，路基横断面最好设计成流线形，即采用平缓边坡，圆形隅角。

（徐凤华 张心如）

路基病害 subgrade lesion

因自然作用或人为活动，铁路运营期间路基边坡、基底或基床的平衡状态受到破坏而引起路基失去稳定的各种变形。如路基边坡坍滑、基底凸起、滑坡、基床变形等。发现变形时要在保证行车安全条件下及时整治，不使病害发展。

（池淑兰）

路基稠度 consistency of subgrade soil

不利季节路基湿度最大时，路槽底面以下 80cm 深度内土的平均稠度。以 w_c 表示：

$$w_c = \frac{w_L - w}{w_L - w_p}$$

系区别路基土干湿类型的重要指标，对路基强度有重要影响。其中 w 为不利季节路槽底面以下 80cm 内土的算术平均含水量（%），w_L 为该土的液限含水量（%），w_p 为该土的塑限含水量（%）。同一地区，在自然条件相同的情况下，土质路基的强度与稳定性主要取决于土的性质（类别和密实度）及其干湿状况。处于干燥状态的路基强度较高，反之则较低。故工程实践中常用稠度表示不同土质的干湿状态。

（陈雅贞）

路基典型横断面 typical cross-section of subgrade

具有代表性的路基横断面基本型式。各种道路的基本图式，如一般路堤、沿河路堤、矮墙路堤、护肩路堤、砌石路堤、挡土墙路基、挖方路基及利用挖渠土填筑路堤，设计时可结合当地地形、地质及其他具体条件与要求选用，特殊设计时进行方案论证与稳

定性验算。　　　　　　　　　　（张心如）

路基防护设施　subgrade preventive facility

防止自然营力与其他因素对路基边坡的破坏作用，所采用的路基防护设施的总称。根据作用不同，分为坡面防护和冲刷防护。冲刷防护工程按其性质不同，分为河岸或路堤边坡防护、导流及其调节建筑物以及改移河道等。河岸或路堤边坡防护是直接加固河岸或路堤边坡使其有足够的强度和稳定性来抵抗水流的破坏作用。导流及其调节建筑物是借助于沿河布置的各种堤坝来迫使水流轴线方向改变，减低防治处所的流速以保路基的安全。当路基侵占某段河流的河床或为防止水流对路基的危害而进行改移河道工程，以保路基稳定。　　　　（池淑兰）

路基放样　subgrade layout

路基施工前为保证路堤或路堑能按规定的填高、挖深、宽度和边坡坡度施工，而在地面上测定的路基施工界限线。主要是放边桩，定出路堤的坡脚或路堑的堑顶位置，根据路基宽度和边坡坡度定出边坡线作为施工依据。直线上应与线路方向正交，曲线上应与该点的曲线正交。方向的控制可用自制木十字架（方向架），断面较宽时宜用经纬仪控制。方法有计算法放边桩、图解法放边桩和渐近法放边桩。当地面无横向坡度时，路堤的坡脚或路堑的坡顶宽度可由基面宽度和边坡算出边桩位置；地面有横向坡度而无明显起伏时，可在图上确定边桩位置；地形起伏变化较大地段，可用逐步接近，使边桩达到正确位置。　　　　　　　　　（池淑兰）

路基干湿类型　subgrade dry-moist type

含水量不同时路基土的相对干湿状态。分干燥、中湿、潮湿和过湿四类。它按一年中道路最不利季节实测的路槽底面下80cm深度内的路基平均稠度 w_c 和分界稠度的关系而定。当 w_c 大于或等于干燥和中湿状态路基的分界稠度 w_{c1} 时，路基属干燥类型；w_c 小于 w_{c1}，而大于或等于中湿和潮湿状态路基的分界稠度 w_{c2} 时，属中湿类型；w_c 小于 w_{c2} 而大于或等于潮湿或过湿状态路基的分界稠度 w_{c3} 时，属潮湿类型；当 w_c 小于 w_{c3} 时，属过湿类型。高级和次高级路面的设计，一般要求路基处于干燥或中湿类型；中低级路面则也可在潮湿条件下铺筑，对于过湿路基须经过换土，设置多孔粗颗粒材料隔离层，对过湿土壤须进行加固等处理后，方能铺筑路面。　　　　　　　　　　　　　　（陈雅贞）

路基高度　subgrade height

天然地面高程与铁路或道路路肩高程之差。由于天然地面常成横向倾斜，在路基断面的整个宽度范围内，相对高差不相同。填方坡脚或挖方坡顶与铁路或道路路肩的相对高差称路基边坡高度。路堤中心的填筑厚度或路堑中心的开挖深度，称路基中心高度。原地面平坦时，两者相同，地面有横坡时，两侧边坡高度亦不同。对于高填路堤和深挖路堑需按特殊路基设计，还需与隧道、桥梁等方案进行技术、经济比选。　　　　（徐凤华　陈雅贞）

路基工程　road subgrade engineering

路基本体工程、防护和加固工程、支挡工程和一系列附属工程之总称。本体工程主要是路基横断面的设计与修筑，包括路基宽度和高度、边坡坡度以及取土坑、弃土堆、护坡道和各种排水设施等。防护和加固工程主要是路基坡面防护和冲刷防护。支挡工程主要是挡土墙的设计与施工。路基是铁路和道路的基础。它是构成铁路下部建筑总体的一个重要组成部分，是按路线的平面位置和高程要求在自然地层上开挖或填筑而成的一定断面形状的土质或石质结构物。必须具有足够的强度、刚度和稳定性，使在列车荷载或汽车轮载及自然因素作用下不产生过大的沉陷（或压密）变形和失稳现象，以便为铁路上部建筑或道路路面结构提供坚强而均匀的支承。另外，为适应现代高速列车或高速汽车行驶的需要，已不能单独以其强度和稳定性为满足，线形的平顺度、弯道的超高、加宽等均赖于路基工程的质量。现代的路基工程应更能满足所有铁路线路和公路路线设计对于行车适应的要求，其中包括舒适、安全、快速、平顺等。路基工程完成之日，等于道路各种适应性能均已成为定型。所以，路基已不仅是工艺简单、工期冗长的单纯土石方工程，而更是恪守路线设计要求、做到精确合度的基本路性塑造工程。
　　　　　　　　　　（陈雅贞　徐凤华）

路基横断面　cross section of roadbed, cross section of subgrade

又称路基断面。铁路路基在垂直于线路中心线方向上的横截面。其基本形式有路堤、路堑、半堤-半堑、不填不挖断面等形式。该断面在垂直面上的投影称为路基横断面图，图上标明有地面线，岩层分界线等地质资料以及路基本体和各种附属设施的横向构造形式及尺寸。是路基设计的主要文件。　　　（徐凤华）

路基换算土柱　conversion soil-column of subgrade

在路基稳定性分析及土压力计算时，为了简化计算将道床重量及列车荷载换算成有一定高度的、与路基土有相同密度的作用于路基面上的假想土柱。土柱的作用位置及宽度由自轨枕底面两端向下按45°角扩散到路基面之间的宽度 l_0 确定，土柱的高度 h_0 与轨道类型及机车类型有关，由 $h_0 = \dfrac{P}{\gamma l_0}$ 式确定。P 为单位长度道床及机车轴重之和，γ 为填

土密度。　　　　　　　　　　　　（徐凤华）

路基基床　subgrade bed

路基基面以下承受动力影响范围内的土层。厚度主要根据轨道结构、运量和行车速度及水文气候等条件来确定。由于基床部分受到列车冲击、振动和水文、气温变化的影响较大，容易发生病害，是路基养护工作的重点。对该部分的填料和压实质量有较高要求。　　　　　　　　（池淑兰）

路基加固　subgrade strengthening

为保证路基本体在自重及各种自然因素作用下能保持稳定而构筑的加固工程设施。常用的有石砌护肩、护墙、护脚、沿河驳岸、浸水墙及各类支挡结构物。对湿软地区，填筑路基前尚需用各种技术措施先对原地基进行加固处理（换填土碾压夯实、砂桩、砂井等排水固结，振动挤密或固结，石灰桩、土工布、电化学等），以提高路基的承载能力。　　（陈雅贞）

路基宽度　width of subgrade, width of roadbed

路基横断面上两侧铁路或道路路肩边缘之间的水平距离。铁路路基宽度由铁路等级、轨道类型、路基土的种类及铁路路肩宽度确定。是路基本体修筑过程中的重要标准，是决定铁路占地面积、影响铁路工程造价的重要因素。各国铁路对路基宽度都有具体规定，中国规定：标准轨距单线铁路的直线路段路基面宽，堤为7.1m，堑为6.3m，双线铁路的两线中心距为4m。在曲线路段按行车要求根据曲线半径的大小相应加宽。

一般公路的路基宽度为行车道与道路路肩宽度之和。高级公路的路基宽度除行车道和路肩宽度外，还应包括中央分隔带和路缘带的宽度。各组成部分的宽度与公路等级及地形条件有关。公路等级愈高，其值愈大。平原微丘地区，其值较大，山岭重丘地区，其值较小。路基愈宽，虽对行车条件和公路造型愈有利，但因占地增多，工程数量加大，而使道路造价随之提高。　　　　　（徐凤华　陈雅贞）

路基临界高度　subgrade critical height

为保证路基上部（路槽底面下80cm内）土层处于某种状态的最小高度，称为该状态的路基临界高度。地表长期积水，特别是地下水对路基强度和稳定性的影响最为经常和显著。为减少或避免其影响，中国根据公路自然区划和路基土的组别，要求路槽底面应高出地表长期积水位或地下水位一个必要的高度。对高级和次高级路面，一般要求路基上部土层处于干燥或至少中湿状态；对过湿状态下的路基上部土层必须进行换土、加固等处理后，才能铺筑路面。　　　　　　　　　　　　（陈雅贞）

路基排水　subgrade drainage

为保持路基稳定消除水的危害而采用的工程技术措施。水对路基土体的浸湿饱和和冲蚀，是使路基失去稳定丧失强度以及发生各种病害的重要原因。因此必须采取相应的排水措施，以消除或减轻水的危害作用，使路基处于干燥、坚固和稳定的状态。分地面排水和地下排水两类，其功能有拦截、疏干或排除等三个方面。地面排水设施包括路基边沟、天沟、截水沟、排水沟、跌水和急流槽等；地下排水设施主要有路基明沟、排水槽、排水管、渗沟、渗水隧洞、渗井等。对各项设施应因地因利合理选用，使能形成一个完整而畅通的总体排水系统。

（陈雅贞）

路基坡顶　slope top of subgrade

路基边坡的最高点。挖方路基为边坡与原地面相接处，填方路基为边坡与路肩或人行道外缘相接处。　　　　　　　　　　　　　　　（张心如）

路基坡脚　slope toe of subgrade

路基边坡的最低点。填方路基为边坡与原地面相接处，挖方路基为边坡与边沟外侧边缘相接处。

（张心如）

路基强度　subgrade strength

路基抵抗变形的能力。在荷载一定的条件下，路基的变形愈大，则其强度愈低。然而从力学概念出发，对结构（材料）抗变形的能力理应称为刚度。为此，近年来有些著作上把"路基强度"与"路基刚度"两词并用。路基的强度取决于路基土的性质与状态（密实度与湿度）。路基土的强度或刚度指标有土基回弹模量 E；地基反应模量 K；加州承载比 CBR 值。中国主要采用的指标是 E。

（陈雅贞）

路基施工　construction of subgrade

按设计要求建造路基的全部工作过程。包括路基施工组织、土石方工程和爆破工程等。路基施工组织包括从施工准备阶段到完成全部工程整个过程中的一系列组织工作，其中主要是施工调查、施工准备、土石方调配、施工方法与人力物力调配等内容。路基施工部署、施工方法与施工程序直接关系到其他工程的施工进度。冬季、雨季、风沙地区的施工以及各种特殊土质地段的施工都需从施工组织上周密考虑安排，以适应其特点，保证施工质量和进度。路基土石方工程采用机械化施工对加速工程进度和保证施工质量具有重要意义。　　　　　（池淑兰）

路基施工高度　construction height of subgrade

又称路基填挖高度。路基设计高程与路中线地面高程的差值。此值的正或负及其大小，表示路基是路堤或路堑及其填高与挖深。路基设计高程在公路设计中规定为：新建公路时，高速公路与一级公路采用中央分隔带的外侧边缘高程，二、三、四级公路采用路基边缘高程；改建公路时，一般按新建公路的规定办理，也可视具体情况而采用中央分隔带中线或车行道中线高程。城市道路的路基设计高程，一般采用路中线高程。　　　　　　　（张心如）

路基湿度　subgrade moisture

路基上部土层的潮湿程度。它随大气降水与蒸发的多寡、地面及地下排水设施的有无及完善程度而变化。路基的潮湿程度，既影响路基路面结构的强度、刚度及稳定性，也影响排水结构物的布置、类型、构造数量和尺寸。因此，路基设计时必须针对当地的水文情况及预期的路基湿度及其可能变化规律，采取相应的技术措施。例如，在地下水位接近地面的路段，宜适当提高路基，保证路基具有足够的最小填土高度，避免毛细水上升的影响。

（陈雅贞）

路基稳定性　subgrade stability

路基在各种外界因素影响下保持其强度并不出现各种变形破坏的性质。在这些因素中，属于自然因素的有地形、气候、水文与水文地质、土类、地质条件、植物覆盖等；属于人为因素的有荷载作用、路基结构、施工方法和养护措施。实际上路基出现各种变形与失稳现象，都是在上述各种因素的综合作用下产生的，例如冻胀与翻浆是土质、温度、水文和行车荷载等4项因素综合作用的结果；崩塌则是岩石性质和岩层构造地形、水文以及地震（或其他振动作用）等因素综合作用下产生的。因此，在考察路基稳定性问题时，必须充分收集资料进行全面分析，弄清主次，以便采取切实可靠的防治措施。

（陈雅贞）

路基压实　subgrade compaction

人为地用工具或机械对路基填土进行碾压、夯实或振动，达到减少土中孔隙使土颗粒挤密的技术措施。对于黏性细粒土（不含或含有很少量砾石颗粒的土）的压实，仅是从孔隙中将空气挤出，碾压的愈密实，单位体积内的固体颗粒愈多，空气愈少，密实度增加。密实度是指单位体积内固体颗粒排列的密实程度，在工程上一般用干密度表示。压实过程中，虽然不是挤出土中水分，但水分的多少对压实效果起着极为重要的作用。路基压实后，其塑性变形、渗透系数、毛细水作用及隔温性能等均有明显改善。路堤及路堑的上部土层，必须压实至规定的密实度再铺设轨道或铺筑路面。路基作为路面结构整体的一个重要组成部分，其密实度的大小对路面结构的整体强度与使用寿命至关重要，它在不同程度上直接影响到路面结构层的厚度与投资效益。在砂的碾压过程中，细颗粒被挤到较大颗粒之间的孔隙中，使砂的密实度增加。最佳级配的砂，可能达到的密实度最大。　　　　　　　　（池淑兰　陈雅贞）

路基用土　soil used in subgrade

构成路基本体之土。不论挖方路基或填方路基，其构成材料主要是土。土是公路最重要的材料。在1920年以前，公路工程界的注意力主要集中于路面，对于支持路面的路基土则甚少注意，其后由于车速的增大，路线标准的提高，高填深挖的路基亦随之产生；同时由于车重不断增加，路面承重增大，失败事例乃时有所闻，研究表明，其部分原因乃由路基引起。故长期以来，"路基用土"被列为路基工程中的一个重要组成部分，并根据公路工程的需要予以分类。1986年以前，中国以粒度成分作为路基土分类的一个重要依据，而现行路基土的分类则以国际上统一分类法为基础，根据土的粒径界限、粒度成分及卡氏（A.Casagrande）塑性图三方面作为路基土分类的标准。　　　　　　　　　　　（陈雅贞）

路基支挡建筑物

见路基支挡结构物。

路基支挡结构物　retaining structure of subgrade

用于防治或加固路基本体，使其保持稳定，免遭侵蚀而出现各种变形破坏的人工构造物。如在边坡坡脚处设置挡土墙，增强边坡的稳定性，抵抗边坡的坍塌；在滑坡体下部修建抗滑挡土墙，以增加抗滑力量；在泥石流地区修建拦挡坝，减小泥石流搬运速度，使固体物质沉淀，水继续流走，或采用拦泥墙、沉积池等使冲积物淤积，而后清除泥石。支挡结构物的基础均应埋于滑动面或坍塌体以下的硬层或基岩上，以保证结构物本身的稳定性。常用的支挡结构物有干砌、浆砌、木质、笼式挡土墙及抗滑墙（桩）、金属丝网焊接而成的仓式挡土墙、加筋土挡土墙、土垛、石垛、干砌或浆砌石堤坝等。　　　（陈雅贞）

路基中心线　center line of railway subgrade

过路基横断面与线路中心线交点的铅垂线。该线与地面的交点是铁路定线测量时，中心桩的位置，其高程称为地面高程。该线与两路肩边缘连线的交点称为铁路路基中心点，其高程为线路设计高程。地面高程与线路设计高程之差为铁路路基的填挖高度。在铁路直线路段该线位于线路中心，在曲线路段因设置外轨超高路基外侧需加宽，但线路中心线的位置不变。　　　　　　　　　　（徐凤华）

路肩　shoulder

在道路工程中是指位于行车道外缘至路基边缘，具有一定宽度的铺面或不铺面的带状部分（包括硬路肩与土路肩）。与行车道连接在一起，作为路面的横向支承，可供紧急情况停车或堆放养路材料使用，并为设置安全护栏提供侧向净空，还起行车安全感的作用。交通量大的公路,可铺面加固;在工程困难路段,若因按统一宽度设置而费用较大时,可根据位置有利与否按不同宽度设置。不论何种形式,路肩必须有足够的稳定性和一定的横坡,以利排水。

在铁路工程中是指路基顶面两侧未被道碴覆盖的部分。其宽度与路基本体的土质条件和断面形式有关,其边缘高程就是线路设计高程。其作用是防止道碴散落、保证道床稳定;供铁路人员行走、避车、临时搁放维修轨道的工具和少量材料;设置线路标志和信号;提高路基抵抗行车荷载引起的侧向挤压的能力,从而提高路基的稳固性。

(韩以谦　徐凤华)

路口信号机　road intersection controller assembly

用来显示路口交通信号的专用装置。可以按两种方式运行:一种是单点运行,可以控制一个路口,也可以控制两个或多个相距很近的路口;另一种是系统运行,把几个路口信号机接到一个主控信号机上,从而提供一条道路或多条道路的联动。路口信号机基本上可以分为以下几类:定时信号机;半感应信号机;全感应信号机;流量-密度型信号机;小型计算机或微处理器信号机。

路口信号机的基本功能:(1)根据预定方案或感应式控制交叉路口信号灯色的变换;(2)在感应控制的情况下,根据信号机的设定值决定检测器脉冲信号的分相与配时;(3)在互连系统状态下,接收从主控机发来的指令,并根据预先设定的参数值控制配时方案的转换;(4)如果配有转换器,可接收车辆发出的信号,中断正常分相,给车辆分配优先权;(5)在小型计算机和微处理器控制的状态下,收集、处理、存贮检测到的信息,根据命令把存储的资料送到主控计算机。

(乔凤祥)

路况数据库　road data bank

道路状况数据文件的集合。将某一地区的所有道路的基本参数在计算机内建立数据文件,并按比例分段显示和打印道路构成状况图。基本参数主要有:道路等级、道路长度、红线宽度、横断面、平纵断面、曲线要素及其他道路交通设施等。

(文旭光)

路面变形特性　deformability of pavement

因车轮荷载反复作用,路面表面形成各种塑性变形的性质。主要包括波浪、推挤、车辙等。当路面抗剪强度不足,汽车行驶产生规律性振动所引起的路面沿行车方向有规则的波浪形塑性变形称为路面波浪,多半发生在中、低级路面。路面推挤主要发生在汽车站附近,交叉口停车线处,由于汽车制动产生较大的水平推力,超出路面材料抗剪强度所致。路面车辙的形成是由于道路交通密集,车轮沿路面横向分布较集中,成渠化状,局部路面在车轮荷载持续作用下产生塑性变形所致。路面的变形特性是影响路面使用品质的重要因素。最新的路面设计方法以路面变形特征作为极限状态的控制指标,将路面的结构强度与功能特性综合为一体。

(邓学钧)

路面标线　pavement marking

在高级、次高级路面上用漆类涂料喷刷或用混凝土预制块、瓷片、反光体等埋置于路面表面的一种交通安全标记。其作用是配合标志牌对交通作有效的管理,指引车辆分道行驶,以期达到畅通和安全的目的。通常包括:车行道中心线、车道分界线、车行道边缘线、停止线、人行横道线、减速让行线及导流标线等。

(王炜)

路面粗糙度仪　roughometer

测定路面抗滑能力的仪器。路面抗滑能力通常用路面摩擦系数表示。测定路面摩擦系数的仪器种类很多,中国《公路养护技术规范》(JTJ 073—96)中的路面养护摩擦系数规定

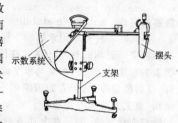

用摆式仪测定摆值BPN,或用摩擦系数测定车测定横向力系数SFC。摩擦系数测定车标准型号为SCRIM型,由车辆底盘、测量机构、供水系统、荷载传感器、仪器记录系统、标定装置等组成。测定车的测量机构装有一个与行车方向成20°角的测量轮,当汽车以规定速度行驶时,该轮承受一定的横向力,由此可以计算出车轮与路面的摩擦系数。摆式仪首先由英国于20世纪50年代提出,它主要由支架、摆、摆头和示数系统组成,属于动力冲击型仪器。其工作原理是,摆的位能损失等于安装在摆头端部的橡皮片滑过一定长度(12.6cm)的路面克服摩擦所做的功。测试时将仪器架平,提升摆至水平位置,然后自由下落,滑过路面后再升至一定高度而停止,此时指针在示数盘上指示的刻度(摆值)除以100,即为摩擦系数。以上各种测试均需在潮湿的路面上进行。

(李一鸣)

路面大修　heay maintenance of pavement

为旧路面恢复原设计标准或提高原路面等级所进行的大型作业。如整个路段路面的加宽、加厚补强、翻修重铺等。通常是由基层养路机构或在其上级机构的帮助下,根据批准的年度计划和工程预算来组织实施。

(李一鸣)

路面底基层　subbase course of pavement

多层路面基层最下面的结构层。该层所用材料

质量的要求可低些,可使用当地材料来修筑。底基层仍属路面基层结构,它的功能与基层相同。

(韩以谦)

路面垫层 bed course of pavement

设置于土基和基层之间的结构层。其功能是隔水、排水、防冻以改善基层和土基的湿度和温度状况,保证路面面层和路面基层的强度、刚度、耐久与稳定,不受冻胀和翻浆等作用。修筑垫层所用的材料强度不一定要高,但水稳定性和隔热性要好。常用材料有两类:一类是松散粒料,如砂、砾石、炉渣、片石或圆石等构成透水垫层;另一类是由整体性材料,如石灰土或炉渣石灰土等构成稳定性垫层。

(韩以谦)

路面覆盖率 ratio of paving area

又称路面铺装率。道路已铺筑路面的数量(长度或面积)与道路相应的总数量之比值或百分率。说明路面总量或某种类型路面数量的技术状况,是区域内道路使用品质指标之一。

(周宪华)

路面构造 pavement structure

路面整体各层次的类型、厚度、作用和相互关系的综合。按照其层位和作用,一般自上而下分为面层、基层和垫层。此外,在高级路面中常在面层与基层之间设置联结层(黏结层),以增强面层与基层的黏结作用,改善其受力状况,延长路面使用寿命。在冰冻地区的土基上设置防冻层(隔温层),在地下水位较高地区的土基上设置隔离层等。

(韩以谦)

路面管理系统 pavement management system

简称 PMS。运用管理科学、系统工程和计算机技术对有关路面的全部活动(投资、规划、设计、施工、养护、监测、评价和研究等)进行系统化管理的现代化手段。是一门新兴的软科学。20世纪60年代加拿大首先步入这一系统的研究领域,嗣后美国公路合作研究计划(NCHRP)正式列题研究。1971年才首次提出这一术语。根据功能不同将其分为两个层次:网级管理系统和项目级管理系统。前者涉及一个地区或一大批工程项目;后者仅针对某一工程项目。它们都需要通过调查和测试收集有关资料建立数据库,然后对数据进行分析与评价,再根据使用性能标准和可能提供的资金提出在分析期内费用-效果最佳的建设或养护方案。这些过程均由计算机来完成。使用这种科学管理手段可为管理部门提供大量客观数据作为决策的依据,让有限的资金发挥最大效益,并为道路使用者提供具有足够服务水平的路面。

(李一鸣)

路面基层 base course of pavement

设在路面面层以下,主要承受由面层传来的车辆垂直荷载并扩散到垫层和土基中的结构层。修筑基层所用的材料主要有:各种结合料(如石灰、水泥或沥青等)稳定土或稳定碎(砾)石、贫水泥混凝土、天然砂砾、各种碎石、砾石、片石、块石或圆石,各种工业废渣(如煤渣、粉煤灰、矿渣、石灰渣等)所组成的混合料以及它们与土、砂、石所组成的混合料等。

(韩以谦)

路面加固设计 strengthening design of pavement

对于服务性能指标下降至容许限度以下的路面,或者对于承受超出设计荷载标准的路面,重新规划结构组合,计算结构厚度的工作。在进行加固设计之前,先对现有路面开展路用性能与路况调查,收集各种资料,调查路面损坏情况,进行必要的测试与评定,如CBR试验(参见柔性路面设计CBR法××页)、平整度测定、抗滑性能测定、路面弯沉测定等。之后根据调查结果,对路面的现状与进行加固的必要性作出判断。进行加固设计首先确定加固的方法,现有水泥混凝土路面可以采用水泥混凝土路面或沥青混凝土路面加固层。其他路面也可以根据情况选用适当的加固层。加固层厚度设计一般都有规定的方法。大部分加固设计采用经验法计算确定。

(邓学钧)

路面建筑 pavement construction

实施路面工程所需各种作业的总称。这些作业除材料、机具的备置与检验、基层的检查与修整以及放样外,其余视路面类型的不同而异。如沥青混凝土路面,计有拌制沥青混合料、浇洒透层油或粘层油、摊铺沥青混合料、碾压成型和初期养护等。对于水泥混凝土路面,则有安放模板;安设传力杆;混凝土混合料的拌制、运输、摊铺和振捣;筑作接缝;整修表面以及混凝土的养生与填缝等。

(李一鸣)

路面建筑材料 construction material for pavement

修筑路面所用材料的总称。主要包括砂石材料、无机结合料(如石灰、水泥等)和有机结合料(主要是沥青)。通常,砂石材料作为集料,结合料将集料黏结在一起并形成路面强度。为保证路面的使用性能和使用寿命,要求其材料既要有综合的力学强度,又要有足够的稳定性。为此,国家有关部门制定了有关材料的技术标准及试验规程,供路面设计和建筑中遵循。

(李一鸣)

路面结构厚度设计 design of pavement thickness

路面结构组合设计完成后,按照规范规定的程序与方法计算确定各结构层厚度的工作。各个国家都有各自的规范与方法,按照厚度设计的基本原理,可以划分为经验法与解析法两大类。经验法以大量工程实践的资料及试验路观测统计资料为基础,确定路面结构层厚度。解析法则以路面结构力学分析为基础,验算汽车荷载作用下结构层的应力、应变与位移,据以确定路面结构层的厚度。 (邓学钧)

路面结构有限元分析 finite element analyses of pavement structure

将路面结构整体划分为有限个单元,以求得近似解的数值分析方法。每一个单元具有与原路面结构相同的性质与参数。计算所得的应力、应变与位移是近似的,但是当划分的单元数量恰当,形体规则时,即可得到非常逼近于真实的解。单元划分的形状决定于路面结构的特性,分析刚性路面时,多半采用四边形或三角形薄板单元;分析多层体系柔性路面轴对称问题时,可以采用环形单元,或作为平面问题,采用矩形单元;路面结构作为三维问题分析时,可以采用多面体单元或棱柱单元。解析方法有位移法、力法以及混合法,位移法应用较为普遍。分析方法的使用始于20世纪50年代,张佑启、黄仰贤(Y. H. Huang)等曾多次论述弹性地基刚性路面有限元解,除计算荷载应力之外,还可以分析温度应力,板底脱空现象,相邻板之间的连接与传递荷载的能力等。中国1994年颁布的水泥混凝土路面设计规范中,刚性路面应力计算方法就是以弹性地基板有限元分析为基础的。 (邓学钧)

路面结构组合设计 design of pavement component

路面各结构层类型的选择和合理层位的确定工作。路面结构组合设计应充分考虑道路等级、交通特性、路基状况、环境因素、材料供应等多种因素。高速公路、一级公路,由于行车速度高,交通密度大,必须采用水泥混凝土路面或沥青混凝土路面。其他等级公路,视交通情况选择相应等级的路面。基层、底基层则根据材料来源及运输条件选择,若路基水文状况不良,或当地气候条件不利,则应当选择稳定性良好的基层和底基层。在季节性冰冻地区,视路基土冻敏程度与冰冻深度,选择能防止冻胀和翻浆的垫层,防止路面冻裂与不均匀冻胀。水泥混凝土路面下的基层要求能抵抗水的冲蚀,抵抗唧泥,不产生局部不均匀沉陷。路面结构层的层位顺序,在常规的情况下,按照自上而下模量逐层减少,厚度逐层增加的规律安排较为经济。材料昂贵的层次尽量选用较薄的厚度,但不得小于规范规定的最小厚度值。
(邓学钧)

路面抗滑能力 surface skid-resisting capability

反映道路路面能否防止车轮滑溜,保证安全行车的重要指标。以路表摩阻系数或粗糙度表示。路表摩阻系数常用的测定方法有:标准摆式仪法、滑溜试验车法、拖车法、制动仪法、减速仪法、五轮仪法等。粗糙度常用的测定方法为补砂法或补油法,将细砂或润滑油填入表面纹理内,求出路面单位面积内纹理构造的平均深度;也有采用立体摄影方法测定表面纹理构造。中国现行规范规定,用摆式仪测定摆值BPN,或用摩擦系数测定车测定横向力系数SFC,以表征路面的抗滑能力。当BPN大于42,或SFC大于0.5,路面抗滑能力为优。 (邓学钧)

路面宽度 width of pavement

道路行车道铺砌层的宽度。当设有路缘带、变速道、爬坡车道、紧急停车带和慢行道等而必须铺筑路面的,则路面宽度包括这些部分的宽度。所谓铺砌层即路面各结构层之总称。 (韩以谦)

路面联结层 binder course of pavement

为加强面层与基层的共同作用或减少基层裂缝对面层的影响,而设在路面基层和面层间的结构层。为路面面层的组成部分。通过它加强面层与基层的共同作用,并把车辆作用在面层的荷载均匀地传给基层。在水泥混凝土基层或其他半刚性基层上加铺沥青砂或密级配细粒沥青混凝土结构层时,其间亦可加铺一层沥青混合料联结层,使面层与基层有良好的联结并防止基层的收缩裂缝反射到面层上。
(韩以谦)

路面面层 surface course of pavement

直接承受车辆荷载及自然因素的影响,并将荷载传递到基层的路面结构层。同其他层次相比,面层应具备较高的结构强度、刚度和稳定性,而且应当耐磨和不透水;其表面还应有良好的抗滑性和平整度。当面层为双层结构时,则分为面层上层和面层下层,中、低级路面面层上的磨耗层和保护层亦包括在面层之内。修筑面层所用的材料主要有:水泥混凝土、沥青混凝土、沥青碎(砾)石、砂砾或碎石掺土或不掺土的混合料以及块石等。 (韩以谦)

路面磨耗层 wearing course of pavement

路面面层顶部用坚硬的细粒料和结合料铺筑的薄结构层。其作用是改善行车条件,防止行车对面层的磨损,延长路面的使用周期。如级配碎(砾)石路面表面用小于25mm具有一定级配的矿料铺筑2~3cm厚度的磨耗层。对于水泥混凝土和沥青混凝土等路面不再铺筑单独磨耗层,由路面面层的上层承担磨耗层的作用。磨耗层属路面面层结构。
(韩以谦)

路面耐久性能 durability of pavement

衡量路面能否长时间持续保持优良使用品质的性能。通常以路面使用寿命,即使用年限予以表征。路面结构承受行车荷载多次重复作用和温度、湿度等气候因素反复影响之后,各项性能指标将逐渐下降。若超过限度而不再能满足规定的基本使用品质要求时,必须采取相应的技术措施进行修复。

(邓学钧)

路面耐用指数 premente serviceability index, PSI

将路面平整度、裂缝、车辙深度等各单项指标综合成的用于表征路面现时使用品质的指标。以 PSI 表示。由美国各州公路工作者协会(AASHO)最早提出。对于柔性路面与刚性路面,PSI 有不同的表达公式:

柔性路面:$PSI = 5.03 - 1.91\lg(1+\overline{sv}) - 0.032\sqrt{c+f} - 0.21\overline{RD}^2$

刚性路面:$PSI = 5.41 - 1.80\lg(1+\overline{sv}) - 0.29\sqrt{0.3c+f}$

式中 $\overline{sv}$ 为斜率变数,用于表示路面平整度;c 为对柔性路面,表示每 $100m^2$ 路面的裂缝面积(m^2);对刚性路面,表示每 $100m^2$ 路面的裂缝长度(m);f 表示每 $100m^2$ 路面的修补面积;$\overline{RD}$ 为车辙深度(cm)。AASHO 规定了路面可供使用的极限指标:主要干线 PSI = 2.5,次要路线 PSI = 2.0。若 PSI 低于极限指标,则应考虑采用技术措施进行维修。

(邓学钧)

路面排水设计 drainage design of pavement

从总体到局部确定路面各个部位排水流向及系统组成,计算确定各部分排水设施的安置位置及排水能力,以保证路面结构排水畅通的工作。路面排水分横向排水与纵向排水,路表面排水与地下排水,共同组成完整的排水系统(如图示)。路表排水包括路拱排水、边沟、土基或基层顶不透水排水层。地下排水包括集水盲沟,纵向横向地下管道系统等。有时为了排除深层水源,可设置地下排水层,排水沙井等。对于不同的路况应根据实际情况选用合适的排水设施。

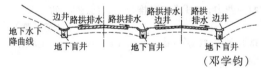

(邓学钧)

路面平整度 surface evenness

衡量路面表面沿行车方向微量高低起伏的指标。测量路面平整度的方法有三种:(1)定长度直尺法,即采用规定长度的平直尺搁置在路面表面,直接测量直尺与路面之间的间隙作为平整度指标;(2)断面描绘法,即采用多轮小车式平整度仪沿道路推行而直接描绘出路面表面起伏状况,表征路面平整度;(3)颠簸累积法,即在标准测定车上装置颠簸累积仪,记录汽车沿道路行驶时车厢的累积振动,表征路面平整度。路面不平整会影响行车的速度和安全、驾驶的平稳和乘客的舒适。同时会加剧路面损坏和汽车机件磨损。中国现行规范规定,可用 3m 直尺、连续式平整度仪或车载式颠簸累积仪测定路面平整度。

(邓学钧)

路面平整度仪 viameter

测量路面平整度的仪器。有多种类型,由简单的 3m 直尺、连续式平整度仪和颠簸累积仪等。中国《公路养护技术规范》(JTJ 073—85)中规定用 3m 直尺或连续式平整度仪。后者于 20 世纪 80 年代初研制成功,该仪器主要由可伸缩的机架(最长 3m)、8 个充气胶轮、1 个检测轮、纵断面图绘制机构、4 位微处理机为核心的控制兼数据处理装置和电池箱所组成。具有现场自动处理数据、计算路面平整度均方差、超差次数和绘制路面纵断面图的功能。它为路面平整度的检测提供了较为现代化的手段。

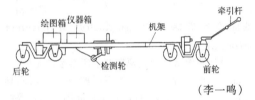

(李一鸣)

路面强度 strength of pavement

表征路面结构承受车轮荷载能力的指标。对于不同类型的路面和路面的不同层位具有不同的含意。如水泥混凝土路面,以路面板混凝土的抗折强度表示;沥青混凝土路面,以面层材料的抗弯拉强度、抗剪强度表示;对于柔性路面,以路面整体结构抵抗车轮荷载引起的垂直变形,即路面弯沉,表征路面结构整体强度。路基土的强度指标随设计方法而异,包括抗剪强度与抗压入强度。半刚性基层材料的抗折强度也是影响路面结构整体强度的重要指标。此外,在一些设计方法中,以弹性模量表征各结构层对变形的抵抗能力。

(邓学钧)

路面设计 pavement design

根据道路的交通特性与环境因素,按照规范的规定,选择与确定路面结构各项细部构造与几何尺寸的工作。其任务是确定路面等级,选择路面类型,进行结构组合设计,计算各结构层厚度及确定材料配合比,达到在不同季节和水文条件下承受各种车辆荷载时具有良好的稳定性和足够的强度,并能满足行车速度与安全,道路维修和良好经济效益等各项要求。在设计前,首先进行调查和收集资料。着重了解政治、经济、国防等方面对路面使用品质的要求;调查当前的客货运量、交通量与车型,并对今后发展趋势做出预估;查明道路所经地区的地质、水文、气象条件,了解筑路材料分布、生产与供应情况、施工力量与机具设备情况等。设计的具体内容和工作程序可概括如下:(1)根据使用任务、道路等级与交通情况确定路面等级，充分考虑车型类别、交通量大小和材料、施工等因素，选定路面类型；(2)根据面层对基层的要求和当地材料、地质、水文等特点选择基层、底基层类型，并考虑各层次的合理组合，若道路通过排水不良或冰冻地区，基层、底基层的选择应满足有关规定；(3)根据路面结构厚度计算方法，计算确定结构层厚度；(4)选配各结构层材料，确定粒料级配组成与结合料的用量。

（邓学钧）

路面设计使用年限 design life of pavement

又称路面设计寿命。保证路面结构各项使用品质指标与强度指标不下降至规定极限以下的使用期限。是路面设计的重要指标。超过此使用年限，路面结构需要进行大修，或重新加铺罩面层。我国路面设计规范规定，水泥混凝土路面设计使用年限为 20～40 年，沥青混凝土路面为 15 年。

（邓学钧）

路面设计指标 design factor of pavement structure

设计路面结构达到预期要求所必须满足的定量标准。指标的种类很多，随不同的设计方法而异。在同一设计方法中，指标的定量标准则随道路等级、路面类型、环境因素而定。该指标又可分为综合指标与特定指标，综合指标是指路面结构总体必须满足的定量标准；特定指标是指路面结构必须满足某一项性能要求而应该达到的定量指标。如美国 AASHTO 路面设计方法中规定的，设计的路面结构必须达到的现时耐用指数 PSI 值；美国 CBR 柔性路面设计方法中的路面结构容许回弹弯沉值等均为综合指标。为了保证水泥混凝土路面板，沥青混凝土面层与整体性稳定类基层不产生弯曲断裂而必须满足的容许抗弯强度；为保证土基与软弱基层不产生过大位移而提出的容许抗剪强度与容许压缩应变；为保证沥青面层不产生表面拥包而必须满足的容许抗剪强度等均为特定指标。

（邓学钧）

路面施工机械化 mechanization of pavement construction

路面建筑过程中广泛利用电力或其他动力驱动各种机械设备进行生产和施工。如生产混合料用各种拌和机，运输材料用自卸汽车，喷洒沥青用洒布汽车，撒铺矿料用撒铺汽车、摊铺混合料用自动摊铺机，压实路面用压路机，捣实混凝土用各种振捣器，抹平混凝土用电动抹面机，切缝用电动切缝机等等。机械化施工能缩短工期、保证质量、降低造价和减轻劳动强度等。

（李一鸣）

路面施工质量控制与检查 quality control and detect of pavement construction

为确保路面工程质量，在施工前、施工中和竣工后所进行的各种试验与测量。如施工前对各种原材料的质量、施工机械和设备的性能、基层的强度、平整度和拱度的检查；施工过程中，对混合料质量的检验、对各种几何尺寸的测量、对摊铺温度、碾压温度的控制、对各道工序质量的控制；竣工后对路面外形及几何尺寸的观察与测量、对路面整体强度、平整度、粗糙度、密实度的测试、对混凝土试件的强度试验、对沥青路面取样后的沥青含量及级配组成的检验等等。控制和检查的依据是有关的路面施工及验收规范。

（李一鸣）

路面使用品质 service behavior of pavement

为保证道路在设计使用年限内正常运营路面应具有的性能指标。通常包括路面强度，路面变形性能，路面平整度，路面粗糙度，路面抗滑性能，路面耐久性能和路面稳定性等。路面使用品质取决于路面等级、路面类型以及路面施工质量和养护管理工作的优劣。美国采用路面耐用指数(pavement service index)综合表征路面使用品质，并且将耐用指数纳入路面设计方法，作为路面设计的一项指标。

（邓学钧）

路面无破损检测 nondestructire testing of pavement

无须损伤路面就能测量和检验诸如厚度、钢筋位置、内部缺陷，以及某些物理力学参数的测试方法。一般是用声学和电学原理以及放射性同位素并借助电子仪器进行。例如，利用微波或声波通过选择频率达到所需深度，再根据介电常数或声速在不同层次材料中的差异测量路面的密度、强度和厚度等。优点是：对路面无破坏作用；检测速度快（几乎是瞬间）；可随时、重复检验。

（李一鸣）

路面小修保养 routine maintenance of pavement

对路面进行经常性的预防保养和修补轻微损坏部分的作业。通常是由养路道班在当年小修保养定额经费内，按月或旬安排计划，每天进行的作业。

（李一鸣）

路面养护对策 decision of pavement maintenance

对达不到各种使用质量标准值的路面所采取的各种养护措施。路面的使用质量随使用时间的延长逐渐降低，以致影响车辆的正常行驶。因此路面必须保持一定的使用质量。衡量路面使用质量有 4 个指标：平整度、摩擦系数、强度系数和破损率。当路面现有的 4 个指标实测值小于养护标准规定的标准值时，就要进行养护。养护的措施各不相同，视路面类型及实测值的大小而定，一般计有保养、修理、封面、罩面、补强罩面、补强重铺和翻修等等。

（李一鸣）

路面养护费用　toll of pavement maintenance

用于路面养护的资金。按国家有关规定，公路的养护费由公路管理部门负责向保有车辆的单位或个人征收，并从中支取部分作为公路路面的养护费用。城市道路的养护费则由该市的市政府直接拨款给市政工程管理处，并提取部分作为路面养护费用。

（李一鸣）

路面养护管理　pavement maintenance management

为维持路面的正常使用所进行的各种活动。路面要经常养护，以保持路面完好、路拱适度和排水流畅。有时还须对原有路面进行有计划地改善，提高其技术状况，以适应运输发展的需要。路面养护包括三个内容：保养、修理与改善。保养是指经常性的保护作业，如清扫、排水、处理拥包、堵塞裂缝等。目的是减少自然损坏，维持路面功能。修理是指小修、中修、大修作业，其目的在于保持路面原设计的完好状态。改善是指提高路面技术标准，如将低、中级路面改为高级、次高级路面等。目前许多国家已建立了路面养护管理系统，实现了用现代化手段科学管理路面的目标。

（李一鸣）

路面养护管理机构　administrotion organization of pavement maintenance

由国家设立的旨在负责和实施道路路面养护管理工作的行政机构。中国公路的养护管理工作，现阶段一律由省级公路管理机构负责。即在省公路局领导下，原则上按地区（省辖市、自治州）设公路分局，按县（旗、市、自治县）设公路段。但养护里程少于500km的省辖市（自治州）或少于100km的地辖市（县）应与相邻地区或各合并设分局或段。对于特别重要的国、省干线按专线设养路总段和分段。公路段和养路分段是独立核算的基层机构，其下还设若干个养路道班或机械养路工区（大道班）等。城市道路路面的养护，则由市政公用局所属市政工程管理处负责，并由市政工程管理所具体组织实施。

（李一鸣）

路面养护管理系统　pavement maintenance management system, pmms

运用管理科学、系统工程对路面养护的全部活动进行系统化管理的手段。目前世界大多数国家的道路网已基本建成，主要任务在于养护好现有道路，故该系统就成为路面管理系统中的主要部分和研究热点。其基本内容是：进行路况调查和建立数据库；对现有路面的使用性能进行评价及预测；决定养护维修的先后顺序；确定最优养护对策。这个系统能帮助使用者做出最佳的路面养护计划，即在养护资金受约束的条件下，维持路面具有足够的服务水平，从而得到最大的经济效益和社会效益。

（李一鸣）

路面养护周期　period of pavement maintenance

路面自开始使用至第一次大修或中修的间隔时间。有时亦指两次大修或两次中修的间隔时间。间隔时间视路面的损坏程度和交通运输的需要而定。

（李一鸣）

路面中修　intermediate maintenance of pavement

对路面的一般磨损或局部破坏进行定期修理以恢复其原状的小型作业。如碎砾石路面局部地段的加厚、加宽、调整路拱、加磨耗层；沥青路面的整段封层罩面及处理严重病害；水泥混凝土路面个别破板的更换、浇注或加铺沥青磨耗层等。通常由基层养路机构按年（季）安排计划并组织实施。

（李一鸣）

路堑　cutting

又称挖方。开挖天然地层做成的低于天然地面的路基。按路堑通过的不同地层材料可分为土质路堑和石质路堑。堑坡高度视地形、地质和水文条件

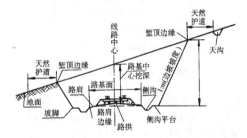

而定，坡度应满足稳定要求。断面形式有全挖式、半挖（半堤－半堑）、台口）式和半山洞式。公路通过陡峻山坡上的半路堑宜用台口式，对整体性好的坚硬岩层可用半山洞式路基。　（徐凤华　陈雅贞）

路堑开挖　cutting cut

挖方路基的施工。应根据具体情况，采用横向全宽掘进法，即对路堑整个断面沿纵向的一端或两端向前开挖，对深路堑，还可分成几个台阶，同时在几个不同高度上掘进，以增加工作线；也可采用纵向通道掘进法，即先沿路堑纵向挖出通道，再向两侧拓宽。对挖方量大、施工期短的深路堑，亦可采用双层式纵横通道的混合掘进方式，同时沿纵横的正反方向掘进，以扩大施工面。不论采用哪种方法，都应保证施工现场排水通畅。选择开挖方式时应根据路堑的深度与长度，以及采用的施工方法与机具类型加以综合考虑。

（陈雅贞）

路堑平台　plain stage of cutting

侧沟平台与边坡平台的统称。土质及易风化岩石路堑地段以防止边坡剥落或坍滑下来的土、石淤积侧沟以及侧沟水直接浸入路堑坡脚，在侧沟外侧与路堑坡脚之间修筑的1m到2m侧沟平台。对于较高路堑边坡视其具体情况，为便于维修，及提高边坡稳定性在边坡的适当高度设置一级或二级边坡平台。

（徐凤华）

路桥过渡段 transition zone between subgrade and bridge

由于路基与桥梁连接处刚度的差别，为最大限度地减小路桥间的变形差，在路基过渡到桥梁的一段线路上设置的一定长度的过渡段。目前采用的方法有以下几种：

(1)在桥头设置搭板和枕梁（图 a）。钢筋混凝土搭板一端支承在桥台上，另一端简支于枕梁上，搭板可水平设置，也可倾斜布置，板厚可均匀，也可渐变。搭板下路堤需填筑级配良好的粗粒土以减小路堤自身的压缩性。桥头设置搭板，可使刚性桥台与柔性路面间刚度逐渐变化。

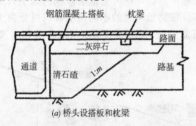

(a) 桥头设搭板和枕梁

(2)在过渡段路堤填土中，埋设一定数量的拉筋材料（土工合成材料），形成加筋土路堤结构，以提高路基刚度和强度，减小路基变形（图 b）。

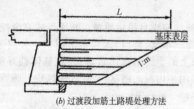

(b) 过渡段加筋土路堤处理方法

(3)路桥过渡段的路基填方一侧填筑碎石类优质材料并按标准压实（图 c）。

(c) 过渡段级配碎石填筑处理方法

（池淑兰）

路外停车 off road parking

车辆停放在道路以外专门开辟的停车场所。路外停车场能容纳较多的车辆停放，并可停放较长的时间。路外停车场所由三个主要部分组成：(1)进出口，是停车场内的通道与外部道路连接的部分，它的设计既要使车辆进出停车场方便，又不影响场外的道路交通；(2)车行道，是场内车辆进出的通道，须根据车辆停放形式和场内行车路线进行合理布置；(3)停车坪，是车辆停放的区域，并供乘客下上车之用。

（徐吉谦）

路网型编组站 railway network marshalling station

处在3~4条及其以上主要铁路干线的交会点、承担3~4个及其以上去向的远程技术直达列车编组任务、每昼夜完成解编作业量在6000辆以上的编组站。如郑州北、丰台西、徐州北、哈尔滨、南翔等编组站。

（严良田）

路网服务水平 service level of road network

道路网中平均每单位里程均摊的车辆行程时间。是道路网技术评价的指标之一。设 F 和 F_i 为路网和第 i 路段的服务水平(min/km)，X_i 为第 i 路段上平均交通量(辆/d)，n 为路网中的路段总数，D_i 为第 i 路段的里程(km)，A_i 为第 i 路段上的平均车辆行程时间(min)，则：

$$F = \sum_{i=1}^{n} F_i \cdot X_i / \sum_{i=1}^{n} X_i$$

$$F_i = A_i / D_i$$

（周宪华）

路网技术指标 technical index of road network

用来比较路网规划方案优劣程度的量化技术标准。其中有：路网密度适应性（亦称通容量比）、路网可达性、平均行车时间和平均车速等。与之配合使用的还有路网的社会评价和经济评价指标。实际使用中可用各单项指标，当单项指标对不同方案存在优劣程度不一致时，需要进行路网综合评价。（周宪华）

路网可达性 accessibility of road network

城市小区或路网节点相互之间居民出行或车辆行驶平均时间的倒数。表示交通难易程度的一项技术指标，计算值愈大，则可达性愈好。（周宪华）

路网平均车速 average vehicle speed of road network

路网各路段上设计车速或技术车速 v_i(km/h)与路段长度 L_i(km)的加权平均值 v_a。即：

$$v_a = \frac{\sum_{i=1}^{n} v_i L_i}{\Sigma L_i} \quad (i = 1, 2, \cdots n)$$

采用实际行车速度时，可取车速与交通量的关系式计算，设 N 为实际交通量(辆/d)，a 与 b 为与道路等级有关的参数，则：

$$v_a = aN^{-b}$$

（周宪华）

路网平均行程时间 average travel time of road network

按矩阵排列道路网中诸节点汽车平均行程时间的总平均值。是道路网规划方案评价的技术指标之一，亦是量化路网可达性、道路交通阻抗和经济效益分析的依据。 （周宪华）

路网容量 capacity of network

一定时间内道路网上所能实现的最大车公里数。以车 km/h 表示，可用下式估算：

$$W = \frac{LKN}{HM\alpha}$$

式中：W 为路网容量；N 为一条车行线的通行能力（辆）；K 为多车道折减系数；L 为道路网车行线总长度(km)；H 为方向不平衡系数；M 为主、次干道不平衡系数；α 为地区不平衡系数。 （文旭光）

路网适应性 suitability of road network

又称拥挤度或交通容量比。路网的总交通量与路网容许的总通行能力之比。即：

$$适应性(v/c) = \frac{\sum 各路段实际交通量 \times 路段长度}{\sum 各路段设计通行能力 \times 路段长度}$$

表明路网的整体畅通情况。当 $v/c < 0.7$ 时，适应性好，行车可畅通无阻；$v/c = 0.7 \sim 1.0$，适应性一般，高峰时间内某些路段有阻车现象；$v/c > 1.0$，适应性较差，经常有阻车现象。 （周宪华）

路网综合评价 the comprehensive evaluation of road network

在单项指标优劣论断的基础上，对整个路网方案从社会效益、技术性能和经济效益三个方面进行多种项目的定性和定量分析论证、评定和优选。属道路网规划工作中的重要环节，起承上启下的作用。作为规划工作的开始可据以判别现有路网的优劣程度，为规划方案提供目标和途径。作为规划工作的结束可对规划新方案做出确切的优劣论证。方法有多种，常用的有价值分析法和主成分评价法，其关键是确定影响价值(效果)各因素的权重，为此需要运用优化技术中的评分法、比重分析法和模糊数学法等。 （周宪华）

路线加桩 additional stake of line

道路中线整桩号之间，在线形或地形变化等处加设的中心桩。一般设在路线范围内纵向及横向地形有显著的变化处，路线与人行大道、水渠、管道、电信线、电力线等交叉或干扰地段的起、终点，路线占有耕地及经济林的起、终点，小桥涵中心，拆迁建筑物处等。 （冯桂炎）

路线主桩 principal stake of line

在地面或地形图上，标出控制路线平面和表示线形位置的主要中心点。包括：交点桩，公里桩，转点桩，断链桩，桥址、涵位、隧道峒口和交叉路口的轴线控制桩及各种加桩。测设时自路线起点开始计算其距离，在实地按里程注明桩号或标志。对交点桩、公里桩、大中桥和隧道口轴线控制桩等，应设置固定，并在施工用地范围外加设护桩。 （冯桂炎）

路用混凝土配合比 proportioning of concrete for road construction

铺筑水泥混凝土路面所用水泥混凝土混合料中的水泥、砂、石、和水之间的重量(或体积)比。配合比应根据混凝土强度、耐久性、工作性和尽量节约水泥的要求，按一定方法计算，并经试配调整后最终确定。通常要求路面面层混凝土 28 天的抗折强度为 4.0~5.0MPa；28d 的抗压强度为 30~35MPa。为保证混凝土的强度和耐久性，除采用道路水泥或高标号水泥外，还要求水灰比不能太大，一般为 0.4~0.55。路用混凝土混合料的坍落度一般为 0~30mm。水泥用量约为 300~350kg/m³。 （李一鸣）

路用集料级配 gradation of aggregate for road construction

路用集料中各粒级的含量搭配。有连续级配与间断级配之分。用连续级配集料拌制的水泥混凝土混合料和易性、均匀性都较好，混凝土较密实；用间断集料级配时，因集料间空隙率较小，混凝土的密实度与强度均高，且比用连续级配节约水泥，但混合料难拌均匀，易产生离析现象。沥青混合料中的集料多用连续级配。级配碎砾石路面亦然。此皆因连续级配便于施工所致。集料的级配可根据级配理论计算，亦可在有关规范中查用。 （李一鸣）

路用沥青材料 road bitumen, road asphalt

技术指标符合道路使用要求的各种沥青的总称。包括石油沥青、软煤沥青和乳化沥青等。用于铺路的沥青，在欧洲诸国称为 bitumem（梵语的英译音，原意是涂铺沥青），在美国称为 asphalt（希腊语的英语译音，原意是硬而稳固），中国谓之路用沥青或道路沥青。为了生产时控制和使用前检验沥青的质量，各国都根据本国的油源、性质和使用要求制订本国的沥青技术标准或技术要求，并随着生产的发展和技术的进步不断修订和完善。目前中国已制定了《重交通量道路石油沥青技术要求》、《中、轻交通量道路石油沥青技术要求》、《道路软煤沥青技术要求》和《液体石油沥青技术要求》。对反映沥青性质的针入度、延度、软化点、溶解度、闪点、蜡含量、比重、黏度、含水量等均规定了具体指标。按照不同指标又将各种沥青分为几种不同标号。根据道路的交通量、沥青路面类型、地区气候条件、施工方法和矿料类型等选用不同的沥青和标号。 （李一鸣）

路用石料　stone for road construction

经人工开采或加工后用于筑路的天然岩石。分为规则形状的石料制品（如锥形块石、拳石、料石等）和不规则形状的块料（如片石等）以及粒径大小不一的碎石（如轧制碎石和天然砾石等）。因其具有较高的抗压强度、硬度和优良的耐磨性、耐久性，多用作路面块石、路缘石、挡土墙、桥墩、桥台、石拱桥的砌体块石以及水泥混凝土和沥青混凝土中的集料等等。按极限抗压强度和磨耗度分为5个等级。一级最坚硬，五级质最软。道路建筑中多使用三级以上石料。　　　　　　　　　　　　（李一鸣）

路缘带　marginal strip

在行车道边缘的一条狭窄的带状铺面。设在行车道左右两侧，是路肩或中间带的组成部分。其主要功能是增加驾车人员的安全感和为行车提供一部分必要的侧向净空，同时还能起到诱导驾驶员视线的作用，有利于行车安全。一般与行车道处于同一平面，并有相同的路面强度。在行车道的两侧用标线或不同颜色的路面来区分，有采用混凝土块的，也有做成表面凸出或加反光材料的。　（韩以谦）

路缘石　curb, kerb

路面与其他结构物分界的标石。例如人行道边的缘石，中央分隔带、交通岛、安全岛等四边的缘石，以及路面边缘与路肩分界的边缘石等。中国南方俗称侧石，北方又称道牙。一般用条石或混凝土预制块砌筑。　　　　　　　　　　　　（韩以谦）

路中停车　central parking

利用道路中间宽阔的分隔带或机动车与非机动车道之间的分隔带或备用带，修建的供两旁住户、机关、商店使用或联系与购物人员使用的临时性或短时间停放车辆的场地。其优点便于使用，步行距离短，建筑费用低，缺点是影响道路行车通畅与交通安全。　　　　　　　　　　　　　　（徐吉谦）

路中心线　center line

在道路定线和线形设计过程中由所定出的中心桩连接而成的一条由直线、圆曲线和缓和曲线组成的平面投影连线。是控制道路平面位置、纵断面高程和横断面布置的基准线。　　　　（冯桂炎）

lü

吕内堡升船机　Lüneburg Ship Lift

位于德国易北支运河吕内堡附近的一座双线均衡重式垂直升船机。建于1974年，其提升高度为36m，承船厢的有效尺度为100（长）m×12（宽）m×3.5（水深）m，可运载1350t船舶。每一线升船机均可独立运转，升降速度最高为0.25m/s，最低为0.025m/s，升降一次为16.5min。其主要特点是将沿承船厢长度分散布置的平衡重改为集中布置在四个塔柱内，将钢结构的垂直支架改为钢筋混凝土空腹结构的塔柱。升船机的驱动机构与爬升装置合并，采用齿轮－齿条机构，齿轮设于承船厢两侧，齿条设在塔柱上，四组机构之间有机械轴相连，以保证同步运转。　（孙忠祖）

旅客乘降所　halt

为了方便旅客乘车，在城市郊区和居民点附近两相邻车站之间加设的旅客上下车的处所。必要时，也可设在靠近铁路编组站的正线上，便于旅客列车和通勤列车停靠。应设在旅客列车能够起动的坡道上。在正线旁可设旅客站台和站房，但不是车站。　　　　　　　　　　　　　　　　（严良田）

旅客渡船　passenger ferry

往返于内河，水库及海峡两岸或岛屿间从事渡运旅客和随身携带行李的渡船。有的同时运送非机动车和小型机动车辆，船上一般只设坐席，造型美观，设备完善，振动、噪声较小，多为中小型船舶。
　　　　　　　　　　　　　　　　（吕洪根）

旅客航站　passenger terminal

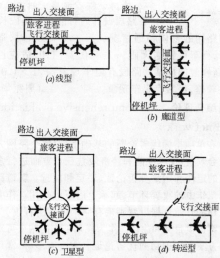

又称航站楼。航站区内供旅客完成从地面到空中或从空中到地面转换交通程序的场所。含有为旅客和行李办理各种手续的设施、联结飞行的设施、联结地面交通的设施以及各类服务性、商业性和营运机构的功能性极强的流通性建筑物。小型航站分为单层流程、步行登机的单层或两层建筑物，中型以上航站分为一层半流程或两层流程的低层建筑物。视旅客流通量的多少，旅客和行李处理方式的繁简不同，旅客航站的规模相差很大。目前世界上一些大的旅客航站建筑达20万m²以上，能同时运输几十甚至上百架飞机的旅客，年运输旅客量2 000万人次，最大达4500万人次，处理货物量达60万t。航

站建筑应体现其国家或所在城市、地区的精神风貌以及在一定程度上的美观要求。旅客航站的平面布置根据业务性质、旅客流程、机位数、登机方式及建筑面积、形式和风格，结合客机坪类型而定。有如图所示的四种基本平面布置形式。　（陈荣生）

旅客跨线设备

旅客中间站台之间或与基本站台之间跨过铁路线的通路。是通过式车站必须设置的设备。一般分为天桥、地道和平过道。平过道是常见的跨线设备，设在站台两端和站台中部靠近出站口的地方，便于旅客跨过线路迅速出站。客流量较大时，应设置天桥或地道。　（严良田）

旅客站房　railway passenger building

在铁路客运站或客货运站上，为旅客运输服务的建筑物。直接为旅客服务的房屋是站房的主要部分，包括：售票厅、问讯处、小件寄存处、候车室、母子候车室、贵宾室、行包房、广播室、小卖部、邮电服务处等。各项设施在平面上的位置，要妥善布置。旅客站房的位置应与当地城镇规划相配合。通过式车站的旅客站房应设在靠近居民区的一侧，尽头式车站的旅客站房宜设在站台线尽端。　（严良田）

旅客站台　railway passenger platform

设在旅客列车到发线旁，供旅客上下车前后暂时停留的平台。在通过式客运站上，分为基本站台和中间站台。在尽头式客运站上，分为分配站台和中间站台。旅客站台应与最长的旅客列车长度相适应，在客流较小的车站上，长度可适当缩短。与旅客站台宽度有关的因素有：客流密度、行包搬运工具的类型和站台上建筑物与设备的尺寸。站台高度一般为高出轨面 500mm，另有 300mm 和 1 100mm 两种规格。站台边缘至线路中心线距离为 1 750mm。　（严良田）

旅客站台雨棚　platform awning for railway passengers

设在旅客站台上用来为上下车的旅客遮阳和躲避雨雪的建筑物，其宽度应与站台的宽度相同。在大型客运站上，它应与旅客站台长度相等。一般车站可按 100～200m 设置。站台宽度在 10m 以下时，可用单柱式雨棚；10m 及以上时，以采用双柱式雨棚为宜。亦有采用无柱雨棚，如北京站。　（严良田）

旅客周转量　passenger kilometers

各条铁路或各铁路区段每年运送的旅客人数与其相应的运送距离乘积之和。单位为人·km/a。可按一条铁路或某一区段来计算。亦可按铁路局或全路来统计。它体现铁路每年完成客运工作量的大小。　（吴树和）

旅速系数　coefficient of commercial to technical speed

列车旅行速度与技术速度的比值。为小于 1 的系数。是衡量运输效率的因素之一，其数值愈大，运输效率愈高。　（吴树和）

旅行速度　travelling speed

又称区段速度或商务速度。列车在区段内运行的平均速度。为区段长度除以列车在区段内的走行时分、起停车加减速时分和停站时分之和。其值愈大，机车车辆周转加快，旅客、货物在旅途时间缩短，运输效率提高。合理的编制列车运行图，加强调度指挥工作，提高列车运行速度可使旅行速度增加。　（吴树和）

旅游区标志　tourist area sign

为了吸引和指示人们从高速公路或其他道路上前往邻近的旅游区，应在通往旅游景点的交叉路口设置的一系列旅游标志。旅游标志分两类：(1)指引标志，(2)旅游符号。　（王炜）

绿波带　green wave belt

以一定车速行驶的车辆在具有协调的绿灯信号变换控制的道路上通过各交叉口时所遇到的一连串绿灯信号。　（乔凤祥）

绿波宽度　green wave band width

联动控制干道上按规定时速行驶的汽车，能连续通过各个路口绿灯通行带的宽度。由于各交叉口之间的距离不等以及双向行驶的原因，绿灯时间不可能完全利用。以秒计的连续绿波宽度对周期长的百分比称为系统的效率。如果是单向行驶，则可得到全带宽；城市中等距离的交叉路口考虑到双向行驶时，绿波带宽度的设计可以宽些。　（乔凤祥）

绿信比　split

在一个周期信号中绿灯时间所占的时间比例。是交叉口信号控制的三个基本参数(周期、绿信比与相位差)之一。根据交叉口交通流的状况分析计算确定。　（李旭宏）

luan

卵石滩　pebble shoal

河床主要由卵石或大砾石组成的滩险。一般是滩上水深过浅，也有少数因水流过分弯曲而浅、险并存，或由于卵石堆积阻塞水流形成急流碍航。其基本成因是：流速减小，环流减弱或消失，水流动力轴线摆动不定。洪水期大量运动的卵石被水流输送到某些河段后，可因上述原因大量淤积。这些淤积的卵石在退水期若不能全部冲走，就将在枯水期出浅碍航。其成滩原因很复杂，整治时须分析具体情况，找出主要矛盾，采用疏浚、整治或疏浚与整治相结合等方法。　（王昌杰）

乱石滩　boulder shoal

山区河流中由乱石堆积而成的滩险。滩上水深较小，水流湍急，妨碍航行。成滩原因有：两岸崩岩坠入江中；山洪暴发，大量块石由溪沟冲入干流堆积等。须视具体情况，采取炸礁、筑导流坝等方法加以整治。

（王昌杰）

lun

伦敦港 Port of London

英国最大港口。位于泰晤士河入海口处。公元1世纪在今伦敦塔桥附近开始修建码头，4世纪时已成为英国最大商港。随着英国的工业革命和英帝国的向外扩张，19世纪伦敦港出现建港高潮。1802年建成第一个用船闸控制的封闭式港池，并逐渐形成伦敦港的三大港池群。20世纪60年代起港区向下游方向发展，向河口扩移了37km，并疏浚深水航道以适应大型油轮进港的需要，还关闭了伦敦塔桥上游的所有港池。20世纪80年代以来港口吞吐量保持在5 000万t以上。进口货物主要有石油、煤炭、钢铁、木材、矿石和粮食等。出口货物主要有石油制品、水泥、机械、化工产品和车辆等。伦敦港从伦敦塔桥一直延伸到泰晤士河口长达40km。从河口1号浮标上溯35km为人工深水航道，9万t级散粮船可通航到梯尔伯里港池。港口件杂货和集装箱装卸主要集中在以下三个码头区：①皇家码头区，水域面积达93万m^2，码头岸线长6 153m，有水深9m以上的泊位38个；②印度和米勒沃尔码头区，水域面积51万m^2，码头岸线长3 532m，水深约10m，拥有泊位23个；③蒂尔伯里码头区（见图），水域面积63万m^2，水深12m，是英国主要的集装箱码头区之一。此外，在三个码头区下游直至河口，拥有1～20万t级石油码头泊位40多个和9万t级大型粮食码头泊位。

（王庆辉）

轮渡 ship ferry

用渡船往返于内河、水库及海峡两岸或岛屿间渡口，从事渡运旅客，货物，行李和车辆等的水上运输方式。由渡船和渡口设施组成。按渡运的对象不同可分为：旅客轮渡，汽车轮渡，铁路轮渡等。

（吕洪根）

轮渡车场 ferry yard

又称待渡场。客货车辆在上下轮渡前后，暂时停放的处所。在客货车辆推上渡轮之前，车辆应预先分组。分组的组数和每组的车辆数，应与设置在渡轮上的线路数和每条线路的容车数相适应。在对岸设有与其相似的车场，供牵下渡轮之后的车辆停放之用。

（严良田）

轮渡靠船设备

用于引导渡船安全、便利停靠轮渡栈桥和吸收停靠时所产生的撞击动能而设置的构筑物。一般由分布在栈桥前端水域的4座靠船墩架组成。

（吕洪根）

轮渡引线

连接铁路轮渡、轮渡站和轮渡栈桥的铁路线。

（吕洪根）

轮渡栈桥 ferry trestle

又称轮渡码头。供机车车辆由河岸驶上渡船和由渡船驶上河岸的连接建筑物。相互对应地设置在宽阔河流，海峡等水域的两岸；在较狭窄江河的两岸则错开布置。由桥墩，桥台，钢梁，跳板梁和升降机械设备等组成。结构形式与桥梁基本相同，不同的仅是梁部结构和轨面可随水位的涨落而升降，轨面坡度可随之调节。上部结构为钢板梁或钢桁梁，其承重部分为混凝土或钢筋混凝土的桥墩和桥台，桥台在靠岸一端，与河岸相连。跳板梁在入水一端，是连接渡船的设备。升降机械设备是用来升降各孔钢梁和跳板梁，调节轨面，使渡船在各种水位时均能停靠，便于车辆行驶，设置在每个桥墩上。分为吊板式和螺杆式两种型式。

（吕洪根）

轮渡站 ferry station

供待渡过河流，港湾或海峡的列车停放、解体、调车和编组使用的铁路站场。一般对应地设在两岸。设有若干股铁路线，用引线与轮渡码头连接。

（吕洪根）

轮缘槽 flangeway

道岔中两根紧邻钢轨或钢轨制件之间为保证机车车辆走行部分的轮缘安全走行的通路。如转辙器尖轨动程、辙跟与基本轨、辙叉翼轨间的咽喉、翼轨与叉心、护轨与基本轨间等部位的宽度，应根据轨距标准、机车车辆轮对尺寸、轮缘厚度和高度等因素确定，并用间隔铁及螺栓、轨撑、专用垫板等牢固联结。

（陆银根）

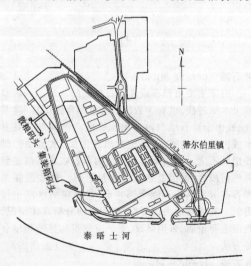

泰晤士河

luo

罗马大道 Roman road

公元前1世纪末罗马帝国全盛时期所建造的道路。罗马帝国在城市修筑的干道宽度有20～30m,有些达到35m,人行道和行车道之间以列柱分开,用大石板做路面。在多雨地区的城市,人行道有顶盖。罗马帝国为了大帝国的国家管理和显示军事威力的需要,在整个欧洲和小亚细亚大量修筑了道路,估计总长达78 000km。主要道路中间宽度为3.5～5.0m,供步兵通行,两侧有0.6m宽的土堤或石块砌体,供骑兵下马用,两边再有2.4m宽的骑兵道。路面用大石块铺成,厚度为1.00～1.25m。欧洲在16世纪以前还在使用这些道路,它的结构形式在以后很长一段时期里影响着欧洲各国。 （王金炎）

螺纹道钉 screw spike

以螺纹杆旋入木枕、圆形钉头扣压轨底边缘的木枕线路钢轨紧固零件。道钉旋入木枕,切断木质纤维甚少,且螺纹与木材相互咬合,抗拔力比普通道钉为大。由于螺纹棱角为锐角,容易横向楔入木材,故抗挤力仅及普通道钉的60%。 （陆银根）

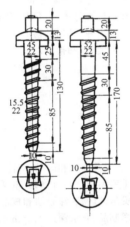

螺纹道钉

螺旋减速器 spiral retarder

又称液压螺旋滚筒式减速器、ASEA螺旋减速器。管状钢壳外表面上具有凸出的螺纹供车轮滚压,并吸收车辆能量的小型减速设备。由油缸和托座两部分组成,全长约1.5m,安装在钢轨内侧。管状钢壳内部装有液压油和速度阀。车轮滚压速度超过预先规定的临界速度数值时,减速器开始制动。每制动一次对从其上滚压的车轮所做的功为10kJ。车轮滚压速度不超过预先规定的临界速度时,制动功很小,约为前者的5%左右。临界速度数值必须在厂内预先调整妥善。可供选择的临界速度数值有7级,1.0～4.0m/s之间,每0.5m/s的差值为一级。托座用来把油缸固定在钢轨上。油缸可以处于两个位置:制动位和缓解位。另有一个风动系统提供动力,由信号楼工作人员用按钮操纵。这种减速器首先由瑞典通用电气公司(ASEA)生产。 （严良田）

螺旋桨飞机 propeller plane

用螺旋桨将发动机的功率转化为推进力的飞机。按发动机类型的不同,分为活塞式和涡轮螺旋桨式两种。后者适用于速度较高的飞机。在第二次世界大战结束以前,几乎所有的飞机都是螺旋桨飞机。在现代飞机中它仍占有重要地位。目前支线客机和专业飞机多数为螺旋桨飞机。 （钱炳华）

螺旋展线 Line development by spiral

利用地形上具有瓶颈形的支谷或圆形山包,将路线绕谷坡或山包盘旋来延伸路线长度。是延展路线克服高差的方式之一,通常在路线受地形限制需要在某处集中提高或降低某一高度,且能充分利用前后有利地形时,采用此种方式展线,可得到较好的线形,但因需建造价较高的隧道或高桥、长桥,常需与其他方式所选定路线作详细比较后而决定取舍。 （张心如）

落潮 ebb tide

在潮汐的周期性涨落过程中,从高潮到低潮这段时间内海面的下落过程。 （张东生）

落潮时 time of ebb tide

潮汐周期性涨落过程中,从高潮时到低潮时的时间间隔。在正规半日潮和全日潮海区,落潮时和涨潮时近似相等。在不正规半日潮和不正规全日潮海区,落潮时和涨潮时不等。 （张东生）

落锤式动力路面弯沉仪 falling weight deflectometer

简称FWD。用动力荷载评价路面和路基强度的设备。20世纪70年代初由法国和瑞典最早研制成功,后经丹麦、荷兰、美、英及日本等国先后引进,并作了某些改进。一般由动力装置、荷载发生装置、磁力提升液压系统、控制器、测试系统和计算机等几部分组成,并由汽车拖动。动力装置包括汽油发动机、发电机和交直流转换器,它对12V蓄电池组充电,供各用电机构使用;荷载发生装置是产生冲击荷载的机构,包括落锤、缓冲器、垫块及带橡皮的承载板;磁力提升液压系统主要作用是提升重锤;控制器是由若干个继电器组成,用来控制各种动作的先后顺序;测试系统是由压力传感器和数个挠度传感器组成,用来量测压力和路表位移;计算机有人机对话功能,并操纵控制系统和读取、显示、储存、打印量测结果。测试过程完全由计算机控制。首先由磁力提升系统将重锤提升至一定高度,然后让锤自由下落,经缓冲装置和圆形承载板施力于路表,由压力传感器和挠度传感器测定压力和挠度,同时将信号输入计算机,经将模拟信号转换为数字信号后,即可显示并打印出来。FWD的优点是能较真实地模拟行驶车辆对路面的动力荷载作用;测试速度快(每测点约1min)且数据可靠,一次即可完成弯沉盆的测定。

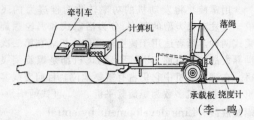

(李一鸣)

落石 falling stone

陡峻边坡上个别危岩或少量不稳定岩块，在重力和外界因素作用下，突然发生向下崩落的现象。是山区铁路、公路常见病害之一，对铁路、公路运营有很大危害。根据实际情况，可采用消除危岩及不稳定岩块或用支补、锚固及设置拦截等措施防治。

(池淑兰)

落石槽 stone block channel

铁路行经危岩落石地段，拦截落石大致平行于线路的沟槽。建在落石地点和路基之间具有足够的缓坡，高程低于路堤高程的地带，或修筑在路基近旁。路堤迎石坡用砌石防护。当崩落物的山坡上有缓坡地带时，可修筑在缓坡上。宜与拦石堤、拦石墙配合设置。槽底应作纵、横向坡度，以利排水。

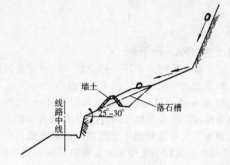

(池淑兰)

落石平台 stone block platform

铁路拦截山坡上坠石的平台。适用于被防护的路基距崩落物的山坡有适当距离，且路基高程与山坡脚下平缓地带的高程相差又不大的地段。根据路基与设置落石平台地段的高程，宜与拦石墙、挡土墙配合使用。平台宽度可根据现场调查资料或参考有关落石计算结果分析确定，应检查是否有足够容纳某一计算时间内（例如考虑在维修中每一季度或每半年消除一次）的落石堆积数量。平台应具有纵、横向坡度，以利排水。

(池淑兰)

M

ma

马赛港 Port of Marseille

法国最大港口。位于地中海里昂湾畔罗讷河入海口处，是西欧地中海沿岸的重要贸易门户。1502年开始建港，1844～1939年间主要建设马赛老港，建成一条与海岸平行的岛式防波堤、7个内港池和2个外港，码头岸线长19km。第二次世界大战后在老港西部相继建成卡隆特港、拉沃拉港和贝尔港。1965年又开辟福斯工业港。1966年成立马赛自治港，统一管辖马赛地区各港口。马赛港主要进口原油、煤炭、矿石、粮食、木材、集装箱及其他件杂货，主要出口石油产品、钢铁、机械、车辆等。港口吞吐量1973～1980年保持在1亿t左右。此后略有下降，1985年为8939万t，其中原油5090万t，石油产品和液化天然气1363万t，件杂货1030万t（含集装箱440万t）。至1999年港口吞吐量仍保持在1亿t左右，其中集装箱吞吐量66.43万TEU。马赛港共有五个港区：(1)马赛港区，主要承担件杂货和集装箱装卸，以及客运和修船，有件杂货和集装箱泊位93个和干船坞10座，可修理50万t级油轮。(2)拉沃拉和贝尔港区，装卸原油和成品油、液化天然气和各种化学制品，有水深达12.5m的远洋深水泊位9个，能接纳8万t级油轮，还有近海船泊位21个。(3)福斯港区，主要装卸干散货、原油及件杂货，有三大港池，最大水深21.5m。(4)卡隆特港区，主要装卸干散货，有泊位6个，水深4～9m。(5)圣路易罗讷港区，主要装卸成品油、液化天然气、木材、重件等，码头岸线长2.8km，水深4.5～7.92m。马赛港水陆交通便利，有发达的铁路和高速公路网通往整个法国和西欧地区，通过内河，4400t级船舶可从罗讷河上溯至里昂和索恩地区，并可换装1000t级以下船舶经过运河进入莱茵河。原油通过输油管道可输往里昂、斯特拉斯堡及法国东部地区，以及德国的卡尔斯鲁厄和瑞士的日内瓦等处的炼油厂。

(王庆辉)

杩杈 jacks

将3根或4根直径12～16cm，长4～6m的圆木，用铁丝扎成的三脚(a)或四脚架(b)。在其两脚之间用撑木固定。撑木上以块石或石笼压载，以增加稳定性。在床沙较粗，不便于打桩的河流上作为某些整治建筑物的构件。例如将多个排列成行，在迎水面上加系横木及竖木，外置篦屏，即成透

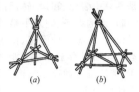

水整治建筑物；在篦屏上加培黏土还可起挡水作用，不需要时极易拆除。很早就用于中国著名的都江堰岁修工程。近来状如枹杈的预制钢筋混凝土四面六边透水框架已在渭河、长江九江段和崇明等地的保滩护岸工程中得到应用，效果良好，这种框架可实现工厂标准化生产，经久耐用，稳定性好。万一在水流冲刷下产生局部沉陷，仍可在其上叠加框架，直到沉陷停止。将多个这样的框架排列，可构成丁坝、顺坝等各种形式的整治建筑物，有显著的滞流促淤作用。施工时无须开挖基础，采用起重机械化作业，方便灵活，费用经济。具有良好的应用前景。（王昌杰）

码盘 stacking pallet

把许多物品堆放在一个托盘上，并整理成同样大小和形状的作业。其目的是使同种包装的货物和多种包装各异的货物汇集成一个集装单元，以利装卸和运输。（蔡梦贤）

码头 wharf, pier, quay

供停靠船舶、装卸货物和上下旅客的水工建筑物。广义地说包括后边的铁路、道路和堆场。按用途分，有货运码头、客运码头、客货兼而有之的客货码头、港作船码头、舣装码头和轮渡码头。而货运码头按货种的不同又可分为件货码头或集装箱码头、散货码头、石油码头和综合性码头。按码头平面廓轮形式分，有顺岸码头、突堤式码头和墩式码头。按码头断面轮廓形式分，有直立式码头、斜坡式码头、半直立式码头、半斜坡式码头和多级式码头。按结构型式分，又有重力式码头、板桩码头、高桩码头和浮码头。将重力式码头、板桩码头和前板桩式高桩码头又统称为岸壁式码头。除前板桩式高桩码头外的其他型式的高桩码头和墩式码头又统称为透空式码头。将靠小船的岸壁式码头称为驳岸。码头泊位长度应满足船舶靠离作业和系缆要求。码头高程应考虑大潮（或设计高水位）时不被淹没，便于作业和码头前后方高程的衔接。码头前水深应能保证设计船型在设计低水位时也能满足安全停靠。其结构一般由上部结构、下部结构和码头设备三部分组成。上部结构如重力式码头的胸墙、板桩码头的帽梁，高桩码头的上部桩台等，其功用在于将下部结构各基本构件连成整体，又便于安装各种码头设备。下部结构如重力式码头的墙身和基床，板桩码头的板桩，高桩码头的桩基等。其功用在于将上部结构的荷载传递到地基中去，重力式码头和板桩码头的下部结构还有挡土的功能。码头设备如系船设备、靠船设备、装卸设备、供水设备和供电照明设备等。（杨克己）

码头岸线 water front of wharf

码头建筑物临水面与水面的交线。是决定码头平面位置和高程的重要基线。根据可允许停靠船舶的吃水和使用性质等不同，可分为深水岸线、浅水岸线和辅助作业岸线等。码头岸线是港区诸岸线中可以停船装卸的部分。其长度是港口规模的重要标志，表示能同时允许船舶停靠作业的能力。（张二骏）

码头泊位 berth

一艘设计船型停靠时所占用的码头岸线长度或泵船数目。其长度包括船长和船与船之间必要的安全间隔。码头泊位的数量和大小是衡量港口或港口作业区规模的重要标志。一座码头可能由几个码头泊位组成，视其布置形式和位置而定。岸上的布设如装卸设备、作业线、仓库、货场等要紧密与之对应。（张二骏）

码头泊位利用率 utilization factor of berth

一年中码头泊位因作业被船舶占用的时间与总营运时间的比值。是衡量码头泊位使用效率的一个参数，也是计算码头泊位能力的一个指标。可由实际资料统计分析确定。（张二骏）

码头泊位能力 berth capacity

一个码头泊位一年内所能通过的货物最大数量。以万 t 计。它是确定港口通过能力的基本数据，也是确定港口生产任务的主要依据。其大小主要决定于码头和库场设备的装卸效率、港口集疏运能力、港口管理水平、港口年营运天数、船舶到港及货运的不平衡性等多种因素。（王庆辉）

码头管沟 wharf conduit

设在码头前沿，供铺设供水、供电、照明、通信、输油等管线之用的管沟或廊道。在修船码头、舣装码头的管沟或廊道中还铺设有压缩空气、氧气、乙炔等管线。管沟设置深度一般较浅，顶面用活动盖板铺盖，在通过系船块体处需设套管与之沟通。管沟的最小净宽一般约 50～60cm。管沟底应有一定的纵坡，并应设排水装置。这种管沟活动盖板容易漏水，不保温防冻，易进脏物。廊道比管沟大，为满足维修人员在廊道内进行工作的要求，最小宽度一般不小于 1.0m，最小净高不小于 1.2m。在廊道顶面设人孔及通气孔，个别人孔尺寸要适当加大，便于器材进出。廊道保温防冻和防止锈蚀的条件较好，不易进入脏物。但廊道下部经常浸水，容易发生渗水，漏水现象，止水工作量比管沟为大。廊道底部要有一定的纵向和横向排水坡度，并设置排水装置。为保证安全，在修船、舣装码头，如采用管沟或廊道时，乙炔管不能和氧气管、压缩空气管及电缆放入同一个管沟或廊道内，一般应另设管沟或明设。（杨克己）

码头路面 quay area pavement

自码头前沿线到前方仓库(或货场)前之间的地带的路面。须能满足适应流动起重机械、装卸车辆和临时堆放货物的要求，一般以刚性路面为好。在透空式码头的钢筋混凝土承台面板上，一般是现浇一层混凝土作为路面，并起找平及磨耗层作用。在承台上如有一层不厚的回填，则在碾压碎石垫层上再浇混凝土路面。在码头后方回填区，考虑到将来可能发生不均匀沉降，一般采用混凝土方块或块石路面。混凝土路面的平整度好，便于流动机械的运行及理货管理工作，维修量小，但它造价高，对沉降的适应性差，它适用于装卸量大，沉降业已基本完成地带的码头路面。也有先用水结碎石路面或简易泼油路面，作为过渡性路面，待经过一段时期，沉降基本完成后，再在水结石路面上浇筑永久性混凝土刚性路面，或在简易泼油路面上铺筑永久性沥青路面。　　　　　　(杨克己)

码头路面排水坡度 drainage slope of quay area pavement

为适应排水要求而确定的码头路面一定区间的高度差与水平距离的比值。根据当地的暴雨情况、路面粗糙程度及可能产生的沉降等因素确定。一般对混凝土及沥青路面取 5‰~10‰，对方块及水结碎石路面取 10‰，或更大些。当码头面的宽度不大时，一般取向码头前沿单向排水考虑；当码头面较宽时，可自码头前沿一定距离起开始向码头后方的排水系统排泄。有些透空式码头在其前沿 15m 左右的范围内，不设排水坡度，而是通过按一定间距布置的竖向排水孔直接排到码头下面去，排水孔上面盖有圆形铸铁栅。　　　　　　　(杨克己)

码头爬梯 stepladder

设置在码头立面上，供小型船舶的船员及码头维修工作人员上下码头的设施。当水位差较大而船型又较小时，更需要设置。对小码头一般设置一个，对大、中型码头一般仅设在码头两端以及前后两船位之间。为避免被船撞坏梯身，对于岸壁式码头，宜将梯身嵌入码头立面以内，做成暗梯。对于透空式码头，宜将爬梯设置在竖护木的旁侧，以起保护作用。其顶面不宜高出码头面，底面伸至设计低水位以上约 0.3~0.5m。宽度一般为 0.5m 左右。梯蹬间距为 25~30cm。梯身在潮差段易锈蚀，杆件尺寸不宜太小。　　(杨克己)

码头前水深 depth alongside

码头岸线外一定范围内(一般为两倍船宽)的水深。是港口水域中，对水深要求最高的部分，在任何水位情况下都必须保证设计船型能在满载状态进行装卸作业。　　　　　　　　　　(张二骏)

码头前沿作业地带 apron space

码头岸线与港口前方仓库(货场)之间的场地。是港口中装船、卸岸、转运的主要场所，一般布设有装卸、运输设备、铺砌平整路面(包括铁路装卸线)，埋设水、电等各种管道，供流动机械、运输车辆操作运行和临时存放货物。其宽度取决于码头作业性质、装卸设备和操作流程，一般需通过港口装卸工艺设计后确定。　　　　　　　　(张二骏)

码头设备 quay facilities

设于码头上供船舶靠离和装卸作业用的各类固定设备。包括系船及防冲设备、路面、阶梯、小梯、起重机轨道和火车轨道、供水供电的各种工艺管线等，供船舶靠码头装卸作业直接使用。如配备不当，将直接影响码头的使用效率、工人的安全和劳动条件以及维修保养工作量等。　　　　　　(杨克己)

码头铁路线 quayside railway track

又称码头前沿装卸线。码头前沿直接为船舶装卸服务的铁路股道。线路的布置取决于码头布置形式、码头前方装卸机械类型、货种、车船直取比重等。车船直取作业量较小且码头连续泊位数较少时，可铺设一股铁路线。码头连续泊位数较多时，为加速车辆周转，提高装卸效率，应铺设两股铁路线，一股为装卸线，一股为走行线，并在两股线路之间设置渡线。　　　　　　　　　　　(王庆辉)

码头组成 composition of wharf

见码头(229 页)。　　　　　　　(杨克己)

man

满轴系数 coefficient of use of loading capacity

实际货物列车牵引净载与规定的货物列车牵引净载之比值。用下式计算：

满轴系数=货物列车牵引净载÷(运行图规定的货物列车牵引吨数×货物列车载重系数)

是计算铁路输送能力的出发资料，在既有铁路线上，可根据统计资料得到，在设计铁路时，零担、摘挂货物列车的满轴系数一般分别用 0.5 和 0.75，直通货物列车为 1。　　　　　　　　　(吴树和)

慢车道 slow-vehicle lane

道路横幅布置中供慢速行驶车辆用的专用车道。慢速行驶车辆泛指机动三轮车、拖拉机、自行车和畜力车等。一般在快车道的两侧成对称布置，其宽度视道路性质、交通组成、设计通行能力和交通管理设施的需要而定。　　　　　　(李　方)

mao

毛细管黏度计 capillary-tube viscometer

应用流体流过毛细管与管壁产生切应力的原理测

量流体黏度的仪器。被测定的流体流过内径 $D = 0.75\sim 12.5\mathrm{mm}$,有效长度 $L = 1\,000D$ 的毛细管,测出其体积流量 Q 及层流摩擦造成的压降 Δp,由此可算出平均流速 v,管壁处剪切应力 τ_w 及切应变速度 $\dfrac{\mathrm{d}u}{\mathrm{d}r}$ 为:

$$\tau_\mathrm{w} = \frac{D\Delta p}{4L}$$

$$\left(-\frac{\mathrm{d}u}{\mathrm{d}r}\right) = \left(\frac{1+3n'}{4n'}\right)\frac{8v}{D}$$

其中

$$n' = \frac{\mathrm{d}\left(\ln\dfrac{D\Delta p}{4L}\right)}{\mathrm{d}\left(\ln\dfrac{8v}{D}\right)}$$

是 $\dfrac{D\Delta p}{4L}$ 对应 $\dfrac{8v}{D}$ 的对数曲线的斜率;r 是管子内壁半径;负值表明是从管子中心往上到管壁处方向。测量时可测出几组不同流速下的 Q 及 Δp 值,算出相应的 τ_w 及 $\dfrac{8v}{D}$ 的曲线,在对数坐标上画出 τ_w 对应 $\dfrac{8v}{D}$ 的曲线,确定出作为 $\dfrac{8v}{D}$ 函数的 n' 值,从而求出剪切应变速度值。

(李维坚)

锚地 anchorage

供船舶锚泊及进行各种水上作业的水域。按使用要求有:引水锚地(等待接引进港)、检疫锚地(供外籍船舶检疫、消毒)、停泊锚地(等待靠岸、候潮等)、装卸锚地(供水上装卸、过驳)、编组锚地(供船队编组、解体)、避风锚地等。按所在位置可分港外锚地(防波堤口门以外)和港内锚地。要求能有比较平静的水面,良好的挂锚土质、足够的水深和面积并能便利地与航行水域相通。其泊稳条件视使用要求和船舶尺度而有所不同。水底土质以砂质泥土或黏性砂土等为宜,否则需设置系泊浮筒等锚系设施。单个锚地所需水域面积决定于锚系方式,相应取决于锚地设备条件、风和水流的方向及强度、底质、水深等方面因素。有单点、双点或多点系泊等方式。单点方式自艏抛锚或系泊在浮筒上,船体可随风向、流向自由漂移,适用于海港等风向多变而船体尺度又较大的场合,所需面积呈圆形,其半径为锚系水平长度与船长之和再加适当余裕。双点停泊又有艏抛双锚(或系双浮筒)与艏艉各抛一锚(或各系一浮筒)两种方式。前者与单点停泊相似,但所需水域面积可以略小。后者所需面积呈矩形,适用于河流等流向单一、水域狭窄或船体尺度较小的场合。多点停泊系艏艉都抛有一个以上船锚,是恶劣条件下的加固措施,所需水域面积与艏艉双锚相同。

(张二骏)

锚定板挡土墙 retaining wall with anchored bulkhead

肋柱、挡土板、拉杆、锚定板和填料共同组成的拼装式轻型挡土墙。墙面由预制的钢筋混凝土肋柱和挡土板拼装而成,钢拉杆外端与肋柱连接,拉杆内端锚固在填土内的锚定板上,土压力通过墙面、拉杆、锚定板传至稳定地层中。同时藉助于锚定板和墙面板及其间的填料所形成的"整体土墙",抵抗锚定板背后土体的侧压力,从而使整个结构稳定。具有结构轻、适用地基承载力较低等优点。适用于缺乏石料地区的路堤。根据设置条件可用单级或多级形式。用墙面代替锚定板时,就构成了对拉式锚杆挡土墙,结构型式和锚定板挡土墙相似,适用于间距不大的两个平行挡土墙。

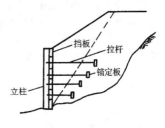

(池淑兰)

锚碇墙码头 anchored guay wall

由立板、底板和锚碇结构组成的码头。它是兼有重力式码头和板桩码头两种结构型式特点的一种混合式码头,如图所示。立板用来挡土,由底板和锚杆两铰接点支承,为一端带悬臂的简支梁。底板靠上面的填土重量保持稳定。它与重力式码头相比,可以减小水平滑动力,几乎不承受倾覆力矩,基地压力分布比较均匀,最大地基应力也可相对地减小,所以底板的稳定性较重力式码头的好。它与板桩码头相比,不但避免了打桩的困难,而且受力又较板桩码头明确,施工时装配程度高。但比扶壁码头和沉箱码头安装工序多,构件又较轻,当波浪及水流较大时,应用受到限制。这种型式一般适用于地基较差,没有打桩设备,波浪、水流又较小的地区。

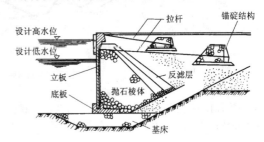

(杨克己)

锚杆挡土墙 retaining wall with anchored tie-rod

简称锚杆挡墙。藉锚固在岩层中的锚杆拉力保持墙身稳定的轻型挡土墙。由肋柱、挡土板、锚杆组成。锚杆一端与柱或墙连接,另

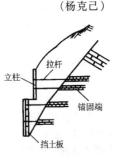

一端锚固于良好的岩层中。具有结构轻、可预制等优点。适用于有良好锚固岩层,石料缺乏,墙较高或开挖基础有困难的地段。一般多用于路堑墙,根据设置条件可采用单级和多级形式。　　　　　(池淑兰)

mei

煤车 coal car

专门运煤的敞车。为了卸煤方便,设有特殊车门,如从下往上翻的双侧开门、底开门、斜底开门或斜底侧开门等。还有将车体制成漏斗状,下部有漏斗式卸货口的煤漏斗车;还有为了提高延米质量,把车壁加高、车体缩短的缩短型煤车。　　　(周宪忠)

煤港 coal port

专门从事煤炭装、卸业务的散货港。往往配有翻车机、自卸台、皮带输送机等特殊装卸设备,有时还建有特殊的堆存场地,以提高运输效率。具体配备,视煤炭的运量、品种、流向而有所不同,一般需经过专门设计。　　　　　　　　　　(张二骏)

美国州际与国防公路系统 national system of interstate and defense highways

美国公路行政管辖的五类公路中的第一类公路系统。这个公路系统是1922年由潘兴陆军元帅提出来的,1956年6月才由国会批准。州际公路约68 400km(共42 500英里)。其中96%是开放的,把美国本土人口5万以上的城镇都连接起来了。战略公路约19 300km(共12 000英里)。州际公路基本上是高速公路,极小量是非高速公路。州际公路按20年交通量设计的,计算行车速度为97~113km/h(60~70英里/小时)。大部分是四车道,少数是六车道和八车道。州际公路总投资约900亿美元,其中90%由联邦政府负担,10%由州政府负担。州际公路占美国公路总里程的1.2%,承担20%交通量。每一条州际公路有一代号,东西方向的州际公路的代号

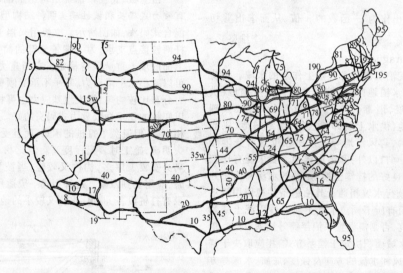

美国州际与国防公路系统

用偶数,南北方向的州际公路的代号用奇数。目前州际公路每年有2 000多km路面需要修理。
　　　　　　　　　　　　　　　　(王金炎)

men

门对门运输 door-to-door traffic

货物由发货单位仓库直接运送到收货单位仓库,途中不需要进行装卸作业的运输形式。它具有简化货物包装、减少装卸环节、利于直取直送、加速车辆周转、保证货物安全等优点,对零担货物特别是需要中转的零担货物有显著的经济效果。集装箱运输和托盘运输是这种运输形式的具体体现,专用线货物运输是铁路所特有的门对门运输。
　　　　　　　　　　　　　　　　(蔡梦贤)

门缝输水系统 filling and emptying system through gate's edge

利用两扇三角闸门同时开启所形成的闸门间的中缝和闸门与闸首边墩间的边缝进行灌泄水的船闸输水系统。其水力特点是:两侧边缝的出流经闸首边墩内的门龛扩散流入闸室,而中缝的出流则居高临下直冲闸室。这三股

水流互相对冲可消减一部分能量,但在闸室内产生很大的折冲水流并伴随强烈涡流,水流紊乱。这种输水系统的水流条件差,灌泄水时间长,闸首结构复杂,所需的镇静段长度也大,一般只适用于水头较小的船闸上。由于三角闸门可以动水启闭,且可承受双向水头,在感潮河段的船闸上,可用以利用平潮开通闸,以加快过船速度。 (蔡志长)

门槛水深 water depth on sill, lock significant depth

设计最低通航水位时,船闸闸首门槛最高点处的水深。通常等于或大于 1.5 倍设计船舶(队)的满载吃水。此外,还要考虑船舶(队)进出船闸时的过水断面要求以及由于闸下被水流刷深而引起的水位变化的影响。 (詹世富)

门库 gate recess

闸门开启后,放置闸门的空间。其尺度应能容纳开启后的闸门,不影响船闸的通航标准。按照闸门门型的不同,有横拉闸门门库,扇形闸门(又称三角闸门)门库之分。在门库中常设有闸门防撞、锁碇、支承、导向等设施。 (吕洪根)

门上孔口输水系统 filling and emptying system by outlet lying in gate

输水孔口直接设置在船闸工作闸门上的船闸输水系统。输水孔口一般采用垂直升降的平面阀门,绕水平轴或垂直轴旋转的蝴蝶阀门予以控制。其水力特点是:水流由输水孔口直冲入闸室,水流集中,流速较大,常产生严重的横轴漩滚和直轴漩滚,水流条件差,船舶的停泊条件不好,仅适用于水头不大(约 3～4m 以下)的小型船闸上,有时也作为其他输水型式的一种辅助方式。 (蔡志长)

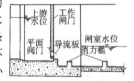

门下输水系统 filling and emptying system under gate

将船闸工作闸门(平面闸门或弧形闸门)提升至一定高度,水流从闸门底缘与闸首门槛间缝隙流入闸室的船闸输水系统。输水时,将工作闸门提升,待闸室内外水位齐平后,再将闸门全部提升或下降,船舶即可过闸。其水力特点是:水流沿闸室宽度方向均匀地流入闸室,底流速较大,在闸室内形成表面旋涡,水流掺气比较严重,水流条件不好。为此,一般

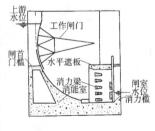

均需利用帷墙与挡板,消力齿槛,梁栅的空间构成开敞式帷墙消能室,以消减水流所挟带的能量。这种输水系统不需专门设置输水廊道和输水阀门,闸首结构简单,能承受双向水头,一般用于 10m 以下水头的船闸。 (蔡志长)

门轴柱 quoin post

在人字闸门上,连接主横梁端部构成门扇的纵向构件。其截面型式有开口式和封闭式两种。封闭式截面具有较大的抗扭刚度,但制造加工及支垫座的安装和调整较为困难;结合门扇的刚度、支承的型式和安装等条件选用。截面尺寸可按与主横梁端部连接的要求确定,其外侧装置支垫座或连续钢承压条。当为支垫座和枕垫座支承时,其工作条件如同多跨连续梁,承受门扇自重和梁端水压力产生的力矩;当为钢承压条支承时,其工作条件如同弹性地基上的梁,承受主横梁传来的集中反力。 (詹世富)

meng

蒙特西水坡升船机 Montech Water-sloping Ship Lift

位于法国南部加龙河支运河上蒙特西的一座水坡升船机。于 1973 年建成,是世界上第一座水坡式升船机。其设计水头为 13.3m,可通过 350t 货船。斜槽坡度为 3%,长度为 44.3m,宽度 6.0m,挡水闸门门前水深 3.75m,楔形水体总长为 125m。挡水闸门由两台各为 1 000 马力的柴油推进机驱动,运行速度为 1.4m/s,加速度为 $0.01m/s^2$,运行全程约需 6min。 (孙忠祖)

mi

密西西比河河口整治 regulation of Mississppi River estuary

美国密西西比河自新奥尔良以下,流入墨西哥湾的口门段整治。密西西比河口,是一弱潮河口,枯季潮差仅 0.45m,泥沙主要来自流域径流来沙,洪季含沙量较大,河口形如鸡爪,有数个汊道,19 世纪上半叶即开始对南水道进行疏浚,使水深由 3m 增至 6m,但因风暴造成回淤,很难维护,1875 年提出采用双导堤整治结合疏浚,逐步取得 30 英尺(9m)水深,为使洪季泥沙出口后能由自东向西的沿岸流带向西侧堆积,将出口偏东 36°30′,保证出口畅通。随着大型海船的发展,吃水增加,于 1902 年开辟西南水道,采用双导堤整治,原导堤间距 4 000 英尺(1 220m),逐步延长,并缩窄,到 1939 年导堤间距 1 420 英尺(433m),东西导堤长度分别为 6 400m 和 4 600m,此,航深达 35 英尺(10.5m)。1955 年又提出 40 英

尺(12.2m)水深的要求，从21个整治方案中选取，在两导堤之间，开挖800英尺(244m)宽的航槽，形成一定弯度，增加环流的方案，从而达到设计航深要求。12.2m水深到达口门以上240英里的巴吞鲁日。目前正研究为通行10万t船舶55英尺吃水要求的方案。密西西比河口经过100多年整治将水深由3m增至12.2m以上，从而保证密西西比河海河连通，新奥尔良发展成大港。　　（李安中）

密相气力输送　dense phase pneumatic
　　被输送物料在管道中呈密集状态的气力输送方式。按照其输送原理可分为：密相静压力输送，即物料密集连绵不断充塞管内，形成料柱或人为地把料柱切割成较短的料栓与气栓相间分开依靠气流静压力推送物料；密相动压力输送，即物料不形成连续料柱或料栓，而依靠空气动能来输送。（李维坚）

min

民用飞机　civil airplane
　　供民间使用的飞机。包括用于定期航线的民用运输机及通用航空飞机。民用运输机供输送旅客和货物用，多数为大、中型飞机。目前大型运输机载客可达500人左右，起飞重量达350吨左右。这些飞机技术先进、性能优良、安全可靠，而且载重量大、速度快、飞行利用率高，在航空运输方面起主要作用。因此飞机本身价值和运输产值都超过通用航空飞机。通用航空飞机分为一般的和专业的两类。前者主要指通勤飞机、公用飞机等。后者主要指专供工农业生产、建设中某项业务使用的飞机。这些飞机多数为小型飞机。　　（钱炳华）

民用机场　civil airport
　　供民用飞机起降、停放、维护、组织飞行保障活动以及进行航空业务的场所。按用途分为运输机场和专业机场两类。　　（钱炳华）

民用运输机　civil transport plane
　　用来输送旅客和货物的飞机。分客机和货机两类。客机以运送旅客为主兼运邮件和货物。分远程（大型）、中程（中型）、近程（小型）三种。远程客机用于洲际航线；中程客机用于国际国内干线；近程客机用于地区航线。要求现代客机应具有快速、安全、舒适以及低噪声的性能。货机主要用于输送货物。其特点是载重量大，有较大的舱门，便于装卸货物。
　　（钱炳华）

民用运输机重量　civil aircraft weight
　　由飞机的基本重量、商务载重及燃油所组成的重量。当不包括燃油时称为飞机无燃油重量。当飞机在机坪上尚未试车时的重量称为飞机的机坪重量。经过试车滑出机坪的重量称为飞机滑行重量。滑至跑道端准备起飞时的重量称为飞机起飞重量。当到达目的地进行着陆的重量称为飞机着陆重量。这些飞机重量均随商务载重及燃油重量而变化。其最大重量受机场道面的承载能力、跑道长度、净空情况及气象条件等的限制，而且不能超过飞机结构所允许的最大重量。　　（钱炳华）

ming

鸣笛标　blow whistle marks
　　指示船舶鸣笛的信号标志。设在控制通航的河段或上、下行船舶不能互相通视的急弯航道的两端，以及船闸上下游引航道的进口处。在标杆顶端装一圆形标牌，标牌面对来船方向，牌中有"鸣"字。标杆漆黑、白相间斜纹，标牌为白色、黑边、黑字。夜间发绿色快闪光（附图见彩4页彩图18）。
　　（李安中）

mo

莫尔斯信号　morse code
　　用莫尔斯符号发出英文字母或数字的闪光。英文缩写"MO"，在缩写后括号内表示发出的字母或数字，如MO(A)的信号为一短闪0.4s，接一长闪1.2s，间隔0.4s。航标在夜间可根据不同的标志规定采用莫尔斯信号某个英文字母的闪光。如MO(A)即为左岸过河标闪光信号。

莫尔斯灯光信号

字母	闪光信号	字母	闪光信号	数字	闪光信号
A	·—	N	—·	1	·————
B	—···	O	———	2	··———
C	—·—·	P	·——·	3	···——
D	—··	Q	——·—	4	····—
E	·	R	·—·	5	·····
F	··—·	S	···	6	—····
G	——·	T	—	7	——···
H	····	U	··—	8	———··
I	··	V	···—	9	————·
J	·———	W	·——	0	—————
K	—·—	X	—··—		
L	·—··	Y	—·——		
M	——	Z	——··		

·短闪　　—长闪

（李安中）

mu

母子浮船坞　pontoon aboard floating dock
　　将子船坞搁在母船坞内同时沉浮的联合修船设施。子船坞的作用实际为一浮式船台，本身无抽水设备，坞墙构造也较简单，可不考虑其下沉时的稳定性和浮性，而依靠母船坞排水将子船坞连同其上面的船舶一并托起(a)(b)。子船坞舱内的水，通过阀门自流泄空，然后关闭阀门，待母船坞灌水下沉到一定深度后，子船坞即可载运待修船舶拖离母船坞而进行修船工作(c)。一个母船坞可为几个子船坞服务，同时母船坞本身也可用来修造船，从而提高了设施的利用率。

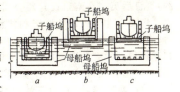

船舶用母子船坞上墩时之操作程序

(顾家龙)

木滑道 wooden ground slipway

又称牛油枋滑道。在天然地基上铺设木梁供船舶上墩和下水的简易滑道。可以纵向或横向布置，随上墩或下水的船舶要求而定。木梁就是滑道。梁上放滑板，滑道与滑板之间涂有润滑剂(常用牛油)，船体支承在滑板上，用绞车拖曳船舶上船台或下水。木滑道特点是结构简易，只能用作升降小型船舶。

纵向木滑道

(顾家龙)

目视进近坡度指示系统 visual approach slope indicator system

为飞机驾驶员提供去跑道的正确进近坡度指示的助航灯光。它能帮助驾驶员在进近阶段中使飞机正确地保持在下滑航道上。VASI-12 系统是由 12 个灯箱组成的两排横排灯系统。距跑道入口最近的横排灯称为下风横排灯，距跑道入口最远的称为上风横排灯。如果在正确的下滑航道上，下风横排灯显示白色，上风横排灯显示红色。如果所在高处过低，两排灯都显示红色；反之，如过高，则都显示白色。

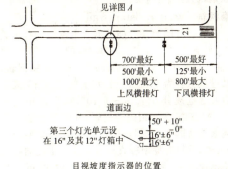

目视坡度指示器的位置

(钱绍武)

目视助航设备 visual aid

机场指挥系统中为飞机驾驶员昼夜提供起飞、着陆和滑行的目视引导信号而设置的设备。一般由道面标志、助航灯光、标记牌、标志物等组成。其繁简程度和布置形式则根据机场等级、平面布置、无线电导航设备状况等因素而不同。通常驾驶员向机场进近时利用地面参数系(ground references)航行。不论天气好坏，白天黑夜都需有目视助航设备，使视界内具有足够对比度和亮度适当的图形，以便识别机场的重要特征并判定其方位。

(钱绍武)

苜蓿叶式立体交叉 cloverleaf interchange

位于不同高程上的立体空间的四岔道路，右转弯均用外侧直连匝道连接，左转弯均用环形内匝道连接呈苜蓿叶式的交叉。用内侧环形匝道引导车辆右转 270°达到左转，用外侧直连匝道进行右转。只修一座立交桥，所有转向车辆均有专用匝道，没有平面交叉与冲突点，与环形立交比较，通行能力较大，车速较高，且行车安全，但占地面积较大，左转车辆绕行距离长，车辆从左转匝道进入主干道，或由主干道驶入匝道，仍会产生交织。

(顾尚华)

N

nai

耐腐蚀钢轨 corrosion-resistant rail

具有良好耐腐蚀性能的低合金钢轨。有的低合金钢轨，如 $U_{71}Cu$ 和 $U_{71}MoSiCu$ 等含铜耐磨钢轨，不但具有较高的耐磨性能，而且耐腐蚀性能也比普通碳素钢轨提高 40%～80%。在长隧道内，由于通风条件差，空气潮湿，蒸汽机车或内燃机车排放的有害废气，对普通碳素钢轨及钢轨扣件等部件产生严重锈蚀。因此,我国铁路一般应铺设在长度大于1 000m 的隧道内,铁路机务段加水线上,因有废液腐蚀钢轨,也铺设这类钢轨。　　　　(陆银根)

耐磨钢轨　wear-resistant rail

具有良好耐磨耗性能的低合金钢轨。普通碳素钢中,如含铜成分 0.1%～0.4% 的 $U_{71}Cu$ 含铜钢轨,含锰成分 1.1%～1.5% 的 $U_{71}Mn$ 中锰钢轨,含锰及硅成分各为 0.85%～1.15% 的 U_7MnSi 高硅钢轨以及含硅成分 0.70%～1.10% 和少量钼铜元素的 $U_{71}MoSiCu$ 含铜钼高硅钢轨,其耐磨性能约为普通碳素钢轨的 2～3 倍。曲线路段当曲率半径小于 800m 时,钢轨磨耗率较直线地段或大半径曲线地段开始迅速增长,而曲率半径小于 400m 时更是急剧上升。我国铁路正线曲率半径为 450m 以下的曲线轨道应优先采用。　　　　(陆银根)

nan

南疆铁路　southern Xinjiang railway

东起兰新铁路的吐鲁番站,西至古丝绸之路的重镇喀什市,横亘新疆南部的铁路。全长 1 445km,其中吐鲁番至库尔勒 475km,已于 1984 年建成交付运营;库尔勒至喀什 970km,于 1996 年 9 月动工,1999 年 12 月 6 日全线开通交付运营。本线由吐鲁番引出,沿吐鲁番盆地西缘并经阿拉沟西行,越奎先达坂南行,经和静到达库尔勒;出库尔勒沿塔里木盆地北缘经轮台、库车、阿克苏、巴楚、到达喀什,是我国西北铁路网的重要组成部分,对新疆经济发展、增强民族团结,开发南疆石油基地与开拓中亚各国的国际贸易,具有重要作用。南疆铁路库喀段沿线地形平易,无隧道、特大桥等控制工程,但工程地质条件较差。位于七度以上高烈度地震区,其中八、九度地震烈度区长约 547km,沙土液化地段长约 135km;盐渍土片状地段长约 283km,湿地及松软地基地段长约 29km。修建中采用了新技术、新工艺、新材料,如应用滴灌技术治理风沙,采用土工格室材料处理软弱地基,采用新型防腐添加剂解决桥涵土方工程防腐问题,采用隔震、减震技术解决桥梁防震问题,并开发了太阳能集中供电系统解决了通信、信号和无交流电车站的电源问题。　　　　(郝　瀛)

南京港　Port of Nanjing

中国第一大河港,长江下游水陆联运和江海联运的枢纽港。南京长江大桥以下 2.5 万 t 级海轮可终年通航,南京港同时具备河港和海港的功能,经济腹地广阔,货源充足,水陆交通便利。1858 年《中英天津条约》开辟南京为通商口岸。1873 年中国轮船招商局在南京港开办客运,在江中进行驳运,1882 年在南京下关建成第一个浮码头,1895 年《马关条约》签订后英国在南京设轮船公司,并建造码头、仓库。1908 年和 1912 年沪宁和津浦铁路相继通车后,南京港成为水铁联运港口。1949 年后港口生产和建设得到很大发展。1986 年港口吞吐量达 3 890 万 t。进出口货物主要有石油、煤炭、矿建材料、钢铁、杂货、集装箱等,其中石油和煤炭占 80% 以上。有客运航线多条,年发客量 300 多万人次。迄 1987 年共有生产码头泊位 42 个,其中万吨级以上深水泊位 8 个。全港分为六个作业区。第一作业区在下关和上元门,前者经营客运,后者装卸市销件杂货、煤炭和矿建材料等。第二作业区和第三作业区在浦口,分别装卸中转件杂货和煤炭。第四作业区在新生圩,是以外贸为主的新作业区,主要装卸件杂货和集装箱,迄 1987 年已建成 1.5 万～2.5 万 t 级码头泊位 4 个(其中集装箱泊位 2 个)。第五作业区在栖霞山,主要装卸和中转由海轮运来的石油。第六作业区在仪征市泗源沟,主要接运由鲁宁输油管道运来的原油。

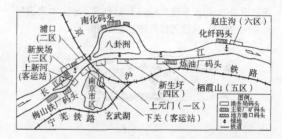

1987 年后南京港得到进一步的扩建,至 1999 年底全港共有码头泊位 65 个,其中万 t 级以上泊位 15 个,最大靠泊能力为 2.5 万 t 级,另有浮筒泊位 16 个。全港共有装卸生产泊位 47 个,港区铁路线长 18km。2000 年完成货物吞吐量 6 678.6 万 t,其中外贸吞吐量 852.5 万 t,集装箱吞吐量 20.3 万 TEU,进出港旅客 95.5 万人次。　　(王庆辉)

南京中央门立体交叉　Nanjing Zhongyangmen interchange

位于南京市中央路、中央北路、建宁路和韶山路的相交处。为三层式双环形立体交叉,上层为高架桥,桥面四车道宽度 15m,供东西方向车辆直行。第二层为高架环形平面交叉,环道内直径为 58m,环道宽 16m,供南北方向机动车和东西方向转弯车辆行驶,南北与双向行驶的匝道相接,每一匝道为四车道宽 16m,东西与四条单向匝道相接,每一匝道为双车道宽 8m。底层(在原地面)设置非机动车专用平面环形交叉和人行道,环道内径 30m,环道宽 10m,有八条宽 7m 的通道与四周自行车道相接。四周还有四条宽 7m 的非机动车右转车道。设计通行能力为机动车每小时 4 500 辆,自行车每小时 11 960 辆,行人每小时3万人次。计算车速：直行为50～60km/h，环道为25～30km/h，最大纵坡：机动车道3.6%，非机动车道1.56%。高架桥平曲线半径分别为1 000m、700m。净空高度：机动车道4.75m（通行无轨电车），非机动车道2.80～3.10m，人行道2.70m。桥梁荷载汽—20，挂—100。地震烈度按7度考虑。占地面积4.4ha。1986年4月30日开工，同年12月28日竣工通车。

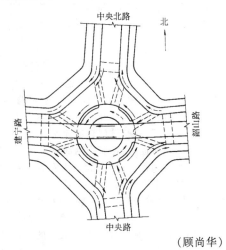

（顾尚华）

南昆铁路 Nanning-Kunming railway

东起广西南宁、经威舍至云南昆明的电气化干线。包括威舍至红果的联络线，新建长度约863km。1990年12月开工兴建，1997年3月18日在八渡站接轨，全线铺通，1997年12月2日在广西、云南、贵州三省交界附近的兴义市举行开通运营庆典。本线由南宁沿右江河谷进至百色，溯乐里河西北行穿过桂北山区，在八渡跨南盘江进入贵州，沿云贵高原南缘到达威舍，顺黄泥河进入云南，过罗平、师宗、石林、宜良，到达昆明；威舍红果的联络线，穿行于群山之中，桥隧集中，工程艰巨。南昆铁路桥隧总长约252km，占线路长度近30%，长度在1 000m以上的隧道有80多座，其中有全长达9 392m的米花岭隧道和高瓦斯、高地应力和大量涌水、长达4 990m的家竹箐隧道，有桥高104m、长达530m的南盘江特大桥和谷底至桥面高达183m、全国铁路桥梁桥墩最高的清水河大桥。南昆铁路是我国西南地区的重要东西干线，是沟通西南与华南沿海的主要通道，是四川、云南、黔西的出海捷径，对云贵磷、煤外运，开发沿线山区，振兴西南经济，发展对外贸易都具有重要意义。

（郝 瀛）

难行车 hard rolling car

单位基本阻力数值和单位空气阻力数值之和最大的车辆。这种车辆溜放速度低，溜放距离短。驼峰设计中的难行车，一般定为不满载的棚车，这种车辆在全路车辆总数中占有一定的百分比。其全称应为计算难行车。

（严良田）

难行线 hard rolling track

驼峰峰顶至调车线计算停车点之间，单位道岔阻力功和单位曲线阻力功之和最大的线路。一般为靠驼峰车场外侧的线路。难行线是据以计算驼峰高度的线路。

（严良田）

nei

内河助航标志 aids to navigation on inland waterway

简称内河航标。设在江、河、湖泊及水库中的航标。是内河船舶安全航行的重要助航设施，其功能是标示内河航道的方向、界限与碍航物，以及航道水深、风情等以引导船舶航行。各国对助航标志的形状、灯色等均有规定，分别表示不同作用。按中华人民共和国国家标准GB 5863—99规定分为：航行标志，信号标志和专用标志等三类18种。航行标志包括：过河标，沿岸标，导标，过渡导标，首尾导标，侧面标，左右通航标，示位标，泛滥标，桥涵标共十种。信号标志包括：通行信号标，鸣笛标，界限标，水深信号标，横流标、节制闸灯共六种。专用标志包括：管线标、专用浮标两种。

（李安中）

内陆运河 inland canal

位于内陆地区，仅供内河船舶通航的运河。如中国的京杭运河和前苏联的伏尔加-顿河运河。

（蔡志长）

内燃机车 diesel locomotive

又称柴油机车。以柴油机作原动力来牵引列车的一种机车。由柴油机、传动装置、辅助装置、车体及走行部组成。按传动装置分，有电力传动、液力传动和机械传动三种。按用途分，有客运、货运、调车三种。它热效率高，可达22%～28%，有利于节约能源；牵引力大，可提高铁路能力；整备设备简单，整备一次可走很长距离，机车利用率高；对轨道动力作用比蒸汽机车要小；与电力机车比较，不需要供电设备，独立性能好，并可节约铁路建筑的初期投资。但它构造复杂、造价高、维修工作量大，且需要消耗贵重的液体燃料；废气又污染环境，在长隧道内运行不利于乘务员健康。适用于运输繁忙、森林、缺水和产油区的线路。调车机车内燃化在我国已大量采用。世界不少国家都曾广泛采用内燃牵引，近年来陆续更换为电力机车，只有美国、加拿大等少数国家尚以内燃牵引为主要动力。

（郝 瀛 周宪忠）

内燃机车传动装置 transmission mechanism of

diesel locomotive

把内燃机车发动机的动力传递给机车动轮并能满足牵引特性需要的装置。可分为电力、液力和机械三种传动方式。电力传动为内燃发动机带动发电机，所发出的电，直接或经过交流、直流、调幅、变频的某些转换后，输入牵引电动机驱动机车动轮；根据发电机和电动机是直流还是交流，电流是否需要中间转换，电力传动装置又分为直-直流、交-直流、交-直-交流三种。液力传动装置是在内燃发动机与动轮之间装有液力变扭器；它相当于发动机带动离心泵，喷出高速高压油冲击涡轮机，通过齿轮驱动动轮。机械传动装置就是在发动机和动轮之间加一套齿轮变速箱，因其不能在任何运行速度下都充分发挥发动机功率，而且在换档时机车牵引力中断，容易产生冲动，所以目前国内外干线铁路机车均不采用，只用于小功率内燃机车。利用传动装置，可以在内燃机起动之后，通过传动装置与动轮相连；同时，利用传动装置在机车主发动机工况不变情况下，得到理想牵引特性。 　　　　　　　　　　　　（周宪忠）

ni

尼德芬诺升船机 Niederfinow Ship Lift

位于德国柏林——什切青航道上尼德芬诺处的一座均衡重式垂直升船机。建于 1934 年，其提升高度为 36m，承船厢的有效尺度为 85m(长)×11.4m(宽)×2.5m(水深)，可通过 1 000t 船舶。承船厢自重约 965t，厢头门为提升式平面闸门。用 256 根直径为 52mm 的钢绳悬吊在垂直支架上，沿承船厢长度方向均匀分布。垂直支架系由 9 榀门形排架用纵向支撑连接的总长为 93.75m，高为 60m 的空间构架。升船机的驱动机构采用星轮齿梯装置，事故装置采用旋转锁锭螺母片装置。 （孙忠祖）

泥泵 mud pump

吸扬式挖泥船、耙吸式挖泥船和吹泥船上所装置的吸排泥浆的泵。其结构与离心式水泵相似，泥浆受叶轮旋转的离心力挤出，其压力以扬程表示。叶轮中心产生负压将泥浆不断吸入，其负压值以真空度表示。泥浆的扬程不需太高，通常为 40～80m 水柱，流量 3 000～18 000m³/h 左右，多是单级的。为防止吸吸的泥沙进入轴和轴套之间，造成严重磨损，密封要求高，或用水压密封。泵内加防摩内衬或双泵壳，在设计上还应考虑土、石杂物的通过。一定转速 n 下，泥泵流量 Q 与水头 H、功率 N 和机组总效率系数 η 的关系曲线，称泥泵的特性曲线。它是设计泥浆排送距离、高程与挖泥船生产率的主要依据。机组总效率系数 η 为泥泵的有效功率与主机功率之比是表示泥泵性能优劣的参数。

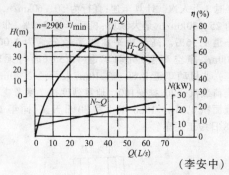

（李安中）

泥驳 mud barge

专门装运泥砂的驳船。是挖泥船的配套船舶，一般为非自航式。船体中段为泥舱，两旁为空气浮力舱。按泥舱和卸泥方式不同有：封底泥驳，无泥舱门，由吹泥船配合排泥。开底泥驳，舱底设有一排或两排方形泥舱门，打开舱门自动卸泥。侧开泥驳，在两舷下部开两排泥门，在船中轴部设三角形空气舱，适用于浅水区抛泥。对开泥驳，由左右两对称的半船体在首尾端部绞接构成，靠重心和浮心的相对位置，可自动绕纵轴侧转卸泥，具有结构简单舱容量大的优点。自航泥驳，多为开底式，有干舷高抗风能力强的货船型，和普通泥驳加自航动力的驳船型。泥驳以泥舱容积分级。 （李安中）

泥结碎石路面 clay-bound macadam pavement

以碎石(或砾石)作骨料，黏土作填充料或结合料，经压实修筑成的中级路面结构。其强度依靠骨料的嵌锁和结合料的黏结。厚度一般 8～20cm。还可作为次高级路面的基层或底基层，如用作面层时，须在其上加铺砂土磨耗层或保护层；由于水稳性较差，只适于干燥路段的基层或底基层。施工方法有贯浆法、拌和法及层铺法三种，实践证明，贯浆法有较高的强度和稳定性，因而目前采用较多。 （韩以谦）

泥石流地段路线 mud avalanche zone route

在有泥石洪流暴发地段布设的路线。泥石流含大量泥砂石块，流速大，来势猛，能对桥涵、路基造成堵塞、淤埋、冲刷和撞击破坏。路线布设时应查明泥石流的类型、规模、活动情况和发展趋势，布设方案有：(1)以单孔桥跨过沟床稳定的洪积扇顶部沟口最为理想；(2)走洪积扇外缘，但要预防洪积扇向外延伸；(3)绕走对岸稳定地带；(4)以隧道穿过洪积扇下部；(5)以

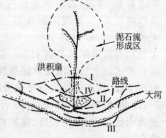

路堤通过洪积扇中部,并作好两侧坡脚防护和排导泥石流措施。　　　　　　　　　　(冯桂炎)

泥石流地区路基　subgrade in mud avalanche region

　　修筑在泥石流地区的路基。泥石流是山洪挟带大量泥沙、石块等固体物质以极高的速度,突然从沟谷上游奔流直下。是山区特有的一种地质现象,具有强大的破坏力。主要发生在地质不良、地形陡峻的山区。泥石流会使路基遭受堵塞、淤埋、冲刷和撞击等危害,或因泥石流压缩堵塞河道后,水位壅升,致使上游沿河路基被淹没。中国的泥石流主要分布在西南、西北及华北山区。在泥石流地区的路基,应采用排导、拦截和水土保持等综合防治措施。排导包括排洪道、急流槽和导流堤等;拦截措施有起滞流作用的低矮拦挡坝或将泥石流全部拦截的拦碴坝或设停淤场以便将泥石流中的固体物体导入其中沉积下来;在上游汇水区进行水土保持的方式是植树造林、调整地表水流、挖筑排水沟系、加固岸坡和松散物质等。　　　　　　　　　　(陈雅贞)

逆水码头

　　连接河岸引道的下坡方向与河流水流方向相反,供汽车渡船泊靠的码头。　　(吕洪根)

逆向坡　slope in the counter direction

　　当路线的走向与岩层走向一致,或与岩层走向的交角不大时,岩层层面倾向山体的斜坡。道路路堑段通过此种地质条件的地段时,路基边坡的稳定性较好。　　　　　　　　　　(张心如)

nian

年第 30 位小时交通量　thirtieth highest annual hourly volume

　　将一年当中 8 760 小时的各小时交通量按大小顺序,从大到小第 30 位的那个小时交通量。国外统计表明,从第 1 位至第 30 位左右,小时交通量递减显著,此后明显缓和,因此常以设计目标年的第 30 位小时交通量作为设计小时交通量。　(文旭光)

年平均日交通量　annual average daily traffic, AADT

　　一年内各日交通量的平均值。即全年各日交通量之和除以年日数所得的值。是表征道路交通负荷的重要指标。依此还可绘制逐年交通量变化图。
　　　　　　　　　　(文旭光)

年通航天数　annual navigable days

　　船闸在一年内可以通航的天数。等于全年天数减去停航天数。停航因素包括洪、枯水、检修、事故、引航道清淤及气象影响等。其长短,直接影响船闸通过能力和经济效益。　　　(詹世富)

年最高小时交通量　highest annual hourly volume

　　一年内所有小时交通量中的最大值。对某地点的交通量进行连续观测,以小时为单位进行记录,可得 8 760 个小时的交通量,依大小顺序,取其中的最大值,就是年最高小时交通量。　(文旭光)

黏着牵引力　tractive force by adhesion

　　按黏着条件计算的机车牵引力。用 F_μ 表示

$$F_\mu = P_\mu \times \mu_j$$

P_μ 为机车动轮总荷重;μ_j 为计算黏着系数,与牵引种类、行车速度、轮轨间的接触条件等有关。机车动轮轴重小、行车速度高、曲线半径小、轨面潮湿等均会降低黏着牵引力。当机车动力装置产生的牵引力大于黏着力时,机车动轮空转,牵引力急剧降低,列车不能前进。为了防止空转,司机可在轨面适当撒沙,以增加轮轨间的黏着力;或改变手柄位置,以减少牵引力使不超过黏着力。　　　(吴树和)

黏着铁路　adhesion railway

　　借助车轮与钢轨间的黏着(摩阻)作用产生牵引力牵引车辆前进的铁路。轮轨间的黏着力(滚动摩阻力)是机动车牵引力的限制条件。当线路纵坡非常陡峻需要很大的牵引力时,黏着铁路就不能适用,而需采用特种牵引方式,如齿轨铁路和缆索铁路。当行车速度在 300km/h 以上时,轮轨间黏着系数很低而使黏着力变小,且空气阻力加大很多,黏着铁路也不能适用,而需采用气垫车、磁浮运输和管道磁浮系统。黏着铁路是目前世界铁路的通用牵引形式,适用 100‰ 以下的线路纵坡的最高时速 400km 以内的铁路。　　　　　　　　　　(郝　瀛)

ning

宁波港　Port of Ningbo

　　浙江省沿海最大港口。由宁波老港区、镇海港区和北仑港区组成(见图)。宁波老港区位于甬江下游宁波市市区内,镇海港区位于甬江口,北仑港区位于海湾内金塘水道南岸。宁波港在春秋战国时期已是海运重要口岸。1844 年根据《南京条约》辟为对外通商口岸。至 1949 年宁波港仅有一些小轮泊位。1974 和 1978 年先后开辟了镇海和北仑两个新港区。迄 1985 年全港共有码头泊位 23 个,其中 10 万 t 级矿石泊位 1 个,2.5 万 t 级矿石泊位 2 个,万 t 级煤炭泊位 1 个。1985 年港口吞吐量达 1 040 万 t。宁波老港区现有 3 000t 级码头泊位 4 个,1 500t 级浮码头泊位 1 个,主要装卸散杂货;另有客运码头泊位 6 个。镇海港区有煤炭泊位 2 个,其中万 t 级泊

位1个。北仑港区为矿石中转港区,拥有10万t级矿石卸船泊位1个,前沿水深18.2m;2.5万t级矿石装船泊位2个,前沿水深12m,年通过能力2 000万t。20世纪80年代中期又在镇海港区和北仑港区继续新建万t级杂货和集装箱泊位。至1999年底,全港共有500t级以上装卸生产泊位132个,其中万t级以上泊位28个,5万t级至25万t级泊位17个(包括10万t级、20万t级进口矿石中转泊位,

25万t级原油泊位,5万t级国际集装箱泊位、煤炭泊位及通用泊位,5万t级液体化工专用泊位)。2000年完成货物吞吐量1.15亿t,其中外贸吞吐量5 192.8万t,集装箱吞吐量90.2TEU。

(王庆辉)

niu

牛顿流体 Newtonian fluids

在层流状态下,应变速度$\frac{du}{dy}$与所施剪切应力τ成正比关系的流体。比值μ称为黏度

$$\mu = \frac{\tau}{\frac{du}{dy}}$$

其流动曲线(剪切应力与剪切应变速度的关系曲线)是一条经过原点的直线,斜率就是黏度值。可见这类流体的层流特性可用黏度来表征。管道中流动的水、空气、甘油等都属这类流体。 (李维坚)

纽约港 Port of New York

美国最大的海港,世界著名大港之一。位于美国东北部哈得逊河口,纽约州和新泽西州交界处。1614年荷兰人开始建设纽约港,1664年英荷战争后被英国占领和经营。北美独立战争胜利后进行了大规模的建设。由于其自然条件优越,1800年成为美国最大港口。纽约港经济腹地广阔,有四通八达的铁路网、公路网、内河航道网和航空运输网。1825年建成的伊利运河将纽约港通过哈得逊河沟通布法罗、北美五大湖和美国中西部地区的内河航道网。1980年货物吞吐量达1.6亿t。集装箱吞吐量长期处于世界前列,1985年达236.7万TEU,占件杂货运量的90%。1999年完成件杂货吞吐量1 790万t,集装箱吞吐量286.3万TEU。纽约港有两条进港航道:一条是哈得逊河口外南面的恩布娄斯航道,长16km,宽610m,航道水深13.72m,供南面或东面进港的船舶航行;另一条是由长岛海峡西端东河进港的航道,供北面进港的船舶航行,航道水深18~30m。全港有16个主要港区,其中纽约市一侧10个港区,新泽西州一侧6个港区,深水码头岸线总长70km,有水深9.14~12.8m的远洋船深水泊位400多个。1958年在伊丽莎白港区开始建设集装箱码头。至1985年有集装箱泊位25个。由于哈得逊河口水面宽阔,淤积强度小,故早期沿河建造梳齿式突堤码头,每个突堤长200~500m,宽仅30m左右,后经改造,回填两窄突堤间的港池而成宽突堤,并建设顺岸式宽码头。

(王庆辉)

nong

农村道路 village road

沟通县、镇、乡和其他居民点直接为农业服务的道路。也即除三级和三级以上公路和田埂小道外的农村中四级公路和其他所有道路,除行驶汽车外,还要通行各种农业机械、兽力车、人力车、自行车、行人。主要负担短途运输和田间运输,一般无计算行车速度要求,技术指标可在四级公路上、下采用。

(王金炎)

浓缩器 thickener

靠颗粒重力下沉,澄出浆体水分使浆体稠化的设备。通常是圆形的池或罐。流入的浆体先加絮凝剂使颗粒呈絮凝结构,颗粒以团聚的群体而沉降,在上层清水和沉降的悬液间形成清晰的界面。底部设有底扒器可以把沉淀下来的固体颗粒拖向出料口。在管路系统的终端,浆体的稠化是脱水的头道工序,以缩小成本更高的过滤设备的规模。

(李维坚)

nuan

暖流 warm current

水温高于所流经海区水温的海流。多从低纬向高纬,呈南北方向流动。比如,北太平洋的赤道流在菲律宾东岸受阻分为两支,一支向北流,其主流沿台湾东海岸流向东北,是为台湾暖流。暖流对所流经地区的气候条件有一定影响。寒、暖流交界处鱼类群集,多为渔场。

(张东生)

P

pa

爬坡车道 lane of grade climbing

高速公路和一级公路上纵坡大于4%的路段所设的专用车道。可减少重车爬坡时对其他高速行车的干扰,宽度一般为3.5m。需与降低路段纵坡等措施方案进行技术经济比较后选用。 （李 方）

耙吸式挖泥船 trailing suction hopper dredger

装有耙头、吸泥管、泥泵和泥舱等装置,在航行中自水底耙吸泥沙的挖泥船。这类挖泥船是自航的,沿挖槽下耙边航行边吸泥,装满泥舱后提耙,快速航行至抛泥区卸泥。按耙头吸管安装的位置,可分边耙式、中耙式、尾耙式、混合式等。边耙式系将耙头和吸泥管装于船体两侧,采用挠性的轻型吸泥管及波浪补偿器,施工时可两边同时挖泥,可在风浪较大地区施工。中耙式系将耙头和吸泥管置于船体中部凹槽内的刚性托架上,航行操作均较方便,但船体构造复杂,由于在船体中部开槽,影响船体强度和泥舱容量。尾耙式将耙头和吸泥管设在船尾凹槽内的刚性托架上。混合式系同时安装有边耙和中耙（尾）,结构复杂,建造的不多。耙吸式挖泥船具有单船作业,不影响其他船舶航行,运转灵活迅速,抗风能力强,生产效率高等优点。适于在海港、航道中疏浚工程量大的长条型挖槽中作业,对淤泥、黏土、砂土均能适应。由于在航行中挖泥,挖槽易留下浅埂或超深,要求设立较多的挖泥标志。船型大小以泥舱容积划分,我国长江口疏浚采用4 500m³耙吸式挖泥船,其总排水量在万t以上。

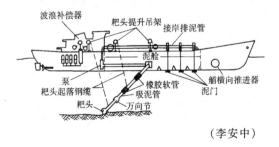

（李安中）

pai

排筏 raft

将竹或木材等并排绑扎而成的水上运载工具。按所用的材料可分为木筏,竹筏,皮筏,草筏,罂筏,芦束筏、蒲束筏等。中国古代已有使用。世界各国也均有长期使用的历史。常见的木筏或竹筏,在流放时,既为运输工具,又同时完成将其本体送达目的地。其编制方式简便灵活,适应性强,尺度大小均可随意组合。 （吕洪根）

排架式抗滑桩 bent frame type non-skid pile

两根竖桩与两根横梁联结成的整体桩体。刚度大,抗滑能力强,设置简便。受力条件较排式单桩有明显改善。 （池淑兰）

排泥管 delivery pipe

为吸扬式挖泥船或吸泥船排输泥浆所配置的管道。一般用铸钢或钢板卷制而成,每节长4～7m,壁厚与管径和承受压力有关,通常为5～10mm。自挖泥船尾接出的排泥管,由浮筒承托漂浮在水上,每组由两个圆形、椭圆形、矩形或船形浮筒组成,每节排泥管之间用橡皮套管联结,用铁卡夹紧。岸上排泥管多以法兰螺栓连接,并有弯头、短管、分汊管配套,可送至抛泥区。在岸上,近岸水域中设置的排泥管架设在排泥管架上。水上浮管与岸管接头处,应满足伸、缩、摆动要求,常用球形或橡皮接头、伸缩管、短管等组成。 （李安中）

排泥管架 pipeline frame

承托排泥管的支架。要求简易坚固,除承担排泥管及泥浆重量外,还将受风、浪、流作用,必须有足够的稳定性。排泥管架多用竹、木等材料搭建成桩排架式,在陆上、近岸水域、陆上抛泥区中均需架设。 （李安中）

排水槽 drainage channel

又称槽沟。用浆砌片石砌筑或用混凝土灌筑的矩形断面的排水设施。当地质不良,一般边坡不易保持稳定或地面过陡不适于设置梯形断面的水沟时采用。在盛产木材地区,也采用木质排水槽。 （徐凤华）

排水沟 drainage ditch

设于路堤坡脚天然护道外侧,用于排除路基范围内以及拦截流向路基体的地表水的水沟。沟的形状一般采用梯形,纵坡不宜小于2‰。当地面横坡较大时只设于路基上方一侧,当地面横坡不明显时,路基两侧均需设置。若地基和路基填土均为渗水性较好的土且处于雨水稀少地区,可不设排水沟。 （徐凤华）

排水砂垫层 sand mat of drainage, drainage sand cushim

在路堤底部地面上铺设的一层使软土顶面增加一个排水面的砂层。在逐渐增加的填土荷重作用下，可促使地基软土加速排水固结，提高强度。适用于软土层较薄，施工期不紧迫，砂源丰富，软土表面无隔水层的情况。厚度视软土层厚度和填土高度而定。

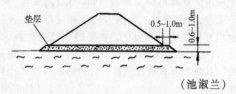

（池淑兰）

排水砂井 sand drain

又称砂井。软土地基中按一定规格排列（一般按梅花形或正方形），用中粗砂灌注以加固深层软土地基的圆形砂柱。

柱顶铺设砂垫层或砂沟将各个砂井连接起来，构成完整的地基排水系统。在路基荷载作用下，使软土中的水分就近渗入砂柱，并向上流经砂垫层或砂沟排出路基，从而加速地基排水固结，提高地基承载能力。施工时在软土中打入活口钢管桩，随拔出桩管，随向桩孔灌砂，即形成圆形灌砂实体。如砂柱主要用于挤紧松软地基，则称为砂桩。 （池淑兰）

pan

盘形制动 disk braking

由闸片与制动盘摩擦而产生制动力的制动方式。制动原理与空气制动相同，以制动盘代替车轮踏面，制动盘装在车轮或车轴上。制动时，闸片压向制动盘产生摩擦，再借助车轮和钢轨之间的黏着作用而产生制动力。其特点是不影响车轮的热负荷，减少了车轮的磨耗，制动平稳，无噪声，允许采用较高的列车制动率，适用于较高速度运行的列车。这种制动方式20世纪30年代即用于铁路，随着铁路高速化，近年来发展迅速，欧美和日本等国早已采用此种制动。 （吴树和）

pang

旁侧运河 side canal

绕避天然水域中滩险、急流等航行障碍，或避开风浪，而在原有水域旁侧开凿的运河。如德国莱茵河旁的阿尔萨斯运河和美国东海岸的岸内运河。 （蔡志长）

旁通法 over-board method

自航耙吸式挖泥船边挖泥边排出船侧的施工方法。因排出口的位置不同，分为两种情况，一种是将耙吸上的泥浆从位于泥舱的中下部的旁通口排出，挖泥船基本上是空载，可在较浅的水域中施工，泥浆潜入水中后，粗颗粒首先沉入潜入点附近，易于回淤。另一种是将泥浆从泥舱上溢流口排出船侧，土块、粗颗粒泥沙截留在泥舱内，待泥舱装满粗颗粒泥沙后，提耙开往抛泥区卸泥，故粗颗粒泥沙不会回淤在挖槽内，而细颗粒泥浆又是自船舷部溢流口流至水面，不易潜入水底下沉，挖泥效率较高，但系满载施工，吃水较大。旁通法的效果与流速、流向与挖槽交角、泥沙级配等有关，运用时需具体分析。 （李安中）

pao

抛泥区 dumping space

抛弃或堆放疏浚泥土的区域。根据疏浚地区的条件，使用不同类型的挖泥船，而有不同的排泥方式，对抛泥区的要求也不同，可分为水中抛泥区和陆上抛泥区两类。将深海或河流的深潭、支汊选为抛泥区，由排泥管将泥浆排至该水域中沉积，要求抛泥区的水流不会将泥浆带回到挖槽中。若以泥驳卸泥，则要求抛泥区有足够水深以满足泥驳满载吃水及外开泥门所需深度。抛泥区不宜距疏浚地点太远，以减少抛泥运输费用。若以自航耙吸式挖泥船，自挖自抛，抛泥区距离的增加将使疏浚效率大大下降。为配合吹填陆域，也可在岸上或边滩浅水中建围堰，用排泥管将泥浆吹至围堰内，泥沙下沉后排出清水，此法可吹泥造地，防止泥浆回到挖槽中，但围堰及架管线工程量较大。抛泥区的选择应慎重考虑对水域或陆域污染的影响。 （李安中）

抛石船 stone dumper

载运石块到指定地区后借船体横倾或其他方式自动抛石于水底的工程船。按抛石方式有横倾式、翻斗式等。横倾式是借助于压载水舱水量的调节，改变船舶重心与浮心的横向位置使船舶横倾，自动卸下装于甲板上的石块，然后开启压载水舱的阀门排水使船扶正。压载水舱的进排水阀门一般由拖船遥控。操作时船上多不留人，以免落水。该船结构简单，卸石迅速，用于海港筑堤，桥墩等工程施工。翻斗式是在甲板上装有若干对液压顶升的大翻斗，沿船体中纵剖面处开有一长槽，石块自槽内卸入水中，抛石准确。每一翻斗可吊到码头上预装石块，可缩短装船时间，提高船舶周转率。 （吕洪根）

抛石基床 rubble foundation

用块石抛填成的重力式码头或防波堤等的基础。抛填时要进行夯实整平处理。对非岩石地基，它的作用是将建筑物的压力分布到较大的面积上，以减少地基应力,并使墙体坐落在平整的底面上,另外还有保护地基,免受波浪、水流的淘刷。基床的最小厚度应使基床底面的最大压力不超过地基的允许应力。对

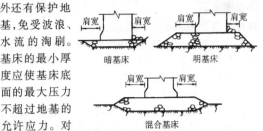

岩石地基是使基床面平整。基床有明基床、暗基床和混合式三种型式,根据建筑物水深、地形和地基情况选用。影响基床稳定的因素主要有基床型式、厚度、肩宽、直墙下的基底应力和基床前波浪、水流条件等,在修船码头和舾装码头还受试车时产生螺旋桨水流的影响。基床肩宽根据码头高度和基床厚度确定,一般不得小于 1.5~2.0m,在风浪较大或墙前沿底流速较大情况下,为防止地基冲刷,外肩应适当加宽,并放缓边坡。基床顶面应向墙里倾斜,其坡度一般约为 1.0%~1.5%。　　　　　　　　　　(杨克己)

抛石挤淤 throwing stone to packing sedimentation

将片石抛入软土中,挤出淤泥以提高地基强度的工程措施。施工时不必挖泥、抽水,较为简便易行。适用于液性指数较大,表层无硬壳,厚度较薄,能使片石沉达底部的软土地基。一般用于软土层深度不超过 3m 的情况。　　　　　　　(池淑兰)

抛石棱体 rubble prism fill

又称抛填棱体或减压棱体。在码头或挡土建筑物背后抛填内摩擦角较大的石料,形状如一横卧墙后棱柱体。其作用在于减小墙后的土压力。凡是有石料的地方,在重力式码头背后经常采用。但应在棱体顶面和坡面铺设倒滤层。　　(杨克己)

跑道 runway

升降带中央供飞机起降及滑行使用,并铺有人工道面的带形构筑物。是机场最基本的组成部分。根据着陆引导设备配置的不同,分为非仪表跑道和仪表跑道两类。根据面层结构材料刚度的不同分为刚性道面跑道及柔性道面跑道两类。多数机场只修建一条跑道。有的机场由于飞机起降频繁或由于当地风向多变,而修建两条或更多的跑道。其长度主要根据飞机的起降性能来确定;宽度则根据飞机起降性能、翼展及主轮距来确定。它应有适当的横坡以排除雨水,纵向应平缓、变坡少,而且表面应有一定的平整度和粗糙度,以保证飞行安全和舒适。　(钱炳华)

跑道边灯 runway edge lights

供飞机驾驶员识别跑道边的助航灯光。灯通常沿跑道的边线设置,距道面边缘不大于 3m,纵向间距不大于 60m。跑道边灯灯光为白色,只有仪表跑道的最后 600m 部分,向着驾驶员一面为黄色,提醒其谨慎驾驶。如跑道入口内移,且内移区可供起飞和滑行使用,则内移区边灯向着驾驶员的一面是红色的。　　　　　　　　　　　　　　(钱绍武)

跑道标志 runway marking

用来帮助飞机驾驶员在跑道上着陆和行驶操纵

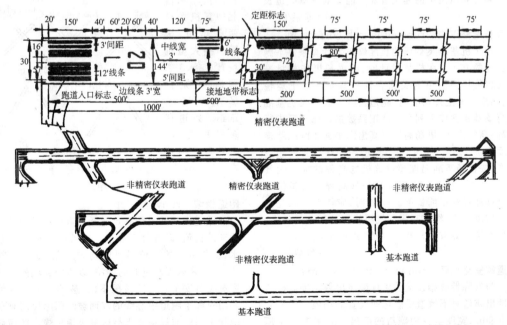

跑道标志

的助航标志。采用白色标志,其内容随跑道类型而有所不同。基本跑道为跑道号码和中线;非精密仪表跑道为跑道号码、中线和入口;精密仪表跑道为跑道号码、中线、入口、接地地带和瞄准点(定距标志)。跑道号码标志位于跑道端部,其数字表示跑道着陆方向的磁方位,如跑道号码为 20,即表示磁方位为 200°±5°。当在同一方向有一条以上跑道时,则在方位数字下方增加 L、R、C 等字母,以分清左跑道、右跑道或中跑道。接地地带标志指示飞机的接地部位,定距标志指示飞机进近着陆时的瞄准点。　　　　　(钱绍武)

跑道长度　runway length

供飞机安全起飞着陆滑跑用的道面部分的长度。主要影响因素有飞机的类型和特性、飞机重量、机场标高和气温、风向与风速、跑道坡度以及航程等。确定的方法:根据机场的实际条件和使用的关键飞机及计划航程,按飞机的最大起飞重量、机场标高和气温、跑道平均纵坡、无风等条件算出:(1)飞机全部发动机正常工作时起飞滑跑距离的 1.15 倍及着陆距离的 1.67 倍,选其中大值;(2)飞机起飞滑跑过程中一台关键发动机发生故障停车时,飞机的起飞距离、起飞滑跑距离、加速停止距离。以上两者进行综合平衡,全面经济比较,确定的最大值作为跑道长度。通常有三种情况:(1)加速-停止距离等于起飞距离,这时跑道长度为起飞距离或起飞滑跑距离;(2)加速-停止距离等于起飞滑跑距离,跑道长度为起飞滑跑距离;(3)加速-停止距离大于起飞滑跑距离,但小于起飞距离,跑道长度为起飞滑跑距离。国际上通常利用飞机的起飞着陆性能图表求算跑道长度。　　　　　　　　　　(陈荣生)

跑道长度修正法　runway length correction

把飞机基准飞行场地长度修正为计算条件下跑道长度的方法。在机场设计时,跑道长度应按批准的飞机使用手册中有关图表计算确定。对于运输机,如果没有上述图表时,跑道长度可以将飞机基准飞行场地长度按下列平均修正系数加以修正后进行估算:高程修正:机场高程每高出海平面 100m,跑道长度增加 2.5%;气温修正:经过高程修正后的跑道长度,按机场基准温度超过该机场高程的标准大气温度每 1℃,跑道长度增加 1%;如高程和气温修正的总和超过修正前长度的 35% 时,应作专门研究确定。坡度修正:经过高程和气温修正后的跑道长度,再按跑道有效坡度每 0.1% 增长跑道 1%。
　　　　　　　　　　　　　　　(钱炳华)

跑道端安全地区　runway end safety area

与升降带端相连接的供保障飞机偶尔提前接地或冲出跑道时不致遭受破坏而设置的场地。其长度至少 90m,宽度至少为跑道的两倍。沿跑道中线延长线两侧对称设置。该地区应经过平整与压实,不应有危及飞行安全的物体,而且地面高度均应符合净空要求。　　　　　　　　　　　(钱炳华)

跑道方位　runway bearing

跑道方向及其在机场构筑物中的相对位置。根据下列因素决定:净空条件、风力负荷、工程条件、与城市及相邻机场的关系、噪声影响等。对上述各项因素应进行综合分析研究,最后确定跑道的方位。国际上,常以跑道方位的表示方式作为跑道的编号。跑道方位是以飞机着陆方向为准,按磁北算的方位的近似 $\frac{1}{12}$ 表示的。如编号为 18/36 的跑道,其中 18 可能是磁北 180°,也可能是 178° 或 183° 等,换一方向着陆,则为磁北 360° 或接近 360° 的其他值。当为平行跑道时,因方位表示完全相同,所以着陆方向左边的跑道为 L(Left),右边的一条为 R(Right),表示方式分别为 18L/36R 及 18R/36L。　　(陈荣生)

跑道构形　runway configuration

跑道数量和方位的确定。是机场构形的主要组成部分。跑道数量取决于航空交通量的大小,跑道方位取决于风向、场地及周围环境条件。在航空交通量小、常年风向相对集中时,只需单条跑道;在航空交通量大时,则须设置两条或多条跑道。中国大多数机场只有单条跑道,北京首都机场和台北中正机场有两条跑道,国际一些大型机场有 2 条、3 条跑道,个别机场有 4～6 条跑道。跑道有多种构形,但多数是几种基本构形的组合。跑道的基本构形有:单条跑道、平行跑道、交叉跑道、开口 V 形跑道。　　(陈荣生)

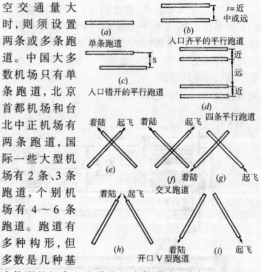

跑道横坡　runway slope

跑道横断面上最高点与最低点的高差与其水平距离的比值,以百分率表示。横坡的主要作用是排水,整条跑道的横坡尽可能均匀一致,如需局部变化,则应采取逐渐过渡的办法,以避免急剧的变坡而影响飞行安全。一般情况下,跑道的横坡应尽可能采用对称于跑道中心线的双面坡。国际民用航空组织和中国民航局根据飞行区等级指标规定的横坡变化范围为 0.008～0.020。　　　　　(陈荣生)

跑道接地带灯　runway touchdown zone lights

供飞机驾驶员识别跑道接地带的助航灯光。其灯光为白色，间距30m并距跑道中心线两侧各9m，从跑道入口起向内延伸900m。只装在有Ⅱ类仪表飞行设备的跑道上。　　　　　　（钱绍武）

跑道宽度　runway width

跑道横断面上承重道面两侧边缘之间的距离。应能保证飞机驾驶员在夜间及不良的气象条件下，借助无线电导航和灯光助航设施，在跑道范围内安全起降。决定跑道宽度的主要因素是飞机主起落架外轮外侧之间的距离。20世纪80年代，国际民用航空组织和中国民航局根据不同的飞行区等级指标，规定跑道宽度为18~45m，并要求不小于相应等级的规定值。　　　　　　　　　　（陈荣生）

跑道末端灯　runway end lights

供飞机驾驶员识别跑道末端的助航灯光。末端是指相对于跑道入口的另一端，即跑道的尽头。为提醒驾驶员着陆滑跑时不要将飞机冲出跑道，末端灯的灯光是红色的。　　　　　　（钱绍武）

跑道容量　runway capacity

跑道供飞机连续使用时在一个规定的时间阶段内能容纳的最多飞机运行架次数。是评定跑道动能的基本指标，通常用每小时、每日或每年容纳飞机架次数来表示。它主要与下列因素有关：跑道条数、间距、方位和相对位置；每条跑道的使用方式（专供起飞、专供着陆或起飞着陆混合使用）；飞机机型组合及每架飞机占用跑道的时间；气象条件（简单气象条件还是复杂气象条件）；助航设备及着陆导航设备的性能；空域情况；空中交通管制设施的性能。　（钱炳华）

跑道入口灯　runway threshold lights

供飞机驾驶员识别跑道入口的助航灯光。在飞机着陆的最后进近时，驾驶员必须做出是完成着陆还是"复飞"的决定。识别跑道入口是一个主要因素。为此，须设置跑道入口灯光。在大型机场上是一条横贯跑道全宽的绿色灯光；在小型机场上则为入口每边4个的灯光。　　　（钱绍武）

跑道视距　runway sight distance

在跑道中心线上飞机驾驶人员在飞机座舱内能用眼睛看清正前方具有一定高度的飞机或其他车辆、人员、障碍物的最大视线距离。视距的作用在于保证飞行滑跑的安全，能及早发现前方障碍物，有充分的时间来防止碰撞事故。各类机场由于运行的飞机机种不同，对视距的要求有一定差异。一般规定为：在高于跑道某一高度的任何一点上能看到至少半条跑道长度距离内的该相应高度的任何其他点。国际民用航空组织和中国民航局根据相应的飞行区等级指标规定该高度分别为3m、2m及1.5m。　　　　　　　　　　（陈荣生）

跑道有效坡度　runway effective gradient

沿跑道中心线上最大和最小标高之差除以跑道全长所得的坡度。是反映跑道纵断面状况以及跑道长度修正的重要参数之一。各国航空运输部门对此均有限制，一般不超过2%。国际民用航空组织及中国民航局根据飞行区等级指标规定的范围为2%~1%。　　　　　　　　　　（陈荣生）

跑道中线灯　runway centerline lights

供飞机驾驶员识别跑道中心线的助航灯光。其间距为15m。它们一般偏离中心线60m，以避开涂漆线并避免飞机的前起落架在灯具上经过。除跑道最后的900m向着驾驶员的一面有颜色规定外，中线灯光是白色。在最后的900m中，靠近跑道末端的300m是红色的，其余600m是红、白两色交替的。跑道中线灯只装在有Ⅱ类仪表飞行设备的跑道上。　　　　　　　　　　（钱绍武）

跑道纵坡　runway longitudinal gradient

跑道纵断面上同一坡段两点间的高差与其水平距离的比值。以百分率表示。应力求平缓，在设置纵坡时有如下两方面的限制：根据飞行安全需要：要求在高出跑道表面上一定视线高度处任意一点，能通视跑道全长一半以内的另一相对应高度处的其他点。根据飞机运行需要：当跑道各部有最大纵坡的限制和必须变坡时，应按规定的竖曲线半径设置竖曲线。国际民用航空组织和中国民航局根据机场飞行区等级指标，对跑道两端各长四分之一部分的纵坡规定为0.02~0.002；对跑道其他部分的规定为0.02~0.0125。　　　　　　　　　（陈荣生）

跑道纵向变坡　runway longitudinal gradient change

跑道纵断面上坡度的变化。一般要求跑道的纵坡变化愈少愈好，但由于经济原因往往很难办到。因此，通常都允许有坡度变化，但限制其数目和大小。这种限制是通过对两个变坡之间的距离、两个邻接坡的变化以及变坡曲线的最小曲率半径的规定来实现的。国际民用航空组织及中国民航局根据飞行区等级指标，有如下规定：两个变坡之间的距离不宜过近，两个相邻的曲线交点的间距应不小于这两个相应变坡的绝对值之和乘以一定距离，其范围为5 000~30 000m，同时，此间距也不应小于45m，两者取大值；两个邻接坡的变化范围为0.02~0.015；变坡曲线的最小半径变化范围为7 500~30 000m。
　　　　　　　　　　　　　　　（陈荣生）

pen

喷气飞机　jet plane

以喷气发动机作为动力装置的飞机。按使用的喷气发动机类型的不同，分为涡轮喷气飞机、涡轮风扇飞机、冲压发动机飞机、火箭飞机和组合动力装置飞机。现代使用的多数是涡轮喷气飞机及涡轮风扇飞机。其他各类仅少量用作靶机、无人驾驶飞机和试验研究机。它与螺旋桨飞机相比，推力大，在高速飞行时的推进效率高。因此高速飞机，特别是超音速飞机几乎都是喷气飞机。　　（钱炳华）

喷水式防波堤　jetting wave absober

又称喷水式消波设备。用喷水管迎着波浪来向喷射高压水流，使波浪破碎，从而消耗波能，达到消减波高的装置。它的喷水管要架设在临近水面，因而比气压式防波堤的排气管更难架设。它可与浮式防波堤或透空式防波堤结合使用。它的运转费很高，因而未能获得实际应用。　　（龚崇准）

peng

棚车　box car

具有顶棚、侧墙和端墙，并设有窗和滑门的普通货车。用来运输粮食、食品、日用工业品、怕晒怕雨的贵重物品、鲜活货物。大部分棚车还可用来代替客车运送旅客。　　（周宪忠）

膨胀土地区路基　subgrade in expansive soil region

在具有较大吸水膨胀、失水收缩特性的高液限黏土地区开挖的路堑或用该种材料填筑的路堤。膨胀土一般压缩性小，含水量较小时强度较高，易误认为是较好的天然地基或土工材料，可是当受水浸湿或失水干燥后会产生显著的体积变形，致使路基土体膨胀疏松或收缩龟裂、路堑滑动、挡墙变形、基础开裂等。这种土在中国西南和河北、河南、湖北、陕西、安徽、广西等地均有分布。在这种地区修筑路基应采取有效的防治措施，以防止或减轻其对路基的破坏程度，如对路基表面或边坡外露面应覆盖防护，加强与完善路基排水设施，或将路基上部一定深度内的膨胀土全部或部分挖除，用非膨胀土回填夯实。　　（陈雅贞）

pian

偏角法　method of deflection angles

利用曲线上等距测点的偏角和相应的弧长测设曲线的方法。通常沿曲线每10m或20m设一测点，因半径很大，故用相邻测点间的弦长代替弧长。偏角即弦切角，可用公式计算或查表求得。该法用于新线曲线放线时，是用已计算好的测点偏角所确定的方向与相应的弧长交点，在地面上设置曲线。用于既有曲线测量，是测定既有曲线上每20m一个测点的偏角，以确定既有曲线的几何形状，为整正既有

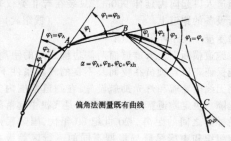

偏角法测量既有曲线

曲线计算拨距提供出发资料。起终置镜点应设在曲线范围之外，缓圆与圆缓点附近最好设置镜点，以提高精度。曲线上有桥隧等建筑物时，要设加标并测其偏角。测量沿外轨或线路中心线进行，亦可沿外移桩进行。　　（周宪忠）

pie

撇弯　shifting away from the concave bank

在曲率较大的锐弯河段主流取直改趋凸岸，凹岸产生回流逐渐淤积的现象。水流流经弯道，在重力和离心力影响下，形成弯道环流，含沙量较小的表层水流流向凹岸，含沙量较大的底层水流流向凸岸，引起横向输沙不平

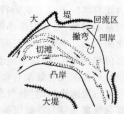

水流撇弯和切滩

衡，使凹岸冲刷崩退，凸岸淤积扩展，形成边滩。弯道上主流一般贴近凹岸。但当凹岸土质很不均匀，使河湾发展受到限制形成锐弯，在洪水漫滩期，特别在丰水年时，往往出现撇弯，主流取直切割凸岸边滩，航线也随之改道。　　（王昌杰）

ping

平板车　platform trailer

用于装运重量较大物件的挂车。为便于大件物品装卸，车身设计成平板型，故称为平板车或平台车。悬挂系统大都为多轴式，并采取多轴转向结构，以减小转弯半径。有的为降低货位，设计成前后两头高，中间凹的元宝式平板车。载重量可达数百吨，最大可达上千吨。　　（邓学钧）

平潮　high water stand

在涨潮过程中，海面上升到最高位置时，暂时处于不涨不落的状态。海水初涨较慢，接着越涨越

快,在低潮和高潮的中间时刻涨得最快,随后上涨速度减慢,直到发生高潮时停止上涨。平潮的中间时刻的高潮时,其时的海面水位高度为高潮高。

(张东生)

平车 flat car

没有顶棚、固定侧墙和端墙,或仅有可翻下的活动端、侧板的货车。主要用来装运木材、钢铁、集装箱、建筑构件以及各种车辆等;当有活动墙板时,可用来装运矿石、煤炭和石碴等散体货物。在装运长大货物时,可用二车或三车跨装,但必须使用转环枕木。平车装卸便利,易于机械化,中国广泛应用。

(周宪忠)

平衡潮 equilibrium tide

见潮汐静力理论(23页)。

平均波高 mean waves height

从定点连续观测的波浪记录中取某一时段的波列中所有波高的算术平均值 $\bar{H}$。为波列最基本的特征波高。在波高统计分布中以其为参数建立波高概率分布函数 $f(H)$,以及与其他特征波间的关系。

(龚崇准)

平均海面 mean sea level

某验潮站每小时潮位观测记录的平均值。分为日平均海面、月平均海面、年平均海面和多年平均海面。19年每小时潮位观测记录的平均值为平均海平面。平均海平面为陆地高程的起算面。中国从1957年起采用"黄海平均海平面"作为全国统一的陆地高程起算面。

(张东生)

平均系数法 average factor method

用现状交通分布和平均增长来估算未来交通分布的方法。计算公式为:

$$T_{ij} = t_{ij} \frac{G_i + G_j}{2}$$

式中 T_{ij} 为未来 i 区至 j 区的出行量;t_{ij} 为现在 i 区至 j 区的出行量;G_i 为 i 区出行发生量增长倍数;G_j 为 j 区出行吸引量增长倍数。

(文旭光)

平均行程时间 average travel time

两点间行程时间的算术平均值。如需考虑两点间存在的两种以上交通方式,并已知各自在总出行量中所占的比例,则平均行程时间就是它们的加权平均值。

(文旭光)

平孔排水 horizontal hole drainage

在仰斜角度不大的平钻孔内插入带孔的钢管或塑料管,用以引排地下水的排水通道。含水层埋藏较深时,用平孔排水代替渗沟和隧洞,可使地下排水工程作业机械化,提高劳动生产率,缩短工期,并不受季节性影响。平面上呈平行排列或扇形放射状排列,立面上可一排亦可多排,是排除滑坡体中水的经济有效措施。

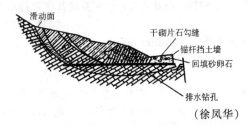

(徐凤华)

平面阀门 flat valve

设在船闸输水廊道上,用来控制灌、泄水的平板状单扇矩形闸门。门扇结构通常采用多横梁式,主横梁一般为实腹梁。它的支承移动设备有滚动式和滑动式两种。滚动支承常用简支轮或悬臂轮,它具有摩擦系数小,结构可靠的优点,为目前平面阀门中广泛应用的支承型式。滑动支承构造简单,止水性能好,但启闭力大,在低水头的船闸上采用。阀门底缘的形状和止水布置直接影响阀门启闭力和水力条件,阀门底缘通常作成锐缘。对于短廊道输水系统的阀门,顶、底止水多设在上游面,底缘斜面迎向下游面,可减少阀门启闭力。对于分散输水系统的阀门,为防止阀门局部开启时产生空化水流,以及减少阀门的启闭力,顶止水宜设在下游面,底缘的上游面倾角可采用 45°～60°,下游面倾角可采用大于或等于 30°。这种阀门具有结构简单可靠;检修方便;占地小,便于布置等优点。在 20m 以下的中低水船闸中应用广泛。

(詹世富)

平面闸门 plain gate

沿竖直方向上、下移动的门扇为平板状的单扇闸门。常用的型式有上升式平面闸门和下降式平面闸门等两种。特点是:结构简单可靠;能承受双向水头;能动水启闭,可兼作门下输水;门槽宽度较小,闸首布置简单;闸首沉陷变形对闸门的影响较小。为满足通航时的净空要求,需要建造启门架;闸门的启闭力较大,启闭时间较长。上升式平面闸门主要适用于井式船闸的下闸首和承受双向水头或要求动水启闭的船闸。下降式主要适用于具有帷墙的上闸首。

(詹世富)

平曲线 plane curve, horizontal curve

道路平面线形中的曲线部分。路线测设中受地形、地物等障碍的影响,以及某些经济上和技术上的原因需要使路线转折时,在转折处敷设。道路线形中常由缓和曲线-圆曲线-缓和曲线组成。

(冯桂炎)

平曲线要素 elements of horizontal curve

道路平面曲线的几何形态和参数。如圆曲线半径、缓和曲线参数、曲线长度、切线长度和外矢距等。其中圆曲线半径和缓和曲线参数尤为重要,前者表明圆弧线的曲率大小,后者反映曲率随曲线长度变化的急缓程度,两者直接影响到曲线长度和行车条件。　　　　　　　　　　　　　　　(李　方)

平行滑行道　parallel taxiway

又称主滑行道。与跑道大致平行的滑行道。是机场上飞机滑行最频繁的通道。其道面结构层厚度通常比跑道厚一些。它应尽量按直线设置,并与跑道平行,以保证飞机滑行安全和舒适,在战时也可以供作战飞机应急起飞用。离开跑道要有足够的距离,以确保飞行安全。通常机场上只设置一条,有的机场由于飞机滑行频繁而设置两条甚至更多条。相邻主滑行道要有足够间距,以使滑行飞机的翼尖不致相撞。　　　　　　　　　(钱炳华)

平行进路　parallel route

在车站的进路中,能同时建立的两条或两条以上互不干扰的进路。此种进路愈多,对车站的行车或调车作业就愈方便,车站咽喉的通过能力就愈大。因此,在进行站场设计、车站信号设计时,增加平行进路,是一项重要的内容。　　　(胡景惠)

平原航道　channel in plain area

平原河流中的天然航道。多处于河流中、下游地势平坦的平原地区。其所处的河流的河床断面尺度较大,多呈宽浅型,两岸有开阔的滩地;流量和水位的变幅较小;河床的纵坡较平缓,水面比降较小,流速不大,流态比较平稳。沿河流的纵剖面多呈高低不平,由一系列深槽和浅滩所组成。其河床一般由沙土冲积物构成,在水流泥沙相互作用下,河床始终处于冲淤变化过程中。浅滩处水深不足常是限制船舶航行的重要障碍。碍航浅滩一般多通过疏浚和建造整治建筑物来维持所要求的航道尺度,达到改善航行条件的目的。　　　　　　(蔡志长)

平原航道整治　plain channel regulation

为提高和稳定平原航道的通航尺度,改善其水流条件所采取的整治与疏浚等工程措施。平原河流处于河流中、下游,两岸有开阔台地,比降平缓,河床多系沙质,经常冲淤变化,航道随之变迁。在水流和河床长期作用下,形成不同的河型。分汊河道时而分汊时而汇流,顺直或弯曲河道的平面形态或顺直或弯曲,宽窄不一。平原河道河床沿程起伏不平,深槽与浅滩相间,常因枯水期水深不足而影响航行。治理方法主要是调整水流和河床,如:用建筑物堵塞支汊或加强主汊;束窄过宽河槽,集中水流于中枯水河床;固定河湾深槽;用整治建筑物导引水流,刷深浅滩;疏浚浅滩增加水深;缓和或裁直过度弯曲的河段等。整治工程能稳定河势,是治理平原航道较经济有效的措施。　　　　　　　(王昌杰)

平原线　plain terrain line

将平原区各主要控制点连接起来的道路路线。一般不受地形影响,主要考虑河流、农田水利设施和建筑物等地物的协调配合。高等级道路布线时的关键技术因素是:与沿线城镇的配合,路基用土的来源,软弱地基的选位,大中桥位的选择,以及占地与拆迁等。　　　　　　　　　(周宪华)

瓶颈段　bottle neck

又称卡口。道路的路幅突然收窄的路段。由于该路段的存在而引起其前方路段上的车流出现拥挤、紊乱现象。　　　　　　　　(戚信灏)

po

坡度　gradint of railway

在线路纵断面上,坡段两端变坡点间的高差与水平距离的比值。用千分数表示;按运行方向,上坡取正号,下坡取负号。　　　　　　(周宪忠)

坡度标　gradient sign

设在变坡点上,表明列车运行前方线路的坡度,上坡或下坡、坡段长度的标记。安设在里程增加方向线路的左侧,距钢轨头外侧不小于2m的地方,车站内、桥梁上、隧道内的安设位置同曲线标。
　　　　　　　　　　　　　　　(吴树和)

坡度差　difference in gradients

道路纵断面上相邻两坡段坡度的代数相差值。沿路线前进方向纵坡度的上坡为正,下坡为负。坡度差为正值时,表示道路纵断面呈凸型变坡,设置凸形竖曲线;反之呈凹型变坡则设置凹形竖曲线。如相邻两坡道,一为6‰上坡,一为4‰下坡,则坡度差为10‰。列车通过变坡点,车钩产生附加应力,车辆产生局部加速度,其值与坡度差成正比。从行车安全平顺和旅客舒适角度分析,其值应尽量小些;从工程角度分析,大一点能更好地适应地形,减少工程量。根据理论计算和多年运营经验,中国目前规定相邻坡段的最大坡度差按采用的远期到发线有效长度取值。　　　　　　　　(周宪忠)

坡度附加阻力　grade additional resistance

列车在坡道上运行比在直线上运行时额外增加的阻力。由列车重力作用产生。如图列车重力 G 在坡道上可分解为垂直轨道的力 F_1 和平行轨道的力 F_2。F_2 即为列车上坡时的坡道加阻力。下坡时此力起牵引力作用。

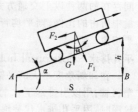

坡度附加阻力

　　　　　　　　　　　　　　　(吴树和)

坡度阻力 grade resistance

列车或汽车在上、下坡道上行驶时,列车或汽车的重力沿坡道方向产生的分力。坡度越陡,坡度阻力值越大;上坡时,坡度阻力与汽车或列车运行方向相反,阻力为正值;下坡时,坡度阻力与汽车或列车运行方向相同,阻力为负值,变为促使汽车或列车行驶的外力。 (张心如 吴树和)

坡段长度 length of slope element

一个坡段两端变坡点间的水平距离。坡段越长,列车运行越平顺,但太长,往往不能适应地形变化,引起工程量增加;而太短时,列车跨越的变坡点过多,变坡点产生的附加应力相互叠加,影响列车运行的安全和平顺。坡段最小长度通常不应短于半个远期货物列车长度。

道路设计时,坡长不宜过短,以免影响行车速度、舒适及美观,道路等级越高,要求坡长越长;但长距离的陡坡对汽车行驶条件不利,故对陡坡的长度应予限制。 (周宪忠 王富年)

坡面冲刷 slope surface erosion

较高的土质边坡或严重风化的软质岩石边坡,在地表径流的冲蚀、冲刷作用下,被冲刷成冲沟或冲坑的病害。它破坏了边坡的完整性,在暴雨时还时常造成流泥漫道现象。冲沟进一步发展可形成边坡局部溜坍、坍塌等病害。 (池淑兰)

坡面防护 slope protection

又称护坡。路基边坡表层土石免遭自然作用破坏的防护措施。凡易风化或易受雨水冲蚀的土、石质边坡和严重破碎的岩质边坡,及时地根据边坡土质、坡度、风化程度按就地取材、因地制宜的原则选用不同的防护方法。如在坡面上铺种草皮、喷浆、抹面、喷锚混凝土、护墙及片石圬工等方法作成坡面防护层。 (池淑兰)

坡面溜坍 slope surface slip

又称表面溜坍。溜土质边坡,经长期阴雨或暴雨后,雨水沿裂隙下渗,使边坡表层失去稳定而造成表层土体溜坍的现象。路堑边坡发生溜坍,轻的堵塞侧沟,严重的掩盖线路,中断行车。路基养护中可根据具体条件,采用排水和坡面防护等措施。边坡溜坍病害的及早整治,对稳定边坡具有重要意义。 (池淑兰)

迫切度 degree of urgency

由于修建某路段给整个路网所带来的效益与修建该路段投资额之比。比值必须大于零,而且越大则迫切性越高,所得效益亦越好,是有限投资方向决策中分枝定界法的量化指标。 (周宪华)

破波波压力 wave pressure of breaking wave

当直墙前发生破波时,作用在直墙上的波压力。直墙式建筑物前的破波按其破碎形态和位置可分为两种。中国《港口工程技术规范》将其分为近破波和远破波,美国等则相应地称为破碎波(breaking wave)和破后波(broken wave),前苏联则称为破波(разбития волна)和击岸波(прибойная волна)。前进波在直墙式防波堤前受到突起的抛石基床影响,当墙前基床上水深小于破碎水深(参见波浪破碎)时,发生剧烈变形直接破碎在直墙上的近破波波压力具有明显的冲击性。其最大净波压强发生在静水面附近。中国《港口工程技术规范》规定当直墙式建筑物为中基床,防波堤基肩上水深 d_1 与堤前水深 d 之比 $\frac{d_1}{d} = \frac{1}{3} \sim \frac{2}{3}$, $d_1 < 1.8H$, 或为高基床, $\frac{d_1}{d} \leqslant \frac{1}{3}$, $d_1 < 1.5H$ 时产生近破波,其波压力分布如图(a),静水面处最大净波压强 p_s 按下列两种情况计算:当 $\frac{2}{3} \geqslant \frac{d_1}{d} > \frac{1}{3}$ (中基床情况)时,

$$p_s = 1.5\gamma H \left(1.8 \frac{H}{d} - 0.16\right)\left(1 - 0.13 \frac{H}{d_1}\right)$$

当 $\frac{1}{3} \geqslant \frac{d_1}{d} \geqslant \frac{1}{4}$ (高基床情况)时,

$$p_s = 1.25\gamma H \left[(1.39 - 36.4 \frac{d_1}{d})(\frac{H}{d_1} - 0.67) + 1.03\right]$$
$$\left(1 - 0.13 \frac{H}{d_1}\right)$$

直墙底处净波压强 $p_d = 0.6 p_s$。当直墙面上波压力为最大时,波面高出静水面的高度 Z 为:

$$Z = 0.27H + 0.53 d_1$$

中国《港口工程技术规范》规定当直墙式建筑物位于水深很浅的岸滩上,波浪在直墙前半个波长以外已发生破碎时,直墙上的远破波波压力分布如图(b)。静水面处最大净波压强 $p_s = \gamma k_1 k_2 H$, k_1 为直墙前海底底坡 i 的修正系数, $k_1 = 1.89(i = \frac{1}{10}) \sim 1.25$ ($i \leqslant \frac{1}{100}$), k_2 为波陡的修正系数, $k_2 = 1.01(\frac{H}{L} = \frac{1}{14}) \sim 1.55(\frac{H}{L} = \frac{1}{30})$。静水面以上 $Z = H$ 处净波压强为零;静水面以下深度 $Z = \frac{H}{2}$ 处净波压强为 $0.7 p_s$;直墙底处净波压强 $p_d = 0.5 p_s (\frac{d}{H} > 1.7)$ 或 $0.6 p_s (\frac{d}{H} \leqslant 1.7)$。

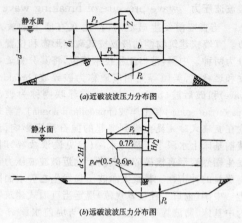
(a) 近破波压力分布图

(b) 远破波压力分布图

（龚崇准）

破波带 wave breaker zone, surf zone

又称破波区。波浪在近岸浅水发生破碎的区间。波浪向近岸浅水区传播时，由于水深继续减小可能发生多次破碎，波列的波高大小不一破碎点也有先有后，在有潮海区随着涨、落潮的水位变化同一波高的破碎点也将前后移动，因而形成一个发生破波的区间。它是近岸泥沙运动活跃的地带。

（龚崇准）

pu

普通道钉 plain cut spike, dog spike

俗称狗头道钉。钉杆断面呈正方形，钉杆尖端做成凿子状，杆顶有偏向一旁的钩头用以扣紧轨底边缘的木枕线路钢轨紧固零件。钉杆长度为 165mm，断面 16mm×16mm。矩形钉杆打入木枕时损伤钉孔木质，抗拔力较小。预钻钉孔能减轻打钉的木质受损程度，提高钉杆

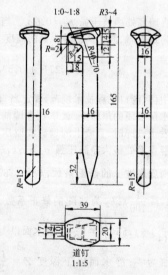

在木枕中的握裹力，从而增加轨道稳定性。

（陆银根）

普通断面尖轨 switch rail made of standard rail

用普通标准钢轨经刨切加工制成的转辙器可动走行轨。为避免刨切基本轨，使尖轨尖端具有必要的断面和强度，尖轨轨顶高出基本轨 6mm，轨腰两侧用补强板加强，做成爬坡式尖轨。尖轨尖端顶高比基本轨降低 23mm，尖轨顶宽 5mm 处的高程降低 14mm，顶宽 20mm 处降低 2mm，顶宽 50mm 处降低 1mm，以满足尖轨与基本轨的密贴和列车载荷的平稳转移。

（陆银根）

普通方块防波堤 concrete normal block wall breakwater

堤身由数十吨重的混凝土方块砌筑而成的直墙式防波堤。方块重量的确定应结合波浪要素的大小和起重运输设备的条件来考虑。按砌筑的形式又可分为正砌和斜砌两种。正砌方块是逐层砌置，要求各层方块在纵横方向上都错缝，以增加墙身结构的整体性，它对不均匀沉降敏感，要求有较为坚实的地基，抛石基床一般须用重锤夯实。斜砌方块较能适应地基的不均匀沉降，但砌筑不如正砌简便。方块在陆上预制，重量不太大，浇筑和吊运都较简便，坚实耐久，能抵御较强的波浪，故普通方块防波堤是常用的一种结构型式。

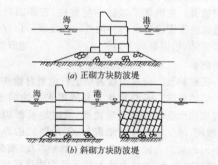

(a) 正砌方块防波堤

(b) 斜砌方块防波堤

（龚崇准）

普通钢轨接头 ordinary rail joint

用钢制接头夹板和螺栓，弹簧垫圈等零配件联结两根同类型钢轨的钢轨接头。用于不设轨道电路并无其他特殊要求的普通线路接头设备。

（陆银根）

普通线路 ordinary track

采用标准长度钢轨铺设的轨道。由于存在大量的钢轨接头，钢轨随气温变化而热胀冷缩时，轨端能在接头处作一定程度的移动，避免钢轨中产生危及行车安全的温度力。但是，当列车通过钢轨接缝时，引起冲击和振动，加速轨道和机车车辆设备的破坏，在运输繁忙的铁路干线上更为突出。在电气化及自动闭塞的区段上，钢轨接头需要增设导电设备。截至 1985 年底，其比重约占中国路网总运营里程的 4/5。铺设无缝线路能克服上述缺点。

（陆银根）

Q

qi

期望线 desire line

各类交通小区形心间的连接直线。线条的宽度表示两区间的出行次数。连线与实际出行路线无关,只反映人们期望的各小区形心之间的最短距离。将若干条流向相近的期望线合并,得到综合期望线,它更能突出交通的主要流向。一般地,大城市可将众多的交通小区归并为少数交通中区,绘制交通中区期望线。　　　　　　　　　　　　(文旭光)

启闭力 gate hoisting capacity

启闭船闸闸(阀)门所需的力或力矩。它是启闭机型式选择,启闭机的容量及各部分构件尺寸确定的依据。其大小主要受闸门自重、门型、摩擦力、动水作用力以及启闭时加速度引起的惯性力等因素的影响;可根据门型采用经验公式进行计算。工程实践中减少启闭力的措施有:合理的选择闸门型式;选择合适的闸门支承移动设备及支承对摩材料以降低摩擦力;在闸门水下部分设置浮箱;对大型平面闸门和弧形闸门还可配置平衡重。　　　　　(詹世富)

起道 raising of track

调整轨道轨顶高程的线路经常维修作业。轨道在列车载荷作用下,因变形而轨顶高程不断偏离设计高程。在有碴轨道上,其作业主要包括放松防爬设备、扒开轨枕盒内道碴、方正轨枕、打紧浮钉或拧紧扣件、抬起轨排、捣固、整道等。在混凝土轨枕或宽枕线路上,因道床变形期较长,应尽量避免捣固作业扰动道床,可采用垫板或垫砂方法起高轨顶。按计划起高量所需的碴石均匀撒布于经抬高的枕底道床顶面,无须扰动处于稳定状态的道床。垫砂用碴石不能采用软质石料,以免道床板结,恶化道床排水性能。在混凝土宽枕线路上,一般采用枕下垫砂和枕上加垫轨下垫层相结合的方法;而在无碴线路上,只能利用调整轨下垫层厚度的方法以调整轨顶高程。线路经常维修、大中修作业都需起道,所以它是线路作业的基本操作技术之一。　　　(陆银根)

起动缓坡 starting easy grade section

为了保证上坡进站列车,在站外临时停车后,能顺利起动而设置的较缓坡段。其坡度值由计算确定,设在车站进站信号机前方,坡段长度应不短于远期货物列车长。在编组站、区段站和接轨站的上坡进站端,均应设置;除地形困难者外,其他车站也宜设置,以便为运营工作创造有利条件。

(周宪忠)

起飞滑跑距离 take-off run distance

从起飞滑跑起点至离地点的距离。当运输机全部发动机正常工作时,1.15倍起飞滑跑距离称为需用起飞滑跑距离。跑道长度除以1.15得出的长度称为可用起飞滑跑距离。当起飞滑跑过程中有一台发动机停车时,起飞滑跑距离即为需用起飞滑跑距离。需用起飞滑跑距离是机场设计时确定跑道最小长度的依据。可用起飞滑跑距离是供判别现有的跑道能否确保起飞滑跑安全用。　　(钱炳华)

起飞距离 take-off distance

从起飞滑跑起点至爬高到规定的安全高度的水平距离。美、英等国运输机的安全高度为10.7m(35英尺),中国军用飞机的安全高度为15m。对于运输机,当全部发动机工作正常时,1.15倍起飞距离称为需用起飞距离;从跑道起端至净空道末端除以1.15得出的长度称为可用起飞距离。当起飞滑跑过程中有一台发动机停车时,起飞距离即为需用起飞距离;从跑道起端至净空道末端即为可用起飞距离。需用起飞距离减去跑道和停止道的长度可以得出需要修建的净空道长度。可用起飞距离供判别现有的飞行场地能否确保起飞安全用。　(钱炳华)

起飞决策速度 take-off decision speed

又称停车临界速度。飞机在起飞滑跑过程中一台关键发动机停车,停止起飞距离等于继续起飞距离时的运动速度。停止起飞距离指飞机滑跑起点到使用全部刹车装置而完全停止所经过的距离。继续起飞距离指飞机滑跑起点至爬高到规定的安全高度(通常为10.7m)并达到安全速度所经过的水平距离。在起飞滑跑过程中,当一台关键发动机停车时的速度小于起飞决策速度,应停止起飞;反之,应继续起飞。在飞机起飞前,要根据飞机重量、机场气温、气压、风速、跑道长度、坡度及道面等情况确定起飞决策速度,以确保起飞安全。　　(钱炳华)

起迄点调查 origin-destination survey

又称OD调查。对出行的起迄点所进行的调查。根据调查对象不同,可分为居民出行起迄点调查、机动车出行起迄点调查。为了校核调查的精度,要同时进行分隔查核线调查。调查结果整理成起讫点交通量表(OD表)，绘制期望线图，并分析得出各种出行特征。

(文旭光)

起重船 floating crane

又称浮式起重机，俗称浮吊。装有起重设备，专供水上起重作业用的工程船。可用于筑港，水上建筑，水上安装，水下打捞，港口锚地装卸和海洋开发等。有自航和非自航之分。按船型可分为方驳型、普通船型和半潜型，亦有单体和双体之分。按起重设备型式可分为固定式和旋转式。固定式的起重臂杆固定在船的中线面上，结构简单，船体尺度小，重量轻，造价低，但操作麻烦。固定式又分为固定不变幅和固定变幅式。旋转式的起重机能作180°或360°旋转，一般均有变幅机构，操作灵活，但造价高。随着海洋石油开发不断向深海发展，采油平台组件不断增大，海区风浪大，平静海面周期短，出现了一种新型的自航半潜式。它具有良好的耐波性，并有很大的承载甲板面积。

(吕洪根)

起重机上墩下水设备 crane plant

利用起重机使船舶上墩下水的设备。一般仅适用于小型船舶。有的船厂专为小船上墩下水而设置起重量百t左右的固定吊杆或浮式起重机。

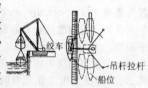

固定吊杆上墩下水设备

(顾家龙)

起重运输机械荷载 crane and transporter load

起重运输机械的自重及工作和行驶时作用于建筑物上的荷载。包括竖向集中荷载和冲击荷载等。竖向集中荷载是主要荷载。其大小应根据装卸工艺选用的机型及其实际使用要求(起重量、载重量、工作幅度等)确定。它是轨道梁的主要计算荷载，特别是对透空式码头的梁、板等构件往往是控制性荷载。冲击荷载是静荷载与冲击系数的乘积。轮胎式起重机、汽车式起重机、叉车、电瓶搬运车和牵引车荷载的冲击系数一般采用1.1~1.3。对轮胎式起重机、汽车式起重机最大起重量时的荷载和门座起重机、履带式起重机荷载，均不考虑冲击系数。

(王庆辉)

气垫船 air-cushion craft hovercraft, air cushion vessel surface effect craft

利用高压空气在船底与水面(或地面)间形成气垫，将船体全部或部分托离支承面而高速航行的客船。是20世纪50年代末出现的高速船舶，具有一套专门装置。将所产生高于大气压的压缩空气连续不断地送向船底，在船底四周设有柔性围裙，由于围裙的封闭作用，在船底形成气垫。船体被气垫升力抬离水面而航行。大大减少水阻力，提高了航速。按航行状态可分为全垫升气垫船和侧壁气垫船，前者具有独特的两栖性，能在其他船舶无法航行的水域或沼泽地带航行。

(吕洪根)

气力容器式输送管道 pneumo-capsule pipeline

靠空气流驱动载货容器输送物料的管道。根据空气流动压力分为吸送式和压送式两类。一般地说，吸送式适合于低速、短距离(几公里)运输，而压送式适合于高速、长距离(几十公里)运输。

(李维坚)

气力输送管道 pneumatic pipeline

借空气的动能或静压能输送物料的运输管道。适用于工厂车间内部和建筑、铁路、船舶的短距离运输作业。它可输送各种粉末状、颗粒状、纤维状和叶片状等物料，如面粉、水泥、谷物、煤、石灰、化肥、型砂、棉花、羊毛、烟丝、茶叶等。按其工作原理可分为稀相气力输送和密相气力输送两大类型。

(李维坚)

气象潮 meteorological tide

由气象因素(风、气压、降水和蒸发等)引起的水位升降现象。除因短期气象要素突变产生的风暴潮外，气象潮一般比天文潮为小。气象因素的变化与太阳相关。由于气象潮的变化难以从理论上求解，在进行潮汐调和分析和推算时，常将气象潮用太阳引起的天文潮表示。例如气象日周期是由气压，日照量和蒸发量的日变化以及海陆风等引起的海面周日变化，可反映在太阳日周潮 S_1 分潮中，而气象因素引起海面的年及季节变化可用太阳年分潮(Sa)和半年分潮(Ssa)等反映。气象潮对沿海和河口地区的水位升降有较大影响，在潮位分析和推算时应予以考虑。

(张东生)

气压式防波堤 pneumatic wave absober

又称气压式消波设备。由排放压缩空气构成帷幕，以削弱波能使波高衰减的设备。它主要由布设在水底或某一水深处的具有许多排放压缩空气小孔的排气管道和空气压缩机及输送管道组成。需要消波时，输送压缩空气使其沿水下排气管道由小孔喷出，构成一道水中的气泡帷幕，上升的气泡破坏了波浪水质点原有的运动轨迹，与水体渗混过程消耗了大量波能。在一定条件下波高可衰减70%~80%。它的特点是：初期投资较小，而且与水深无甚关系；当排气管道安设在足够水深处，不阻碍船舶的航行；施工简易，拆迁方便。但在运行时空气压缩机需耗费大量能源，运转费用很高。例如研究资料表明：在15m深海域，将520m消波的排气管道围成U型港池，为使波高从2~3m衰减到1m，需要空气量为

50 000m³/min。这是它未能得到广泛采用的主要原因。它可用作港口的辅助消波设施或临时性工程的消波设施,如打捞沉船等。　　　　　　(龚崇准)

弃土堆　waste bank

开挖路堑所废弃的土,置于堑顶天然护道外缘一定距离所形成的整齐土堆。其高度和宽度视弃土量而定,一般不得高于3m,顶面做成向路基外侧倾斜的排水坡。设置位置以不影响路堑边坡的稳定性,可设在线路的一侧或两侧。位于线路上方时,连续堆放,使之起截水作用。位于线路下方时,分段堆放利于排水。　　　　　　(徐凤华　陈雅贞)

汽车　auto mobile, motor vehicle, car

以内燃机为动力装置,行走机构装备橡胶轮胎,以运送旅客及货物为主要目的的车辆。一般由底盘和车身两大部分组成,底盘包括:底架、动力装置、传动系、操纵装置、行走系,电器仪表及信号装置等,车身包括驾驶室及各种型式的车厢。有的车型没有车架,底架与车身构成整体。除一般客、货车外,还有多种变型车与改装车,以适应各行各业的需要,如运送各种固体、粉体、液体的专用汽车;市政、医疗与服务行业用车及工程和林业、石油勘探、科学研究用车等。大部分汽车在道路上行驶,许多用于军事、资源开发及边远地区运输和工程建设的车辆,则需要具有特殊的越野性能。在当代世界交通运输结构中,汽车运输跃居首位,据1986年统计,全世界汽车年产量达4 530万辆,汽车拥有量为4.355亿辆。
　　　　　　(邓学钧)

汽车安全检验　automobile safety test

为了保证交通安全,维护交通秩序,车辆管理机关对机动车辆安全状况所进行的检验。检验标准、设备、方法及时间间隔都与制造厂、研究部门等为提高质量而进行的车辆检验不同。安全检验可分为:初次检验;年度检验;临时检验;特殊检验。检验项目按照《机动车运行安全技术条件》进行。
　　　　　　(杜　文)

汽车传动比　transmitting ratio of motor

又称速比。汽车传动系中变速装置前后两传动机构转速的比值。汽车传动系的传动比有两类,即主传动器的速比及变速器的速比。在同一车型中,主传动器的速比为定值,而变速器的速比还随所用的排档不同而有不同的值。各种类型汽车的速比数据均可在汽车性能资料手册中查到。
　　　　　　(张心如)

汽车动力性能　motive power properties of motor

汽车所具有的加速、上坡、最大速度等能力。评价指标为汽车的最高速度、最低稳定速度、能克服的最大坡度、加速和滑行能力等。根据汽车发动机的外特性曲线,可绘出汽车动力特性图,据此可求出汽车在某一行驶条件下能保持的速度、所采用的排档、能产生的加速度,以及求得任一排档时汽车所能克服的坡度。道路设计时,在结合地形条件和减少工程量的同时,应充分发挥汽车的动力性能,以提高运输效率和降低运输成本。
　　　　　　(张心如)

汽车渡船　car ferry

在江河、海峡两岸渡运汽车,连接两岸公路交通的渡船。有端靠式和侧靠式两种。侧靠式渡船,是船宽较大,汽车可以其两侧通过码头上的升降引桥进出的汽车渡船。有些船上还设有供随车旅客用的餐厅等简易设施。因航线短,一般设置坐席。随着集装箱运输的普遍推广,渡船朝着大型化发展,以便运载装有集装箱的货车。
　　　　　　(吕洪根)

汽车废气控制　vehicle emission control

对汽车有害物质排放量的限制技术和措施。控制方法有:改革燃料,改进汽车设备,研究无公害汽车,治理城市交通,保证车辆行驶通畅,建立完善环境控制标准。
　　　　　　(文旭光)

汽车内显示系统　vehicle display system

安装在汽车内为驾驶员提供交通情报的显示系统,并据以调整车速与行车路线。　(李旭宏)

汽车牌号对照法　licence-number matching method

一种利用记录、追踪车牌进行汽车出行起迄点和行程时间调查的方法。在需要研究的道路网上布置观测站,记录通过车辆的牌号和时间,然后输入计算机,追踪每一个车牌号,可得到它的起迄点以及行程时间。也可记录停放车辆的牌号,以停车点为出行终点,查寻车辆登记册,以登记车库地点为出行始点,进行汽车出行的起迄点调查。　(文旭光)

汽车牵引力　tractive force of motor

又称汽车驱动力。驱使汽车行驶的动力。汽车的内燃发动机产生的扭矩,经传动机构传至驱动轮上,使驱动轮产生一个对道路路面的轮缘圆周力。当驱动轮与道路路面间有足够的附着作用,即驱动轮在路面上未发生滑转时,则产生与此轮缘圆周力大小相等,方向相反的路面对驱动轮的反作用力,驱使汽车在道路上行驶。
　　　　　　(张心如)

汽车牵引平衡方程　tractive eguilibrium equation of motor

又称汽车运动方程。汽车在道面上行驶时牵引力与各行驶阻力间的关系式。即

$$p_t = p_f + p_w \pm p_i \pm p_j$$

式中 p_t 为牵引力;p_f 为滚动阻力,p_w 为空气阻力;p_i 为坡度阻力;p_j 为惯性阻力。方程表明,为保证

汽车在道路上行驶，汽车的牵引力必须等于各行驶阻力之和，这是汽车行驶的必要条件（亦称汽车驱动条件、汽车牵引平衡条件或汽车行驶的第一条件）。

（张心如）

汽车驱动轮 driving wheel of motor

汽车的车轮中受到汽车发动机曲轴传来扭矩作用的车轮。是驱使汽车运动的车轮。未受到汽车发动机曲轴传来扭矩作用的车轮，称为从动轮。一般汽车（载重车及客车）均系前轮为从动轮，后轮为驱动轮，而某些特殊用途的汽车（越野车、牵引车等）也有前后轮均为驱动轮的。

（张心如）

汽车燃料经济性 fuel economic property of motor

汽车以最少的燃料消耗，完成单位运输工作的能力。影响汽车燃料消耗量的因素很多，除受汽车本身的结构设计、工艺水平、调整情况及使用燃料规格等的影响外，还受行驶道路、交通情况、驾驶习惯及周围环境等使用因素的影响。通常可通过道路试验测绘得出汽车燃料经济特性曲线，而据此特性曲线即可计算汽车燃料消耗量。评价汽车燃料经济性的指标有每百公里行程的燃料消耗升数、每吨公里燃料消耗升数。

（张心如）

汽车使用调查 motor vehicle use study

对调查区内汽车拥有状况的调查。内容包括：汽车总保有量、人均拥有汽车水平、拥有不同车数的家庭数、车辆类型、用途和使用年限等。可用于制定宏观的机动车发展规划以及确定停车场站、加油站等服务设施的布局与规模。调查可按车辆隶属关系分层统计汇总。

（文旭光）

汽车事故 motor vehicle accident

与行驶中的汽车有关的人员死伤与物质损失的交通事故。

（杜文）

汽车行驶附着条件 driving adhesion condition of motor

又称汽车行驶黏着条件、汽车行驶充分条件或汽车行驶第二条件。为保证汽车向前行驶，汽车驱动车轮与道路接触面之间产生足以使车轮不在路面上打滑的附着力所具有的条件。采用增加汽车发动机扭矩和加大传动比等措施，可增大汽车驱动轮对路面的作用力，但只有当此作用力小于或等于车轮与路面间的附着力时，路面对车轮才能产生与作用力相等的切向反作用力，否则将发生车轮在路面上的滑转现象。切向反作用力不随作用力的增大而增加，切向反作用力的极限值等于附着力。路面对车轮的切向反作用力即是汽车的牵引力，所以牵引力只能小于或等于附着力时，汽车才能向前行驶。

（张心如）

汽车行驶力学 driving mechanics of motor

汽车行驶时作用在汽车上的力与其运动间相互关系的研究与分析。其内容为：汽车的牵引力、汽车运动阻力、汽车运动的牵引条件与附着条件，汽车车轮与道路路面相互作用，以及汽车与空气介质相互作用等。

（张心如）

汽车行驶稳定性 travel stability of motor

汽车行驶时，在外部因素的作用下，能保持或很快自行恢复原行驶状态和方向，不致发生丧失控制而产生倾覆，倒溜和侧滑等现象的能力。影响汽车行驶稳定性的因素有汽车本身结构参数、驾驶员的操作过程及汽车所受的外部作用。外部作用主要指汽车和道路路面间的相互作用（道路纵、横坡度、路面附着情况等）及汽车变速行驶和曲线行驶的惯性力作用。汽车行驶稳定性应从纵向稳定和横向稳定两方面给予保证。

（张心如）

汽车行驶阻力 resistance to motion of motor vehicle

又称汽车运行阻力。车辆行驶时，阻碍其前进的各种阻力的总和。包括空气阻力、滚动阻力、坡度阻力和加速阻力。前两者在任何行驶条件下均存在；坡度阻力在上、下坡时产生；加速阻力则发生于车辆变速行驶时。

（戚信灏）

汽车性能 characteristice of motor vehicle

由汽车本身设计与构造所决定的品质与功能。主要评价因素有：最高车速、加速能力、装载能力、爬坡能力和耗油率等动力性能以及制动性、操纵性、振动性、稳定性、舒适性等汽车运动力学性能。

（戚信灏）

汽车噪声 automobile noise

汽车行驶时发动机的机械、排气、轮胎和其他部件发出的有害于人身健康的声音。广义来说，还应包括喇叭声和加减速噪声。为一种非稳态且随机的噪声。某些大城市中，白天高峰时间噪声级可达90dB，而夜间最安静的时候仅20～30dB。

（文旭光）

汽车制动性能 braking properties of motor

汽车在行驶中能强制的减速以至停车，或在下坡时保持一定速度行驶的能力。汽车的制动过程是人为地增加汽车的行驶阻力，借助于车轮制动器、发动机或专门的辅助制动器来进行。制动时，通过制动车轮（通常汽车的前后车轮均为制动轮）与道路路面的相互作用而产生与汽车行驶方向相反的路面对车轮的切向反作用力（即制动力），对汽车的制动性能有着决定性的影响，其最大值取决于轮胎与路面间的附着力。制动性能的评价指标是：制动减速度、制动时间和制动距离。

（张心如）

砌石护面堤 mound breakwater with laying

砌石护面 stones armor

简称砌石堤。用干砌或浆砌块石做护面层的斜坡堤。砌石护面需干地施工，故只能用于低潮位以上的坡面，在低潮位以下需设置抛石棱体。一般用于滩面较高、波浪较小的浅水区。干砌块石护面只需砌置一层，可用干砌以满足面层厚度的要求。与浆砌块石护面相比，它能适应堤坡轻微的沉陷变形，但整体性较差；它比抛填和安放的块石护面密实、牢固。其最大弱点是：在波浪作用下，只要堤坡上有一个块石被吸出，周围的块石就失去嵌固作用而相继松动、滚落，护面层之下的垫层将被淘刷，需及时予以修复，否则堤坡将迅速坍塌。干砌块石护面层厚度 $h(m)$ 可取：

$$h = 1.3 \frac{\gamma}{\gamma_b - \gamma} H(K_{md} + K_\delta) \frac{\sqrt{m^2+1}}{m}$$

式中 γ_b 为块石重度(kN/m^3)；H 为设计波高(m)；K_{md} 为与坡度 m 及相对水深 $\frac{d}{H}$ 有关的系数，见表1；K_δ 为与波坦 $\frac{L}{H}$ 有关的系数，见表2；m 为堤坡坡度。

系数 K_{md} 表1

$\frac{d}{H}$	m		
	1.5	2.0	3.0
1.5	0.311	0.238	0.130
2.0	0.258	0.180	0.087
2.5	0.242	0.164	0.076
3.0	0.235	0.156	0.070
3.5	0.229	0.151	0.067
4.0	0.226	0.147	0.065

系数 K_δ 表2

$\frac{L}{H}$	10	15	20	25
K_δ	0.081	0.122	0.162	0.202

注：设置排水孔的浆砌块石护面层可用与干砌块石护面层相同的厚度。 （龚崇准）

砌石路基 subgrade paved with stone

边坡为干砌片石的路基。有砌石护坡路基（图a）与砌石护肩路基（图b）之分。它能支挡填方，稳定路基，但与挡土墙不同，它的砌体与路基几乎成为一个整体，不像重力式挡土墙那样不依靠路基也能独自稳定。在横坡较陡的山坡上，路基填方边坡较高，伸出较远，填筑困难，而附近又有较多挖方石料时，宜采用砌石路基。

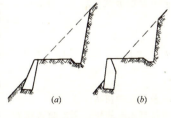

（陈雅贞）

憩流 slake tide

往复潮流在流向变转时流速小于0.1节（1节=0.5144m/s）的流动。在海峡、入海河口或岸边水域，潮流作往复运动，在沿一个方向达到最大值后，逐渐减小，直至接近于零，即憩流。憩流过后，潮流转换成相反方向的流动。在一个潮周期内出现两次憩流。旋转潮流没有憩流。 （张东生）

qian

牵出线 lead track

设在调车场的端部，用来牵出车列、车组或车辆进行调车作业的站线。货场、直通场也要设置牵出线。应设在直线上，如有曲线，半径不宜过小，且不得设在反向曲线上。坡度为平坡或面向调车线不大于2.5‰的下坡。 （严良田）

牵引变电所 traction substation

将电力系统输电线路输入的高压三相交流电能，转换成适合于电力机车牵引使用的电能的变电设施。直流制牵引变电所，通过降压、变相、整流后，输出直流电能。工频单相交流制牵引变电所只进行降压，主要设备是主变压器；中国多采用三相牵引变电所，其主变压器价格低廉、配线简单，但主变压器容量利用率低。需要变频的牵引变电所，还要装设变频机组。 （周宪忠）

牵引吨数 train gross load

机车牵引的车辆自身质量与装载货物质量的总和。用 $G(t)$ 表示，铁路设计时，一般按货物列车在限制坡度上以计算速度等速运行的条件，用下式计算：

$$G = \frac{\lambda_y F_j - P(\omega_0' + g i_x)}{\omega_0'' + g i_x}$$

λ_y 为机车牵引力使用系数；F_j 为机车计算牵引力(N)；P 为机车计算质量(t)；i_x 为限制坡度(‰)；ω_0'、ω_0'' 为计算速度下的机车、车辆单位基本阻力(N/t)。然后再按下述几个条件进行验算，即：起动条件；到发线有效长所允许的列车长度；长大下坡道上的制动安全问题；车钩强度的允许值。根据上述条件，确定全线或某一区段的牵引定数。全路的平均牵引吨数，则根据统计资料得到。铁路运营中，应尽力提高牵引吨数，但亦应考虑行车速度，使得列车牵引吨数与行车速度最经济合理的配合。牵引吨数是铁路运输最重要的指标之一，标志着铁路生产力和铁路科学技术的发展水平。 （吴树和）

牵引汽车 tractor truck

用于牵引无驱动力的车辆或货物的专用汽车。按不同用途可分为常用牵引车、集装箱牵引车、平板车牵引车、森林集材牵引车、飞机牵引车等。牵引汽车的行驶速度与牵引力的大小需根据所要求的使用特点专门设计。　　　　　　　　　　（邓学钧）

牵引死点 dead spot of traction

在用卷扬机钢绳曳引承船车的斜面升船机中，承船车过坝顶时有效牵引力为零的点。当承船车位于上下游斜坡道时，钢丝绳与水平面的夹角与斜坡道坡度基本一致，卷扬机牵引力的有效分力较大。当承船车驶近坝顶过渡段时，两者之间的差角 β 增大，牵引力的有效分力随着减小；当差角达 $90°$，即钢丝绳与斜坡道垂直时，牵引力的有效分力为零。此时钢丝绳牵引不能将承船车拉过这一点，需采取其他措施。实际上，牵引死点不完全是一个点而是一个范围，即 β 角接近 $90°$ 的范围。　　（孙忠祖）

牵引索 traction cable

架空索道中，牵引车厢运行的绳索。安装在承载索下面且与其平行，末端被编结起来形成封闭环圈，在装、卸站上分别卷绕在很大直径的滑轮上，在上端站，由发动机带动滑轮旋转以牵引车厢移动，车厢在装、卸站上可与牵引索相结合或脱开。由于车厢的数量及分布在线路上的位置不同，牵引索的长度会有很大变化，为此在一端滑轮上设置拉紧设备。为使牵引索表面平滑、磨损少，一般采用足够粗大的顺捻钢丝绳。　　　　　　　　　　（吴树和）

牵引种类 classification of tractive motive-power

在黏着铁路上，根据机车牵引动力的能源不同划分为不同类别的分类术语。使用蒸汽机车、以锅炉制出的高压蒸汽为能源称为蒸汽牵引；使用内燃机车、以柴油内燃机为原动力称为内燃牵引；使用电力机车、以接触网电流为能源称为电力牵引。三种牵引方式都是借助于机车动轮和钢轨间的黏着作用产生牵引力的，机车轮轨间的黏着力是机车牵引力的限制因素之一。　　　　　　　　　　（郝瀛）

前板桩式高桩码头 front sheet-piling platform

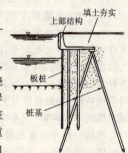

板桩位于承台前方，与其后的桩基一起现浇于上部结构而构成的岸壁式高桩码头。前板桩可做成承重的或不承重的，其作用在于挡土，由于其后有垂直的和倾斜的桩列存在，作用于板桩上的土压力，不同于板桩码头，由于桩列的遮帘作用，只有一部分作用于板桩上。这种型式桩基的防护条件较好，可减少基槽的挖泥量，桩台较透空式高桩码头窄，耐久性也较透空式高桩码头好。缺点是：码头须进行回填，预制装配程度低，施工复杂，造价较高，一般只在地基条件较好的中小型码头才考虑采用。　　　　　　　　　　（杨克己）

前进波 progressive wave

又称推进波或行进波。波形向前传播而水质点运动轨迹呈封闭或近似封闭的周期性振动的波浪。通常所指的波速即为波形向前传播的速度。微幅波理论的深水前进波水质点作圆周运动，轨迹圆圆心位置与静止时水质点的位置相吻合。水质点 m 的轨迹方程为：

$$(x-x_0)^2 + (z-z_0)^2 = r^2$$

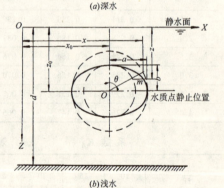

前进波水质点运动轨迹

x_0, z_0 为水质点 m 在静止时的坐标；r 为轨迹圆半径，$r = r_0 e^{-kz_0} = \dfrac{H}{2} e^{kz_0}$；$r_0$ 为自由表面轨迹圆半径；k 为波数，$k = \dfrac{2\pi}{L}$；H 为波高；L 为波长。微幅波理论的浅水前进波水质点作椭圆运动，其轨迹方程为：

$$\frac{(x-x_0)^2}{a^2} + \frac{(z-z_0)^2}{b^2} = 1$$

a, b 分别为轨迹椭圆的半长轴和半短轴。

$$a = \frac{H}{2}\frac{\mathrm{ch}k(d+z_0)}{\mathrm{sh}kd},\quad b = \frac{H}{2}\frac{\mathrm{sh}k(d+z_0)}{\mathrm{sh}kd}$$

在前进波中初始位置在同一水平面上各水质点在波动时具有相同的轨迹圆或轨迹椭圆。在海洋、湖泊等宽敞水面上所发生的波浪常高达数米,其波陡一般约为 $\frac{1}{10}\sim\frac{1}{30}$,水质点的波动振幅是有限值。这种前进波称为有限振幅前进波,也可分为深水和浅水两种情况,如余摆线波和椭圆余摆线波等。 （龚崇准）

前进潮波 progressive tidal wave

具有前进波性质的潮波。实际海洋中的潮波可能是驻潮波、旋转潮波,也可能是前进潮波。前进潮波的潮位和潮流是同位相,即最大涨潮流速和高潮位同时出现,最大落潮流速和低潮位同时出现。半潮位出现在转流时刻。 （张东生）

前进式控制 forward control

在车辆驶离关键交叉口时,以适当的交通信号及时通知前方各个交叉口的控制方式。可避免因前方交叉口排队受阻而波及关键交叉口的情况出现。

（乔凤祥）

前苏联贝加尔－阿穆尔铁路 Baikal-Amur Railway in Soviet Union

简称贝阿铁路,又称第二西伯利亚大干线。前苏联西起西伯利亚铁路上的泰谢特,东至鞑靼海峡的苏维埃港,横贯西伯利亚的东西大干线。全长 4 290km;西段泰谢特至勒那长 691km,1958 年建成;东段苏维埃港至共青城长 454km,1947 年建成;中段勒那至共青城长 3 145km,1967 年开始勘测,1974 年分东、中、西三段开工。1977 年经腾达的一条南到巴姆北至贝尔卡基特、总长 397km 的南北支线已建成通车。1984 年 10 月 1 日全线接轨通车。新建路段有 1/3 位于困难山区,有 500～600km 通过沼泽地区,有 65% 的长度处于永冻地带,冬季最低气温为 -70℃;西段和中段地震烈度达 7～9 级。该线为 I 级干线,腾达以西的路基、桥梁按双线施工,腾达以东桥梁墩台按双线施工,初期按单线铺轨。路线采用 9‰ 的限制坡度和 18‰ 的双机坡度,300～400m 的最小曲线半径和 1 050m 的站线有效长度。腾达以西将逐步实现电气化,库涅尔马以西已于 1985 年实现电气化,腾达以东采用内燃牵引。全线土石方计 2.22Gm³,100m 以上大桥 142 座,4 座长隧道总长 26.6km,正线铺设 75kg 重轨。牵引定数运油列车将达 7 000～9 000t,其他货运列车为 4 000t;初期年输送能力为 3 500 万 t,远期为 7 000～7 500 万 t。沿线石油、天然气、煤、铁、铜、锡、镍、稀有金属和森林资源非常丰富,它的建成对前苏联远东北部地区的经济开发具有重要意义。 （郝 瀛）

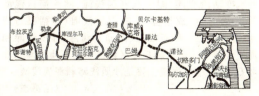

前苏联法环交通行能力 roundabout capacity calculated by Soviet method

按前苏联普遍采用的通行能力分析方法所确定的环形交叉口通行能力。该法认为环交的通行能力取决于交织段的通行能力,故该法属于典型的交织理论。其计算公式为:

$$C = K_c \frac{3600\,mv}{l}$$

式中 C 为通行能力(辆/h);v 为交织段设计车速(m/s);m 为交织段车道数;l 为交织段车头间距(m);K_c 为考虑现实的交通条件(如交通管制、流向、行人干扰、进口影响、断面负荷不均匀影响等)的综合修正系数。 （王 炜）

潜坝 submerged dike, sill

各种水位包括最枯水位均淹没水下的整治建筑物。其上须有足够水深,以免在低水时阻碍航行。一般以适当的间距建在深潭处;用以抬高河床的局部高程,调整河底纵坡;缓流促淤,平顺水流,山区河流上还用以增大河床糙率,壅高上游水位,调整水面比降,增加航道水深,降低流速,消除不良流态。

（王昌杰）

潜堤 submerged breakwater

堤顶潜没于水中的消浪堤。当波浪翻越时由于堤顶水深骤减,波浪发生破碎,堤后的波高衰减。为了减轻海堤或护岸遭受较大波浪的作用或保护天然岸滩免受波浪强烈的淘刷,可在离岸一定距离处修建与岸线平行的潜堤,以达到消浪防冲的目的。它还可与丁坝群结合,由于在堤后波高衰减,动力减弱,有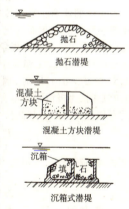利于沿岸漂沙的沉积,达到保滩促淤的目的。与出水的防波堤相比,它所受的波浪作用力和断面都小得多,若设计得当可获得明显的经济效益。其结构型式可采用抛石、混凝土方块或钢筋混凝土小沉箱等。它的消浪系数 K 可按下式估算

$$K = \frac{H'}{H} = \left(1.04 + 0.02\frac{d}{H}\right)\text{th}\left(0.8\frac{a}{H} + 0.057\frac{L}{H}e^{-0.4\frac{B}{H}}\right)$$

式中 H、H' 分别为潜堤堤前和堤后的坡高(m);L 为波长(m);d 为堤前水深(m);a 为堤顶水深(m);B 为堤顶宽度(m)。 （龚崇准）

潜没整治建筑物 underwater structures for regulation works

在各种水位都淹没于水下的整治建筑物。例如潜丁坝、潜锁坝、底层导流屏等。设置在航槽内时，其上须有足够水深，以免在低水位时阻碍航行。

(王昌杰)

浅海风海流 drift current in shallow sea

在水深小于摩擦深度的海区中，风对海面的切应力引起的水体流动。风作用于海面的切应力通过水体紊动黏滞作用向深层传递，并引起下层海水的流动，其影响深度称为摩擦深度 D。水深小于 D 的

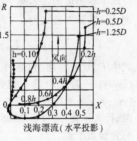

浅海漂流（水平投影）

海区称为浅海。浅海风海流在北半球偏于风向右侧，在南半球则偏于左侧。流速量值和方向的变化与实际水深 h 和摩擦深度 D 的比值有关。$h/D \geq 1$ 时，与深海风海流相同，随着比值 h/D 的减小，流向与风向的偏角变小，且流速矢端迹线趋于平直，表层甚至底层的流向可能与风向接近一致。

(张东生)

浅水波 shallow-water wave

当水深与波长的比值较小时，水底边界影响水质点运动的波浪。它在传播过程中，波高、波长、波速等随水深的变化而变化；当波峰线与等深线不平行时，将发生波浪折射现象，波向也随之改变。浅水前进波和浅水立波都属于它的范畴。一般认为当 $0.5L > d > 0.05L$ 时，属于浅水；而当水深 $d \leq 0.05L$ 时，为极浅水。也有将前者称为有限水深，而后者称为浅水的。其波长 L 为：

$$L = \frac{gT^2}{2\pi} \text{th} \frac{2\pi d}{L}$$

上式为超越方程，可用迭代法求解。波速 C 为：

$$C = \frac{gT}{2\pi} \text{th} \frac{2\pi d}{L}$$

g 为重力加速度；T 为波周期。当 $d = 0.5L$，$\text{th} \frac{2\pi d}{L} = \text{th}\pi \approx 1$，上两式即为深水波的波长和波速。

(龚崇准)

浅水波能损耗 wave energy dissipation in shallow water

波浪在浅水区传播时，水底处水质点运动产生摩擦应力或在松散底质中产生波能渗透，造成波能的损耗。由于底摩擦或渗透的波能损耗使波高衰减。由底摩擦引起波高衰减的摩系数 k_f 定义为考虑波能损的波高 H_f 和未考虑波能损耗的波高 H 的比值：$k_f = \frac{H_f}{H}$，$k_f < 1$。确定 k_f 的一阶常微分方程为：

$$\frac{1}{k_f^2} \frac{dk_f}{d\xi} = -\frac{64}{3} \frac{\pi^3 f}{g^2 T^4} \frac{\text{ch} kd}{\text{sh}^4 kd \left(1 + \frac{2kd}{\text{sh} 2kd}\right)}$$

式中 ξ 为沿波向线的距离；f 为底摩擦系数，与底质有关，$f = 0.01 \sim 0.03$；$k = \frac{2\pi}{L}$ 为波数；L 为波长；T 为波周期；d 为水深。由上式可求得摩损系数 k_f，则考虑底摩擦波能损耗的波高 $H_f = k_f H$。

(龚崇准)

浅水分潮 shallow water constituent

由于潮波在浅水区变形和干涉引起的分潮。潮波传入浅水区域后，受到地形的影响发生变形。在进行浅水区潮汐预报时，为了提高预报的精度，可将浅水区内产生的潮波变化设想成由某些假想天体所引起的简谐振动的叠加。浅水分潮为高次简谐项，其周期为主要分潮的几分之一。常用的浅水分潮有 M_4（太阴浅水 1/4 日分潮），M_6（太阴浅水 1/6 日分潮）和太阴太阳浅水 1/4 日分潮。它们的角速率和振幅见分潮(83 页)。

(张东生)

浅滩 shoal

航道上，设计最低通航水位以下水深不能满足标准船舶（队）通航要求的地段。山区河流中，是指横跨或

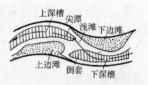

斜卧在河道上的河床基岩、石梁等引起的水深不足、阻碍航行的地段或使船舶搁浅的局部突起物。平原河流上，是指连接上下边滩的水下沙埂，是航行的主要障碍。通常是指后者，其基本构成部分如图示。位于其上游一岸的边滩为上边滩，位于下游一岸的边滩为下边滩。沙埂上下游，与边滩相对而水深较大的部分为深槽，按其位置分别称为上深槽与下深槽。若上、下深槽相互交错，上深槽下游侧的尖端部分称尖潭，下深槽上游侧的尖端部分称倒套或沱口。沙埂上深泓线通过的较低部分称鞍凹。碍航主要是枯水期。其形式有二：一为水浅，航深不足；一为水流散乱或横流很强，船舶航行困难，但水浅是主要的。按河床地形特征和碍航程度分，有正常浅滩、交错浅滩、复式浅滩和散乱浅滩等。按成因和所在地区分，有弯道浅滩、过渡段浅滩、汊道浅滩、分流河段浅滩、支流河口浅滩、回水变动段浅滩、湖泊水网区浅滩、潮汐河口浅滩等。按河床组成情况分，有石质浅滩（包括礁石浅滩、基岩浅滩）、卵石浅滩、沙卵石浅滩、沙质浅滩和泥质浅滩等。山区和丘陵区河流多为石质浅滩和沙卵石浅滩，平原河流主要是沙质浅滩和泥质浅滩。

(王昌杰)

qiang

强夯法 dynamic compaction method, consolidation compaction method

强力夯实软土的方法。夯锤重达几吨乃至几十吨,从几米至几十米高处自由落下夯击软土,该法首先由法国梅拉(Menard)技术研究所提出,于20世纪60年代后期在法国戛纳附近芝得利厄海边20多幢8层楼的地基加固工程中应用。中国于1978年在天津新港的软土加固工程中首次应用强夯法,到目前已在各种土建工程中得到迅速推广应用。它可降低土的压缩性,提高地基承载力。使用的机具主要有起重机械、夯锤和自动脱钩装置。 (池淑兰)

强击机 attacker plane

又称攻击机。用于从低空、超低空攻击地面、水上小型目标的军用飞机。是航空兵对陆军、海军实施直接支援的主要机种。其特点是低空、超低空性能好,要害部位有防护装甲。机上装有机关炮、火箭、炸弹、空对地导弹等武器,有的还可以装载核弹。 (钱炳华)

强制波 forced wave

水体处于外力持续的强制作用下而产生波动并不断地从所作用的外力获得能量的波浪。如风浪。 (龚崇准)

qiao

桥吊式垂直升船机 vertical ship lift with overhead (bridge) crane

用桥式起重机吊运承船厢的垂直升船机。由承船厢、垂直支架及桥式起重机等构成。这种升船机不设置平衡系统,载运船舶的承船厢通过钢丝绳悬吊在设置于垂直支架上的桥式起重机上。船舶驶入停放在上(下)游航道的水中的承船厢上,起重机将其提升至高于挡水闸坝顶位置。起重机的平车将承船厢沿支架顶端的纵向轨道平移至闸坝的下(上)游端,然后将其放下(上)游航道的水中,从而船舶可以顺利地通过航道上的集中水位落差由上(下)游航道驶入上(下)游航道。为减少桥式起重机的吊运动率,多采用干运方式。这种升船机不需要建造闸首,但运转费用较高,干运对船体结构也不利。只适用于船舶吨位不大的情况。 (孙忠祖)

桥涵标 bridge marks

设在内河或运河桥上标明通航桥孔的航行标志。位于通航桥孔迎船一面的桥梁正中,指引船舶通过。在多孔通航的桥梁上,正方形标牌标示大轮的通航孔,圆形标牌标示小轮包括非机动船筏等的通航孔。方牌为红色,夜间发红色单面定光;圆牌为白色,夜间发绿色单面定光。在通航孔迎船一面两侧桥柱上还可各垂直悬挂绿色单面定光灯2~4盏,标示桥柱位置(附图见彩4页彩图15)。 (李安中)

桥号标 bridge sign

标明桥梁编号和中心里程的标记。设在里程增加方向线路左侧的桥头前。 (吴树和)

桥梁建筑限界 bridge clearance

桥面以上,垂直于线路中心线,不允许任何建筑物侵入的轮廓尺寸线。有单线桥梁与双线桥梁建筑限界之分。电力牵引时,因有接触导线,限界上部稍高些。直线地段的桥梁建筑限界如下面二图所示;曲线地段有限界加宽。

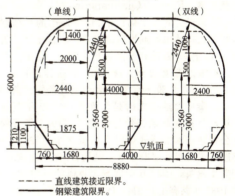

(蒸汽及内燃牵引区段)

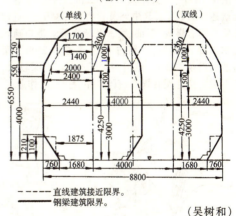

(电力牵引区段)

(吴树和)

桥枕 bridge sleeper

铺设于钢桥明桥面线路的钢轨下面,用以固定走行轨及护轨,承受列车通过钢轨传来的载荷并将其传至钢梁的构件。桥面线路因有护轨而多用木质桥枕,长度有3.0、3.2、3.4、4.2和4.8m共五种;断面有20cm×22cm~24cm×30cm几种,按钢桥纵梁或主梁的中心线间距选用。混凝土桥枕目前尚属试验阶段。

(陆银根)

qie

切滩 cutting point bar

漫滩水流将边滩切割脱离河岸成为心滩或江心洲的现象。常发生在锐弯河段或凸岸边滩较低且向河中延伸较宽而曲率适中的河道上。撇弯的同时必然发生切滩,而切滩时未必发生撇弯。切滩后,水流分散,航道水深可能不足;形成的心滩逐渐下移,有可能压缩航道,影响船舶航行。参见撇弯附图。

(王昌杰)

qin

秦皇岛港 Port of Qinhuangdao

中国最大的煤炭输出港,晋煤外运的水陆联运枢纽和大庆油田原油出口口岸之一。位于河北省东部,南临渤海,邻近有开滦煤矿和唐山、锦州工业基地。有输油管道通至大庆油田,铁路伸向山西、内蒙、宁夏和东北部分地区,是晋煤南运最短经路的出海口。秦皇岛港清末时是个渔港。1899年英商开平煤矿公司在此地开始建造码头。1914年开滦矿业公司建成木栈桥式煤码头泊位7个,1931～1940年改建成为钢筋混凝土框架结构,外侧为防波堤,内侧兼作码头。1949年后进行大规模的改建和扩建,迄1985年共有生产泊位18个,其中万t级以上深水泊位14个,码头岸线长3 552m。1985年港口吞吐量达4 419万t,其中外贸货物1 338万t。进出口主要货物有煤炭、石油、粮食及杂货等。港口疏运总量中铁路占65%,公路占6%,管道占29%。秦皇岛港自然条件良好,港湾内风浪较小,水深较大,不冻不淤。全港现有煤炭、石油、件杂货三大作业区。

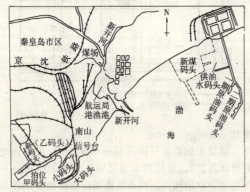

煤炭和石油作业区在东部,件杂货作业区在西部。迄1985年煤炭作业区有5万t级码头泊位3个,2万t级码头泊位1个,设计年通过能力3 000万t。石油作业区有5万t级码头泊位1个,2万t级码头泊位2个。件杂货作业区有码头泊位11个(含煤码头泊位1个),其中万t级泊位7个,其余为中小泊位。

1985年后秦皇岛港进行了大规模的扩建,至1999年底全港共有码头泊位49个(装卸生产泊位28个,其他泊位21个)。其中万t级以上装卸生产泊位27个,最大泊位为10万t级。泊位分配为煤炭泊位13个,石油泊位6个,杂货泊位6个,集装箱泊位1个,散粮泊位1个,散货灌包泊位1个。码头线总长7 858.77m。港口综合设计通过能力1.24亿t。2000年完成货物吞吐量9 743万t,其中外贸吞吐量3 851万t。

(王庆辉)

qing

青岛港 Port of Qingdao

中国主要对外贸易港口之一。位于山东半岛胶州湾东南部,天然掩护条件好,不冻不淤,水深良好,是个天然良港。青岛港原是渔村,宋朝开始形成早期港口。1894年建成一座栈桥码头。1897年德国侵占青岛,并于1899年开始建港。1904年胶济铁路通车,青岛港成为水铁联运枢纽。1906年建成码头4座。第一次世界大战期间青岛港被日本占领,1922年中国收回。1949年后经大规模的改造和扩建,迄1985年全港拥有生产码头泊位29个,其中万t级以上深水泊位16个,货物吞吐量2 611万t,其中外贸吞吐量约占51%。主要进出口货物有石油、煤炭、矿石、钢铁、化肥、粮食、木材、杂货、集装箱

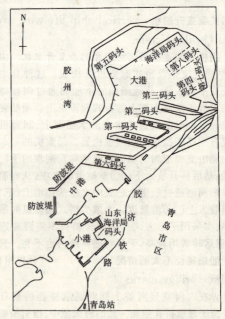

等。港口疏运总量中铁路占34%，公路占16%，水运占11%，输油管道占39%。青岛港与上海、大连、石岛之间有定期客班轮往来。全港主要由大港、中港、小港和黄岛油港等港区组成。大港为主要港区，建有防波堤2条，突堤码头7座，顺岸码头1座，主要装卸煤炭、矿石、集装箱和其他件杂货，并经营客运，有万t级以上深水泊位14个（其中集装箱泊位1个），中级泊位17个，水深5～10.8m。中港和小港供国内近海中小型船舶靠泊使用。黄岛油港位于胶州湾西南部，建有开敞式深水码头泊位2个，可靠泊5万t级和2万t级油轮各1艘。原油由输油管道从胜利油田运来，通过接岸引桥和靠船栈桥装船外运。1985年原青岛港进行了大规模的扩建。至1999年底全港共有码头14座，泊位72个，其中装卸生产泊位46个，拥有20万t级原油码头、20万t级矿石码头、中国最大的集装箱码头和现代化10万t级煤炭专用码头。2000年青岛港完成货物吞吐量8636万t，其中外贸吞吐量5763万t，集装箱吞吐量211.16万TEU。　　　　（王庆辉）

青藏高寒区　zone of cold in Qinghai-Xizang plateau

全年平均温度低于10℃，一月平均温度低于0℃，平均最大冻深40～250m（南端除外），潮湿系数0.25～1.50，3000m等高线以西以南地区，即Ⅶ区，全区为海拔高、气温低的高寒高原，分布有高原多年冻土、泥石流、沮洳地和现代冰川。东南部由于新构造运动活跃和地形破碎，地震强烈。该区划分成6个二级区和1个二级副区：(1)祁连-昆仑山地区（Ⅶ₁），潮湿系数0.25～0.50，年降水量100～400mm，最高月平均地温低于30℃；(2)柴达木荒漠区（Ⅶ₂），潮湿系数小于0.25，年降水量小于50mm，多年平均最大冻深100～200cm；(3)河源山原草甸区（Ⅶ₃），潮湿系数0.5～1.50，年降水量200～600mm，最高月平均地温低于30℃；④羌塘高原冻土区（Ⅶ₄），潮湿系数小于0.50，年降水量小于200mm，最高月平均地温低于30℃；⑤川藏高山峡谷区（Ⅶ₅），潮湿系数0.75～1.50，年降水量400～1000mm，最高月平均地温低于30℃；⑥藏南高山台地区（Ⅶ₆），潮湿系数小于0.50，年降水量200～600mm，最高月平均地温低于30℃；⑦拉萨副区（Ⅶ₆ₐ），潮湿系数0.25～0.75，年降水量400mm左右，最高月平均地温低于30℃。　　（王金炎）

青藏铁路　Qingzang Railway

青海西宁至西藏拉萨的高原铁路。全长约1956km。西宁至格尔木长814km，已于1979年9月建成通车；格尔木至拉萨长约1142km，其中格尔木至南山口32km已经建成；由南山口至拉萨长约1110km已于2001年6月29日开工，预计总工期6年。本线由海拔2300m的西宁沿湟水支流西川河峡谷西行，过克土垭口，沿海拔3200m的青海湖北岸平原到达哈尔盖，再以长4005m的越岭隧道穿过海拔3850m的关角垭口，进入海拔2800m左右的柴达木盆地，经希里沟（乌兰）、德令哈，越海拔3350m的航垭口，折而南行，穿过察尔汗盐湖到达海拔2760m的格尔木。再沿格尔木河爬上海拔4670m的昆仑山口，在海拔4500m以上的青藏高原上南行，越风火山（海拔4900m）、唐古拉山（海拔5072m）进入西藏境内，越过海拔4850m的头九山后，线路高程逐渐下降，经那曲到达海拔3620m的拉萨。全线有960km高程高于4000m，越唐古拉山时有20km高程高于5000m，有多年冻土地段550km，桥隧总长占线路总长的8%，建成后当是世界海拔最高的铁路。高原空气稀薄含氧量少，人员体力、机械效率均将降低，且气候酷寒遍布永冻地层，又有顺地面滚动的雷击区，加上生态环境十分脆弱，施工困难不少，目前关键技术问题已基本解决。　　　　　　　　　　（郝　瀛）

青藏铁路盐岩路基　Salt lake roadbed of Qing Zang Railway

青藏铁路在柴达木盆地察尔汗盐湖的盐岩地段修筑的路基。总长32km，湖上盐岩厚约10～18m，路基全系低路堤，未设一桥一涵。根据路基工程措施不同分为岩盐路基和盐湖溶洞地段路基。岩盐地基路基均为高0.5～1.0m的低路堤，直接修筑在盐湖的盐壳上，挖取盐湖内的盐块作为路堤填料，浇洒盐卤水压实而成。溶洞地段路基按溶洞发育程度分别对待，在溶洞分布密、岩盐结构松散湖段，清除全部岩盐层，回填砾砂；在岩盐结构致密湖段，揭开盐壳，搜查溶洞位置，用砂砾堵塞捣实，同时在线路左侧设自流排水坑，将注入岩盐层的承压水引进远离路堤的地方排走，控制路堤基底的溶洞发展。盐湖路基已于1979年建成通车，迄今畅通无阻。在岩盐不良地段筑路是中国铁路建筑史上的一个创举，在世界铁路建筑史上也属罕见。　　　　　　　　　　　　　　　（池淑兰）

轻轨铁路　portable railway

又称城市轻便铁路。大容量中速度的城市客运有轨交通系统。它是从有轨电车改进和发展起来的。轨道可设于地面上与其他车辆混行；街道窄狭和交通拥挤地段，可铺设于地下隧道内；街道交叉处或条件许可时，也可采用架空轨道。站间距离市区可为300～500m，郊区可达800～1000m。一般采用架空线供电、电流制为600伏或750伏直流电。车辆构造都力争轻型化并降低噪音，运行时可用单节四轴车、双节铰接的六轴车、三节铰接的八轴车，或编挂为更长的列车。钢轨质量轻，焊接为无缝线路以降低噪音。1978年3月在比利时布鲁塞尔召开的第一次国际轻轨交通委员会上，因这种有轨运输和市郊铁路、地下铁路相比，运能较小、速度较低、站间距较短，钢轨质量较轻，故被命名为轻轨铁路。轻轨铁路的造价比地下铁道低，运送旅客人数和运行速度比公共汽车高，可以因地制宜采用不同结构，又便于改建、利于逐步发展，所以近年来在世界各大城市得到很快发展。

（郝瀛）

轻型整治建筑物 light structures for regulation works

又称临时性整治建筑物。用竹、木、芦苇、梢料、塑料等材料建造的整治建筑物。常见的有各种编篱建筑物和屏式建筑物等。其抗冲和防腐性能较差，使用年限较短。但结构简单，施工方便，造价低廉，易于拆迁改造。常用于临时性工程，在整治浅滩未取得经验前，还可用以摸索合适的整治方法。

（王昌杰）

qiu

丘陵线 terrain line

丘陵地区布设的公路路线。兼有平原区和山岭布线的特点，路线布设有多种方案，合理选择比较，因地布线，可获较为理想的设计成果。

（周宪华）

球磨机 ball mill

以钢球为磨碎介质（或称研磨体）研磨矿石、煤炭、建筑材料等大粒度物料的机械设备。主要由圆柱形筒体、端盖、轴承和传动大齿圈等主要部件组成。筒体内装入直径为25～150mm的钢球，其装入量为整个筒体有效容积的25%～50%。筒体两端

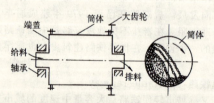

有端盖，用螺钉固定于筒体的法兰上，其中心有孔，是中空轴颈，支承在轴承上，可以转动。电动机通过联轴器和小齿轮带动固定在筒体上的大齿圈和筒体一起缓缓转动。当筒体转动时，钢球随筒体上升至一定高度，然后呈抛物线落下或泻落而下。物料从左方的中空轴颈给入筒体并逐渐向右方扩散移动，在自左而右移动过程中物料遭到钢球的不断打击而逐渐粉碎，最终从右方中空轴颈排出机外。

（李维坚）

qu

区段 district of railway

铁路上两区段站间的路段。其长短与机车交路和乘务制度有关。每一区段中设有若干中间站。

（吴树和）

区段货物列车 district goods train

又称区段列车。在编组站或区段站编组，运行于一个区段内一般无摘挂作业的列车。

（吴树和）

区段站 railway district station

办理通过货物列车的接发作业，兼顾改编货物列车的解体、编组作业，并为驶往相邻区段的列车提供技术状态完好、且处于运转整备状态机车的铁路车站。有横列式、纵列式图型。横列式的特点是：上下行两方向客货列车到发场和调车场，都是横向并排布置；设备集中，易于管理，但能力不大。适用于单线铁路和初期运量不大的双线铁路区段站。纵列式的特点是：上下行两个货物列车到发场纵向布置于正线两侧，改编列车较多的到发场外侧设一个上下行到发场共用的调车场；设备分散，管理不便，但能力较大。适用于运量较大的双线铁路区段站。

（严良田）

区间交通 inter-zone traffic

出行的起迄点不在同一个交通分区之内。亦即除区内交通、出入境交通之外的一切交通。

（文旭光）

区内交通 intra-zone traffic

出行的起迄点同在一个交通分区之内。在步行交通中，区内交通占很大比重。

（文旭光）

区域编组站 regional marshalling station

处在3个及其以上干线方向的交会点、承担3～5个及其以上去向技术直达列车和直通列车的编组任务、每昼夜完成解编作业量在4 000辆以上的编组站。如长春、西安东、成都东、贵阳南等编组站。

（严良田）

区域运输规划 regional transportation planning

一个地区的运输系统未来发展的现在宏观决策。一个地区往往部署有铁路、公路、水运、航空等多种运输方式，有时还会有管道及其他特种运输，通过运输规划，使其得到协调的发展，在满足运输需求的前提下，力求总的社会消耗最省。

（文旭光）

曲柄连杆式启闭机 operated machinery with segment

传动系统由连杆、曲柄、扇形齿轮及传动齿轮所构成,启闭人字闸门和三角闸门的推拉杆式启闭机。连杆一端与门扇铰接,另一端与固定在扇形齿轮上的曲柄铰接。电动机驱动传动齿轮带动扇形齿轮转动,从而使曲柄、连杆运动以启闭闸门。这种启闭机使闸门的转动速度在启闭的开始和结束阶段是渐变的,可减轻闸门在启闭过程中所受到的冲击;与轮盘式启闭机相比,推拉杆(即连杆)长度较短,易于满足受压时的稳定要求;扇形齿轮的尺寸及启闭机重量较小。多用于启闭力较大的人字闸门和三角闸门上。　　　　　　　　　　　　　　（詹世富）

曲杆泵 Moyno pump, single screw pump

又称单螺杆泵。利用螺杆与螺孔啮合作用使液体或浆体增加机械

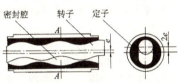

能的设备。泵体工作部分系由双头螺旋形孔的定子和在定子内与其啮合的单头螺杆转子所组成。螺距为 t 的单头螺杆转子,垂直于轴线任一截面是半径为 R 的圆,圆心与转子轴线的偏心为 e。定子内腔是导程为 $2t$ 的双头螺旋孔,而垂直于其轴线的任一截面都是腰圆,腰圆圆心距中心为 $2e$。当转子与定子啮合时,在转子、定子副间就形成若干彼此独立的密封腔,浆体就在密封腔里随着转子转动推动密封腔及浆体向排出端排出。该泵适用于泵送各种高、低黏度、糊状、纤维状和具有磨削颗粒的流体介质。　　　　　　　　　　　　　　　　（李维坚）

曲率图 curvature graph

横坐标为曲线长,纵坐标为曲率 K 所绘的坐标图。包括设计曲线曲率图和既有曲线曲率图。设计曲线的圆曲线部分,因曲率为常数,故图线为一水平线,其高度为曲率 K,等于半径 R 的倒数;两端缓和曲线的图线为斜直线,其曲率由 O 直线变化到 $1/R$,又由 $1/R$ 变到 O,所以设计曲线的曲率图为梯形。既有曲线,因运营中发生错动,绘出的曲率图由折线构成,形状接近于梯形。可根据既有曲线曲率图的轮廓,绘出与其接近的规则梯形线,再据以计算曲线半径和缓和曲线长度。　　　　　（周宪忠）

曲线标 curve sign

设在曲线中部,标明曲线中心里程、半径、曲线长和缓和曲线长的标记。安设在里程增加方向线路左侧;中间站设于最外股道外侧;区段站及以上车站设在正线与到发线中间;桥梁上用木板或铁板写好曲线资料挂在人行道栏杆上;隧道内用油漆写在高出轨面约 1m 的隧道边墙上。

在圆曲线或缓和曲线起终点还应设置曲线始终点标,设在直缓、缓圆、圆缓、缓直各点上,标明列车前方线路为直线、圆曲线或缓和曲线。　　　　　　　　　　　　　　　　（吴树和）

曲线出岔 turnout on curve

铁路曲线地段道岔铺设的处理办法。随使用道岔的种类采用两种解决办法:一种办法是采用特殊设计的曲线道岔;另一种办法是采用标准设计的单开道岔。通常采用后一种办法,此时,曲线需局部取直。曲线取直方法有弦线取直法、切线取直法和割浅取直法三种。无论自曲线外侧或曲线内侧出岔,三种取直方法均能适用。　　　（陆银根）

曲线附加阻力 additional resistance for cure

列车在曲线上运行比在直线上运行时额外增加的阻力。其产生是由于在曲线地段:(1)内外轨长度不同,机车车辆内外侧车轮运行的距离不相等,引起外轮向前内轮向后滑动,增加了轮轨间的纵向滑动阻力;(2)外轨起导向作用,外轮受外轨顶推改变运动方向,因而增加了轮轨间的摩擦力;(3)列车在进入或驶出曲线地段时,机车车辆的转向架要绕心盘转动,产生摩擦力。其值大小与曲线半径、轨距、行车速度、外轨超高、机车车辆类型、固定轴距等因素有关,一般根据试验资料归纳出经验公式计算。　　　　　　　　　　　　　　　　　（吴树和）

曲线轨距加宽 curve gauge widening

曲线路段轨距较直线路段轨距有所加大的数值标准。列车行驶在曲线上时,机车车辆的车架或转向架在轨道上所占的几何内接方式以及动力状态与轨距的大小有关。为避免机车车辆通过曲线轨道时产生过大的轮轨阻力,减缓车轮轮缘和钢轨的磨耗,降低机辆和轨道设备的维修养护费用,在曲率半径较小的曲线轨道上,应设置比标准轨距适当加宽的轨距,世界多数国家铁路规定,在直线和曲率半径大于 300~400m 的曲线路段,轨距可采用标准轨距,而曲率半径小于 300~400m 的曲线路段,轨距应作 5~15mm 的加宽。加宽的实施办法是将曲线内轨向圆心方向平移一个加宽值,而外轨的位置保持不变。曲线轨距与直线标准轨距间的过渡,一般在缓和曲线上完成。　　　　　　　　　（陆银根）

曲线外轨超高 superelevation

俗称超高。曲线轨道外轨顶面高于内轨顶面的高程差数值。当列车通过曲线时,产生离心力,其值与列车质量、列车走行速度的平方成正比,而与曲线曲率半径成反比。离心力引起轨道偏心受载。为了抵消离心力的消极作用,将曲线轨道适当抬高,使列车重力产生向心分力,以求曲线轨道内外两股钢轨

受力相等，钢轨垂直磨耗均匀，提高轨道的稳定性和行车安全度。超高值的取值，新建铁路按设计速度计算，公式如下：

$$h = 7.6 \frac{v_{\max}^2}{R}$$

式中 h 为超高值，mm；$v_{\max}$ 为设计段最大行车速度，km/h；R 为曲线曲率半径，m。既有铁路则按均方根速度计算，公式如下：

$$h = 11.8 \frac{v_0^2}{R}$$

式中 v_0 为均方根速度，等于

$$v_0 = \sqrt{\frac{\Sigma NPv^2}{\Sigma NP}}$$

其中 P 为列车质量，t；v 为列车速度，km/h；N 为每昼夜通过的质量和速度相同的列车次数。由于列车实际通过速度与曲线轨道所设置的超高不相适应而产生的欠超高或过超高，统称为未被平衡超高，其值影响旅客舒适和行车安全，必须加以限制。设置超高的办法有两种：在有碴轨道上增加外轨下道床厚度，藉以抬高外轨，而内轨则仍保持原有标高。在无碴轨道上将外轨抬高至计算超高值的一半，而内轨则降低一半。曲线内外轨轨顶与直线轨道轨顶高程之间的过渡，通常在缓和曲线范围内完成。

（陆银根）

曲线折减　reduction of gradient on curve

因曲线附加阻力而形成的最大坡度折减。在曲线路段，货物列车受到的坡度阻力与曲线阻力之和，不应超过最大坡度的坡度阻力，以保证列车不低于计算速度运行。所以曲线路段的设计坡度应不大于最大坡度减去曲线阻力折算坡度值。折减范围是未加设缓和曲线的圆曲线部分。　　　（周宪忠）

曲线辙叉　curved frog

叉心工作边为曲线型的辙叉。用高锰钢整体铸造，也可用标准断面钢轨组装。由于将导曲线伸进辙叉，延长了导曲线的切线，因此，在道岔号码、轨距标准等条件相同的情况下，比使用直线形辙叉能获得较大的导曲线曲率半径或较小的道岔长度。用于厂矿企业的铁路专用线可取得缩短场地布置及降低基建投资的效果。　　　（陆银根）

曲线阻力折算坡度　equivalant gradient for curve resistance

又称曲线阻力当量坡度。把曲线附加阻力视为一个坡度产生的阻力，相应的折算坡度值。这为计算行车时分和设计时最大坡度的曲线折减提供了方便。　　　（周宪忠）

渠化工程　canalization project

为河流渠化所采取的工程措施。在其中通常需要建造挡水建筑物（拦河坝或活动坝）、通航建筑物（船闸或升船机）及坝岸连接和护岸建筑物（如翼墙、护岸等）。此外，常需要考虑水资源的综合利用，根据可能赋予的其他综合利用任务，有时还建造水电站、鱼道、过木建筑物及灌溉渠首等取水建筑物等。

（蔡志长）

渠化航道　canalized channel

在天然河流中兴建拦河闸，坝壅高上游水位以后，从闸、坝到回水末端的天然航道。在这种航道中，滩险均被淹没。在枯水位时，航道水深可以得到保证，流速较缓，船舶的航行条件有较大的改善。

（蔡志长）

渠化河段　canalized section of river

在河流中建造渠化枢纽壅高上游水位以后，从枢纽到回水末端间的河段。该河段具有足够的通航水深、水流缓，能满足船舶通航的基本要求。

（蔡志长）

渠化枢纽　hydro-junction of canalization

为河流渠化，在河流的某一地点修建的一组水工建筑物的综合体。一般由挡水建筑物、泄水建筑物、通航建筑物、坝岸连接建筑物等组成。根据河流综合利用开发的任务，在有些枢纽中，还有水电站、水轮泵站、灌溉渠首、鱼道、过木建筑物等。

（蔡志长）

渠化梯级　flight of canalization

在天然河流上，为河流渠化而建造的一系列渠化枢纽的总称。各渠化枢纽的设计水位一般均互相衔接以形成一条深水航道。也有的在渠化枢纽之间水位并不衔接，其间还有一段天然河段。　　（蔡志长）

取土坑　borrow pit

就地取土填筑路堤时，在路基坡脚外侧开挖成形状规则的土坑。其深度、大小和形状视填土需要量、运土经济性、排水要求、地下水位并考虑占地的影响而定。地面有明显横坡时，取土坑设于路基上方，既可作为排水沟又利用下坡运土。在横坡平缓地段，设于线路两侧。在农作物高产区，尽量利用邻近山坡、荒地集中取土或远运，以减少取土占地。

（徐凤华　陈雅贞）

quan

全顶驼峰　all-Dowty hump

又称全减速顶驼峰。在驼峰溜放部分和调车场内的所有线路上，均以减速顶为惟一调速装置的调车驼峰。特点是除在调车线上安装临界速度数值与车辆安全连挂速度数值相对应的减速顶外，还要在驼峰溜放部分的线路和道岔范围内，安装较高档次的减速顶。这种减速顶的临界速度值较高，足以使从峰顶溜下的前后车组在道岔上安全分路。中国杭州枢纽艮山门编组站的驼峰,就是这种类型的驼峰。

（严良田）

全定向式立体交叉 fully directional interchange

各转向运行均设有直接或半直接匝道连接的互通式立体交叉。每一转向的车辆均沿着顺直的专用车行道行驶。所有转弯都采用直接或半直接匝道与采用环形匝道相比,具有行驶距离短,行车速度高,交通容量大,易于识别方向和避免交织等优点。交通量特别大的高速公路往往需要采用这种立交。

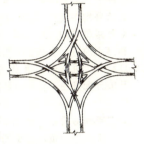

（顾尚华）

全感应式自动控制交叉 fully actuated automatic signal control intersection

在所有进口道上都设置感应器检测车辆,并指挥色灯信号的交叉口。一般多用于两等级流量均相近的道路相交。

（徐吉谦）

全感应信号 full traffic-actuated signal

在交叉口的所有入口车道上设置感应器,由其调节色灯信号配时的交通信号。在独立的交叉口具有较高的灵活性,但造价很高。其基本运行方式是：设一条线路原为绿灯,当另一条线路来车时,则原绿灯可因设定的车间时距内无车到达或设定的最大极限时间已到而变灯,当另一条线路无车时,则继续保持原绿灯不变。行人通过道路可用行人按钮调节信号。

（李旭宏）

全红信号 all red signal

又称全停信号。信号灯从一个相位变化到另一个相位时,交叉路口所有进口道方向的信号灯全部出现红灯。其目的是起到清理路口的安全作用。当全红信号出现而人行横道灯为绿灯时,行人可在交叉口自由穿过。

（李旭宏）

全互通式立体交叉 full interchange

不同平面上相交的道路,各向车流均可互相连通的交叉。是一种比较完善的立体交叉。转弯车流在不受干扰的情况下能比较方便地转到要去的方向,代表形式有：苜蓿叶型、喇叭型、环型、定向型、涡轮型、钩状型和迂回型等。

（顾尚华）

全日潮 diurnal tide

海面在一个太阴月中的大多数太阴日里出现一次高潮和一次低潮,而其余的日子里则为一天两次潮的现象。潮位曲线为对称的余弦曲线。潮差随月球赤纬变化有半月周期的变化。当月球赤纬接近零时,潮位涨落不明显,赤纬增大时,潮差随之增大。中国南海有许多地点的潮汐属全日潮类型,其中北部湾是世界上最典型的全日潮海区之一。

（张东生）

全天对策控制 time of day strategic control

把信号灯开放时间的钟点划分成各个时段来进行控制的交叉口控制方式。如上午7时至8时为自行车及公交车高峰时段,8时至10时为货运机动车高峰时段,下午14时至16时又是货运机动车高峰时段,16时至18时为公交车高峰时段,其余均为低峰时段等等。在各个时段内尽量使信号配时,如信号灯的周期、绿信比及偏移等参数与实际交通需求相适应。

（乔凤祥）

全有或全无分配法 all or nothing method

又称最短线路法或捷径法。以各交通区形心之间的行程时间为基准,将交通量全部分配在最小行程时间的通路上的交通量分配方法。各起迄点之间的交通均行经最短路径,其他路线均为零。应用本方法时,先在路网中找出各交通区形心之间的最短路径,再按全有或全无原则分配各区间的交通量,最后叠加出各路段的总交通量。

（文旭光）

R

ran

燃气轮机车 gas turbine locomotive

用燃气轮机组作原动机来牵引列车的内燃机车。可分为开式和复式两类。开式燃气轮机由涡轮机、涡轮压气机和独立的燃烧室组成,传动装置有电力和机械两种。复式的由燃气发生器、空气压缩机和牵引涡轮组成,多由机械传动。该种机车构造的其他部分,如车体、司机室、车架、走行部和制动装置与一般内燃机车基本相同。可燃用低质柴油,单位功率的重量较轻,耗水少；但部分负荷时热效率很低,且需要采用昂贵的耐火材料,所以发展缓慢。

（周宪忠）

rang

让路停车 yield stop

在平面交叉口次要道路上设立让路标志,次要道路上的车辆通过交叉口时必须放慢车速,估计能通过时再通过的车流调节方式。如果接近交叉口时次要道路上的安全速度在16~24km/h时,可考虑采用。但其事故责任难于判断,故目前较少采用。
(李旭宏)

re

热融滑坍 slope slough due to thaw

自然营力或人为活动,破坏了多年冻土区中有厚层地下冰分布的斜坡的热平衡状态,土体在重力作用下,沿融冻界面移动而形成滑坍的路基病害。能使路基边坡或建筑物基底失去稳定性,也可能使建筑物被融冻泥流物堵塞或掩埋。
(池淑兰)

ren

人的交通特征 triffic characteristics of man

在道路交通系统中,人的心理、生理和行为的特征。这里所述的人包括车辆驾驶员、行人和乘客。一般与其个性、感受信息的特性以及在不同的交通环境条件下处理信息的能力有关,对交通安全有决定性影响,是交通工程设计的重要依据。通常着重研究分析驾驶员的交通特性。
(戚信灏)

人工岛 artificial island

利用挖泥船挖出的泥沙在水中吹填的陆域。在沿海或大城市附近,陆域受到限制,可在水中用围堰围成一水域,将疏浚泥土吹填其中,出水后形成岛屿,进行地基处理后作为建筑用地。在日本、荷兰等国多采用这种海中造地方法增加陆域面积,满足工厂、港区、生活区、飞机场等需要。
(李安中)

人工海草 artificial sea grass

用密度较小的聚烯纤维丝成丛布置构成的屏帘。下端锚碇于河底,上端漂浮在水中,随水流似草一样地摆动。有滞流促淤和消减波浪的作用。常用于促淤固滩,保护河岸、海岸等。目前常用的有聚丙二醇脂泡沫纤维和聚丙烯纤维。锚碇物可采用水泥块或内装沙、石并封口的合成纤维编织袋。
(王昌杰)

人工航道 artificial waterway

又称运河。在陆地上人工开凿的航道。可供船舶航行的灌溉、排水、供水等输水渠道也包括在内。
(蔡志长)

人工控制信号交叉 intersection of manual control signal

使用人工直接指挥车辆运行的交叉口。一般信号有交通手势信号、交通指挥棒信号和手控信号灯三种形式。在交通繁忙拥挤的交叉口直接用交通手势信号指挥直行、左转与停止前进。在无信号灯的交叉路口,通常用交通指挥棒信号指挥直行、左转弯和停止前进。手控信号灯是由一组或数组红、绿、黄灯和一个机械开关组成,通过民警目测流量大小用开关分配灯色。这种方法灵活、可靠,适用于多种条件。
(徐吉谦)

人工手动信号机 manual controller

又称手控机。对交通信号进行人工控制变换灯色的信号机。其控制开关有旋转式、扳键式、琴键式几种。
(乔凤祥)

人工台阶 artificial steps

横坡较陡的地面上挖成的梯台。地面横坡陡于1:5的坡地上填筑路堤时,为防路基整体沿原地面滑动而影响其稳定,要求在填筑前将地面挖成台阶,其宽度不小于1m,顶面应做成2%~4%的反向横坡,以加强路基填土与地面的结合。
(张心如)

人力绞滩

用人力推动设置在岸上的绞关转动而牵引船舶通过急流滩险的绞滩作业。设备简单,但拖带力小,运转慢,劳动强度大,现多已淘汰,仅在小河航道上使用。
(李安中)

人行护网 pedestrian protection screen

在人行天桥两侧,为防止行人攀登栏杆不慎坠落或向桥下投掷物件等影响交通安全而设置的道路防护设施。护网由金属支柱和密织金属网组成,有屏栏式、半圆形封闭式等形式,设于天桥栏杆处。
(李峻利)

人行立交桥 pedestrian overcrossing

又称人行天桥。专供行人穿越道路的桥梁。通常设于车流大、行人稠密的路段、交叉口、广场或铁路的上方,用以避免行人与车辆在平面相交时的冲突与干扰,保障行人安全跨越、车辆快速通行。立交桥的高度取决于地面上行驶车辆所需要的净空和桥梁的结构高度;宽度视行人流量而定。桥上应设置必要的防护措施(如人行护网等)。桥头附近应设置禁止行人从地面穿越的设施。
(李峻利)

人字闸门 miter gate

由两扇绕垂直轴转动的平面门扇构成的船闸闸门。闸门关闭挡水时,两门扇形成"人"字,故名。由以下几个部分组成:(1)门扇,由面板、主梁、次梁、门轴柱和斜接柱以及背斜杆等所构成的挡水结构;(2)支承部分,包括支垫座、枕垫座、顶枢和底枢以及导卡保安支垫等支承闸门的设备;(3)止水;(4)工作桥。其工作特点是:关闭挡水时,两门扇相互支承在彼此的斜接柱上,构成三铰拱,以承受水压力作用。根据门扇的平面形状,可分为平面人字闸门和拱形人字闸门。根据门扇结构的梁格布置,平面人字闸门又可分为横梁式和立柱式两种。横梁式人字闸门的主要受力构件为主横梁,水压力由主横梁通过支垫座和枕垫座传到闸首边墩。立柱式人字闸门的主要受力构件为纵梁(又称立柱),水压力由纵梁传至顶、底横梁,再由底横梁传至闸首门槛,由顶横梁传至闸首边墩。拱形人字闸门的门扇成圆拱形,闸门关闭挡水时,主横梁只承受轴向压力作用,能节省材料,但闸门制造、安装较复杂,门龛深度较大,工程实践中应用较少。人字闸门是船闸中广泛采用的一种闸门,能封闭高而宽的孔口,门扇自重较轻,启闭力小,操作简便可靠。但只能承受单向水头,水下底枢容易磨损,检修困难,制作安装精度要求高。中国已建船闸中,尺寸最大的为葛洲坝水利枢纽一、二号船闸下闸首的工作闸门,其门扇宽度为 19.7m,高度为 34.05m。目前世界上最大的人字闸门是巴西图库鲁依 2 号船闸下闸首人字闸门,门扇高 42.5m,每扇门重量 870t。 (詹世富)

人字闸门旋转中心 rotation center of miter gate

船闸人字闸门顶枢与底枢中心连接线在平面上的投影位置。为人字闸门的转动轴中心。在确定其位置时,应使人字闸门关闭时支垫座与枕垫座有良好的接触条件,以传递主横梁的反力;而当闸门开启时,能立即脱开,以减少摩擦阻力,并保证闸门全开后,门扇全部位于门龛中且有 10~20cm 的富裕量。其位置按上述要求,根据闸门关闭和全开时的门扇轴线,门扇轮廓线和支承反力作用线等用几何作图法加以确定。 (詹世富)

ri

日本东海道新干线 Japanese Tokaido Shinkansen

由东京到大阪的标准轨距、双线电气化高速客运铁路。全长 515.4km,1959 年开工,1964 年 10 月建成通车,最高速度 210km/h,是世界上正规旅客列车时速超过 200km 的第一条铁路。东京大阪间的乘车时间仅 3h10min,旅行速度高达 162.8km/h,接近航空的旅途时间(含两地机场到市内的乘坐汽车时间),实现了与航空竞争的预期目标。1975 年每天开行旅客列车 132 对,年客运量为 1.5 亿人,年盈利达 1818 亿日元;和日本其他国营铁路营业亏损相比,反映出高速铁路的强大生命力;不但推动了日本高速新干线的进一步发展,并且促使欧美各国开始修建高速铁路。线路轨距为 1435mm,不同于日本传统的 1067mm 轨距的国营铁路,故称新干线。双线线距为 4.2m,路基宽度为 10.7m。一般路段的最小曲线半径为 2500m,个别速度不高与困难路段为 400~1000m;最大外轨超高为 180mm,采用了半坡正弦超高顺坡和相应的缓和曲线线型,铺设了 50kg 无接缝线路和可动心轨道岔。动车组采用单相交流 60Hz、25kV 的供电方式,每组动车的持续额定功率为 1480kW,每吨重量高达 13kW 左右,可保证列车很快加速和高速运行;高速运行减速时采用电阻制动,时速低于 50km 时采用空气制动;列车安装了自动控制装置,控制加减速度以保证旅客乘车舒适。列车由两辆一组的动车组编成,通常编挂 16 节车厢,全长 400m,车厢密闭安装了空调设施,列车两端均设司机室,可不用转头往返运行。东海道新干线的高速技术对世界高速铁路有重要参考价值。 (郝 瀛)

日本名神高速公路 Nagoya-Kobe freeway in Japan

由日本名古屋至神户的高速公路。这是日本的第一条高速公路,1958 年 10 月开工,1963 年开通 70km,1965 年 7 月建成通车。全长 158.3km。总投资 1194 亿日元,从 1960 年起向世界银行借款 3.8 亿美元(其中一部分用于东名高速公路)。有四个车道,设两个行车带,每个行车带宽 7.2m,中间分隔带宽 3m,路基宽 24.4m。桥梁全长 10km,隧道全长 2556m,立体交叉 40 座,填土 2800 万 m³。通过居民区路段设有隔音墙,并为沿线居民安装了双层玻璃窗。这是一条收费公路,现在采用磁性卡片收费系统,电脑进行处理。这个系统简便、准确、迅速,适合高速公路节奏,并杜绝了收费员的徇私舞弊和驾驶员的逃费。24 年可收回投资。该路交通现已饱和,准备扩建为六车道,目前京都南至吹田间 27.4km 已扩建成六车道,并正在酝酿修建第二条名神高速公路。 (王金炎)

rong

容器式输送管道 capsule pipeline

在管道里,靠流体驱动载货容器输送物料的运输方式。按照所使用的流体可分为气力容器式输送管道和液力容器式输送管道。任何一种合适尺寸的固体物料都可以用它来输送如砾石、煤、各种矿石、工业产品、信件、书籍、票件、账册等等。 (李维坚)

柔性承台 flexible platform on piles

又称柔性桩台。承台具有一定的刚度(即刚度为一有限值),且与桩的刚度相差不很大的桩基承台。如板梁式、无梁面板式及承台的平均高度与边支承间距之比约小于 $\frac{1}{4}$ 的承台式高桩码头,均属于柔性承台。其特点是承台为一刚度不大的、会产生变形的受弯横梁,其支座处是连续的,承台中有直桩、斜桩或叉桩,在外力作用下,由于承台中的各桩变形不能略去,因而横梁各支承点不仅有竖向变位,而且还有侧向变位,从力学的性能来看,它属于有侧向位移的弹性支承连续梁。

(杨克己)

柔性防护系统 safety netting system

利用钢丝绳网作为主要构成部分来防护崩塌落石病害的措施。按其作用及设置条件不同分为主动防护和被动防护两种,如图(a)、图(b)所示。

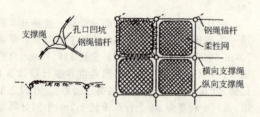

(a) 主动防护系统

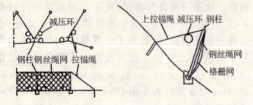

(b) 被动防护系统

主动防护是利用锚杆和钢绳网将危石固定于原处,使之不能坠落。主动防护系统的传力过程是"钢绳网→支撑网→锚杆→稳定地层"。作用原理类似于喷锚支护和锚钉墙等面层防护系统。由于其柔性特性,能承受较大下滑力。被动防护系统由钢丝绳网、固定系统(拉锚和支撑绳)、减压环和钢柱四部分形成屏障,它可吸收并消散崩落危石的冲击能量,并将滚落的石块拦截住,达到防护的目的,并避免传统刚性防护建筑物自身的破坏。柔性系统来自钢丝绳网、支撑绳和减压环结构,钢柱与基座间采用可动铰连接以保整个系统的柔性匹配。柔性防护系统功能可靠、耐久,施工简便快捷,只需少量人工及简单机具施工,对行车干扰少;布置较灵活,一般不需破坏原始边坡表面植被,利于环保;防护系统整体性和协调性较强,维修也简便易行;造价较低廉,防护效果好。它是整治崩塌落石的一种经济可行的方法。近几年在公路、铁路运营线上作为整治病害,使用较多,效果也较好。

(池淑兰)

柔性路面 flexible pavement

面层刚度较小的路面类型的总称。早期的柔性路面只是为保护路基,不产生车辙,防止雨天泥泞而铺筑的碎石面层或沥青表面处治薄层,因此,传统概念认为柔性路面结构中传播到土基的荷载比较集中,对于土基承载能力不足的情况,宜采用包括基层、底基层在内的多层结构。第二次大战以后,由于汽车轴重增大,传统的薄层路面已被厚层沥青混凝土面层代替,基层、底基层普遍采用刚度较大的稳定材料(如水泥稳定粒料等),而路面结构总厚度也大幅度增加。路面结构的总体刚度已大大超出早期柔性路面的概念,土基对车轮荷载的反映也没有那么敏感了。但是由于传统的习惯,仍然称之为柔性路面。目前所称的柔性路面是指的除水泥混凝土路面之外的各种路面的总称。一般地说是由一系列的层次所组成,其面层与靠近面层的层次所用的材料质量最高,荷载支承能力是由层状体系的荷载分布特性决定的。

(邓学钧)

柔性路面层状弹性体系解 solution of elastic layered system for flexible pavement

用于描述柔性路面层状结构,符合弹性力学基本假定的层状弹性体系的解。体系包括土基在内具有几个层次,每层具有独立弹性常数,弹性模量 E_i 与泊松系数 μ_i。为模拟车轮荷载,在体系顶面作用有圆形均布垂直载荷 q 与水平载荷 p(见图)。波米斯特(D. M. Burmister)于1943年最先提出了双层体系理论的解,1945年又发表了三层体系的理论解。第二次世界大战后,理论研究进一步发展,1948年福克斯(L. Fox)和汉克(Hank)给出了应力的数值解。近年来,由于高速大型电子计算机的应用,已能编制任意多层弹性体系的计算机程序,求算任意位置的应力、应变与位移。如美国加利福尼亚州研究院的 ELSYM 程序、切夫隆研究公司的 CHEV-SL 程序、荷兰壳牌研究组的 BISAR 程序等。由于计算机应用的普及,层状弹性体系解的实用性成果已广泛用于柔性路面设计中。如壳牌(shell)石油公司设计法、美国地沥青协会(AI)法、前苏联柔性路面设计法和中国1997年颁布的《公路沥青路面设计规范》(JTJ 014—97)都是以层状弹性体系解为基础的。

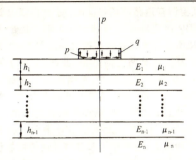

(邓学钧)

柔性路面设计 flexible pavement design

适用于柔性路面结构的设计方法体系。该体系自20世纪初开始逐步形成,并日趋完善。设计内容包括路面结构组合设计;结构层厚度设计与强度验算;结构层材料组成设计等。早期的设计方法始于1901年美国麻省道路委员会第八次年会提出的古典公式,其特点是以轮载分布到土基上的应力为依据。20世纪40年代的设计方法以经验法为中心,1942年O.J.波特提出的加州承载比法(CBR)最为典型。20世纪60年代以后,以弹性力学为基础的解析法有很大发展。现行柔性路面设计方法可以归纳为经验法和解析法两大类。经验法中,美国的CBR法、AASHTO法,英国第29号道路指示最富有代表性。解析法中以中国方法、前苏联方法、美国地沥青学会法与壳牌石油公司法比较完整。

(邓学钧)

柔性路面设计地沥青学会法 TAI method of design for flexible pavement

由美国地沥青学会(The Asphalt Institute)提出的专用于沥青路面,较为系统的柔性路面设计方法。最早于1955年发表于沥青路面厚度设计手册(MS-1),直至1981年26年间几经修改,先后提出了9个版本。1981年9月提出的第九版一直沿用至今。学会广泛采用了各国的研究成果,逐步完善,使之成为在欧美各国较有影响的一种设计方法。1970年公布的第八版TAI法以AASHO(American Association of State Highway Officials)道路试验成果为依据,采用交通量和路基承载力作为主要参数。路基承载力用CBR值(参见柔性路面设计CBR法××页)或用阻抗值R表征。路面厚度则根据设计交通量与路基承载力通过设计图表确定。第九版TAI法比以前有较大的改变,设计方法采用弹性多层体系为基础,各层材料以弹性模量和泊松比表征,交通量以80.7kN(18千磅)单轴标准轴载数表示,轮迹采用双圆荷载。设计指标采用两个极限标准,即沥青面层底面的水平拉应变和路基表面的垂直压应变。两项指标的容许值通过试验研究得到,除材料及路基土的特性之外,考虑荷载反复作用所产生的疲劳破坏影响。沥青混凝土采用动态模量,并考虑气温影响。整个设计方法已编制成计算机程序DAMA,可用于工程设计。

(邓学钧)

柔性路面设计前苏联方法 USSR design method of flexible pavement

由前苏联内务部公路总局以前苏联道路科学研究成果为基础,提出的柔性路面设计方法。1949年正式颁布的《公路路面构造须知》,为前苏联第一个法定柔性路面设计规范。后来几经修订,于1973年,根据新的设计体系颁布了《柔性路面设计须知》(BCH 46—72),一直沿用至今,成为前苏联法定的现行柔性路面规范化的设计方法。1949年的设计方法以弹性半无限体理论为基础,以车轮反复荷载作用下路面产生的累计塑性变形为控制指标,形成路面的设计体系,结构层特性以形变模量表征,多层路面结构以刚度相当原理换算为弹性半无限体,路面容许的极限塑性变形指标是根据不同等级道路所容许的路面不平整度确定的。1973年的设计方法以弹性层状体理论(二层及三层)为基础,以车轮反复荷载作用下沥青面层的疲劳开裂、松散材料结构层及路基土的抗剪切稳定性以及路面结构的弹性弯沉为控制指标,形成设计体系。结构层特性以弹性模量表征,设计容许指标根据不同等级道路的使用要求,室内试验和广泛的路况实地调查确定。

(邓学钧)

柔性路面设计壳牌公司法 shell method of design for flexible pavement

由英、荷联资的壳牌石油公司下属的研究所提出的专用于沥青路面的较为系统的柔性路面设计方法。1963年发表的沥青路面设计计算图解,经过15年的研究、发展,于1978年得出了较为完善的《壳牌路面设计手册》,在世界各国有一定影响。1963年的设计计算图解以弹性层状体系理论为基础,采用三层体系应力应变计算值绘制而成,以沥青层底面容许拉应变和路基表面的容许压应变为设计控制指标,并考虑交通量的影响。土基特性以动弹性模量表征。1978年发表的设计手册除保留原有方法的优点之外,有重大改进,设计体系采用Bisar程序进行计算分析,层间条件可以是完全连续、滑动或具有部分摩阻力。设计控制指标除原有的两项之外,补充了4项次要指标,即用结合料胶结的基层容许拉应力或拉应变;路表面的总弯沉;基层材料最低模量要求;沥青面层低温开裂等。设计参数与设计控制指标的取值与试验方法等方面都作了修改调整,吸取了AASHO试验路与其他研究工作的结论与成果。

(邓学钧)

柔性路面设计中国方法 china design method of

flexible pavement

以中国的交通特性与中国的自然地理环境为基础,通过长期研究建立起来的反映现代科学技术水平的柔性路面设计方法。1958年颁布的《中华人民共和国交通部路面设计规范(草案)》是第一个法定的中国设计方法。之后,随着科学研究的不断深入,规范不断吸取新的科研成果进行修订,于1997年由中华人民共和国交通部颁布的《公路沥青路面设计规范》是法定的现行设计方法的完整文件。现行设计方法以三层弹性体系(连续或滑动)为基础,采用双圆垂直和水平的综合荷载,标准轴载100kN。设计控制指标除路表弯沉值外,还考虑层底拉应力以防止路面开裂。在路面结构组合设计、参数取值,以及特殊地区的特殊设计等方面均充分反映了地区特性及吸取了已经取得的各项研究成果。中国设计方法的不断更新依赖于科学研究的新成就,当前各研究单位正致力于柔性路面车辙形成与控制,柔性路面的非线性与流变特性,路面的使用功能特性,现代化的量测方法,结构设计优化方法等的研究,今后中国的设计方法将随着科研工作的进展而不断更新。　　　　　　　　　　(邓学钧)

柔性路面设计 AASHTO 法　AASHTO method of design for flexible pavement

美国各州公路工作者协会(AASHTO, American Association of State Highway and Transportation Officials)以伊利诺斯州大规模道路行车试验资料为基础形成的柔性路面设计方法。该法于1962年提出,以耐用指数 PSI 为设计指标,属经验设计法。耐用指数综合反映路面的平整性、车辙深度、裂缝及修补面积,实为一种反映路面使用品质的功能性指标,AASHTO 法不以路面强度为设计指标,这是它与其他方法的不同点。设计方法以80.7kN(18千磅)轴载为标准,其他非标准轴载则以试验路总结的特有方法换算成标准轴载。设计方法以结构数(SN)综合反映路面结构层的各层厚度与材料特性。路面厚度设计通过一个经验公式完成的,该式综合了耐用指数、路面结构、交通特性、地区特点、土基承载能力等多方面因素。AASHTO 设计方法不仅对美国,而且对世界各国的路面设计方法均有较大影响,许多国家的设计方法参照其基本思想体系,或引用其重要关系式与参数,对其他传统设计方法的改进也起了一定的作用。　　　　　　　　　　(邓学钧)

柔性路面设计 CBR 法　CBR method of design for flexible pavement

由美国加利福尼亚州公路局提出的,以加州承载比(CBR, California Bearing Ratio)为指标的柔性路面设计方法。1928～1929年美国加州公路局采用贯入试验调查道路破坏状况时,制定了 CBR 试验以及用 CBR 评定路面的标准,1942 年又提出了土基的 CBR 值与必要的路面厚度之间的关系,如图 a 中曲线 B 表示路况调查的结果,曲线 A 用于厚度设计。第二次世界大战期间,美国陆军工兵部队作了许多试验,并采用 CBR 值与土基剪应力对比的方法(图 b),提出了适用于机场设计的柔性道面 CBR 方法。该部队于 1958 年发表的设计手册包括有各种轮载、轮胎压力、各种轮组和各种交通特性的设计曲线,成为一种较为完整的设计方法。CBR 法作为一种柔性路面的基本设计方法已为世界上许多国家广为应用。

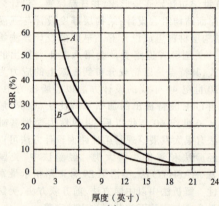

原始的 CBR 曲线。A 为 1942 年资料;B 为原始资料

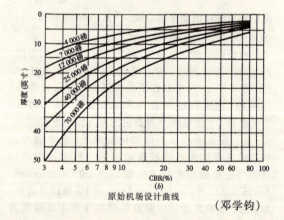

原始机场设计曲线

(邓学钧)

ru

入境交通　inbound traffic

出行的起点在规划范围之外,而终点在规划范围以内的交通。亦即进入规定的境界范围之内的交通。其交通量与城市及相邻地区的性质、规模、用地功能、对外交通方式等有关,是规划和评价城

ruan

软土地基 soft soil foundation

主要受力层为饱和软黏土、淤泥或泥炭质土等的天然软弱地基。软土具有天然含水量高、孔隙比大、渗透性小、压缩性高、抗剪强度和承载力低等特性。在软土地基上筑路时,在荷载作用下常引起基底两侧凸起,形成远伸至坡脚以外的滑坍或过多和长期的沉降,危及路基稳定。一般均应采取特殊加固处理。加固方法有:排水砂垫层、排水砂井、塑料排水板及石灰砂桩等。 (池淑兰)

软土路线 soft clay and swamp route

在有软弱饱和黏性土层或泥炭沉积的地带布设的道路路线。由于土基天然含水量大、压缩性高、透水性差、抗剪强度低,易产生不均匀沉降。在路基和桥涵建筑物的压力下会发生严重下沉或变成"弹簧"路长期不得稳定。路线应尽可能避开易受水流浸润处布设,选择软土和泥炭分布范围最窄、厚度最小、底部横坡不大、地势较高、取土条件较好的地段通过。路基宜填不切,填方考虑路堤极限高度,并采取可靠的加固与排水稳定措施。 (冯桂炎)

S

sa

萨马科铁矿浆管道 Samarco iron slurry pipeline

1977年5月在巴西建成投产用于输送铁矿浆的管道。管线由赤铁矿区乔曼诺开始到大西洋海岸的乌布港,全长400km,输送重量浓度为66%的铁矿浆,年最大输送量1 200万t。管道由360km长、508mm管径的管段和40km长、460mm管径的管段组成。全线设有两座泵站;一号泵站设在乔曼诺矿区;二号泵站设在乔曼诺以东150km处。每个泵站都设有六台工作、一台备用的三缸柱塞泵,每台泵的泵送能力为3.2m³/min,出口压力为13.5MPa。由于矿浆磨蚀性高,每台泵还附有一台高压水泵向柱塞泵注水,减少柱塞与缸套、柱塞杆与盘根之间的磨损。在线路230km处,开始陡降至海拔80m的终点。为减少过高的静压力及控制矿浆流速,在落差大的管段设置两座阀门站,停输时将阀门关闭使整个静压柱分成三段,以减小管段低处压力。在第二座阀门站里设有五个用瓷质材料作衬里的耐磨缩孔弯管的控制流速装置。 (李维坚)

san

三级公路 the third class highway

计算行车速度60~30km/h,一般能适应按各种车辆折合成中型载货汽车的远景设计年限年平均昼夜交通量为1 000~4 000辆,沟通县及城镇的集散公路。路面采用沥青表面处治,泥结碎、砾石或级配碎、砾石。 (王金炎)

三角分析法 trigonometry analysis method

在第二线平面计算中,利用既有线和第二线间的几何关系,直接计算两线间距离的方法。它是我国设计部门研究出来的,其计算结果比角图法精确,计算工作量并不比角图法大,故目前已普遍采用。计算曲线线距加宽时,先进行既有曲线的拨距计算,然后利用三角分析法计算拨正后的既有曲线与第二线的线距,称为设计线距或最后二线线距;最后计入既有曲线的拨距,即为既有线既有中线到第二线的距离,可用来确定第二线的中线位置。两线圆曲线间线距计算公式推导是三角分析法的核心;利用既有圆曲线(半径R_1、圆心O_1、内移距P_1)上任一点M与O_1连线,交第二线圆曲线(半径

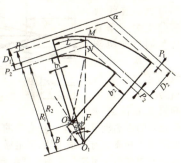

R_2、圆心O_2、内移距P_2)于N点,根据$\triangle O_1 O_2 N$及$O_1 O_2、O_1 M$与既有圆曲线始点法向间的夹角θ、ϕ,导出M点的法向线距MN为:

$$MN = R_1 - A\cos(\theta - \phi) - \sqrt{R_2^2 - A^2\sin^2(\theta - \phi)}$$

共有八种图式,公式不尽相同,用时可查手册。 (周宪忠)

三角线 triangular tracks

状似三角形、专供铁路机车转头的一组线路。一般设在机务段内或机车折返站上。由三组道岔、三条

连接线、两条尽头线和进出三角线的联络线组成。连接线的曲线半径不应小于200m，坡度不应大于12‰。供内燃、电力机车使用时，尽头线的有效长度，不应小于60m，坡度不应大于12‰；供蒸汽机车使用时，不应小于70m，面向车档的上坡坡度不应大于5‰或为平道。　　　（严良田）

三角闸门　wedge roller gate

由两扇绕垂直轴转动的三角形或扇形门扇构成的船闸闸门。由以下几部分构成：(1)面板系统，由面板、水平、竖立次梁、水平主桁架上的上弦梁及羊角等构成的挡水结构；(2)主横梁，通常为桁架结构，承受由面板系统传来的水压力；(3)端支臂桁架及端柱，承受由水平桁架、竖直次梁传来的水压力，并由端柱将水压力及闸门自重传到闸首边墩；(4)纵向联结系统；(5)枢轴，为支承闸门的顶枢轴和底枢轴。挡水时，作用于门扇上的水压力的合力通过转轴中心或偏心甚小，故能在有水压的情况下启闭；能承受双向水头；在船闸水头不大时，可利用门缝进行灌泄水；能封闭高而宽的孔口，动水启闭灵活。但门扇结构的用钢量较大，闸门制造、安装及检修均较复杂；门龛所占空间较大，增加闸首工程量。主要适用于建在感潮河段上的船闸，有时也可用作船闸的事故闸门。在中国已建的船闸中，三角闸门尺度最大的为江苏谏壁船闸的三角闸门，其口门宽度为20m，最大水位差5m。　　　（詹世富）

三开道岔　three-way turnout

又称复式对称道岔。直线轨道分支为一条直线和同时向两侧分出的两条分支线的道岔。由两组转辙器、一组中间辙叉和两组号

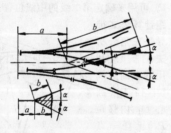

码相同的后端辙叉、护轨、道岔导曲线和岔枕等组成。由于转辙器有四根尖轨，三组辙叉又紧接相连，构造比单式道岔复杂。功用与两组异侧顺接的单开道岔相同，但设备长度远较两组单开道岔之和短得多。常采用于铁路轮渡桥头引线、编组站驼峰头部咽喉区等地点。　　　（陆银根）

三峡船闸　Three Gorges Navigation Locks

位于长江三峡水利枢纽左岸临江的坛子岭左侧的双线连续五级船闸。每线船闸的主体段由6个闸首和5个闸室组成，总长1 607m，在第1、6闸首的上、下游设置长200m的导航墙和靠船墩。上游引航道直线段长930m，下游引航道长2 722m，引航道宽度为180m，口门宽度分别为220m和200m。三峡船闸的闸室尺寸为280m×34m×5.0m(长×宽×门槛水深)，过闸的最大船队为1(推轮)+9×1 000t(甲板驳)或1+4×3 000t(油轮)，规划的年单向货运量为5 000万t。船闸总设计水头为113m，分成5纵后，考虑到上、下游通航水位变幅分别达40m和11.8m，为了适当降低闸墙高度，采用只补水不溢水的水级划分方案。三峡船闸中间级闸首最大工作水头为45.2m，是世界上水头最高的船闸。

船闸输水系统采用两侧闸墙主廊道、闸室底部4区段8支廊道顶部孔缝出水及盖板消能的等惯性输水系统。灌泄水时，通过每线船闸两侧主廊道在闸室中部分流入闸室，第一分流口为立交分流，在闸室1/4、3/4长度处设第二分流口，在上、下半闸室各对称布置有4个分支廊道，每个分支廊道顶部设有12个出水孔缝。为了解决输水阀门在正常运行、事故关闭过程的空化、空蚀问题，采取了增大阀门初始淹没水深、阀门快速开启、阀门后廊道采用底部突扩体型及在阀门门楣处设置通气管等综合措施。输水阀门采用反向弧形阀门，阀门开启时间为2min，输水时间为12min左右。

三峡船闸于2003年建成并投入运行，它是世界上水头最高，规模最大，技术最复杂及中国内河航运地位最重要的船闸工程。　　　（蔡志长）

散货船　bulk carrier

载运粉末状、颗粒状、块状等散装货的货船。除普通散货船外，还有散粮船、矿砂船、运煤船、散装水泥船等专用散货船。这种船吨位较大船体结构较强，一般只设单甲板，机舱多设在船尾，方形系数较大，航速较低。由于货源充足，专用码头装卸，船上一般不设起货设备，由于单程运输，为保证空载航行的稳性，所需压载水量较大，除两侧设有斜顶边压载水舱外，船中部货舱也作为压载水舱用。这种船在20世纪50年代作为一种新型船而发展起来，60年代以来发展迅速，吨位日益大型化，最大的可达25万t。为提高其经济性，装载趋向多用途化发展，也用来兼装杂货，钢材，集装箱等。　　　（吕洪根）

散货港　bulk-cargo terminal

专为矿石、煤炭、粮食、砂石等某种或某类大宗散货承担装、卸运输任务的港口。一般配有专门的装、卸设备和存储设备。散货可直接装船或上岸，毋须另行包装。　　　（张二骏）

散货码头　bulk cargo wharf

专门装卸大宗矿石、煤炭、粮食和砂石料等散货的码头。多属于专业性码头。这类码头一般都配置大型专门装卸设备，装卸效率高，通过能力大，装卸成本低。码头型式多为墩式，也有顺岸式的。结构型式有高桩墩式和重力墩式等。　　　（杨克己）

散货装卸工艺　handling technology of bulk cargos

大宗散货装卸和搬运的方法和程序。不加包装托运的块状、颗粒状、粉末状的货物，如矿石、煤炭、砂石、散运粮食等，称为散货。大宗散货码头专业性较强，装卸工艺较复杂。

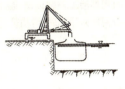

轨道式散货装船机

散货专业码头分出口和进口两类，其装卸工艺有所不同。散货出口码头装卸过程一般可分解为卸车、中间运输、货场作业、装船、平舱等工序。各工序采用的机械设备一般为：(1)卸车采用底开门自卸车、螺旋卸车机、翻车机、链斗卸车机等。(2)中间运输，大多采用带式输送机系统。(3)货场作业，采用流动式输送机、斗轮堆取料机、单臂或双臂堆料机等。(4)装船采用固定式、移动式(如图示的轨道式散货装船机)或浮式装船机等。(5)平舱采用平舱机。散货进口码头装卸过程一般可分解为卸船、中间运输、货场作业、装车等工序。卸船采用带抓斗门机、船舶吊杆、塔式装卸桥、链斗式卸船机、吸粮机等。中间运输，大多采用带式输送机系统。货场作业，除粮食码头采用筒仓系统外，其他散货基本上与出口码头相同。装车采用带抓斗的起重机、挖掘机、铲斗车等流动机械或漏斗式装车存仓。　　　(王庆辉)

散乱浅滩　scattered shoal

在整个河段上，因杂乱无章地布满了各种形状、大小不同的泥沙淤积体所形成的浅滩。特征是没有明显的边滩和深槽，水流分散、流向不定，流路曲折，水深很小，碍航严重。常出现在河槽宽阔的河段，有周期性壅水的河段或游荡型河段上。整治方法通常是用几组丁坝把零散的泥沙淤积体连成较大的边滩，形成具有一定弯曲外形的新河槽，加强环流作用，以形成稳定航槽。

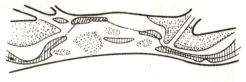

(王昌杰)

散射通信　scattering communication

利用空中介质对电磁波的散射作用进行的超视距通信。分为超短波散射通信和微波散射通信两大类。而利用的散射体有对流层、电离层、流星余迹和人造散射体等。其通信距离远，例如使用超短波电离层及流星余迹散射通信，单跳一般可达一二千公里，而利用微波波段的对流层散射通信，单跳也可达数百甚至上千公里。适用于跨越高山、湖海、沙漠等人烟稀少的地区。由于传播比较稳定，基本上不受太阳黑子、磁爆、极光和雷电的影响，不受大气核爆炸的影响，便于防窃听和干扰，因此很适于军事上应用。其缺点是传输损耗大，需要大功率发射机，高增益天线及高灵敏度低噪声接收机；接收信号有衰落现象(即接收信号电平有不规则的随机起伏变化)需要采取抗衰落措施，故其终端设备比较复杂，初期投资高于一般视距通信系统。　　　(胡景惠)

sao

扫弯水滩　hazards due to bend-rushing-flow

出现在锐弯河段的急流滩险。在曲率较小的锐弯河段，较急的水流受弯道离心力作用形成强烈的环流。其面层水流流速较大，和船舶航向构成较大交角，形成强烈横流，俗称"扫弯水"。在扫弯水一带，水流紊乱，兼有泡水、漩水。船只均需沿凸岸一侧航行，但该处存在边滩，水深往往不足。若偏离凸岸船舶又容易被冲入弯道的凹岸。可能使船头撞岸和船尾扫岸，极易酿成事故，严重危害航行。整治方法主要是采取措施增大弯道的曲率半径，如切除弯道凸岸的突嘴，在凹岸修筑丁坝或顺坝以调整主流流向等。　　　(王昌杰)

se

色灯信号机　color light signal

昼夜均用灯光的颜色、数目及亮灯状态显示信号的信号机。它昼夜的显示方式相同，易于辨认，显示距离远。由于是用电力控制，便于实现自动化，在有可靠的交流电源的车站或区间均可采用。它由机构、遮檐、背板、机柱、梯子等组成。根据机构内光学系统的不同，可分为透镜式和探照式色灯信号机。
　　　(胡景惠)

sen

森林铁路　forest railway

林业部门为了在林区集运木材，而修建的自用铁路。有准轨和窄轨之分。其中准轨铁路多与国营铁路相衔接，标准较低，数量较少；窄轨铁路占大部分，一般因地制宜，用时修，无用就拆除。
　　　(周宪忠)

sha

沙漠地区路线　desert region route

通过气候干旱、流沙广布、风沙活动剧烈的沙漠地区的道路路线。布设时应绕避严重流沙,利用有利地带(沿内陆湖泊、间歇性河流、盐碱地龟裂黏土及有植被覆盖的沙地)和地下水位较浅地带布置,可在新月形沙丘、新月形沙丘链和格状沙丘的丘间低地迎风坡一侧通过,走向尽可能与主风向平行,顺应自然地形,尽量避免切割,采用流线型路基横断面,以减少风沙在路面上聚集。 （冯桂炎）

shan

山脊线 ridge line

沿山脊(分水线)布设的公路路线。要求路线走向与山脊方向大体一致,顶部地形宽厚平缓。合适的山脊布线,线形较好,工程量少,路基稳定,但隐蔽性差,亦不利为居民点服务,通常仅限于越岭线的局部过渡段选用。 （周宪华）

山坡线 hill-side line

又称山腰线。沿山坡布设的公路路线。往往是山区公路越岭线和沿溪线的组成部分。线位力求山坡平缓,冲沟较少;属于山坡展线时回头弯附近的山坡地表横坡不宜陡于20°;同一山坡上力求不设重复路线。一般条件下,向阳面山坡的日照通风条件较好,地表覆盖物较稀,地面坡度亦较平缓。在地质构造方面,注意使路线与岩层走向成逆向坡或交角较大的横向坡,以利路基稳定。 （周宪华）

山区航道 mountain channel

山区河流中的天然航道。其特点是:岸坡陡峻,岸线极不规则,河面宽窄不一;纵坡较陡,纵断面呈突高突低,水深纵向分布不均匀;水面比降陡,水流湍急;洪水涨落迅猛,流量和水位的变幅很大,洪枯流量相差悬殊;河床质多为石质或卵石,滩险较多。在这类航道中,当河面狭窄时,常采用单线航道,在流急的滩险处,常采用绞滩等助航措施。为改善通航条件,多采用炸滩、局部渠化等工程措施。 （蔡志长）

山区航道整治 mountain channel regulation works

为改善山区航道的水流条件,维护和提高其航道尺度而采取的炸礁、清槽、疏浚和整治等工程措施。山区河流流经高山、峡谷和丘陵地区,比降大,水流急,水位和流量变化剧烈,河床形态复杂,河面宽窄不一,河底礁石林立,滩险众多,流态险恶紊乱。两岸有较多的溪沟汇入,山洪暴发常将大量泥石带出,阻塞航道。整治时通常是调整河床形态,改善水流条件。对于石质河床,通过炸除水下的石梁暗礁,修整河床边界,一般就可增加水深、降低流速、改善流态。沙卵石河床具有可动性,洪水期其运动强度比枯水期大得多,山区河流水位暴涨猛落,洪水很快消退,使洪水期冲下、在某些河段淤积的沙卵石退水期来不及全部冲走,于是在枯水期形成浅滩。可用整治工程辅以疏浚加以治理。中国在长江上游峡谷河段采用炸礁、清槽疏浚和整治工程相结合的方法治理了多处滩险,使水深从2.0m增至3.0m。 （王昌杰）

珊瑚礁海岸 coral reef coast

以石珊瑚为主的造礁生物形成的一种特殊类型的海岸。珊瑚虫是一种微小的腔肠动物,它的生长条件严格,要求有充足的氧气和良好的光照度,一定的温度、盐度与浑浊度,最适宜生长在水深不超过40～60m、温度18～30℃、盐度27‰～40‰的海水中。珊瑚礁外缘坡度较陡,组成骨架的礁体能抵御风浪的袭击,同时波浪和海流还可为珊瑚输送氧气和食饵。根据珊瑚礁海岸的结构与形态,分为岸礁、堡礁和环礁。岸礁发育在近岸浅水带,并以礁坪的形式沿岸分布,故亦称裙礁或边缘礁。堡礁与海岸之间由潟湖或带状浅海与陆地隔开。环礁大小不一,平面上大多呈椭圆形,也有呈矩形、三角形或不规则体的。环礁礁体中间为礁湖。中国海南岛三亚港、八所港的海岸是岸礁,南海诸岛中大部分是环礁。 （顾家龙）

闪光信号 flashing signal

用于指挥交通的一个或几个闪光灯给出的交通信号。各国闪光信号的意义有所不同。在我国一般用法是(1)绿灯闪光表示即将出现黄灯;(2)人行横道绿灯闪光表示即将出现红灯;(3)铁路与道路的平交道口上两个红灯交替闪光表示禁止通行。 （李旭宏）

扇形闸门 sector gate, segment gate

具有封闭的外轮廓,绕水平轴转动的单扇闸门。其外形与弧形闸门相似,铰支于底板上,当闸门空腔内充水时,闸门即可自动上升挡水;泄水时,闸门自动下降至门室内。它利用水力自动操作,不需要启闭机械。但需要设置门室,在多砂河流上门室易淤塞,检修维护较困难。这种闸门船闸上很少应用。 （詹世富）

shang

商港 trading port

以承办客、货运输为主要业务,供商船往来停靠的港口。是所有港口中最多的一种。其规模大小以港口吞吐量表示。可分为综合性港口(装卸多种不同性质的货物)和专业性港口(承担单一货种运输)。后者又可按货种分为油港、煤港、矿石港等,由于可采用专门的装卸设施,其效率较一般的综合性港口为高,适用于货种单一、流向稳定、运量又较大的情况。在吞吐量大的综合性港口中,也常按货种性质

划分成不同的专业作业区,各司不同职能的装卸任务,以提高效率。　　　　　　　　　(张二骏)

上方　barge measure

又称船方。根据疏浚出的泥浆浓度计算的土方量。采用链斗式挖泥船或耙吸式挖泥船进行疏浚施工,泥浆装载于挖泥船泥舱中,按泥舱的容积计算。采用绞吸式挖泥船,通过排泥管吹填时,则根据泥浆浓度及出口流速计算,或按吹填体积计算。在施工中多计算上方以控制施工进度。计算工程量时,则须按原土体容重折算成下方。　(李安中)

上海磁浮运输试验线　Shanghai test line of maglev transportation system

浦东机场至东方明珠的高速磁浮列车试验线。全长约40km。作为高科技重点项目,引进德国技术,采用常导电磁吸引式悬浮与导向,长定子线性同步电机推进,由控制系统不断调整电磁铁的激磁电流,使悬浮和侧向气隙保持在8mm左右。沿线分成区段,由变电站三相变频变压电源向铺设于轨道两侧的线性同步电机长定子分区段供电。整个列车运行由设备功能性强、可靠性高、有冗余并满足行车信号技术安全标准的计算机和信号传输系统自动控制,在安全可靠、舒适平稳的运行条件下,最高时速可达 472km,最高试验时速可达500km,全程运行时间约 8.5min。示范线段已于 2003 年初建成投入试运行。上海试验线建设的目的和意义在于:解决浦东机场与市中心的交通需要;促进中国高速磁悬浮技术的发展,带动新兴产业的形成,并为中国高速客运路网的建设中采用高速磁悬浮铁路提供决策依据。此外,北京正筹建自国贸中心至八达岭全长 54.7km 高速磁悬浮列车试验线,以解决中心城市与卫星城镇之间的交通。八达岭山区地形复杂,磁悬浮铁路在爬坡和弯道半径方面将具有明显的技术优势。四川成都青城山正在修建中国自行研制的低速常导磁悬浮铁路试验线,长度约 2km,目前 500m 的土建工程已基本完成,短定子线性电机磁悬浮车辆正在调试,建成试运行后将成为青城山旅游区的亮点。　　　　　(陆银根)

上海港　Port of Shanghai

中国第一大港,世界著名大港之一。位于中国内地海岸线中部长江入海口附近。其经济腹地遍及整个长江流域,并通过铁路、公路、水路与中国其他经济腹地相连,通过海运与沿海港口和世界各大港口相联系。唐宋时期长江口的主要港口在青龙镇(今上海市青浦县东北)。后因河道淤积,上海镇逐渐取代了青龙镇。鸦片战争前夕,上海港已是一个相当繁荣的港口。鸦片战争后上海被辟为对外通商口岸。中华人民共和国成立后对上海港进行了大规模的改造和建设。迄 1985 年共有生产泊位 98 个。1984 年港口吞吐量超过 1 亿 t,进入世界亿吨港行列。1986 年达 1.26 亿 t,其中外贸货物约占 20%。进出口货物中散货约占 60%,石油约占 15%。主要货种为煤炭、石油、金属矿石、钢铁、建筑材料、粮食、化肥、杂货、集装箱等。上海港有国内客运航线 20 多条,年旅客发送量超过 500 万人次。上海同香港、日本之间有客货运班轮往来。上海港码头主要分布在黄浦江两岸。黄浦江既是上海港的航道,又是它的水域,经疏浚整治保持 8～10m 水深。长江口是上海港的通海咽喉,从吴淞口至长江口灯船航道长约 90km,维护水深为最低水位以下 7m,可供吃水 9.5m 的船舶乘潮通过。4～5 万 t 级船舶可在长江口外绿华水域减载后进港。长江口深水航道治理一期工程 2000 年 7 月完成,维护水深为最低水位以下 8.5m。

1985 年后,上海港进行了大规模的扩建,并先后开辟了宝山、罗泾、外高桥等新港区。至 1999 年底,上海港共有生产泊位 319 个,其中万 t 级以上泊位 98 个,码头线长 39km。2000 年完成货物吞吐量 2.04 亿 t,其中外贸吞吐量 7 632.9 万 t,集装箱吞吐量 561.2 万 TEU(居世界第六位)。

(王庆辉)

上海铁路枢纽　Shanghai Railway Terminal

沪宁、沪杭两条铁路干线汇合于上海附近,在该

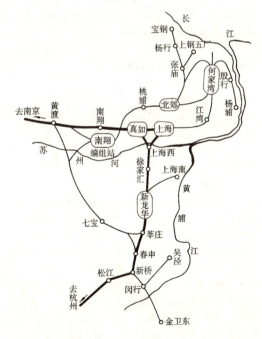

处设置的铁路支线、环线、各类车站、进出站线路以及枢纽迂回线、联络线所构成的枢纽。有新日、南何、淞沪、何杨、新闵、吴闵、金卫、宝钢等支线，都是上海枢纽的组成部分。其中，南何支线、淞沪支线和沪宁正线构成北部环线。真如站与上海西站之间的环线，俗称内环线。南翔编组站经春申站至新桥站的环线，俗称外环线。该两环线将南翔编组站与新龙华站联系起来。南翔编组站是枢纽主要编组站，接入沪宁、沪杭两方向驶来的货物列车，并编组去沪宁方向的货物列车。新龙华站是枢纽的辅助编组站，编发去沪杭方向的货物列车。货物站有上海南站、北郊站以及杨浦、桃浦等站。上海站是枢纽的主要客运站，真如站和上海西站是辅助客运站。上海枢纽的特点是上海客运站舍是具有 20 世纪 80 年代水平的跨线建筑物；南翔编组站下行驼峰是中国铁路上第一个实现全减速器计算机过程控制的驼峰。

（严良田）

上升流 upwilling current

表层海水辐散所引起的深层海水上升运动。风海流引起水平方向的水体体积运输，在海岸附近或风系之间引起海水的辐散（或辐聚），而海水的连续性使表层以下的海水上升。在大洋东海岸，东北信风（北半球）和东南信风（南半球）沿着海岸向赤道方向吹，漂流的体积运输把海岸附近的海水带向大洋深水区，在海岸附近则出现上升流。上升流的深度一般不超过 200~300m，上升的速度非常缓慢。上升流把含丰富营养盐的次表层海水带至海面，为海洋生物的生长和繁殖提供了必要条件。在太平洋和大西洋东海岸，如美国的加利福尼亚、秘鲁、西北非洲海岸附近都有上升流。

（张东生）

上挑丁坝 upward spur dike

坝轴线伸向上游，与水流流向夹角小于 90°的丁坝。夹角大于 90°的为下挑丁坝，正交的为正挑丁坝（见图）。丁坝挑向对挑流、导沙作用有较大影响。坝顶未淹没时，下挑有利于挑流，水流由坝身向坝头逐渐收缩，坝头附近水流较平顺，冲刷坑较浅。上挑的水流现象则相反。在坝顶淹没后，上挑的导沙作用较好，能将漫坝表层清水导入河道，而将底层泥沙引入坝田淤积，有利于刷深航道和岸滩的淤长；下挑丁坝则相反，且漫顶水流冲向河岸，可引起坝根下游侧的淘刷。正挑丁坝的作用介于两者之间。不淹没丁坝常作成下挑；淹没丁坝常作成上挑；在有潮汐或有逆流倒灌的河段，为适应流向交替变化，常采用正挑。

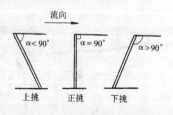

（王昌杰）

上闸首 upper lock head

位于船闸闸室上游端用以分隔闸室与上游引航道的船闸闸首。通常采用整体式钢筋混凝土结构。在水利枢纽中，一般布置在坝轴线上，闸槛常高出闸室底面，形成帷墙。

（吕洪根）

shao

梢捆 fascine bundle

将梢料、秸料、芦苇、小毛竹等材料用铁丝捆扎而成的梢束。直径为 10~30cm，长约 2~4m。常用于护脚、护底或作为某些建筑物的填充物。较长的称梢龙，主要用以扎制柴排，长度可达数十米。选料宜新鲜、柔韧、顺直，不带枝杈叶片。捆扎要均匀，松紧得当。过紧，桩橛难以穿过；过松，弹性和浮力太大，且易散失。

（王昌杰）

she

设计标高 designed elevation

道路设计中所要求达到的高程。在道路纵断面设计中，一般是以道路路基边缘点的连线为准，有路缘石的纵断面则以路缘石的底面为准；有中央分隔带或改建旧道路则以路基中心线为准。

（王富年）

设计船型 stanard ship size

为确定航道以及船闸等通航建筑物的有关基本尺度可采用的船型。包括：近期及远景代表性船舶的类型、各类船舶所占的比重、船舶载重量、船舶的主要尺度（长、宽、深、满载吃水）、船队的主要尺寸及编队方式等。通常根据近期和远景航道上的客货运量，货物的特性及其对运输工具的要求，并结合航道可能的改善程度，通过技术经济比较加以确定。

（詹世富　蔡志长）

设计交通量 designed traffic volume

作为道路和交通设施设计标准的交通量。按规定的设计年限，预测设计年度末使用该段道路或设施的交通量，作为设计交通量。

（文旭光）

设计年度 year of design

新建和改建铁路设计时，为了分期加强铁路能力而规定的运营年度。铁路交付运营后，随着国民经济的发展，设计线的运输量将随运营年度逐年增加；铁路设计时，所取用的运输量大小直接影响着铁路主要技术标准的选定、各种建筑物和设备的规模和标准的确定，因此必须规定设计年度。目前中国规定：铁路设计年度分为近期和远期，近期为交付运营后第五年，远期为交付运营后第十年。为了节省铁路建设的初期投资，又能保证完成铁路交付运营日日益增长的客、货运输量，故对设计线上各种建筑物和设备，凡可以逐步扩建和改建的，应按近期运量和运输性质确定，并考虑预留远期发展的可能；凡不易扩建和改建的，应按远期运量和运输性质考虑确定。　　　　　　　（吴树和）

设计水平年　design reference period
　　船闸规模能满足过闸客、货运量和过船量(过闸船舶总载重吨位)的期限。是确定设计过闸客、货运量的标准。可按照船闸等级的大小选用，一般Ⅰ至Ⅳ级船闸的设计水平年为船闸建成后 15～25 年；Ⅴ至Ⅶ级船闸为建成后 10～20 年。船闸扩建、改建或增建新线较困难时，取上限。有的船闸经论证，可采用更长的设计水平年。　　　　　（詹世富）

设计通行能力　design capacity
　　又称实用通行能力。根据道路不同的使用要求，保持在某一规定的服务水平时，所具有的通行能力。其值等于该路的可能通行能力乘以给定服务水平的交通量与通行能力之比 $\left(\dfrac{V}{C}\right)$ 的最大值。用以作为道路规划和设计的标准。　　　　　（戚信灏）

设计小时交通量　design hourly volume (DHV)
　　作为道路或其他交通设施的设计依据的每小时交通量。设计工作中必须考虑该路段交通流在时间和方向上的分布特征，正确确定设计小时交通量。不同等级的道路的设计小时交通量不等。国外采用多年平均日交通量乘以第 30 位交通量系数得到。中国新建道路时则用规划年度内平均日交通量乘以表示交通高峰特征的设计小时系数确定。此系数一般取 0.09～0.15。　　　　　（文旭光）

设计最低通航水位　minimum navigable stage of channel
　　标准载重船舶在某一航道上能正常通航的最低水位。是确定航道水深，船闸闸首门槛和闸室底高程的起算水位。在工程实践中，它通常等于按规定的通航保证率从综合历时曲线所选取的相应水位。综合历时保证曲线根据多年水文资料统计的日平均水位进行分级计算得到。通航保证率则根据航道等级和航道的自然条件等选定，1～2 级航道一般取为大于等于 98%。　　　　　（蔡志长）

设计最高通航水位　maximum navigable stage of channel
　　标准载重船舶在某一航道上能正常通航的最高水位。是确定航道、船闸闸首、闸室墙顶面高程以及桥梁、电缆等跨河建筑物通航净空的起算水位。在工程实践中，它通常等于按规定的设计频率所确定的相应水位，而设计频率则根据航道等级及航道的自然条件等选定，一般取为 10～20 年一遇。
　　　　　　　　　　　　（蔡志长）

设闸运河　lock canal
　　将整条运河分为若干级水面高程不等的河段，而在相邻两级河段衔接处设置船闸或升船机的运河。设闸的目的是减缓运河的纵坡降，缩短运河的线路，或跨越两条河流间的分水岭，减少运河的工程量。如中国的京杭运河和俄罗斯的伏尔加-顿运河。
　　　　　　　　　　　　（蔡志长）

shen

深槽　pool
　　水深较大的河槽。在航道部门通常是指设计最低通航水位以下水深满足航行要求的航槽。河湾凹岸，因受水流冲刷，易成深槽，在两反向弯道过渡处，水流挟沙力减弱，淤成浅滩，因此在弯曲的河流中，深槽与浅滩是沿程交替变换的。深槽的水深与河湾的曲率半径有关，曲率半径小则水深大。规划航道整治线时，宜利用稳定的深槽，以减少工程量。在复式河床上，其中平滩水位以下的河槽也称深槽或主槽。
　　　　　　　　　　　　（王昌杰）

深海风海流　drift current in deep sea
　　又称漂流。在水深大于摩擦深度的海区，风对海面切应力所引起的水体流动。由于地转偏向力的作用，表层漂流在北半球偏向于风向右边 45°，在南半球偏左 45°。这种偏向不随风速、流速和纬度而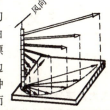变化。表层以下的流速随深度增加按对数螺旋曲线减小，流向则越向下层与风向的偏角越大。在摩擦深度处，流速量值接近对数螺旋曲线的极点，流向则与表层相反。将不同深层的流速矢量投影到一个水平面上，其矢端的迹线为一螺旋曲线，称为艾克曼螺线。
　　　　　　　　　　　　（张东生）

深水波　deep-water wave
　　当水深与波长的比值很大时，水底边界对波动水体的运动没有影响的波浪。其波浪要素与水深值无关。其水质点的振幅沿水深方向按对数规律迅速递减，在深度为 0.5 倍波长处，水质点的振幅仅为自由表面处的 $\dfrac{1}{23}$，波动已很微弱。一般当水深 $d \geqslant 0.5L$ 时，可视为深水波。它包括深水前进波和深水立波。其波长 $L = \dfrac{gT^2}{2\pi}$；波速 $C = \dfrac{gT}{2\pi}$；g 为重力加速度；T 为波周期。
　　　　　　　　　　　　（龚崇准）

神户港 Port of Kobe

日本吞吐量最大的海港,世界著名大港之一。位于大阪湾西北岸。神户港古称古水门、大轮田泊、兵库津等。1868 年以兵库港名对外开放,1872 年改称神户港。1906～1922 年和 1919～1942 年进行了两期扩建工程。20 世纪 50 年代末兴建摩耶码头等工程。1966～1981 年填筑人工岛港岛和兴建港岛作业区。1973 年开始填筑六甲岛和兴建六甲岛作业区,1990 年全部建成投产。为继续发展港口,准备进一步扩建港岛和摩耶码头。神户港东起傍示川,西至堺川,海岸线长 30km。港区主要由和田岬到摩耶码头 13km 海岸线上的码头群和港岛、六甲岛两个人工岛组成。人工岛通过神户大桥和六甲大桥与岸连接。神户港水域面积 5 668ha,港内水深 12～13m,建有防波堤长 12 669m,码头泊位 251 个,浮筒泊位 16 个,系船墩 9 个。至 1999 年神户港共有码头泊位 173 个,其中集装箱泊位 39 个,客运泊位 17 个。进口货物以农产品、原油、矿石、化学药品、日用品等为主;出口货物以钢铁、机械、汽车、化纤、金属制品等为主。1985 年港口吞吐量 16 460 万 t,创历史最高记录,其中集装箱运量达 2 849 万 t。1999 年完成集装箱吞吐量 220 万 TEU。

(王庆辉)

沈大高速公路 Shenyang-Dalian Freeway

辽宁沈阳经辽阳、鞍山、营口至大连的高速公路。1984 年 6 月 27 日开工,1988 年 11 月 3 日北段沈阳至腾鳌、南段三十里堡至大连共 131km 建成通车。1990 年 9 月 1 日全线建成通车,全长是 375km。计算行车速度大部分是 120km/h,大连市内小部分山岭区路段是 100km/h。平曲线半径有一处是 470m,其余都大于 1 000m。纵坡有一处是 4%,其他都小于 3%。路基宽是 26m,中央有 3m 宽分隔带,每侧有两个车道,一个紧急停车带。路基平均高度是 2.8m。路面是 15cm 厚沥青面层,20cm 水泥稳定砂砾基层,底基层是用天然级配砂砾等材料做的。全线有 26 座互通式立体交叉,75 座分离式立体交叉,全长 1206m 跨越普兰店湾的特大桥一座,大桥 15 座,中、小桥 384 座。距沈阳 225km 处有 2 800m 长路段加宽到 50m,可供军用飞机起降用。全线设 25 个收费站。沿线有 6 个服务区,服务区内有停车坪、饭店、旅馆、加油站和修车点。该路耗用钢材 10 万 t,水泥 60 万 t,沥青 14 万 t,累计总投资 22 亿元,平均每公里造价是 590 万元。

(王金炎)

渗沟 seepage ditch

又称盲沟。明挖施工后再掩埋的暗式排水沟。沟内填充经过筛选的石块、碎石、粗砂等渗水材料,沟内可设流水孔道。利用渗水材料的透水性将地下水汇集、拦截于沟内排走或使水位降低。渗沟分为有管渗沟和无管渗沟,汇集于沟内的水,沿沟底纵坡直接在渗水材料的孔隙中流动称无管渗沟,在沟底设有集水管道的称有管渗沟。渗沟又有截水渗沟与引水渗沟之分,起截水作用的截水渗沟,一侧由渗水材料构成的进水面,设反滤层另侧由黏土做成隔水面,水进入渗沟被拦截排走。引水渗沟,两侧水均可渗入沟内。渗沟较长时,每隔 30m 至 50m 应设置检查井。

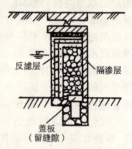

(徐凤华)

渗井 seepage well

竖向穿过地下含水层,将地下水汇集,引流到下卧排水层或排水通道中排走的立式地下排水设施。井身由开挖后回填渗水材料构成,渗水材料粒径大小的选择以回填后向井内渗水形成反滤作用为准,中间填粗颗粒片石。渗井一般成群布置,井距及范围视土层的性质及含水层的分布,工程需要而定。若用带孔的渗水管代替回填的粗片石即为渗管。

(徐凤华)

sheng

升船机 ship lift

用机械方法升降装载船舶的承船厢(车),使船舶克服航道上集中水位落差的一种通航建筑物。在船厂中,有的将供待修船舶上墩下水用的机械装置也称升船机。其基本组成部分包括承船厢(或承船车)、支承导向结构、驱动机构、拉紧装置、事故装置、电气控制系统以及闸首等。其运行过程是:通过电气控制系统启动驱动机构使承船厢停靠在厢内水面与下游航道水位齐平的位置,开启承船厢的厢头门和闸首的工作闸门,船舶由引航道驶入承船厢,关闭厢头门和工作闸门,将承船厢提升至厢内水位与上游航道水位齐平的位置,开启厢头门和工作闸门,船舶即自承船厢驶入上游航道。船舶通过升船机由上游航道下降至下游航道按上述程序反向进行。根据承船厢的运行线路可分为垂直升船机和斜面升船机两大类。与船闸相比,具有以下特点:(1)基本上不耗水;(2)船舶通过升船机所需的时间较船舶通过船闸的时间为短;(3)在一定范围内,其造价不因提升高度增加而增长很多,提升高度愈大,愈易显出其优越性;(4)提升船舶只能是单船,其吨位一般不能太大。已建的升船机,通过的船舶吨位未超过1 000~2 000t;(5)其建造和安装要求具备较发达的现代工业技术水平,维护工程量也大。一般认为适用于水头在70m~80m以上的情况,当水头在40m~70m之间应与船闸进行比选。升船机的建造已有200多年的历史,最原始的雏形为黏土滑道上用人工绞盘来拖运小型船舶过坝,最早的机械化升船机是1788年在英国开特里建造的斜面升船机。现代化的大型升船机的建造始于20世纪,1934年德国的尼得芬诺垂直升船机的建成标志着其建造发展到一个新阶段,德国、前苏联、比利时、法国均相继建造了一批升船机,通过船舶的吨位达1 350t~2 000t,提升高度达百米以上。1949年以来,中国因地制宜建造了60余座,其中绝大多数通过船舶的吨位均在50t以下,均属小型简易升船机。　　　　　　　(孙忠祖)

升船机拉紧装置　tension device of ship lift

升船机中将承船厢锁紧于闸首的设备。其作用为:湿运时,在承船厢停靠闸首开启厢头门船舶进出过程中,为防止承船厢因作用在另一端厢头门上的静水压力而产生离开闸首的运动。由设置在闸首上的拉钩或推杆和承船厢两侧的止挡板构成。通过传动装置,带动止挡板的拉杆,与闸首上的拉钩或推杆拉紧,从而将承船厢与闸首的相对位置固定。　　(孙忠祖)

升船机平衡系统　counter weight of ship lift

升船机中为平衡承船厢(车)重力而专门设置的装置。其作用是减少升降承船厢所需的动力。通常是在垂直支架上部或斜坡道顶端装设绕以钢丝绳的绳轮,钢丝绳两端分别与承船厢和平衡重块相连接,使两者处于相互平衡的状态,此上彼下,彼上此下地作方向相反的运动,驱动机构仅需克服运行阻力,耗用的功率小。在双线升船机中,将两个承船厢分别与绕过绳轮的钢丝绳两端连接。在承船厢升降过程中,一线承船厢作为另一线承船厢的平衡重。　　(孙忠祖)

升船机驱动机构　driving mechanism of ship lift

升船机中用于驱动承船厢(或承船车)升降的机械装置。斜面升船机的驱动机构有:卷扬机钢绳曳引和自行式。前者系在升船机斜坡道的坡顶设置卷扬机,用钢绳曳引承船车升降。后者系将电动机等动力装置安装在承船车上驱动其行轮在轨道上行驶,也有采用齿轮齿轨系统。垂直升船机的驱动机构有:星轮齿梯机构、齿轮齿条机构和螺母螺柱机构。将星轮、齿轮或螺母安装在承船厢两侧的四个爬升点上,齿梯、齿条或螺柱设在支承导向结构上,以星轮、齿轮或螺母沿齿梯、齿条或螺柱爬升,各套爬升装置用电动机驱动,并用机械轴相连,以保证同步运转。垂直升船机也有采用钢绳卷扬机提升的,即在垂直支架的顶层机房内设置多台卷扬机,用钢绳提升承船厢上下运行。　　　　　　(孙忠祖)

升船机事故装置　emergency device of ship lift

升船机发生事故时,制动并支承承船厢的专门装置。斜面升船机的自行式承船车系采用装置在传动马达上的制动器,当事故发生时,制动器夹住旋转轴,使承船车停车。当采用钢绳曳引时,一般不考虑断绳事故而仅在卷扬机上设置安全制动器,以防止承船车急剧下滑。垂直升船机的事故装置有两类:一是旋转锁锭螺母片装置;另一类是螺柱螺母机构。前者系在垂直支架上装有由两片螺母片构成螺母柱,承船厢两侧牛腿上装有旋转锁锭(螺杆),旋转锁锭伸入螺母片间的空隙。当承船厢升降时,旋转锁锭在螺母柱内旋转,旋转锁锭与螺母柱的螺纹间在垂直方向与水平方向均有一定的余隙。事故发生时,承船厢急速上升或下降,通过传动装置旋转锁锭停止旋转,承船厢便支承在螺母柱上。后者在承船厢两侧的牛腿上装设有螺母,在支架上装有螺柱,承船厢的螺母套在螺柱上,正常运转时,螺母与螺柱各自以相同的速度旋转,事故发生时,螺柱立即停止旋转,锁紧承船厢,并由螺柱承受全部不平衡荷载。　　　　　　　(孙忠祖)

升船机支承导向结构　supporting and guiding structure of ship lift

升船机中支承承船厢并对承船厢升降起导向作用的结构物。不同型式的升船机的支承导向结构的作用和结构不相同。斜面升船机的支承导向结构为铺设有轨道和轨道梁的斜坡道,它既支承承船车,同时也对承船车的行驶起导向作用。均衡重式垂直升船机的支承导向结构为由若干榀横向排架并在其间用纵向构件连接起来构成的空间构架或钢筋混凝土空心薄壁结构的塔柱,在承船厢升降时既起导向作用,也起支承作用。浮筒式垂直升船机正常运转时承船厢由浮筒支承,支承导向结构在承船厢升降时起导向作用,而在发生事故时起支承作用。在支承导向结构上设置有与承船厢的驱动机构、事故装置相应的有关设备和导向设备。垂直升船机的支承导向结构的高度较大,作用在其上的荷载也很大,除应满足强度和稳定要求外,还应满足运转对结构提出的特殊刚度的要求。　　　　　　(孙忠祖)

升船机止水框架　sealing device of ship lift

封闭升船机中将承船厢与闸首对接后彼此之间的缝隙的止水设备。一般为一个可以移动的u型框架,前端装有止水橡皮。通常安装在闸首上,也有设在承船厢的。承船厢与闸首通过拉紧装置固定相对位置后，在机械驱动下将其伸出，与承船厢上的黄铜银面贴紧以达到密封止水的目的，然后即可在其间缝隙充(泄)水，开启闸首工作闸门与承船厢的厢头门，使船舶进出承船厢。　　　　　(孙忠祖)

升降带　strip
为了飞机起降及偶尔滑出跑道或迫降时的安全而设置的长方形地带。主要由跑道及周围经平整压实的土质场地组成。其平面尺寸主要根据飞机的起降性能来确定。它的纵横坡度除了满足飞机运行要求外，还要符合排水及无线电导航设施的技术要求。在靠近跑道的地方，除了保障飞行必不可少的助航设备外，不应有危及飞行安全的物体。军用机场的升降带在跑道外侧(远离平行滑行道的一侧)的土质部分，在战时也供应急起飞着陆用，因此也称为土跑道。　　　　　(钱炳华)

升降带宽度　Landing area widths
升降带横断面上两侧边线的距离。视飞机类型及机场等级而异。国际民用航空组织与中国民航局有如下规定：自跑道中线及其延长线向每侧延伸，对精密和非精密进近跑道应至少不小于75～150m；对非仪表跑道应不小于30～75m。　　(陈荣生)

升降机上墩下水设备　ship elevating plant
利用升降机使船舶上墩和下水的设备。升降机有卷扬式和液压式等多种。船舶上墩时，先将钢制升降平台降在图示虚线位置，船舶引进升降池后，开动两侧绞车将平台升起，船体即坐落在平台的支墩上；当平台升至与码头面齐平时，用横

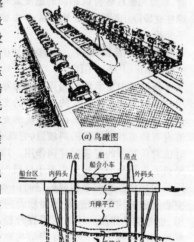
(a) 鸟瞰图
(b) 断面图

销锁住，使平台支承于两侧码头墩座上以保证移船时平台的平稳。然后将船台小车移至船下，用小车上的油压千斤顶将船顶起，撤除平台上支墩，船台小车沿轨道载运船体到船台上进行修理。下水时操作程序与上述相反。该设备占用陆域、水域面积小，操作简便，安全迅速，一台升降机可为许多船台服务；但造价较高，适用于修理小型船舶。　　(顾家龙)

生活出行　non-work trip
以购物、娱乐、社交为目的的非工作出行。这类出行的总量和特征值与城市生活服务设施、商业网点、文化娱乐设施的布局和规模有关，并受季节和节假日的影响。　　　　　(文旭光)

绳索牵引推送小车　cable hauled mule
在调车场中能推动车辆前进的调速工具。安装在调车线两根钢轨内侧。是点连式自动化驼峰调车场中连续调速设备的一种。由液压驱动，小车的两个推臂从车轮后面推车前进。中国研制的 T-CY 型液压绳索牵引推送小车安装在徐州枢纽孟家沟车站，水平推力29kN。由于小车只有加速功能，没有减速功能，车场内调车线坡度不宜过陡，以 0.8‰ 为宜。(严良田)

省道公路　provincial highway
具有全省性政治、经济、国防意义，并经确定为省级干线的公路。如省、自治区内重要城市之间的干线公路；大城市通往卫星城镇、工业区和疗养区的公路。　　　　　(王金炎)

省水船闸　storage thrift lock, thrift lock
具有能节省过闸用水的贮水池的船闸。贮水池设在闸室的一侧或两侧，与闸室之间用输水廊道连接。闸室泄水时，闸室中的水体逐级泄入各个贮水池中；待闸室灌水时又将其灌入闸室，从而节省过闸用水量。贮水池分级越多，面积越大，可节省的水量也愈多。为使水流从闸室泄到贮水池或相反方向都能自流，闸室水面和相应级贮水池的水面应有一定的高差。贮水池的型式有开敞式和层叠式两类。开敞式按其布置又可分为：放射、阶梯式、平行式等三种。在水源不足或用水量受到限制的航道上，特别是在需抽水补水的运河越岭段上，为减少用水量，常采用这种船闸。在已建的省水船闸中，最大的为德国易北—塞顿运河上的于尔岑船闸，闸室平面尺寸 190m×12m，水头23m，设有3个开敞式贮水池，省水量达60%。

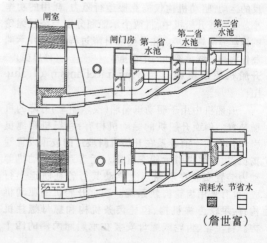

(詹世富)

圣彼得堡港 Порт-С. Петербург

位于波罗的海芬兰湾内涅瓦河口上游约 29km 处的俄罗斯海港。公元 1703 年彼得大帝一世时在瓦西里耶夫岛修建第一批码头。1880 年后又在古图耶夫等处建港。第二次世界大战期间遭受严重破坏，战后经过恢复和扩建，成为前苏联仅次于敖得萨港的第二大港。港口吞吐量约 1500 万 t。圣彼得堡港通过海运河与芬兰湾相连，航道宽 107m，水深 9.81m。在海运河、涅瓦河和也卡切林戈夫卡河之间设有 4 个主要港池：西港池、东港池、巴洛斯尼港池、煤港池等。码头岸线长 12km，可同时靠泊 115 艘船舶，码头前水深 6.5～11.5m，有集装箱和木材作业区各 2 个，客运码头位于瓦西里耶夫岛。圣彼得堡港水陆交通便利，主要依靠铁路、公路和伏尔加—波罗的海运河集疏货物。每年 11 月底至翌年 4 月中旬河流封冻，靠破冰船保持港口通航。 （王庆辉）

shi

施工高程 construction level

铁路设计高程和地面高程之差，即铁路路基的填高或挖深的数值。 （池淑兰）

施工通航 navigation engineering in construction

在通航河流上建造拦河闸坝等水利工程的施工期，为维持船舶通航所采取的工程措施。为解决施工期的通航问题，需对施工期的客、货运量及通航船型船队进行专门的调查研究分析。在施工期内，一般应维持河流原客、货运量水平，以保证正常运输。根据河流及工程的特点，可以采取的措施有：先修建永久通航建筑物，早期投入运转；修建临时通航建筑物或开辟临时航道；附近有可以绕行的河道时，施工期安排船舶（队）绕道通航。由于工程施工引起水流条件变化时，应采取措施使之能基本满足船舶（队）的通航要求。对于施工通航条件复杂的工程，常进行必要的模型试验研究解决。 （詹世富）

湿运 lifting with wetted chamber

船舶浮载在盛水的承船厢（车）内的升船机的运载船舶方式。与干运相比，升船机的重力较大，但船体受力状态与船舶在水中航行时完全相同。现代建造的升船机均采用这种运载方式。 （孙忠祖）

十字形交叉 right-angle intersection

道路呈直角或接近直角（75°～105°）相交的四岔路口（图 a）。这种交叉路口形式简单，交通方向明确，道路相交部分占地面积小，视线易于保障，交通组织方便，车辆与行人过街路线短，且有利于沿街的建筑物布置，是城市常见的道路交叉口的基本形式。当两条道路相交的夹角一侧为大于 105°的钝角，一侧为小于 75°的锐角时，即成 X 形交叉（图 b），为本交叉口的变种。当其夹角很小（锐角）时则形成狭长的交叉口地带，视线不易保障，车辆行驶路线长，方向不明，行车困难，左转车难以通过，安全难以保证，在锐角外侧沿街建筑物的布置困难。规划设计中应尽力避免采用，不得已采用时，一定要注意保障视线，加强交通组织与管理，以保证行车和行人安全。

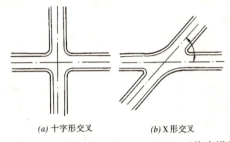

(a) 十字形交叉　　　　*(b)* X 形交叉

（徐吉谦）

石灰稳定材料 stabilized material with lime

在松散状的土中或土与其他集料的混合物中加入适量消石灰和水，经拌和均匀后的混合物。这种混合物经摊铺、碾压和养生后，可作为路面的基层或底基层，并具有较高的强度和水稳性、板体性。石灰的稳定作用主要来自石灰与土粒间的离子交换作用、氢氧化钙自身的碳化与结晶以及火山灰反应。经离子交换后土壤胶体颗粒的双电层变薄，范德华力增加，故能降低土粒的分散性；氢氧化钙碳化和结晶后，具有较高的强度和水稳性；火山灰反应后的产物是某些具有水硬性的胶凝物质。这些新生物彼此交叉，形成空间网络，把松散材料黏结，紧固在一起。此类材料具有料源广泛、施工简便、造价低廉等优点，在我国道路建筑中已得到广泛的应用。

（李一鸣）

石灰稳定路面基层 stabilized base course of pavement with lime

用石灰作结合料，与土或含土砂砾或其他含土集料经拌和、摊铺、压实而成的路面基层。消石灰的剂量一般占干土重的 8%～12%，应根据基层的设计强度要求，通过试验确定。石灰土基层具有较好的整体性和力学强度，并具有一定的抗水性和抗冻性。宜用作次高级或高级路面或机场道面的底基层。

（陈雅贞）

石灰桩 lime pile

用粗砂和石灰灌注以处理和加固软弱地基的实体桩柱。在地基中形成桩孔后，在孔内灌入按一定比例配合的生石灰拌和料，利用生石灰吸水发热和膨胀作用,把土中的自由水吸干和挤实,从而达到软土压密,强度提高的目的,适用于渗透系数小的软弱黏土及淤泥质土,石灰桩加固后的地基强度可按复合地基计算。 (池淑兰)

石梁滩 rock ledge rapids

山区河流,因岸边有石梁横伸河中或河中有石梁纵向顺延而形成的滩险。主要是指后者。当水漫石梁顶,但淹没不深时,梁顶出现跌水或横向滑梁水,船只易出海损事故;当水位低于梁顶,石梁可能挑流,形成急流或旋涡,有碍航行。整治方法有另辟航道,避开滑梁水;炸除或炸低石梁等。 (王昌杰)

石笼 gabion

用铅丝、木条、竹篾或荆条等材料编成网篓,内填石料并封口而成的笼状构件。多用于护脚、筑坝和堵口截流。在水深流急而缺乏大块石时,可用以代替抛石。铁丝石笼一般用直径6～9mm的钢筋作框架,用2.2～3.5mm粗的铅丝编网,作成箱形或圆柱形,韧性较好,使用年限较长(镀锌铅丝石笼可使用8～12年,普通铁丝石笼3～5年),但造价较贵。木石笼一般是将圆木或方木用螺栓联结作成框架,整体性强,坚固耐用,但造价较高,且缺乏韧性,不能适应河床变形。竹石笼系用竹篾编成的方形或圆形笼篓,有立笼、卧笼两种,造价低而韧性大,但强度较差,使用年限短(一般为2～3年),须经常维修养护。荆条石笼经济耐用,韧性也较好,但荆条产量不多,使用受到限制。近来采用丙纶、涤纶等土工织物编织袋灌沙或装土,外层覆以块石,在缺少石料的地区筑坝,较为经济。 (王昌杰)

石油码头 oil terminal

装卸原油及成品油的专业性码头。它距普通货运码头或客运码头和其他固定建筑物要有一定的防火安全距离。这类码头的一般特点是货物荷载小,装卸工艺多半为管道系统,设备比较简单,在油船不大时(如内河系统),一般轻便型式的码头都可适应。由于近代海上油轮巨型化,根据油轮抗御风浪能力大、吃水深的特点,对码头前水域的泊稳条件要求不高。目前有4种装卸石油的深水码头(或设施),即:单点系泊、多点系泊、岛式码头和栈桥式码头。前三种一般没有防风浪建筑物,最后一种是否设防风浪建筑物,要视布置形式和当地条件而定。 (杨克己)

时差 offset

又称相位差、偏移。线联动系统开始工作时,各个交叉口信号机的相位对于主机起始时间的差值。单位是秒。 (乔凤祥)

时距图 time-space diagram

又称时空图。在线控和区域控制中,根据交叉口信号的时间和距离的相互关系而绘成的时间-距离图。纵轴为时间,横轴为各路口的距离。可以表征出如下内容:(1)通过带,是一对平行速度线形成的空间;(2)带速,即通过带内车队的速度;(3)带宽,是以秒表示的通过带的宽度;(4)各信号交叉口均相同的周期;(5)对不同交叉口具有不同的绿信比。

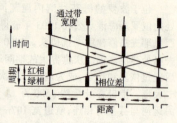

(乔凤祥)

实船试验 test through prototype ships

通过标准载重船舶的实船航行以测定船舶航迹线、航速等各种参数的试验。其目的是为确定航道水深、航道宽度、航道弯曲半径等航道尺度以及为船舶(队)的驾驶操纵提供科学依据。 (蔡志长)

实体整治建筑物 solid regulation structures

水流不能自由穿过坝体的整治建筑物。能调整河床边界,改变水力条件,对水流有较大的壅阻和导引作用,但建筑物周围冲刷坑深。多用于永久性整治工程。例如土坝、堆石坝、抛填坝等。 (王昌杰)

矢距法 method of chord offset

利用等距离照准线间的转向角,及照准线到曲线上各测点的矢距来测定既有曲线的方法。通常把既有曲线中心线上里程为20m整倍数的点作为测点,在外轨轨腰处做出标记;在线路一侧的路肩上每隔一定测点设置一个外移桩;用经纬仪测出外移桩间照准线的转向角;利用经纬仪和精制的横尺,测出照准线到线路中心线上相应测点的矢距(即垂距)。测量亦可按同样方法沿外轨进行,但行车干扰较大。根据照准线的转向角和矢距,可计算出曲线的平面形状,为整正既有曲线计算拨距提供出发资料。

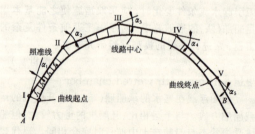

(周宪忠)

示位标

标示河口或航道危险区的航行标志。设在湖泊、水库、水网地区或其他宽阔水域标示河口、岛屿、浅滩区、礁石区等位置,供船舶确定航向。可采用各种形状的塔形体(又称灯塔)。根据背景涂白、黑、红色或条纹。夜间按规定的莫尔斯信号发白光、绿光或红光,但不得与其他标志的灯质相混淆。其位置一般在航道图上注明(附图见彩 3 页彩图 11)。

(李安中)

市际交通 intercity traffic

城市与城市之间的交通。其出行的起迄点分别在不同的城市中。中心城市与卫星城市间这种交通量较大。中国大多采用普通公路汽车运输来完成。少数城市间用高速公路、铁路、河(海)运方式,个别城市间拟用高架路及其他新的交通系统来实现。

(文旭光)

市郊交通 suburban traffic

出行的起迄点均在同一城市的郊区。亦即市郊各区之间的交通。在交通构成上与市内交通有区别。其中一部分形成城市的过境交通,客运交通以开行公共交通郊区线路为主。市郊交通量的大小主要与城市郊区的人口分布、生产力布局有关。

(文旭光)

市郊铁路 suburban railway

担负大城市郊区和市区长距离大运量客货运输的铁路。它是铁路枢纽的组成部分,和铁路干线的客货设施连接,有的线段干线列车、市郊列车可以共用。我国铁路还没有把市郊铁路当作大城市交通网的组成部分来规划建设,目前还只能承担铁路职工上下班和远郊区市民的运输问题。

(郝 瀛)

市内交通 intracity traffic

出行的起迄点均在同一城市范围内的交通。城市的很大部分交通属于这类。分析它的分布和流量、流向,使其合理、畅通、经济地运转,是交通规划,管理与控制中的主要任务。

(文旭光)

势波 potential wave

见微幅波(318 页)。

(龚崇准)

事故地点图 accident spot map

在城市街道网平面上或在公路平面图上用各种形状或颜色的符号(钉子)标出发生事故的地点、性质和数量的图。由图可一目了然地看出事故分布情况与多发事故地点。一般在图上保留一年的事故,每年的图拍摄下来存档保管。此图一方面为设置、改善交通设施,动用交通工程措施提供依据;另一方面为进行安全教育,为公众演讲提供生动具体的资料。

(杜 文)

事故调查 accident survey

收集与事故有关的证据材料和数据,分析确定事故原因、事故性质及事故当事人责任的工作总结。事故调查的内容主要有:(1)事故发生的日期;(2)事故的地点和类型;(3)所有参与车辆的行驶位置和方向,事故发生前的停放状态;(4)事故发生前瞬间,驾驶员、自行车骑者或行人等的企图;(5)照明、气候及道路状态;(6)交通控制管理设施的类型;(7)严重程度;(8)驾驶员、自行车骑者或行人的生理、心理状态,以及车辆的状况。根据调查记录的统计、分析,为一个城市、地区或者道路系统提供统计数据,为设置交通设施、安全教育、车辆检验及道路改善等方面提供论据。

(杜 文)

事故费用 accident cost

处理交通事故的一切开支。通常有受伤者的治疗费、死亡者的安葬费、抚恤费、误工补助费、车物修理费、财产损失费,有的还包括人身和财产保险费等。

(杜 文)

事故分析图 collision diagram

又称碰撞分析图。交通肇事时的车辆行驶、行人步行路线和位置的分析图。此图常用于描述道路交叉口区域的交通事故。所有与道路交叉口有关的交通事故,不限于事故发生的实际位置,不按任何比例示意于图上。事故分析图揭示所发生的交通事故的本质,供研究事故规律。

(杜 文)

事故控制比 accident control ratio

在道路条件和其他措施改变前后,对控制交通事故产生不同效果的对比。通常取某一道路改变措施前后两年的交通事故数进行对比,并推算出事故减少或增加的百分率。

(杜 文)

事故频率 accident frequency

在一定的时间内和一定的路段中或一定的交通量中发生的交通事故次数。

(杜 文)

事故心理 accident psychology

发生交通事故时驾驶人员的心理状态。交通事故的直接原因主要是驾驶人员观察、判断和操作方面所发生的错误。一般包括两个方面:一是思想麻痹大意、速度过快、车与车之间没有保持安全距离等,这是驾驶人员行动方面的错误;二是驾驶人员的身体、生理、精神和情绪等状态以及年龄、经验等内在原因。

(杜 文)

事故照明 emergency lighting

为隧道照明的突发性停电而设置的最低限度的不间断照明设施。在道路隧道中,如因停电或其他缘故而突然全部熄灯,此时往往会发生车辆相撞等事故,因此,在隧道中应有事故照明设施,以保证事故发生时,仍有最低限度的不间断照明。

(杜 文)

事故阻塞 accident congestion

由于发生交通事故,引起交通局部中断的现象。

(杜 文)

试车码头 quay for propeller thrust trial

专供船舶试车用的码头。它要求有较大的水深及较强的系缆设备。一般用墩式结构做成。如水域宽广，也可将船体纵轴垂直于实体岸壁布置，以抵抗船首推力，有时可在叙装码头中选取一个泊位，加大水深，利用风暴系船柱兼作试车系缆设备。

（顾家龙）

试桩 test pile

现场破坏试验用桩的总称。路基抗滑结构设计中，为取得抗滑桩的设计参数和探讨桩的破坏机理，选取现场典型工点进行单根抗滑桩的破坏试验。我国铁路部门曾在成昆线狮子山滑坡工点和贵昆线大海哨滑坡工点进行了单根试桩推力破坏试验，取得了可贵的实测资料。

（池淑兰）

视距横净距 transverse net distance of sight

道路平曲线段的内侧，驾驶者对前方障碍物的视线（成直线）与沿车道的视线（成弧线）两者之间的最大横向间距。在此视野范围内，影响视线的全部障碍物应予清除，包括平曲线段内侧的树木和建筑物等，遇有挖方边坡阻碍视线时，则应按横净距计算值和视线高(1.20m)开挖视距台，以满足道路视距需要和行车安全。

（李 方）

视觉 vision

汽车在道路上行驶时驾驶人员目视前方道路状态所产生的心理感觉。行车过程中前方线形形成动态画面，全部信息来自视线感觉，据此操纵汽车正常行驶。行车时对视野范围内前方景物感觉的清晰程度与车速有关，也与主要景物的诱导性及道路平顺性有关。

（王富年）

视野角度 angle of visual field

汽车在道路上行驶时驾驶人员目视前方左右两侧视线所构成的夹角。其值与车速有关，车速愈高，视角愈小，视界亦愈狭直，例如：车速为64km/h时视角为74°；车速为97km/h时视角为40°（见图）。

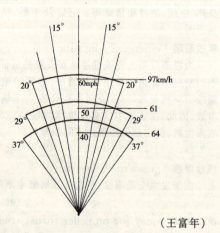

（王富年）

适航深度 navigable depth

见航道标准水深(130页)。

shou

收费公路 toll road, toll way

对过往车辆征收通行费用的道路。一般按道路的长度、性质及与其他道路相连接的情况而采用全线均等收费、按路段均等收费或按互通式立交区段收费，并在适当地点设置收费站。

（王金炎）

收费站 toll booth

在收费道路上，为收取车辆通行费用而设置的设施。与收费道路一起建成。按设置位置分为主线上收费站和互通式立体交叉处收费站两类。按征收通行费的体系分为：全线均等收费制；全路段均等收费制；互通式立体交叉区收费制。第一种收费站设

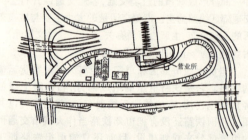

置在收费道路的出入口处；第二种设置在高速公路的主线上，每隔30~40km设置一处；第三种设置在收费路的起终点和所有互通式立交处。车道数依据交通量大小，每一辆车的服务时间（收费所花时间）和服务水平（平均等待车辆数）而定。

（顾尚华）

手动交通信号 manual traffic signal

用人工控制变换的交通信号。控制开关有旋转式、板键式和琴键式。是最为古老的信号灯控制设施，特点是简单、灵活，但控制好坏全凭操作人员的水平。

（李旭宏）

守车 guard's van

编挂在货物列车尾部，专供货物列车车长乘务用的车辆。有两轴守车和四轴守车。车内设有紧急制动阀和风表，车长发现危及行车安全的情况，用于紧急制动停车。两端设有通过台，供车长对职务号志用，两侧设有凸出窗口以供瞭望；车内设有办公桌椅、休息铺位及取暖炉等；新型守车还设有现代化通信设备。

（周宪忠）

首都国际机场 capital intl Beijing

位于北京市东北，距市中心28km，有专用公路连接。1958年建成，当时命名首都机场。1965年第一次扩建。1979年第二次扩建后改称首都国际机场。跑道两条，18/36方向，相距1 960m。18L/36R长3 800m，可供全重500t的飞机使用；18R/36L长3 200m。36R和18R端装有一类精密进近仪表着陆

设备。跑道和滑行道都装有中线灯。18R/36L 的滑行道与北航站进场路相交处，设有较少见的供飞机滑行的立交桥。航站区位于平行跑道间的中部。南航站 12 000m²，北航站 60 000m²，为卫星式，共有 14 个用旅客桥登机的机位。北航站正在扩建，并准备新建东航站，以适应日益增长的空运需求。货物航站位于 18R/36L 东侧，设有机械化存贮装置和专用的货机坪。机务维修区位于平行跑道间的南部，设有机库 4 座和发动机翻修厂。1987 年飞机活动 42 452 次，吞吐旅客 4 665 858 人，货物 133 477t，邮件 4 414t。

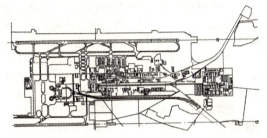

（蔡东山）

首尾导标 beginning and ending leading marks

由前后鼎立的三座标志构成两条导线分别标示上、下游狭窄航道方向的航行标志。引导船舶从对岸循导线驶向本岸标志时转循另一导线驶向对岸。三座标志中，前标与过河标相同，两座后标与导标相同，两座后标的顶标分别与前标的两块顶标组成两条导线，面向上、下游航道方向。标志的颜色，前标标杆和梯形牌与过河标相同，顶标颜色与导标相同。两座后标颜色与导标相同。灯质分别按过河标和导标规定采用，但各标的光色须一致，特殊需要时，各标均可用定光（附图见彩 3 页彩图 10）。

（李安中）

艏支架 fore poppet

船舶下水前安装在船首部分的支架。一般有压缩、旋转和铰链式三种。当船下水时，船尾先下水而产生尾浮，使船体产生旋转。因此，艏支架在船体发生尾浮时，应能旋转一相应角度，保持接触面积不变，使船体和滑道的受力均匀，免遭损坏。它可以用木枋、钢材制成。

（顾家龙）

受阻沉降速度 hindered settling velocity

散乱颗粒群在浓度较大的悬液中沉降时的速度。由于水力干扰、颗粒碰撞和相互作用占主导地位，颗粒沉降速度要降低，在层流区域此速度为：

$$v_c = v_0 \left(\frac{1}{1 + 6.88c/100} \right)$$

式中 v_0 是无阻下颗粒最终沉降速度；c 是颗粒体积浓度。

（李维坚）

shu

枢纽环线 circular line

围绕铁路枢纽的环形铁路。铁路进入城市，将引起城市交通阻塞，加剧城市的噪声污染。因此，铁路线不宜过分靠近城市，特别是那些与城市人民生活无关的铁路设施，如编组站等，更不宜靠近城市。为了便于各铁路方向的货物列车进入编组站，为了各铁路方向的客货列车分路运行，也为了便于各铁路方向之间的相互联系，往往要在城市外围设置枢纽环线。

（严良田）

枢纽联络线 connecting lines

在铁路枢纽范围内，连通两个车站、两条铁路线或车站与铁路线的线路。其主要功能为：使无改编作业的货物列车不进入枢纽，消除折角车流的多余走行距离。其平面纵断面设计标准，应根据所负担的任务、性质、行车量和当地条件来确定。

（严良田）

枢纽线路疏解

使沿着彼此交叉的两条进路运行的机车车辆或列车得以安全通行的设施。有平面疏解和立体疏解两类。平面疏解包括：无配线的线路所、有配线的线路所和闸站。立体疏解就是跨线桥。

（严良田）

枢纽迂回线 roundabout lines

个别列车从枢纽近旁绕过枢纽的线路。为了使货物列车绕过枢纽的客货运站，无改编作业的货物列车绕过编组站，以及与城市无关的货物列车绕过枢纽，应在铁路枢纽外围修建迂回线。迂回线平面纵断面的设计标准，应与引入枢纽各线路的标准相配合。

（严良田）

枢纽直径线 through railway diameter

在环形枢纽中，从环线当中穿过的铁路线。因其形似圆的直径而得名。在枢纽直径线上，适于设置客运站，以便于城市人民乘车旅行。

（严良田）

梳式滑道 comb type slipway

由斜坡与水平两组轨道呈交错排列，并相互伸突一定距离，形成高低交错梳齿状的滑道。它由斜坡滑道区 I、水平横移区 II 和船台区 III 三部分组成。在交错处，斜坡滑道突出于水平横移区之上部分称为突坡 3、水平横移区轨道伸出斜坡顶以外部分称为突岸 4。上墩或下水的船舶在交错处转换移船的设备及过程为：斜架车 1 将上墩的船舶沿斜坡滑道牵引到突坡处，将水平横移区轨道上的船台小车 2 开至突岸上，停在船舶底下；升起船台小车的油压千斤顶，将船体顶起，船重转落在船台小车上，斜架车卸荷，下滑离开船体；开动船台小车沿水平横移区行驶,并转运到指定的船台。船台小车装有转向的油压千斤顶,可使车轮悬空转向 90°,因此它可以在水平横移区内的纵、横轨道交叉处任意转换方向,开往任一船台上。梳式滑道的优点是,只需单层的斜架下水车,车架的高度小,滑道末端水深较小;车架下走轮较多,轮压荷载小,对斜坡滑道基础要求相应降低;水平横移区和船台区标高一致,场地平整,横移区也可兼作船台之用。其缺点是,需用斜架下水车和船台小车两套独立的移船设备和牵引系统;船台小车的机构较复杂;在交错处将船体换车、落墩耗时费工,并使船体支承受力部位发生变动,特别是尖底船,换车更为麻烦,容易产生倾侧;横移区和船台区轨道纵横交叉,使轨道基础复杂。

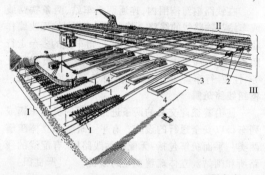

(顾家龙)

疏浚标志 dredging marks

为疏浚施工定位避让等所配备的各种标志。一般在挖泥区域设纵、横向导标,控制挖泥界限和挖槽方向。在抛泥区,用灯浮或在岸上用两组导标交会,标明水上抛泥区。在抛泥区内还应设分条、分段的纵、横向标志,指示抛泥的顺序。在航道、港区附近施工还须设专用标志,指示船舶避让。若用排泥管输泥,在水上部分,沿管线布置灯标信号,以防发生碰撞事故。 (李安中)

疏浚导标 beading marks

指示挖泥区范围的疏浚标志。一般包括纵向导标和横向导标两类。在挖槽的纵轴线和底边线上的前、后方,可设置导标。导标由标杆和顶端标牌组成前后两根标志,由前、后标牌连线的延长线,控制挖槽的方向和范围。横向导标设置在挖槽的起点、终点、转向点、分段施工的分界处。在宽阔的水域中施工,可在挖槽两边设立浮标,控制挖槽位置。 (李安中)

疏浚工程 dredging works

用挖泥船等机具或人工方法挖掘水下土石方的工程。是水下工程开发和维护的重要手段,主要包括开挖港口、航道、挖除浅滩、凸嘴、卡口、边滩以及裁弯等以达到增加水深改善航行条件,或有利泄洪等目的;此外水工建筑物基坑、管沟的基槽开挖及回填;扩大陆域面积的吹填工程;为环境保护挖掘、清理有害物质等均属疏浚工程范畴。广义地讲疏浚工程还包括水下炸浅滩、炸礁石以及小河航道的耙沙等。现今为开发国际航道,世界许多沿海国家为此都配备了大型的挖泥船队,具有强大的疏浚能力。根据工程性质,可分为基建性疏浚,维护性疏浚和临时性疏浚三种。基建性疏浚是指新港池、新航道、运河等的开挖,航道的加深、拓宽和裁弯取直等,工程量一般较大,技术要求也较高;维护性疏浚是指为维持港池航道所规定的尺度每隔一定时间所进行的清淤工程;临时性疏浚,通常为计划外临时安排的疏浚,如航道中因沙丘下移出浅而临时挖掘等。组织疏浚是一项复杂的整体协调过程。疏浚前需进行水文、地质勘测,挖槽设计,现场立标,抛泥区选择等工作。为提高疏浚施工效率,需选择适当的挖泥船及泥土运抛方式,合理配备泥驳及各种作业船只,或布设排泥管线及输泥泵站等。在疏浚施工过程中还需进行检测,土方计算以及竣工的测量验收等。 (李安中)

疏浚施工 dredger construction

见疏浚工程。

疏浚水位信号 signal of dredging water level

揭示挖泥地点水位的标志。挖泥船绞刀或斗架的下放深度,须根据水位变化调整。为此通常用标牌和灯光的水位信号标显示通报当地水位。目前已发展采用工业电视显示水位,可随时从挖泥船的电视屏幕上,观读水尺读数以控制挖泥深度。 (李安中)

疏浚土方 dredging quantity

疏浚施工所挖掘的水下土、石的立方米数量。根据实际工程效果,可分有效土方和废方。按计算方法,可分上方和下方。工程量的计算主要是统计有效土方。一般根据疏浚前实测地形图,及竣工后验收的地形图计算水下实挖的自然体积。 (李安中)

疏浚污染 pollution by dredging

由于挖泥造成水质、空气或环境的恶劣变化。水下沉积的泥土,大多为细颗粒淤泥、黏土,一般呈负电荷离子状,可大量吸附带正电子的工业废水中的汞、镉、砷、铅和聚氯联苯等毒物;含油沉积物;有机的生活污物。因疏浚搅动这些污泥,随泥浆释放到水域中,造成水质第二次污染,对海洋生物形成危害,恶化附近城镇取用水质。同时在疏浚时释放出大量氨和磷化合物,使水质"肥化"引起浮游生物增生,将大量消耗水中溶解的氧,而各种有机物一经扰动也要氧化,水中缺氧,危及鱼类生存,使水质发臭等。在水中设置排泥区,也同样存在污染问题,若排至岸上会造成污染土对环境的影响,世界各国十分注重疏浚污染的研究,提出了一些防止污染扩散的措施,并要求在每次疏浚工程施工前提出对环境影响的报告,否则不许施工。 （李安中）

输浆离心泵 centrifugal slurry pump

靠叶轮转动的离心力作用使浆体增加机械能的管道输送设备。主要由螺壳式泵壳和在泵壳中转动的叶轮组成。浆体进入泵壳内与叶轮一起转动,在离心力的作用下沿着泵壳内的螺道甩出泵壳出口处,使浆体具有一定能量。泵壳内需用耐磨材料制成的抗磨衬套,以减少浆体对泵壳的磨损。由于输浆离心泵效率低,机壳耐压有限,产生的压头有限,在长距离输送的管路系统中用做向主管路上的往复式柱塞泵或活塞泵提供进料压力的喂料泵,也用于浆体制备厂或脱水系统中输送浆体。 （李维坚）

输水阀门 vale of filling and emptying system

设在船闸输水廊道或闸首输水孔口上,用来控制船闸灌、泄水的闸门。常用型式有：平面阀门、反向弧形阀门、圆筒阀门、蝴蝶阀门等。主要根据船闸的水头大小并结合输水系统的型式和布置进行选择。在中、低水头船闸中,平面阀门应用最为广泛；高水头船闸常采用反向弧形阀门。阀门是在有水压的动水条件下开启,而在无水压的静水条件下关闭,在发生事故时要求能在动水条件下关闭；通航期内启闭频繁。在水力特性上,要求阀门部分开启时,水流阻力大而流量系数小；阀门全开时,水流阻力小而流量系数大。在工作性能上,要求水密性好,振动小,结构简单可靠,启闭方便,便于检修。由于运转频繁,构件及止水容易磨损,需要定期进行维护和保养,使其处于良好的工作状态。此外,由于经常在水下或潮湿空气中工作,需要采取防腐措施。 （詹世富）

输水阀门底缘空穴数 cavitation number of valve's botton

表征船闸闸室灌泄水过程输水阀门底缘产生空穴可能性的参数。可表示为 $K = \dfrac{P(P_L - P_V)}{v^2/2g}$, 式中 K 为阀门底缘空穴数；P 为阀门底缘的压力水头；P_L 为大气压力；P_V 为水的蒸气压力；v 为阀门开启断面的平均流速；g 为重力加速度。在闸室灌泄水过程,由于输水阀门底缘水流边界突变,在底缘处可能产生空穴。其产生的条件与输水阀门及其底缘型式、输水阀门位置的高程、阀门段廊道边界条件以及阀门的开启度有关,可以空穴数大小来判定。当大于相应的临界空穴数时,阀门底缘不会产生空穴；当接近其相应的临界空穴数时,存在产生空穴的可能性,阀门段廊道顶部应保持一定的正压；当小于相应的临界空穴数时,阀门底缘将产生空穴,应采取措施以消除产生的可能性。 （蔡志长）

输水阀门底缘门楣 gate head of valve' botton

设置底止水处的输水阀门部分和阀门顶止水处的胸墙突出部分。其构造和布置,影响阀门的启闭力,输水过程中阀门的振动和气蚀。当船闸水头超过15m,无类似工程可参考时,应通过模型试验研究确定。 （詹世富）

输水阀门工作条件 working condition of lock valve

船闸输水系统的输水阀门启闭过程的水力条件。输水阀门开启过程,水流通过输水阀门发生收缩,流速很大,一定距离后,水流又重新扩大到整个输水廊道。这时输水阀门后面的水力条件主要决定于输水阀门后面的通气条件,也决定于输水阀门的淹没水深亦即阀门和闸室或下游水面的相对高程。对于开敞式阀门,空气从阀门后的阀门井而进入门后的输水廊道中,在阀门后的水流收缩断面处压力下降,可能在阀门后发生远驱式水跃。由于水跃的位置不稳定,可能碰撞到阀门而引起阀门的振动,应核算输水阀门后有否发生远驱式水跃的条件。对于密封式阀门,在水流收缩范围内压力下降,可能产生负压。若压力过低,就有可能出现空穴。空穴的生成除与压力有关外,还可能来自阀门底缘水流边界突变处以及阀门顶部面板与门楣间的缝隙低压区。对于平面阀门还可能来自阀门门槽。空穴将剥蚀阀门及阀门后输水廊道段的表面,使结构损坏。对于密封式阀门,应核算阀门后的压力值及产生空穴的可能性。为改善输水阀门工作条件可采取变速或快速开启阀门的方式；或在阀门后输水廊道段设置附加阻力；或降低输水阀门位置；或改变阀门后廊道段的体型；或在阀门后设置通气孔或通水孔。 （蔡志长）

输送能力 transportation capacity of railway

在保证完成一定的客运任务前提下,铁路单方向每年能运送的货物吨数。其值 $C(10^4 t/a)$ 不应小于需要担负的货运量。计算公式为：

$$C = \dfrac{365 N_H Q_T}{10^4 \beta}$$

$$N_H = \dfrac{N}{1+\alpha} - [N_K \varepsilon_K + (\varepsilon_{KH} - \mu_{KH}) N_{KH} + (\varepsilon_l - \mu_l) \times N_l + (\varepsilon_z - \mu_z) N_z]$$

式中 365 为每年的天数；N_H 为折算的普通货物列车对数(对/d)；Q_T 为列车牵引净载；β 为铁路货运波动系数；α 为通过能力储备系数；N 为通过能力；N_K、N_{KH}、N_l、N_z 分别为旅客、快运货物、零担、摘挂列车数；ε_K、ε_{KH}、ε_l、ε_z 分别为旅客、快运货物、零担、摘挂列车的占线系数；μ_{KH}、μ_l、μ_z 为快运货物、零担、摘挂列车满轴系数。 （吴树和）

竖曲线 vertical curve

把纵断面上相邻两坡段圆顺连接起来的曲线。铁路上分为抛物线型和圆曲线型两种。抛物线型是由一定变坡率的 20m 短坡段连接而成;变坡率愈小,连接愈平顺;国内外都曾采用过,目前中国只有在既有线改建时,才允许保留。圆曲线型,因其测设养护方便,国内外大量采用。其半径大小要考虑旅客舒适和安全;目前,中国Ⅰ、Ⅱ级铁路为 10 000m,Ⅲ级铁路为 5 000m;前苏联Ⅰ级铁路为 15 000m,Ⅱ、Ⅲ级为 10 000m;日本山阳新干线为 15 000m;法国巴黎至里昂高速铁路,一般为 25 000m,个别情况下,凸形竖曲线允许为 14 000m,凹形允许为 12 000m。当变坡点的坡度代数差(Δi)不大时,外矢距很小,可不设置。中国Ⅰ、Ⅱ级铁路 $\Delta i > 3‰$、Ⅲ级铁路 $\Delta i > 4‰$ 时,才设置。竖曲线不应与平面缓和曲线重合,不应设在无碴桥面上,也不宜与道岔重叠。

道路上为圆曲线型。分为凸形竖曲线和凹形竖曲线,各设置在凸型变坡点和凹形变坡点。其半径和曲线长度,须适合行车速度和视距的要求。

(周宪华 王富年)

竖向设计 vertical design

道路交叉口或广场整体表面的高程规划和计算。在多条道路的汇集处,需要将不同坡度和高程的道路在交叉口范围内构成一个平顺的共同面,使行车便利,排水通畅及与周围地形条件相协调。同等级道路相交时,其纵断面上坡线高程在中线交点处衔接;不同等级道路相交时,次要道路的纵断面坡线高程与主要道路的路面边缘衔接。 (王富年)

竖向预应力锚杆挡土墙 vertical prestressed anchored retaining wall

竖向预应力锚杆和重力式挡墙砌体构成的挡土结构。锚杆的下部竖向锚固于稳定的地层中,上部砌筑于重力式墙身内,经张拉锚杆对墙身施加预应力,利用有效预压力代替墙身圬工的重量。具有节省圬土、降低造价和施工简便等优点。适用于岩石地基,墙身所受推力较大的情况。 (池淑兰)

数据通信网 data communication network

传输数据的通信网。将分布在各点的用户用通信线路连接成计算机网络,再配以数据终端、数据传输、数字交换设备,进行数据信息收发、传输、交换和处理。"数据"一般是指在传输时可用离散的(即不连续的)数字信号逐一准确代表的离散的文字、符号、数码等。数据处理的基本内容包括所有对数据进行的收集、分类、计算、存储和变换等工作。电子计算机能对数据进行高速处理。数据通信可以达到远距离使用电子计算机和"资源共享"的目的,同时也扩大了通信的功能。其应用范围日益广泛,在铁路现代化建设中,占有重要地位。 (胡景惠)

数字地形模型 digital terrain model

用一群地面点的平面坐标和高程的数值描述地表形状的数学函数表达式。建模工作有:(1)数据取样:用摄影测量方法或用数字化仪自航摄像片上测得地形点的坐标和高程并转化为数字坐标,或自现有地形图上取得地形点的数字坐标;取样点按规则格网状或沿路线断面线分布。(2)数据处理:以取样点为已知数据,插值加密成表示地形表面的连续函数。(3)记录存储:加密后的所有地形点一般以数字形式记录和存储在磁带或磁盘中。经计算机处理后用数控绘图仪绘制等高线,或控制正射投影装置制作影像地图。在道路设计中可用以自动绘制平面图、纵横断面图和透视图及计算土方工程量,进行路线优选,为选线设计自动化开辟途径。 (冯桂炎)

数字电话网 digital telephone network

采用数字信号进行传输和交换的电话网。把电话本身模拟化的连续信号,变换成为脉冲形式的数字信号,再将载有信息的数字信号传输到接收端,经过再生、解码和重建复原成为模拟信号。采用数字传输线路和时分制交换机。其优点是在传输中发生的衰耗、叠加的杂波和出现的畸变等,经过再生器产生新的标准脉冲流均可排除,因此,传输质量优良,传输距离远。 (胡景惠)

shuang

双层车式斜面升船机 inclined ship lift with sliding cradle on wedged chassis

由承船车和斜架车联合构成的斜面升船机。装载船舶的承船车为一平车,其前、后轮均位于同一高度。斜架车的底梁为一斜桁架,下弦杆的斜度与斜坡道的坡度相同。在斜坡道上运行时,装载船舶的承船车搁置在斜架车上。当行至坝顶时,承船车可自行或牵引到另一斜坡道的斜架车上而完成船舶过坝的程序。这种升船机适用于上下游斜坡道坡度不同的情况,但设备较多,运转较复杂,斜坡道长度较大。

(孙忠祖)

双层客车 double decker passenger coach

上下两层都可以乘坐旅客的客车。能充分利用机车车辆限界给出的空间,增加乘客定员,提高客运输送能力;但重心较高,运行中平稳性稍差,两层净空稍低,最好采用空调;适用于中、短途旅客运输。

(周宪忠)

双铰底板式闸室 lock chamber with articulated floor

由闸室墙和闸室底板构成,在底板的一定位置对称地设置两道纵向通缝,将底板分为三块的船闸闸室。纵缝处设 1~2 道止水,采用搭接式或斜接式铰来连接。通过双铰的作用,使闸室墙和中间底板共同工作,相互间只传递水平推力和剪切力,不传递弯矩,底板厚度可以较薄,钢筋用量较小,且无渗流稳定问题,并可降低闸室墙水平滑移稳定的要求。但底板的受力对两侧闸室墙的变位较为敏感,接缝处的止水也较复杂。一般适用于细砂、粉砂地基。

(蔡志长)

双开道岔 symmetrical doubl curve turnout

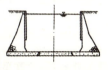

又称单式对称道岔。直线轨道分支为两条与直线轨道左右对称的道岔。因无单开道岔的主线、侧线之分,在导曲线曲率半径相同的条件下,道岔长度较单开道岔为短。适用于编组站驼峰头部咽喉区、铁路轮渡桥头引线以及机车转向三角线等处。

(陆银根)

双溜放驼峰 hump with dual humping facilities

在同一座驼峰的两条溜放线上,能够同时进行两项溜放作业的调车驼峰。双溜放驼峰可以显著提高驼峰的作业能力。在增加少量线路及设备的情况下,可以避免修建第二套调车设备的巨额投资,具有较高的经济效益。有时,驼峰推送线和溜放线各有 3 条或 3 条以上,能够同时进行 3 项或 3 项以上溜放作业的驼峰,称为平行溜放驼峰。在前苏联莫斯科枢纽的奥烈霍沃-祖耶沃(Орехово-Зуево)编组站上,1973 年平行溜放车数已占改编车数的 52%。

(严良田)

双排板桩防波堤 double-row sheet-pile breakwater

堤身由两排钢板桩或钢筋混凝土板桩构成的桩式防波堤。在每排板桩外侧上端安装纵向导梁并用拉杆联结,两排板桩之间充填砂石,顶部加混凝土盖板,再浇筑上部结构。它构造简单,施工迅速。但受板桩尺度及其抗弯能力限制,一般只能用于水深大于 10m,波高不大于 5m 的情况。其整体稳定性不如格形板桩防波堤好。

(龚崇准)

双索循环式索道

车厢悬挂在承载索上,由牵引索牵引,在两端站间沿承载索循环运行的架空索道。往返两条平行的承载索,在一个端站(一般为装载站)上被固定,在另一端站(一般为卸载站)上被拉紧;为了支持承载索,一般中间设置支架。牵引索一般安置在承载索的下面并与其平行。车厢装载后,连接上牵引索,发动机通过传动滑轮拉紧牵引索,车厢则在承载索上滑行,沿一条承载索至卸车站,卸载后,车厢沿另一条承载索返回。与其他架空索道形式相比较,其特点是:运输量大,运行速度快,运输成本低,经济效果好,但基建投资大,与单索循环式索道相比,爬坡角度较小。适用于运输量较大,服务年限长,坡度小的地段。

(吴树和)

双体船 catamaran

将两个大小相等,相互平行的船体,上部用强力构架(连接桥)连成一个整体的客船。每个单独船体称片体。两片体内各设主机、螺旋桨和舵,形成双桨双舵。片体一般造得瘦削,有利于减小船舶航行阻力。在同等排水量下,甲板面积和上层建筑的使用面积比普通船约大 20%~40%。船宽较大,稳性较好。

(吕洪根)

双线船闸 twin lock

同一水利枢纽上承受相同的水头,连接相同的上、下游河段的两座船闸。当过闸的货运量大,一座船闸的通过能力不能满足运量要求,或在运输特别重要的航道上,不允许船闸因检修、冲沙以及引航道挖泥而停航时建造。一般采用并行排列的布置;有时还将两个闸室并列,中间共用一个闸墙,其内设连通两闸室的输水廊道,相互利用对方泄水的一部分水体,作为自己的灌水的水量,从而节省过闸用水量,并节省工程投资。两座船闸的尺度可以相同,也可以分别采用不同的尺度。可以同期建造,也可以分期建设。通常是根据近期运量先建成单线船闸,而预留二线位置,随着货运量的增加而扩建。

(詹世富)

双线航道 two-way channel

船舶或船队在同一时间内可以对驶、并驶或超越的航道。是航道中最常用的一种型式。

(蔡志长)

双线绕行 double-line detour

增建二线时,废弃既有线,另行修建的双线路段。适用于既有线标准太低或病害严重地段,可提高该段既有线的质量并根绝病害。在需要绕行的地段(见单线绕行),要对并行和绕行,单绕还是双绕,应结合第二线的限坡选择、边侧选择,以及最小半径的选择等重大问题,进行综合技术经济研究,只有在

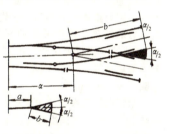

双线绕行有利时，才采用之。　　　（周宪忠）

双线铁路　double-track railway

又称复线。区间有两条正线的铁路。分为上行线与下行线，在正常情况下，上下行列车分别在上下行线行驶。在同一区间或同一闭塞分区的一条正线上，同时只允许一列车运行。双线铁路的通过能力比两条单线铁路大，安装自动闭塞的双线铁路，平行运行图的单向通过能力可达 144～180 列/d，实际开行的客货列车我国已达 100 列/d 左右。新线建设一般先修建单线，随运量增长可逐步增建第二线，发展为双线铁路；初期运量特大也可一次建成双线铁路。统计运营里程时，双线铁路仍按第一线的长度计算。　　　　　　　　　　　　　　（郝　瀛）

双向过闸　two way lockage

船舶（队）由上、下游两个方向轮流相间地依次通过船闸的过闸方式。当船舶（队）由下游通过船闸驶入上游后，下行船舶（队）即可驶入闸室，然后关闭上游闸门，闸室泄水，开启下游闸门，船舶（队）驶入下游。采用这种过闸方式时，等候过闸的船舶（队）停靠位置离闸首较远，而且船舶（队）进出闸时需要避让反向船舶（队），船舶（队）的进出闸时间皆较单向过闸长。但闸室灌泄一次水，上、下游两个方向的船舶（队）轮流相间地各过一次闸，每个船舶（队）的过闸时间较短。在单级船闸中采用，既可提高船闸的通过能力，又可使过闸用水量节省，在营运管理上多尽量组织双向过闸。　　　　　　　　（詹世富）

双向水头　two-way head

船闸承受正反两个方向的水头压力。闸首没有上、下游之分；而以内外闸首区别。内外闸首水位常有涨落，或内高外低，或内低外高。海船闸和感潮河段上的船闸水头为双向水头。　　　（詹世富）

双向行驶环形交叉　two way roundabout

为顺时针与反时针两个方向均可行车的环形交叉口。一般用于多条道路交叉口，在驶入口设有微型小岛，以便于内侧顺时针左行，外侧反时针右行（图 a）；有时还设分隔带，隔离两向车流（图 b）。其

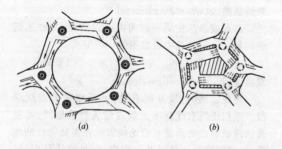

主要优点为左转车、调头车，可减少绕行距离，缺点为占地大，行车组织复杂，驾驶员不易掌握，交通量大时难以控制。　　　　　　　　　　　（徐吉谦）

shui

水波内辐射应力　radiation stress in water wave

又称剩余动量流。由波浪引起的动量流。当波浪的水平动量流跨过某一断面沿着波浪传播方向转移时，断面一侧流体的相应总动量增加，其等效作用犹如有水平应力作用在流体上。英国的朗奎特—赫金斯（M. S. Longuest-Higgins）将之定义为辐射应力。等于一个波周期内平均波浪水平动量流。当波浪传播方向与 x 轴的夹角为 α 时，辐射应力 s 为

$$s = \begin{pmatrix} S_{xx} & S_{xy} \\ S_{yx} & S_{yy} \end{pmatrix} = \frac{E}{2}\begin{pmatrix} 2n(1-\cos^2\alpha)-1 & n\sin 2\alpha \\ n\sin 2\alpha & 2n(1+\sin^2\alpha-1) \end{pmatrix}$$

$E = \frac{1}{8}\rho g H^2$ 为前进波的波能；n 为波能传递率；ρ 为水的密度；g 为重力加速度；H 为波高。S_{xx}，S_{yy} 分别为垂直于 x 轴和 y 轴截面上的正应力；S_{xy}，S_{yx} 分别为垂直于 x 轴和 y 轴截面上的剪应力。辐射应力的概念在近岸波浪的研究中起着重要的作用，如研究波浪行近岸边时所产生的增水、沿岸流、裂流的运动等。　　　　　　　　　　（龚崇准）

水鹤　water crane

给蒸汽机车水柜注水的设备。设在机务段和给水站上。其位置和高度应与机车水柜注水口相适应；上部横向管（出水口）可悬臂转动，以便上水时能拉转对位，上完水后能拉转回位锁定。　　（周宪忠）

水口升船机　Shuikou Ship Lift

位于福建闽江水口水利枢纽右岸，并列于连续三级船闸右侧，并与船闸共用上下游引航道，可一次通过 2×500t 级顶推船队的升船机。与同类型升船机相比较，其规模在中国仅次于在建的三峡垂直升船机，居世界前列。采用湿运全平衡钢丝绳卷扬垂直提升型式，包括上、下游引航道在内全长 1 438m。承船厢有效长度为 114m，宽度为 12m，水深为 2.5m；两端采用卧倒式平面闸门。承船厢带水总重 5 300t，净重 1 310t，最大提升高度为 59m，正常升降速度为 0.2m/s。承船厢平衡重总重 5 300t，其中静力平衡重 4 300t，可控平衡重 400t，转矩平衡重 600t，由 248 根 φ52 钢丝绳承担，其中 192 根为静力平衡重绳，16 根为可控平衡重绳，还有 40 根提升及转矩平衡重绳。承船厢由 4 个 160kW 直流电动机驱动，采用闭环式刚性同步，最大提升力为 4×600kN，安全制动力为 10 000kN。该升船机装置有较好的安全运行保障系统，并采用了锁碇块与钢梯的事故锁碇装置，以安全锁碇发生事故的升船机承船厢。已于 2000 年建成，是世界上第一座全平衡重钢丝绳卷扬式垂直升船机。　　　　　　（蔡志长）

水库港 reservior harbour

修建在水库库区以内的港口。该处水位涨落幅度大、水面开阔、水深也较大,而过往船舶大多属于内河船型,吃水小、抗御风浪能力较弱,因此,在布置及所用水工建筑物的型式、构造上,往往有其独特之处。常建于有天然掩护的地区。码头有时布置成高低两级,或采用缆车码头。防波堤选用透空式等特种型式。此外,如港区或航道距离溢洪道等泄水建筑物过近时,需增设隔离防护设施以保障航行安全。

(张二骏)

水力绞滩

将水流的动能转化为机械能牵引船舶过滩的绞滩作业。有水轮式和缆车式两种类型。水轮式水力绞滩,由一艘装有水轮的船舶,利用水流冲转水轮,卷动钢缆,通过转向滑轮,将滩下船舶牵引过滩,继而由递缆船利用钢缆将其拖送到滩下再拖引第二条船。缆车式水力绞滩,由两只装有挡水板的木船,系于通过转向滑轮钢缆的两端,一个在滩上,一个在滩下,当滩上木船挡板放入水中,水流冲击下行,则滩下木船连同要上滩的船舶被带动上行,两船轮流提放挡板,则可不断带船上滩。水力绞滩适用于流速小于3.0m/s、比较宽、直的航道中,曳引30t以下的小型船舶。现多已被机械绞滩所代替。 (李安中)

水路运输 water transportation

简称水运或航运。以船舶、排筏作为交通工具,在海洋、江河、湖泊、水库等水域沿一定的航线载运货物和旅客的运输方式。人类在上古时代就已依靠水路来运输原料和产品,最早应用的水上运输工具是独木舟和排筏,后来制造出木板船。1807年用蒸汽机驱动的船舶出现后,水上运输工具发生了划时代的变革。目前水路运输仍是国际货物运输和一些国家内陆货物运输的主要方式。水路旅客运输在20世纪中叶以前一直保持兴旺局面,但从20世纪30年代起在发达国家公路运输逐渐排挤了内河客运。到20世纪60年代航空运输也基本取代了远洋客运。同其他运输方式相比,水运有以下一些特点:(1)载运量大,而且适宜中、长途运输和运输超宽、超长、超重的特大货物;(2)在各种运输方式中,水运的能源消耗较低,成本低;(3)建设投资省;(4)劳动生产率高;(5)利于综合利用水力资源,除有航运效益外,还可使灌溉、发电、城镇供水等国民经济部门得到综合效益;(6)为沿河及临海建厂创造条件,水运能为工厂企业提供量大价廉的运输条件,而且还易于解决工业用水问题。但水运也有弱点:速度慢,环节多,受自然条件影响大,机动灵活性差等。按航行区域可分为:跨越大洋的国际间的远洋运输;在本海区内或几个邻近海区的沿海港口间的沿海运输;在江、河、湖泊、水库、运河等内陆水域中,或通过几条河流的内河运输。按运输对象可分为旅客运输和货物运输。旅客运输有单一客运和客货兼运之分。货物运输按货类分,有散货运输、件杂货运输和液体燃料等三大类。水运的基本设施主要有船舶、港口和航道。船舶是水运的主要运输工具,船舶技术先进与否将直接影响水运的运输成本和经济效益。港口是水运中船舶停泊、装卸货物和上下旅客的枢纽,是发展水运的条件。港口的数量及其装卸能力也直接影响水运的经济效益。航道是船舶航行的线路,是水运的基础。为充分发挥水运的优越性,必须加强现代化的港口和航道建设。 (蔡志长)

水煤浆 coal water slurry, coal water mixture

一定粒度级配的粉煤和水制备的可供直接燃烧的均匀混合浆体。粉煤粒度为60~80μm的低灰、低硫、高浓度(质量浓度60%~75%)水煤浆,加入少量抗沉淀的稳定剂及增加流动性的分散剂可代替重油直接在工业炉窑及锅炉里燃烧。此类以煤代油的新型燃料比直接用煤燃烧的污染低。超细度(<30μm)、超低灰(灰分小于0.5%)的高浓度水煤浆则可直接用于燃汽轮机上。 (李维坚)

水泥船 concrete ship

见混凝土船(151页)。

水泥混凝土路面 cement concrete pavement

用水泥混凝土作面层的高级路面结构。按配筋情况和施工方法不同,可分为素混凝土路面、钢筋混凝土路面、连续配筋混凝土路面和预应力混凝土路面等。混凝土面板下,根据交通繁重程度、土基水稳状况和当地材料供应条件,设置碎(砾)石类或结合料(水泥、石灰、沥青等)稳定土(或粒料)类基层。面板所需厚度,通常按轮载所产生的最大弯拉应力小于混凝土的弯曲疲劳强度确定。为减小伸缩应力和温度翘曲应力,面板划分成一定尺寸的板块,其宽度通常为车道宽度,长度则随温度应力大小和配筋情况而定。划分板块的纵向和横向接缝,按情况分别采用企口缝、假缝、胀缝和平缝等构造型式。 (韩以谦)

水泥混凝土路面摊铺机 concrete finisher

用于水泥混凝土路面或机场水泥混凝土道面的施工,具有混凝土混合料的摊铺、振实、整平等功能的自行式机组。分为轨道式与滑模式两类。轨道式摊铺机通常由布料机、振实机、抹面机等一系列单机组成,各机均带有钢轮,可在共同的轨道模板上前后移动,工作时类似于流水作业的方式完成混凝土板的铺筑,故有摊铺列车之称。按布料机的布料方式,又可分为刮板式、螺旋式和箱式三种。刮板式系借助可绕自身轴旋转又可左右移动的刮板将卸于地面的混凝土混合料铺平;螺旋式系借助两只独立的反向螺旋送料器进行铺平作业;箱式是借助能沿轨道横向移动的料仓进行布料作业的。滑模式摊铺机则自身具有摊铺、振实、整平等功能,且无须设立模板就能连续铺筑混凝土,是继轨道式摊铺机后发展起来的,可同时铺筑路缘石,但对原材料及其配合比以及混合的供应要求十分严格。

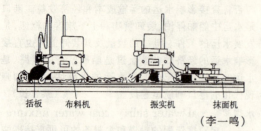

(李一鸣)

水泥稳定材料 stabilized material with cament
在松散的土、砂砾或其他集料中加入适量水泥和水经拌和均匀后的混合物。将此混合物经摊铺、碾压和养生后,可作为路面的基层或底基层。美国是使用水泥稳定材料最早的国家,早在1937年已成功地应用于路面基层。中国20世纪70年代也开始应用于道路建筑中。水泥的稳定作用,主要靠水泥水化后的产物—水化硅酸钙和水化铁酸钙凝胶以及水化铝酸钙和水化硫酸钙晶体等自身的凝结硬化。凝结硬化后形成的水泥石能将松散材料紧紧地黏结在一起,遂产生力学强度。其次是水泥水化后生成的$Ca(OH)_2$与松散材料起类似于在石灰稳定材料中那样的作用。优点是:强度高、稳定性好;但亦有施工要求严格和造价高、易开裂的缺点。

(李一鸣)

水泥稳定路面基层 stabilized base course of pavement with cement
用水泥作结合料,与土或砂砾或其他集料加水拌和、摊铺、压实而成的路面基层。一般水泥与被胶结材料的重量比为3:97~6:94。水泥稳定类基层具有良好的整体性,足够的力学强度、抗水性特好,宜作高级路面或机场道面的基层。

(陈雅贞 韩以谦)

水坡式升船机 water-sloping ship lift
简称水坡。利用上、下游航道间水槽内可移动的挡水闸门所形成的楔形水体供船舶过坝的斜面升船机。由闸首、斜槽及挡水闸门等构成。斜槽为建在斜坡地基上的钢筋混凝土U形水槽,上游一端设置闸首,下游一端设置可以沿斜槽移动的挡水闸门(又称活动挡板)。挡水闸门与闸首间形成楔形水体,用推进设备推动挡水闸门由斜槽的一端移到另一端。图示为该升船机的运行原理。船舶由下游航道进入水槽,浮载在楔形水体上。将挡水闸门降入水中,推进机推动挡水闸门及楔形水体沿水槽上升,船舶也随之上升。待楔形水体上升至与上游航道水面齐平时,开启闸首上的闸门,船舶即可驶入上游航道。这种升船机不需承船厢,建造费用较省,但运转费用较高。第一座水坡建成于1973年,位于法国蒙特施处。

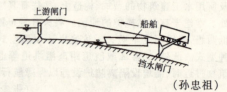

(孙忠祖)

水上机场 water airdrome
供水上飞机起降、停放、维护和组织飞行保障活动的场所。通常设在海湾附近。飞机利用水面进行起降。因此机场的陆地上没有跑道,而其余设施与陆地机场基本相同。在水面与地面之间设有水上飞机下水上岸的入水道和人员换乘码头。 (钱炳华)

水深信号标 water signal marks
揭示浅滩航道最小水深的信号标志。设在浅滩上、下游靠近航道一侧的河岸上,由带横桁的标杆和号型组成,横桁与岸线平行,号型形状分别表示不同数值,如长方形代表"1",对顶三角代表"4",凸字形代表"6"。将几种号型组合悬挂在横桁两边,从河上看去,左边信号表示"米"数,右边信号表示"分米"数。夜间则以灯质表示不同的数值,每盏白色定光灯代表"1",红色定光代表"4",绿色定光代表"6"。标杆与横桁为红、白色相间斜纹,号型为黑色或白色(附图见彩4页彩图20)。 (李安中)

水下岸坡 shoreface, inshore
低潮线以下至波浪作用下界的岸坡。一般取相当于当地1/3~1/2波长的水深处,作为波浪作用的下界。外海的深水波进入水下岸坡后,因水深逐渐变浅,受水底摩阻发生波浪变形而直至破碎。该范围内的泥沙在浅水波与重力作用下,作垂直于岸线方向的横向运动或沿岸的纵向运动。通常,岸坡上细颗粒泥沙向海运动,粗颗粒泥沙向岸运动,造成海滩、海岸沙坝、水下沙堤等堆积体。岸坡的上段,水深较小,波浪极易破碎为破波带,也是海岸带泥沙运动最活跃的部位。 (顾家龙)

水下炸礁 underwater reef explosion
用爆破的方法清除碍航的礁石,改善航行条件的工程措施。在山区河流中,清除礁石、切割卡口、凸嘴,拓宽和浚深航道等,多采用爆破方法。爆破中所用的炸药有化合物类的梯恩梯、特屈儿、黑索金等;混合物类的硝铵炸药、黑火药等,起爆雷管有雷汞、氮化铝等。水下炸礁的方法可分水下裸露爆破,水下钻孔爆破,水下药室爆破等。将抗水炸药或防水药包置于水下孤礁、大石块或面积不大、炸层不厚的基岩表面进行爆破,称裸露爆破,这种方法施工方便,但效率低。在清除的碍航物上用钻机等设备水下钻孔在孔眼中装药爆破,称钻孔爆破,是使用最广泛的一种方法,此法药量消耗较少,但需钻机设备,在急流中操作困难。对大体积岩石突咀、碍航石梁等可将大量炸药装入洞室中,进行大规模爆炸。称洞室爆破。水下炸礁的清碴工作量较大,可借助斗式挖泥船清理。中国川江上进行了大量水下炸礁工程,使三峡天险成为能夜航的通途。 (李安中)

水压式垂直升船机 vertical ship lift with hydraulic pressure

利用作用在活塞上的水压来支承承船厢的垂直升船机。其基本组成部分为:承船厢、活塞井、活塞,以及驱动机构和事故装置等。在地面以下建有活塞井,在水压作用下活塞在活塞井内升降,承船厢的底部与活塞连接,承船厢也随着升降。为了避免建造专门的产生水压的设备,一般均做成双线,活塞井之间用管道连通,利用向两线承船厢分别灌泄一小层水体形成重量差,在驱动机构作用下,一线承船厢下降,另一线承船厢则相应随之上升,驱动机构耗用的功率很小,但活塞与活塞井之间密封装置容易损坏。近代已不再建造。 (孙忠祖)

水翼船 hydrofoil craft

利用装于船体下部的水翼所产生的水动升力将船体全部或部分托出水面而高速航行的客船。具有船舶航行阻力小、耐波性好、航迹小等优点。有民用与军用之分,民用的多用于内河和沿海区域的客运;军用的用于炮艇、导弹艇和反潜水翼艇。 (吕洪根)

水运干线 main route of water transport

能沟通干支流或外海,能联系较多的交通枢纽,可组织水陆联运和直达运输的航线。在干线上航行的主要船舶为较大的运输船和船队,担负着主要的大宗货物的运输。 (蔡志长)

shun

顺岸码头 parallel wharf, quay

码头岸线与原岸线平行布置的码头。一般与岸上场地连成一片,具有陆域宽广,使用方便,与后方联系配合密切;对水流的影响较小,不易引起淤积等优点。但占用岸线比突堤式码头长。它多在河港和河口港中采用,也宜在狭长的海湾中采用。集装箱码头需要有宽阔的场地进行装卸和贮存,也多采用这种型式。顺岸码头根据岸边地形、泊位数、库场及铁路装卸线的布置,平面上可布置成直线形、锯齿形和折线形。根据地形、地质,结构上可采用岸壁式码头或透空式码头。 (杨克己)

顺坝 longitudinal dike

又称导流坝。坝根连接河岸,坝身与水流方向大致平行,坝头通常向下游延伸的整治建筑物。可分为普通顺坝、倒顺坝、洲头分流坝和洲尾导流坝等。具有引导水流,改变流向,束水归槽,增大流速,壅高水位,调整比降等作用。常用以调整不规则岸线(见图),平顺水流,增加水深,改善流态和封闭急弯段凹岸、非通航汊以及尖潭或沱口等。与丁坝比较,其优点是:对水流的干扰较小,导流作用较好,坝头水流平顺,对船舶航行有利;修建后立即发挥作用;坝头局部冲刷坑较小较浅,维修工程量少。缺点是:与河岸间的坝田内淤积较差;有时会将泥沙引至坝头下游淤积;施工不便,基建工程量较大;迎水坡脚易受冲刷;修建后整治线即固定,如布置不当,有时须拆除重建。 (王昌杰)

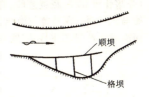

顺水码头

连接河岸引道的下坡方向与河流水流方向相同供汽车渡船泊靠的码头。 (吕洪根)

顺向坡 slope in the same direction

当路线的走向与岩层走向一致,或与岩层走向的交角不大时,岩层坡面倾向路基的斜坡。道路路堑段通过此种地质条件的地段时,路基边坡不稳定,尤以软硬岩层互层和水文条件差时更甚,布线时应力求避免,难以避免时则应放缓挖方路基的边坡率或设置防护工程。 (张心如)

si

司机鸣笛标 driver's whistle warning board

表示司机需长声鸣笛示警,写有"鸣"字的菱形标志牌。设在道口、大桥、隧道及视线不良地点的前方500～1 000m处。 (吴树和)

丝绸之路 the silk road

在公元前2世纪至13～14世纪期间,横贯亚洲的交通干道。是中国同印度、古希腊、罗马及埃及等国进行经济、文化交流的通道。19世纪德国地理学者F.李希霍芬根据历史上这条道路曾运送过大量中国丝绸,而把它命名为丝绸之路。一般认为,丝绸之路东以中国长安(今西安)为起点,向西通过河西走廊到敦煌,由敦煌西行有南北两路:南路是以敦煌西南出阳关,沿塔里木盆地南边,经楼兰(今若羌一带)、于阗(今和田)等地,西行在今莎车县以西翻越葱岭(今帕米尔),再经今阿姆河上、中游西行古木鹿城(今马鲁)、哈马丹和巴格达东南等地到达地中海东海岸,由此通往欧洲各地。北路是从敦煌西北出玉门关,经高昌(今吐鲁番)、龟兹(今库车)在疏勒

(今喀什市)以西翻越葱岭,再经今费尔干盆地和今撒马尔罕西行在马鲁与南线会合。通过丝绸之路中国除输出丝绸之外,还陆续将四大发明,以及炼铁、凿井和种植桃、梨等技术传播到西域、阿拉伯和欧洲各地。同时西方文化对中国的音乐、舞蹈、绘画、雕刻等也产生了深远影响,并向中国传入了佛教和伊斯兰教。丝绸之路也促进了东西方在数学、天文、历法和医药等方面的交流,促进了东西方人民的友好往来。

(王金炎)

丝绸之路

斯托克斯波　Stokes wave

采用以波陡为小参量的幂级数展开的方法、考虑高阶非线性效应的有限振幅波。因由斯托克斯(G.G.Stokes)提出的而得名。也是一种无涡的前进波。高阶的斯托克斯波的水质点运动轨迹仍接近于圆(深水情况)或椭圆(浅水情况),但是不闭合的,在一个波周期后水质点沿着波浪传播方向有一水平净位移,存在质量输移现象。其阶数愈高愈精确,但运算愈繁难。其一阶近似解就是线性微幅波。二阶的流速势函数 φ_2 为:

$$\varphi_2 = -a\frac{\omega}{k}\frac{\mathrm{ch}k(z+d)}{\mathrm{sh}kd}\sin\theta - \frac{3}{8}a^2kc\frac{\mathrm{ch}^2k(z+d)}{\mathrm{sh}^4kd}\sin\theta$$

波面函数 η_2 为

$$\eta_2 = a\cos\theta + a^2k\mathrm{cth}kd\left(1+\frac{3}{2\mathrm{sh}^2kd}\right)\cos2\theta = \eta_1 + \xi_2\cos2\theta$$

波浪中线超出静水面的高度 ξ_2 为

$$\xi_2 = a^2k\mathrm{cth}kd\left(1+\frac{3}{2\mathrm{sh}^2kd}\right)$$

波速 C_2 为:

$$C_2 = \frac{gT}{2\pi}\mathrm{th}\frac{2\pi d}{L} = C_1$$

无回流时一个波周期内水质点的平均质量输移速度 $\overline{u_2}$ 为:

$$\overline{u_2} = \frac{1}{2}a^2k^2C\frac{\mathrm{ch}2k(z+d)}{\mathrm{sh}^2kd}$$

ω 为波圆频率,$\omega=\frac{2\pi}{T}$;k 为波数,$k=\frac{2\pi}{L}$;θ 为相位角,$\theta=\omega t-kx$;a 为波振幅,$a=\frac{H}{2}$;H 为波高;L 为波长;T 为波周期;下标 1,2 表示为一阶、二阶的值。二阶的波面形状上下不对称。当波陡较大、相对水深 $\frac{d}{L}$ 较小时宜采用高阶的解。

(龚崇准)

斯托克斯定律　stokes law

关于球颗粒在无限流体中以低速运动受到阻力的定律。球颗粒直径为 d,流体和颗粒的相对速度为 v,μ 为流体黏度,则受到的阻力 F 为

$$F = 3\pi\mu dv$$

此定律又可表示为

$$F = C_\mathrm{D}\frac{\pi d^2}{4}\frac{\rho v^2}{2}$$

式中 C_D 为阻力系数,ρ 为流体密度。

(李维坚)

四川环形天然气管道系统

由环状输气干线和枝状集输管道组成的天然气管道系统,把四川气田各开发区域和成都、重庆、自贡、泸州、宜宾、乐山、德阳、绵阳、南充、达县等大中城市及泸州天然气化工厂、四川维尼纶厂等大化肥厂、化纤企业连在一起,形成四通八达的管网系统。输气干线分成南半环及北半环两大输气干线,由垫江经重庆到成都的南半环干线 1980 年底建成;北半环干线在 1987 年 11 月建成并与南半环联网投入生产。整个管道系统全长约 4 100km,管道管径 426～720mm,全年总输气量达 50～60 亿 m³。管线穿越长江、嘉陵江、岷江、渠江、沱江、涪江等大河。沿线设集气站、计量站、清管站、阴极保护站多座。并配有数字微波通信设备。

(李维坚)

四级公路　the fourth class highway

计算行车速度 40～20km/h,一般能适应按各种车辆折合成中型载货汽车的远景设计年限年平均昼夜交通量为:双车道 1 500 辆以下;单车道 200 辆以下,沟通乡、村等的地方公路。路面采用泥结碎、砾石或稳定土。

(王金炎)

SU

苏伊士运河 Suez Canal

连接地中海和红海的海运河。是一条不设船闸的开敞运河。位于埃及东北部,连接地中海的塞得港和红海的陶菲克港,是欧亚非三大洲海上国际贸易的通道。运河通航后,从大西洋沿岸到印度洋诸港之间的航程比绕行非洲好望角约缩短5 500～8 000km。运河于1859年4月动工,1869年11月竣工通航。1956年埃及政府将运河收归国有。1967年6月由于中东战争运河关闭,1975年6月运河重开,此后埃及对运河进行了扩建。运河全长173km,基本上是单线航道,只在巴拉·卡布和特东三处加宽段为双线航道。1980年12月完成第一期扩建工程,由于塞得港和陶菲克港的进港航道向外延伸,运河全长增为193.5km,并增辟了塞得港支航道等三条汊道,运河水深增至19.5m,11m水深处宽为160～170m,可通航满载15万t,空载37万t的油轮。运河的第二期扩建工程计划将航道水深增至23.5m,水深11m处宽度增至210m,可通航载重20万t,空载70万t的油轮。　　　　　　　　（蔡志长）

速度-流量曲线 speed-flow curve

表示交通流的速度 v 与流量 Q 之间相互关系的曲线。速度从零开始增加时,流量也相应增加;当流量增至最大流量之后,速度再继续提高时,因车头间距的拉大,而使流量开始减少,直至最后流量下降到零为止(参见交通流模型附图,△页)。（戚信灏）

速度-密度曲线 speed-density curve

表示交通流的速度 v 与密度 K 之间相互关系的曲线。车流速度随车流密度的增加而降低,当密度达到最大值(即阻塞密度)时,车流中止,速度亦为零(参见交通流模型附图,△页)。（戚信灏）

速度剖面 velocity profile

列车运行时所具有的动能与位能之和与距离的关系曲线。列车运行时所具有的位能可用轨顶高或路肩设计高表示,由行车速度所决定的动能可换算为位能,用速度头 $h(m)$ 表示

$$h = \frac{v^2}{2g}(m)$$

v 为走行速度,g 为重力加速度;考虑到车轮旋转也具有动能,一般按照占总动能的5%考虑,再将速度 v 的单位由m/s换成km/h则

$$h = 0.00431v^2$$

在线路纵断面图上,根据坡度值、司机的操纵状态、最高限制速度等即可绘出速度剖面线。利用它可求出列车在线路上任意点的速度和行车时分;在铁路定线时,用来比较各设计方案的优劣。（吴树和）

速度图 speed diagram

将一条道路或道路网各段(点)的车速、标记在相应位置上构成的速度空间分布图。可以用来判断各处的交通条件,便于加强交通管理。（戚信灏）

塑料排水板 band drain

用以加固软土地基,具有沟槽的带状聚合物排水材料。有多孔质单一结构型和复合结构型,均为工厂制品。复合结构型是塑料芯板外套透水挡泥滤膜所组成。芯板材料为聚氯乙烯或聚丙烯,并加工成凹字型、中波型或丁字型等型式,使之具有纵向排水通道。透水滤膜由涤纶或聚丙烯类合成纤维制成,透水性好,很薄。用插板机将其插入软土中,在荷载作用下,土中水通过滤膜套渗入芯板的沟槽,再沿沟槽竖向排出地表,起到排水固结作用。用塑料排水板加固软基的原理与排水砂井相同。

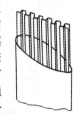

（池淑兰）

sui

碎石桩 stone column

又称振冲碎石桩。用机械钻孔或水力冲孔后填以碎石振密而成的竖向碎石砌体。桩本身的强度比挤密砂桩强度高得多,也可起竖向排水井作用,所以它是一种加固地基的有效方法。为提高碎石桩自身刚度,加强其侧限作用和减少头部的横向变形,可用土工织物袋对碎石桩进行围护,形成土工织物袋装碎石桩。（池淑兰）

隧道建筑限界 tunnel clearance

隧道内,垂直于线路中心线,不允许任何建筑物侵入的轮廓尺寸线。有单线和双线隧道建筑界限之分;电力牵引时,因有接触导线,限界高于蒸汽和内燃牵引时的限界,曲线地段有限界加宽。直线地段的隧道建筑限界如图所示。

(蒸汽及内燃牵引区段)

----- 直线建筑接近限界
—— 隧道建筑限界

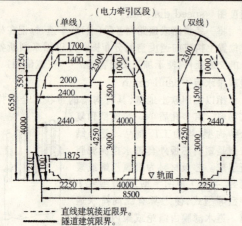

（吴树和）

隧道空气附加阻力 additional air resistance due to tunnel

列车在隧道内运行时，较空旷路段额外增加的空气阻力。在隧道内的空气因受列车挤压，不易向四周扩散，列车前面空气压力增大，尾部空气稀薄，形成压力差，空气还与列车侧面和隧道表面产生摩擦，因此较之空旷路段空气阻力大为增加，其值与隧道长度、行车速度、列车长度、列车外形、隧道断面积、隧道壁粗糙程度等有关，一般采用试验归纳出的经验公式计算。 （吴树和）

隧道坡度折减 grade compensation for tunnel

由于货物列车在长隧道内运行，空气阻力增大、轮轨间黏着系数降低、内燃和蒸汽机车要保证必要的过洞速度以及内燃机车功率降低等因素形成的最大坡度折减。为了简化计算，可将隧道最大坡度折减值，换算为隧道最大坡度系数。隧道地段的设计坡度不应超过最大坡度与该系数的乘积。

（周宪忠）

隧洞 tunnel

又称渗水隧洞、泄水隧洞。拦截和疏导水源丰富、埋藏较深的地下水的结构物。断面形式似较小断面的隧道，施工方法与隧道相同，在进水面的衬砌上留有泄水孔，衬砌外铺有反滤层。因施工复杂、造价较高，使用时必须有确切的水文地质勘探资料。断面开挖后不衬砌而回填片石形成的排水通道称为盲洞。隧洞与渗井和渗管配合使用，可增加流量，扩大排水范围。 （徐凤华）

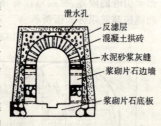

SUO

索道侧型 vertical profile line of ropeway

连接架空索道的支架顶端的线型。设计时应考虑：索道下面应具有足够的自由界限尺寸，以保证地面建筑物、车辆、行人的安全；承载索在支架上必须充分可靠，不致因绳索张力作用而脱落；尽量避免索道线路急剧起伏，以保持运行平稳，延长承载索使用寿命；保证传动装置负荷均匀。

（吴树和）

索道车厢 aerial car

架空索道上装载旅客或货物的设备。由运行小车、吊架和厢体组成。吊架铰接地悬挂在运行小车上，可始终保持垂直位置；运行小车架在承重索上。客运索道的车厢有车厢式和吊椅式；货运索道的车厢有翻转卸载式、底开门卸载式、货台式等，根据货运品种选用。车厢上安装有挂结器，一般装在运行小车上，以便和牵引索挂结。 （吴树和）

索道平面图 aerial cable line graph

表示架空索道线路平面位置的图形。一般为直线形，亦可设计为折线形，在转折点设置转向站；在需将货物沿不同方向分出叉道运送时，则形成索道网络。 （吴树和）

锁坝 closure dike

又称堵坝。封堵支汊或串沟的阻水整治建筑物。坝体两端嵌入河岸，坝顶中部呈水平，两侧向河岸斜升。用于塞支强干，增加通航汊道的流量，促进非通航汊或串沟的衰亡；不过，通航汊道在加大了流量的同时，也加大了沙量，可能导致不良后果。在平原河流多沙河段，用锁坝塞支强干时须审慎从事。在航道整治中，通常中、枯水期挡水，洪水期允许坝顶过水。可布置在被堵汊道的进口段、中部或出口处，应根据汊道地形、地质、水文、施工条件和工程量，以及对港口、码头、工农业用水等方面的影响比选确定。在平原河流一般建在拟封堵汊道的中、下段，并与流向垂直，这样可在锁坝上游留下较大淤积泥沙的空间，从而减小通航汊淤积。山区河流泥沙较少，常将其建于汊道中部或进口处。若汊道较长，落差较大，可修建数座，分担水头。 （王昌杰）

T

tai

台地 terrace

沿河谷两岸和海岸隆起呈带形分布的阶梯状地貌。是山区沿溪布置公路路线的有利地带类型。
(周宪华)

台风 typhoon

发生在北太平洋西部的热带气旋。是一种极猛烈的风暴。洋面上局部聚积的湿热空气大规模上升至高空,周围低层空气在气压梯度力的作用下气流由四周向中心流动,在柯氏力的作用下形成的空气大旋涡。其水平尺度约数百km,铅直尺度可从地面直达平流层,是一种深厚的天气系统。台风大旋涡中心称"台风眼",半径约为5～30km,气压最低,一般在990～870HPa之间。中心附近风速最大,一般为30～50m/s,有时可超过80m/s。台风形成后,常自东向西或西北移动,移动速度一般为10～20km/h,当进入中纬度的西风带后折向东或东北,称为"台风转向"。按中国气象部门规定台风中心附近海面或地面的最大风速大于或等于32.7m/s(风力达12级以上)为台风,风速在24.5～32.6m/s(风力10～11级)为强热带风暴,风速在17.2～24.4m/s(风力8～9级)为热带风暴,风速等于或小于17.1m/s(风力7级以下)热带低压。台风的破坏力很大,为灾害性天气之一。被袭击的地区常有暴雨,沿海则多有暴潮、巨浪。袭击中国沿海的台风常发生在5～10月,以7～9月最为频繁。
(龚崇准)

太焦铁路稍院锚杆挡墙 Shao Yuan anchor rod retaining wall of Tai Jiao Railway

中国首次在陡坡上填石路堤采用锚杆和锚定板混合形式的新型挡土结构。高度达28m是前所罕见的。其中墙高24m,基础高4.0m,全长114m。钢锚杆的锚固形式是用灌浆锚固的方法锚固在岩层中的锚杆挡土墙和用锚定板方法埋设在填方的稳定区域中的锚定板挡土墙。墙身为6级,每级高4m,每级留有1.0m宽的平台。钢拉杆水平中心间距为2.0m。具有结构轻、柔性大、构件可预制拼装施工等优点。1974年建成后,墙面曾出现裂缝,由于填料沉降所增加的拉杆次应力大,使个别拉杆应力超出流限,此不安全因素已于1983年补强加固。通过该工点的实践,获得了比较齐全的试验资料和数据,摸索到改善锚杆挡墙设计和施工的途径,这是很宝贵的。
(池淑兰)

tan

滩险 shoal and rapid

山区河流中航行困难的局部河段。按碍航性质分,有急流滩、险滩、浅滩等;按河床组成分,有基岩滩、崩岩滩、礁石滩、石梁滩、卵石滩、沙质滩等;按成滩水位分,有枯水滩、中水滩、洪水滩、常年滩等;按所在位置及其形态分,有峡口滩、溪口滩、河口滩以及对口滩、错口滩等。一个滩险有时几种碍航性质并存,这时可按碍航程度的主次,称之为急险滩、浅险滩等。航道整治中,有时也将滩险作为河流中碍航地段的总称。
(王昌杰)

弹簧道钉 lockspike

钉杆断面呈方形或圆形,钉杆尖端做成凿子状,杆顶有偏向一旁的弹性钩头,用以扣紧轨底边缘的木枕线路钢轨紧固零件。行车过程中,钩头随钢轨起伏作弹性变形,能经常保持对钢轨的扣压力。紧固钢轨的性能优于普通道钉。

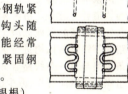

(陆银根)

tang

唐胥铁路 Tangxu Railway

中国自建的第一条铁路。1879年清政府官办的开平煤矿公司请求修建唐山到北塘的铁路,遭到守旧势力的反对,几经周折,才批准修建唐山至胥各庄(今丰润县)的铁路。路长9.7km,采用1 435mm轨距,铺15kg/m钢轨,于1881年5月开工、11月完工,开始用骡马拖拉车辆。1882年中国工人造出中国第一台"龙号"蒸汽机车,才改用机车牵引。以后本路逐段向两端延伸,成为北京至沈阳铁路的一段。
(郝瀛)

tao

套线道岔 mixed gauge turnout

一条具有两种不同轨距标准的套线轨道分支成两条轨道的特殊道岔。由三根尖轨(图 a)或两根尖轨(图 b、c)的转辙器、三副辙叉(图 a、b)或一副辙叉(图 c)和导曲线等部分组成。用于两种轨距标准铁路的接轨站上。

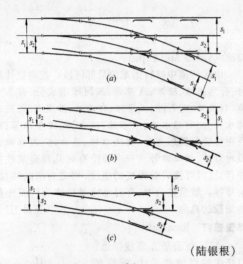

（陆银根）

套线设备 overlapping of lines

两条平行线路在一定长度范围内合并成一条线路的轨道合并设备。由两副辙叉及连接部分组成。如在分设路基的双线区段上,位于一条线路的桥梁或路基等线路结构物进行大修或改建时,可用它将这条线路与另一条线路合并成套线,便于在施工期间组织单线双向行车,减少因组织施工造成的损失。

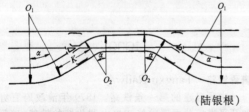

（陆银根）

套闸 simple lock, double dike lock

又称双埝船闸。在小河或灌溉渠道上,拦河建造上、下两个简易的闸首,利用其间的河段作为闸室,直接在闸门上开小门或利用闸门本身输水的简易船闸。在通航期内,利用闸门壅水通航,洪水期则开启闸门泄洪、排涝。结构简单,工程投资少,施工方便,具有通航,泄洪和排涝等多种用途。但船舶过闸耗水量大,通航与泄洪的矛盾较为突出,停航时间较长,通过能力较小;航行不够安全。只在地区性小河上采用。

（詹世富）

te

特殊道岔 non-standard type turnout

非标准设计、非成批系列生产的单式不对称道岔、单式同侧道岔、复式不对称道岔、单式交分道岔、套线道岔、脱线道岔、脱鞋道岔等轨道设备的总称。

（陆银根）

特殊地区路基 roadbed and subgrade in special regions

地处特殊气候或特殊土质和不良地质条件下的路基。如滑坡和泥石流地区、软土和泥沼地区、裂隙黏土地区、多年冻土地区、黄土地区、盐渍土地区、河滩地段、雪害地区与翻浆地段的路基等。设计时必须针对各种"特殊"情况进行个别设计,采用各种经济而有效的防治与加固措施,以保持路基的稳定。

（陈雅贞 池淑兰）

特征波高 characteristic wave height

用不同统计概念来定义的波高特征量表征不规则的随机的海浪中的波高。常用的有平均波高 $\overline{H}$、均方根波高 H_{rms}、部分大波平均波高 H_p、累积率波高 H_F、有效波高 H_s 等。用上述不同的统计概念所定义的波高来表征同一海面不规则波状态,其量值各不相同,但彼此间存在着一定的换算关系。在港口工程和海岸及海洋工程设计中,通常用各种特征波高来表征设计选用的波况并用以计算波浪作用力和结构的强度和稳定性等。

（龚崇准）

特种断面尖轨 switch rail made of special section rail

用特种断面钢轨经刨切加工制成的转辙器可动走行轨。特种断面钢轨与标准轨相比,断面的头部、腰部和底部三部分尺寸均有加宽与加厚,这样更能满足尖轨的刨切要求,提高尖轨的强度和稳定性。钢轨断面高度与基本轨相同者称高型特种断面;较矮者称矮型特种断面。使用特种断面钢轨制造尖轨,无须将尖轨顶面提高。从顶宽 50mm 断面开始向尖端方向逐渐降低轨顶高程:顶宽 20mm 处顶高降低 2mm,顶宽 5mm 处降低 14mm,尖端处降低 23mm,以满足尖轨与基本轨的密贴和列车载荷的平稳转移。

（陆银根）

特种汽车 special truck

专为某一特殊用途制造的汽车。如专门用于建筑工程的特种汽车有汽车起重机、挖沟车、埋管车、混凝土搅拌车等;专门为市政服务的有清扫车、扫雪车、消防车、邮政车、售货车、洒水车等;专门为医疗工作服务的有救护车、医疗流动检查车、太平车等;

各种军用车辆如装甲运兵车、巡逻车、导弹移动车、反坦克炮车、防化学战消毒车等。 （邓学钧）

ti

梯线 leader track

把相互平行的数条线路连接到一起的一组形状似梯形的线路。为车场的组成要素。按其几何形状,分为直线梯线、缩短梯线和复式梯线三种。与梯线相连接的平行线路数目较少,且线间距离不大时,适于采用直线梯线。与梯线相连接的线路间距离

较大时,适于采用缩短梯线。与梯线相连接的线路数目较多时,适于采用复式梯线。 （严良田）

体积浓度 volume concentration

浆体或悬液中固体颗粒的体积百分数(c_v)。当已知其重量浓度(c_w)时,可求出:

$$c_v = \frac{100\dfrac{c_w}{\rho_s}}{\dfrac{c_w}{\rho_s}+\dfrac{100c_w}{\rho_l}}$$

式中 ρ_l、ρ_s 分别为液体及固体密度。 （李维坚）

tian

天沟 intercepting ditch

设置在路堑坡顶外侧,用于汇集和排除路堑上方地表水的水沟。断面形式一般为梯形,纵坡不宜小于2‰。为防止流水冲刷和浸入路堑边坡,在天沟和堑顶之间设有天然护道。当路基上方地面开阔,汇水面积较大时,为防止流水漫沟可设几道天沟。 （徐凤华）

天津港 Port of Tianjin

中国华北地区重要国际贸易港口和水陆交通运输枢纽。位于渤海湾西端海河口。天津港是首都北京的出海门户,对北京、天津和华北地区的对外贸易和经济发展起着重要作用。其经济腹地包括北京、天津、河北大部、山西北部和内蒙中西部地区。天津港原是海河内的一小村落。元代(1271~1368年)建都北京,大量南粮北运主要通过海运经天津港运往北京。明朝迁都北京后成为京都从海上通向南方广大地区的门户。1860年根据《北京条约》,天津被辟为对外通商口岸,当时港区设在海河两岸。1896年因海河淤积严重,乃在其下游开辟塘沽港区,修建码头。由于其航道、港池宽度和深度仍然不足,不能适应海轮吨位和吃水日益增长的需要。1937~1945年日本占领期间为掠夺中国华北资源,于1939年在海河口北岸新建塘沽新港,建成南防波堤8km,北防波堤5km,3 000t级杂货泊位4个,5 000t级煤炭泊位1个。1949年后对塘沽新港进行大规模扩建。迄止1985年全港拥有生产码头泊位39个,其中万吨级以上深水泊位29个,货物吞吐量达1 856万t,其中外贸吞吐量约占70%,比重居全国首位。进出口货物主要有粮食、钢铁、盐、杂货、集装箱等。杂货比重大于散货。货物疏运以铁路为主,公路次之。迄止1985年全港共有新港和塘沽两个港区。新港是主要港区,共有泊位29个,其中客运泊位2个,集装箱泊位4个,是中国集装箱吞吐量较大的港口之一。塘沽港区共有泊位7个,其中杂货泊位5个,客运泊位2个,可靠泊3 000~7 000t级船舶。

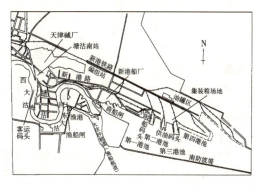

1985年后天津港进行了大规模的扩建。至2000年扩建后的新港航道长27.4km,主航道宽180m,水深12m,5万t级海船可乘潮进出,万t级船舶可双向行驶。全港共有生产泊位104个,最大泊位为5万t级。2000年完成货物吞吐量9 567万t,其中外贸吞吐量5 234.8万t,集装箱吞吐量170.8万TEU。 （王庆辉）

天津中山门立体交叉 Tianjin Zhoug Shan Men interchange

位于天津市区中环线快速路与津塘公路相交处。为变种三层式苜蓿叶型交叉,平面线形似蝴蝶,俗称"蝶式立交"。规划设计时考虑到交叉口北侧已建成住宅区和学校,故将立交的四个左转匝道全部布置在南侧的两个象限内。中环线为城市主干线上跨,津塘公路位于中层,非机动车道和人行道布置在下层,形成机动车与非机动车完全分离的立交。机动车道布置在不同空间,全部实现单向车道,立面空间高低起伏层次分明。设计通行能力为每小时10 000辆。全部立交工程由3座主桥,8条匝道和4条道路组成。主线路段设计算车速为80~120km/h。最大纵坡:主线4%,匝道3.5%。桥梁净空高度:机动车5.0m,非机动车2.5m。津塘公路红线宽50m(三幅路),现状28m,中环线红线宽50m为四幅路。

立交桥面宽：三车道处为 12m，双车道处为净宽 8.5m（包括匝道桥），单车道净宽 7.0m。主桥与匝道桥的上部结构为现浇箱形连续梁，主梁为悬臂箱梁，直接支承在 Y 形独柱墩上，立交占地 6.8ha，投资 984 万元，1986 年 2 月开工，同年 7 月 1 日建成通车。

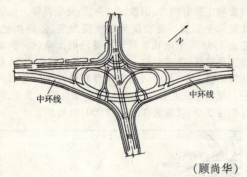

（顾尚华）

天气图　weather map, synoptic chart

描述一定时刻、一定地区天气实况的图。有地面天气图和高空天气图等。是预报未来天气变化或预报某海区风浪的重要工具之一。　（龚崇准）

天然航道　natural channel

在河流、湖泊等天然水域中的航道。根据流经地区的不同，分为平原航道、山区航道和湖区航道等。在天然河流中，为满足船舶的航行要求，采取一定的工程措施加以治理，河流的自然特性基本没有改变，仍属此类航道，如长江、松花江。　（蔡志长）

天文潮　astronomical tide

地球上海洋受月球和太阳引潮力作用产生的潮汐现象。它的高潮和低潮高度与出现时间具有规律性，可以根据月球、太阳和地球在天体中的相对运行规律进行推算和预报。月球及太阳所引起的天文潮均可分为若干个分潮，每一个分潮均与一定的均匀天文变量有关，呈现周期性的规则变化。根据月球、太阳和地球三者在天体中的相对运行规律以及地球上不同地理位置，综合构成了天文潮日、月、年乃至 8.85 年、18.61 年等的周期性变化。　（张东生）

填挖高度　height of fill-cut

道路纵断面上中心线同一点设计高程与地面高程之差。是路基横断面设计及路基土石方数量计算的主要数据。　（王富年）

tie

铁路　railway, railroad

由机动车牵引装有凸缘车轮的、在起承重和导向作用的两根平行钢轨上行驶的陆上运输工具。具有安全可靠、能耗少、成本低、运力巨大的特点。包括由路基、桥梁、涵洞、隧道和轨道构成的有轨线路、站场、货场、站段房舍、通信信号等固定设施以及机车、车辆等移动设备。早期的铁路，轨道为栏栅型、横向轨枕与纵向轨条俱为木制，车辆由骡马牵引。稍后改为铸铁轨条和蒸汽机车牵引，故称铁路；以后轨条虽用钢轧制，牵引动力也不断改变，但仍沿用旧称。铁路是产业革命的产物，1825 年英国建成由斯托克屯（Stockton）至达林屯（Davlington）的世界第一条铁路，目前世界铁路营业里程已超过 130 万 km。中国由唐山至胥各庄的第一条铁路建成于 1881 年，到 2000 年铁路营业里程（含地方铁路、台湾省与香港特区铁路）约 7 万 km。随着科学技术的发展，世界铁路的轨道构造、牵引方式、管理体制等已有很大变化。按动力传动方式可分为黏着铁路、磁浮铁路、齿轨铁路和缆车铁路；按动力类型不同，可分为蒸汽牵引、内燃牵引和电力牵引；按轨距不同可分为标准轨距铁路、宽轨铁路和窄轨铁路；按线路数量不同可分为单线铁路、双线铁路和多线铁路；按管理机构不同可分为国营铁路、地方铁路、私营铁路、工业铁路、森林铁路和城市铁路；按所处空间位置不同可分为地面铁路、地下铁路和高架铁路。公用铁路按其政治国防经济意义、在路网中的地位与作用以及承担客货运量的大小，可划分为不同等级。　（郝　瀛）

铁路车场　railway yards

铁路车站内用途相同的一组站线。如编组站的到发场（或到达场、出发场）、直通场、调车场、辅助调车场，以及轮渡车场等。按其几何形状，可分为梯形车场、平行四边形车场和菱形车场。　（严良田）

铁路车辆　rolling stock

铁路上由机车牵引运行的运载工具。通常由车体、走行部、车钩缓冲装置、制动装置和车辆设备等组成。按用途可分为客车、货车和特种用途车。客车包括：座车、双层客车、卧车、餐车、行李车等。货车包括通用货车和专用货车。用于铁路自身业务的为特种用途车，包括：试验车、除雪车、检衡车、发电车、救援车、轨检车等。按轴数可分为：二轴、四轴、六轴、八轴车。现代客车为了提高旅客安全性和舒适性，多采用全金属整体承载结构的车体、减振的弹簧装置和密闭车厢，以及独立的温水或电气采暖、强迫通风、电气照明、空气调节、热水及冷冻饮用水、无线电话及闭路电视等设备。现代货车多采用强度较高的全钢结构；其载重和轴重不断加大，为适应重载列车和组合列车的运转需要，要安装新型车钩、缓冲器和制动机。　（周宪忠）

铁路车站　railway station

设有站线，办理客货运业务、列车的交会和越行，以及货物列车的解体和编组的处所。全路站线总延长，约为通车里程的 40% 左右。中国铁路共设站 5 000 多个。按照其技术性质,可分为编组站、区段站和中间站(包括会让站和越行站),中间站占大多数。按照其担当的工作量和所处地位,可分为六个等级,即特、一、二、三、四、五等站。五等站是最小的车站,会让站和越行站都是五等站,大多数是三四等站,约占 85%。按照其办理的业务性质,可分为客运站、货运站和客货运站,工业站、港湾站和换装站,属于货运站。客运站和货运站是铁路枢纽内的专业车站,数目较少,大多数是客货运站。

(严良田)

铁路车站线路 railway station tracks

又称站线。机车车辆或列车在站内运行、停留或进行各种作业的股道。一般是指铁路车站内的列车到发线、调车线、牵出线、货物线以及指定用途的其他线路,如机车运转整备线、车辆站修线、事故救援列车停留线。在设有机务段或折返段的车站内还有机车走行线和机车待避线;在设有驼峰的车站内还有驼峰迂回线、禁溜车停留线、驼峰推送线、驼峰溜放线;在办理货物装卸等作业的车站内还有高架卸货线、换装线、加冰线、轨道衡线、车辆洗刷线、油罐列车整备线、机械保温车加油线及特殊危险货物车辆停留线等。车站线路是车站内的一种基本设施。

(严良田)

铁路道岔设备 turnouts and crossings

铁路道岔、交叉及其组合设备的总称。按其功用分为道岔、交叉和交叉渡线、套线设备等。由于设备长度较短、结构复杂,常有四根钢轨交织一起,且轨线不尽连续,以及曲线部分曲率半径小,又难于设置外轨超高及缓和曲线,列车通过时受力复杂,轨件磨耗严重,道床不易捣固等特点,因此,既是铁道轨道的重要组成部分,又是轨道设备的薄弱环节。

(陆银根)

铁路等级 classification of railway lines

区分新建或改建的铁路在路网中的地位、作用、性质和承担客货运量大小的标志。将铁路划分为若干等级,便于设计铁路标准、设备类型与该铁路的重要性相适应,以提高投资的经济效益。设计铁路时,应首先根据其在路网中的作用、性质和远期客货运量确定铁路等级。中国自 1953 年制定颁布标准轨距铁路设计规范以来,先后修订过多次。目前规定铁路等级划分为三级:Ⅰ级铁路——铁路网中起骨干作用的铁路,远期年客货运量大于或等于 20Mt 者;Ⅱ级铁路——铁路网中起骨干作用的铁路,远期年客货运量小于 20Mt,或铁路网中起联络辅助作用的铁路,远期客货运量大于或等于 10Mt 者;Ⅲ级铁路——为某一区域服务具有地区运输性质的铁路,远期年客货运量小于 10Mt 者。

(吴树和)

铁路调车设备 railway shunting equipment

专门为列车的解体作业和编组作业设置的线路和设备。分为牵出线调车场、重力式调车场和驼峰调车场。牵出线调车场历史悠久,但机车起动、加速、制动、停车过于频繁,浪费能源。而且解体、编组能力有限。重力式调车场是指包括到达场、调车场、出发场顺序排列的全站范围,都处在较陡的坡道上。例如 1873 年开始运营的英国埃奇希尔(Edge Hill)编组站,平均坡度超过 10‰。这个坡度足以使车辆借自身重力溜入调车场,无须机车往返推送与牵引,但不能克服难、易行车阻力差异的不良后果,因而作业能力仍受限制。这种调车设备是特定地形条件的产物,没有普遍推广的意义。驼峰调车场则是把调车场咽喉区的线路抬高,设计成前陡后缓的坡度,调车机车将需解体列车推上驼峰顶,车辆借重力作用可溜入不同的调车线。例如 1876 年德国施皮尔多夫(Speldorf)车站修建的驼峰。这样,可以适当缓和难、易行车阻力差异的矛盾,使作业能力大幅度提高。这种调车设备不受地形限制,适于推广应用。

(严良田)

铁路复式路堤 railway compound enbankment

由两种或两种以上不同性质的填料填筑而成的路堤。不同填料的分界面为水平面,各种填料的密实度,必须达到相应的设计要求。当上下相接的两层填料粒径相差较大时,为确保填料密实度并具有良好的排水条件,分界面处需设置垫层,垫层由砾石、碎石、中粗砂等渗水材料构成。

(徐凤华)

铁路工程 railway engineering

为新建和改建铁路而兴建的各项土建工程与运营、维修设施的总称。粗略分为:包括路基、桥梁、隧道、涵洞与轨道的线路工程;包括站场、货场、编组站与枢纽的车站与枢纽工程;包括各类车站的办公、生活用房与客货业务设施;工务、电务、机务、车辆等段和工区的办公、生活用房和检修设施的房屋建筑工程;以及包括通信工程、信号工程与给水、加煤、供电等各种运营设施。为保证铁路的走向和位置,采用的主要技术条件以及拟定的各类工程布置得到技术合理经济有利的综合决策,必须做好方案的比选,加强铁路的总体设计工作。铁路建设周期长,涉及地域广泛,影响地区经济发展和沿线工矿布局,必须重视前期工作,做好可行性研究。铁路运量是逐步增长的,各类工程也应当逐步加强,力争节约初期投资。

(郝 瀛)

铁路轨道 permanent way,track

又称铁路线路上部建筑。引导铁路列车运行,直接承受来自机车车辆的车轮载荷,并将其传布给路基或桥隧建筑物的铁路导向和承重的技术装备。

由钢轨、轨下部件、道床、钢轨接头和联结零件、防爬设备以及道岔等部件组成。世界各国铁路广泛采用的传统结构型式，是由钢轨、轨枕和碎石道床等构成。但其部件材料的力学性质各异，使用寿命长短不一，各部件之间的联结不够牢固。特别是由于散粒材料构成的道床，使得传统型式成为一种不够稳定的结构。在列车载荷的重复作用下，不断产生不均匀沉陷和病害，必须及时整修以维持正常行车。随着铁路向高速、重载、大运量的方向发展，传统结构型式日益与现代繁忙线路的运营条件不相适应，开始采用重型高强钢轨、焊接长钢轨、板体轨下部件、沥青道床、高速道岔等的新型结构型式。

（陆银根）

铁路护堤 railway protection enbankment

设置于陡坡路堤坡脚处，用以防止路堤沿地面滑动，提高路堤整体稳定性的最简单的支挡结构物。用渗水较好的材料填筑。断面尺寸由路堤稳定检算或经验确定。（徐凤华）

铁路机械化作业平台 plain stage of railway mechanize work

在铁路区间路基的一侧为方便养路机械作业而加宽的路基面。在无固定电源的线路区间为了放置发电机和其他机具在适当的位置一般每隔500m设置一处。（徐凤华）

铁路建设投资 investment of railway construction

用于新建铁路或既有线加强的土建工程费、设备安装费、机车车辆购置费以及施工准备费、其他费用和预备费的总和。可行性研究阶段提出投资估算，初步设计阶段编定投资概算，施工设计阶段编出投资预算，竣工后编出投资决算。资金来源根据建设单位不同，有国家拨款、地方投资、社会集资、银行贷款和筹集外资等多种形式。（郝　瀛）

铁路客运设备 railway passenger equipment

在铁路客运站和客货运站上，为旅客运输服务的建筑物与设备。包括：旅客站房、站前广场、旅客站台、旅客站台雨棚、跨线设备等。（严良田）

铁路联络船

载运铁路列车和旅客渡过海峡的渡船。1964年日本在列车渡船基础上首次研制出来的新型船舶。船的首尾与普通海船相似，下层铺设有轨道和道岔供列车停放，船上有上层建筑供旅客和列车乘务员在渡海航程中活动和休息。（吕洪根）

铁路路拱 railway subgrade crown

黏性土质铁路路基的顶面从路肩边缘向上拱起的部分。设置的目的是便于路基面的排水及新线铁路的施工。单线铁路路拱为梯三角形，拱高0.15m，两侧顺坡到路基边缘。一次修成的双线路基为三角形，拱高0.2m。多线路基为折线形，低洼处设涵管排水。渗水土质路基，不设路拱，路基顶面为平面。

（徐凤华）

铁路轮渡 railway wagon ferries

载运铁路机车车辆渡过河流、湖泊、港湾或海峡的渡船和其他渡口设备。由两岸的轮渡站和引线，栈桥（又称码头）、靠船设备，渡船等建筑物和设备组成。建设周期短，修建费用低，能很快形成运输能力。在特大桥梁建成前，或特大桥梁遭受破坏而一时难于修复的情况下，修建轮渡，可使铁路提早通车。在运量较大的铁路上用轮渡代替桥梁，往往影响铁路的通过能力。（吕洪根）

铁路能力 transport capacity of railway

铁路线路、建筑物与设备单位时间内所能担负的客货运输量。可分为铁路通过能力和铁路输送能力。其大小主要取决于铁路主要技术标准、运输组织、线路和设备的完好状态等。改善线路条件，采用先进的技术设备和运输组织方式可以提高列车牵引吨数、增加行车密度、提高旅行速度，从而增加铁路能力。（吴树和）

铁路枢纽 railway terminal

在铁路网上，数条铁路汇合地点所设置的各类车站、数条进出站线路以及枢纽迂回线和联络线等所构成的综合体。一般枢纽，位于多条铁路汇合的地点。但有时在一条铁路终止的地点，也可以形成枢纽，如港湾枢纽。枢纽范围内，应设置各类专业车站，互相协同工作，如客运站、货运站以及工业站、编组站等。也要设置加强线路通过能力的车站，如中间站、线路所。（严良田）

铁路天然护道 railway natural berm

铁路路基坡脚（堑顶）外侧边缘与排水沟（天沟、取土坑）或用地界之间对路基起保护作用的一带状空地。可防止水沟水浸入路基边坡、防止靠近路基坡脚（堑顶）耕种等其他的人为活动破坏路基稳定。护道顶面一般做成向外侧倾斜的流水坡，其宽度一般不小于2m，在地质及排水条件较好或在高产经济作物区可减至1m。（徐凤华）

铁路网规划 plan of railway network

对铁路网的建设规模、复线率、电化率、运输密度和编组站配置等的宏观发展计划。它是一个时期内铁路新线建设，旧线加强和编组站扩建的轮廓安排。路网规模应根据预测的客货运量和客货周转量，以及复线率、电化率和可能达到的运输密度，进行框算得出的。具体的规划线要根据地区间的物资交流规划、特别是煤炭运输需要，各地区国民经济发展要求，并结合地区的山脉水系自然特点，铁路网现

铁路网密度　density of railway network

用铁路营业里程与国土面积或全国人口的比例关系,表示铁路网疏密程度的宏观评价指标。一般按每百平方公里国土面积和每万人人口有多少公里的铁路营业里程来计量。2000 年中国的铁路网密度,按国土面积计为 0.72km/100km²;按全国人口计为 0.69km/万人。　　　　　　　　（郝　瀛）

铁路线路平面　railway alignment, plane of railway line

铁路线路中心线在水平面上的投影。由直线和曲线组成,曲线包括圆曲线和缓和曲线。设计时,必须保证行车安全平顺,同时又必须力求工程和运营两个方面,在技术和经济上都较为合理。
　　　　　　　　　　　　　　　　（周宪忠）

铁路线路平面图　line plan of railway

把铁路线路平面及有关资料,绘在带状地形图上所构成的平面图。是铁路勘测设计的基本文件之一。在各设计阶段,由于要求不同,用途不同,因而图形的比例尺和内容详细程度也不同。在编制可行性研究报告时,多利用小比例尺(1/50 000～1/200 000)地形图,绘出线路平面及其有关资料,制成概略线路平面图,供方案研究和比选用。在初步设计和技术设计阶段,是在绘有初测导线和经纬距的大比例尺(1/2 000～1/5 000)的带状地形图上,设计出线路平面,并标注线路里程和百米标,曲线要素及其起终点里程、线路上各种建筑物、初测导线和水准基点等有关资料,构成详细线路平面图。此外,尚有用于表示线路地理位置的更小比例尺(1/200 000～1/500 000)的平面缩图。　　（周宪忠）

铁路线路中心线　center line of railway

又称铁路中线。在铁路路基横断面上,距外轨半个轨距的铅垂线与路肩水平线的交点沿线路纵向的连线。其空间位置用线路平面和纵断面表示。从平面上看,在直线地段,它就是两股钢轨或路基顶面的中心线;在曲线地段,路基在中线外侧加宽,而轨距在中线内侧由内轨内移实现加宽,都不对称于中心线。从纵断面上看,其高程为路肩高程。在铁路勘测设计以及铁路测设和施工中,线路及有关建筑物的位置都由它控制。　　　（周宪忠）

铁路线路纵断面　line profile of railway

将铁路线路中心线的铅直剖面沿水平方向展直后线路中心线的立面图。其高程为路肩高程,表示线路起伏情况,由平道、坡道以及设置在坡道变化处的竖曲线组成。　　　　　　　　（周宪忠）

铁路限界　Railway Clearance

机车车辆和接近线路的建筑物、设备都不允许超越的轮廓尺寸线。目的是为了保证机车车辆在铁路线路上运行的安全,防止机车车辆撞击邻近线路的建筑物和设备。铁路限界可分为机车车辆限界和建筑限界,两者之间留有一定的空隙,以保证行车安全。　　　　　　　　　　　　　　　（吴树和）

铁路信号　railway signaling

指示列车运行及调车工作的命令。用颜色、形状、位置、显示数目及亮灯状态表达的信号均属视觉信号,如:信号机、信号牌、信号灯、信号旗、信号表示器、信号标志及火炬信号等。用音响表达的信号均属听觉信号,如:号角、口笛、响墩、机车及轨道车的鸣笛等。随着科学技术的发展,自动控制、远动技术以及电子计算机等现代科技成果,被广泛应用到铁路上,极大地拓宽了它的内涵。　（胡景惠）

铁路选线　railway location

选定铁路走向,拟定铁路能力,设计线路位置,布置线路建筑物的总体性勘测设计工作。是铁路设计中关系全局的工作。其基本任务是:规划线路的基本走向和接轨条件;选定铁路主要技术标准以决定铁路能力;设计线路的空间位置;布置线路上的各种建筑物,如车站、桥梁、涵洞、隧道、挡土墙等,并确定其类型和大小。选线设计时要求做到:切实做好经济调查和地形、地质、水文的勘测设计工作,为铁路选线收集必要的资料;认真贯彻铁路建设的方针政策;处理好铁路与地区经济发展的关系,铁路与其他交通运输工具的分工配合;铁路本身要保证安全、迅速、不间断地完成运输任务;尽量降低工程造价和运输成本,提高投资的经济效益。由于铁路选线牵涉面广,设计内容多,需时较长,为了保证设计的效率和质量,根据国内外多年实践经验,一般采用由整体到局部,由粗略到详细,分阶段逐步解决设计问题的方法。　　　　　　　　　　　　（吴树和）

铁路运量　amount of traffic (railway)

一年内铁路单方向运输的旅客、货物数量。可用客运量、货运量或客运密度、货运密度表示。可区分为调查和预测的计划运量和通车后实际完成的运量。前者是规划路网,确定铁路等级,设计铁路能力、建筑物和设备的依据;是计算铁路运输收入、铁路运输支出,评价铁路投资效益的基础;且影响着设计线路方案的取舍,运输组织和运输计划。铁路本身具备的运输能力不应低于计划运量。运量资料包括:货运品种、数量,运输距离、发送与到达车站,货流比、货运波动系数,零担、摘挂、快运和旅客列车对数等。应认真地、科学地通过经济调查和预测求得各设计年度的运量资料。　　　　（吴树和）

铁路运输 railway traffic

装有凸缘车轮的机动车和车辆,借助轮轨间黏着作用行驶于轨道上的陆上旅客和货物的运输方式。铁路运输是人类文明进化的里程碑之一,对产业革命做出过卓越贡献,20世纪中叶之前,因其运力大、成本低、安全可靠,一直是陆上运输的主力。第二次世界大战后,工业发达国家的公路与航空发展很快,而铁路短距离的机动性较公路差,中长距离的速度较航空慢,铁路运输业曾一度衰退,客货运量减少,营业亏损严重;但自20世纪70年代世界爆发能源危机后,由于铁路能耗低,污染轻,且重载列车可降低运输成本,加以高速铁路的出现和发展,铁路是陆上运输骨干的重要地位又被重新肯定。以铁路电气化为发展方向(美国为内燃化),以开展重载运输和修建高速铁路为契机,进行铁路装备的更新改造,正在使铁路运输业步入复苏和发展的新时期。中国铁路一直是陆上运输的大动脉,进入20世纪80年代,虽然公路、航空和内河水运发展很快,铁路完成的客、货运量比重有所减少,但绝对值仍逐年增加。1988年铁路完成的客、货周转量达到5 632亿人·km和13 854亿t·km,分别占全国总量(不含远洋运输)的57.8%和71.2%;铁路在大宗货流、大量客流的中长距离运输中仍具有明显优势;在可预见的将来,铁路仍将是中国陆上运输的骨干;以铁路为重点的综合运输体系,将是发展交通运输的主导方向。

(郝 瀛)

铁路主要技术标准 main technical standards of railway

对铁路能力、工程造价、运营质量以及其他有关技术条件有显著影响的铁路设计标准和设备类型的总称。包括正线数目、牵引种类、限制坡度、最小曲线半径、机车类型、机车交路、车站分布、到发线有效长度和闭塞类型。新建与改建铁路的主要技术标准应根据客货运量大小、政治、经济、国防要求,该线在路网中的地位,沿线自然条件与资源情况,并考虑与邻接铁路协调配合和将来发展可能,在初步设计阶段比选确定。

(郝 瀛)

ting

停潮 low water stand

在落潮过程中,海面下降到最低位置时的短时间内水位不升不降的状态。海水初落较慢,接着越落越快,在高潮和低潮的中间时刻落得最快,随后又慢,直到发生低潮为止。停潮的中间时刻为低潮时,其时的海面水位高度为低潮高。

(张东生)

停车场 parking lot

短期停放车辆(含机动车和自行车)的场地。有路上停车场和路外停车场。路上停车场有平行式(图 a)、垂直式(图 b)与斜角式(图 c)。从方便出入和有效地利用街道来看,平行式较好,斜角次之,垂直式不便,只有道路有空时才能采用路上停车。路外停车场种类繁多,有广场式、地下式、多层式等。广场停车一般无隔开和防雨遮阳设施。其位置的选择要考虑使存车者的步行距离较短、周围地区的停车需要量较大以及进出停车场的车辆不妨碍交通等。

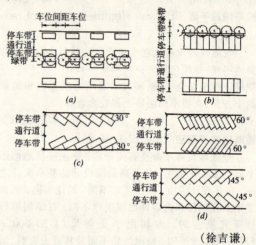

(徐吉谦)

停车场管理 parking management

对停车场所、位置、方式、时间、收费等的管理措施。包括场外管理和场内管理两部分。场外管理是指对路上停车地点、停车方式、停车时间等的规定和管理,以提高道路通行能力,降低交通事故;场内管理指在停车场内对车辆停放位置、方式、时间、收费等的规定和管理,以有效提高停车场设施的利用效率和经济效益。

(杨 涛)

停车场区 parking area

位于路旁地带,设有与车行道分开的车辆存放设施。供停车检查、长途旅客及驾驶员作必要的短暂休息之用,为公路休息设施之一。一般备有变速车道,以便车辆顺利进出公路,并设有绿地和厕所等。

(杨 涛)

停车场选址 location of parking facilities

通过实地调查,了解各地区的停车需求量和现有场地面积,确定停车位置的过程。影响停车场位置选址的因素很多,如现有的停车场供应情况,临近地区的交通状况,停车者的起迄点,步行距离,未来发展情况等。

(杨 涛)

停车车位 parking stall

一辆车的停车所需面积。车位大小取决于车身平面尺寸,以及与其他车辆或栅栏之间的安全间隙。

它与车型、停放方式(平行式、垂直式、斜角式、交错式等)、通道布置(平行于通道停放、垂直于通道停放)、及疏散要求有关。我国目前主要采用车辆随机到达和离开的情况,来确定停车场单位的停车面积。建设部与公安部颁布的停车场规范有明确的规定,可参照使用。　　　　　　　　　　(徐吉谦)

停车持续时间　parking duration

车辆连续占用一个停车车位的时间。是收费停车场收费多少的依据,也是影响停车场周转能力的重要因素之一。　　　　　　　　　　(杨　涛)

停车断面法通行能力　intersection capacity calculated by stop-section method

根据交叉口进口道上能通过停车断面的车辆数来计算的信号交叉口通行能力。以进口停车线断面的通行能力作为交叉口通行能力的控制条件。由北京市政设计院提出,目前已被《城市道路设计手册》采用。具体计算时,应根据交叉口的车道划分情况,分直行、直右混行、直左混行、右转、左转几种情况分析,然后叠加得交叉口总通行能力。一条直行或直右混行车道的通行能力 N(辆/h):

$$N = \frac{3600}{T}\left(\frac{t_g - t_0}{t_i} + 1\right)M$$

式中,T 为信号灯周期长度;t_g 为绿灯时间;t_0 为排队等候的第一辆车从起动到通过停车线的时间;t_i 为车队通过停车线的间隔时间;M 为折减系数,可取 0.9。

一条直左或直左右混行车道的通行能力 N(辆/h):

$$N = \frac{3600}{T}\left(\frac{t_g - t_0}{t_i} + 1\right)\left(1 - \frac{r_{左}}{2}\right)M$$

式中,$r_{左}$ 为混行车道中左转车所占的百分比,其他符号同前。

一条左转专用车道的通行能力 N(辆/h):

$$N_{左} = \frac{3600}{T} \times 4 \times \frac{2.96}{t_i}$$

一条右转专用车道的通行能力 $N_{右}$(辆/h):

$$N_{右} = 150 \times 3.26/t_i$$

　　　　　　　　　　　　　　　　(王　炜)

停车费　parking charge

按车辆停放时间长短而支付的费用。收取方式有自动和人工两种,其中自动收费方式利用汽车停放计时器计时收取。　　　　　(杨　涛)

停车服务设施　parking and service facilities

车辆停驻、存放及其服务设施的总称。是交通系统的重要组成部分。城市中停车场的规划布置要与动态交通保持平衡,与城市规划、用地计划、服务对象结合考虑,主要包括位置的选择;规模的确定;基本类型的选取等。停车场的设计内容除根据停车的方式,确定停车带和通行道的宽度及其布置形式外,还应考虑场内路面结构、绿化、照明、排水、竖向设计等。　　　　　　　　　　(杨　涛)

停车港　parking bay

又称港湾式停车站。将公共交通停车站的一段向人行道或分隔带一侧加宽,两端与车行道顺接,形似港湾供公交车辆停靠乘客上下的地方。与停车站相比,不占用原有车行道而导致通行能力降低,但要求较宽的人行道或分隔带。　　　　　　　　　　(顾尚华)

停车计时器　parking meter

记录停车时间的机械或电器装置。可不停顿地给停放的车辆显示剩余的可用时间。合理使用计时器能大大简化停车管理工作,还可提高停车场的周转能力。有手动的和自动的两种。手动计时器是由停车人自己投入硬币,然后转动把手,上钟和拨动计时器到投入硬币所允许的停车时间。自动计时器是硬币投入后自动显示时间。这两种计时器常交替使用。　　　　　　　　　　(徐吉谦　杨　涛)

停车控制区　parking control area

对停车加以限制或禁止停车的域镇或某些特定地区。一般多为城市中心区或其他交通拥挤与商业繁华的中心地区。除在地图上标明外并需在实地用路标标出。在停车控制区内除在指定的停车位置和限定允许时间内可以停车外,其余均禁止停车。由警察或交通管理人员进行管理,他们有权对未经允许停车或停车超过时间或未付足停车费用的车辆签署车票予以罚款处理。　　　　　(徐吉谦)

停车库　carport

修建于花园、公园、广场或街道之下,或设在大厦等建筑物的地下室内停放车辆的场所。建造地下停车库造价高,且通风、排水、照明、消防和机械设备昂贵、复杂。一般修建时应做好调查研究,精心选址,精心设计,慎重决策。仅适用于用地受到严重限制又需存放大量汽车的市中心区或火车站附近,另一意义为车辆所有单位或个人用以存放汽车的房屋或车库,或称汽车房。　　　　　(徐吉谦　杨　涛)

停车累计量　parking accumulation

在某一指定地点或地区一定时间内停放车辆的总数。包括在该地点或地区停放过已离开的和未离开的所有车辆数。　　　　　　　　(杨　涛)

停车楼　parking building

专门用于停车的高层结构物或楼房。分层容纳不同类型的大小汽车,容纳量大,土地利用率高,密度大,易于管理。停车楼有自行式(坡道式)和机械提升式两种。自行式是由司机驾驶车辆沿往复式坡道或旋转式坡道上行驶进出停车楼。车辆出入自由迅速便利,修建和维修等费用较少,采用较多;机械式是借助于升降机械或传送机械将车辆运送到规定的停放车位。运送方式有旋转升降式,垂直升降式,升降滑板式,平面往复式和多层循环式,可根据使用要求、场地形式、车辆类型等具体条件予以选用。

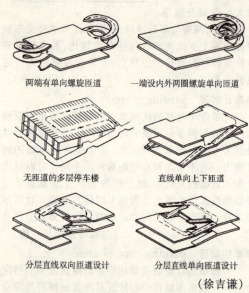

两端有单向螺旋匝道　　一端设内外两圈螺旋单向匝道

无匝道的多层停车楼　　直线单向上下匝道

分层直线双向匝道设计　　分层直线单向匝道设计

（徐吉谦）

停车排列方式 parttern of parking arrangement

停车场内车辆停放排列的形式。分纵列式、横列式、斜列式三种。不同的排列方式可有不同的使用效率,应根据停车场的面积、形式、进出口的位置、停车容量和管理等因素选定。 （杨　涛）

停车容量 parking capacity

停车场(库)可以容纳停放的最多车辆数。其计算方法有应用排队论的概率解析法和应用蒙特卡罗模拟实验的模拟法。前者的基本思路是将进入停车场的来车密集程度视为到达分布,保证停车需求的高峰时期车辆不能存放的概率不高于某一指定数值,并根据此确定停车容量。后者是用电子计算机分析停车时间的分布和到达车辆数的分布,模拟停车场需要程度的变化与停车时间的变化,由此计算停车容量。 （徐吉谦）

停车线 stop line

位于交叉口与路段分界处,与色灯控制或让标志配合使用的一条白色直线。系交通标线的一种,车辆进入色灯控制交叉口前,如遇到停车信号,必须停在停车线后面,待出现下一次通行信号时,才能驶出停车线;已驶出停车线进入交叉口的车辆,如果遇停车信号,可以继续通行。对于无控制交叉口,如遇让路标志,必须停在停车线后面,待相交道路上车辆出现可穿插空隙时,方可驶入交叉口。

（杨　涛）

停车信号 stop signal

要求列车或调车车列停车,不准越过该信号显示地点的信号。在保证安全的前提下,为提高运输的效率,又分为绝对信号和容许信号。在视觉信号中采用红色或蓝色作为它的基本颜色,其表达方式为色灯信号机的红色灯光或蓝色灯光;臂板信号机的红色主臂板在水平位置;移动信号的红色方牌;手信号展开红色信号旗;火炬信号的火光等。在听觉信号中的响墩爆炸声等。 （胡景惠）

停车需要量 parking demand

在特定时间中需要在指定范围内停车的车位数。与交通拥挤程度、停车费用、公交服务水平、周围用地性质、活动强度等因素有关。 （杨　涛）

停车延误 stopped delay

因车辆受阻以致完全停驶所导致的时间损失。城市中最普遍的停车延误发生在色灯控制交叉口及建立通行权的无控制交叉口。另外,在公共交通车辆停靠站或遇到交通事故时也发生停车延误。

（杨　涛）

停车余隙 clearance at parking

停车场内相邻车位的车辆车身之间或车辆与栏杆之间的空隙。是确定停车位尺寸的重要因素,分侧向余隙和正向余隙,侧向余隙按开启车门所需尺寸,不致碰撞相邻车辆,约为80cm,正向余隙保证车辆前进后退不发生碰撞,约为30cm。 （杨　涛）

停车站 parking station

直接设置在车行道旁供公共交通车辆停靠乘客上下的地方。其长度视所停车辆数与车长而定。站间距市区内较短,一般为500m,郊区较长一般为1500m。在狭窄的道路上,上下行停车站需错开一段距离,一般为15～30m。 （顾尚华）

停车周转率 parking turnover rate

特定时间内实际停车总辆数与停车场停车容量之比。停车场地的利用率度量指标之一。停车周转率的高低与停车场所处的区域、功能、服务质量、收费等因素有关。 （杨　涛）

停船界限标志灯

标志船闸闸室和引航道可供船舶停靠的有效长度或界限的航行标志灯。闸室停船界限标志灯,设置在闸室有效长度两端两侧的闸墙内作对称布置。具体位置根据门型、灌泄水的影响而定。必要时,还应设置船闸宽度界限灯和闸室中心线灯。闸室宽度界限灯为白色信号灯,一般设在上、下游闸门外两侧闸墙上。闸室中心线灯为紫色信号灯,设在闸门内

侧中心线上,面向闸室。　　　　　（詹世富）

停放车标志　parking sign

指示许可停放车辆和停车场位置的交通标志。
（杨　涛）

停放车调查　parking study

对停放车地点、时间、车位周转、车位数、停车方式等情况所进行的调查。用于静态交通的规划。调查方法可分为连续式、不连续式、询问式。目前城市中停车问题是城市交通问题中较难处理的问题,静态交通规划是综合交通规划中主要内容之一。
（文旭光）

停机方式　parking configurations

飞机停放位置相对于航站楼位置的形式及飞机进出停机位置的方式。通常有如下四种类型:机头向内、机头斜角向内、机头斜角向外和平行停放。每种方式各有利弊,如机头向内停放,可以节省机位所需的面积,但当飞机离开机位时必须由牵引机具牵引出足够的距离;机头斜角向内停放,具有允许飞机以自身的动力滑进、滑出的优点,然而,它与机头向内停放相比需较大的机位面积;机头斜角向外,具有机头斜角向内停放的优点,且机位面积比前者少,但开始滑行离开机位时,喷气流和噪音指向建筑物;平行停放,简单易行,而停机面积较大。发展趋势是倾向于机头向内停放,因为它不仅可以节省机位面积,而且可减少噪音和喷气流对建筑物的吹袭。

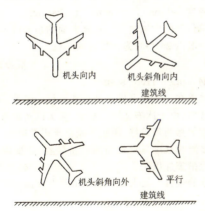

（陈荣生）

停机坪标志　apron marking

指示飞机驾驶员在停机坪上滑行、停驻的助航标志。采用黄色标志,有带机位号码的滑行引导标志和滑行停止标志线,使飞机准确地停放在固定机位上,以保证供应设施、登机桥的有效衔接。（钱绍武）

停止道　stopway

为保障飞机偶尔中断起飞而冲出跑道时,不致造成飞机结构的损坏,而将跑道延伸并铺有相应道面的部分。其宽度与跑道相同。长度根据飞机在起飞滑跑过程中有一台关键发动机停车而中断起飞时能够安全停止来确定。如果跑道已具备这种功能,则不需设置。　　　　　　　　　（钱炳华）

停止线　stop line

表示车辆等待放行信号或停车让行的停车位置的路面标线。其颜色为白色。在信号交叉口,采用实线,设于各进口的右侧车道上。在无控制交叉口,采用蓝线,设于相交道路中等级较低的公路右侧车道上。停车线一般应与道路中线垂直,距人行横道线1.5~2m,线宽可选用20、30、40(cm)。
（王　炜）

tong

通过能力　capacity of track

一条铁路或一个区段每昼夜能通过的列车次数或列车对数。受区间、车站、机务设备、给水设备、供电设备能力最小者的控制,一般按区间通过能力设计,并使其他设备的能力与其相配合。区间通过能力的大小与正线数目、列车运行图种类、信联闭类型、区间行车时分有关。单线铁路平行成对运行图的通过能力N(对/d):

$$N = \frac{1440}{T} = \frac{1440}{t_{往} + t_{返} + t_1 + t_2}$$

式中　1440为每昼夜的分钟数;T为列车运行图周期,包括区间往返走行时分$t_{往}+t_{返}$和两端车站作业时分t_1+t_2。

双线自动闭塞时,单方向的列车次数N(列/d)为:

$$N = \frac{1440}{I}$$

I为同向列车追踪间隔时分。　（吴树和）

通过能力储备系数　coefficient of reserve capacity of track

铁路储备的通过能力与需要的通过能力的比值。设计铁路时,预留一定的储备能力,是为了适应国民经济各部门发展的特殊需要,军运和专列运输的需要,以及保证铁路经常维修与大中修、列车晚点调整运行图等业务工作的需要。故目前中国铁道部门规定:铁路通过能力,应预留一定的储备能力,单线铁路采用20%,双线铁路采用15%。
（吴树和）

通过信号　through signal

准许列车按规定速度从正线通过车站的信号。其表达方式为进站色灯信号机或接车进路信号机显示一个绿色灯光;进站臂板信号机的红色主臂板及黄色通过臂板下斜45度角等。　　（胡景惠）

通航保证率 navigation stage frequency

全年中允许正常通航的天数与全年总天数的比值，即全年中正常通航的相对历时，以百分率表示。在工程实际中，正常通航天数一般系指根据多年水文资料统计的平均每年等于或大于设计最低通航水位的天数。它是航道工程设计中的一项重要设计标准，航道水深等均据此计算确定。各条通航河流的通航保证率标准根据河流的特性和航道等级确定。在中国1990年颁布的通航标准中按航道等级规定了相应值，一、二级航道定为大于98%。
（蔡志长）

通航标准 navigation standard

国家颁布的包括航道等级的划分以及相应于各级航道的设计船型、航道尺度、船闸基本尺度、跨河建筑物的通航净空和设计通航水位等内河航道建设的技术标准。制订标准的目的在于协调船舶、航道、船闸、跨河建筑物等的主要尺度，及其与铁路、公路、水利等有关各方面的关系，实现内河通航的标准化、系列化，以便形成四通八达的航道网。中国于1963年由国家计划委员会颁布《全国天然、渠化河流及人工运河通航试行标准》。1990年对上述标准进行了重大修订，重新颁布了中华人民共和国国家标准《内河通航标准》（GBJ139—90）。其中将通航载重50t至3000t船舶的航道划分为7级，并相应规定了各级航道、船闸、跨河建筑物的主要尺度。
（蔡志长）

通航渡槽 navigation aqueduct

为运河跨越深谷、道路或河流而设置的通航建筑物。当运河与天然河流、道路等相交，而其高程又高出河流或道路时采用，也用以衔接升船机闸首与航道。由槽身和槽座两部分构成，一般为钢结构或钢筋混凝土结构。槽身是用来过水和过船的，其横断面形状通常采用矩形断面，其断面尺度一般按单线航道设计。槽座是槽身的承重结构，其型式有墩座、排架或拱座等。为使进出水流平顺，不致引起水流紊乱，而影响船舶航行安全，在其两端设引航道，以使其断面逐渐过渡到主航道的正常断面，引航道内设有导航建筑物和靠船建筑物，供上下行船舶交错和等待通过。
（蔡志长）

通航建筑物 navigation stracture

为保证船舶顺利通过航道上的航行障碍而设置的水工建筑物。主要类型有船闸、升船机、通航隧洞和通航渡槽。
（蔡志长）

通航净高 navigable net height

在设计最高通航水位时，航道水面与跨河建筑物的下缘（如桥梁桁架的下弦）或最低点（如跨河电缆）之间所必须保持的铅直距离。其值等于船舶高度（指标准船舶空载水线以上至上层建筑最高点的高度）与安全富裕高度（一般取为0.3~1.0m）之和。
（蔡志长）

通航净空 navigation clearance

在桥梁、渡槽、电缆、管道等跨河建筑物的底缘与航道水面之间，为保证船舶安全通过所必须具备的无障碍空间的尺度。包括通航净高和通航净跨。各级航道所必须的通航净空在国家颁布的通航标准中均有规定，桥梁、电缆等跨河建筑物的建设均应符合该标准所规定的通航尺度和要求。
（蔡志长）

通航净跨 navigable net spon

规划航道底高程以上，桥梁通航孔的两侧桥墩或柱间所必须具有的最小净宽度。在其范围内墩、柱的水上和水下部分均不允许有突出物。其值按船舶单线航行时所必须的宽度确定，即按船舶(队)宽度，长度，船舶过桥时的航行漂角（一般取为2°~3°）及船舶(队)与墩柱间的安全距离（一般取为半个船舶或驳船的宽度）确定。
（蔡志长）

通航流量 navigation discharge

维持航道最小通航水深所必须保证的最小流量。在渠化河流和设闸运河上还包括船舶(队)通过船闸所必需的过闸用水量。在天然河流上，拦河筑坝进行水资源综合利用时，它是航运用水的最低要求，必须保证。根据维持船舶正常航行的要求，这个流量一般应为瞬时流量。
（蔡志长）

通航密度 density of water transport

单位时间内通过某一航道断面的船舶或船队数量。一般以24小时为计算时间单位。
（蔡志长）

通航期 open river stage

航道在一年内可供船舶正常航行的天数。在天然河流中，由于冰冻、洪水、枯水、雾天以及航道上的建筑物如船闸等检修，船舶不能全年正常通航，其长短直接影响航道通过能力和经济效益，必要时可采取工程措施加以延长。
（蔡志长）

通航水流条件 lack navigational hydranlic condition

水利枢纽中船闸的引航道口门区和引航道中水流的流速，流态等条件的总和。其流速和流态应满足船舶(队)正常航行的要求。水流流速不宜太大，平行航线的纵向流速不超过1.5~2.0m/s，垂直航线的横向流速不超过0.25~0.3m/s。并不应有环流速度大于0.4m/s的涡流区出现；同时应尽量避免出现不良的流态如泡漩和乱流等。在引航道口门及引航道内应考虑风浪，泄水波，涌浪的影响，满足船舶(队)安全通畅过闸和停泊的要求。
（吕洪根）

通航隧洞 navigation tunnel

为运河穿越高山峻岭而开凿的通航建筑物。其轴线一般均为直线,在其两端设引航道与主航道相接,并设导航建筑物和靠船建筑物供航行船舶等待通过。为加速船舶通过。在其一侧或两侧设置曳引设备曳引船舶行驶。其横断面形状有椭圆形、马蹄形和圆形等,根据当地的地质、水文条件以及施工技术和方法等选定。隧洞的水深、宽度和通航净空等均应满足通航要求,一般按单线航道设计。隧洞内设有通风、照明、通信联络等设备。开凿隧洞可以缩短船舶航行的里程,但工程费用大,技术复杂,需要进行充分的技术经济分析论证而确定。 (蔡志长)

通信 communication

将信息从一地传送到另一地。通常将使用电的或电子设备传送信息的过程称为电气通信,简称电信。一般包括信息的传输、交换和处理。通信按其业务内容可分为电报、电话、传真、数据通信、电视电话等。按其传输媒质可分为有线通信和无线通信两大类。有线通信又可分为明线通信、电缆通信、波导通信等。无线通信按传输方式可分为微波中继通信、散射通信、卫星通信等;按所用波段可分为超长波通信、长波通信、中波通信、短波通信、超短波通信、微波通信、毫米波通信、光通信等。按其传送的信号形式可分为模拟通信和数字通信。 (胡景惠)

通信枢纽 communication center

长途通信、地区通信和区段通信集中设置的地点。根据铁路运输的特点和铁路网分布情况,分为设于铁道部所在地的总枢纽(局间枢纽);设于铁路局所在地的局枢纽;设于铁路分局所在地或电话交换适中的汇接点的分枢纽;通信端站则设于分枢纽以下凡是设有地区电话所,和需要接通长途话路的地点。 (胡景惠)

通信线路 communication link

通信的传输通道。主要有明线和电缆线路。铁路明线按其使用范围分有长途、地区和站场线路。主要包括用铜、铝或钢等导电材料制成的导线、引入线和线路附属设备。铁路电缆按其使用范围分有长途、进局、介入、地区和站场电缆线路。还需配备无人增音机、线路附属设备和电缆充气维护设备。根据其在铁路通信网中的重要程度或铁路等级分为Ⅰ级、Ⅱ级和Ⅲ级;根据建筑强度的不同又分为轻便型、普通型、加强型和特强型。 (胡景惠)

通行信号标 passage signal marks

指挥水上交通的信号标志。设在上、下行船舶相互不能通视,对驶有危险的狭窄,急弯航道或单孔通航的桥梁,通航建筑物或禁航航道两端,利用信号控制上行或下行的船舶单向顺序通行或禁止通航。由直立标杆和水平横桁构成,在横桁一端悬挂箭形信号,箭头朝下表示允许下行船舶通航;箭头朝上表示允许上行船舶通航;垂直悬挂两个锥尖朝上的三角锥体则表示禁止船舶通航。标杆与横桁漆黑、白色相间斜纹,箭杆为黑色或白色,箭头与三角锥体为红色。信号灯质,由垂直悬挂于横桁一端的红色、绿色定光灯组成:绿灯在上,红灯在下,表示允许下行船舶通航;红灯在上,绿灯在下,表示允许上行船舶通航;两盏红灯串联表示禁止船舶通航。控制船舶进、出通航建筑物的通行信号标,可在上、下两端各设红、绿单面定光灯一组,灯光照射来船方向,红灯表示禁止船舶通航,绿灯则表示允许船舶通航。白天可用红、绿旗代替红、绿灯(附图见彩4页彩图16)。 (李安中)

通用货车 general freight car

用于装运多种普通货物的车辆。主要有敞车、棚车、平车等。装货通用性强,较专用货车回空损失小。 (周宪忠)

同步式控制 synchronous control

两个相邻近的交叉路口(相距数十米)的信号灯采用同时绿灯又同时红灯的同步信号,或只是存在一个绿灯时差的交通控制方式。 (乔凤祥)

同潮差线 cotidal range line

连接一个潮周期中振幅相等各点的线。前进潮波和驻潮波的同潮差线为平行的直线。旋转潮波的同潮差线为环形曲线,环线中心的潮差接近于零(即无潮点)愈向外,潮差越大(见图)。 (张东生)

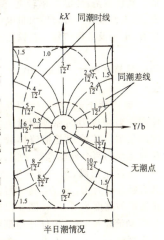

半日潮情况

同潮时线 cotidal line

同一潮位相的各点的连线。前进潮波和驻潮波的同潮时线为平行的直线。海湾中的旋转潮波在北半球以角频$\frac{2\pi t}{T}$绕无潮点作逆时针方向旋转,同潮时线亦作逆时针旋转(见图中的散射线)。$t=0$时为起始位置,$t=\frac{3T}{12}$时旋转$90°$,$t=\frac{6}{12}T$时旋转$180°$,

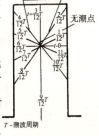

$t=\frac{12}{12}T$ 时旋转 360°。

(张东生)

同向曲线 identical curve

两个转向相同的相邻曲线。道路设计中,曲线间连以短直线时,短直线长度宜不小于 6 倍计算行车速度(km/h)的长度(m),以便汽车行驶操作及保持线形的连续性;山岭重丘区的特殊困难地段,计算行车速度小于、等于 40km/h 的公路,短直线的长度亦应按不小于 2.5 倍计算。圆曲线直接相连时,称向同向复曲线;曲线间设有缓和曲线相连接时,称为卵形曲线或 C 形曲线。

铁路设计中,为了保证列车运行平顺和养护维修方便,两曲线不宜直接相连,须插入夹直线。

(李 方 周宪华)

同轴电缆 coaxial cable

由相互绝缘外皮包裹的同一轴心不同直径的内外同轴管构成的高频电缆。根据其同轴对内导体的直径和外导体的内径大小分为大、中、小和微同轴电缆。常用的小同轴电缆可传输 300 路、600 路、900 路和 2 700 路载波电话。中同轴电缆可传输 1 800 路、2 700 路、7 200 路、10 800 路或 13 200 路载波电话。其优点是:传输频率较宽,受外界电干扰小,保密、保真性强等。可传输大量电话电路,又可用来作传真、电视及数据传输。在铁路通信中被广泛采用。

(胡景惠)

同轴圆筒黏度计 concentric cylinder viscometer

利用两个动、静同轴圆筒同流体产生剪切应力的原理测量流体黏度的仪器。其原理是把流体放在有相对运动的两个同轴圆筒之间,其中一个是静止圆筒,另一个是转动筒,其直径分别为 D_1 与 D_2,流体浸没静止圆筒的高度为 h,旋转圆筒以转速 N 带动流体转动时,流体作用到静止圆筒筒壁一个剪切应力 τ_w,使固定

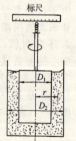

在静止圆筒上的扭矩计转动一个 θ 角,由力的平衡方程式可求出:

$$\tau_w = \frac{zk\theta}{\pi D_1^2 h}$$

式中 k 为扭矩计的仪器常数。静止圆筒壁上流体的剪切应变速度 $\left(\frac{du}{dr}\right)$ 为:

$$\frac{du}{dr} = \frac{4\pi N}{1-s^2} F_{kM}$$

式中 $s = D_2/D_1$;F_{kM} 为校正因数。 (李维坚)

tou

投影转绘仪 sketch projector

由投影器、聚光器、升降和移动装置组成的航摄像片光学图解纠正仪器。通过内外业已描绘了等高线和地物的像片具有中心投影性质,借助本仪器可纠正转换为正射投影而制成航

测原图。将缩小片安置在投影镜箱承片框上,借聚光器将它投影到绘图桌上。借助投影器的各自由度可实现像片的纠正、对点、然后进行分带转绘。

(冯桂炎)

透空式防波堤 permeable breakwater

由上部挡浪结构和下部透空的支撑结构组成的防波堤。其结构构造的理论依据是:在深水情况下,波浪水质点的波动振幅沿水深方向按对数规律迅速递减,波能主要集中在水体的表层。因而当相对水深 d/H 很大时,无须将堤身修达水底即可达到良好的挡浪效果。试验研究的结果表明它适用于水深大、波高较小而波陡较大的情况,如在水库上。它的上部挡浪结构可采用箱式或挡板式,下部支撑结构可采用桩式、墩式或框架式。一般采用箱式上部结构与桩式或墩式下部结构相结合,而挡板式上部结构则配以框架式下部结构为宜。挡浪结构的底部应深达设计低水位以下 2～3 倍波高,其顶部应高出设计高水位一倍波高(直墙式面板)或波浪爬高值(斜坡式面板)。箱式结构宽一般需取 5～6 倍波高,挡板式最好设置两排挡板,以增加消浪效果。从消波原理上它有可取之处,但尚少实际工程经验,结构和施工上都还有许多技术问题有待研究解决。

(龚崇准)

透空式码头 open quay

建在稳定岸坡上的高桩码头和墩式码头的统称。它基本上不承受土压力作用,或作用的土压力很小。对原岸边地形、水流、波浪、泥沙冲淤等自然条件的影响或破坏较小。但维修较麻烦,耐久性不如岸壁式码头。

(杨克己)

透空桩式离岸堤 permeable pile-type off shore dike

用预应力钢筋混凝土圆管桩间隔排列形成透空的与岸线有一定距离的堤构成的保滩、促淤工程。近岸滩地在中、低潮位时水深较小,经常出现具有强烈紊动的破波,造成岸滩淘刷。修建透空桩式离岸堤后,波浪破碎打击在堤身圆桩上,堤后水域的波高

和波能明显衰减。在堤前出现极限波高的情况下，堤后波高 H' 与堤前波高 H_0 之比 $K_H = H'/H_0$ 可达 $0.5 \sim 0.6$，波能衰减系数 $K_E = (H'/H_0)^2$ 可达 $0.25 \sim 0.36$，而且波浪通过透空桩式离岸堤之后波况也发生变化：由堤前强烈紊动的破波，改变为波动底流速较小的前进波，明显改变了堤后的动力条件，从而保护滩面不再受波浪淘刷侵蚀，达到保滩目的。同时，因其具有透水透沙的特性，在涨潮过程含沙量较高的水体进入堤后良好的泥沙淤积环境的水域，促使泥沙落淤，加速围垦区内滩地的泥沙淤积。

透空桩式离岸堤的堤顶高程可取多年平均高潮位，即允许在高潮位时越浪，因出现的几率和历时都较小，且水深较大，不会造成堤后滩地的严重淘刷。降低堤顶高程、控制桩的自由长度可减少工程量、降低造价。预应力钢筋混凝土圆桩外径 D 取 $500 \sim 600mm$ 为宜，桩式离岸堤的透空率 $\eta = a/(a+D)$ 取 40% 左右（a 为桩的透空间距）。透空桩式离岸堤内外应铺设土工布加抛石护底。堤内护底宽 $3 \sim 5m$，块石重 $40 \sim 60kg$，以保护越浪水体对堤内滩地的冲刷；堤外护底宽 $8 \sim 10m$，块石重 $80 \sim 100kg$，以保护堤前滩地免受破波的淘刷，并当堤外滩面发生淘刷下切后能适应滩面的变形。透空桩式离岸堤与采用抛石顺坝的保滩、保淤工程相比具有抗浪性能好、结构安全可靠、施工简便、工程量小、造价较低等优点。

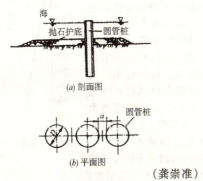

(龚崇准)

透水闸底 pervious chamber floor

容许流经船闸闸首底板下地基的渗透水流和闸室墙后回填土内的地下水渗入船闸闸室或闸室内的水渗入地基内的闸室底板。一般是在闸室底铺筑反滤层，并在其上砌筑干砌块石，其厚度约为 $20 \sim 40cm$。为防止块石松动，通常均设置纵横格梁，每格按 $30m^2$ 布置。有时在靠近闸首的闸室段内采用铺设在反滤层上的混凝土板，板上设有排水孔。这种底板一般只用于水头不超过 $6 \sim 7m$ 的情况。

(蔡志长)

透水整治建筑物 pervious regulation structures

允许有部分水流从坝体自由穿过的整治建筑物。如木桩编篱丁坝、网坝等。可阻滞水流，削弱紊动强度，造成泥沙淤积，并使一部分水流折向航道，促进航道冲刷。常建于挟沙较多的河流上缓流促淤，逐步调整河床，增加航道水深。多用于临时性整治工程。

(王昌杰)

tu

突堤 jetty, mole

一端与海岸相连另一端伸入深水的防波堤。有时也指布置成与岸线接近于垂直的码头。因便于与后方港口陆域交通联系，其内侧常布设码头。当波浪主要来自外海一侧，而另一侧受天然地形掩护，风区很短，波浪很小时可采用单突堤（或称环抱式防波堤），如秦皇岛港。在没有天然掩护的开敞海岸，一般需采用两条突堤，又称双突堤，合抱构成有掩护的港口水域。有时为了改善船舶进出口门时的航行条件和港口泊稳条件，可将强波向一侧的突堤从口门向外海延伸。当港口需要设置两个以上口门时，可由突堤与一、二条岛堤组成，如大连港。

(龚崇准)

突堤式码头 jetty, pier

码头岸线与原岸线成一角度，凸出于水域中的码头。可布置成直突堤或斜突堤。一般在突堤两侧都靠船。成梳齿状布置的多突堤式码头，突堤之间形成水域平稳的港池。这种突堤的长度，一般以 $2 \sim 3$ 个泊位为宜，最长不得超过 5 个泊位。突堤式码头的宽度，根据货种及货物疏运需要和装卸作业方式确定，如货运量较大的件杂货码头，一般宜用宽突堤；用管道输送的油码头则用窄突堤。突堤式码头的优点是在有限的岸线内，可以建造较多的泊位，这在很大程度上就减少了必须掩护水域的防波堤长度，同时布置紧凑，管理集中。但它自岸边突出，影响水流，易产生泥沙淤积，在河港中一般很少采用，多用于货运量较大的海港。

(杨克己)

突起路标 button

固定于路面上起标线作用的突出标块。可在高速公路或其他道路上用来标记中心线、车道分界线、边缘线，也可用来标记弯道、进出口匝道、导流标线及道路变窄、路面障碍物等危险路段。

(王 烨)

图解法放边桩 sloe stake by diagram

将各桩号的路基横断面按比例绘在方格纸上，按图定出中心桩至路堑边坡顶或路堤坡脚的距离，在实地定出边桩的方法。

(池淑兰)

涂油滑道 ship building berth with greased launching way

又称船台滑道。在天然或人工地基上建造钢筋混凝土基础、上铺木枋的船舶下水滑道。其陆上部分则延伸至船台上,是船台和滑道合一的建筑物,均为纵向布置。船体在船台上建成后,在木枋上涂以油脂,再铺上滑板,将原来由船台龙骨墩承重的船体,转移坐落在滑板上。船体下水时凭自重带着滑板滑向水面。它的结构

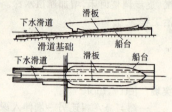

比较简单,不需要牵引设备,仅供船舶下水之用,是造船常用的一种下水建筑物。缺点是每一船台需设置一滑道;船台倾斜,工作不便,大型船舶在下水时会产生较大的舯压力。 (顾家龙)

土方调配 cut-fill transition

路基土石方施工前,对填挖方数量进行计算并合理调配的工作过程。确定哪些挖方要移挖作填,哪些挖方要运到弃土堆,哪些填方要从取土坑借土等。路堑土石方的利用要通过经济运距计算决定。沿线路方向移动,叫纵向调配;垂直于线路的移动,叫横向调配。车站站场土方因没有一定的运送方向,一般用方格调配。 (池淑兰)

土方调配经济运距 economical hauling distance

路基土方纵向调运与路外借土费用相等时的纵向运距。经济运距的大小与施工方法、运输条件、施工的机械化程度及地形情况等因素有关。在土方调配时,当纵向调运距离小于或等于经济运距,采用纵向调运;反之则采用路外借土。但在取土或弃土受限制的路段,可不考虑经济运距而采用远距离调运。 (张心如)

土方调配图 cut-fill transition program

为合理调配路基土石方而制成的计算图表。纵坐标代表填、挖方面积,横坐标代表线路百尺标及里程。方法是按该段挖、填方及其他工程实际情况,划分为若干个挖方区和若干个填方区,各区需要调用的挖、填方数量和移动方,均按土质不同情况标出并分段列表。原则上尽量移挖作填、由近及远,远距离以不超过最大经济运距为宜。全段挖、填、借平衡后,多余的土石方可以弃于指定的范围内。 (池淑兰)

土工织物 civil engineering fabric, geotextile

用聚乙烯为主要材料纺织或无纺布料,铺于软土地基上,在其上堆填土而使地基沉降均匀,增强地基强度加固软基的土工建筑材料。它具有强度高、造价低和施工简便等优点。抗拉强度的数值决定于所用纤维材料及织制方法。在土工工程中,它可作为分隔层、反滤层、保护层或加固层。在软土表面或砂垫层内铺一层或数层土工织物,使路堤基底增加一层柔性整体垫层,可防止软土路基坍滑。增强路基稳定性;在基床上铺设时,可整治或预防基床翻浆冒泥。 (池淑兰)

土基 subgrade

支承道面结构的土质基础。铺筑道面之前需进行平整、压实。当土质不好,土基湿软时,常需掺加结合料或颗粒材料进行稳定处理。密实、平坦、疏水、稳定的土基是道面结构的可靠支承,为道面的工作性能奠定基础。 (钱绍武)

土基压实标准 standard of compacting soil

修筑路基时,要求土基压实后所达到的密实状态指标。表示这种土壤状态的指标通常是土的密实度(干体积密度)。由于一个干体积密度不能单独作为衡量压实得好坏的指标,故实践中常用土基压实后的现场干体积密度(γ)与实验室对该土进行标准压实试验所得的标准干体积密度(γ_0)之比的百分数来表示,并称为压实度(K)。即

$$K = \gamma/\gamma_0 \times 100 \quad (\%)$$

国内外确定土的标准干体积密度的主要方法是击实试验法,其中有始于20世纪30年代初的轻型击实试验标准,有始于20世纪50年代、近20年来已广泛使用的重型击实试验标准。两种标准均以葡氏试验法为代表。中国现行路基设计规范对高速或一、二级公路规定用重型击实试验法求得的标准干体积密度作为衡量压实度的标准,其他情况仍允许采用轻型击实试验标准。由于行车或列车荷载在路基内产生的应力(σ)分布在顶部最大,随深度(Z)的增加,应力急剧减小(见图)。因此,对路基土的压实要求亦应由下而上逐渐提高标准。

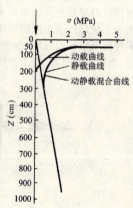

路基应力随深度变化曲线图

铁路路基压实标准按线路等级、列车高速、重载条件、参照路基压实规范要求选用。 (陈雅贞)

土基压实度 degree of compaction of soil

土基压实之程度。以标准击实试验测定的最大干容重为依据,采用现场压实干容重与标准击实试验的最大干容重之比的百分率表示。用于控制工地现场的压实质量。压实度越接近于100%,表示对压实质量的要求越高。标准击实试验分轻型与重型两种方法,前者锤重2.5kg、落高30cm,适用于一般公路;后者锤重4.5kg、落高45cm,其单位击实功为轻型的4.5倍,适用于重要公路(详见"土基压实标准")。 (陈雅贞)

土压力 earth pressure

土体作用于挡土墙上的侧向压力。其大小、方向、合力作用点、分布规律，取决于土层的特性，地表的坡度以及挡土墙的侧向变形等。与其变形状态相对应的三种土压力是主动土压力、被动土压力和静止土压力。主动土压力是挡土墙因土体推压而离开土的一侧作微小移动或转动时受到土的作用力；被动土压力是当挡土墙的微小移动或转动挤压土体时，受到被挤压土体的反作用力；静止土压力是挡土墙不出现变形时受到的土压力。主动土压力和被动土压力是土压力最小与最大的极限值，静止土压力介于其间。土压力的计算理论至今仍基于1976年法国库伦（C.A.Coulomb）提出的库伦理论和1857年英国朗金（W.J.Rankine）提出的朗金理论。 （池淑兰）

tui

推轮 pusher, push boat

船首部装有顶推联结装置，用于顶推其他船舶的机动船。它和驳船组成顶推船队。为提高推进和操纵性，船上常装有倒车舵、转向导管或全向推进器，为便于驾驶，驾驶台较高，且有可升降式的。
（吕洪根）

tuo

托盘 pallet

叉车装卸成件包装货物时所使用的一种承载工具。这种载货台是使静态货物转变为动态货物的媒介物，因为装盘的货物在任何时候都处于可以转入运动的准备状态中，便于叉车进行装卸、搬运、堆码作业。按其使用方式的不同有平板式、箱式、立柱式等，按其制造材质分有木制、钢制、钢木合制、竹木合制、钢竹合制等。 （蔡梦贤）

拖带船队 barge line, barge fleed

由一艘或二艘拖船和若干艘被拖带的驳船组成的船队。根据航道情况、驳船船型、拖船的功率及营运经济性，其组合形式有单排一列式、筒状一列式、天平一列式、双排一列式和多排一列式等。拖船在前，用缆索拖带后面的若干艘用柔性钢索连接编结在一起

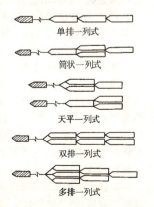

单排一列式
筒状一列式
天平一列式
双排一列式
多排一列式

的驳船组，拖缆长度将影响船队的航行阻力。拖带运输的特点在于各艘驳船可以利用船队前进时的附随水流，各艘船的船舶航行阻力较单船的为小，且驳船间是柔性连接能适应航道弯曲半径较小的条件，但船队的操纵性较复杂，其中每艘驳船本身均需配置人力舵以配合拖船的操纵。一般只适用于沿海、内河小港间集散货物。 （吕洪根）

拖带运输 tug-barge towing fleet traffic

由拖带船队进行的船队运输。能适应较小水深的航道和港口，以及曲率半径小的航道；对装卸点较分散的港口，以及风浪较小地区的沿海运输也能适应。 （吕洪根）

拖轮 tug, tug boat, tow boat

专用于水上拖曳船舶或其他浮体的机动船。按用途分，有运输拖船、港作拖船和救助拖船等；按航区分，有远洋拖船、沿海拖船、内河拖船和港作拖船等。其船体结构较坚固，并有较强的护舷和防撞设施。为保证横稳性，船宽多较大，长宽比小于一般运输船舶。具有良好的操纵性，即使在低速拖带时，也要求有良好的舵效，舵面积较大。随着拖曳船舶的大型化，主机功率有增大的趋势，超过1万马力者日益增多，有的甚至高达2万马力以上。
（吕洪根）

拖滩

在急流滩口以上利用拖轮拖带滩下船舶过滩的操作。非经常急险而仅在某种水位出现急流的滩段，多不设永久性绞滩站，可临时用拖轮拖曳船舶过滩。 （李安中）

脱轨器 derail

安装在钢轨顶面用以引导驶近的机车车辆脱轨停车、避免与线路上停放机辆发生冲撞事故的线路铸钢配件。 （陆银根）

脱线道岔 throw-off points, derailing switch

为避免列车发生冲突事故而迫使误入线路的机车车辆正常脱线事故的特殊道岔。由一根尖轨的转辙器和一根护轨组成。铺设于活动桥两端、厂矿专用线接轨点附近，迫不得已时以正常脱线事故取代灾难性事故的发生。

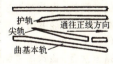

（陆银根）

脱鞋道岔 shoe remover

设置于编组站驼峰线路铁鞋制动段末端，当车辆车轮推动铁鞋通过时使铁鞋自动脱落的特殊道岔。由心轨、护轨、翼轨等构件组成。

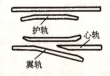

当车轮推动铁鞋驶近时，制动铁鞋沿翼轨的折臂滑离走行轨，脱落于轨道外侧，使制动减速的车辆继续沿走行轨向前运行。

（陆银根）

驮背运输 piggy-back

又称载车运输。将集装箱和半拖车（公路拖车）装在铁路平车上的运输过程。它是货物集装化的手段之一，成功地把铁路运输和公路运输结合起来。公路拖车灵活，能实现门到门运输，而且用牵引车将公路拖车送上铁路平车，作业简便，节省装卸费用。同时公路拖车活动范围广，适应分散的中小货主需要。但在技术上由于货物装载量降低、重车重心增高、运行阻力加大等原因，使其发展受到一定的影响。

（蔡梦贤）

驼峰车辆溜放阻力 car rolling resistance

车辆经驼峰溜放时，必须克服的各项单位阻力。其中有单位基本阻力、单位空气阻力、单位道岔附加阻力和单位曲线附加阻力。单位基本阻力是车辆在平直线路上溜行时的阻力。单位空气阻力是由空气与车辆之间的相对运动引起的，其值与风向、风速及车型有关。单位道岔附加阻力，主要是由运动中的车轮撞击道岔的尖轨和辙叉引起的。单位曲线附加阻力是车辆通过曲线线路时较直线线路增加的阻力。其值与曲线的转向角大小有关。

（严良田）

驼峰道岔自动集中 route-storage type electric interlocking for hump yard

又称存储式驼峰电气集中。驼峰调车场采用的可预排进路和自动控制驼峰头部各分路道岔的电气集中。驼峰调车场进行列车解体作业时，需要将各车组溜放到不同的线路，各分路道岔要及时转换到需要的位置。在列车解体作业开始前，驼峰值班员按照调车作业通知单，将车组的钩序及进路，预先储存在储存器里。列车解体作业进行时，随着车组的溜放，由储存器按储存的顺序把进路命令逐个输出，经传递电路逐级向下传输，于车组到达之前传到下一级分路道岔，开通进路，车组进入末级分路道岔后，该钩车进路命令自动取消。储存进路命令的设备为储存器，构成传递电路的设备为传递器。整套设备设在驼峰调车场的头部，采用动力转辙机转换道岔。它的优点是操作简便，能提高溜放作业效率，保证安全，节省扳道人员。

（胡景惠）

驼峰峰顶 hump summit

介于驼峰推送线与驼峰溜放之间标高最高的一段线路。这段线路在平面上和纵断面上都有严格的要求。在平面上必须安排禁溜车停留线的道岔位置。在纵断面上必须为车钩安全过峰创造条件。因此，要设置一个峰顶平台。平台要有足够的长度：除推送侧和溜放侧竖曲线切线长度之外，还要有一段长度用来设置禁溜车停留线道岔的辙叉或尖轨。

（严良田）

驼峰高度 hump height

驼峰峰顶与难行线计算停车点之间的高差。计算停车点是指，距驼峰溜放部分最后分路道岔警冲标内方一定距离的点。这个距离的大小，影响驼峰高度的高低。如距离较大，高度较高，则作业能力较大，但工程费增加。这个距离目前一般定为100～200m。驼峰高度这个概念是在连续调速制式出现之前确定的。

（严良田）

驼峰解体能力 sorting capacity at hump

一昼夜内，通过驼峰向调车场内解体的车辆数或列车数。各类驼峰的解体能力各不相同。其数值与设备规模、驼峰推送线数量、驼峰溜放线数量、驼峰调车机车台数，以及驼峰平面纵断面、技术装备、工作组织等因素有关。

（严良田）

驼峰溜放线 hump lead

驼峰峰顶至峰下第一分路道岔之间的一段线路。一般设置一条。为了提高作业的灵活性，或为了提高作业能力，也可设置两条。设置两条时，峰下第一分路道岔宜采用由单式对称道岔组成的交叉渡线形式。它应设计成较陡的坡度。坡度值与坡长值要配合得当，以期获得较高的解体能力。

（严良田）

驼峰曲线 hump curve

路线纵坡在短距离内急剧变化，形成两凹一凸或两凸一凹逐相衔接的竖曲线所组成的纵断面线形。在纵坡坡线与小桥涵标高相接处，或路线在瘦脊的鸡爪形地带通过，因纵坡设计不当而造成。汽车在此种线形上行驶，不仅降低车速，而且会产生颠簸与冲击，设计时应力求避免。

（张心如）

驼峰推送线 pushing track

列车解体过程中，调车机车向驼峰峰顶推送列车占用的线路。在列车到达场与调车场纵列的驼峰编组站上，是指列车到达场出口端最外道岔至驼峰峰顶那一段线路。在列车到达场与调车场横列的驼峰编组站上，是指调车场的牵出线。适当增加驼峰推送线的数目，有利于提高驼峰解体能力。在其线路平面上应尽量减少曲线，在其纵断面上靠近峰顶部分应有一段上坡，以便调车机车推车上峰时，车钩处于压紧状态，利于摘钩。

（严良田）

驼峰迂回线 hump avoiding line

驼峰推送线与峰下调车线直接连通的线路。驼峰峰顶前后，线路坡度较大，致使峰顶线路向上方隆起。有些车辆如D_{17}型落下孔车、大型凹型车在通

椭圆余摆线波 elliptic-trochoidal wave

波面曲线为椭圆余摆线的浅水前进波。由鲍辛涅斯克(J. Boussinesq)提出:当水深小于半波长而大于破碎水深时,与微幅波理论的浅水前进波一样,水质点作椭圆运动,但 ox 轴取波浪中线(不同于微幅波理论取静水面),自由表面的波面方程为一椭圆余摆线:

$$\begin{cases} x = -\dfrac{\theta}{k} + a_0 \sin\theta \\ z = -b_0 \cos\theta \end{cases}$$

θ 为相位;k 为波数,$k = \dfrac{2\pi}{L}$;a_0, b_0 分别为自由表面处轨迹椭圆半长、短轴,$a_0 = \dfrac{H}{2}\text{cth}kd$, $b_0 = \dfrac{H}{2}$;H 为波高;L 为波长;d 为水深。椭圆余摆线的转圆半径 $R = \dfrac{L}{2\pi}$。其波峰部分比余摆线波更为尖突而波谷部分更为坦长。其波浪中线超高 $\xi = \dfrac{\pi ab}{L}$,在自由表面处 $\xi_0 = \dfrac{\pi a_0 b_0}{L} = \dfrac{\pi H^2}{4L}\text{cth}kd$,较余摆线波的波浪中线超高值大。采用拉格朗日变量法的椭圆余摆线波理论描述简单。其水质点的运动是有涡的。

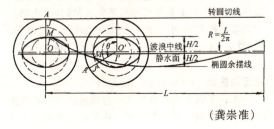

(龚崇准)

椭圆余弦波 cnoidal wave

用椭圆余弦函数描述波动的有限振幅浅水非线性前进波。在近岸浅水区(当水深 d 小于 $0.125L$ 时)它较椭圆余摆线波和斯托克斯波更符合实际情况。其数学推导较严密,但计算较繁琐。近年来随着计算机的普遍使用,它得到较多的研究和应用。其波面函数 $\eta(x,t)$ 为

$$\eta = (x,t) = H cn^2\left[2k(m)\left(\dfrac{x}{L} - \dfrac{t}{T}\right), m\right] - H\left[1 - \dfrac{1}{m^2}\left(1 - \dfrac{E(m)}{k(m)}\right)\right]$$

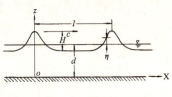

cn 为雅可比椭圆余弦函数;m 为椭圆积分的模数,$0 \leq m \leq 1$;$k(m), E(m)$ 分别第一类、第二类完全椭圆积分;H 为波高;L 为波长;T 为波周期。上式右边第一项为波面至波谷距离,第二项为波谷至静水面距离。当波长趋于无限时($m \to 1, k(m) = \infty, E(m) = 1, cn(\theta,1) = \text{sech}(\theta)$),波面函数 $\eta = H\text{sech}^2\left[\sqrt{\dfrac{3H}{4d}}(x - Ct)\right]$,即为孤立波;当波高与水深 d 之比无限小时($m \to 0, k(m) = E(m) = \dfrac{\pi}{2}, cn(\theta, 0) = \cos\theta$),波面函数 $\eta = \dfrac{H}{2}\cos(kx - \omega t)$ 则为微幅波。其波长 L 为

$$L = \sqrt{\dfrac{16d^3}{3H}} mk(m)$$

波速 C(波峰移动速度)为

$$C = \sqrt{gd} \cdot \sqrt{1 + \dfrac{H}{d}\left[-1 + \dfrac{1}{m^2}\left(2 - 3\dfrac{E(m)}{k(m)}\right)\right]}$$

波压力 p 为

$$p = \rho g[\eta(x,t) + d - z]$$

质量输移速度 $\bar{u}$ 为

$$\bar{u} = \dfrac{L}{8m^2 T}\left[\left(7\dfrac{E(m)}{k(m)} + 7m^2 - 6\right)(2 - m^2) - 8\left(\dfrac{E(m)}{k(m)}\right)^2\right]$$

(龚崇准)

W

wa

挖槽　dredged channel

为满足船舶航行要求用疏浚方法开挖的水下深槽。航道的挖槽应具有规定的深度、宽度、边坡、转折角度及进出口扩宽段等，以满足船舶安全顺利航行的要求。为使疏浚的工程量最小开挖后回淤量尽可能少，须进行挖槽设计及挖槽水力计算以验算挖槽稳定性。挖槽设计主要是选定挖槽的断面尺度、位置、方向及抛泥区等。挖槽一般应在流速最大的深泓线位置，或顺其涨落潮方向设置。在中小河流上为维持槽内有一定螺旋流，便于携带泥沙下泄，挖槽轴线与水流交角以不超过 15°为宜。为保证开挖后槽内流速有所增大，挖槽槽宽应小于三分之一河宽。但在开敞水域中挖槽内流速一般均较天然条件下该处流速有所减小，挖槽轴线与水流交角愈大，流速折减愈多，挖槽方向应尽可能与涨落潮最大流速时的流向一致。断面形态一般为对称梯形。边坡视土质条件而定。挖槽水力计算主要是计算挖槽水面降落和稳定性。疏浚后扩大了过水断面，同一流量下水面高程将比原水面低，可能在设计最低通航水位时，造成水深不足，通过计算确定超挖深度，以抵偿水面降落的损失。挖槽的稳定性验算，包括流速校核和回淤计算。挖槽内流速的大小，是衡量挖槽稳定的关键因素，要求开挖后流速大于挖前流速，挖槽出口段流速大于进口段流速，以保证泥沙不停淤在槽内。回淤计算，一般利用水力学公式和输沙方程进行；或按泥沙运动力学推算其淤积量。

（李安中）

挖泥船　dredger

装有能挖掘水下土石方设备的工程船舶。主要用于疏浚港口、航道、开挖运河、基坑、吹填等疏浚工程。按其挖泥方式和装备的机械分为以下几类：绞吸式挖泥船，自航耙吸式挖泥船，链斗式挖泥船，抓斗式挖泥船和铲扬式挖泥船等。此外钢耙船、碎石船、抛石船等，也属挖泥船范畴。根据水域条件，开挖范围等条件选用不同类型挖泥船进行施工。挖泥船除早年建造的采用蒸汽动力外，现代均以柴油机或电动机为动力机械，并采用液压传动，电子操纵等先进设备。万 t 以上排水量的大型化、现代化自航挖泥船是发展趋势。

（李安中）

挖泥船调遣　maneuvering the dredger

疏浚工程施工前挖泥船进场和竣工后调出的工序。一项疏浚工程往往需配备一套作业船舶和机具，包括挖泥船，泥驳，拖轮，油、水供给船，生活船舶等，若用排泥管排泥，还需大量浮筒、排泥管等。开工前必须将所需船舶，机具调入现场。施工完毕后，又须将各种机械部件装备拆除装运调至下一工地。若调运的距离较远，调遣前需将泥斗、绞刀等设备及机械部件，吊起系牢。在海上为防风浪，还需封舱及堵吸排泥口等，并通过港监部门检验，才能调遣出海。

（李安中）

挖泥船生产率　dredger output

挖泥船在单位时间内挖取水下自然条件下泥土的数量(m^3/h)。称为设计生产率，其实际生产率受挖掘土质的类别，挖泥深度，挖泥层厚度，抛泥距离或排泥管长度及扬程等各种因素的影响，同时还与操作人员的技术水平和熟练程度有关，实际生产率可由实际挖方量求出。

（李安中）

挖泥船生产性间歇时间　dredgers productive stopping time

挖泥船施工过程中非人为事故而必须停歇的时间。挖泥施工的许多工序系流水或同步作业。如开工前展开与布置工作，挖掘过程的移船、移锚、移缆，延伸排泥管，收工集合等停机不挖泥的时间，均属生产必须停歇的时间；另外补充燃料和淡水、候潮、避风、浓雾，避让船舶等停机时间也属此范畴。

（李安中）

挖泥船选择　chosen of dredger

根据工程要求和自然条件选择最适宜于疏浚地区施工用挖泥船船型的工作。各类挖泥船对疏浚地区的土质和施工条件均有一定要求，不同类型的挖泥船所能挖掘的土质类别以及深度、宽度均有所不同。为保证工程质量，降低疏浚成本，应考虑选择最优的挖泥方式，派遣合适尺度和能力的挖泥船。如在航运繁忙的航道上疏浚，宜用自航耙吸式挖泥船，新开港池宜用绞吸式挖泥船，在卵石河床上用链斗式挖泥船等。一般都根据最大挖深，最小挖宽，土质类别，风浪情况，工程量及要求完工期等，对照各类挖泥船的特点和能力，选配挖泥船及其辅助船舶。

（李安中）

挖入式港池　excavated dock

从陆上开挖,使与天然水域相连的港池。它可以增加码头泊位,取得比较理想的掩护条件,并便于陆上布置提高营运效率。适用于岸线不足,而水文、地质等方面条件又允许陆上开挖的情况。欧洲的汉堡、伦敦等港,多采用这一方式。但开挖土方量较大,在含砂量较大地区易于回淤,在寒冷地区封冻时间较长。 （张二骏）

wai

外控点 outdoor control point

为航测内业加密或测图需要而在实地测定地面坐标的控制点。分为平高点（具有平面坐标和高程）、平面点（仅测定平面坐标）和高程点（只需测定高程）。一般是先在像片上规划好控制点的选点范围,通过实地选择和辨认,在像片上刺点,然后测定；或者在航空摄影前做好航测地面标志,并测定其坐标。外控点的布点有全野外布点和网段布点两种方案,后者是目前生产上使用的主要方法。 （冯桂炎）

外停泊区 anchorage water

供船队进出船闸后更换推（拖）船,重新编解队和停待过闸以及风暴期停泊的水域。多布置在船闸上下游引航道外,风浪小,水流缓,无泡漩的水域。其面积根据船舶（队）安全停泊和作业的需要确定,并分别设置靠船码头、趸船、锚泊船及港内拖轮,系船浮筒和标志等。 （吕洪根）

wan

弯道超高 superelevation

道路平曲线段内将车道外侧升高或车道内侧降低,使车道顶面构成向内侧单面倾斜横断面的工程设置。可使平曲线段上行车所受的横向力减小,有利于采用较小的平曲线半径和行车的横向稳定。超高横坡度的取值,与道路技术等级、地形条件、气候条件、地带类型及交通组成等因素有关。道路直线段双向横坡和曲线段单向横坡之间,以及复曲线中单向横坡度不同的变化处,需设有超高横坡度渐变缓和段,其长度取决于超高方式和超高渐变率,一般可与缓和曲线或加宽缓和段相同,超高渐变率则考虑行车条件和排水需要。一般公路的超高横坡度是先以路中心线为转轴将外侧车道渐变与路面拱度相同的单向横坡度,继而从路面内侧边缘线为转轴将全部路基顶面渐变成规定的单项横坡。设有中央隔离带的道路,则隔离带两侧道面参照上述方法分别设置成单向横坡度。 （李 方）

弯道加宽 widening of curve

在道路平曲线段内侧加宽路面或路基的工程设置。汽车沿道路平曲线段行驶时,后轮轨迹位于前轮轨迹内侧,占用的道路路面宽度较直线行驶时为大,路面宽度需相应的增加。一般是路面内侧边缘加宽,减小路肩宽度；当路肩宽度减小到规定的最小值以下时,路基内侧需相应的加宽。弯道加宽段与直线段之间需设置宽度逐渐变化的加宽缓和段,其长度可与缓和曲线或超高缓和段相同,最短应符合渐变率为1:15且不小于10m的要求。 （李 方）

弯道浅滩 shoal at river bend

河湾处因过度弯曲,水深不足而形成的浅滩。弯道环流使凹岸冲刷,凸岸淤积（见撇弯）。在曲率半径过小的弯道上,环流较强,促使凹岸冲刷,凸岸淤积,弯道进一步恶化,凸岸边滩延伸逼近航槽,航道随之愈曲愈窄,水深不足；在洪水期又由于水流的惯性作用,可能切滩撇弯,切滩形成新槽,但水深往往不足,撇弯使凹岸淤积,航道出现沙包或沙坎,水深较小,航行不便。整治原则有：保护凹岸,防止弯道恶化；筑坝导流,调整岸线,加大曲率半径；以及裁弯取直,开辟新航槽等。 （王昌杰）

皖赣铁路溶口隧道板体轨道 slab track in the tunnel of Wangan Railway

隧道沥青道床轨道板线路首条试验段。轨道板为C50普通钢筋混凝土板,板的长度4.12m,宽度2.4m,厚度19.5cm；板面设有八对承轨台,以便使用扣件与钢轨联结；为灌注乳化沥青水泥砂浆,板体内预留14个内径为50mm圆孔；板体两侧设置4个安装起吊螺母和4个定位螺母；板体两端中部做成矩形凹槽,以便与混凝土基础板上的方形墩柱啮合。每块板体的自重约5.2t,钢筋用量为431kg。试验段位于皖赣铁路溶口隧道内,1982年建成,全长25m,其中20m建在仰拱上,5m在无仰拱的Ⅲ类围岩地段上。隧道底部填充体上灌筑厚度为30cm的C20混凝土基础板,基础板上覆盖5cm厚的乳化沥青水泥砂浆缓冲调整层,垫层上为轨道板。施工时,轨道板在隧道洞外预制,然后用汽车运入洞内,汽车吊进行吊装。轨道板由4枚定位螺杆按设计位置定位在隧底基础板上,板体就位后,即通过板内预留孔灌注乳化沥青水泥砂浆垫层。当乳化沥青水泥砂浆凝固并达到一定强度后,才进行钢轨的铺设。轨道板与钢轨联结一体,组成叠合板梁的无碴轨道结构型式,不但能将列车载荷均匀传递给隧道基础,提高轨道整体强度,并使轨道具有很好的平顺性和稳定性,从而改善钢轨、扣件和轨下基础的工作条件,提高轨道的安全可靠性。 （陆银根）

wang

网坝 netting dam

将铁丝或塑料、尼龙绳编织的网屏挂在桩上建成的透水整治建筑物。在河床上打一排木桩或混凝土桩,桩头露出水面,把网屏挂在桩上的称为桩网坝。只将桩头露出河底,把网屏下缘挂在桩头上,网屏上端悬挂浮物漂浮在水中的称为浮网坝,浮网坝的倾斜程度随流速大小变化。有缓流促淤,调整过水断面内流速分布的作用,可用于促淤固滩,增加航道水深。流速减缓的程度决定于透水程度。透水系数(孔隙面积与总面积之比)愈小,坝前后的流速降低愈多。透水系数小于0.3时,其作用接近于实体整治建筑物。　　　　　　　　　(王昌杰)

往复潮流 alternating tidal current

主要在两个相反方向上作周期性往复运动的潮流。在近岸浅水海区、海峡、河口或狭窄的港湾内,受到地形的限制,潮流椭圆变得扁窄,接近于直线。流向与岸线接近平行,最大流速与最小流速相差很大。当流速由大变小,至小于0.1节(1节=0.5144m/s)时,称为憩流。憩流过后潮流转向相反方向。　　　　　　　　　　　　(张东生)

往复运行式索道

车厢由牵引索牵引,沿承载索往复运行的架空索道。分为单线式和双线式;单线式只有一条承载索和一个车厢,在两端站间往复运行;双线式有二条平行的承载索,两个车厢各沿一条承载索往返运行,当一个车厢在装载站时,另一车厢应恰好在卸载站。是一种间断式运输,运用于运距短,生产率要求不高的地段。　　　　　　　　　　(吴树和)

wei

微波通信 microwave communication

利用微波频段的无线电波传递信息的无线通信。微波一般是指频率为300MHz～300GHz(或波长为1m～1mm)范围内的无线电波,具有无线电波的一般特性,其特点是只能直线传播,绕射能力很弱,在传播过程中遇到不均匀介质时,将产生折射和反射现象。由于地球表面是个曲面,所以在地面上进行远距离微波通信需要采用"中继"(或称"接力")方式,称微波中继通信。利用大气对流层不均匀气团的散射作用,实现远距离两地通信,称微波散射通信。利用同步人造地球卫星作为微波通信的中间接力站,一上一下可跨越通信距离上万公里,称卫星通信。还有利用波导传输毫米波的波导通信,利用光导纤维传输微米波的激光通信等。微波通信是一种新兴通信技术,具有容量大、传输质量高的优点。因此,发展速度快,应用极广,用于国内、国际通信,不仅限于邮电业务通信,而且还应用于广播、电视以及国防、水电、石化、交通等工交系统。中国已形成一个独立的微波通信网。　　　　　(胡景惠)

微幅波 small amptitude wave

假设波动的振幅(或波高)相对于波长是微小的波浪。与其他波浪理论一样假设水体为不可压缩、无黏滞性的理想流体,此外还假设水体运动是无涡的,因而存在流速势函数$\varphi(x,y,z,t)$,故又称势波。其水流连续方程可写为拉普拉斯(Laplace)方程:

$$\nabla^2\varphi = \frac{\partial^2\varphi}{\partial x^2} + \frac{\partial^2\varphi}{\partial y^2} + \frac{\partial^2\varphi}{\partial z^2} = 0$$

在自由表面应满足柯西-泊松(Cauchy-Poisson)条件:

$$\frac{\partial\varphi}{\partial z} + \frac{1}{g}\frac{\partial^2\varphi}{\partial t^2} = 0\Big|_{z=0}$$

在水底固定边界应满足:

$$\frac{\partial\varphi}{\partial z} = 0\Big|_{z=-d}$$

以上三个基本方程是齐次和线性的,水体作简谐振动,故又称线性简谐波。沿x,z轴垂直面的二维波动的流速势函数φ为:

$$\varphi = -a\frac{\omega}{k}\frac{\mathrm{ch}k(z+d)}{\mathrm{sh}kd}\cos(\omega t \pm kx + \varepsilon)$$

负号为沿x轴正向传播的前进波,正号为沿x轴反向传播。沿x轴正向传播的波面方程η为:

$$\eta = a\sin(\omega t - kx + \varepsilon)$$

a为波浪振幅,$a=\frac{H}{2}$;ω为波圆频率,$\omega=\frac{2\pi}{T}$;k为波数,$k=\frac{2\pi}{L}$;H,L,T分别为波高、波长和波周期;ε为初始相位。波面剖面形状呈正弦曲线,故亦称正弦波。虽然微幅波理论的基本假定及导出的波形等与实际波浪不尽相符,但所得到的许多重要特性能揭示波动水体的基本特性。在研究波浪折射、波浪绕射和不规则波时都广泛采用。微幅波理论由艾利(Airy)提出,常称之为艾利波理论。　　(龚崇准)

微型环形交叉口 mini roundabout

中心岛直径小于4m的环形交叉口。可分为3路、4路和多路交叉的微型环形交叉口。中心岛不一定做成圆形,亦不必高于路面,可以用白漆涂成圆圈或用其他醒目的色彩做成亦可,主要是向司机表明车辆需绕行通过。一般为单岛式微型环交(图a),亦可设置导向岛(图b)。此外还有双岛式微型环交、引导错位微型环交和让路原则设计的微形环交等。其优点为占地少,可灵活应用,无须管理,缺点为不适应大车与拖挂车行驶以及机动车与非机动车混合行驶。

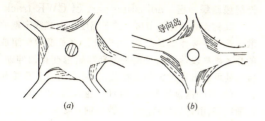

(a)　　　　　　　(b)

（徐吉谦）

帷墙 curtain wall

船闸上闸首或中闸首底板以下用以衔接引航道底和闸室底的闸首的分部结构。其高度等于闸首底板高程和闸室底部高程之差。在其内多布置输水系统的消能室和其他消能工等。

（吕洪根）

伪塑性流体 pseudo plastic

在很小的剪切应力下开始流动，其流动曲线的坡度随剪切应变速度 $\frac{du}{dy}$ 的增大而减小，直到高剪切应变速度时达到一个极限坡度的流体。常用幂律模型来描述此流体，设 τ 为切应力则：

$$\tau = k\left(\frac{du}{dy}\right)^n$$
$$n < 1.0$$

式中常数 k 表征流体稠度，k 值越大黏性越大；常数 n 为流动指数，是度量偏离牛顿流体的程度，当 $n=1$ 时为牛顿流体，n 值离 1 越远则非牛顿流体性质越明显。

（李维坚）

艉支架 after poppet

船舶下水前安装在船尾的下水支架。其作用是将船尾重量均匀地传到滑板上。由于船尾线型变化大，通常具有悬伸部分，所以艉支架较高。在下水时尾部首先下水，艉支架压力逐渐减小，直到消失。艉支架大多由木枋制成，近年来多使用钢质横梁代替。

（顾家龙）

wen

温度应力式无缝线路 temperature strained CWR track

用轨道结构全部承受焊接长钢轨因年轨温度变化幅度积聚的温度力来设计的无缝线路结构形式。按长钢轨中积聚温度力的不同，分为三种段落：即无缝线路固定区、无缝线路伸缩区和无缝线路缓冲区。钢轨采用不轻于 50kg/m 轨型，接头采用高强度螺栓或钢轨胶结绝缘接头。并采用防爬型弹性扣件。适用于年轨温变化幅度小于 90℃ 的地区，以及长隧道或地下铁道上。铺设时应严格遵守铺轨锁定轨温的规定。目前中国铺设此类线路的长度约 12 000km。

（陆银根）

稳定平衡岸线 stable and equilibrium shoreline

波浪、潮流等动力因素作用下位置和平面形态保持稳定不变的海岸线。从泥沙冲淤角度分析，它应满足如下条件：$\partial Q_l / \partial l = 0$。式中 Q_l 为海岸沿岸输沙率，l 为海岸线长度。换言之，稳定平衡岸线的沿岸输沙率应进出平衡或为零。但在天然情况下，由于水文气象等因素经常发生变化，所谓稳定平衡岸线只具有相对意义。可用 $\partial^n Q_l / \partial l^n = 0$ 检验海岸线的发育程度。当 $n=1$ 时，岸线已达稳定平衡状态。$n=2$ 时，岸线形态已达平衡但位置尚未稳定，此时岸线将保持原来的平面形态而以一定幅度平行进退。n 值愈大，岸线发育愈不成熟，距稳定平衡状态愈远。

（顾家龙）

WO

沃氏法环交通行能力 roundabout capacity calculated by wardrop method

按沃尔卓卜（wardrop）公式计算的环形交叉口通行能力。该式于 1962 年正式发表，由于此式反映了当时的环形交叉口运行状况，很快为工程界所接受，并得到广泛应用。该式以交织理论为计算前提，被公认为交织理论之代表作，具体形式为：

$$Q_m = \frac{KW(1 + e/W)(1 - p/3)}{1 + W/L}$$

式中 Q_m 为交织段通行能力（小汽车单位，辆/h）；W 为交织段宽度；p 为交织车辆所占的百分比；e 为平均进口宽度；L 为交织段长度；K 为系数，英制取 108，米制取 345。在环交设计时，采用沃氏公式计算通行能力的 80% 作为环交设计能行能力。

（王炜）

卧倒闸门 tilting (flap, tumble) gate

绕水平轴转动的单扇平面闸门。关闭时，略向上游倾斜，开启时借助自重卧倒于闸首底板的门龛内。闸门的支承转轴布置在闸门底部的两侧，底座固定在闸首底板上。这种闸门结构简单；刚度较大；止水性能较好。但其支承转轴构造较复杂；且经常位于水下，检修和养护困难，门龛易淤塞，影响闸门的启闭，启闭力大，启闭时间较长，虽可设浮箱和平衡重以降低，但作用有限。适用于承受单向水头的门宽大于门高的船闸。

（詹世富）

WU

圬工 masonry

用砖、石、混凝土等抗压性能较好的材料做成的各种工程结构物的统称。有砖工、石工和混凝土工，其应用视情况而定。砖工大部应用于房屋建筑；石工适用于富有耐久性和艺术性的建筑工程，如纪念塔、拱桥和挡土墙等；混凝土工用于建筑基础和地下工程等。为增加强度和用料经济，可作钢筋混凝土。

(池淑兰)

无碴轨道 ballastless track

取消了散粒道碴道床的新型轨道结构的总称。由于碎石道床铺设初期的下沉量比较大，使得轨道处于不稳定状态的阶段比较长，且道碴易被脏污、积水而丧失承载能力。因此，中国铁路自1958年开始研制混凝土整体道床和沥青道床等结构型式的新型轨道。已在约占全国隧道总延长14.5%的150座隧道内修建整道道床300km，地下铁道整体道床约140km，并在客运站、货场专用线、港口码头铁路线上得到应用。沥青道床目前已使用于大型旅客站接车线及京广铁路大瑶山等铁路长大隧道中。

(陆银根)

无潮点 amphidromic point

旋转潮波的中心点，该点附近没有潮位升降。海湾中的驻潮波受地转偏向力的影响。在北半球作逆时针方向旋转，其振节线的轴心处潮位升降为零。

(张东生)

无缝线路 jointless track

又称焊接长钢轨道。采用具有相当长度的焊接长钢轨铺设的轨道。能最大限度地消除钢轨接头，延长机车车辆及轨道设备使用寿命，减少维修工作量，降低维修成本。具有行车平稳，旅客舒适等优点，是铁路轨道结构现代化的一项重要技术措施。通常把未钻接头螺栓孔的标准长度钢轨，在焊轨基地用接触焊法或气压焊法，焊接成125~500m长度的轨条，用装载长轨的专用列车运至铺轨地点，再用铝热焊或移动式气压焊将长轨条焊接成所需的设计长度，然后把它换铺到轨道上。按长轨条因轨温变化所采用的温度力处理方式，分为：温度应力式、定期放散温度应力式和自由放散温度应力式三种。按设置缓冲区的多寡，又分为普通无缝线路、区间无缝线路和跨区间无缝线路等。截至2000年底，中国铁路正线已铺设29 464km无缝线路，其中绝大部分为温度应力式普通无缝线路。

(陆银根)

无缝线路固定区 temperature motionless part of CWR track

温度应力式或定期放散式无缝线路长轨条中部，积聚最大温度力、钢轨无纵向位移、轨枕对钢轨不施加纵向阻力的段落。由于是高温季节胀轨跑道的多发区，因此，当实际轨温高出锁定轨温10~20℃时，应对扒碴、起道、拨道等严重削弱道床横向阻力的维修作业方式加以限制；高出20℃时就应禁止一切作业。

(陆银根)

无缝线路缓冲区 adjusting part of CWR track

又称无缝线路调节区。位于温度应力式或定期放散式无缝线路伸缩区之间，由少量标准长度钢轨组成的普通线路段落。因长轨条端部随轨温变化而伸缩，接头处可能出现过大的位移量，若两根长轨条直接相连，所组成的钢轨接头难以胜任。通常，其间加设一段普通线路，由普通线路段上的数个钢轨接头共同吸收。在道岔设备或自动闭塞线路钢轨绝缘接头等处。为消除无缝线路伸缩区对其的不良影响，也需设置调节区。由于其上存在钢轨接头，形成轨道不平顺的集中点，因此，是焊接长钢轨线路的薄弱环节，在维修养护工作中应把它和伸缩区同样重视。

(陆银根)

无缝线路临界温度力 critical temperature force within CWR track

导致无缝线路丧失稳定性的钢轨温度压力的极限值。当无缝线路长轨条的温度力接近临界值时，轨道方向将严重恶化，无法确保行车安全。因此，不能将此极限值作为设计无缝线路的依据。通常将与某一允许的线路横向位移(约1~2mm)相对应的钢轨温度压力作为计算临界温度力来设计无缝线路。

(陆银根)

无缝线路伸缩区 temperature mobile part of CWR track

又称无缝线路呼吸区。温度应力式或定期放散式无缝线路长轨条端部，温度力值处于长轨条端部的钢轨接头阻力和固定区的最大温度力值之间，轨枕随轨温变化而对钢轨施加纵向阻力，轨道结构阻力与温度力保持平衡的段落。在与固定区的结合部位上，时有温度力高峰区出现，导致胀轨跑道。因此，应随时注意保持其钢轨扣件、轨枕以及道床的良好工作状态。

(陆银根)

无缝线路锁定轨温 laying temperature of CWR track

又称无缝线路零应力轨温。铺设温度应力式或定期放散式无缝线路时，长轨条内温度应力等于零，适于拧紧钢轨接头螺栓、钢轨扣件，楔紧防爬设备，进行钢轨锁定时的钢轨温度。一般取值略高于当地中间轨温(又称当地中性轨温，铺轨地区最高轨温、最低轨温之平均值)作为设计锁定轨温。在此轨温下锁定后，轨温上升到地区最高轨温时，长钢轨内积聚的温度压力不会超过计算临界温度力；又当轨温下降到地区最低轨温时，接头轨缝尚小于构造轨缝，轨道具有足够的强度和稳定性。将设计锁定轨温上下放宽5℃作为无缝线路铺轨锁定轨温。

(陆银根)

无缝线路温度力 temperature force within CWR track

无缝线路长轨条因轨温变化的热胀冷缩受阻而

产生的内力。其值 N 可按下式计算：
$$N = \sigma_t F \Delta t$$
其中 σ_t 为轨温变化1℃时钢轨内部单位面积上产生的温度应力；F 为钢轨断面积；Δt 为轨温变化幅度。温度力沿长轨条的纵向分布规律，不仅与钢轨类型、轨温变化幅度等因素有关外，而且还和钢轨的外部阻力、轨温变化的过程有关。　　　　　（陆银根）

无害坡度　unharmful gradint

列车在下坡道上惰行，不需制动的坡度。列车在该坡道上，借助重力向下滑行，达不到限制速度，无须制动；因此，既不损失动能，也不会增加闸瓦、轮缘和钢轨的磨损，对运营有利。　（周宪忠）

无极绳牵引　endless rope traction

在用卷扬机曳引承船车的小型斜面升船机中，钢丝绳绕过卷筒和水下及岸上的导向滑轮，并分别与承船车的两端联结而构成一个闭合环路，进行牵引的方式。这种方式不需过坝辅助设备，操作简单，但增加水下滑轮，检修不便。　　　　（孙忠祖）

无梁面板高桩码头　wharf of precast reinforced concrete slab without beam

桩台由面板、桩帽和靠船构件装配而成的一种高桩码头。面板直接支持在桩帽上，为双向受力的实心板或空心板。这种码头型式结构简单，构件少，施工速度快，施工水位高，但面板对集中荷载的适应性差。它适用于以均布荷载为主，水位差又较小的中小码头。

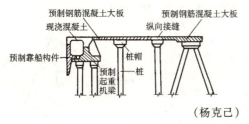

（杨克己）

无线电导航　radio navigation

利用无线电进行远距离导航的助航设施。由设置于岸上的无线电发射台发出特定的电波信号，向船舶提供航向、方位引导船舶沿预定航线航行。船上的无线电测向仪，测定两个岸台发射的电波，在海图上绘出其交点以判定船位。另一种为定向无线电波，两个岸台发射的两个电波的方向角在航道轴线方向及其可航范围内有一定重叠，船舶由通信接收机收听到两信号合为一连续声响时，表明船舶航线正确。如只能听到一种信号，则表明船舶偏离航道。国际上无线电定位可分为三类：远距离导航系统，如奥米加（Qmega）、劳兰（Loran）和台卡（Decca）导航仪，适于大范围定位，精度较低；双曲线系统如哈菲克斯（Hifix）、托兰（Toran）等，通过无线电信号的相位差，绘成双曲线或同心圆网格图确定船位，绝对精度为 10～50m 左右；主动测距系统，如三应答器（Frisponder）和哈德罗迪斯特（Hydrodist），用高频波，同心圆网格图标定船位，作用距离只几十海里，精度 1～3m。无线电导航，不受天气影响，雾天、夜晚等均可使用。　　　　　　　　（李安中）

无线电导航设备　radio navigation aids

机场指挥系统中引导飞机航行的无线电设备。航空导航分航路导航和着陆导航。位于地面上的为外部设备，装置在飞机驾驶舱内的为内部设备。外部设备有中、长波导航台，甚高频全向信标台，测距仪和航路监视雷达，着陆雷达，仪表着陆系统和微波着陆系统等。内部设备有机载甚高频全向信标接收机和测距接收设备、多普勒（Doppler）导航（雷达型）系统、惯性导航系统等。　　　　　　（钱绍武）

无线电系统　radio system

利用无线电监视设施向驾驶员提供交通情报的系统。可分为路边无线电和商业性无线电两种。前者利用路边设备，驾驶员通过车内专用接收机接收交通情报；后者通过专用商业性电台，可利用车内收音机收听交通情报。　　　　　　　　（李旭宏）

无线列车调度电话　frain dispatching radio-phone

供列车调度员、车站（场）值班员、机车调度员、机务段值班员和机车司机之间业务联系的专用无线通信设备。由设在机车驾驶室和列车守车内的移动无线机车电台、车长电台，设在车站值班员室的中转无线电台及有线无线转接装置，车站和调度所间的有线调度电话等设备组成。通话方式有两种：一种是司机和车站值班员间用无线电台直接通话；司机和列车调度员间的通话，通过车站中转无线电台，利用有线无线转接装置，自动接通有线调度电话完成。另一种是列车调度员、车站值班员和司机之间直接利用无线电台进行通话。前一种方式适用范围广，而后一种方式则只适用于距离调度所较近范围和平原地区。对加强列车运行组织和指挥，加速机车、车辆周转，保证行车安全，有重大作用。　（胡景惠）

吴淞铁路　Wusong Railway

中国最早兴建的铁路。1872 年美商"吴淞道路公司"谎称要修建一条寻常马路而骗得清朝上海道台批准。1874 年转让给英商怡和洋行经办。1876 年 7 月自上海至江湾段的铁路通车，8 月火车轧死一人，市民群起反对，英商被迫停止行车。1876 年 10 月中英协议由清朝政府出 28.5 万两白银赎回此路。1876 年 12 月 1 日此路全线通车，全长 14.5km，采用 762mm 轨距，铺 13kg/m 钢轨。1877 年 8 月 25 日赎路款项付清，铁路拆除。拆下的钢轨和器材运到了台湾打狗港（今高雄港），准备修建台北至新竹铁路之用。本路于1897年重建,改为1 435mm轨距,以后几经拆改,目前部分路段为上海枢纽所利用。 （郝 瀛）

武汉港 Port of Wuhan

长江中游最大的内河港口和重要的水陆交通运输枢纽。经济腹地广阔,水陆交通便利。武汉港始建于东汉末年,三国时武昌的南市为船舶汇集的港口。宋代以后港埠移至汉阳,明代以后汉口港埠兴起。1858年根据《天津条约》,开辟武汉为对外通商口岸。至1949年港口作业区主要集中在汉口和汉江两岸,多为小型浮码头和缆车码头,通过对老码头的技术改造和大规模的扩建、新建,迄1985年共有生产泊位38个,码头岸线长2 489m,水深一般6m左右,最大靠泊船舶3 000t级,港口吞吐量达1 481万t。进出口主要货物为煤炭、钢铁、矿石、粮食和件杂货。年发客量600余万人次。码头作业区主要有汉阳、汉口和江岸三大作业区。另有客运码头区。码头结构型式多采用浮码头、缆车码头、高桩码头等。为适应洪枯水位差较大(达15m)的特点,一般设置多层系缆设备或采用浮式系缆设备。为满足5 000t级集装箱船靠泊作业的需要,建有囤船平面尺度为110m×20m,钢引桥长95m的浮码头。还建有供装卸外贸物资用的5 000t级高桩码头。

1985年后武汉港经过扩建,至1999年底共有装卸生产泊位64个,码头线长7 574m,前沿水深6m左右,可靠泊3 000t级船舶。个别泊位可靠5 000t级船舶。2000年全港完成货物吞吐量1 737.8万t,完成集装箱吞吐量3.01万TEU,进出港旅客95.4万人次。 （王庆辉）

坞口 dock entrance

船坞的口门。由门墩、门槽、门坎等组成,是坞外水域和坞室的连接部分,支持坞门的水工建筑物。其构造根据地质条件及所选用的坞门型式而定。现代大型船坞,多将排水泵站、灌水阀房设在坞口侧墙内,灌水廊道设在门坎内。 （顾家龙）

坞门 dock gate

用以封闭船坞坞口,将室内与坞外水域隔开的闸门。它在关闭时承受坞外的水压力,要求水密性好,启闭方便,有浮坞门、卧倒门、横拉门等几种型式,前两种最为常用。一般为钢结构,小型的也采用钢木混合结构或钢筋混凝土等其他结构。 （顾家龙）

坞式闸室 dock-type lock chamber

见整体式闸室(356页)。

坞室 dock chamber

由坞门、坞墙和坞底板组成的容船空间。是船舶修造的场地,是船坞的主体结构。其大小根据所修造的设计标准船型的尺度而定。在使用上要求坞室具有足够的面积、深度和承载能力,平面上呈梯形或矩形,顶面高程一般与船厂地坪齐平。其中设有灌水及排水系统,坐船龙骨墩、防冲装置及人行梯道等,坞墙采用直立或近于垂直的。结构型式有整体式和分离式两种。坞墙和底板连成一整体的称为整体式坞室;坞墙和底板不连成整体的称为分离式坞室。 （顾家龙）

物料输送管道 freight pipeline, solid pipeline

又称固体输送管道。用于输送固体物料的管道运输。目前已作为商业输送的物料有煤、砾石、铁矿石、精铜矿、沥青、硫磺、石灰、固体废料、苜蓿、棉籽、小麦、工业产品等等。运载介质可用液体(如水)或者气体(如空气)等流体。根据输送方式又可分为浆体输送管道,气力输送管道及容器输送管道三大类型。 （李维坚）

误差三角形 error triangle

用简化方法求最佳分向点时,当分别由三个不同边所得的三个分向点位置不能重合而组合的误差范围。简化方法可分别采用支线连接法、力多边形法、角平分线法或边线平分法等。误差范围内(图中△abc)任意点均可视为分向点,据以按星形组合法进行路网规划的布局方案设计。 （周宪华）

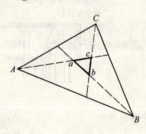

X

xi

西北干旱区 dry zone in northwest

全年平均温度低于10℃,平均最大冻深大于40cm,潮湿系数小于0.5,1 000m等高线以西地区。即Ⅵ区,由于气候干、旱,土基强度高。砂石材料多,中级路面搓板、松散和扬尘为主要病害。该区划分为4个二级区和3个二级副区:(1)内蒙草原中干区

($Ⅵ_1$),潮湿系数 0.25~0.50,年降水量 150~400mm,多年平均最大冻深 140~240cm,最高月平均地温低于30℃;(2)河套副区($Ⅵ_{1a}$),潮湿系数小于 0.25,年降水量 150~200mm,多年平均最大冻深 100~140cm,最高月平均地温低于 30℃;(3)绿洲-荒漠区($Ⅵ_2$),潮湿系数小于 0.25,年降水量小于150mm,多年平均最大冻深小于100cm,最高月平均地温 30~40℃;(4)阿尔泰山地冻土区($Ⅵ_3$),潮湿系数 0.25~0.50,年降水量 200~400mm,多年平均最大冻深大于150cm,最高月平均地温小于30℃;(5)天山-界山山地区($Ⅵ_4$),潮湿系数 0.25~1.00,年降水量 200~600mm,多年平均最大冻深 100~150cm,最高月平均地温小于 30℃;(6)塔城副区($Ⅵ_{4a}$),潮湿系数 0.25~0.50,年降水量小于 200mm,多年平均最大冻深小于100cm,最高月平均地温低于 30℃;(7)伊犁河谷副区($Ⅵ_{1a}$),潮湿系数 0.5~0.75,年降水量 200~400mm,多年平均最大冻深 50~100cm,最高月平均地温大于 30℃。 (王金炎)

西南潮暖区 moist and warm zone in southwest

一月平均温度大于 0℃,全年平均温度 14~22℃,平均最大冻深小于 20cm,潮湿系数 1.00~2.00,1 000m 等高线以西地区。即Ⅴ区,为东南湿热区向青藏高寒区的过渡区。一些地区因同时受东南和西南季风影响,雨期较长。加之地势较高,蒸发较少,渗透较大,故路基较湿,该区为我国岩溶集中分布地区。北部和西部新构造强烈,不仅地形高差大,地震亦多。该区划分成五个二级区和三个二级副区:(1)秦巴山地润湿区($Ⅴ_1$),潮湿系数 1.00~1.50,最高月 2.0~3.0,最高月平均地温 25~32.5℃,地表切割深度大部为 500~1 000m;(2)四川盆地中湿区($Ⅴ_2$)潮湿系数 1.25~1.75,最高月 2.0~3.0,最高月平均地温 30~32.5℃;(3)雅安、东山过湿副区($Ⅴ_{2a}$),潮湿系数 1.75~2.75,最高月 3.0~4.5,最高月平均地温低于 30℃;(4)三西、贵州山地过湿区($Ⅴ_3$),潮湿系数 1.50~2.00,最高月 2.5~4.0,最高月平均地温 20.0~32.5℃;(5)滇南、桂西润湿副区($Ⅴ_{3a}$),潮湿系数 1.0~1.50,最高月 1.5~3.0,最高月平均地温 25~30℃,为湿热喀斯特山地;(6)川、滇、黔高原干湿交替区($Ⅴ_4$),潮湿系数 0.5~1.0,最高月 1.5~2.5,最高月平均地温 25~30℃;(7)滇西横断山地区($Ⅴ_5$),潮湿系数 1.0~2.0,最高月 2.0~5.0,最高月平均地温 20~30℃,地表切割深度大部分大于 1 000m;(8)大理副区($Ⅴ_{5a}$),潮湿系数 1.0~1.5,最高月 2.0~4.0,最高月平均地温 20~30℃。 (王金炎)

吸扬式挖泥船 suction dredger

又称直吸式挖泥船。利用泥泵产生的真空,将水底泥沙连同水形成泥浆吸起的挖泥船。根据所装置的搅泥设备,有绞吸式、冲吸式、斗轮和吸盘等类型。耙吸式挖泥船,也属吸扬式挖泥船范畴。它们的结构和特性等可分别参见绞吸式挖泥船(185页)、耙吸式挖泥船(241页)。 (李安中)

希思罗机场 Heathrow London

位于英国伦敦市西 24km,与市中心有高速公路和地铁两种交通,均很方便,因而对这个机场的需求很高。1987 年飞机活动 33 万次,吞吐旅客 3474.3 万人,货、邮 57.41 万 t 及 7.01 万 t。跑道共三条,主要的是相距 1 500m 的 09L/27R 和 09R/27L 这两条平行跑道。它们的长度分别为 3 902 和 3 658m,每端都装有三类精密进近仪表着陆设备。05/23 只有 2 357m 长,仅 23 端装有一类精密进近仪表着陆设备。航站区共有四栋旅客航站,都是指廊式,层半的、二层的、三层的不等。年吞吐能力为 3 800 万人。由于需求不断增长,已接近已有设备极限,正在规划年吞吐能力为 1 500 万人的第五栋旅客航站。货运区在机场西南部,占地 64 万 m^2;维修区建有九座机库,占地 120 万 m^2,都是比较局促的。为了分流飞往这个机场的航班,英国民航当局建设了盖特威克机场,并鼓励航空公司使用,但仍未能使对希思罗机场的需求增率有很大降低。 (蔡东山)

稀相气力输送 dilute phase pneumatic

靠高速空气的动能,使物料在管道中均匀分布呈悬浮状态,且空隙率很大的气力输送方式。气流速度约 10~40m/s 之间,物料与空气重量或质量输送比一般为 1~5 之间,输送粒料时最大到 15 左右。 (李维坚)

溪沟治理 rivulet regulation

山区河流中为防止溪沟出口冲积扇发展增大形成溪口滩影响航行而采取的工程措施。溪沟系干流的较小支流,长度较短,汇水面积较小,纵坡较陡。一旦暴雨产生山洪,急流挟带大量泥石冲出沟口,侵入干流形成冲积扇,侵占干流河床,减小泄水断面,使航道中礁石密布,水流湍急,严重碍航。治理的措施有:①在溪沟上游及中游逐级修蓄泥池、拱石坝及谷坊等,拦蓄泥石及山洪挟带的块石不使下泄;②改变沟口处溪沟与干流的交汇角,或修建导流坝,让干流将冲出溪沟的泥石带走;③水土保持,用植树、植草或造梯田等方法防止水土流失和泥石流产生等。各种措施可根据当地的水文、地质、地形以及施工条件等选定。 (王昌杰)

溪口滩 brook-outlet rapids

因溪沟冲出大量泥石而形成的滩险。溪沟山洪暴发,冲出大量泥石堆积于溪沟口,形如扇形(见图),故名"冲积扇",又叫"溪口碛坝"。有的溪口滩,因溪口冲积扇侵占干流河床,严重束窄干流泄水断面,致使水急坡陡,成为急滩;也有个别溪口,冲出的大量泥石进入航道,使航道又急又险又浅,碍航更为严重。将冲积扇截除一部分,可改善航行条件,但遇山洪再来时,将重复堆积。较好的方法是进行溪沟治理,如在溪沟内逐级修建谷坊等拦石建筑物,将粗大乱石拦截于沟内;在溪沟口修建导流坝;水土保持并清除碍航乱石等。 (王昌杰)

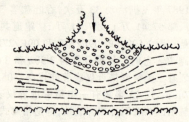

系船浮筒 mooring buoy

设在水上的浮式系船设备。主要设置在锚地供船舶锚系使用。有的修船滑道末端也设置浮筒,供船舶上滑道定位之用。系船浮筒是一个密封的钢质浮体,下端用锚链固定在水底的沉块(沉锤)锚碇上。 (杨克已)

系船钩 mooring riag

又称龛式系船钩。在船闸靠船建筑物和闸室墙墙龛内的钩状系船设备。供过闸船舶在闸室灌、泄水过程中适应水位变化而系缆用,一般沿闸墙高度等间距布置。 (吕洪根)

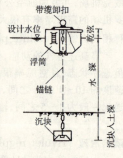

系船环 mooring ring

设在码头顶面或胸墙立面、船闸闸室墙上的凹槽内,用于锚系小型船舶的套环。常用的有带挂钩和不带挂钩的圆环和卡环等型式。它的位置依水位和使用要求而定。当水位差(或潮差)不大时,安装在码头面上两个系船柱中间;当水位差较大时,安装于码头立面,位于码头顶面下 1.2~2.0m,间距10~20m;当水位差很大时,一般分上下两层交错布置。船闸的布置方法与码头立面上的基本相同。 (杨克已)

系船设备 mooring arrangement

设置在引航道靠船建筑物和船闸闸墙上以系结过闸船舶船缆的设备。其类型有:固定系船柱,系船环,系船钩和系船链等。 (吕洪根)

系船柱 mooring post

码头上供船舶拴系缆绳用的短柱体装置。按用途分可分为普通系船柱、风暴系船柱和试车系船柱。普通系船柱,一般设在码头前沿,柱中心位置距码头前沿线约 0.5~0.8m,过近易被靠离船舶时撞坏,过远有碍装卸机械作业。对舾装和修船码头,由于前缘有接电箱,电焊机等设施,要求距前缘线稍远一些,一般为 0.8~1.0m。风暴系船柱,一般设在码头后方,供风暴时船舶系缆用。系船柱的构造,要求简单、牢固、使用方便。其柱头型式,常用的有单面挡檐、大小挡檐及全挡檐等几种。单面挡檐柱头,带缆、绕缆比较方便,不易脱缆,应用广泛。当两船首、尾缆共用一个系船柱时,单面挡檐柱头有时会发生掀缆现象,可选用大小挡檐柱。全挡檐柱头,可以从各个方向系带缆绳,常用于两船位的交角处,但解缆不方便。

(a) 单面挡檐柱头

(b) 大小挡檐柱头

(c) 全挡檐柱头

(杨克已)

系网环 rings for safety net

埋设在一般货运码头前沿的套环。构造与系船环基本相似。供船舶装卸作业时拴系安全网之用。系网环与码头前沿的距离一般约 0.6~1.0m。当前沿有护轮坎时,也可安设在护轮坎内侧的立面上。系网环沿码头线的纵向间距一般约 2.0~3.0m。如个别系网环兼作系船环使用,则其构件尺寸应适当加大。 (杨克已)

xia

峡口滩 gorge mouth shoals

出现在山区河流峡口上下游的浅滩。峡谷河段一般较窄,洪水期泄流不畅,峡口上游水面壅高,流速减缓,大量泥沙在此落淤。水流出峡口后,过水断面变宽,流速降低,泥沙也随之沉积。峡口上下游的淤积物在洪水退落期往往不能全部冲走,于是在枯水期形成浅滩,阻碍航行。整治方法往往是筑坝束窄河床,以加强水流在洪水下降期的冲刷力,将落淤泥沙带走,增加水深。峡口下游浅滩淤积物较为粗大,若单纯筑坝冲淤,流速势必很大,影响船舶上行。筑坝时还应辅以疏浚,方能取得较好效果。 (王昌杰)

下方 bed measure

根据疏浚前后实测河床地形图计算得出的土方数量(m³)。是控制疏浚工程量,计算投资费用的主要依据。为此要求测图比尺大,精度高,并同时测绘挖槽断面图,以检验计算精度。 (李安中)

下滑信标台 glide slope station

仪表着陆系统中引导飞机着陆下滑坡线的设备。

设在跑道方向接地点的一侧,距跑道边缘约100m,距跑道端约300m,它向着陆方向发射信号,引导飞机准确地沿着规定的下滑坡线着陆。　　　　(钱绍武)

下挑丁坝　downward spur dike

见上挑丁坝(276页)。

下闸首　lower lock head

位于船闸闸室下游端,用以分隔闸室与下游引航道的船闸闸首。闸槛顶部高程同闸室底高程。一般为钢筋混凝土整体式结构。　　　　(吕洪根)

xian

险滩　hazardous rapids

山区河流中因河床边界或河槽内障碍物影响,存在强烈的横流、滑梁水、泡水、漩水等碍航流态,致使航行十分危险的滩险。按形成原因分,有窄槽险滩、急弯险滩、礁石险滩、石梁险滩等,大多数是险、浅或险、急并存。整治方法有炸礁以拓宽航槽、调整河槽形态,或修建顺坝规顺水流等。在条件许可时可另辟新槽。但炸礁或开新槽后,上游河段可能因水面降低而出现新的滩险,应慎重进行勘测设计。
(王昌杰)

县乡道公路　county road and township road

具有全县性政治、经济意义,并经确定为县级的公路。乡道公路是为乡、村农民生产、生活服务的公路。　　　　(王金炎)

现有交通量　existing traffic volume

调查年度所观测到的实际交通量。是对调查区域里当前实际交通总量的描述。可分为全日、高峰小时、昼夜12h、1h交通量等。也可分路段交通量、交叉口交通量。一般以每小时(分钟、日)车次、人次为单位。　　　　(文旭光)

限界加宽　enlargement of clearance gauge

曲线地段,建筑限界横向需要增加的轮廓尺寸。机车车辆通过曲线地段时,车体中部向线路中心线内侧凸出,两端向曲线外侧凸出,且曲线上外轨设置超高,车体上部向曲线内侧倾斜,故曲线地段,直线建筑限界、隧道建筑限界和桥梁建筑限界都应加宽。在曲线内侧应加宽 W_1

$$W_1 = \frac{40500}{R} + \frac{H}{1500} h (\text{mm})$$

曲线外侧应加宽 W_2

$$W_2 = \frac{44000}{R} (\text{mm})$$

R 为曲线半径(m); H 为计算点自轨面算起的高度(mm); h 为外轨超高(mm)。　　　　(吴树和)

限界架　clearance limit frame

检查车辆装载货物后的断面是否超出机车车辆限界的设备。其内部轮廓尺寸同机车车辆限界。当装载货物的列车需要检查是否超过限界时,可以经过限界架来进行衡量。　　　　(吴树和)

限界门　clearance limit door

在电气化铁路线的道口处设置的限制道路车辆高度的门式设施。道路上的车辆及货物装载高度均不得超过该限界高度,以避免电化铁路线上的接触导线危及车辆安全。　　　　(吴树和)

限制坡度　limiting gradinet

单机牵引普通货物列车,在持续上坡道上,最后以机车计算速度做等速运行的坡度。当无加力牵引和动力坡度时,是线路上最陡的坡度;是铁路主要技术标准之一,货物列车的牵引质量按它来计算。其值对线路的走向、长度、车站分布和工程造价,以及铁路的输送能力、运营指标都有很大影响,铁路一旦建成就不易改动。因此,设计时应根据铁路等级和远期输送能力的要求,结合地形条件、机车类型、邻线的限制坡度和牵引定数等情况,在初步设计阶段经比选确定。
(周宪忠)

限制容量分配模型　limiting capacity assignment model

分配在路段上的交通量不能超过路段交通容量交通量分配模型。该模型按照现状道路的车速、交通量与通行能力的互相关系来进行交通量分配,力求达到行程时间尽可能小的目标。
(文旭光)

限制速度　limited speed

列车在线路上运行时的最高允许速度。受下列条件限制:(1)列车在曲线上的运行速度不能过高,以免未被平衡的离心加速度过大,引起旅客不适和货物位移,半径愈小,限速愈低;(2)因紧急制动时,列车的制动距离不能超过规定值,所以要限制下坡道上的速度,下坡坡度愈陡,限速愈低;(3)列车通过车站道岔区时,产生的冲击振动和摇晃不能过大,道岔号数愈小,限速愈低;(4)机车车辆的构造速度;(5)线路条件所允许的最高速度。
(吴树和)

限制性航道　constrained waterway

过水断面狭窄,对船舶(队)航行如航速等有明显限制作用的人工航道。人工开挖的航道如运河、通航的灌溉、排水、供水等输水渠道均属此类。其特点是:断面尺寸小,断面形状比较规则,河床平坦,水流平稳,水位变幅小。其断面尺寸一般均按满足船舶航行所必需的最小尺度确定。船舶航行阻力较在天然河流中增加很多,船舶在其中行驶,航速受到限制。
(蔡志长)

线距计算 count of distance between lines

又称第二线平面计算。在增建第二线时，对第二线与既有线间距离发生变化的地段，计算两线线间距离的设计工作。它是依据既有线中心线确定第二线位置的依据，也是横断面设计的出发数据；在两线线距需要加宽和第二线换边路段，都需要进行线距计算。其计算方法，过去多采用角图法，目前多用三角分析法；近两年来，计算线距的坐标法，也逐步得到推广。　　　　　　　　　　　（周宪忠）

线路标志 track sign

用来表明铁路建筑物、设备的状态或位置以及表示线路各级管理机构管界等的标记。包括公里标、半公里标、曲线标、曲线始终点标、桥号标、坡度标、管界标、道口警标、线路标桩等。单线铁路上，线路标志要设在里程增加方向线路的左侧；双线区段须另设线路标志时，应设在列车运行方向线路的左侧；距钢轨头部外侧不小于 2m 处，一般应尽量设在路肩上，以免干扰养路机械的作业。其材料、式样、尺寸、字体大小、颜色、制造允许公差等，铁道部颁布的标准图均有规定。
　　　　　　　　　　　　　　　　　（吴树和）

线路标桩 lineside signal

为了建立正确的线路中心线位置而设立的永久性标志。Ⅰ、Ⅱ级铁路在曲线起点、终点和曲线中点设置，长直线上每 1 000m 设置一个；Ⅲ级铁路直线部分不设，行车量小的曲线上也不设置；站内正线亦应设置。双线铁路设在两股道中间；单线铁路设在里程增加方向线路左侧道床坡脚处，但曲线部分一律设在曲线外侧。　　　　　　　　（吴树和）

线路大修 capital repair of track

定期补强或更新线路设备，使之恢复到原定质量标准或更新到新的质量标准的线路作业。当钢轨磨耗全面超限或断轨率过高，行车安全得不到切实保障，或因线路运营条件改变，需要提高轨道类型时，应成段进行线路的改建或大修。工作内容包括改善线路平纵断面、全面换铺新钢轨或再用轨，更换失效轨枕并补足根数，清筛道碴并补足数量，全起全捣改善道床断面、整修路基、整治基面病害、更新联结零件、补充加强设备以及整修道口等。除综合性大修外，对一些工作量大的设备，可根据具体情况进行单项大修，如成段换轨或换铺无缝线路，成段更换混凝土轨枕或宽枕，成组更换道岔，成段整修路基以及增设或改善道口设备等。大修周期按钢轨使用寿命估算。大修设计和施工分别由铁路局设计院和大修队承担。　　　　　　　　　　（陆银根）

线路防爬设备 track ancher apparatus

用以提高轨道纵向阻力，防止线路爬行的附属设备，由防爬器和防爬撑组成。线路爬行是破坏线路的最基本原因之一，因此，除使用防爬设备外，还应采用防爬型钢轨扣件以及切实有效的道床夯拍措施。　　　　　　　　　　　　　（陆银根）

线路紧急补修 urgent work of track

为确保行车安全，及时消除个别地点严重危及行车安全因素而进行的紧急性线路经常维修作业。如更换重伤钢轨或裂损鱼尾板，消除超限的轨距、水平和三角坑，整治急速发展的翻浆冒泥或线路陷坑以及清除侵入限界的材料、机具等等。
　　　　　　　　　　　　　　　　　（陆银根）

线路经常维修 maintenance of track

对线路设备进行经常性的检测、维护，及时发现并消除一切不良现象，保持线路承载能力，延长线路使用寿命的线路作业。根据预防线路病害为主、预防和整治相结合的原则，将工作内容分为：(1)计划维修或综合维修，即对正线及专用线有计划地进行起道、全面捣固、改道、拨道等普遍整修线路以延长设备使用寿命；做好春融、防洪、酷暑、秋冻、严寒和风沙等季节性预防工作；(2)日常保养或一般维修，即非计划维修地段的线路保养工作，内容包括重点起道、拨道、改道，调整轨缝，修理轨底坡，方正轨枕，整正道岔；单根更换钢轨和轨枕，修理或更换联结零件等；(3)线路紧急补修；(4)重点病害整治，如对钢轨接头病害，道床边坡坍塌、翻浆冒泥、线路爬行等进行重点整治；(5)巡道和线路检查。上述工作由养路工区、领工区和机械化养路工区常年进行。
　　　　　　　　　　　　　　　　　（陆银根）

线路所 block post

设置在非自动闭塞区间内，设有闭塞信号设备，不设配线，办理行车闭塞的处所。目的是开行连发列车，提高铁路区段的通过能力。
　　　　　　　　　　　　　　　　　（严良田）

线路中修 intermediate repair of track

定期恢复或改善道床承载能力的线路作业。当道床脏污度超过允许限度时，道床承载能力遭到严重削弱。为恢复道床承载能力，需成段进行彻底清筛道床、补充道碴、全面起道并加厚道床。同时进行全面更换失效轨枕、单根抽换伤损钢轨及联结零件，拨正方向，矫正轨距及水平，调整轨缝等工作。中修周期按轨枕底面以下 10~15cm 深度范围内的道碴脏污度确定。中修施工由铁路局大修队承担。
　　　　　　　　　　　　　　　　　（陆银根）

线路作业 track work

为使轨道经常处于良好状态，满足运输要求，根据在运营中出现各种病害的规律和运输发展的需要。对线路进行维护和修理的工作。按工作的性质、内容分为线路经常维修、线路中修、线路大修等三类。铁道线路在列车载荷和自然营力作用下，不但产生弹性变形，而且不断地产生不均匀的永久变形。当变形日积月累超过一定限度后，将大大降低线路的强度和稳定性，威胁行车安全。因此，必须对线路常年监护，不断维修以维持日常行车。线路由多种工程材料构成，其主要组成部分具有不同的使用寿命。除经常性的维修工作外，还需进行不同周期的修理或更新工作。线路工作的正确组织必须以具有高度计划性和针对性的科学管理为基础。

（陆银根）

线性跟车模型 liner car-following model

跟随车的加速度与前后两车的相对速度成线性关系的模型。最适合关于车队车辆稳定性的理论分析。

（戚信灏）

线性简谐波 linear simple harmonic wave

见微幅波（318页）。

线性速度－密度模型 liner speed-concentration model

交通流特征参数速度 v 与密度 K 之间呈线性关系的模型。其关系式为：

$$v = v_f\left(1 - \frac{K}{K_j}\right)$$

式中 v_f 为自由行驶速度；K_j 为阻塞密度。

（戚信灏）

xiang

相错式钢轨接头 alternate joint

轨道左右两股钢轨接头前后错开半根钢轨长度的设置方式。列车通过接头时，每根车轴的两个车轮左右交替冲击轨缝。由于两股轨线的弹性明显不一，促使列车摇晃。仅采用于行车速度较低的次要线路上。

（陆银根）

相对式钢轨接头 opposite joint

轨道两股钢轨接头为左右相对的设置方式。列车通过接头时，每根车轴的左右两个车轮同时冲击轨缝。由于两股轨线的弹性大致相等，行车较为平稳，它是干线轨道钢轨接头设置的主要方式。

（陆银根）

相互作用模型 interactive model

考虑了两交通区之间社会经济状况相互作用的出行分布模型。计算公式为：

$$T_{ij} = P_i \frac{A_j F_{ij} K_{ij}}{\sum_j A_j F_{ij} K_{ij}}$$

式中 T_{ij} 为从 i 区至 j 区出行量的预测值；P_i 为 i 区出行发生量；A_j 为 j 区出行吸引量；K_{ij} 为社会经济调整系数，一般取 1；F_{ij} 为相互影响系数，取代重力模型中的 $1/t_{ij}^c$。

（文旭光）

相位 phase

信号机在一个周期内若干个控制状态中的每一种状态。一个周期内有几种控制状态就称为几个相位。对车辆而言，相位越多越安全。但在交通流一定时，相位越多，交叉口延迟的时间也就越长，通行效率越低；相反，相位越少，通过效率越高。因此，一般多用 2 相位（图 a），也有 4 相位（图 b），最多也可用到 8 相位。具体设计应以交叉口交通的流向流量为据。

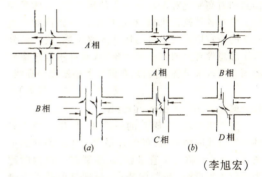

（李旭宏）

香港港 Port of Hongkong

世界著名国际贸易港口和天然良港。位于珠江口外东侧香港岛和九龙半岛之间。香港港是个自由港，是远东航运中心，而且是世界上集装箱运输最发达的港口之一。有海上航线 100 多条，通往世界上 120 多个国家和地区近 1 000 个港口。1983 年港口吞吐量达 4 334 万 t，其中集装箱装卸量达 184 万 TEU，占全港件杂货吞吐量的 41.4%，1986 年增至 277.4 万 TEU。每年进出港旅客达 1 000 万人次。1999 年完成货物吞吐量 16 640 万 t；集装箱吞吐量 1 621 万 TEU，居世界第一位。进出港旅客 1 600 万人次。2000 年完成集装箱吞吐量 1 810 万 TEU，仍居世界第一位。香港港天然掩护条件好，水深大，波浪小，淤积强度小，吃水 12m 的海船可随时进出港，且无须修建防波堤。全港由三个海湾组成，海湾宽度最宽处 9.6km，最窄处 1.6km，水域面积 5 200ha。全港有 15 个港区，它们是香港仔、青山（屯门）、长洲、吉澳、流浮山、西贡、沙头角、深井、银矿湾、赤柱东、赤柱西、大澳、大埔、塔门和维多利亚港区。其中维多利亚港区最大。集装箱码头主要集中在维多利亚港区西北部的葵涌，1976 年前建成集装箱泊位 7 个，可靠泊吃水 12m 的第三代集装箱船，1986 年又开始建设集装箱泊位 4 个，1989 年竣工投产。香港港有供远洋船系泊的浮筒 70 多个，台风时用的系船浮筒 57 个，还有香港当局和私人的系船浮筒2 000多个。这些浮筒既可系泊等待靠码头的船舶,又可进行海上水水中转过驳作业。海上过驳作业量占很大比重。

（王庆辉）

箱盘运输 container pallet traffic

集装箱与托盘同装载在一辆货车内的运输方式,适合于运输零担货物。由于零担货物品类繁多,性状各异,有些货物适宜装入集装箱,有些货物适宜装在托盘上,箱盘同装一车内,便于实现装卸机械化和充分利用车辆载重量。

（蔡梦贤）

像片定向 image orientation

在立体量测仪上根据已知高程的定向点来正确安置校正机械的作业过程。为了改正由于航摄像片倾斜和航高变化对左右视差角的影响,在立体量测仪上装有各种校正机械,在近似垂直摄影像对上量测出的左右视差角中自动地加入改正数,使之恰好等于理想像对上的左右视差角,从而可用理想像对的高差公式求得各点高程,在像片上描绘出等高线。

（冯桂炎）

像片倾角 tilt of photograph

航空摄影时,在曝光的一瞬间,航摄仪的主光轴与铅垂线间的夹角,即像片平面与水平面间的夹角 α。$\alpha=0$ 时称为垂直摄影;α 控制在3°以内时称为近似垂直摄影。按测图要求,最理想的是垂直摄影,但目前技术条件不能达到。一般要求 α 不大于2°,个别应不大于3°。

（冯桂炎）

像片影像 photo image

将像纸和负片接触印像获得与负片黑白相反而与景物明暗相应的影像。像片是中心投影,航摄像片还存在地形起伏和像片倾斜两种误差的共同影响,致使影像有变形,各处比例尺不一致。航摄像片虽能真实反映地面情况,但需通过航测内业成图,将中心投影的影像转化为正射投影的地形图才便于应用。

（冯桂炎）

像片重叠度 picture overlaping degree

飞机沿航线摄影时,相邻像片之间或相邻航线之间所保持的影像重叠程度。前者称为航向重叠度,后者称为旁向重叠度。以像片重叠部分的长度与像幅长度之比的百分数表示。为满足航测成图的要求,一般规定:航向重叠度为60%,最少不得少于53%;旁向重叠度为30%,最少不得少于15%;当地形起伏较大时,还需要增加因地形影响的重叠百分数。

（冯桂炎）

橡胶坝 fabric dam

一种以橡胶囊为主体,随充水或充气而膨胀,起挡水作用的建筑物。坝高通常较低。其底部及两端锚着于混凝土底板及岸墙上。上游水位过高时,可通过阀门排水（或气）,橡胶囊收缩使洪流畅泄。为保证橡胶有足够强度,防止老化,常用氯丁橡胶塑入尼龙纤维织物（或其他强力纤维织物）数层制成,故亦称"氯丁橡胶坝"或"尼龙坝"。优点是经济实用,但耐久性较差。多用于中、小河流。

（王昌杰）

橡胶护舷 rubber fender

安装在码头立面、防止船舶直接撞击码头的橡胶防冲设备。它使用年限长,但造价较高,多用于大型码头。常用的型式有:鼓型（H型）,适用于大型的深水泊位;拱型（V型）,适用于大中型万吨级泊位;半圆形（D型）,适用于中小型的千吨级泊位。

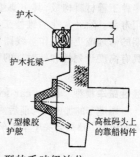

（杨克已）

xiao

削角防波堤 chamfered gravity breakwater

将水上部分外侧轮廓削成斜角的重力式防波堤。削角能使作用于堤身的水平波压力减小,而且当波浪越堤时,作用于斜面上波压力的垂直分力有利于堤身的稳定。其缺点是波浪越堤对港内水域的平稳不利。削角坡面与水平面的夹角以25°～30°为宜。

（龚崇准）

消力栅 baffle rack

在船闸输水系统中由一排立柱或水平格栅所构成的消能工。后者又称为消力格栅。其作用主要是调整流入闸室水流的竖向或横向流速分布,并稳定闸室水面。用于调整竖向流速分布时,需要较大的高度。多用在有帷墙的上、中闸首消能室的出口。

（蔡志长）

消能室 stilling basin

在船闸输水系统中供自输水廊道流出的水流在其内进行分散和消能的空间。一般利用闸首帷墙高度或将闸底部分挖深所形成的空间构成。在其内及出口可设置隔墙、消力梁（栅）、消力墩等消能工。水流自输水孔口流出后,在其内互相对冲、扩散,并利用其他消能工,以消减水流所挟带的能量,使水流调整成与闸室内水深相适应的均匀水流流入闸室,改善水流出口处闸室内的水流条件,并可减少镇静段长度。它是一种较为有效的消能型式,一般用于有帷墙的上、中闸首。其布置型式有:格栅式帷墙消能室、封闭式帷墙消能室和开敞式帷墙消能室。

（蔡志长）

小半径曲线黏降折减

小半径曲线路段,因机车黏着系数降低而形成的最大坡度折减。当货物列车以接近或等于机车计算速度通过位于长大坡道上的小半径曲线时,若黏着系数降低后的计算黏着牵引力小于计算牵引力,为了保证货物列车以不低于机车计算速度运行,在小半径曲线路段,除进行曲线折减外,还需要进行曲线黏降坡度折减。其设计坡度,不应大于最大坡度减去上述两项折减值。

(周宪忠)

小潮 neap tide

又称方照潮。太阴潮与太阳潮相抵消产生的潮汐。在一个太阴月中,每逢上弦(初七、初八)和下弦(二十二、二十三)时,日地和月地的中心连线互成直角,日、月引潮力相互抵消,此时的潮差最小。

(张东生)

小轿车 car,sedan

乘坐2至8人的小型汽车。通常在较好的路面上行驶,车速可达100km/h以上,随着公路路面质量的提高,新型轿车车速不断增加,有的小轿车车速超过200km/h。常见的车型为闭式车身、固定车顶、2门或4门、两排座位,有的有6门,通称为高级轿车。按发动机气缸容积(排气量)可分为:微型(1.01以下);轻型(1.01~1.61);中型(1.61~2.51);大型(2.51以上)。据1986年统计,小轿车年产量最高的国家为美国、日本、德国,产量分别为782万辆、782万辆和417万辆。中国在20世纪80年代已建成独立的轿车工业。

(邓学钧)

小型环形交叉口 small roundabout

中心岛(圆形)直径为4~25m的环形交叉口。一般在引道入口处适当放宽并布置成喇叭形式,增加入口车道条数,使各车道上的车辆可以同时进入交叉口,大大有利于提高交叉口的通行能力(图a)。亦可在入口处设置隔岛或导向岛(图b)。其优点为占地较少,无须管理就能适合多种环境,缺点为不利于大车、长车特别是无轨电车的通行。入口渐变段宽度与长度之比约1:12左右,停车线至右侧冲突点的距离,一般大于25m。图中d为靠近中心岛的车行道中心线的直径,约为$D/3$,D为停车线的内切圆直径,a为环道宽度不大于前一个入口道宽度b,并设偏向导车岛以防止车辆直穿。

(徐吉谦)

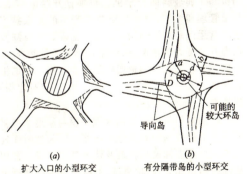

(a) 扩大入口的小型环交　　(b) 有分隔带岛的小型环交

小型客车 small bus

乘员10至20人的中型汽车。多数采用汽油发动机,汽车各部件能适应高速行驶要求,主要用于长途、专用客运。车厢内要求装置空调设备,舒适性良好,排气防污要求较高。按照车身尺寸与载客重量不同可分为二类,第一类总重4t以下,总长度6m以下;第二类总重4~11t,总长度6~9m。车辆安全性要求与大客车相同。

(邓学钧)

小运转列车 transfer train

运行于铁路枢纽内各站之间,区段站或编组站及其附近的中间站之间,或运行于专用线上的列车。一般用来集结邻近车流在短距离内运转。为加速车辆周转,缩短车辆停留时间,该列车的列车牵引吨数可小于计算值。

(吴树和)

xie

斜顶丁坝 spur dike with an inclined crest

坝顶高程自坝头向坝根逐渐升高的丁坝。整个坝身顶部高程相同的丁坝,为平顶丁坝。水位升高时,平顶丁坝坝顶在短时间内各处同时漫流,影响直达岸边,河岸易受冲刷。斜顶丁坝坝顶漫流范围逐渐增加,有利于集中水流,并可减轻岸边绕流冲刷。

(王昌杰)

斜架滑道 slipway with wedged chassis

以斜架下水车载运船舶上墩或下水的机械化滑道。斜架车顶面水平,上铺轨道,便于船台小车在上面移动;船舶坐落在船台小车上,利用绞车牵引斜架车上下。这种两层车方式。能使船体始终处于水平状态,便于移船和布置多个船台。各船台间互不干扰,能适应各种船型,比船排滑道应用方便。缺点是双层车架高,滑道末端水深大,水下施工比较复杂。斜架滑道,也有纵向和横向两种。纵向斜架滑道可消除前支架压力,斜架刚度大,船舶移运比较平稳;车架下走轮较多,轮压力较小,对滑道基础要求可相应降低。横向斜架滑道除水下滑道长度较短外,其他均与纵向的相似。

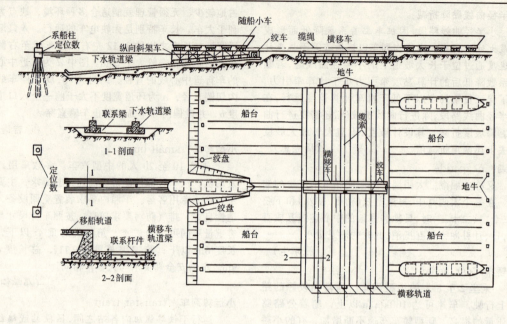

纵向斜架滑道

斜架下水车 launching cradle

用于斜架滑道供船舶上墩和下水的移运设备。本身为钢结构楔形车架,上铺方木支墩或供船台小车移运的轨道,底下安装很多行车轮以减小轮压。由绞车拖曳其沿轨道上下。

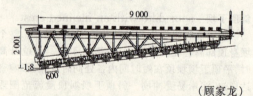

(顾家龙)

斜接柱 mitre post

位于人字闸门门缝处,连接主横梁端部构成门扇的纵向构件。截面型式和构造要求和门轴柱类似。在其外侧装置有斜接木或支垫座,借以传递主横梁反力。当其外侧嵌镶斜接木时,其工作条件为承受主横梁反力和梁端水压力产生的弯矩及门扇自重引起的轴向压力。

(詹世富)

斜拉桩板桩结构 sheet-pile supported by batter piles

采用斜拉桩代替常用的拉杆锚碇系统的板桩结构。斜拉桩除承受拉力外,还可减小作用于板桩上的土压力,使板桩厚度和入土深度可较其他锚碇结构者为小。板桩和斜拉桩装在一起,在后方回填之前即可承受一定的波浪作

用。这种结构可用作码头和护岸。它占地面积小,特别适用于岸线后方狭窄,不便于设置锚碇的地区。但斜拉桩所需断面及长度均较大,且结构受力情况比较复杂,施工有时不便。

(杨克己)

斜面升船机 inclined ship lift

载运船舶的承船车沿斜坡升降的升船机。是最早出现的一种通航建筑物,其原始雏形为黏土滑道上用人工绞盘作动力工具,将船舶沿斜坡拖曳升降。最早的机械化升船机于1788年建于英国开特里。一般由承船车、供承船车行走而铺设的斜坡道以及驱动机构、控制系统等构成。按承船车的升降方向可分为纵向斜面升船机和横向斜面升船机。按上、下游是否均设有斜坡道来分,可分为一面坡斜面升船机和二面坡斜面升船机。与垂直升船机相比,它易于管理和维护,没有高空建筑产生的复杂技术问题和营运问题,易于适应水位的变幅。主要缺点是在提升高度大的情况下,线路长影响通过能力,承船车启(制)动的加(减)速影响船舶在承船车内的泊稳条件。

(孙忠祖)

斜坡道 slope ramp

斜面升船机中连接挡水坝坝顶与航道水域供承船车上下行驶的倾斜道路构造物。由天然斜面地基或人工地基上铺设的轨道及轨道基础构成。常用的基础结构型式有:轨枕道碴,混凝土或钢筋混凝土梁式或板式结构。前者用于荷载较小的小型斜面升船机。

(孙忠祖)

斜坡上波压力 wave pressure on slop

波浪在斜坡上破碎时产生的波压力。斜坡式防浪建筑物如斜坡式防波堤、海堤、土坝等受到波浪的作用，需要设置防浪护面结构以防止波浪破碎时产生的冲击和淘刷。波浪破碎时波峰水体形成射流冲击坡面产生正波压力；上涌水流回落、坡面出现波谷时，产生负波压力。斜坡上正向最大波压力发生在破碎水体在斜坡面上的冲击点 B 处，其最大波压强 $p_B = 1.7\gamma \dfrac{V_B^2}{2g} \cos^2(\dfrac{\pi}{2} - \alpha - \beta)$，式中 $V_B = \sqrt{\varepsilon \left[V_A^2 + \left(\dfrac{gX_B}{V_A} \right)^2 \right]}$ 为破波射流冲击斜坡时 B 点最大射流速度，$\varepsilon = 1 - (0.017m - 0.02)H$ 为射流在回落水流中漫开的衰减系数，$m = \text{tg}\alpha$ 为斜坡坡度，α 为斜坡与 X 轴夹角，$\beta = \text{tg}^{-1}(-\dfrac{gX_B}{V_A^2})$ 为破波射流切向与 X 轴夹角，$V_A = n\sqrt{\dfrac{g}{k}\text{th}kd} + \dfrac{H}{2}\sqrt{\dfrac{g}{k}\text{cth}kd}$ 为临界水深 d_c 处波浪破碎前波峰点 A 的水平速度，$n = 4.7\dfrac{H}{L} + 3.4(\dfrac{m}{\sqrt{1+m^2}} - 0.85)$，$k = \dfrac{2\pi}{L}$ 为波数，H 为波高，L 为波长，d 为水深，$X_B = \dfrac{1}{g}\left(-\dfrac{V_A^2}{m} \pm V_A\sqrt{\dfrac{V_A^2}{m^2} + 2gZ_0} \right)$ 为冲击点 B 的横坐标，$Z_B = \dfrac{X_B}{m}$ 为 B 点的纵坐标，$Z_0 = d_c + \eta_A$ 为波峰点 A 的纵坐标，$\eta_A = \left[0.95 - (0.84m - 0.25)\dfrac{H}{L} \right]H$ 为 A 点的波峰面高度。波浪破碎时射流冲击斜坡瞬间的

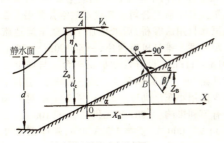

(a) 斜坡上波浪破碎示意图

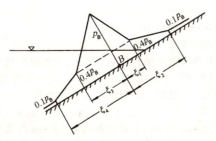

(b) 斜坡上波压力分布图

正波压力分布如图，$\xi_1 = 0.025S$，$\xi_2 = 0.065S$，$\xi_3 = 0.053S$，$\xi_4 = 0.135S$，$S = \dfrac{mL}{2(m^2-1)^{\frac{1}{4}}}$。回流时产生的负波压力作用在护面块体的底面，与护面块体的尺度及透水性等有关，一般通过模型试验确定。

（龚崇准）

斜坡式防波堤 mound breakwater
横断面两侧为斜坡、由块体堆筑而成的防波堤。是常用的防波堤型式之一。其斜坡的坡度 m（坡面水平距离与垂直距离之比）>1，波浪与斜坡堤的相互作用以波浪破碎为主要特征。主要优点是：对地基的允许承载力要求不高，可修建在较软弱的地基上；可充分利用当地的砂石材料；一旦遭受破坏较易修复；消波性能良好。一般适用于水深较小，地基较差及当地建筑材料充足的情况。堤顶高程主要取决于波浪爬高和使用要求上是否允许堤顶越浪。一般允许在设计高水位和设计波浪要素组合情况下有少量越浪。为了降低堤顶高程、减小断面或当堤顶作为交通通道时，可在堤顶设置防浪胸墙。堤顶宽度除应满足施工及使用要求外，还应保证在波浪作用下堤顶块体的稳定性，主要取决于允许堤顶越浪的程度。一般堤顶宽度取 1.10～1.25 倍设计波高，并至少设置两排护面块体。护面块体重量的确定是斜坡堤稳定性的关键。块体的重量 $W(t)$ 为：

$$W = 0.1 \dfrac{\gamma_b' H^3}{K_D(S_b - 1)^3 \text{ctg}\alpha}$$

式中 γ_b 为块体材料重度（kN/m^3）；S_b 为块体材料重度（γ_b）与水重度（γ）之比；H 为设计波高，m；α 为斜坡与水平面的夹角，rad；K_D 为与块体型式和容许失稳率有关的稳定系数。斜坡式防波堤最早较普遍采用堆石防波堤，随着水深和波浪力的加大，出现了各种混凝土护面块体。

（龚崇准）

斜坡式码头 sloping wharf
在岸坡设有固定斜坡道的码头。它一般都设有趸船，可随水位变化沿斜坡上下移动。在斜坡道上设有缆车轨道的又称缆车码头。固定斜坡道有实体斜坡道和架空斜坡道两种，也有斜坡道与活动引桥联合使用者。它是最古老和最简易的码头型式之一。它结构简单，施工迅速，造价低廉，一般适用于水位变幅较大的河港或水库港。但这种型式的码头，趸船移泊作业比较繁重，装卸作业增加了一个斜坡运输环节，装卸机械安装在趸船上易受风浪影响。

（杨克己）

斜坡式码头护岸 pavement of the wharf slope
保证斜坡式码头岸坡稳定的建筑物。一般采用块石护面或护底。护面块石的重量，根据波浪和水流的作用力确定。块石之下设垫层和倒滤层。水下护面层当采用抛石时，一般抛两层。水上护面层一

一般多采用立放干砌。各层边坡不陡于其自然坡度。岸坡的整体稳定性，可用圆弧滑动法进行验算。

（杨克己）

斜坡式闸室 sloping lock chamber

两侧为斜坡，横断面呈梯形的船闸闸室。将天然或人工航道的岸坡和河底加以修整或保护而成，一般采用干砌块石下铺反滤层护坡和护底。护坡和护底的目的是防止水流的局部冲刷和渗流造成的局部破坏。为防止闸室泄水时，船舶搁在斜坡上而出事故，常在闸室的一侧或两侧设置垂直栈桥。这种闸室结构简单、施工方便、工程造价较低。主要缺点是过闸耗水量大，输水时间长，闸室内水位经常变化，岸坡容易坍塌。一般仅用于低水头的小型简易船闸上。

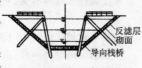

（蔡志长）

泻湖 lagoon

在沿海地带、被海岸沙坝、沙堤隔离或半隔离的水域。泻湖以海岸沙坝、沙堤为屏障与大海相隔开，常有一个或数个潮汐通道与外海相通。潮流所携带的泥沙在通道口上下堆积成潮汐三角洲——涨潮三角洲和退潮三角洲。泻湖四周常发育潮滩，其范围随潮差而变，潮差越大，范围越广。泻湖既接受波浪、潮汐及海岸水流带来的近岸海底物质，又有河流携带的入湖物质，一般沉积速率比敞海大陆架为高。沉积物通常以细颗粒泥沙为主，富含有机质。各个泻湖的含盐度差异很大，一般为半咸水。湖中生物属种较少。

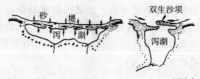

（顾家龙）

卸荷板 relieving slab

用于减小墙后填土压力，增加墙身稳定的反倾覆荷载的板状构件。其作用是遮拦板上的地面荷载（包括填土重和地面上的使用荷载），使板下墙背产生的土压力大为减小，使建筑物的重心相对于底宽中线的位置后移，这样就使断面和底宽大大减小，地基受力比较均匀。卸荷板有混凝土和钢筋混凝土两种，当卸荷板的悬臂长与厚度之比小于1.5时，一般采用混凝土已足够，当其比值大于1.5时，应采用钢筋混凝土，大多采用预制安装。卸荷板的位置，一般放置在胸墙下面比较合适。常用于方块码头。

（杨克己）

卸荷板方块码头 concrete block quay wall with relieving slab

墙身具有卸荷板的方块码头。它是继承了衡重式方块码头合力作用点后移，地基应力比较均匀的基础上进一步改进提高的又一种新型结构。它的

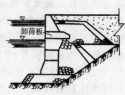

特点是由于卸荷板的遮掩作用，使墙背上的土压力大大减小，而卸荷板又有衡重作用，可使码头断面重心后移，倾覆力矩减小，稳定力矩增大，抗倾安全系数提高，地基应力趋于均匀，减小码头断面。其与阶梯形断面方块码头比较，墙身材料和挖填方量也大大减小，从而降低了工程造价。但它只有在地基较好（如岸岩和密实的砂卵石地基等），码头较高（如6m以上）时，其卸荷效果才比较显著。另外它的抗震性能较差，地震烈度较大地区，宜慎用。

（杨克己）

xin

新东京国际机场 new Tokyo intl Tokyo

这个机场是为了解决日本羽田机场的拥挤和噪声而建设的，距日本东京市66km，于1978年开放使用。计划共有三条跑道，现在只建了16R/34L一条，长4 000m，一端设有二类精密进近仪表着陆设备，另一端为一类。道面强度达PCN140。旅客航站为地下一层地上四层，设有四个卫星，面积共16.6万m^2。北侧两个卫星供外国航空公司用，南侧两个卫星供日本航空公司及其代理航空公司用。旅客登机原来只用旅客桥，后来增加了摆渡车运送旅客至远距机坪。维修机库两座，一座190m×130m，一座101m×118m。设有发动机试车台。与城市虽有国营铁路、电气铁路和高速公路三种联系，但其中需时最少的用小车经高速公路，还要70min，对机场的发展有不利影响。1987年飞机活动92 100次，吞吐旅客11 987 000人，货物1 023 700t，邮件21 800t。第二条跑道和旅客航站的扩建，都在计划中。

（蔡东山）

新加坡港 Port of Singapore

东南亚最大海港，世界大港之一，为一自由港。位于马来半岛南端的新加坡岛上，马六甲海峡东南口，居欧亚海上航线的要冲。港口天然掩护条件好，水深较大。新加坡是个岛国，由新加坡岛和54个小岛组成。新加坡岛东西长41.84km，南北宽22.53km，北面与马来西亚相隔宽1 200m的柔佛海峡，有海堤相连，通行火车和汽车，可达吉隆坡和曼谷；南面与印尼的苏门答腊岛相隔马六甲海峡。1983年港口吞吐量达10 600万t，其中原油和成品

油 5 000 多万 t,集装箱 127.5 万 TEU。新加坡是世界上著名的石油炼制和销售中心之一,也是海上船舶加油的重要基地,并有发达的修船业。全港有 6 个港区,除新加坡岛北岸的森巴旺港区外,其余 5 个港区分布在南岸,从西向东依次为裕廊港区、帕西班让港区、克佩耳港区、丹绒帕嘎集装箱港区和特洛克亚逸港区。全港码头岸线总长 13.5km,其中水深 10m 以上的码头岸线长 10km。此外,帕西班让和特洛克亚逸港区还设有供水水中转的海上过驳泊位。在新加坡岛和其他小岛上建有几十个大型石油码头和单点系泊泊位。20 世纪 80 年代以来,新加坡港重点建设和发展集装箱码头,至 1999 年底共有集装箱专用泊位 36 个,码头线总长 7 302m。1997 年集装箱吞吐量居世界第一位。2000 年完成集装箱吞吐量 1 709 万 TEU,居世界第二位。　(王庆辉)

信号标志　signal marker

①指示机务、车务人员操作的标志。包括警冲标、站界标、预告标、司机鸣笛标、作业标、减速地点标、补机终止推进标、接触网终点标、列车标志等。标志的材料、尺寸、式样、字体大小、颜色及制造允许公差等方面的要求,参见铁道部颁标准图的规定。标志应设在线路前进方向左侧。距外侧钢轨不得少于 2m(警冲标除外)。

②标示航道情况,提醒驾驶人员应采取措施的内河助航标志。包括:通行信号标、鸣笛标、界限标、水深信号标、横流标及节制闸灯六种,多设在一些急湾、狭窄、水浅流态不好和船行密度大的河段上,如中国川江沿岸设置了数十座通行信号标,指挥船舶上行或下行。　(李安中　吴树和)

信号表示器　signal indieator

仅表示某种与行车有关设备的位置和状态,并补充信号机应指示的运行条件,而不起防护作用的各种表示器的总称。例如表示道岔位置和开通方向的道岔表示器;为辅助说明出站信号机或进路信号机开通某一进路的进路表示器;在设有线群出站信号机的调车线发车时,为了补充说明线群出站信号机的开放是允许某条线路发车而使用的发车线路表示器;和脱轨器装在一起的脱轨表示器,是用以表示该处开通或遮断状态;设于水鹤臂管中央下方,用以表示水鹤位置的水鹤表示器;表示线路的终端,设于车挡处的车挡表示器等。　(胡景惠)

信号设备　signaling equipment

铁路上指挥、控制和监督列车运行和调车工作的设备。它包括信号、联锁、闭塞、调度集中、机车信号及自动停车装置、驼峰信号、道口信号等设备。在铁路运输工作中,它对保证行车及调车安全,提高通过能力和运输效率,改善劳动条件等均具有重要作用。　(胡景惠)

信号托架　signal bracket

两条并行线路,线间距离不足以设置信号机时,在线路外侧架设信号机构的悬臂梁式构架。
　(胡景惠)

xing

星形组合法　method of constitution in star form

在运输联系图中以各个相邻三个节点的最佳分向点为控制点,依次连接并辅以支线连接法的道路网设计方法。由前苏联 И. А. POMAHEHKO 教授提出,适用于规划区内节点的间距和运输量相差不大的农业地区或平丘区地方道路网规划。
　(周宪华)

行车方向　direction of traffic

客货列车在正线上运行的去向,分为上行方向与下行方向。在干线上运行的列车,向铁道部所在地方向行驶者,在支线上向连接干线之车站行驶者,称上行列车,反之为下行列车。上行列车编号为偶数,下行列车编号为奇数。　(吴树和)

行车信号　running signal

指示列车运行的信号。它包括进站、出站、进路、预告、遮断、防护、复示和通过等信号机发出的信号显示。指示列车能否越过该信号机,并规定通过该信号机时的运行速度,预告前方的运行条件。
　(胡景惠)

行程车速　travel speed

在一定的路段上,考虑了停车影响,车辆所实现的平均速度。是车辆行程除以行驶时间所得的商。它受道路和交通状况的影响,为一综合速度。行程时间中的停车时间,表示了道路上交通的延误,是鉴定道路交通状况的重要因素。　(文旭光)

行人隔栏　pedestrian separation fence

为防止行人任意横穿道路而设置的栏杆。一般用钢材等制成,其结构不考虑车辆碰撞的问题。
　(戚信灏)

行人护栏　pedestrian barrier

为保护行人安全,在人行道与车行道之间设置的隔离栏杆。用以防止行人步入车行道或车辆因失控而撞入人行道。通常用钢管或钢材制成,高度为 80~100cm;也有悬链式的,其链的最低点距步行道不得小于 20cm。　(戚信灏)

行人通行信号交叉　pedestrian traffic signal intersection

装置有专门指挥行人过街信号灯的交叉口。由绿、黄两种灯色组成,与车辆通行信号联合使用。交通规则规定：绿灯亮时，准许行人通过人行横道；绿灯闪耀时，不准行人进入人行横道，已进入人行横道的，需迅速通行；黄灯亮时，不准行人进入人行横道。

（徐吉谦）

行人心理 pedestrian psychology

在道路上的行人所特有的感觉、情绪和行为能力的状态。这种心理状态因人而异，也与所处的交通环境不同而有所差异。

（戚信灏）

行驶车速 running speed

在一定的路段上车辆行驶的平均速度。是该路段长度除以车辆纯行驶时间（扣除所有停车时间后的行程时间）所得的商，用以分析该路段行驶难易程度和通行能力。可用测试车法调查得到，为保证测试数据的精度，一般要求测试车在该路段上行驶12~16次，经统计求得其速度值。

（文旭光）

型长 moulded length

船体型表面间首尾垂直于舯剖面方向的最大距离。钢船的型表面是指外壳的内表面，不计船壳板和甲板厚度，主要用于船体设计计算。

（吕洪根）

型宽 moulded breadth

船体型表面间垂直于中线面方向量度的最大距离。一般指舯部的宽度。对具有直壁舷的船，等于设计水线面的宽度。

（吕洪根）

xiu

修船码头 ship repairing quay

供船舶修理时系泊的码头。它要求配备必要的起重运输和动力设施。修船程序一般是先将待修船舶停靠于码头，拆卸船上的机械设备，送往车间修理；然后将船体拖往滑道或船坞上墩，进行船体水下部分修理；修好后再下水拖回修船码头，修理船体的水上部分并重新安装修好的机械设备。待修的船舶一般是空载，吃水浅，码头前水深较小。

（顾家龙）

修船坞 repairing dock

用于修理或改装船舶的干船坞。一般修船时，船上设备齐全，吃水比新造船体大，因此它的深度比造船坞的要深些。以前船坞多用于修船，造船基本上都在涂油滑道、船台上进行；随着海上运输事业和船型的发展，船舶愈造愈大，所以近数十年来也发展专用的造船坞。

（顾家龙）

修造船水工建筑物 hydraulic structures for shipyard

船厂为修造船舶设置的水工建筑物。是船厂的重要组成部分，也是船厂中造价最高、技术上最复杂的建筑物。包括：船舶下水、上墩建筑物，如船台、滑道和船坞等；船舶停泊设施，如舾装码头、修船码头、停泊场和沉坞坑等；防护建筑物，如防波堤、防沙堤和护岸等。其中，上墩、下水建筑物是船厂最基本的水工建筑物，按其工作原理可归纳为滑道、干船坞、浮船坞和升降机上墩下水设备等四种。它应紧靠船厂主要车间（如船体车间、机械安装和修理车间）布置；其前沿要求有掩护良好、宽敞而水深的水域，不受风浪、泥沙淤积和流冰等影响，保证船舶能安全地上墩、下水。

（顾家龙）

xu

絮凝 flocculation

黏性泥沙进入河口盐水区后，由于电化学反应，泥沙颗粒相互吸附在一起，构成海绵状团粒或团块的现象。团粒的形状可能呈圆形，但在憩流时也可出现链状或树枝状。絮凝体包含有数颗甚至千万颗黏土颗粒，粒径比单颗粒径大得多，沉降速度也远大于原颗粒。河口水的盐度对絮凝体的沉降有明显影响。只要有少量盐度，即可出现絮凝，盐度低时（5‰以内）影响较大，盐度增加后虽絮凝有所加强，但因絮凝体和盐水的密度差异，沉速反而有所减小。悬浮状态的絮凝体在水流带动下，经过剪切和碰撞，生成新的团粒，其尺寸与所作用的水流强弱相适应，一般是憩流时尺寸加大，涨落急时尺寸变小。絮凝体下沉至河床后，在重力作用下破碎，固结为一种其密度随时间延长而增大的物质，当其相对密度增大到1.20~1.25时，失去流体性质，成为塑性体。在水动力作用下，落淤的絮凝体可重新悬浮。

（张东生）

xuan

悬臂式闸室 lock chamber with cantilever wall

由闸室墙和闸室底板构成，而在闸室纵轴线处用纵缝将底板分成两半，形成对称结构的船闸闸室。为改善地基反力的分布，一般设置后悬臂，在底板的纵缝设有1~2道止水

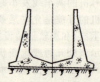

形成不透水闸底。由于结构对称，能互相支撑保持水平滑移的稳定。底板分缝后改善了底板的工作条件；减少了由于不均匀沉陷而引起的附加应力；底板厚度由闸室墙处逐渐向闸室纵轴处减薄，增大了闸室的过水断面，改善了过闸船舶的泊稳条件，并可利用该空间来布置底部输水廊道。但底板纵缝的止水较复杂，易遭破坏。适用于承载能力较低的地基，且

闸室墙高度和闸室宽度之比较大的情况。

(蔡志长)

悬液 suspensions

固体颗粒在介质(液体)中呈悬浮状态的固-液混合浆体。其流变特性取决于悬浮介质和固体的特性。颗粒的粒径和形状、固体的含量都影响其黏度，一般来说，形状对称、粒度 50μm 或更大些尺寸颗粒组成的具有牛顿流体的特性；较小粒度或形状不对称的颗粒组成的具有非牛顿流体的流变性质。根据固体颗粒分布情况可分为均质悬液及非均质悬液两种。

(李维坚)

旋转潮波 rotary tidal wave

波峰线围绕着某一无潮点回转的潮波。它是实际海洋中潮波的最普通的形式，常见于半封闭海域，是两列方向相反的开尔文波干涉的结果，也可以说是海洋中的驻潮波受地转偏向力影响的结果。振节线在北半球作逆时针旋转，南半球作顺时针旋转。振节线转动的轴心处即为无潮点。连接一个周期中潮振幅相等的线为同潮差线。同潮差线呈环状分布，而同潮时线则呈放射线形状。受各种条件的限制，对大洋旋转潮波的研究尚不够成熟。

(张东生)

旋转潮流 rotary tidal current

在一个潮周期内流向改变 360° 而流速均不为零的潮流。在外海或开阔海区，海水

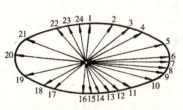

运动的方向受到地球自转偏向力——柯氏力的影响而发生偏转。在北半球按顺时针方向变化，在南半球按逆时针方向变化。将某地点一个潮周期内的潮流矢端连结起来，即可得到潮流椭圆。旋转潮流无憩流现象，始终呈现周期性旋转。半日潮流大约在一个太阴日(24h50min)内旋转两周，全日潮流则旋转一周。

(张东生)

xue

学校机场 academical airport

又称航校机场。培养空勤人员的学校所使用的机场。为了便于保证飞行安全和提高训练效率，通常设置在净空良好、空域大、气象条件好的地方，跑道比相应的其他机场长一些、宽一些。有的还设置两条甚至更多的跑道。机场规格主要根据学校的规模及所装备的机型来确定。

(钱炳华)

雪害地段路基 subgrade in snow hazard region

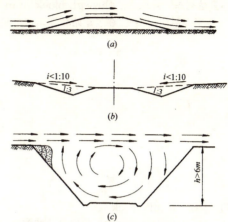

修筑在有严重积雪或雪崩地区的路基。雪害有积雪和雪崩两种形式。雪层不厚而均匀的一般积雪不致成害，而是当风速较大时将一般积雪吹起形成风雪流，此若遇上适当的地形、地物包括路基本身的横断面型式，将会导致严重积雪，这不仅影响行车安全，甚至阻断交通。为此，有积雪危害地区的路基横断面宜用填方，且沿风向的路堤边坡应尽量放缓(图 a)，最好使路堤高度大于 $1.0\sim1.2m$，并应高于当地最大积雪深度。另外，应清除路基两侧的灌木丛、小土丘等，否则也会使风雪流减速，形成路基积雪。当必须设置路堑时，应采用敞开式断面的浅路堑(放缓边坡)(图 b)或深度大于 6m 的路堑，以便使路堑内形成较强的旋风，从而减轻积雪(图 c)。雪崩是山坡大量积雪突然崩塌加速下落。大量的雪崩雪能掩埋路基、阻断交通，严重时会击毁路上的行车和构造物。当路线必须通过雪崩地段时，可按照稳定山坡积雪，或改变雪崩运动方向，或减缓雪崩运动速度等原则采取相应的防治措施，如水平台、导雪堤(墙)、土丘、防雪林带等设施。在雪崩严重地段，可采用防雪走廊、明洞、隧道等遮挡结构物。

(陈雅贞)

xun

巡道 round of track

对线路设备的日常监护巡视工作。为了及时掌握线路设备的技术状态，查明线路病害的产生根源和发展情况，通常将线路划分成长度适当的巡回路段，每一养路工区配备一定数量的巡道工，在巡回路段内进行昼夜不停的巡视工作。巡道工不但按规定的时间和路线对线路进行不间断巡视，一经发现紧急情况，除及时报告工区外，在可能范围内也

完成一些工作量较小的补修工作。巡道工是铁道沿线确保线路设备行车安全的哨兵。 （陆银根）

循环直达列车 shuttled through block train
车辆编组固定不变，在装车站和卸车站之间往返行驶的列车。该列车在卸车站卸车后空车回送至装车站。其主要特点是中途不需进行解体、编组作业。适用于货源稳定的大宗货物运输，如：煤、铁、矿石等的运输。 （吴树和）

Y

ya

垭口 pass; saddle back
山脊（分水线）上呈马鞍形的明显下凹部位。是山区越岭布置公路路线的地带类型。 （周宪华）

yan

淹没整治建筑物 submerged structures for regulation works
枯水时露出水面而洪水时被淹没的整治建筑物。航道整治中，建筑物大多是淹没的。（王昌杰）

岩溶地区路线 karst region route
在岩溶地貌分布地区布设的路线。由于可溶性岩层长期受流水的化学作用与机械作用形成沟槽、裂缝、空洞及暗河等特殊地貌。对局部严重，不易查明的地段应予绕避，选择溶蚀程度较轻，岩溶发育较弱的地段通过。对较大的断层破碎带，可溶岩与非可溶岩相接触的地带、碳酸盐类岩石同某些金属矿床相接触的地带等要避开，或使路线与其正交通过。路线必须走溶洞上部时要验算顶板承载能力。桥梁基础要防止误落在暗穴顶板上面。
（冯桂炎）

岩滩升船机 Yantan Ship Lift
位于广西红水河岩滩水利枢纽中的一座升船机。采用卷扬垂直提升、部分平衡、船厢下水型式，这在世界上尚属首次。升船机包括上、下游引航道在内，全长约900m。承船厢长度为40m，宽度为10.8m，水深为1.8m，载水总重为1 430t，其中水重945t，一次可通过的最大船舶为250t级单船。主提升机由4台280kW的直流电机驱动。4台卷扬机通过中间轴、齿式联轴器、锥齿轮换向器连成一个封闭的刚性同步系统。承船厢共设置4组静力平衡重和8组转矩平衡重，总重为1 050t。在48根卷扬提升钢丝绳下端设置48只油缸，组成液压平衡系统。承船厢为凹槽形钢结构，其两端为卧倒门。承船厢正常运行速度为11.4m/min，出、入水速度为1.8m/min。已于1999年建成。 （蔡志长）

沿岸标 land marks
设于岸边标示沿岸航道方向，指示船舶沿岸行驶的航行标志。在标杆上端装一球形顶标。左岸顶标为白色或黑色，标杆为黑、白色相间横纹。右岸顶标为红色，标杆为红、白色相间横纹。夜间灯光左岸用绿色或白色的单闪光，右岸用红色单闪光（附图见彩2页彩图7）。 （李安中）

沿岸流 longshore current
波浪斜向行近浅水岸边时，在破波区所产生的沿岸纵向流动。破波区内，水文动力因素复杂，是三维不恒定的流体运动。目前的研究中常将运动作二维处理，即认为水流沿水深分布是均匀的，并假定是定常的。确定沿岸流的方法有两种。一种是利用动量流方法求得定常状态下三角形破波区断面中的沿岸流断面平均流速；一种是以水波内辐射应力为驱动力并考虑水底摩阻和水平紊动的混合作用，以求得破波区内沿岸流流速沿横向（与岸线垂直方向）的分布。现场观测及实验结果表明，沿岸流流速的横向分布与 $p = 0.1 \sim 0.4$ 的情况较为一致。p 为无因次参数，与水底坡度，摩阻系数以及水平紊动混合作用有关。沿岸流与海岸泥沙运动，航道淤积及岸滩冲淤演变有密切关系，在海岸工程的规划设计中，需考虑沿岸流的作用和影响。

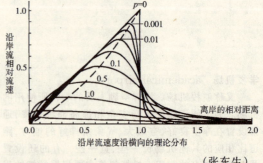

沿岸流速度沿横向的理论分布

（张东生）

盐水楔 salty wedge

密度大于河水的海水沿底部侵入河口所形成的界面清晰、形态稳定的楔形水体。多出现于弱潮河口。盐淡水之间的密度差是产生盐水楔的根本原因。盐水入侵的距离随河水流量、水深和盐淡水的密度差而变。当密度较小的河水在海水上层下泄时，由于界面的摩擦作用，使盐水楔中靠近界面的部分盐水被挟带下泄，为了维持水体的连续性，在近底处需要不断地补偿海水，因此在盐水楔内部形成一零速度面，其下为近底层上溯流，其上为与径流流向一致的下泄流，从而形成密度环流。该环流加大底部涨潮流速，减小落潮流速，从而阻止河流底部泥沙排泄，加大口外泥沙向口内转移，使河口地区产生淤积，故一般认为盐水楔是造成河口严重淤积的原因之一。　　　　　　　　　　（张东生）

盐渍土地区路基 subgrade in salty soil region

在盐渍土地区修筑的路基。盐渍土是深 1m 的地表土层内易溶盐含量大于 0.3% 的土地。有滨海盐渍土与内陆盐渍土之分。中国以内陆盐渍土为主，主要分布在新疆、内蒙古、青海、甘肃、宁夏等地。盐渍土因含盐性质及环境条件的不同，对路基的危害性也不尽相同。如氯盐渍土易遭溶蚀而产生湿陷、坍塌等病害，但在干燥条件下，氯盐却可起黏固作用；硫酸盐渍土在气温下降时，因硫酸盐结晶结合一定数量的水分子而膨胀，产生盐胀现象；碳酸盐渍土遇水膨胀，且泥泞不堪。用盐渍土做路基填料，其含盐量应在容许范围之内。路基排水系统应畅通，以避免路基附近积水。盐渍土路基高出地下水位的最小高度应满足规定要求，以避免冻胀、翻浆和再盐渍化。为保证路基稳定，还可根据盐渍土的土类及含盐量的多寡以放缓边坡。　　　　（陈雅贞）

盐渍土地区路线 salty soil region route

在地表土层易溶盐平均含量大于 0.5% 的盐渍土地区布设的道路路线。由于盐渍土的密度和强度随含盐量而降低，水分和温度变化使土体时胀时缩而破坏土的稳定性。含盐量较大时对沥青、石灰和水泥加固土有很强的侵蚀性。路线布设除在低洼闭塞排水不良地区外，一般不必绕避；在内陆盐渍土地区宜选在砾石带、砂土灌木丛带通过；冲积平原地带宜在地下水位较深处通过；对干旱与过干地区，利用其吸湿保湿性能，可用盐渍土和岩盐修筑路基和中低级路面。　　　　　　　　　　（冯桂炎）

yao

摇架式滑道 slipway with cradle

设有摇架，使船排由倾斜位置变为水平位置的滑道。是船排滑道的改进型式，即在其顶端设一摇架，船排运行到摇架顶面上后，开动千斤顶，使摇架从倾斜位置变为水平位置，然后通过横移车和载船平车把船移运到水平的船台区。另外，如使摇架同时具有转

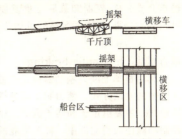

盘性能，摇架既能在垂直面内作不同角度的摆动，又能在水平面内转动，则可将船台布置成辐射状。这一布置型式称为摇架转盘式滑道。由于摇架本身结构复杂，对支座的基础要求较高，承重受到限制，故仅适宜于修造小型船舶。　　　　　　（顾家龙）

摇架式斜面升船机 inclined ship lift with cradle

装载船舶的承台通过铰轴支承在承船车底梁中央的斜面升船机。承台与承船车底梁的两端分别设有固定挂钩，挂钩挂好后，承台及装载于其上的船舶均呈水平状态。通过坝顶时承台由承船车底梁的中央铰轴和两端的侧面导轮(导轮在坝顶两端的导槽中运动)支持而保持水平状态，承船车的底梁则随坝顶坡面而改变坡度。　　　　　　（孙忠祖）

ye

业务出行 business trip

处理各种业务活动的出行。包括由业务活动地点返回居住地点或工作地点，不包括家庭-工作出行。城市中流动人口的这类出行较多，如从旅店到某地处理业务，或从业务联系处返回旅店。　　　（文旭光）

曳引设备 traction gear

采用机械曳引船舶进出船闸的设备。其类型有：绞车、电动绞盘、高架栈桥的电力曳引滑车、有轨电动机车等。它具有较高的曳引速度，能在短时间内减速和良好的停船制动性能。高架栈桥的电动曳引滑车和有轨电动机车与绞车和电动绞盘相比，其优点是能在整个曳引距离内来回移以曳引船舶进出船闸；由于可以变速行进，故能作为船舶停车的制动设备；运转简便，安全可靠。但需建高架栈桥和铺设轨道，因而增加工程投资。采用曳引设备能提高船舶的过闸速度，从而提高船闸的通过能力。但要增加设备投资和营运管理费用；现代船闸一般很少采用。　　　　　　　　　　　　（詹世富）

液力容器式输送管道 hydro-capsule pipeline

靠流动液体驱动载货容器的输送管道。一般铺设双管线，双向运输，或者另一个管线做为空容器返回始发站。输送介质一般是水。容器是密封式，可输送散货、小件物品及液体货物。在接收站，容器与

输送介质分离，容器卸载后可重复使用。运输距离可达几十公里，加中间泵站后可达几百公里。

（李维坚）

液力制动 hydraulic braking

利用机车上液力制动器内工作油的作用而产生制动力的制动方式。液力制动器是耦合器的一种特殊形式，主要由定子和转子组成。制动时，工作油经制动阀注入制动器中，机车动能的惯性滚动通过传动装置带动转子在工作油中旋转，工作油在转子中被加速，而在定子中又被减速，产生对转子的反扭矩，该反扭矩传递到机车动轮上，形成制动力；不制动时，排去工作油，转子在液力制动器内空转。改变充油量可控制制动力的大小；制动力的最大值受冷却装置降温能力及机车动轮与钢轨间黏着条件的限制；因为低速时制动力很小，故不能单独用于停车制动，一般与空气制动配合使用。

（吴树和）

液体货物装卸工艺 handling technology of liquid cargos

石油、液化天然气等液态货物装卸和运输的方法和程序。装卸工作主要包括装船、卸船和向来港船舶供应燃料油等。装卸设备主要采用油泵和管道。水上石油运输都采用专用油船，船上备有油泵。油船停靠码头后，一种方法是用软管将船舱接油口与码头上的输油管接通，用油泵进行装卸。另一种方法是在油码头上设置输油臂进行装卸。它由吊杆控制，并能作俯仰和旋转运动。输送石油的管道应按品种分别设置，不得混合。石油码头后方设置储油库，不同品种的石油分别储存在不同的油库内。石油和液化天然气属易燃物品，应采取严格的防火措施。

（王庆辉）

液压式启闭机 hydraulic operated gate lifting device

利用液体油压作为动力传送方式的推拉杆式闸门启闭机。由推拉杆、液压系统和动力装置构成。液压系统由油泵、油缸、活塞杆、控制阀及液压元件等组成。推拉杆一端铰接于门扇，另一端与活塞杆相连；当电动机驱动油泵时，高压油进入油缸，油压力驱使活塞杆运动，从而带动推拉杆运动启闭闸门。启闭力的大小主要决定于液压系统的工作压力和活塞杆的受荷面积，在一般情况下液压系统的工作压力不大于12兆帕。这种启闭机的优点是：能利用较小的动力获得较大的启闭力，且启闭力大；工作平稳；操作简便；便于调速；结构紧凑；重量较轻；便于布置。但制造、安装和维修的技术要求较高。多用于启闭力较大的船闸门上。

（詹世富）

yi

一级公路 the first class highway

计算行车速度 $100\sim 60$km/h，一般能适应按各种车辆折合成小客车的远景设计年限年平均昼夜交通量为 15 000～30 000 辆，连接高速公路或是某些大城市的城乡结合部、开发区经济带及人烟稀少地区，可供汽车分向、分道行驶并部分控制出入、部分立体交叉的干线公路。路面采用沥青混凝土、热拌沥青碎石或水泥混凝土。

（王金炎）

一面坡斜面升船机 inclined ship lift with one slipway

只在挡水闸坝下游建造可供承船车升降的斜坡道的斜面升船机。一般用上、下闸首将承船车、斜坡道等主体结构与上、下游航道隔开。船舶由上（下）游航道通过上（下）闸首驶入承船车，载运船舶的承船车沿斜坡道上下运行，从而使船舶顺利通过航道的集中水位落差而驶入下（上）游航道。也有只在斜坡道上游端设置闸首，而在下游端不设闸首承船车沿斜坡道直接驶入下游航道至承船车内水面与下游航道内水面齐平时，开启承船车的厢头门，船舶即可进出承船车。

（孙忠祖）

一氧化碳发生量 carbon monoxide emission

每辆汽车行驶 1min 或运行 $1t\cdot km$ 所排出的一氧化碳体积。汽车在空档行驶、启动、减速和加速时，燃料不能充分燃烧，都要排出大量的一氧化碳。在交叉口和交通拥挤的道路上，容易出现高浓度的一氧化碳污染。汽油车的一氧化碳的发生量远远超过柴油车。地球大气圈中的一氧化碳有80%以上是由汽车排放出来的。汽车拥有量多的城市中的这个比例更高。

（文旭光）

一氧化碳容许浓度 permissible concentration of carbon monoxide

交通环境的空气中所容许存在的一氧化碳的浓度。主要限制路段在隧道内，容许浓度 δ 以ppm（百万分之一）表示。正常运行时 $\delta\leqslant 100\sim 200$ppm；事故或短暂高峰时 $\delta\leqslant 250$ppm；正常运行时，隧道内纵向通风的出口处 $\delta\leqslant 250$ppm。

（文旭光）

一字闸门 single revolving gate

又称单扇旋转闸门。绕垂直轴转动的单扇平面闸门。关闭时，闸门所承受的水压力由两侧门柱直接传到闸首边墩上；开启时绕轴转动90°至门龛内。闸门启闭需在静水条件下进行。一般只能承受单向水头，当承受双向水头时，需在垂直转轴上增设多组双向拉杆，而在另一侧门柱上设多根撑杆，以支承闸门上所承受的反向水压力。这种闸门结构简单，制

仪表跑道 instrument runway

除装有目视助航设备外还装有无线电导航设备,供飞机用仪表进近程序飞行的跑道。对这类跑道,驾驶员以仪表系统引导为主,目视助航为辅,甚至完全依靠仪表引导操纵飞机着陆。因此,不论简单气象条件还是复杂气象条件,即无论能见度的好坏,均能保证飞机着陆。根据装有无线电导航设备的完善程度,仪表跑道还可分为非精密进近跑道和精密进近跑道。
(陈荣生)

仪表着陆系统 instrument landing system

以仪表引导飞机着陆的外部无线电导航设备。由航向信标台、下滑信标台和指点信标台组成。用来引导飞机正确地完成着陆下滑阶段的飞行活动,使飞机安全着陆。
(钱绍武)

移动信号 movable signal

可随时设置或撤除的信号设备。用于线路发生故障或维修施工时,需要临时防护的地段,指示列车减速运行或停车。它采用信号牌。显示方式为:停车信号——昼间为红色方牌,夜间为柱上红色灯光;减速信号——昼间为黄色圆牌(牌上有限速公里数),夜间为柱上黄色灯光;减速防护地段终端信号——昼间为绿色圆牌,夜间为柱上绿色灯光。
(胡景惠)

移位指数分布 shifted exponential distribution

交通流理论中在低流量情况下,车流的车头时距分布和不能超车的单列车流的车头时距分布应服从移位指数分布:
$$P(h < t) = 1 - e^{-[(t-\tau)/(T-\tau)]}$$
式中 τ 为某给定的时间间隔;T 为均值。它克服了负指数分布理论中大量出现而实际上不可能出现小于1s的短时距问题。
(戚信灏)

舣装 fitting out

对新船安装船机、管系、电气设备及进行上部建筑等工作内容的通称。舣装一般在专用的舣装车间及舣装码头进行。
(顾家龙)

舣装码头 fitting-out quay

专供船舶进行舣装工作的码头。船体在滑道或船坞中建成下水以后,需拖到码头旁安装船机、管系、电气设备以及船舶的上部建筑等。这些工作称为舣装。它要求有良好的起重运输条件及必需的动力设施,并尽可能靠近主要的舣装车间。新船为空载,吃水浅,所以码头水深较一般货运码头为小。但码头前水域要求有良好的防浪掩护条件。它也可兼作试车码头和修船码头使用。
(顾家龙)

异型方块码头 modified cube quay wall

见方块码头(76页)。

异型轨 compromise rail

有两个不同轨型断面轨端的特型钢轨。用于需要设置异型接头处。当两种不同类型的钢轨相连接时,通常用异型夹板将两种不同轨型的轨端直接相连,组成钢轨异型接头。由于较普通接头的强度差,且更不易保持。使用这种特型钢轨,可将两种不同轨型的连接轨分隔开来,在其两端分别设置不同轨型的普通钢轨接头。这是加强不同类型轨道结合部强度和提高稳定性的有效技术措施。
(陆银根)

异型接头夹板 compromise joint bar, compromise fish-plate

又称异型鱼尾板。两半部分的断面尺寸不同,用以联结两根不同类型钢轨的联结板。
(陆银根)

易行车 easy rolling car

单位基本阻力数值和单位空气阻力数值之和较小的车辆。驼峰设计中的易行车一般定为满载的中载重量敞车。这种车辆在全路车辆总数中占有较大的百分比。其全称应为计算易行车。
(严良田)

驿道 ancient post road

又称驿路。中国古时为传递官府文书的人员和往来官员通行而修筑的大路。驿道沿途十里设亭,三十里设驿。驿站为传递文书人员和往来官员提供饭食、休息、暂住或换车、换马。驿站上备有专用的车和马,这种车和马称为传车(或驿车)和驿马。
(王金炎)

溢洪船闸 navigation lock with overflow face

可以兼负泄洪任务的船闸。山区和丘陵地区的河流比降大、洪水暴涨暴落、洪峰历时短、水位变幅大、河道断面较小;为了节省工程投资有时将船闸兼作泄洪用。这种船闸在洪水不通航期间关闭上游工作闸门,而将下游闸门敞开,洪水溢过上游闸门门顶及闸室墙顶进入闸室,经下闸首口门泄入下游;在闸室墙和底板的结构布置上应能满足泄洪的要求。
(詹世富)

翼轨 wing rail

安装于锐角辙叉的叉心两侧和叉尖前方,前半段作为走行轨、后半段与叉心工作边相对并组成辙叉轨缘槽的折线形钢轨。有用普通钢轨经弯折刨切而成,也有用锰钢与叉心一起整体铸造。
(陆银根)

yin

引潮力 tidal generating force

由天体间的引力作用使地球上大洋水域产生潮汐现象的原动力。是地球上单位质量的物体所受到的天体引力,与因地球绕地-天体公共质心运动所产生的惯性离心力的合力。天体中以月球对地球的引潮力最大,其次为太阳,其他天体因距地球较远,影响较小。月球和太阳的引潮力可分解为垂直和水平方向的两个分量。引潮力的量值与天体的质量成正比,与天体到地球中心距离的三次方成反比。月球引潮力约为太阳引潮力的2.17倍,由此可见,海洋潮汐现象主要是由月球引潮力引起的。

(张东生)

引潮势 tide generating potential

将地球表面单位质量水质点朝地心移动时,因反抗引潮力作用所做的功。在地球表面空间存在着引潮力场,质点在引潮力场中移动时就要作功。在地心处单位质点受到引力和离心力大小相等,方向相反,引潮力等于零,引潮力势也为零。地球表面上水质点受到引潮力作用,将其移出地心时需要做功,即为该点的引潮力势。将引潮力势的表达式取偏导数即得引潮力。

(张东生)

引导信号 calling-on signal

当进站信号机、接车进路信号机发生故障不能接车,或向联锁区域以外的线路接车时所采用的接车信号。其表达方式为进站色灯信号机或接车进路色灯信号机为同时点亮一个红色灯光和一个月白色灯光;用手信号时昼间为高举头上左右摇动展开的黄色信号旗,夜间为高举头上左右摇动的黄色灯光。表示列车可以不停车以规定的低速驶入车站,并随时准备停车。

(胡景惠)

引道 approach

连接道路与桥梁、隧道、立交桥等的坡道。其范围是指道路现地面标高起与桥头接顺的路段。引道定线位置和方向,一般应符合道路规划中心线位置的要求,引道中心线与相交道路中心线应尽可能正交或接近正交;如不可能时,其斜交角度不小于45°,并应选择在相交道路的直线地段相交。

(顾尚华)

引航道 approach channel, lock approach, lock guide

连接船闸与航道之间的一般过渡性航道。其作用是引导过闸船舶(队)安全顺利地进出船闸。联结上闸首的称上游引航道,联结下闸首的称下游引航道。其内设有导航和靠

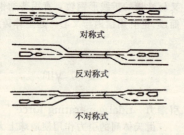

对称式

反对称式

不对称式

船建筑物,其平面布置的基本型式有对称型、反对称型和不对称型等3种。对称型的中心线与船闸纵轴线的延线重合,两侧边线从闸首口门外开始呈喇叭形对称逐渐向两侧拓宽。反对称型和不对称型的中心线与船闸纵轴线的延长线不重合。反对称型的上下游引航道向不同的岸侧拓宽。不对称型则上下游引航道向同一岸侧拓宽。平面布置根据船闸的线数,设计船型,通过能力等结合地形、水深、泥沙等条件研究确定。其主要尺度有引航道长度、引航道宽度和引航道水深。主要决定于设计船型,水域条件和过闸方式等。

(吕洪根)

引航道标志灯 beacon light of approach channel

标示岸线的轮廓和航道的边界的航行标志灯。设置在引航道两侧岸边,其间距根据引航道的宽度及航道的弯曲情况确定。

(詹世富)

引航道长度 approach length

主航道至船闸闸首外缘间引航道轴线的长度。一般包括:船舶进出闸时必须沿船闸轴线直线行驶一艘(队)船长的距离L_1;由船闸轴线转入会让行驶的转向距离L_2;平行错船距离L_3和由错船线上转到正常航行线上的过渡段L_4等4部分组成。对称式引航道总长度为上述四段总长度之和,除过渡段L_4外,约相当于3.5倍闸室有效长度;非对称式引航道长度,约相当于3.5~4.0倍闸室有效长度。当引航道直接与河流,水库或湖泊连接时,可不设过渡段;如水域宽阔,其长度可适当缩短。

(吕洪根)

引航道导堤 leading bank, guard jetty (wall)

将引航道和河流分隔开的防护建筑物。其作用是保护引航道中水流平稳,使船舶安全停靠和过闸。常由土石抛筑并用块石护坡构成。其长度和布置形式,常由模型试验进行分析确定。堤顶宽度视风浪大小和道路要求等决定。堤端常设有航行标志。

(吕洪根)

引航道口门区 entrance area of lock approach

船闸引航道进出口处一定范围的水域。宽度为引航道口门宽,长度为1.0~1.5倍拖带船队长或2.0~2.5倍顶推船队长。为了满足船队安全通畅地进出引航道,该水域的水面最大流速应加以限制。应尽量避免出现不良的流态,如泡漩、乱流等,并要考虑风浪、泄水波、涌浪等的影响,如条件限制不能避免时,则要采取措施,消减至无害程度。

(吕洪根)

引航道宽度 approach width

最低通航水位时,满足设计最大船舶(队)有航

行偏差时错船所需要的引航道航槽宽度。一般根据在其中行驶和停泊的船舶(队)的线数确定。单线船闸引航道宽度通常按一侧停靠有等待过闸的船舶(队),并考虑在船与船之间加一定富裕宽度确定。一般等于 $2.5b_c + b_{c1}$,式中 b_c 为设计船舶的宽度,b_{c1} 为一侧等待过闸船舶(队)的总宽度。

(吕洪根)

引航道水深 approach depth

最低通航水位时引航道的最小水深。一般大于 $(1.4\sim1.5)T$,T 为设计船舶(队)的满载吃水,通常与船闸的门槛水深相等,即引航道底的高程一般与船闸闸槛顶的高程相同。在泥沙淤积严重的河流上,应根据淤积的情况适当加深,并考虑相应的维护措施。

(吕洪根)

引桥式码头 L-shaped or Π-shaped pier and approach trestle

前沿与船直接接触的装卸平台用引桥与后方岸线连接而组成的码头。引桥解决前后方的交通联系。其数量与尺度,根据运输量

的需要确定。有单引桥、双引桥等多种。当靠船力较大时,要适当加强码头的横向刚度,例如加大平台宽度,增加斜桩和合理布置引桥位置等。引桥式码头多用客运码头、客货码头、舣装码头和货运量较小的货主码头。用引桥代替连片式结构,可以节省投资。

(杨克己)

ying

鹰厦铁路杏集海堤 Xing Ji Sea Wall of Ying Xia Railway

鹰厦铁路跨越杏集海湾,采用抛石填海筑成的海中路堤。总长为 2.82km,从 1955 年 10 月开工,仅一年多时间,完成了填砂 7 万余 m^3,砌石 88 万余 m^3 的巨大工程。水力填筑路堤高 6~17m,方法是底部填砂,路堤坡脚铺设压载护堤。在路基面的外海一侧筑防浪胸墙阻挡海水进入路基。为抵挡潮水冲向海堤的波浪翻卷力,海堤边坡全用花岗岩条石铺砌。除 1959 年一次十一级台风,浪潮袭击防浪胸墙,墙身曾移动 10~20cm 外,工程经受住了多年台风考验。

(池淑兰)

应急停车带 emergency stopping lane

高速公路和一级公路右侧硬路肩的宽度小于 2.50m 时设置的供临时停驶汽车用的地带。有效长度不小于 30m,包括硬路肩在内的宽度为 3.50m,设置间距不宜大于 500m。

(李 方)

yong

涌潮 tidal bore

发生于潮差较大的喇叭形河口或海湾的状如直立水墙向前迅猛推进的特殊潮汐现象。涨潮时,潮波传入河口或海湾后,因水域骤然缩窄和底坡变陡,能量集中,使潮振幅骤增。同时,潮波靠近底部的水体受床底摩阻等影响而速度变缓,从而使潮波波峰的前坡面较后坡面为陡,且随着水深减小和河流顶托而逐渐加剧。在经过一定距离后,潮峰壅高前倾,形成直立潮头,来势极为快速。中国杭州湾钱塘江口和加拿大芬地湾皆以此奇特景观而举世闻名。

(张东生)

涌浪 swell

又称余波。当风浪传出风区后或当风力衰减、平息后水体在重力和惯性力的作用下继续波动而存在的波浪。属自由波。其波面较为平缓圆滑,波形对称,波长和波周期增大,波向较稳定,波峰线较长。

(龚崇准)

you

油船 oil carrier, oil tanker

载运散装石油类液货的货船。按载运油的种类,分原油船和成品油船,成品油船主要载运轻、重柴油、汽油、润滑油等。载重量一般在 3 万 t 以下。为便于同时装运不同品种的油,货油舱分隔较多,并设有专门的油泵和油管装卸系统,以免不同品种混杂而影响成品油质量。为取得更高的经济效益,原油船向大型化方向发展,20 世纪 80 年代以来,超大型原油船的载重量已发展到 55 万 t。船上设有专门的油泵和油管系统,油管装卸系统与各同油货种的油舱相通,能在几小时到一昼夜将全部货物装卸完毕。这种船机舱多设在船尾,只设单甲板。由于石油易于挥发、燃烧、爆炸,对防火安全要求严格。根据装运油种的不同,应有相应的降温、探火、防火、灭火、防爆等安全设施。一般中小型船均设污油舱,以存放洗舱水。为保证空载航行的稳性,货油舱也可作压载水舱,含油压载水须经处理后方可向海洋排放。

(吕洪根)

油港 oil terminal

供石油(原油或成品油)装卸用的专业性港口。石油系液态危险品,所需设施和布置与其他港口有异。表现在:船舶不一定直接靠岸,有时只设置水上靠、系船设施;船岸的连接和输送主要靠管线系统(水上或水下)和相应的泵房、油库等;需要保持油路

通畅的加温设备；严密的消防设施；防止油污染设施和污水处理场地。油港位置的选择必须慎重考虑安全问题，和其他建筑物、港区之间要有足够的间隔，并尽可能位于下风、下游、僻静的场所。

（张二骏）

油隔膜泵 Mars pump

又称马尔斯泵。活塞通过油隔膜作用在浆体上增加浆体机械能的特殊活塞泵。可防止磨蚀性浆体对活塞和缸壁的磨蚀。该设备除往复式活塞泵外还有供油油箱，油隔膜室及进出口阀组成。

（李维坚）

有砟轨道 ballasted track

采用碎石、筛选卵石或其他散粒材料道床构成的轨道。是传统轨道结构的基本特征。由于散粒道砟的加工简单，易于铺设成形，便于轨道养护维修作业，便于修复，以及中国碎石道砟料源丰富，一般都能就地取材，成本低廉。所以，碎石道砟轨道一直是中国铁路轨道的主要结构型式。

（陆银根）

有害坡度 harmful gradient

列车沿陡长下坡道惰行时，因受速度限制而需施行制动的坡度。列车在该坡道上运行时，一方面使列车在坡顶具有的位能，因制动而消耗一部分，不能充分被利用；另一方面闸瓦、轮箍和钢轨因制动而磨损加剧，并使线路被扰动，从而使运营费增加。

（周宪忠）

有限投资方向决策 policy orientation limited investment

分阶段实施的道路网规划方案，以有限投资为约束条件，全路网整体效益最佳为目标，确定本阶段实施工程项目的决策模型。中国现用的决策模型为分解协调法和分枝定界法等。

（周宪华）

有效波高 significant wave height

在不规则的、随机的波列中代表该波列能量的某一特征波高 H_s。根据波高统计分布认为它对应于 1/3 大波平均波高 $H_{\frac{1}{3}}$ 或波列累积频率为 13% 的波高 $H_{13\%}$。中国《港口工程技术规范》规定斜坡式防波堤、海堤等斜坡式建筑物的护面块体的稳定性取有效波高为设计的特征波高。

（龚崇准）

有效黏度 effective viscosity

流体在管路中流动时，管壁处切应力 τ_w 与平均切应变速度 $\frac{8v}{D}$ 之比值 μ_e。

$$\mu_e = \frac{\tau_w}{\frac{8v}{D}}$$

对于宾汉塑性流体和伪塑性流体其值分别为：

$$\mu_e = \eta \left(1 + \frac{\tau_0 D}{6\eta v}\right)$$

$$\mu_e = k \left(\frac{8v}{D}\right)^{n-1} \left(\frac{3n+1}{4n}\right)^n$$

式中 η 为流体刚度系数；τ_0 为屈服应力；D 为管子直径；v 为平均流速；k 及 n 为表征伪塑性流体的常数。

（李维坚）

有效土方 effective cut

为达到挖槽设计要求的尺度所计算出疏浚工程的水下天然土方量。包括设计挖槽的土方，容许的超深、超宽土方和挖泥不平整的预留量三部分之和。在基建性挖槽的施工中，超过设计回淤所重复挖掘的土方量也应计算在内，但应有中间检测地形图为依据。

（李安中）

yu

淤积流速 deposition velocity

用管道输送非均质浆体时，在管道底部出现固定的或滑动的颗粒层时的速度。目前有关淤积流速的经验性及半经验性公式很多，由于各家试验条件、临界条件不尽相同而造成差异，因此工程上只是把算出来的值作为参考，主要还是要通过同管径的实验来确定。

（李维坚）

淤泥质平原海岸 muddy-plain coast

沿冲积平原或冲积海积平原外缘发育而成的低缓平坦的海岸。组成海岸带的物质以含有粉粒和黏土颗粒的淤泥为主，其中值粒径小于 0.05mm。这类海岸主要发育在地质构造上的沉降凹陷地带和大河入海口附近，河流下泄的大量沉积物对海岸的形成和发育有密切关系。其特点是岸线较平直、岸坡平缓，潮间带浅滩宽而广。潮流为泥沙输运的主要动力因素，泥滩面上发育有潮水沟；波浪在掀沙和季节性冲淤变化方面也起着积极的作用。中国杭州湾以北、长江淮河下游的苏北平原、黄河下游的华北平原及辽河下游的辽河平原沿岸都有淤泥质海岸分布。在淤泥质平原海岸建港，应注意防止港口、航道的严重淤积。

（顾家龙）

余摆线波 trochoidal wave

波面曲线为圆余摆线的深水前进波。由格斯特纳（F. Gerstner）提出：当水深 $d \geqslant 0.5L$ 时，波动水体的水质点作圆周运动；ox 轴取波浪中线（不同于微幅波理论取静水面），自由表面的波面方程为一圆余摆线：

$$\begin{cases} x = x_0 - \dfrac{H}{2}\sin kx_0 \\ z = -\dfrac{H}{2}\cos kx_0 \end{cases}$$

H 为波高；L 为波长；k 为波数，$k=\dfrac{2\pi}{L}$；x_0 为水质点在静止时的坐标。圆余摆线的转圆半径 $R=\dfrac{L}{2\pi}$，在波面的波峰处较为尖陡而波谷处较为平坦，上下不对称。其波浪中线超高 $\xi=\dfrac{\pi r^2}{L}=\dfrac{u^2}{2g}$，$r$ 为水质点轨迹圆的半径，u 为水质点沿轨迹圆的切向速度，表明其波浪中线超高 ξ 等于该水质点的速头 $\dfrac{u^2}{2g}$，即波动时水体的位能有所增加。在自由表面处 $\xi_0=\dfrac{\pi r_0^2}{L}$ $=\dfrac{\pi H^2}{4L}$。

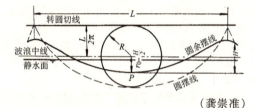

（龚崇准）

余流 residual current

实测海流矢量中除去纯潮流后所剩下的部分。海洋中实际的海流由周期性潮流和余流两部分组成，其流速矢端的迹线远较单纯的周期性旋转潮流和往复潮流复杂。通过潮流调和分析，可将周期性的全日周潮流、半日周潮流从综合海流中分离出来，余下的部分即为余流。全日周潮流和半日周潮流的矢端迹线为椭圆形状，余流则指向一定方向。余流一般包括风海流、密度流、径流等。在河口地区一般以径流为主。余流的流向常是泥沙输送和污染物质扩散运移的方向。余流分析常是研究海岸带泥沙输送和环境保护工程的有效手段。（张东生）

鱼型浮

形状如鱼形的浮标浮体。用钢板制成，尾部有平衡舵板，前部有左右翼板，标身系在其后面，多设在急流水域中，由于鱼形的尾部翼板等作用，浮体可保持稳定方向和位置，使系在其下游的标身不致受急流冲击摆移不定，可起领水浮体的作用。

（李安中）

渔港 fishing port

为渔轮停泊、避风、装卸渔获物和渔需物资而专门设置的港口，也是渔轮船队的基地。渔轮吨位小，成群出入；捕期受到气候的密切影响；渔获物极易腐败，需要冰盐等保鲜物资和能迅速加工、存储的设施；渔网等捕捞工具要有一定的晾晒、修理场地。这些构成了有别于其他港口的特点。一般要有相当平稳的水域，宽敞的口门，适宜于渔获物的装卸设备，加工厂，冷藏库，冰库，晾晒场地和渔轮修理厂等。视服务对象的不同，可分为远洋渔港和近海渔港。其规模和设备略有差别。（张二骏）

预告标 station-approach warning sign

表示接近进站信号机的标志牌。每个进站信号机前安设 3 个，各涂成白底带有 1 条、2 条、3 条黑斜线的长方形标志牌，分别安设在列车前进方向线路左侧，距离进站信号机 900m、1 000m、1 100m 处，用来表示列车已接近进站信号机，预告司机注意瞭望。预告标上每条斜线表示 100m，即表示到制动距离（800m）的始点还剩几百米。在设有预告信号机及自动闭塞的区段，均不设预告标；在双线区间退行的列车看不见邻线的预告标时，在距站界标 1 100m 处另设一个有 3 条黑线的预告标。（吴树和）

预留沉落量 reserve settlement

又称预加沉落土。填筑路堤时，用以抵消运营期间产生的某些沉落，而预先比设计高程加填的高度。一般为路堤填高的 1%～3%。路堤虽经压实，运营期间仍将产生某些沉落。预加了沉落土，可减少运营时起道垫碴的工作量。（池淑兰）

预留深度 preparatory depth

又称备淤深度。为考虑挖槽可能回淤而增加的开挖深度。其值按疏浚后至下一次维护性疏浚前的维护周期内，挖槽可能回淤的厚度确定，其大小与回淤强度密切相关。挖槽在洪淤枯冲的条件下，一般多在洪水退落过程中进行维护性疏浚，使降至最低通航水位时能满足通航水深的要求。枯水期间水流挟沙能力较低，回淤强度小，挖槽比较稳定。由于各种水情下的回淤强度不同，预留深度必须与疏浚的时间综合考虑确定。（李安中）

预信号 presignal

在距离原有信号不远的上游处设置的预示性交通信号。一般设一台或几台信号机，在上游处的红灯时间比在下游处的稍长一些，促使驾驶员加速或减速以配合规定车速和时间通过下游信号，不致因红灯受阻。（李旭宏）

预应力混凝土路面 prestressed concrete pavement

对水泥混凝土路面面板施加预压应力而构成的高级路面结构。其作用是抵消一部分轮载和温度产生的弯拉应力，因而板厚可减薄到 10～15cm，板长可增加到 100～150m。预加应力可采用三种方式：(1)无筋预应力——在板两端埋设墩座，用千斤顶对混凝土板施加压力；(2)有筋预应力——利用钢丝束或钢筋的张拉使混凝土受压；(3)自应力——采用膨胀水泥使有筋或无筋的混凝土面板产生预压应力。预应力混凝土路面的用钢量一般为 $2.7 kg/m^2$，比连续配筋混凝土路面的用钢量少得多，但所需的施工设备和工艺较复杂。1945 年法国首先修筑了这类路面；中国 1960 年在上海修建过两段无筋预应力混凝土试验路。目前，这种路面仍属试验阶段。

（韩以谦）

预应力锚索抗滑桩 non-skid pile with pre-stressed anchor rope

由钻孔桩、预应力锚索和锚具组成的联合抗滑结构。如图所示，它可将滑坡推力通过锚索传到锚固段的稳固岩层中。近年来，中国在治理滑坡中，为改善抗滑桩的受力状态，减少桩身内力和变位，在桩顶施加强大的预应力锚索穿过滑体锚固于岩层中，桩身用钻孔桩以减少开挖工程，提高施工速度。

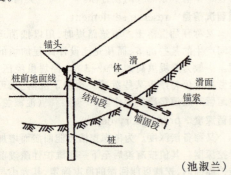

（池淑兰）

御道 imperial road

波斯大流士一世统治时期（公元前 522 年～公元前 486 年）所修筑的道路网中规模最大的一条。从小亚细亚海岸的以弗斯所经撒尔迪斯，通过美索不达米亚的中心区，到王都苏撒（Susa，今迪兹富尔西南），长约 2 400km，沿途分设驿站。原为迅速调动军队之用，但也起了便利商队同地中海沿岸各国进行贸易的作用。

（王金炎）

yuan

圆盘式启闭机 operating machinery with disc device

传动系统由推拉杆、轮盘和传动齿轮所构成，启闭人字闸门和三角闸门的推拉杆式启闭机。推拉杆一端与门扇铰接，另一端与轮盘铰接，轮盘圆周上装有扇形齿轮与具有锥形齿轮的传动轮啮合。电动机驱动传动齿轮带动轮盘转动，从而使推拉杆运动以启闭闸门。这种启闭机使闸门的转动速度在启闭的开始和结束阶段是渐变的，可减轻闸门在启闭过程中所受到的冲击；布置在水面之上，便于安装检修；但轮盘的尺寸及启闭机重量较大；占用闸首的面积也大，往往造成闸首结构和有关设备的布置困难。多用于启闭力较小的人字闸门上。

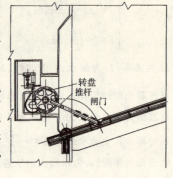

（詹世富）

圆曲线 circular curve

以一定半径的圆弧构成的铁路线段。按构成圆曲线半径的个数，分为单曲线和复曲线。为了由直线平顺地过渡到圆曲线，其两端要设置缓和曲线。曲线路段，路基要向外侧加宽，轨距要向内侧加宽，轨道要设置外轨超高并要采取加强措施。为了减少曲线对行车的影响，铁路定线时，尽可能选用适应地形变化的较大半径的圆曲线。

（周宪忠）

圆筒阀门 cylindrical valve

设在船闸输水廊道控制井式孔口输水，外形成圆筒状的阀门。阀门开启时，水流经圆筒周围的蜗室环绕筒底缘开启的缝隙向下注水而进行输水。按构造可分为高、低圆筒阀门两种。后一种又分为敞开式和封闭式。高圆筒阀门均为敞开式，圆筒高度大于直径，关闭时圆筒上缘高出上游水面。低圆筒阀门的圆筒高度小于直径，圆筒上缘淹没在上游水面之下；敞开式内壁与上游水位相通，当阀门提升时，水流穿过圆筒内部底孔而流入廊道的水平段；封闭式由上下两个圆筒组成，上圆筒固定在竖直廊道的孔口上，筒顶封闭；活动的下圆筒是敞口的，套在上圆筒之内，输水时提升下圆筒，水流经蜗室从下圆筒底部升起的孔口流往廊道的水平段。圆筒阀门适用于有帷墙的上闸首和中闸首。当船闸水头较小时，可用高圆筒阀门和敞开式低圆筒阀门；水头较大时，可用封闭式低圆筒阀门。此外，它还能承受圆筒

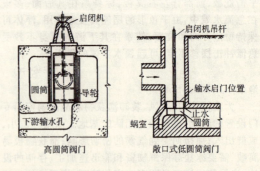

内外双向的水压力,可用作省水船闸贮水池的阀门。
（詹世富）

圆心角 central angle
道路平曲线段中曲线起点至曲线终点圆弧所对的中心夹角。其值 α 与圆弧长度 L 及曲线半径 R 之间的关系是：

$$L = \frac{\pi}{180}\alpha R$$

（冯桂炎）

远破波 broken wave
又称破后波。在直墙式防波堤等直墙式建筑物前半个波长以外的水深 d 小于破碎水深 d_b,前进波行近时在破碎水深 d_b 处发生破碎之后作用在直墙上的波浪。
（龚崇准）

yue

月平均日交通量 month average daily traffic, MADT
一个月内各日交通量的平均值。即全月各日交通量之和除以该月日数所得的值。依此绘制全年季节交通变化图。月中各日要连续进行交通量观测,观测地点、时间、记录方法以及车辆换算系数应一致。
（文旭光）

越岭线 mountain line
翻越分水岭地段的铁路和山区公路路线。在铁路线路中它通常是沿通向分水岭的河谷向上游引线,以隧道或路堑穿越垭口,再沿分水岭另一侧的河谷向下游引线。定线时,应进行大面积地质、地形勘测,选择好越岭垭口、引线河谷和越岭隧道的长度和高程。越岭垭口应靠近线路直短方向,高程较低或山体较薄。分水岭两侧的引线河谷应选择地形开阔,地质条件较好,并设计与河谷纵坡相适应的最大坡度,避免过多展长线路。越岭隧道和高程应按垭口两侧的地面纵坡情况选定;发展趋势是采用较长隧道,以压低设计高程,减少两侧线路的人工展线。越岭地段的线路一般高差大、地形困难、地质复杂,工程巨大而集中,对工程投资和运营条件的影响甚大,通常是选线工作的难点,应认真做好方案研究和比选。

在山区公路中由于路线在山脚下的起坡点与山脊上制高点(垭口)之间相对高差较大,布线时需要利用垭口两侧的有利地形展长路线,以合适的纵坡克服高差,必要时需进行方案比较,力求线形合理和造价低廉。
（周宪忠　周宪华）

越岭运河 summit canal
跨越分水岭以连接两条互不沟通的河流的运河。一般多为设闸运河,如连接俄罗斯伏尔加河和顿河的伏尔加—顿运河。
（蔡志长）

越行站 railway overtaking station
在双线铁路上,办理列车的接、发和相同方向列车越行的铁路车站。其目的在于保证双线铁路具有必要的通过能力,一般不办理货运业务。除铁路正线外,仅设置列车到发线和通信信号设备。
（严良田）

越野汽车 cross-country vehicle
不仅能在道路上行驶,而且能跨越无道路旷野的汽车。分为军用和民用两类,军用越野车分为高越野车(战术车辆)与一般越野车(后勤车辆)。民用越野车主要为林业、地质勘探、石油工业等行业使用,在道路状况不佳的地区也可用于工农业运输。越野汽车采用低压宽断面轮胎,这类汽车的爬坡度应达 60%,并能在 40% 的侧坡上行驶,要求有较高的平均速度和可靠的制动和紧急转向系统,前、后轴全部驱动,通常为双轴驱动,也有采用三轴驱动,以提高越野能力。
（邓学钧）

yun

运河 canal
古称沟、渠、漕渠、运渠。人工开凿的航道。其作用是：用以沟通不同水系的河流、湖泊以连成四通八达的航道网;沟通海、洋之间的地峡,避免迂回运输;连接河流或海洋与城镇或工厂企业,把水运路线直接延伸至货流据点,减少货物的中途倒载和转运;绕过天然河流和湖泊中的航行障碍或航行条件不良的区段。此外,还能结合灌溉、排涝、城镇供水等方面的需要,综合利用水资源。按所处的地理位置及航行船舶的类型分为海运河和内陆运河。按所起的作用分为连接运河、旁侧运河和分支运河。按设闸控制与否分为开敞运河和设闸运河。
（蔡志长）

运河断面系数 canal cross section coefficient
设计最低通航水位时,运河过水断面面积与其设计船舶(或船队)舯浸水横断面面积的比值。是运河断面设计的重要数据,直接影响运河基本尺度以及工程投资和营运费用。该系数愈大,则运河断面面积大,船舶航行阻力小;反之则阻力大。正确选用合理的数值应根据经济航速,经过多方案比较确定。一般大于 6~7。
（蔡志长）

运河供水 water delivery for navigation canal
运河耗水量的供给。运河水源是开挖运河的基本条件。水源匮乏,水深就不足,通航就没有保证。维持运河正常通航需消耗一定的水量。其来源主要来自天然河流、湖泊、海洋或人工水库等。供水方式根据水源和地形条件可分为自流供水和机械供水。运河如流经天然水源丰富而水位又高于运河水位的地区，可采用自流供水；当运河水位低于地下水位时，也可部分由地下水供给；当受地形和水源条件的限制，特别是在运河跨越分水岭，自流供水有困难时，可完全或部分采用水泵抽水等机械供水措施。

（蔡志长）

运河耗水量 water loss of canal

运河在使用期间所消耗的水量。在开敞运河中，主要包括运河沿程渗漏所损失的水量和水面蒸发损失水量等，有的还需加上相应的综合利用所需的水量。在设闸运河中，还应包括船舶通过船闸所需的过闸用水量和闸、阀门的漏水量。耗水量必须得到及时的补给，以保证维持运河的最小通航水深。

（蔡志长）

运河护坡 revetment for canal

保护运河岸坡的工程措施。主要是防御船行波和船舶螺旋桨所引起的强大水流对岸坡的淘刷以及运河中水流、水位的变化和雨水、地下水的侵蚀等对岸坡所可能引起的破坏。保护范围通常是在船行波影响的区域。上界一般是在设计最高通航水位加船行波的爬升高度。下界是在设计最低通航水位以下一定深度，其值应大于船行波的下滚高度。护坡型式主要有草皮护坡，抛石或石块（混凝土块、石块等）护坡、混凝土和钢筋混凝土护坡、沥青和沥青混凝土护坡以及法兰布等化纤材料护坡等。主要根据岸坡的土质、船行波的大小、水流流速和水位变幅、当地建筑材料和施工条件等进行分析比较选定。

（蔡志长）

运河基本尺度 basic dimension of canal

运河的水深、宽度和边坡的统称。其大小取决于设计船舶的大小和航行速度。由于运河深度和宽度受到开挖工程量的限制，船舶航行阻力较大，其基本尺度应满足限制性航道尺度的三个要求；①运河断面系数应大于 $6\sim7$；②运河的水深（H）与船舶吃水（T）的比值不小于 $1.6\sim1.7$；③运河的宽度（指船底处的水平宽度）按双线航道设计，即等于 $(2.6\sim2.8)B_F$，B_F 为航迹宽度（参见"航道宽度"）。运河的边坡一般为 1:1.5 至 1:3 或更缓，根据两岸土质而定。

（蔡志长）

运河选线 route selection of canal

根据区域航运规划的要求，按货流的数量和流向选定运河线路走向的工作。它直接关系到运河工程投资的大小及其航运和综合利用水资源的效益。首先应满足航运的要求，在地形、水文、地质等自然条件许可下，要求线路尽可能的短，以节省投资和便于航行。其次要结合工农业发展，满足沿河建厂的需要，尽可能靠近城镇和工厂企业等货流据点，与城镇的发展规划密切结合，适应远景货运的发展。第三应尽可能兼顾综合利用水资源的各方面的要求。此外，应尽可能通过工程地质较好的地带以节省工程投资并减少水量损失。通常要进行多方案的技术经济论证择优确定。

（蔡志长）

运河纵坡降 longitudinal gradient of canal

运河河底顺水流方向的坡降。其大小决定于所连接的水域的水面高程和线路的长度，应使运河中的最大流速不超过船舶航行的容许流速和河床的不冲流速，以免增加船舶航行阻力和引起河底的冲刷。在运河水流中含有悬移质泥沙时，其最小流速应能保证泥沙不致淤积。

（蔡志长）

运量不平衡系数 unbalanced coefficient of freight

一年中通过船闸的最大月货运量与平均月货运量的比值。反映货物运输受季节性、水文气象及运输组织等方面因素的影响，所引起过闸货运量的不平衡性。在计算船闸通过能力时，引入该系数以得出实际过闸货运量。可根据统计资料求得；一般为 1.3～1.5。

（詹世富）

运量适应图 suitable diagram of traffic growth

表明各年度铁路各种加强措施的输送能力与铁路货运量之间相互关系的曲线图。横轴表示设计年度，纵轴表示年货运量或输送能力。货运量随设计年度逐年增长，为一条上升曲线；输送能力随各种加强铁路能力的措施不同而各异，同一加强措施，因旅客列车、零担、摘挂货物列车逐年增加而减少，是一组下降曲线。两组曲线的交点表示该种加强措施能适应运量的年度，阴影部分表示富裕的能力。由图上可提选各种逐步加强铁路能力的方案，供分析研究及评比用。

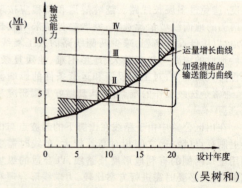

（吴树和）

运量预测 forecasting in railway traffic

根据历史统计资料与现在调查数据，估算未来铁路客货运量的工作过程。铁路运量预测分全路网的、既有线的、新建铁路的和铁路枢纽中转作业量的,都属于中长期预测。采用的预测方法,有根据历史统计资料进行曲线回归和灰色模型预测的,有根据主要运品产量(或工农业产值)间的关系进行相关因素预测铁路货运量的,有根据城乡人口数量和人均收入来预测客运量的。新建铁路有结合近期调查运量并和条件相近的既有线对比采用类比法预测的。各种预测方法的结果要相互验证,通过分析判断采用合理数据。 (郝 瀛)

运输成本 traffic cost

铁路运输部门完成运输任务中,单位周转量平均分摊的运输支出数额。它是由运输总支出除以总周转量求得的。货运成本用每万吨公里多少元人民币计量,客运成本用每万人公里多少元人民币计量,运输成本用每万换算吨公里多少元人民币计量。运输成本中包括工资、材料、燃料、电力、其他以及大修提成和基本折旧六大项组成。运输成本还可分为固定成本与可变成本两部分,固定成本与运量大小无关,指固定设备维修费、管理费与大修提成、基本折旧等;可变成本与运量大小成正比,指与行车量有关的运营支出。一条铁路的运输成本与该线的限制坡度、牵引种类、运输密度、空车率以及单线或双线铁路有关。运输成本是拟定合理运价率的基础。 (郝 瀛)

运输船舶 transport ship

用于运输货物、军备或其他物品,以及作交通用运输旅客、军队等的船舶统称。有民用与军用之分。一般是指民用运输船,如各种客船,客货船,货船与供应船等均属之。与商船有密切关系,强调船舶的运输特性,由担负的性质可分为不同的船舶,以示其与战斗舰艇,海洋调查船,工程船等的区别,而商船则强调船舶的营利性,有时为国家征用或租用也可为军事服务,运送部队和军用物资。 (吕洪根)

运输机场 transport airport

供输送旅客和货物用的民用机场。规模较大的称航空港,规模较小的称航空站。通常设在城市附近,但飞机起飞着陆不会干扰城市的地方,并有良好的公路及其他交通设施与城市相连接。机场内有旅客候机楼、货栈和宾馆等。 (钱炳华)

运输联系图 connection graph of transportation

以运输集散中心为节点,点间已通车的或拟建的道路为连线,绘成点线组成的网络图。即道路网抽象成的平面简图。线中可注明里程和运输量(或运输周转量、交通量等),供道路网规划时测算分析使用。节点的选择视道路网的性质而定。国道网以省城和相应的大型工矿企业等为节点;省道网,可以县城和相应的港口、车站、码头及重要工农业基地为节点;地方道路网则以乡镇中心地为节点。

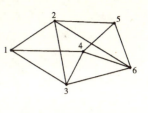

(周宪华)

运输密度 density of traffic

铁路全线或某一区段平均每公里线路所担负的客、货运周转量。为货运密度与客运密度之和。客运密度为旅客周转量除以线路总长度。运输密度是全面反映铁路能力利用程度和表明运输工作强度的指标。目前我国铁路设备虽然比较落后,路网的复线率也比较低,但货源充足,旅客量大,所以铁路运输密度是很大的。 (吴树和)

运输强度图 intensity graph of transportation

在运输联系图中以节点间连接线为轴线,将单位时间内往返运输量(或交通量)折算成宽度,绘在轴线两侧而成粗细不等表示运输量大小的平面网络图形。可以形象地显示道路网中各条线路和各个路段上的运输负荷变化规律和状态,为路网规划决策、线路等级选定和路段负荷判别提供直观性良好的图形。 (周宪华)

运输收入 traffic revenue

铁路办理客货运输业务所收取的费用。它包括客运收入、货运收入、行包邮运收入、其他收入等项;近年来实行短途运费加价和超运煤加价政策,其收入也计入总收入内。客货运收入可用客运收入率和货运收入率计算,客运收入率用平均每万人公里多少元人民币计量,货运收入率用平均每万吨公里多少元人民币计量。行包邮运和其他收入可用占客货运收入的百分比估算。 (郝 瀛)

运行图周期 period of train graph

单线铁路平行成对运行图上,一个区间内,一对货物列车占用区间的总时分。包括列车在区间往返运行时分和在两端车站上的间隔时分。其值与列车运行速度、信联闭类型、站间距离等有关。铁路上各区间的运行图周期不完全相同,通过能力受运行图周期最长的区间控制,所以设计时应尽可能使各区间运行图周期接近相等,区间通过能力达到均衡,这可减少车站数目,节约投资,提高运输效率。 (吴树和)

Z

za

匝道 ramp

为沟通不同高程相交道路使其成为互通式立体交叉,或沟通不同高度道路以及两平行道路而设置的连接道路。根据连接的形式可分为右转匝道、左转匝道和环形匝道;按行车方向又可分为单向匝道与双向匝道。苜蓿叶式、部分苜蓿叶式、喇叭式和环形立体交叉采用环形匝道;定向式、半定向式立体交叉采用直接式或半直接式左转匝道。
（顾尚华）

匝道通行能力 ramp capacity

能从匝道上驶入或驶离高速公路(或立体交叉口主车道)的最大车辆数。与匝道的转弯半径、车道数有关。有匝道合流通行能力、匝道分流通行能力两种。
（王 炜）

匝道系统控制 ramp system control

对区域内各匝道作为一个系统集中考虑,根据各道路交通量和通行能力的情况,决定各匝道应采取的控制方法的交汇控制系统。
（李旭宏）

匝道终点 ramp terminal

匝道驶出端与正线相交的端点。互通式立体交叉中,匝道驶出端与主线相连接的部分。包括变速车道、路宽渐变段与主线分叉点、交通岛端点等。分为平面式(菱形或部分苜蓿叶式立体交叉的十字路终点)与自由流式(匝道上的车流和主线上车流以平稳角度相汇合或分流)。由于在匝道终点车流会产生复杂的变速、分流、合流等现象,故比立交其他部分易产生交通事故。为使车流能安全平稳地运行,设计时必须做到主线线形与变速车道相协调,主线与匝道相互通视,并容易看清。
（顾尚华）

杂货船 general cargo ship

又称统货船,普通货船,包装货船。载运包装、桶装和成捆等件杂货的货船。也可载运散装货或集装箱。船上常设置2～3层全通甲板以限制货物的堆积高度,防止下层货物受损,根据船的大小分隔成若干货舱。货舱侧壁有木质或其他材料制成的护肋设施,以防货物碰撞并保护船体。船上设有起货设备,可自行完成装卸作业。
（吕洪根）

zai

载驳船 lighter aboard ship

又称母子船。专门载运载货驳的货船。它与一般机动货船相类似,可载相当数量统一规格的箱形货驳,货驳依靠设在船上的巨型门式起重机或升降平台和驳船输送机装卸。运抵目的港后,卸下货驳由推船分送内河和沿海港口,再装上等候在锚地的载货货驳驶往新的目的港。根据驳船装卸的方式有门式起重机式,升降机式和浮船坞式。最常用的是门式起重机式,为单甲板,其上层建筑集中布置在船首,货舱内垂直导轨分成若干驳船格栅,每个格栅可堆放四层驳,格栅上面设有钢质箱型水密舱盖,每个舱盖上还可堆放1～2层货驳。在上甲板上设有沿整个船长方向移动的起吊能力为500t的门式起重机。在船尾部延伸甲板形成的凹框处起重机将浮于水上的驳船吊起,然后再吊入存放驳船格栅内。为安全准确地起吊在波浪上颠簸的货驳和将货驳吊放入格栅型舱内,门式起重机装有波浪补偿系统装置。这种货船能在海上进行装卸作业,不需码头设施,装卸效率高,特别适合于江海联运,避免货物中转和由此带来的货损,但造价高,需配备多套轮换货驳,停泊水域须宽广,是20世纪70年代初发展的一种新型船舶,但未普及。
（吕洪根）

载重汽车 truck, lorry, wagon

用于装卸货物的专用汽车又称货车。车型结构基本定型:发动机前置,车厢后置,后轮驱动。常用货车采用单后轴,总重大的货车有双后轴或三后轴的型式。为了提高运输效率、降低成本,许多国家在法规允许范围内加大载重量与轴荷载。目前多数国家规定最大宽2.5m;满载高度4m;两、三轴汽车长11～12m;三至五轴铰接车长10～15m;单轴载荷10～13t,双轴16～24t。通常按总重量5t以下,5～15t,15t以上分为轻型、中型及重型。通常货车车速略低于客车,近年来公路承载能力提高,高速公路增多,货车车速有所提高,不少货车行驶速度超过120km/h。据1986年统计,美国拥有货车4 025万辆;日本拥有3 600万辆;中国拥有550万辆。
（邓学钧）

再生制动

依靠机车的牵引电动机转变为发电机,产生的电流反馈到接触网的制动方式。制动时,牵引电机转换为发电机,机车动轮带动电机电枢旋转而发电,电能返送回接触网,发电机所产生的反转矩产生制动作用。根据接触网的电流制分为直流再生制动和交流再生制动。这种制动方式不仅可减少空气制动时闸瓦与轮箍的磨耗,且可将列车的动能转变为电能返回接触网,节约了能源,但反馈电能必须有相应的动力吸收装置,对直流再生制动易造成制动力不稳定,对交流再生制动会使接触网功率因素下降,且制动力仅在机车动轮对上产生,不够安全,其值亦小。适用于制动次数多,停车频繁,列车密度大的地下铁道。　　　　　　　　　　　　　　(吴树和)

zao

造船坞 shipbuilding dock

专用于建造新船的干船坞。坞的深度较浅,能浮起建成的船体即可。造船坞一般多配置大型门式起重机,吊运由船体车间制造的分段船体及其他重件。为连续进行生产,提高船坞和设备利用率,加快造船进度,大型造船坞除一般单坞室形式外,还有一个半坞室、两坞室或多坞室等形式。多坞室船坞各段均可单独使用,也可串联使用。因此,可以同时建造几条船或特大尺度的船舶。　　(顾家龙)

造床过程 processes of generating riverbed

河床在水流较长时期的作用下,塑造成与来水、来沙等条件相适应的,相对平衡的形态的自然演变过程。研究并运用其规律,采用适当的工程措施可防止良好河势的恶化;或因势利导,使目前不良的河床形态向着有利于航运、水利、农业等方向变化。
　　　　　　　　　　　　　　(王昌杰)

造床流量 dominant discharge

造床作用与多年流量过程对冲积河流的综合造床作用大致相当的某一代表流量。一般认为可取对河床形态有较大塑造作用的某一流量。以该特征流量来代表河流中实际上不断变化的流量过程,可使来水、来沙条件大为简化,从而便于研究这些条件与河床形态的关系。所谓造床作用较大,系指流量大而且作用时间长。洪水流量大,输沙能力强,但其历时不长,造

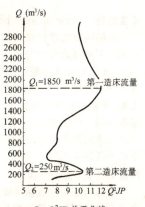

$Q-Q^2JP$ 关系曲线

床作用不一定大;枯水流量小,输沙能力弱,虽然其历时长,造床作用也不显著。据分析,在大多数平原河流有两个不同的范围,其中一个大致相当于多年平均的最大洪水流量,水位约与河漫滩齐平,一般称为第一造床流量;另一个稍大于多年平均流量,其水位与边滩滩面高程接近,称为第二造床流量。目前还没有较完善的确定方法。常用的计算方法有两种:一是认为在某一级流量 Q 下,水流的输沙能力与 $Q^m J$ 成正比,造床作用可以 $Q^m J P$ 代表,指数 m 在平原河流一般取 2,J 为相应的水面比降,P 为频率,表示该流量级作用的历时,绘制 $Q-Q^m J P$ 关系曲线,取与峰值相应的流量作为造床流量,如图示;一为直接计算某一流量级的输沙强度 G_s,通过绘制 $Q-G_s P$ 关系曲线来找出其峰值。此外,还有平滩流量法,即取水位与河漫滩或边滩滩面相平时流量,因为此时断面平均流速最大,造床作用也最强。是设计、计算稳定的河床形态时所需选定的特征值。在河道整治中,常根据第一造床流量相应的水位,统计邻近优良河段的河相关系,规划中水河槽。在航道整治中,可根据第二造床流量决定整治流量与整治水位。　　　　　　　　　　　　(王昌杰)

噪声控制标准 criteria for noise control

在不同情况下容许的最高噪声级的标准。噪声评价常用的声级有:平均声压级、A计权声级、等效连续声级、噪声暴露级等。中国将城市划分为六类地区,制定了城市不同区域的昼、夜间等效声级 LeqdB(A)标准。　　　　　　　(文旭光)

zeng

增补面 fillet

弯道内侧的加宽部分。在滑行道与跑道、机坪及其他滑行道的连接处和交叉处均有弯道。飞机前轮沿着有弯道的滑行道中线转弯时,主轮会向内侧偏移,为了保证主轮不致偏出道面,弯道内侧应予加宽。其宽度主要根据弯道半径及飞机起落架尺寸来确定。在弯道两端的滑行道直线段应设置加宽的过渡段。　　　　　　　　　　　　(钱炳华)

增长系数法 growth factor method

根据现状出行分布和各交通区出行发生增长系数推算未来出行分布的方法。依此原理,有各种派生模型,如平均增长系数法、福来特(Fratar.T.J)法等。但该方法中的增长系数不能反映各区之间的土地利用性质、出行目的、人口布局以及道路级别等因素,故不能应用于发展变化重大的调查区的出行分布预测。　　　　　　　　(文旭光)

增加交通量 increment of traffic growth

增水 set-up

由于风或气压等因素，造成一段时间内沿岸局部水域水面增高的现象。如与高潮位或其他异常高水位相遇，会对港口设施、沿岸生产活动产生影响。风暴潮引起的增水值相当可观，在工程水文计算中应加以考虑。　　　　　　　　　　（张东生）

zha

闸槛 gate sill, threshold

又称门槛。船闸闸首底板上用以支承工作闸门底止水的突出部位。是底板上最高部分。当闸门底止水直接抵紧在其侧面时，则将闸横梁所承受的荷载传给闸首底板；当闸止水位于其顶面时则仅与闸门底止水构成止水线。其高程按最低通航水位时槛上水深能满足最小设计通航水深的要求确定。其形状和尺度根据门型而定。平面闸门一般为直线，人字闸门则多为折线。　　　　　　　（吕洪根）

闸门门龛 gate slot, gate recess

船闸中，人字闸门开启后，放置闸门的部位。其尺度应使开启后的工作闸门不影响船闸的通航尺度。采用人字闸门的船闸，其宽度一般等于门厚加 0.20m 的富裕量。　　　　　　　　　（吕洪根）

闸室底板 floor slab of lock chamber

保护船闸闸室底的底部结构。为防止在闸室灌泄水时受到水流的冲刷，在自航船舶螺旋桨作用下可能引起的淘刷，以及在渗流作用下可能出现管涌和流土现象，分离式闸室的闸室底均需加以保护。根据其透水与否，分为透水闸底和不透水闸底两种。不透水闸底系在闸室底浇筑混凝土底板。底板用垂直缝与闸室墙底板分开，缝内设止水。两块底板之间也可采用铰接的构造方式。不透水闸底在分离式闸室中采用较少。　　　　　　　（蔡志长）

闸室墙 lock wall

在船闸闸室两侧起挡土、挡水和靠船作用的建筑物。其一侧有水，另一侧填土，其工作条件在许多方面与常用的挡土墙类似。建于软土地基上的分离式闸室，常用的型式有重力式闸室墙、衡重式闸室墙、扶壁式闸室墙、空箱式闸室墙、连拱式闸室墙、板桩式闸室墙和高桩台式闸室墙；建于岩基上的有衬砌墙和混合式闸墙等。　　　　　　（蔡志长）

闸室水域面积 water area of lock chamber

船闸上、下闸首的工作闸门与两侧闸墙环绕而形成的水域面积。包括供过闸船舶（队）安全停泊的有效水域面积和不能停泊富裕水域面积。富裕水域面积主要与输水系统的型式及工作闸门的型式等因素有关。它直接影响过闸耗水量及输水时间。为提高船闸的通过能力，减少船闸耗水量，应充分利用有效水域面积，每次过闸力求满闸。　　　（詹世富）

闸室有效长度 lock chamber effective length

船闸闸室内可供船舶（队）安全停泊的长度。为上闸首门龛或帷墙的下游边缘（采用集中输水系统时，则取镇静段的末端）至下闸首门龛的上游边缘（设有防撞设备时，则取防撞装置的上游面）之间的距离；按设计最大船舶（队）的计算长度 l_c 加一定的富裕长度 l_f 拟定。富裕长度 l_f，对于顶推船队取为 $2m+0.06l_c$；对于拖带船队取 $2m+0.03l_c$；对于非机动船取 $2m$。对于双向水头船闸，其长度在两个方向均应满足船舶（队）安全停泊的要求。

（詹世富）

闸室有效宽度 lock chamber effective width

船闸闸室内两侧墙面最突出部分之间的距离。对斜坡式或半斜式闸室，则为两侧垂直靠船设施之间的最小距离；按同次过闸船舶（队）并列停泊的总宽度 Σb_c 加富裕宽度 b_f 拟定。当 $\Sigma b_c \leqslant 10m$ 时，富裕宽度大于 1.0m；当 $\Sigma b_c > 10m$ 时，取为 $0.5m+0.04\Sigma b_c$。广式船闸的富裕宽度根据具体情况确定，但不小于 1.0m。　　　　　　　　（詹世富）

闸首边墩 pier (abutment) of gate block, lock head wall

船闸闸首口门两侧的侧墙。沿船闸纵轴线方向按受力特征一般分为前沿进口段、门库段和闸首支持墙段三部分。结构型式主要有重力式和空厢式。在其上设有工作闸门，检修闸门，闸、阀门启闭机械，门龛（或门库），输水系统，操纵管理室及通道或交通桥等。　　　　　　　　　　　　（吕洪根）

闸首底板 floor of gate block

船闸闸首边墩间口门部分的底部结构。通过它将闸首上部荷重较均匀地传到地基上。要求不能透水，能满足闸首抗渗稳定的要求。由于底板上设置有各种不同的设施，如：闸槛，输水廊道，帷墙，消能工等，沿船闸轴线的厚度是不同的，在边墩间的净跨也不相同。结构型式有：整体式（如坞式和倒拱式），分缝铰接式和悬臂式（垂直分缝式）等，主要根据门型和地基情况选用。　　　　　（吕洪根）

闸首支持墙 gate quoin

船闸闸首边墩直接承受工作闸门所传来的水压力等荷载的部分。是边墩的主要受力部分，应根据不同门型所传来的荷载确定其具体尺度和构造，并在结构上采取相应的措施。　　　（吕洪根）

闸梯 step of lock

又称带中间渠道的多级船闸。在两个闸室之间设有中间渠道的多级船闸。其主要特点是：船舶（队）双向过闸时，上下行船舶（队）可在中间渠道会让，有利于提高船闸的通过能力；可以削减中间闸首所承受的水头，从而使中间闸首及闸门结构简化，并使船闸的水力条件得到改善；可根据自然地形、地质条件进行船闸的合理布置，从而减少工程开挖量，并使船闸上、下引航道有良好的水流条件。但船舶（队）和木排在中间渠道内航行的速度较慢，船舶（队）过闸时间较长；当船闸灌泄水时，在中间渠道内可能会产生强烈的涌波，影响船舶（队）的航行条件；此外，线路较长，设备分散，管理不便。多用于船闸水头较大，且地形比较平坦的情况。（詹世富）

闸站 railway lock station

又称水闸式线路所。是铁路枢纽线路平面疏解的一种方式。双线铁路与双线铁路会合处所设的闸站如图。AC 方向列车与 BA 方向列车要在闸站上交叉。交叉点在 m 或 n。如果 AC 方向列车先接近闸站，则占用交叉点 m，并经 5 线通过闸站。如果 BA 方向列车先接近闸站，则占用交叉点 n，并经 Ⅱ 线通过闸站。此时，AC 方向列车接入 Ⅰ 线待避。等交叉点 n 开通后，再向 C 方向开行。同时接近交叉点或会合点的两列车，在闸站上延误的时间最短，可以相应提高交叉点或会合点的通过能力。

（严良田）

zhai

摘挂货物列车 pick-up goods train

在区段站或编组站编组，在区段内运行，在中间站进行摘挂车辆作业的货物列车。装载货物在中间站上整车装卸。（吴树和）

窄轨 narrow gauge

铁路直线路段上，窄于 1 435mm 标准轨距的轨距。采用较多的是 1 067mm（3 英尺 6 英寸）、1 000mm（3 英尺 3$\frac{3}{8}$英寸）、762、760mm（2 英尺 6 英寸）和 600mm（1 英尺 11$\frac{5}{8}$英寸）几种，分布在世界的很多国家。现今世界上窄轨铁路长约 27.73 万 km，占世界铁路总长的 21.2%。此外还有一些展览、娱乐和公园的窄轨铁路，轨距都在 600mm 以下，最小的仅 381mm。中国的窄轨铁路有云南省昆河等线，轨距 1 000mm，总长 600 多 km；台湾省铁路轨距为 1 067mm 和 762mm 两种，总长 1 100 多 km；各省地方铁路，轨距为 762mm 者总长达 1 300 多 km。

（郝 瀛）

窄轨铁路限界 norrow-gauge railway clearance

窄轨铁路上，机车车辆和接近线路的建筑物、设备都不允许超越的横断面轮廓尺寸线。目的是为了保证行车安全，防止机车车辆撞击邻近线路的建筑物和设备。分为机车车辆限界和建筑接近限界，前者为窄轨铁路的机车车辆及装载的货物不得超出的轮廓尺寸线，后者为窄轨线路上的建筑物和设备不得侵入的轮廓尺寸线，二者之间留有一定的空隙，以免机车车辆满载时，因摇晃、偏移而与线路上的建筑物和设备碰撞。相应的限界轮廓尺寸因窄轨铁路的轨距、牵引种类、线路上曲线半径不同，而各不相同。

（吴树和）

zhan

詹天佑 Zhan Tianyou

中国早期最杰出的铁路工程师。字眷诚，原籍安徽婺源县，1861 年 4 月 26 日生于广东南海县，1872 年 12 岁时考取幼童出洋预备班，官费赴美留学，1881 年毕业于美国耶鲁大学土木工程系铁路工程科，获学士学位，同年 7 月返国，先后任职于福州杨武兵轮，广东博学馆和水陆师学堂。1888 年开始参加铁路工作任工程师，参加北京至山海关各段铁路的新建工作。1892 年主持了英人打桩失败的滦河大桥修建工作，变更桥位并首次在远东采用气压沉箱施工，顺利建成大桥。1900 年在山海关外铁路任帮办。1902 年 9 月任新易铁路（新城县高碑店至易县梁各庄，长 42.5km）总工程师，在隆冬季节，于 4 个月内完成了勘测、设计、施工、铺轨的全部工程，铁路按期通车。1905 年至 1909 年任京张铁路的总工程师兼督办（初期为会办），主持该路的修建工作，并由清政府于 1909 年授予工科进士衔。以后曾先后担任川汉铁路、粤汉铁路、汉粤川铁路的总工程师、会办、总理、督办等职。1913 年被公举为"中华工程师学会"第一任会长。1916 年香港大学授予他荣誉法学博士学位。1919 年 2 月率领中国代表团参加协约国监管远东铁路会议，积劳成疾，返回汉口，于 5 月 23 日病逝于仁济医院，享年 59 岁。遗体葬于北京西郊海甸南小南庄，1982 年改葬于八达岭下京张铁路的青龙桥车站。

詹天佑鞠躬尽瘁为中国铁路建设奋斗了三十年，他自建铁路捍卫了祖国权益，他技术精湛，树立了民族信心，他的卓越成就光照中国铁路史册。

（郝 瀛）

展线　line development

当地面平均自然坡度大于线路设计最大坡度时,为使线路达到预定高度,需要用足最大坡度,人为地将线路展长的定线过程。分为简单展线和复杂展线。简单展线是用两个或几个反向曲线展长线路,通常是沿河顺展(图 a)。复杂展线的主要形式有套线、灯泡线(图 b),之字线(图 c)和螺旋线(图 d)等,用于需要克服巨大高差的地形、地质复杂地段。

（周宪忠）

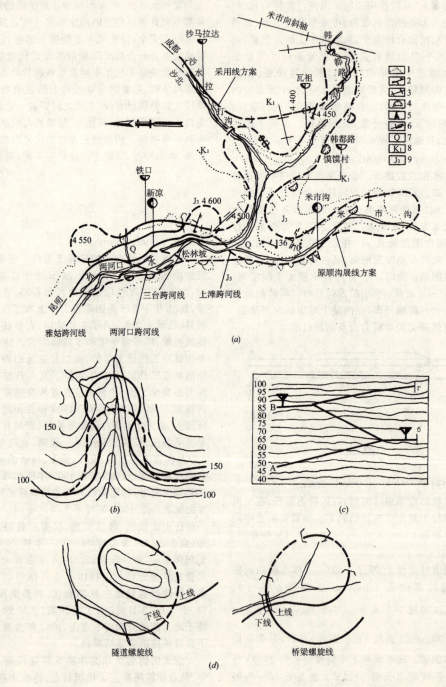

展　线

展线系数 coefficient of line development

又称展长系数。定线长度与其起终点间经各经济据点的折线距离之和的比值。是铁路方案比选的技术指标之一。　　　　　　　　　（周宪忠）

栈道 ancient plank road alongside cliffs

又称"阁道"、"复道"、"栈阁"。沿悬崖峭壁修建的古代道路。主要结构形式有：(1)在悬崖峭壁上凿竖孔，在孔中插入木排柱，木排上架木梁木板，上覆土石；(2)在陡壁上凿水平孔，将木梁插入孔中，梁的另一端用柱支承或成悬臂梁，梁上铺木板再覆土石；(3)在石崖上凿成石级，攀缘上下的梯子崖；(4)在陡崖上凿成半隧道或隧道。此外还有这些形式组合而成的栈道。据史书记载，中国栈道在战国时期即已修建。战国时代中期修建的自陕西勉县西南金牛峡经宁强、四川广元、昭化、剑阁、梓童至成都的石牛道即金牛道，秦始皇统一中国后修建的自四川宜宾经庆符、高县、筠连、云南盐津、昭通、贵州咸宁、云南宣威、曲靖、昆明至大理等地的石门道，汉武帝时修建的自四川雅安经荥经、汉源、清溪峡、西昌、会理、云南大姚至大理的清溪道和自甘肃岷县经武都、文县、四川武平(古称阴平)至汇油马角坝的阴平道为中国四大古道。在四大古道所经过的山岭地区的局部路段都筑有栈道。　　　　　　　　（王金炎）

栈桥 trestle

在桩上或墩柱上设置梁板系统而构成的排架结构。当用栈桥来连接前方码头与后方港口陆域时，从使用上讲，又将栈桥称为引桥。栈桥的特点是窄而长，横向刚度差，所能承受的水平力小，是透空式的轻型结构，主要用于承载管道、行人、皮带机或一般的运输车辆等。对水流和泥沙运动的影响小，有利于保持岸滩的自然平衡状态。当作码头使用时称为栈桥码头。当作用于码头的船舶荷载较大时，要注意适当加强排架的横向刚度，例如加大平台宽度和增加斜桩等。　　　　　　　　（杨克己）

站场排水 drainage of railway yard

排除站场内大气降水、生产废水等地表水的设施。路基横断面可以做成一面坡、两面坡或锯齿形坡，一个坡面上一般可以设置5~8条线路，坡面坡度约为2%。纵向排水设施的坡度不应小于2‰。纵向和横向排水设施的交汇点，应设置检查井或集水井。从线路下面穿过的横向排水设施，坡度不应小于5‰。以下处所的路基排水应予加强：客运站和客车上水站的旅客列车到发线和客车整备线、蒸汽机车机务段上水线、待班线、站段分界处和库前线路，货物装卸线、车辆洗刷线、加冰线，车辆减速器附近和设置轨道电路的道岔区。立交桥下的积水，应有单独的抽水设备加以处置。　　（严良田）

站场照明 railway yard illumination

铁路站场内为满足业务需要而设置照明设施。为了保证夜间行车、调车和货物装卸作业的安全，旅客上下车与铁路职工的人身安全，铁路车站内应设有照明设施。除一般的路灯之外，应根据需要设置塔式、桥式或混合式照明设备。其照度的大小应根据作业性质来确定。　　　　　　（严良田）

站界标 station boundary sign

在复线区段，表示车站界限的标志。单线铁路上，车站界限为车站两端的进站信号机；在复线区段，每一正线分别确定站界，一端为进站信号机，另一端为站界标，它设在列车运行方向左侧，离最外方顺向道岔（或对向出站道岔的警冲标）外不少于50m处，或邻线进站信号相对应处。　（吴树和）

站内无线调度电话 dispatching radiophone within the station

供车站调度员、线路值班员与调车司机及调车员间业务联系的专用无线通信设备。由设在车站调度员室（或线路值班员室）内的小型固定无线电台和设在调车机车驾驶室内的携带式电台构成。主要在区段站和编组站上采用，以适应车站各项技术作业所必须的迅速可靠、应变灵活、纵横通达的通信要求，对提高车站编解效率、加强改编能力、确保调车作业安全和节省人力有重要意义。　（胡景惠）

站坪长度 length of station site

车站坪场的长度。由远期到发线有效长度和两端道岔咽喉区长度决定。后者的影响因素有车站类型、车站股道数量和布置形式等。　　（周宪忠）

站坪坡度 gradient of station site

车站站坪范围内正线的纵向坡度。站坪宜设在平道上，以确保车站作业的安全和方便。但在地面纵坡较陡的条件下，为节省工程量或争取高程，允许将站坪设在坡道上；其值应保证车站停放的车辆不致溜走及站内作业安全，并保证停站列车能顺利起动。站坪范围内，一般设计为一个坡段，为了减少工程量，亦可将站坪设计在不同的坡段上。

（周宪忠）

站线编号 numbering of station tracks

为车站线路命名的方法。铁路车站内的每一条线路，用一个数字作代号。正线编为罗马数字（Ⅰ、Ⅱ、……），站线编为阿拉伯数字（1、2、……），在一个车站内站线编号要连续。在单向运行的双线铁路车站内，上下行每一条站线应按运行方向分别编号，自正线起依次向外侧编号，上行站线编为双数，下行站线编为单数。　　　　　　　　（严良田）

站线间距 distance between station tracks

两相邻车站线路中心线之间的距离。一般为

5 000mm。按照站线用途的不同,其间距也有差别。例如相邻两线均通行超限货物列车,且线间装有水鹤时为 5 500mm。相邻两线中只有一线通行超限货物列车,且线间装有水鹤时为 5 200mm。相邻两线均通行超限货物列车,且线间装有高柱信号机时为 5 300mm。牵出线与其邻线间为 6 500mm。调车场各相邻线束间为 6 500mm。货物直接换装线间为 3 600mm。 （严良田）

站线有效长度 effective length of station tracks

可供机车、车辆和列车停站而不妨碍邻线行车的车站线路长度。在本线路与相邻线路以道岔相连,且在两线间设置警冲标时,两端警冲标内方长度为站线有效长度。本线路与相邻线路之间,同时设有警冲标和出站信号机时,列车运行方向前方的出站信号机与后方的警冲标之间的长度,为该线该方向的有效长度。此外,站线有效长度的起算点还有:车挡、道岔轨道电路绝缘节或尖轨尖端。 （严良田）

湛江港 Port of Zhanjiang

中国南方重要海港。位于广东省雷州半岛东北部的广州湾内。海湾纵深 60 余 km,湾外有硇州、东海、南三诸岛作天然屏障,湾内水深浪小,水域宽阔,船舶航行和停泊条件良好,基本上无淤积,是个天然良港。湛江港是中国西南地区出海捷径,是通往东南亚、欧洲、非洲、大洋洲海上航线最短的海港。清朝道光年间（1821～1851 年）湛江地区的赤坎港已相当繁荣。1898 年法国强行租借广州湾,并于 1911～1917 年间在海头港修建栈桥码头。1943 年被日本占领。1955 年开始建设新港,并于 1956 年建成万吨级深水泊位 2 个。1960 年后继续新建和扩建深水码头泊位。迄 1985 年拥有三个作业区,分布于石头角与调顺岛之间,码头岸线总长 3 561m,共有泊位 21 个,其中 1 万 t 至 5 万 t 级泊位 15 个。1985 年港口吞吐量达 1 231 万 t,其中外贸货物占 25.3%。进出口主要货种有石油、铁矿石、煤炭、磷灰石、化肥、粮食、钢铁等。港口疏运总量中铁路占 50%,石油管道占 40%,水路和公路各占 5%。

1985 年后湛江港经过扩建,至 1999 年底全港共有装卸生产泊位 31 个,其中万 t 级以上泊位 24 个,年设计综合通过能力 1 768 万 t。2000 年完成货物吞吐量 1 650 万 t,其中外贸吞吐量 1 179 万 t,集装箱吞吐量 6.8 万 TEU。

（王庆辉）

zhang

涨潮 flood tide

在潮汐的周期性涨落过程中,从低潮到高潮的时段内海面的上涨过程。在半日潮海区,一个太阴日内出现两次涨潮和两次落潮;在全日潮海区,在一个月内的多数日期在一日内只有一次涨潮和一次落潮,而其余的日子里则为一天两次潮。

（张东生）

涨潮时 time of flood tide

潮汐周期性涨落过程中,从低潮时到高潮时的时间间隔。在正规半日潮和全日潮海区,涨潮时和落潮时近似相等。在不正规半日潮和不正规全日潮海区,涨潮时和落潮时不等。 （张东生）

涨潮总量 tidal volume during flood

涨潮期间通过口门断面流进河口的总水量

$$W = \int_{T_1}^{T_2} Q(t) dt$$

式中 $Q(t)$ 为口门断面的涨潮流量;$T_1 \sim T_2$ 为涨潮起迄时刻;W 为涨潮总量,可以由现场断面流速测量得出,也可以由推算得出。根据径流量与涨潮总量的相对消长情况,可以分析判断河口受山、潮水的影响程度。因此,该值为河口河床演变分析的基础性资料。 （张东生）

胀轨跑道 buckling of track

轨道受温度压力而发生轨排压曲的现象。无缝线路锁定后或普通线路形成连续瞎缝后,随着温度压力的继续增大,首先在轨道的一些薄弱点出现弯曲变形,形成轨道方向不良,称为胀轨。如轨温还在上升,轨道内的温度压力超过临界值时,轨道弯曲变形突然显著增大,导致轨道稳定性的完全丧失,必须中断行车,称为跑道。一经发生跑道现象,应立即组织抢修,采用降温措施,将塑性变形的轨道方向拨顺、捣实,规定限速行车。待轨温下降到锁定轨温时,将无缝线路拨回原有平面线形,再重新进行锁定,恢复正常行车。在普通线路上则需用轨缝调整的办法消除形成连续瞎缝的原因。

（陆银根）

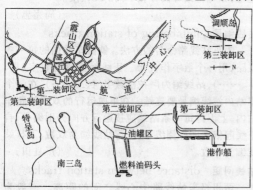

zhe

辙叉 frog

由翼轨和心轨组成的,实现道岔和交叉的两条轨线在平面上相交并对列车通路进行分岔的构件。按制造工艺分为钢轨组合式和整铸式。按结构型式分为固定式和可动式。按平面几何形状分为锐角辙叉和钝角辙叉。按叉心工作边的线型又有直线型和曲线型之分。它是道岔和交叉设备的主要组成部分。

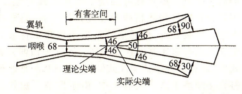

(陆银根)

辙叉查照间隔 guard check gauge

固定式辙叉的护轨工作边至叉心工作边之间为保证行车安全的最小距离。其数值必须考虑机车车辆的最大轮对宽度以及轮对和轨道在列车载荷下的动态变形等因素。我国标准轨距铁路道岔的标准值为 1 391mm。 (陆银根)

辙叉垫板 frog plate

设置于辙叉轨件和岔枕之间,为叉心及翼轨提供可靠的联结条件,并将钢轨的轮载分布到岔枕面的各类垫板。如叉趾垫板、叉跟垫板、大垫板等用以提高辙叉的整体强度和加强接头强度。 (陆银根)

辙叉护背距离 guard face gauge

辙叉的护轨(三开道岔中为翼轨)工作边至翼轨(钝角辙叉的护轨)工作边之间为保证行车安全的最大距离。其数值必须考虑机车车辆的具有最小轮背距的轮轴尺寸和轨道、车轴在列车载荷下的动态变形等因素。我国标准轨距铁路道岔的标准值为 1 348mm。 (陆银根)

辙叉护轨 guard rail

安设于固定式辙叉的两侧,用以引导车轮安全通过轨线中断的有害空间,避免撞击叉心或误入辙叉异侧轮缘槽造成脱轨事故的轨件。 (陆银根)

辙叉角 frog diversion angle

辙叉叉心跟端两工作边切线间的夹角。在道岔单线图上为主线与侧线间的夹角。由于与导曲线曲率半径密切相关,它是道岔侧向过岔速度的决定因素。 (陆银根)

辙叉全长 overall length of frog

辙叉工作边趾端至跟端的长度。通常由叉心理论尖端至辙叉趾端的辙叉趾距 m 和叉心理论尖端至跟端的辙叉跟距 n 两部分尺寸构成。

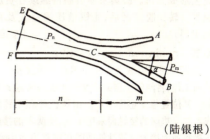

(陆银根)

辙叉咽喉 throat between wing rails

辙叉叉心两侧与翼轨间的轮缘槽在叉心前方汇合处具有最小尺寸的部位。它是道岔主线和侧线的公共轮缘槽,其宽度和结构应保证道岔主侧线两个方向上的行车安全。 (陆银根)

辙叉有害空间 gap in the frog

在道岔或交叉设备中辙叉咽喉至叉心实际尖端之间轨线中断的段落。列车通过时,车轮的行走方向依靠护轨引导,轮载由翼轨(叉心)承受逐渐过渡到心轨(翼轨)。车轮重心上下波动。产生振动和冲击。虽可用翼轨顶面堆焊的办法减缓上述不平顺,改善行车条件,但因轨线中断,设置护轨必增加行车阻力。这是固定式辙叉的致命弱点,不适宜在高速铁路上采用。 (陆银根)

辙跟垫板 heel plate

组装尖轨跟部接头的桥型垫板。其平面形状和尺寸与钢轨类型、尖轨线型以及安装辙跟轨撑、防爬卡铁等因素决定。 (陆银根)

辙后垫板 turnout plate

安设在尖轨跟部接头后的导轨下面,用以承垫导轨和基本轨,扩大岔枕受载面积,用钢板制造的垫板。因尖轨跟部接头附近导轨和基本轨离得很近,容纳不小两块普通平垫板的正常安装,只能用一块垫板共同承垫两根轨线。在普通断面尖轨的道岔上,爬坡式尖轨顶面高于基本轨 6mm,在导轨前端应做轨顶顺坡,通常在紧接尖轨跟部接头的三块垫板上,导轨下的部位做成 4.5、3.0、1.5mm 不等厚度的承轨台以完成尖轨与导轨之间的轨顶高差顺坡。 (陆银根)

zhen

真空过滤机 vacuum filters

在负压作用下使浆体通过过滤介质实现固液分离的机械设备。常用的有圆盘式和圆筒式两种。用纤维材料或金属丝编织成的滤布安装在圆盘框架上或蒙在圆筒表面形成过滤面。过滤面一侧的过滤室顺序与真空泵及压气机相通。缓慢转动的圆盘(圆筒)浸入到浆体时,固体颗粒在负压作用下吸附在过滤面上形成滤饼。脱离浆体后滤饼继续在负压作用下脱水。转到脱离区后,滤饼被压缩空气及刮板除落到出料口。　　　　　　　　　　(李维坚)

枕垫座　quoin reaction, casting

固定在闸首边墩上的人字闸门支承设备。与支垫座共同工作,将闸门主横梁承受的水压力传递到闸首边墩上。其位置与支垫座对应。由铸铁件和不锈钢衬垫组成。与支垫座的接触面采用平面,使两者的接触方式为线接触或面接触。铸铁件埋固在闸首边墩中,以便使其承受的水平力均匀传递到边墩上。　　(詹世富)

镇静段　steadily hydraulic section navigation lock

在采用集中输水系统的船闸闸室中,靠近上闸首端专为扩散水流并消能以调整水流流速的区段。其长度根据输水系统的型式,水头的大小,消能工的布置等情况而不同,一般由船闸水力学模型试验确定。在该区段内,流态紊乱,流速分布不匀,对停泊其中的船舶将作用较大的水流作用力。段内不能停船,其长度不计入闸室有效长度内。　　(蔡志长)

zheng

蒸汽机车　steam locomotive

以蒸汽机为动力,通过摇杆和连杆装置驱动车轮的机车。由锅炉、汽机、车架走行部以及贮存燃料和水的煤水车组成。按用途可分为客运、货运、调车三种。它构造简单、维修方便,造价低廉,所以世界各国铁路兴建初期都曾普遍采用。随着科学技术的进步,它的缺点日趋明显,如热效率低,只有6%～8%,机车功率较小,牵引吨数不大,每走40～60km就需要设置给水站供机车上水,机车在机务段整备时间长,利用率低,机车乘务人员工作条件差,特别是在大上坡的长隧道内,司机室温度高,煤烟熏人。目前在很多技术先进国家早已被淘汰。中国1988年底已停止生产,在主要干线上将逐步被内燃和电力机车取代。　　　　　　(郝　瀛　周宪忠)

整道　adjusting of track

线路外观整理的线路经常维修作业。如使道床断面的棱线分明、轨道配件及备用道碴的正确堆码、路肩平整无反坡、无杂草、排水设备通畅、线路标志及信号标志齐全、道口设备醒目等等。因此,不仅是线路作业的收尾工序,也是保证行车安全、文明养路的重要工作。　　　　　　　　　　(陆银根)

整齐块石路面　ashlar pavement, stone block pavement

用坚硬耐磨石料细琢加工成型的块石、条石铺砌而成的高级路面结构。石块宜采用Ⅰ级石料,其形状近似立方体或长方体,顶面与底面大致平行,底面积不小于顶面积的75%。表面凸凹不大于5mm,石块尺寸高12～25cm,长25～100cm,宽12～50cm。这种路面的优点是坚固耐久,养护维修方便,能适应重型汽车和履带车辆;缺点是手工铺砌,难于机械化施工。　　　　　　　　　　(韩以谦)

整体道床　concrete bed

在石质路基或人工加强基底上,采用预埋短木枕或混凝土支承块的施工方式,就地灌注混凝土而成的轨下基础。短木枕或混凝土支承块式的施工,先用架轨机具将钢轨精确架设成设计位置,将短枕或支承块吊装其上,然后灌注混凝土将短木枕或混凝土支承块与道床基底连成一体。除这种预埋支承块式外,还有一种整体灌注式结构,将钢轨扣件的螺栓钉直接预埋于道床混凝土中,由于取消了短枕或支承块,比预埋支承块式的整体性更好。但施工工艺复杂,轨道精度不易保证。至今,在约150座隧道内修筑300km以及140km地下铁道线路上大多采用预埋支承块式,线路因取消了散粒材料铺筑的道碴,整体性强,变形小,养护维修工作量少,作业简单。在车站站场或港口码头铁路作业线上铺设使用,也收到良好的效果。　　　　　　(陆银根)

整体砌筑码头　masonry quay wall

现场就地浇筑混凝土或浆砌块石而构成的整体重力式码头。这种结构底部摩擦力大,整体性好,施工时不需起重设备,但现场浇筑或砌筑的工作量大,仅在有条件干地施工及缺乏起重设备时,才采用。(杨克己)

整体式闸室　lock chamber with monolithic concrete floor

又称坞式闸室。闸室墙与闸室底板刚性连接在一起构成槽形断面的船闸闸室。一般均为钢

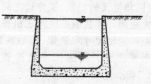

筋混凝土结构。其工作状态犹如弹性地基上的梁,而闸室墙则犹如嵌固在底板上的悬臂梁。这种结构的整体性好,地基反力分布比较均匀,能适应地基的不均匀沉陷。其底板不透水,刚度较大,一般不存在闸室的横向渗流,也无水平滑移的可能性,容易满足整体稳定要求。适用于水头较大且地基较差或具有较弱夹层的情况,是软土地基上常用的一种型式,但工程量一般较大。　　　　　　　　　　(蔡志长)

整治工程材料　material for regulation works

用以建造整治建筑物的材料。要求有较好的耐腐蚀、抗冲性能,能就地取材,并有足够的强度和韧性,以适应河床变形。常用的有土、石、梢料、秸料、

芦苇、竹、木等;有的工程也用水泥、金属、沥青、混凝土等。土料主要用于填充建筑物内部。石料包括块石、碎石、卵石,块石主要用于筑坝,碎石、卵石主要用于填充坝身、石笼和做护坡垫层。梢料指细柔树枝,凡长度2m以上、主干直径小于5cm的均可,以柳枝最好,杨、榆、桑枝次之。应随采随用,以免变干发脆,常用以作柴排、梢捆、篱屏等。竹、木料主要作木桩、木橛及透水建筑物的构件如枵杈等。近来,土工编织布及编织袋充沙等材料也日益在护岸、护底或筑坝中得到应用。　　　　　　　　　(王昌杰)

整治工程设计　design of regulation works

根据整治工程所在河段的通航要求与地形、水文、地质等条件,进行的有关确定整治原则、整治措施与工程布置的工作。航道整治工程受河床演变的影响并将局部改变河流的河床形态与水流运动,设计时应注意:(1)细致分析有关资料,研究碍航河段的演变规律、碍航情况及原因,因势利导,提出合理的整治原则和措施;(2)根据航道等级与航道尺度正确确定设计水位、整治水位、整治流量和整治线宽度;(3)恰当布置航道整治线和整治建筑物;(4)进行必要的航道整治水力计算,分析整治前后的计算结果,论证所拟定方案的合理性;(5)妥善处理好与防洪、水电、工农业用水、港口、环境保护等方面的关系,兼顾干支流、上下游、左右岸,综合利用水资源。如果河道情况复杂,宜进行模型试验以验证设计是否合理。根据基本建设的程序,大中型航道整治工程在项目建议书及设计计划任务书批准后,应进行初步设计和施工图设计;小型工程根据具体情况可简化初步设计的内容;航道维护工程和零星基建工程可只作施工图设计。初步设计的内容主要是:资料整理与分析;整治方案设计;整治建筑物结构设计;施工方案设计;工程概算;经济效益和环境评价等。施工图设计的内容主要是:施工条件分析;施工方案和有关施工技术计算;施工组织设计;施工质量要求与安全措施;施工预算等。　　　(王昌杰)

整治建筑物　regulation structures

在天然河流上构筑的具有调整河床边界,改变水流结构,影响泥沙运动,稳定河势等作用的水工建筑物。中国很早在这方面就有许多创造,取得很大成就。诸如都江堰工程中的鱼嘴、枵杈、竹石笼;黄河的埽工;长江和钱塘江河口的海塘等。其类型按建筑材料和使用年限分,有轻型、重型整治建筑物。按干扰水流的程度分,有透水、实体和环流整治建筑物;按与水位的关系分,有不淹没、淹没和潜设整治建筑物;按结构特点分,有活动、固定和浮式整治建筑物;按平面形态和作用分,有丁坝、顺坝、锁坝、格坝和护岸等。　　　　　　　　　(王昌杰)

整治流量　regulation discharge

相应于整治水位的流量。是航道整治工程设计的重要依据。其确定与滩险类型和整治原则有关。平原航道主要是对枯水时期的浅滩进行整治,确定的方法有经验方法和造床流量法两类。前者参照邻近优良河段平边滩的水位或已整治成功的浅滩整治水位,采用相应的流量;后者采用第二造床流量。山区河流,枯、中、洪水都有可能成滩,滩险类型亦较多。对石质急流滩来说,中、洪水滩取成滩最汹水位,枯水滩取设计最低通航水位相应的流量为整治流量。　　　　　　　　　　　　　(王昌杰)

整治水位　regulation stage

预期航道经过整治后,航行条件有显著改善作用的水位。在平原河流指与整治建筑物头部齐平的水位,山区河流系指整治工程对滩险的航行条件有显著改善的水位。在平原河流它高于设计最低通航水位,二者之差为超高。当水位降到该水位及其附近时,水流被建筑物束至整治线宽度范围内,流速增大,加速冲刷浅滩脊,以至水位下降到设计最低通航水位时,航道尺度仍能满足航行要求。常用的确定方法有:优良河段平滩水位法,即采用与邻近优良过渡段边滩高程相应的水位;造床流量法,即采用与第二造床流量相应的水位;经验法,即根据本河流整治成功的经验,决定恰当的超高值,该值对平原地区中小河大致为1.0～2.0m。上述方法,各有其优缺点,实践中已取得一些经验,但尚待进一步认识、完善。在山区河流石质滩险整治中,对中、洪水急流滩,取成滩最汹水位;对枯水急流滩,取设计最低通航水位。　　　　　　　　　　　(王昌杰)

整治线宽度　width of regulation trace

整治水位时被主导河岸和整治建筑物导引和约束的新的河槽的水面宽度。其大小关系到整治工程的成效。过宽,则流速较小,浅滩冲深不多,整治效果不明显;过窄,则流速过大,冲刷过多,河槽不稳定,还可能使下游河段淤积变浅。常用的确定方法有:(1)优良河段模拟法,即参照采用邻近优良过渡段的河宽;(2)河相关系法,即按照附近优良河段实测资料,绘制宽度与水深关系曲线,从中选取满足水深要求的宽度;(3)水力学和输沙平衡计算法等。要注意的是整治线宽度与整治水位的确定应密切配合,相互协调。　　　　　　　　　　　　　(王昌杰)

整铸辙叉　cast manganese-steel frog

用高锰钢整体铸造的辙叉。高锰钢具有较高的强度和冲击韧性。整体铸造可随意造型,将辙叉各部尺寸和外形做成尽量符合平稳行车的要求。适用于运输繁忙的干线,使用寿命为钢轨组合辙叉的5～10倍。

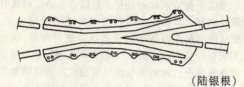

(陆银根)

正常浅滩 normal sloal at crossing

又称平滩。平原河流上两岸边滩较高,上下深槽互不交错的浅滩。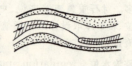其鞍凹宽而深,水流较平顺,河床较稳定。常出现在河槽较窄的顺直河段和曲率半径较大的弯曲型河段,以及两个反向弯道间的过渡段长度和宽深比适宜的河段上,一般不妨碍航行。但在弯曲河段,凹岸被水流冲刷崩塌后退,弯道可能过度弯曲,使浅滩恶化。整治时可在弯道的凹岸修建护岸建筑物,如护坡或短丁坝等,以保持河道良好的平面形态,防止浅滩变坏。

(王昌杰)

正片过程 positive copying process

将负片与相纸经过接触晒印后,相纸上获得的潜像经过一定的化学处理,得到与实际景物色调一致的影像的像片过程。内容包括:(1)曝光,将负片药膜向上、相纸药膜向下二者叠置,使相纸曝光;(2)显影,将曝光后的相纸放入显影液内显影;(3)定影;(4)水洗;(5)烘干。

(冯桂炎)

正矢法 versine method

又称绳正法。利用既有曲线和设计曲线正矢计算既有曲线各测点拨正量的方法。其优点是测量工具简单,外业行车干扰小,内业计算简捷。方法要点:(1)选定弦长测量既有曲线正矢(弦的中点到相应弧的中点间的距离);(2)确定曲中里程,可采用既有正矢对终点取矩法求得;(3)选配曲线半径,可用圆曲线部分平均正矢或图解法求得;选配缓和曲线;推求曲线要素和里程;(4)计算拨距,首先算出既有曲线和设计曲线正矢差,然后计算其两次累加和,最后将第二次累加和加倍就是相应点的拨距;(5)进行曲线拨正。其精度受测量正矢控制,而测量正矢精度不易掌握,故多用于养护拨道方面,目前既有线改建应用较少。

(周宪忠)

正挑丁坝 normal spur dike

见上挑丁坝(276页)。

正弦波 sinusoidal wave

见微幅波(318页)。

郑州铁路枢纽 Zhengzhou Railway Terminal

京广、陇海两条铁路干线交会于郑州附近,在该处设置的各类车站、进出站线路和联络线等所构成的枢纽。是中国东北、华北地区与中南、华南、西北、西南、华东各地区间的交通要冲,在全国铁路网上举足轻重。郑州枢纽东去徐州约350km,西去西安、南去武汉、北去石家庄各个枢纽均在四五百公里左右,位置适中。郑州站是枢纽的客运站。郑州东站是枢纽的货运站,系全路性零担货物中转站之一。郑州北站是枢纽编组站。该站已建成全国规模最大的编组站——双向三级六场,外加一个两调车场之间的交换车场和一个设在下行调车场尾部一侧的辅助调车场,是全路作业量最大的编组站。

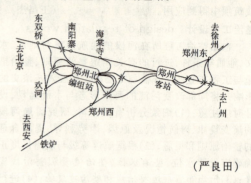

(严良田)

zhi

支垫座 quoin casting

固定在人字闸门轴柱上的支承设备。与枕垫座共同工作,将闸门主横梁承受的水压力传递到船闸闸首边墩上。设在门轴柱与每根主横梁对应的位置。由铸钢支座、不锈钢衬垫及调整钢衬垫位置的薄钢片等构成。为减少闸门启闭时与枕垫座接触部分的摩擦及传力明确,其衬垫接触面制成弧面,并使主横梁反力作用线通过弧面中心。

(詹世富)

支架 support

用来支持架空索道上承载索、牵引索的塔架。有木支架、金属支架和钢筋混凝土支架三种。钢筋混凝土支架重量大,需进行工地装配,造价高,所以一般很少采用;金属支架使用期较长,容许高度大,故广泛采用。通常做成塔形,顶部有安放承载索的支架鞍座,安放牵引索的支承滚子或支承滑轮。支架上两承载索之间的距离称为索宽,应根据货车界限、可能的摆动,因风力而产生的倾斜等确定,一般在2.0~3.0m之间。支架之间的距离,根据地形变化、索道侧形,索道两车厢之间的距离,运输速度等布置确定。

(吴树和)

支墙 bracing wall

又称支顶墙。用浆砌片石或混凝土筑成,支撑并防止悬空危岩崩坠的墙体。一般只承受顶部压力,不承受侧压力。基础应埋置于坚实的地基上,墙背应与山坡密合,必要时可用钢筋或短钢轨将边坡与墙联结为一整体。兼有防止软岩继续风化作用者称为支护墙。能承受边坡侧压力者称为支挡墙。用于支顶突出的危石者称为支柱。

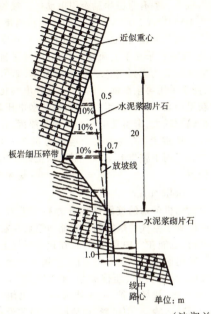

（池淑兰）

支线连接法　method of connection of feeder road

以干线道路为准，按运输费最小的原则，确定偏离角 α，据以选定支线方向的方法。由前苏联科学院院士 В.Н.ОБРАЦОВ 提出，其数学式为

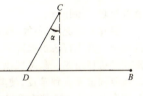

$$\sin\alpha = \frac{Q_{AC} - Q_{BC}}{Q_{AC} + Q_{BC}} \frac{S_c}{S_2}$$

式中 Q_{AC} 和 Q_{BC} 为 AC 或 BC 之间的运输量(t)；S_c 和 S_2 为干线和支线的运输单价(元/t·km)。　（周宪华）

支线铁路　branch-line railway

从干线引出、长度较短、为地区服务的公用铁路。多为尽端式铁路。　（郝瀛）

芝加哥奥黑尔国际机场　Chicago-O'hare international airport

位于美国芝加哥市。共有 7 条跑道,1987 年飞机活动次数 704 700,旅客 56 281 000 人,货物 678 900t,邮件 254 500t。7 条跑道中,6 条是 3 对平行跑道,即 14L/32R,14R/32L,09L/27R,09R/27L; 04L/22R;04R/22L。其中 14R 和 14L 分别装有三类和二类精密仪表着陆设备(1LS),其他则是一类的。14L/32R 和 14R/32L 跑道分别长 3 049m 和 3 962m,其他短些,18/36 跑道只有 1 628m,也没有精密仪表着陆系统,供通用航空用。航站区在这些跑道的中间,共有四座旅客航站,其中第一和第四供国际航线用,第二和第三供国内航线用。第一旅客航站于 1988 年由联合航空公司扩建,为玻璃拱形屋顶。货运区建有 13 座货物航站。机务维修区设在两条 14/32 跑道之间,建有大小机库九座。机场与城市间设有地铁,各航站间以有轨车连接,并与地铁连接。　（蔡东山）

直达货物列车　through freight train

在装车地或区段站、编组站编组,通过一个及一个以上编组站不进行改编作业的列车。编组该种列车时,要增加一定的车辆集结时间,但另一方面可减少车辆在途中解编停留的时间,若后者大于前者,编组这种列车是有利的。　（吴树和）

直达运输　direct traffic, through traffic

货物在运输途中不经换装中转,一直运送到目的地的运输方式。在河流的上游,中游,下游,干流和支流,海洋和河流,航道深浅不一,标准不同,船型大小不一样,往往需要经大船转小船,或水运转陆运,或海运转河运,河运转海运等,货物在运输途中换装中转,不仅增加运输费用,而且造成货损货差,为此根据货物的流量、流向和水运条件,进行合理的运输组织,尽可能地避免倒载,是充分发挥水运优点的极为重要的措施。　（吕洪根）

直角交叉　right angle crossing

又称正交叉。两条直线轨道在同一平面上以直角相互交叉的轨道设备。在轨线中断处的轨缝等于该处 45mm 以上的轮缘槽宽度。为避免轮轨冲击,在走行轨与护轨之间的轮缘槽中

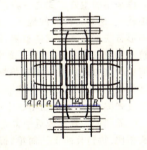

增设垫块,使车轮通过时轮缘被垫块托起,车轮踏面脱离与轨端顶面接触,轮缘沿轮缘槽垫块滚动通过。仅采用于行车速度较低、运量小的次要线路上。

（陆银根）

直立堤堤身　stem of upright wall

见直立堤水下部分。

直立堤水上部分　superstructure of upright wall

直立式防波堤在设计高水位以上采用现浇整体式混凝土结构。其作用是加强堤身的整体性,增加堤身的重量和稳定。为防止波浪越过堤顶,常在其外侧浇筑防浪胸墙。　（龚崇准）

直立堤水下部分　submerged part of upright

wall

重力式防波堤淹没在水下的部分。包括墙身和基床。重力式防波堤常以墙身的构成来划分其结构型式,如方块防波堤和沉箱防波堤等。基床用块石堆筑而成,用以减小地基应力、保护天然地基免受波浪底流速的淘刷和平整床面,它分为明基床和暗基床。当堤线处水深在低潮位时仍大于波浪破碎的临界水深,地基承载力较好的情况,一般采用超出天然海底的明基床;当水深在低潮位时小于临界水深或地基表层土质很差时,可将表土挖除在挖槽中抛填砂垫层和碎石构成埋在天然海底的暗基床。

(龚崇准)

直立式防波堤 vertical breakwater

断面两侧为直立墙的防波堤。一般将陡墙也划为直立式,以墙面与水平面夹角 α>45°为界。按其保持稳定的工作条件可分为重力式和桩式两种。重力式防波堤依靠建筑物自身重量保持其抗倾和抗滑的稳定,它包括方块防波堤和沉箱防波堤等;桩式防波堤则由各种类型的桩构成直墙。它的主要优点是:当水深较大时断面比斜坡式防波堤明显减小,内侧可兼作码头或供船舶靠泊。缺点是地基应力较大,对地基的允许承载力要求较高;由于直墙的反射,可能恶化港内水域的波况,不利于满足港口泊稳条件;如发生意外损坏较难修复。随着船舶吨位和港口水深的增大,防波堤日益向深水发展,它的断面小、节省投资的优点更居主要地位,因而是常被优先考虑采用的主要型式之一。它一般适用于水深和波浪较大、地基又较好的地区。在四千多年前就有用矩形石块砌筑直立式防波堤,随着水深加大及施工技术和机械的发展,出现了巨型方块防波堤、沉箱防波堤等重力式防波堤和双排板桩防波堤、格形板桩防波堤等桩式防波堤。

(龚崇准)

直立式码头 vertical-faced wharf

靠船面为直立或近于直立的码头。与斜坡式码头相比,货物装卸工艺简单,操作环节少,装卸效率高,可提高港区陆域面积和码头泊位的利用率,减少船舶停港时间,降低装卸成本。是海港和水位变幅不大的河港(水位变幅8m以下)中广泛采用的一种型式。对于水位变幅较大地区的件货码头和散货装船码头,在中国近几年也有逐渐采用直立式的发展趋势。直立式码头又可分为岸壁式码头和透空式码头两大类。

(杨克己)

直立式闸室 lock chamber with vertical sides

两侧闸室墙的墙面垂直或接近垂直,横断面基本呈矩形的船闸闸室。其优点是船舶过闸和靠泊安全可靠,与斜坡式闸室相比,灌泄水量小,输水时间短,结构经久耐用。现代船闸均采用这种型式。

(蔡志长)

直流电力机车 direct current electric locomotive

从接触导线(或地下铁道第三轨)供给直流电能的电力机车。装有直流串励牵引电动机。接触网直流电为1 500V或3 000V。机车的起动和调速,过去多借助于调节起动电阻大小,和转换串-并联方式来实现;现在已采用了直流斩波技术,改善了机车调速性能并能节约大量电能。它结构简单,牵引性能优良,便于采用再生制动。因此,在国外电气化铁路上曾获得极其广泛的应用;但因直流接触电压较低,电能传输损耗大,牵引变电所距离短等原因,在现代化电气化铁道上,正逐步被交流电力机车所取代。中国主要应用于城市电车、城市轻轨、工矿专用线和地下铁道。

(周宪忠)

直升机 helicopter

以发动机带动的旋翼产生升力和推进力,能垂直起降的重于空气的航空器。它能向前后左右任一方向飞行,也能在空中悬停,可以在狭小场地上起飞着陆。其用途很广。在军用方面,可用于对地攻击、空降登陆、反潜扫雷、通信联络、侦察巡逻、炮兵校射、后勤支援、战场救护、空中指挥等;在民用方面,可用于短途运输、空中摄影、地质勘探、吊装设备、喷洒农药、森林防火、医护救灾等。与固定翼飞机相比,直升机速度低、航程短、载重小、振动大、噪声高。

(钱炳华)

直升机场 heliport

供直升机起降、停放、维护和组织飞行保障活动的场所。其飞行区由起降区、接地坪、外围区、滑行道和停机坪组成。起降区供直升机起飞降落用,其表面要铺道面或种草皮,使其不扬起尘土。其长度和宽度至少为1.5倍直升机长度。接地坪供直升机着陆接地用,设在起降区的中央,要漆以明显的标志,其长度和宽度可为直升机旋翼的直径。外围区是围绕起降区的无障碍物安全区,其宽度可为直升机长度的1/4,但不少于3m。飞行区周围的人工和天然物体高度应符合净空标准。

(钱炳华)

直通货物列车 through goods train

在编组站或区段站编组,通过一个及一个以上区段站不进行改编作业的列车。铁路设计时,以这种列车铺画平行运行图,计算通过能力。

(吴树和)

直通货运量 through goods traffic

又称通过货运量。每年单方向自起点站至终点站通过本线运输的货运量。铁路设计时,可根据国家计划部门制定的地区间物资交流规划,分析铁路线直通运量吸引范围内的物资供求情况,上下行分别归纳汇总得到。

(吴树和)

直通客运量 through passenger traffic

每年通过该铁路线旅行，但不在该铁路线上各车站上下车的乘车人数。上下行分别统计，其值一般占总客运量的比重不大，可进行客流的典型调查，找出直通客流量和地方客流量的比值，根据本线地方客运量估算直通客运量。 （吴树和）

直通吸引范围

设计线两端邻接铁路的货流要通过本线运输、所涉及的路网范围。应按上行与下行分别划定。因为铁路运费按里程计价，故直通吸引范围应按货流沿最短经路运送的原则来划定。还要考虑绕过限制区段充分利用能力有富裕的线路，充分利用运输条件较好的线路以降低运输成本，力争直通列车牵引定数划一、中途不换重，充分利用空车，减少排空运输等具体情况，来最后确定直通吸引范围。 （郝 瀛）

直线电机加减速小车

以直线电机为动力，具有加速、减速两种功能，调节调车场内车辆溜放速度的工具。是在点连式自动化驼峰调车场使用的一种连续调速设备。由间隔车、动力车、控制车、制动车、推送车五个小车组成，全长 19.450m，高 204mm，宽 880mm。直线电机的专用轨道设在调车线的两根钢轨之间。电源为 50Hz、400V 三相交流电。起动车组最大质量为 50t。首先在日本国铁盐浜编组站驼峰调车场采用。 （严良田）

直线段 straight way

道路平面线形中的直线部分。具有能以较短距离连接两控制点和线形易于选定的特点，一般用于路线完全不受地形、地物限制的平原或两山之间的宽阔谷地、市镇及其近郊或规划方正的农耕区、长大桥梁、隧道路段和平面交叉点附近。 （冯桂炎）

直线建筑限界 clearance guage of straight line

见建筑限界（175页）。

植物消波 dissipation of wave energy by plantation

在岸前滩地上种植植物用以消波保护海堤或岸滩的措施。一般植物需种植在平均高潮位以上的高滩上才能成活。各种植物的生长还要求一定的气候条件。福建省沿海的红树林，属海生灌木，种植在海堤前的高滩上起着良好的消波作用，堤前有红树林成活的海堤一般只需轻型护坡，在台风大浪袭击下海堤也未受损坏。江苏省启东县一带在高滩上种植的大米草也起着明显的消波保滩护岸作用。江苏省洪泽湖大堤外设置了宽数十米的防浪林台，种植了柳树林，不仅起了消浪保堤的作用，还绿化了堤岸、美化了环境，并有一定的经济效益。在海滩和湖滩上种植的芦苇也有明显的消浪保滩护岸作用。 （龚崇准）

止滑器 ship stopper

新船在下水前，阻止其在涂油滑道上向下滑动的安全装置。成对装设在船前部的滑道两边。有手敲式止滑器、机械止滑器和液压止滑器三种。手敲式止滑器主要靠撑杆顶住止滑板不使下滑。机械止滑器种类很多，图示为其中一种。为达到左右同时迅速脱开的目的，一般多由钢丝绳传动。液压止滑器是利用液压系统控制止滑器的板机而阻止船舶滑动的一种装置。大、中型船舶下水一般都采用机械或液压止滑器。 （顾家龙）

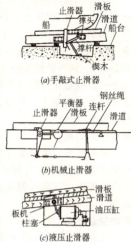

(a)手敲式止滑器
(b)机械止滑器
(c)液压止滑器
止滑器

纸上移线 shift line on paper

在现场实地定线时测出的平面、纵断面、横断面图纸上，局部改移路中线位置的工作。目的是对现场实地定线中个别路段不够理想的线位，进行局部调整。内容包括绘出移线图和扼要说明移线原因与情况。移线后应到现场核对，并补充实测。实测有困难时，可将移线图作为资料列入设计文件，供施工时进行实地改移。 （张心如）

指点信标台 marker station

仪表着陆系统中指示飞机距跑道端距离的设备。通常有外指点标台、中指点标台和内指点标台等。外、中、内指点标台均设在跑道中心线的延长线上，外指点标台距跑道端约 7～9km，中、内指点标台则为约 1 000m 和 300m 左右。 （钱绍武）

指路标志 guide sign

又称导向标志。为交通参与者提供导向信息的道路交通标志。主要内容有：表示省、市、自治区、县、镇等行政区划的分界；指出前方的地名或名胜古迹等的位置和距离；预告高等级公路的出入口、沿途的服务设施以及必要导向等。指路标志一般采用长方形，蓝底白字或白色图案。见彩1页彩图4。 （王 炜）

指示标志 mandatory sign

向驾驶人员和行人指明行进方向并有预告禁令作用的道路交通标志。主要内容有指示直行、右转、左转、左右转弯、掉头、注意行人及标明停车场位置等。指示标志采用圆形或矩形、底蓝色,蓝底上绘有相应内容的白色图案。见彩1页彩图3。　　（王炜）

制动距离　braking distance

从司机操纵制动手柄开始制动,至完全停车或降至某一速度,列车所走行的距离。包括制动空走距离和制动有效距离。其数值与列车运行的初速度、制动后的末速度、列车制动率、制动地段线路的加算坡度、列车减压量等有关。紧急制动时,中国规范目前规定允许的最大制动距离为800m,由此可推算出不同制动率的列车,在各种下坡道上行驶时的最高允许速度。　　（吴树和）

制动空走距离

从司机开始操纵制动手柄,到各车辆闸瓦逐步压紧车轮,全列车实际制动力达到一半为止,列车所走行的距离。其值为制动初速度和制动空走时间的乘积。　　（吴树和）

制动空走时间

从制动手柄开始移到制动位起,至各车辆闸瓦逐步压紧车轮全列车制动力达到一半为止所需的时间。空气制动时,压缩空气在制动管内传播和制动缸内压力逐渐增大需要一定的时间,各车辆的闸瓦压力不是一下子就达到计算值而是逐渐增加的,为简化计算,假定列车制动力在经过制动空走时间后立即增高到计算值,在制动空走时间内制动力为零。空走时间的长短与列车管减压量、制动机类型、制动地段线路的加算坡度等有关,一般采用试验统计归纳后的经验公式计算。　　（吴树和）

制动铁鞋　brake shoe

铸钢制成的鞋状车辆制动工具。一般用在非自动化调车场内作为车辆目的制动的工具。滑板和挡板是它的两个主要组成部分。对溜行中的车辆进行制动时,在距预计停车位置一定长度处,将铁鞋安放在车辆溜行的钢轨上。车轮踏面的一部分滚上滑板,另一部分压上挡板,由于车轮踏面与铁鞋间形成滑动摩擦,车轮因而停止滚动,开始作滑行运动。车轮滑行一段距离后停住。铁鞋的单位制动力与铁鞋的摩擦系数成正比。　　（严良田）

制动有效距离　effective braking distance

从制动力发生作用,到停车或降至某一末速度,列车所走行的距离。其值与列车制动时的初速度、制动结束时的末速度、作用在列车上的阻力和制动力的大小等有关。　　（吴树和）

质量流量计　mass flowmeter

用直接反映质量流量的检测元件测定流体质量的仪表,或者通过测定流量再乘以流体密度间接测出质量流量的仪表。直接式质量流量计类型有:动量矩式质量流量计、惯性力式质量流量计、双涡轮质量流量计以及热式质量流量计等。动量矩式及惯性力式质量流量计是根据流体运动状态变化所产生的动量矩与惯性力的变化量与质量有关的原理,通过测定相关的检测元件(测动量矩或惯性力矩)测定质量流量。双涡轮质量流量计有两个用弹簧连接的涡轮,受被测流体流动能量冲击而旋转,因涡轮叶片螺旋角不同而造成的力矩差由连接弹簧平衡,使两涡轮间形成扭角,扭角大小反映质量流量,测量扭角即可得质量流量。热式质量流量计用外热源对被测流体加热,热电偶测定流体流动造成的温度场变化来反映质量流量,它们之间关系为:

$$M = \frac{W}{JC_p \Delta t}$$

式中 M 为质量流量;W 是加热器功率;J 是热功当量;C_p 是被测流体的定压比热;Δt 是加热器前后端的温度差。　　（李维坚）

质量浓度　weight concentration

浆体或悬液中固体颗粒的质量百分数(c_w)。当已知其体积浓度(c_v)时,可求出:

$$c_w = \frac{100 c_v \rho_s}{c_v \rho_s + (100 - c_v)}$$

式中 ρ_s 为固体颗粒密度。　　（李维坚）

智能运输系统　intelligent transportation system, ITS

又称智能交通。将先进的信息技术、计算机技术、数据通信技术、检测监视技术、电子控制技术、自动控制理论与方法、专家系统、运筹学等有效地综合运用于交通运输,服务于车辆制造、营运等,大大加强了车辆、道路与交通参与者之间的联系,从而形成的一种适时、准确、高效、协调的综合运输系统。欧美日本诸国的部分实施项目的实践,证明智能运输系统是解决当前与今后一段时期,交通拥堵、事故频发和环境污染的有效途径之一,其主要内容包括:(1)先进的交通管理系统(ATMS)。通过旅行随机测定、突发事件检测等实时处理以把握交通状况,实现先进的交通管理。(2)先进的交通信息系统(ATIS)。向道路上运行的车辆提供道路、交通、天气等状况的信息系统,设装有导航装置的车辆通过时的信息接收系统获得动态的行车路线指引与服务。(3)先进的车辆控制系统(ADCS)。具有防止车辆碰撞,检测前后车辆之间行驶中的距离、相对车速、自身车速、路面坡度、路面的滑移阻力及车辆本身的荷载等,可以防止驾驶失误、追尾与迎头碰撞等。(4)商用车辆运行管理系统(CVO)。主要是提高了载货汽车运行系统的效率,掌握适时的车辆位置、货物信息传递的管理以及车辆重量的自动测定等。(5)先进的公共交通系统(APTS)。是将公共汽车、火车、高效运载车辆等公共交通运输工具相互联系起来,以提高整个运输系统的效率。(6)先进的地方交通系统(ARTS)。具有对都市外圈(郊区)的突发事件的检测、肇事车辆位置检测、SOS系统等功能。目前世界上各主要工业发达国家均投入了大量人力、资金进行开发研究,我国虽起步较晚,但现在非常重视,组织了多家科研单位在大力开展研究,预计不久的将来一定会得到很大的发展。

(徐吉谦)

zhong

中长铁路 Chinese Changchun Railway

中国长春铁路的简称,旧称中东铁路,即中国东省铁路的简称。满洲里经哈尔滨至绥芬河与哈尔滨经长春、沈阳至旅顺的铁路干线及其所属支线。1896年6月3日清政府与俄国在莫斯科签订《中俄密约》,允许俄国在中国黑龙江、吉林修建通往俄国海参崴的铁路,称中国东省铁路。1898年3月15日在北京签订《旅大租地条约》,允许俄国由哈尔滨到旅顺、大连修建东省铁路的支线南满铁路。此路以中俄合办名义于1898年8月16日开工,1901年7月长911km的南满支线完工,1901年10月长1514km的东省铁路接通,1903年7月24日全线正式通车。日俄战争俄国战败,1905年9月5日签订《日俄和约》,俄国把南满支线的长春至旅顺一段转让给日本,称为南满铁路。1924年5月31日确定中苏共管中东铁路,其他权益交回中国政府。"九一八"事变后日本占领东北,前苏联将中东铁路以14 000万日元卖给日本。1945年9月14日根据雅尔塔协定,在《中苏友好条约》中规定中苏共管中东铁路与南满铁路,合并称为中国长春铁路,中长铁路的名称自此开始。1952年12月31日前苏联将中长铁路无偿交给中国,成为现在的滨州线(哈尔滨至满洲里)、滨绥线(哈尔滨至绥芬河)和哈大线(哈尔滨至大连)。

(郝瀛)

中级路面 intermediate-type pavement

强度和刚度低,稳定性、平整度差,行车速度低,使用期限短,易扬尘,仅能适应较小交通量,养护工作量大,需要经常补充材料以恢复磨耗层和保护层的路面。常用的面层材料有水结碎石、泥结碎石、级配砾(碎)石、不整齐石块等。一般适用于中等交通量的三、四级公路。

(陈雅贞)

中间闸首 middle lock head

设于闸室中间,将整个闸室分隔成两部分的船闸闸首。当通过单船时,只利用闸室的部分长度,这时它起挡水作用而将下闸首的工作闸门敞开,闸室的下半部犹如下游引航道的一段,以便单船迅速过闸和节约过闸用水量。但多建了一个闸首,增加了工程投资。在以通过船队为主的船闸上现已少用。

(吕洪根)

中间站 railway wayside station

办理客运和货运业务以及列车接、发、交会或越行作业的铁路车站。除铁路正线、列车到发线和通信信号设备外,还要设置旅客站房、旅客站台、旅客站台雨棚、跨线设备、货物雨棚、货物仓库、货物站台、货物堆积场和货物装卸线。

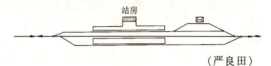

(严良田)

中山高速公路 Zhongshan freeway

由台湾基隆市至高雄市西侧凤山的高速公路。途经台北市、台中市、高雄市,把台湾的主要城市、最大港口、飞机场、工业区、加工出口区、科学工业区都连接起来了。台北市至基隆市一段是1964年5月完工的,台北市至凤山段是1973年开工,1978年11月1日建成全线通车,全长373km余,大部分为四车道,台北市附近有八车道和六车道,路面采用沥青混凝土,全封闭,规定行车速度平原区为90～120km/h,丘陵区为60～90km/h。由高速公路管理局(NFA)管理,路上有交通警车巡逻,有电视观察和监视,全线设十个收费站,由电脑计算收费。平均日交通量为3.5万辆。

(王金炎)

中水滩 medium water rapids

山区河流中水期碍航的滩险。多出现在石质河床、河身狭窄、岸线不规则的局部河段。由于水流被约束或被挑阻,多属急流乱水滩,对航行极为不利。一般,扩大断面或切去挑流突嘴,即可达到整治目的。

(王昌杰)

中位地点车速 mediam speed

它较平均车速受两端车速值(偏大或偏小)的影响要小,是地点车速分析中一个很有代表性的特征值。

(文旭光)

中心岛 central island

又称中央岛。设于环形交叉口中央,被环道包围并作为车流导向中心的地段。使进入交叉口的车辆一律绕岛作单向行驶,至所要去的路口离岛驶出,一般左转车沿环道内侧行驶,右转车沿环道外侧行驶,直行车则沿中间行驶。在交织距离足够时,车辆进出环交多以交织方式进行。常规环交中心岛的形状和尺寸的确定必须保证车辆运行方便,线路短捷并维持一定的车速和一定的交织长度。即必须同时能满足行车速度以及进环和出环的车辆在环道上行驶时互相转换车道所需的交织区段的要求,岛的直径一般均在 25～60m 之间。其形状有圆形、椭圆形、卵形、方形圆角、菱形圆角等，主要取决于相交道路的等级和角度，通常多为圆形。对于小型、微型环交的中心岛，其直径分别为 4～25m 及 4m 以下，主要是引导车流按同一方向绕行，毋须考虑交织长度与交织角，故其直径可以很小。
（徐吉谦）

中闸首 intermediate lock head

设于多级船闸两相邻闸室之间，用以分隔上、下两个闸室的船闸闸首。其结构布置与上闸首类似，所承受的水位差较大。通常为钢筋混凝土整体式结构。
（吕洪根）

重力模型 gravity model

又称引力模型。应用两区间出行数与出发区的出行发生量和到达区的出次吸引量各成正比，与两区间的行程时间（或费用、距离等）成反比的关系建立的未来交通分布预测模型。因与牛顿的万有引力定律相似而得名，其计算公式如下：

$$T_{ij} = P_i \frac{A_j/t_{ij}^c}{\sum_j A_j/t_{ij}^c}$$

式中 T_{ij} 为从 i 区到 j 区的预测出行量；P_i 为 i 区出行发生量；A_j 为 j 区出行吸引量；t_{ij} 为从 i 区到 j 区的行程时间；c 为系数，可参考类似城市的取值，迭代试算得到。除此式之外，尚有各种修正重力模型。
（文旭光）

重力式挡土墙 gravity retaining wall

靠墙身砌体自重维持墙体稳定的挡土墙。用浆砌片石或混凝土修建。构造简单、施工简便，可就地取材，在土木工程中得到广泛应用。根据墙背倾斜方向有仰斜、俯斜和垂直三种形式。墙背具有单一坡度称为直线墙背，多于一个坡度称为折线形墙背。挡土墙沿线路方向需设置伸缩缝和沉降缝。为疏干墙后土体和防止地表水下渗应做好排水设施。
（池淑兰）

重力式码头 gravity quay wall

靠结构物本身及其上填土的重量抵抗外力维持稳定的直立式码头。是一种主要的码头结构型式。它由上部胸墙、墙身和基础等部分组成。胸墙的功用在于将墙身构件连成整体，并便于安装各种设备。墙身的功用在于挡土，并将作用在墙身和胸墙上的荷载传递到基础上。当墙身采用预制安装结构时，基础一般采用抛石基床，其功用在于整平地基，扩散应力，减少码头传递给地基的压力，并护底以防波浪、水流冲刷。岩基上现场浇筑的码头不需另作基础。墙后回填多用砂石材料，有些码头采用抛石棱体，并设反滤层，以减小墙后土压力并防止填土流失。重力式码头一般要求有比较良好地基。它按墙身结构可分为方块码头、沉箱码头、扶壁码头和整体砌筑码头等。它的优点是：整体性好，结构坚固耐久，易于维修；对较大集中荷载的适应性较好；抵抗船舶水平荷载的能力大；用钢量一般较少；施工比较简易。缺点是水下工作量较大，需要大量水泥和砂石料。
（杨克己）

重力式闸室墙 gravity lock wall

依靠墙身自重及其上的回填土料重维持稳定的闸室墙。由浆砌块石、混凝土和少筋混凝土筑成。其墙身断面由上而下逐渐加大成梯形。墙背一般为折线形，也有采用直线形的。浆砌块石结构的背坡有时做成阶梯状。墙底筑有底板，调整其前、后趾长度以使地基反力分布均匀。其优点是整体性好，结构坚固耐久，施工简单，便于就地取材，但工程量较大，要求的地基承载力较高。
（蔡志长）

重型整治建筑物 heavy structures for regulation works

又称永久性整治建筑物。用土、石、混凝土等材料建造的整治建筑物。常见的有堆石丁坝、顺坝等。其结构较坚固，抗冲和防腐性能较强，使用年限长，便于机械化施工。但造价较贵，且不易拆迁改建。常用于永久性整治工程。
（王昌杰）

重载列车 heavy loading train

采用加大机车功率或特殊的牵引方式，使牵引吨数大大增加的货物列车。是提高铁路输送能力和降低铁路运输成本的重要措施，20 世纪中叶以来，得到世界各国日益广泛的采用。重载列车大体上可划分为四种型式，即普通重载列车、多机牵引的重载列车、单元重载列车和组合重载列车。普通重载列车不需采用特殊的编挂方式和行车组织，仅需采用大功率机车，来增大普通货物列车的牵引吨数。其牵引吨数受限制坡度、起动条件、车钩强度和站线有效长度的限制。中国和前苏联普通重载列车的牵引吨数一般可达 4 000～5 000 吨。

多机牵引的重载列车，美国、加拿大等国广泛采用，牵引吨数一般在万吨左右。因为受车钩强度限制，机车编挂方式系在列车头部和三分之二长度处各编挂 2～3 台机车，机车操纵由控制车将主机的操纵方式变为电信号，以控制其他机车的同步操作。在坡度陡峻路段，还可在列车尾部加挂多台补机，由司机分别操纵。
（郝瀛）

zhou

周平均日交通量 week average daily traffic, WADT

一周内各日交通量的平均值。在一周内每天在相同地点用同样方法进行连续的交通观测,可得到各日的交通量,显示了不同周日的波动性,但将一周7天交通量之总和除以7所得到的日交通量,代表了一周内的平均水平。　　　　　　　　　(文旭光)

周期　cycle length

信号的一个相位从起始、消失、经过其他相位到再现的一段时间。一般以秒为单位,也可用百分法,一百分为一个周期。为信号机设计的基本项目,根据交通量确定。周期越长,交通量一般越大,但一般不要超过100s,太长时红灯方向阻车严重。　　(李旭宏)

轴距　axle spacing

机车或车辆车轴中心线间的水平距离。分为:固定轴距、转向架轴距和全轴距。固定轴距是指车架式机车主车架内,前后两端车轴中心线间的水平距离。为便于通过曲线,固定轴距不宜过长。转向架轴距是指一个转向架两端车轴中心线间的距离。全轴距是指一台机车前后两端车轴中心线间的水平距离。

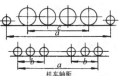

机车轴距
a-全轴距　b-转向架轴距　c-定轴距

　　　　　　　　　　　　　　　　(周宪忠)

轴载当量换算　equivalent axle load

将非标准轴载的施加次数按照等效原则换算为相当的标准轴载施加次数。是路面结构设计方法中综合反映不同轴载车辆对路面作用的一种方法。可以通过足尺试验路面试验或小型试件模拟试验,观测不同荷载作用下,路面结构或材料试样达到相同极限标准时,各自的施加次数,总结成当量换算经验公式。有代表性的当量换算经验公式如下:

$$N_i = N_j \left(\frac{P_j}{P_i}\right)^a$$

式中,P_i, N_i 为标准轴载及其作用次数;P_j, N_j 为非标准轴载及其作用次数;a 为指数。各国所用的 a 值不同,日本、比利时取 $a=4.0$,美国取 $a=4.2 \sim 4.3$,中国取 $a=4.0$。　　　　(邓学钧)

轴重　axle load

机车车辆在静止状态下,每一轮对轮轨接触处,钢轨所承受的载荷。通常以 t 为单位。它受钢轨类型、桥梁强度和行车速度的限制。随着重载运输的发展,轴重的发展趋势是越来越大;如美国、加拿大、澳大利亚目前货车轴重已达 30t,机车轴重已达 35t;中国目前货车轴重正由 21t 向 23t 过渡。列车运行中,钢轨承受的动荷载较轴重为大,随着大型车辆的采用和行车速度的提高,如何降低动力作用,成为转向架设计的重要课题。　　　　(周宪忠)

昼夜人口率　ratio of daytime to nighttime population

白天人口与夜间人口之比。可反映该地区土地利用的性质。该指标与划分的调查区域面积大小有关,区域愈大,愈接近于 1。一般住宅区小于 1,工业区、商业区大于 1,高校区则约等于 1。调整城市土地利用性质和分区功能,使昼夜人口率趋于 1,可以削减城市交通总量,缓解交通设施能力小于需求的矛盾。　　　　　　　　　　(文旭光)

zhu

珠江河口整治　regulation of Zhujiang River estuary

珠江自三水至滨海地区,由西、北江三角洲,东江三角洲及潭江等河系组成的复合三角地区的各出海口的整治。珠江水系入海形成八大口门,从东到西为:虎门、蕉门、洪奇门和横门均注入伶仃洋;磨刀门、鸡啼门单独入海;虎跳门和崖门注入黄茅海。珠江河口的整治,主要包括广州出海航道整治、西江出海航道整治及其相关的港口建设和海涂围垦。广州出海航道是珠江口东面的主要航道,自黄埔老港区到口外桂山岛 115.7km,经三个主要线段,即大濠洲航道、莲花山航道和伶仃洋航道(矶石航道),分别水深仅 6.6m、7.2m、6.9m,自 20 世纪 70 年代以来,浚深后维持在 8.0m、9.0m、8.6m,航道拓宽至 160m,可保证 2 万 t 级船舶乘潮进港,年回淤量 100~300 万 m^3 左右。为进一步提高航道等级,20 世纪 90 年代开始研究开辟伶仃洋西航道,选取最优挖槽、抛泥方案,1998 年挖深至 11.5m,并计划挖至 13.0m,保证 3.5 万 t 以上大型船舶进出,与此同时,进行了深圳、蛇口、赤湾等港区建设及改善进港航道等,满足 5.0~10 万 t 级船舶通航、靠泊。西江出海航道,以崖门口至黄茅海为主航线。自 1995 年研究开发以来,将拦门沙上的水深 2.4m 开挖增至 6.0m,今后将开发至黄茅海 5.0 万 t 级航道。现已建成的南水岛至高栏岛的拦海大堤,挡住东面鸡啼门的来沙,稳定了航道。为了河口的综合利用,制订了各口门的整治规划线,建导堤,相继开发出大片滩涂,由此控制了上游水位的抬高,以利潮量排灌。故河口地区的整治与开发,大大促进了珠江三角洲地区的经济发展。　　(李安中)

主导航墙　main guide (leading, approach) wall

又称主导航建筑物。位于船闸上进闸航线一侧用以引导船舶安全、方便进出闸的导航建筑物。在非对称型引航道中,一般都位于与船闸轴线平行的直线上,与靠船建筑物相连。在对称型引航道中,则为弧形。其长度(通常以其在船闸轴线上的投影长度),取决于设计过闸船舶(队)的长度 L。一般取为 $(0.5~1.0)L$(米),导航墙表面的切线与船闸轴线之间的夹角小于 20°~30°。　　(吕洪根)

主导河岸 stable guiding bank

对主流流向和整治线起控制作用且抗冲性能较强的河岸。如主流逼近的山脚、山嘴、矶头或密实板结的泥岸等。航道整治线应依傍主导河岸，以利用其各级水位下的导流作用，维持浅滩段航道的相对稳定。　　　　　　　　　　　　（王昌杰）

主航道 main channel

在河流的分汊河段或湖泊、水库等水域中具有两条以上的航道中可常年航行且在运输上起骨干作用的航道。　　　　　　　　　　　　　（蔡志长）

主控机 master controller

在交通信号系统中，能使所连接的各单点控制机之间保持一定的时间关系，且能对单点控制机作信号显示或改变配时指令的控制机。（乔凤祥）

主体信号机 main signal

直接防护某段线路，具有保证该段线路安全作用的信号机。包括进站、出站、通过、防护、遮断及调车等信号机。　　　　　　　　　　　（胡景惠）

主桩套板结构 pile with horizontal timber

由主桩和在其后横放的套板所组成的挡土结构。套板一般常用木板，它将土压力传于主桩上

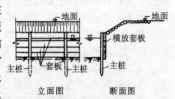

（主桩就是板桩码头中的无锚板桩）。仅用于小型简易码头和护岸工程。　　　　　　　　（杨克己）

助航标志 aid marking

在白天能见度好时向飞机驾驶员提供目视引导标志的目视助航设备。通常在道面上标示鲜明的线条、字码和符号等。跑道标志为白色，滑行道和停机坪为黄色。当跑道或滑行道对飞机永久或暂时关闭时，则在其上均设置"X"形黄色标志。　　　　（钱绍武）

助航灯光 aid lighting

在夜间或昼间能见度低时用灯光向飞机驾驶员提供目视引导信号的目视助航设备。通常由进近灯光系统、目视进近坡度指示系统、跑道灯光系统、滑行道灯光系统和其他灯光系统（机场灯标、障碍灯等）组成。助航灯光系统的图形、颜色、光强和覆盖范围应适应机场的运行程序，本国或国际技术标准。一般机场均安装固定式灯光，小型机场也可采用移动式、半固定式灯光。　　　　　　　（钱绍武）

助航设施

为保证船舶在航道内顺利、安全航行的辅助设施。有航行标志、信号标志、专用标志等；为这些标志所需要的建筑物、灯具、浮体等设备；远距离、恶劣气象条件下，帮助船舶定位、引航的无线电导航设备；以及克服急流险滩船舶上行困难的绞滩站及绞滩设备等均属助航设施。船舶依循这些设施的规定和要求航行则可在天然水域的各种条件下，确保船舶在航道范围内安全航行。助航设施是航道必不可少的组成部分，航道人员长年累月为此艰苦劳动，保证这些助航设施正常运转，成为航行的眼睛和助手。
　　　　　　　　　　　　　　　　　（李安中）

贮浆罐 slurry storage

存贮浆体的容器。在泵送浆体以前及经管道输送到目的地后，都需要用贮浆罐临时存贮浆体。一般的贮浆罐都是用钢板焊接成的圆柱体，其容量取决于制浆产量和输送量。有些贮浆罐中间设有搅拌叶轮进行搅拌，使浆体的颗粒均匀分布。　（李维坚）

注意信号 caution signal

要求司机注意、预告前方信号机显示停车信号的信号。它的基本颜色是黄色。其表达方式如通过和预告色灯信号机的黄色灯光；臂板信号机的黄色臂板水平位置等。它的作用是要求司机控制适当的运行速度，随时准备停车。　　　　　（胡景惠）

驻波 standing wave

见立波（202页）。

柱板式挡土墙 column-plate retaining wall

用钢筋混凝土预制的拼装式轻型挡土墙。由立柱、挡土板、拉杆、卸荷板、底梁及基座组成。构件预制拼装。可快速施工。

（池淑兰）

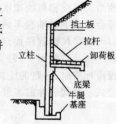

柱塞泵 plunger pump

以柱塞在泵缸中作往复运动增加液体与浆体机械能的管道输送设备。工作原理与活塞泵相同，不同处是机构中用圆柱塞代替了活塞。柱塞与缸体的接触面积较大，密封较好，不易泄漏，被泵送的流体压力可以比活塞泵的更高，而且柱塞与

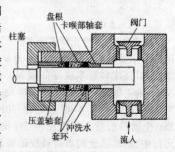

缸体的密封处可以在吸入行程时连续用清水冲洗黏结在柱塞或缸体内壁的磨蚀性物质，故它可泵送磨蚀性较大的浆体（如铁矿浆），但此种泵的流量较小。
　　　　　　　　　　　　　　　　　（李维坚）

柱式码头 pillar quay

以柱形结构为基础的板梁式码头。老的柱式码头的柱基是在水下支模,现场浇筑水下混凝土做成。近年来由于管柱基础的发展,采用预制空心管柱作柱基。在岩基或坚硬土层、水位差大的情况下,可以考虑采用。

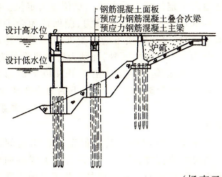

(杨克己)

zhua

抓斗式挖泥船 grab dredger

利用张开抓斗的自重切入水下泥层,提升时闭斗将泥土抓起的挖泥船。一般为非自航的。抓斗及吊杆等均装在船体甲板上的旋转机上,抓起泥土后可旋转90°,将泥土卸入侧面泥驳中。抓头以双缆控制,一根控制抓斗升降,另一根控制抓斗启闭。施工时靠锚缆定位,移位时收放锚缆控制。这类挖泥船以斗容分级,一般斗容为 $0.5\sim8m^3$。只要加长缆绳,加重抓斗,可满足加大挖深的要求,适于在港池,基坑,取水口等水域中挖取淤泥、黏土、砂砾等。但挖掘的基坑不够平整,要求超深较大。

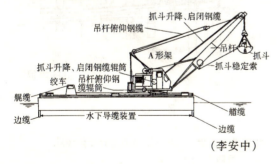

(李安中)

zhuan

专业飞机 utility airplane

经过改装或设计专供工农业或科学研究中某项业务使用的飞机。主要有航空物理勘探、摄影、测量、播种、喷洒农药、施肥、护林、人工降雨、救护等专用的飞机。飞机上有成套的专用设备。通常为低速的中、小型飞机,要求其低空和超低空性能良好,转弯半径小,操纵灵活,维护简单。 (钱炳华)

专业机场 utility airport

为工农业生产服务用的民用机场。有工厂、航测、农业、森林防火、航空救护以及综合性机场等。由于多数使用小型飞机,因此,机场规模通常较小。
(钱炳华)

专业性码头 specialized wharf

专供某一固定货种的货物进行装卸的码头。如:煤炭码头、化肥(袋装或散装)码头、石油码头、集装箱码头等等。相对于综合性码头而言,其特点是码头设备比较固定,便于装卸机械化和自动化,装卸效率高,码头通过能力大,管理便利。 (杨克己)

专用标志 special marks

标示特定水域和各种建筑物所设置的标志。包括管线标及专用浮标两种。 (李安中)

专用浮标 special buoy

标示特定水域的专用标志。设在锚地、渔场、娱乐区、游泳场、水文测量、水下钻探、疏浚作业等特定水域;或取水口、排水口、泵房以及其他航道界限外的水工建筑物处。为任意形状的黄色标志,夜间显示黄色单、双闪光(附图见彩4页彩图22)。
(李安中)

专用货车 specialized freight car

专门用来装运某种或某几种货物的车辆。有的以车辆性能命名,如自翻车、冷藏车、通风车;有的以所装运的货物命名,如煤车、水泥车、家畜车、活鱼车;有的以车形命名,如罐车、漏斗车等。 (周宪忠)

专用线 special railway line

专供厂、矿、企业或军事部门使用而引入的铁路。多由厂、矿、企业或军事部门自行管理,其长度不纳入全国铁路营业里程之内。1987年底,中国共有专用线922条,总长为12 802km。20世纪80年代起,为了缓解干线铁路货场装卸能力的不足,已陆续将一些专用线对社会开放,在专用线上装卸货物,收到了很好的效果;1987年已有1/3左右的专用线实行共管共用,装卸车数和货物发送吨数已占全路的44.3%和45.2%,货运量高达6.2亿t。 (郝瀛)

转换交通量 converted traffic volume

从它种交通方式转变到本线上的交通量。例如修建地下铁道,原来骑自行车的就会有一部分转为乘坐地铁,该部分就是转换交通量。此值需从运输时间、综合运输费用等方面综合分析,推算转换运输量的大小,然后换算成相应的转换人次或车次而得到。
(文旭光)

转盘式斜面升船机 inclined ship lift with

turntable

在挡水坝顶设置转盘作为过坝换坡措施的两面坡斜面升船机。转盘上铺设有供承船车行驶的轨道，与上、下游斜坡道坡度相同。转盘由驱动机构驱动旋转。当承船车由上（下）游斜坡道驶入转盘上的轨道后，借助于转盘的旋转，使其对准下（上）游斜坡道的轨道，承船车沿下（上）游斜坡道下驶，直接驶入下游航道水中。转盘的作用是：承船车过坝时，能使载运的船舶保持水平而转换上、下游不同的斜坡道；可使上、下游斜坡道根据地形等具体条件不布置在同一条直线上，而互相有一个角度。

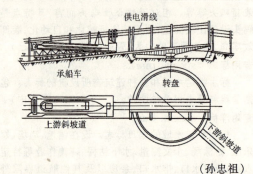

（孙忠祖）

转头水域 turning basin

又称回旋水域或调头区。布设在港口水域或狭窄的航道中，供船舶调头、转向用的水域。其形状一般呈圆或椭圆形，其尺度决定于船舶尺度、转头方式、水流和风的流向和流速。在海港中大多布置成圆形，其直径应不小于设计船长 L 的 2.5 倍；对于受到地形限制，又有港作拖轮协助调头的场合，直径可缩小到 $(1.5\sim2)L$。受水流影响较大的河港和河口港，多布成椭圆形，其宽度（垂直水流方向）为 $1.5L\sim2L$，长度为 $(2.5\sim3)L$。深度，在海港和河口港，一般按大型船舶乘潮进出港的原则考虑；在内河港，其最小水深一般不小于航道控制段的最小通航水深。

（张二骏）

转向架 bogie

又称台车。机车和车辆的走行装置。由轮对、轴箱、弹簧悬挂装置、基础制动装置、构架或侧架、摇枕等组成。机车上的还有驱动装置。起支承车体、转向、传递牵引力和制动力的作用，并保证机车车辆在轨道上安全平稳地运行。蒸汽机车动轮前后还分别设有导轮和从轮转向架，均安装直径较小的车轮。转向架有多种类型，按轴数可分为二轴、三轴和多轴转向架；按弹簧悬挂方式可分为一系和两系弹簧悬挂转向架；按用途可分为机车、动车、客车和货车转向架。此外，还有适应小半径曲线需要的径向转向架。为适应重载运输的需要，一些工业发达国家，正在研制大轴重低动力作用转向架。

（周宪忠）

转移交通量 diverted traffic volume

由于交通条件改善而引起的由其他道路转来本路的交通量。城市外环路的建设就可以将内环路上的过境交通和部分市内交通转移过来。

（文旭光）

转辙机 switch machine

转换道岔位置的机械的总称，用来扳动道岔尖轨使道岔由定位变为反位或由反位变为定位。在技术上要求具有足够大的转换力，能保证闭合尖轨与基本轨密贴，保持尖轨不会因受外力作用而移动位置。分为人力和动力两种，而动力转辙机又分为：电动、电空、液压等。转换力在 4.4kN 以上的为大功率转辙机。转换时间在 0.8s 以下的为快速转辙机。

（胡景惠）

转辙角 switch angle

道岔主线方向与尖轨跟部工作边切线间的夹角。当尖轨为直线尖轨时，则是道岔主线方向与尖轨工作边间的夹角。它是道岔转辙器部分的重要构造尺寸。

（陆银根）

转辙器 switch

控制道岔行车方向的构件。按结构型式分为钝轨式（stub switch）和尖轨式（split switch）。钝轨式因工作性能易受气候影响容易酿成脱轨事故，已经废止。尖轨式为常用型式，由两根基本轨①、两根尖轨②和尖轨跟部接头③、轨撑④、顶铁⑤、连接杆⑥、辙前垫板⑦、滑床板⑧、辙长垫板⑨、辙后垫板⑩以及必要的联结零件等组成。结构稳定，性能可靠。道岔的开通方向由可扳动的尖轨位置来控制。

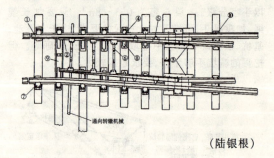

（陆银根）

zhuang

桩板式挡土墙 pile-plate retaining wall

钢筋混凝土桩和挡土板组成的轻型挡土墙。在深埋的桩柱间用挡板挡住土体。适用于侧压力较大的加固地段。两桩间挡土板可逐层安设或浇筑。

（池淑兰）

桩基承台　piles-platform

俗称桩台或承台。设置在一组桩基顶上的上部结构。其作用是使承台下面的各桩基共同支承建筑物上的作用力,再由桩基把作用力传递到深层的土层中去。它按承台底面位置的高低,可区分为高桩承台和低桩承台两种。按承台的力学性质分,有刚性承台、柔性承台和无刚性承台。　　(杨克己)

桩式防波堤　pile breakwater

用桩式结构构成堤身的直立式防波堤。桩可采用钢板桩、钢管桩、钢筋混凝土板桩和钢筋混凝土管桩等。桩式防波堤具有施工迅速简便,整体稳定性好的优点。但所需钢材较多,要有水上打桩工具,施工期抗风浪能力较差,耐久性不如重力式防波堤。它由堤身和上部结构(又称直立堤水上部分)组成,其上部结构与方块防波堤、沉箱防波堤等重力式防波堤无明显差异。为防止波浪对地基的淘刷,在临海一侧堤脚仍需抛填块石加以保护。设计应验算其整体稳定性和桩的

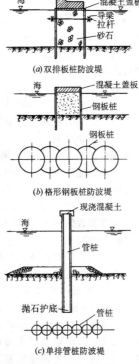

强度。按桩的结构,它可分为双排板桩防波堤、格形板桩防波堤和单排管桩防波堤等。波压力作用于单排管桩防波堤所产生的弯矩由无锚单桩承受,近年来已有用单排大口径高强度预应力钢筋混凝土管桩建造防波堤的实例。　　(龚崇准)

桩柱上波压力　wave pressure on pile or cylinder

波浪作用在桩、柱、墩等孤立式建筑物上的波压力。随着远洋运输和海上采油的发展,诸如无掩护的桩柱式码头或墩式码头和导管架式平台或大尺度钢筋混凝土平台的兴建日益增多,波浪作用力是这些孤立式建筑物的主要荷载。波浪与小尺度的孤立桩柱的相互作用,几乎不影响波浪运动状态,其主要特征是形成绕流。对于密集的桩柱要考虑群桩效应。波浪与大尺度的孤立墩相互作用时要考虑波浪绕射引起波浪场的变化。波浪对桩柱的绕流问题比均匀水流产生的绕流问题要复杂。波浪作周期运动,只有当桩柱面出现波峰或波谷时,水质点的垂直分速可视为零,才可近似地视为平行流。绕流产生的压力由两个分量组成:惯性压力和冲击压力。前者与水质点原有轨迹运动的加速度及被物体排开的水体质量成正比,后者则与其速度的平方及垂直于运动方向的物体截面积成正比。例如当桩柱截面为圆形时,在水深坐标为 z 处的单位深度 $\mathrm{d}z$ 截面上的水平波压力 p_{xz} 为 $p_{xz} = p_{1xz} + p_{2xz} = C_M \dfrac{\gamma}{g} \dfrac{\pi D^2}{4} \left(-\dfrac{\mathrm{d}u}{\mathrm{d}t}\right)\mathrm{d}z + c_D \dfrac{\gamma}{2g} D u |u| \mathrm{d}z$ 式中 p_{1xz} 为惯性压力分量,p_{2xz} 为冲击压力分量,D 为圆柱直径,$\dfrac{\mathrm{d}u}{\mathrm{d}t}$ 和 u 分别为水质点的水平加速度和水平速度,C_M 为惯性系数(取 2.0),C_D 为阻力系数(取 1.2)。将 p_{xz} 沿水深 d 积分,可得圆柱上的水平总波压力。

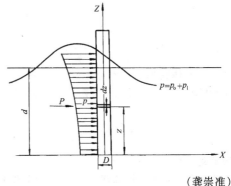

(龚崇准)

装配式框架梁板码头　precast reinforced concrete frame and slab platform type wharf

又称轻型重力混合式码头。由双肋透空框架和连续空心大板及井字形底板构成的码头。码头后方抛石棱体自身稳定,框架本身不受墙后土压力作用。框架间隔布置,是一透空式结构,消波效果较好。在覆盖土层厚薄不一,下卧硬层起伏较大,难以采用桩基和重力式码头时,采用这种型式较为经济合理。在中国深圳赤湾港已建了几个泊位。

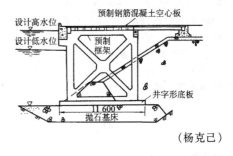

(杨克己)

zhui

追踪系数　track coefficient

追踪列车数与总列车数的比值,在装有自动闭

塞的单线铁路上，一个区间内允许同向列车追踪运行。可提高铁路通过能力。但要增加车站到发线数目和列车在旅途的时间。　　　　　　（吴树和）

锥板黏度计　cone-and-plate viscometer

利用转动平台与静止倒锥体间和流体产生剪切应力的原理测量流体黏度的仪器。被测定的流体放置在平板与锥体之间，转动平板后流体作用在锥体上的切应力可以由与锥体联结的扭矩计测出，由力的平衡方程式可推出剪切应力 τ 及剪切应变速度 $\dfrac{\mathrm{d}u}{\mathrm{d}r}$ 值为：

$$\tau = \frac{12k\theta}{\pi D^3}$$

$$\frac{\mathrm{d}u}{\mathrm{d}r} = \frac{2\pi rN}{r\tan\phi} \approx \frac{2\pi N}{\phi}$$

式中 D 为锥体底部直径；ϕ 为锥体与平板间夹角；θ 为扭矩仪旋转角；k 为扭矩仪常数。　（李维坚）

zhuo

着陆距离　landing distance

从规定的安全高度（通常为15m）至着陆滑跑停住的水平距离。着陆距离乘以安全系数即为需用着陆距离。这是跑道长度设计的依据。现用跑道长度除以安全系数即为可用着陆距离，供判别跑道长度是否足以保证着陆安全用。对运输机，安全系数通常采用 1.67。　　　　　　　　　（钱炳华）

着陆雷达　landing radar

复杂气象条件下以雷达监视和引导飞机着陆的无线电导航设备。其有效作用距离：中雨天气不小于 15km，一般天气不小于 35km。作用范围：水平面为左右 10°；竖直面为 $-1°\sim 8°$，可以随时测出飞机是否对准跑道，是否沿规定的下滑坡线着陆。着陆雷达上的引导领航员可据此通过电台对驾驶员进行引导。着陆雷达可引导飞机降落到 $15\sim 30$m 的高度上，然后由驾驶员目视跑道驾驶飞机着陆。它布置在跑道中部，距跑道一侧 $100\sim 200$m。　（钱绍武）

zi

自动闭塞　automatic block

由运行中的列车自动完成闭塞功能的闭塞方法。将站间区间划分为若干个闭塞分区，在每个闭塞分区的入口处设置通过信号机，该信号机的允许显示作为列车的行车凭证，列车在运行中，自动地控制通过信号机的显示。根据线路等级和列车密度有二显示、三显示和四显示等制度；按行车组织方法分有单向和双向运行；按控制信息的电流特征分有交流计数电码、极性频率脉冲和移频自动闭塞等。其优点是可以增加列车密度，提高区间的通过能力。便于实现行车指挥和列车运行的自动化。轨道电路可以检查线路完整情况，进一步保证行车安全。
　　　　　　　　　　　　　　（胡景惠）

自动化调车场　automatic shunting yards

见自动化驼峰。

自动化驼峰　automatic hump

同时具备数据自动管理和过程自动控制两种功能的调车驼峰。数据自动管理主要是指：根据待解列车的编成和本站调车线使用的规定，自动编制调车作业通知单。在列车解体完毕后，自动保持各条调车线内车辆的数据。在新列车编成后，自动编制出发列车的编组顺序表。过程自动控制主要是指：车辆溜放进路自动控制、车辆溜放速度自动控制、调车机车推送速度自动控制；另外，摘钩自动控制尚在研究阶段。车辆溜放速度自动控制具有不同的制式，有点式、连续式和点连式。点式是指以车辆减速器为调速装置的制式，是一种比较成熟的制式，主要以北美洲的驼峰为代表。这种制式必须装置测阻设备、测速设备、测长设备，有时还需与测重设备相配合。连续式是指以减速顶和螺旋减速器为调速装置的制式，也是近年来发展较快的一种制式，主要以英国、瑞典和中国的驼峰为代表。这种制式不需要各种测量设备相配合。点连式是指在驼峰溜放部分和调车线入口以车辆减速器为调速装置，而在调车场内则以减速顶等为调速装置，是适应性较强的一种制式。
　　　　　　　　　　　　　　（严良田）

自动交通信号　automatic traffic signal

用机械、电子和计算机等设备控制变换的交通信号。形式有单点控制、两个或几个路口的联动控制、线控制和面控制。　　　　（李旭宏）

自动控制信号交叉　intersection of automatic control traffic signal

采用能够与变化着的交通流量相适应的交通控制设施的交叉口。如使用交通信号机、检测器和计算机等控制交通信号，可以准确地指挥交通，使之达到安全、畅通的目的。　　　　　（徐吉谦）

自翻车　tipping car

用于装运散体货物，能自动翻转卸货的专用货车。按顶推器工作介质分为液压和气压两种。借助装在车架下的油缸或风缸，通过压力油或压缩空气，推动顶推杆，使车体向线路任一侧倾斜，并借助联动机构打开车体侧门，使散体货物自动卸出。目前矿山和施工单位,运送矿石和其他散体材料,多采用这种车。随着计算机的发展,有些国家试制了程序控制全自动化自翻车。　　　　　　　　(周宪忠)

自绞

利用本船绞关自行施绞过滩的方式。在滩的上游,设立固定的系缆设备,将船上钢缆拖至滩上系住,开绞关收缩钢缆以拖曳船舶过滩。将钢缆固定在滩上的立桩上施绞过滩的方式称固桩自绞。将钢缆系在滩上预埋好的缆绳扣套中(俗称鼻子)拖绞过滩的方式称斗龙自绞。自绞上滩效率低,不安全,仅作为临时措施,常为小型机帆船所用。　　(李安中)

自然展线　natural line development

以适当的纵坡度,顺着自然地形,绕山嘴、侧沟来延伸路线长度。是延展路线长度克服高差的布线方式之一。与其他展线方式相比的优点是:符合路线基本走向、纵坡均匀、路线短、技术指标一般较高;缺点则是避让艰巨工程、峡谷、高崖或大面积地质病害地段的自由度不大,而不得不采用其他展线方式。
(张心如)

自适应控制系统　adaptive control system

在运动过程中不断测量被控系统的当前状态、性能或参数、运动指标,并与期望指标相比较,自行作出改变控制器结构及参数的决策,保证系统运行最优或次优的控制系统。

区域交通自适应控制系统则是在控制区交通网络中埋设检测器,实时采集交通流数据并实施联机最优控制,以较好地适应交通流随机变化的系统。
(乔凤祥)

自卸船　automatic load limitation ship

具有自动控制装置的卸货设备,能高速自动连续地完成卸货作业的货船。在船上,工人不直接参加操作,只需对设备进行必要的调整及控制。卸货效率高,周转快,但造价高。　　(吕洪根)

自卸汽车　truck with automatic unloading

备有专用装置,能自动翻起车斗,将货物卸下的专用汽车。主要用于运送土、石、煤、矿石等散状货物。车厢有后倾式、三面倾卸式及底卸式三类。倾卸机构由发动机带动油泵驱动。短途运输用车要求满载时举升时间为15～20s;中、长距用车为1～2min。重型自卸汽车是矿区、建筑工地的重要运输工具,传动系统常用液力变矩器,载重30t以下的用机械传动,80t以上的则普遍采用电传动系统。矿山、工地粉尘较多,驾驶室要求密封良好并装有空气滤清器与空调设备。　　　　(邓学钧)

自行车道通行能力　traffic capacity of bicycle road

在一定的道路和交通条件下,自行车道所具有的通行能力。　　　　　　　　(戚信灏)

自行车专用路　bicycle road

只供自行车通行的独立道路。由行车道和路肩组成,与其他道路是分开的,不让步行人和其他车辆通行。　　　　　　　　　　(王金炎)

自由波　free wave

当造成波动的外力消失之后,液体在惯性力和重力的作用下继续作波动的波浪。如涌浪等。各种规则波的波浪理论,如微幅波、余摆线波、椭圆余摆线波、斯托克斯波、椭圆余弦波、孤立波等都将波浪视为自由波,水体只受惯性力和重力的作用。
(龚崇准)

自由放散式无缝线路　automatically released CWR track

轨道结构不承受钢轨温度力的无缝线路结构型式。其结构特点:长轨条用小阻力型钢轨扣件扣紧,轨端用钢轨伸缩调节器联结,能随时释放温度力;长轨条中部设置弹簧复原锚固装置,用以防止长轨条的爬行。这种无缝线路型式,在前苏联西伯利亚大铁道上采用过,由于一旦发生断轨时,断口拉开的轨缝较大,如不及时发现,行车安全得不到保障,因而未得推广。在我国仅在特大桥上采用。为控制桥梁伸缩附加力和制挠力对钢轨的不利影响,防止钢轨爬行,保证行车安全,除在长轨条端部设置钢轨伸缩调节器外,轨条上的扣件因不设弹簧复原锚固装置而按设计阻力值的要求进行配置。中国武汉、重庆白沙沱、南京等铁路长江大桥铺设有这种线路。
(陆银根)

自由港　free port

进出货物可以免征关税的港口。如香港,这是一种特殊体制,其目的为吸引进出港运输、开展港际竞争、促进地方繁荣。也有一些港口,将其中部分港区划定为可以免税出入,称为自由港区。
(张二骏)

zong

综合性码头　general wharves

俗称通用码头。能够进行多种货物装卸作业的码头。采用通用装卸机械设备,一般以装卸件货为主,并兼顾其他货种。这种码头适应性强,在货种不稳定或批量不大时比较适用。　　(杨克己)

综合运输　synthetic transportation

各种运输方式合理布局、分工协作、相互连接的运输模式。铁路、公路、航运、管道和航空等运输方式各有其技术经济特点,各个国家都在根据本国的具体情况,通过政策的干预和调节,使其协调发展、各得其所、发挥各自的优势,以适应本国国民经济的发展和人民生活水平提高的需要。随着科学技术的进步和国民收入的增加,综合运输体系的内部结构要相应调整,以满足国力和民情的不同需求;诸如增强运输能力、提高运达速度、降低运输费用和提高舒适及方便程度等。中国当前以增大运输能力、提高运行速度和经济效益为主要目的,把交通运输放在更为重要的地位,正在积极发展以铁路为重点的综合交通运输体系。　　　　　　　　　（郝瀛）

纵断面图　profile

绘有线路纵断面与建筑物特征并列有线路资料的线路设计图。是铁路和道路设计的基本文件之一。图的上半部绘有线路纵剖面,横向表示线路的长度,竖向表示高程,包括设计坡度线、地面线以及车站、桥梁、隧道、涵洞等建筑物的符号和中心里程;图的下半部标注线路有关资料和数据,与上半部线路各相关点位置一一对应。各设计阶段的定线要求不同,编制的纵断面图所采用的比例尺和标注内容的繁简也有区别。在铁路设计实践中,主要采用下列各种纵断面图:详细纵断面图、纵断面略图、简明纵断面图、放大纵断面图、工程地质纵断面图。

道路纵断面图的格式与铁路线路纵断面图相似。　　　　　　　　　　　（周宪忠　王富年）

纵列式编组站　shunting station with inline yards configuration

列车到达场、调车场和列车出发场纵向布置的编组站。分为单向纵列式和双向纵列式两类。单向纵列式又称三级三场式。各衔接方向到达的改编列车,一律接入列车到达场;列车的解体和编组作业,一律在调车场内进行;自编列车的出发作业,一律在列车出发场办理。双向纵列式又称三级六场式。具有两套调车设备,各衔接方向列车的到达、调车、出发作业,都能形成流水过程。是作业能力最大的一种编组站图型。

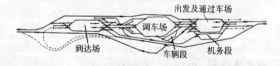

（严良田）

纵坡折减　compensation of grade

在高海拔地区公路设计中对规定最大纵坡值的适当降低。海拔3 000m以上的高原地区,由于空气稀薄汽车发动机功率降低,水箱易沸腾破坏冷却系统等因素,导致汽车的爬坡能力降低,故需要折减道路最大纵坡值。　　　　　　　（王富年）

纵向滑道　longitudinal slipway

轨道方向与船体纵轴平行的滑道。一般设有2~4根轨道,其坡度与船长有关,船愈长坡度愈小。其特点是:占用岸线短而水域的纵深大;与横向滑道比较,能运载较大的船舶,而轨道总长度和滑道所占用面积较小,造价较低;由于下水车长度大,牵引力作用于车的中心纵轴,使下水车在升降船舶时不易发生倾侧;当船舶上墩或下水时,船体纵轴与岸线垂直,便于在滑道水下部分两侧布置栈桥、墩柱等导向、定向设施。缺点是:船舶上墩和下水时,船体纵轴与岸线垂直,对水流影响大,尤其在河道中更为突出;滑道末端所处水深较横向滑道为大,易受泥沙淤积影响。　　　　　　　　　（顾家龙）

纵向斜面升船机　longitudinal inclined ship lift

在承船车升降过程中船体纵轴线与斜坡道方向一致的斜面升船机。其斜坡道坡度较缓,一般在1:10~1:25之间,宽度较横向斜面升船机窄,导引比较简单,船舶进出承船车较方便。是斜面升船机中使用较普遍的一种型式。　　　　（孙忠祖）

ZOU

走行轨　running rail

供机车车辆行走的钢轨。有别于护轨和帮轨,道岔辙叉部分、小半径曲线及高路堤路段的轨道,均铺设护轨以保证行车安全。钢轨组合式钝角辙叉为加强结构而铺设帮轨。帮轨和护轨不承受机车车辆的轮载,护轨仅以轨头侧面与车轮轮背接触,只承受轮对的横向水平荷载,而垂直荷载则由与护轨联结一起的供机辆走行的钢轨承受。　　（陆银根）

ZU

阻塞密度　jammed density

车道处于堵塞状态,流量、速度为零时所对应的密度。　　　　　　　　　　　（戚信灏）

组合列车　combinational train

由两列或三列普通货物列车前后连挂组成的列车。头部机车可用无线遥控系统控制中部机车的工作状态,以达到同步操作。它在合并车站编成,在解体站分开,这两种车站上有一股到发线需要延长。一般通过中间站不停车,以免增加站线有效长和减少动能损失。这种列车是由前苏联首创,我国已试开。组合列车牵引吨数大,提高铁路输送能力多,且投资少、简单易行,是一种有效的加强铁路输送能力的措施,适用于车流或货流比较集中,旅客列车不多的铁路上。　　　　　　　　　（吴树和）

组合式输水系统　composite filling and emptying system

由集中输水系统中某两种型式组合构成的船闸输水系统。当采用一种输水型式,受水力条件的限制而不能满足输水时间或船舶停泊条件的要求时采用。常见的有门缝输水系统和短廊道输水系统的组合。输水初期,由短廊道输水系统进行灌泄水。待水位差减小后,同时开启三角闸门进行门缝输水,既可避免在闸室内产生恶劣的水流条件,又可加快输水速度,缩短输水时间。　　　(蔡志长)

zui

最大坡度 maximum gradient

一条铁路或其中某一区段采用的最陡坡度值。在单机牵引路段为限制坡度;在双方向限制坡度不同的路段为均衡坡度;在一台以上机车牵引路段为加力坡度,其中最常见的为双机牵引路段的双机坡度;在既有线上个别路段的坡度超过限制坡度,而可采用动能闯坡克服的,称为动力坡度。目前,中国有关规程规定,蒸汽牵引为20‰,内燃牵引为25‰,电力牵引为30‰;前苏联Ⅰ、Ⅱ级线为15‰,Ⅲ级为20‰;法国干线为8‰,支线为20‰,山区为35‰;德国干线为25‰,支线为66‰;英国为27‰;美国没有明确规定,但在线上有18‰～22‰甚至更大的坡度。　　　(周宪忠)

最大坡度折减 reduction of maxmum gradient

线路纵断面设计时,因附加阻力增加或黏着系数降低,而将需要用足的最大坡度值减缓的设计过程。一般是在平面上出现曲线和有长于400m的隧道时作此折减,目的是保证普通货物列车以不低于计算速度或规定速度通过该路段。包括曲线折减、小半径曲线黏降折减和隧道坡度折减。

(周宪忠)

最大容许侧风 max allowable crosswind

垂直于跑道的方向上不影响飞机正常起飞着陆的最大风速(包括与跑道成其他角度方向的侧风在90°方向上的分量,m/s)。与飞机的大小、机翼的构形以及跑道的表面状况有关。90°方向的侧风分量值超过最大容许值,飞机起飞着陆就无安全保证。国际民用航空组织根据飞机对跑道长度的要求,对最大容许侧风的风速有以下规定:需要跑道长度在1 500m以上的飞机,为10.3m/s,需要跑道长度为1 200m至1 500m的飞机,为6.7m/s,需要跑道长度小于1 200m的飞机,为5.3m/s。　　　(陈荣生)

最短颈距 minimum space in hair-pin curve

道路回头曲线段上、下路线间平面投影相隔最近窄颈处的间距。要求在此间距处之山坡宽度能够布置上、下两线的路基(图a);若宽度不够,在两路基之间加设挡土墙以缩短边坡占用宽度(图b);若采用挡土墙后仍感宽度不够,则需将该处上、下线拉开,以增大此距离。

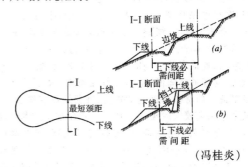

(冯桂炎)

最佳分向点 optimal resolution point

在道路网相邻三点组合成的三角形内,按行程时间或运输费最少原则,所选择的与三个端点均相连的道路控制点。图中O_1为3点之间均有运输联系的控制点。O_2为当三角形中有一条边无运输联系的控制点。

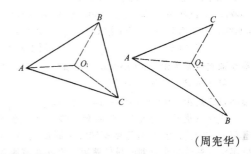

(周宪华)

最佳含水量 optimum moisture content

用标准击实仪对黏性土作击实试验,在一定击实功能条件下,能使填土达到最高密实度的含水量。土的含水量直接影响土的击实效果。此值并非常数,土质不变其值随功能的增加而减少。在相同功能条件下,填料不同其值亦不同。对于高含水量的一些特殊土类,例如碱积黏性土,用单一最佳含水量来控制压实效果欠佳。国内学者提出了采用稠度、压实度、强度指标,并以施工工艺为主的综合控制方法。

(池淑兰)

最佳密度 optimum density

相同击实功能条件下,由室内标准击实试验得出的与最佳含水量相应的最大密实度。用单位体积土颗粒的重量表示。路堤填土密度应根据最佳密度的概念并根据填土层受力大小提出密度要求,一般路基床密度要求较高。路基压实程度的标准一般是以工地填土经夯实以后的干密度与室内标准击实试验求得土的最大干密度之比作为指标。在工地要得到预期的压实度,填筑黏性土路堤时,土的含水量应等于或接近最佳含水量。

(池淑兰)

最小曲线半径　minimum curve radius

一条铁路线或某一路段允许采用圆曲线半径的最小值。铁路主要技术标准之一。线路平面设计时,选用的曲线半径,一般不应小于规定的最小半径。其值定得小,线路可很好地适应地形变化,减少工程数量,降低铁路造价。但会限制旅客列车行车速度,影响旅客舒适、曲线轨道需要加强、轮轨磨耗增加、黏着系数降低,维修工作量增加,从而使运营费提高。随着行车速度的提高,特别是高速铁路,一般要求采用较大的最小半径。而随着施工技术的提高,在困难山区可用高桥、长隧取直线路,这为选择较大的最小半径创造了良好条件。铁路一旦建成后,该值的增大是很困难的。因此,应根据铁路等级并结合行车速度、机车类型和地形条件,在初步设计阶段,经全面综合比选确定。目前,中国的客货共线Ⅰ、Ⅱ、Ⅲ级铁路,一般地段分别为 1 600m、1 000m、600m,困难地段分别为 450m、400m、350m;日本东海道高速客运新干线(速度 v_{max} = 210km/h)为 2 500m,山阳新干线(v_{max} = 260km/h)为 3 500～4 000m;法国东南干线(v_{max} = 300km/h)为 3 500～4 000m;中国拟建的京沪高速铁路(v_{max} = 350km/h)为 5 500～7 000m。　　　　　　　　(周宪忠)

最小通航保证水深　minimum navigation depth
见航道标准水深(130页)。

最小稳定速度　minimum stable speed
汽车满载并不带挂车,在路面平整坚实的水平道路上,以直接档(变速箱传动比为 1 时的排档)保持稳定行驶时所能达到的最低速度。汽车在该速度行驶时,传动系不颤动,急速踏下油门踏板,发动机不熄火。汽车以直接档行驶时的最高速度与最小稳定速度之间差值愈大,表示汽车对道路阻力的适应性能愈强。　　　　　　　　　　　(张心如)

最易行车　easiest rolling car
单位基本阻力数值和单位空气阻力数值之和最小的车辆。这种车辆溜放速度最高,溜放距离最远。驼峰设计中的最易行车,一般定为满载的大载重量敞车,这种车辆在全路车辆总数中占有一定的百分比。其全称应为计算最易行车。
　　　　　　　　　　　　　　　　(严良田)

ZUO

左右通航标
标示两侧均可通航的航行标志。指示船舶可任意选择从其左侧或右侧绕行,设在航道内障碍物上,标示障碍物所在,指示船舶绕行;或设在河道分汊处,标出两汊均为航道。可采用柱形、锥形浮标或灯船,或框架形灯桩。在标体正反两面的中线两侧分别涂成红、白色,灯光用绿色或白色的三闪光(附图见彩3页彩图14)。　　　　　　(李安中)

左转匝道　left-turn ramp

互通式立体交叉中,供左转车辆通行的连接道路。有两种形式:一种为直接式,又称定向式,车流由道路左侧分出,沿直线 1 短捷路线左转而直接进入相交道路;另一种为半直

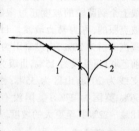

接式,又称迂回式,车流由道路右侧分出,暂时偏离所去方向,以曲线 2 迂回绕行的形式驶入相交道路。
　　　　　　　　　　　　　　　　(顾尚华)

作业标　working site signal
表示司机需提高警惕,长声鸣笛示警的标志。设在施工线路及其邻接线路距施工地点两端 500～1 000m 处。　　　　　　　　　　　(吴树和)

外文字母·数字

DOE 法环交通行能力　roundabout capacity calculated by DOE method

按英国环境部(Department of Environment,现为运输部)公式计算的环形交叉口通行能力。在 20 世纪 70 年代末,英、美、法等国先后采用了"远边先行"的交通法规,这一法规的采用完全改变了环形交叉口的运行条件,以交织理论为前提的沃尔卓卜(wardrop)公式失去了其使用的前提。英国道路试验研究室通过大量的现场试验,于 1975 年提出了由沃氏公式修正而成的环交通行能力计算公式,经过环境部认可并由该部正式以 $H_2/75$ 文件颁发,故称 DOE 公式。

$$Q_m = \frac{KW(1 + e/W)}{(1 + W/L)}$$

式中 Q_m 为交织段通行能力(小汽车单位,辆/h);W 为交织段宽度;e 为平均进口宽度;L 为交织段长度;K 为系数,米制取 184,英制取 56。

(王 炜)

SCATS 控制系统　the control system SCATS

简称悉尼系统。澳大利亚新南威尔士州主要道路部开发的,原用于控制悉尼市中心商业区和悉尼市主要道路网络的交通信号自适应控制系统。即:悉尼协调自适应交通系统(Sydney Co-Ordinated Adaptive Traffic System)。是根据安装在停车线下的检测器检测到的被控制区域内交通变化情况自动调整信号配时方案,以最大限度地满足道路网络需要的交通控制系统。本系统有三级控制,每一级都以智能电脑为基础,传输也采用电脑技术。每个路口都由微电脑控制,并以一对传输线完成与区域主控机间的传输。当控制的路口超过一定数量时,则需再加一台区域主控机,并必须随之在交通控制中心建立一个中央管理电脑,形成最高一级执行中央管理和监视的完整系统。

(乔凤祥)

SCOOT 控制系统　SCOOT control system

利用车辆检测器对整个交通流进行实时检测控制的系统。即 Split Cycle and Offset Optimization Technique 系统,是英国研制的一种交通感应控制程序。检测器装在离上游路口不远处,检测从上游路口出发到下游去的车队流量图,并随时不断修改。利用此图和预先设定的饱和流量以及路段上的运行时间,可以预测下游路口的车队长度。根据每条车道从上游处获得的车队到达信息,系统实时地调整周期时间、绿信比和时差,使配时与变化了的交通流相适应。整个算法不需事先对车流量进行预测,网络最优控制参数的变化采用小步长频繁变化的方式。

(乔凤祥)

T 形交叉　T intersection

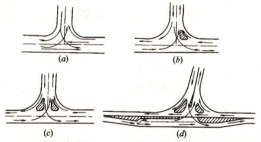

又称丁字交叉。一条尽头道路与另一条道路以近于直角(75°～105°)相交的交叉路口。均因其形似英文字母 T 与汉字的丁字,故称之。简单 T 形交叉(图 a)适用于交通量不大的次要道路与地方道路相交处;当有一个方向右转弯车流量很大时可采用一侧设岛(图 b)形式;当有两个方向右转弯车流量均大时可采用成对转弯(图 c)形式;在各相交道口左右转弯车流均很大时,则于尽头路设分车岛与转向岛,互通路设分车岛与左转候车道的高级渠化形式(图 d)。

(徐吉谦)

"T"字灯　"T" lights

呈"T"字形布置的灯光。设在跑道的一侧,距跑道头约 300m 处,用黄色灯光组成"T"字,指示飞机的接地点。

(钱绍武)

TRANSYT 控制系统　TRANSYT control system

以网络内的延误时间和停车次数的加权和作为目标函数,并对该目标函数取最小值而求得被控网络内信号灯最佳配时的控制系统。英国道路运输研究所于 1966 年研制的一个开路交通信号网最优化程序。英文名称为 TRAFFIC NETWORK STUDY TOOL。细致地考虑了网络内交通流的实际情况,可作为交通仿真模型,具有较高的准确度。其缺点是:计算量大,且由于未考虑周期寻优而未能达到综合最优。此外,发展较快的城市,每隔 2～3 年就要重新进行一次整个网络交通数据的采集与处理。

(乔凤祥)

Y 型交叉　Y intersection

一条尽头道路与另一条道路以锐角(＜75°)或钝角(＞105°)相交,其形状似英文字母 Y 的交叉路口。可分为正交 Y 形交叉(图 a)与斜交 Y 形交叉(图 b)。Y 形交叉左转车辆所产生的冲突需合理解决,一般来源位于两条车行道合流点后面,且为该两条车行道边缘所包围的那块三角形面积做成交通岛,以消除冲突点从而使左转的车辆能顺畅地通行,对于左右转车流量大时应进行渠化(图 c)。

(a) 正交 Y 形交叉　(b) 斜交 Y 形交叉　(c) 渠化 Y 形交叉

(徐吉谦)

γ 射线密度计　gamma ray density

根据 γ 射线穿透物质能力与物质密度成反比原理测量物质密度的仪器。在管道一侧安放 γ 射线源,另一侧装 γ 射线检测计,γ 射线穿过浆体后部分被吸收,剩下部分到达检测计测出其强度从而量出浆体浓度。

(李维坚)

词目汉语拼音索引

说 明

一、本索引供读者按词目汉语拼音序次查检词条。
二、词目的又称、旧称、俗称、简称等,按一般词目排列,但页码用圆括号括起,如(1)、(9)
三、外文、数字开头的词目按外文字母与数字大小列于本索引末尾。

ai

爱尔兰分布	1
碍航河段	1

an

安全岛	1
安全水域标志	1
安全线	1
安特卫普港	1
鞍形磨耗	1
岸壁式码头	1,(116)
岸绞	1

ao

奥利机场	2

ba

巴拿马运河	2
拔起高度	(196)

bai

摆点	2

ban

板梁式高桩码头	2
板桩岸壁	(3)
板桩码头	3
板桩式闸室墙	3
半船闸	(37)
半堤半堑	3
半感应式自动控制交叉	3
半感应信号	3
半日潮	4
半填半挖路基	(3)
半斜坡式码头	4
半斜坡式闸室	4
半整齐块石路面	4
半直立式码头	4
半自动化驼峰	4

bang

棒磨机	4

bao

包兰铁路沙坡头沙漠路基	4
包装货船	(348)
薄壁式挡土墙	4
宝成铁路	5
爆破排淤	5

bei

北部多年冻土区	5
北海-波罗的海运河	(166)
北京客站交分交叉渡线	5
北京三元里立体交叉	5
北京铁路枢纽	6
贝阿铁路	(257)
贝克曼梁	(107)
贝克曼弯沉仪	(107)
备修阀门	(173)
备淤深度	(343)
背斜柱	6

beng

崩塌	6
崩岩滩	6
泵站	6

bi

鼻子	(371)
闭路网络控制	6
闭塞	7
避风港	7
避难线	7

cha

臂板信号机	7	波腹	10	不设管制	16

bian

		波高	10	不完全互通式立体交叉	(16)
		波高统计分布	10	不下车服务	16
		波谷	11	不淹没整治建筑物	16
边抛法	7	波级	11	部分大波平均波高	16
边抛式挖泥船	7	波节	11	部分互通式立体交叉	16
边坡渗沟	7	波浪	11	部分混合型	(136)
边坡坍塌	7	波浪反射	11	部分苜蓿叶式立体交叉	16
边滩	7	波浪方向谱	11		
编组场	7,(64)	波浪浮托力	12	## cai	
编组线	7,(64)	波浪玫瑰图	12		
编组站	7	波浪能量谱	12	裁弯工程	(16)
编组站改编能力	8	波浪爬高	12	裁弯取直	16
变坡点	8	波浪频谱	12,(12)		
变速车道	8	波浪破碎	12	## cang	
变通进路	(166)	波浪绕射	13		
		波浪要素	13	舱口系数	16
## biao		波浪折射	13	舱时量	17
		波浪中线超高	13		
标准长度钢轨	8	波列累积率	13	## cao	
标准轨距	8	波龄	14		
标准击实仪	8	波能	14	漕	(130)
标准缩短轨	8	波能传递	(14)	漕渠	(130)
标准轴载	9	波能传递率	14	漕水道	(130)
表观黏度	9	波能流	14	槽车	(117)
表面溜坍	(249)	波能谱	(12)	槽沟	(241)
		波群	14	槽渠	(345)
## bin		波群速	14		
		波速	14	## ce	
宾汉塑性流体	9	波坦	14		
		波向线	15	侧沟	17
## bing		波压力	15	侧面标	17
		波周期	15	侧石	(224)
冰港船闸	9	驳	(15)	侧向约束	17
冰荷载	9	驳岸	15	测长设备	17
		驳船	15	测速设备	17
## bo				测重设备	17
		## bu		测阻设备	17
拨道	9				
波长	9	补机终止推进标	15	## cha	
波底	(11)	不等长缓和曲线	15		
波顶	(10)	不分级堆石防波堤	15	叉道式斜面升船机	17
波陡	9	不规则波	15	叉心	18
波峰	10	不离车停放	15	插大旗	(2)
波峰线	10	不良地质地段选线	16	查核线调查	18

汊道浅滩	18	潮汐	22	车位占用	26
岔线	18	潮汐半月不等	22	车行道	26
岔枕	18	潮汐不等	22	车行道边缘线	26
岔枕配列	18	潮汐动力理论	22	车站通过能力	26
		潮汐多年不等	23	车主访问调查	26
		潮汐静力理论	23		

chai

				chen	
		潮汐类型	23		
柴排	18	潮汐年不等	23	沉降型离心脱水机	26
柴油机车	(237)	潮汐日不等	23	沉排	26
		潮汐椭圆	23	沉树	26
		潮汐调和常数	23	沉箱防波堤	26

chan

		潮汐调和分析	23	沉箱码头	27
铲扬式挖泥船	18	潮汐要素	24	衬砌墙	(37)
		潮汐预报	24		

chang

				cheng	
		潮汐月不等	24		
		潮周期	24		
长峰规则波	(119)			成昆铁路	27
长江河口整治	19			成昆铁路大锚杆挡墙	27

che

长廊道输水系统	19,(85)			成昆铁路狮子山滑坡	27
常导磁浮	19	车挡	24	成昆铁路隧道整体道床	27
常规环形交叉口	20	车道封闭控制	24	成批过闸	28
常浪型海岸剖面	20	车钩	24	承船车	28
常年滩	20	车库安全监视系统	24	承船厢	28
常用制动	20	车辆标记	24	承力索	28
厂拌沥青碎石路面	20	车辆段	24	承台	(369)
厂矿道路	20	车辆缓行器	(25)	承台式抗滑桩	28
敞车	20	车辆换长	25	承压板 K_{30} 试验	28
		车辆间隔分布	25	承载索	29

chao

		车辆减速器	25	城市次干路	29
		车辆交通特性	25	城市道路	29
超导磁浮	20	车辆全长	25	城市道路面积率	29
超高	(263)	车辆特征	(25)	城市高速环路	29
超限货物装载限界	21	车辆调速设备	25	城市交通预测	29
潮波	21	车辆型号	25	城市快速路	29
潮差	21	车辆站修所	25	城市轻便铁路	(261)
潮间带	21,(128)	车辆站修线	25	城市支路	29
潮棱柱体	21	车辆轴数	25	城市主干路	29
潮流	21	车辆总保有量	25	城镇路线	29
潮流界	21	车流波动理论	25,(210)	乘潮水位	29
潮流椭圆	21	车流冲击波	25	乘务制度	30
潮区界	22	车流密度	(180)		
潮湿系数	22	车轮工作半径	26		
潮位	22	车头间距	26	chi	
潮位历时累积频率曲线	(22)	车头时距	26		
潮位历时曲线	22	车位小时	26	吃水	30

驰道	30	船舶荷载	33	船闸控制	38
迟角	30	船舶挤靠力	33	船闸前港	38
齿杆式启闭机	30	船舶起货设备	33	船闸日工作小时	38
齿轨铁路	30	船舶上墩	33	船闸设备	39
		船舶设备	33	船闸设计水位	39

chong

		船舶停泊条件	34	船闸渗流	39
		船舶系泊设备	34	船闸事故闸门	39
冲沙闸	30	船舶系缆力	34	船闸输水时间	39
冲刷防护	30	船舶下水	34	船闸输水系统	39
冲突点	30	船舶营运规划	34	船闸输水系统水工模型试验	39
冲突点通行能力	31	船舶载重量	34	船闸水力特性曲线	40
冲淤幅度	31	船舶载重线	34	船闸水力学	40
冲淤平衡	31	船舶装载系数	34	船闸水头	40
		船舶撞击力	34	船闸通过能力	40
		船舶作用力	(33)	船闸通行信号	40

chu

		船长	34	船闸线数	40
出境交通	31	船队	34	船闸远程信号	40
出口匝道控制	31	船队运输	35	船闸闸阀门启闭机	40
出行	31	船方	(275)	船闸闸门	41
出行产生	31	船绞	35	船闸闸室	41
出行端点	31	船宽	35	船闸闸首	41
出行发生	31	船排	35	船闸总体设计	(37)
出行分布	31	船排滑道	35		
出行目的	31	船时量	35	## chui	
出行生成	(31)	船台	35		
出行时间分布	31	船台滑道	(311)	吹流	(86)
出行吸引	31	船坞	35	吹泥船	41
出行行程时间分布	(31)	船坞泵站	36	吹填工程	41
出闸信号	31	船坞灌水系统	36	垂直升船机	41
初期交通量	32	船坞排水系统	36		
触变流体	32	船坞疏水系统	36	## ci	
		船坞卧倒门	36		
## chuan		船行波	36	磁浮车辆系统	41
		船型	36	磁浮供电系统	42
川江航道	32	船型浮	37	磁浮控制系统	42
川藏公路	32	船闸	37	磁浮牵引系统	42
传输筒	(116)	船闸衬砌墙	37	磁浮线路系统	43
船舶	32	船闸高程	37	磁浮运输	43
船舶尺度	32	船闸灌泄水时间	(39)	磁轨制动	(63)
船舶导航装置	33	船闸规划	37	次高级路面	43
船舶电气设备	33	船闸航标	38		
船舶动力装置	33	船闸航行标志灯	38	## cong	
船舶吨位	33	船闸基本尺度	38		
船舶过滩能力	33	船闸级数	38	从属信号机	43
船舶航行阻力	33	船闸检修门槽	38		

cu

簇桩	43

cun

存车换乘	43
存储式驼峰电气集中	(314)

cuo

错车道	43
错口交叉	(44)
错口滩	44
错位交叉	44

da

打滩	44
打桩船	44
大潮	44
大管桩高桩码头	44
大机段	(47)
大客车	45
大连港	45
大连香炉礁立体交叉	46
大陆架	46
大陆棚	(46)
大陆桥运输	46
大秦铁路	46
大庆—秦皇岛输油管道	46
大型养路机械化段	47
大修队	47
大运河	(188)

dai

带中间渠道的多级船闸	(351)
带状地形图	47
待渡场	(226)
袋装砂井	47

dan

单点定时自动控制交叉	47
单点系泊	47
单点信号机	47
单级船闸	47
单开道岔	47
单路排队	48
单螺杆泵	(263)
单扇旋转闸门	(338)
单式对称道岔	(289)
单索循环式索道	48
单系统控制	48
单线船闸	48
单线非平行运行图	48
单线航道	48
单线平行成对运行图	48
单线绕行	48
单线铁路	48
单向过闸	48
单向交通街道	49
单向水头	49
单向停车	(207)
单向匝道	49
单相-三相电力机车	(184)
单相-直流电力机车	(178)
单元列车	49
单元运输	(168)

dang

当地中性轨温	(320)
挡风墙	49
挡土墙	49
挡土墙沉降缝	49
挡土墙路基	49
挡土墙伸缩缝	49

dao

导标	50
导柄	(50)
导堤	(50)
导轨	50
导航架	(50)
导航建筑物	50
导航墙	50,(50)
导航台	50
导流坝	(293)
导流标线	50
导流堤	50
导流盾	(50)
导流建筑物	(146)
导流屏	50
导流系统	(146)
导卡	50
导曲线半径	50
导线	51
导向标志	(361)
导向线	51
导治	(132)
岛堤	51
岛式防波堤	(51)
岛式港	51
岛式码头	51
到达率	51
到发场	51
到发线	51
到发线有效长	51
到来率	(51)
倒顺坝	52
道碴袋	52
道碴道床	52
道碴囊	52
道碴陷槽	52
道碴箱	52
道岔	52
道岔导曲线	52
道岔放样	52
道岔附带曲线	52
道岔号码	52
道岔配列	53
道岔全长	53
道岔中心	53
道床	53
道床脏污度	53
道床阻力	53
道钉	53
道肩宽度	53

道口警标	53	道路照明标准	58	第15%位地点车速	62
道口信号	53	道路照明布置	59	第85%位地点车速	62
道路	53	道路照明灯具	59		
道路安全性	54	道路纵断面设计	59	**dian**	
道路布线型式	54	道牙	(143),(224)		
道路防护设施	54			滇缅公路	62
道路横断面设计	54	**deng**		点连式驼峰	62
道路横向坡度	54			电报通信网	62
道路急救设施	54	灯标	59	电磁轨道制动	63
道路交叉	54	灯船	59	电磁流量计	63
道路交叉口通行能力	54	灯塔	59,(282)	电磁涡流制动	63
道路交通标志	54	灯桩	59	电磁悬浮系统	(19)
道路交通阻抗	54	登记吨位	(33)	电动悬浮系统	(20)
道路景观设计	55	等待起飞机坪	59	电力机车	63
道路路基构造	55	等惯性输水系统	59,(85)	电气化铁路供电	63
道路路基建筑	55			电气集中联锁	63
道路路基设计	55	**di**		电锁器联锁	63
道路路面工程	55			电务段	63
道路美学	55	低潮	60	电信	(309)
道路平面交叉	55	低级路面	60	电子监视	64
道路平面设计	56	低桩承台	60	电阻制动	64
道路平顺性	56	敌对进路	60		
道路情报牌	56	底枢	60	**diao**	
道路渠化	56	底座	(60)		
道路容量	(56)	地道	60	吊沟	64,(167)
道路视距	56	地点车速	60	吊弦	64
道路水泥	56	地方编组站	60	调查区境界线	64
道路通行能力	56	地方航道	60	调车场	64
道路透视图	56	地方货运量	60	调车驼峰	64
道路网	57	地方交通	60	调车线	64
道路网布局	57	地方客运量	60	调车线全顶驼峰	64
道路网道路特征	57	地方铁路	61	调车信号	64
道路网等级水平	57	地方吸引范围	61	调度集中	64
道路网等级系数	57	地貌	61	调度监督设备	65
道路网规划	57	地物	61	调度控制	65
道路网几何特征	57	地下铁道	61	调头区	(368)
道路网密度	57	地下停车场	61		
道路线形设计	57	地形	61	**die**	
道路线形要素	57	地震区路线	61		
道路线形组合设计	57	地转流	61	跌水	65
道路休息服务设施	57	递缆船	61	叠梁闸门	65
道路选线	58	第二西伯利亚大干线	(257)	"蝶式立交"	(299)
道路沿线附属设施	58	第二线	62		
道路诱导性	58	第二线边侧	62		
道路运输	58	第二线平面计算	(326)		

ding

丁坝	65
丁顺坝	65
丁字交叉	(375)
顶冲点	65
顶盖	(60)
顶枢	65
顶推船队	66
顶推运输	66
定标预测	66
定基预测	66
定期放散式无缝线路	66
定时控制系统	66
定时式联动控制	66
定位	66
定线	66
定线坡度	67
定向式	(374)
定向台	67
定周期信号机	67

dong

东部温润季冻区	67
东南湿热区	67
东泽雷船闸	67
动力坡度	68
动力因数	68
动轮	68
动能闯坡	(68)
冻害	68
冻胀	(68)

dou

斗门	(37)
陡坡路基	68
陡墙式海堤	(128)

du

独轨铁路	68
堵坝	(296)
杜勒斯国际机场	68
渡船	69
渡线	69

duan

端靠式渡船	69
端站	69
短峰规则波	(119)
短廊道输水系统	69
短时停车道	69
短枕	69
断背曲线	69
断链	69

dui

堆货荷载	70
堆石堤护面层	70
堆石防波堤	70
对绞	70
对口滩	70
对数型流量-密度模型	70
对数型速度-密度模型	70

dun

墩式码头	71
趸船	71
趸船码头	(89)
趸船支撑	71

duo

多倍投影测图仪	71
多倍仪	(71)
多层道路横断面	71
多层路基横断面	71
多层式立体交叉	71
多岔交叉	(72)
多点系泊	72
多机坡度	(171)
多级船闸	72
多级式码头	72
多路交叉	72
多路排队	72
多路停车	72
多路线概率分配法	72
多年冻土地区路基	72
多桥式立体交叉	73
多时设定周期信号机	73
多时段系统控制	73
多事故发生点	73
多态速度-密度模型	73
多线铁路	73
多相调时信号	73
垛式挡土墙	73

er

二级公路	73
二面坡斜面升船机	73
二项分布	73

fa

发动机特性曲线	(74)
发动机转速特性	74
阀门井	74
法国东南干线	74

fan

帆船	74
翻浆地段路基	74
翻浆冒泥	75
反滤层	75
反坡	75
反向弧形阀门	75
反向交通不平衡系数	75
反向曲线	75
反压护道	75
反压马道	(75)
反应距离	76
反应时间	76
反应特性	76
泛滥标	76

fang

方块防波堤	76
方块码头	76
方位标志	76
方照潮	(329)
防波堤	76
防波堤布置	77
防波堤堤干	77
防波堤堤根	77
防波堤堤头	77
防波堤口门	77
防冲簇桩	77
防冲设备	77
防风栅栏	78
防护栅	78
防磨护轨	78
防爬撑	78
防爬器	78
防沙堤	79
防咸船闸	79
防眩板	(79)
防眩屏	79
防雪栅	79
防撞设备	79
舫	(32)
放大纵断面图	80
放坡	80

fei

飞机	80
飞机地面转弯半径	80
飞机航程	80
飞机航迹	80
飞机航线	80
飞机航向	80
飞机机身长度	80
飞机基本重量	81
飞机基准飞行场地长度	81
飞机空速	81
飞机离地速度	81
飞机偏流角	81
飞机起落架	81
飞机前后轮距	81
飞机商务载重	81
飞机速度	81
飞机无燃油重量	81
飞机巡航速度	81
飞机翼展	81
飞机允许最大滑行重量	81
飞机允许最大起飞重量	82
飞机允许最大着陆重量	82
飞机噪声	82
飞机噪声等值线	82
飞机噪声评价量	82
飞机主轮距	82
飞机主起落架静荷载	82
飞机主起落架轮胎压力	82
飞机最大高度	82
非常制动	(186)
非互通式立体交叉	(85)
非机动船	82
非机械化驼峰	82
非集中联锁	83
非精密进近跑道	83
非均质悬液	83
非牛顿流体	83
非线性跟车模型	83
非仪表跑道	83
废方	83

fen

分布系数法	83
分潮	83
分道转弯式交叉	84
分点潮	84
分段开关站	(85)
分段式浮船坞	84
分隔带	84
分隔器	84
分级堆石防波堤	84
分节驳	84
分解协调法	85
分离式立体交叉	85
分离式闸室	85
分区车场	(106)
分区亭	85
分散输水系统	85
分支运河	85
分枝定界法	85
粉体喷射搅拌法	85

feng

风暴潮	85
风暴型海岸剖面	86
风成波	(86)
风海流	86
风徽图	86
风景区道路	86
风浪	86
风浪预报	87
风力负荷	87
风量	(87)
风玫瑰图	(86)
风区	87
风时	87
封闭式港池	87
封闭式帷墙消能室	87
峰顶禁溜车停留线	87

fu

伏尔加-顿运河	87
扶壁码头	88
扶壁式闸室墙	88
服务等级	(88)
服务交通量	88
服务水平	88
服务站	88
浮标	88
浮船坞	88
浮吊	(252)
浮鼓	88
浮码头	89
浮码头活动引桥	89
浮泥	89
浮式导航墙	89
浮式防波堤	89
浮式起重机	(252)
浮式系船环	89
浮式闸门	89

浮筒式垂直升船机	90	刚性路面弹性地基板体系解	93	钢轨伸缩调节器	99
浮坞船台联合系统	90	刚性路面设计	93	钢轨弹性扣件	99
浮坞门	90,(89)	刚性路面设计前苏联方法	94	钢轨探伤仪	99
辐射螺旋线	(150)	刚性路面设计中国方法	94	钢轨温度应力放散	99
辅道	90	刚性路面设计 AASHTO 法	94	钢轨瞎缝	99
辅助标志	90	刚性路面设计 PCA 法	94	钢轨异型接头	99
辅助调车场	90	刚性桩台	(93)	钢轨组合辙叉	99
辅助所	91	钢轨	95	钢筋混凝土路面	99
负二项分布	91	钢轨白点	95	钢纤维混凝土路面	100
负片过程	91	钢轨波形磨耗	95	钢珠滑道	100
负指数分布	91	钢轨擦伤	95	港埠	100
附着系数	91	钢轨导电接头	95	港池	100
"复道"	(353)	钢轨低接头	95	港界	100
复曲线	91	钢轨电弧焊	95	港口	100
复式对称道岔	(272)	钢轨垫板	95	港口编组站	100
复式交叉	(72)	钢轨冻结接头	95	港口变电所	101
复式浅滩	91	钢轨断面仪	95	港口泊稳条件	101
复线	(290)	钢轨飞边	96	港口布局规划	101
副导航墙	91	钢轨刚性扣件	96	港口操作过程	101
副航道	91	钢轨工作边	96	港口腹地	101
富裕宽度	91	钢轨轨底坡	96	港口工程	101
富裕水深	91	钢轨轨顶金属剥离	96	港口工程建筑物荷载	101
		钢轨焊接	96	港口供电	102

gai

		钢轨焊接接头	96	港口规划	102
		钢轨核伤	96	港口后方仓库	102
改道	92	钢轨胶结绝缘接头	96	港口货物装卸量	102
"盖被子"	(160)	钢轨接触焊	97	港口集疏运能力	102
		钢轨接头	97	港口给水	102

gan

		钢轨接头错牙	97	港口客运站	102
		钢轨接头轨缝	97	港口陆域	102
干船坞	92	钢轨接头夹板	97	港口陆域纵深	102
干道方向法	92	钢轨接头螺栓	97	港口排水	103
干舷	92	钢轨接头弹簧垫圈	97	港口前方仓库	103
干线铁路	92	钢轨接头阻力	97	港口设备	103
干运	92	钢轨绝缘夹板	97	港口水工建筑物等级	103
感潮河段	92	钢轨绝缘接头	98	港口水上仓库	103
感潮河口	(135)	钢轨扣件	98	港口水深	103
感应式联动控制系统	92	钢轨扣压件	98	港口水域	103
感应式自动控制交叉	93	钢轨联结零件	98	港口铁路	104
		钢轨铝热焊	98	港口铁路专用线	104

gang

		钢轨磨耗	98	港口通过能力	104
		钢轨内倾度	(96)	港口通信	104
刚性承台	93	钢轨配件	(98)	港口吞吐量	104
刚性拉杆式启闭机	93	钢轨气压焊	98	港口照明	104
刚性路面	93	钢轨伤损	98	港口装卸工序	104

港口装卸工艺	104	高雄港	109	公交车辆专用车道	113
港口装卸工艺流程	105	高桩承台	110	公里标	113
港口装卸过程	105	高桩码头	110	公路	113
港口装卸线	105	高桩码头靠船构件	110	公路渡口	113
港口综合通过能力	105	高桩台式闸室墙	110	公路自然区划	113
港口总平面布置	105			攻击机	(259)
港口总体规划	105	**ge**		供电段	114
港口作业区	105				
港前车站	105,(100)	格坝	110	**gou**	
港区	106	格形板桩防波堤	110		
港区仓库	106	格形板桩结构	110	勾头丁坝	114
港区车场	106	格栅式帷墙消能室	110	沟	(345)
港区道路	106	"阁道"	(353)	狗头道钉	(250)
港区货场	106	葛洲坝船闸	111		
港湾	106	隔开设备	111	**gu**	
港湾海岸	106	隔离式立体交叉	(85)		
港湾式停车站	(305)	个人出行调查	111	孤立波	114
港湾站	106	个体交通	111	孤立危险物标志	114
港务船	106			谷坊坝	(200)
港址	107	**gen**		固定停车场	114
港作船	107,(106)			固定系船柱	114
杠杆缩放仪	107	跟车理论	111	固定信号	115
杠杆弯沉仪	107	跟驰理论	(111)	固沙造林	115
		跟踪理论	(111)	固体输送管道	(322)
gao					
		gong		**gua**	
高潮	107				
高低轮式斜面升船机	107	工程船舶	111	挂车	115
高度成层型	(136)	工区	111	挂衣运输	115
高峰小时	108	工务登记簿	111		
高峰小时比率	108	工务段	111	**guan**	
高峰小时交通量	108	工务区划	112		
高杆照明	108	工务设备图表	112	管道穿越工程	115
高级路面	108	工务修配所	112	管道磁浮运输	115
高架路	108	工业废渣稳定材料	112	管道防腐蚀	115
高架桥	108	工业废渣稳定路面基层	112	管道工程	115
高架铁路	108	工业港	112	管道跨越工程	115
高事故地点	(73)	工业轨	112	管道磨损测试	116
高速道路监控系统	108	工业铁路	112	管道线路工程	116
高速道路路段控制	108	工业站	112	管道用管	116
高速动车组列车	108	工作出行	(172)	管道用容器	116
高速公路	108	工作闸门	112	管道运输	116
高速列车	108	公告水深	(103)	管界标	116
高速铁路	109	公共汽车车道	(113)	管线标	116
高效整体列车	109	公共汽车专用街(路)	112	管柱码头	116

惯性超高	117	轨节配列	121	海岸岸滩演变	125
惯性超降	117	轨距	121	海岸带	125
惯性过坝	117	轨距拉杆	121	海岸动力学	125
惯性阻力	117	轨排	121	海岸港	125
灌水船坞	117	轨排刚度	121	海岸横向泥沙运动	125
罐车	117	轨排基地	121	海岸沙坝	126
罐装汽车	117	轨下部件	122	海岸线	126
		轨下基础	122	海岸沿岸输沙率	126
		轨下胶垫	(122)	海拔荷载系数	126
guang		轨下弹性垫层	122	海滨	126
光缆	(118)	轨枕	122,(122)	海船闸	126
光纤	(118)	轨枕板	(151)	海堤	126
光纤电缆	117			海港	127
光纤通信	118			海积地貌	127
广室船闸	118	**gun**		海况	(127)
广义单态速度-密度模型	118	滚动阻力	122	海流	127
广义泊松分布	118	滚上滚下船	(122)	海面状况	127
广州港	118	滚装船	122,(168)	海平面运河	(192)
广州区庄立体交叉	118			海区侧面标志	127
		guo		海区水上助航标志	127
gui				海区专用标志	128
		国道公路	122	海蚀地貌	128
规则波	119	国防公路	122	海滩	128
轨撑	119	国际机场	123	海塘	128
轨道板	119	过坝换坡措施	123	海图基准面	128
轨道变形	119	过船建筑物	123	海啸	128
轨道部件	119	过渡导标	123	海运河	129
轨道电路	119	过渡段浅滩	123		
轨道动态变形	119	过河标	123	**han**	
轨道方向	119	过境交通	123		
轨道附属设备	120	过闸程序	(124)	寒流	129
轨道高低	120	过闸船舶平均吨位	123	汉堡港	129
轨道构造	(120)	过闸方式	123	焊接长钢轨	129
轨道衡线	120	过闸耗水量	123	焊接长钢轨轨道	(320)
轨道几何形位	120	过闸时间	123		
轨道检测	120	过闸作业	124	**hang**	
轨道检查车	120				
轨道静态变形	120	**ha**		杭甬铁路软土路基	129
轨道空吊板	120			航标	129
轨道框架刚度	(121)	哈尔滨铁路枢纽	124	航标灯	130
轨道类型	120			航标配布	130
轨道爬行	121	**hai**		航测定线	130
轨道铺设	121			航带	130
轨道三角坑	121	海岸	124	航道	130
轨道水平	121	海岸岸滩平衡剖面	124	航道标准宽度	130

航道标准水深	130	河口潮波变形	135			
航道测量	131	河口港	135	**hou**		
航道尺度	131	河口混合	135			
航道等级	131	河口泥沙	136	后板桩式高桩码头	142	
航道断面系数	131	河口三角洲	136			
航道工程规划	131	河口水流	137	**hu**		
航道开发	131	河口滩	137			
航道勘测	131	河口演变	137	弧形闸门	142	
航道设计水位	131	河口整治	137	湖港	142	
航道通过能力	131	河流渠化	137	湖区航道	142	
航道弯道加宽	132	河漫滩	138	蝴蝶阀门	142	
航道弯曲半径	132	河势	138	护岸	(30),(142)	
航道网	132	河相关系	138	护岸工程	142	
航道整治	132	核子密度湿度仪	138	护轨垫板	143	
航道整治线	132			护坎	143	
航迹宽度	132	**hei**		护栏	143	
航空线	132			护轮坎	143	
航空巡逻	132	黑梅沙输煤管道	139	护木	143	
航空运输	133			护坡	143,(249)	
航宽	(130)	**heng**		护坡道	144	
航偏角	133			护墙	144	
航深	(130)	桁架式高桩码头	139	护柱	144	
航天飞机	133	横断面选线	139	沪宁铁路	(188)	
航线弯曲	133	横拉闸门	139			
航向信标台	133	横列式编组站	139	**hua**		
航校机场	(335)	横流标	140			
航行标志	133	横向高低轨滑道	140	滑床板	144	
航行基准面	133	横向高低腿下水车滑道	140	滑道	144	
航行零点	(133)	横向滑道	140	滑动面	144	
航行条件	133	横向坡	140	滑梁水	144	
航修站	133	横向斜面升船机	140	滑坡	144	
航运	(291)	横移变坡滑道	140	滑坡地段路线	144	
航运规划	134	衡重式挡土墙	141	滑坡地区路基	144	
航运经济规划	134	衡重式方块码头	141	滑翔机	145	
航站楼	(224)	衡重式闸室墙	141	滑行道	145	
航站区	134			滑行道标志	145	
		hong		滑行道灯	145	
he				滑行道宽度	145	
		轰炸机	141	滑行道坡度	146	
合成坡度	134	红树林海岸	142	滑行道容量	146	
合力曲线	134	洪水频率	142	滑行道视距	146	
河床演变	134	洪水滩	142			
河港	134			**huan**		
河谷线	135					
河口	135			环道	146	

环交进出口	146	混合浪	150		
环境监测	146	混合式编组站	150	**ji**	
环流整治建筑物	146	混合式防波堤	150		
环形交叉口	146	混合式闸室墙	151	击岸波	155
环形立体交叉	147	混凝土船	151	击实试验	155
环形匝道	147	混凝土护面块体	151	机场	155
缓冲器	147	混凝土宽枕	151	机场标高	155
缓和坡段	147	混凝土路面施工缝	151	机场道面	155
缓和曲线	147	混凝土路面缩缝	151	机场道面底基层	155
缓和曲线半径变更率	147	混凝土路面胀缝	151	机场道面基层	155
缓坡地段	148	混凝土路面纵缝	152	机场道面加层结构设计	156
换边	(148)	混凝土强度快速评定法	152	机场道面结构	156
换侧	148	混凝土纵向轨枕	152	机场道面结构设计	156
换算工程运营费	148			机场道面结构设计当量单轮荷载	156
换算周转量	148	**huo**		机场道面结构设计方法	156
换填土壤	148			机场道面结构设计荷载等级号码法	157
换土	(148)	活动坝	152		
换装站	148	活动挡板	(292)	机场道面结构设计联邦航空局法	157
		活塞泵	152	机场道面结构设计联邦航空局法（刚性道面）	157
huang		火车轮渡	(207)		
		货场	153	机场道面结构设计联邦航空局法（柔性道面）	158
黄浦江河口整治	148	货车	(348)		
黄土地区路基	148	货船	153	机场道面结构设计影响图法	158
黄土高原干湿过渡区	148	货垛	(103)	机场道面面层	158
黄土沟谷路线	149	货流比	153	机场道面设计	158
黄土陷穴	149	货流调查	153	机场灯标	159
黄土塬路线	149	货流图	153	机场地势设计	159
		货物仓库	153	机场发报台	159
hui		货物成组化	153	机场飞机库	159
		货物堆积场	153	机场飞行区	159
灰坑	149	货物航站	153	机场飞行区等级指标	159
回归潮	149	货物列车净载重	154	机场飞行区技术标准	159
回填	149	货物流动规划	154	机场工程	160
回头曲线	149	货物线间距	154	机场工作区	160
回头弯	(149)	货物雨棚	154	机场构形	160
回头展线	149	货物站台	154	机场规划	160
回旋曲线	150	货物周转量	154	机场环境保护	160
回旋水域	(368)	货物装卸线	154	机场基准温度	160
回淤强度	150	货运波动系数	154	机场加层道面	160
会让站	150	货运不平衡系数	(154)	机场净空标准	161
		货运量	154	机场空域	161
hun		货运密度	154	机场控制塔台	161
		货运强度	(154)		
混合潮	150	货运站	154		
混合交通	150	货主码头	155	机场排水设计	161

机场容量	161	基本进路	166	加厚层	(160)
机场设计	161	基本容量	(166)	加减速顶	171
机场收报台	161	基本通行能力	166	加筋土挡土墙	171
机场位置点	162	基床变形	166	加宽式交叉口	171
机场消防站	162	基尔运河	166	加力牵引坡度	171
机场需求量	162	基隆港	167	加铺转角式交叉	171
机场选址	162	基面变形	(166)	加速顶	171
机场指挥系统	162	基岩滩	167	加速缓坡	171
机场总平面设计	162	激光通信	167	加速骚扰	171
机车	162	级配砾石路面	167	加速停止距离	172
机车车辆限界	162	极限纵坡	167	加算坡度	172
机车持续功率	163	急流槽	167	加油站	172
机车待避线	163	急流滩	167	夹直线	172
机车计算起动牵引力	163	急滩	(167)	家访调查	172
机车计算牵引力	163	集中联锁	167	家庭出行	172
机车检修	163	集中输水系统	167	家庭-工作出行	172
机车交路	163	集装单元	168	甲板驳	172
机车库	164	集装化运输	168	假潮	172
机车类型	164	集装箱	168	驾驶疲劳	172
机车牵引力	164	集装箱场	168	驾驶适应性	172
机车牵引特性曲线图	164	集装箱车	168	驾驶心理	172
机车挽钩牵引力	164	集装箱船	168	驾驶兴奋	172
机车小时功率	164	集装箱"吊上吊下法"	168	驾驶员信息系统	172
机车整备	164	集装箱吊装法	(168)	架空索道	173
机车轴列式	164	集装箱滚装法	(169)		
机车自动停车装置	164	集装箱"开上开下法"	169	**jian**	
机车走行线	165	集装箱码头	169		
机待线	(163)	集装箱运输	169	尖轨	173
机动车道通行能力	165	集装箱运输管理自动化系统	169	尖轨补强板	173
机动车调查	165	集装箱运输网	169	尖轨跟部接头	173
机动船	165	集装箱专用车	169	尖轨接头	(99)
机会模型	165	给煤设备	169	歼击机	173
机库	(159)	给水站	169	间隔净距	173
机坪	165	计算法放边桩	169	间隙接受法环交通行能力	173
机坪容量	165	计算轨顶高	170	检查井	173
机位	165	计算速度	170	检修阀门	173
机务段	165	技术速度	170	检修阀门井	174
机械化滑道	165	既有曲线拨距	170	检修水位	174
机械化驼峰	166	既有铁路勘测	170	检修闸门	174
机械化养路工区	166	既有线平面测绘	170	减水	174
机械绞滩	166	继电器	170	减速地点标	174
积雪地区路线	166			减速顶	174
基本轨	166	**jia**		减速锚链	174
基本交通参数	166			减速信号	174
基本交通量	166	加冰所	170	减压棱体	(243)

简易驼峰	174	交通分析	178	交通预测	(182)
件货码头	174	交通感应自动信号机	179	交通预测分配	182
件货装卸工艺	174	交通公害	179	交通运输	182
建筑限界	175	交通管理	179	交通噪声控制	183
渐近法放边桩	175	交通规划	179	交通噪声污染	183
渐近优解法	175	交通规划程序	179	交通噪声指标	183
渐伸线法	175	交通规划目标	179	交通肇事	183
渐伸线图	175	交通规划期限	179	交通终点	183
箭翎线	176	交通规划协调	179	交通走廊污染水平	183
		交通监理	179	交通组成	183

jiang

		交通监视系统	179	交织	183
		交通结构	179	交织长度	(184)
江海联运	176	交通警巡逻	179	交织段长度	183
将来交通量	176	交通控制	179	交织角	184
浆砌片石	176	交通量	180	交织距离	184
浆体	176	交通量分配	180	交织区	184
浆体摩阻系数	176	交通量观测	180	交-直-交电力机车	184
浆体输送管道	176	交通量折算系数	180	角图	184
浆体输送管道磨蚀	176	交通流	180	角图法	184
浆体制备	176	交通流理论	180	绞滩	184
		交通流密度	180	绞滩船	185

jiao

		交通流模型	180	绞滩机	185
		交通流特性	180	绞滩能力	185
交叉	176	交通流特征	(180)	绞滩水位	185
交叉渡线	176	交通流线	180	绞滩站	185
交叉口饱和交通量	177	交通模拟	180	绞吸式挖泥船	185
交叉口服务交通量	177	交通模型	180		
交叉口高峰小时交通量	177	交通评价	181	## jie	
交叉口交通量	177	交通起点	181		
交叉口流量	(177)	交通区形心	181	阶梯形断面方块码头	185
交叉口设计交通量	(177)	交通容量比	(223)	接触导线	185
交叉口最小视距三角形	177	交通事故	181	接触网	186
交叉路口视距	177	交通事故率	181	接触网终点标	186
交错浅滩	177	交通死亡事故	181	接力泵站	186
交点	177	交通弹性系数	181	接头配件	(98)
交分道岔	177	交通违章	181	秸料	186
交汇控制系统	178	交通稳定性	181	街	(190)
交流电力机车	178	交通信号	181	节点	186
交替式控制	178	交通信号点控制	181	节制闸标志灯	186
交通岛	178	交通信号计算机控制	181	节制闸灯	186
交通调查	178	交通信号面控制	182	捷径法	(265)
交通法规	178	交通信号线控制	182	截水沟	186
交通方式	178	交通需求	(182)	界限标	186
交通方式划分	178	交通需要	182		
交通分区	178	交通影响分析	182		

					靠船桩	194,(77)

jin

津浦铁路	(188)	居民道路占有率	190
紧急制动	186	居民区道路	190
紧密停车	186	局部渠化	190
紧坡地段	186	巨型方块防波堤	190
紧迫导线地段	(186)		
进出机场交通	187		
进港航道	187		
进近灯光系统	187	军港	191
进口匝道控制	187	军用飞机	191
进路	187	军用机场	191
进行信号	187	均方根波高	191
进闸信号	187	均衡坡度	191
近岸环流	187	均衡速度	191
近破波	187	均衡重式垂直升船机	191
浸水路堤	188	均质悬液	191
禁令标志	188		
禁入栅栏	(78)		

ju

jun

kai

开敞式港池	192
开敞式帷墙消能室	192

jing

京广铁路	188	开敞运河	192
京杭运河	188	开尔文波	192
京沪铁路	188	开孔沉箱防波堤	192
京九铁路	188	开路网络控制	192
京塘高速公路	189	开滩水位	(185)
京张铁路	189	开通闸	192
经济调查	189		
经济据点	189		
精密进近跑道	189		
井式船闸	189	龛式系船钩	(324)
警冲标	190	槛下输水系统	192
警告标志	190		
净波压强	(203)		
净空道	190	抗滑桩	193
净载系数	190		
境界出入调查	190		

kan

kang

ke

颗粒尺寸	(194)
颗粒尺寸分布	(194)
颗粒大小	(194)
颗粒加权平均直径	194
颗粒雷诺数	194
颗粒粒度	194
颗粒粒度分布	194
颗粒粒度分布函数	194
颗粒球形度	194
颗粒形状系数	195
颗粒阻力系数	195
颗粒最终沉降速度	195
可变车速控制	195
可变信号系统	195
可变信息标志	195
可动式辙叉	195
可动心轨道岔	195
可能容量	(195)
可能通行能力	195
可逆车道控制	196
可行性研究	(101)
克服高度	196
克拉斯诺雅尔斯克升船机	196
客班轮	(196)
客车技术作业站	(196)
客车整备所	196
客船	196
客货船	196
客运量	196
客运站	196
客运专线铁路建筑接近限界	196

ken

肯尼迪国际机场	197

kao

靠帮	193
靠船簇桩	193
靠船建筑物	193
靠船设备	(77)

kong

空档分布	(25)
空气制动	197
空气阻力	197

jiu

旧路改线	(202)
旧线勘察	(170)
救援列车	190

空箱式闸室墙	197	喇叭式交叉	199	立体坐标量测仪	204
空心大板码头	197	喇叭式立体交叉	200	立柱	(267)
空心方块码头	198			沥青表面处治路面	204
控制点	198	**lai**		沥青道床	204
控制区间	198			沥青贯入碎石路面	204
控制噪声用地规划	198	莱茵河河口整治	200	沥青混合料基地	204
				沥青混合料摊铺机	204
kou		**lan**		沥青混凝土路面	204
				沥青洒布车	205
扣除系数	198	拦门沙	200	沥青稳定材料	205
		拦石坝	200	沥青稳定路面基层	205
ku		拦石墙	200	粒料加固土路面	205
		拦石网	200		
枯水滩	198	缆车码头	201,(331)	**lian**	
库场通过能力	198	缆绳拉力	201		
库区航道	198	缆索式启闭机	201	连拱式闸室墙	205
		缆索铁路	201	连片式码头	205
kua				连通运河	205
		lao		连续配筋混凝土路面	205
跨线桥	198			连续渠化	206
		老路改线	201	连云港港	206
kuai				涟波	(86)
		lei		联合直达运输	206
快速出口滑行道	198			联络道	206
快速交通	199	累积率波高	202	联锁	206
		累计当量轴载数	202	链斗式挖泥船	206
kuan					
		leng		**liang**	
宽轨	199				
宽桩台码头	(205)	冷藏车	202	两路停车	207
		冷藏船	202	两线并行等高	207
kuang					
		li		**lie**	
矿山铁路	199				
矿石车	199	离岸流	(208)	列车标志	207
框架式挡土墙	(73)	里程等级系数	202	列车渡船	207
框架式高桩码头	(139)	理论通行能力	(166)	列车集中控制	(64)
		立波	202	列车检修所	207
kun		立波波压力	203	列车净重	(154)
		立交桥	(198)	列车每延米质量	207
昆河铁路	199	立面标记	203	列车起动阻力	207
		立体交叉	203	列车运行附加阻力	207
la		立体交叉通行能力	203	列车运行基本阻力	207
		立体量测仪	203	列车运行图	208
拉纤过滩	199	立体线形设计	203	列车运行阻力	208

列车制动力	208	陆连岛	211	路况数据库	216
列车制动率	208	陆棚	(46)	路面变形特性	216
列检所	(207)	鹿特丹港	211	路面标线	216
裂流	208	路拌沥青碎石路面	211	路面粗糙度仪	216
		路侧(路缘)停车	211	路面大修	216
lin		路堤	211	路面底基层	216
		路堤极限高度	(212)	路面垫层	217
林区公路	208	路堤设计临界高度	212	路面覆盖率	217
林区公路岔线	209	路堤填筑	212	路面构造	217
林区公路干线	209	路堤填筑临界高度	212	路面管理系统	217
林区公路支线	209	路段驶入驶出调查	212	路面基层	217
林阴道	209	路段通行能力	212	路面加固设计	217
临界路口控制	209	路拱坡度	212	路面建筑	217
临界水深	(13)	路基边坡	212	路面建筑材料	217
临时停车场	209	路基病害	212	路面结构厚度设计	217
临时性整治建筑物	(262)	路基稠度	212	路面结构有限元分析	218
		路基典型横断面	212	路面结构组合设计	218
ling		路基断面	(213)	路面抗滑能力	218
		路基防护设施	213	路面宽度	218
菱形交叉	209	路基放样	213	路面联结层	218
菱形立体交叉	209	路基干湿类型	213	路面面层	218
零担列车	209	路基高度	213	路面磨耗层	218
领工区	209	路基工程	213	路面耐久性能	218
		路基横断面	213	路面耐用指数	219
liu		路基换算土柱	213	路面排水设计	219
		路基基床	214	路面平整度	219
流量－密度控制	209	路基加固	214	路面平整度仪	219
流量－密度曲线	210	路基宽度	214	路面铺装率	(217)
流量时间变化曲线	210	路基临界高度	214	路面强度	219
流体动力学模拟理论	210	路基排水	214	路面设计	219
硫磺锚固	210	路基坡顶	214	路面设计使用年限	220
		路基坡脚	214	路面设计寿命	(220)
long		路基强度	214	路面设计指标	220
		路基施工	214	路面施工机械化	220
龙骨墩	210	路基施工高度	214	路面施工质量控制与检查	220
陇	(210)	路基湿度	215	路面使用品质	220
陇海铁路	210	路基填挖高度	(214)	路面无破损检测	220
		路基稳定性	215	路面小修保养	220
lou		路基压实	215	路面养护对策	220
		路基用土	215	路面养护费用	221
漏斗式交叉	(199)	路基支挡建筑物	215	路面养护管理	221
		路基支挡结构物	215	路面养护管理机构	221
lu		路基中心线	215	路面养护管理系统	221
		路肩	215	路面养护周期	221
陆架	(46)	路口信号机	216	路面中修	221

路堑	221			码头路面	230
路堑开挖	221	**luan**		码头路面排水坡度	230
路堑平台	221			码头爬梯	230
路桥过渡段	222	卵石滩	225	码头前水深	230
路外停车	222	乱石滩	225	码头前沿装卸线	(230)
路网型编组站	222			码头前沿作业地带	230
路网服务水平	222	**lun**		码头设备	230
路网技术指标	222			码头铁路线	230
路网可达性	222	伦敦港	226	码头组成	230
路网平均车速	222	轮渡	226		
路网平均行程时间	223	轮渡车场	226	**man**	
路网容量	223	轮渡靠船设备	226		
路网适应性	223	轮渡码头	(226)	满轴系数	230
路网综合评价	223	轮渡引线	226	慢车道	230
路线加桩	223	轮渡栈桥	226		
路线主桩	223	轮渡站	226	**mang**	
路用混凝土配合比	223	轮缘槽	226		
路用集料级配	223	轮轴公式	(164)	盲沟	(278)
路用沥青材料	223				
路用石料	224	**luo**		**mao**	
路缘带	224				
路缘石	224	罗马大道	227	毛细管黏度计	230
路中停车	224	螺纹道钉	227	锚地	231
路中心线	224	螺旋减速器	227	锚定板挡土墙	231
		螺旋桨飞机	227	锚碇墙码头	231
lü		螺旋展线	227	锚杆挡墙	(231)
		落潮	227	锚杆挡土墙	231
吕内堡升船机	224	落潮时	227	锚固桩	(193)
旅客乘降所	224	落锤式动力路面弯沉仪	227		
旅客渡船	224	落石	228	**mei**	
旅客航站	224	落石槽	228		
旅客跨线设备	225	落石平台	228	煤车	232
旅客站房	225			煤港	232
旅客站台	225	**ma**		美国州际与国防公路系统	232
旅客站台雨棚	225				
旅客周转量	225	马尔斯泵	(342)	**men**	
旅速系数	225	马赛港	228		
旅行速度	225	杩杈	228	门对门运输	232
旅游区标志	225	码盘	229	门缝输水系统	232
绿波带	225	码头	229,(302)	门槛	(350)
绿波宽度	225	码头岸线	229	门槛水深	233
绿信比	225	码头泊位	229	门库	233
		码头泊位利用率	229	门上孔口输水系统	233
		码头泊位能力	229	门下输水系统	233
		码头管沟	229	门轴柱	233

meng

蒙特西水坡升船机	233

mi

密西西比河河口整治	233
密相气力输送	234

mian

面控	(182)

min

民用飞机	234
民用机场	234
民用运输机	234
民用运输机重量	234

ming

鸣笛标	234

mo

蘑菇轴头	(60)
莫尔斯信号	234

mu

母子船	(348)
母子浮船坞	234
木滑道	235
目视进近坡度指示系统	235
目视跑道	(83)
目视助航设备	235
苜蓿叶式立体交叉	235

nai

耐腐蚀钢轨	235
耐磨钢轨	236

nan

南北大运河	(188)
南疆铁路	236
南京港	236
南京中央门立体交叉	236
南昆铁路	237
难行车	237
难行线	237

nei

内河航标	(237)
内河助航标志	237
内环线	(276)
内陆运河	237
内燃机车	237
内燃机车传动装置	237

ni

尼德芬诺升船机	238
泥泵	238
泥驳	238
泥结碎石路面	238
泥石流地段路线	238
泥石流地区路基	239
逆水码头	239
逆向坡	239

nian

年第30位小时交通量	239
年平均日交通量	239
年通航天数	239
年最高小时交通量	239
黏着牵引力	239
黏着铁路	239
黏着系数	(91)

ning

宁波港	239

niu

牛顿流体	240
牛油枋滑道	(235)
纽约港	240

nong

农村道路	240
浓缩器	240

nuan

暖流	240

pa

爬坡车道	241
耙吸式挖泥船	241

pai

排筏	241
排架式抗滑桩	241
排泥管	241
排泥管架	241
排水槽	241
排水沟	241
排水砂垫层	242
排水砂井	242

pan

盘形制动	242

pang

旁侧运河	242
旁通法	242

pao

抛泥区	242
抛石船	242

抛石基床	242			破后波	(345)
抛石挤淤	243	**pie**			
抛石棱体	243			**pu**	
抛填棱体	(243)	撇弯	246		
跑道	243			普通单式道岔	(48)
跑道边灯	243	**ping**		普通道钉	250
跑道标志	243			普通断面尖轨	250
跑道长度	244	平板车	246	普通方块防波堤	250
跑道长度修正法	244	平潮	246	普通钢轨接头	250
跑道端安全地区	244	平车	247	普通货船	(348)
跑道方位	244	平衡潮	247	普通线路	250
跑道构形	244	平衡潮理论	(23)		
跑道横坡	244	平交	(55)	**qi**	
跑道接地带灯	245	平均波高	247		
跑道宽度	245	平均海面	247	期望线	251
跑道末端灯	245	平均系数法	247	启闭力	251
跑道容量	245	平均行程时间	247	起道	251
跑道入口灯	245	平孔排水	247	起动缓坡	251
跑道视距	245	平面阀门	247	起飞滑跑距离	251
跑道有效坡度	245	平面闸门	247	起飞距离	251
跑道中线灯	245	平曲线	247	起飞决策速度	251
跑道纵坡	245	平曲线要素	247	起迄点调查	251
跑道纵向变坡	245	平滩	(358)	起重船	252
		平行滑行道	248	起重机上墩下水设备	252
pen		平行进路	248	起重运输机械荷载	252
		平原航道	248	气垫船	252
喷气飞机	245	平原航道整治	248	气力容器式输送管道	252
喷水式防波堤	246	平原线	248	气力输送管道	252
喷水式消波设备	(246)	瓶颈段	248	气象潮	252
				气压式防波堤	252
peng		**po**		气压式消波设备	(252)
				弃土堆	253
棚车	246	坡度	248	汽车	253
膨胀土地区路基	246	坡度标	248	汽车安全检验	253
碰撞分析图	(283)	坡度差	248	汽车传动比	253
		坡度附加阻力	248	汽车动力性能	253
pian		坡度阻力	249	汽车渡船	253
		坡段长度	249	汽车废气控制	253
偏角法	246	坡面冲刷	249	汽车内显示系统	253
偏流角	(133)	坡面防护	249	汽车牌号对照法	253
偏移	(282)	坡面溜坍	249	汽车牵引力	253
		迫切度	249	汽车牵引平衡方程	253
piao		破波波压力	249	汽车驱动力	(253)
		破波带	250	汽车驱动轮	254
漂流	(277)	破波区	(250)	汽车燃料经济性	254

汽车使用调查	254	浅水波能损耗	258	区段列车	(262)
汽车事故	254	浅水分潮	258	区段速度	(225)
汽车行驶充分条件	(254)	浅滩	258	区段站	262
汽车行驶第二条件	(254)			区间闭塞	(7)
汽车行驶附着条件	254	**qiang**		区间交通	262
汽车行驶力学	254			区内交通	262
汽车行驶黏着条件	(254)	强夯法	259	区域编组站	262
汽车行驶稳定性	254	强击机	259	区域控制	(182)
汽车行驶阻力	254	强制波	259	区域运输规划	262
汽车性能	254			曲柄连杆式启闭机	263
汽车运动方程	(253)	**qiao**		曲杆泵	263
汽车运行阻力	(254)			曲率图	263
汽车噪声	254	桥吊式垂直升船机	259	曲线标	263
汽车制动性能	254	桥涵标	259	曲线出岔	263
砌石堤	(255)	桥号标	259	曲线附加阻力	263
砌石护面堤	254	桥梁建筑限界	259	曲线轨距加宽	263
砌石路基	255	桥枕	259	曲线外轨超高	263
憩流	255			曲线折减	264
		qie		曲线辙叉	264
qia				曲线阻力当量坡度	(264)
		切滩	260	曲线阻力折算坡度	264
卡口	(248)			渠	(345)
		qin		渠化工程	264
qian				渠化航道	264
		秦皇岛港	260	渠化河段	264
牵出线	255			渠化枢纽	264
牵引变电所	255	**qing**		渠化梯级	264
牵引吨数	255			取土坑	264
牵引汽车	256	青岛港	260		
牵引死点	256	青藏高寒区	261	**quan**	
牵引索	256	青藏铁路	261		
牵引种类	256	青藏铁路盐岩路基	261	全顶驼峰	264
前板桩式高桩码头	256	轻轨铁路	261	全定向式立体交叉	265
前后高低	(120)	轻型整治建筑物	262	全感应式自动控制交叉	265
前进波	256	轻型重力混合式码头	(369)	全感应信号	265
前进潮波	257			全红信号	265
前进式控制	257	**qiu**		全互通式立体交叉	265
前苏联贝加尔-阿穆尔铁路	257			全减速顶驼峰	(264)
前苏联法环交通能力	257	丘陵线	262	全日潮	265
前滩	(21)	球磨机	262	全天对策控制	265
潜坝	257			全停信号	(265)
潜堤	257	**qu**		全向停车	(72)
潜没整治建筑物	257			全有或全无分配法	265
浅海风海流	258	区段	262		
浅水波	258	区段货物列车	262		

ran

燃气轮机车 265

rang

让路停车 266

re

热融滑坍 266

ren

人的交通特征 266
人工岛 266
人工海草 266
人工航道 266
人工控制信号交叉 266
人工手动信号机 266
人工台阶 266
人力绞滩 266
人行护网 266
人行立交桥 266
人行天桥 (266)
人字尖 (18)
人字闸门 266
人字闸门旋转中心 267

ri

日本东海道新干线 267
日本名神高速公路 267

rong

容量 (56)
容器式输送管道 267

rou

柔性承台 268
柔性防护系统 268
柔性路面 268

柔性路面层状弹性体系解 268
柔性路面设计 269
柔性路面设计地沥青学会法 269
柔性路面设计前苏联方法 269
柔性路面设计壳牌公司法 269
柔性路面设计中国方法 269
柔性桩台 (268)
柔性路面设计 AASHTO 法 270
柔性路面设计 CBR 法 270

ru

入境交通 270

ruan

软土地基 271
软土路线 271

sa

萨马科铁矿浆管道 271

san

三级公路 271
三级六场式 (372)
三级三场式 (372)
三角分析法 271
三角线 271
三角闸门 272,(233)
三开道岔 272
三峡船闸 272
散货船 272
散货港 272
散货码头 272
散货装卸工艺 273
散乱浅滩 273
散射通信 273

sao

"扫弯水" (273)
扫弯水滩 273

se

色灯信号机 273

sen

森林铁路 273

sha

沙漠地区路线 273
砂井 (242)

shan

山脊线 274
山坡线 274
山区航道 274
山区航道整治 274
山腰线 (274)
珊瑚礁海岸 274
闪光对焊 (97)
闪光信号 274
扇形闸门 274

shang

商港 274
商务速度 (225)
商务运行图 (48)
上方 275
上海磁浮运输试验线 275
上海港 275
上海铁路枢纽 275
上升流 276
上挑丁坝 276
上闸首 276

shao

梢捆 276

she

设计标高	276
设计船型	276
设计交通量	276
设计年度	276
设计水平年	277
设计通行能力	277
设计小时交通量	277
设计最低通航水位	277
设计最高通航水位	277
设闸运河	277

shen

深槽	277
深海风海流	277
深水波	277
神户港	278
沈大高速公路	278
渗沟	278
渗井	278
渗水隧洞	(296)

sheng

升船机	278
升船机拉紧装置	279
升船机平衡系统	279
升船机驱动机构	279
升船机事故装置	279
升船机支承导向结构	279
升船机止水框架	279
升降带	280
升降带宽度	280
升降机上墩下水设备	280
生活出行	280
绳索牵引推送小车	280
绳正法	(358)
省道公路	280
省水船闸	280
圣彼得堡港	281
剩余动量流	(290)

shi

施工高程	281
施工通航	281
湿运	281
十字形交叉	281
石灰稳定材料	281
石灰稳定路面基层	281
石灰桩	281
石梁滩	282
石笼	282
石油码头	282
时差	282
时距图	282
时空图	(282)
实船试验	282
实体整治建筑物	282
实用通行能力	(277)
矢距法	282
示位标	282
市际交通	283
市郊交通	283
市郊铁路	283
市内交通	283
势波	283,(318)
事故地点图	283
事故调查	283
事故费用	283
事故分析图	283
事故控制比	283
事故频率	283
事故心理	283
事故照明	283
事故阻塞	283
试车码头	283
试桩	284
视距横净距	284
视觉	284
视野角度	284
适航深度	284

shou

收费公路	284
收费站	284
手动交通信号	284
手控机	(266)
守车	284
首都国际机场	284
首尾导标	285
艏支架	285
受阻沉降速度	285

shu

枢纽环线	285
枢纽联络线	285
枢纽线路疏解	285
枢纽迂回线	285
枢纽直径线	285
梳式滑道	285
疏浚标志	286
疏浚导标	286
疏浚工程	286
疏浚施工	286
疏浚水位信号	286
疏浚土方	286
疏浚污染	286
输浆离心泵	287
输入率	(51)
输水阀门	287
输水阀门底缘空穴数	287
输水阀门底缘门楣	287
输水阀门工作条件	287
输送能力	287
竖曲线	287
竖向设计	288
竖向预应力锚杆挡土墙	288
数据通信网	288
数字地形模型	288
数字电话网	288

shuang

双层车式斜面升船机	288
双层客车	288
双铰底板式闸室	289
双开道岔	289
双溜放驼峰	289

双埫船闸	(298)	顺向坡	293	台风	297
双排板桩防波堤	289			太焦铁路稍院锚杆挡墙	297
双索循环式索道	289	**shuo**			
双体船	289			**tan**	
双突堤	(311)	朔望潮	(44)		
双线船闸	289			滩险	297
双线航道	289	**si**		弹簧道钉	297
双线绕行	289				
双线铁路	290	司机鸣笛标	293	**tang**	
双向过闸	290	丝绸之路	293		
双向水头	290	斯托克斯波	294	唐胥铁路	297
双向行驶环形交叉	290	斯托克斯定律	294		
		四川环形天然气管道系统	294	**tao**	
shui		四级公路	294		
				套线道岔	298
水波内辐射应力	290	**su**		套线设备	298
水鹤	290			套闸	298
水口升船机	290	苏伊士运河	295		
水库港	291	速比	(253)	**te**	
水力绞滩	291	速度-流量曲线	295		
水路运输	291	速度-密度曲线	295	特殊道岔	298
水煤浆	291	速度剖面	295	特殊地区路基	298
水泥船	291,(151)	速度图	295	特征波高	298
水泥混凝土路面	291	塑料排水板	295	特种断面尖轨	298
水泥混凝土路面摊铺机	291			特种汽车	298
水泥稳定材料	292	**sui**			
水泥稳定路面基层	292			**ti**	
水坡	(292)	随机波	(15)		
水坡式升船机	292	碎石桩	295	梯线	299
水上堆积阶地	(128)	隧道建筑限界	295	体积浓度	299
水上机场	292	隧道空气附加阻力	296		
水深信号标	292	隧道坡度折减	296	**tian**	
水下岸坡	292	隧洞	296		
水下炸礁	292			天沟	299
水压式垂直升船机	293	**suo**		天津港	299
水翼船	293			天津中山门立体交叉	299
水运	(291)	索道侧型	296	天气图	300
水运干线	293	索道车厢	296	天然航道	300
水闸式线路所	(351)	索道平面图	296	天文潮	300
		锁坝	296	填方	(211)
shun				填挖高度	300
		tai			
顺岸码头	293			**tie**	
顺坝	293	台车	(368)		
顺水码头	293	台地	297	铁路	300

铁路车场	300	停车费	305	通信枢纽	309
铁路车辆	300	停车服务设施	305	通信线路	309
铁路车站	300	停车港	305	通行信号标	309
铁路车站线路	301	停车计时器	305	通用货车	309
铁路道岔设备	301	停车控制区	305	通用码头	(371)
铁路等级	301	停车库	305	同步式控制	309
铁路调车设备	301	停车累计量	305	同潮差线	309
铁路复式路堤	301	停车临界速度	(251)	同潮时线	309
铁路工程	301	停车楼	305	同向曲线	310
铁路轨道	301	停车排列方式	306	同轴电缆	310
铁路护堤	302	停车容量	306	同轴圆筒黏度计	310
铁路机械化作业平台	302	停车线	306	统货船	(348)
铁路建设投资	302	停车信号	306		
铁路客运设备	302	停车需要量	306	**tou**	
铁路联络船	302	停车延误	306		
铁路路拱	302	停车余隙	306	头部输水系统	(168)
铁路轮渡	302	停车站	306	投影转绘仪	310
铁路能力	302	停车周转率	306	透空式防波堤	310
铁路枢纽	302	停船界限标志灯	306	透空式码头	310
铁路天然护道	302	停放车标志	307	透空桩式离岸堤	310
铁路网规划	302	停放车调查	307	透水闸底	311
铁路网密度	303	停机方式	307	透水整治建筑物	311
铁路线路平面	303	停机坪标志	307		
铁路线路平面图	303	停止道	307	**tu**	
铁路线路上部建筑	(301)	停止线	307		
铁路线路中心线	303			突堤	311
铁路线路纵断面	303	**tong**		突堤式码头	311
铁路限界	303			突起路标	311
铁路信号	303	通过货运量	(360)	图解法放边桩	311
铁路选线	303	通过能力	307	涂油滑道	311
铁路运量	303	通过能力储备系数	307	土方调配	312
铁路运输	304	通过信号	307	土方调配经济运距	312
铁路中线	(303)	通航保证率	308	土方调配图	312
铁路主要技术标准	304	通航标准	308	土工织物	312
		通航渡槽	308	土基	312
ting		通航建筑物	308	土基压实标准	312
		通航净高	308	土基压实度	312
停潮	304	通航净空	308	土压力	313
停车场	304	通航净跨	308		
停车场管理	304	通航流量	308	**tui**	
停车场区	304	通航密度	308		
停车场选址	304	通航期	308	推进波	(256)
停车车位	304	通航水流条件	308	推轮	313
停车持续时间	305	通航隧洞	308		
停车断面法通行能力	305	通信	309		

tuo

托盘	313	弯道加宽	317	无害坡度	321
拖带船队	313	弯道浅滩	317	无极绳牵引	321
拖带运输	313	皖赣铁路溶口隧道板体轨道	317	无梁面板高桩码头	321
拖轮	313			无线电导航	321
拖滩	313	## wang		无线电导航设备	321
脱轨器	313			无线电系统	321
脱线道岔	313	网坝	318	无线列车调度电话	321
脱鞋道岔	313	往复潮流	318	无闸运河	(192)
驮背运输	314	往复运行式索道	318	吴淞铁路	321
驼峰车辆溜放阻力	314			武汉港	322
驼峰道岔自动集中	314	## wei		坞口	322
驼峰峰顶	314			坞门	322
驼峰高度	314	微波通信	318	坞式闸室	322,(356)
驼峰解体能力	314	微幅波	318	坞室	322
驼峰溜放线	314	微型环形交叉口	318	物料输送管道	322
驼峰曲线	314	帷墙	319	物流调查	(153)
驼峰推送线	314	伪塑性流体	319	误差三角形	322
驼峰迂回线	314	舭支架	319		
椭圆余摆线波	315			## xi	
椭圆余弦波	315	## wen			
				西北干旱区	322
## wa		温度调节器	(99)	西南潮暖区	323
		温度应力式无缝线路	319	吸扬式挖泥船	323
挖槽	316	稳定平衡岸线	319	希思罗机场	323
挖方	(221)			悉尼系统	(375)
挖泥船	316	## wo		稀相气力输送	323
挖泥船调遣	316			"舾装设备"	(34)
挖泥船生产率	316	沃氏法环交通行能力	319	溪沟治理	323
挖泥船生产性间歇时间	316	卧倒闸门	319	溪口滩	323
挖泥船选择	316			系船浮筒	324
挖入式港池	316	## wu		系船钩	324
				系船环	324
		坞工	319	系船设备	324,(34)
## wai		无碴轨道	320	系船柱	324
		无潮点	320	系网环	324
外堤	(76)	无缝线路	320		
外环线	(276)	无缝线路固定区	320	## xia	
外控点	317	无缝线路呼吸区	(320)		
外停泊区	317	无缝线路缓冲区	320	峡口滩	324
		无缝线路临界温度力	320	下方	324
		无缝线路零应力轨温	(320)	下滑信标台	324
## wan		无缝线路伸缩区	320	下挑丁坝	325
		无缝线路锁定轨温	320	下闸首	325
弯道超高	317	无缝线路调节区	(320)		
		无缝线路温度力	320		

xian

险滩	325
县乡道公路	325
现有交通量	325
限界加宽	325
限界架	325
限界门	325
限制坡度	325
限制区间	(198)
限制容量分配模型	325
限制速度	325
限制性航道	325
线距计算	326
线控	(182)
线路标志	326
线路标桩	326
线路大修	326
线路方向	(120)
线路防爬设备	326
线路紧急补修	326
线路经常维修	326
线路爬行	(121)
线路水平	(121)
线路所	326
线路中修	326
线路作业	326
线性跟车模型	327
线性简谐波	327,(318)
线性速度－密度模型	327

xiang

相错式钢轨接头	327
相对式钢轨接头	327
相互作用模型	327
相位	327
相位差	(282)
香港港	327
箱盘运输	328
巷	(190)
像片定向	328
像片倾角	328
像片影像	328

像片重叠度	328
橡胶坝	328
橡胶护舷	328

xiao

削角防波堤	328
消力栅	328
消能室	328
小半径曲线黏降折减	329
小潮	329
小轿车	329
小型环形交叉口	329
小型客车	329
小运转列车	329

xie

斜顶丁坝	329
斜架滑道	329
斜架下水车	330
斜交叉	(209)
斜接柱	330
斜拉桩板桩结构	330
斜面升船机	330
斜坡道	330
斜坡上波压力	330
斜坡式防波堤	331
斜坡式码头	331
斜坡式码头护岸	331
斜坡式闸室	332
泄水隧洞	(296)
泻湖	332
卸荷板	332
卸荷板方块码头	332

xin

新东京国际机场	332
新加坡港	332
信号标志	333
信号表示器	333
信号设备	333
信号托架	333

xing

星形组合法	333
行车道	(26)
行车方向	333
行车信号	333
行程车速	333
行进波	(256)
行人隔栏	333
行人护栏	333
行人通行信号交叉	333
行人心理	334
行驶车速	334
型长	334
型宽	334

xiu

修船码头	334
修船坞	334
修造船水工建筑物	334

xu

絮凝	334

xuan

悬臂式闸室	334
悬液	335
旋转潮波	335
旋转潮流	335

xue

学校机场	335
雪害地段路基	335

xun

巡道	335
循环直达列车	336

ya

垭口	336

yan

淹没整治建筑物	336
岩溶地区路线	336
岩滩升船机	336
沿岸标	336
沿岸流	336
沿溪线	(135)
盐水楔	337
盐渍土地区路基	337
盐渍土地区路线	337

yao

摇架式滑道	337
摇架式斜面升船机	337

ye

业务出行	337
曳引设备	337
液力容器式输送管道	337
液力制动	338
液体货物装卸工艺	338
液压螺旋滚筒式减速器	(227)
液压式启闭机	338

yi

一级公路	338
一面坡斜面升船机	338
一氧化碳发生量	338
一氧化碳容许浓度	338
一字闸门	338
仪表跑道	339
仪表着陆系统	339
移动信号	339
移位指数分布	339
舣装	339
舣装码头	339
异型方块码头	339
异型轨	339
异型接头夹板	339
异型鱼尾板	(339)
易行车	339
驿道	339
驿路	(339)
溢洪船闸	339
翼轨	339

yin

引潮力	339
引潮势	340
引导信号	340
引道	340
引航道	340
引航道标志灯	340
引航道长度	340
引航道导堤	340
引航道口门区	340
引航道宽度	340
引航道水深	341
引力模型	(364)
引桥式码头	341

ying

鹰厦铁路杏集海堤	341
应急停车带	341

yong

拥挤度	(223)
涌潮	341
涌浪	341
永久性整治建筑物	(364)

you

邮船	(196)
油船	341
油港	341
油隔膜泵	342
游步道	(209)
有碴轨道	342
有害坡度	342
有限投资方向决策	342
有效波高	342
有效黏度	342
有效土方	342

yu

迂回式	(374)
淤积流速	342
淤泥质平原海岸	342
余摆线波	342
余波	(341)
余流	343
鱼尾板	(97)
鱼尾螺栓	(97)
鱼型浮	343
渔港	343
预告标	343
预加沉落土	(343)
预留沉落量	343
预留深度	343
预信号	343
预应力混凝土路面	343
预应力锚索抗滑桩	344
御道	344
御土墙	(49)

yuan

原路改线	(202)
圆盘式启闭机	344
圆曲线	344
圆筒阀门	344
圆心角	345
远破波	345

yue

月平均日交通量	345
越岭线	345
越岭运河	345
越行站	345
越野汽车	345

yun

运河	345, (266)
运河断面系数	345
运河供水	345
运河耗水量	346
运河护坡	346
运河基本尺度	346
运河选线	346
运河纵坡降	346
运量不平衡系数	346
运量适应图	346
运量预测	346
运渠	(345)
运输成本	347
运输船舶	347
运输机场	347
运输联系图	347
运输密度	347
运输强度图	347
运输收入	347
运行图周期	347

za

匝道	348
匝道通行能力	348
匝道系统控制	348
匝道终点	348
杂货船	348

zai

载驳船	348
载车运输	(314)
载重汽车	348
再生制动	348

zao

造船坞	349
造床过程	349
造床流量	349
噪声控制标准	349

zeng

增补面	349
增长系数法	349
增加交通量	349
增水	350

zha

闸槛	350
闸门门龛	350
闸室底板	350
闸室墙	350
闸室水域面积	350
闸室有效长度	350
闸室有效宽度	350
闸首边墩	350
闸首底板	350
闸首支持墙	350
闸梯	351
闸站	351

zhai

摘挂货物列车	351
窄轨	351
窄轨铁路限界	351

zhan

詹天佑	351
展长系数	(353)
展线	352
展线系数	353
占线系数	(198)
战斗机	(173)
栈道	353
"栈阁"	(353)
栈桥	353
站场排水	353
站场照明	353
站界标	353
站内无线调度电话	353
站坪长度	353
站坪坡度	353
站线	(301)
站线编号	353
站线间距	353
站线有效长度	354
湛江港	354

zhang

涨潮	354
涨潮时	354
涨潮总量	354
胀轨跑道	354

zhao

罩面	(160)

zhe

遮光栅	(79)
辙叉	355
辙叉查照间隔	355
辙叉垫板	355
辙叉护背距离	355
辙叉护轨	355
辙叉角	355
辙叉全长	355
辙叉咽喉	355
辙叉有害空间	355
辙跟垫板	355
辙轨	(173)
辙后垫板	355

zhen

真空过滤机	355
真实空速	(81)
枕垫座	356
振冲碎石桩	(295)
镇静段	356

zheng

蒸汽机车	356

整道	356	直吸式挖泥船	(323)			
整齐块石路面	356	直线电机加减速小车	361	**zhou**		
整体道床	356	直线段	361			
整体砌筑码头	356	直线建筑限界	361	舟	(32)	
整体式闸室	356	植物消波	361	周平均日交通量	364	
整治工程材料	356	止滑器	361	周期	365	
整治工程设计	357	纸上移线	361	轴距	365	
整治建筑物	357	指点信标台	361	轴载当量换算	365	
整治流量	357	指挥塔台	(161)	轴重	365	
整治水位	357	指路标志	361	昼夜人口率	365	
整治线宽度	357	指示标志	361			
整铸辙叉	357	制动距离	362	**zhu**		
正常浅滩	358	制动空走距离	362			
正交叉	(359)	制动空走时间	362	珠江河口整治	365	
正片过程	358	制动铁鞋	362	主导航建筑物	(365)	
正矢法	358	制动有效距离	362	主导航墙	365	
正挑丁坝	358	治导	(132)	主导河岸	366	
正弦波	358	质量流量计	362	主航道	366	
郑州铁路枢纽	358	质量浓度	362	主滑行道	(248)	
		智能交通	(362)	主控机	366	
zhi		智能运输系统	362	主体信号机	366	
				主桩套板结构	366	
支垫座	358	**zhong**		助航标志	366,(129)	
支顶墙	(358)			助航灯光	366	
支架	358	中长铁路	363	助航设施	366	
支墙	358	中东铁路	(363)	贮浆罐	366	
支线连接法	359	中国长春铁路	(363)	注意信号	366	
支线铁路	359	中国东省铁路	(363)	驻波	366,(202)	
芝加哥奥黑尔国际机场	359	中级路面	363	柱板式挡土墙	366	
直达货物列车	359	中间联结零件	(98)	柱塞泵	366	
直达运输	359	中间闸首	363	柱式码头	367	
直角交叉	359	中间站	363	铸焊	(98)	
直立堤堤身	359	中山高速公路	363			
直立堤水上部分	359,(369)	中水滩	363	**zhua**		
直立堤水下部分	359	中位地点车速	363			
直立式防波堤	360	中心岛	363	抓斗式挖泥船	367	
直立式码头	360	中央岛	(363)			
直立式闸室	360	中闸首	364	**zhuan**		
直流电力机车	360	重力模型	364			
直升机	360	重力式挡土墙	364	专业飞机	367	
直升机场	360	重力式码头	364	专业机场	367	
直通货物列车	360	重力式闸室墙	364	专业性码头	367	
直通货运量	360	重型整治建筑物	364	专用标志	367	
直通客运量	361	重载列车	364	专用浮标	367	
直通吸引范围	361			专用货车	367	

专用线	367	自动控制信号交叉	370	最大坡度折减	373
转换交通量	367	自翻车	370	最大容许侧风	373
转流建筑物	(146)	自航船	(165)	最短颈距	373
转盘式立体交叉	(147)	自绞	371	最短线路法	(265)
转盘式斜面升船机	367	自然展线	371	最佳分向点	373
转头水域	368	自适应控制系统	371	最佳含水量	373
转向架	368	自卸船	371	最佳密度	373
转移交通量	368	自卸汽车	371	最小曲线半径	374
转辙机	368	自行车道通行能力	371	最小通航保证水深	374,(130)
转辙角	368	自行车专用路	371	最小稳定速度	374
转辙器	368	自摇式滑道	(140)	最易行车	374

zhuang

zuo

桩板式挡土墙	368	自由波	371	左右通航标	374
桩基承台	369	自由导线地段	(148)	左转匝道	374
桩式防波堤	369	自由放散式无缝线路	371	作业标	374
桩台	(369)	自由港	371
桩柱上波压力	369
装配式框架梁板码头	369

zong

外文字母·数字

		综合性码头	371	ASEA 螺旋减速器	(227)
		综合运输	371	B-M 谱	(12)
		纵断面图	372	DOE 法环交通行能力	374

zhui

		纵列式编组站	372	FWD	(227)
追踪系数	369	纵坡折减	372	OD 调查	(251)
锥板黏度计	370	纵向滑道	372	PMS	(217)
		纵向斜面升船机	372	P-M 谱	(12)
				SCATS 控制系统	375

zhuo

zou

				SCOOT 控制系统	375
着陆距离	370	走行轨	372	T 形交叉	375
着陆雷达	370			"T"字灯	375

zu

				TRANSYT 控制系统	375

zi

		阻力系数	(195)	Y 型交叉	375
自动闭塞	370	阻塞密度	372	γ射线密度计	375
自动化调车场	370	组合列车	372
自动化驼峰	370	组合式输水系统	372
自动交通信号	370

zui

最大坡度 373

词目汉字笔画索引

说　　明

一、本索引供读者按词目的汉字笔画查检词条。

二、词目按首字笔画数序次排列；笔画数相同者按起笔笔形，横、竖、撇、点、折的序次排列，首字相同者按次字排列，次字相同者按第三字排列，余类推。

三、词目的又称、旧称、俗称简称等，按一般词目排列，但页码用圆括号括起，如(1)、(9)。

四、外文、数字开头的词目按外文字母与数字大小列于本索引的末尾。

一画

[一]

一字闸门	338
一级公路	338
一面坡斜面升船机	338
一氧化碳发生量	338
一氧化碳容许浓度	338

二画

[一]

二级公路	73
二项分布	73
二面坡斜面升船机	73
十字形交叉	281
丁字交叉	(375)
丁坝	65
丁顺坝	65
厂拌沥青碎石路面	20
厂矿道路	20

[丿]

人力绞滩	266
人工手动信号机	266
人工台阶	266
人工岛	266
人工航道	266
人工海草	266
人工控制信号交叉	266
人行天桥	(266)
人行立交桥	266
人行护网	266
人字尖	(18)
人字闸门	266
人字闸门旋转中心	267
人的交通特征	266
入境交通	270

三画

[一]

三开道岔	272
三级三场式	(372)
三级公路	271
三级六场式	(372)
三角分析法	271
三角闸门	272,(233)
三角线	271
三峡船闸	272
干运	92
干线铁路	92
干船坞	92
干舷	92
干道方向法	92
土工织物	312
土方调配	312
土方调配图	312
土方调配经济运距	312
土压力	313
土基	312
土基压实标准	312
土基压实度	312
工区	111
工业轨	112
工业废渣稳定材料	112
工业废渣稳定路面基层	112
工业铁路	112
工业站	112
工业港	112
工务区划	112
工务设备图表	112
工务段	111
工务修配所	112
工务登记簿	111
工作出行	(172)
工作闸门	112
工程船舶	111
下方	324
下闸首	325

下挑丁坝	325	[、]	
下滑信标台	324		
大机段	(47)	广义单态速度-密度模型	118
大庆—秦皇岛输油管道	46	广义泊松分布	118
大运河	(188)	广州区庄立体交叉	118
大连香炉礁立体交叉	46	广州港	118
大连港	45	广室船闸	118
大陆架	46	门下输水系统	233
大陆桥运输	46	门上孔口输水系统	233
大陆棚	(46)	门对门运输	232
大型养路机械化段	47	门库	233
大修队	47	门轴柱	233
大客车	45	门缝输水系统	232
大秦铁路	46	门槛	(350)
大管桩高桩码头	44	门槛水深	233
大潮	44		
		[乛]	
[丨]		飞机	80
上升流	276	飞机无燃油重量	81
上方	275	飞机允许最大起飞重量	82
上闸首	276	飞机允许最大着陆重量	82
上挑丁坝	276	飞机允许最大滑行重量	81
上海铁路枢纽	275	飞机主轮距	82
上海港	275	飞机主起落架轮胎压力	82
上海磁浮运输试验线	275	飞机主起落架静荷载	82
小半径曲线黏降折减	329	飞机地面转弯半径	80
小运转列车	329	飞机机身长度	80
小型环形交叉口	329	飞机巡航速度	81
小型客车	329	飞机空速	81
小轿车	329	飞机前后轮距	81
小潮	329	飞机起落架	81
山区航道	274	飞机速度	81
山区航道整治	274	飞机航向	80
山坡线	274	飞机航线	80
山脊线	274	飞机航迹	80
		飞机航程	80
[丿]		飞机离地速度	81
川江航道	32	飞机基本重量	81
川藏公路	32	飞机基准飞行场地长度	81
个人出行调查	111	飞机偏流角	81
个体交通	111	飞机商务载重	81
		飞机最大高度	82

飞机噪声	82
飞机噪声评价量	82
飞机噪声等值线	82
飞机翼展	81
叉心	18
叉道式斜面升船机	17
马尔斯泵	(342)
马赛港	228

四画

[一]

井式船闸	189
开孔沉箱防波堤	192
开尔文波	192
开通闸	192
开敞式帷墙消能室	192
开敞式港池	192
开敞运河	192
开路网络控制	192
开滩水位	(185)
天气图	300
天文潮	300
天沟	299
天津中山门立体交叉	299
天津港	299
天然航道	300
无极绳牵引	321
无闸运河	(192)
无线电导航	321
无线电导航设备	321
无线电系统	321
无线列车调度电话	321
无害坡度	321
无梁面板高桩码头	321
无缝线路	320
无缝线路伸缩区	320
无缝线路固定区	320
无缝线路呼吸区	(320)
无缝线路临界温度力	320
无缝线路调节区	(320)

无缝线路锁定轨温	320	车头时距	26	中央岛	(363)
无缝线路温度力	320	车头间距	26	中级路面	363
无缝线路缓冲区	320	车行道	26	中位地点车速	363
无缝线路零应力轨温	(320)	车行道边缘线	26	中间闸首	363
无碴轨道	320	车位小时	26	中间站	363
无潮点	320	车位占用	26	中间联结零件	(98)
专业飞机	367	车库安全监视系统	24	中国长春铁路	(363)
专业机场	367	车轮工作半径	26	中国东省铁路	(363)
专业性码头	367	车挡	24	中闸首	364
专用货车	367	车钩	24	贝克曼弯沉仪	(107)
专用线	367	车站通过能力	26	贝克曼梁	(107)
专用标志	367	车流冲击波	25	贝阿铁路	(257)
专用浮标	367	车流波动理论	25,(210)	内陆运河	237
木滑道	235	车流密度	(180)	内环线	(276)
支顶墙	(358)	车辆全长	25	内河助航标志	237
支线连接法	359	车辆交通特性	25	内河航标	(237)
支线铁路	359	车辆间隔分布	25	内燃机车	237
支垫座	358	车辆型号	25	内燃机车传动装置	237
支架	358	车辆标记	24	水力绞滩	291
支墙	358	车辆轴数	25	水下岸坡	292
不下车服务	16	车辆段	24	水下炸礁	292
不分级堆石防波堤	15	车辆总保有量	25	水上机场	292
不设管制	16	车辆换长	25	水上堆积阶地	(128)
不完全互通式立体交叉	(16)	车辆特征	(25)	水口升船机	290
不良地质地段选线	16	车辆站修所	25	水压式垂直升船机	293
不规则波	15	车辆站修线	25	水运	(291)
不离车停放	15	车辆调速设备	25	水运干线	293
不淹没整治建筑物	16	车辆减速器	25	水库港	291
不等长缓和曲线	15	车辆缓行器	(25)	水坡	(292)
太焦铁路稍院锚杆挡墙	297	车道封闭控制	24	水坡式升船机	292
区内交通	262	巨型方块防波堤	190	水闸式线路所	(351)
区间交通	262	切滩	260	水泥船	291,(151)
区间闭塞	(7)			水泥混凝土路面	291
区段	262	[丨]		水泥混凝土路面摊铺机	291
区段列车	(262)	止滑器	361	水泥稳定材料	292
区段货物列车	262	日本东海道新干线	267	水泥稳定路面基层	292
区段速度	(225)	日本名神高速公路	267	水波内辐射应力	290
区段站	262	中山高速公路	363	水深信号标	292
区域运输规划	262	中水滩	363	水路运输	291
区域控制	(182)	中长铁路	363	水煤浆	291
区域编组站	262	中心岛	363	水鹤	290
车主访问调查	26	中东铁路	(363)	水翼船	293

五画

[丿]		分级堆石防波堤	84	火车轮渡	(207)
手动交通信号	284	分枝定界法	85	山腰线	(274)
手控机	(266)	分点潮	84	斗门	(37)
牛油枋滑道	(235)	分段开关站	(85)	计算轨顶高	170
牛顿流体	240	分段式浮船坞	84	计算法放边桩	169
毛细管黏度计	230	分离式立体交叉	85	计算速度	170
气力容器式输送管道	252	分离式闸室	85		
气力输送管道	252	分散输水系统	85	[フ]	
气压式防波堤	252	分道转弯式交叉	84	引力模型	(364)
气压式消波设备	(252)	分隔带	84	引导信号	340
气垫船	252	分隔器	84	引桥式码头	341
气象潮	252	分解协调法	85	引航道	340
升降机上墩下水设备	280	分潮	83	引航道口门区	340
升降带	280	公共汽车专用街(路)	112	引航道水深	341
升降带宽度	280	公共汽车车道	(113)	引航道长度	340
升船机	278	公交车辆专用车道	113	引航道导堤	340
升船机支承导向结构	279	公里标	113	引航道标志灯	340
升船机止水框架	279	公告水深	(103)	引航道宽度	340
升船机平衡系统	279	公路	113	引道	340
升船机驱动机构	279	公路自然区划	113	引潮力	339
升船机拉紧装置	279	公路渡口	113	引潮势	340
升船机事故装置	279	月平均日交通量	345	巴拿马运河	2
长江河口整治	19	风力负荷	87	双开道岔	289
长峰规则波	(119)	风区	87	双向水头	290
长廊道输水系统	19,(85)	风成波	(86)	双向过闸	290
反压马道	(75)	风时	87	双向行驶环形交叉	290
反压护道	75	风玫瑰图	(86)	双体船	289
反向曲线	75	风海流	86	双层车式斜面升船机	288
反向交通不平衡系数	75	风浪	86	双层客车	288
反向弧形阀门	75	风浪预报	87	双线绕行	289
反应时间	76	风量	(87)	双线铁路	290
反应特性	76	风景区道路	86	双线航道	289
反应距离	76	风暴型海岸剖面	86	双线船闸	289
反坡	75	风暴潮	85	双突堤	(311)
反滤层	75	风徽图	86	双索循环式索道	289
从属信号机	43	勾头丁坝	114	双排板桩防波堤	289
分支运河	85			双埝船闸	(298)
分区车场	(106)	[丶]		双铰底板式闸室	289
分区亭	85	方块防波堤	76	双溜放驼峰	289
分节驳	84	方块码头	76		
分布系数法	83	方位标志	76	**五画**	
		方照潮	(329)		

五画

[一]

示位标	282
击岸波	155
击实试验	155
打桩船	44
打滩	44
正片过程	358
正矢法	358
正交叉	(359)
正弦波	358
正挑丁坝	358
正常浅滩	358
节制闸灯	186
节制闸标志灯	186
节点	186
可动心轨道岔	195
可动式辙叉	195
可行性研究	(101)
可变车速控制	195
可变信号系统	195
可变信息标志	195
可逆车道控制	196
可能容量	(195)
可能通行能力	195
匝道	348
匝道系统控制	348
匝道终点	348
匝道通行能力	348
左右通航标	374
左转匝道	374
石灰桩	281
石灰稳定材料	281
石灰稳定路面基层	281
石油码头	282
石笼	282
石梁滩	282
龙骨墩	210
平车	247
平孔排水	247
平曲线	247
平曲线要素	247

平行进路	248
平行滑行道	248
平交	(55)
平均行程时间	247
平均系数法	247
平均波高	247
平均海面	247
平板车	246
平面闸门	247
平面阀门	247
平原线	248
平原航道	248
平原航道整治	248
平滩	(358)
平潮	246
平衡潮	247
平衡潮理论	(23)
东泽雷船闸	67
东南湿热区	67
东部温润季冻区	67

[丨]

卡口	(248)
北京三元里立体交叉	5
北京客站交分交叉渡线	5
北京铁路枢纽	6
北部多年冻土区	5
北海-波罗的海运河	(166)
占线系数	(198)
业务出行	337
旧线勘察	(170)
旧路改线	(202)
目视进近坡度指示系统	235
目视助航设备	235
目视跑道	(83)
甲板驳	172
电力机车	63
电子监视	64
电气化铁路供电	63
电气集中联锁	63
电务段	63
电动悬浮系统	(20)

电报通信网	62
电阻制动	64
电信	(309)
电锁器联锁	63
电磁轨道制动	63
电磁涡流制动	63
电磁流量计	63
电磁悬浮系统	(19)
四川环形天然气管道系统	294
四级公路	294

[丿]

生活出行	280
矢距法	282
丘陵线	262
仪表着陆系统	339
仪表跑道	339
外环线	(276)
外控点	317
外停泊区	317
外堤	(76)
包兰铁路沙坡头沙漠路基	4
包装货船	(348)

[丶]

主导河岸	366
主导航建筑物	(365)
主导航墙	365
主体信号机	366
主桩套板结构	366
主航道	366
主控机	366
主滑行道	(248)
市内交通	283
市际交通	283
市郊交通	283
市郊铁路	283
立交桥	(198)
立体交叉	203
立体交叉通行能力	203
立体坐标量测仪	204
立体线形设计	203

立体量测仪	203	出闸信号	31	动能闯坡	(68)
立波	202	出境交通	31	圬工	319
立波波压力	203	加力牵引坡度	171	扣除系数	198
立柱	(267)	加冰所	170	托盘	313
立面标记	203	加油站	172	老路改线	201
闪光对焊	(97)	加厚层	(160)	"扫弯水"	(273)
闪光信号	274	加速顶	171	扫弯水滩	273
半日潮	4	加速停止距离	172	地下铁道	61
半自动化驼峰	4	加速缓坡	171	地下停车场	61
半直立式码头	4	加速骚扰	171	地方吸引范围	61
半船闸	(37)	加宽式交叉口	171	地方交通	60
半斜坡式码头	4	加减速顶	171	地方货运量	60
半斜坡式闸室	4	加铺转角式交叉	171	地方客运量	60
半堤半堑	3	加筋土挡土墙	171	地方铁路	61
半填半挖路基	(3)	加算坡度	172	地方航道	60
半感应式自动控制交叉	3	边抛式挖泥船	7	地方编组站	60
半感应信号	3	边抛法	7	地形	61
半整齐块石路面	4	边坡坍塌	7	地转流	61
头部输水系统	(168)	边坡渗沟	7	地物	61
汉堡港	129	边滩	7	地点车速	60
宁波港	239	发动机转速特性	74	地道	60
让路停车	266	发动机特性曲线	(74)	地貌	61
永久性整治建筑物	(364)	圣彼得堡港	281	地震区路线	61
		对口滩	70	芝加哥奥黑尔国际机场	359
[乛]		对绞	70	机车	162
司机鸣笛标	293	对数型速度-密度模型	70	机车小时功率	164
尼德芬诺升船机	238	对数型流量-密度模型	70	机车车辆限界	162
民用飞机	234	台车	(368)	机车计算牵引力	163
民用机场	234	台风	297	机车计算起动牵引力	163
民用运输机	234	台地	297	机车自动停车装置	164
民用运输机重量	234	母子浮船坞	234	机车交路	163
出口匝道控制	31	母子船	(348)	机车走行线	165
出行	31	丝绸之路	293	机车库	164
出行分布	31			机车持续功率	163
出行目的	31	**六画**		机车牵引力	164
出行生成	(31)			机车牵引特性曲线图	164
出行发生	31	[一]		机车轴列式	164
出行吸引	31			机车轮钩牵引力	164
出行行程时间分布	(31)	迂回式	(374)	机车待避线	163
出行产生	31	动力因数	68	机车类型	164
出行时间分布	31	动力坡度	68	机车检修	163
出行端点	31	动轮	68	机车整备	164

机务段	165	机场道面结构设计荷载等级号码法	157	存车换乘	43
机动车调查	165			存储式驼峰电气集中	(314)
机动车道通行能力	165	机场道面结构设计联邦航空局法	157	灰坑	149
机动船	165			列车运行阻力	208
机场	155	机场道面结构设计联邦航空局法（刚性道面）	157	列车运行附加阻力	207
机场工作区	160			列车运行图	208
机场工程	160	机场道面结构设计联邦航空局法（柔性道面）	158	列车运行基本阻力	207
机场飞机库	159			列车每延米质量	207
机场飞行区	159	机场道面结构设计影响图法	158	列车制动力	208
机场飞行区技术标准	159	机场道面基层	155	列车制动率	208
机场飞行区等级指标	159	机场需求量	162	列车净重	(154)
机场加层道面	160	机会模型	165	列车标志	207
机场发报台	159	机位	165	列车起动阻力	207
机场地势设计	159	机库	(159)	列车检修所	207
机场灯标	159	机坪	165	列车集中控制	(64)
机场设计	161	机坪容量	165	列车渡船	207
机场收报台	161	机待线	(163)	列检所	(207)
机场位置点	162	机械化驼峰	166	成批过闸	28
机场环境保护	160	机械化养路工区	166	成昆铁路	27
机场规划	160	机械化滑道	165	成昆铁路大锚杆挡墙	27
机场构形	160	机械绞滩	166	成昆铁路狮子山滑坡	27
机场净空标准	161	过坝换坡措施	123	成昆铁路隧道整体道床	27
机场空域	161	过闸方式	123	夹直线	172
机场指挥系统	162	过闸时间	123	轨下胶垫	(122)
机场标高	155	过闸作业	124	轨下部件	122
机场选址	162	过闸耗水量	123	轨下基础	122
机场总平面设计	162	过闸船舶平均吨位	123	轨下弹性垫层	122
机场消防站	162	过闸程序	(124)	轨节配列	121
机场容量	161	过河标	123	轨枕	122,(122)
机场排水设计	161	过船建筑物	123	轨枕板	(151)
机场控制塔台	161	过渡导标	123	轨排	121
机场基准温度	160	过渡段浅滩	123	轨排刚度	121
机场道面	155	过境交通	123	轨排基地	121
机场道面加层结构设计	156	再生制动	348	轨距	121
机场道面设计	158	西北干旱区	322	轨距拉杆	121
机场道面底基层	155	西南潮暖区	323	轨道几何形位	120
机场道面面层	158	有限投资方向决策	342	轨道三角坑	121
机场道面结构	156	有效土方	342	轨道水平	121
机场道面结构设计	156	有效波高	342	轨道方向	119
机场道面结构设计方法	156	有效黏度	342	轨道电路	119
机场道面结构设计当量单轮荷载	156	有害坡度	342	轨道动态变形	119
		有碴轨道	342	轨道附属设备	120

轨道板	119	同轴圆筒黏度计	310	自由波	371
轨道构造	(120)	同潮时线	309	自由港	371
轨道爬行	121	同潮差线	309	自动化驼峰	370
轨道变形	119	吕内堡升船机	224	自动化调车场	370
轨道空吊板	120	吊沟	64,(167)	自动交通信号	370
轨道类型	120	吊弦	64	自动闭塞	370
轨道框架刚度	(121)	吃水	30	自动控制信号交叉	370
轨道高低	120	吸扬式挖泥船	323	自行车专用路	371
轨道部件	119	帆船	74	自行车道通行能力	371
轨道检查车	120	回归潮	149	自卸汽车	371
轨道检测	120	回头曲线	149	自卸船	371
轨道铺设	121	回头弯	(149)	自适应控制系统	371
轨道静态变形	120	回头展线	149	自绞	371
轨道衡线	120	回旋水域	(368)	自航船	(165)
轨撑	119	回旋曲线	150	自然展线	371
		回淤强度	150	自摇式滑道	(140)
[I]		回填	149	自翻车	370
尖轨	173	刚性拉杆式启闭机	93	后板桩式高桩码头	142
尖轨补强板	173	刚性承台	93	行人心理	334
尖轨接头	(99)	刚性桩台	(93)	行人护栏	333
尖轨跟部接头	173	刚性路面	93	行人通行信号交叉	333
光纤	(118)	刚性路面设计	93	行人隔栏	333
光纤电缆	117	刚性路面设计中国方法	94	行车方向	333
光纤通信	118	刚性路面设计前苏联方法	94	行车信号	333
光缆	(118)	刚性路面设计 AASHTO 法	94	行车道	(26)
当地中性轨温	(320)	刚性路面设计 PCA 法	94	行进波	(256)
曳引设备	337	刚性路面弹性地基板体系解	93	行驶车速	334
曲杆泵	263	网坝	318	行程车速	333
曲线外轨超高	263			舟	(32)
曲线出岔	263	[J]		全天对策控制	265
曲线轨距加宽	263	年平均日交通量	239	全互通式立体交叉	265
曲线折减	264	年通航天数	239	全日潮	265
曲线阻力当量坡度	(264)	年第 30 位小时交通量	239	全有或全无分配法	265
曲线阻力折算坡度	264	年最高小时交通量	239	全向停车	(72)
曲线附加阻力	263	传输筒	(116)	全红信号	265
曲线标	263	伏尔加－顿运河	87	全顶驼峰	264
曲线辙叉	264	件货码头	174	全定向式立体交叉	265
曲柄连杆式启闭机	263	件货装卸工艺	174	全停信号	(265)
曲率图	263	伦敦港	226	全减速顶驼峰	(264)
同向曲线	310	伪塑性流体	319	全感应式自动控制交叉	265
同步式控制	309	自由导线地段	(148)	全感应信号	265
同轴电缆	310	自由放散式无缝线路	371	会让站	150

六画

合力曲线	134	交叉口服务交通量	177	交通信号线控制	182
合成坡度	134	交叉口饱和交通量	177	交通信号面控制	182
杂货船	348	交叉口高峰小时交通量	177	交通信号点控制	181
负二项分布	91	交叉口流量	(177)	交通结构	179
负片过程	91	交叉口最小视距三角形	177	交通起点	181
负指数分布	91	交叉渡线	176	交通监视系统	179
多机坡度	(171)	交叉路口视距	177	交通监理	179
多年冻土地区路基	72	交分道岔	177	交通流	180
多级式码头	72	交汇控制系统	178	交通流线	180
多级船闸	72	交-直-交电力机车	184	交通流特征	(180)
多时段系统控制	73	交织	183	交通流特性	180
多时段定周期信号机	73	交织区	184	交通流理论	180
多岔交叉	(72)	交织长度	(184)	交通流密度	180
多层式立体交叉	71	交织角	184	交通流模型	180
多层道路横断面	71	交织段长度	183	交通容量比	(223)
多层路基横断面	71	交织距离	184	交通调查	178
多事故发生点	73	交点	177	交通预测	(182)
多态速度-密度模型	73	交流电力机车	178	交通预测分配	182
多线铁路	73	交通区形心	181	交通控制	179
多相调时信号	73	交通分区	178	交通弹性系数	181
多点系泊	72	交通分析	178	交通量	180
多桥式立体交叉	73	交通公害	179	交通量分配	180
多倍仪	(71)	交通方式	178	交通量观测	180
多倍投影测图仪	71	交通方式划分	178	交通量折算系数	180
多路交叉	72	交通死亡事故	181	交通感应自动信号机	179
多路线概率分配法	72	交通违章	181	交通模拟	180
多路排队	72	交通运输	182	交通模型	180
多路停车	72	交通走廊污染水平	183	交通需求	(182)
色灯信号机	273	交通岛	178	交通需要	182
		交通评价	181	交通稳定性	181
[丶]		交通规划	179	交通管理	179
冲沙闸	30	交通规划目标	179	交通肇事	183
冲刷防护	30	交通规划协调	179	交通影响分析	182
冲突点	30	交通规划期限	179	交通噪声污染	183
冲突点通行能力	31	交通规划程序	179	交通噪声指标	183
冲淤平衡	31	交通事故	181	交通噪声控制	183
冲淤幅度	31	交通事故率	181	交通警巡逻	179
冰荷载	9	交通法规	178	交替式控制	178
冰港船闸	9	交通组成	183	交错浅滩	177
交叉	176	交通终点	183	次高级路面	43
交叉口交通量	177	交通信号	181	闭路网络控制	6
交叉口设计交通量	(177)	交通信号计算机控制	181	闭塞	7

灯标	59	导流建筑物	(146)	进出机场交通	187
灯桩	59	导流标线	50	进行信号	187
灯船	59	导流盾	(50)	进近灯光系统	187
灯塔	59,(282)	导流屏	50	进闸信号	187
江海联运	176	导流堤	50	进港航道	187
汊道浅滩	18	导堤	(50)	进路	187
守车	284	异型方块码头	339	远破波	345
安全水域标志	1	异型轨	339	运行图周期	347
安全岛	1	异型鱼尾板	(339)	运河	345,(266)
安全线	1	异型接头夹板	339	运河护坡	346
安特卫普港	1	收费公路	284	运河纵坡降	346
军用飞机	191	收费站	284	运河供水	345
军用机场	191	阶梯形断面方块码头	185	运河选线	346
军港	191	防风栅栏	78	运河耗水量	346
农村道路	240	防冲设备	77	运河基本尺度	346
设计小时交通量	277	防冲簇桩	77	运河断面系数	345
设计水平年	277	防护栅	78	运渠	(345)
设计年度	276	防沙堤	79	运量不平衡系数	346
设计交通量	276	防爬撑	78	运量适应图	346
设计标高	276	防爬器	78	运量预测	346
设计通行能力	277	防波堤	76	运输机场	347
设计船型	276	防波堤口门	77	运输成本	347
设计最低通航水位	277	防波堤布置	77	运输收入	347
设计最高通航水位	277	防波堤堤干	77	运输船舶	347
设闸运河	277	防波堤堤头	77	运输密度	347
		防波堤堤根	77	运输联系图	347
[フ]		防咸船闸	79	运输强度图	347
导卡	50	防眩板	(79)	扶壁式闸室墙	88
导轨	50	防眩屏	79	扶壁码头	88
导曲线半径	50	防雪栅	79	技术速度	170
导向线	51	防撞设备	79	走行轨	372
导向标志	(361)	防磨护轨	78	攻击机	(259)
导治	(132)	红树林海岸	142	抓斗式挖泥船	367
导线	51	驮背运输	314	均方根波高	191
导标	50	级配砾石路面	167	均质悬液	191
导柄	(50)	驰道	30	均衡坡度	191
导航台	50	巡道	335	均衡重式垂直升船机	191
导航建筑物	50			均衡速度	191
导航架	(50)	**七画**		坞口	322
导航墙	50,(50)			坞门	322
导流坝	(293)	[一]		坞式闸室	322,(356)
导流系统	(146)	进口匝道控制	187	坞室	322

七画					
抛石挤淤	243	助航灯光	366	冻害	68
抛石基床	242	助航设施	366	库区航道	198
抛石船	242	助航标志	366,(129)	库场通过能力	198
抛石棱体	243	县乡道公路	325	应急停车带	341
抛泥区	242	里程等级系数	202	冷藏车	202
抛填棱体	(243)	邮船	(196)	冷藏船	202
投影转绘仪	310	吹泥船	41	弃土堆	253
抗滑桩	193	吹流	(86)	间隔净距	173
护木	143	吹填工程	41	间隙接受法环交通行能力	173
护轨垫板	143			沥青表面处治路面	204
护坎	143	[丿]		沥青贯入碎石路面	204
护坡	143,(249)	乱石滩	225	沥青洒布车	205
护坡道	144	体积浓度	299	沥青混合料基地	204
护轮坎	143	作业标	374	沥青混合料摊铺机	204
护岸	(30),(142)	低级路面	60	沥青混凝土路面	204
护岸工程	142	低桩承台	60	沥青道床	204
护柱	144	低潮	60	沥青稳定材料	205
护栏	143	近岸环流	187	沥青稳定路面基层	205
护墙	144	近破波	187	沙漠地区路线	273
克拉斯诺雅尔斯克升船机	196	余波	(341)	汽车	253
克服高度	196	余流	343	汽车内显示系统	253
苏伊士运河	295	余摆线波	342	汽车动力性能	253
杜勒斯国际机场	68	希思罗机场	323	汽车传动比	253
杠杆弯沉仪	107	谷坊坝	(200)	汽车行驶力学	254
杠杆缩放仪	107	岔枕	18	汽车行驶充分条件	(254)
极限纵坡	167	岔枕配列	18	汽车行驶阻力	254
枵权	228	岔线	18	汽车行驶附着条件	254
两线并行等高	207	角图	184	汽车行驶第二条件	(254)
两路停车	207	角图法	184	汽车行驶稳定性	254
歼击机	173	卵石滩	225	汽车行驶黏着条件	(254)
连云港港	206	岛式防波堤	(51)	汽车安全检验	253
连片式码头	205	岛式码头	51	汽车运动方程	(253)
连拱式闸室墙	205	岛式港	51	汽车运行阻力	(254)
连通运河	205	岛堤	51	汽车驱动力	(253)
连续配筋混凝土路面	205	系网环	324	汽车驱动轮	254
连续渠化	206	系船设备	324,(34)	汽车事故	254
		系船环	324	汽车制动性能	254
[丨]		系船柱	324	汽车使用调查	254
时空图	(282)	系船钩	324	汽车废气控制	253
时差	282	系船浮筒	324	汽车性能	254
时距图	282			汽车牵引力	253
吴淞铁路	321	[丶]		汽车牵引平衡方程	253
		冻胀	(68)		

汽车牌号对照法 253		坡度 248
汽车渡船 253	**八画**	坡度阻力 249
汽车噪声 254		坡度附加阻力 248
汽车燃料经济性 254		坡度标 248
沃氏法环交通行能力 319	[一]	坡度差 248
泛滥标 76	环交进出口 146	拨道 9
沟 (345)	环形匝道 147	取土坑 264
沪宁铁路 (188)	环形立体交叉 147	苜蓿叶式立体交叉 235
沈大高速公路 278	环形交叉口 146	直升飞机 360
沉降型离心脱水机 26	环流整治建筑物 146	直升机场 360
沉树 26	环道 146	直立式防波堤 360
沉排 26	环境监测 146	直立式码头 360
沉箱防波堤 26	武汉港 322	直立式闸室 360
沉箱码头 27	青岛港 260	直立堤水下部分 359
快速出口滑行道 198	青藏铁路 261	直立堤水上部分 359,(369)
快速交通 199	青藏铁路盐岩路基 261	直立堤堤身 359
启闭力 251	青藏高寒区 261	直达运输 359
补机终止推进标 15	现有交通量 325	直达货物列车 359
初期交通量 32	表观黏度 9	直吸式挖泥船 (323)
	表面溜坍 (249)	直角交叉 359
[ㄱ]	规则波 119	直线电机加减速小车 361
迟角 30	拔起高度 (196)	直线建筑限界 361
局部渠化 190	拖轮 313	直线段 361
改道 92	拖带运输 313	直流电力机车 360
陆连岛 211	拖带船队 313	直通吸引范围 361
陆架 (46)	拖滩 313	直通货运量 360
陆棚 (46)	顶冲点 65	直通货物列车 360
陇 (210)	顶枢 65	直通客运量 361
陇海铁路 210	顶推运输 66	林区公路 208
阻力系数 (195)	顶推船队 66	林区公路干线 209
阻塞密度 372	顶盖 (60)	林区公路支线 209
附着系数 91	拥挤度 (223)	林区公路岔线 209
纵列式编组站 372	势波 283,(318)	林阴道 209
纵向斜面升船机 372	拉纤过滩 199	枢纽迂回线 285
纵向滑道 372	拦门沙 200	枢纽环线 285
纵坡折减 372	拦石网 200	枢纽直径线 285
纵断面图 372	拦石坝 200	枢纽线路疏解 285
驳 (15)	拦石墙 200	枢纽联络线 285
驳岸 15	坡面冲刷 249	板桩式闸室墙 3
驳船 15	坡面防护 249	板桩码头 3
纸上移线 361	坡面溜坍 249	板桩岸壁 (3)
纽约港 240	坡段长度 249	板梁式高桩码头 2

八画

杭甬铁路软土路基	129	轮渡	226	岸壁式码头	1,(116)
枕垫座	356	轮渡车场	226	岩溶地区路线	336
卧倒闸门	319	轮渡引线	226	岩滩升船机	336
事故分析图	283	轮渡码头	(226)	罗马大道	227
事故心理	283	轮渡栈桥	226	贮浆罐	366
事故地点图	283	轮渡站	226	图解法放边桩	311
事故阻塞	283	轮渡靠船设备	226		
事故费用	283	轮缘槽	226	[ノ]	
事故调查	283	软土地基	271	制动有效距离	362
事故控制比	283	软土路线	271	制动空走时间	362
事故频率	283	到发场	51	制动空走距离	362
事故照明	283	到发线	51	制动铁鞋	362
矿山铁路	199	到发线有效长	51	制动距离	362
矿石车	199	到达率	51	垂直升船机	41
码头	229,(302)	到来率	(51)	物料输送管道	322
码头设备	230			物流调查	(153)
码头岸线	229	[丨]		供电段	114
码头爬梯	230	非互通式立体交叉	(85)	侧石	(224)
码头泊位	229	非牛顿流体	83	侧向约束	17
码头泊位利用率	229	非仪表跑道	83	侧沟	17
码头泊位能力	229	非机动船	82	侧面标	17
码头组成	230	非机械化驼峰	82	货车	(348)
码头前水深	230	非均质悬液	83	货主码头	155
码头前沿作业地带	230	非线性跟车模型	83	货场	153
码头前沿装卸线	(230)	非常制动	(186)	货运不平衡系数	(154)
码头铁路线	230	非集中联锁	83	货运波动系数	154
码头路面	230	非精密进近跑道	83	货运站	154
码头路面排水坡度	230	肯尼迪国际机场	197	货运密度	154
码头管沟	229	齿轨铁路	30	货运量	154
码盘	229	齿杆式启闭机	30	货运强度	(154)
轰炸机	141	昆河铁路	199	货物仓库	153
转头水域	368	国防公路	122	货物列车净载重	154
转向架	368	国际机场	123	货物成组化	153
转换交通量	367	国道公路	122	货物雨棚	154
转流建筑物	(146)	易行车	339	货物周转量	154
转移交通量	368	固体输送管道	(322)	货物线间距	154
转盘式立体交叉	(147)	固沙造林	115	货物航站	153
转盘式斜面升船机	367	固定系船柱	114	货物站台	154
转辙机	368	固定信号	115	货物流动规划	154
转辙角	368	固定停车场	114	货物堆积场	153
转辙器	368	鸣笛标	234	货物装卸线	154
轮轴公式	(164)	岸绞	1	货冠	(103)

八画

货流比	153	放大纵断面图	80	浅水波	258
货流图	153	放坡	80	浅水波能损耗	258
货流调查	153	闸门门龛	350	浅海风海流	258
货船	153	闸首支持墙	350	浅滩	258
迫切度	249	闸首边墩	350	法国东南干线	74
质量浓度	362	闸首底板	350	泄水隧洞	(296)
质量流量计	362	闸室水域面积	350	河口	135
往复运行式索道	318	闸室有效长度	350	河口三角洲	136
往复潮流	318	闸室有效宽度	350	河口水流	137
爬坡车道	241	闸室底板	350	河口泥沙	136
受阻沉降速度	285	闸室墙	350	河口混合	135
胀轨跑道	354	闸站	351	河口港	135
服务水平	88	闸梯	351	河口滩	137
服务交通量	88	闸槛	350	河口演变	137
服务站	88	郑州铁路枢纽	358	河口潮波变形	135
服务等级	(88)	单开道岔	47	河口整治	137
周平均日交通量	364	单元列车	49	河谷线	135
周期	365	单元运输	(168)	河床演变	134
鱼尾板	(97)	单式对称道岔	(289)	河势	138
鱼尾螺栓	(97)	单向水头	49	河相关系	138
鱼型浮	343	单向匝道	49	河流渠化	137
狗头道钉	(250)	单向过闸	48	河港	134
备修阀门	(173)	单向交通街道	49	河漫滩	138
备淤深度	(343)	单向停车	(207)	油船	341
		单级船闸	47	油港	341
[丶]		单系统控制	48	油隔膜泵	342
		单线平行成对运行图	48	沿岸标	336
变坡点	8	单线非平行运行图	48	沿岸流	336
变速车道	8	单线绕行	48	沿溪线	(135)
变通进路	(166)	单线铁路	48	注意信号	366
京九铁路	188	单线航道	48	泻湖	332
京广铁路	188	单线船闸	48	泥石流地区路基	239
京沪铁路	188	单相-三相电力机车	(184)	泥石流地段路线	238
京张铁路	189	单相-直流电力机车	(178)	泥驳	238
京杭运河	188	单点系泊	47	泥泵	238
京塘高速公路	189	单点定时自动控制交叉	47	泥结碎石路面	238
底枢	60	单点信号机	47	波长	9
底座	(60)	单索循环式索道	48	波节	11
废方	83	单扇旋转闸门	(338)	波压力	15
净波压强	(203)	单路排队	48	波列累积率	13
净空道	190	单螺杆泵	(263)	波向线	15
净载系数	190	浅水分潮	258	波级	11
盲沟	(278)				

波谷	11	定线	66	限界架	325
波坦	14	定线坡度	67	驾驶心理	172
波顶	(10)	定标预测	66	驾驶兴奋	172
波周期	15	定基预测	66	驾驶员信息系统	172
波底	(11)	定期放散式无缝线路	66	驾驶适应性	172
波陡	9	空气阻力	197	驾驶疲劳	172
波速	14	空气制动	197	线性速度-密度模型	327
波峰	10	空心大板码头	197	线性跟车模型	327
波峰线	10	空心方块码头	198	线性简谐波	327,(318)
波高	10	空档分布	(25)	线控	(182)
波高统计分布	10	空箱式闸室墙	197	线距计算	326
波浪	11	实用通行能力	(277)	线路大修	326
波浪中线超高	13	实体整治建筑物	282	线路中修	326
波浪反射	11	实船试验	282	线路水平	(121)
波浪方向谱	11	试车码头	283	线路方向	(120)
波浪折射	13	试桩	284	线路防爬设备	326
波浪玫瑰图	12	衬砌墙	(37)	线路作业	326
波浪爬高	12	视觉	284	线路爬行	(121)
波浪要素	13	视野角度	284	线路所	326
波浪绕射	13	视距横净距	284	线路经常维修	326
波浪破碎	12			线路标志	326
波浪浮托力	12	[ㄱ]		线路标桩	326
波浪能量谱	12	建筑限界	175	线路紧急补修	326
波浪频谱	12,(12)	居民区道路	190	组合式输水系统	372
波能	14	居民道路占有率	190	组合列车	372
波能传递	(14)	弧形闸门	142	驻波	366,(202)
波能传递率	14	承力索	28	驼峰车辆溜放阻力	314
波能流	14	承台	(369)	驼峰迂回线	314
波能谱	(12)	承台式抗滑桩	28	驼峰曲线	314
波龄	14	承压板 K_{30} 试验	28	驼峰峰顶	314
波腹	10	承载索	29	驼峰高度	314
波群	14	承船车	28	驼峰推送线	314
波群速	14	承船厢	28	驼峰道岔自动集中	314
治导	(132)	孤立危险物标志	114	驼峰解体能力	314
学校机场	335	孤立波	114	驼峰溜放线	314
宝成铁路	5	限制区间	(198)	驿道	339
定向台	67	限制坡度	325	驿路	(339)
定向式	(374)	限制性航道	325	经济调查	189
定时式联动控制	66	限制速度	325	经济据点	189
定时控制系统	66	限制容量分配模型	325		
定位	66	限界门	325	**九画**	
定周期信号机	67	限界加宽	325		

九画

[一]

珊瑚礁海岸	274
型长	334
型宽	334
挂车	115
挂衣运输	115
封闭式帷墙消能室	87
封闭式港池	87
垭口	336
城市支路	29
城市主干路	29
城市交通预测	29
城市次干路	29
城市快速路	29
城市轻便铁路	(261)
城市高速环路	29
城市道路	29
城市道路面积率	29
城镇路线	29
挡土墙	49
挡土墙伸缩缝	49
挡土墙沉降缝	49
挡土墙路基	49
挡风墙	49
垛式挡土墙	73
指示标志	361
指挥塔台	(161)
指点信标台	361
指路标志	361
挖入式港池	316
挖方	(221)
挖泥船	316
挖泥船生产性间歇时间	316
挖泥船生产率	316
挖泥船选择	316
挖泥船调遣	316
挖槽	316
巷	(190)
带中间渠道的多级船闸	(351)
带状地形图	47
南北大运河	(188)
南昆铁路	237
南京中央门立体交叉	236
南京港	236
南疆铁路	236
标准长度钢轨	8
标准击实仪	8
标准轨距	8
标准轴载	9
标准缩短轨	8
"栈阁"	(353)
栈桥	353
栈道	353
枯水滩	198
相互作用模型	327
相对式钢轨接头	327
相位	327
相位差	(282)
相错式钢轨接头	327
查核线调查	18
柱式码头	367
柱板式挡土墙	366
柱塞泵	366
砌石护面堤	254
砌石堤	(255)
砌石路基	255
砂井	(242)
泵站	6
面控	(182)
耐腐蚀钢轨	235
耐磨钢轨	236
牵引死点	256
牵引吨数	255
牵引汽车	256
牵引变电所	255
牵引种类	256
牵引索	256
牵出线	255
轴重	365
轴载当量换算	365
轴距	365
轻轨铁路	261
轻型重力混合式码头	(369)
轻型整治建筑物	262

[丨]

背斜柱	6
战斗机	(173)
点连式驼峰	62
临时性整治建筑物	(262)
临时停车场	209
临界水深	(13)
临界路口控制	209
竖曲线	287
竖向设计	288
竖向预应力锚杆挡土墙	288
省水船闸	280
省道公路	280
削角防波堤	328
星形组合法	333
界限标	186
哈尔滨铁路枢纽	124
峡口滩	324

[丿]

钢轨	95
钢轨工作边	96
钢轨飞边	96
钢轨内倾度	(96)
钢轨气压焊	98
钢轨电弧焊	95
钢轨白点	95
钢轨扣压件	98
钢轨扣件	98
钢轨轨顶金属剥离	96
钢轨轨底坡	96
钢轨刚性扣件	96
钢轨伤损	98
钢轨导电接头	95
钢轨异型接头	99
钢轨伸缩调节器	99
钢轨低接头	95
钢轨冻结接头	95
钢轨波形磨耗	95
钢轨组合辙叉	99

九画

钢轨垫板	95	复线	(290)	逆水码头	239
钢轨绝缘夹板	97	"复道"	(353)	逆向坡	239
钢轨绝缘接头	98	顺水码头	293	洪水频率	142
钢轨核伤	96	顺向坡	293	洪水滩	142
钢轨配件	(98)	顺坝	293	测长设备	17
钢轨胶结绝缘接头	96	顺岸码头	293	测阻设备	17
钢轨接头	97	修造船水工建筑物	334	测重设备	17
钢轨接头夹板	97	修船坞	334	测速设备	17
钢轨接头轨缝	97	修船码头	334	活动坝	152
钢轨接头阻力	97	信号托架	333	活动挡板	(292)
钢轨接头弹簧垫圈	97	信号设备	333	活塞泵	152
钢轨接头错牙	97	信号表示器	333	浓缩器	240
钢轨接头螺栓	97	信号标志	333	津浦铁路	(188)
钢轨接触焊	97	追踪系数	369	突起路标	311
钢轨探伤仪	99	待渡场	(226)	突堤	311
钢轨铝热焊	98	舣装	339	突堤式码头	311
钢轨断面仪	95	舣装码头	339	客车技术作业站	(196)
钢轨焊接	96	独轨铁路	68	客车整备所	196
钢轨焊接接头	96	急流滩	167	客运专线铁路建筑接近限界	196
钢轨弹性扣件	99	急流槽	167	客运站	196
钢轨联结零件	98	急滩	(167)	客运量	196
钢轨温度应力放散	99			客货船	196
钢轨瞎缝	99	[丶]		客班轮	(196)
钢轨磨耗	98	弯道加宽	317	客船	196
钢轨擦伤	95	弯道浅滩	317	神户港	278
钢纤维混凝土路面	100	弯道超高	317	误差三角形	322
钢珠滑道	100	将来交通量	176		
钢筋混凝土路面	99	施工高程	281	[乛]	
卸荷板	332	施工通航	281	既有曲线拨距	170
卸荷板方块码头	332	阀门井	74	既有线平面测绘	170
适航深度	284	"阁道"	(353)	既有铁路勘测	170
香港港	327	美国州际与国防公路系统	232	昼夜人口率	365
重力式码头	364	前后高低	(120)	陡坡路基	68
重力式闸室墙	364	前进式控制	257	陡墙式海堤	(128)
重力式挡土墙	364	前进波	256	险滩	325
重力模型	364	前进潮波	257	架空索道	173
重型整治建筑物	364	前苏联贝加尔-阿穆尔铁路	257	柔性防护系统	268
重载列车	364	前苏联法环交通行能力	257	柔性承台	268
复式对称道岔	(272)	前板桩式高桩码头	256	柔性桩台	(268)
复式交叉	(72)	前滩	(21)	柔性路面	268
复式浅滩	91	首尾导标	285	柔性路面设计	269
复曲线	91	首都国际机场	284	柔性路面设计中国方法	269

柔性路面设计地沥青学会法	269	换侧	148	套线设备	298
柔性路面设计壳牌公司法	269	换装站	148	套线道岔	298
柔性路面设计前苏联方法	269	换填土壤	148	趸船	71
柔性路面设计 AASHTO 法	270	换算工程运营费	148	趸船支撑	71
柔性路面设计 CBR 法	270	换算周转量	148	趸船码头	(89)
柔性路面层状弹性体系解	268	热融滑坍	266		
给水站	169	莱茵河河口整治	200	[丨]	
给煤设备	169	莫尔斯信号	234	柴油机车	(237)
绞吸式挖泥船	185	真空过滤机	355	柴排	18
绞滩	184	真实空速	(81)	紧坡地段	186
绞滩水位	185	框架式挡土墙	(73)	紧迫导线地段	(186)
绞滩机	185	框架式高桩码头	(139)	紧急制动	186
绞滩站	185	桥号标	259	紧密停车	186
绞滩能力	185	桥吊式垂直升船机	259	峰顶禁溜车停留线	87
绞滩船	185	桥枕	259	圆心角	345
统货船	(348)	桥涵标	259	圆曲线	344
		桥梁建筑限界	259	圆盘式启闭机	344
十画		桁架式高桩码头	139	圆筒阀门	344
		格形板桩防波堤	110		
		格形板桩结构	110	[丿]	
[一]		格坝	110	铁路	300
		格栅式帷墙消能室	110	铁路工程	301
耙吸式挖泥船	241	桩台	(369)	铁路天然护道	302
秦皇岛港	260	桩式防波堤	369	铁路车场	300
珠江河口整治	365	桩板式挡土墙	368	铁路车站	300
振冲碎石桩	(295)	桩柱上波压力	369	铁路车站线路	301
载车运输	(314)	桩基承台	369	铁路车辆	300
载驳船	348	核子密度湿度仪	138	铁路中线	(303)
载重汽车	348	索道车厢	296	铁路主要技术标准	304
起飞决策速度	251	索道平面图	296	铁路机械化作业平台	302
起飞距离	251	索道侧型	296	铁路轨道	301
起飞滑跑距离	251	速比	(253)	铁路网规划	302
起动缓坡	251	速度图	295	铁路网密度	303
起迄点调查	251	速度剖面	295	铁路运量	303
起重机上墩下水设备	252	速度-流量曲线	295	铁路运输	304
起重运输机械荷载	252	速度-密度曲线	295	铁路护堤	302
起重船	252	破后波	(345)	铁路枢纽	302
起道	251	破波区	(250)	铁路轮渡	302
盐水楔	337	破波波压力	249	铁路建设投资	302
盐渍土地区路线	337	破波带	250	铁路限界	303
盐渍土地区路基	337	原路改线	(202)	铁路线路上部建筑	(301)
换土	(148)	套闸	298	铁路线路中心线	303
换边	(148)				

铁路线路平面	303	航空巡逻	132	浆体摩阻系数	176
铁路线路平面图	303	航空运输	133	浆砌片石	176
铁路线路纵断面	303	航空线	132	高级路面	108
铁路选线	303	航线弯曲	133	高杆照明	108
铁路复式路堤	301	航带	130	高低轮式斜面升船机	107
铁路信号	303	航标	129	高事故地点	(73)
铁路客运设备	302	航标灯	130	高度成层型	(136)
铁路调车设备	301	航标配布	130	高架桥	108
铁路能力	302	航修站	133	高架铁路	108
铁路联络船	302	航迹宽度	132	高架路	108
铁路等级	301	航测定线	130	高桩台式闸室墙	110
铁路道岔设备	301	航校机场	(335)	高桩码头	110
铁路路拱	302	航站区	134	高桩码头靠船构件	110
特征波高	298	航站楼	(224)	高桩承台	110
特种汽车	298	航宽	(130)	高速公路	108
特种断面尖轨	298	航偏角	133	高速动车组列车	108
特殊地区路基	298	航深	(130)	高速列车	108
特殊道岔	298	航道	130	高速铁路	109
造床过程	349	航道工程规划	131	高速道路监控系统	108
造床流量	349	航道开发	131	高速道路路段控制	108
造船坞	349	航道尺度	131	高峰小时	108
乘务制度	30	航道网	132	高峰小时比率	108
乘潮水位	29	航道设计水位	131	高峰小时交通量	108
敌对进路	60	航道标准水深	130	高效整体列车	109
积雪地区路线	166	航道标准宽度	130	高雄港	109
透水闸底	311	航道弯曲半径	132	高潮	107
透水整治建筑物	311	航道弯道加宽	132	离岸流	(208)
透空式防波堤	310	航道测量	131	唐胥铁路	297
透空式码头	310	航道通过能力	131	站内无线调度电话	353
透空桩式离岸堤	310	航道勘测	131	站场排水	353
倒顺坝	52	航道断面系数	131	站场照明	353
舱口系数	16	航道等级	131	站坪长度	353
舱时量	17	航道整治	132	站坪坡度	353
航天飞机	133	航道整治线	132	站线	(301)
航向信标台	133	舫	(32)	站线有效长度	354
航行条件	133	爱尔兰分布	1	站线间距	353
航行标志	133			站线编号	353
航行基准面	133	[、]		站界标	353
航行零点	(133)	浆体	176	部分大波平均波高	16
航运	(291)	浆体制备	176	部分互通式立体交叉	16
航运规划	134	浆体输送管道	176	部分苜蓿叶式立体交叉	16
航运经济规划	134	浆体输送管道磨蚀	176	部分混合型	(136)

旁侧运河	242	海啸	128	容器式输送管道	267
旁通法	242	海船闸	126	扇形闸门	274
旅行速度	225	海堤	126	调车场	64
旅客周转量	225	海港	127	调车线	64
旅客乘降所	224	海塘	128	调车线全顶驼峰	64
旅客航站	224	海滨	126	调车驼峰	64
旅客站台	225	海滩	128	调车信号	64
旅客站台雨棚	225	涂油滑道	311	调头区	(368)
旅客站房	225	浮式导航墙	89	调查区境界线	64
旅客渡船	224	浮式防波堤	89	调度监督设备	65
旅客跨线设备	225	浮式系船环	89	调度控制	65
旅速系数	225	浮式闸门	89	调度集中	64
旅游区标志	225	浮式起重机	(252)		
瓶颈段	248	浮吊	(252)	[ㄱ]	
粉体喷射搅拌法	85	浮坞门	90,(89)	展长系数	(353)
朔望潮	(44)	浮坞船台联合系统	90	展线	352
递缆船	61	浮码头	89	展线系数	353
涟波	(86)	浮码头活动引桥	89	通用码头	(371)
消力栅	328	浮泥	89	通用货车	309
消能室	328	浮标	88	通过货运量	(360)
海区专用标志	128	浮船坞	88	通过信号	307
海区水上助航标志	127	浮筒式垂直升船机	90	通过能力	307
海区侧面标志	127	浮鼓	88	通过能力储备系数	307
海平面运河	(192)	流体动力学模拟理论	210	通行信号标	309
海运河	129	流量时间变化曲线	210	通信	309
海况	(127)	流量-密度曲线	210	通信枢纽	309
海拔荷载系数	126	流量-密度控制	209	通信线路	309
海岸	124	浸水路堤	188	通航水流条件	308
海岸动力学	125	涨潮	354	通航净空	308
海岸沙坝	126	涨潮时	354	通航净高	308
海岸岸滩平衡剖面	124	涨潮总量	354	通航净跨	308
海岸岸滩演变	125	涌浪	341	通航建筑物	308
海岸沿岸输沙率	126	涌潮	341	通航标准	308
海岸线	126	宽轨	199	通航保证率	308
海岸带	125	宽桩台码头	(205)	通航流量	308
海岸港	125	家访调查	172	通航密度	308
海岸横向泥沙运动	125	家庭-工作出行	172	通航期	308
海图基准面	128	家庭出行	172	通航渡槽	308
海面状况	127	宾汉塑性流体	9	通航隧洞	308
海蚀地貌	128	窄轨	351	难行车	237
海积地貌	127	窄轨铁路限界	351	难行线	237
海流	127	容量	(56)	预加沉落土	(343)

十一画

预告标	343	基本通行能力	166	帷墙	319
预应力混凝土路面	343	基尔运河	166	崩岩滩	6
预应力锚索抗滑桩	344	基床变形	166	崩塌	6
预信号	343	基岩滩	167		
预留沉落量	343	基面变形	(166)	[丿]	
预留深度	343	基隆港	167	铲扬式挖泥船	18
继电器	170	菱形立体交叉	209	秸料	186
		菱形交叉	209	移动信号	339
十一画		黄土地区路基	148	移位指数分布	339
		黄土沟谷路线	149	第 15% 位地点车速	62
		黄土高原干湿过渡区	148	第 85% 位地点车速	62
[一]		黄土陷穴	149	第二西伯利亚大干线	(257)
		黄土塬路线	149	第二线	62
球磨机	262	黄浦江河口整治	148	第二线平面计算	(326)
理论通行能力	(166)	萨马科铁矿浆管道	271	第二线边侧	62
堵坝	(296)	梢捆	276	袋装砂井	47
捷径法	(265)	检查井	173	停车车位	304
排水沟	241	检修水位	174	停车计时器	305
排水砂井	242	检修闸门	174	停车场	304
排水砂垫层	242	检修阀门	173	停车场区	304
排水槽	241	检修阀门井	174	停车场选址	304
排泥管	241	梳式滑道	285	停车场管理	304
排泥管架	241	梯线	299	停车延误	306
排架式抗滑桩	241	救援列车	190	停车余隙	306
排筏	241	副导航墙	91	停车库	305
推进波	(256)	副航道	91	停车服务设施	305
推轮	313	雪害地段路基	335	停车周转率	306
堆石防波堤	70	辅助所	91	停车线	306
堆石堤护面层	70	辅助标志	90	停车持续时间	305
堆货荷载	70	辅助调车场	90	停车临界速度	(251)
接力泵站	186	辅道	90	停车信号	306
接头配件	(98)			停车费	305
接触网	186	[丨]		停车站	306
接触网终点标	186	常用制动	20	停车容量	306
接触导线	185	常年滩	20	停车排列方式	306
控制区间	198	常导磁浮	19	停车控制区	305
控制点	198	常规环形交叉口	20	停车累计量	305
控制噪声用地规划	198	常浪型海岸剖面	20	停车断面法通行能力	305
基本轨	166	悬液	335	停车港	305
基本交通参数	166	悬臂式闸室	334	停车楼	305
基本交通量	166	累计当量轴载数	202	停车需要量	306
基本进路	166	累积率波高	202	停止线	307
基本容量	(166)				

停止道	307	船闸线数	40	船舶停泊条件	34
停机方式	307	船闸前港	38	船舶装载系数	34
停机坪标志	307	船闸总体设计	(37)	船舶撞击力	34
停放车标志	307	船闸航行标志灯	38	斜交叉	(209)
停放车调查	307	船闸航标	38	斜顶丁坝	329
停船界限标志灯	306	船闸高程	37	斜拉桩板桩结构	330
停潮	304	船闸通过能力	40	斜坡上波压力	330
偏角法	246	船闸通行信号	40	斜坡式防波堤	331
偏流角	(133)	船闸控制	38	斜坡式码头	331
偏移	(282)	船闸基本尺度	38	斜坡式码头护岸	331
假潮	172	船闸检修门槽	38	斜坡式闸室	332
盘形制动	242	船闸渗流	39	斜坡道	330
船长	34	船闸输水时间	39	斜面升船机	330
船方	(275)	船闸输水系统	39	斜架下水车	330
船队	34	船闸输水系统水工模型试验	39	斜架滑道	329
船队运输	35	船闸灌泄水时间	(39)	斜接柱	330
船台	35	船型	36	凫式系船钩	(324)
船台滑道	(311)	船型浮	37	悉尼系统	(375)
船行波	36	船绞	35	领工区	209
船坞	35	船宽	35	脱轨器	313
船坞卧倒门	36	船排	35	脱线道岔	313
船坞泵站	36	船排滑道	35	脱鞋道岔	313
船坞排水系统	36	船舶	32		
船坞疏水系统	36	船舶下水	34	[丶]	
船坞灌水系统	36	船舶上墩	33	减水	174
船时量	35	船舶尺度	32	减压棱体	(243)
船闸	37	船舶电气设备	33	减速地点标	174
船闸日工作小时	38	船舶动力装置	33	减速顶	174
船闸水力学	40	船舶过滩能力	33	减速信号	174
船闸水力特性曲线	40	船舶设备	33	减速锚链	174
船闸水头	40	船舶导航装置	33	鹿特丹港	211
船闸设计水位	39	船舶吨位	33	商务运行图	(48)
船闸设备	39	船舶作用力	(33)	商务速度	(225)
船闸级数	38	船舶系泊设备	34	商港	274
船闸远程信号	40	船舶系缆力	34	旋转潮波	335
船闸规划	37	船舶挤靠力	33	旋转潮流	335
船闸事故闸门	39	船舶载重线	34	着陆距离	370
船闸闸门	41	船舶载重量	34	着陆雷达	370
船闸闸阀门启闭机	40	船舶起货设备	33	"盖被子"	(160)
船闸闸首	41	船舶荷载	33	粒料加固土路面	205
船闸闸室	41	船舶航行阻力	33	断背曲线	69
船闸衬砌墙	37	船舶营运规划	34	断链	69

焊接长钢轨	129	惯性过坝	117	散货港	272
焊接长钢轨轨道	(320)	惯性阻力	117	散射通信	273
淹没整治建筑物	336	惯性超降	117	葛洲坝船闸	111
渠	(345)	惯性超高	117	落石	228
渠化工程	264	密西西比河河口整治	233	落石平台	228
渠化枢纽	264	密相气力输送	234	落石槽	228
渠化河段	264			落锤式动力路面弯沉仪	227
渠化航道	264	[㇀]		落潮	227
渠化梯级	264	弹簧道钉	297	落潮时	227
渐伸线图	175	随机波	(15)	棒磨机	4
渐伸线法	175	绳正法	(358)	植物消波	361
渐近优解法	175	绳索牵引推送小车	280	森林铁路	273
渐近法放边桩	175	综合运输	371	棚车	246
混合式防波堤	150	综合性码头	371	椭圆余弦波	315
混合式闸室墙	151	绿波带	225	椭圆余摆线波	315
混合式编组站	150	绿波宽度	225	硫磺锚固	210
混合交通	150	绿信比	225	裂流	208
混合浪	150				
混合潮	150	**十二画**		[丨]	
混凝土护面块体	151			敞车	20
混凝土纵向轨枕	152	[一]		最大坡度	373
混凝土宽枕	151			最大坡度折减	373
混凝土船	151	越行站	345	最大容许侧风	373
混凝土强度快速评定法	152	越岭运河	345	最小曲线半径	374
混凝土路面纵缝	152	越岭线	345	最小通航保证水深	374,(130)
混凝土路面胀缝	151	越野汽车	345	最小稳定速度	374
混凝土路面施工缝	151	超导磁浮	20	最易行车	374
混凝土路面缩缝	151	超限货物装载限界	21	最佳分向点	373
渔港	343	超高	(263)	最佳含水量	373
液力制动	338	插大旗	(2)	最佳密度	373
液力容器式输送管道	337	裁弯工程	(16)	最短线路法	(265)
液压式启闭机	338	裁弯取直	16	最短颈距	373
液压螺旋滚筒式减速器	(227)	斯托克斯波	294	喷水式防波堤	246
液体货物装卸工艺	338	斯托克斯定律	294	喷水式消波设备	(246)
淤泥质平原海岸	342	期望线	251	喷气飞机	245
淤积流速	342	联合直达运输	206	喇叭式立体交叉	200
深水波	277	联络道	206	喇叭式交叉	199
深海风海流	277	联锁	206	跌水	65
深槽	277	散乱浅滩	273	跑道	243
渗井	278	散货码头	272	跑道入口灯	245
渗水隧洞	(296)	散货船	272	跑道中线灯	245
渗沟	278	散货装卸工艺	273	跑道长度	244

跑道长度修正法	244	集装箱运输	169	道路平面交叉	55
跑道方位	244	集装箱运输网	169	道路平面设计	56
跑道末端灯	245	集装箱运输管理自动化系统	169	道路平顺性	56
跑道边灯	243	集装箱码头	169	道路网	57
跑道有效坡度	245	集装箱船	168	道路网几何特征	57
跑道纵向变坡	245	集装箱滚装法	(169)	道路网布局	57
跑道纵坡	245	皖赣铁路溶口隧道板体轨道	317	道路网规划	57
跑道构形	244	奥利机场	2	道路网密度	57
跑道视距	245	街	(190)	道路网等级水平	57
跑道标志	243	御土墙	(49)	道路网等级系数	57
跑道宽度	245	御道	344	道路网道路特征	57
跑道容量	245	循环直达列车	336	道路休息服务设施	57
跑道接地带灯	245	"舾装设备"	(34)	道路交叉	54
跑道端安全地区	244			道路交叉口通行能力	54
跑道横坡	244	[、]		道路交通阻抗	54
黑梅沙输煤管道	139	装配式框架梁板码头	369	道路交通标志	54
		普通方块防波堤	250	道路安全性	54
[丿]		普通单式道岔	(48)	道路防护设施	54
铸焊	(98)	普通货船	(348)	道路运输	58
链斗式挖泥船	206	普通线路	250	道路纵断面设计	59
锁坝	296	普通钢轨接头	250	道路沿线附属设施	58
短时停车道	69	普通断面尖轨	250	道路视距	56
短枕	69	普通道钉	250	道路线形设计	57
短峰规则波	(119)	道口信号	53	道路线形组合设计	57
短廊道输水系统	69	道口警标	53	道路线形要素	57
智能交通	(362)	道牙	(143),(224)	道路选线	58
智能运输系统	362	道钉	53	道路急救设施	54
剩余动量流	(290)	道岔	52	道路美学	55
稀相气力输送	323	道岔中心	53	道路诱导性	58
等待起飞机坪	59	道岔号码	52	道路透视图	56
等惯性输水系统	59,(85)	道岔全长	53	道路容量	(56)
集中联锁	167	道岔导曲线	52	道路通行能力	56
集中输水系统	167	道岔附带曲线	52	道路渠化	56
集装化运输	168	道岔放样	52	道路情报牌	56
集装单元	168	道岔配列	53	道路景观设计	55
集装箱	168	道床	53	道路照明布置	59
集装箱"开上开下法"	169	道床阻力	53	道路照明灯具	59
集装箱专用车	169	道床脏污度	53	道路照明标准	58
集装箱车	168	道肩宽度	53	道路路面工程	55
集装箱场	168	道路	53	道路路基设计	55
集装箱"吊上吊下法"	168	道路水泥	56	道路路基构造	55
集装箱吊装法	(168)	道路布线型式	54	道路路基建筑	55

道路横向坡度	54	港口装卸过程	105	渡线	69
道路横断面设计	54	港口装卸线	105	渡船	69
道碴陷槽	52	港口编组站	100	游步道	(209)
道碴袋	52	港口照明	104	寒流	129
道碴道床	52	港口腹地	101	富裕水深	91
道碴箱	52	港口操作过程	101	富裕宽度	91
道碴囊	52	港区	106		
湛江港	354	港区车场	106	[ㄱ]	
港口	100	港区仓库	106	强击机	259
港口工程	101	港区货场	106	强夯法	259
港口工程建筑物荷载	101	港区道路	106	强制波	259
港口水工建筑物等级	103	港务船	106	疏浚土方	286
港口水上仓库	103	港池	100	疏浚工程	286
港口水域	103	港址	107	疏浚水位信号	286
港口水深	103	港作船	107,(106)	疏浚污染	286
港口布局规划	101	港界	100	疏浚导标	286
港口后方仓库	102	港前车站	105,(100)	疏浚标志	286
港口设备	103	港埠	100	疏浚施工	286
港口吞吐量	104	港湾	106	隔开设备	111
港口作业区	105	港湾式停车站	(305)	隔离式立体交叉	(85)
港口陆域	102	港湾站	106	絮凝	334
港口陆域纵深	102	港湾海岸	106	登记吨位	(33)
港口规划	102	湖区航道	142	缆车码头	201,(331)
港口供电	102	湖港	142	缆索式启闭机	201
港口货物装卸量	102	湿运	281	缆索铁路	201
港口变电所	101	温度应力式无缝线路	319	缆绳拉力	201
港口泊稳条件	101	温度调节器	(99)	缓冲器	147
港口前方仓库	103	滑动面	144	缓坡地段	148
港口总平面布置	105	滑行道	145	缓和曲线	147
港口总体规划	105	滑行道灯	145	缓和曲线半径变更率	147
港口客运站	102	滑行道坡度	146	缓和坡段	147
港口给水	102	滑行道视距	146	编组场	7,(64)
港口铁路	104	滑行道标志	145	编组线	7,(64)
港口铁路专用线	104	滑行道宽度	145	编组站	7
港口通过能力	104	滑行道容量	146	编组站改编能力	8
港口通信	104	滑床板	144		
港口排水	103	滑坡	144	十三画	
港口综合通过能力	105	滑坡地区路基	144		
港口集疏运能力	102	滑坡地段路线	144	[一]	
港口装卸工艺	104	滑梁水	144		
港口装卸工艺流程	105	滑翔机	145	填方	(211)
港口装卸工序	104	滑道	144	填挖高度	300

十三画

词条	页码	词条	页码	词条	页码	词条	页码
摆点	2	路网综合评价	223	路面结构厚度设计	217		
摇架式斜面升船机	337	路网型编组站	222	路面宽度	218		
摇架式滑道	337	路况数据库	216	路面排水设计	219		
蒙特西水坡升船机	233	路拌沥青碎石路面	211	路面基层	217		
蒸汽机车	356	路侧（路缘）停车	211	路面粗糙度仪	216		
禁入栅栏	(78)	路肩	215	路面联结层	218		
禁令标志	188	路线主桩	223	路面铺装率	(217)		
感应式自动控制交叉	93	路线加桩	223	路面强度	219		
感应式联动控制系统	92	路拱坡度	212	路面管理系统	217		
感潮河口	(135)	路面大修	216	路面磨耗层	218		
感潮河段	92	路面小修保养	220	路面覆盖率	217		
碍航河段	1	路面无破损检测	220	路段驶入驶出调查	212		
碎石桩	295	路面中修	221	路段通行能力	212		
碰撞分析图	(283)	路面平整度	219	路桥过渡段	222		
零担列车	209	路面平整度仪	219	路基干湿类型	213		
辐射螺旋线	(150)	路面加固设计	217	路基工程	213		
输入率	(51)	路面设计	219	路基支挡建筑物	215		
输水阀门	287	路面设计寿命	(220)	路基支挡结构物	215		
输水阀门工作条件	287	路面设计使用年限	220	路基中心线	215		
输水阀门底缘门楣	287	路面设计指标	220	路基用土	215		
输水阀门底缘空穴数	287	路面抗滑能力	218	路基加固	214		
输送能力	287	路面构造	217	路基边坡	212		
输浆离心泵	287	路面使用品质	220	路基压实	215		
		路面变形特性	216	路基防护设施	213		
[|]		路面底基层	216	路基坡顶	214		
暖流	240	路面建筑	217	路基坡脚	214		
跨线桥	198	路面建筑材料	217	路基典型横断面	212		
路口信号机	216	路面垫层	217	路基放样	213		
路中心线	224	路面标线	216	路基临界高度	214		
路中停车	224	路面面层	218	路基施工	214		
路用石料	224	路面耐久性能	218	路基施工高度	214		
路用沥青材料	223	路面耐用指数	219	路基换算土柱	213		
路用混凝土配合比	223	路面施工机械化	220	路基高度	213		
路用集料级配	223	路面施工质量控制与检查	220	路基病害	212		
路外停车	222	路面养护对策	220	路基宽度	214		
路网可达性	222	路面养护周期	221	路基排水	214		
路网平均车速	222	路面养护费用	221	路基基床	214		
路网平均行程时间	223	路面养护管理	221	路基断面	(213)		
路网技术指标	222	路面养护管理机构	221	路基湿度	215		
路网服务水平	222	路面养护管理系统	221	路基强度	214		
路网适应性	223	路面结构有限元分析	218	路基填挖高度	(214)		
路网容量	223	路面结构组合设计	218	路基稠度	212		

十四画

路基稳定性	215	新加坡港	332	颗粒形状系数	195
路基横断面	213	数字电话网	288	颗粒阻力系数	195
路堑	221	数字地形模型	288	颗粒球形度	194
路堑开挖	221	数据通信网	288	颗粒粒度	194
路堑平台	221	塑料排水板	295	颗粒粒度分布	194
路堤	211	煤车	232	颗粒粒度分布函数	194
路堤设计临界高度	212	煤港	232	颗粒最终沉降速度	195
路堤极限高度	(212)	满轴系数	230	颗粒雷诺数	194
路堤填筑	212	滇缅公路	62		
路堤填筑临界高度	212	溪口滩	323	[丿]	
路缘石	224	溪沟治理	323	稳定平衡岸线	319
路缘带	224	滚上滚下船	(122)	管线标	116
跟车理论	111	滚动阻力	122	管柱码头	116
跟驰理论	(111)	滚装船	122,(168)	管界标	116
跟踪理论	(111)	溢洪船闸	339	管道工程	115
罩面	(160)	滩险	297	管道用容器	116
				管道用管	116
[丿]		[フ]		管道防腐蚀	115
错口交叉	(44)	叠梁闸门	65	管道运输	116
错口滩	44			管道线路工程	116
错车道	43	十四画		管道穿越工程	115
错位交叉	44			管道跨越工程	115
锚地	231	[一]		管道磁浮运输	115
锚杆挡土墙	231	截水沟	186	管道磨损测试	116
锚杆挡墙	(231)	境界出入调查	190	鼻子	(371)
锚固桩	(193)	摘挂货物列车	351		
锚定板挡土墙	231	撇弯	246	[丶]	
锚碇墙码头	231	槛下输水系统	192	遮光栅	(79)
锥板黏度计	370	磁轨制动	(63)	端站	69
简易驼峰	174	磁浮车辆系统	41	端靠式渡船	69
像片定向	328	磁浮运输	43	精密进近跑道	189
像片重叠度	328	磁浮供电系统	42	漕	(130)
像片倾角	328	磁浮线路系统	43	漕水道	(130)
像片影像	328	磁浮牵引系统	42	漕渠	(130)
微波通信	318	磁浮控制系统	42	漂流	(277)
微型环形交叉口	318			漏斗式交叉	(199)
微幅波	318	[丨]		慢车道	230
艇支架	319	颗粒大小	(194)		
詹天佑	351	颗粒尺寸	(194)	[フ]	
触变流体	32	颗粒尺寸分布	(194)	隧洞	296
		颗粒加权平均直径	194	隧道坡度折减	296
[丶]				隧道空气附加阻力	296
新东京国际机场	332				

十五画

[一]

墩式码头	71
增水	350
增长系数法	349
增加交通量	349
增补面	349
鞍形磨耗	1
横列式编组站	139
横向坡	140
横向高低轨滑道	140
横向高低腿下水车滑道	140
横向斜面升船机	140
横向滑道	140
横拉闸门	139
横流标	140
横移变坡滑道	140
横断面选线	139
槽车	(117)
槽沟	(241)
槽渠	(345)
橡胶坝	328
橡胶护舷	328

[丨]

"蝶式立交"	(299)
蝴蝶阀门	142

[丿]

镇静段	356
靠帮	193
靠船设备	(77)
靠船建筑物	193
靠船桩	194,(77)
靠船簇桩	193
箱盘运输	328
箭翎线	176
艚支架	285

隧道建筑限界 295

隧道建筑限界　295

[丶]

潜坝	257
潜没整治建筑物	257
潜堤	257
潮区界	22
潮汐	22
潮汐不等	22
潮汐日不等	23
潮汐月不等	24
潮汐半月不等	22
潮汐动力理论	22
潮汐年不等	23
潮汐多年不等	23
潮汐要素	24
潮汐类型	23
潮汐调和分析	23
潮汐调和常数	23
潮汐预报	24
潮汐椭圆	23
潮汐静力理论	23
潮位	22
潮位历时曲线	22
潮位历时累积频率曲线	(22)
潮间带	21,(128)
潮周期	24
潮波	21
潮差	21
潮流	21
潮流界	21
潮流椭圆	21
潮棱柱体	21
潮湿系数	22

十六画

[一]

薄壁式挡土墙	4
整齐块石路面	356
整体式闸室	356
整体砌筑码头	356
整体道床	356
整治工程设计	357
整治工程材料	356
整治水位	357
整治建筑物	357
整治线宽度	357
整治流量	357
整铸辙叉	357
整道	356
辙叉	355
辙叉有害空间	355
辙叉全长	355
辙叉护轨	355
辙叉护背距离	355
辙叉角	355
辙叉垫板	355
辙叉查照间隔	355
辙叉咽喉	355
辙轨	(173)
辙后垫板	355
辙跟垫板	355

[丨]

噪声控制标准	349

[丿]

憩流	255
衡重式方块码头	141
衡重式闸室墙	141
衡重式挡土墙	141
膨胀土地区路基	246

[丶]

燃气轮机车	265
激光通信	167

[乛]

避风港	7
避难线	7

十七画

[丨]		翻浆冒泥	75	
螺纹道钉	227	**[丶]**		**二十三画**
螺旋桨飞机	227	鹰厦铁路杏集海堤	341	
螺旋展线	227			**[丿]**
螺旋减速器	227	**十九画**		罐车	117
				罐装汽车	117
[丿]		**[一]**		ASEA 螺旋减速器	(227)
黏着系数	(91)			B–M 谱	(12)
黏着牵引力	239	警冲标	190	DOE 法环交通行能力	374
黏着铁路	239	警告标志	190	FWD	(227)
簇桩	43	蘑菇轴头	(60)	OD 调查	(251)
				P–M 谱	(12)
[┐]		**[丶]**		PMS	(217)
臂板信号机	7	爆破排淤	5	SCATS 控制系统	375
翼轨	339			SCOOT 控制系统	375
		二十画		"T"字灯	375
十八画				T 形交叉	375
		[丶]		TRANSYT 控制系统	375
[丿]		灌水船坞	117	Y 型交叉	375
翻浆地段路基	74			γ 射线密度计	375

词目英文索引

AADT	239
AASHTO method of design for flexible pavement	270
AASHTO method of design for rigid pavement	94
abrasion geomorphology	128
academical airport	335
accelerate-stop distance	172
acceleration grade	171
acceleration noise	171
accessibility of road network	222
access of roundabout	146
accident congestion	283
accident control ratio	283
accident cost	283
accident frequency	283
accident psychology	283
accident spot map	283
accident survey	283
accumulation rate of wave train	13
accumulative number of equivalent axle load	202
AC-DC-AC electric locomotive	184
across river leading marks	123
across river marks	123
adaptive control system	371
adding gradient	172
additional air resistance due to tunnel	296
additional resistance for cure	263
additional resistance of train	207
additional stake of line	223
adhesion factor	91
adhesion railway	239
adjusting of track	356
adjusting part of CWR track	320
administrotion organization of pavement maintenance	221
aerial cable line graph	296
aerial car	296
aerial pipeline crossing	115
aerial ropeway	173
after poppet	319
aid lighting	366
aid marking	366
aids to navigation on inland waterway	237
aid to navigation	129
air brake	197
air-cushion craft hovercraft air cushion vessel surface effect craft	252
airdrome	155
airdrome reference point	162
airfield	155
airlift	133
air line	132
air patrol	132
airplane	80
airplane airspeed	81
airplane cruising speed	81
airplane drift angle	81
airplane gear	81
airplane heading	80
airplane lift-off speed	81
airplane maximun height	82
airplane movement area	159
airplane noise	82
airplane noise assesment	82
airplane noise contour	82
airplane payload	81

airplane range	80	pavement)	157
airplane reference field length	81	airport pavement structural design	
airplane speed	81	Federal Aviation Agency method	
airplane track	80	(flexible pavement)	158
airplane turning radiuson ground	80	airport pavement structural design	
airplane wheel base	81	influence chart method	158
airplane wheel tread	82	airport pavement structural design load	
airplane wingspan	81	classification number(LCN)method	157
airplane zero fuel weight	81	airport pavement structural design	
airport	155	method	157
airport airspace	161	airport pavement structure	156
airport capacity	161	airport pavement subbase course	155
airport command system	162	airport pavement surface course	158
airport configuration	160	airport planning	160
airport control tower	161	airport receiver station	161
airport design	161	airport reference temperature	160
airport drainage design	161	airport terrain design	159
airport elevation	155	airport traffic demand	162
airport engineering	160	airport transmitter station	159
airport fire-station	162	air resistance	197
airport ground access	187	air route	80
airport hangar	159	aligment guidance station	67
airport land side	160	alignment design of road	57
airport lighting beacons	159	alignment of route	54
airport master planning	162	alignment of track	119
airport overlay pavement	160	all-Dowty hump	264
airport overlay pavement structural		all-Dowty hump of switching lines	64
design	156	all or nothing method	265
airport pavement	155	all paved crossing	171
airport pavement base course	155	all red signal	265
airport pavement design	158	alter line used road	201
airport pavement structural design	156	alternat current electric locomotive	178
airport pavement structural design equi-		alternate control	178
valent single wheel load(ESWL)	156	alternate joint	327
airport pavement structural design Federal		alternating tidal current	318
Aviation Agency(F.A.A)method	157	altitude and load factor	126
airport pavement structural design		amount of traffic (railway)	303
Federal Aviation Agency method(rigid		amphidromic point	320

anchorage	231	artificial island	266
anchorage water	317	artificial sea grass	266
anchored guay wall	231	artificial steps	266
anchored trees	26	artificial waterway	266
anchoring, mooring and towing arrangements	34	ashlar pavement	356
		ash pit	149
ancient driveway	30	asphalt distrbutor	205
ancient plank road alongside cliffs	353	asphalted bed	204
ancient post road	339	asphalt paver	204
angle diagram	184	asphalt plant	204
angle graph	184	assistant guide wall	91
angle of visual field	284	assisting lane	90
annual average daily traffic	239	astronomical tide	300
annual navigable days	239	attacker plane	259
anti-collision device	79	automatically released CWR track	371
anti-creeper	78	automatic block	370
anti-creep strut	78	automatic hump	370
anti-glare fence, anti-glare screen	79	automatic load limitation ship	371
antinode	10	automatic shunting yards	370
anti-wear guard rail	78	automatic traffic signal	370
apparatus of lock	39	automatic train stop apparatus	164
apparent viscosity	9	auto mobile	253
approach	340	automobile noise	254
approach channel	187	automobile safety test	253
approach channel, lock approach	340	auxiliary block post	91
approach depth	341	auxiliary semaphore	43
approach length	340	auxiliary shunting yards	90
approach light system	187	auxiliary sign	90
approach width	340	avalanche	6
apron	165	average factor method	247
apron capacity	165	average tonnage of lockage ship	123
apron marking	307	average travel time	247
apron space	230	average travel time of road network	223
arrangement of harbour and port spacing	101	average vehicle speed of road network	222
arrangement of panel	121	axle arrangement of locomotive	164
arrangement of turnout	53	axle load	365
arterial forest highway	209	axle spacing	365
arterial street	29	backfill	149

baffle dike	110	beam lever deflectometer	107
baffle rack	328	bearing marks	76
Baikal-Amur Railway in Soviet Union	257	bearing platform type non-skid pile	28
balanced grade	191	bearing rope	29
balanced speed	191	bed course of pavement	217
balance weight retaining wall	141	bed measure	324
ballast	53	bedrock rapids	167
ballast bed	52	beginning and ending leading marks	285
ballast box	52	Beijing-Jiulong railway	188
ballasted track	342	Beijing Railway Terminal	6
ballastless track	320	Beijing San Yuan Li interchange	5
ballast pocket	52	Beijing-Tanggu freeway	189
ballast restraint	53	bent frame type non-skid pile	241
ballast tub	52	berm	144
ball mill	262	berth	35,229
band drain	295	berth capacity	229
bank protection, slope protection	143	berthing pillar	71
Baocheng Railway	5	berthing work (structure)	193
barge	15	bicycle road	371
barge fleed	313	big anchor rod retainig wall of Cheng	
barge line	313	Kun Railway	27
barge measure	275	binder course of pavement	218
barge unboading suction dredger	41	Bingham plastic fluids	9
bars	7	binomial distribution	73
bar shoal entrance bar	200	bituminous concrete pavement	204
base course of pavement	217	bituminous penetration pavement	204
basic capacity	166	bituminous surface treatment pavement	204
basic dimension of canal	346	blasting clear silt	5
basic resistance of train	207	block	7
basic traffic parameter	166	block post	326
basin lock	118	blow whistle marks	234
batterfly valve	142	boad	32
beaching chassis	28	bogie	368
beach processes	125	bolted rigid frog	99
beach, shore	128	bomber	141
beacon	59	boom between pontoon and shore wall	71
beacon light of approach channel	340	booster station	186
beading marks	286	booster-traction	171

borrow pit	264	bulk cargo wharf	272
bottle neck	248	bulkhead	15
bottom(lower) pintle	60	buoy	88
bottom pivot	60	bus	45
boulder shoal	225	business trip	337
boulevard	209	bus lane	113
boundary sign of railway administration	116	bus street(road)	112
box car	246	buttress guay wall	88
box-type lock wall	197	cable hauled mule	280
bracing wall	358	caisson quay wall	27
brake shoe	362	calculated height of rail top	170
braking distance	362	calling-on signal	340
braking force of train	208	canal	345
braking properties of motor	254	canal cross section coefficient	345
braking ratio of train	208	canalization project	264
branch and bound method	85	canalized channel	264
branch canal	85	canalized section of river	264
branch-line railway	359	cant of rail	96
branch of forest highway	209	capacity	56
branch of urban road	29	capacity of network	223
breaking wave	187	capacity of rapids heaving	185
breakwater	76	capacity of road intersection	54
breakwater head	77	capacity of track	307
break wind	49	capillary-tube viscometer	230
breasting dolphin	193	capital intl Beijing	284
bridge clearance	259	capital repair of track	326
bridge marks	259	capsule for pipeline	116
bridge sign	259	capsule pipeline	267
bridge sleeper	259	car	253,329
broken-back curve	69	carbon monoxide emission	338
broken chainage	69	car ferry	253
broken wave	345	car-following theory	111
brook-outlet rapids	323	cargo-handling procedure of port	104
buckct dredger	206	cargo ship	153
buckling of track	354	cargo terminal	153
buffer gear	147	car marking	24
buffer stop	24	carport	305
bulk-cargo terminal	272	car repair tracks	25

car retarder	25	character of engine revolving speed	74
carring capacity at station	26	check well	173
car rolling resistance	314	Cheng Kun Railway	27
car velocity measuring device	17	Chicago-O'hare international airport	359
cast manganese-steel frog	357	china design method of flexible pavement	270
catamaran	289	china design method of rigid pavement	94
cause trouble of traffic	183	Chinese Changchun Railway	363
caution signal	366	chosen of dredger	316
cavitation number of valve's botton	287	CIC	209
CBR method of design for flexible pavement	270	circular curve	344
		circular line	285
cellular sheet pile breakwater	110	civil aircraft weight	234
cellular sheet-pile structure	110	civil airplane	234
cement concrete pavement	291	civil airport	234
cement for road costrucition	56	civil engineering fabric	312
center line	224	civil transport plane	234
center line of railway	303	classification indices for airport movement area	159
center line of railway subgrade	215		
central angle	345	classification of hydraulic structures of port	103
central island	363		
centralized interlocking	167	classification of railway lines	301
centralized traffic control	64	classification of track	120
central parking	224	classification of tractive motive-power	256
centre of turnout	53	class level of road network	57
centrifugal slurry pump	287	class of navigation lock	38
centroid of traffic zone	181	clay-bound macadam pavement	238
chamfered gravity breakwater	328	clearance at parking	306
changeable sign	195	clearance gauge	175
change side	148	clearance guage of straight line	361
change soil	148	clearance limit door	325
channel construction planning	131	clearance limit frame	325
channel in plain area	248	clearance of out-of-gauge goods	21
channelized road	56	clearway	190
channel regulation for navigation	132	closed basin	87
characteristic curve of filling and emptying system of navigation lock	40	closed joint	99
		closed network control	6
characteristice of motor vehicle	254	closure dike	296
characteristic wave height	298	cloverleaf interchange	235

cnoidal wave	315	composite filling and emptying system	373
coal car	232	composite lock wall	151
coal port	232	composition of wharf	230
coal water mixture	291	compound curve	91
coal water slurry	291	compound shoals	91
coastal harbour	125	compromise fish-plate	339
coastal hydrodynamics	125	compromise joint	99
coastal zone	125	compromise joint bar	339
coastline, sea shoreline	126	compromise rail	339
coaxial cable	310	computed tractive effort	163
cock head	41	computed velocity	170
coefficient of commercial to technical speed	225	computerized traffic signal control	181
		concentrated filling and empting system of the lock	167
coefficient of deduction	198	concentric cylinder viscometer	310
coefficient of fluctuation of freight traffic	154	concrete bed	356
coefficient of line development	353	Concrete bed in the tunnel of Cheng Kun Railway	27
coefficient of mileage degree	202	concrete-block gravity wall breakwater	76
coefficient of reserve capacity of track	307	concrete block quay wall with relieving slab	332
coefficient of unbalanced counter flow	75		
coefficient of unbalanced frieght traffic	153	concrete blok quay wall	76
coefficient of use of loading capacity	190	concrete caisson breakwater	26
coefficient of use of loading capacity	230	concrete finisher	291
cold current	129	concrete paving block	151
collision diagram	283	Concrete ship	151
color light signal	273	concrete ship	291
column-plate retaining wall	366	concret normal block wall breakwater	250
combinational train	372	conducting joint	95
combination design of highwag alignment	57	cone-and-plate viscometer	370
combined system of floating dock and repairing berth	90	conflicting routes	60
		conflict point	30
comb type slipway	285	conflicts	30
communication	309	connecting curve between parallel main line and frog tangent	52
communication center	309		
communication link	309	connecting lines	285
compaction test	155	connecting taxiway	206
compensation of grade	372	connection graph of transportation	347
component tide	83		
composite breakwater	150		

consistency of subgrade soil	212	operation	148
consolidation compaction method	259	converted length of car	25
constrained waterway	325	converted ton-kilometers	148
construction height of subgrade	214	converted traffic volume	367
construction joint of concret pavement	151	coordination of transportation planning	179
construction level	281	coral reef coast	274
construction material for pavement	217	cordon line	64
construction of subgrade	214	cordon traffic survey	190
construction of track	121	correction for existing curve	170
contact system	186	corridor pollution level	183
contact wire	185	corrosion-resistant rail	235
container	168	corrugation of rail	95
containerization traffic	168	cotidal line	309
containerized unit	168	cotidal range line	309
container"lift-on lift-off system"	168	counterfort lock wall	88
container pallet traffic	328	counter weight cross-section block wall	141
container "Ro-Ro system"	169	counter weight of ship lift	279
container ship	168	counter weight type lock wall	141
container terminal	169	count of distance between lines	326
container traffic	169	county road and township road	325
container trailer	168	coupling	24
container wagon	169	coupling tractive effort of locomotive	164
container wharf	169	crack formed by entrapped hydrogen gas	95
container yard	168	craft	32
continental shelf	46	crane and transporter load	252
continuous canalization	206	crane plant	252
continuously reinforced concrete pavement	205	creeping	121
		criteria for noise control	349
continuous welded rail(CWR)	129	critial design height of fill	212
contraction joint of concrete pavement	151	critical intersection control	209
control hoist	40	critical structure height of fill	212
control of lockage	38	critical temperature force within CWR track	
control point	186		320
control point	198	cross-country vehicle	345
conventional roundabout	20	crossing	176
conversion factor of traffic volume	180	crossing with separate turning lane	84
conversion soil-column of subgrade	213	cross level of track	121
converted expenses of construction and		crossover	69

cross-section factor of channel	131	degree factor of road network	57
cross-section in difference of elevation	71	degree of compaction of soil	312
cross-section method of railway location	139	degree of urgency	249
cross section of roadbed	213	delivery pipe	241
cross section of subgrade	213	delta in estuary	136
cross-section with multiple stratification	71	dense phase pneumatic	234
culture	61	density of railway network	303
curb	143	density of traffic	347
curb, kerb	224	density of water transport	308
curb parking	211	deposition velocity	342
curtain wall	319	depressed joint	95
curvature graph	263	depth alongside	230
curvature radius of channel	132	dept of distance power supply	114
curved frog	264	derail	313
curve gauge widening	263	derailing switch	313
curve sign	263	desert region route	273
curve-surfaced side slipway	140	desgin of the cross-section	54
curve widening	132	design capacity	277
cut-fill transition	312	designed elevation	276
cut-fill transition program	312	designed traffic volume	276
cutoff works	16	design factor of pavement structure	220
cutter suction dredger	185	design hourly volume (DHV)	277
cutting	221	design life of pavement	220
cutting cut	221	design of horizontal alignment	56
cutting point bar	260	design of pavement component	218
cycle length	365	design of pavement thickness	217
cylinder wharf	116	design of regulation works	357
cylindrical valve	344	design of road landscape	55
daily working hours of navigation lock	38	design of three-dimensional alignment	203
Dalian Xiang Lu Jiao interchange	46	design of vetical alignment	59
Daqin Railway	46	design reference period	277
data communication network	288	design stage of channel	131
datum of chart	128	desire line	251
dead spot of traction	256	detached breakwater	51
decision of pavement maintenance	220	determining the point of junction on field survey	2
decked barge	172		
deep-water wave	277	diagram of track apparatus	112
deformability of pavement	216	diamond crossing	209

diamond interchange	209	dog spike	250
diesel locomotive	237	dolphin	43
difference in gradients	248	dominant discharge	349
digital telephone network	288	Dong Zelei Navigation Lock	67
digital terrain model	288	door-to-door traffic	232
dilute phase pneumatic	323	double crossover	176
dimension of channel	131	double crossover with slip switches of Beijing Railway station	5
dipper dredger	18		
direct current electric locomotive	360	double decker passenger coach	288
directional marking	50	double dike lock	298
direction of traffic	333	double-line detour	289
direct traffic	359	double-row sheet-pile breakwater	289
disk braking	242	double-track railway	290
dispatcher's supervision	65	downward spur dike	325
dispatching control	65	dowty booster	171
dispatching radiophone within the station	353	dowty booster retarder	171
dispersed filling and emptying system	85	dowty retarder	174
dissipation of wave energy by plantation	361	draft	30
distance between loading-unloading tracks	154	drainage channel	241
		drainage channel and pump for maintenance of working condition	36
distance between station tracks	353		
distribution factor method	83	drainage design of pavement	219
distribution of turnout ties	18	drainage ditch	241
district goods train	262	drainage of railway yard	353
district of railway	262	drainage slope of quay area pavement	230
diurnal inequality of tide	23	draught	30
diurnal tide	265	draw drain	64
diverted traffic volume	368	dredged channel	316
divisor	84	dredger	316
dock	35	dredger construction	286
dock caisson	90	dredger output	316
dock chamber	322	dredgers productive stopping time	316
dock drainage system	36	dredging marks	286
dock entrance	322	dredging quantity	286
dock filling system	36	dredging works	286
dock gate	322	draft	30
dock land	102	drift angle	133
dock marshalling yard	106	drift current in deap sea	277
dock-type lock chamber	322		

drift current in shallow sea	258
drive-in parking	15
drive-in service	16
driver's whistle warning board	293
driving adaptability	172
driving adhesion condition of motor	254
driving excitability	172
driving fatigue	172
driving information systems	172
driving mechanics of motor	254
driving mechanism of ship lift	279
driving psychology	172
driving wheel	68
driving wheel of motor	254
drop water	65
dry dock	92
dry jet mixing method	85
dry zone in northwest	322
Dulles intl Washington D.C	68
dumping space	242
durability of pavement	218
duration curve of tidal level	22
dynamic compaction method	259
dynamic theory of tide	22
earth pressure	313
easiest rolling car	374
easy rolling car	339
ebb tide	227
economical hauling distance	312
economic investigation	189
economic planning for water transport	134
economic strongpoint	189
eddy current braking	63
effective braking distance	362
effective length of arrival-departure track	51
effective length of station tracks	354
effective viscosity	342
effectual planning and operation of	
container system	169
eighty-five percentile speed	62
elasticity coefficient of traffic	181
elastic rail fastening	99
electrical arc welding	95
electric flash welding	97
electric interlocking	63
electric lock interlocking	63
electric locomotive	63
electrodynamic levitation system, Electro Dynamic Suspension(EDS)	20
electromagnetic levitation system	19
Electro Magnetic Suspension(EMS)	19
electronic surveillance	64
elementary traffic volume	166
elements of horizontal curve	247
elements of road alignment	57
elevated railway	108
elevated road	108
elevational marking	203
elliptic-trochoidal wave	315
embankment	211
embankment fill	212
emergency braking	186
emergency device of ship lift	279
emergency facilities of highway	54
emergency (safety, guard) gate	39
emergency lighting	283
emergency (safety) valve	173
endless rope traction	321
end station	69
engine burn	95
enlargement profile	80
entrance area of look approach	340
entrance ramp control	187
environmental monitoring	146
environmental protection of airport	160
equilibrium beach profile	124

equilibrium of erosion and deposition	31	ferry station	226
equilibrium tide	247	ferry trestle	226
equinoctial tide	84	ferry yard	226
equivalant gradient for curve resistance	264	fetch	87
equivalent axle load	365	field layout of turnout	52
Erlang distribution	1	fifteen percentile speed	62
erosion in slurry pipelines	176	fighter plane	173
error triangle	322	fillet	349
estuarine flow	137	filling and emptying system by cutlet lying in gate	233
estuarine mixing	135		
estuarine processes	137	filling and emptying system by long culvert	19
estuary	106, 135		
estuary coast	106	filling and emptying system by short culvert	69
estuary harbour	135		
excavated dock	316	filling and emptying system of the lock	39
existing traffic volume	325	filling and emptying system through gate's edge	232
exit ramp control	31		
expansion cantraction joint of retaining wall	49	filling and emptying system under gate	233
		filling-up dock	117
expansion joint	99	finite element analyses of pavement structure	218
expansion joint of concrete pavement	151		
fabric dam	328	fish-bolt	97
factor of catches	16	fishing port	343
factor of motive power	68	fish-plate	97
factory and mine road	20	fitting out	339
fall, depression	174	fitting-out quay	339
falling stone	228	fixed cycle controller	67
falling weight deflectometer	227	fixed cycle signal controller with multiple time period	73
fanshaped gate	142		
fascine bundle	276	fixed mooring pier	114
fascine mattress	18	fixed parking lot	114
feeder forest highway	209	fixed signal	115
fender	193	fixed-time control system	66
fender dolphin	77	fixed time coordinated control	66
fender log	143	flangeway	226
fender pile	194	flap dock gate	36
fender system	77	flashing signal	274
ferry	69	flat car	247

flat valve	247	forest highway	208
fleet	34	forest railway	273
fleet traffic	35	forked inclined ship lift	17
flexible pavement design	269	forward control	257
flexible platform on piles	268	fouling mark	190
flexural rigidity of track panel	121	frain dispatching radiophone	321
flight of canalization	264	Frame retaining wall	73
flight of locks	72	free port	371
flight strip	130	free wave	371
float gate	89	freeway(美)	108
floating approach wall	89	freeway section control	108
floating crane	252	freeway surveillance and control system	108
floating dock	88	freight pipeline	322
floation guide work(structure)	89	freight shed	154
floating mooring ring	89	freight ton-kilometres per kilometre	154
floating pile driver	44	freight turnover	154
floating shed	103	freight volume	154
floating wharf	89	freight yard	153
flocculation	334	friction factor for slurry	176
flood frequency	142	frog	355
flood-plain	138	frog diversion	18
flood tide	354	frog diversion angle	355
floor of gate block	350	frog plate	355
floor slab of lock chamber	350	front (fore) harbour	38
flooting breakwater	89	front sheet-piling platform	256
flow-density curve	210	frost damage	68
flow duration curve	210	frozen joint	95
flow line	180	fuel economic property of motor	254
flow of rail	96	full interchange	265
flow wave theory	25	fullness measuring apparatus	17
fluid mud	89	full traffic-actuated signal	265
fluvial processes	134	fully actuated automatic signal control intersection	265
forced wave	259		
forecast in basis	66	fully directional intechange	265
forecasting in railway traffic	346	function of particle size distribution	194
forecast in index	66	funicular railway	201
fore poppet	285	fuselage length	80
forestation for fixing of sands	115	future traffic volume	176

gabion	282
gage rod	121
gamma ray density	375
gap in the frog	355
gap of breakwater	77
gas turbine locomotive	265
gate block	41
gate head of valve' botton	287
gate hoisting capacity	251
gate lifting device	40
gate position	165
gate quoin	350
gate recess	233, 350
gate sill	350
gate slot	350
gauge	121
gauge line	96
gauging of track	92
general arrangement of port	105
general cargo ship	348
general cargo wharf	174
general freight car	309
generalized Poisson distribution	118
generalized single-regime speed-concentration model	118
general layout of port	105
general wharves	371
gently sloping plat	148
geometric characteristic of road network	57
geostrophic current	61
geotextile	312
Gezhouba Navigation Locks	111
giant blocks gravity wall breakwater	190
glider	145
glide slope station	324
glued insulated joint	96
goals of transportation planning	179
goods flow diagram	153
goods movement planning	154
goods movement survey	153
goods storage	102
gorge mouth shoals	324
grab dredger	367
gradation of aggregate for road construction	223
grade additional resistance	248
grade aggregate pavement	167
grade compensation for tunnel	296
graded-rubble mound breakwater with armor rock	84
grade resistance	249
grade separation	203
gradient of station site	353
gradient sign	248
gradint of railway	248
Grand Canal	188
gravity lock wall	364
gravity model	364
gravity quay wall	364
gravity retaining wall	364
green wave band width	225
groin	65
gross deadweight	34
gross resistance of train	208
growth factor method	349
guard check gauge	355
guard face gauge	355
guard fence	143
guard jetty (wall)	340
guard post	144
guard rail	355
guard rail plate	143
guard's van	284
guard wall	144
guide line	51
guide sign	361

guide vane	50	heel joint	173
guide (leading approach) wall	50	heel plate	355
guide work (structure, approach trestle)	50	height of fill-cut	300
guiding device	50	helicopter	360
half sloping wharf	4	heliport	360
half vertical-face wharf	4	helper grade	171
halt	224	heringbone tracks	176
handling technology of bulk cargos	273	heterogeneous suspensions	83
handling technology of general cargos	174	high accident location	73
handling technology of liquid cargos	338	highest allowable water lever for repair	174
hang clothes traffic	115	highest annual hourly volume	239
hanger	64	high mast lighting	108
Harbin Railway Terminal	124	high-pile wharf	110
harbor boat	106	high productivity integral train	109
harbour	100	high-rise pile platform	110
harbour basin	100	high-speed exit taxiway	198
harbour depth	103	high-speed railway	109
harbour facilities	103	high-speed train	108
harbour limit	100	high tide	107
harbour loading line	105	high-type pavement	108
harbour mashalling yard	100	high water rapids	142
harbour planning	102	high water stand	246
harbour service boat	107	highway	113
harbour site	107	highway ferry	113
harbour station	106	highway transportation	58
hard rolling track	237	hill-side line	274
harmful gradient	342	hindered settling velocity	285
harmonic analysis of tide	23	hoisting machine with rigid connecting rod	93
hawser force of mooring	201		
hazardous rapids	325	holding apron	59
hazards due to bend-rushing-flow	273	hollow square quay wall	198
head and tail bay	41	home-based trip	172
heaped load	70	home-based work trip	172
Heathrow London	323	home interview survey	172
heavy loading train	364	homogeneous suspensions	191
heavy structures for regulation works	364	horizontal curve	247
heay maintenance of pavement	216	horizontal hole drainage	247
hed stock gear	40	horizontal slope of road	54

hump	64	industrial station	112
hump avoiding line	314	inequality of tide	22
hump curve	314	inertia-equilibrium filling and emptying	
hump height	314	system of the lock	59
hump lead	314	inertia resistance	117
hump summit	314	initial traffic number	32
hump with dual humping facilities	289	inland canal	237
hydraulic braking	338	input-output study	212
hydraulic geometry of the stream channel	138	instrument landing system	339
hydraulic model test of filling and		instrument runway	339
emptying system of navigation lock	39	insulated joint	98
hydraulic of navigation lock	40	insulating fish-plate	97
hydraulic operated gate lifting device	338	insulating joint bar	97
hydraulic structures for shipyard	334	integrated barge	84
hydro-capsule pipeline	337	intensity graph of transportation	347
hydrodynamic analogy theory	210	interactive model	327
hydrofoil craft	293	intercepting ditch	186, 299
hydro-junction of canalization	264	interchange capacity	203
Ice Harbar Navigation Lock	9	intercity traffic	283
ice load	9	interlocking	206
identical curve	310	intermediate lock head	364
image orientation	328	intermediate maintenance of pavement	221
immerseable embankment	188	intermediate repair of track	326
inbound traffic	270	intermediate-type pavement	363
inclined ship lift	330	international airport	123
inclined ship lift with cradle	337	intersection at grade	55
inclined ship lift with high-low railway	107	intersection capacity calculated by	
inclined ship lift with one slipway	338	conflict point method	31
inclined ship lift with sliding cradle		intersection capacity calculated by stop-	
on wedged chassis	288	section method	305
inclined ship lift with turntable	367	intersection of automatic control traffic	
inclined ship lift with two slipway	73	signal	370
increment of traffic growth	349	intersection of local fixed time automatic	
individual traffic	111	control	47
induction coordinated control system	92	intersection of manual control signal	266
industrial port	112	intersection point	177
industrial railway of port	104	intersection volume	177
industrial road	112	interval distribution	25

inter-zone traffic	262	lagoon	332
intracity traffic	283	lake channel	142
intra-zone traffic	262	lake harbour	142
inverse grade	75	lamp to navigation marks	130
investment of railway construction	302	Landing area widths	280
involute graph	175	landing distance	370
involute method	175	landslide	144
irregularity of track	119	lane	26
irregularity of track under train load	119	lane closure control	24
irregularity of unloaded track	120	lane of grade climbing	241
irregular wave	15	laser communication	167
island terminal	51	lateral marks	17
isolated breakwater	51	lateral restraint	17
isolated intersection control on traffic signal	181	launching cradle	330
		laying temperature of CWR track	320
ITN	32	layout of breakwater	77
jacks	228	Layout of road network	57
jammed density	372	lead curve	52
Japanese Tokaido Shinkansen	267	leader track	299
jet plane	245	leading bank	340
jetting wave absober	246	leading marks	50
jetty	50,311	lead rail	50
Jinghu Railway	188	lead track	255
Jingzhang Railway	189	lee port	7
John F. Kennedy intl Newyork	197	left-turn ramp	374
joint bar	97	length of slope element	249
joint bolt	97	length of station site	353
jointless track	320	length of weaving section	183
joint lock washer	97	lengthwise concrete sleeper	152
K_{30} bearing plate test	28	level crossing signal	53
karst region route	336	level of service	88
keel block	210	lever pantograph	107
kelvin wave	192	L-head dike	114
Kiel Canal	166	licence-number matching method	253
kilometer sign	113	lifting with dry chamber	92
Kunhe Railway	199	lifting with wetted chamber	281
lack navigational hydranlic condition	308	lift lock	47
lag	30	lighing arrangement in road	59

light beacon	59	locating grade	67
lighted marks	59	location	66
lighter	15	location of line by aerial survey	130
lighter aboard ship	348	location of parking facilities	304
lighting lantern in road	59	lockage aid	38
light structures for regulation works	262	lockage fashion	123
light vessel	59	lockage in groups	28
lime pile	281	lockage operational time	123
limited longitudinal gradient	167	lockage water	123
limited speed	325	lock canal	277
limiting capacity assignment model	325	lock chamber	41
limiting gradinet	325	lock chamber effective length	350
limiting section	198	lock chamber effective width	350
limit marks	186	lock chamber with articulated floor	289
linear simple harmonic wave	327	lock chamber with cantilever wall	334
line development	352	lock chamber with half sloping sides	4
Line development by spiral	227	lock chamber with monolithic concrete floor	356
Line development by switch-back	149		
line of navigation lock	40	lock chamber with vertical sides	360
line plan of railway	303	lock design stage	39
line profile of railway	303	lock dimension	38
liner car-following model	327	lock distant signal	40
liner speed-concentration model	327	lock egnilization time	39
lineside signal	326	lock elevation	37
lining lock wall	37	lock flight	72
lining of track	9	lock gate	41
lining wall of navigation lock	37	lock guide	340
loading berm	75	lock head wall	350
loading-unloading tracks	154	lock lift	40
load on structures of port engineering	101	lock operation	124
local canalization	190	lock planning	37
local controller	47	lock protecting against salinity instrasion	79
local goods traffic	60	lock series	38
localizer station	133	lock significant depth	233
local passenger traffic	60	lockspike	297
local railway	61	lock superelevation of inertia	117
local traffic	60	lock traffic signal	40
local waterway	60	lock wall	350

lock wall with high level deck on pile	110	Lüneburg Ship Lift	224
locomotive	162	machine shop for track work	112
locomotive continuous power	163	Maglev control system	42
locomotive crew rostering system	30	Maglev energy supply system	42
locomotive depot	165	Maglev guideway system	43
locomotive hold track	163	Maglev propulsion system	42
locomotive repair	163	Maglev transportation system	43
locomotive routing	163	Maglev vechicle system	41
locomotive running track	165	magnetic flowmeter	63
locomotive servicing	164	magnetic track braking	63
locomotive shed	164	main channel	366
loessal flatlands route	149	main-line railway	92
loess cavern	149	main route	166
loess gully route	149	main route of water transport	293
logarithmic flow-concentration model	70	main signal	366
logarithmic speed-concentration model	70	main technical standards of railway	304
Longhai Railway	210	maintenance of track	326
longitudinal dike	293	main working section	209
longitudinal gradient of canal	346	mandatory sign	361
longitudinal inclined ship lift	372	maneuvering the dredger	316
longitudinal joint of concrete pavement	152	mangrove coast	142
longitudinal level of rail	120	manual controller	266
longitudinal slipway	372	manual traffic signal	284
longshore bar	126	many yearly inequality of tide	23
longshore current	336	marginal strip	224
longshore transport rate of sediment	126	marine deposit geomorphology	127
loop ramp	147	marine electrical equipment	33
loop test	116	maritime buoyage	127
loose sleeper	120	marker station	361
lorry	348	Mars pump	342
lower lock head	325	masonry	319
low tide	60	masonry quay wall	356
low-type pavement	60	mass flowmeter	362
low water rapids	198	master controller	366
low water stand	304	material for regulation works	356
L-shaped or ⊓-shaped pier and approach trestle	341	mattress	26
		max allowable crosswind	373
lunar inequality of tide	24	maximum gradient	373

maximum navigable stage of channel	277	minimum space in hair-pin curve	373
maximun permissible landing weight of airplane	82	minimum stable speed	374
		mini roundabout	318
maximun permissible ramp weight of airplane	81	miter gate	266
		mitre post	330
maximun permissible takeoff weight of airplane	82	mixed gauge turnout	298
		mixed tide	150
mean height of partical large waves	16	mixed traffic	150
mean sea level	247	mixed wave	150
mean waves height	247	modal split	178
measuring contour for rail head	95	modified cube quay wall	339
mechanical rapids heaving	166	moist and freezing seasonally zone in east	67
mechanical slipway	165	moist and hot zone in southeast	67
mechanical vehicle survey	165	moist and warm zone in southwest	323
mechanization of pavement construction	220	moist coefficient	22
mechanized hump	166	mole	76, 311
mechanized working section	166	mole-head	77
mediam speed	363	mole-root	77
medium water rapids	363	momentum gradient	68
merging control system	178	monocable circulating ropeway	48
messenger wire	28	monorail railway	68
meteorological tide	252	Montech Water-sloping Ship Lift	233
method of chord offset	282	month average daily traffic, MADT	345
method of connection of feeder road	359	mooring arrangement	324
method of constitution in star form	333	mooring buoy	324
method of deflection angles	246	mooring post	324
method of direction of main road	92	mooring riag	324
method of optimal gradual solution	175	mooring ring	324
microwave communication	318	morse code	234
middle lock head	363	motive power properties of motor	253
military airplane	191	motor vehicle	253
military airport	191	motor vehicle accident	254
military road	122	motor vehicle use study	254
mine railway	199	motorway(英)	108
minimum curve radius	374	moulded breadth	334
minimum navigable stage of channel	277	moulded length	334
minimum navigation depth	374	mound breakwater	331
minimum sight triangle in intersection	177	mound breakwater with laying stones	

armor	255	naval port	191
mountain channel	274	navigable depth	284
mountain channel regulation works	274	navigable net height	308
mountain line	345	navigable net spon	308
mouth bar	200	navigation aid station	50
movable dam	152	navigational vessel wave	36
movable signal	339	navigation aqueduct	308
moving structure gauge	162	navigational channel	130
Moyno pump	263	navigation channel of Chuanjian River in Sichuan	32
mud avalanche zone route	238	navigation clearance	308
mud barge	238	navigation condition	133
muddy-plain coast	342	navigation discharge	308
mud pump	238	navigation engineering in construction	281
mud pumping	75	navigation lock	37
multi-bridge interchange	73	navigational lock copacity	40
multi-buoy mooring system	72	navigation lock with overflow face	339
multichamber lock	72	navigation marks	133
multi-legs intersection	72	navigation repairing yard	133
multi-phase timing signal	73	navigation stage frequency	308
multiple arch lock wall	205	navigation standard	308
multiple queue	72	navigation stracture	308
multiple time period system control	73	navigation tunnel	308
multiple-track railway	73	neap tide	329
multiple unit train	108	nearshore circulation	187
multiplex	71	negative binomial distribution	91
multiregime speed-concentration model	73	negative copying process	91
multi-stepped type quay	72	negative exponential distribution	91
multi-story interchange	71	net of navigable stream and canal	132
multiway stop	72	netting dam	318
Nagoya-Kobe freeway in Japan	267	new Tokyo intl Tokyo	332
Nanjing Zhongyangmen interchange	236	Newtonian fluids	240
Nanning-Kunming railway	237	Niederfinow Ship Lift	238
narrow gauge	351	node	11
national highway	122	noise control land-use planning	198
national system of interstate and defense highways	232	non-aligned gage corners of the two rails	97
natural channel	300	non-centralized interlocking	83
natural line development	371	nondestructire testing of pavement	220

noninstrument runway	83	open-lock canal	192
non-liner car-following model	83	open network control	192
non-lock canal	192	open pier on pile	110
nonmechanized hump	82	open pier on pipe piles of major diameter	44
non-Newtonian fluids	83	open quay	310
nonparallel train graph of single track	48	open river stage	308
nonprecision approach runway	83	open stilling basin with curtain wall	192
non-self propelled vessel	82	open wagon	20
non-skid pile, slide-resistant pile	193	operated machinery with segment	263
non-skid pile with prestressed anchor rope	344	operating empty weight of airplane	81
		operating hoist	40
non-standard length rail	112	operating machinery	40
non-standard type turnout	298	operating machinery with dise device	344
non-work trip	280	operating machiney wich warping	201
normal positon	66	opportunity model	165
normal sloal at crossing	358	opposite joint	327
normal spur dike	358	optics fiber cable	117
norrow-gauge railway clearance	351	optics fiber communication	118
note book for track work	111	optimal resolution point	373
numbering of station tracks	353	optimum density	373
number of axles per car	25	ordinary rail joint	250
occupancy (parking space)	26	ordinary track	250
ocean current	127	ore car	199
oceanic conditions	127	origin-destination survey	251
off road parking	222	Orly Paris	2
offset	282	orthogonal	15
offshore bar	126	outbound traffic	31
offshore terminal	51	outdoor control point	317
oil carrier	341	outer harbour of the lock	38
oil tanker	341	overall length of a car	25
oil terminal	282,341	overall length of frog	355
one way channel	48	over-board method	242
one-way head	49	overcoming elevation	196
one way lockage	48	overflow marks	76
one-way ramp	49	overlapping of lines	298
one-way street	49	over-ledge-flow	144
on-offshore sediment transport	125	overpass bridge	198
open basin	192	overpassing dam by using inertia of	

beaching chassis	117	particle size	194
owner interview survey	26	parttern of parking arrangement	306
owner's wharf	155	pass; saddle back	336
oxyacetylene pressure welding	98	passage signal marks	309
pack drain, sand wick	47	passenger-cargo ship	196
pallet	313	passenger ferry	224
Panama Canal	2	passenger kilometers	225
parallel-opposing train graph of single-track	48	passenger ship	196
		passenger terminal	224
parallel route	248	passenger traffic	196
parallel taxiway	248	patent slip	35
parallel wharf	293	pavement construction	217
park and ride	43	pavement design	219
parking accumulation	305	pavement maintenance management	221
parking and service facilities	305	pavement maintenance management system	221
parking area	304		
parking bay	305	pavement management system	217
parking building	305	pavement marking	216
parking capacity	306	pavement of the wharf slope	331
parking charge	305	pavement structure	217
parking configurations	307	paving block of rubble breakwater	70
parking control area	305	PCA method of design for rigid pavement	94
parking demand	306	peak hour	108
parking duration	305	peak hour ratio	108
parking lot	304	peak hour volume	108
parking management	304	peak hour volume of intersection	177
parking meter	305	pebble shoal	225
parking sign	307	pedestrian barrier	333
parking stall	304	pedestrian overcrossing	266
parking station	306	pedestrian protection screen	266
parking study	307	pedestrian psychology	334
parking turnover rate	306	pedestrian separation fence	333
part-fiel part-cut	3	pedestrian traffic signal intersection	333
partial ashlar pavement	4	percentage of ballast dirtiness	53
partial cloverleaf interchange	16	perennial rapids	20
partial interchange	16	perforated caisson breakwater	192
particle drag coefficient	195	periodically released CWR track	66
particle reynolds number	194	period of pavement maintenance	221

period of train graph	347
permanent way	301
permeable breakwater	310
permeable pile-type off shore dike	310
permissible concentration of carbon monoxide	338
perspective drawing of road	56
pervious chamber floor	311
pervious regulation structures	311
phase	327
photo image	328
pick-up goods train	351
picture overlaping degree	328
pier	229, 311
pier (abutment) of gate block	350
piggy-back	314
pile breakwater	369
pile-plate retaining wall	368
piles-platform	369
piles with the spot footing	60
pile with horizontal timber	366
pillar quay	367
pipe for pipeline	116
pipeline corrosion control	115
pipelined Maglev transportation system	115
pipeline engineering	115
pipeline frame	241
pipeline route engineering	116
pipeline transportation	116
pipeline under crossing	115
piston pumps	152
placement of aids to navigation	130
plain channel regulation	248
plain cut spike	250
plain gate	247
plain of railway line	303
plain stage of cutting	221
plain stage of railway mechanize work	302
plain terrain line	248
plane curve	247
plane survey of existing railwag	170
planning of navigation lock	37
plan of railway network	302
platform awning for railway passengers	225
platform trailer	246
plunger pump	366
pmms	221
pneumatic pipeline	252
pneumatic wave absober	252
pneumo-capsule pipeline	252
point of gradient change	8
policy orientation limited investment	342
pollution by dredging	286
pontoon	71, 88
pontoon aboard floating dock	234
pontoon wharf	89
pool	277
port	100
portable railway	261
port area	106
port block	105
port capacity	104
port cargo-handling technology	104
port communication	104
port comprehensive capacity	105
port concentration and evacuation capacity	102
port drainage	103
port engineering	101
port hinterland	101
port illumination	104
Port of Antwerp	1
Port of Dalian	45
Port of Gaoxiong	109
Port of Guangzhou	118
Port of Hamburg	129

Port of Hongkong	327	principal stake of line	223
Port of Jilong	167	probabilistic multi-route traffic assignment	72
Port of Kobe	278	proceed signal	187
Port of Lianyungang	206	processes of generating riverbed	349
Port of London	226	process of cargo-handling of port	105
Port of Marseille	228	process of operation of port	101
Port of New York	240	profile	372
Port of Ningbo	239	progressive tidal wave	257
Port of Qingdao	260	progressive wave	256
Port of Qinhuangdao	260	prohibition sign	188
Port of Rotterdam	211	propeller plane	227
Port of Shanghai	275	proportioning of concrete for road construction	223
Port of Singapore	332	protection fence	78
Port of Tianjin	299	provincial highway	280
Port of Wuhan	322	pseudo plastic	319
Port of Zhanjiang	354	PSI	219
port power supply	102	pumping station	6
port railway	104	pump plant	36
port road	106	push boat	313
port's cargo throughput	104	pusher barge system	66
port station	105	pusher	313
port station in advance	105	pushing track	314
port technological process of cargo-handling	105	Qingzang Railway	261
port waters	103	quality control and detect of pavement construction	220
port water supply	102	quay	229,293
positive copying process	358	quay area pavement	230
post section	85	quay facilities	230
potential wave	283	quay for propeller thrust trial	283
power supply of electrified railway	63	quayside railway track	230
precast reinforced concrete frame and slab platform type wharf	369	quay wall	1,88
precision approach runway	189	quoin casting	358
premente serviceability index	219	quoin post	233
preparatory depth	343	quoin reaction	356
presignal	343	rack rail (track rack, rack bar) operating machiner	30
pressing gradient	186		
prestressed concrete pavement	343	rack railway	30

radiation stress in water wave	290	railway passenger platform	225
radio navigation	321	railway passenger station	196
radio navigation aids	321	railway protection enbankment	302
radio system	321	railway	300
raft	241	railway shunting equipment	301
rail	95	railway signaling	303
rail brace	119	railway station	300
rail defector	99	railway station tracks	301
rail defects and failures	98	railway subgrade crown	302
rail fastener	98	railway terminal	302
rail fastening	98	railway traffic	304
rail joint	97	railway vehicle depot	24
rail joint gap	97	railway wagon ferries	302
rail joint parts	98	railway wayside station	363
rail joint restraint	97	railway yard illumination	353
rail panel	121	railway yards	300
railroad siding	18	rail welding	96
rail slab	119	raising of track	251
railway	300	ramp	348
railway alignment	303	ramp capacity	348
Railway Clearance	303	ramp system control	348
railway compound enbankment	301	ramp terminal	348
railway crossing station	150	range of degradation and aggradation	31
railway district station	262	rapids-ascending ability of ships	33
railway engineering	301	rapids heaving	184
railway freight house	153	rapids heaving barge	185
railway goods platform	154	rapids heaving by shore facilities	1
railway goods station	154	rapids heaving machine	185
railway goods yard	153	rapids heaving station	185
railway location	303	rapids heaving with rapids heaving barge	35
railway lock station	351	rapid strength test of concrete	152
railway marshalling station	7	rapids with opposite protrusions	70
railway natural berm	302	rapids with staggered protrusions	44
railway network marshalling station	222	rapid transit	199
railway overtaking station	345	rapid urban road	29
railway passenger building	225	rate of arrival	51
railway passenger car servicing depot	196	rate of easement curvature	147
railway passenger equipment	302	rate of wave energy propagation	14

ratio of daytime to nighttime population	365	repair gate	174
ratio of paving area	217	repairing dock	334
reaction characteristics	76	repair valve shaft	174
reaction distance	76	rescue train	190
reaction time	76	reserve settlement	343
real ship load rate	34	reservoir channel	198
rear sheet-piling platform	142	residual current	343
receiving-departure tracks	51	resistance at starting	207
receiving-departure yard	51	resistance braking	64
reclamation construction	41	resistance to motion of motor vehicle	254
reduced speed signal	174	resolution and coordination method	85
reduction of gradient on curve	264	resultant grandient	134
reduction of maxmum gradient	373	resulting force curve	134
refrigerated carrier	202	retaining dam for falling stone	200
refrigerator car	202	retaining mesh for falling stone	200
refueling station	172	retaining structure of subgrade	215
refuge island	1	retaining wall	49
regional marshalling station	262	retaining wall subgrade	49
regional transportation planning	262	retaining wall with anchored bulkhead	231
regular braking	20	retaining wall with anchored tie-rod	231
regular wave	119	retarding chain	174
regulation discharge	357	reverse curve	75
regulation of estuary	137	reversed longitudinal dike	52
regulation of Huangpu River estuary	148	reversed tainter valves	75
regulation of Missussppi River estuary	233	reverse filter layer	75
regulation of Rhine River estuary	200	reversible lane control	196
regulation of Zhujiang River estuary	365	revetment	142
regulation stage	357	revetment for canal	346
regulation structures	357	ridge line	274
regulation trace for navigation channel	132	rigging, eguipment and outfit	33
re-icing point	170	right angle crossing	359
reinforced concrete pavement	99	right-angle intersection	281
reinforced concrete slabs and beams		rigid pavement	93
platform supported on piles	2	rigid platform on piles	93
reinforced earth retaining wall	171	rigid rail fastening	96
reinforcing bar	173	rings for safety net	324
relay	170	rip current	208
relieving slab	332	rise of wave center line	13

river canalization	137	rolling resistance	122
river harbour	134	rolling resistance measuring device	17
river mouth	135	rolling stock	300
river reach obstructing navigtion	1	roll-on/roll-off ship	122
river-sea coordinated transport	176	Roman road	227
river situation	138	root mean square wave height	191
rivulet regulation	323	ro/ro ship	122
road area percentage	190	rotary interchange	147
road asphalt	223	rotary road	146
roadbed and subgrade in special regions	298	rotary tidal current	335
road bitumen	223	rotary tidal wave	335
road data bank	216	rotation center of miter gate	267
road density	57	roughometer	216
road esthetics	55	roundabout capacity calculated by DOE method	374
road guidance	58	roundabout capacity calculated by gap-acceptance method	173
road, highway	53		
road information sign	56		
road in scenic spot	86	roundabout capacity calculated by Soviet method	257
road intersection	54		
road intersection controller assembly	216	roundabout capacity calculated by wardrop method	319
road mixing bituminous macadam pavement	211		
		roundabout intersection	146
road network	57	roundabout lines	285
road network planning	57	round of track	335
road pavement engineering	55	route	187
road safety	54	route characteristic of road network	57
roadside auxiliary facility	58	route selection of canal	346
road smoothness	56	route selection of road	58
road subgrade construction	55	route-storage type electric interlocking for hump yard	314
road subgrade design	55		
road subgrade engineering	213	routine maintenance of pavement	220
road subgrade structure	55	rubber fender	328
road traffic sign	54	rubble foundation	242
rock block wall	200	rubble masonry	176
rock-fall rapids	6	rubble mound breakwater	70
rock ledge rapids	282	rubble prism fill	243
rock-mound breakwater of run of quarry	15	runaway catch sidings	7
rod mill	4	running rail	372

running signal	333	scattering communication	273
running speed	334	scissors crossover	176
runway	243	SCOOT control system	375
runway bearing	244	scouring sluice	30
runway capacity	245	scour protection	30
runway centerline lights	245	screen line count	18
runway configuration	244	screw spike	227
runway edge lights	243	sea canal	129
runway effective gradient	245	sea coast	124
runway end lights	245	sea-conditions	127
runway end safety area	244	sea dike	126
runway length	244	sea hand marks	127
runway length correction	244	sea harbour	127
runway longitudinal gradient	245	sealing device of ship lift	279
runway longitudinal gradient change	245	sea lock	126
runway marking	243	sea-quake	128
runway sight distance	245	sea scale	11
runway slope	244	seashore	126
runway threshold lights	245	sea wall	128
runway touchdown zone lights	245	second-line railway	62
runway width	245	sectional floating dock	84
saddle wear of rail	1	sector gate	274
safe-berthing criteria of harbour	101	sedan	329
safety and surveillance system of garage	24	sediment barrier	79
safety netting system	268	sediment in estuary	136
safety sidings	1	seepage ditch	278
sail vessel	74	seepage ditch in side slope	7
Salt lake roadbed of Qing Zang Railway	261	seepage of navigation lock	39
salty soil region route	337	seepage well	278
salty wedge	337	segment gate	274
Samarco iron slurry pipeline	271	seiche	172
sand drain	242	seismic zone route	61
sand mat of drainage, drainage sand cushim	242	select side of second line	62
		self-propelled vessel	165
saturation volume of intersection	177	semaphore signal	7
scale for channel	131	semi-actuated automatic signal control intersection	3
scale track	120		
scattered shoal	273	semi-automatic hump	4

semi-diurnal tide	4	shift line on paper	361
semi-sloping lock chamber	4	ship	32
semilunal inequality of tide	22	ship berthing force	33
semi traffic-actuated signal	3	ship breadth	35
separate grade crossing	85	ship-building berth	35
separating facility	111	ship building berth with greased launching way	311
separation clearances	173		
separator	84	shipbuilding dock	349
seperate lock chamber	85	ship carrying chamber	28
service behavior of pavement	220	ship dimensions	32
service facilities of rest in road	57	ship docking	33
service gate	174	ship docking impact	34
service-gate slot	38	ship elevating plant	280
service level of road network	222	ship ferry	226
service stantion	88	shipform	36
service volume	88	ship launching	34
service volume of intersection	177	ship lift	278
settlement joint of retaining wall	49	ship load	33
set-up	350	ship loadline	34
shaft lock	189	ship marine power plant	33
shallow-water wave	258	ship navigation equipment	33
Shanghai Railway Terminal	275	ship repairing quay	334
Shanghai test line of maglev transportation system	275	ship resistance	33
		ship's cargo handling gear	33
Shao Yuan anchor rod retaining wall of Tai Jiao Railway	297	ship's length	34
		ship's mooring force	34
shape factor of particles	195	ship's tonnage	33
Shapotou desert roadbed of Bao Lan Railway	4	ship stopper	361
		ship transport planning	34
sheet pile lock wall	3	shipway for steel roller launching	100
sheet-pile quay wall	3	Shi Zi Shan Landslide of Cheng Kun Railway	27
sheet-pile supported by batter piles	330		
shell method of design for flexible pavement	269	shoal	258
		shoal and rapid	297
Shenyang-Dalian Freeway	278	shoal at branching channel	18
shield unit of the open pile wharf	110	shoal at river bend	317
shifted exponential distribution	339	shoal at tributary mouth	137
shifting away from the concave bank	246	shoal with staggered pools	177

shoat at crossing	123	sign at level crossing	53
shock wave	25	significant wave height	342
shoe remover	313	sign of pipeline and cable	116
shoreface, inshore	292	silation density	150
shortened sleeper	69	sill	257
shoulder	215	simple lock	298
shoulder width	53	simplified hump	174
Shuikou Ship Lift	290	single buoy mooring system	47
shunting signal	64	single lift lock	47
shunting station with inline receiving and parallel departure yards	150	single-line detour	48
		single lock	48
shunting station with inline yards configuration	372	single queue	48
		single revoluting gate	338
shunting station with parallel yards configuration	139	single screw pump	263
		single system control	48
shunting tracks	7,64	single-track railway	48
shunting yards	7,64	sinusoidal wave	358
shuttled through block train	336	site selection of airport	162
Sichuan-Tibet highway	32	size distribution of particles	194
side canal	242	skeleton-frame-type wharf	139
side casting dredge boat	7	sketch projector	310
side casting method	7	slab track in the tunnel of Wangan Railway	317
side ditch	17		
side line of carriageway	26	slake tide	255
side slipway	140	slide plate	144
side slipway with high and low tracks	140	slide zone route	144
side slipway with launching cradle of two level wheels	140	slip plane	144
		slip switches	177
		slipway	144
side slope of roadbed	212	slipway with cradle	337
side slope of subgrade	212	slipway with rail trackes	35
sight distance at intersection	177	slipway with wedged chassis	329
sight distance of road	56	sloe stake by diagram	311
signal and communications district	63	slope in the counter direction	239
signal bracket	333	slope in the same direction	293
signal indieator	333	slope in the transverse direction	140
signaling equipment	333	slope of crown	212
signal marker	333	slope protection	249
signal of dredging water level	286		

slope ramp	330	sorting capacity at marshalling station	8
slope slide	7	sounding datum for navigation	133
slope slough due to thaw	266	Southeast Main-line Railway in Frence	74
slope stake by calcalation	169	southern Xinjiang railway	236
slope stake by method of approach	175	space headway	26
slope surface erosion	249	space-hour (parking)	26
slope surface slip	249	space vehicle	133
slope toe of subgrade	214	spalling	96
sloping lock chamber	332	special buoy	367
sloping wharf	331	specialized freight car	367
sloping wharf with cable way	201	specialized wharf	367
slow down speed sign	174	special maritime marks	128
slow-vehicle lane	230	special marks	367
slurry	176	special railway line	367
slurry pipeline	176	special truck	298
slurry preparation	176	speed change lane	8
slurry storage	366	speed-density curve	295
small amptitude wave	318	speed diagram	295
small bus	329	speeder of vehicle	25
small roundabout	329	speed-flow curve	295
snow-clad region route	166	sphericity of particles	194
snow fence	79	spiral easement curve	150
soft clay and swamp route	271	spiral retarder	227
Soft soid roadbed of Hang Yong Railway	129	split	225
soft soil foundation	271	split-switch	47
soil used in subgrade	215	spot speed	60
solid-bowl centrifuge	26	spring tide	44
solid deck pier	205	spur dike	65
solid parking	186	spur dike with an inclined crest	329
solid pipeline	322	stabilized base course of pavement with bituminous	205
solid regulation structures	282		
solitary wave	114	stabilized base course of pavement with cement	292
solution of elastic layered system for flexible pavement	268		
		stabilized base course of pavement with industrial waste	112
solution of plate on elastic foundation for rigid pavement	93		
		stabilized base course of pavement with lime	281
sorghum stalks	186		
sorting capacity at hump	314	stabilized material with bitumen	205

stabilized material with cament	292	stockpiling yard	106
stabilized material with industrial waste	112	stock rail	166
stabilized material with lime	281	stokes law	294
stabilized soil pavement with aggregate	205	Stokes wave	294
stable and equilibrium shoreline	319	stone block channel	228
stable guiding bank	366	stone block platform	228
stacking pallet	229	stone block pavement	356
stack retaining wall	73	stone column	295
staggered junction	44	stone dumper	242
stanard ship size	276	stone for road construction	224
standard compaction test equipment	8	stop line	306
standard gauge	8	stop logs	65
standard length rail	8	stopped delay	306
standard length short rail	8	stop signal	306
standard of compacting soil	312	stop sign of pusher operation	15
standard of lighting	58	stopway	307
standard of obstacle clearance	161	storage capacity	198
standing lane	69	storage thrift lock	280
standing wave	202, 366	storm beach profile	86
starting easy grade section	251	storm tide, storm surge	85
starting tractive effort	163	straight line between transition curves	172
static theory of tide	23	straight way	361
static weight on the main tear	82	street in residential area	190
station-approach warning sign	343	street, urban road	29
station boundary sign	353	strengthening design of pavement	217
station for assembling rail panel	121	strength of pavement	219
station for track maintenance machines	47	strip	280
statistical distribution of wave heights	10	strip deformation	133
steadily hydraulic section navigation lock	356	strip map	47
steam locomotive	356	subbase course of pavement	216
steel fiber concrete pavement	100	sub-channel	91
stepladder	230	subgrade	312
step of lock	351	subgrade bed	214
stepped block quay wall	185	subgrade bed deformation	166
stereocomparator	204	subgrade compaction	215
stereometer	203	subgrade critical height	214
stilling basin	328	subgrade drainage	214
stilling basin with screen curtain wall	110	subgrade dry-moist type	213

subgrade height	213	supporting and guiding structure of ship lift	279
subgrade in expansive soil region	246	surf	155
subgrade in frost boiling region	74	surface course of pavement	218
subgrade in land slide region	144	surface evenness	219
subgrade in loess region	148	surface skid-resisting capability	218
subgrade in mud avalanche region	239	surf zone	250
subgrade in permafrost region	72	survey of existing railway	170
subgrade in salty soil region	337	survey of navigation channel	131
subgrade in snow bazard region	335	suspensions	335
subgrade in steep grade region	68	swell	341
subgrade layout	213	swell beach profile	20
subgrade lesion	212	switch	368
subgrade moisture	215	switch angle	368
subgrade paved with stone	255	switch-back curve	149
subgrade preventive facility	213	switch machine	368
subgrade stability	215	switch point	173
subgrade strength	214	switch rail made of special section rail	298
subgrade strengthening	214	switch rail made of standard rail	250
sub-high-type pavement	43	switch sleeper	18
submerged dike	257	symmetrical doubl curve turnout	289
submerged structures for regulation works	336	synchronous control	309
subportion for track work	111	synoptic chart	300
subsidiary dike	110	synthetic transportation	371
suburban railway	283	tainter (radial) gate	142
suburban traffic	283	take-off decision speed	251
suction dredger	323	take-off distance	251
Suez Canal	295	take-off run distance	251
suitability of road network	223	Tangxu Railway	297
suitable diagram of traffic growth	346	tank car	117
sulphuric achorage	210	tank trailer	117
summit canal	345	tank truck	117
superdepth	91	target dates	179
superelevation	263	taxiway	145
superelevation	317	taxiway capacity	146
superelevation lock of inertia	117	taxiway gradient	146
superwidth	91	taxiway lights	145
support	358	taxiway marking	145

taxiway sight distance	146
taxiway width	145
technical index of road network	222
technical speed	170
technical standards of the airport movement area	159
telegraph network	62
temperature force within CWR track	320
temperature mobile part of CWR track	320
temperature motionless part of CWR track	320
temperature strained CWR track	319
temporary parking lot	209
tension device of ship lift	279
terminal area	134
terminal settling velocity of particles	195
terminal sign of contact system	186
terrace	297
terrain line	262
territorial marshalling station	60
test pile	284
test through prototype ships	282
the comprehensive evaluation of road network	223
the control system SCATS	375
the division of track regions	112
the first class highway	338
the fourth class highway	294
the intersection of actuated automatic signal control	93
the regional classification by natural features for highways	113
thermit welding	98
The second class highway	73
the silk road	293
the third class highway	271
thickener	240
thin walled retaining wall	4
thirtieth highest annual hourly volume	239
thixotropic fluids	32
Three Gorges Navigation Locks	272
three-way turnout	272
threshold	350
thrift lock	280
throat between wing rails	355
through freight train	359
through goods traffic	360
through goods train	360
through passenger traffic	361
through railway diameter	285
through signal	307
through traffic	123, 359
throwing stone to packing sedimentation	243
throw-off points	313
Tianjin Zhoug Shan Men interchange	299
tidal bore	341
tidal current	21
tidal current ellipse	21
tidal current limit	21
tidal generating force	339
tidal level	22
tidal limit	22
tidal period	24
tidal prism	21
tidal stretch	92
tidal volume during flood	354
tidal wave	21
tidal zone	21
tida parameter	24
tide	22
tide ellipse	23
tide forecasting	24
tide generating potential	340
tide range	21
tide sail level	29
tide type	23

tie	122	track spike	53
tie plate	95	track surveying	120
tilting (flap, tumble) gate	319	track width	132
tilt of photograph	328	track work	326
time headway	26	traction cable	256
time of day strategic control	265	traction gear	337
time of ebb tide	227	traction substation	255
time of flood tide	354	tractive eguilibrium equation of motor	253
time-space diagram	282	tractive force	164
T intersection	375	tractive force by adhesion	239
tipping car	370	tractive force of motor	253
tire pressure of the main gear	82	tractive force-speed characteristic curve	164
toll booth	284	tractor truck	256
toll of pavement maintenance	221	trading port	274
toll road, toll way	284	traffic accident	181
tombolo	211	traffic accident ratio	181
tonnage capacity	40	traffic-actuated automatic controller	179
tonnages of cargo transferred of port	102	traffic analysis	178
tons per hatch-hour	17	traffic assignment	180
tons per ship-hour	35	traffic breach of rule	181
topographic feature	61	traffic capacity of bicycle road	371
topography	61	traffic capacity of road section	212
top pivot	65	traffic characteristics of vehicle	25
torrent chute	167	traffic composition	183
torrent rapids	167	traffic control	179
total deadweight	34	traffic cost	347
total length of turnout	53	traffic density	180
tourist area sign	225	traffic destination	183
tow boat	313	traffic evaluation	181
track	301	traffic fatal-accident	181
track accessories	120	traffic flow characteristic	180
track ancher apparatus	326	traffic flow model	180
track circuit	119	traffic impact analysis	182
track coefficient	369	traffic impedance of road	54
track components	119	traffic island	178
track geometry	120	traffic law	178
track geometry car	120	traffic management	179
track sign	326	traffic mode	178

traffic model	180	transfer bridge	89
traffic noise control	183	transfer train	329
traffic noise index(TNI)	183	transformer substation of port	101
traffic noise pollution	183	transition curve	147
traffic origin	181	transition curve of unequal length	15
traffic planning	179	transition gradient zone	147
traffic point	189	transit shed	103
traffic police patrol	179	transmission mechanism of diesel locomotive	238
traffic protection	54		
traffic revenue	347	transmitting ratio of motor	253
traffic signal	181	transport airport	347
traffic signal area control	182	transportation capacity of railway	287
traffic signal line control	182	transportation of railways connecting sea harbours	46
traffic simulation	180		
traffic stability	181	transportation planning process	179
traffic stream	180	transport capacity of railway	302
traffic structure	179	transport demand	182
traffic surveillance	179	transportion	182
traffic surveillance system	179	transport ship	347
traffic survey	178	transshipment station	148
traffic theory	180	transverse fissure	96
traffic volume	180	transverse flow marks	140
traffic volume survey	180	transverse inclined ship lift	140
traffic zone	178	transverse net distance of sight	284
trail dikes	65	TRANSYT control system	375
trailer	115	travelling speed	225
trailing suction hopper dredger	241	travel speed	333
train diagram	208	travel stability of motor	254
train examination and repair point	207	traverse	51
train ferry	207	traversing caisson	139
train gross load	255	trestle	353
train gross load per meter	207	triangular tracks	271
train hauling part-load traffic	209	triffic characteristics of man	266
train net load	154	trigonometry analysis method	271
train of barges traffic	35	trip	31
train of locks	72	trip attraction	31
train signal	207	trip distribution	31
transducer set for overpassing dam	123	trip end	31

trip generation	31	typical axle load	9
trip production	31	unbalanced coefficient of freight	346
trip purposes	31	uncontrol	16
trip survey	111	undercut slope protection	143
trip-time distribution	31	under ground parking garage	61
trochoidal wave	342	underground railway	61
tropical tide	149	underpass subway	60
truck	348	under-rail cushion	122
truck with automatic unloading	371	under-rail element	122
trumpet interchange	200	under-rail foundation	122
trumpet intersection	199	underwater reef explosion	292
trunk of mole	77	underwater structures for regulation works unsunderwater structures for regulation works	257
try to determine the vertical slope of road on field survey	80		
tsunami	128	unharmful gradint	321
tug	313	unit train	49
tug-barge pushing fleet traffic	66	unloaded temperature force within CWR	99
tug-barge towing fleet traffic	313	unsubmerged structures for regulation works	16
tug boat	313		
tunnel	296	uplift pressure of wave	12
tunnel clearance	295	upper gudgeons	65
turning basin	368	upper lock head	276
turnout	52	upward spur dike	276
turn-out lane	43	upwilling current	276
turnout number	52	urban express circular road	29
turnout on curve	263	urban road area ratio	29
turnout plate	355	urban route	29
turnouts and crossings	301	urban secondary trunk road	29
turnout with movable center point	195	urban traffic forecast	29
twin lock	289	urban trunk road	29
twist of track	121	urgent work of track	326
two-way channel	289	USSR design method of flexible pavement	269
two-way head	290		
two way lockage	290	USSR design method of rigid pavement	94
two way roundabout	290	utility airplane	367
two-way stop	207	utility airport	367
type of locomotive	164	utilization factor of berth	229
typhoon	297	vacuum filters	355

vale of filling and emptying system	287	warehouse	106
valley line	135	warm current	240
valve shaft	74	warning sign	190
vane dikes	146	warp-transmitting boat	61
variable signal system	195	waste bank	253
variable speed control	195	wasts cut	83
variation of tide wave in estuary	135	water airdrome	292
vehicle display system	253	water area of lock chamber	350
vehicle emission control	253	water crane	290
vehicle repair point at station	25	water delivery for navigation canal	345
vehicular pollution	179	water depth on sill	233
velocity profile	295	water front of wharf	229
versine method	358	water level for rapids heaving	185
vertical curve	287	water loss of canal	346
vertical design	288	water signal marks	292
vertical-faced wharf	360	water-sloping ship lift	292
vertical prestressed anchored retaining wall	288	water transportation	291
vertical profile line of ropeway	296	water transport planning	134
vertical ship lift	41	waterway capacity	131
vertical ship lift with counterweight	191	waterway development	131
vertical ship lift with float	90	waterway	130
vertical ship lift with hydraulic pressure	293	waterway survey	131
vertical ship lift with overhead (bridge) crane	259	wave	11
vessel mooring condition	34	wave age	14
vessel	32	wave breaker zone	250
viaduct	108	wave breaking	12
viameter	219	wave celerity	14
village road	240	wave crest	10
vision	284	wave crest	10
visual aid	235	wave diffraction	13
visual approach slope indicator system	235	wave directional spectrum	11
volume concentration	299	wave energy	14
volume-density control	209	wave energy dissipation in shallow water	258
WADT	364	wave energy flow	14
wagon	348	wave energy spectrum	12
waiting lane	69	wave energy transmission	14
		wave frequency spectrum	12
		wave group	14

wave group velocity	14	slab without beam	321
wave height	10	wharf	229
wave height of accumulation rate of wave train	202	wharf with precast hollow slab	197
		whole vehicle population	25
wave length	9	wide-gauge	199
wave parameters	13	widened concrete sleeper	151
wave period	15	widened intersection	171
wave pressure	15	widening of curve	317
wave pressure of breaking wave	249	width of dock land	102
wave pressure of standing wave	203	width of pavement	218
wave pressure on pile or cylinder	369	width of regulation trace	357
wave pressure on slop	330	width of roadbed	214
wave ray	15	width of subgrade	214
wave reflection	11	wind coverage	87
wave refraction	13	wind drift	86
wave rose diagram	12	wind duration	87
wave runup	12	winde break	78
wave scale	11	wind rose	86
wave slope	14	wind wave	86
wave steepness	9	wind wave prediction	87
wave trough	11	wing rail	339
wave velocity	14	wooden ground slipway	235
wearing course of pavement	218	working condition of lock valve	287
wear of rail head	98	working craft	111
wear-resistant rail	236	working gates	112
weather map	300	working radius of wheel	26
weaving	183	working section	111
weaving angle	184	working ship	111
weaving area	184	working site signal	374
weaving distance	184	Wusong Railway	321
wedge roller gate	272	Xing Ji Sea Wall of Ying Xia Railway	341
week average daily traffic	364	Yantan Ship Lift	336
weight concentration	362	yearly inequality of tide	23
weighted mean diameter of particles	194	year of design	276
weight measuring device	17	yield stop	266
welded joint	96	Yunnan-Burma highway	62
wharf conduit	229	Zhan Tianyou	351
wharf of precast reinforced concrete		Zhengzhou Railway Terminal	358

Zhongshan freeway	363	loess plateau	148
zone of cold in Qinghai-Xizang plateau	261	Волго-Донской Судоходний Канал	87
zone of perennially frozen soil in north	5	Красноярский Судоподъёмник	196
zone of transition from moist to dry in		Порт-С. Петербург	281

注意行人标志　　注意儿童标志　　环型交叉　　铁路道口标志

彩图 1　警告标志

限制速度标志　　禁止某两种车　　禁止非机动车　　禁止非机动车

彩图 2　禁令标志

机动车道标志　　非机动车道标志　　步行街标志　　直行和向左转弯

彩图 3　指示标志

彩图 4　指路标志

彩图 5　辅助标志

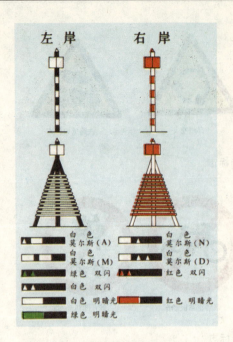

彩图 6　过河标

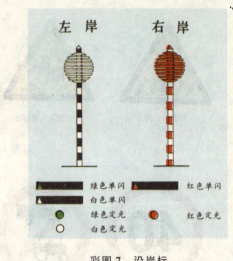

彩图 7　沿岸标

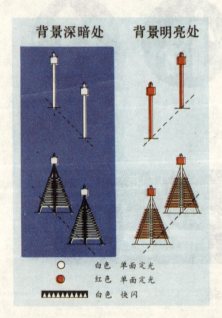

彩图 8　导标

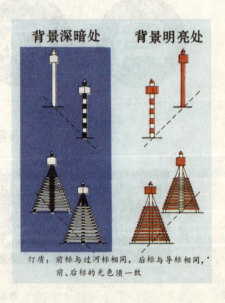

彩图 9　过渡导标

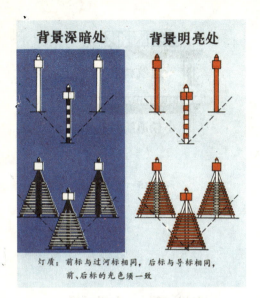

彩图 10　首尾导标

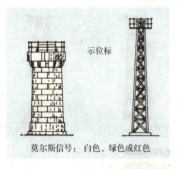

彩图 11　示位标

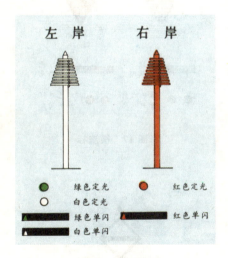

彩图 12　泛滥标

彩图 13　侧面标

彩 4

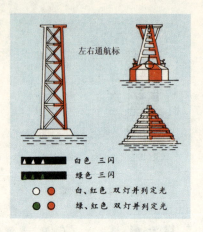

彩图 14　左右通航标

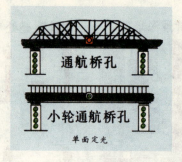

彩图 15　桥涵标

彩图 16　通行信号标

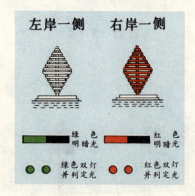

彩图 17　横流标

彩图 18　鸣笛标

彩图 19　界限标

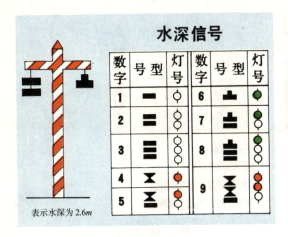

彩图 20　水深信号标

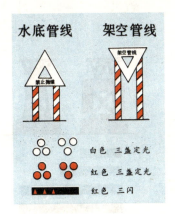

彩图 21　管线标

彩图 22　专用浮标

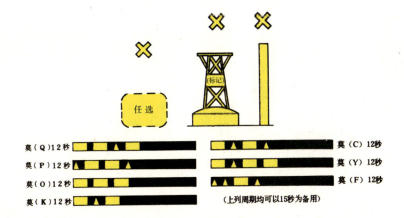

彩图 23　海区专用标志

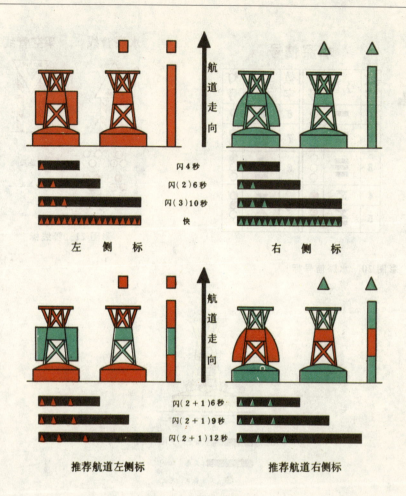

彩图24 海区侧面标志

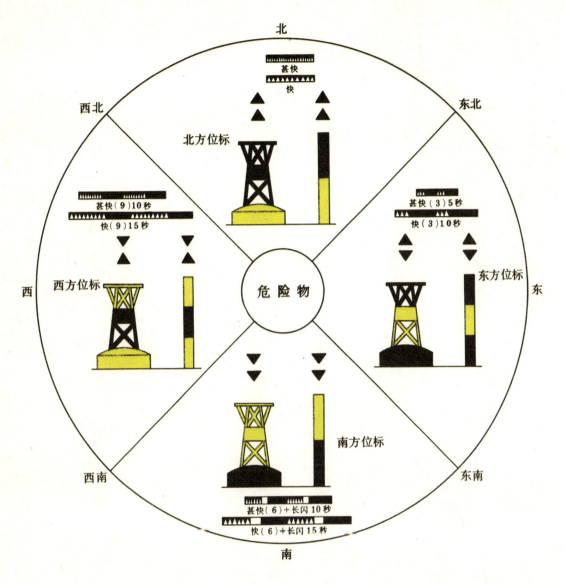

彩图 25　方位标志

彩图 26　孤立危险物标志

彩图 27　安全水域标志

P

住 宅 建 筑 规 范
Residential building code

2005 – 11 – 30 发布

2006 – 03 –

中华人民共和国建设部
中华人民共和国国家质量监督检验检疫总局

统一书号：15112·11979
定　价：**15.00** 元